CB141205

SEARS & ZEMANSKY

FÍSICA IV

ÓTICA E FÍSICA MODERNA

YOUNG & FREEDMAN

12ª EDIÇÃO

SEARS & ZEMANSKY

FÍSICA IV

ELETROMAGNETISMO

YOUNG & FREEDMAN

12ª EDIÇÃO

Hugh D. Young
Universidade Carnegie-Mellon, Pittsburgh

Roger A. Freedman
Universidade da Califórnia, Santa Bárbara

Colaborador
A. Lewis Ford
Universidade A&M do Texas

Tradução
Cláudia Santana Martins

Revisão Técnica
Adir Moysés Luiz
Doutor em ciência
Professor associado do Instituto de Física da Universidade Federal do Rio de Janeiro

PEARSON

Diretor editorial: Roger Trimer
Gerente editorial: Sabrina Cairo
Supervisor de produção editorial: Marcelo Françozo
Editores: Arlete Sousa e Marco Pace
Preparação: Marina Mourão Fanti
Revisão: Thaís Totino Richter e Andressa Bezerra da Silva
Capa: Rafael Mazzo, sob projeto original de Yvo Riezebos Design
Projeto gráfico e diagramação: Globaltec Artes Gráficas

Dados Internacionais de Catalogação na Publicação (CIP)
(Câmara Brasileira do Livro, SP, Brasil)

Young, Hugh D.
Física IV : ótica e física moderna / Young e Freedman ; [colaborador A. Lewis Ford] ; tradução Cláudia Martins; revisão técnica Adir Moysés Luiz. — São Paulo : Addison Wesley, 2009.

Título original: Sear and Zemansky`s University physics.
12. ed. americana.
ISBN 978-85-88639-35-5

1. Física 2. Ótica física I. Freedman, Roger A. II. Ford, A. Lewis. III. Título.

08-02030 CDD-530

Índice para catálogo sistemático:
1. Ótica : Física 530

6ª reimpressão – janeiro 2014
Direitos exclusivos para a língua portuguesa cedidos à
Pearson Education do Brasil Ltda.,
uma empresa do grupo Pearson Education
Rua Nelson Francisco, 26
CEP 02712-100 – São Paulo – SP – Brasil
Fone: (11) 2178-8686 – Fax: (11) 2178-8688
vendas@pearson.com

SUMÁRIO

FÍSICA 4
ÓTICA E FÍSICA MODERNA

CAPÍTULO 33 Natureza e Propagação da Luz

CAPÍTULO 34 Ótica Geométrica

CAPÍTULO 35 Interferência

CAPÍTULO 36 Difração

CAPÍTULO 37 Relatividade

CAPÍTULO 38 Fótons, Elétrons e Átomos

CAPÍTULO 39 A Natureza Ondulatória das Partículas

CAPÍTULO 40 Mecânica Quântica

CAPÍTULO 41 Estrutura Atômica

CAPÍTULO 42 Moléculas e Matéria Condensada

CAPÍTULO 43 Física Nuclear

CAPÍTULO 44 Física das Partículas e Cosmologia

APÊNDICES

FÍSICA 1
MECÂNICA

CAPÍTULO 1 Unidades, Grandezas Físicas e Vetores

FÍSICA 2
TERMODINÂMICA E ONDAS

CAPÍTULO 18 Propriedades Térmicas da Matéria

CAPÍTULO 19 A Primeira Lei da Termodinâmica

CAPÍTULO 20 A Segunda Lei da Termodinâmica

FÍSICA 3
ELETROMAGNETISMO

CAPÍTULO 21 Carga Elétrica e Campo Elétrico

CAPÍTULO 22 Lei de Gauss

CAPÍTULO 23 Potencial Elétrico

CAPÍTULO 24 Capacitância e Dielétricos

CAPÍTULO 25 Corrente, Resistência e Força Eletromotriz

PREFÁCIO

Este livro é o resultado de meio século de liderança e inovação no ensino da Física. A primeira edição do livro *Física* de Francis W. Sears e Mark W. Zemansky, publicada em 1949, foi revolucionária dentre os livros-texto baseados em cálculo por dar ênfase aos princípios da Física e suas aplicações. O êxito alcançado por esta obra para o uso de diversas gerações de alunos e professores, em várias partes do mundo, atesta os méritos desse método e das muitas inovações introduzidas posteriormente.

Ao preparar esta nova 12ª edição, incrementamos e desenvolvemos o livro de modo a incorporar as melhores idéias extraídas da pesquisa acadêmica, com ensino aprimorado de solução de problemas.

Novidades desta Edição

Estratégias para a solução de problemas e Exemplos resolvidos. Seções de Estratégia para a solução de problemas permeiam o livro e fornecem aos alunos táticas específicas para a resolução de determinados tipos de problema. Eles atendem às necessidades de todo estudante que já sentiu que 'compreende os conceitos, mas não consegue resolver os problemas'.

Todas as seções de Estratégia para a Solução de Problemas seguem a abordagem ISEE (do inglês *Identify, Set Up, Execute and Evaluate* – Identificar, Preparar, Executar e Avaliar). Essa abordagem ajuda os estudantes a saber como começar a tratar uma situação aparentemente complexa, identificar os conceitos relevantes de Física, decidir quais recursos são necessários para solucionar o problema, executar a solução e depois avaliar se o resultado faz sentido.

> **Estratégia para a solução de problemas 34.1**
>
> **FORMAÇÃO DA IMAGEM EM ESPELHOS**
>
> **IDENTIFICAR** *os conceitos relevantes*: existem dois modos diferentes e complementares de resolver problemas envolvendo a formação da imagem em espelhos. Um método é usar equações, e o outro é desenhar um diagrama dos raios principais. Uma boa resolução emprega *ambos* os métodos.
>
> **PREPARAR** *o problema*: determine as incógnitas. As três grandezas-chave são a distância focal, a distância do objeto e a distância da imagem; em geral o problema informará duas dessas grandezas e você terá de encontrar a terceira.
>
> **EXECUTAR** *o problema por meio dos seguintes passos*:
>
> 1. O diagrama dos raios principais tem na ótica geométrica um papel análogo ao desempenhado pelo diagrama do corpo livre na mecânica. Em qualquer problema que envolva a formação de imagens por um espelho, caso você disponha de informações suficientes, *sempre* desenhe antes um diagrama dos raios principais. (O mesmo conselho deve ser seguido quando você estudar lentes nas próximas seções.)
> 2. Geralmente é mais conveniente fazer seu diagrama orientando os raios incidentes da esquerda para a direita. Não trace muitos raios desnecessários; é suficiente traçar os raios principais, aqueles sobre os quais você tem informações. Use uma régua e meça as distâncias com cuidado! Um esboço traçado à mão livre *não* fornece bons resultados.
> 3. Se os raios principais não convergem para um ponto imagem real, você deve prolongá-los em linha reta para trás para localizar um ponto imagem virtual, como indicado na Figura

Essa é uma idéia extraída de pesquisas acadêmicas realizadas recentemente na área. Por ser um recurso extremamente didático, é muito eficiente para o aprendizado.

> **Exemplo 34.13**
>
> **CORREÇÃO DA HIPERMETROPIA** O ponto próximo de um certo olho hipermétrope fica 100 cm à frente do olho. Para ver com nitidez um objeto situado a uma distância de 25 cm do olho, qual é a lente de contato necessária?
>
> **SOLUÇÃO**
>
> **IDENTIFICAR:** desejamos que a lente forme uma imagem virtual do objeto em um local correspondente ao ponto próximo do olho, a uma distância de 100 cm do olho. Ou seja, quando $s = 25$ cm, s' tem de ser igual a -100 cm.
>
> **PREPARAR:** a Figura 34.49 mostra a situação. Determinamos a distância focal necessária das lentes de contato usando a relação objeto–imagem para lentes delgadas, a Equação (34.16).
>
> **EXECUTAR:** de acordo com a Equação (34.16),

Cada seção de Estratégia para a Solução de Problemas é seguida por um ou mais **Exemplos resolvidos**, que ilustram a estratégia. Muitos outros Exemplos podem ser encontrados em cada capítulo. Assim como as seções de Estratégia para a Solução de Problemas, todos os exemplos quantitativos aplicam a abordagem ISEE. Vários deles são puramente qualitativos e classificados como Exemplos Conceituais.

Ensino associado à prática. Um recurso eficiente e sistemático de aprendizado associado à prática inclui os Objetivos de Aprendizagem, disponíveis no início de cada capítulo, e os Resumos dos capítulos, que consolidam cada conceito por meio de palavras, fórmulas matemáticas e figuras.

OBJETIVOS DE APRENDIZAGEM

Ao estudar este capítulo, você aprenderá:

- O que são raios de luz, e como eles se relacionam com as frentes de onda.
- As leis que governam a reflexão e a refração da luz.
- As circunstâncias em que a luz é totalmente refletida em uma interface.
- Como fazer luz polarizada a partir de luz comum.
- Como o princípio de Huygens nos ajuda a analisar a reflexão e a refração.

Teste sua compreensão da Seção 33.3 Em qual das seguintes situações há reflexão interna total? (i) Luz se propagando na água ($n = 1,33$) incide em uma interface água–ar com um ângulo de incidência de 70°; (ii) luz se propagando no vidro ($n = 1,52$) atinge uma interface vidro–água com um ângulo de incidência de 70°; (iii) luz se propagando na água atinge uma interface água–vidro com um ângulo de incidência de 70°. ▮

Organização dos capítulos

A Introdução de cada capítulo fornece exemplos específicos do conteúdo e faz a conexão com assuntos abordados em capítulos anteriores. Há também uma Pergunta de abertura do capítulo e uma lista de **Objetivos de Aprendizagem** para que o aluno reflita sobre a matéria no capítulo a seguir. (Para encontrar a resposta a essa pergunta, procure pelo ícone '?'.) A maioria das seções termina com um **Teste de compreensão**, que apresenta perguntas simples relacionadas ao conteúdo estudado. Esse recurso ajuda os alunos a testarem instantaneamente o que acabaram de aprender. O final de cada capítulo traz um Resumo visual dos princípios mais importantes apresentados, bem como uma lista de Principais termos com referência da página na qual cada termo foi introduzido pela primeira vez. As respostas à Pergunta de abertura do capítulo e do Teste de compreensão vêm na seqüência dos Principais termos.

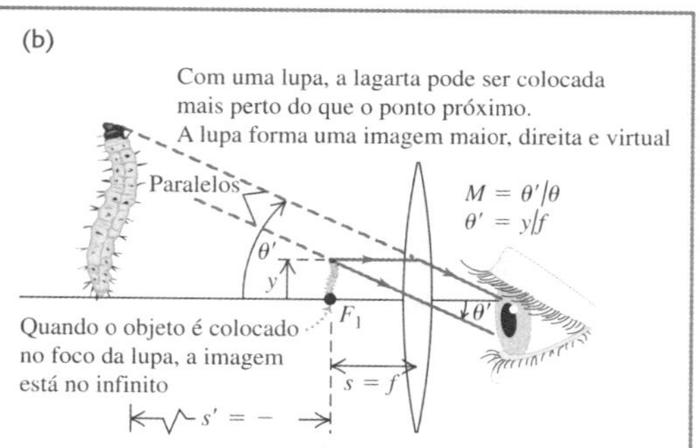

Figura 34.51 (a) O ângulo θ subtendido (tamanho angular) é máximo quando o objeto é colocado sobre o ponto próximo. (b) A lupa fornece uma imagem virtual no infinito. Essa imagem virtual é interpretada pelo olho como um objeto real que subentende um ângulo θ' maior que o observado sem a lupa.

O poder didático das figuras. O poder instrutivo das figuras é potencializado por meio da comprovada técnica de 'anotação' (comentários no estilo quadro-negro integrados às figuras, para orientar o estudante em sua interpretação) e do uso eficiente de detalhes.

Problemas em destaque, ao final dos capítulos. Outro reconhecido mérito desta 12ª edição vai ainda mais longe: ela oferece em seus quatro volumes a primeira biblioteca de problemas sistematicamente melhorados em Física, com mais de 800 novos problemas, que compõem o acervo total de 3700.

Questões e exercícios. No final de cada capítulo há um conjunto de Questões para discussão destinadas a aprofundar e ampliar a assimilação conceitual pelo aluno, e, logo após, vêm os Exercícios, problemas simples que envolvem um dado conceito relacionado com seções específicas do texto. Em seguida temos os Problemas, que normalmente necessitam de duas ou mais etapas não triviais, e, por fim, os Problemas desafiadores, destinados a desafiar os melhores estudantes. Os problemas abrangem aplicações a campos tão diversos quanto astrofísica, biologia e aerodinâmica. Muitos deles possuem partes conceituais as quais os estudantes devem discutir e explicar seus resultados. As novas questões, exercícios e problemas desta edição foram criados e organizados por Wayne Anderson (Sacramento City College), Laird Kramer (Florida International University) e Charlie Hibbard.

Parágrafos de 'atenção'. Duas décadas de pesquisa acadêmica em Física revelaram uma série de armadilhas conceituais que comumente afligem os iniciantes no estudo da Física. Dentre elas, as noções de que uma força é necessária para o movimento, que a corrente elétrica é 'usada' ao longo de um circuito e que o próprio produto da massa pela aceleração é uma força. Os parágrafos de 'Atenção' alertam para essas e outras armadilhas e explicam onde está o erro na abordagem (que pode ter inicialmente ocorrido ao estudante) de uma determinada situação.

> **ATENÇÃO Os raios principais não são os únicos raios!** Embora tenhamos dado ênfase aos raios principais, na verdade *qualquer* raio que atinge o espelho passa por um ponto imagem (para uma imagem real) ou parece vir de um ponto imagem (no caso da imagem virtual). Em geral são usados apenas os raios principais porque esses raios são suficientes para localizar a imagem.

Notação e unidades. Os estudantes geralmente levam muito tempo para distinguir as grandezas escalares das grandezas vetoriais. Nesta edição usamos letras em itálico e negrito com uma seta em cima para designar vetores, como $\vec{\boldsymbol{v}}$, $\vec{\boldsymbol{a}}$, e $\vec{\boldsymbol{F}}$; vetores unitários como $\hat{\boldsymbol{\imath}}$ possuem acento circunflexo. Os sinais em negrito **+**, **−**, **×** e **=** são usados para relacionar grandezas vetoriais e não confundir com os respectivos sinais usados para relacionar grandezas escalares.

Nesta edição são usadas somente unidades SI (as unidades inglesas ocorrem em casos de exceção). O joule é usado como unidade padrão para todas as formas de energia, incluindo o calor.

Um guia para o estudante. Muitos estudantes sentem dificuldade simplesmente porque não sabem como fazer o melhor uso do livro-texto. Depois deste prefácio, incluímos uma Seção com o título "Como aprender física tentando para valer", que serve como um 'manual do usuário' apontando para todas as características deste livro. Essa seção, escrita pelo Professor Mark Hollabaugh (*Normandale Community College*), fornece também inúmeras dicas para os estudantes. Recomendamos que todos os estudantes leiam atentamente essa seção!

Flexibilidade. Este livro pode ser utilizado em uma grande variedade de cursos. Existe material suficiente para cursos de três semestres ou cinco trimestres. Embora muitos professores possam achar que há material demais para um curso de um ano, ele pode ser usado omitindo-se certos capítulos ou seções. Por exemplo, alguns ou todos os capítulos sobre mecânica dos fluidos, acústica, ondas eletromagnéticas ou relatividade podem ser omitidos sem perda da continuidade. Seja como for, ninguém é obrigado a seguir estritamente a seqüência do livro.

Material Adicional

No Companion Website deste livro (www.pearson.com.br/young), professores e estudantes têm acesso a materiais adicionais que facilitarão a exposição das aulas e o aprendizado.

Para os professores: manual de soluções (em inglês) e apresentações em PowerPoint com figuras e os principais conceitos do livro (protegidos por senha).

Para estudantes: exercícios de múltipla escolha para ajudar na fixação de conceitos e animações (em inglês) que simulam alguns temas das lições, como no exemplo abaixo.

Relatividade do tempo

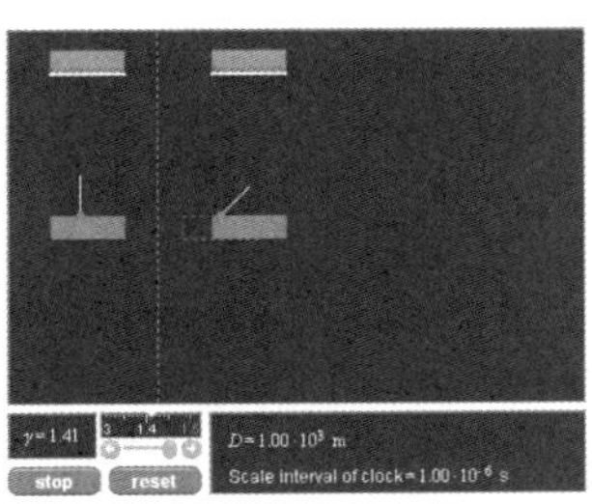

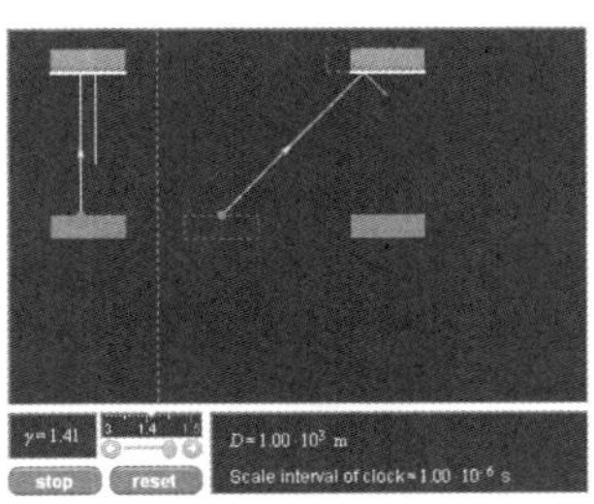

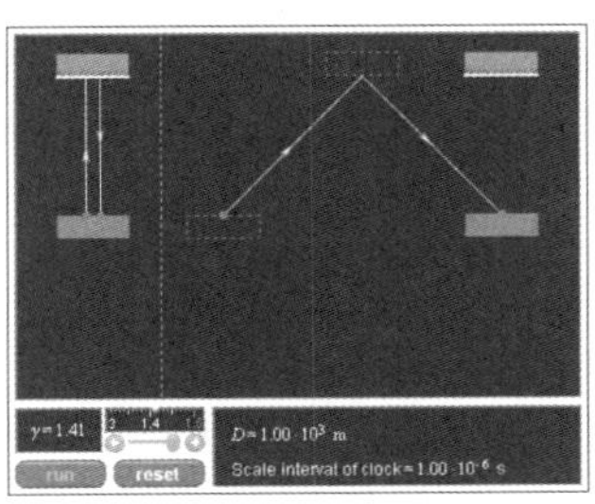

Como Aprender Física Tentando para Valer

Mark Hollabaugh (Normandale Community College)

A física abrange o pequeno e o grande, o velho e o novo. Dos átomos até as galáxias, dos circuitos elétricos até a aerodinâmica, a física é parte integrante do mundo que nos cerca. Você provavelmente está fazendo este curso de física baseado no cálculo como pré-requisito de cursos subseqüentes que fará para se preparar para uma carreira de ciências ou de engenharia. Seu professor deseja que você aprenda física e que goste da experiência. Ele está muito interessado em ajudá-lo a aprender essa fascinante matéria. Essa é uma das razões para ter escolhido este livro-texto para o seu curso. Também foi por isso que os doutores Young e Freedman me pediram para escrever esta seção introdutória. Desejamos o seu sucesso!

O objetivo desta seção é fornecer algumas idéias que possam auxiliá-lo durante a aprendizagem. Após uma breve abordagem sobre hábitos e estratégias gerais de estudo, serão apresentadas sugestões específicas sobre como usar o livro-texto.

Preparação para este Curso

Caso esteja adiantado em seus estudos de física, você aprenderá mais rapidamente alguns conceitos, por estar familiarizado com a linguagem dessa matéria. Da mesma forma, seus estudos de matemática facilitarão sua assimilação dos aspectos matemáticos da física. Seu professor poderá indicar alguns tópicos de matemática que serão úteis neste curso.

Aprendendo a Aprender

Cada um de nós possui um estilo próprio e um método preferido de aprendizagem. Compreender seu estilo de aprender ajudará você a identificar as dificuldades e superá-las. Obviamente você preferirá dedicar mais tempo estudando os assuntos mais complicados. Se você aprende mais ouvindo, assistir às aulas e conferências será muito importante. Caso prefira explicar, o trabalho em equipe vai lhe ser útil. Se a sua dificuldade está na solução de problemas, gaste uma parte maior do seu tempo aprendendo a resolver problemas. Também é fundamental desenvolver bons hábitos de estudo. Talvez a coisa mais importante que você possa fazer por si mesmo seja estabelecer uma rotina de estudos, em horários regulares e em um ambiente livre de distrações.

Responda para si mesmo as seguintes perguntas:

- Estou apto para usar os conceitos matemáticos fundamentais da álgebra, da geometria e da trigonometria? (Caso não esteja apto, faça um programa de revisão com a ajuda de seu professor.)
- Em cursos semelhantes, qual foi a atividade na qual tive mais dificuldade? (Dedique mais tempo a isso.) Qual foi a atividade mais fácil para mim? (Execute-a primeiro; isso lhe dará mais confiança.)
- Eu entendo melhor a matéria se leio o livro antes ou depois da aula? (Pode ser que você aprenda melhor fazendo uma leitura superficial da matéria, assistindo à aula e depois relendo o material com mais atenção.)
- Eu dedico um tempo adequado aos meus estudos de física? (Uma regra prática para um curso deste tipo é dedicar 2h30 de estudos para cada hora de aula. Para uma semana com 5 horas de aula, deve-se dedicar cerca de 10 a 15 horas de estudos por semana.)
- Devo estudar física todos os dias? (Distribua as 10 ou 15 horas de estudos durante a semana!) Em que parte do dia meus estudos são mais eficientes? (Escolha um período específico do dia e atenha-se a ele.)
- Eu estudo em ambiente silencioso que favoreça minha concentração? (As distrações podem quebrar sua rotina de estudos e atrapalhar a assimilação de pontos importantes.)

Trabalho em Grupo

Cientistas e engenheiros raramente trabalham sozinhos e preferem cooperar entre si. Você aprenderá melhor e com mais prazer estudando Física junto com outros colegas. Alguns professores aplicam métodos formais de aprendizagem cooperativa ou incentivam a formação de grupos. Você pode, por exemplo, formar seu próprio grupo de estudos com amigos da escola ou de sua vizinhança. Caso possua *e-mail*, use-o para se comunicar com outros colegas. Seu grupo de estudos será especialmente importante quando estiver fazendo uma revisão para os exames.

Aulas e Anotações

Um componente importante de seu curso são as aulas e conferências. Na física, isso é especialmente importante porque seu professor geralmente faz demonstrações de princípios físicos, executa simulações em computador ou exibe filmes. Todos esses recursos ajudam você a entender princípios fundamentais. Não falte a nenhuma aula, e caso, por algum motivo, isso seja inevitável, peça as anotações de algum colega de seu grupo de estudos.

Faça anotações das aulas sob a forma de tópicos e deixe para completar os detalhes do conteúdo mais tarde. É difícil anotar palavra por palavra, portanto, anote apenas as idéias básicas. O professor pode usar um diagrama do livro.

Deixe um espaço em suas notas para inserir o diagrama depois. Após as aulas, revise suas anotações, preenchendo as lacunas e anotando os pontos que devem ser mais desenvolvidos posteriormente. Anote as referências de páginas, equações ou seções do livro.

Faça perguntas em classe ou procure o professor depois da aula. Lembre-se de que a única pergunta 'tola' é aquela que não foi feita.

Exames

Fazer uma prova gera um elevado nível de estresse. Contudo, estar bem preparado e descansado alivia a tensão. Preparar-se para uma prova é um processo contínuo; começa assim que termina a última prova. Imediatamente depois de uma prova, você deve rever cuidadosamente os eventuais erros cometidos. Proceda do seguinte modo: divida uma folha de papel em duas colunas. Em uma delas, escreva a solução correta do problema. Na outra, coloque sua solução e verifique onde foi que errou. Caso não consiga identificar com certeza o erro, consulte seu professor. A física se constrói a partir de princípios básicos e é necessário corrigir imediatamente qualquer interpretação incorreta. Atenção: embora você possa passar em um exame deixando para estudar na última hora, não conseguirá reter adequadamente os conceitos necessários para serem usados na próxima prova.

Agradecimentos

Desejamos agradecer às centenas de revisores e colegas que ofereceram valiosos comentários e sugestões para este livro. O sucesso duradouro de *Física* deve-se, em grande medida, às suas contribuições.

Edward Adelson (Ohio State University)
Ralph Alexander (University of Missouri at Rolla)
J. G. Anderson, R. S. Anderson
Wayne Anderson (Sacramento City College)
Alex Azima (Lansing Community College)
Dilip Balamore (Nassau Community College)
Harold Bale (University of North Dakota)
Arun Bansil (Northeastern University)
John Barach (Vanderbilt University)
J. D. Barnett, H. H. Barschall,
Albert Bartlett (University of Colorado)
Paul Baum (CUNY, Queens College)
Frederick Becchetti (University of Michigan)
B. Bederson, David Bennum (University of Nevada, Reno)
Lev I. Berger (San Diego State University)
Robert Boeke (William Rainey Harper College)
S. Borowitz, A. C. Braden, James Brooks (Boston University)
Nicholas E. Brown (California Polytechnic State University, San Luis Obispo)
Tony Buffa (California Polytechnic State University, San Luis Obispo)
A. Capecelatro, Michael Cardamone (Pennsylvania State University)
Duane Carmony (Purdue University)
Troy Carter (UCLA)
P. Catranides, John Cerne (SUNY at Buffalo)
Roger Clapp (University of South Florida)
William M. Cloud (Eastern Illinois University)
Leonard Cohen (Drexel University)
W. R. Coker (University of Texas, Austin)
Malcolm D. Cole (University of Missouri at Rolla)
H. Conrad, David Cook (Lawrence University)
Gayl Cook (University of Colorado)
Hans Courant (University of Minnesota)
Bruce A. Craver (University of Dayton)
Larry Curtis (University of Toledo)
Jai Dahiya (Southeast Missouri State University)
Steve Detweiler (University of Florida)
George Dixon (Oklahoma State University)
Donald S. Duncan, Boyd Edwards (West Virginia University)
Robert Eisenstein (Carnegie Mellon University)
Amy Emerson Missourn (Virginia Institute of Technology)
William Faissler (Northeastern University)
William Fasnacht (U.S. Naval Academy)
Paul Feldker (St. Louis Community College)
Carlos Figueroa (Cabrillo College)
L. H. Fisher
Neil Fletcher (Florida State University)
Robert Folk
Peter Fong (Emory University)
A. Lewis Ford (Texas A&M University)
D. Frantszog, James R.
Gaines (Ohio State University)
Solomon Gartenhaus (Purdue University)
Ron Gautreau (New Jersey Institute of Technology)
J. David Gavenda (University of Texas, Austin)
Dennis Gay (University of North Florida)
James Gerhart (University of Washington)
N. S. Gingrich
J. L. Glathart
S. Goodwin
Rich Gottfried (Frederick Community College)
Walter S. Gray (University of Michigan)
Paul Gresser (University of Maryland)
Benjamin Grinstein (UC San Diego)
Howard Grotch (Pennsylvania State University)
John Gruber (San Jose State University)
Graham D. Gutsche (U.S. Naval Academy)
Michael J. Harrison (Michigan State University)
Harold Hart (Western Illinois University)
Howard Hayden (University of Connecticut)
Carl Helrich (Goshen College)
Laurent Hodges (Iowa State University)
C. D. Hodgman
Michael Hones (Villanova University)
Keith Honey (West Virginia Institute of Technology)
Gregory Hood (Tidewater Community College)
John Hubisz (North Carolina State University)
M. Iona, John Jaszczak (Michigan Technical University)
Alvin Jenkins (North Carolina State University)
Robert P. Johnson (UC Santa Cruz)
Lorella Jones (University of Illinois)
John Karchek (GMI Engineering & Management Institute)

Thomas Keil (Worcester Polytechnic Institute)
Robert Kraemer (Carnegie Mellon University)
Jean P. Krisch (University of Michigan)
Robert A. Kromhout, Andrew Kunz (Marquette University)
Charles Lane (Berry College)
Thomas N. Lawrence (Texas State University)
Robert J. Lee
Alfred Leitner (Rensselaer Polytechnic University)
Gerald P. Lietz (De Paul University)
Gordon Lind (Utah State University)
S. Livingston
Elihu Lubkin (University of Wisconsin, Milwaukee)
Robert Luke (Boise State University)
David Lynch (Iowa State University)
Michael Lysak (San Bernardino Valley College)
Jeffrey Mallow (Loyola University) Robert Mania (Kentucky State University)
Robert Marchina (University of Memphis)
David Markowitz (University of Connecticut)
R. J. Maurer
Oren Maxwell (Florida International University)
Joseph L. McCauley (University of Houston)
T. K. McCubbin, Jr. (Pennsylvania State University)
Charles McFarland (University of Missouri at Rolla)
James Mcguire (Tulane University)
Lawrence McIntyre (University of Arizona)
Fredric Messing (Carnegie-Mellon University)
Thomas Meyer (Texas A&M University)
Andre Mirabelli (St. Peter's College, New Jersey)
Herbert Muether (S.U.N.Y., Stony Brook)
Jack Munsee (California State University, Long Beach)
Lorenzo Narducci (Drexel University)
Van E. Neie (Purdue University)
David A. Nordling (U. S. Naval Academy)
Benedict Oh (Pennsylvania State University)
L. O. Olsen
Jim Pannell (DeVry Institute of Technology)
W. F. Parks (University of Missouri)
Robert Paulson (California State University, Chico)
Jerry Peacher (University of Missouri at Rolla)
Arnold Perlmutter (University of Miami)
Lennart Peterson (University of Florida)
R. J. Peterson (University of Colorado, Boulder)
R. Pinkston
Ronald Poling (University of Minnesota)
J. G. Potter
C. W. Price (Millersville University)
Francis Prosser (University of Kansas)
Shelden H. Radin
Michael Rapport (Anne Arundel Community College)
R. Resnick
James A. Richards, Jr.,
John S. Risley (North Carolina State University)
Francesc Roig (University of California, Santa Barbara)
T. L. Rokoske
Richard Roth (Eastern Michigan University)
Carl Rotter (University of West Virginia)
S. Clark Rowland (Andrews University)
Rajarshi Roy (Georgia Institute of Technology)
Russell A. Roy (Santa Fe Community College)
Dhiraj Sardar (University of Texas, San Antonio)
Bruce Schumm (UC Santa Cruz)
Melvin Schwartz (St. John's University)
F. A. Scott
L. W. Seagondollar
Paul Shand (University of Northern Iowa)
Stan Shepherd (Pennsylvania State University)
Douglas Sherman (San Jose State)
Bruce Sherwood (Carnegie Mellon University)
Hugh Siefkin (Greenville College)
Tomasz Skwarnicki (Syracuse University)
C. P. Slichter
Charles W. Smith (University of Maine, Orono)
Malcolm Smith (University of Lowell)
Ross Spencer (Brigham Young University)
Julien Sprott (University of Wisconsin)
Victor Stanionis (Iona College)
James Stith (American Institute of Physics)
Chuck Stone (North Carolina A&T State University)
Edward Strother (Florida Institute of Technology)
Conley Stutz (Bradley University)
Albert Stwertka (U.S. Merchant Marine Academy)
Martin Tiersten (CUNY, City College)
David Toot (Alfred University)
Somdev Tyagi (Drexel University)
F. Verbrugge
Helmut Vogel (Carnegie Mellon University)
Robert Webb (Texas A & M)
Thomas Weber (Iowa State University)
M. Russell Wehr (Pennsylvania State University)
Robert Weidman (Michigan Technical University)
Dan Whalen (UC San Diego)
Lester V. Whitney
ThomasWiggins (Pennsylvania State University)
DavidWilley (University of Pittsburgh, Johnstown)
George Williams (University of Utah)
John Williams (Auburn University)
Stanley Williams (Iowa State University)
Jack Willis
Suzanne Willis (Northern Illinois University)
Robert Wilson (San Bernardino Valley College)
L. Wolfenstein, James Wood (Palm Beach Junior College)
Lowell Wood (University of Houston)
R. E. Worley
D. H. Ziebell (Manatee Community College)
George O. Zimmerman (Boston University).

Além disso, nós dois temos agradecimentos individuais a fazer.

Estendo meus cordiais agradecimentos aos meus colegas da Carnegie-Mellon, em especial aos professores Robert Kraemer, Bruce Sherwood, Ruth Chabay, Helmut Vogel e Brian Quinn, por discussões estimulantes sobre pedagogia da Física e por seu apoio e incentivo durante a elaboração das sucessivas edições deste livro. Agradeço também às muitas gerações de estudantes da Carnegie-Mellon, por me ajudarem a entender o que é ser um bom professor e um bom escritor e por me mostrarem o que funciona ou não. É sempre um prazer e um privilégio expressar minha gratidão à minha mulher, Alice, e minhas filhas, Gretchen e Rebeca, pelo amor, suporte e amparo emocional durante a elaboração das sucessivas edições deste livro. Quem dera todos os homens e mulheres fossem abençoados com o amor que elas me dedicam.

H. D.Y.

Gostaria de prestar agradecimento aos meus colegas do passado e do presente da UCSB, incluindo Rob Geller, Carl Gwin, Al Nash, Elisabeth Nicol e Francesc Roig, pelo dedicado apoio e pelas valiosas discussões. Expresso minha gratidão especial aos meus primeiros professores Willa Ramsay, Peter Zimmerman, William Little, Alan Schwerttman e Dirk Walecka por me mostrarem como é claro e envolvente o ensino da Física, e a Stuart Johnson por me convidar a participar deste projeto como co-autor a partir da nona edição. Meus especiais agradecimentos à equipe editorial da Addison Wesley e seus parceiros: a Adam Black pela visão editorial; a Margot Otway pelo extraordinário senso gráfico e cuidadoso desenvolvimento desta edição; a Peter Murphy e Carol Reitz pela cuidadosa leitura do manuscrito; a Wayne Anderson, Charlie Hibbard, Laird Kramer e Larry Stookey pelo trabalho nos problemas de final de capítulo; e a Laura Kenney, Chandrika Madhavan, Nancy Tabor e Pat McCutcheon por manter a produção editorial fluindo. Desejo agradecer ao meu pai por seu amor e suporte permanentes e por reservar um espaço na estante para este livro. Acima de tudo, desejo expressar minha gratidão e amor à minha esposa, Caroline, a quem dedico minhas contribuições a este livro. Alô, Caroline, a nova edição finalmente saiu – vamos comemorar!

R.A.F.

NATUREZA E PROPAGAÇÃO DA LUZ

33

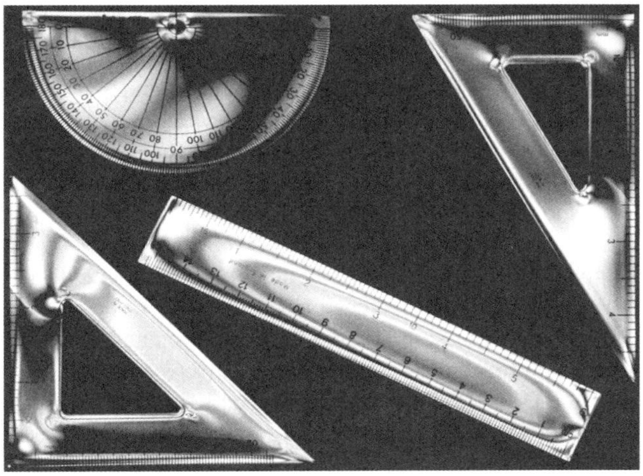

OBJETIVOS DE APRENDIZAGEM

Ao estudar este capítulo, você aprenderá:

- O que são raios de luz, e como eles se relacionam com as frentes de onda.
- As leis que governam a reflexão e a refração da luz.
- As circunstâncias em que a luz é totalmente refletida em uma interface.
- Como fazer luz polarizada a partir de luz comum.
- Como o princípio de Huygens nos ajuda a analisar a reflexão e a refração.

? Essas ferramentas de desenho são feitas de plástico transparente, mas um arco-íris de cores aparece quando são colocadas entre dois filtros especiais, chamados polarizadores. Como essas cores aparecem?

A cor azul dos lagos, o ocre dos desertos, o verde das florestas e as diversas cores de um arco-íris podem ser apreciados por qualquer um que tenha olhos para ver. Contudo, estudando um ramo da física chamado **ótica**, que trata do comportamento da luz e de outras ondas eletromagnéticas, podemos apreciar de modo mais profundo o mundo visível. O conhecimento das propriedades da luz nos permite explicar por que o céu é azul, além de entender o funcionamento do olho humano e de dispositivos como telescópios, microscópios, câmeras e óculos. Os mesmos princípios da ótica desempenham, também, papel preponderante em muitas inovações modernas, como o laser, a fibra óptica, os hologramas, os computadores óticos e as novas técnicas para obter imagens médicas.

A importância da ótica para a física, para a engenharia e a ciência de um modo geral é tão grande que dedicaremos os próximos quatro capítulos a estudá-la. Neste capítulo, começaremos com um estudo das leis da reflexão e da refração, bem como dos conceitos de dispersão, polarização e espalhamento da luz. No decorrer deste estudo vamos comparar as diversas descrições possíveis da luz em termos de partículas, raios ou ondas, e introduziremos o princípio de Huygens, um elo importante entre o ponto de vista ondulatório e a descrição por meio de raios. No Capítulo 34, usaremos a descrição por meio de raios luminosos para entender como funcionam os espelhos e as lentes, e mostraremos como eles são usados em instrumentos de ótica tais como telescópios, microscópios e câmeras. Exploraremos em detalhe as características ondulatórias da luz nos capítulos 35 e 36.

33.1 A natureza da luz

Até a época de Isaac Newton (1642-1727), a maioria dos cientistas imaginava que a luz fosse constituída por um feixe de minúsculas partículas (chamadas de *corpúsculos*) emitidas por fontes de luz. Galileu e outros pesquisadores tentaram (sem êxito) medir a velocidade da luz. Em torno de 1665, surgiram as primeiras evidências das propriedades *ondulatórias* da luz. No início do século XIX, as evidências de que a luz é uma onda cresceram de modo bastante convincente.

Em 1873, James Clerk Maxwell previu a existência das ondas eletromagnéticas e calculou a velocidade de propagação dessas ondas, conforme aprendemos no Capítulo 32, volume 3. Esse desenvolvimento, juntamente com o trabalho experimental de Heinrich Hertz iniciado em 1887, mostrou de maneira irrefutável que a luz é realmente uma onda eletromagnética.

Os dois aspectos da luz

A natureza ondulatória da luz, entretanto, não é suficiente para explicar tudo. Diversos efeitos associados à emissão e absorção da luz revelam a natureza corpuscular da luz, no sentido de que a energia transportada pela onda luminosa é concentrada em pacotes discretos conhecidos como *fótons* ou *quanta*. Os aspectos ondulatórios e corpusculares da luz aparentemente contraditórios foram conciliados em 1930 com o desenvolvimento da eletrodinâmica quântica, uma teoria que explica *simultaneamente* esses dois aspectos. A *propagação* da luz pode ser descrita melhor usando-se um modelo ondulatório, porém, para explicar a emissão e a absorção da luz, é necessário considerar sua natureza corpuscular.

As fontes fundamentais de todos os tipos de ondas eletromagnéticas são cargas elétricas aceleradas. Todos os corpos emitem uma radiação eletromagnética, resultado do movimento térmico de suas moléculas; essas ondas constituem a chamada *radiação térmica* e apresentam uma mistura de comprimentos de onda. Em temperaturas adequadamente elevadas, todos os corpos emitem uma quantidade de luz suficiente para se tornarem luminosos; um corpo muito quente pode tornar-se 'vermelho incandescente' (Figura 33.1) ou 'branco incandescente'. Portanto, qualquer forma de matéria quente é uma fonte de luz. Exemplos comuns são a chama de uma vela, o carvão de uma fogueira, as espirais de um aquecedor e o filamento de uma lâmpada incandescente (que geralmente opera em uma temperatura aproximada de 3000 °C).

A luz também é produzida durante descargas elétricas em gases ionizados. Exemplos são a luz azul de uma lâmpada com arco de mercúrio, a luz laranja-amarelada de uma lâmpada de vapor de sódio e as diversas cores emitidas em anúncios de 'neônio'. Uma variante da lâmpada com arco de mercúrio é a lâmpada *fluorescente* (Figura 30.7). A fonte luminosa usa um material chamado *fósforo* para converter a radiação ultravioleta de um arco de mercúrio em luz visível. Essa conversão direta faz com que uma lâmpada fluorescente seja mais eficiente na conversão da energia elétrica em luz do que uma lâmpada incandescente.

Uma fonte de luz que nos últimos quarenta anos vem se tornando cada vez mais importante é o *laser*. Em quase todas as fontes luminosas, a luz é emitida independentemente por átomos diferentes no interior da fonte; contudo, no caso de um laser, os átomos no interior da fonte são induzidos a emitir luz de modo organizado e coerente. O resultado é que o feixe do laser pode ser muito intenso e fino, além de mais *monocromático* — com freqüência única — do que o feixe produzido por qualquer outra fonte de luz. O laser é usado por médicos para fazer pequenas cirurgias, na reprodução do som de um CD e em computadores, para varrer as informações codificadas em discos compactos ou em um CD-ROM. Na indústria ele é empregado para cortar aço ou fundir materiais que possuem um ponto de fusão elevado e tem muitas outras aplicações (Figura 33.2).

Qualquer que seja o tipo da fonte, as ondas eletromagnéticas propagam-se no vácuo com a velocidade da luz. Como vimos nas Seções 1.3 e 32.1, a velocidade da luz no vácuo é

$$c = 2{,}99792458 \times 10^8 \text{ m/s}$$

ou $3{,}00 \times 10^8$ com três algarismos significativos. A duração de um segundo é baseada em um relógio de césio (ver Seção 1.3); logo, um metro é definido como a distância percorrida pela luz em 1/299792458 s.

Figura 33.1 Um aquecedor elétrico emite principalmente ondas infravermelhas. No entanto, quando sua temperatura está suficientemente elevada, ele também emite uma quantidade substancial de luz vermelha.

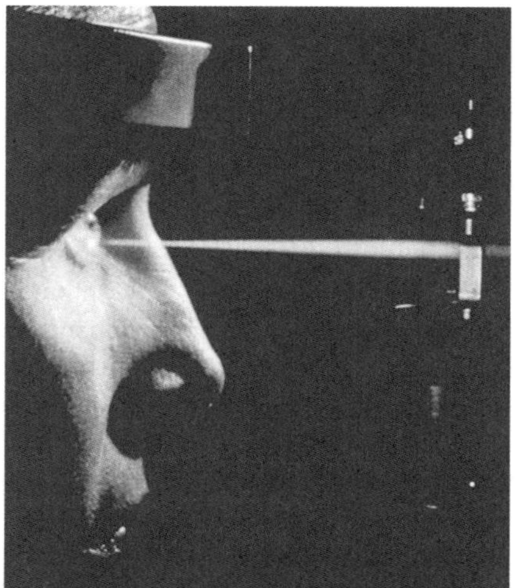

Figura 33.2 Cirurgiões-oftálmicos utilizam laser para consertar descolamentos de retinas e para cauterizar vasos sangüíneos na retinopatia. Pulsos de luz azul-esverdeada de um laser de argônio são ideais para esse propósito, já que atravessam a parte transparente do olho sem causar danos, mas são absorvidos pelos pigmentos vermelhos da retina.

Onda, raio e frente de onda

Geralmente usamos o conceito de **frente de onda** para descrever a propagação de uma onda. Introduzimos esse conceito na Seção 32.2, volume 3, para descrever a extremidade dianteira de uma onda. De modo mais geral, podemos definir a frente de onda como *o lugar geométrico de todos os pontos adjacentes que possuem a mesma fase da vibração de uma grandeza física associada com a onda*. Ou seja, em qualquer instante todos os pontos sobre uma frente de onda estão na mesma parte do ciclo de suas respectivas vibrações.

Quando deixamos uma pedra cair em um lago calmo, os círculos que se expandem a partir do centro formando as cristas das ondas, bem como os círculos formados nos vales entre as cristas, são exemplos de frentes de onda. Analogamente, quando ondas sonoras se espalham no ar parado a partir de uma fonte puntiforme, ou quando as ondas eletromagnéticas se espalham a partir de uma fonte emissora puntiforme, qualquer superfície concêntrica com a fonte é uma frente de onda, como mostra a Figura 33.3. Nos diagramas de movimentos ondulatórios, geralmente desenhamos apenas partes de algumas frentes de onda, com freqüência escolhendo frentes de onda consecutivas que tenham a mesma fase e, portanto, estejam a um comprimento de onda de distância, como, por exemplo, duas cristas consecutivas das ondas na superfície da água. Analogamente, um diagrama de ondas sonoras deve mostrar somente 'cristas de pressão', ou seja, as superfícies nas quais a pressão torna-se máxima, e um diagrama de ondas eletromagnéticas deve mostrar somente as 'cristas' nas quais o campo magnético e o campo elétrico atingem seus valores máximos.

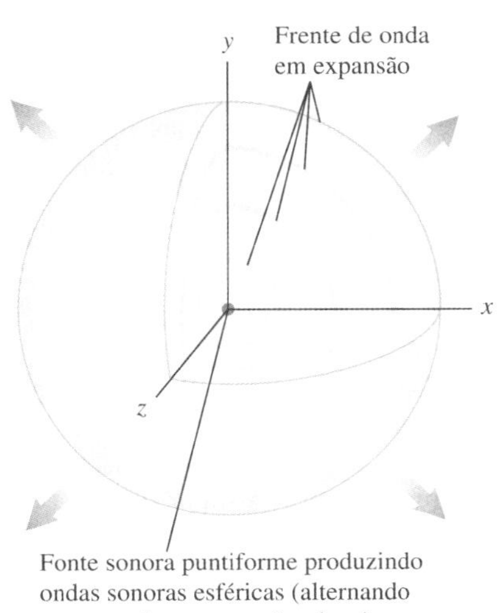

Figura 33.3 As frentes de onda sonoras esféricas se espalham uniformemente em todas as direções a partir de uma fonte puntiforme situada num meio em repouso, tal como o ar parado, que apresenta as mesmas propriedades em todas as regiões e em todas as direções. As ondas eletromagnéticas também se espalham no vácuo da maneira aqui indicada.

Freqüentemente usaremos diagramas que mostram as frentes de onda ou suas seções retas em algum plano de referência. Por exemplo, quando ondas eletromagnéticas são irradiadas por uma pequena fonte luminosa, podemos representar as frentes de onda por meio de esferas concêntricas com a fonte ou então, como na Figura 33.4a, pelas interseções circulares dessas superfícies com o plano do diagrama. Em pontos muito afastados da fonte, quando os raios das esferas tornam-se bem grandes, podemos supor que a seção reta de cada superfície esférica seja um plano, obtendo-se ondas *planas* como aquelas que foram discutidas nas seções 32.2 e 32.3, volume 3. (Veja a Figura 33.4b.)

Para descrever as direções da propagação da luz, em geral é mais conveniente representar uma onda luminosa por meio de um **raio** em vez de se usar uma frente de onda. Os raios de luz foram empregados muito tempo antes de se estabelecer com certeza a natureza ondulatória da luz. Na descrição corpuscular da luz, os raios são as trajetórias das partículas. Do ponto de vista ondulatório, *um raio é uma linha imaginária ao longo da direção de propagação da onda*. Na Figura 33.4a os raios são as linhas retas na direção radial das frentes de onda esféricas; na Figura 33.4b os raios são as linhas retas perpendiculares às frentes de onda. Quando uma onda se propaga em um material homogêneo e isotrópico (ou seja, um material que possui as mesmas propriedades em todas as regiões e em todas as direções), os raios são sempre linhas retas perpendiculares às frentes de onda. Na superfície que separa dois meios materiais, tal como a superfície de uma placa de vidro no ar, a velocida-

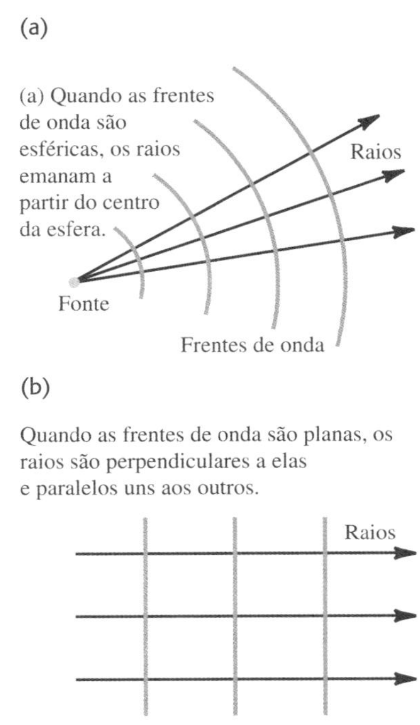

Figura 33.4 Frentes de onda (verticais) e raios (horizontais).

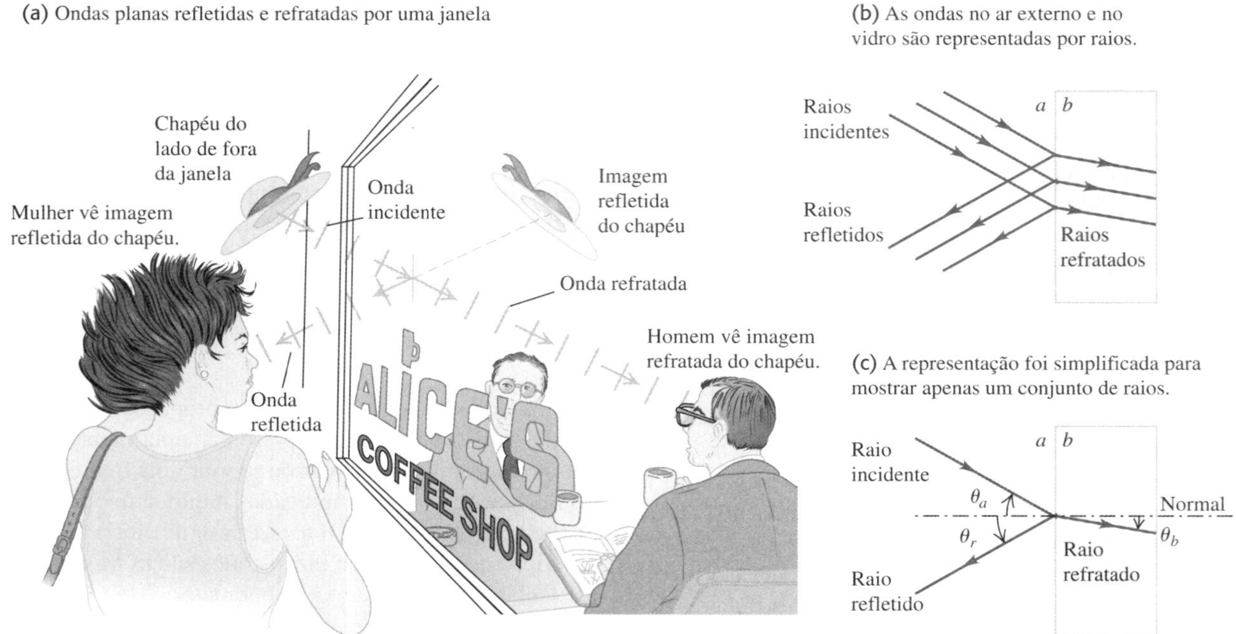

Figura 33.5 (a) Uma onda plana é parcialmente refletida e parcialmente refratada na interface entre dois meios (o ar e o vidro). A luz atinge o interior da lanchonete depois de duas refrações: a primeira quando ela penetra no vidro e a segunda quando ela sai do vidro. (b), (c) Como a luz se comporta na interface entre o ar dentro da lanchonete (material *a*) e o vidro (material *b*). No exemplo mostrado aqui, o material *b* possui um índice de refração maior do que o do material *a* ($n_b > n_a$), e o ângulo θ_b é menor do que θ_a.

de da onda e a direção dos raios podem variar, porém os segmentos dos raios no ar e no vidro são sempre linhas retas.

Nos capítulos seguintes, você terá a oportunidade de ver as relações existentes entre a descrição da luz por meio de raios, ondas e corpúsculos. O ramo da ótica em que a abordagem por meio de raios é mais adequada denomina-se **ótica geométrica**; o ramo que trata especificamente das propriedades ondulatórias da luz é a **ótica ondulatória**. Este capítulo e o seguinte tratam principalmente da ótica geométrica. Nos capítulos 35 e 36 estudaremos os fenômenos ondulatórios e a ótica ondulatória.

Teste sua compreensão da Seção 33.1 Alguns cristais *não* são isotrópicos: a luz atravessa o cristal com uma velocidade maior em certas direções do que em outras. Em um cristal em que a luz viaja na mesma velocidade nas direções dos eixos *Ox* e *Oz*, mas com uma velocidade um pouco maior na direção *Oy*, qual seria a forma das frentes de onda produzidas por uma fonte de luz na origem? (i) esférica, como aquelas mostradas na Figura 33.3; (ii) elipsoidais, achatas sobre o eixo *Oy*; (iii) elipsoidais, alongadas sobre o eixo *Oy*. ❚

33.2 Reflexão e refração

Nesta seção usaremos o modelo de *raios* luminosos para estudar dois aspectos importantes da propagação da luz: a **reflexão** e a **refração**. Quando uma onda de luz atinge uma superfície lisa separando dois meios transparentes (tal como o ar e o vidro ou a água e o vidro), em geral a onda é parcialmente *refletida* e parcialmente *refratada* (transmitida) para o outro material, como indicado na Figura 33.5a. Por exemplo, quando você está na rua e olha para o interior de uma lanchonete através do vidro de uma janela, observa a reflexão de alguma cena da rua, porém, a pessoa que está no interior da lanchonete pode ver a mesma cena, visto que a luz atinge o interior da lanchonete por refração.

Os segmentos das ondas planas indicadas na Figura 33.5a podem ser representados por conjuntos de raios que formam feixes de luz (Figura 33.5b). Para simplificar, geralmente desenhamos somente um raio para cada feixe (Figura 33.5c). A representação dessas ondas por meio de raios é a base da ótica geométrica. Começamos nosso estudo mostrando o comportamento de um único raio.

Descrevemos as direções dos raios incidentes, refletidos e refratados (transmitidos) na interface lisa separando dois meios transparentes em relação aos ângulos que esses raios formam com a *normal* à superfície no ponto de incidência, como indicado na Figura 33.5c. Quando a superfície é rugosa, os raios transmitidos e refletidos são espalhados em diversas direções e não existe um único ângulo de reflexão ou de refração. Dizemos que ocorre **reflexão especular** em uma superfície lisa quando existe um único ângulo de reflexão; quando os raios refletidos são espalhados em diversas direções em uma superfície rugosa dizemos que ocorre **reflexão difusa**. Essa diferença é indicada na Figura 33.6. Esses dois tipos de reflexão ocorrem tanto

(a) Reflexão especular.

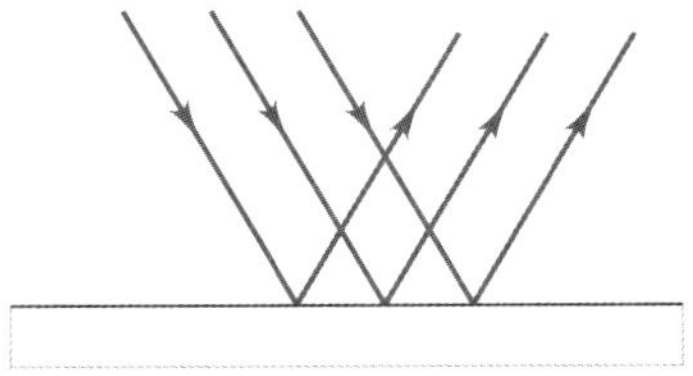

(b) Reflexão difusa.

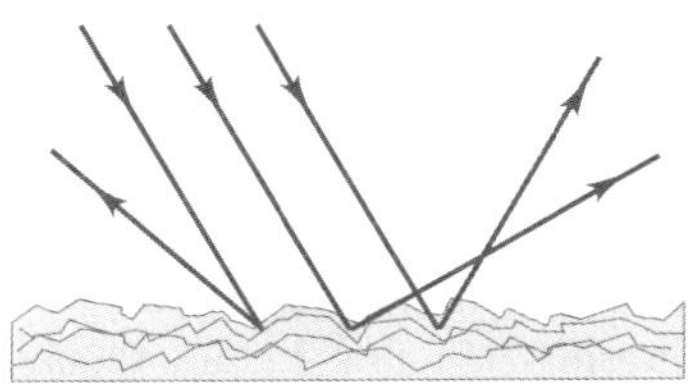

Figura 33.6 Dois tipos de reflexão.

no caso de materiais transparentes quanto no caso de materiais *opacos*, ou seja, aqueles que não transmitem luz. Quase todos os objetos ao nosso redor tornam-se visíveis porque eles refletem a luz de maneira difusa em suas superfícies. Contudo, nossa preocupação principal diz respeito ao estudo da reflexão especular em superfícies muito lisas, tais como vidros, plásticos ou metais altamente polidos. A menos que se diga o contrário, sempre mencionaremos a palavra 'reflexão' para nos referirmos à reflexão *especular*.

O **índice de refração** de um material, designado pela letra n, desempenha um papel fundamental na ótica geométrica. Ele é definido como a razão entre a velocidade da luz c no vácuo e a velocidade da luz v no material:

$$n = \frac{c}{v} \qquad (33.1)$$

(índice de refração)

A luz sempre se propaga *mais lentamente* através de um material do que no vácuo, portanto, o valor de n em qualquer meio material é sempre maior do que 1. No vácuo, é $n = 1$. Visto que n é a razão entre duas velocidades, trata-se de um número puro sem unidades. (A relação entre n e as propriedades elétricas e magnéticas do material foi descrita na Seção 32.3, volume 3.)

ATENÇÃO Velocidade da onda e índice de refração Lembre-se que a velocidade de propagação v é *inversamente* proporcional ao índice de refração n. Quanto maior for o índice de refração de um material, *menor* será a velocidade de propagação da onda no material. Se não se lembrar disso, você poderá fazer confusão!

Leis da reflexão e da refração

Os estudos experimentais das direções dos raios incidentes, refletidos e refratados em uma interface lisa entre dois meios transparentes conduziram às seguintes conclusões (Figura 33.7):

1. **O raio incidente, o raio refletido, o raio refratado e a normal à superfície estão todos sobre o mesmo plano.** O plano que contém esses três raios é perpendicular ao plano da interface entre os dois materiais. Sempre desenhamos diagramas nos quais o raio incidente, o raio refletido e o raio refratado estão contidos no plano do diagrama.

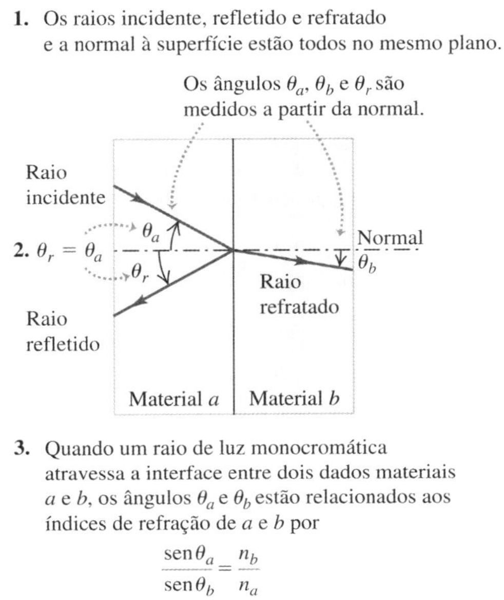

Figura 33.7 As leis da reflexão e da refração.

(a) Um raio entrando em um material de índice de refração maior se inclina na direção da normal.

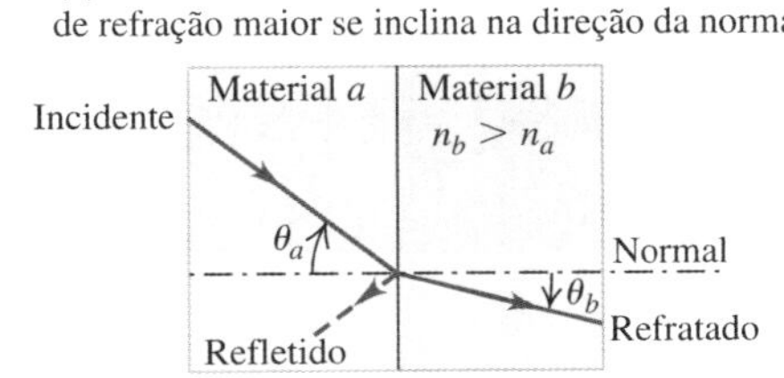

(b) Um raio entrando em um material de índice de refração menor se afasta da normal.

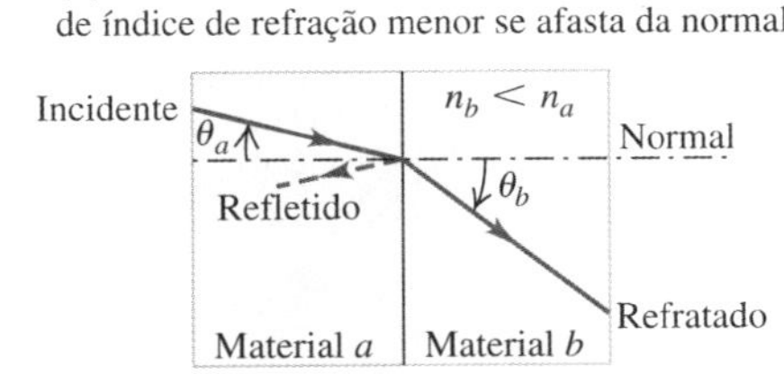

(c) Um raio com a mesma orientação da normal não sofre desvio, independentemente dos materiais.

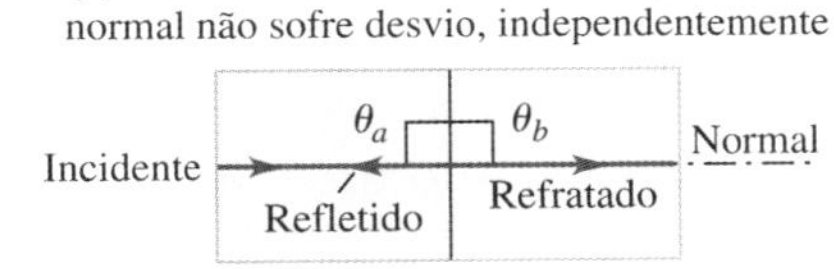

Figura 33.8 Reflexão e refração em três casos.

2. **O ângulo de reflexão θ_r é igual ao ângulo de incidência θ_a para todos os comprimentos de onda e para qualquer par de materiais.** Ou seja, na Figura 33.5c,

$$\theta_r = \theta_a \qquad (33.2)$$

(lei da reflexão)

A relação anterior, juntamente com a observação de que o raio incidente, o raio refletido, o raio refratado e a normal à superfície estão sobre o mesmo plano, constitui a chamada **lei da reflexão**.

3. Para a luz monocromática e um dado par de materiais, a e b, separados pela interface, **a razão entre o seno dos ângulos θ_a e θ_b, onde esses ângulos são medidos a partir da normal à superfície, é igual ao inverso da razão entre os dois índices de refração**:

$$\frac{\text{sen}\theta_a}{\text{sen}\theta_b} = \frac{n_b}{n_a} \qquad (33.3)$$

ou

$$n_a \text{sen}\theta_a = n_b \text{sen}\theta_b \quad \text{(lei de refração)} \qquad (33.4)$$

O resultado experimental anterior, juntamente com a observação de que o raio incidente, o raio refletido, o raio refratado e a normal à superfície estão sobre o mesmo plano, constitui a chamada **lei da refração** ou **lei de Snell**, em homenagem ao cientista holandês Willebrord Snell (1591-1626). Contudo, não se sabe ao certo se Snell realmente descobriu essa lei. A conclusão de que $n = c/v$ surgiu muito depois.

Embora esses efeitos tenham sido observados primeiro experimentalmente, eles podem ser deduzidos teoricamente a partir da descrição da luz como onda. Faremos isso na Seção 33.7.

As equações (33.3) e (33.4) mostram que, quando um raio passa de um material a para um material b que tenha um índice de refração maior ($n_b > n_a$) e, conseqüentemente, uma velocidade de onda menor, o ângulo θ_b com a normal no segundo material é *menor* do que o ângulo θ_a com a normal no primeiro material; logo, o raio se desvia *aproximando-se* da normal (Figura 33.8a). Quando o segundo material possui índice de refração *menor* do que o índice de refração do primeiro material ($n_b < n_a$) e, conseqüentemente, uma velocidade de onda maior, o raio se desvia *afastando-se* da normal (Figura 33.8b).

(a) Uma régua retilínea semi-imersa na água.

(b) Por que a régua parece torta?

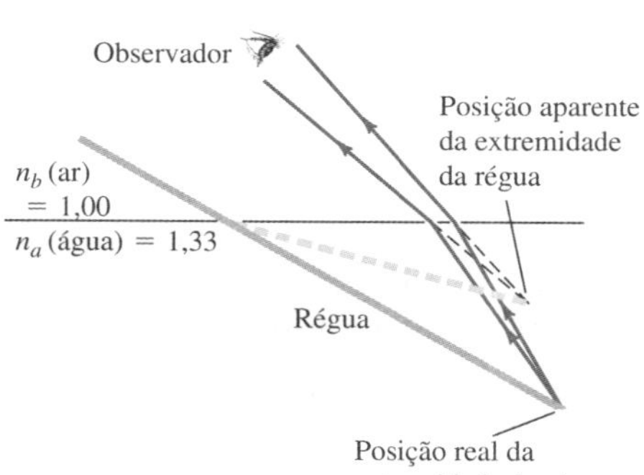

Figura 33.9 (a) Essa régua é, na verdade, retilínea, mas parece torta quando está dentro da água. (b) Os raios de luz provenientes de um objeto submerso se desviam da normal quando eles saem para o ar. Quando um observador situado acima da superfície da água olha para baixo, ele tem a impressão de que o objeto está em uma profundidade menor do que sua profundidade real.

(a)

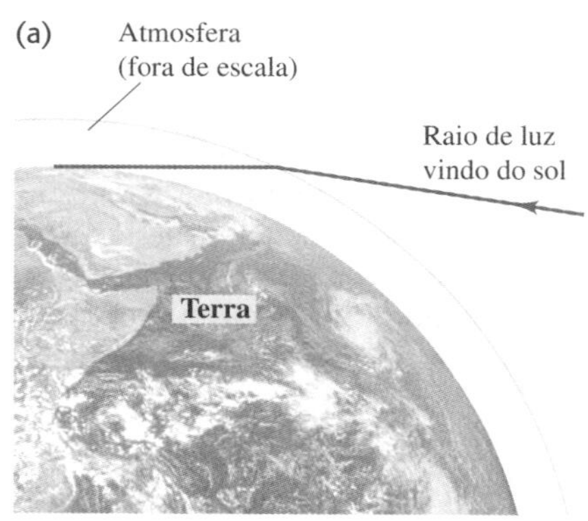

(b)

Figura 33.10 (a) O índice de refração do ar é pouco maior do que 1, de modo que a luz proveniente do sol durante o poente se desvia ligeiramente quando atravessa a atmosfera e atinge nossos olhos (o efeito está exagerado na figura). (b) A refração é mais acentuada para os raios provenientes da parte inferior do sol (o lado mais próximo do horizonte). Em virtude desse efeito, o sol parece mais achatado na direção vertical (veja o Problema 33.55).

Qualquer que seja a natureza do material dos dois lados de uma interface, o raio transmitido não sofre nenhum desvio quando a incidência ocorre na direção da *normal* da interface, ou seja, quando o raio incidente é perpendicular à superfície (Figura 33.8c). Nesse caso, $\theta_a = 0$ e $\text{sen}\theta_a = 0$, logo, pela Equação (33.4), θ_b também é igual a zero e o raio transmitido também é perpendicular à interface. A Equação (33.2) mostra que θ_r também é igual a zero, então o raio refletido volta pelo mesmo caminho do raio incidente.

A lei da refração explica por que uma régua parcialmente submersa ou um canudo num copo de refresco parece torto; a luz proveniente da parte submersa muda de direção quando atravessa a interface ar–água, dando a impressão de que os raios são emitidos por um ponto situado acima da sua posição verdadeira (Figura 33.9). Um efeito similar explica a aparência do sol poente (Figura 33.10).

Um caso especial é a refração que ocorre na interface que separa um corpo do vácuo, onde o índice de refração é igual a 1 por definição. Quando um raio sai do vácuo e penetra em um material *b*, de modo que $n_a = 1$ e $n_b > 1$, o raio sempre se desvia *aproximando-se* da normal. Quando um raio sai de um material e passa a se propagar no vácuo, de modo que $n_a > 1$ e $n_b = 1$, o raio sempre se desvia *afastando-se* da normal.

As leis da reflexão e da refração se aplicam independentemente do lado da interface de onde provem o raio incidente. Se um raio de luz se aproximar da interface ilustrada na Figura 33.8a ou na Figura 33.8b vindo do lado direito em vez de do lado esquerdo, existirão novamente raios refletidos e raios refratados; esses dois raios, o raio incidente e a normal à superfície, de novo se encontram sobre um mesmo plano. Além disso, a trajetória seguida por um raio refratado é *reversível*; ou seja, quando vai de *a* para *b* ele segue o mesmo caminho de *b* para *a*. [Você pode verificar essa afirmação usando a Equação (33.4).] Como o raio refletido forma com a normal o mesmo ângulo do raio incidente, a trajetória do raio refletido também é reversível. Portanto, quando você vê os olhos de uma pessoa em um espelho, ela também vê você.

As *intensidades* dos raios refletidos e refratados dependem do ângulo de incidência, dos dois índices de refração e do estado de polarização (ou seja, da direção do vetor campo elétrico) da luz incidente. A fração refletida é mínima quando a incidência é perpendicular à superfície ($\theta_a = 0°$); por exemplo, no caso de uma interface ar-vidro, a fração é da ordem de 4%. Essa fração aumenta com o ângulo de incidência até atingir 100% quando a incidência é rasante, quando $\theta_a = 90°$.

É possível usar as equações de Maxwell para prever a amplitude, a intensidade, a fase e os estados de polarização do raio refletido e do raio refratado. Contudo, essa análise foge aos objetivos deste livro.

O índice de refração depende não somente da substância; para uma dada substância ele depende também do comprimento de onda da luz. Essa dependência denomina-se *dispersão* e iremos estudá-la na Seção 33.4. Os índices de refração de diversos sólidos e líquidos são listados na Tabela 33.1 para um comprimento de onda particular da luz amarela.

O índice de refração do ar em condições normais de temperatura e pressão é aproximadamente igual a 1,0003, e vamos em geral considerá-lo exatamente igual a 1. O índice de refração de um gás aumenta quando sua densidade se eleva. Muitos vidros usados em instrumentos de ótica possuem índice de refração com valores aproximados entre 1,5 e 2,00. Poucas substâncias transparentes apresentam índices de refração mais elevados; um exemplo é o diamante, com índice de refração igual a 2,417.

Tabela 33.1 Índice de refração para a luz amarela do sódio (λ_0 = 589 nm)

Substância	Índice de refração, *n*
Sólidos	
Gelo (H_2O)	1,309
Fluorita (CaF_2)	1,434
Polistireno	1,49
Sal (NaCl)	1,544
Quartzo (SiO_2)	1,544
Zircônio ($ZrO_2 \cdot SiO_2$)	1,923
Diamante (C)	2,417
Fabulito ($SrTiO_3$)	2,409
Rutilo (TiO_2)	2,62
Vidros (valores típicos)	
Crown	1,52
Flint leve	1,58
Flint médio	1,62
Flint denso	1,66
Flint lantânio	1,80
Líquidos a 20 °C	
Metanol (CH_3OH)	1,329
Água (H_2O)	1,333
Etanol (C_2H_5OH)	1,36
Tetracloreto de carbono (CCl_4)	1,460
Turpentina	1,472
Glicerina	1,473
Benzeno	1,501
Dissulfeto de carbono (CS_2)	1,628

Índice de refração e aspectos ondulatórios da luz

Mostramos como a direção de um raio de luz varia quando ele passa de um material para outro com índice de refração diferente. Também é importante examinar o que ocorre nesse caso com as características *ondulatórias* da luz.

Em primeiro lugar, a freqüência f da onda não varia quando ela passa de um material para outro. Ou seja, o número de ciclos que chega por unidade de tempo deve ser igual ao mesmo número que sai por unidade de tempo; isso decorre da constatação de que uma superfície de contorno não pode criar nem destruir uma onda.

Em segundo lugar, o comprimento de onda da luz λ geralmente *é* diferente quando a onda passa de um material para outro. Isso porque, para qualquer material, $v = \lambda f$; como f em qualquer material é a mesma que no vácuo e a velocidade v é sempre menor do que a velocidade c no vácuo, o valor de λ também fica reduzido de modo correspondente. Logo, o comprimento de onda da luz λ em um material é *menor do que* o comprimento de onda λ_0 da mesma luz no vácuo. De acordo com o que vimos anteriormente, $f = c/\lambda_0 = v/\lambda$. Combinando com a Equação (33.1), $n = c/v$, temos

$$\lambda = \frac{\lambda_0}{n} \qquad (33.5)$$

(comprimento de onda da luz em um material)

Quando a luz passa de um material para outro com índice de refração maior, de modo que $n_b > n_a$, a velocidade da onda diminui. O comprimento de onda $\lambda_b = \lambda_0/n_b$ no segundo material é então menor do que o comprimento de onda $\lambda_a = \lambda_0/n_a$ no primeiro material. Quando, ao contrário, o segundo material possui índice de refração inferior, de modo que $n_b < n_a$, a velocidade aumenta. Então o comprimento de onda λ_b no segundo material é maior do que o comprimento de onda λ_a no primeiro material. Intuitivamente vemos que isso faz sentido: quando a velocidade da onda diminui ela é 'comprimida' (o comprimento de onda torna-se menor) e quando a velocidade aumenta a onda se 'dilata' (o comprimento de onda torna-se maior).

Estratégia para a solução de problemas 33.1

REFLEXÃO E REFRAÇÃO

IDENTIFICAR *os conceitos relevantes*: você precisa utilizar as idéias desta seção referentes à *ótica geométrica* sempre que a luz encontrar um limiar entre dois materiais diferentes. Em geral, parte da luz é refletida de volta para o primeiro material e parte é refratada para o segundo material. Essas idéias se aplicam à radiação eletromagnética de todas as freqüências e comprimentos de onda, não apenas à luz visível.

PREPARAR *o problema por meio dos seguintes passos*:

1. Nos problemas de ótica geométrica envolvendo raios e ângulos, comece *sempre* desenhando um diagrama grande e nítido. Marque no diagrama todos os ângulos e índices de refração.
2. Determine as incógnitas do problema.

EXECUTAR *o problema da seguinte forma*:

1. Aplique as leis da reflexão, Equação (33.2), e refração, Equação (33.4). Lembre-se sempre de medir os ângulos de incidência, reflexão e refração a partir da *normal* da superfície onde ocorre a reflexão e a refração, *nunca* a partir da própria superfície.
2. Você precisará usar com freqüência alguns princípios simples da geometria e da trigonometria quando estiver considerando grandezas angulares. A soma dos ângulos internos de um triângulo é igual a 180°, a soma de um ângulo com o seu complemento é 90° e assim por diante. Parta das seguintes perguntas: "Que informações estão disponíveis?", "O que eu preciso saber para achar esse ângulo?" ou "Quais são os outros ângulos ou as outras grandezas que eu posso calcular com as informações fornecidas no problema?".
3. Lembre-se de que a freqüência da luz não se altera quando ela passa de um material para o outro, mas o comprimento de onda varia de acordo com a Equação (33.5).

AVALIAR *a sua resposta:* em problemas que envolvem refração, verifique se o sentido da refração é lógico. Se o segundo material possuir um índice de refração maior do que o primeiro material, o raio refratado se inclina na direção da normal e o ângulo refratado é menor do que o ângulo de incidência. Se o primeiro material tiver um índice de refração maior, o raio refratado se afasta da normal e o ângulo refratado é maior do que o ângulo de incidência. Os seus resultados estão de acordo com essas regras?

Exemplo 33.1

REFLEXÃO E REFRAÇÃO Na Figura 33.11, o material a é a água e o material b é um vidro com índice de refração igual a 1,52. Se o raio incidente forma um ângulo de 60° com a normal, estabeleça as direções do raio refletido e do refratado.

SOLUÇÃO

IDENTIFICAR: este é um problema de ótica geométrica. Sabemos o ângulo de incidência e o índice de refração de ambos os materiais, e precisamos encontrar os ângulos refletido e refratado.

PREPARAR: a Figura 33.11 mostra os raios e ângulos nesta situação. As incógnitas são o ângulo refletido θ_r e o ângulo refratado θ_b. Como n_b é maior do que n_a, o ângulo refratado deve ser menor do que o ângulo de incidência θ_c; isso é mostrado na figura.

EXECUTAR: de acordo com a Equação (33.2), o ângulo que o raio refletido faz com a normal é igual ao ângulo de incidência, logo $\theta_r = \theta_a = 60°$.

Para achar a direção do raio refratado, usamos a lei de Snell, Equação (33.4), com $n_a = 1{,}33$, $n_b = 1{,}52$ e $\theta_a = 60°$. Obtemos

$$n_a \operatorname{sen}\theta_a = n_b \operatorname{sen}\theta_b$$

$$\operatorname{sen}\theta_b = \frac{n_a}{n_b}\operatorname{sen}\theta_a = \frac{1{,}33}{1{,}52}\operatorname{sen} 60° = 0{,}758$$

$$\theta_b = 49{,}3°$$

AVALIAR: o índice de refração do segundo material é maior do que o índice de refração do primeiro, como na situação mostrada na Figura 33.8a. Assim, o raio refratado se desvia aproximando-se da normal, enquanto a onda perde velocidade ao passar para o segundo material, e $\theta_b < \theta_a$.

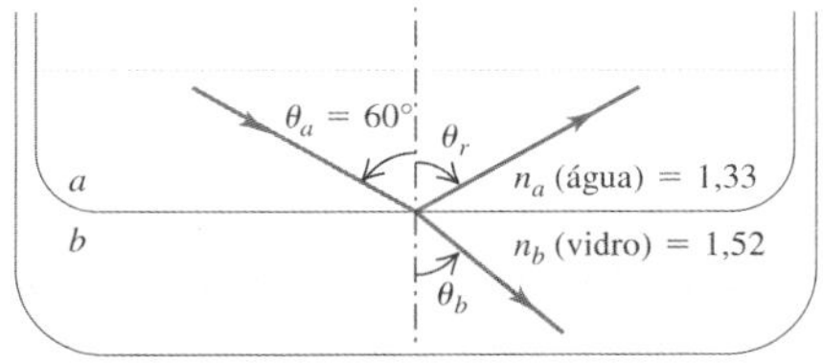

Figura 33.11 Reflexão e refração da luz passando da água para o vidro.

Exemplo 33.2

ÍNDICE DE REFRAÇÃO NO OLHO O comprimento de onda da luz vermelha emitida por um laser de hélio-neônio é 633 nm no ar, porém, no humor aquoso no interior do globo ocular o comprimento de onda é 474 nm. Calcule o índice de refração do humor aquoso, a velocidade e a freqüência da luz nesse líquido.

SOLUÇÃO

IDENTIFICAR: as idéias-chave aqui são a relação entre o índice de refração n e a velocidade da onda v, e a relação entre o índice de refração e o comprimento de onda λ.

PREPARAR: usamos a definição de índice de refração dada pela Equação (33.1), $n = c/v$, assim como a Equação (33.5), $\lambda = \lambda_0/n$. A relação entre a velocidade, o comprimento de onda e a freqüência, $v = \lambda f$, também será útil.

EXECUTAR: o índice de refração do ar é aproximadamente igual a 1, de modo que consideramos iguais os comprimentos de onda no ar e no vácuo. O comprimento de onda λ no líquido é dado pela Equação (33.5), com $\lambda_0 = 633$ nm:

$$\lambda = \frac{\lambda_0}{n} \qquad n = \frac{\lambda_0}{\lambda} = \frac{633 \text{ nm}}{474 \text{ nm}} = 1{,}34$$

que é aproximadamente igual ao índice de refração da água. Como $n = c/v$, achamos

$$v = \frac{c}{n} = \frac{3{,}00 \times 10^8 \text{ m/s}}{1{,}34} = 2{,}25 \times 10^8 \text{ m/s}$$

Finalmente, como $v = \lambda f$,

$$f = \frac{v}{\lambda} = \frac{2{,}25 \times 10^8 \text{ m/s}}{474 \times 10^{-9} \text{ m}} = 4{,}74 \times 10^{14} \text{ Hz}$$

AVALIAR: note que, embora o comprimento de onda e a velocidade possuam valores diferentes no ar e no humor aquoso, a *freqüência* no ar f_0 é a mesma freqüência f no humor aquoso:

$$f_0 = \frac{c}{\lambda_0} = \frac{3{,}00 \times 10^8 \text{ m/s}}{633 \times 10^{-9} \text{ m}} = 4{,}74 \times 10^{14} \text{ Hz}$$

Isso ilustra a regra geral de que, quando a luz passa de um material para outro, a freqüência de onda não se altera.

Exemplo 33.3

UM RAIO REFLETIDO DUAS VEZES Considere dois espelhos perpendiculares um ao outro. Um raio deslocando-se em um plano perpendicular aos dois espelhos é refletido por um dos espelhos e, a seguir, se reflete no outro, como indicado na Figura 33.12. Qual é a direção do raio refletido final em relação à direção do raio incidente inicial?

SOLUÇÃO

IDENTIFICAR: este problema envolve apenas a lei da reflexão.

PREPARAR: há duas reflexões nesta situação, logo precisamos aplicar a lei da reflexão duas vezes.

EXECUTAR: para o espelho 1, o ângulo de incidência é θ_1, que é igual ao ângulo de reflexão. A soma dos ângulos no interior do triângulo indicado na figura é igual a 180°; logo, notamos que o ângulo de incidência e o ângulo de reflexão no espelho 2 são ambos iguais a $90° - \theta_1$. A variação total da direção do raio incidente depois de sofrer a segunda reflexão é, portanto, igual a $2(90° - \theta_1) + 2\theta_1 = 180°$. Ou seja, o raio final retorna na mesma direção, porém com sentido de propagação oposto ao do raio incidente inicial.

AVALIAR: uma solução alternativa pode ser obtida mostrando que a reflexão especular produz inversão do sinal do componente da velocidade da luz perpendicular à superfície, porém mantém os outros componentes inalterados. Convidamos você a demonstrar em detalhe essa afirmação. Demonstre também que, quando um raio luminoso é sucessivamente refletido em três espelhos perpendiculares entre si que formam o vértice de um cubo (o chamado 'refletor de canto'), o raio que sofre a última reflexão retorna na mesma direção, porém com sentido de propagação oposto ao do raio incidente inicial. Esse princípio é largamente usado nas lanternas traseiras de veículos e nas sinalizações existentes em auto-estradas para aumentar a visibilidade durante a noite. Os astronautas da nave Apollo deixaram na superfície da Lua uma rede de refletores de canto. Usando um feixe de laser refletido por esses espelhos, a distância entre a Terra e a Lua tem sido medida com erro inferior a 0,15 m.

Teste sua compreensão da Seção 33.2 Você está em pé às margens de um lago. Você avista um peixe suculento nadando a alguma distância abaixo da superfície do lago. a) Se quiser lancetar o peixe, você deveria mirar a lança (i) acima, (ii) abaixo ou (iii) diretamente na posição aparente do peixe? b) Se, em vez disso, você utilizar um laser de alta potência para matar e cozinhar o peixe simultaneamente, deveria mirar o laser (i) acima, (ii) abaixo ou (iii) diretamente na posição aparente do peixe? ∎

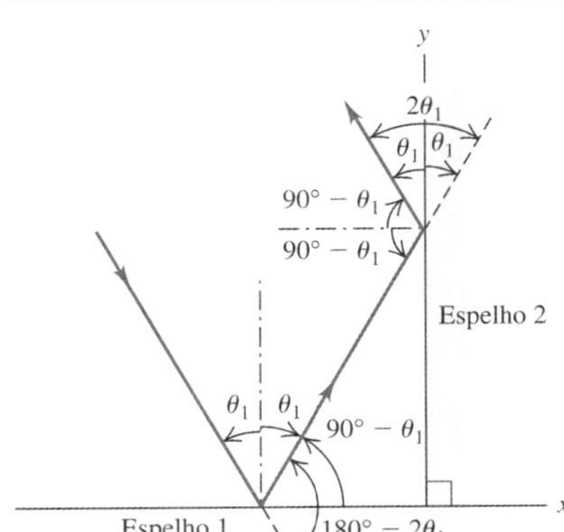

Figura 33.12 Um raio deslocando-se no plano *xy*. A primeira reflexão muda o sentido do componente *y* da sua velocidade e a segunda reflexão muda o sentido do componente *x*. Se um outro raio tivesse um componente *z*, um terceiro espelho (perpendicular aos dois espelhos indicados) produziria uma mudança do sentido desse componente.

33.3 Reflexão interna total

Descrevemos como a luz é parcialmente refletida e transmitida em uma interface entre dois materiais com índices de refração diferentes. Contudo, em certas circunstâncias, a luz pode ser *totalmente* refletida de uma interface e nenhuma luz ser transmitida, mesmo quando o segundo material é transparente. A Figura 33.13a mostra como isso pode ocorrer. A figura contém diversos raios que emanam de uma fonte puntiforme no seio de um material *a* com índice de refração n_a. Os raios incidem sobre a superfície de outro material *b* com índice de refração n_b, sendo $n_a > n_b$. (Por exemplo, o material *a* pode ser a água e o material *b*, o ar.) De acordo com a lei de Snell da refração,

$$\text{sen}\theta_b = \frac{n_a}{n_b}\text{sen}\theta_a$$

Como n_a/n_b é maior do que 1, $\text{sen}\theta_b$ é maior do que $\text{sen}\theta_a$; o raio é desviado e *se afasta* da normal. Logo, deve existir algum valor de θ_a *menor do que* 90° para o qual a lei de Snell forneça $\text{sen}\theta_b = 1$ e $\theta_b = 90°$. Isso ocorre com o raio 3 mostrado no diagrama, que emerge tangenciando a superfície com um ângulo de refração de 90°. Compare o diagrama da Figura 33.13a com a fotografia dos raios na Figura 33.13b.

(a) Reflexão interna total.

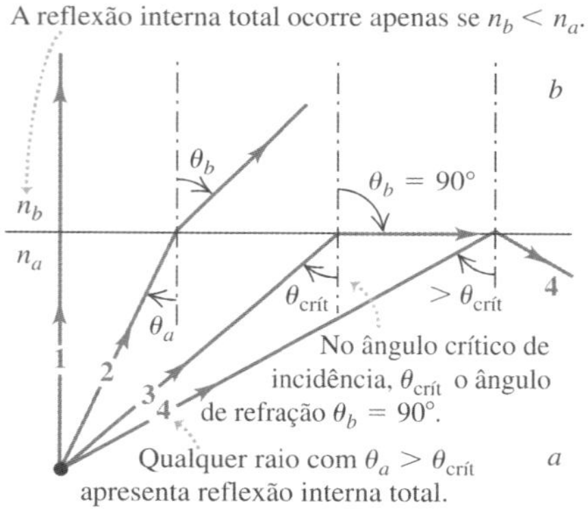

(b) Reflexão interna total demonstrada com um laser, espelhos e a água de um aquário.

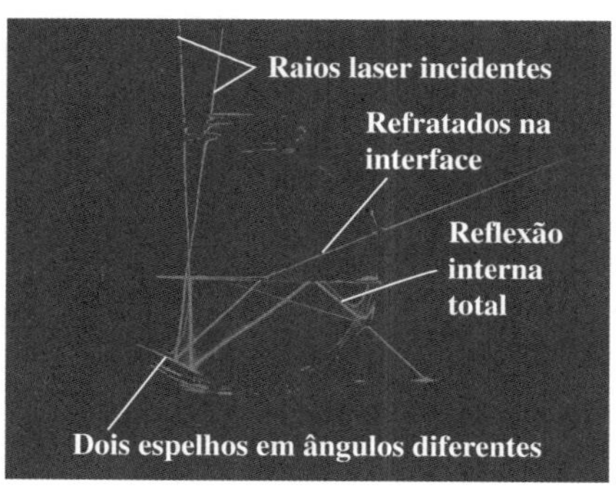

Figura 33.13 (a) Reflexão interna total. O ângulo de incidência para o qual o ângulo de refração é igual a 90° denomina-se ângulo crítico; isso ocorre no caso do raio 3. Para maior clareza, as partes refletidas dos raios 1, 2 e 3 não são mostradas. (b) Raios de um laser entram na água de um aquário vindos de cima; eles são refletidos no fundo do aquário por espelhos inclinados em ângulos levemente diferentes. Um raio sofre reflexão interna total na interface ar–água.

O ângulo de incidência em que o raio refratado emerge tangenciando a superfície denomina-se **ângulo crítico**, designado por $\theta_{crít}$. (Uma análise mais detalhada, baseada nas equações de Maxwell, mostra que, à medida que o ângulo de incidência se aproxima do ângulo crítico, a intensidade do raio transmitido tende a zero.) Se o ângulo de incidência fosse *maior do que* o ângulo crítico, o seno do ângulo de refração, obtido pela lei de Snell, seria maior do que 1, o que é impossível. Para qualquer ângulo maior do que o ângulo crítico, *nenhum* raio pode passar para o material existente na parte superior; nesse caso, o raio fica retido no material da parte inferior, sendo completamente refletido na interface entre os dois materiais. Essa situação, chamada de **reflexão interna total**, ocorre somente quando um raio proveniente de um material incide sobre a interface que o separa de um segundo material cujo índice de refração é *menor* do que o índice de refração do primeiro.

Podemos achar o ângulo crítico para dois materiais especificados fazendo $\theta_b = 90°$ ($\text{sen}\theta_b = 1$) na lei de Snell. Obtemos

$$\text{sen}\,\theta_{crít} = \frac{n_b}{n_a} \quad \text{(ângulo crítico para reflexão interna total)} \qquad (33.6)$$

Ocorre reflexão interna total sempre que o ângulo de incidência θ_a é igual ou superior ao ângulo crítico $\theta_{crít}$.

Aplicações da reflexão interna total

A reflexão interna total tem muitas aplicações na tecnologia ótica. Como exemplo, considere o vidro com um índice de refração $n = 1{,}52$. Se a luz que se propaga dentro desse vidro encontra uma interface vidro–ar, o ângulo crítico é

$$\text{sen}\,\theta_{crít} = \frac{1}{1{,}52} = 0{,}658 \qquad \theta_{crít} = 41{,}1°$$

A luz que se propaga no interior do vidro será *totalmente refletida* quando ela incidir sobre a interface vidro–ar, formando um ângulo igual ou superior a 41,1°. Sendo o ângulo crítico ligeiramente menor do que 45°, podemos usar um prisma com ângulos 45° – 45° – 90° como uma superfície totalmente refletora. Como refletores, os prismas que usam a reflexão interna total apresentam algumas vantagens em relação a superfícies refletoras metálicas, como, por exemplo, os espelhos comuns, que possuem uma película metálica depositada sobre o vidro. Se, por um lado, nenhuma superfície metálica reflete 100% da luz que sobre ela incide, por outro, a superfície de um prisma pode refletir *total-*

mente a luz que incide sobre ele. Além disso, as qualidades refletoras de um prisma apresentam a propriedade adicional de não perderem o brilho com o envelhecimento.

Um prisma com ângulos 45° – 45° – 90°, como o mostrado na Figura 33.14a, é denominado prisma de *Porro*. Nesse prisma, a luz entra e sai, formando um ângulo de 90° com a hipotenusa, sendo totalmente refletida nas faces menores. O ângulo de desvio total entre o raio incidente e o raio emergente é igual a 180°. Os binóculos geralmente usam uma associação com dois prismas de Porro, como indicado na Figura 33.14b.

Quando um feixe de luz penetra através da extremidade de uma barra transparente (Figura 33.15), a luz pode sofrer reflexão interna total se o índice de refração da barra for maior do que o índice de refração do material existente em seu exterior. O raio de luz fica "confinado" no interior da barra mesmo quando a barra é curva — desde que a curvatura não seja muito acentuada. Essa barra algumas vezes é chamada de *tubo de luz*. Feixes de fibras de vidro ou fibras de plástico podem se comportar de modo semelhante, com a vantagem de serem flexíveis. Tal feixe pode ser constituído por milhares de fibras individuais, cada uma com diâmetros da ordem de 0,002 até 0,01 mm. Quando as fibras são agrupadas em um feixe de tal modo que uma das extremidades tenha a mesma geometria da outra (formando imagens especulares), o feixe pode transmitir uma imagem, o que pode ser visto na Figura 33.16.

Dispositivos feitos com fibras ópticas são amplamente aplicados na medicina em instrumentos chamados de *endoscópios*, que podem ser introduzidos em tubos do organismo e são usados para examinar diretamente os brônquios, a bexiga, o cólon e outros órgãos. Um feixe de fibras é encerrado em uma agulha hipodérmica para estudar tecidos e vasos sanguíneos muito afastados da pele.

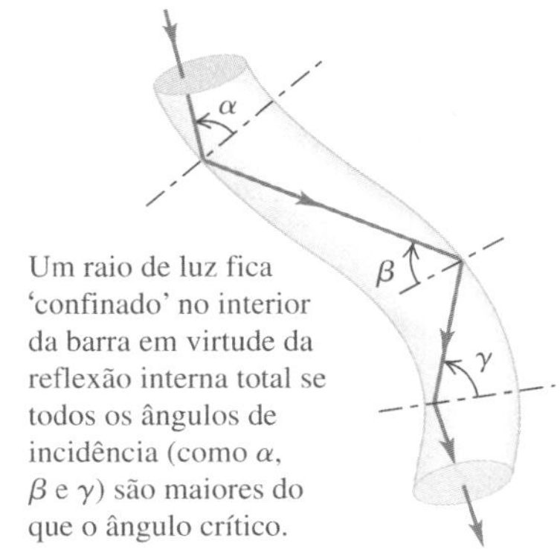

Figura 33.15 Uma barra transparente cujo índice de refração é maior do que o índice de refração do material em seu exterior.

As fibras ópticas também são aplicadas em sistemas de comunicação, nos quais são usadas para transmitir um feixe de laser modulado. A taxa com a qual a informação pode ser transmitida por uma onda (de luz, de rádio ou de qualquer outro tipo) é proporcional à freqüência. Para entender conceitualmente a razão disso, imagine que você module (modifique) a onda cortando algumas cristas de onda. Suponha que as cristas representem dígitos binários, sendo que a crista cortada representa o zero e a crista não-modificada indica o algarismo 1. O número de algarismos binários que podemos transmitir por unidade de tempo é, portanto, proporcional à freqüência da onda. A luz infravermelha e a luz visível possuem freqüências muito maiores do que as freqüências de rádio, de modo que um feixe de laser modulado pode transmitir uma quantidade muito grande de informações através de um único cabo de fibras ópticas. Muitas empresas de telefonia no Brasil utilizam sistemas conectados por cabos de fibras ópticas.

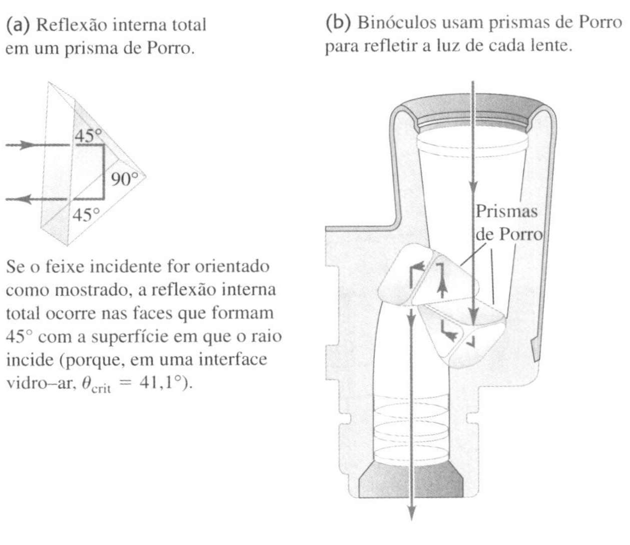

Figura 33.14 (a) Reflexão interna total em um prisma de Porro. (b) Uma combinação de dois prismas de Porro usada em binóculos.

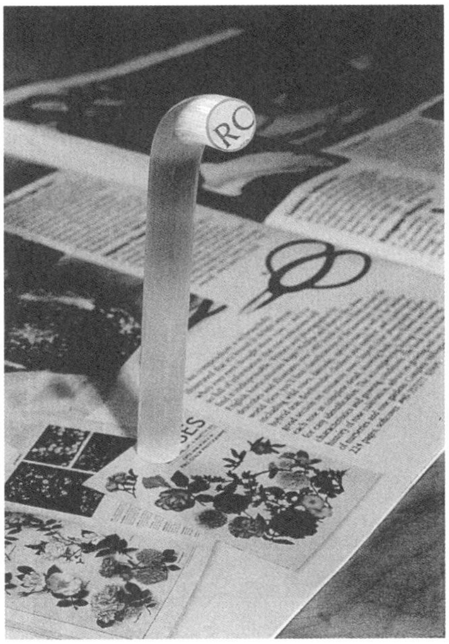

Figura 33.16 Imagem transmitida por um feixe de fibras ópticas.

Figura 33.17 Para maximizar seu brilho, os diamantes são lapidados de modo que haja uma reflexão interna total em suas superfícies posteriores.

Outra vantagem dos sistemas que usam cabos de fibras ópticas é que eles podem ser mais finos do que os fios de cobre convencionais, de modo que mais fibras podem ser agrupadas em um cabo de determinado diâmetro. Assim, mais sinais variados (por exemplo, linhas telefônicas diferentes) podem ser enviados pelo mesmo cabo. Como cabos de fibra óptica são isolantes elétricos, eles não sofrem interferências produzidas por relâmpagos e outras fontes, e não permitem que correntes indesejadas surjam entre a fonte e o receptor. Por essas e outras razões, esses cabos estão desempenhando um papel cada vez mais importante na telefonia de longa distância, na televisão e nas comunicações pela Internet.

A reflexão interna total também desempenha um papel importante no design de jóias. O brilho do diamante se deve, em grande parte, ao seu alto índice de refração e correspondente pequeno ângulo crítico. A luz que entra em um diamante lapidado sofre reflexão interna total nas faces de sua superfície posterior e depois emerge à superfície frontal (Figura 33.17). 'Diamantes de imitação' como o zircônio cúbico, são feitos com materiais cristalinos mais baratos, com índices de refração comparáveis.

Exemplo 33.4

UM PERISCÓPIO COM UMA PERDA

O periscópio de um submarino usa dois prismas com ângulos 45°– 45°– 90°, que produzem reflexão interna total nas faces adjacentes aos ângulos de 45°. Ocorre uma perda no tubo e o prisma inferior fica imerso na água. Por que o periscópio deixa de funcionar?

SOLUÇÃO

O ângulo crítico para uma interface entre a água (n_b = 1,33) e o vidro (n_a = 1,52) é

$$\theta_{\text{crít}} = \text{arcsen}\frac{1{,}33}{1{,}52} = 61°$$

O raio de luz incide a 45° sobre a face lateral interna do prisma inferior; como esse ângulo é *menor do que* o ângulo crítico de 61°, não ocorre reflexão interna total na interface entre a água e o vidro. A maior parte da luz é transmitida para a água e uma porção muito pequena é refletida para a parte interna do prisma.

Teste sua compreensão da Seção 33.3 Em qual das seguintes situações há reflexão interna total? (i) Luz se propagando na água (n = 1,33) incide em uma interface água–ar com um ângulo de incidência de 70°; (ii) luz se propagando no vidro (n = 1,52) atinge uma interface vidro–água com um ângulo de incidência de 70°; (iii) luz se propagando na água atinge uma interface água–vidro com um ângulo de incidência de 70°. ∎

*33.4 Dispersão

A luz branca comum é uma superposição de cores cujos comprimentos de onda abrangem todo o espectro visível. A velocidade da luz no *vácuo* é a mesma para todos os comprimentos de onda, porém, no interior de um material, ela varia com o comprimento de onda. Portanto, o índice de refração de um material depende do comprimento de onda. A **dispersão** indica como a velocidade da onda e o índice de refração dependem do comprimento de onda.

A Figura 33.18 mostra como o índice de refração n varia com o comprimento de onda para alguns materiais comumente usados na ótica. Observe que o eixo horizontal refere-se ao comprimento de onda λ_0 da luz *no vácuo*; o comprimento de onda em dado material pode ser obtido pela Equação (33.5), $\lambda = \lambda_0/n$. Em quase todos os materiais, n *aumenta* quando o comprimento de onda diminui ou quando a freqüência aumenta. Nesses materiais, a luz que possui comprimento de onda maior se desloca com velocidade superior àquela que possui comprimento de onda menor.

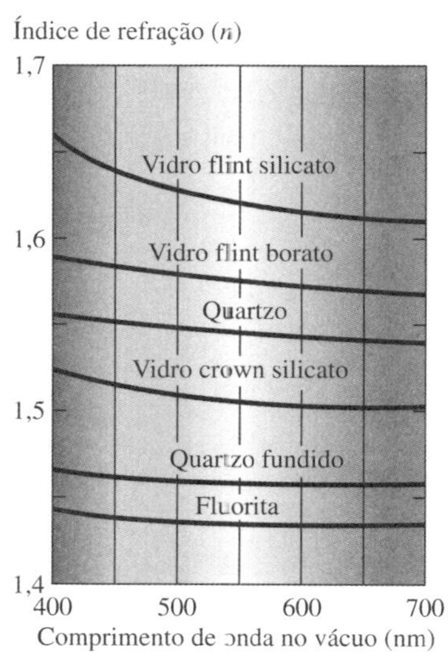

Figura 33.18 Variação do índice de refração n em função do comprimento de onda para alguns materiais transparentes. O eixo horizontal mostra o comprimento de onda λ_0 da luz no vácuo; o comprimento de onda no material é dado por $\lambda = \lambda_0/n$.

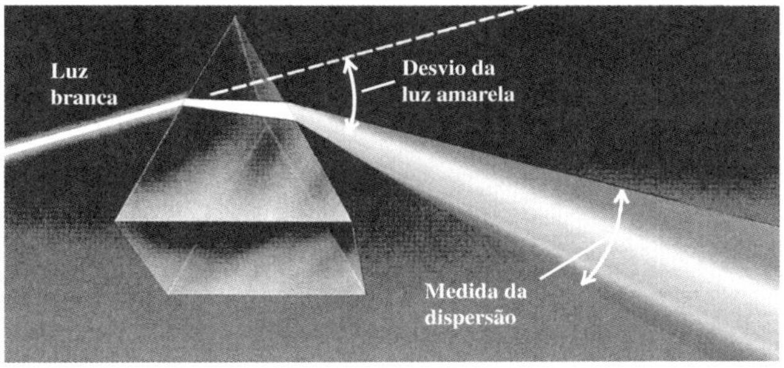

Figura 33.19 Dispersão da luz por um prisma. A faixa de cores é chamada de espectro.

A Figura 33.19 mostra um feixe de luz branca que incide sobre um prisma. O desvio (mudança de direção) produzido pelo prisma se eleva com o aumento do índice de refração e da freqüência e com a diminuição do comprimento de onda. A luz violeta sofre o maior desvio e a luz vermelha é a que se desvia menos; as demais cores sofrem desvios entre esses dois extremos. Quando a luz emerge do prisma, ela se espalha, e as cores são separadas. Dizemos que a luz sofre *dispersão* e forma um espectro. A dispersão total depende da *diferença* entre o índice de refração da luz violeta e o índice de refração da luz vermelha. Na Figura 33.18 notamos que, em uma substância como a fluorita, que possui uma diferença pequena entre o índice de refração da luz violeta e o índice de refração da luz vermelha, a dispersão também é pequena. Se você deseja escolher um material, entre os indicados nessa figura, para fazer um prisma que produza uma dispersão grande, o melhor é o vidro flint silicato, que apresenta a maior diferença entre os valores de n do vermelho e do violeta.

Conforme dissemos na Seção 33.3, o brilho do diamante é produzido em parte por seu elevado índice de refração; outro fator importante é sua grande dispersão, que permite que a luz branca saia do diamante formando um espectro colorido. Cristais como o rutilo e o titanato de estrôncio, que podem ser produzidos sinteticamente, apresentam uma dispersão oito vezes maior do que a do diamante.

Arco-íris

Ao apreciar a beleza de um arco-íris, você está vendo efeitos combinados de dispersão, refração e reflexão (Figura 33.20a). O sol está atrás do observador e a luz se refrata para o interior de uma gotícula de água; a seguir ela é (parcialmente) refletida na parte interna posterior da gotícula e finalmente refratada, saindo da gotícula (Figura 33.20b). Um raio de luz que entra no meio da gota de chuva é refletido diretamente sobre si mesmo. Todos os outros raios saem da gotícula formando um ângulo Δ com o raio central, com muitos raios acumulando-se no ângulo Δ. O que você vê é um disco de luz de raio angular Δ centrado no ponto do céu oposto ao sol; devido à acumulação de raios de luz, o disco é mais brilhante em sua periferia, que é o que vemos como um arco-íris (Figura 33.20c). Como nenhuma luz chega aos seus olhos a partir de ângulos maiores do que Δ, o céu parece mais escuro ao redor do arco-íris. O valor do ângulo Δ depende do índice de refração da água que compõe as gotículas, que, por sua vez, depende do comprimento de onda (Figura 33.20d). O disco brilhante de luz vermelha é ligeiramente maior do que o da luz laranja, que, por sua vez, é ligeiramente maior do que o da luz amarela, e assim por diante. Em conseqüência, você vê o arco-íris como uma faixa de cores.

Muitas vezes você vê um segundo arco-íris, ligeiramente maior e com as cores invertidas: é o resultado da dispersão e de *duas* reflexões que ocorrem na parte interna posterior da gotícula (Figura 33.20e). Sempre que um raio de luz atinge a superfície posterior, parte da luz é refratada para fora da gota (não mostrado na Figura 33.20); depois de dois raios desse tipo, pouca luz sobra dentro da gota. Essa é a razão pela qual o arco-íris secundário é mais pálido do que o primário. Assim como um espelho diante de um livro inverte as letras impressas, a segunda reflexão inverte a seqüência de cores no arco-íris secundário. Você pode ver esse efeito na Figura 33.20a.

33.5 Polarização

A *polarização* é uma característica de todas as ondas eletromagnéticas. Este capítulo descreve a luz; contudo, para introduzir certos conceitos básicos sobre polarização, vamos relembrar alguns conceitos sobre ondas transversais em uma corda vibrante que estudamos no Capítulo 15. Em uma corda em equilíbrio ao longo do eixo Ox, os deslocamentos podem ocorrer ao longo do eixo Oy, como na Figura 33.21a. Nesse caso, a corda sempre fica contida no plano xy. No entanto, os deslocamentos também poderiam ocorrer ao longo do eixo Oz, como na Figura 33.21b; nesse caso, a corda sempre fica contida no plano xz.

Quando uma onda possui somente o componente y, dizemos que ela é **linearmente polarizada** ao longo da direção y; quando uma onda possui somente o componente z, dizemos que ela é linearmente polarizada ao longo da direção z. Para ondas mecânicas, podemos fazer um **filtro polarizador**, ou simplesmente **polarizador**, o qual deixa passar somente componentes da onda com polarização em determinada direção. Na Figura 33.21c a corda pode deslizar verticalmente através da fenda sem atrito, porém nenhum movimento horizontal pode ocorrer. Esse filtro deixa passar ondas polarizadas na direção y, mas bloqueia aquelas polarizadas na direção z.

Podemos usar esse mesmo tipo de linguagem para as ondas eletromagnéticas, que também apresentam polarização. Conforme vimos no Capítulo 32, volume 3, qualquer onda eletromagnética é uma onda transversal; os campos elétricos e magnéticos flutuam em direções perpendiculares à direção de propagação da onda e em direções perpendiculares entre si. Sempre definiremos a direção de polarização de uma onda eletromagnética como a direção do vetor *campo elétrico* $\vec{E}$ e não a direção de polarização do campo magnético, pois quase todos os detectores de ondas eletromagnéticas funcionam pela ação da força elétrica sobre os

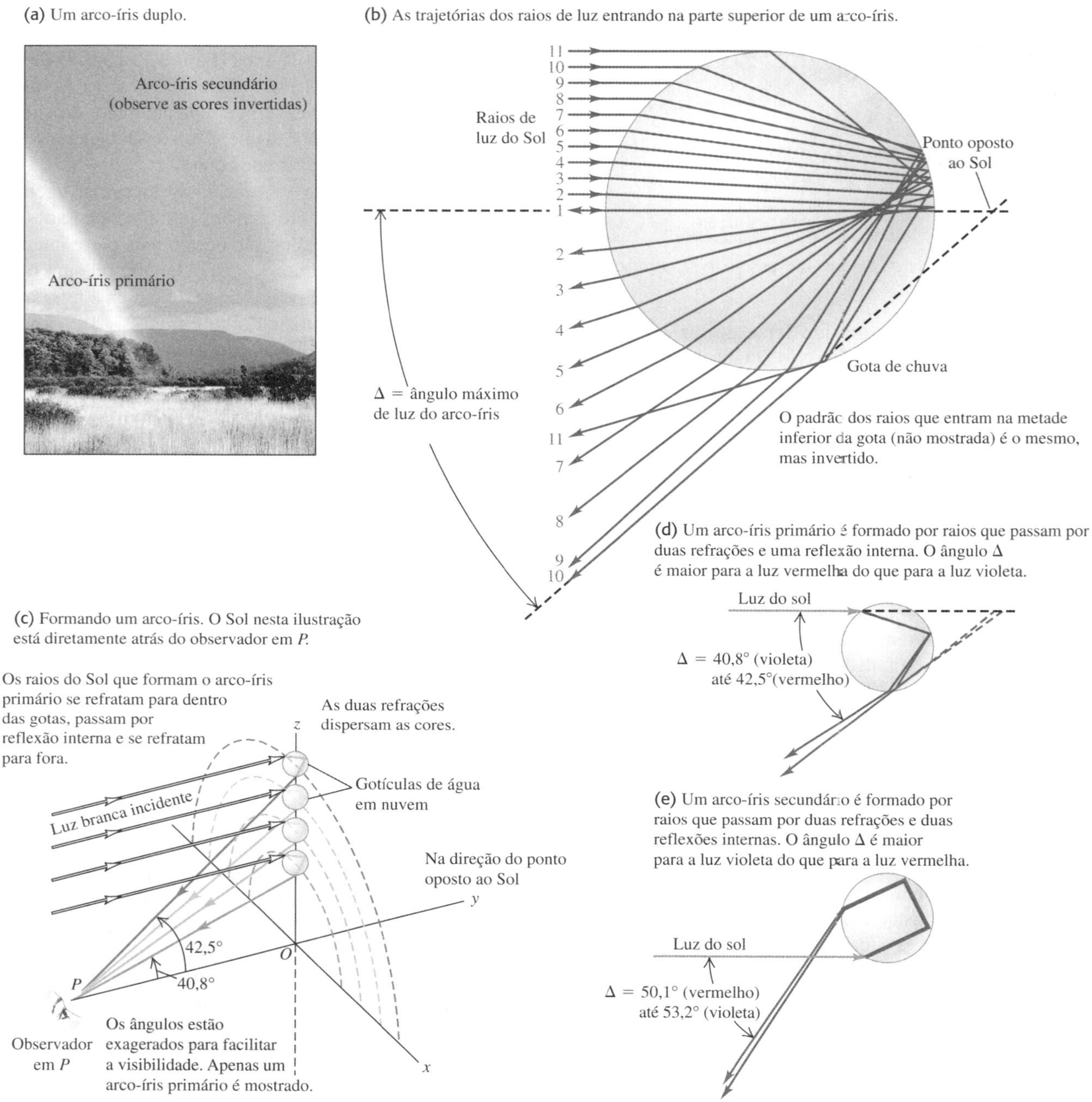

Figura 33.20 Como os arco-íris se formam.

elétrons do material e não pela ação da força magnética. Logo, diz-se que a onda eletromagnética descrita pela Equação (32.17),

$$\vec{E}(x, t) = \hat{j}E_{\text{máx}}\cos(kx - \omega t)$$
$$\vec{B}(x, t) = \hat{k}B_{\text{máx}}\cos(kx - \omega t)$$

é polarizada na direção y porque o campo elétrico possui apenas o componente y.

ATENÇÃO O significado de 'polarização' Infelizmente, a palavra 'polarização' usada para descrever a direção de um campo elétrico $\vec{E}$ também é usada para designar o deslocamento da carga elétrica ligada no interior de um corpo, tal como a indução produzida por um corpo carregado nas proximidades desse corpo; descrevemos esse tipo de polarização na Seção 21.2 (veja a Figura 21.7), no volume 3. Você deve se lembrar que, embora se use o mesmo nome para esses dois conceitos, são fenômenos completamente diferentes.

(a) Onda transversal linearmente polarizada na direção y.

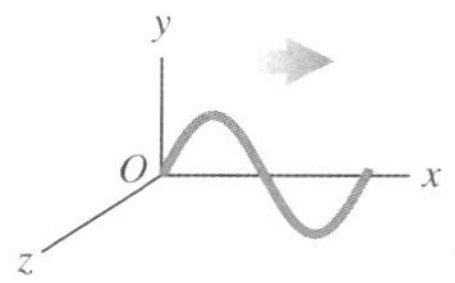

(b) Onda transversal linearmente polarizada na direção z.

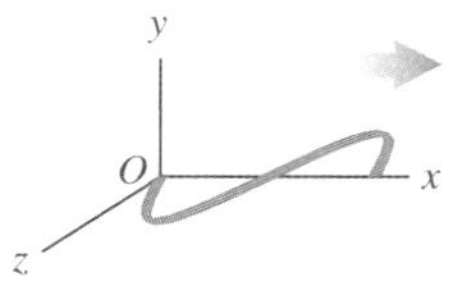

(c) A fenda funciona como um filtro polarizador, deixando passar somente as ondas polarizadas na direção y.

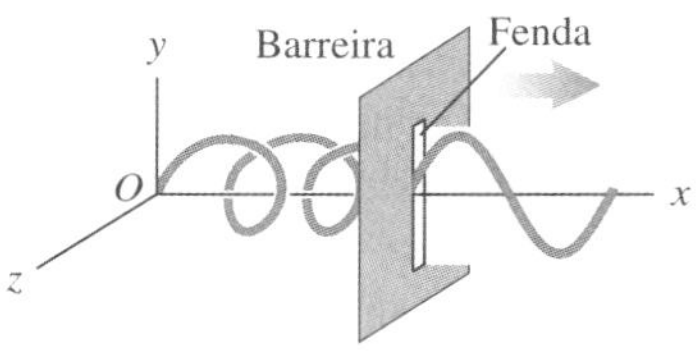

Figura 33.21 (a), (b) Ondas polarizadas em uma corda. (c) Fazendo uma onda polarizada em uma corda a partir de uma onda não-polarizada com um filtro polarizador.

Filtros polarizadores

As ondas produzidas por uma emissora de rádio são, em geral, linearmente polarizadas. A antena vertical de um telefone celular emite ondas contidas num plano horizontal em torno da antena e que são polarizadas em uma direção vertical (paralela à antena) (Figura 33.22a). Se uma antena de TV no telhado de uma casa possui um elemento na horizontal, ela capta ondas polarizadas na horizontal, e, se o elemento da antena estiver em uma direção vertical, ela detecta as ondas polarizadas verticalmente.

Para a luz visível, a situação é diferente. As fontes comuns, tal como uma lâmpada incandescente ou fluorescente, emitem luz que *não* é polarizada (Figura 33.22b). As 'antenas' que emitem ondas luminosas são as moléculas que constituem as fontes de luz. A luz emitida por uma única molécula pode ser linearmente polarizada como a onda emitida por uma antena de rádio. Contudo, qualquer fonte de luz contém um número extremamente grande de moléculas com orientações caóticas, de modo que a luz emitida inclui ondas polarizadas aleatoriamente em todas as direções transversais possíveis. Essa luz é chamada de **luz natural** ou **luz não-polarizada**. Para produzir um feixe de luz polarizada a partir de um feixe de luz natural é necessário um filtro análogo ao filtro de fenda para ondas mecânicas exibido na Figura 33.21c.

Os filtros usados para polarizar ondas eletromagnéticas apresentam diferentes detalhes de construção, que dependem do comprimento de onda. Para microondas com comprimentos de onda da ordem de alguns centímetros, um bom filtro polarizador é uma grade de fios condutores próximos e paralelos, isolados entre si e igualmente espaçados. (Imagine uma grelha de churrasqueira com a moldura de ferro externa substituída por outra de material isolante.) Os elétrons podem mover-se livremente ao longo dos fios em resposta a uma onda com um campo $\vec{E}$ paralelo aos fios. A corrente resultante que percorre os fios dissipa calor com a taxa I^2R; a energia dissipada é oriunda das ondas, de modo que as ondas que atravessam a grade de fios paralelos possuem amplitudes menores do que as amplitudes das ondas incidentes. As ondas com um campo $\vec{E}$ perpendicular aos fios atravessam a rede praticamente sem nenhuma alteração, visto que os elétrons não podem se mover através do ar entre os fios. Logo, um feixe de ondas que passa através desse tipo de filtro emerge polarizado perpendicularmente ao plano dos fios.

(a)

(b)

Figura 33.22 (a) Os elétrons na antena de transmissão oscilam verticalmente, produzindo ondas eletromagnéticas polarizadas verticalmente que se propagam a partir da antena na direção horizontal. (As pequenas antenas servem para retransmitir sinais de telefone celular.) (b) Independentemente da orientação desse bulbo, o movimento aleatório dos elétrons no filamento produz ondas de luz não-polarizadas.

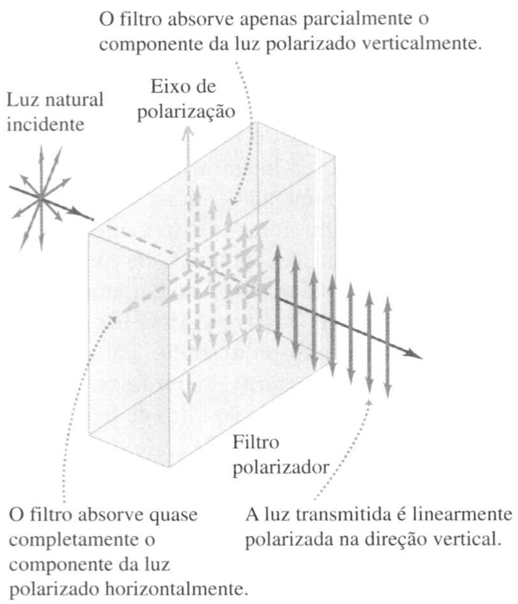

Figura 33.23 Um filtro polaróide é iluminado por luz natural não-polarizada (representada pelos vetores $\vec{E}$ que apontam em todas as direções perpendiculares à direção de propagação). A luz transmitida é linearmente polarizada ao longo dos eixos de polarização (representada pelos vetores $\vec{E}$ que apontam apenas na direção da polarização).

No caso da luz visível, o filtro polarizador mais comum é conhecido como polaróide — nome derivado da marca registrada Polaroid —, amplamente usado em óculos de sol e como filtros polarizadores em câmeras fotográficas. Desenvolvido inicialmente pelo cientista norte-americano Edwin H. Land, esse material apresenta uma propriedade chamada de **dicroísmo**, uma absorção seletiva na qual um dos componentes da onda é absorvido muito mais acentuadamente do que o outro (Figura 33.23). Um filtro polaróide transmite mais de 80% da intensidade da luz polarizada em uma direção paralela a certo eixo do material, chamado de **eixo de polarização**, porém transmite menos de 1% quando a luz é polarizada em um eixo perpendicular a esse eixo. Em um tipo comum de filtro polaróide, longas cadeias de moléculas dentro do filtro orientam-se em uma direção perpendicular ao eixo de polarização; elas absorvem preferencialmente a luz polarizada com direção paralela ao comprimento dessas moléculas, desempenhando um papel análogo ao da grade de fios condutores que funcionam como filtro de microondas.

Usando filtros polarizadores

Um filtro polarizador *ideal* (chamado simplesmente de 'polarizador') deixa passar 100% da luz que é polarizada na mesma direção do eixo de polarização e bloqueia completamente a luz polarizada na direção perpendicular a esse eixo. Tal dispositivo é uma idealização inatingível, porém é um conceito útil para esclarecer as idéias básicas. Nas discussões a seguir, vamos supor que todo polarizador seja ideal. Na Figura 33.24, uma luz não-polarizada incide sobre um disco polarizador. O eixo do polarizador é indicado pela linha inclinada mostrada na figura. O vetor $\vec{E}$ do feixe incidente pode ser decomposto nos componentes paralelo e perpendicular ao eixo de polarização; somente o componente de $\vec{E}$ paralelo ao eixo do polarizador é transmitido. Portanto, a luz que emerge do polarizador é linearmente polarizada na direção paralela ao eixo do polarizador.

Quando um feixe de luz não-polarizada incide sobre um polarizador ideal, como na Figura 33.24, a intensidade da luz transmitida é *exatamente a metade* da intensidade da luz não-polarizada incidente, qualquer que seja a direção do eixo de polarização. A explicação é a seguinte: podemos decompor o campo $\vec{E}$ em um componente paralelo e outro perpendicular ao eixo do polarizador. Como a luz incidente apresenta estados de polarização aleatórios, podemos dizer que, na média, os dois componentes são iguais. Como o polarizador ideal transmite apenas o componente paralelo ao seu eixo, concluímos que somente metade da intensidade incidente é transmitida.

O que acontece quando a luz linearmente polarizada que emerge de um polarizador incide sobre um segundo

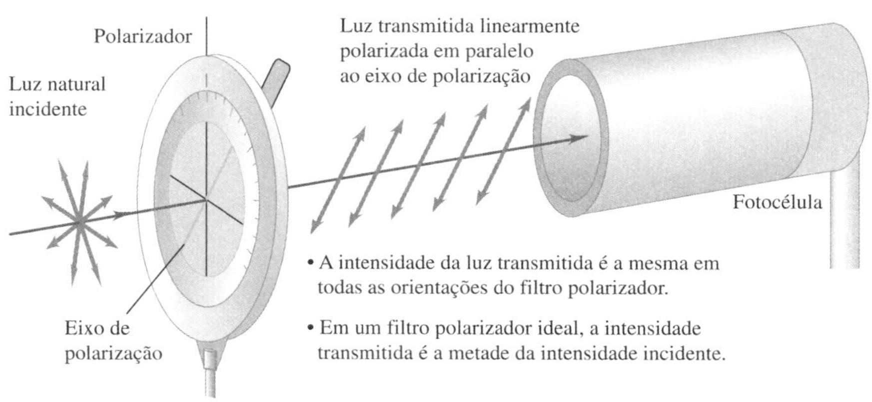

Figura 33.24 Luz natural incidindo sobre um polaróide. A fotocélula mede a intensidade da luz linearmente polarizada transmitida.

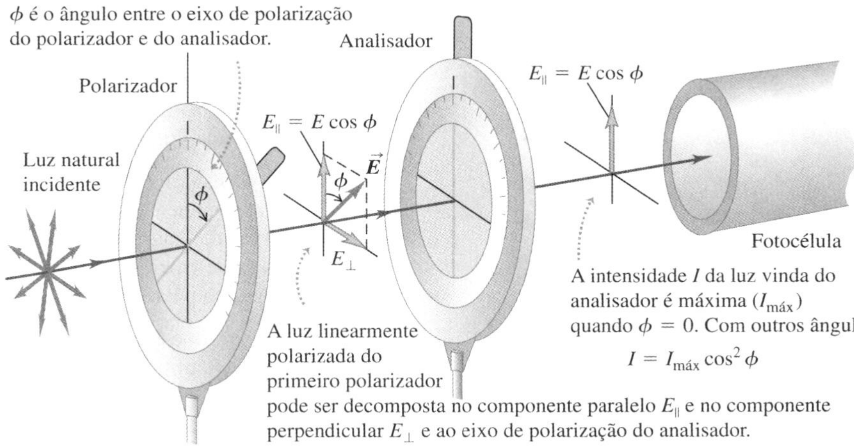

Figura 33.25 Um analisador ideal transmite somente os componentes do campo elétrico paralelos a seu eixo de transmissão ou eixo de polarização.

polarizador, como indicado na Figura 33.25? Considere o caso geral no qual o eixo do segundo polarizador, ou *analisador*, faz um ângulo ϕ com o eixo de polarização do primeiro polarizador. Podemos decompor a luz linearmente polarizada transmitida pelo primeiro polarizador em dois componentes, como mostra a Figura 33.25 — um paralelo e o outro perpendicular ao eixo do analisador. Somente o componente paralelo, com amplitude $E\cos\phi$, será transmitido pelo analisador. A intensidade do feixe transmitido será máxima quando $\phi = 0$ e será igual a zero quando o eixo do polarizador estiver *cruzado* com o do analisador, ou seja, quando $\phi = 90°$. Para determinar a direção da polarização da luz transmitida pelo primeiro polarizador, gire o analisador até que a fotocélula mostrada na Figura 33.25 indique intensidade igual a zero; nessa posição o eixo do primeiro polarizador é perpendicular ao eixo do analisador.

Para calcular a intensidade transmitida para valores intermediários do ângulo ϕ lembre-se de que, de acordo com o que estudamos sobre energia na Seção 32.4 (Capítulo 32, volume 3), a intensidade de uma onda eletromagnética é proporcional ao *quadrado* da amplitude da onda (veja a Equação (32.29)). A razão entre a *amplitude* da onda transmitida e a amplitude da onda incidente é igual a $\cos\phi$; portanto, a razão entre suas *intensidades* é igual a $\cos^2\phi$. Logo, a intensidade da luz que emerge do analisador é

$$I = I_{máx}\cos^2\phi \qquad (33.7)$$

(Lei de Malus, luz polarizada que emerge do analisador)

onde $I_{máx}$ é a intensidade máxima da luz transmitida (para $\phi = 0$) e I é a intensidade transmitida para um dado ângulo ϕ. Essa relação, descoberta experimentalmente por Etienne Louis Malus em 1809, denomina-se **lei de Malus** e vale *somente* quando o feixe que incide sobre o analisador já está linearmente polarizado.

Estratégia para a solução de problemas 33.2

POLARIZAÇÃO LINEAR

IDENTIFICAR *os conceitos relevantes*: lembre-se de que em todas as ondas eletromagnéticas, inclusive as ondas luminosas, a direção do campo $\vec{E}$ é a direção da polarização, e é perpendicular à direção de propagação. Quando trabalha com polarizadores, você na verdade está lidando com os componentes paralelo e perpendicular de $\vec{E}$ ao eixo de polarização. Tudo o que você já aprendeu sobre componentes de vetores é aplicável aqui.

PREPARAR *o problema por meio dos seguintes passos*:

1. Da mesma forma como nos problemas de ótica geométrica, *sempre* comece desenhando um diagrama bem nítido e de bom tamanho. Marque todos os ângulos conhecidos, inclusive os ângulos de todo e qualquer eixo de polarização.
2. Determine quais são as incógnitas.

EXECUTAR *o problema da seguinte forma*:

1. Lembre-se de que um polarizador deixa passar apenas os componentes do campo elétrico paralelos a seu eixo de polarização.
2. Se a luz incidente for linearmente polarizada e tiver uma amplitude E e uma intensidade $I_{máx}$, a luz que passa por um polarizador ideal apresenta uma amplitude $E\cos\phi$ e uma intensidade $I_{máx}\cos^2\phi$, onde ϕ é o ângulo entre a direção da polarização incidente e o eixo de polarização do filtro.
3. Um feixe de luz não-polarizada é composto pela mistura aleatória de todos os estados de polarização possíveis, de modo que podemos dizer que eles possuem na média uma quantidade de igual de componentes em duas direções perpendiculares entre si. Ao passar por um polarizador ideal, a luz não-polarizada se torna luz linearmente polarizada com a metade da intensidade da luz incidente. Um feixe de luz parcialmente polarizado é composto pela mistura de luz linearmente polarizada com luz não-polarizada.
4. A intensidade (potência média por unidade de área) de uma onda é proporcional ao *quadrado* da amplitude da onda. Se você souber que as duas ondas diferem em amplitude por um certo fator, saberá também que a diferença entre as suas intensidades é igual ao quadrado desse fator.

Figura 33.26 As fotos acima mostram a visão através de dois óculos de sol com lentes polaróides cujos eixos são paralelos (no topo, $\phi = 0$) e perpendiculares (na parte de baixo, $\phi = 90°$). A intensidade transmitida é máxima quando os eixos são paralelos; ela é igual a zero quando os eixos são perpendiculares.

AVALIAR *a sua resposta:* veja se não cometeu nenhum erro óbvio. Se os seus resultados dizem que a luz que sai de um polarizador tem uma intensidade maior do que a luz incidente, algo está errado: um polarizador não pode fornecer energia a uma onda luminosa.

Exemplo 33.5

COMBINAÇÃO DE DOIS POLARIZADORES Na Figura 33.25 a luz não-polarizada incidente possui intensidade I_0. Determine as intensidades dos feixes transmitidos pelos dois polarizadores, sabendo que o ângulo entre seus eixos é 30°.

SOLUÇÃO

IDENTIFICAR: este problema envolve um polarizador (um filtro polarizador em que a luz não-polarizada brilha, produzindo luz polarizada) e um analisador (um segundo filtro polarizador em que a luz polarizada brilha).

PREPARAR: o diagrama já foi desenhado para nós na Figura 33.25. São dados a intensidade da luz natural incidente e o ângulo entre os eixos de polarização. Nossas incógnitas são as intensidades da luz que emerge do primeiro polarizador e a luz que emerge do segundo polarizador.

EXECUTAR: conforme explicado anteriormente, a intensidade da luz transmitida pelo primeiro polarizador é igual a $I_0/2$. De acordo com a Equação (33.7), com $\phi = 30°$, o segundo filtro reduz a intensidade de um fator igual a $\cos^2 30° = \frac{3}{4}$. Portanto, a intensidade do feixe transmitido pelo segundo polarizador é dada por

$$\left(\frac{I_0}{2}\right)\left(\frac{3}{4}\right) = \frac{3}{8}I_0$$

AVALIAR: note que a intensidade diminui após cada passagem por um polarizador. A única situação em que a intensidade transmitida *não* diminui é quando o polarizador é ideal (e, portanto, não absorve nada da luz que passa por ele) e quando a luz incidente é linearmente polarizada ao longo do eixo de polarização, de modo que $\phi = 0$.

Polarização por reflexão

A luz não-polarizada pode ser polarizada parcial ou totalmente por meio da *reflexão*. Na Figura 33.27, um feixe de luz não-polarizada incide sobre a superfície de separação entre dois materiais transparentes; denomina-se **plano de incidência** o plano que contém o raio incidente, o raio refletido e a normal à superfície. Na maior parte dos ângulos de incidência, as ondas em que o campo elétrico $\vec{E}$ é perpendicular ao plano de incidência (ou seja, paralelo ao plano da interface refletora) são refletidas mais acentuadamente do que as ondas com $\vec{E}$ paralelo ao plano de incidência. Nesse caso, as ondas são *parcialmente polarizadas* na direção perpendicular ao plano de incidência.

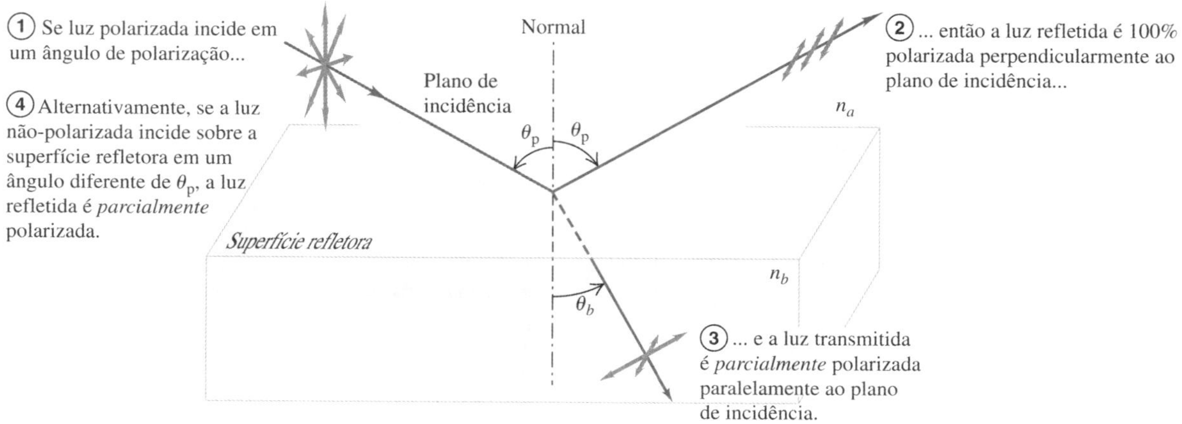

Figura 33.27 Quando a luz incide sobre uma superfície refletora formando com a normal o ângulo de polarização, a luz refletida é linearmente polarizada.

Contudo, para determinado ângulo de incidência, denominado **ângulo de polarização** θ_p, os componentes de $\vec{E}$ paralelos ao plano de incidência são *totalmente refratados*. Para esse mesmo ângulo de incidência, os componentes de $\vec{E}$ perpendiculares ao plano de incidência são parcialmente refletidos e parcialmente refratados. A luz *refletida* é, portanto, *totalmente* polarizada em um plano perpendicular ao plano de incidência, como mostra a Figura 33.27. A luz *refratada* é *parcialmente* polarizada em um plano paralelo a esse plano; logo, a luz refratada é composta pela mistura da luz com o campo elétrico paralelo ao plano de incidência, cujos componentes são totalmente refratados, superpostos com os componentes perpendiculares restantes.

Em 1812, o cientista inglês sir David Brewster descobriu que, quando o ângulo de incidência é igual ao ângulo de polarização θ_p, o raio refletido é perpendicular ao raio refratado (Figura 33.28). Nesse caso, o ângulo de refração θ_b torna-se igual ao complemento de θ_p. Logo, $\theta_b = 90° - \theta_p$. De acordo com a lei da refração,

$$n_a \operatorname{sen} \theta_p = n_b \operatorname{sen} \theta_b$$

portanto, encontramos

$$n_a \operatorname{sen}\theta_p = n_b \operatorname{sen}(90° - \theta_p) = n_b \cos\theta_p$$

$$\operatorname{tg}\theta_p = \frac{n_b}{n_a} \qquad (33.8)$$

(Lei de Brewster para o ângulo de polarização)

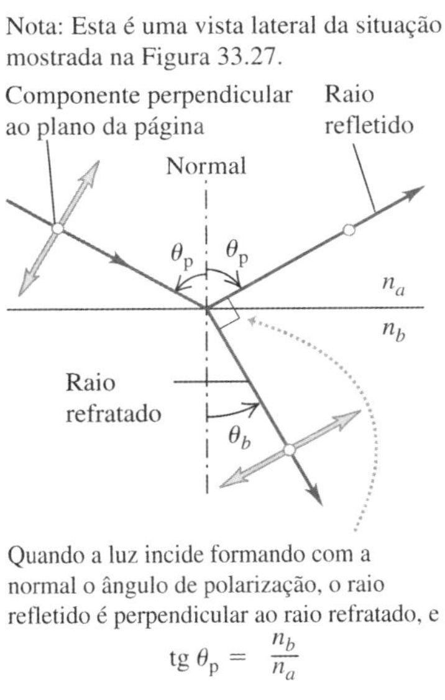

Figura 33.28 A importância do ângulo de polarização. Os pontos brancos representam componentes de $\vec{E}$ perpendiculares ao plano da figura (o plano de incidência) e paralelos à superfície que separa os dois materiais.

Essa relação é conhecida como **lei de Brewster**. Embora ela tenha sido descoberta experimentalmente, podemos *deduzi-la* usando as equações de Maxwell.

A polarização por reflexão possibilita o uso eficiente de filtros polarizadores em óculos de sol. Quando a luz solar é refletida por uma superfície horizontal, o plano de incidência é vertical e a luz refletida contém preponderantemente luz polarizada na direção horizontal. Quando a reflexão ocorre na superfície lisa do asfalto de uma estrada ou na superfície de um lago, ela produz um ofuscamento indesejável. A visão pode ser melhorada se o excesso de luz responsável pelo ofuscamento for eliminado. O fabricante de óculos produz lentes com eixo de polarização na direção vertical, de modo que a maior parte da luz refletida com polarização horizontal não atinge seus olhos. Além disso, os óculos também reduzem em cerca de 50% a intensidade global da luz não-polarizada que incide sobre suas lentes.

Exemplo 33.6

REFLEXÃO NA SUPERFÍCIE DE UMA PISCINA A luz solar se reflete na superfície lisa de uma piscina em que não há ninguém. a) Qual é o ângulo de reflexão para que a luz refletida seja completamente polarizada? b) Qual é o ângulo de refração correspondente para a luz transmitida (refratada) na água? c) Durante a noite uma lâmpada no fundo da piscina permanece acesa. Refaça os itens (a) e (b) para a luz que incide a partir de baixo na superfície lisa da piscina.

SOLUÇÃO

IDENTIFICAR: este problema envolve polarização por reflexão em uma interface ar–água nas partes (a) e (b), e em uma interface água–ar na parte (c).

PREPARAR: a Figura 33.29 mostra nossos esboços dos raios de luz nessa situação durante o dia [partes (a) e (b)] e à noite [parte (c)]. Na parte (a), queremos encontrar o ângulo de polarização para a luz que passa do ar para a água; para isso, usamos a lei de

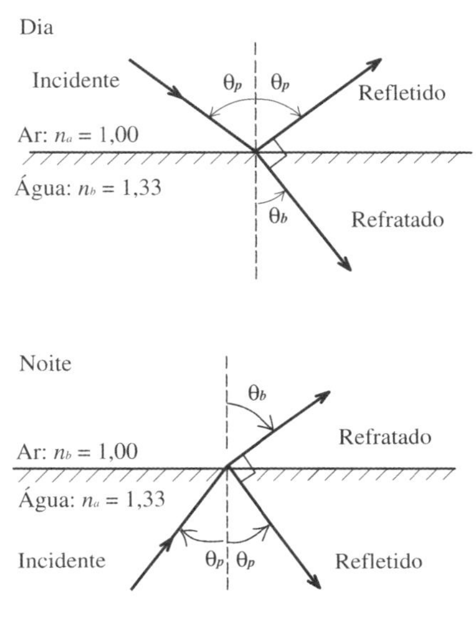

Figura 33.29 Nosso esboço deste problema.

Brewster, Equação (33.8). Na parte (b), queremos encontrar o ângulo da luz refratada nessa situação. Na parte (c), mais uma vez queremos encontrar o ângulo de polarização, mas para a luz que passa da água para o ar. Novamente, usamos a Equação (33.8) para calcular esse ângulo.

EXECUTAR: a) A parte superior da Figura 33.29 mostra a situação durante o dia. Como a luz passa do ar para a água, temos, n_a = 1,00 (ar) e n_b = 1,33 (água). De acordo com a Equação (33.8),

$$\theta_p = \text{arctg}\,\frac{n_b}{n_a} = \text{arctg}\,\frac{1{,}33}{1{,}00} = 53{,}1^\circ$$

b) O ângulo de incidência é igual ao ângulo de polarização, portanto, o raio refletido é perpendicular ao raio refratado; logo,

$$\theta_p + \theta_b = 90^\circ$$

$$\theta_b = 90^\circ - 53{,}1^\circ = 36{,}9^\circ$$

c) A situação à noite é mostrada na parte de baixo da é mostrada na parte de baixo da figura 33.29. Agora, a luz provém *primeiro* da água e depois se propaga no ar; portanto, n_a = 1,33 (água) e n_b = 1,00 (ar). Usando novamente a Equação (33.8) obtemos

$$\theta_p = \text{arctg}\,\frac{1{,}00}{1{,}33} = 36{,}9^\circ$$

$$\theta_b = 90^\circ - 36{,}9^\circ = 53{,}1^\circ$$

AVALIAR: podemos conferir nossa resposta às partes (b) e (c) por meio da lei de Snell, $n_a\text{sen}\theta_a = n_b\text{sen}\theta_b$, ou

$$\text{sen}\,\theta_b = \frac{n_a\text{sen}\theta_p}{n_b} = \frac{1{,}00\ \text{sen}53{,}1^\circ}{1{,}33} = 0{,}600$$

$$\theta_b = 36{,}9^\circ$$

Note que a soma dos ângulos de polarização encontrados nas partes (a) e (c) é 90°. Esse resultado não é casual; você sabe por quê?

Polarização circular e elíptica

Além da **polarização linear**, a luz e outras ondas eletromagnéticas podem sofrer **polarização circular** ou **polarização elíptica**. Para introduzir esses conceitos, vamos retornar mais uma vez ao estudo das ondas mecânicas em uma corda esticada. Suponha que as duas ondas linearmente polarizadas retratadas nas partes (a) e (b) da Figura 33.21 estejam em fase e tenham a mesma amplitude. Quando elas se superpõem, cada ponto da corda apresenta deslocamentos simultâneos nos eixos y e z iguais em módulo. Não é difícil concluir que a onda resultante está contida em um plano formando um ângulo de 45° com os eixos y e z (ou seja, um plano que forma um ângulo de 45° com os planos xy e xz). A amplitude da onda resultante é $\sqrt{2}$ vezes maior do que a amplitude de cada onda componente, e a onda resultante é linearmente polarizada.

Vamos supor agora que as duas ondas mencionadas apresentem uma diferença de fase de um quarto de ciclo. Então, o movimento resultante de cada ponto corresponde a uma superposição de dois movimentos harmônicos simples ortogonais, com uma diferença de fase de um quarto de ciclo. O deslocamento y em um dado ponto é máximo quando o deslocamento z é igual a zero e vice-versa. O movimento resultante da corda não está mais contido em um único plano. Podemos mostrar que cada ponto descreve uma *circunferência* contida em um plano paralelo ao plano yz. Os pontos sucessivos da corda apresentam diferenças de fase consecutivas, e o movimento resultante da corda assemelha-se a um movimento helicoidal. Isso é mostrado no lado esquerdo do polarizador na Figura 33.21c. Esse tipo particular de superposição de duas ondas linearmente polarizadas denomina-se **polarização circular**. Por convenção, dizemos que a luz é *circularmente polarizada à direita* ou *dextrógira* quando o sentido do movimento de

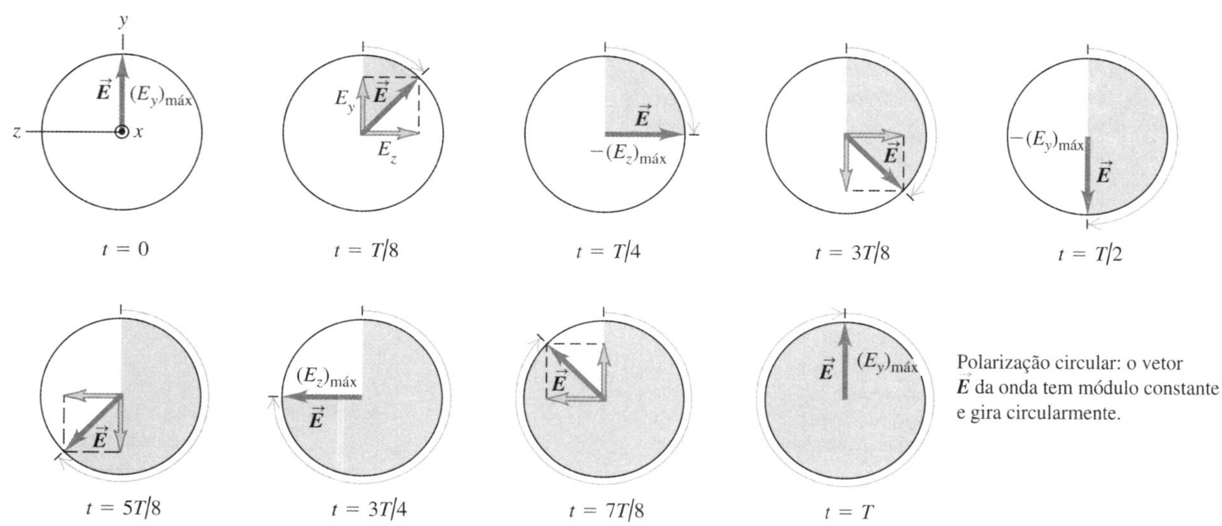

Figura 33.30 Polarização circular de uma onda eletromagnética aproximando-se de você paralelamente ao eixo x. O componente y de $\vec{E}$ está atrasado de um quarto de ciclo em relação ao componente z. Essa diferença de fase produz luz circularmente polarizada dextrógira.

uma partícula da corda — para um observador que olhe a onda se *aproximar frontalmente* — é *horário*; a luz é *circularmente polarizada à esquerda* ou *levógira* se o sentido do movimento é contrário, ou seja, *anti-horário*.

Na Figura 33.30 mostramos a situação análoga para o caso de uma onda eletromagnética. Ocorre a superposição de duas ondas senoidais com amplitudes iguais, polarizadas ao longo dos eixos *y* e *z* e com uma diferença de fase de um quarto de ciclo. Na onda resultante, o vetor $\vec{E}$ em cada ponto possui módulo constante, porém, *gira* em torno da direção de propagação da onda. A Figura 33.30 ilustra o caso de uma onda propagando-se em sua direção. Como o vetor parece estar girando no sentido horário, essa onda eletromagnética é chamada de *circularmente polarizada dextrógira*. Se, em vez disso, o vetor $\vec{E}$ de uma onda eletromagnética que se propaga em sua direção parece estar girando no sentido anti-horário, ela é chamada de *circularmente polarizada levógira*.

Se a diferença de fase entre as ondas componentes não é um quarto de ciclo, ou se as duas ondas componentes possuem amplitudes diferentes, então cada ponto da corda, em vez de descrever uma circunferência, passa a descrever uma *elipse*. A onda resultante é chamada de **elipticamente polarizada**.

Para as ondas eletromagnéticas na faixa de radiofreqüências, a polarização circular ou elíptica pode ser produzida usando-se duas antenas perpendiculares, alimentadas pelo mesmo transmissor, porém com circuitos projetados para produzir as diferenças de fase apropriadas. No caso da luz, a diferença de fase necessária pode ser obtida usando-se um material com **birrefringência**, ou seja, com índices de refração diferentes em direções de polarização diferentes. Um exemplo comum é a calcita ($CaCO_3$). Quando um cristal de calcita está orientado convenientemente em relação a um feixe de luz não-polarizada, seu índice de refração (para um comprimento de onda de 589 nm) é 1,658 para uma onda polarizada em certa direção e 1,486 para uma onda polarizada na direção perpendicular à primeira. Quando duas ondas com amplitudes iguais e polarizadas em planos perpendiculares entre si penetram nesse material, elas se propagam no interior dele com velocidades diferentes. Se elas estão em fase ao penetrar no material, geralmente não estão em fase quando dele emergem. Quando o material possui uma espessura apropriada suficiente para produzir uma diferença de um quarto de ciclo, o cristal converte luz linearmente polarizada em luz circularmente polarizada. Esse tipo de cristal é chamado de lâmina de um quarto de onda ou **placa de um quarto de onda**. Essa placa também pode converter luz circularmente polarizada em luz linearmente polarizada. Você é capaz de demonstrar essa afirmação? (Veja o Problema 33.43.)

Fotoelasticidade

Alguns materiais que normalmente não são birrefringentes podem passar a ser quando submetidos a tensões mecânicas. Essa é a base de uma ciência denominada *fotoelasticidade*. Tensões em vigas, nas paredes de caldeiras e nos pilares de uma catedral podem ser analisadas construindo-se um modelo transparente do objeto, geralmente de um material plástico, submetendo-o a tensões e analisando-o com luz polarizada entre um polarizador cruzado com um analisador. Distribuições de tensões extremamente complicadas podem ser analisadas com esse método ótico.

Na Figura 33.31 mostramos a fotografia de um modelo fotoelástico submetido a uma tensão mecânica. Pode-se considerar que a luz polarizada que entra no modelo tenha um componente em cada uma das duas direções do plástico birrefringente. Como esses dois componentes atravessam o plástico com velocidades diferentes, a luz que emerge do outro lado do modelo pode ter uma direção geral de polarização diferente. Assim, parte dessa luz transmitida conseguirá passar pelo analisador mesmo que seu eixo de polarização forme um ângulo de 90° com o eixo de polarização, e as áreas sob tensão no plástico surgirão como pontos brilhantes. A quantidade de birrefringência é diferente para diferentes comprimentos de onda, por isso as diferentes cores de luz; a cor que aparece em cada uma das áreas da Figura 33.31 é aquela em que a luz transmitida tem mais tendência a se polarizar ao longo do eixo de polarização do analisador.

Teste sua compreensão da Seção 33.5 Você está tirando uma fotografia de um altíssimo edifício de escritórios iluminado pelo Sol. A fim de minimizar os reflexos das janelas do edifício, você coloca um filtro polarizador sobre as lentes da câmera. Como você deve orientar o filtro? (i) com o eixo de polarização na vertical; (ii) com o eixo de polarização na horizontal; (iii) qualquer das duas orientações reduzirá os reflexos de forma igual; (iv) nenhuma das duas orientações surtirá efeito. ∎

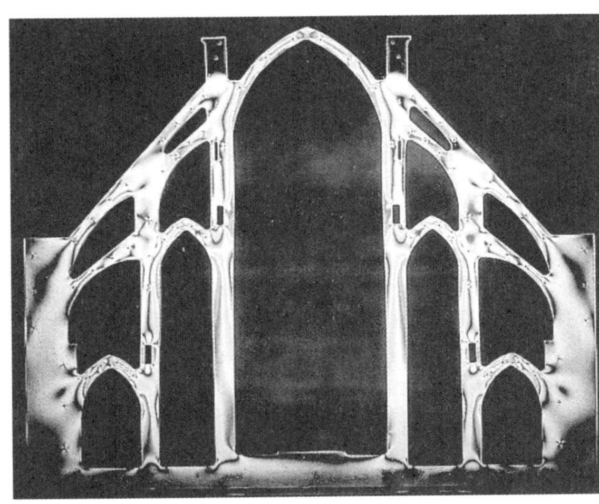

Figura 33.31 Análise fotoelástica da seção reta do modelo de uma catedral gótica. A alvenaria usada nesse tipo de edifício era bastante resistente a tensões de compressão, porém pouco resistente a tensões de dilatação (veja a Seção 11.4). Construções com estruturas apoiadas inadequadamente quando submetidas a ventos muito fortes podem causar tensões de dilatação em elementos da estrutura que normalmente devem ficar sob compressão, causando desastres espetaculares.

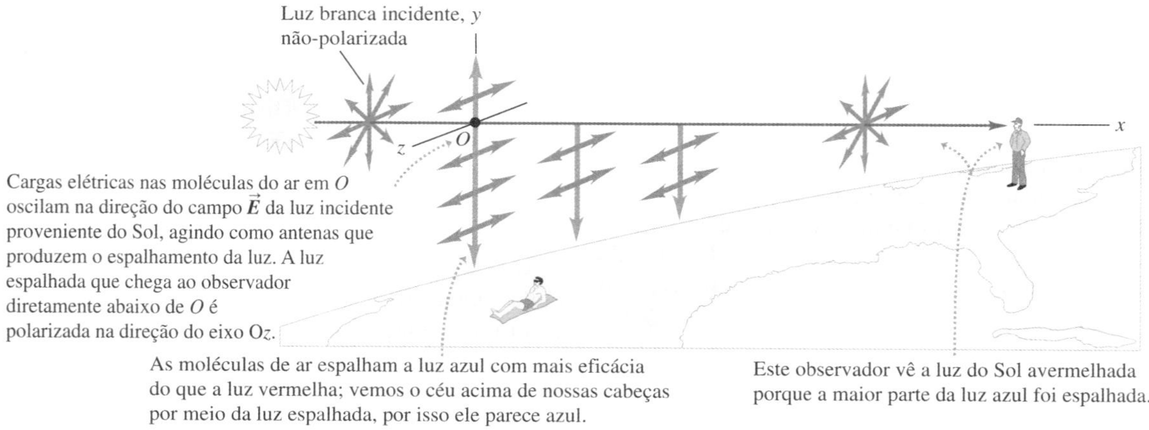

Figura 33.32 Quando o banhista deitado que se encontra à esquerda olha para cima, ele vê a luz solar azul, polarizada, que foi espalhada pelas moléculas do ar. O observador à direita vê luz avermelhada, não-polarizada, quando olha para o Sol.

*33.6 Espalhamento da luz

O céu é azul. O pôr-do-sol é vermelho. A luz do céu é parcialmente polarizada; por isso, quando olhamos para o céu usando óculos com lentes polaróides, notamos que o céu em certas direções parece mais escuro do que em outras. Um mesmo fenômeno é responsável por todos esses efeitos.

Ao olhar para o céu durante o dia, a luz que você vê é a luz solar que foi absorvida e depois retransmitida em muitas direções. Esse fenômeno denomina-se **espalhamento**. (Se a Terra não possuísse atmosfera, o céu seria tão negro durante o dia quanto à noite, tal como é visto por um astronauta no espaço ou na Lua; você veria a luz solar somente quando olhasse diretamente para o Sol, e as estrelas também seriam visíveis durante o dia.) A Figura 33.32 mostra alguns detalhes do processo do espalhamento. A luz solar, que não é polarizada, incide da esquerda para a direita ao longo do eixo Ox e passa sobre um observador que está olhando verticalmente de baixo para cima ao longo do eixo Oy. (Estamos vendo a cena lateralmente.) Considere as moléculas do ar atmosférico localizadas no ponto O. As cargas elétricas de cada molécula oscilam por causa da ação do campo elétrico da luz solar. Como a luz é uma onda transversal, a direção do campo elétrico de qualquer componente do feixe da luz solar permanece sobre o plano yz, e o movimento das cargas deve ocorrer sobre esse plano. Não existe nenhum campo e, portanto, nenhum movimento ao longo do eixo Ox.

Uma onda de luz incidente faz as cargas elétricas nas moléculas no ponto O vibrarem ao longo da direção de $\vec{E}$. Podemos decompor essa vibração em uma vibração ao longo do eixo Oy e outra ao longo do eixo Oz. Cada componente da luz incidente produz o efeito semelhante ao de uma 'antena', oscilando com a mesma freqüência da luz incidente e situada sobre o eixo Oy e sobre o eixo Oz.

No capítulo 32, volume 3, dissemos que uma carga oscilante, como as de uma antena, não irradia na direção de sua oscilação. (Veja a Figura 32.3 na Seção 32.1.) Portanto, a 'antena' ao longo do eixo Oy não emite nenhuma luz para o observador que está diretamente abaixo, embora ela emita luz nas outras direções. Assim, a luz que atinge o observador deitado é proveniente de outras 'antenas' moleculares correspondentes às cargas que oscilam do eixo Oz. Essa luz é linearmente polarizada, com seu campo elétrico ao longo do eixo Oz (paralelo à 'antena'). Os vetores com setas opostas paralelos ao eixo Oz abaixo do ponto O na Figura 33.32 mostram a direção da polarização da luz que incide sobre o observador deitado.

Como o feixe original da luz solar passa através da atmosfera, sua intensidade diminui à medida que a energia passa para a luz espalhada. Uma análise rigorosa do processo de espalhamento mostra que a intensidade da luz espalhada pelas moléculas do ar aumenta com a quarta potência da freqüência (é inversamente proporcional à quarta potência do comprimento de onda). Logo, a razão entre as intensidades dos dois extremos do espectro visível é $(700\ \text{nm}/400\ \text{nm})^4 = 9{,}4$. Fazendo-se uma aproximação, podemos dizer que a luz azul é cerca de nove vezes mais espalhada do que a luz vermelha. É por isso que o céu é azul.

As nuvens contêm uma concentração elevada de gotículas de água e de pequenos cristais de gelo que também espalham a luz. Por causa disso, a luz que passa através das nuvens possui mais centros de espalhamento de tipos diferentes do que no caso do céu sem nenhuma nuvem. Portanto, a luz com *todos* os comprimentos de onda acaba sendo espalhada, de modo que as nuvens parecem brancas (Figura 33.33). A cor do leite é branca pela mesma razão; todas as cores são espalhadas por pequenos glóbulos de gordura existentes no leite. Se você diluir o leite misturando-o com uma quantidade de água suficiente, a concentração dos glóbulos de gordura passará a ser muito pequena, de modo que a cor azul será espalhada mais substancialmente do que as outras cores; portanto, a solução fortemente diluída será azul e não branca. (O leite sem gordura, que também contém uma pequena concentração de glóbulos, exibe, pela mesma razão, uma cor ligeiramente azulada.)

Figura 33.33 As nuvens geralmente são brancas porque espalham eficientemente todas as cores da luz solar.

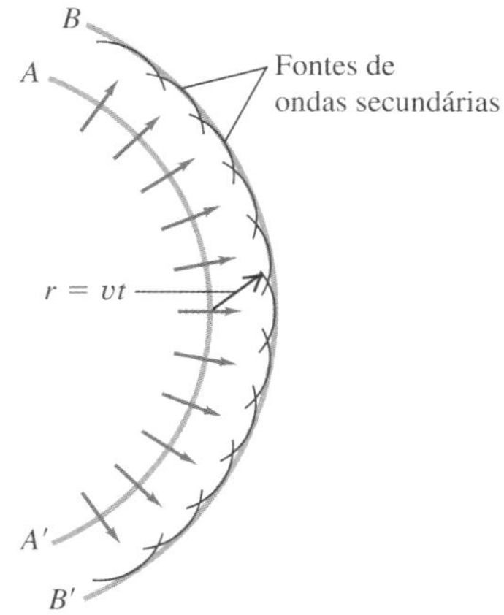

Figura 33.34 Aplicação do princípio de Huygens para construir uma nova frente de onda BB' a partir de uma frente de onda AA'.

Perto do pôr-do-sol, quando a luz solar atravessa uma extensa camada da atmosfera terrestre, uma grande quantidade da luz azul é removida pelo espalhamento na atmosfera. A luz solar sem a cor azul parece ser vermelha, ou ligeiramente amarela. Isso explica por que você geralmente vê a luz solar amarela ou vermelha durante o poente (e isso é visto pelo observador no lado direito da Figura 33.32.)

Como a luz solar é parcialmente polarizada, um polarizador pode ser útil na arte fotográfica. Você pode obter uma fotografia do céu escuro usando um polarizador com um eixo perpendicular à direção do eixo com a polarização predominante da luz espalhada. A luz mais fortemente polarizada provém da parte do céu que está a 90° afastada da direção da luz proveniente do Sol — por exemplo, a direção diretamente acima de nossa cabeça quando o Sol está no levante ou no poente.

33.7 Princípio de Huygens

As leis da reflexão e da refração que estudamos na Seção 33.2 foram descobertas experimentalmente muito tempo antes de a natureza ondulatória da luz ser de fato comprovada. Contudo, podemos *deduzir* essas leis a partir de considerações ondulatórias e mostrar que elas são consistentes com a natureza ondulatória da luz. O mesmo tipo de análise que faremos aqui será muito importante quando estudarmos a ótica física nos capítulos 35 e 36.

Vamos começar com um princípio conhecido como **princípio de Huygens**. Esse princípio, formulado originalmente pelo cientista holandês Christiaan Huygens em 1678, é um método geométrico para determinar, a partir de uma forma conhecida de uma frente de onda em certo instante, a forma da frente de onda em um momento posterior. Huygens afirmou que **todos os pontos de uma frente de onda podem ser considerados fontes de ondas secundárias que se espalham em todas as direções com uma velocidade igual à velocidade de propagação da onda**. A nova frente de onda em um instante posterior pode ser determinada construindo-se uma superfície que *tangencie* as ondas secundárias, ou, como costuma-se dizer, traçando-se a *envoltória* das ondas secundárias. Todos os resultados obtidos a partir da aplicação do princípio de Huygens também podem ser obtidos com as equações de Maxwell. Logo, ele não é um princípio independente, mas uma ferramenta geralmente útil para cálculos em fenômenos ondulatórios.

O princípio de Huygens é ilustrado na Figura 33.34. A frente de onda AA' está se deslocando a partir de uma fonte, como indicam as pequenas setas. Queremos determinar a forma da frente de onda depois de um intervalo de tempo t. Seja v a velocidade de propagação da onda; então no intervalo de tempo t ela se deslocou de uma distância vt. Construímos diversas circunferências (interseções das ondas secundárias esféricas com o plano) centralizadas nos pontos da frente de onda AA' com raios $r = vt$. A envoltória dessas ondas secundárias, que fornece a nova frente de onda, é a curva BB'. Estamos supondo que a velocidade v seja a mesma em todos os pontos e em todas as direções.

A reflexão e o princípio de Huygens

Para deduzir a lei da reflexão a partir do princípio de Huygens, consideramos uma onda plana aproximando-se de uma superfície refletora plana. Na Figura 33.35a, as linhas AA', OB' e NC' representam posições sucessivas das frentes de onda que se aproximam da superfície MM'. O ponto A da frente de onda AA' acaba de atingir a superfície refletora. Podemos usar o princípio de Huygens para determinar a frente de onda depois de um intervalo de tempo t. Usando os pontos da reta AA' como centros, podemos desenhar diversas ondas secundárias com raios vt. As ondas

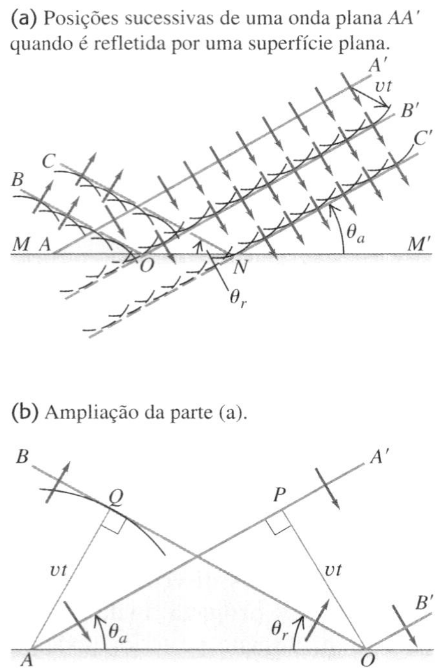

Figura 33.35 Usando o princípio de Huygens para deduzir a lei da reflexão.

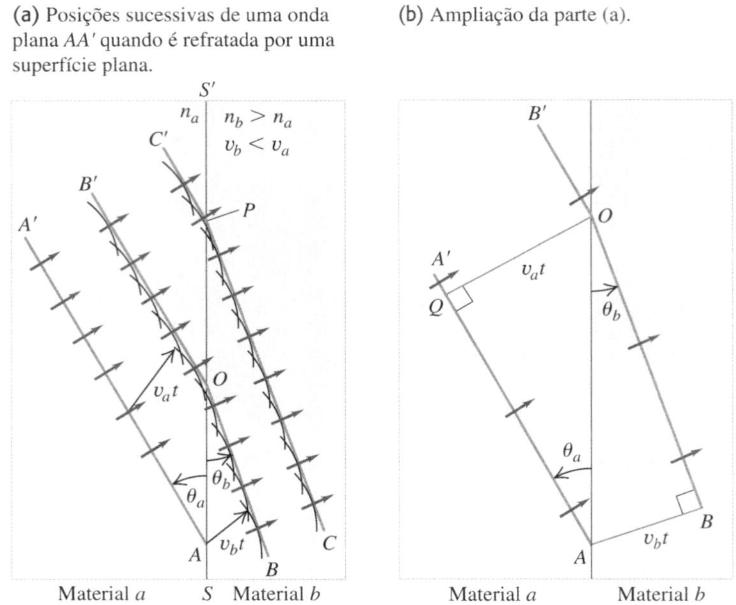

Figura 33.36 Usando o princípio de Huygens para deduzir a lei da refração. Mostramos o caso em que $v_b < v_a$ ($n_b > n_a$).

secundárias que se originam na extremidade superior de *AA'* espalham-se até encontrar o obstáculo, e a envoltória dessas ondas fornece o segmento *OB'* da nova frente de onda. Caso a superfície refletora não existisse, as ondas secundárias que se originam na extremidade inferior de *AA'* se espalhariam de modo análogo e atingiriam as posições indicadas pelas linhas tracejadas. Em vez disso, essas ondas secundárias atingem a superfície refletora.

A superfície refletora produz uma *variação da direção* dessas ondas secundárias que incidem sobre ela, de modo que as ondas secundárias que deveriam penetrá-la retornam para o lado esquerdo da superfície, como indicam as linhas contínuas. A primeira dessas ondas secundárias está centralizada no ponto *A*; a envoltória das ondas secundárias que retornam é o segmento *OB* da frente de onda. O traço da frente de onda completa nesse instante fornece o ângulo definido pela linha *BOB'*. Um raciocínio semelhante permite a construção da linha *CNC'* para a frente de onda depois de outro intervalo de tempo *t*.

De acordo com a geometria plana, o ângulo θ_a entre a *frente de onda* incidente e a *superfície* é igual ao ângulo entre o *raio* incidente e a *normal* à superfície, e, portanto, é o ângulo de incidência. Analogamente, θ_r é o ângulo de reflexão. Para achar a relação entre esses dois ângulos, observe a Figura 33.35b. A partir de *O* desenhamos o segmento $OP = vt$, perpendicular a *AA'*. O segmento *OB*, por construção, é tangente ao círculo *vt* com centro em *A*. Desenhando o segmento *AQ* a partir de *A* até o ponto de tangência, os triângulos *APO* e *OQA* são congruentes porque são triângulos retângulos que possuem o lado comum *AO* e o lado $AQ = OP = vt$. Portanto, concluímos que $\theta_a = \theta_r$, obtendo assim a lei da reflexão.

A refração e o princípio de Huygens

Podemos deduzir a lei da *refração* fazendo um raciocínio semelhante. Na Figura 33.36a temos uma frente de onda plana, representada pela linha reta *AA'*, na qual o ponto *A* acaba de incidir sobre a interface *SS'* entre os dois materiais transparentes *a* e *b* que possuem índices de refração n_a e n_b e nos quais as velocidades das ondas são v_a e v_b. (As ondas *refletidas* não são mostradas nessa figura; elas se propagam exatamente como é demonstrado na Figura 33.35.) Podemos aplicar o princípio de Huygens para determinar as posições das frentes de onda depois de um intervalo de tempo *t*.

Usando os pontos da reta *AA'* como centros, desenhamos diversas ondas secundárias. Aquelas que se originam na extremidade superior de *AA'* deslocam-se com velocidade v_a e, depois de um intervalo de tempo *t*, são superfícies esféricas com raio v_at. Contudo, a onda secundária com origem no ponto *A* desloca-se no segundo material com velocidade v_b e, depois de um intervalo de tempo *t*, é uma superfície esférica com raio v_bt. A envoltória das ondas secundárias obtidas a partir da frente de onda inicial é a nova frente de onda cuja interseção com o plano da página fornece a linha *BOB'*. Uma construção semelhante nos permite traçar a linha *CPC'* depois de um segundo intervalo de tempo *t*.

O ângulo θ_a entre a superfície e a frente de onda incidente é o ângulo de incidência, e o ângulo θ_b entre a superfície e a frente de onda refratada é o ângulo de refração. Para verificar a relação entre esses ângulos observe a Figura 33.36b. Desenhe o segmento $OQ = v_a t$ na direção perpendicular a AQ e trace o segmento $AB = v_b t$ na direção perpendicular a BO. Observando o triângulo AOQ,

$$\text{sen}\theta_a = \frac{v_a t}{AO}$$

e, pelo triângulo AOB,

$$\text{sen}\theta_b = \frac{v_b t}{AO}$$

Combinando as relações anteriores, achamos

$$\frac{\text{sen}\theta_a}{\text{sen}\theta_b} = \frac{v_a}{v_b} \tag{33.9}$$

De acordo com a definição de índice de refração de um material, sabemos que n é a razão entre a velocidade da luz no vácuo c e a velocidade da luz v no material, ou seja: $n_a = c/v_a$ e $n_b = c/v_b$. Portanto,

$$\frac{n_b}{n_a} = \frac{c/v_b}{c/v_a} = \frac{v_a}{v_b}$$

e podemos escrever a Equação (33.9) na forma

$$\frac{\text{sen}\theta_a}{\text{sen}\theta_b} = \frac{n_b}{n_a}$$

ou, então,

$$n_a\,\text{sen}\theta_a = n_b\,\text{sen}\theta_b$$

que reconhecemos como a lei de Snell, ou Equação (33.4). Desse modo, deduzimos a lei de Snell a partir de uma teoria ondulatória. Alternativamente, podemos considerar a lei de Snell um resultado experimental que define o índice de refração de um material; nesse caso, a análise anterior ajuda a confirmar a relação $v = c/n$ para a velocidade da luz em um material.

As miragens fornecem outro interessante exemplo do emprego do princípio de Huygens. Quando os raios solares aquecem a superfície de uma calçada ou a areia do deserto, forma-se nos arredores da superfície uma camada quente, menos densa, com índice de refração n menor do que o índice de refração da camada superior. A velocidade da luz nessas áreas da superfície é ligeiramente maior do que nas vizinhanças da camada superior, e as ondas secundárias de Huygens possuem raios um pouco maiores, de modo que as frentes de onda se inclinam levemente e os raios que se aproximam da superfície com ângulos de incidência elevados (próximos de 90°) curvam-se para cima, como indicado na Figura 33.37. O raio de luz que está muito afastado do solo não sofre quase nenhum desvio e se propaga praticamente em linha reta. O observador vê o objeto em sua posição natural, juntamente com uma imagem invertida embaixo dela, como se ela estivesse sendo observada refletida por uma superfície horizontal. Mesmo quando a turbulência do ar aquecido impede a formação de uma imagem invertida nítida, o cérebro do viajante sedento interpreta a imagem como se ela estivesse refletida pela superfície de um lago.

É importante lembrar que as equações de Maxwell são as relações fundamentais para a propagação das ondas eletromagnéticas. No entanto, devemos ressaltar o fato impressionante de que o princípio de Huygens foi formulado dois séculos antes da análise de Maxwell. A teoria de Maxwell apenas forneceu a base teórica para sustentar o princípio de Huygens. Cada ponto de uma onda eletromagnética, com seus campos elétrico e magnético variáveis no tempo, atua como se fosse uma fonte de ondas progressivas, como previsto pelas leis de Faraday e de Ampère.

Teste sua compreensão da Seção 33.7 O som se propaga mais rápido no ar quente do que no ar frio. Imagine uma frente meteorológica que vai do norte para o sul, com o ar quente a oeste da frente e o ar frio a leste. Uma onda sonora propagando-se na direção nordeste no ar quente encontra essa frente. Como irão variar a direção e o sentido dessa onda sonora quando ela passar para o ar frio? (i) A direção da onda se desviará para o norte; (ii) a direção da onda se desviará para leste; (iii) a direção da onda não se alterará. ∎

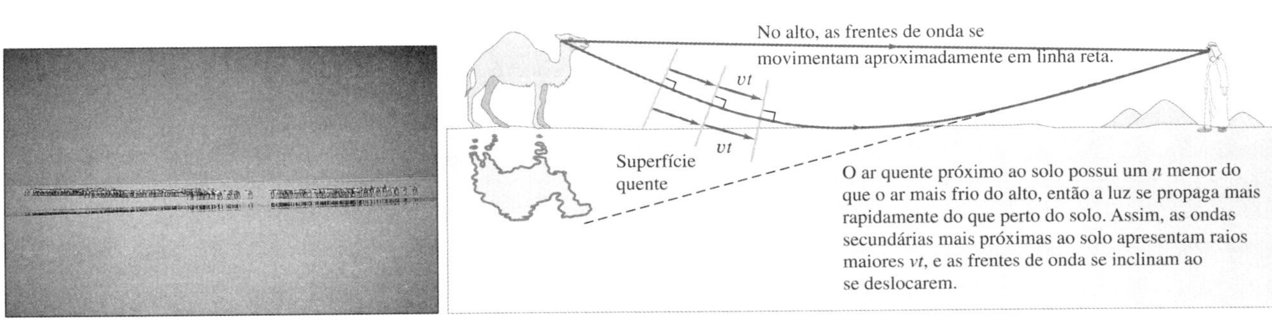

Figura 33.37 Como as miragens se formam.

Resumo

A luz e suas propriedades: a luz é uma onda eletromagnética. Quando emitida ou absorvida também demonstra propriedades corpusculares. Ela é emitida por cargas elétricas aceleradas que absorveram uma energia adicional mediante o aquecimento ou por meio de descargas elétricas. A velocidade da luz no vácuo é uma constante fundamental da física.

Uma frente de onda é uma superfície cujos pontos possuem uma fase constante; as frentes de onda movem-se com velocidade igual à velocidade da propagação da onda. Um raio é uma linha perpendicular à superfície da frente de onda indicando a direção de propagação da onda. A representação da luz por meio de raios constitui a base da ótica geométrica.

Quando a luz é transmitida de um material para outro, a freqüência da luz não se altera, porém o comprimento de onda e a velocidade da onda mudam. O índice de refração n de um material é a razão entre a velocidade da luz no vácuo c e a velocidade v da onda no material. Se λ_0 é o comprimento de onda no vácuo, a mesma onda possui um comprimento de onda dado por λ_0/n no material que apresenta índice de refração n. (Veja o Exemplo 33.2.)
Denomina-se dispersão a variação do índice de refração n com o comprimento de onda λ. Em geral n diminui quando o comprimento de onda λ aumenta.

$$n = \frac{c}{v} \qquad (33.1)$$

$$\lambda = \frac{\lambda_0}{n} \qquad (33.5)$$

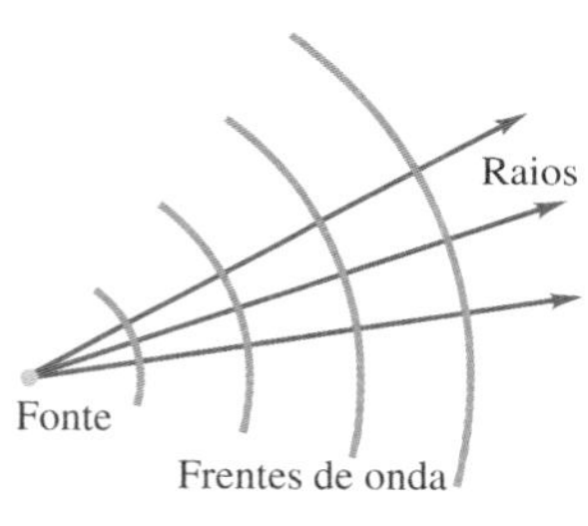

Reflexão e refração: sobre uma superfície lisa que separa dois materiais transparentes, o raio incidente, o raio refletido e a normal da superfície estão contidos em um mesmo plano denominado plano de incidência. A lei da reflexão afirma que o ângulo de incidência é igual ao ângulo de reflexão. A lei da refração relaciona os ângulos de incidência e de refração aos índices de refração dos materiais. Os ângulos de incidência, de reflexão e de refração são sempre medidos a partir da normal à superfície. (Veja os exemplos 33.1 e 33.3.)

$$\theta_r = \theta_a \quad \text{(lei da reflexão)} \qquad (33.2)$$

$$n_a \operatorname{sen}\theta_a = n_b \operatorname{sen}\theta_b \quad \text{(lei da refração)} \qquad (33.4)$$

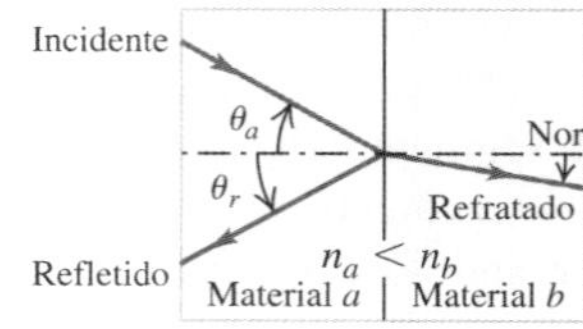

Reflexão interna total: quando um raio se propaga de um material com índice de refração maior (n_a) no sentido de um material com índice de refração menor (n_b), ocorre uma reflexão interna total na interface quando o ângulo de incidência supera o valor de um certo ângulo crítico $\theta_{\text{crít}}$. (Ver Exemplo 33.4.)

$$\operatorname{sen}\theta_{\text{crít}} = \frac{n_b}{n_a} \qquad (33.6)$$

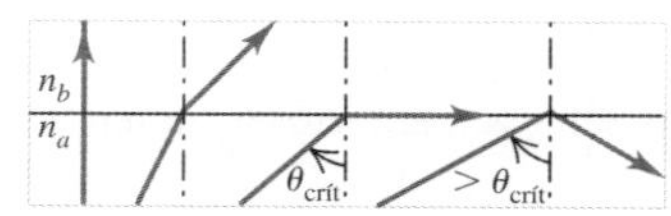

Polarização da luz: a direção da polarização de uma onda eletromagnética linearmente polarizada é a direção do campo $\vec{E}$. Um filtro polarizador deixa passar ondas linearmente polarizadas na direção paralela a seu eixo e bloqueia as ondas linearmente polarizadas na direção perpendicular ao seu eixo. Quando a luz linearmente polarizada com intensidade $I_{\text{máx}}$ incide sobre um filtro polarizador usado como analisador, a intensidade I da luz transmitida através do analisador depende do ângulo ϕ entre a direção de polarização da luz incidente e a direção do eixo do analisador. (Veja o Exemplo 33.5.) Quando duas ondas linearmente polarizadas com fases diferentes se superpõem, a onda resultante é elipticamente polarizada ou circularmente polarizada. Nesses casos, a direção do vetor $\vec{E}$ não permanece confinada em um único plano que contém a direção de propagação da onda, mas descreve círculos ou elipses em um plano perpendicular à direção de propagação da onda.

A luz sofre espalhamento pelas moléculas do ar. A luz espalhada é parcialmente polarizada.

$$I = I_{\text{máx}} \cos^2\phi \quad \text{(lei de Malus)} \qquad (33.7)$$

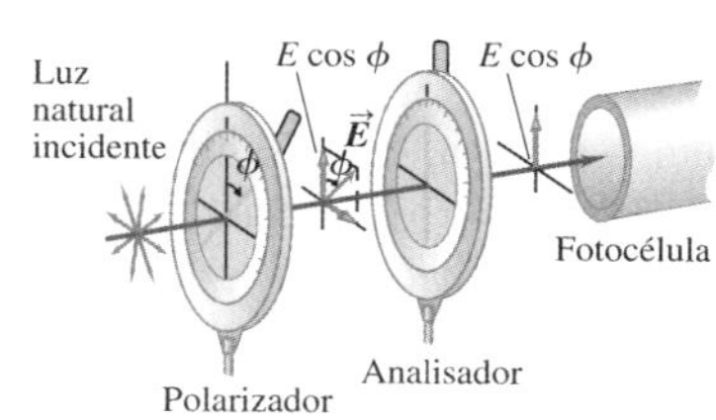

Polarização por reflexão: quando a luz não-polarizada incide sobre a interface entre dois materiais, a lei de Brewster afirma que a luz refletida é totalmente polarizada na direção perpendicular ao plano de incidência (paralela à interface) se o ângulo de incidência é igual ao ângulo de polarização θ_p. (Veja o Exemplo 33.6.)

$$\operatorname{tg}\theta_p = \frac{n_b}{n_a} \quad \text{(lei de Brewster)} \qquad (33.8)$$

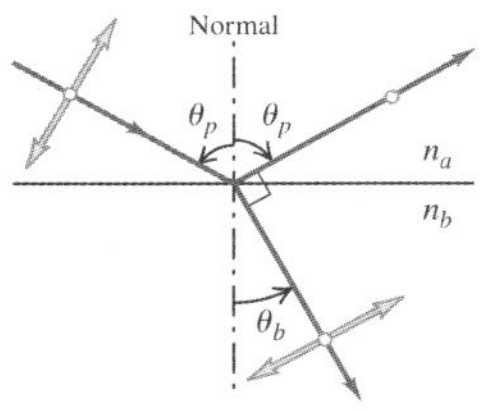

Princípio de Huygens: O princípio de Huygens atesta que, quando conhecemos a posição de uma frente de onda em um dado instante, a posição da frente de onda em um instante posterior pode ser construída imaginando-se cada ponto da frente de onda como uma fonte de ondas secundárias. O princípio de Huygens pode ser aplicado na dedução das leis da reflexão e refração.

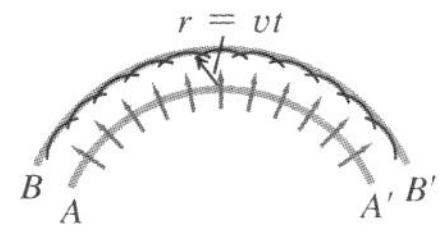

Principais termos

ângulo crítico, 10
ângulo de polarização, 19
dicroísmo, 16
dispersão, 12
eixo de polarização, 16
espalhamento, 22
filtro polarizador (polarizador), 13
frente de onda, 3
lei da reflexão, 6
lei da refração (lei de Snell), 6
lei de Brewster, 19
lei de Malus, 17
índice de refração, 5
luz natural (luz não-polarizada), 15
ótica, 01
plano de incidência, 18
polarização circular, 20
polarização elíptica, 20
polarização linear, 20
princípio de Huygens, 23
raio, 03
reflexão, 04
reflexão difusa, 05
reflexão especular, 05
reflexão interna total, 10
refração, 04
ótica geométrica, 04
ótica ondulatória, 04

Resposta à Pergunta Inicial do Capítulo

Trata-se do mesmo efeito mostrado na Figura 33.31. As ferramentas de desenho são colocadas entre dois filtros polarizadores cujos eixos de polarização são perpendiculares. Nos lugares em que o plástico transparente está sob tensão, o plástico se torna birrefringente, isto é, a luz o atravessa a uma velocidade que depende de sua polarização. O resultado é que a luz que emerge do plástico apresenta uma polarização diferente da luz que entra. Uma região no plástico parece mais brilhante se a luz emergente apresentar uma polarização igual à do segundo filtro polarizador. A quantidade de birrefringência depende do comprimento de onda da luz, assim como da tensão sobre o plástico, de modo que cores diferentes são vistas em diferentes partes do plástico.

Resposta às Perguntas dos Testes de Compreensão

33.1 **Resposta: (iii).** As ondas vão mais longe na direção do eixo *Oy* em um dado intervalo de tempo do que em outras direções. Assim, as frentes de onda são elipsoidais, mais alongadas na direção *Oy*.

33.2 **Respostas: (a) (ii), (b) (iii).** Como mostra a figura, os raios de luz vindos do peixe se afastam da normal quando passam da água (n = 1,33) para o ar (n = 1,00). Em conseqüência, o peixe parece estar mais perto da superfície do que realmente está. Assim, você deve apontar a lança *abaixo* da posição aparente do peixe. Se você usar um feixe de laser, você deve mirar *exatamente* na posição aparente do peixe: o feixe de laser percorre a mesma trajetória de você para o peixe que a luz comum percorre do peixe até você (no sentido oposto).

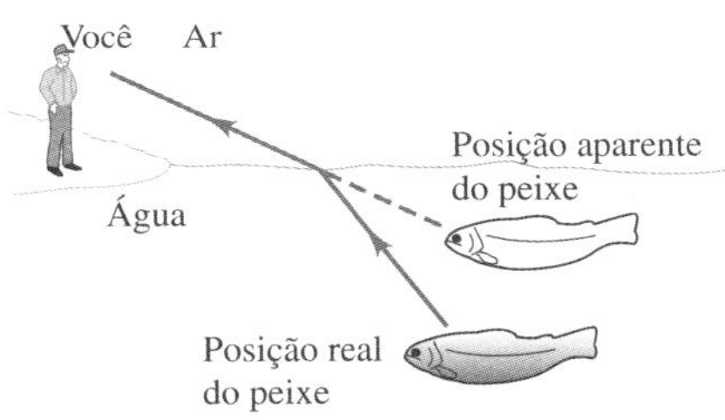

33.3 **Respostas: (i), (ii).** A reflexão interna total só pode ocorrer se duas condições forem cumpridas: n_b precisa ser menor do que n_a, e o ângulo crítico $\theta_{crít}$ (onde sen$\theta_{crít}$ = n_b/n_a) deve ser menor do que o ângulo de incidência θ_a. Nos dois primeiros casos, ambas as condições são obedecidas: os ângulos críticos são (i) $\theta_{crít}$ = sen^{-1} (1/1,33) = 48,8° e (ii) $\theta_{crít}$ = sen^{-1} (1,33/1,52) = 61°, ambos menores do que θ_a = 70°. No terceiro caso, n_b = 1,52 é maior do que n_a = 1,33, logo, a reflexão interna total não pode ocorrer com nenhum ângulo de incidência.

33.5 **Resposta: (ii).** A luz do sol refletida nas janelas do alto edifício é parcialmente polarizada na direção vertical, visto que todas as janelas estão dispostas em um plano vertical. O filtro polaróide na frente das lentes é orientado com seus eixos de polarização perpendiculares à direção dominante de polarização da luz refletida.

33.7 **Resposta: (ii).** O princípio de Huygens se aplica a ondas de todos os tipos, inclusive ondas sonoras. Logo, essa situação é exatamente igual à mostrada na Figura 33.36, em que o material *a* representa o ar quente, o material *b* representa o ar frio em que as ondas se propagam mais lentamente, e a interface entre os materiais representa a frente meteorológica. O norte fica na parte superior da figura e o leste fica à direita, portanto, a Figura 33.36 mostra que os raios (que indicam a direção da propagação) desviam-se para o leste.

Questões para discussão

Q33.1 A luz leva cerca de oito minutos para vir do Sol até a Terra. Ela demora muito para atravessar a atmosfera da Terra? Explique.

Q33.2 Quando a luz do Sol ou de uma estrela atravessa a atmosfera da Terra, ela sempre se inclina aproximando-se da vertical. Por quê? Isso significa que uma estrela nunca se encontra na posição exata onde ela é observada? Explique.

Q33.3 Um feixe de luz passa de um material para outro. Em termos *físicos*, explique *por que* o comprimento de onda varia, mas a freqüência e o período permanecem inalterados.

Q33.4 Uma aluna alega que, em virtude da refração na atmosfera da Terra (mencionada na Questão 33.2), o Sol pode ser visto mesmo quando ele está abaixo da linha do horizonte e que, portanto, a duração do dia é maior do que seria se a Terra não tivesse atmosfera. Em primeiro lugar, o que ela quer dizer quando afirma que o Sol pode ser visto mesmo quando está abaixo da linha do horizonte? Em segundo lugar, comente a validade da conclusão a que ela chegou.

Q33.5 Quando o ar quente proveniente de radiadores ou tubos quentes sobe, os objetos que estão atrás deles parecem trêmulos ou com os contornos ondulantes. O que produz esse efeito?

Q33.6 Imagine uma forma simples de medir a velocidade da luz em um determinado vidro usando a) a lei de Snell; b) reflexão interna total; c) a lei de Brewster.

Q33.7 Algumas vezes, ao olhar através de uma janela, você nota duas imagens refletidas ligeiramente deslocadas entre si. O que produz esse efeito?

Q33.8 Se você olhar de baixo para cima na direção da superfície da água do seu aquário, talvez você veja um reflexo de cabeça para baixo do seu peixinho na superfície da água. Explique como isso pode acontecer.

Q33.9 Um raio de luz proveniente do ar atinge uma superfície de vidro. Existe algum ângulo em que ocorra reflexão total? Explique.

Q33.10 Quando a luz incide sobre uma interface entre dois materiais, o ângulo do raio refratado depende do comprimento de onda, porém o ângulo de reflexão não. Por quê?

Q33.11 Um vendedor alega que os óculos de sol que ele deseja lhe vender possuem lentes com filtro polaróide; porém, você suspeita que as lentes sejam apenas de plástico escuro. Como tirar a dúvida?

Q33.12 Faria sentido falar em *polarização* de uma onda longitudinal, tal como acontece com uma onda sonora? Por quê?

Q33.13 O que você faria para determinar a direção do eixo de polarização de um único polarizador?

Q33.14 Já foi sugerido o uso de filtros polarizadores no pára-brisas e nos faróis de um automóvel para reduzir a ofuscação produzida pelo brilho dos faróis durante a noite. Isso funcionaria? Como os eixos dos polaróides deveriam ser projetados? Quais seriam as vantagens desse projeto? Quais seriam as desvantagens?

Q33.15 Quando uma película de plástico usada para proteger alimentos é colocada entre dois polarizadores cruzados, nenhuma luz é transmitida pelo conjunto de polarizadores. Quando a película é esticada em uma direção, certa quantidade de luz é transmitida pelo conjunto de polarizadores. Explique esse efeito.

Q33.16 Quando você está sentado em uma praia observando o mar através de óculos com lentes polaróides, os óculos ajudam a reduzir a ofuscação produzida pelas reflexões da luz solar sobre as águas do mar. Contudo, quando você está deitado lateralmente sobre a areia da praia e observa o mar, existe pouca redução dessa ofuscação. Explique a razão dessa diferença.

Q33.17 Quando a luz não-polarizada incide sobre dois polarizadores cruzados, nenhuma luz é transmitida. Um aluno afirma que, se introduzirmos um terceiro polarizador entre os polarizadores cruzados, certa quantidade de luz será transmitida. Essa afirmação faz sentido? Como pode um terceiro filtro *aumentar* a intensidade da luz transmitida?

Q33.18 Com aquelas antenas antigas de TV, em forma de 'V', é possível alterar a qualidade da recepção consideravelmente apenas mudando a orientação da antena. Por quê?

Q33.19 Na Figura 33.32, uma vez que a luz espalhada do feixe incidente é polarizada, por que a luz transmitida também não é parcialmente polarizada?

Q33.20 Você está tomando sol no final da tarde quando o Sol está se pondo no oeste. Você está deitado de costas e olhando para cima através de óculos com lentes polaróides. Para minimizar a quantidade de luz espalhada pela atmosfera que atinge seus olhos, em que direção você deve ficar deitado: com seus pés apontando para o norte, para o leste, para o sul, para o oeste ou para alguma outra direção? Explique.

Q33.21 A luz espalhada do céu azul é fortemente polarizada por causa da natureza do processo de espalhamento da luz descrito na Seção 33.6. No entanto, a luz espalhada de uma nuvem branca geralmente *não* é polarizada. Por quê?

Q33.22 O nevoeiro é produzido por gotículas de água e por partículas de fumaça (*smog*). O nevoeiro reduz a visibilidade por causa do espalhamento da luz, de modo que a luz proveniente de objetos distantes se propaga em direções aleatórias e as imagens não ficam distintas. Explique como a visibilidade através do nevoeiro pode ser melhorada se você usar óculos com lentes vermelhas para filtrar a luz azul.

Q33.23 A explicação dada na Seção 33.6 para a cor do céu quando o Sol se põe deve valer igualmente quando o Sol *nasce*, visto que a luz atravessa o mesmo volume de ar atmosférico nos dois casos. Contudo, geralmente o céu fica mais vermelho quando o Sol se põe do que quando o Sol nasce. Por quê? (*Sugestão*: todos os tipos de partículas existentes na atmosfera contribuem para o espalhamento.)

Q33.24 O princípio de Huygens também se aplica a ondas sonoras. Durante o dia, a temperatura da atmosfera diminui com o aumento da altitude acima do solo. Porém, durante a noite, quando o solo esfria, existe uma camada acima da superfície na qual a temperatura *aumenta* com a altura. Use esse fato para explicar por que os sons provenientes de fontes distantes podem ser ouvidos mais facilmente durante a noite do que de dia. (*Sugestão*: A velocidade de uma onda sonora aumenta com a elevação da temperatura. Use as idéias apresentadas na Figura 33.37 para a luz.)

Q33.25 As ondas de água podem ser refletidas e refratadas? Dê exemplos. O princípio de Huygens também se aplica a ondas de água? Explique.

Exercícios

Seção 33.2 Reflexão e refração

33.1 Dois espelhos planos interceptam-se em um ângulo reto. Um feixe de laser atinge o primeiro deles em um ponto a 11,5 cm do ponto de interseção entre os dois espelhos, como mostrado na Figura 33.38. Que ângulo de incidência no primeiro espelho esse raio deve ter para atingir o ponto médio no segundo espelho (cujo comprimento é 28 cm) depois de se refletir no primeiro espelho?

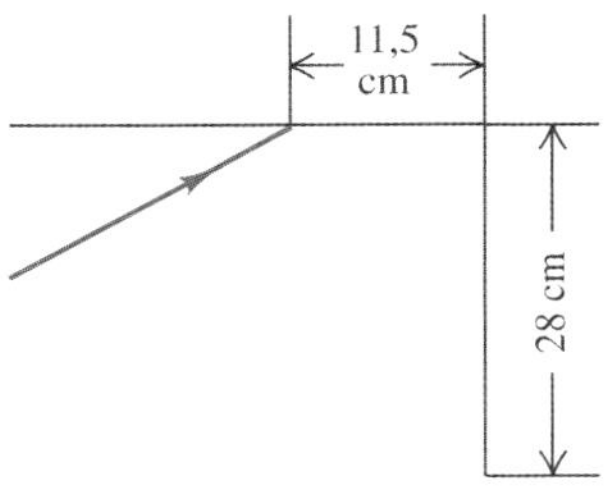

Figura 33.38 Exercício 33.1.

33.2 Três espelhos planos interceptam-se em ângulos retos. Um feixe de laser atinge o primeiro deles em um ângulo θ com a normal (Figura 33.39). a) Mostre que, quando esse raio é refletido pelos outros dois espelhos e cruza o raio original, o ângulo entre esses dois raios será $\alpha = 180° - 2\theta$. b) Para que ângulo θ os dois raios serão perpendiculares quando se cruzarem?

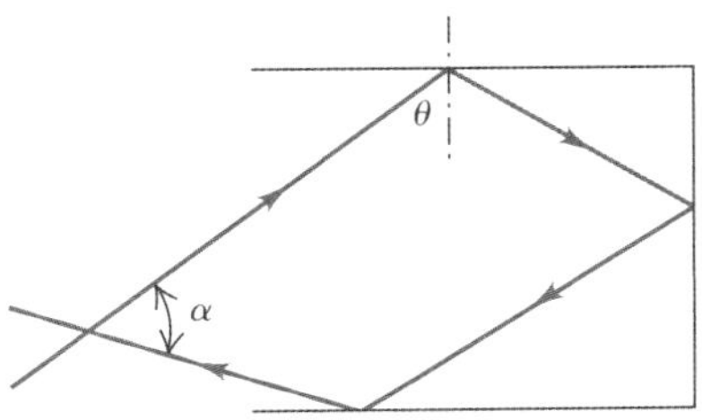

Figura 33.39 Exercício 33.2.

33.3 Um feixe de luz cujo comprimento de onda é 650 nm se propaga no vácuo. a) Qual é a velocidade da luz desse feixe ao se propagar em um líquido cujo índice de refração para esse comprimento de onda é igual a 1,47? b) Qual é o comprimento de onda do feixe de luz ao se propagar nesse líquido?

33.4 Um feixe de luz com uma freqüência de $5,80 \times 10^{14}$ Hz se propaga em um bloco de vidro cujo índice de refração é 1,52. Qual é o comprimento de onda do feixe de luz quando ele se propaga: a) no vácuo? b) no vidro?

33.5 Um feixe de luz desloca-se no quartzo com velocidade $1,94 \times 10^8$ m/s. O comprimento de onda da luz no quartzo é 355 nm. a) Qual é o índice de refração do quartzo para esse comprimento de onda? b) Se essa mesma luz se propagasse no ar, qual seria seu comprimento de onda?

33.6 Um feixe de luz com certa freqüência possui um comprimento de onda de 438 nm e se propaga na água. Se essa mesma luz se propagasse no benzeno, qual seria seu comprimento de onda?

33.7 Um feixe de luz paralelo propaga-se no ar e forma um ângulo de 47,5° com a superfície de uma placa de vidro que possui índice de refração igual a 1,66. a) Qual é o ângulo entre a parte do feixe refletida e a superfície do vidro? b) Qual é o ângulo entre a parte refratada e a superfície do vidro?

33.8 Usando um laser de pulsação rápida e um circuito eletrônico de cronometragem, você descobre que a luz se desloca 2,50 m dentro de uma haste de plástico em 11,5 ns. Qual é o índice de refração do plástico?

33.9 Um raio de luz que se propaga no ar incide sobre a superfície de um bloco de plástico em um ângulo de 62,7° com a normal e se desvia até formar um ângulo de 48,1° com a normal no plástico. Calcule a velocidade da luz no plástico.

33.10 a) Um tanque contendo metanol tem paredes de 2,50 cm de espessura feitas de vidro com índice de refração 1,550. Um feixe de luz proveniente do ar externo atinge o vidro em um ângulo de 41,3° com a normal ao vidro. Calcule o ângulo que a luz faz com a normal no metanol. b) O tanque é esvaziado e cheio novamente com um líquido desconhecido. Se um feixe de luz com o mesmo ângulo de incidência da parte (a) entra no líquido do tanque formando um ângulo de 20,2° com a normal, qual é o índice de refração do líquido desconhecido?

33.11 a) A luz passa por três blocos paralelos de espessuras e índices de refração diferentes. A luz incide no primeiro bloco e, finalmente, refrata para dentro do terceiro bloco. Mostre que o bloco do meio não exerce nenhum efeito sobre a direção final da luz. Em outras palavras: mostre que a direção da luz no terceiro bloco é a mesma que se a luz houvesse passado diretamente do primeiro bloco para o terceiro. b) Generalize esse resultado para uma série de blocos. O que determina a direção final da luz no último bloco?

33.12 Uma placa de vidro horizontal com faces paralelas de índice de refração igual a 1,52 está em contato com a superfície da água em um tanque. Um raio proveniente do ar acima da placa forma um ângulo de incidência de 35° com a normal na superfície do vidro. a) Qual é o ângulo que o raio refratado na água forma com a normal à superfície? b) Qual é a dependência desse ângulo com o índice de refração do vidro?

33.13 Em um material com um índice de refração n, um raio de luz possui uma freqüência f, um comprimento de onda λ e uma velocidade v. Qual é a freqüência, o comprimento de onda e a velocidade dessa luz a) no vácuo e b) em um material com um índice de refração n'. Em cada caso, expresse suas respostas *apenas* em termos de f, λ, v, n e n'.

33.14 Prove que, quando um raio de luz incide sobre um espelho plano que gira em um ângulo θ em torno de um eixo perpendicular ao plano de incidência, o raio refletido gira em um ângulo igual a 2θ.

33.15 Um raio de luz incide sobre a superfície plana que separa duas placas finas de vidro com índices de refração 1,70 e 1,56. O ângulo de incidência é 62°, e o raio provém da placa que possui índice de refração 1,70. Calcule o ângulo de refração.

33.16 No Exemplo 33.1, a interface água–vidro é horizontal. Se, em vez disso, a interface tivesse uma inclinação de 15° acima da horizontal, com o lado direito mais elevado do que o esquerdo, qual seria o ângulo formado entre a vertical e o raio no vidro? (Suponha que o raio na água continue fazendo um ângulo de 60° com a vertical.)

Seção 33.3 Reflexão interna total

33.17 **Tubo de luz.** A luz entra em um tubo sólido feito de plástico e que possui um índice de refração igual a 1,60. A luz desloca-se paralelamente à parte superior do tubo (Figura 33.40). Você deseja cortar a face AB de modo que toda a luz seja refletida de volta para dentro do tubo depois de atingir essa face. a) Qual é o maior ângulo θ possível se o tubo está no ar? b) Se o tubo for imerso em água, cujo índice de refração é 1,33, qual é o maior ângulo θ possível?

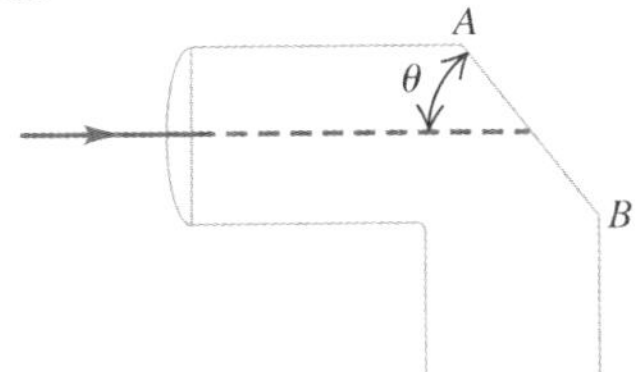

Figura 33.40 Exercício 33.17.

33.18 Um feixe de luz está se propagando dentro de um cubo sólido de vidro com índice de refração 1,53. O feixe atinge a superfície do cubo a partir de dentro. a) Se o cubo está no ar, com que ângulo mínimo com a normal dentro do vidro a luz precisa incidir nessa superfície para *não* passar para o ar? b) Qual seria o ângulo mínimo na parte (a) se o cubo estivesse imerso na água?

33.19 O ângulo crítico para a reflexão interna total em uma interface que separa um líquido do ar é 42,5°. a) Sabendo que um raio de luz proveniente do líquido incide sobre a interface com um ângulo de incidência de 35,0°, qual é o ângulo que o raio refratado no ar forma com a normal? b) Sabendo que um raio de luz proveniente do ar incide sobre a interface com um ângulo de incidência de 35°, qual é o ângulo que o raio refratado no líquido forma com a normal?

33.20 No final da série de óperas de Wagner, *O Anel dos Nibelungos*, Brunhilda tira o anel de ouro do dedo de Siegfried e joga-o dentro do Reno, onde o anel submerge até o fundo. Supondo que o anel fosse pequeno o bastante comparado à profundeza do rio para ser considerado um ponto e que o Reno tenha 10 m de profundidade no ponto em que o anel foi jogado, qual é a área do maior círculo na superfície da água em que a luz do anel poderia escapar da água?

33.21 Um raio de luz está se propagando em um cubo de vidro que está completamente imerso na água. Você descobre que, se o raio incide sobre a interface vidro–água em um ângulo maior do que 48,7° com a normal, nenhuma luz é refratada para dentro da água. Qual é o índice de refração do vidro?

33.22 A luz incide na direção da normal na face AB de um prisma de vidro de índice de refração 1,52, como mostra a Figura 33.41. Encontre o maior valor que o ângulo α pode ter para que nenhuma luz seja refratada na face AC do prisma se: a) o prisma estiver imerso no ar; b) o prisma estiver imerso na água.

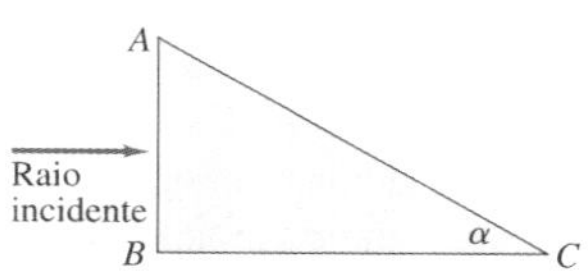

Figura 33.41 Exercício 33.22.

33.23 Um raio de luz proveniente do interior do diamante (índice de refração 2,42) incide sobre sua interface com o ar. Qual é o *maior* ângulo que o raio pode formar com a normal para que ele não seja totalmente refletido para a parte interna do diamante?

Seção 33.4 Dispersão

33.24 Um feixe de luz atinge uma lâmina de vidro com um ângulo de 57° com a normal no ar. Você observa que a luz vermelha forma um ângulo de 38,1° com a normal no vidro, enquanto a luz violeta forma um ângulo de 36,7°. a) Quais são os índices de refração desse vidro para essas cores da luz? b) Quais são as velocidades das luzes vermelha e violeta no vidro?

Seção 33.5 Polarização

33.25 Um feixe de luz não-polarizada de intensidade I_0 passa por uma série de filtros polarizadores ideais com suas direções de polarização orientadas em ângulos diferentes, como mostra a Figura 33.42. a) Qual é a intensidade da luz (em termos de I_0) nos pontos A, B e C? b) Se removermos o filtro do meio, qual será a intensidade da luz no ponto C?

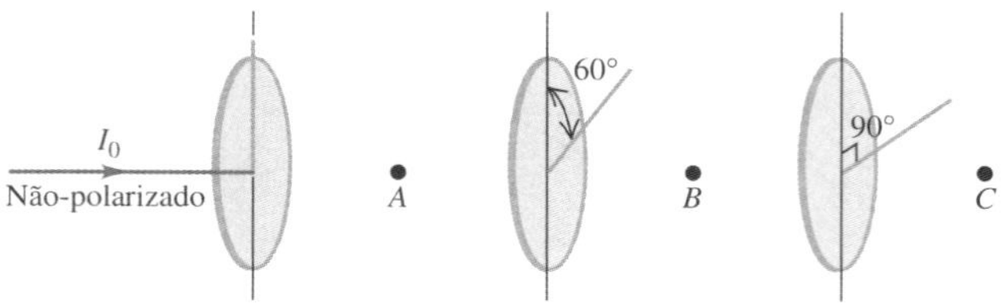

Figura 33.42 Exercício 33.25.

33.26 Um feixe de luz propagando-se na água atinge uma placa de vidro formando um ângulo de incidência de 53°; parte do feixe é refletida e a outra parte é refratada. Sabendo que a parte refletida forma um ângulo de 90° com a parte refratada, qual é o índice de refração do vidro?

33.27 Um feixe paralelo de luz não-polarizada proveniente do ar incide formando um ângulo de 54,5° (com a normal) sobre uma superfície plana de vidro. O feixe refletido é completa e linearmente polarizado. a) Qual é o índice de refração do vidro? b) Qual é o ângulo de refração do feixe transmitido?

33.28 Raios de luz com uma intensidade inicial de I_0 passam por dois filtros polarizadores ideais com seus eixos de polarização orientados como mostra a Figura 33.43. Você deseja ajustar o ângulo ϕ de modo que a intensidade no ponto P seja igual a $I_0/10$. a) Se a luz original fosse não-polarizada, qual deveria ser ϕ? b) Se a luz original fosse linearmente polarizada na mesma direção do eixo de polarização do primeiro polarizador atingido pela luz, qual deveria ser ϕ?

Figura 33.43 Exercício 33.28.

33.29 Um feixe de luz polarizada passa por um filtro polarizador. Quando o ângulo entre o eixo de polarização do filtro e a direção de polarização da luz é θ, a intensidade do feixe emergente é I. Se agora você deseja que a intensidade seja $I/2$, qual deve ser o ângulo (em termos de θ) entre o ângulo de polarização do filtro e a direção original da polarização da luz?

33.30 O índice de refração de certo vidro é 1,66. Para qual ângulo de incidência a luz refletida pela superfície desse vidro é completamente polarizada se o vidro está imerso: a) no ar? b) na água?

33.31 Luz não-polarizada de intensidade 20,0 W/cm² incide sobre dois filtros polarizadores. O eixo do primeiro filtro forma um ângulo de 25° no sentido anti-horário a partir da vertical (vista na direção em que a luz está se deslocando), e o eixo do segundo filtro está a 62° no sentido anti-horário a partir da vertical. Qual é a intensidade da luz depois de passar pelo segundo polarizador?

33.32 Um polarizador e um analisador são orientados de modo que se transmita a maior quantidade de luz possível. A que fração da intensidade máxima o feixe transmitido se reduz quando o analisador gira em um ângulo de: a) 22,5°; b) 45°; c) 67,5°?

33.33 **Três filtros polarizadores.** Três filtros polarizadores são dispostos de modo que o eixo do segundo polarizador forme um ângulo de 45° com o eixo do primeiro polarizador e o eixo do terceiro polarizador forme um ângulo de 90° com o eixo do primeiro polarizador. a) Quando luz não-polarizada com intensidade I_0 incide sobre esse conjunto de polarizadores, qual deve ser a intensidade e o estado de polarização da luz que emerge de cada filtro? b) Se o segundo filtro for removido, qual deverá ser a intensidade da luz que emergirá de cada filtro restante?

33.34 Três filtros polarizadores são dispostos com o eixo de polarização do segundo e do terceiro filtros a 23° e 62° respectivamente, em relação ao primeiro. Se luz não-polarizada incidir sobre o conjunto, a luz apresentará uma intensidade de 75,0 W/cm^2 após passar pelo conjunto. Se a intensidade incidente for mantida constante, qual será a intensidade da luz após passar pelo conjunto se o segundo polarizador for removido?

*Seção 33.6 Espalhamento da luz

33.35 Um feixe de luz branca passa por um ar de densidade uniforme. Se a intensidade da luz espalhada no meio da região verde do espectro visível é I, encontre a intensidade (em termos da luz espalhada no meio da a) região vermelha do espectro e b) região violeta do espectro. Consulte a Tabela 32.1.

Seção 33.7 Princípio de Huygens

33.36 **Curvando-se nos cantos.** Partículas em deslocamento não se curvam nos cantos, mas ondas se curvam. Para entender o porquê, suponha que uma frente de onda plana atinja a extremidade de um objeto pontiagudo deslocando-se perpendicularmente à superfície (Figura 33.44). Use o princípio de Huygens para mostrar que essa onda se curvará ao redor da extremidade superior do objeto. (*Nota*: esse efeito, chamado *difração,* pode ser visto facilmente nas ondas que se formam na água, mas ocorre também com a luz, como você verá nos capítulos 35 e 36. Entretanto, devido ao comprimento de onda muito curto da luz visível, isso não é tão evidente na vida diária.)

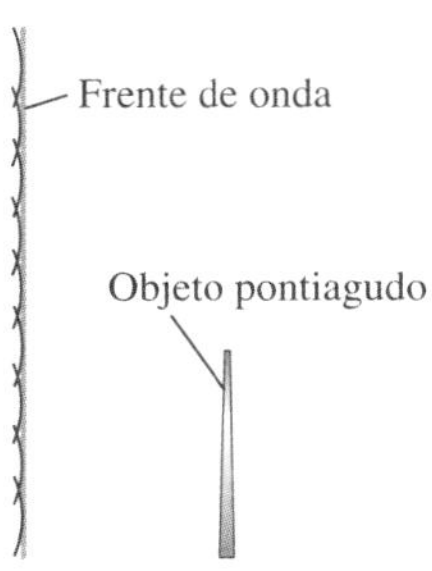

Figura 33.44 Exercício 33.36.

Problemas

33.37 **O refletor de canto.** Os três planos que convergem para um vértice interno de um cubo são revestidos por espelhos de modo que se forme um refletor de canto (veja o Exemplo 33.3 da Seção 33.2). Um raio de luz é refletido consecutivamente pelos três planos perpendiculares entre si. Mostre que o raio emergente possui a mesma direção do raio incidente, porém, propaga-se em sentido contrário.

33.38 Um feixe de luz é orientado paralelamente ao eixo de um tubo cilíndrico oco. Quando o tubo contém apenas ar, a luz leva 8,72 ns para atravessar toda a extensão do tubo, mas quando o tubo está cheio de gelatina transparente, a luz leva mais 2,04 ns para atravessá-lo. Qual é o índice de refração dessa gelatina?

33.39 A luz que atravessa um material de índice de refração n_1 incide com um ângulo θ_1 em relação à normal sobre a interface com um bloco de material que possui lados paralelos e índice de refração n_2. Depois que a luz atravessa esse material, ela é refratada para um material com índice de refração n_3 e, nesse terceiro material, forma um ângulo θ_3 com a normal. a) Calcule θ_3 em termos de θ_1 e os índices de refração dos materiais. b) No terceiro material, o raio é invertido, de modo a incidir sobre a interface n_3–n_2 formando o ângulo θ_3 encontrado na parte (a). Mostre que, quando a luz refrata para o material com índice de refração n_1, o ângulo que ela forma com a normal é o ângulo θ_1. Isso mostra que o raio refratado é reversível. c) Os raios refletidos também são reversíveis? Explique.

33.40 Em um laboratório de física, a luz de comprimento de onda igual a 490 nm atravessa o ar de um laser até uma fotocélula em 17,0 ns. Quando um bloco de vidro de 0,840 m de espessura é colocado sob o feixe de luz, com o feixe incidindo na direção da normal às faces paralelas do bloco, a luz leva 21,2 ns para ir do laser até a fotocélula. Qual é o comprimento de onda da luz no vidro?

33.41 Um raio de luz proveniente do ar incide sobre um bloco de um material sólido transparente cujo índice de refração é n. Sabendo que n = 1,38, qual deve ser o *maior* ângulo de incidência θ_a para que ocorra reflexão interna total na face vertical (ponto A na Figura 33.45)?

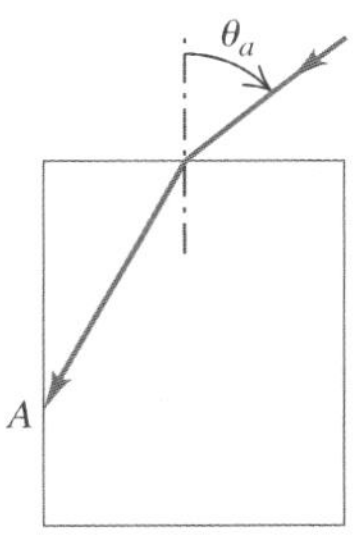

Figura 33.45 Problema 33.41.

33.42 Um raio de luz no ar incide sobre o prisma de ângulo reto mostrado na Figura 33.46. Esse raio possui dois comprimentos de onda diferentes. Quando emerge na face AB, ele se divide em dois raios diferentes com um ângulo de 8,50° entre si. Calcule o índice de refração do prisma para cada um dos dois comprimentos de onda.

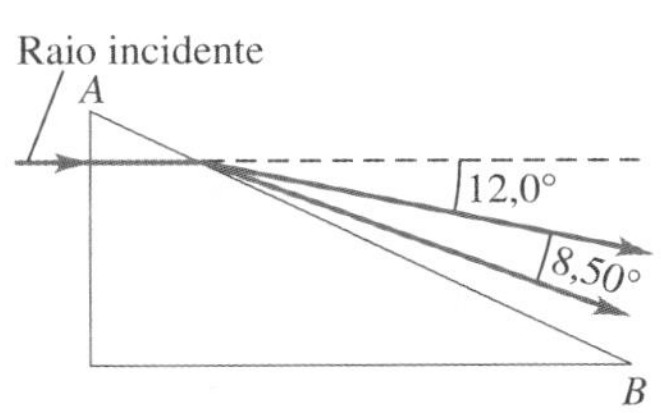

Figura 33.46 Problema 33.42.

33.43 Uma placa de um quarto de onda converte luz linearmente polarizada em luz circularmente polarizada. Prove que uma placa de um quarto de onda também converte luz circularmente polarizada em luz linearmente polarizada.

33.44 Uma placa de vidro com espessura de 2,50 mm e um índice de refração de 1,40 é colocada entre uma tela e uma fonte de luz puntiforme de comprimento de onda igual a 540 nm (no vácuo). A distância entre a fonte e a tela é de 1,80 cm. Quantos comprimentos de onda existem entre a tela e a fonte?

33.45 As placas fotográficas antigas eram feitas de vidro com uma emulsão sensível à luz sobre a superfície frontal. Essa emulsão era ligeiramente transparente. Quando uma fonte puntiforme brilhante é focalizada sobre a superfície frontal, a fotografia revelada mostra um halo em torno da imagem central. Sabendo que a espessura da placa é 3,10 mm e que o raio central do halo é 5,34 mm, qual é o índice de refração do vidro? (*Sugestão*: a luz proveniente da fonte que atinge a superfície frontal é totalmente refletida na superfície inferior da placa e retorna para a superfície frontal.)

33.46 Depois de passar o dia dirigindo, ao anoitecer você vai nadar na piscina do hotel. Ao voltar para o quarto, você nota que perdeu a chave da porta na piscina. Você pede emprestada uma lanterna e começa a procurar a chave percorrendo a borda da piscina e fazendo a luz incidir sobre a água. A luz brilha ao incidir na chave que está no fundo da piscina quando a lanterna está a 1,2 m acima da superfície da água e o ponto de incidência da luz está a uma distância de 1,5 m da beira da piscina (Figura 33.47). Sabendo que a profundidade da água no fundo da piscina é de 4 m, qual é a distância entre a chave e a beira da piscina?

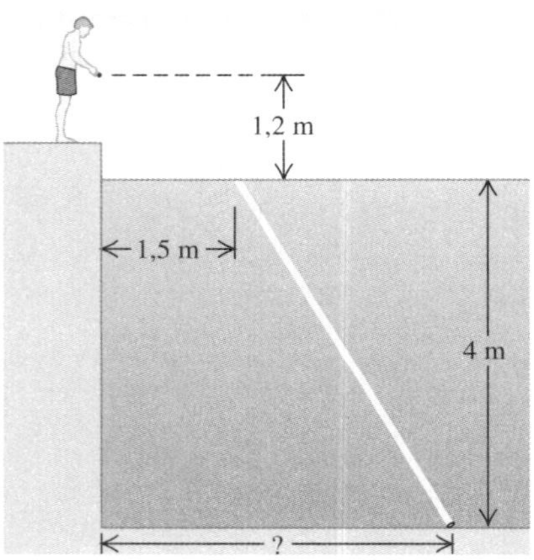

Figura 33.47 Problema 33.46.

33.47 Você olha para dentro de um recipiente de vidro com paredes verticais de modo que o seu olhar vá da borda superior até a extremidade oposta no fundo (Figura 33.48a). O recipiente é um cilindro oco com paredes finas de altura de 16 cm com diâmetro superior e inferior de 8 cm. Enquanto você mantém seus olhos fixos na mesma posição, um amigo enche o recipiente com um líquido transparente, e a seguir você vê uma moeda de um centavo que está no centro do recipiente (Figura 33.48b). Qual é o índice de refração do líquido?

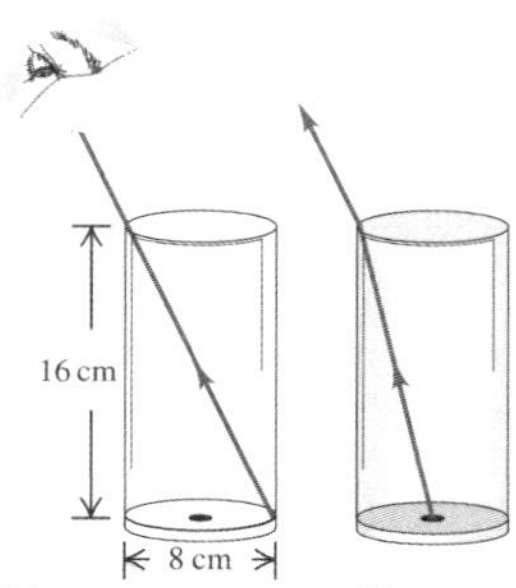

Figura 33.48 Problema 33.47.

33.48 Um recipiente com o fundo espelhado está cheio com um líquido de índice de refração igual a 1,63. Um feixe de luz atinge a superfície superior do líquido formando um ângulo de 42,5° com a normal. O feixe atravessa a camada de líquido, reflete-se na superfície espelhada no fundo do recipiente e retorna para a superfície; qual é o ângulo que o feixe emergente forma com a normal da superfície superior do líquido?

33.49 Uma fina camada de gelo (n = 1,309) flutua sobre a superfície da água (n = 1,333) em um balde. Um raio de luz proveniente do fundo do balde desloca-se de baixo para cima através da água. a) Qual é o maior ângulo que o raio pode fazer com a interface água-gelo para que ele ainda passe para o ar acima do gelo? b) Qual é o ângulo depois que o gelo derrete?

33.50 Um prisma de ângulos 45°– 45°– 90° está imerso na água. Um raio de luz incide perpendicularmente sobre uma de suas faces menores. Qual é menor índice de refração que o prisma deve ter para que o raio seja totalmente refletido na face maior do prisma, retornando para o interior do vidro?

33.51 O prisma da Figura 33.49 possui índice de refração de 1,66, e cada ângulo A é igual a 25°. Os raios de luz m e n são paralelos antes de entrar no prisma. Qual é o ângulo entre esses raios quando eles emergem do prisma?

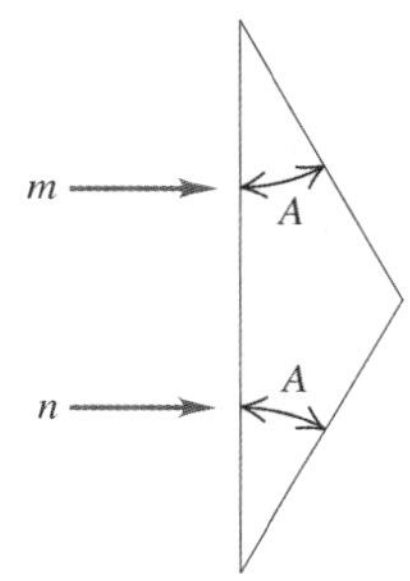

Figura 33.49 Problema 33.51.

34.52 Um feixe de luz incide normalmente sobre uma das faces menores de um prisma com ângulos de 30°, 60° e 90° (figura 33.50). Uma gota de um líquido é colocada sobre a hipotenusa do prisma. Sabendo que o índice de refração do prisma é 1,62, qual é o maior índice de refração que o líquido deve ter para que o feixe seja totalmente refletido?

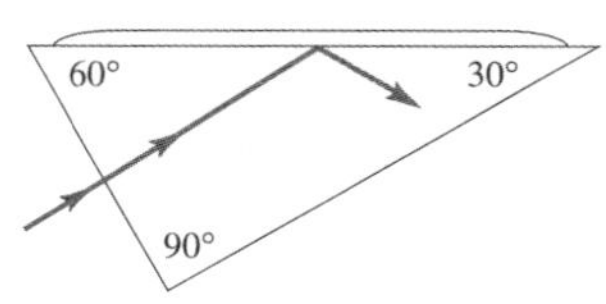

Figura 33.50 Problema 33.52.

33.53 Um tanque cilíndrico horizontal com 2,20 m de diâmetro contém água até a metade. O espaço acima da água é preenchido com um gás pressurizado de índice de refração desconhecido. Um pequeno laser pode se mover ao longo do fundo curvo da água e lança um feixe de luz na direção do centro da superfície da água (Figura 33.51). Você observa que, quando o laser se moveu uma distância S = 1,09 m ou mais (medida sobre a superfície curva) a partir do ponto mais baixo da água, nenhuma luz entra no gás. a) Qual é o índice de refração do gás? b) Quanto tempo leva para o feixe de luz se deslocar do laser até a borda do tanque quando: (i) S > 1,09 m; (ii) S < 1,09 m?

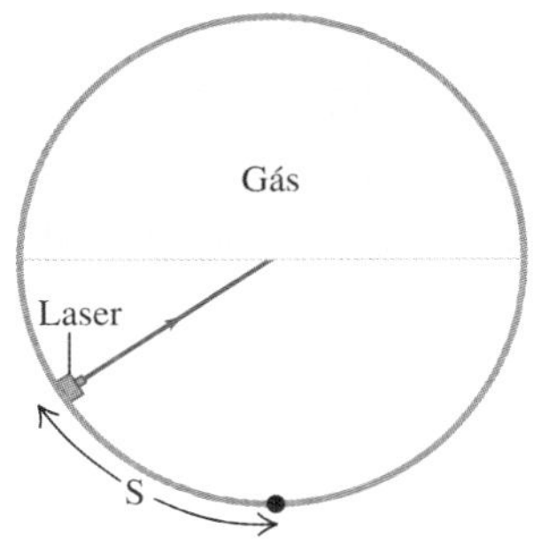

Figura 33.51 Problema 33.53.

33.54 Um grande cubo de vidro possui um refletor de metal em uma das faces e água na face adjacente (Figura 33.52). Um feixe de luz incide sobre o refletor, como mostrado na figura. Você observa que, à medida que aumenta o ângulo do feixe de luz, se $\theta \geq 59{,}2°$ nenhuma luz pode entrar na água. Qual é a velocidade na luz nesse vidro?

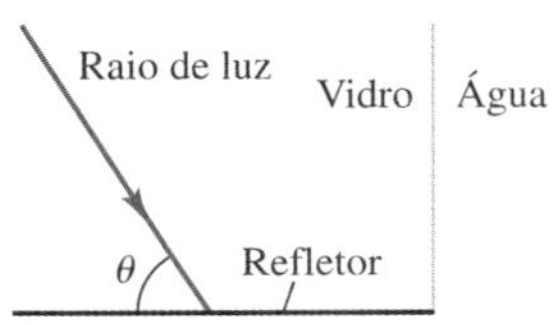

Figura 33.52 Problema 33.54.

33.55 Quando o Sol nasce ou se põe, ele parece estar no horizonte, porém, na realidade ele está *abaixo* do horizonte. A explicação para esse aparente paradoxo é que a luz se encurva ligeiramente quando penetra na atmosfera terrestre, como indicado na Figura 33.53. Como temos a percepção de que a luz se propaga sempre em linha reta, intuímos que ela provenha de um ponto situado em uma posição aparente que forma um ângulo Δ acima da posição real do Sol. a) Suponha, para simplificar, que a atmosfera tenha uma densidade uniforme e, portanto, um índice de refração n constante, e que ela se estenda até uma altura h acima da superfície terrestre, onde se interrompe abruptamente. Mostre que o ângulo Δ é dado por

$$\delta = \text{arcsen}\left(\frac{nR}{R+h}\right) - \text{arcsen}\left(\frac{R}{R+h}\right)$$

onde $R = 6378$ km é o raio da Terra. b) Calcule Δ usando $n = 1{,}0003$ e $h = 20$ km. Como esse resultado se compara com o raio angular do Sol, que é aproximadamente igual a um quarto de grau? (Na verdade, um raio de luz do Sol encurva-se gradualmente, e não abruptamente, visto que o índice de refração da atmosfera varia gradualmente com a altura.)

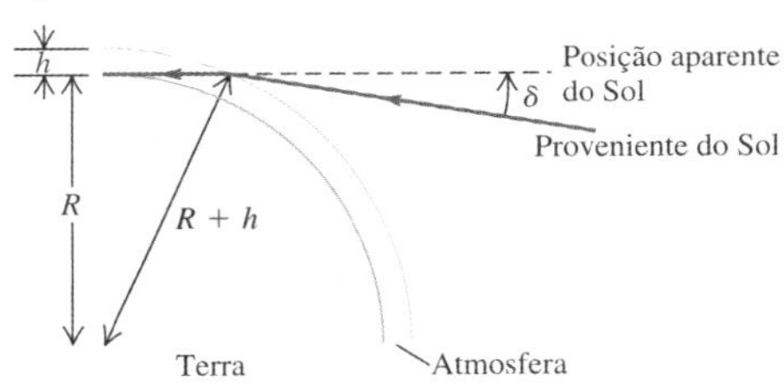

Figura 33.53 Problema 33.55.

33.56 **Princípio de Fermat do tempo mínimo.** Um raio de luz deslocando-se com velocidade c parte do ponto 1 da Figura 33.54 e é refletido no ponto 2. O raio atinge a superfície a uma distância horizontal x do ponto 1. a) Demonstre que o tempo t necessário para a luz se deslocar de 1 até 2 é dado por

$$t = \frac{\sqrt{y_1^2 + x^2} + \sqrt{y_2^2 + (l - x)^2}}{c}$$

b) Faça a derivada de t em relação a x. Iguale a zero a derivada para mostrar que esse tempo atinge o valor *mínimo* quando $\theta_1 = \theta_2$, que é a lei da reflexão e corresponde à trajetória real do raio. Trata-se do *princípio do tempo mínimo* formulado por Fermat, segundo o qual, entre as trajetórias possíveis ligando dois pontos, aquela que realmente ocorre é a que gasta um tempo de percurso *mínimo*. (Contudo, existem alguns casos em que o tempo é máximo em vez de mínimo.)

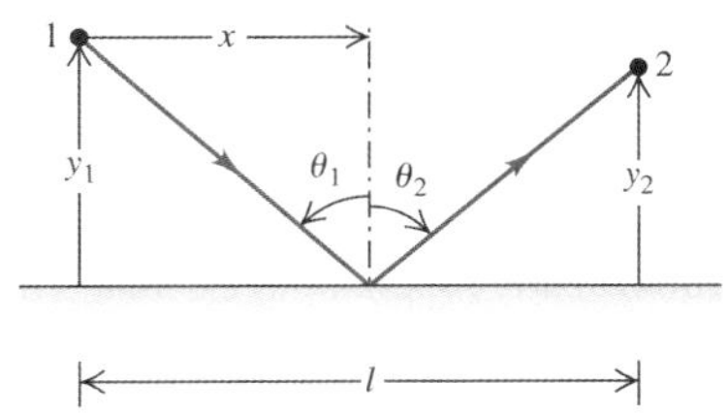

Figura 33.54 Problema 33.56.

33.57 Um raio de luz deslocando-se em um meio com velocidade v_1 parte de um ponto A e atinge um ponto B de outro meio com velocidade v_2 (Figura 33.55). O raio atinge a superfície a uma distância horizontal x do ponto A. a) Demonstre que o tempo t necessário para a luz se deslocar de A até B é dado por

$$t = \frac{\sqrt{h_1^2 + x^2}}{v_1} + \frac{\sqrt{h_2^2 + (l - x)^2}}{v_2}$$

b) Faça a derivada de t em relação a x. Iguale a zero a derivada para mostrar que esse tempo atinge o valor *mínimo* quando n_1 sen $\theta_1 = n_2$ sen θ_2, que é a lei de Snell da refração e corresponde à trajetória real do raio. Trata-se de outro exemplo do princípio de Fermat do tempo mínimo (veja o Problema 33.56).

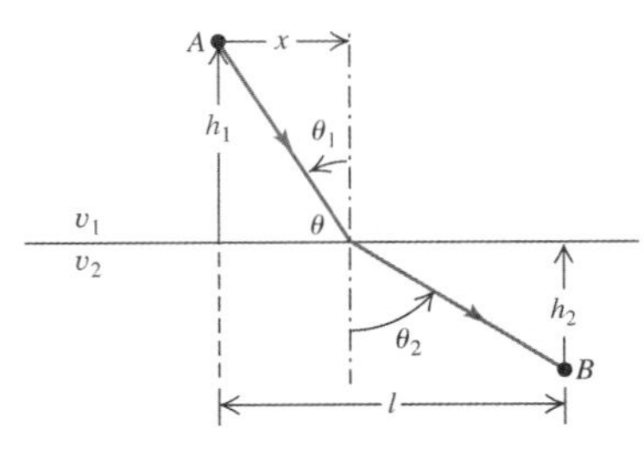

Figura 33.55 Problema 33.57.

33.58 Um raio de luz propagando-se no ar incide com um ângulo θ_a sobre a superfície superior de uma placa transparente (Figura 33.56), sendo suas duas superfícies planas e paralelas. a) Mostre que $\theta_a = \theta_a$'. b) Prove que isso é verdade para qualquer número de placas paralelas diferentes. c) Demonstre que o deslocamento lateral d do raio emergente é dado pela relação

$$d = t\frac{\text{sen}(\theta_a - \theta_b')}{\cos\theta_b'}$$

onde t é a espessura da placa. d) Um raio de luz incide com um ângulo de 66° sobre a superfície superior de uma placa de vidro com espessura de 2,40 cm e índice de refração igual a 1,80. O meio dos dois lados da placa é o ar. Calcule o deslocamento lateral entre o raio emergente e o raio incidente.

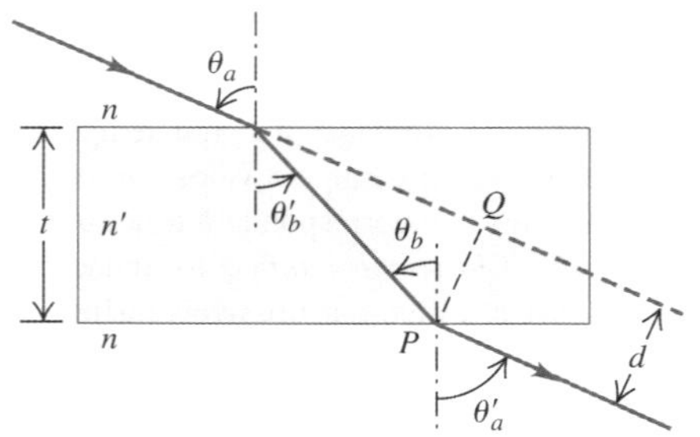

Figura 33.56 Problema 33.58.

33.59 Um feixe de luz se deslocando de cima para baixo incide sobre uma película horizontal de espessura t, como mostra a Figura 33.57. O raio incidente divide-se em dois raios, A e B. O raio A é refletido na parte superior da película; o raio B na parte de baixo da película, e depois é refratado de volta ao material acima da película. Se a película tiver faces paralelas, mostre que os raios A e B acabam paralelos um ao outro.

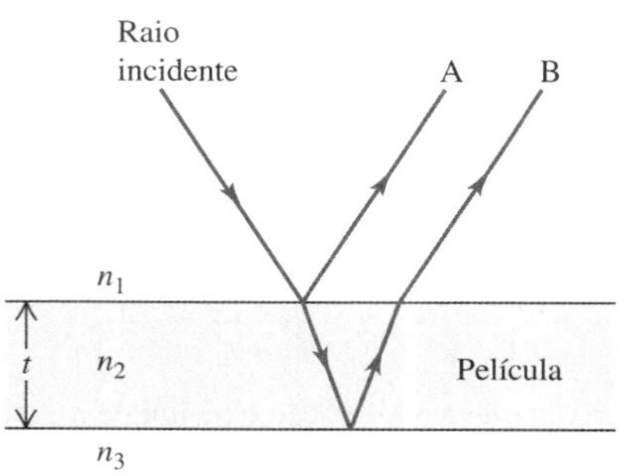

Figura 33.57 Problema 33.59.

33.60 Um feixe estreito de luz incide normalmente sobre uma placa grande de vidro flint de silicato formando um ângulo de 20° com a superfície da placa. Em virtude da dispersão, o feixe se subdivide formando um espectro, como indicado na Figura 33.58. O índice de refração do vidro flint em função do comprimento de onda é mostrado no gráfico da Figura 33.18. a) Os raios a e b indicados na Figura 33.58 são as extremidades do espectro visível. Qual deles é o vermelho e qual é o violeta? Explique seu raciocínio. b) Para qual espessura da placa d a largura do feixe do espectro deve ser igual a 1,0 mm? (Veja o Problema 33.58.)

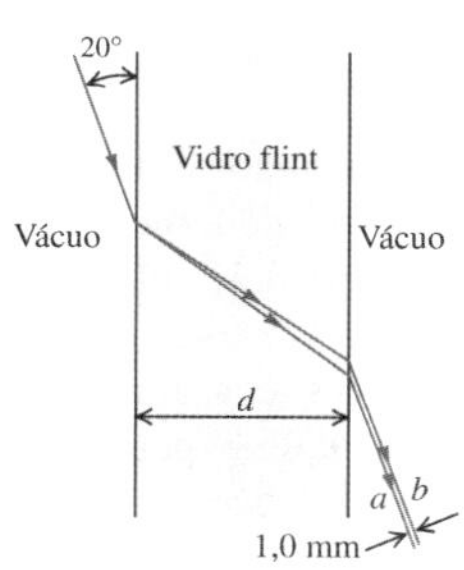

Figura 33.58 Problema 33.60.

33.61 Ângulo do desvio. O ângulo de incidência θ_a na Figura 33.59 é escolhido de modo que o raio luminoso passe simetricamente através do prisma, cujo índice de refração é n e o ângulo do vértice é A. a) Mostre que o ângulo do desvio δ (o ângulo entre a direção do raio incidente e a direção do raio emergente) é dado por

$$\operatorname{sen}\frac{A+\delta}{2} = n\operatorname{sen}\frac{A}{2}$$

(Quando o raio luminoso passa simetricamente, como indicado, o ângulo do desvio é mínimo.) b) Use o resultado do item (a) para determinar o ângulo do desvio para um raio luminoso que passa simetricamente através de um prisma com três ângulos iguais (A = 60°) e índice de refração n = 1,52. c) Um certo vidro possui índice de refração igual a 1,61 para a luz vermelha (700 nm) e 1,66 para o violeta (400 nm). Sabendo que os raios dessas duas cores passam simetricamente como descrito no item (a) e considerando A = 60°, calcule a diferença entre os dois ângulos dos desvios desses dois raios.

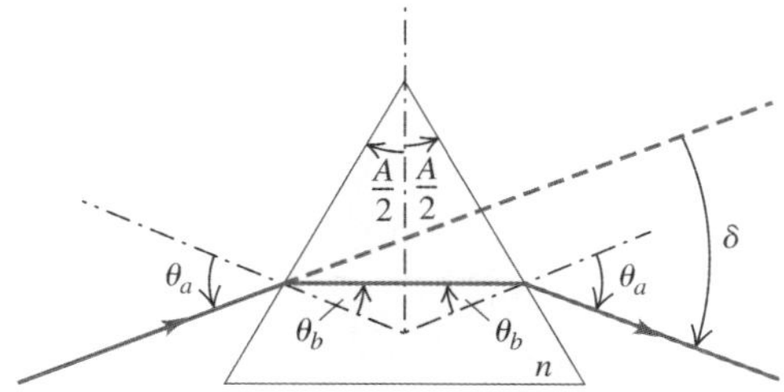

Figura 33.59 Problema 33.61.

33.62 Um raio de luz solar não-polarizada atinge a parede plástica vertical de um tanque de água em um ângulo desconhecido. Parte da luz se reflete na parede e entra na água (Figura 33.60). O índice de refração da parede de plástico é 1,61. Se a luz que foi refletida na parede e entrou na água revelar-se totalmente polarizada, qual é o ângulo que esse feixe faz com a normal dentro da água?

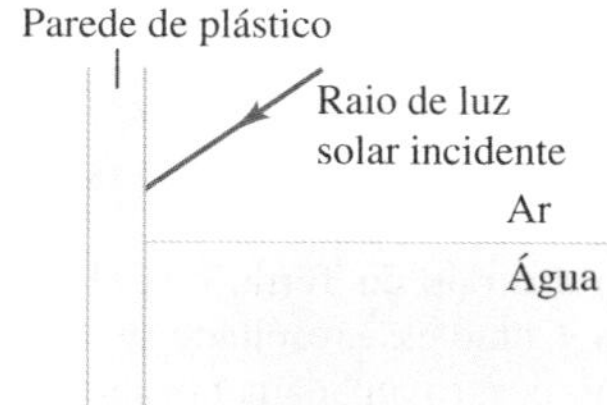

Figura 33.60 Problema 33.62.

33.63 Um feixe de luz propagando-se horizontalmente apresenta um componente não-polarizado com intensidade I_0 e um componente polarizado com intensidade I_p. O plano de polarização do componente polarizado forma com a vertical um ângulo igual a θ. Os dados apresentados a seguir referem-se aos valores da intensidade medidos quando o eixo do polarizador forma com a vertical um ângulo igual a ϕ. a) Qual é a orientação do componente polarizado (ou seja, qual é o ângulo θ)? b) Quais são os valores de I_0 e de I_p?

ϕ (°)	I_{total} (W/m²)	ϕ (°)	I_{total} (W/m²)
0	18,4	100	8,6
10	21,4	110	6,3
20	23,7	120	5,2
30	24,8	130	5,2
40	24,8	140	6,3
50	23,7	150	8,6
60	21,4	160	11,6
70	18,4	170	15,0
80	15,0	180	18,4
90	11,6		

33.64 Certo cristal birrefringente possui índices de refração n_1 e n_2 para os dois componentes perpendiculares da luz linearmente polarizada que passa através do cristal. Os comprimentos de onda correspondentes são $\lambda_1 = \lambda_0/n_1$ e λ_0/n_2, onde λ_0 é o comprimento de onda no vácuo. a) Sabendo que o cristal deve funcionar como uma lâmina de um quarto de onda, a diferença entre o número de comprimentos de onda de cada componente deve se igual a $\frac{1}{4}$. Mostre que a espessura mínima dessa lâmina de um quarto de onda deve ser dada por

$$d = \frac{\lambda_0}{4(n_1 - n_2)}$$

b) Calcule a espessura mínima de uma lâmina de um quarto de onda de siderita ($FeO \cdot CO_2$) sabendo que os índices de refração são $n_1 = 1{,}875$ e $n_2 = 1{,}635$ e que o comprimento de onda no vácuo é $\lambda_0 = 589$ nm.

Problemas desafiadores

33.65 Considere duas vibrações com a mesma freqüência e a mesma amplitude, porém com fases diferentes, uma ao longo do eixo Ox,

$$x = a\text{sen}(\omega t - \alpha),$$

e a outra ao longo do eixo Oy,

$$y = a\text{sen}(\omega t - \beta),$$

As relações anteriores podem ser escritas na forma:

$$\frac{x}{a} = \text{sen}\,\omega t\cos\alpha - \cos\omega t\,\text{sen}\,\alpha \qquad (1)$$

$$\frac{y}{a} = \text{sen}\,\omega t\cos\beta - \cos\omega t\,\text{sen}\,\beta \qquad (2)$$

a) Multiplique a Equação (1) por senβ e a Equação (2) por senα e a seguir subtraia as duas relações resultantes. b) Multiplique a Equação (1) por cosβ e a Equação (2) por cosα e a seguir subtraia as duas relações resultantes. c) Eleve ao quadrado e some os resultados dos itens (a) e (b). d) Deduza a equação $x^2 + y^2 - 2xy \cos\delta = a^2 \text{sen}^2\,\delta$, onde $\delta = \alpha - \beta$. e) Use o resultado anterior para justificar cada um dos diagramas indicados na Figura 33.61. Na figura, o ângulo dado é a diferença de fase entre dois movimentos harmônicos simples com a mesma freqüência e com a mesma amplitude, um horizontal (ao longo do eixo Ox) e o outro vertical (ao longo do eixo Oy). Portanto, a figura mostra a superposição de dois movimentos harmônicos simples perpendiculares.

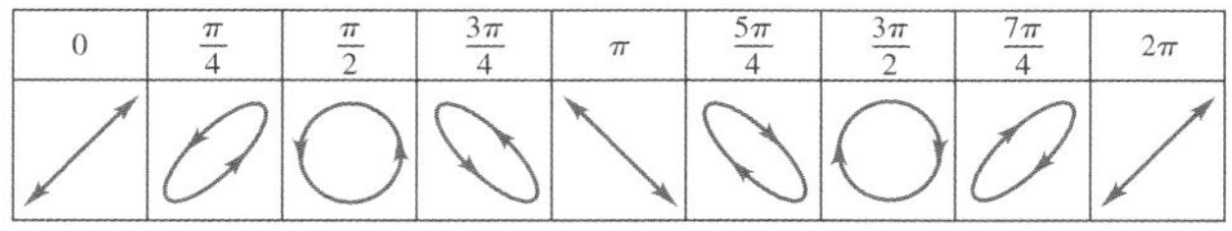

Figura 33.61 Problema desafiador 33.65.

33.66 Um arco-íris é produzido pela reflexão da luz solar em gotas de água esféricas existentes no ar. A Figura 33.62 mostra um raio que se refrata para o interior de uma gota no ponto A, é refletido na superfície posterior da gota no ponto B e se refrata voltando para o ar no ponto C. Os ângulos de incidência e refração, θ_a e θ_b, são mostrados nos pontos A e C, e os ângulos de incidência e de reflexão, θ_a e θ_r, são mostrados no ponto B. a) Mostre que $\theta_a^B = \theta_b^A$, $\theta_a^C = \theta_b^A$ e $\theta_b^C = \theta_a^A$. b) Mostre que o ângulo em radianos antes de o raio entrar na gota em A e depois de sair da gota em C (a deflexão angular total do raio) é $\Delta = 2\theta_a^A - 4\theta_b^A + \pi$ (*Sugestão*: determine a deflexão angular que ocorre em A, em B e em C e some para encontrar Δ.) c) Use a lei de Snell para escrever Δ em termos de θ_a^A e de n, o índice de refração da água na gota. d) O arco-íris se forma quando o ângulo de deflexão Δ é *estacionário* em relação a θ_a^A, ou seja, quando $d\Delta/d\theta_a^A = 0$. Quando essa condição for obedecida, todos os raios próximos de θ_a^A sairão da gota retornando na mesma direção, produzindo uma faixa brilhante no céu. Chame de θ_1 o ângulo para o qual isso ocorre. Mostre que $\cos^2\theta_1 = \frac{1}{3}(n^2 - 1)$. (*Sugestão*: talvez você ache conveniente usar a fórmula da derivada $d\,(\text{arcsen}u(x))/dx = (1 - u^2)^{-1/2}(du/dx)$). e) O índice de refração da água é igual a 1,342 para a luz violeta e 1,330 para a luz vermelha. Use os resultados dos itens (c) e (d) para calcular θ_1 e Δ para a luz vermelha e para a luz violeta. Seus resultados concordam com os ângulos mostrados na Figura 33.20d? Quando você vê um arco-íris primário, qual cor está mais afastada do horizonte: a vermelha ou a violeta?

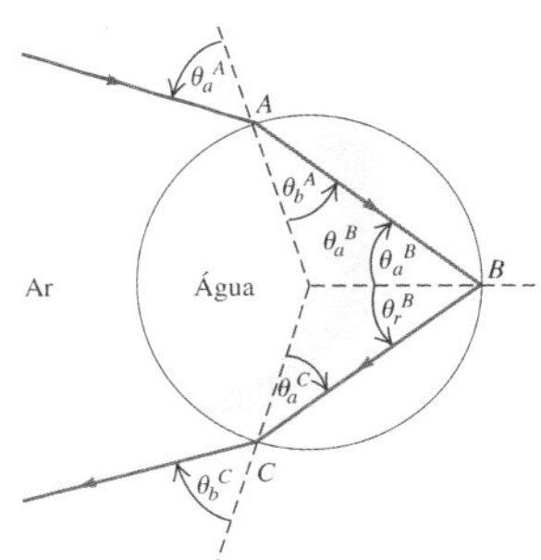

Figura 33.62 Problema desafiador 33.66.

33.67 Um *arco-íris secundário* se forma quando a luz incidente sofre duas reflexões no interior de uma gota de água, como indicado na Figura 33.20e. (Veja o Problema desafiador 33.66.) a) Em relação ao ângulo de incidência θ_a^A e ao índice de refração n da gota, qual é a deflexão angular Δ do raio? Ou seja, qual é o ângulo entre o raio antes de ele entrar na gota e depois que ele sai da gota? b) Qual é o ângulo de incidência θ_2 para o qual a derivada de Δ em relação ao ângulo θ_a^A é igual a zero? c) Os índices de refração para a luz vermelha e para a luz violeta são fornecidos no item (e) do Problema Desafiador 33.66. Use os resultados dos itens (a) e (b) para calcular θ_2 e Δ para a luz vermelha e para a luz violeta. Seus resultados concordam com os ângulos indicados na Figura 33.20e? Quando você vê um arco-íris secundário, qual cor está mais afastada do horizonte: a vermelha ou a violeta? Explique.

ÓTICA GEOMÉTRICA 34

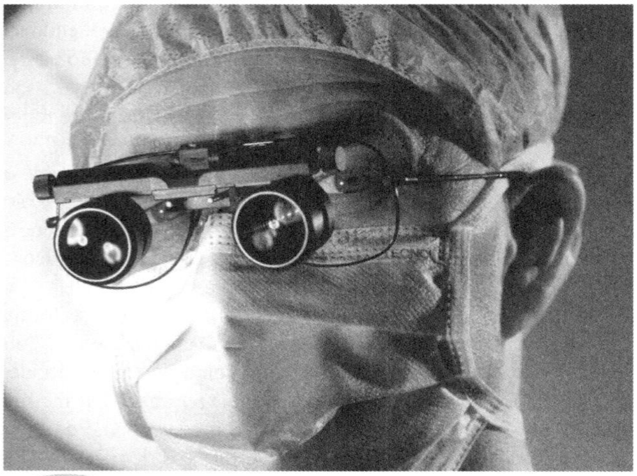

?

Como funciona uma lupa? Para que distância do objeto examinado a lupa fornece uma visão mais nítida?

OBJETIVOS DE APRENDIZAGEM

Ao estudar este capítulo, você aprenderá:

- Como um espelho plano forma uma imagem.
- Por que espelhos côncavos e espelhos convexos formam tipos diferentes de imagem.
- Como as imagens se formam com uma interface curva entre dois materiais transparentes.
- Que aspectos de uma lente determinam o tipo de imagem que ela produz.
- O que determina o campo de visão da lente de uma máquina fotográfica.
- O que causa os diversos defeitos da visão humana, e como eles podem ser corrigidos.
- O princípio da lupa simples.
- Como funcionam os microscópios e telescópios.

Seu reflexo no espelho do banheiro, a Lua vista por meio de um telescópio, os desenhos observados em um caleidoscópio: todas essas visões são exemplos de *imagens*. Em cada um desses casos, os objetos são vistos em posições aparentes diferentes das posições nas quais eles realmente se encontram: seu reflexo forma uma imagem do outro lado do espelho, a Lua parece estar muito mais próxima quando você a observa através do telescópio e um objeto visto em um caleidoscópio parece estar em diversos lugares ao mesmo tempo. Em cada caso, um raio de luz proveniente de um ponto de um objeto sofre um desvio produzido por reflexão ou refração (ou uma combinação dos dois efeitos) e parece divergir de um ponto chamado *ponto imagem* ou convergir para ele. Nosso objetivo neste capítulo é verificar como isso ocorre e estudar os diferentes tipos de imagens que podem ser obtidos usando-se um dispositivo ótico simples.

Para entender as imagens e como elas são formadas, precisamos apenas do modelo da descrição da luz por meio de raios, das leis da reflexão e refração e de um pouco de geometria e trigonometria. O papel central desempenhado pela geometria em nossa análise é o principal motivo de usarmos o nome *ótica geométrica* para designar o estudo da formação de imagens. Começaremos pelo espelho plano, um dos dispositivos óticos mais simples para a formação de imagens. A seguir, estudaremos como as imagens são formadas por espelhos curvos, por superfícies refratoras e por lentes delgadas. Nossos estudos servirão de base para entender o funcionamento de muitos instrumentos óticos familiares, inclusive a máquina fotográfica, a lupa, o olho humano, o microscópio e o telescópio.

34.1 Reflexão e refração em uma superfície plana

Antes de discutir o que significa uma imagem, precisaremos inicialmente do conceito de **objeto** empregado na ótica. Chamamos de *objeto* qualquer coisa da qual emanem raios de luz. Quando a luz é emitida pelo próprio objeto dizemos que ele possui *luz própria* — como, por exemplo, o filamento de uma lâmpada comum. Alternativamente, depois de emitida por uma fonte (como o Sol ou uma lâmpada), a luz se reflete no objeto; por exemplo, quando você lê este livro, a luz é refletida pelas páginas do livro. A Figura 34.1 mostra raios de luz irradiados em todas as direções por um objeto situado no ponto P. Para que um observador veja diretamente o objeto é necessário que não haja nenhum obstáculo entre o objeto

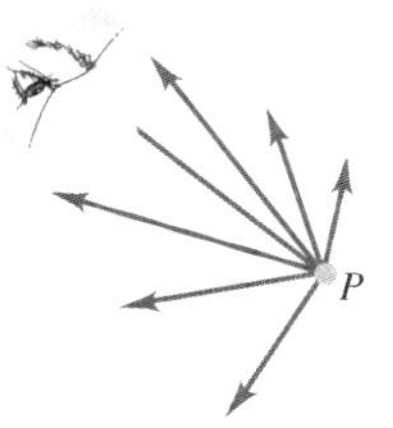

Figura 34.1 Raios de luz irradiados em todas as direções por um objeto situado no ponto *P*.

e o olho do observador. Note que os raios que partem do objeto chegam ao olho do observador formando ângulos diferentes; a diferença entre os dois ângulos é processada no cérebro do observador para obter uma *estimativa* da distância entre o observador e o objeto.

O objeto da Figura 34.1 denomina-se **objeto pontual** e é representado por um ponto que não possui nenhuma dimensão. Os objetos reais, que possuem comprimento, largura e altura, são chamados de **objetos extensos**. Inicialmente vamos considerar um objeto ideal concentrado em um ponto, visto que um objeto extenso pode ser um conjunto muito grande de objetos pontuais.

Suponha que alguns raios provenientes do objeto atinjam uma superfície plana refletora (Figura 34.2). Essa superfície poderia pertencer a um material com índice de refração diferente, que reflete parte da luz incidente, ou então uma superfície metálica polida que reflete quase 100% da luz incidente. Vamos sempre representar uma superfície refletora como uma linha negra com um sombreado adjacente na parte traseira da interface, como na Figura 34.2. Os espelhos usados em banheiros possuem uma fina placa de vidro na parte dianteira da superfície refletora para protegê-la; desprezaremos o efeito dessa fina placa de vidro.

De acordo com a lei da reflexão, para todo raio que atinge a superfície o ângulo de incidência é igual ao ângulo de reflexão. Como a superfície é plana, a normal é sempre perpendicular à superfície em todos os seus pontos e a reflexão é *especular*. Parece que os raios depois de refletidos emanam de um ponto *P'*. Chamamos o ponto *P* de *ponto objeto* e o ponto *P'* correspondente denomina-se *ponto imagem*; dizemos então que a superfície refletora forma uma **imagem** do ponto *P*. Um observador que esteja vendo apenas os raios refletidos pela superfície e que não sabe que está vendo uma reflexão *pensa* que os raios estão emanando do ponto onde se forma a imagem *P'*. O ponto imagem é, portanto, um modo conveniente de descrever as direções dos diversos raios refletidos, assim como o ponto objeto *P* descreve as direções dos raios que atingem a superfície *antes* da reflexão.

Se a superfície mostrada na Figura 34.2 *não* fosse lisa, a reflexão seria *difusa* e os raios refletidos de diversos pontos da superfície tomariam direções diferentes. Nesse caso não haveria a formação de um ponto imagem *P'* do qual os raios parecem vir. Ao olhar para uma superfície metálica comum você não consegue ver sua imagem refletida porque geralmente essa superfície é rugosa; fazendo o polimento do metal, você alisa a superfície de modo que a reflexão especular se torna possível e a imagem refletida se torna visível.

Uma imagem também é formada por uma superfície plana *refratora*, como indicado na Figura 34.3. Os raios provenientes de um ponto *P* são refratados na interface entre dois materiais transparentes. Quando os ângulos de incidência são pequenos, as direções dos raios depois da refração são as mesmas que seriam caso tivessem vindo do ponto *P'*, conforme indicado, e chamamos novamente *P'* de *ponto imagem*. Na Seção 33.2 mostramos como esse efeito faz com que um objeto imerso na água pareça estar mais próximo da superfície do que realmente está (veja a Figura 33.9).

Tanto na Figura 34.2 quanto na 34.3, os raios não passam pelo ponto imagem *P'*. Na verdade, quando o espelho da Figura 34.2 é opaco, não existe absolutamente nenhuma luz em seu lado direito. Quando os raios emergentes não passam efetivamente no local onde se encontra o objeto, dizemos que nesse local se forma uma **imagem virtual**. Mais adiante analisaremos casos em que os raios *passam* efetivamente pelo ponto imagem — dizemos que nesse local se forma uma **imagem real**. As imagens que se formam sobre uma tela de cinema, sobre a película de uma máquina fotográfica e sobre as retinas dos seus olhos são exemplos de imagens reais.

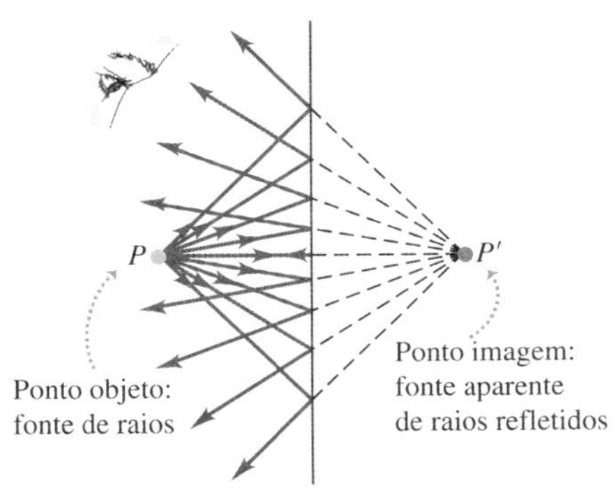

Figura 34.2 Raios de luz vindos do objeto no ponto *P* são refletidos em um espelho plano. Os raios refletidos entrando no olho parecem vir do ponto imagem *P'*.

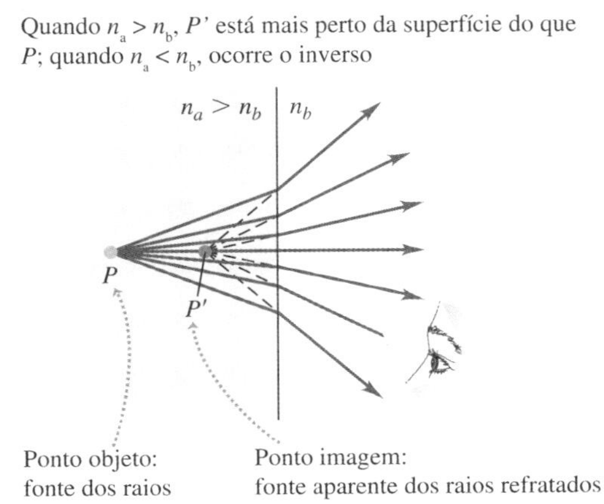

Figura 34.3 Os raios de luz do objeto no ponto *P* são refratados na interface plana. Os raios refratados que entram no olho parecem vir do ponto imagem *P'*.

Formação da imagem em um espelho plano

Por enquanto vamos nos concentrar na descrição de imagens formadas por *reflexão*; voltaremos ao problema da refração mais adiante neste capítulo. Para localizar a imagem virtual *P'* que um espelho plano forma de um objeto *P*, usaremos a construção mostrada na Figura 34.4. A figura mostra dois raios divergindo a partir de um ponto objeto *P* situado a uma distância s à esquerda de um espelho plano. Chamaremos s de **distância do objeto.** O raio *PV* incide ortogonalmente sobre o espelho plano (ou seja, ele é perpendicular à superfície do espelho) e retorna na mesma direção do raio original.

O raio *PB* forma um ângulo θ com o raio *PV*. Ele atinge o espelho plano com ângulo de incidência θ e se reflete formando o mesmo ângulo com a normal. Prolongando os dois raios refletidos para trás do espelho, eles se cruzam em um ponto *P'* situado a uma distância s' atrás do espelho. Chamaremos s' de **distância da imagem**. A linha que liga *P* com *P'* é perpendicular ao espelho. Os dois triângulos são congruentes, de modo que *P* e *P'* possuem distâncias iguais até o espelho plano e, portanto, s e s' possuem módulos iguais. A distância entre o espelho e a imagem *P'* formada *atrás* do espelho é exatamente igual à distância na frente do espelho entre o objeto *P* e a superfície do espelho.

Podemos repetir a construção da Figura 34.4 para qualquer raio que emane do ponto *P*. A direção de *qualquer* raio refletido é a mesma que se ele tivesse vindo do ponto *P'*, confirmando que *P'* é a *imagem* de *P*. Qualquer que seja a posição do observador, ele sempre verá a imagem localizada no ponto *P'*.

Regras de sinais

Antes de prosseguir, vamos introduzir algumas regras de sinais. Elas podem parecer desnecessariamente complicadas para o caso simples da imagem formada por um espelho plano, porém desejamos formular essas regras de modo que possam ser aplicadas para *quaisquer* situações que sejam encontradas mais adiante. Essas situações incluem a formação de imagens por meio da reflexão ou da refração em interfaces planas ou esféricas ou de um par de superfícies refratoras que formam uma lente. As regras são:

1. **Regra do sinal para a distância do objeto:** quando o objeto está do mesmo lado da luz que incide sobre a superfície refletora ou refratora, a distância do objeto s é positiva; caso contrário, é negativa.
2. **Regra do sinal para a distância da imagem:** quando a imagem está do mesmo lado da luz que emerge da superfície refletora ou refratora, a distância da imagem s' é positiva; caso contrário, é negativa.
3. **Regra do sinal para o raio de curvatura de uma superfície esférica:** quando o centro de curvatura *C* está do mesmo lado da luz que emerge da superfície refletora ou refratora, o raio de curvatura é positivo; caso contrário, é negativo.

A Figura 34.5 ilustra as regras 1 e 2 para duas situações diferentes. Para um espelho, o lado do raio incidente é sempre o mesmo do raio emergente; por exemplo, nos dois casos indicados nas figuras 34.2, 34.4 e 34.5 o lado em questão é o lado esquerdo. Para as superfícies refratoras mostradas nas figuras 34.3 e 34.5b, o lado da luz incidente é o lado esquerdo da interface entre os materiais e o lado da luz emergente é o direito. (Note que outros livros podem usar regras diferentes.)

Nas figuras 34.4 e 34.5a a distância do objeto s é *positiva* porque o ponto objeto *P* está do lado da luz incidente sobre a superfície refletora (o lado esquerdo). A distância da imagem s' é *negativa* porque o ponto imagem *P'* *não* está do lado da luz que emerge da superfície refletora (o lado esquerdo). As distâncias s e s' são relacionadas por

$$s = -s' \quad \text{(espelho plano)} \tag{34.1}$$

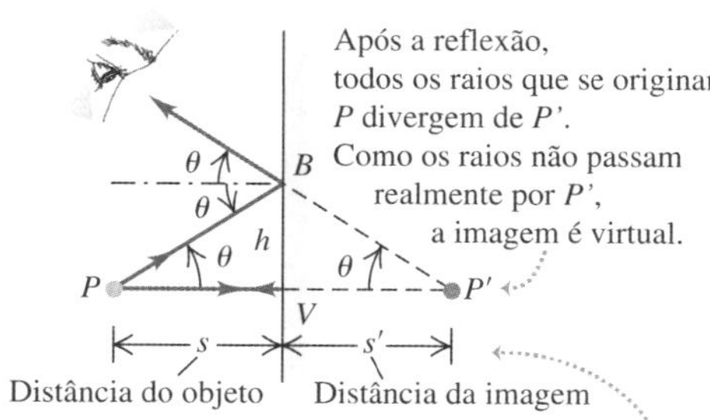

Figura 34.4 Construção para a determinação da localização da imagem formada por um espelho plano. A distância ao espelho do ponto imagem *P'*, atrás do espelho, é a mesma que a distância ao espelho do ponto *P*, na frente do espelho.

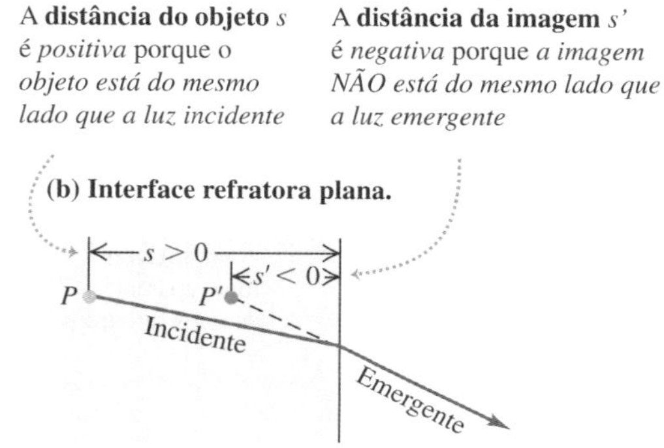

Figura 34.5 Nessas duas situações, a distância do objeto s é positiva (regra 1) e a distância da imagem s' é negativa (regra 2).

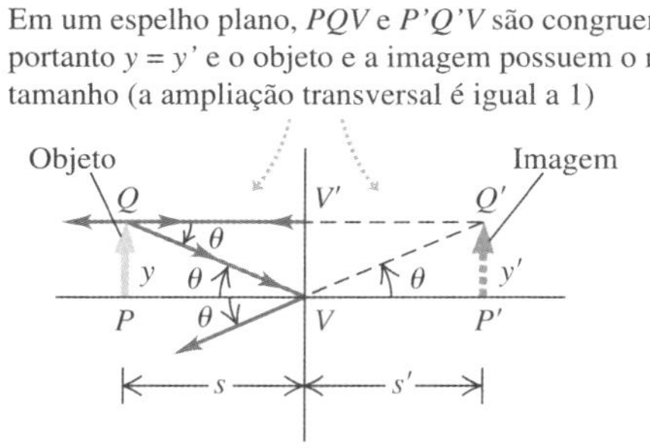

Figura 34.6 Construção para determinar a altura da imagem formada por reflexão em uma superfície plana refletora.

Para uma superfície refletora ou refratora plana, os raios de curvatura são infinitos e, portanto, não fornecem nenhuma informação útil; nesses casos, na verdade, não necessitamos da terceira regra. Porém, mais adiante neste capítulo, veremos que essa regra será extremamente útil quando estudarmos a formação de imagens no caso de interfaces *curvas* que refletem ou refratam a luz.

Formação da imagem de um objeto — espelho plano

Vamos agora considerar um *objeto extenso* com um tamanho definido. Para simplificar, geralmente tomamos um objeto que possui apenas uma dimensão, tal como uma seta estreita orientada paralelamente à superfície refletora, como a seta PQ na Figura 34.6. A distância entre o ponto inicial e a extremidade da seta orientada desse modo é sua *altura*; na Figura 34.6 a altura é y. A imagem formada por esse objeto extenso é uma imagem extensa; a cada ponto do objeto corresponde um ponto na imagem. Mostramos dois raios provenientes do ponto Q; parece que *todos* os raios provenientes de Q divergem do ponto imagem Q' depois da reflexão. A imagem da seta é o segmento $P'Q'$, com altura y'. Os outros pontos do objeto PQ possuem imagens entre os pontos P' e Q'. Os triângulos PQV e $P'Q'V$ são congruentes, de modo que PQ possui a mesma dimensão e orientação da imagem $P'Q'$, logo $y = y'$.

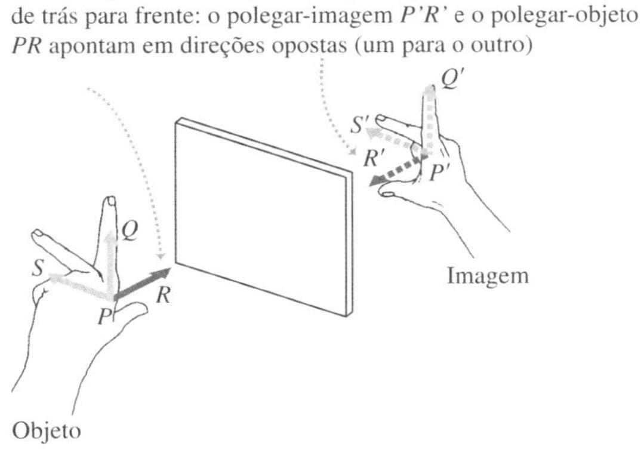

Figura 34.7 A imagem formada por um espelho plano é virtual, direita, invertida e possui tamanho igual ao do objeto.

A razão entre a altura da imagem e a altura do objeto, $\frac{-y'}{y}$, em *qualquer* situação de formação de imagem, denomina-se **ampliação transversal** m; ou seja,

$$m = \frac{y'}{y} \qquad (34.2)$$

(ampliação transversal)

Logo, para um espelho plano a ampliação transversal m é igual a 1. Quando você olha para um espelho plano, sua imagem possui um tamanho igual ao seu.

Na Figura 34.6, a seta que representa a imagem aponta na *mesma* direção e no *mesmo* sentido da seta que representa o objeto; dizemos que a imagem está em pé ou então que se trata de uma **imagem direita**. Nesse caso, y e y' possuem o mesmo sinal e a ampliação transversal é sempre dada por $m = +1$. Mais adiante encontraremos situações nas quais obtemos uma **imagem invertida**, ou seja, a seta da imagem aponta no sentido *oposto* à seta que identifica o objeto. Para uma imagem invertida, y e y' possuem sempre sinais *contrários* e a ampliação transversal m é *negativa*.

O objeto apresentado na Figura 34.6 possui apenas uma dimensão, a altura y'. A Figura 34.7 mostra um objeto em *três* dimensões formando uma imagem virtual tridimensional em um espelho plano. O sentido aparente da imagem está relacionado com o sentido do objeto do mesmo modo como a mão esquerda está relacionada com a mão direita.

ATENÇÃO Reflexão em um espelho plano Você pode estar se perguntando: "Por que um espelho plano inverte as imagens direita e esquerda, porém, mantém o sentido vertical de baixo para cima inalterado?" A pergunta não está bem formulada! Como se observa na Figura 34.7, a imagem vertical $P'Q'$ e a imagem horizontal $P'S'$ são paralelas aos respectivos objetos e não sofrem nenhuma inversão! Apenas a imagem frontal $P'R'$ é que é invertida em relação a PR. Portanto, seria mais correto dizer que um espelho plano inverte as imagens de *frente para trás*. Para verificar essa relação entre imagem e objeto, aponte seus dois polegares ao longo de PR e $P'R'$, os dedos indicadores ao longo de PQ e $P'Q'$ e os dedos médios ao longo de PS e $P'S'$. Quando um objeto e sua imagem se relacionam desta forma, dizemos que a imagem está **invertida**; isso significa que *somente* a dimensão frontal (o sentido de *frente para trás*) é invertida.

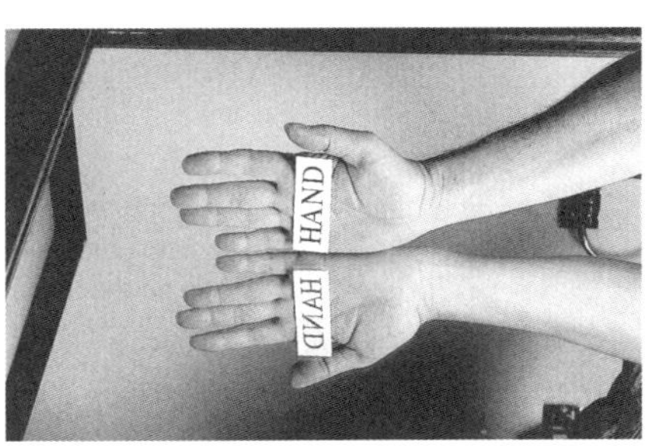

Figura 34.8 A imagem formada por um espelho plano é invertida; a imagem da mão direita é a mão esquerda, e assim por diante. (A mão está em descanso sobre um espelho horizontal.) As imagens das letras H e A estão invertidas?

A imagem invertida formada por um espelho plano de um objeto em três dimensões possui o mesmo *tamanho* do objeto em todas as dimensões. Quando as dimensões transversais do objeto e da imagem estão na mesma direção, a imagem é direita. Portanto, um espelho plano forma sempre uma imagem direita, porém invertida. A Figura 34.8 fornece um exemplo disso.

Uma propriedade importante de todas as imagens formadas por superfícies refletoras ou refratoras é que uma imagem formada por uma superfície ou por um dispositivo ótico pode servir como objeto para a formação de outra imagem em uma segunda superfície ou dispositivo. A Figura 34.9 fornece um exemplo simples. O espelho 1 forma uma imagem P_1' de um objeto situado no ponto P e o espelho 2 forma outra imagem P_2', cada uma delas do modo que acabamos de descrever. Porém, além disso, a imagem P_1' formada pelo espelho 1 serve como objeto para o espelho 2, que a seguir forma uma imagem desse novo objeto no ponto P_3', como indicado. Analogamente, o espelho 1 usa a imagem P_2' formada pelo espelho 2 como um objeto para formar uma imagem dele. Deixamos para você a demonstração de que esse ponto imagem está também no ponto P_3'. A idéia de que uma imagem formada por um dispositivo ótico pode servir como objeto para a formação de outra imagem em um segundo dispositivo é de importância fundamental na ótica geométrica. Mais adiante, neste capítulo, usaremos essa idéia para localizar a imagem que sofre duas refrações sucessivas nas superfícies curvas de uma lente. Essa idéia nos ajudará a entender a formação de imagens em dispositivos contendo combinações de lentes, tais como um microscópio ou um telescópio refrator.

Teste sua compreensão da Seção 34.1 Se você caminhar em linha reta na direção de um espelho plano com uma velocidade v, com que velocidade a sua imagem se aproximará de você? (i) menor do que v; (ii) v; (iii) maior do que v, mas menor do que $2v$; (iv) $2v$; (v) maior do que $2v$. ∎

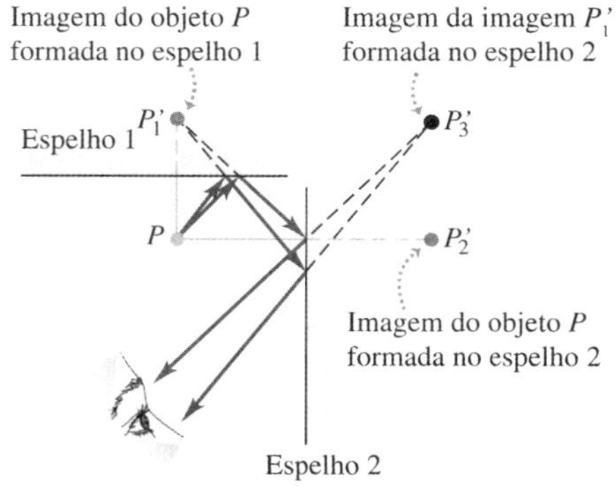

Figura 34.9 As imagens P_1' e P_2' são formadas por uma única reflexão de cada raio a partir do objeto em P. A imagem P_3', que pode ser localizada tomando-se qualquer uma das outras imagens como objeto, é formada por uma reflexão dupla de cada raio.

34.2 Reflexão em uma superfície esférica

Um espelho plano produz uma imagem do mesmo tamanho do objeto. Porém, existem muitas aplicações para as quais as imagens e os objetos devem possuir tamanhos diferentes. Os espelhos de maquiagem geram uma imagem *maior* do que a do objeto, e o espelho de monitoramento (usado no interior de lojas para observar eventuais furtos) produz uma imagem *menor* do que a do objeto. Existem também algumas aplicações de espelhos nas quais se busca obter uma imagem *real*, de modo que a luz passe efetivamente pelo ponto imagem P'. Um espelho plano não serve para realizar nenhuma dessas tarefas. Somente espelhos *curvos* podem ser usados nessas aplicações.

Imagem de um objeto pontual – espelho esférico

Vamos considerar o caso especial (e analisado facilmente) da formação da imagem de um espelho *esférico*. A Figura 34.10a mostra um espelho esférico com raio de curvatura R, com o lado côncavo voltado para a luz incidente. O **centro de curvatura** da superfície (o centro da esfera da qual o espelho é uma parte) é o ponto C, e o **vértice** do espelho (o centro da superfície refletora) é o ponto V. A linha CV denomina-se **eixo ótico**. O ponto P é

(a) Construção para encontrar a posição P' de uma imagem formada por um espelho esférico côncavo.

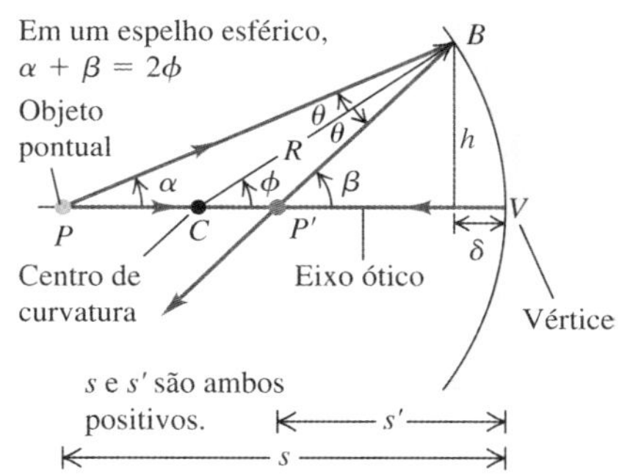

(b) A aproximação paraxial, que é aplicável a raios com um α pequeno.

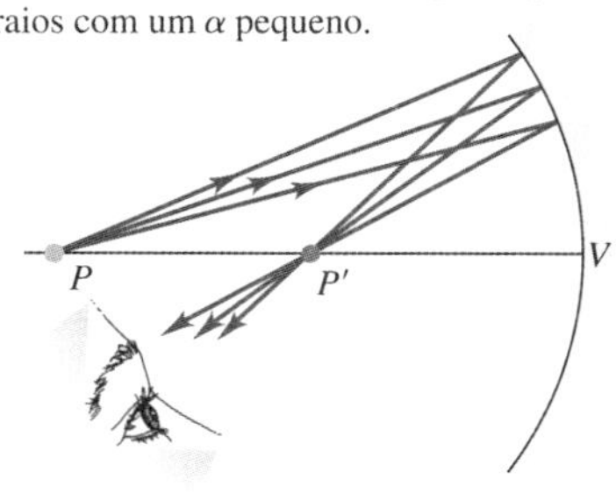

Todos os raios vindos de P que possuam um ângulo α pequeno passam por P', formando uma imagem real

Figura 34.10 (a) Um espelho esférico côncavo forma uma imagem real de um objeto pontual P sobre o eixo ótico do espelho. (b) O olho vê alguns dos raios refletidos e os interpreta como se eles emanassem de uma fonte em P'.

um ponto objeto situado sobre o eixo ótico; no momento estamos supondo que a distância do ponto P até V é maior do que R.

O raio PV, que passa pelo ponto C, atinge o espelho perpendicularmente e é refletido de volta na mesma direção. O raio PB, que forma um ângulo α com o eixo, atinge o espelho no ponto B, onde os ângulos de incidência e de reflexão são designados por θ. O raio refletido intercepta o eixo no ponto P'. Mostraremos de modo breve que *todos* os raios provenientes do ponto P interceptam o eixo no *mesmo* ponto P', como na Figura 34.10b, desde que o ângulo α seja pequeno. O ponto P' é, portanto, a *imagem* do ponto objeto P. Diferentemente dos raios refletidos indicados na Figura 34.1, os raios refletidos na Figura 34.10b se interceptam realmente no ponto P', depois divergem de P' como se tivessem origem nesse ponto. Logo, P' é uma imagem *real*.

Para entender a utilidade da formação de uma imagem real, suponha que o espelho esteja em uma sala escura na qual a única fonte de luz seja um objeto no ponto P' que emite luz própria. Se você colocar uma pequena película fotográfica no ponto P', todos os raios de luz provenientes do ponto P que se refletem no espelho irão se interceptar no mesmo ponto P' sobre a película fotográfica; quando for revelado, o filme mostrará um ponto brilhante que representa a imagem focalizada do objeto situado no ponto P. Esse princípio é a base do funcionamento de muitos telescópios astronômicos, que utilizam grandes espelhos côncavos para fotografar corpos celestes. Quanto ao espelho *plano* exibido na Figura 34.2, colocar uma película fotográfica no ponto P' seria perda de tempo: os raios luminosos não passam efetivamente pelo ponto imagem; assim, a imagem não será gravada na película fotográfica aí colocada. As imagens reais desempenham um papel *essencial* na fotografia.

Vamos agora localizar a imagem real P' mostrada na Figura 34.10b e provar que todos os raios provenientes do ponto P se interceptam no ponto P' (desde que o ângulo α seja pequeno). A distância do objeto, medida a partir do vértice V, é igual a s; a distância da imagem, também medida a partir de V, é igual a s' e o raio de curvatura do espelho é igual a R. Os sinais de s, s' e R são obtidos usando-se as regras de sinais mencionadas na Seção 34.1. O ponto objeto P está do mesmo lado do raio incidente, logo, de acordo com a primeira regra, a distância s é positiva. O ponto imagem P' está do lado da luz refletida; portanto, de acordo com a segunda regra, a distância s' também é positiva. O centro de curvatura C está do mesmo lado da luz refletida e, assim, de acordo com a terceira regra, a distância R também é positiva; R é sempre positiva quando a reflexão ocorre no lado *côncavo* da superfície (Figura 34.11).

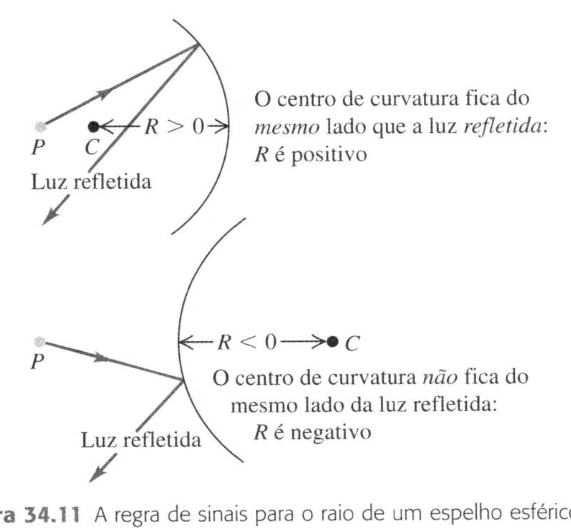

Figura 34.11 A regra de sinais para o raio de um espelho esférico.

Usamos agora o seguinte teorema da geometria: o ângulo externo de um triângulo é igual à soma dos dois ângulos internos opostos. Aplicando esse teorema aos triângulos PBC e $P'BC$ indicados na Figura 34.10a, obtemos

$$\phi = \alpha + \theta \qquad \beta = \phi + \theta$$

Eliminando θ dessas equações encontramos

$$\alpha + \beta = 2\phi \tag{34.3}$$

Podemos agora calcular a distância da imagem s'. Seja h a altura do ponto B acima do eixo ótico e seja δ a pequena distância entre V e a base dessa linha vertical. Vamos agora escrever expressões para as tangentes dos ângulos α, β e ϕ, lembrando que s, s' e R são grandezas positivas:

$$\text{tg}\,\alpha = \frac{h}{s - \delta} \qquad \text{tg}\,\beta = \frac{h}{s' - \delta} \qquad \text{tg}\,\phi = \frac{h}{R - \delta}$$

Essas equações trigonométricas não são de solução tão simples como as obtidas no caso do espelho plano. Contudo, *se o ângulo α é pequeno*, os ângulos β e ϕ também são. A tangente de um ângulo muito menor do que um radiano é aproximadamente igual ao próprio ângulo (medido em radianos), de modo que podemos substituir nas equações anteriores tg α por α e assim por diante. Além disso, quando o ângulo α é pequeno, é possível desprezar δ em comparação com s, s' e R. Portanto, para ângulos pequenos, obtemos as seguintes relações aproximadas:

$$\alpha = \frac{h}{s} \qquad \beta = \frac{h}{s'} \qquad \phi = \frac{h}{R}$$

Substituindo esses valores na Equação (34.3) e dividindo por h, obtemos uma equação geral envolvendo s, s' e R:

$$\frac{1}{s} + \frac{1}{s'} = \frac{2}{R} \tag{34.4}$$

(relação imagem-objeto, espelho esférico)

Essa equação não contém o ângulo α. Logo, *todos* os raios provenientes do ponto P que formam um ângu-

(a) Espelho primário de 2,4 m de diâmetro do Telescópio Espacial Hubble.

(b) Uma estrela vista com o espelho original.

(c) A mesma estrela após a instalação dos dispositivos óticos corretivos.

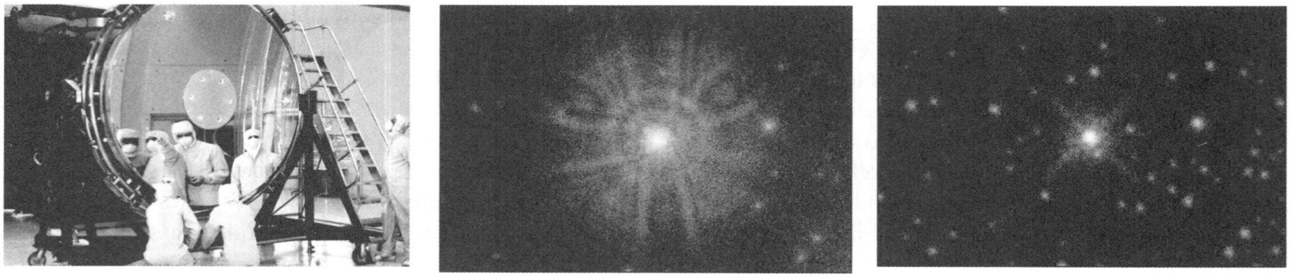

Figura 34.12 (a), (b) Logo após o Telescópio Espacial Hubble ter sido colocado em órbita, em 1990, descobriu-se que o espelho côncavo primário (também chamado *espelho objetivo*) apresentava uma depressão da ordem de 1/50 da espessura de um cabelo humano, o que produzia aberrações esféricas da imagem da estrela. (c) Após a instalação de dispositivos óticos corretivos, em 1993, os efeitos das aberrações foram quase completamente eliminados.

lo suficientemente pequeno com o eixo se interceptam no ponto *P'* depois da reflexão; isso demonstra nossa afirmação anterior. Tais raios, aproximadamente paralelos e próximos do eixo, são chamados de **raios paraxiais**. (A expressão **aproximação paraxial** é, em geral, usada para a aproximação que acabamos de descrever.) Como todos os raios refletidos convergem sobre o ponto da imagem, um espelho côncavo também é chamado de *espelho convergente*.

(a) Todos os raios incidentes paralelos em um espelho esférico se refletem passando pelo foco.

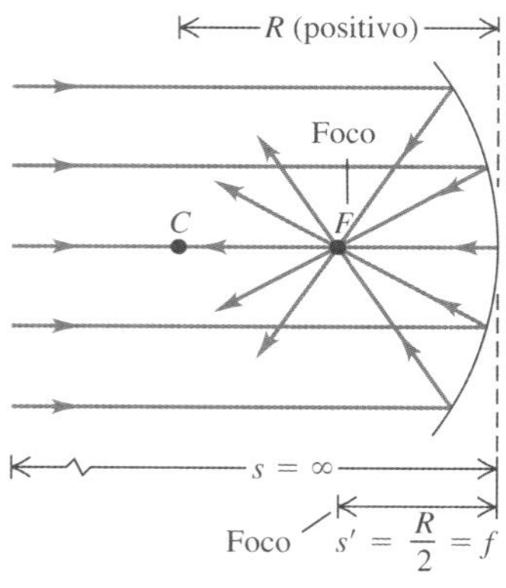

(b) Os raios que divergem do foco de um espelho se refletem e formam raios paralelos.

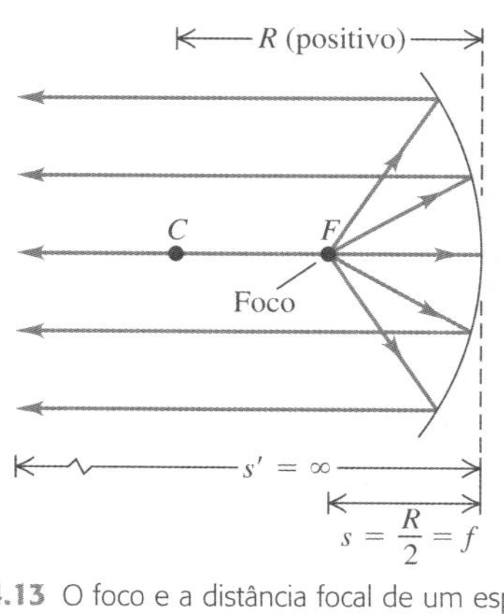

Figura 34.13 O foco e a distância focal de um espelho côncavo.

Certifique-se que você entende que a Equação (34.4), bem como outras equações semelhantes que vamos deduzir neste capítulo e no próximo, é uma relação *aproximadamente* correta. Ela decorre de um cálculo no qual empregamos aproximações e vale somente para raios paraxiais. Quando o ângulo α que o raio forma com o eixo ótico é grande, o ponto *P'* onde os raios interceptam o eixo ótico fica mais próximo do vértice do que no caso de raios paraxiais. Em conseqüência, um espelho esférico, diferentemente de um espelho plano, não forma uma imagem pontual exata de um objeto pontual — a imagem fica 'borrada'. Essa característica de um espelho esférico é chamada de **aberração esférica**. Os resultados desanimadores inicialmente obtidos pelo Telescópio Espacial Hubble (veja a Figura 34.12a) colocado em órbita em 1990 foram produzidos em parte por erros cometidos na eliminação das aberrações esféricas de seu espelho primário (veja a Figura 34.12b). O desempenho do telescópio melhorou substancialmente após a instalação de dispositivos óticos para a correção das aberrações (veja a Figura 34.12c).

Se o raio de curvatura se torna infinito ($R = \infty$), o espelho se torna *plano*, e a Equação (34.4) se reduz à Equação (34.1) referente a uma superfície plana refletora.

Foco e distância focal

Quando o ponto objeto *P* está muito longe do espelho esférico ($s = \infty$), os raios incidentes são paralelos. (A estrela mostrada na Figura 34.12c é um exemplo de objeto distante.) De acordo com a Equação (34.4), a distância *s'* nesse caso é dada por

$$\frac{1}{\infty} + \frac{1}{s'} = \frac{2}{R} \qquad s' = \frac{R}{2}$$

Essa situação é apresentada na Figura 34.13a. O feixe dos raios incidentes paralelos converge, depois da reflexão no espelho esférico, para um ponto *F* situado a uma distância *R*/2 do vértice do espelho. O ponto *F* para o qual os raios paralelos convergem é chamado de **foco** do espelho, ou **ponto focal**; dizemos que os raios se encontram no ponto focal. A distância entre o foco e o vértice do espelho, designada pela letra f, denomina-se **distância focal**. Vemos que entre f e o raio de curvatura R existe a relação

$$f = \frac{R}{2} \qquad (34.5)$$

(distância focal de um espelho esférico)

A situação oposta é mostrada na Figura 34.13b. Agora o *objeto* é colocado no ponto focal F, de modo que a distância do objeto é dada por $s = f = \frac{R}{2}$. A distância da imagem s' pode novamente ser obtida pela Equação (34.4):

$$\frac{2}{R} + \frac{1}{s'} = \frac{2}{R} \qquad \frac{1}{s'} = 0 \qquad s' = \infty$$

Quando o objeto está situado sobre o ponto focal, os raios refletidos indicados na Figura 34.13b são paralelos ao eixo ótico — eles se encontram somente no infinito, logo, a distância da imagem é infinita.

Portanto, as propriedades do foco F de um espelho esférico mostram que (1) todo raio que incide paralelamente ao eixo ótico é refletido passando pelo foco e (2) qualquer raio passando pelo foco que incide sobre o espelho é refletido paralelamente ao eixo ótico. Para um espelho esférico, essas afirmações são válidas apenas para os raios paraxiais. Para um espelho parabólico, essas afirmações são *exatas*; essa é a principal razão pela qual os espelhos parabólicos são preferidos nos telescópios astronômicos. Espelhos parabólicos e espelhos esféricos são usados em lanternas e nos faróis dos automóveis para transformar a luz da lâmpada em um feixe paralelo. Em algumas usinas, para aproveitamento da energia solar, usa-se uma grande rede de espelhos planos para simular aproximadamente um espelho esférico côncavo; a luz solar é coletada pelos espelhos e projetada para o ponto focal, onde são colocadas as caldeiras para produzir vapor. (Os conceitos de foco e de distância focal também se aplicam a lentes, como veremos na Seção 34.4.)

Geralmente, expressaremos a relação entre as distâncias da imagem e do objeto, Equação (34.4), em termos da distância focal f:

$$\frac{1}{s} + \frac{1}{s'} = \frac{1}{f} \qquad (34.6)$$

(relação imagem-objeto, espelho esférico)

Formação da imagem de um objeto extenso — espelho esférico

Vamos agora supor que o objeto possua um tamanho *finito*, representado pela seta PQ na Figura 34.14, perpendicular ao eixo ótico CV. A imagem de P formada pelos raios paraxiais se encontra no ponto P'. A distância do objeto ao ponto Q é quase igual à distância do objeto ao ponto P, de modo que a imagem $P'Q'$ é aproximadamente reta e perpendicular ao eixo ótico. Observe que as setas do objeto e da imagem possuem tamanhos diferentes, y e y', respectivamente, e que os sentidos das setas são opostos. Na Equação (34.2), definimos a *ampliação transversal* m como a razão entre a altura da imagem y' e a altura do objeto y:

$$m = \frac{y'}{y}$$

Como os triângulos PVQ e $P'VQ'$ na Figura 34.14 são *semelhantes*, obtemos a relação $\frac{y}{s} = \frac{-y'}{s'}$. O sinal negativo é necessário porque a imagem e o objeto estão em lados opostos em relação ao eixo ótico; quando y é positivo, y' é negativo, e vice-versa. Logo,

$$m = \frac{y'}{y} = -\frac{s'}{s} \qquad (34.7)$$

(ampliação transversal, espelho esférico)

Se m é positivo, a imagem é direita em relação ao objeto; se m é negativo, a imagem é *invertida* em relação ao objeto, como indica a Figura 34.14. Em um espelho *plano*, $s = -s'$, logo, $y' = y$ e $m = +1$; como m é positivo, a imagem é direita, e como $|m| = 1$, a imagem possui o mesmo tamanho do objeto.

ATENÇÃO A aplicação pode ser menor do que um Embora a razão entre a altura da imagem e a altura do objeto seja chamada de *ampliação*, a imagem formada por um espelho ou por uma lente pode ser menor, maior ou do mesmo tamanho do objeto. Quando ela é menor, o valor absoluto da ampliação é menor do que um: $|m| < 1$. A imagem formada pelo espelho de um telescópio astronômico ou pela lente de uma máquina fotográfica é *muito* menor do que o objeto. Por exemplo, a imagem da estrela brilhante mostrada na Figura 34.12c possui apenas alguns milímetros de extensão, enquanto a própria estrela apresenta centenas de milhares de quilômetros de diâmetro.

Em nosso estudo dos espelhos côncavos, consideramos até o momento apenas objetos situados sobre o foco ou *fora* da região entre o foco e o vértice, de modo que a distância do objeto s ou é superior ou é igual ao valor da distância focal f (positiva). Nesses casos, o ponto imagem fica sempre do mesmo lado do espelho que os raios refletidos, e a imagem é real e invertida. Quando um objeto é colocado *entre* o foco e o vértice, de modo que $s < f$, a imagem resultante é *virtual* (ou seja, o ponto imagem fica do lado do espelho oposto ao lado onde se encontra o objeto), *direita* e *maior* do que o objeto. Os espelhos de

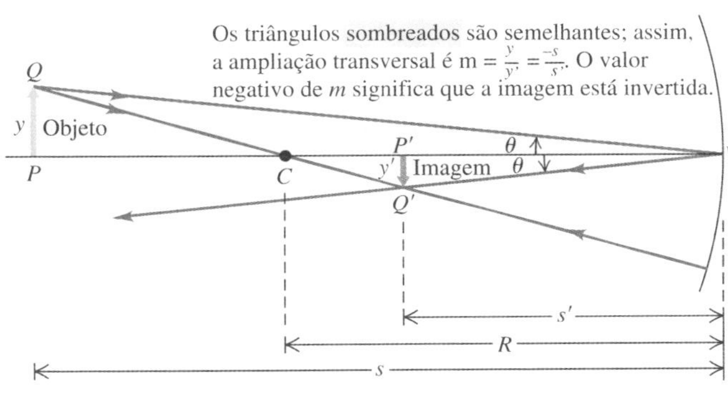

Figura 34.14 Construção para determinar a posição, a orientação e a altura da imagem formada por um espelho esférico côncavo.

maquiagem (mencionados no início desta seção) são espelhos côncavos; quando se usa um desses espelhos, a distância entre o rosto e o espelho é menor do que a distância focal, e o que se vê é uma imagem direita com tamanho maior. Você pode provar as afirmações anteriores sobre espelhos côncavos aplicando as equações (34.6) e (34.7) (veja o Exercício 34.11). Verificaremos esses resultados ao final desta seção, ao estudarmos os métodos gráficos para a determinação das posições e dos tamanhos dos objetos e das imagens.

Exemplo 34.1

IMAGEM FORMADA POR UM ESPELHO CÔNCAVO I O filamento de uma lâmpada de um farol de automóvel está a uma distância de 10,0 cm em frente a um espelho côncavo que forma uma imagem sobre uma parede situada a uma distância de 3,0 m do espelho. a) Qual é o raio de curvatura e a distância focal do espelho? b) Qual é a altura da imagem sabendo que a altura do objeto é de 5,0 mm?

SOLUÇÃO

IDENTIFICAR: este problema utiliza as idéias desenvolvidas nesta seção. Nossas incógnitas são o raio de curvatura *R*, a distância focal *f* e a altura da imagem *y'*.

PREPARAR: a Figura 34.15 mostra a situação. São dadas as distâncias do espelho ao objeto (*s*) e do espelho à imagem (*s'*). Usamos a relação objeto–imagem fornecida pela Equação (34.6) para calcular a distância focal *f*, e depois encontramos o raio de curvatura *R* com a Equação (34.5). A Equação (34.7) nos permite calcular a altura da imagem *y'* a partir das distâncias *s* e *s'* e da altura do objeto *y*.

EXECUTAR: a) tanto o objeto quanto a imagem estão no lado côncavo do espelho (o lado refletor). Assim, ambas, a distância do objeto e a distância da imagem, são positivas; temos $s = 10{,}0$ cm e $s' = 300$ cm. De acordo com a Equação (34.4),

$$\frac{1}{10{,}0\ \text{cm}} + \frac{1}{300\ \text{cm}} = \frac{2}{R}$$

$$R = \frac{2}{0{,}100\ \text{cm}^{-1} + 3{,}33 \times 10^{-3}\ \text{cm}^{-1}} = 19{,}4\ \text{cm}$$

A distância focal do espelho é $f = \frac{R}{2} = 9{,}7$ cm.

b) De acordo com a Equação (34.7), a ampliação transversal é

$$m = \frac{y'}{y} = -\frac{s'}{s} = -\frac{300\ \text{cm}}{10{,}0\ \text{cm}} = -30{,}0$$

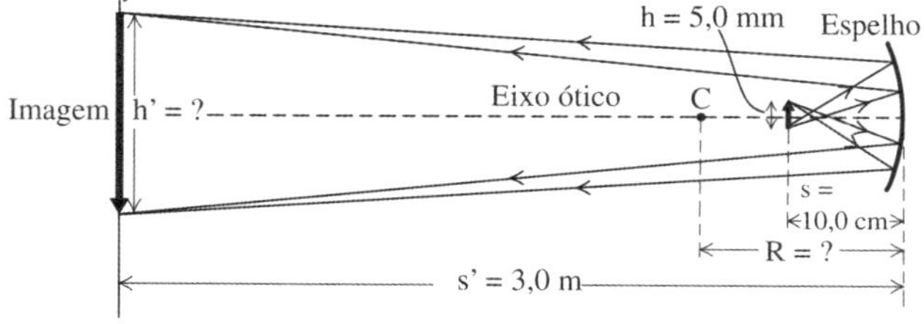

Figura 34.15 Diagrama esquemático para este problema.

Como *m* possui valor negativo, a imagem é invertida. A altura da imagem é igual a 30,0 vezes a altura do objeto, ou (30,0) (5,0 mm) = 150 mm.

AVALIAR: note que o objeto é colocado próximo ao foco, mas fora da região entre o foco e o vértice ($s = 10{,}0$ cm comparado a $f = 9{,}7$ cm). Esse é procedimento é similar ao que é usado nos faróis dianteiros dos automóveis. Com o filamento perto do foco, o espelho côncavo produz um feixe de raios aproximadamente paralelos.

Exemplo 34.2

IMAGEM FORMADA POR UM ESPELHO CÔNCAVO II No Exemplo 34.1, suponha que a metade da superfície esquerda do espelho seja coberta por uma película não refletora de fuligem. Que efeito isso produziria na imagem do filamento?

SOLUÇÃO

Seria natural imaginar que a imagem obtida mostraria somente a metade do filamento. Contudo, a imagem continua mostrando o filamento *completo*. A explicação pode ser encontrada examinando-se a Figura 34.10b. Os raios luminosos provenientes de qualquer ponto *P* do objeto são refletidos em *todas* as partes do espelho e convergem para o ponto imagem correspondente *P'*. Se você remover uma parte do espelho ou cobrir uma parte de sua área com uma película não refletora, os raios luminosos que atingem a superfície refletora restante ainda formarão uma imagem de qualquer ponto do objeto.

O único efeito produzido pela redução da área é que a imagem se torna mais fosca, porque uma quantidade menor de energia luminosa atinge o ponto onde se encontra a imagem. No presente exemplo, a área foi reduzida à metade do valor inicial, portanto o brilho da imagem será aproximadamente igual à metade do brilho da imagem do exemplo anterior. O *aumento* da área de reflexão produz imagens mais brilhantes; para obter imagens razoavelmente brilhantes de estrelas muito distantes, os telescópios astronômicos usam espelhos com até vários metros de diâmetro. A Figura 34.12a mostra um exemplo.

Espelhos convexos

Na Figura 34.16a, o lado *convexo* de um espelho esférico está de frente para o feixe incidente. O centro de curvatura encontra-se do lado oposto dos raios emergentes; de acordo com a terceira regra de sinais exposta na Seção 34.1, *R* possui valor negativo. O raio *PB* é refletido com o mesmo ângulo de incidência θ. O raio refletido, projetado para trás, intercepta o eixo no ponto *P'*. Analogamente ao caso do espelho côncavo, *todos* os raios provenientes de *P* refletidos pelo espelho divergem de um mesmo ponto *P'*, desde que o ângulo α seja pequeno. O ponto *P'* é, portanto, a imagem de *P*. A distância do objeto *s* é positiva, a distância da imagem *s'* é negativa e o raio de curvatura *R* é *negativo* em um espelho esférico *convexo*.

A Figura 34.16b mostra dois raios divergindo da extremidade da seta *PQ* e a imagem virtual *P'Q'* da seta.

O mesmo procedimento usado no caso do espelho côncavo é aplicável no caso do espelho convexo,

$$\frac{1}{s} + \frac{1}{s'} = \frac{2}{R}$$

e a ampliação transversal é

$$m = \frac{y'}{y} = -\frac{s'}{s}$$

Essas expressões são exatamente iguais às equações (34.4) e (34.7) obtidas para um espelho côncavo. Portanto, quando usamos corretamente as regras de sinais, as equações (34.4) e (34.7) valem tanto para um espelho côncavo quanto para um espelho convexo.

Quando R é negativo (espelho convexo), os raios que incidem paralelamente ao eixo ótico não passam pelo foco F. Em vez disso, eles divergem como se estivessem emanando de um ponto F situado a uma distância f *atrás* do espelho, como indicado na Figura 34.17a. Nesse caso, f é a distância focal e F denomina-se *foco virtual*. A correspondente distância da imagem s' é negativa, logo, f e R possuem sinais negativos e a Equação (34.5), $f = \frac{R}{2}$, vale tanto para um espelho côncavo quanto para um espelho convexo. Na Figura 34.17b os raios incidentes convergem como se fossem se encontrar no foco virtual F e são refletidos paralelamente ao eixo ótico.

Em resumo, todas as equações de (34.4) a (34.7) obtidas para um espelho esférico são válidas tanto para um espelho côncavo quanto para um espelho convexo, desde que as regras de sinais sejam usadas adequadamente.

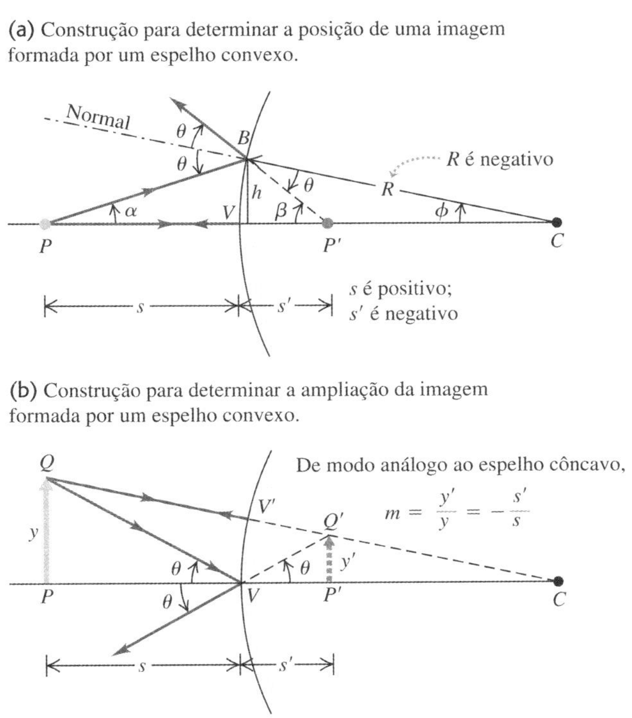

Figura 34.16 Formação da imagem em um espelho convexo.

Exemplo 34.3

PROBLEMA DA IMAGEM DO PAPAI NOEL Papai Noel verifica se está sujo de fuligem olhando para sua imagem refletida em um enfeite prateado brilhante da árvore de Natal situado a uma distância de 0,750 m (Figura 34.18a). O diâmetro do enfeite é 7,2 cm. As referências da literatura afirmam que Papai Noel é um 'velhinho alegre e de estatura mediana', de modo que sua altura estimada é 1,60 m. Onde se forma a imagem de Papai Noel refletida no enfeite e qual a sua altura? Ela é direita ou invertida?

SOLUÇÃO

IDENTIFICAR: Papai Noel é o objeto, e a superfície do ornamento mais próximo do Papai Noel age como um espelho convexo. As relações entre a distância do objeto, distância da imagem, distância focal e ampliação são as mesmas que para os espelhos côncavos, desde que usemos as regras de sinais corretamente.

PREPARAR: a Figura 34.18b mostra a situação. Como o espelho é convexo, seu raio de curvatura e distância focal são negativos. A distância do objeto é $s = 0{,}750$ m $= 75{,}0$ cm, e a altura do Papai Noel é $y = 1{,}6$ m. Usaremos a Equação (34.6) para calcular a distância da imagem s', e depois a Equação (34.7) para encontrar

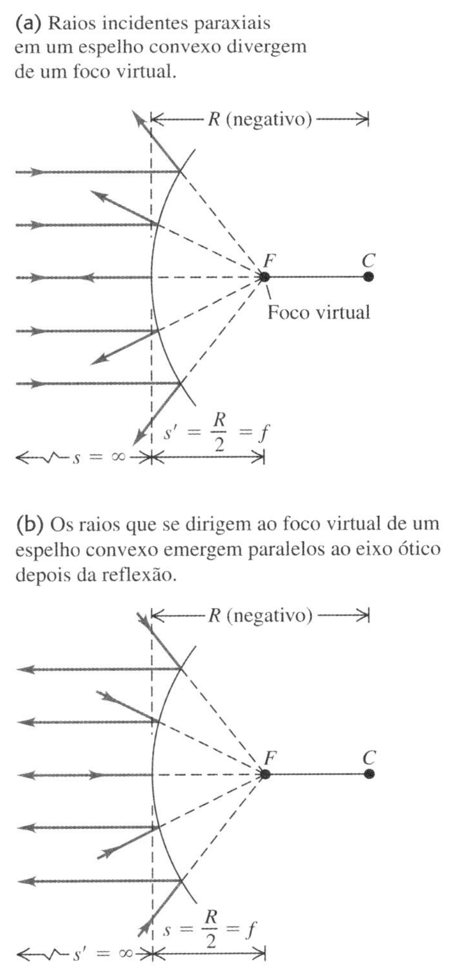

Figura 34.17 Foco e distância focal de um espelho convexo.

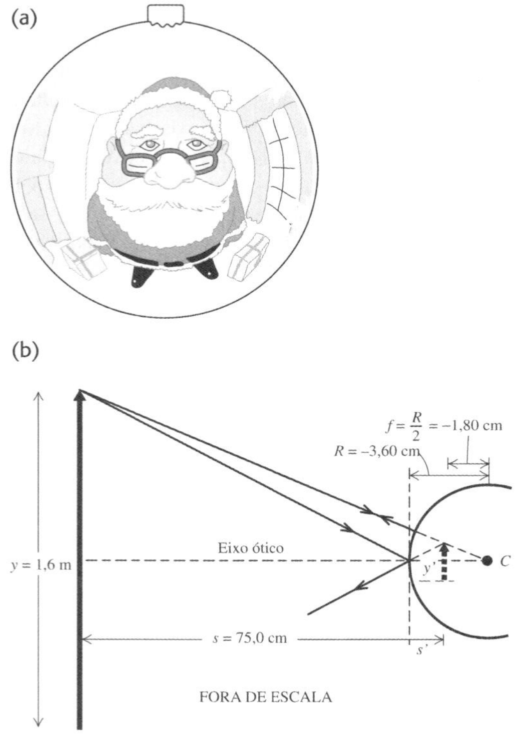

Figura 34.18 (a) O ornamento forma uma imagem virtual, reduzida e direita do Papai Noel. (b) Os dois raios que formam a imagem.

a ampliação transversal m e, portanto, a altura da imagem y'. O sinal de m nos diz se a imagem é direita ou invertida.

EXECUTAR: o raio do espelho convexo (metade do diâmetro) é $R = -(7.20 \text{ cm}) / 2 = -3,60$ cm, e distância focal $f = \frac{R}{2} = -1,80$ cm. De acordo com a Equação (34.6),

$$\frac{1}{s'} = \frac{1}{f} - \frac{1}{s} = \frac{1}{-1,80 \text{ cm}} - \frac{1}{75,0 \text{ cm}}$$

$$s' = -1,76 \text{ cm}$$

Como s' é negativo, a imagem se forma atrás do espelho, ou seja, no lado oposto ao dos raios emergentes (Figura 34.18b), sendo uma imagem virtual. A imagem se forma na metade da distância entre a parte frontal do ornamento e seu centro de curvatura. A ampliação transversal m é obtida da Equação (34.7):

$$m = \frac{y'}{y} = -\frac{s'}{s} = -\frac{-1,76 \text{ cm}}{75,0 \text{ cm}} = 0,0234$$

Como m é positivo, concluímos que a imagem é direita. Ela é apenas cerca de 0,0234 da altura do Papai Noel:

$$y' = my = (0,0234)(1,6 \text{ m}) = 3,8 \times 10^{-2} \text{ m} = 3,8 \text{ cm}$$

AVALIAR: quando a distância do objeto s é positiva, um espelho convexo *sempre* forma uma imagem virtual, direita, menor do que objeto e invertida. Por essa razão, costuma-se usar espelhos convexos para vigiar pequenos furtos no interior de lojas, em cruzamentos perigosos e em espelhos retrovisores com 'grande angular' de carros e caminhões (inclusive aqueles que exibem uma placa com a frase 'objetos vistos no espelho estão mais próximos do que parecem').

Método gráfico para espelhos

Nos exemplos 34.1 e 34.3, usamos as equações (34.6) e (34.7) para definir a posição e o tamanho da imagem formada por um espelho. Podemos também determinar as propriedades das imagens usando um método *gráfico* simples. Esse método consiste em encontrar o ponto de interseção de alguns raios particulares que divergem de um ponto do objeto (tal como o ponto Q indicado na Figura 34.19) e que são refletidos pelo espelho. Então (desprezando as aberrações), verificamos que *todos* os raios provenientes desse ponto do objeto e que se refletem no espelho se interceptam no mesmo ponto. Para essa construção, sempre escolhemos um ponto do objeto que *não* esteja situado sobre o eixo ótico. Os quatro raios geralmente desenhados com mais facilidade são representados na Figura 34.19. Eles são chamados de **raios principais**.

1. *Um raio paralelo ao eixo*, depois da reflexão, passa pelo foco F de um espelho côncavo ou parece vir do foco (virtual) de um espelho convexo.

(a) Raios principais em um espelho côncavo.

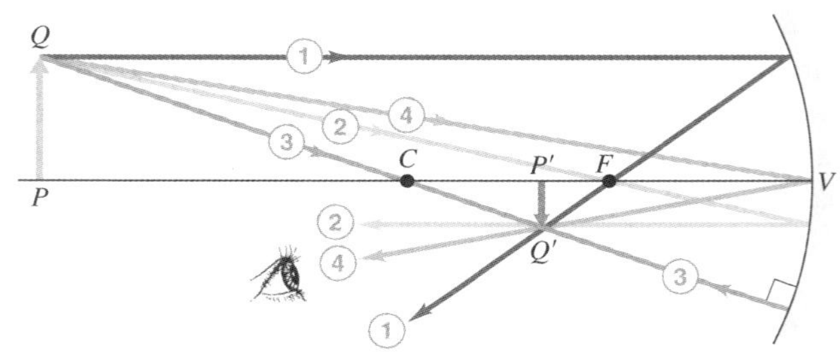

(1) Raio paralelo ao eixo se reflete passando pelo foco.
(2) Raio passando pelo foco se reflete paralelamente ao eixo.
(3) Raio passando pelo centro de curvatura intercepta a superfície perpendicularmente e se reflete voltando pelo caminho original.
(4) Raio que incide sobre o vértice se reflete simetricamente em relação ao eixo ótico.

(b) Raios principais em um espelho convexo.

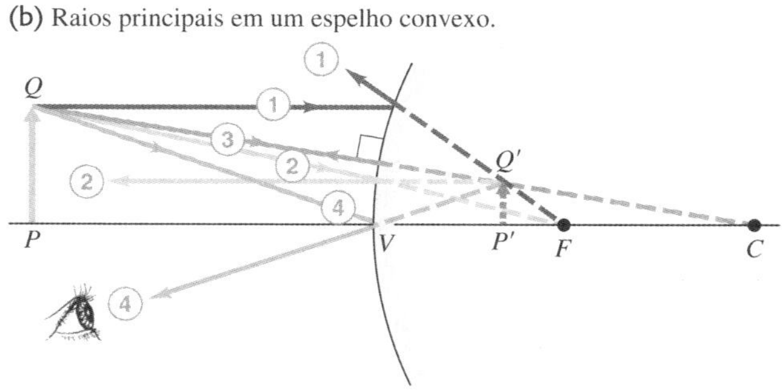

(1) Raio paralelo refletido parece vir do foco.
(2) Raio que incide sobre o foco se reflete paralelamente ao eixo.
(3) Como nos espelhos côncavos: raios radiais ao centro de curvatura interceptam a superfície perpendicularmente e se refletem voltando pelo caminho original.
(4) Como nos espelhos côncavos: raios que incidem sobre o vértice se refletem simetricamente em torno do eixo ótico.

Figura 34.19 Método gráfico para localizar a posição da imagem formada por um espelho esférico. As cores dos raios são apenas para facilitar a identificação; não se referem a cores específicas da luz.

2. *Um raio que passa pelo foco F (ou que provém do foco)* é refletido paralelamente ao eixo ótico.
3. *Um raio na direção do raio* passando pelo centro de curvatura *C* (ou cujo prolongamento atinge o centro de curvatura) intercepta a superfície perpendicularmente e é refletido de volta em sua direção inicial.
4. *Um raio que passa pelo vértice V* é refletido formando ângulos iguais com o eixo ótico.

Uma vez encontrada a posição do ponto imagem por meio da interseção dos raios principais (1, 2, 3, 4), podemos desenhar a trajetória de qualquer outro raio que vá do ponto objeto ao ponto imagem.

ATENÇÃO Os raios principais não são os únicos raios! Embora tenhamos dado ênfase aos raios principais, na verdade *qualquer* raio que atinge o espelho passa por um ponto imagem (para uma imagem real) ou parece vir de um ponto imagem (no caso da imagem virtual). Em geral são usados apenas os raios principais porque esses raios são suficientes para localizar a imagem.

Estratégia para a solução de problemas 34.1

FORMAÇÃO DA IMAGEM EM ESPELHOS

IDENTIFICAR *os conceitos relevantes*: existem dois modos diferentes e complementares de resolver problemas envolvendo a formação da imagem em espelhos. Um método é usar equações, e o outro é desenhar um diagrama dos raios principais. Uma boa resolução emprega *ambos* os métodos.

PREPARAR *o problema*: determine as incógnitas. As três grandezas-chave são a distância focal, a distância do objeto e a distância da imagem; em geral o problema informará duas dessas grandezas e você terá de encontrar a terceira.

EXECUTAR *o problema por meio dos seguintes passos*:

1. O diagrama dos raios principais tem na ótica geométrica um papel análogo ao desempenhado pelo diagrama do corpo livre na mecânica. Em qualquer problema que envolva a formação de imagens por um espelho, caso você disponha de informações suficientes, *sempre* desenhe antes um diagrama dos raios principais. (O mesmo conselho deve ser seguido quando você estudar lentes nas próximas seções.)
2. Geralmente é mais conveniente fazer seu diagrama orientando os raios incidentes da esquerda para a direita. Não trace muitos raios desnecessários; é suficiente traçar os raios principais, aqueles sobre os quais você tem informações. Use uma régua e meça as distâncias com cuidado! Um esboço traçado à mão livre *não* fornece bons resultados.
3. Se os raios principais não convergem para um ponto imagem real, você deve prolongá-los em linha reta para trás para localizar um ponto imagem virtual, como indicado na Figura 35.19b. Recomendamos que esses prolongamentos sejam desenhados com linhas tracejadas. Outro recurso útil é traçar os diversos raios principais com cores diferentes.
4. Verifique os seus resultados por meio da Equação (34.6), e da equação da ampliação transversal, Equação (34.7). Os resultados que você obtiver com essa equação devem ser compatíveis com o seu diagrama dos raios principais; se não forem, verifique novamente seus cálculos e o diagrama.
5. Preste bastante atenção aos sinais das distâncias dos objetos e das imagens, dos raios de curvatura e das alturas dos objetos e das imagens. Todo sinal *negativo* para qualquer uma dessas grandezas *sempre* possui significado físico; use as equações e as regras de sinais cuidadosamente e de modo consistente e elas mostrarão a você a solução correta! Lembre-se de que a *mesma* regra de sinais se aplica aos quatro casos estudados neste capítulo: reflexão e refração em superfícies planas e esféricas.

AVALIAR *a sua resposta*: você já verificou os seus resultados usando tanto os diagramas quanto as equações. Mas sempre é prudente voltar e se perguntar: "Será que esses resultados fazem sentido?".

Exemplo 34.4

ESPELHO CÔNCAVO, DIFERENTES DISTÂNCIAS DO OBJETO

Um espelho côncavo possui raio de curvatura com valor absoluto igual a 20 cm. Determine graficamente a imagem de um objeto em forma de seta perpendicular ao eixo do espelho para as seguintes distâncias do objeto: a) 30 cm, b) 20 cm, c) 10 cm e d) 5 cm. Confira a construção *calculando* o tamanho e a ampliação de cada imagem

SOLUÇÃO

IDENTIFICAR: este problema pede que usemos *ambos* os métodos (gráfico e cálculos) para encontrar a imagem criada por um espelho. Essa é uma boa prática a ser seguida em todos os problemas que envolvem a formação de imagens.

PREPARAR: o problema informa o raio de curvatura $R = 20$ cm (positivo, já que o espelho é côncavo) e, portanto, a distância focal $f = \frac{R}{2} = 10$ cm. Em cada caso, o problema fornece também a distância do objeto s e nos pede para encontrar a distância da imagem e a ampliação transversal $m = \frac{-s'}{s}$.

EXECUTAR: a Figura 34.20 mostra os diagramas dos raios principais dos quatro casos. Estude cada um desses diagramas cuidadosamente, comparando cada raio numerado com a descrição feita anteriormente. Há diversas questões dignas de nota. Inicialmente, na parte (b), a distância do objeto é igual à distância da imagem. Nesse caso, o raio 3 não pode ser desenhado, porque um raio partindo de Q e passando pelo centro de curvatura C não atinge o espelho. O raio 2 não pode ser desenhado em (c) porque um raio partindo de Q e passando por F também não atinge o espelho. Nesse caso, os raios emergentes são paralelos, correspondendo a uma imagem que se forma no infinito. Em (d), os raios emergentes não possuem nenhum ponto de interseção real; eles devem ser prolongados para trás do espelho para encontrar o *ponto imagem virtual* Q', do qual os raios parecem divergir. A situação mostrada em (d) ilustra a observação geral de que todo objeto situado entre o foco e o vértice de um espelho côncavo produz uma imagem virtual.

Medidas realizadas com uma régua apropriada fornecem as seguintes distâncias das imagens aproximadas: a) 15 cm; b) 20 cm; c) ∞ ou $-\infty$ (porque os raios emergentes são paralelos e não

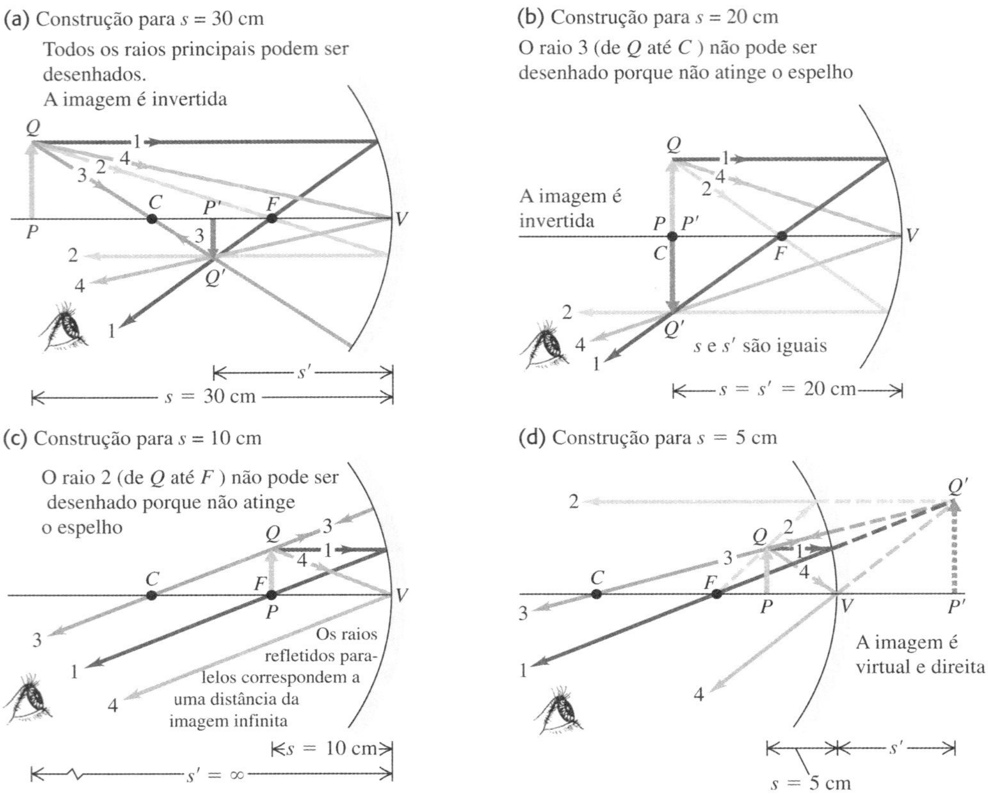

Figura 34.20 Usando diagramas de raios principais para localizar a imagem $P'Q'$ formada por um espelho côncavo.

convergem em nenhuma distância finita); d) −10 cm. Para *calcular* essas distâncias, usamos a Equação (34.6) com f = 10 cm:

$$\text{(a)}\quad \frac{1}{30\text{ cm}} + \frac{1}{s'} = \frac{1}{10\text{ cm}} \qquad s' = 15\text{ cm}$$

$$\text{(b)}\quad \frac{1}{20\text{ cm}} + \frac{1}{s'} = \frac{1}{10\text{ cm}} \qquad s' = 20\text{ cm}$$

$$\text{(c)}\quad \frac{1}{10\text{ cm}} + \frac{1}{s'} = \frac{1}{10\text{ cm}} \qquad s' = \infty\ (\text{or } -\infty)$$

$$\text{(d)}\quad \frac{1}{5\text{ cm}} + \frac{1}{s'} = \frac{1}{10\text{ cm}} \qquad s' = -10\text{ cm}$$

Em (a) e (b) as imagens são reais; em (d) ela é virtual. Em (c) a imagem se forma no infinito.

As ampliações transversais medidas nas figuras são aproximadamente a) $-\frac{1}{2}$; b) −1; c) ∞ ou − ∞ (porque a imagem se forma no infinito); d) +2. *Calculando* as ampliações transversais de acordo com a Equação (34.7), achamos:

$$\text{(a)}\quad m = -\frac{15\text{ cm}}{30\text{ cm}} = -\frac{1}{2}$$

$$\text{(b)}\quad m = -\frac{20\text{ cm}}{20\text{ cm}} = -1$$

$$\text{(c)}\quad m = -\frac{\infty\text{ cm}}{10\text{ cm}} = -\infty\ (\text{ou} + \infty)$$

$$\text{(d)}\quad m = -\frac{-10\text{ cm}}{5\text{ cm}} = +2$$

Em (a) e (b) as imagens são invertidas; em (d) ela é direita.

AVALIAR: observe a tendência seguida à medida que o objeto se aproxima do espelho. Quando o objeto está longe do espelho, como na Figura 34.20a, a imagem é menor do que o objeto, invertida e real. À medida que a distância do objeto diminui, a imagem se afasta do espelho e aumenta de tamanho (Figura 34.20b). Quando o objeto está sobre o foco, a imagem está no infinito (Figura 34.20c). Se o objeto é movido para dentro do foco, a imagem se torna maior do que o objeto, direita e virtual (Figura 34.20d). Você pode testar essas conclusões olhando para os objetos refletidos na parte côncava de uma colher de metal.

Teste sua compreensão da Seção 34.2 Um espelho cosmético é projetado de tal modo que o seu reflexo aparece direito (não invertido) e ampliado. a) O espelho é côncavo ou convexo? b) Para ver uma imagem ampliada, qual deve ser a distância do espelho (de distância focal f) até o seu rosto? (i) $|f|$; (ii) menor do que $|f|$; (iii) maior do que $|f|$. ∎

34.3 Refração em uma superfície esférica

Conforme dissemos na Seção 34.1, as imagens podem ser formadas não só por reflexão, mas também por refração. Para começar, vamos considerar a refração em uma superfície esférica, ou melhor, na interface esférica entre dois materiais transparentes com índices de refração diferentes. Essa análise pode ser aplicada diretamente a alguns sistemas óticos reais, como, por exemplo, o olho humano. Ela também fornece os fundamentos para o estudo das lentes, que geralmente possuem *duas* superfícies esféricas (ou quase esféricas).

Imagem de um objeto pontual: superfície esférica de refração

Na Figura 34.21, uma superfície esférica de raio R forma a interface entre dois materiais com índices de refração n_a e n_b. A superfície forma uma imagem P' de um ponto objeto P; desejamos saber como as distâncias do objeto e da imagem (s e s') são relacionadas. Aplicaremos as mesmas regras de sinais usadas no caso de espelhos esféricos. O centro de curvatura C está do lado dos raios emergentes da superfície, logo, R é positivo. O raio PV incide sobre o vértice V na direção perpendicular à superfície (ou seja, na direção perpendicular ao plano tangente à superfície no ponto de incidência V). Ele passa para o outro material sem sofrer nenhum desvio. O raio PB, que forma um ângulo α com o eixo, incide formando com a normal da superfície um ângulo θ_a e é refratado formando um ângulo θ_b. Os raios emergentes se cruzam no ponto P', a uma distância s' do lado direito do vértice. A figura foi desenhada para o caso $n_a < n_b$. As distâncias do objeto e da imagem são ambas positivas.

Agora, vamos provar que se o ângulo α é pequeno, *todos* os raios provenientes de P se interceptam no mesmo ponto P'; portanto, P' é a *imagem real* de P. Empregaremos uma abordagem semelhante à adotada quando analisamos o caso do espelho esférico na Seção 34.2. Usaremos novamente o teorema segundo o qual o ângulo externo de um triângulo é igual à soma dos ângulos internos opostos; aplicando esse teorema aos triângulos PBC e $P'BC$, obtemos

$$\theta_a = \alpha + \phi \qquad \phi = \beta + \theta_b \tag{34.8}$$

De acordo com a lei da refração,

$$n_a \operatorname{sen} \theta_a = n_b \operatorname{sen} \theta_b$$

As tangentes dos ângulos α, β e ϕ são

$$\operatorname{tg}\alpha = \frac{h}{s+\delta} \qquad \operatorname{tg}\beta = \frac{h}{s'-\delta} \qquad \operatorname{tg}\phi = \frac{h}{R-\delta} \tag{34.9}$$

Para raios paraxiais, θ_a e θ_b são ambos pequenos em comparação com um radiano, logo, tanto a tangente quanto o seno são dados aproximadamente pelos próprios ângulos (medidos em radianos). Então a lei da refração pode ser escrita na forma

$$n_a \theta_a = n_b \theta_b$$

Combinando a relação anterior com a primeira das equações (34.8), obtemos

$$\theta_b = \frac{n_a}{n_b}(\alpha + \phi)$$

Substituindo o resultado na segunda das equações (34.8), obtemos

$$n_a \alpha + n_b \beta = (n_b - n_a)\phi \tag{34.10}$$

Usando agora a aproximação tg $\alpha = \alpha$, e assim por diante, nas equações (34.9) e também desprezando a distância pequena δ, obtemos

$$\alpha = \frac{h}{s} \qquad \beta = \frac{h}{s'} \qquad \phi = \frac{h}{R}$$

Finalmente, substituindo o resultado anterior na Equação (34.10) e cancelando o fator comum h, encontramos

$$\frac{n_a}{s} + \frac{n_b}{s'} = \frac{n_b - n_a}{R} \tag{34.11}$$

(relação objeto-imagem, superfície refratora esférica)

A equação anterior não inclui o ângulo α, de modo que a distância da imagem é sempre a mesma para *todos* os raios paraxiais que emanam de P; isso explica por que afirmamos anteriormente que P' é a imagem do ponto P.

Para obter a ampliação transversal m para essa situação, usamos a construção mostrada na Figura 34.22. Desenhamos dois raios a partir do ponto Q, um através do centro de curvatura C e outro incidente no vértice V. Pelos triângulos PQV e $P'Q'V$, obtemos

$$\operatorname{tg}\theta_a = \frac{y}{s} \qquad \operatorname{tg}\theta_b = \frac{-y'}{s'}$$

e, pela lei da refração,

$$n_a \operatorname{sen} \theta_a = n_b \operatorname{sen} \theta_b$$

Para ângulos pequenos,

$$\operatorname{tg} \theta_a = \operatorname{sen} \theta_a, \qquad \operatorname{tg} \theta_b = \operatorname{sen} \theta_b.$$

Finalmente achamos

$$\frac{n_a y}{s} = -\frac{n_b y'}{s'} \quad \text{ou} \quad m = \frac{y'}{y} = -\frac{n_a s'}{n_b s} \tag{34.12}$$

(ampliação transversal, superfície refratora esférica)

As equações (34.11) e (34.12) podem ser aplicadas tanto para superfícies refratoras côncavas quanto para superfícies convexas, desde que você use as regras de sinais de

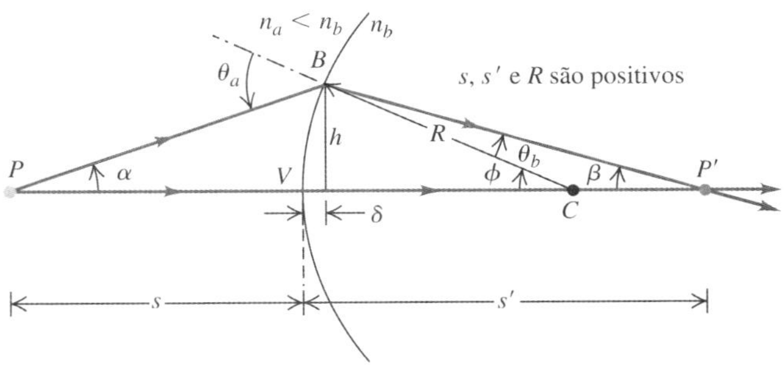

Figura 34.21 Construção para determinar a posição do ponto imagem P' de um ponto objeto P formado por refração em uma superfície esférica. Os materiais do lado esquerdo e direito da superfície possuem índices de refração n_a e n_b, respectivamente. No caso aqui mostrado, $n_a < n_b$.

modo coerente. Não importa se n_a é maior ou menor do que n_b. Para provar as afirmações anteriores, sugerimos que você construa diagramas como os apresentados nas figuras 34.21 e 34.22 para os seguintes casos: (i) $R > 0$ e $n_a > n_b$, (ii) $R < 0$ e $n_a < n_b$, (iii) $R < 0$ e $n_a > n_b$. A seguir, use seus diagramas para deduzir as equações (34.11) e (34.12).

Vejamos agora uma observação final sobre a regra do sinal do raio de curvatura R de uma superfície. Para a superfície refletora convexa mostrada na Figura 34.16, consideramos o valor de R negativo, porém, para a superfície *refratora* convexa mostrada na Figura 34.21, consideramos o valor de R *positivo*. Aparentemente isso seria inconsistente, mas não é. A regra diz que R é positivo quando o centro de curvatura C está do lado dos raios emergentes e negativo quando C está do lado oposto. Para a superfície refletora convexa apresentada na Figura 34.16, R é negativo porque C está do lado direito da superfície, porém os raios emergentes estão do lado esquerdo. Para a superfície refratora convexa mostrada na Figura 34.21, R é positivo porque tanto C quanto os raios emergentes estão do lado direito da superfície.

A refração em uma superfície curva é um dos motivos porque os jardineiros evitam molhar as plantas ao meio-dia. Quando a luz do sol entra em uma gota de água que descansa sobre uma folha (Figura 34.23), os raios de luz são refratados um na direção do outro, como nas figuras 34.21 e 34.22. A luz do sol que incide na folha é, portanto, mais concentrada e mais propensa a causar danos.

Um caso importante de uma superfície refratora esférica é a superfície *plana* entre dois materiais transparentes. Isso corresponde a fazer $R = \infty$ na Equação (34.11). Nesse caso,

$$\frac{n_a}{s} + \frac{n_b}{s'} = 0 \qquad (34.13)$$

(superfície refratora plana)

Para calcular a ampliação transversal m nesse caso, combinamos a equação anterior com a fórmula geral indicada na Equação (34.12) e obtemos o resultado simples

$$m = 1$$

Portanto, a imagem formada por uma superfície refratora *plana* possui sempre o mesmo tamanho transversal do objeto e a mesma orientação do objeto, ou seja, ela é sempre direita.

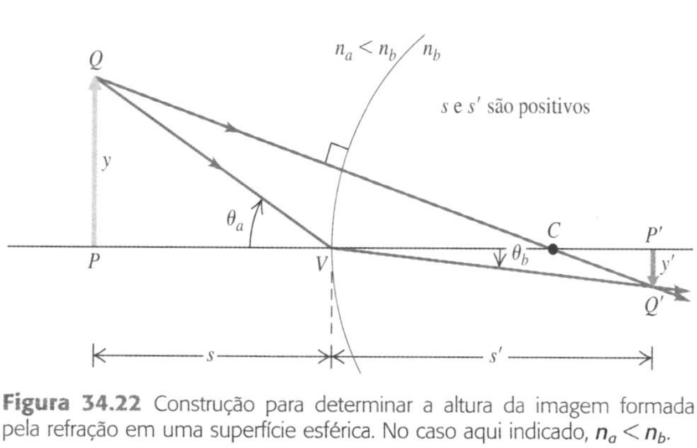

Figura 34.22 Construção para determinar a altura da imagem formada pela refração em uma superfície esférica. No caso aqui indicado, $n_a < n_b$.

Um exemplo do resultado da formação de imagem por uma superfície refratora plana é a falsa aparência quebrada de um canudo de refresco ou do remo de uma canoa. Quando observamos sob determinados ângulos um objeto parcialmente submerso na água, ele parece estar quebrado no ponto de contato com a superfície porque a extremidade da parte submersa está a uma distância aparente aproximadamente igual a três quartos da verdadeira distância abaixo da superfície. (Comentamos a aparência de objetos submersos na Seção 33.2; veja a Figura 33.9.)

Exemplo 34.5

FORMAÇÃO DA IMAGEM POR REFRAÇÃO I Uma barra de vidro cilíndrica no ar (Figura 34.24) possui índice de refração igual a 1,52. Uma de suas extremidades foi raspada e polida, formando uma superfície hemisférica com raio $R = 2{,}0$ cm. a) Calcule a distância da imagem formada por um pequeno objeto situado sobre o eixo da barra a uma distância de 8,0 cm à esquerda do vértice. b) Determine a ampliação transversal.

SOLUÇÃO

IDENTIFICAR: este problema usa as idéias de refração em uma superfície curva. Nossas incógnitas são a distância da imagem e a ampliação transversal m.

PREPARAR: aqui o material a é o ar ($n_a = 1{,}0$) e o material b é o vidro de que a barra é feita ($n_b = 1{,}52$). Sabemos que $s = +8{,}0$ cm; o raio da superfície esférica é positivo ($R = +2{,}0$ cm) porque o centro de curvatura está do lado da superfície em que estão os raios emergentes. Usamos a Equação (34.11) para calcular a distância da imagem e a Equação (34.12) para encontrar a ampliação transversal.

EXECUTAR: a) De acordo com a Equação (34.11),

$$\frac{1{,}00}{8{,}00\text{ cm}} + \frac{1{,}52}{s'} = \frac{1{,}52 - 1{,}0}{+2{,}0\text{ cm}}$$

$$s' = +11{,}3\text{ cm}$$

b) De acordo com a Equação (34.12),

$$m = -\frac{n_a s'}{n_b s} = -\frac{(1{,}0)(11{,}3\text{ cm})}{(1{,}52)(8{,}0\text{ cm})} = -0{,}929$$

AVALIAR: como a distância da imagem s' é positiva, concluímos que a imagem se forma a 11,3 cm à *direita* do vértice (do lado dos raios emergentes), como mostra a Figura 34.24. O valor de m nos diz

Figura 34.23 Os raios de luz se refratam ao passar pela superfície curva dessas gotas de água.

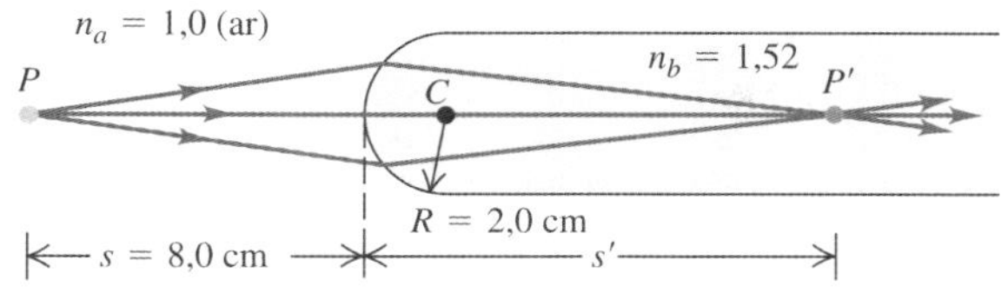

Figura 34.24 Uma barra de vidro no ar forma uma imagem real.

que a imagem é invertida e ligeiramente menor do que o objeto. Se o objeto for uma seta de 1,0 mm de altura apontando para cima, a imagem será uma seta de 0,929 mm de altura apontando para baixo.

Exemplo 34.6

FORMAÇÃO DA IMAGEM POR REFRAÇÃO II A barra de vidro do Exemplo 34.5 é imersa na água (índice de refração n = 1,33), como mostra a Figura 34.25. As demais grandezas permanecem com os mesmos valores do exemplo anterior. Calcule a distância da imagem e a ampliação transversal.

SOLUÇÃO

IDENTIFICAR: a situação é a mesma do Exemplo 34.5, a não ser pelo fato de que agora n_a = 1,33.

PREPARAR: como no Exemplo 34.5, usamos as equações (34.11) e (34.12) para calcular s' e m, respectivamente.

EXECUTAR: de acordo com a Equação (34.11),

$$\frac{1{,}33}{8{,}0\ \text{cm}} + \frac{1{,}52}{s'} = \frac{1{,}52 - 1{,}33}{+2{,}0\ \text{cm}}$$

$$s' = -21{,}3\ \text{cm}$$

A ampliação transversal então é

$$m = -\frac{(1{,}33)(-21{,}3\ \text{cm})}{(1{,}52)(\ 8{,}0\ \text{cm}\ )} = +2{,}33$$

AVALIAR: como s' é negativo, concluímos que, depois de os raios se refratarem na superfície, eles não convergem, porém *parecem* divergir de um ponto situado a 21,3 cm à *esquerda* do vértice. Observamos um caso semelhante quando descrevemos a reflexão da luz na superfície de um espelho convexo; esse ponto foi chamado *imagem virtual*. Neste exemplo, a superfície forma uma imagem virtual situada a uma distância de 21,3 cm à esquerda do vértice. A imagem é direita (porque m é positivo) e 2,33 vezes maior do que o objeto.

Exemplo 34.7

PROFUNDIDADE APARENTE DE UMA PISCINA Donos de piscinas sabem que a profundidade aparente de uma piscina é sempre menor do que a real, e que é importante identificar com clareza qual é a parte mais profunda para que pessoas que não sabem nadar não mergulhem em águas cuja profundidade seja maior do que sua altura. Se um freqüentador da piscina olha diretamente para a água na parte em que sua profundidade real é igual a 2,0 m, qual é a profundidade aparente vista por essa pessoa?

SOLUÇÃO

IDENTIFICAR: a superfície da água age como uma superfície plana refratora.

PREPARAR: a situação é mostrada na Figura 34.26. Suponha que uma seta PQ seja pintada no fundo da piscina, cuja profundidade real s = 2,0 m. A superfície refratora forma uma imagem $P'Q'$ dessa seta. Usamos a Equação (34.13) para encontrar a profundidade dessa seta; ela nos revela a profundidade aparente da piscina.

EXECUTAR: a distância do objeto é a verdadeira profundidade da piscina, s = 2,0 m. O material a é a água (n_a = 1,33) e o material b e o ar (n_b = 1,0). A posição da imagem é dada pela Equação (34.13):

$$\frac{n_a}{s} + \frac{n_b}{s'} = \frac{1{,}33}{2{,}0\ \text{m}} + \frac{1{,}0}{s'} = 0$$

$$s' = -1{,}50\ \text{m}$$

A distância da imagem é negativa. Pelas regras de sinais vistas na Seção 34.1, isso significa que a imagem é virtual e está do lado incidente da superfície refratora — ou seja, do mesmo lado que o objeto. A profundidade aparente é 1,50 m, ou cerca de três quartos da profundidade real. Uma pessoa com altura de 1,70 m que não sabe nadar e que não conhece esse efeito poderia se afogar ao mergulhar na piscina.

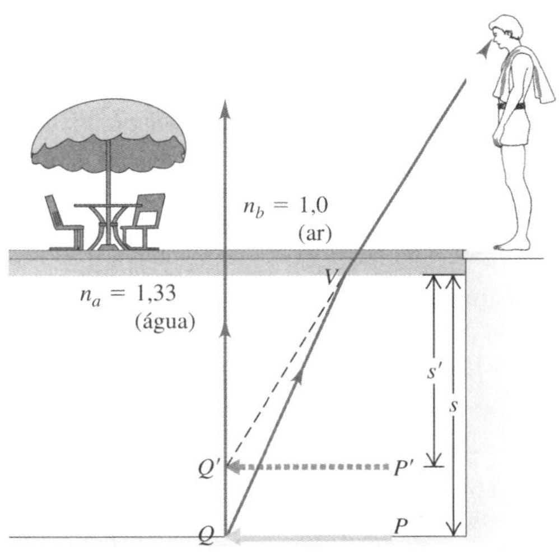

Figura 34.26 A seta $P'Q'$ é a imagem virtual da seta PQ imersa no fundo da piscina. Os ângulos do raio com a vertical foram exagerados para maior clareza.

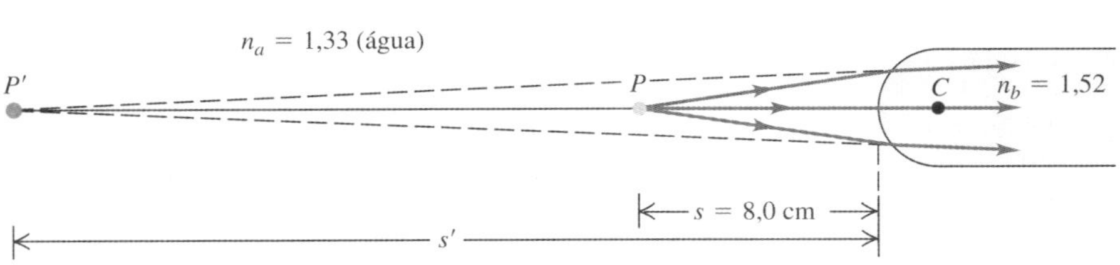

Figura 34.25 Quando imersa na água, a barra de vidro forma uma imagem virtual.

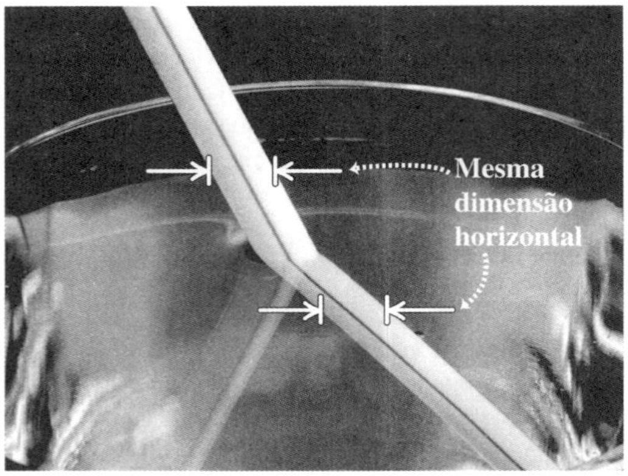

Figura 34.27 A porção submersa deste canudo parece estar a uma menor profundidade (mais perto da superfície) do que realmente está.

AVALIAR: lembre-se de que a ampliação transversal em uma superfície plana refratora é $m = 1$. Logo, a imagem $P'Q'$ da seta é do mesmo *comprimento horizontal* da verdadeira seta PQ. Só a sua profundidade é diferente. Você pode ver esse efeito na Figura 34.27.

Teste sua compreensão da Seção 34.3 As gotas de água na Figura 34.23 apresentam raio de curvatura R e índice de refração $n = 1{,}33$. Elas podem formar uma imagem do sol sobre a folha? ▮

34.4 Lentes delgadas

O dispositivo ótico mais conhecido e amplamente usado (depois do espelho plano) é a *lente*. Uma lente é um sistema ótico com duas superfícies refratoras. A lente mais simples possui duas superfícies *esféricas* suficientemente próximas para desprezarmos a distância entre elas (a espessura da lente); chamamos esse dispositivo de **lente delgada**. Se você usa óculos ou lentes de contato quando lê, você está vendo estas palavras através de lentes delgadas. Podemos analisar com detalhes as lentes delgadas aplicando os resultados da Seção 34.3 referentes à refração através de uma única superfície esférica. Contudo, faremos essa análise mais adiante visto que primeiro desejamos descrever as propriedades das lentes delgadas.

Propriedades das lentes

Uma lente como a mostrada na Figura 34.28 apresenta a propriedade de que todo feixe paralelo ao eixo da lente que passa para o outro lado da lente converge para um ponto F_2 (Figura 34.28a) e forma uma imagem real nesse ponto. Tal lente é chamada de **lente convergente**. Analogamente, os raios que emanam do ponto F_1 emergem da lente formando um feixe paralelo (Figura 34.28b). O ponto F_1 é chamado de *primeiro foco*, o ponto F_2 é o *segundo foco* e a distância f (medida a partir do centro da lente) é chamada de *distância focal*. Observe a semelhança entre os dois focos de uma lente convergente e o foco de um espelho côncavo (Figura 34.13). De modo análogo ao espelho côncavo, a distância focal de uma lente convergente é

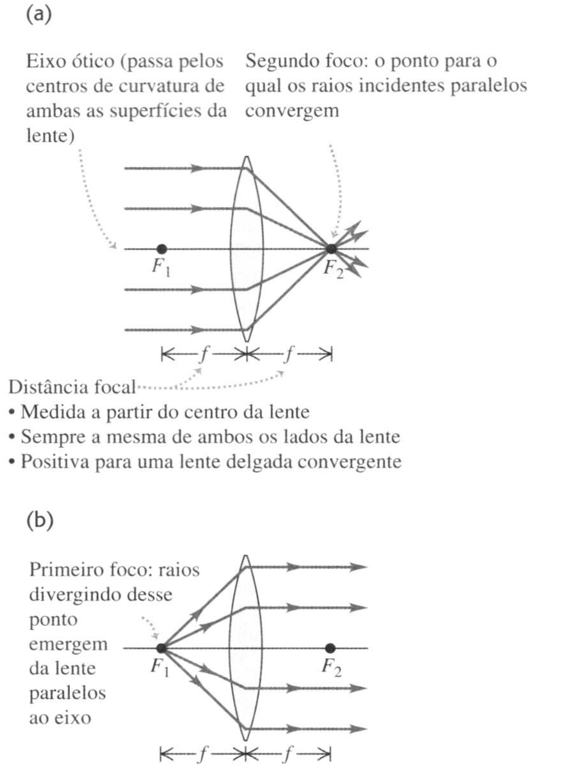

Figura 34.28 F_1 e F_2 são o primeiro e segundo focos de uma lente delgada convergente. O valor numérico de f é positivo.

definida como uma grandeza *positiva*, e esse tipo de lente é também conhecida como *lente positiva*.

A linha horizontal central na Figura 34.28 é chamada de *eixo ótico*, como no caso de um espelho esférico. Os centros de curvatura das duas superfícies esféricas definem o eixo ótico. As duas distâncias focais mostradas na Figura 34.28, ambas designadas por f, *possuem sempre o mesmo valor* para uma lente delgada, mesmo quando as curvaturas das duas superfícies são diferentes. Mais adiante nesta seção, deduziremos essa relação, até certo ponto surpreendente, entre f, o índice de refração da lente e os raios de curvatura das suas superfícies.

Imagem de um objeto extenso – lentes convergentes

Como no caso de um espelho côncavo, uma lente convergente pode formar a imagem de um objeto extenso. Na Figura 34.29, mostramos como se determina a ampliação transversal e a posição da imagem produzida por uma lente delgada convergente. Usando a mesma notação e as mesmas regras de sinais anteriores, chamaremos de s a distância do objeto e de s' a distância da imagem; y é a altura do objeto e y' é a altura da imagem. O raio QA, paralelo ao eixo ótico antes da refração, passa através do segundo foco F_2. O raio QOQ' passa através do centro da lente sem sofrer nenhum desvio porque (supomos) as duas superfícies estão muito próximas e são praticamente paralelas. Existe refração quando esse raio entra no material e quando sai dele, porém não existe variação apreciável da sua direção.

Os dois ângulos indicados pela letra α na Figura 34.29 são iguais. Portanto, os dois triângulos retângulos PQO e $P'Q'O$ são *semelhantes* e as razões entre os lados correspondentes são iguais.

Logo,

$$\frac{y}{s} = -\frac{y'}{s'} \quad \text{ou} \quad \frac{y'}{y} = -\frac{s'}{s} \tag{34.14}$$

(O sinal negativo indica que a imagem está abaixo do eixo ótico e y' é negativo.) Também os ângulos indicados pela letra β são iguais e os dois triângulos retângulos OAF_2 e $P'Q'F_2$ são semelhantes. Assim,

$$\frac{y}{f} = -\frac{y'}{s'-f} \quad \text{ou}$$

$$\frac{y'}{y} = -\frac{s'-f}{f} \tag{34.15}$$

Igualando agora a Equação (34.14) com a Equação (34.15), dividindo por s' e reagrupando, obtemos

$$\frac{1}{s} + \frac{1}{s'} = \frac{1}{f} \tag{34.16}$$

(relação objeto–imagem, lente delgada)

Essa análise também fornece a ampliação transversal $m = y'/y$ para a lente; de acordo com a Equação (34.14),

$$m = -\frac{s'}{s} \tag{34.17}$$

(ampliação transversal, lente delgada)

O sinal negativo mostra que, quando s e s' são ambos positivos, como na Figura 34.29, a imagem é *invertida* e y e y' possuem sinais opostos.

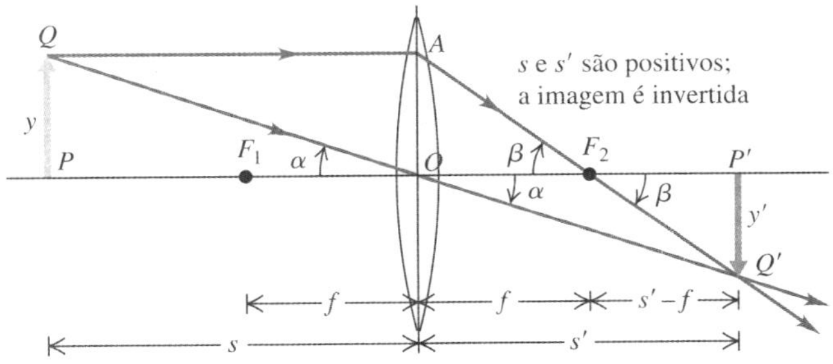

Figura 34.29 Construção para determinar a posição da imagem formada por uma lente delgada. Para enfatizar que a lente é muito fina, o raio *QAQ'* aparece como refratado no plano vertical central da lente e não nas duas superfícies da lente, e o raio *QOQ'* é representado como uma linha reta.

As equações (34.16) e (34.17) são as equações fundamentais para as lentes delgadas. É com prazer que notamos que elas são exatamente iguais às equações correspondentes obtidas para espelhos esféricos, as equações (34.6) e (34.7). Como veremos, as mesmas regras de sinais usadas para espelhos esféricos também são válidas para lentes delgadas. Em particular, considere uma lente com uma distância focal positiva (uma lente convergente). Quando um objeto está além do primeiro foco F_1 dessa lente (ou seja, quando $s > f$), a distância da imagem s' é positiva (ou seja, a imagem está do mesmo lado dos raios emergentes); essa imagem é real e invertida, como indica a Figura 34.29. Um objeto colocado entre o vértice e o primeiro foco de uma lente convergente, ou seja, $s < f$, produz uma imagem com valor de s' negativo; essa imagem está situada do mesmo lado da lente onde se encontra o objeto, ela é virtual, direita e maior do que o objeto. Você pode comprovar essas afirmações algebricamente aplicando as equações (34.16) e (34.17); na próxima seção vamos verificá-las usando métodos gráficos semelhantes aos da Seção 34.2 para espelhos.

A Figura 34.30 mostra como uma lente forma uma imagem tridimensional de um objeto tridimensional. O ponto R está mais próximo da lente do que o ponto Q. De acordo com a Equação (34.16), o ponto imagem R' está mais afastado da lente do que o ponto imagem P' e a imagem $P'R'$ aponta no mesmo sentido do objeto PR. Note que as setas das imagens $P'S'$ e $P'Q'$ estão invertidas em relação aos objetos PS e PQ.

Vamos comparar a Figura 34.30 com a Figura 34.7, que mostra a imagem formada por um *espelho* plano. Notamos que a imagem formada pela lente é invertida, porém *não* é invertida de trás para frente ao longo do eixo ótico como no caso do espelho plano. Em outras palavras, se o objeto é a mão esquerda, sua imagem também é outra mão esquerda. Para verificar essa formação de imagens aponte seu polegar esquerdo ao longo de PR, seu dedo indicador esquerdo ao longo de PQ e seu dedo médio esquerdo ao longo de PS. A seguir, gire a sua mão 180° usando seu dedo polegar como eixo; essa rotação fará seus dedos coincidirem com os segmentos $P'Q'$ e $P'S'$. Ou seja, dizemos que uma imagem *invertida* é aquela que se obtém mediante uma rotação de 180° em torno do eixo ótico da lente.

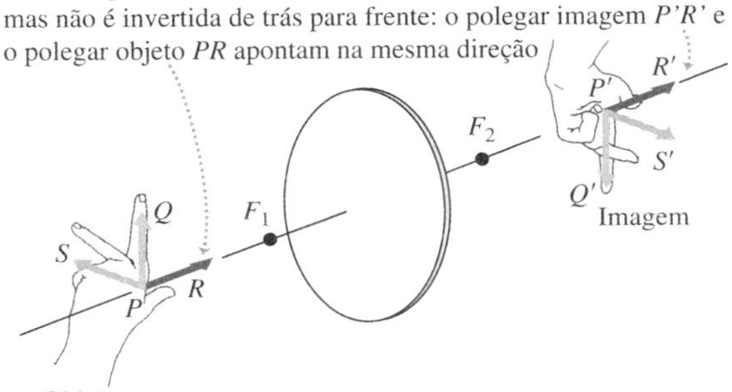

Figura 34.30 A imagem *S'P'Q'R'* de um objeto tridimensional *SPQR não* é invertida por uma lente.

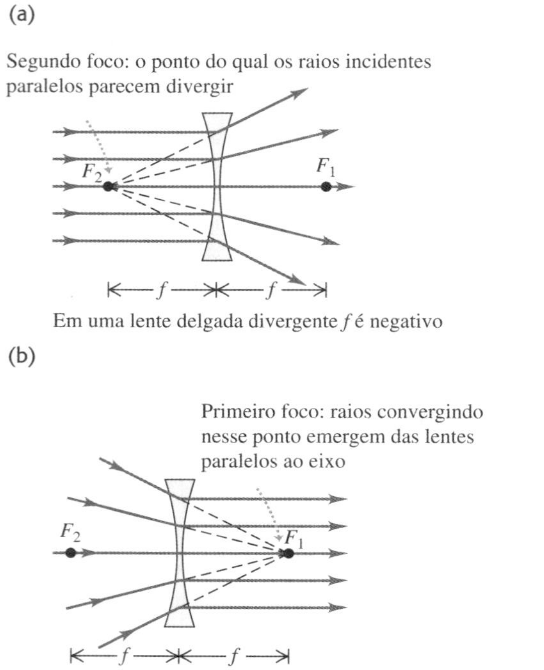

Figura 34.31 F_1 e F_2 são o segundo e o primeiro focos de uma lente delgada divergente, respectivamente. O valor **numérico** de f é negativo.

Lentes divergentes

Até o momento discutimos apenas lentes *convergentes*. A Figura 34.31 mostra uma **lente divergente**; um feixe de raios paralelos que incide sobre a lente *diverge* depois da refração. A distância focal de uma lente divergente é uma grandeza negativa, e a lente também é chamada de *lente negativa*. Os focos de uma lente negativa estão em posições invertidas em relação aos focos de uma lente convergente. O segundo foco, F_2, de uma lente divergente é o ponto a partir do qual os raios que estavam originalmente paralelos ao eixo *parecem divergir* depois da refração, como na Figura 34.31a. Os raios incidentes que convergem para o primeiro foco, F_1, como indicado na Figura 34.31b, emergem da lente formando um feixe paralelo a seu eixo. Comparando com a Seção 34.2, você pode ver que uma lente divergente apresenta a mesma relação com uma lente convergente que um espelho convexo tem com um espelho côncavo.

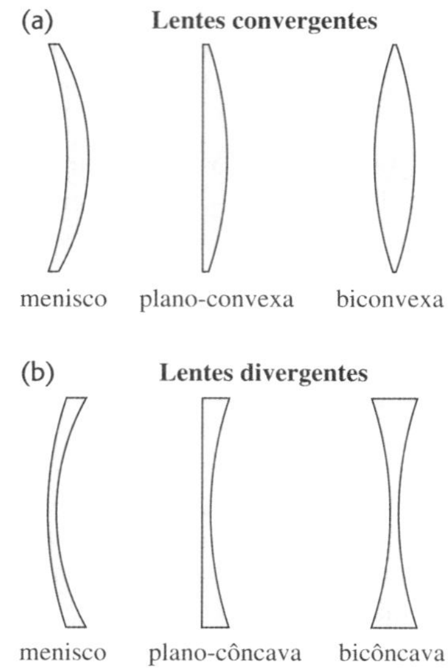

Figura 34.32 Vários tipos de lentes.

As equações (34.16) e (34.17) podem ser aplicadas para *qualquer* tipo de lente, tanto no caso de lentes positivas quanto para lentes negativas. Na Figura 34.32, mostramos diversos tipos de lentes convergentes e divergentes. Anote a seguinte observação importante: *Qualquer lente mais espessa no centro do que nas bordas é uma lente convergente com valor de* f *positivo; e qualquer lente mais fina no centro do que nas bordas é uma lente divergente com valor de* f *negativo* (desde que essas lentes estejam imersas em um material com índice de refração menor do que o índice de refração do material da lente). Podemos provar isso usando a *equação do fabricante de lentes*, cuja dedução será nossa próxima tarefa.

Equação do fabricante de lentes

Vamos agora deduzir a Equação (34.16) com mais detalhes e, ao mesmo tempo, deduzir a *equação do fabricante de lentes*, que fornece uma relação entre a distância focal f, o índice de refração n do material da lente e os raios

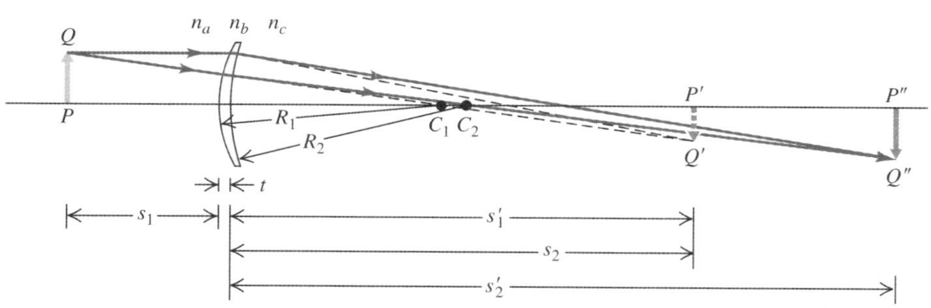

Figura 34.33 A imagem formada pela primeira superfície da lente serve de objeto para a segunda superfície. As distâncias s'_1 e s_2 são consideradas iguais; essa aproximação é boa quando a espessura t é pequena.

de curvatura R_1 e R_2 das superfícies da lente. Usamos o princípio de que a imagem formada por uma superfície refletora ou refratora pode servir de objeto para outra superfície refletora ou refratora.

Começamos com o problema um pouco mais geral de duas interfaces esféricas separando três materiais com índices de refração n_a, n_b e n_c, como indicado na Figura 34.33. As distâncias do objeto e da imagem na primeira superfície são, respectivamente, s_1 e s'_1, e na segunda superfície, s_2 e s'_2. Supomos que a lente seja delgada, de modo que a distância t entre as duas superfícies seja pequena em comparação com as distâncias do objeto e da imagem e que, portanto, t possa ser desprezada. Então s_2 e s'_1 possuem o mesmo módulo, mas sinais contrários. Por exemplo, se a imagem se forma do lado dos raios emergentes da primeira superfície, s'_1 é positivo. Contudo, por essa imagem funcionar como objeto para a segunda superfície, a primeira imagem *não* está do lado incidente dessa superfície. Logo, podemos dizer que $s_2 = -s'_1$.

Precisamos usar duas vezes, para cada superfície separadamente, a fórmula da superfície única dada pela Equação (34.11). Obtemos as duas seguintes relações:

$$\frac{n_a}{s_1} + \frac{n_b}{s'_1} = \frac{n_b - n_a}{R_1}$$

$$\frac{n_b}{s_2} + \frac{n_c}{s'_2} = \frac{n_c - n_b}{R_2}$$

Como em geral o primeiro e o terceiro material são o ar ou o vácuo, temos $n_a = n_c = 1$. O segundo índice de refração n_b é o da lente, que podemos simplesmente designar por n. Substituindo esses valores e a relação $s_2 = -s'_1$, obtemos

$$\frac{1}{s_1} + \frac{n}{s'_1} = \frac{n - 1}{R_1}$$

$$-\frac{n}{s'_1} + \frac{1}{s'_2} = \frac{1 - n}{R_2}$$

Para obter uma relação entre a posição inicial do objeto dada por s_1 e a posição final da imagem s'_2, somamos as duas equações anteriores. Com isso, eliminamos o termo $\frac{n}{s'_1}$ e obtemos

$$\frac{1}{s_1} + \frac{1}{s'_2} = (n - 1)\left(\frac{1}{R_1} - \frac{1}{R_2}\right)$$

Finalmente, imaginando a lente como uma entidade única, chamamos a distância do objeto simplesmente de s_1, e a posição final da imagem, em vez s'_2, será simplesmente designada por s'. Fazendo essas substituições, temos

$$\frac{1}{s} + \frac{1}{s'} = (n - 1)\left(\frac{1}{R_1} - \frac{1}{R_2}\right) \quad (34.18)$$

Vamos agora comparar o resultado anterior com a outra relação sobre lente delgada dada pela Equação (34.16). Vemos que as distâncias s e s' aparecem nessas duas equações exatamente nas mesmas posições; portanto, a distância focal f pode ser determinada pela relação

$$\frac{1}{f} = (n - 1)\left(\frac{1}{R_1} - \frac{1}{R_2}\right) \quad (34.19)$$

(equação do fabricante de lentes)

A relação anterior é chamada de **equação do fabricante de lentes**. No processo da dedução de uma nova relação entre a distância do objeto, a distância da imagem e a distância focal de uma lente delgada, também deduzimos uma relação para a distância focal f da lente em função do índice de refração n da lente e dos raios de curvatura R_1 e R_2 das superfícies da lente. Essa relação pode ser usada para mostrar que todas as lentes apresentadas na Figura 34.32a são lentes convergentes com distâncias focais positivas e que todas as lentes da Figura 34.32b são lentes divergentes com distâncias focais negativas (veja o Exercício 34.30).

Podemos aplicar todas as regras de sinais da Seção 34.1 nas equações (34.18) e (34.19). Por exemplo, na Figura 34.35, s, s' e R_1 são positivos, porém R_2 é negativo.

Não é difícil generalizar a Equação (34.19) para situações nas quais a lente está imersa em um meio com índice de refração maior do que 1. Desafiamos você a deduzir essa forma mais geral da equação do fabricante de lentes.

Enfatizamos que a aproximação paraxial é na verdade apenas uma aproximação! Em uma lente esférica, os raios que formam ângulos suficientemente grandes com o eixo ótico não produzem o mesmo foco obtido pelos raios paraxiais; trata-se do mesmo tipo de problema de aberração esférica que existe em *espelhos* esféricos (veja a Seção 34.2). Para evitar essa e outras limitações das lentes esféricas delgadas, em instrumentos óticos de precisão se usam lentes com outras formas geométricas mais complexas.

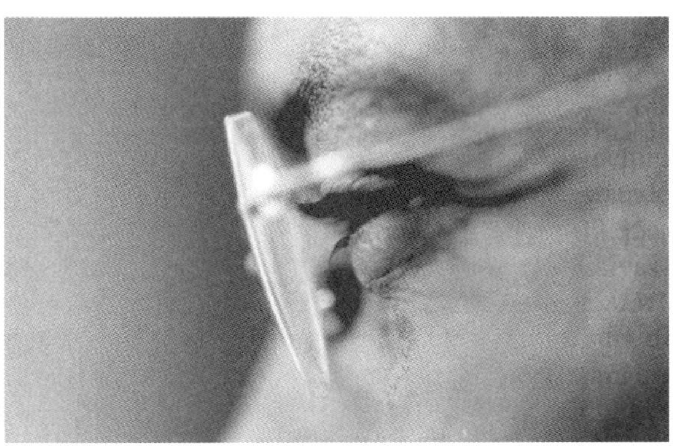

Figura 34.34 Estas lentes de óculos seguem a aproximação aplicada às lentes delgadas: sua espessura é pequena se comparada às distâncias do objeto e da imagem.

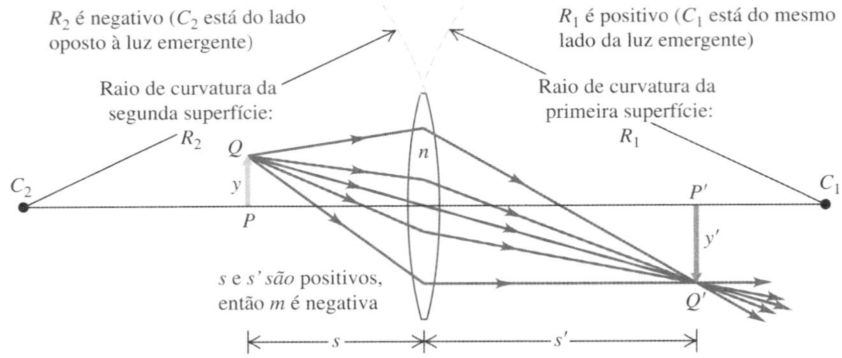

Figura 34.35 Uma lente delgada convergente com uma distância focal f positiva.

Exemplo 34.8

DETERMINAÇÃO DA DISTÂNCIA FOCAL DE UMA LENTE

a) Suponha que os valores absolutos dos raios de curvatura das superfícies da lente na Figura 34.35 sejam ambos iguais a 10 cm e que o índice de refração seja n = 1,52. Qual é a distância focal f da lente? b) Suponha que os valores absolutos dos raios de curvatura das superfícies da lente mostrada na Figura 34.31 sejam ambos iguais a 10 cm e que o índice de refração também seja n = 1,52. Qual é a distância focal f da lente?

SOLUÇÃO

IDENTIFICAR: este problema pede que encontremos a distância focal de (a) uma lente convexa em ambos os lados (Figura 34.35) e (b) uma lente côncava em ambos os lados (Figura 34.31).

PREPARAR: usamos a equação do fabricante de lentes, Equação (34.19), para determinar a distância focal em cada uma das situações. Lidamos com a questão de as superfícies serem convexas ou côncavas prestando cuidadosa atenção aos sinais dos raios de curvatura R_1 e R_2.

EXECUTAR: a) A Figura 34.35 mostra que o centro de curvatura da primeira superfície está do mesmo lado dos raios emergentes, enquanto o centro de curvatura da segunda superfície está do lado dos raios *incidentes*. Portanto R_1 é positivo: R_1 = +10 cm, mas R_2 é negativo: R_2 = −10 cm. De acordo com a Equação (34.19),

$$\frac{1}{f} = (1{,}52 - 1)\left(\frac{1}{+10\ \text{cm}} - \frac{1}{-10\ \text{cm}}\right)$$

$$f = 9{,}6\ \text{cm}$$

b) O centro de curvatura da primeira superfície está do mesmo lado dos raios *incidentes*, portanto R_1 é negativo; para a segunda superfície, o centro de curvatura está do mesmo lado dos raios emergentes, portanto R_2 é positivo. Assim, R_1 = −10 cm e R_2 = +10 cm. Usando novamente a Equação (34.19),

$$\frac{1}{f} = (1{,}52 - 1)\left(\frac{1}{-10\ \text{cm}} - \frac{1}{+10\ \text{cm}}\right)$$

$$f = -9{,}6\ \text{cm}$$

AVALIAR: na parte (a), f é positivo, então a lente é convergente; isso faz sentido, já que a parte central da lente é mais espessa do que sua borda. Na parte (b), a distância focal é negativa, logo a lente é divergente; isso também faz sentido, porque a parte central da lente é mais fina do que sua borda.

Método gráfico para lentes

Podemos determinar a posição e o tamanho da imagem formada por uma lente delgada mediante um método gráfico semelhante ao usado na Seção 34.2 para espelhos esféricos. Desenhamos novamente alguns raios especiais, chamados de *raios principais*, que divergem de um ponto do objeto que *não* esteja sobre o eixo ótico. A interseção desses raios, depois de eles terem passado através da lente, determina a posição e o tamanho da imagem. Ao usar o método gráfico, consideramos o desvio total do raio como se ele ocorresse em um plano vertical passando pelo centro da lente, como na Figura 34.36. Isso é consistente com a

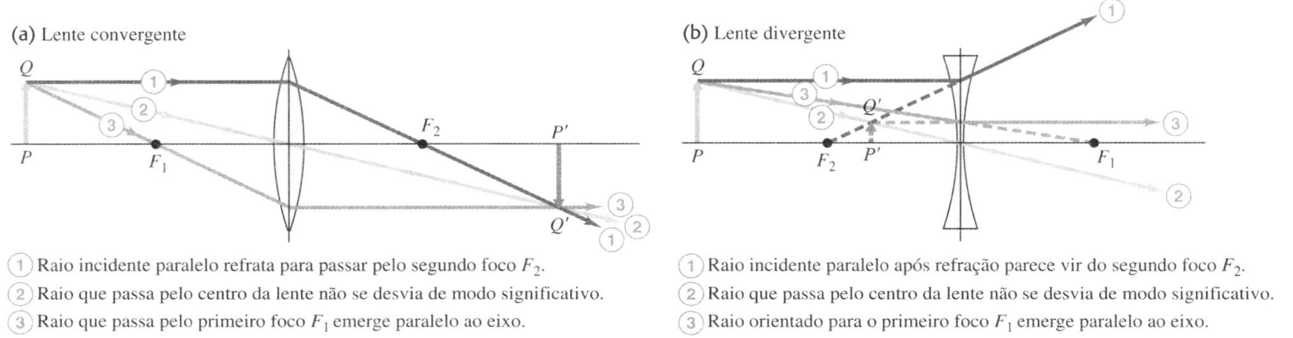

Figura 34.36 Método gráfico para localizar uma imagem formada por uma lente delgada. As cores dos raios são apenas para identificação; não se referem a cores específicas da luz. (Compare com a Figura 34.19 para espelhos esféricos.)

hipótese de que a distância entre as superfícies da lente é desprezível.

Os três raios principais cujas trajetórias podem ser facilmente traçadas para lentes são indicados na Figura 34.36:

1) *Um raio paralelo ao eixo* emerge da lente passando pelo segundo foco F_2 de uma lente convergente ou parece vir do segundo foco de uma lente divergente.

2) *Um raio que passa pelo centro da lente* não sofre nenhum desvio apreciável; no centro da lente, as duas superfícies são paralelas; portanto o raio emergente entra e sai essencialmente na mesma direção.

3) *Um raio que passa pelo primeiro foco* F_1 *(ou cujo prolongamento o atinge)* emerge paralelamente ao eixo ótico.

Quando a imagem é real, a posição do ponto imagem é determinada pela interseção entre qualquer um dos três raios 1, 2 e 3 (Figura 34.36a). Quando a imagem é virtual, a posição da imagem é determinada pela interseção dos prolongamentos dos raios emergentes (Figura 34.36b).

ATENÇÃO Os raios principais não são os únicos raios! Lembre-se de que *qualquer* raio que se origina do objeto e atinge a lente passará pelo ponto imagem (no caso da imagem real) ou parecerá originar-se do ponto imagem (no caso da imagem virtual). (Na Seção 34.2, fizemos um comentário semelhante ao abordar a formação da imagem em espelhos.) Enfatizamos apenas os raios principais porque eles são os únicos que você precisa desenhar para a determinação da imagem.

A Figura 34.37 ilustra diversos casos nos quais usamos os raios principais na determinação da imagem para um objeto situado a diversas distâncias de uma lente convergente. Sugerimos que você estude esses diagramas com cuidado, comparando cada raio numerado com a descrição feita anteriormente.

As partes (a), (b) e (c) da Figura 34.37 ajudam a explicar o que ocorre quando focalizamos a máquina fotográfica. Para que uma fotografia fique nítida, é necessário que o filme esteja na posição da imagem real formada pelas lentes da máquina fotográfica. Quando um objeto se aproxima da máquina fotográfica, a distância entre a lente e a imagem real aumenta, de modo que o filme deve se afastar da lente (ou melhor, a lente deve se afastar do filme). Na Figura 34.37d, o objeto se encontra sobre o foco; nesse caso, o raio 3 não pode ser desenhado, porque ele não passa pela lente. Na Figura 34.37e, a distância do objeto é menor do que a distância focal da lente. Os raios emergentes são divergentes, e forma-se uma imagem *virtual*; sua posição é determinada prolongando-se os raios emergentes para trás. Nesse caso, a distância da imagem *s'* é negativa. Note também que a imagem é direita e maior do que o objeto. (Vamos discutir a utilidade desse caso com mais detalhes na Seção 34.6.) A Figura 34.37f mostra um *objeto virtual*. Os raios incidentes não divergem de um objeto real, porém seus prolongamentos *convergem* como se eles se encontrassem na extremidade de um objeto virtual *O* situado do lado direito da lente; agora a distância do objeto *s* é negativa. A imagem obtida é real, visto que a distância *s'* é positiva e está localizada entre a lente e o segundo foco. Essa situação pode surgir quando os raios que atin-

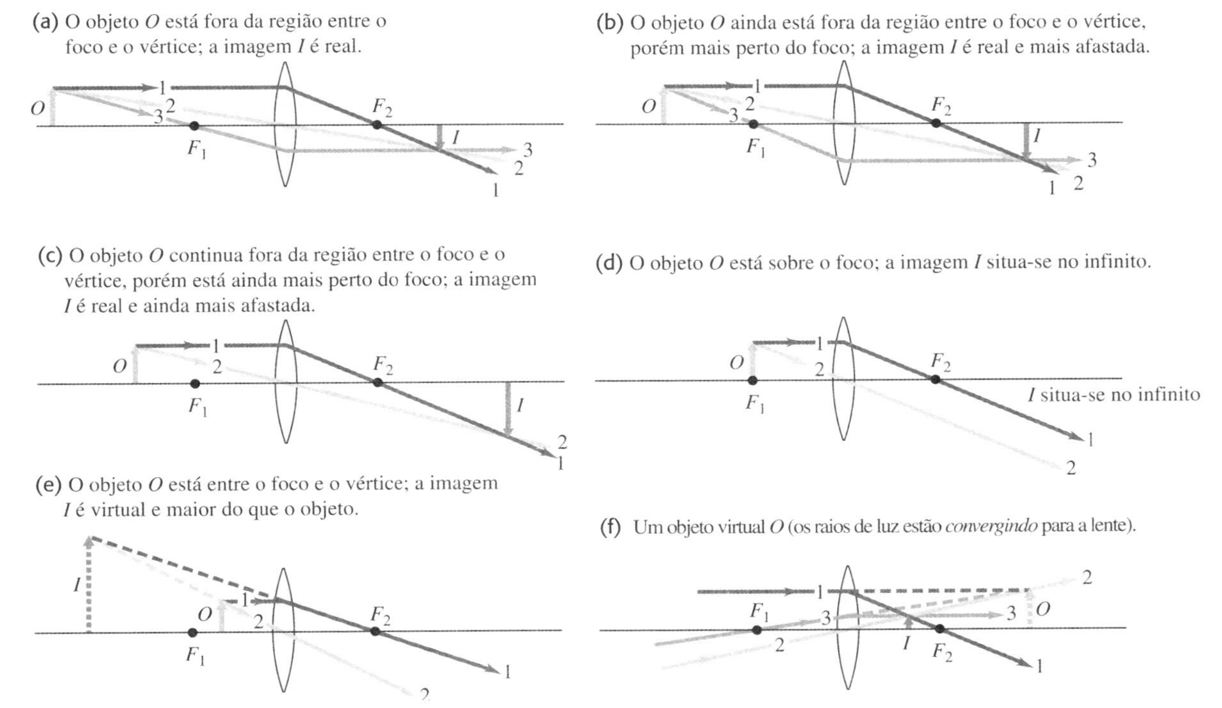

Figura 34.37 Formação da imagem para um objeto situado a diversas distâncias de uma lente delgada convergente. Os raios principais são indicados por números. (Compare com a Figura 34.20 para um espelho esférico côncavo.)

gem a lente na Figura 34.37f emergem de outra lente convergente (não mostrada na figura) situada do lado esquerdo da figura.

Estratégia para a solução de problemas 34.2

FORMAÇÃO DA IMAGEM USANDO LENTES DELGADAS

IDENTIFICAR *os conceitos relevantes*: a Estratégia para a Solução de Problemas 34.1 (Seção 34.2) para espelhos é igualmente aplicável aqui, e você deve revisá-la agora. Quanto aos espelhos, você deve resolver problemas envolvendo a formação de imagens por lentes usando *ambas* as equações e um diagrama dos raios principais.

PREPARAR *o problema*: como sempre, veja quais são as incógnitas.

EXECUTAR *o problema por meio dos seguintes passos*:

1. Sempre comece com um diagrama dos raios principais quando as informações dadas permitirem. Oriente seu diagrama consistentemente fazendo os raios incidirem da esquerda para a direita. Não se limite a rabiscar; desenhe os raios com uma régua e meça as distâncias com cuidado.
2. Desenhe os raios principais de modo que desviem no plano médio das lentes, como mostrado na Figura 34.36. Em uma lente existem apenas três raios principais em comparação aos quatro raios do espelho. Desenhe *todos os três* sempre que possível. A interseção de quaisquer dos dois determina a imagem, mas se o terceiro não passar pelo mesmo ponto de interseção, você sabe que cometeu um erro. A redundância pode ser útil para localizar erros.
3. Se os raios emergentes principais não convergem para um ponto imagem real, a imagem é virtual. Você deve prolongar esses raios em linha reta para trás para achar o ponto imagem virtual, que se encontra do mesmo lado da lente no qual os raios *incidem*.
4. As mesmas regras de sinais que usamos para espelhos e para uma única superfície refratora (ver Seção 34.1) também são válidas para lentes delgadas. Tenha bastante cuidado ao aplicar essas regras e interprete os sinais dos resultados corretamente.
5. Use as equações (34.16) e (34.17) para confirmar por meio de cálculos os seus resultados gráficos para a posição e tamanho da imagem. Essa é a melhor maneira de garantir a coerência dos resultados.
6. A *imagem* formada por um espelho ou por uma lente pode servir de *objeto* para outro dispositivo ótico. Nesse caso, determine cuidadosamente as *distâncias* do objeto e da imagem para essa imagem intermediária; certifique-se de ter incluído as distâncias entre os dois dispositivos (lentes e/ou espelhos) corretamente.

AVALIAR *a sua resposta*: examine seus diagramas e cálculos com um olho crítico para ter certeza de que seus resultados são coerentes.

Exemplo 34.9

LOCALIZAÇÃO DA IMAGEM E AMPLIAÇÃO USANDO UMA LENTE CONVERGENTE Uma lente convergente possui distância focal igual a 20 cm. Faça um gráfico para localizar a imagem de um objeto cuja distância até a lente é: a) 50 cm; b) 20 cm; c) 15 cm; d) – 40 cm. Determine a ampliação transversal em cada caso. Confira os resultados calculando a posição da imagem e a ampliação a partir das equações (34.16) e (34.17).

SOLUÇÃO

IDENTIFICAR: este problema ilustra a utilidade tanto do método gráfico quanto do método de cálculos em problemas com lentes delgadas, assim como em problemas com espelhos curvos.

PREPARAR: em cada caso, são dados a distância focal $f = 20$ cm e o valor da distância do objeto s. Nossas incógnitas são a distância da imagem s' e a ampliação transversal $m = \frac{-s'}{s}$.

EXECUTAR: os diagramas dos raios principais apropriados estão nas figuras 34.37a, 34.37d, 34.37e e 34.37f. A partir de medidas feitas nos gráficos, as distâncias são aproximadamente 35 cm, $-\infty$, -40 cm e 15 cm, e as ampliações são, respectivamente, $-\frac{2}{3}$, $+\infty$, $+3$ e $+\frac{1}{3}$.

De acordo com a Equação (34.16), achamos os seguintes valores para as posições das imagens:

$$\text{(a)}\quad \frac{1}{50\text{ cm}} + \frac{1}{s'} = \frac{1}{20\text{ cm}} \qquad s' = 33{,}3\text{ cm}$$

$$\text{(b)}\quad \frac{1}{20\text{ cm}} + \frac{1}{s'} = \frac{1}{20\text{ cm}} \qquad s' = \pm\infty$$

$$\text{(c)}\quad \frac{1}{15\text{ cm}} + \frac{1}{s'} = \frac{1}{20\text{ cm}} \qquad s' = -60\text{ cm}$$

$$\text{(d)}\quad \frac{1}{-40\text{ cm}} + \frac{1}{s'} = \frac{1}{20\text{ cm}} \qquad s' = 13{,}3\text{ cm}$$

Os resultados obtidos graficamente são aproximadamente iguais aos obtidos por meio dos cálculos, exceto no caso (c); a precisão do diagrama da Figura 34.37e é limitada porque os raios que se prolongam para trás possuem direções aproximadamente iguais.

De acordo com a Equação (34.17), as ampliações são

$$\text{(a)}\quad m = -\frac{33{,}3\text{ cm}}{50\text{ cm}} = -\frac{2}{3}$$

$$\text{(b)}\quad m = -\frac{\pm\infty\text{ cm}}{20\text{ cm}} = \pm\infty$$

$$\text{(c)}\quad m = -\frac{-60\text{ cm}}{15\text{ cm}} = +4$$

$$\text{(d)}\quad m = -\frac{13{,}3\text{ cm}}{-40\text{ cm}} = +\frac{1}{3}$$

AVALIAR: observe que a distância s' é positiva para as imagens reais dos casos (a) e (d) e negativa para a imagem virtual do caso (c). Isso faz sentido: a imagem é real nas partes (a) e (d), e virtual na parte (c). Os raios luminosos que emergem das lentes na parte (b) são paralelos e nunca convergem, por isso a imagem pode estar em $+\infty$ ou $-\infty$.

Os valores da ampliação nos dizem que a imagem é invertida no caso (a) e direita nos casos (c) e (d), em concordância com os diagramas dos raios principais. O valor infinito da ampliação na parte (b) é outra forma de dizer que a imagem é formada a uma distância infinita.

Exemplo 34.10

FORMAÇÃO DA IMAGEM USANDO UMA LENTE DIVERGENTE Você dispõe de uma lente delgada divergente e verifica que os raios paralelos incidentes divergem depois de passar pela lente, como se emanassem de um ponto situado a uma distância de 20,0 cm do centro da lente. Você deseja usar essa lente para formar uma imagem virtual direita com altura igual a $\frac{1}{3}$ da altura do objeto. a) Onde o objeto deve ser colocado? b) Faça um diagrama dos raios principais.

SOLUÇÃO

IDENTIFICAR: a informação sobre os raios paralelos incidentes mostra que a distância focal é $f = -20{,}0$ cm. Desejamos que a ampliação transversal seja igual $m = +\frac{1}{3}$ (o valor positivo foi usado porque o objetivo é que a imagem seja direita).

PREPARAR: usamos as informações dadas para determinar a razão s'/s a partir da Equação (34.17), e depois determinar a distância do objeto s com a Equação (34.16).

EXECUTAR: a) De acordo com a Equação (34.17), $m = +\frac{1}{3} = \frac{-s'}{s}$, portanto $s' = \frac{-s}{3}$. Substituindo esses resultados na Equação (34.16), encontramos

$$\frac{1}{s} + \frac{1}{-s/3} = \frac{1}{-20{,}0\text{ cm}}$$

$$s = 40{,}0\text{ cm}$$

$$s' = -\frac{s}{3} = -\frac{40{,}0\text{ cm}}{3} = -13{,}3\text{ cm}$$

A distância da imagem é negativa, portanto o objeto e a imagem estão do mesmo lado da lente.

A Figura 34.38 é um diagrama de raios principais que pode ser usado neste problema, traçando-se os raios numerados de modo semelhante ao indicado na Figura 34.36b.

AVALIAR: costuma-se colocar uma lente divergente na porta da frente das casas. A lente fornece ao morador uma imagem direita e reduzida de quem quer que esteja diante de sua porta. O morador pode ver a pessoa lá fora inteira e decidir se quer deixá-la entrar ou não.

Exemplo 34.11

IMAGEM DE UMA IMAGEM Um objeto com 8,0 cm de altura é colocado 12,0 cm à esquerda de uma lente convergente com distância focal de 8,0 cm. Uma segunda lente convergente com distância focal de 6,0 cm é colocada a 36,0 cm à direita da primeira lente. Ambas as lentes possuem o mesmo eixo ótico. Determine a posição, o tamanho e a orientação da imagem final produzida por essa combinação de lentes. (Combinações de lentes convergentes são usadas em microscópios e telescópios, conforme veremos na Seção 34.7.)

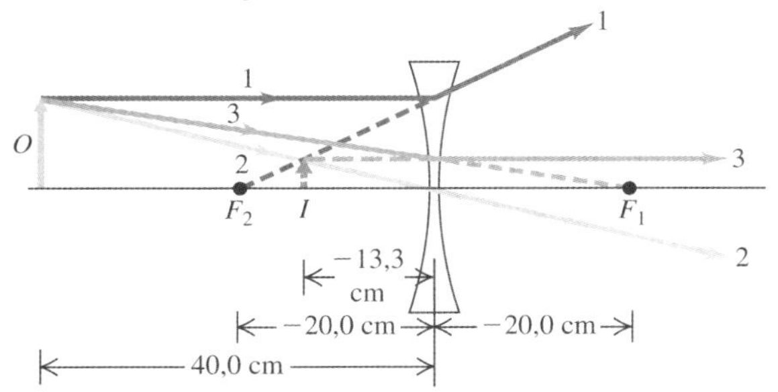

Figura 34.38 Diagrama dos raios principais para a formação da imagem de um objeto usando uma lente delgada divergente.

SOLUÇÃO

IDENTIFICAR: a situação é ilustrada na Figura 34.39. O objeto O se encontra à esquerda do primeiro foco F_1 da primeira lente, de modo que essa lente produz uma imagem real I. Os raios luminosos que incidem sobre a segunda lente emanam dessa imagem como se a imagem I fosse um objeto material. Portanto, a *imagem* formada pela *primeira* lente serve como *objeto* da *segunda* lente. Nosso objetivo é determinar as propriedades da imagem final formada pela segunda lente.

PREPARAR: usamos tanto o método gráfico quanto o método de cálculos para determinar as propriedades da imagem final.

EXECUTAR: na Figura 34.39 desenhamos os raios principais 1, 2 e 3 a partir da extremidade superior da seta do objeto O para determinar a posição da primeira imagem I e desenhamos os raios principais 1', 2' e 3' a partir da extremidade superior da seta da imagem para definir a posição da segunda imagem I' formada pela segunda lente (embora os raios 2' e 3' não tenham existência real no caso presente). Note que a imagem final sofreu *duas* inversões, uma em cada lente, de modo que a segunda imagem I' possui a mesma orientação do objeto original.

Para *calcular* a posição e o tamanho da segunda imagem I', inicialmente precisamos determinar a posição e o tamanho da primeira imagem I. Aplicando para a primeira lente a Equação (34.16), $\frac{1}{s} + \frac{1}{s'} = \frac{1}{f}$, obtemos

$$\frac{1}{12{,}0\text{ cm}} + \frac{1}{s_1'} = \frac{1}{8{,}0\text{ cm}} \qquad s_1' = +24{,}0\text{ cm}$$

A primeira imagem I está a 24,0 cm à direita da primeira lente. A ampliação é dada por $m_1 = -(24{,}0\text{ cm})/(12{,}0\text{ cm}) = -2{,}0$, portanto, a altura da imagem é $(-2{,}0)(8{,}0\text{ cm}) = -16{,}0$ cm.

A primeira imagem está a 36,0 cm − 24,0 cm = 12,0 cm à esquerda da segunda lente, de modo que a distância do objeto para a segunda lente é igual a +12,0 cm. Aplicando para a segunda lente a Equação (34.16), obtemos a posição da imagem final:

$$\frac{1}{12{,}0\text{ cm}} + \frac{1}{s_2'} = \frac{1}{6{,}0\text{ cm}} \qquad s_2' = +12{,}0\text{ cm}$$

A imagem final está a 12,0 cm à direita da segunda lente e a 48,0 cm à direita da primeira lente. A ampliação da imagem produzida pela segunda lente é $m_2 = -(12{,}0\text{ cm})/(12{,}0\text{ cm}) = -1{,}0$.

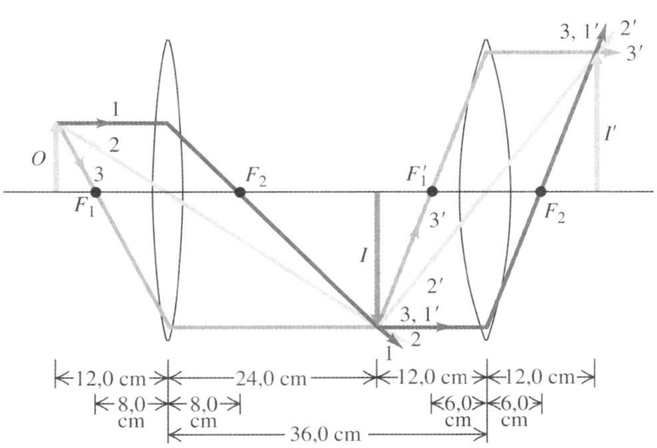

Figura 34.39 Diagrama dos raios principais para a combinação de duas lentes convergentes. A primeira lente produz uma imagem real do objeto. Essa imagem real serve de objeto para a segunda lente.

AVALIAR: o valor de m_2 significa que a imagem final possui a mesma altura da primeira imagem, porém com orientação oposta. Esses resultados são também obtidos no diagrama dos raios principais.

Teste sua compreensão da Seção 34.4 Uma lente divergente e um objeto estão posicionados como mostra a figura abaixo. Qual dos raios A, B, C e D poderia emanar do ponto Q na parte superior do objeto?

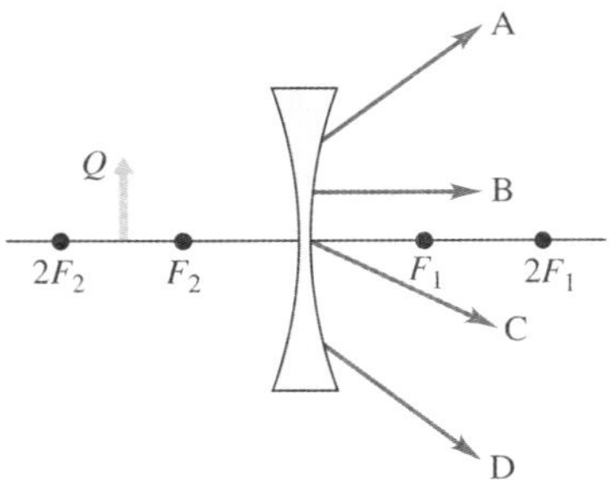

34.5 Câmeras

O conceito de *imagem,* que é central para a compreensão de sistemas de lentes e espelhos simples, desempenha um papel igualmente importante na análise de instrumentos óticos (também chamados *dispositivos óticos*). Entre os dispositivos óticos mais comuns estão as câmeras ou máquinas fotográficas, que formam uma imagem de um objeto e o gravam eletronicamente ou em um filme.

Os elementos básicos de uma **câmera** ou máquina fotográfica são uma lente convergente, uma caixa hermética (a palavra 'câmera' é de origem latina e significa 'compartimento fechado'), um filme sensível à luz para registrar a imagem e um obturador combinado com um diafragma que serve de janela para que a luz penetre na câmera fechada e atinja a película durante certo intervalo de tempo (Figura 34.40). Em uma câmera digital usa-se um detector eletrônico chamado dispositivo de carga acoplada (CCD — *charge-coupled device*); em uma câmera mais antiga, uma película fotográfica (filme). A lente forma sobre o filme uma imagem invertida real do objeto que está sendo fotografado. As lentes das máquinas fotográficas de boa qualidade possuem diversos elementos que são usados para corrigir diferentes *aberrações*, inclusive a dependência do índice de refração em relação ao comprimento de onda e as limitações impostas pela aproximação paraxial.

Quando a máquina fotográfica está corretamente *focalizada*, a posição do filme corresponde à posição da imagem real formada pela lente. A fotografia resultante será tão nítida quanto possível. Com uma lente convergente, a distância da imagem aumenta quando a distância do objeto diminui (veja as figuras 34.41a, 34.41b, 34.41c e a explanação na Seção 34.4). Portanto, para 'focalizar' a máquina fotográfica, a lente deve ficar mais próxima do filme para um objeto distante e mais afastada do filme quando o objeto está próximo da máquina.

Lentes de câmeras – distância focal

A escolha de uma distância focal f para uma dada máquina fotográfica depende do tamanho do filme e do ângulo de visão desejado. Na Figura 34.41, as três fotografias foram obtidas com um filme de 35 mm, usando a mesma máquina fotográfica e focalizando a mesma cena na mesma posição, porém empregando lentes com diferentes distâncias focais. Uma lente com distância focal muito grande, denominada lente *telefoto*, fornece um ângulo de visão pequeno e uma imagem grande de um objeto distante (tal como a estátua mostrada na Figura 34.41c); a chamada lente *grande angular* é uma lente com distância focal muito pequena, que fornece um ângulo de visão grande e uma imagem pequena (Figura 34.41a). Para entender esse comportamento, lembre que a distância focal é a distância entre a imagem e a lente quando o objeto está no infinito. Em geral, para *qualquer* distância do objeto, o uso de uma lente com distância focal maior resulta em uma distância maior para a imagem. Isso também faz aumentar a altura da imagem; conforme vimos na Seção 34.4, a razão entre a altura da imagem y' e a altura do objeto y (a *ampliação transversal*) é igual ao módulo da razão entre a distância da imagem s' e a distância do objeto s (Equação 34.17):

$$m = \frac{y'}{y} = -\frac{s'}{s}$$

Com uma lente com distância focal pequena, a razão s'/s é pequena e um objeto distante fornece somente uma imagem pequena. Quando usamos uma lente com distância focal grande, a imagem desse mesmo objeto pode cobrir inteiramente a área do filme. Portanto, quanto maior for a distância focal, menor será o ângulo de visão (Figura 34.41d).

Lentes de câmeras – número *f*

Para que o filme registre uma imagem apropriadamente, a energia total da luz incidente que atinge o filme por unidade de área (a 'exposição') deve ficar situada entre determinados limites. Isso é controlado pela velocidade do *obturador* e pela *abertura do diafragma*. O obturador con-

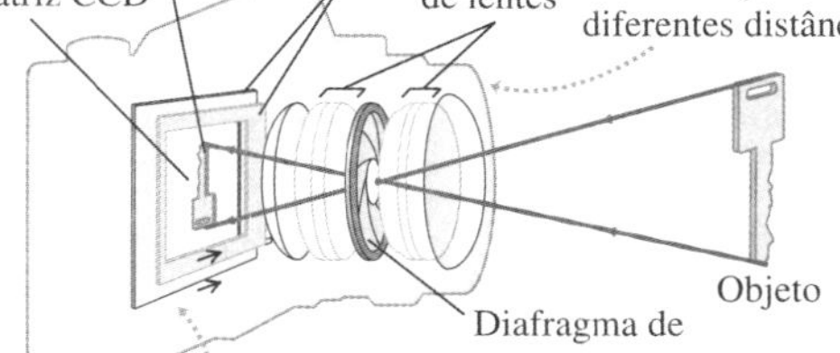

Figura 34.40 Elementos básicos de uma câmera digital.

(a) f = 28 mm (b) f = 105 mm (c) f = 300 mm

(d) Os ângulos de visão das fotografias (a)–(c)

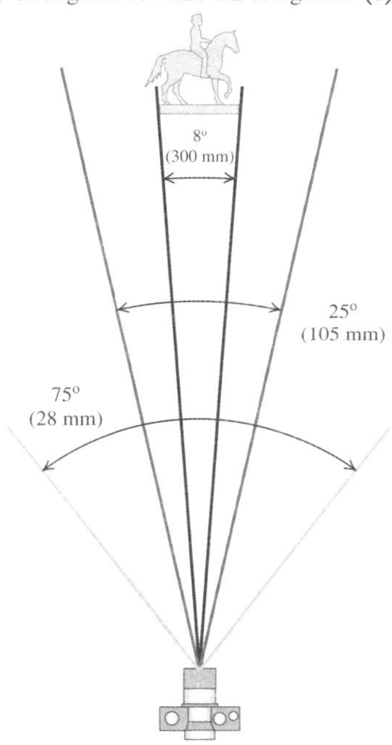

Figura 34.41 (a), (b), (c) Três fotografias da mesma cena no Boston Public Garden, obtidas na mesma posição com a mesma máquina fotográfica usando lentes com f = 28 mm, f = 105 mm e f = 300 mm. O aumento da distância focal produz um aumento proporcional do tamanho da imagem. (d) O maior tamanho da imagem referente ao maior valor de f corresponde ao menor ângulo de visão. Os ângulos aqui indicados correspondem a um filme de 35 mm (área da imagem de 24 mm x 36 mm) e referem-se a um ângulo de visão ao longo da dimensão diagonal do filme.

trola o intervalo de tempo durante o qual a luz permanece sobre o filme. Esse tempo pode ser ajustado em intervalos com um fator igual a dois, geralmente de 1 s até $\frac{1}{1000}$ s.

A intensidade da luz que atinge o filme é proporcional à área vista pela lente da máquina fotográfica e à área efetiva da lente. O tamanho da área que a lente "enxerga" é proporcional ao quadrado do ângulo de visão da lente e, portanto, ela é aproximadamente proporcional a $1/f^2$. A área efetiva da lente é controlada por meio do ajuste da abertura da lente, ou *diafragma*, um orifício aproximadamente circular com diâmetro variável D; portanto, a área efetiva é proporcional a D^2. Reunindo esses dois fatores, vemos que a intensidade da luz que atinge o filme com uma lente particular é proporcional a D^2/f^2. A capacidade de captação de luz de uma lente é expressa pelos fotógrafos em termos da razão f/D, chamada de **número *f*** da lente:

$$\text{número } f = \frac{\text{Distância focal}}{\text{Diâmetro de abertura}} = \frac{f}{D} \qquad (34.20)$$

Por exemplo, dizemos que uma lente com distância focal f = 50 mm e um diâmetro de abertura D = 25 mm possui um número f igual a 2, ou 'uma abertura de $f/2$'. A intensidade da luz que atinge o filme é *inversamente* proporcional ao quadrado do número f.

Para uma lente com diâmetro de abertura variável, quando este aumenta de um fator igual a $\sqrt{2}$, o número f aumenta de $1/\sqrt{2}$ e a intensidade da luz que atinge o filme aumenta de um fator 2. As aberturas ajustáveis possuem geralmente uma escala com números sucessivos (chamada de escala do número f) relacionados por fatores de $\sqrt{2}$, tais como:

$$f/2 \quad f/2{,}8 \quad f/4 \quad f/5{,}6 \quad f/8 \quad f/11 \quad f/16$$

e assim por diante. Os números maiores correspondem a aberturas e exposições menores e cada ponto da escala corresponde a um fator igual a 2 na intensidade (veja a Figura 34.42). A *exposição* efetiva (quantidade total da luz que atinge o filme) é proporcional ao tempo de exposição e à área da abertura. Portanto, $f/4$ e $\frac{1}{500}$ s, $f/5{,}6$ e $\frac{1}{250}$ s, $f/8$ e $\frac{1}{125}$ s são pares de valores que correspondem à mesma exposição efetiva.

Lentes zoom e projetores

Muitos fotógrafos usam a chamada lente zoom, um conjunto complexo de lentes que fornece uma distância focal que varia continuamente, em geral em um intervalo grande da ordem de 10 até 1. As figuras 34.43a e 34.43b mostram sistemas simples com distâncias focais variáveis, e a Figura 34.43c mostra uma lente zoom típica de uma máquina fotográfica de 35 mm. A lente zoom fornece um intervalo de imagens com diversas ampliações para um mesmo objeto. É um problema muito complexo nos projetos de ótica manter a imagem em foco e, ao mesmo tempo, um número f constante enquanto a distância focal varia. Ao variar a distância focal de uma lente zoom típica, dois conjuntos de elementos movem-se no interior da lente e um diafragma abre e fecha.

Um *projetor* de slides, de imagens digitais ou de filmes funciona de modo bastante semelhante a uma máquina fotográfica ao contrário. Em um projetor de filmes, uma lâmpada ilumina o filme, que age como um objeto para a lente de projeção. A lente forma uma imagem real, maior e invertida do filme sobre a tela de projeção. Como a imagem é invertida, o filme passa pelo projetor de cabeça para baixo, de modo que a imagem apareça direita sobre a tela.

Exemplo 34.12

EXPOSIÇÃO DE UMA FOTOGRAFIA Uma lente telefoto comum de uma máquina fotográfica de 35 mm possui uma distância focal de 200 mm e intervalos da escala f desde $f/5{,}6$ até $f/45$. a) Qual é o intervalo de diâmetros das aberturas correspondentes? b) Qual é o intervalo correspondente para a intensidade da imagem no filme?

SOLUÇÃO

IDENTIFICAR: a parte (a) deste problema utiliza a relação entre a distância focal, o diâmetro de abertura e o número f de uma lente. A parte (b) usa a relação entre a intensidade e o diâmetro de abertura.

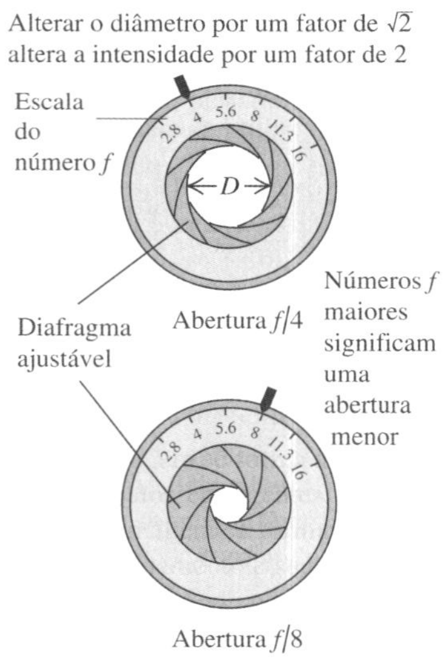

Figura 34.42 Lente de máquina fotográfica com diafragma ajustável.

PREPARAR: usamos a Equação (34.20) para relacionar o diâmetro D (a incógnita) ao número f e à distância focal $f = 200$ mm. A intensidade da luz que chega ao filme é proporcional a D^2/f^2; como f é igual nos dois casos, concluímos que a intensidade neste caso é proporcional a D^2, o quadrado do diâmetro de abertura.

EXECUTAR: a) De acordo com a Equação (34.20), o intervalo de diâmetros é dado por

$$D = \frac{f}{\text{número } f} = \frac{200 \text{ mm}}{5{,}6} = 36 \text{ mm}$$

ou

$$D = \frac{200 \text{ mm}}{45} = 4{,}4 \text{ mm}$$

b) Como a intensidade é proporcional ao quadrado do diâmetro, a razão entre a intensidade para $f/5{,}6$ e para $f/45$ é

$$\left(\frac{36 \text{ mm}}{4{,}4 \text{ mm}}\right)^2 = \left(\frac{45}{5{,}6}\right)^2 = 65 \quad \left(\text{cerca de } 2^6\right)$$

AVALIAR: se o tempo de exposição correto para $f/5{,}6$ é $\frac{1}{1000}$ s, então para $f/45$ ele será $(65)(\frac{1}{1000}\text{s}) = \frac{1}{15}$s, para compensar a intensidade menor. Isso ilustra uma regra geral: quanto menor a abertura e quanto maior o número f, maior será o tempo de exposição necessário. Apesar disso, muitos fotógrafos preferem usar aberturas pequenas, de modo que apenas a parte central da lente seja usada para formar a imagem. Isso minimiza as aberrações que possam ocorrer próximas às bordas das lentes e proporciona imagens com a maior nitidez possível.

Teste sua compreensão da Seção 34.5 Quando usada com um filme de 35 mm (área da imagem igual a 24 mm × 36 mm), uma lente com $f = 50$ fornece um ângulo de visão de 45° e é chamada de 'lente normal'. Quando usada com uma matriz CCD medindo 5 mm × 5 mm, essa mesma lente é (i) uma lente de grande angular; (ii) uma lente normal; (iii) uma lente telefoto. ∎

34.6 O olho

O comportamento ótico do olho é semelhante ao da máquina fotográfica. As partes essenciais do olho humano, considerado um sistema ótico, são mostradas na Figura 34.44a. A forma do olho é quase esférica, com diâmetro

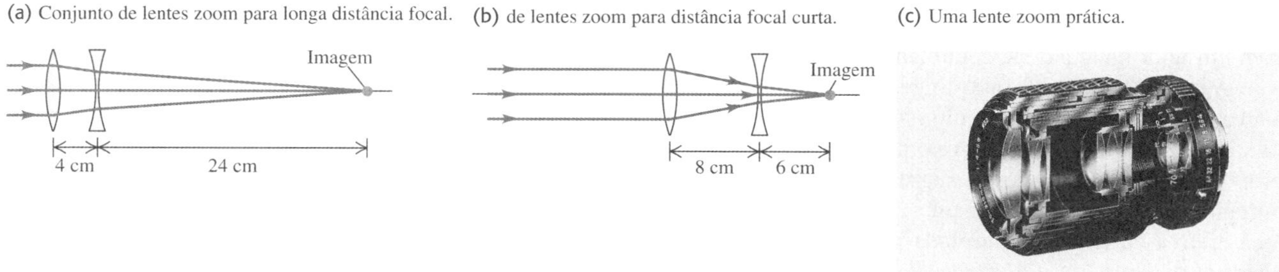

Figura 34.43 Uma lente zoom simples usa uma lente convergente e uma lente divergente em conjunto. (a) Quando as duas lentes estão próximas, a combinação se comporta como uma lente única de longa distância focal. (b) Se as duas lentes estão afastadas, a combinação se comporta como uma lente de distância focal curta. (c) Uma típica lente zoom de uma máquina fotográfica de 35 mm, com doze elementos dispostos em quatro grupos.

aproximadamente igual a 2,5 cm. A parte frontal é ligeiramente mais curva e é recoberta por uma membrana dura e transparente, a *córnea*. A região atrás da córnea contém um líquido chamado de *humor aquoso*. A seguir vem o *cristalino*, uma lente em forma de cápsula com uma gelatina fibrosa dura no centro e progressivamente mais macia à medida que se aproxima de sua borda. A lente do cristalino é sustentada por ligações com o músculo ciliar, localizado em sua borda. Atrás dessa lente, o olho está cheio de um líquido gelatinoso chamado de *humor vítreo*. Os índices de refração do humor vítreo e do humor aquoso são ambos aproximadamente iguais a 1,336, valor quase igual ao índice de refração da água. O cristalino, apesar de não ser homogêneo, possui um índice de refração de 1,437. Esse valor não é muito diferente do índice de refração do humor vítreo e do humor aquoso; a maior parte da refração da luz que chega ao olho ocorre na superfície externa da córnea.

A refração na córnea e nas superfícies da lente produz uma *imagem real* do objeto que está sendo observado. A imagem é formada sobre a *retina*, uma membrana sensível à luz situada junto à superfície interna da parte traseira do olho. A retina desempenha o mesmo papel do filme na máquina fotográfica. Os *cones* e os *bastonetes* existentes na retina agem como minúsculas fotocélulas, que captam a imagem e transmitem os impulsos através do *nervo ótico* para o cérebro. A visão é mais precisa em uma pequena região central chamada *fóvea central*, com diâmetro aproximado de 0,25 mm.

Tabela 34.1
Variação do ponto próximo segundo a idade

Idade (anos)	Ponto próximo (cm)
10	7
20	10
30	14
40	22
50	40
60	200

A *íris* se localiza na parte dianteira do cristalino. Ela contém uma abertura com diâmetro variável denominada *pupila* que se abre ou se fecha para adaptar a entrada da luz de acordo com a variação da luminosidade. Os receptores da retina também possuem mecanismos de adaptação da intensidade.

Para que um objeto seja visto com bastante nitidez, a imagem deve ser formada exatamente sobre a retina. O olho se ajusta a diferentes distâncias s do objeto, variando a distância focal f de sua lente; a distância s' entre a lente e a retina não varia. (Compare com a máquina fotográfica, na qual a distância focal é fixa, porém a distância entre o filme e a lente varia.) Em um olho normal, um objeto no infinito é focalizado quando o músculo ciliar está relaxado. Para produzir uma imagem bem focalizada sobre a retina de um objeto próximo, a tensão no músculo ciliar que envolve o cristalino aumenta, o músculo ciliar se contrai e o cristalino fica mais grosso na parte central, reduzindo os raios de curvatura de suas superfícies; logo, a distância focal diminui. Esse processo é chamado de *acomodação*.

Os extremos do intervalo em que a visão distinta é possível são chamados de *ponto próximo* e *ponto distante*. O ponto distante de um olho normal se encontra no infinito. A posição do ponto próximo depende da capacidade do músculo ciliar de reduzir o raio de curvatura do cristalino. O intervalo de acomodação diminui gradualmente à medida que a pessoa envelhece, pois o cristalino aumenta durante a vida (para uma idade de 60 anos ele é 50% maior do que aos 20 anos), e os músculos ciliares tornam-se menos capazes de contrair uma lente maior. Por essa razão, a distância do ponto próximo aumenta à medida que a pessoa envelhece. Esse aumento da distância do ponto próximo recebe o nome popular de *vista cansada* e o nome científico de *presbiopia*. Na Tabela 34.1, mostramos alguns valores aproximados da posição do ponto próximo para o olho normal de uma pessoa comum em diversas idades. Por exemplo, uma pessoa com 50 anos não consegue focalizar com nitidez nenhum objeto que esteja a uma distância menor do que cerca de 40 cm.

(a) Diagrama do olho.

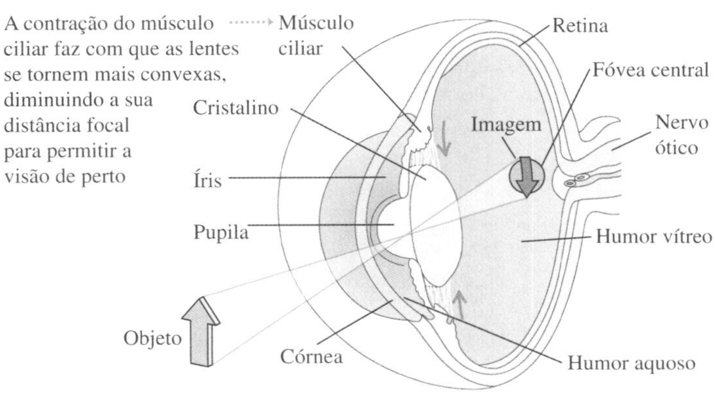

(b) Microfotografia de um microscópio eletrônico de varredura mostrando os bastonetes e cones da retina em tonalidades diferentes.

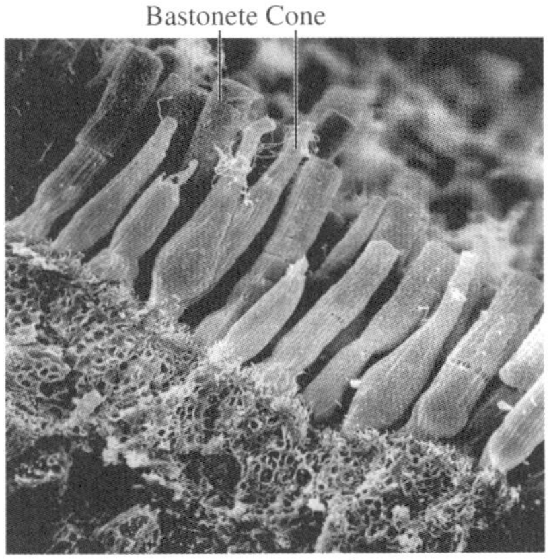

Figura 34.44 (a) O olho. (b) Existem dois tipos de células sensíveis à luz na retina. Os bastonetes são mais sensíveis à luz do que os cones, contudo somente os cones são sensíveis às diferenças entre as cores. Um olho humano típico contém cerca de $1,3 \times 10^8$ bastonetes e 7×10^6 cones.

Defeitos da visão

Diversos defeitos comuns da visão resultam de relações incorretas entre as distâncias dentro do olho. Um olho normal forma sobre a retina uma imagem de um objeto que se encontra no infinito quando o olho está relaxado (Figura 34.45a). No olho *míope*, o globo ocular é muito alongado em comparação com o raio de curvatura da córnea (ou a córnea é curva demais), e os raios de um objeto situado no infinito são focalizados antes da retina (Figura 34.45b). Logo, a maior distância para a qual um objeto forma uma imagem sobre a retina está em um ponto mais próximo do que no caso do olho normal. No olho *hipermétrope*, o globo ocular é muito curto ou a córnea não é suficientemente curva; assim, os raios de um objeto situado no infinito são focalizados atrás da retina (Figura 34.45c). O olho míope produz uma convergência *demasiadamente* grande dos raios paralelos e forma uma imagem antes da retina; o olho hipermetrope produz uma convergência *insuficiente* e forma uma imagem depois da retina.

O *astigmatismo* é um tipo de defeito diferente em que a superfície da córnea não é esférica, mas sim acentuadamente mais curva em um plano do que no outro. Em conseqüência, as linhas horizontais podem formar imagens em um plano diferente do plano formado pelas linhas verticais (Figura 34.48a). O astigmatismo pode tornar impossível, por exemplo, a focalização simultânea das barras verticais e horizontais de uma janela.

O astigmatismo pode ser corrigido pelo uso de uma lente com superfície cilíndrica. Por exemplo, suponha que a curvatura da córnea em um plano horizontal seja correta e focalize sobre a retina raios provenientes do infinito, porém que sua curvatura em um plano vertical seja tão grande que a focalização ocorra antes da retina. Quando uma lente cilíndrica divergente com eixo horizontal é colocada diante do olho, os raios no plano horizontal não sofrem nenhuma modificação, mas a divergência adicional dos raios no plano vertical faz com que esses raios sejam focalizados sobre a retina, como se vê na Figura 34.48b.

Esta lente cilíndrica é curva na direção vertical, mas não na horizontal; ela muda a distância focal dos objetos verticais.

As lentes corretivas são geralmente descritas em termos da **potência**, definida como o inverso da distância focal expressa em metros. A unidade de potência é a **dioptria**. Portanto, uma lente com $f = 0{,}50$ m possui uma potência igual a 2,0 dioptrias, $f = -0{,}25$ m corresponde a uma potência igual a $-4{,}0$ dioptrias, e assim por diante. Os números em uma receita de óculos geralmente referem-se a potências expressas em dioptrias. Quando o defeito envolve simultaneamente astigmatismo e miopia ou hipermetropia, existem três números: um para a potência da lente esférica, um para a potência da lente cilíndrica e um ângulo para descrever a orientação da lente cilíndrica corretora.

Uma abordagem alternativa para corrigir muitos defeitos de visão é alterar a forma da córnea. Isso costuma ser feito por meio de um procedimento chamado ceratomileuse por laser *in situ* (LASIK — *laser-assisted in situ keratomileusis*). Uma incisão é feita na córnea e uma fina 'aba' de tecido córneo externo é dobrada. Um laser ultravioleta com um feixe de apenas 50 MIm de largura (cerca de $\frac{1}{200}$ da largura de um cabelo humano) é usado para vaporizar áreas microscópicas do tecido subjacente. A aba é então devolvida à posição original, onde se ajusta à nova forma 'esculpida' pelo laser.

Exemplo 34.13

CORREÇÃO DA HIPERMETROPIA O ponto próximo de um certo olho hipermétrope fica 100 cm à frente do olho. Para ver com nitidez um objeto situado a uma distância de 25 cm do olho, qual é a lente de contato necessária?

SOLUÇÃO

IDENTIFICAR: desejamos que a lente forme uma imagem virtual do objeto em um local correspondente ao ponto próximo do olho, a uma distância de 100 cm do olho. Ou seja, quando s = 25 cm, s' tem de ser igual a −100 cm.

PREPARAR: a Figura 34.49 mostra a situação. Determinamos a distância focal necessária das lentes de contato usando a relação objeto–imagem para lentes delgadas, a Equação (34.16).

EXECUTAR: de acordo com a Equação (34.16),

$$\frac{1}{f} = \frac{1}{s} + \frac{1}{s'} = \frac{1}{+25\text{ cm}} + \frac{1}{-100\text{ cm}}$$

$$f = +33\text{ cm}$$

Precisamos de uma lente convergente com distância focal f = 33 cm. A potência correspondente é 1/(0,33 m) ou +3,0 dioptrias.

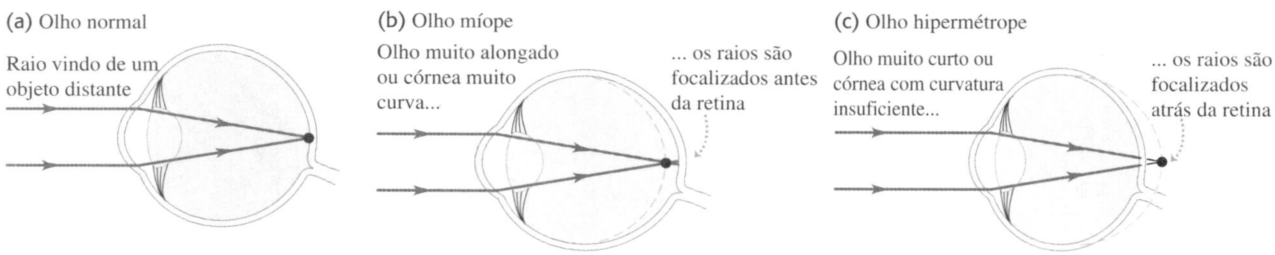

Figura 34.45 Erros de refração em (a) um olho normal, (b) um olho míope e (c) um olho hipermetrope observando um objeto distante. A curva tracejada indica qual deveria ser a posição correta da superfície da retina.

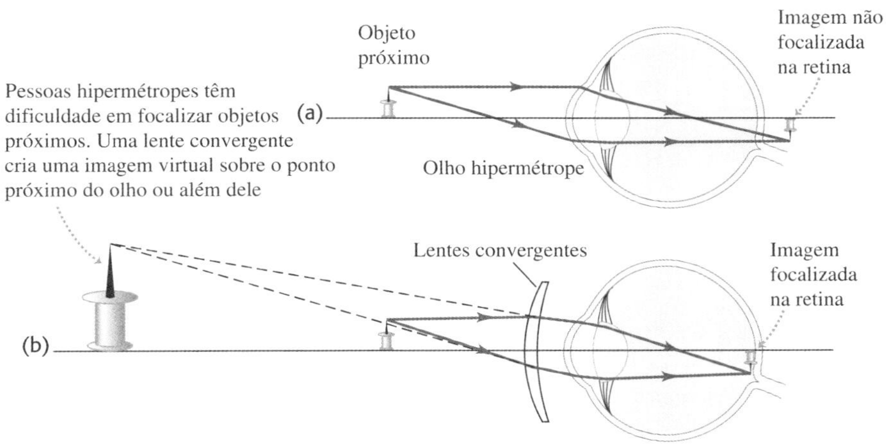

Figura 34.46 (a) Um olho hipermetrope sem correção. (b) Uma lente positiva (convergente) fornece a convergência extra necessária para um olho hipermetrope focalizar a imagem sobre a retina.

AVALIAR: neste exemplo, usamos uma lente de contato para corrigir a hipermetropia. Se tivéssemos usado óculos, teríamos de levar em conta a separação entre o olho e a lente dos óculos, e uma potência um tanto diferente seria necessária (veja o Exemplo 34.14).

Exemplo 34.14

CORREÇÃO DA MIOPIA O ponto distante de um certo olho míope fica 50 cm à frente do olho. Para ver com nitidez um objeto situado no infinito, qual é a lente necessária para os óculos de correção? Suponha que a lente seja usada a uma distância de 2,0 cm do olho.

SOLUÇÃO

IDENTIFICAR: o ponto distante de um olho míope está mais próximo do que o infinito. Para enxergar com nitidez objetos mais afastados do que o ponto distante desse olho é necessário que a imagem virtual do objeto se forme a uma distância que não seja maior do que o ponto distante.

PREPARAR: a Figura 34.50 retrata a situação. Suponha que a imagem virtual do objeto no infinito é formada no ponto distante, 50 cm à frente do olho e 48 cm à frente das lentes dos óculos. Ou seja, quando $s = \infty$, desejamos que s' seja igual a – 48 cm. Como no Exemplo 34.13, usamos os valores de s e s' para calcular a distância focal necessária.

EXECUTAR: de acordo com a Equação (34.16),

$$\frac{1}{f} = \frac{1}{s} + \frac{1}{s'} = \frac{1}{\infty} + \frac{1}{-48\text{ cm}}$$

$$f = -48\text{ cm}$$

Precisamos de uma lente *divergente* com distância focal – 48 cm = – 0,48 m. A potência correspondente é igual a –2,1 dioptrias.

AVALIAR: você é capaz de demonstrar que, se fossem usadas lentes de *contato* em vez de óculos, f seria igual a –50 cm e a potência seria – 2,0 dioptrias?

Teste sua compreensão da Seção 34.6 Certa lente de óculos é delgada no centro, ainda mais delgada na borda superior e inferior, e relativamente mais espessa nas bordas esquerda e direita. Que defeitos de visão essa lente procura corrigir? (i) hipermetropia

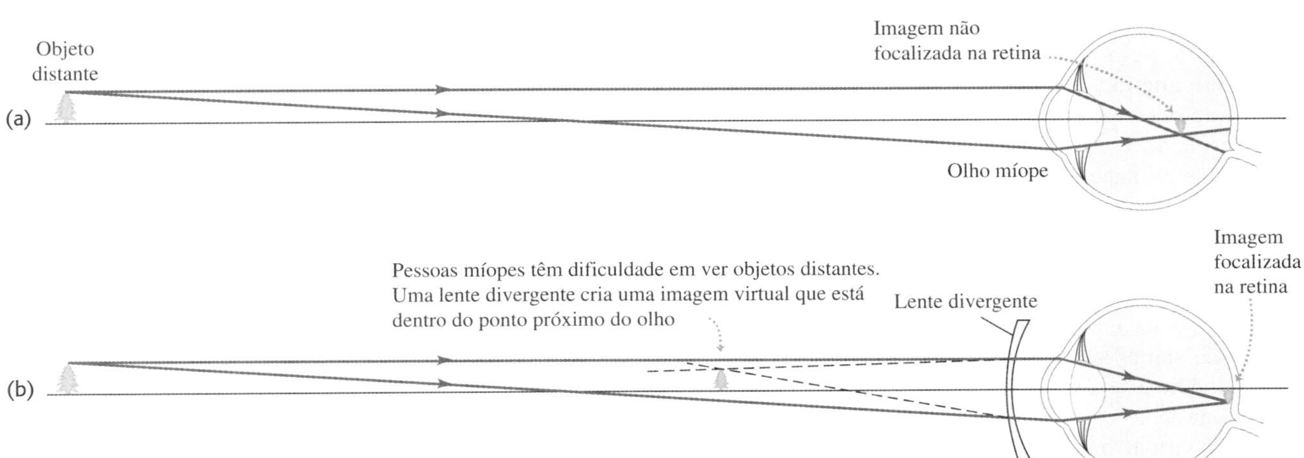

Figura 34.47 (a) Um olho míope sem correção. (b) Uma lente negativa (divergente) produz uma divergência dos raios para compensar a convergência excessiva do olho míope.

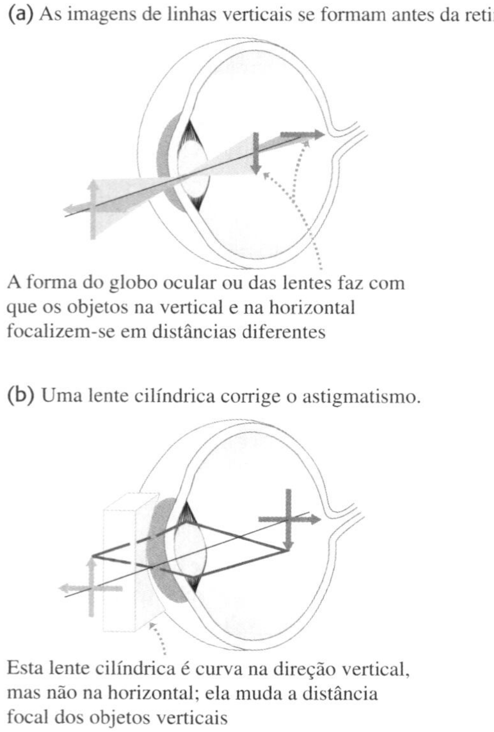

Figura 34.48 Um tipo de astigmatismo e a sua correção.

para objetos orientados tanto verticalmente quanto horizontalmente; (ii) miopia para objetos orientados tanto verticalmente quanto horizontalmente; (iii) hipermetropia para objetos orientados verticalmente e miopia para objetos orientados horizontalmente; (iv) hipermetropia para objetos orientados horizontalmente e miopia para objetos orientados verticalmente. ∎

34.7 A lupa

O tamanho aparente de um objeto é determinado pelo tamanho da imagem sobre a retina. Se o olho não possui nenhuma lente adicional, o tamanho depende do *ângulo* θ subtendido pelo objeto no olho, grandeza chamada de **tamanho angular** (Figura 34.51a).

Para observar um objeto pequeno, como um inseto ou um cristal, você deve colocá-lo mais próximo do olho, de modo que a imagem sobre a retina e o ângulo subtendido possuam o maior valor possível. Contudo, o olho não pode focalizar com nitidez objetos que estejam mais próximos do que o ponto próximo, de modo que o tamanho de um objeto é máximo (ou seja, ele subtende o ângulo máximo) quando é colocado sobre o ponto próximo. No estudo que se segue, vamos supor que o ponto próximo de um observador médio esteja situado a 25 cm de distância do olho.

Uma lente convergente pode servir para formar uma imagem virtual maior e mais afastada do que o próprio objeto, como indicado na Figura 34.51b. Portanto, usando essa lente, o objeto pode ser deslocado para mais perto do olho, e o tamanho angular da imagem pode ser muito

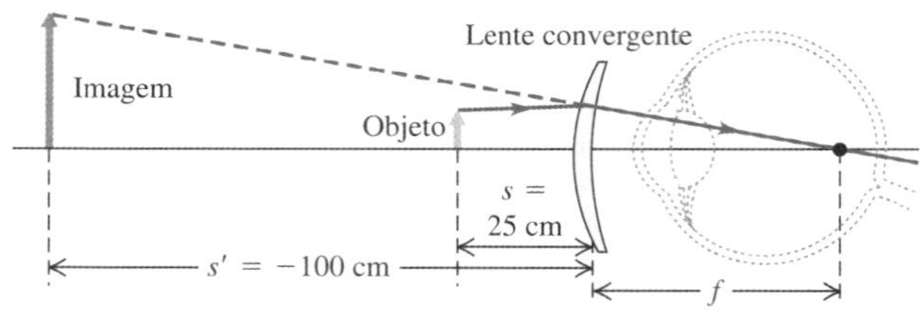

Figura 34.49 Usando uma lente de contato para corrgir a hipermetropia.

maior do que o tamanho angular do objeto a uma distância de 25 cm sem o uso da lente. Uma lente empregada dessa maneira é chamada de **lupa**, também conhecida como *lente de aumento* ou *lupa simples*. A imagem virtual é vista com mais conforto quando colocada no infinito, para que o músculo ciliar não fique contraído; nas discussões apresentadas a seguir vamos supor que isso ocorra.

Na Figura 34.51a, o objeto está sobre o ponto próximo, onde ele subtende um ângulo θ no olho. Na Figura 34.51b, uma lupa colocada em frente ao olho forma uma imagem no infinito, e o ângulo subtendido com auxílio da lupa é θ'. A medida da ampliação fornecida pela lente é dada pela razão entre o ângulo θ' (com a lupa) e o ângulo θ (sem a lupa). Essa razão é chamada de **ampliação angular** M:

$$M = \frac{\theta'}{\theta} \tag{34.21}$$

(ampliação angular)

ATENÇÃO Ampliação angular *versus* ampliação transversal Não confunda a ampliação angular M com a ampliação transversal m. A ampliação angular é a razão entre o tamanho *angular* da imagem e o tamanho angular do objeto correspondente; a ampliação transversal fornece a razão entre a *altura* da imagem e a altura do objeto correspondente. Para a situação mostrada na Figura 34.51b, a ampliação angular é aproximadamente igual a 3×, visto que a imagem da lagarta subtende um ângulo cerca de três vezes maior que o ângulo subtendido pela lagarta na Figura 34.51a; portanto, o olho tem a impressão de ver a lagarta três vezes maior. A ampliação *transversal* $m = -s'/s$ na Figura 34.51b é *infinita* porque a imagem se forma no infinito; contudo isso não significa que o objeto apresente um tamanho infinito quando observado através da lupa! (Foi por essa razão que não desenhamos uma lagarta infinitamente grande na Figura 34.51b.) Ao estudarmos uma lupa, a ampliação angular M é um conceito útil, porém, a ampliação transversal m não é.

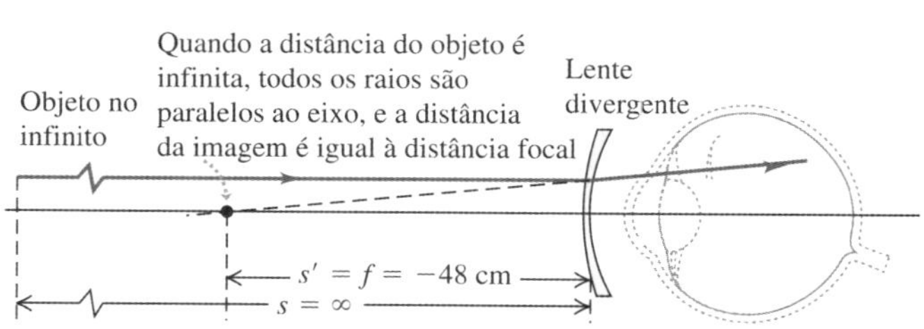

Figura 34.50 Usando uma lente de contato para corrigir a miopia.

Para calcularmos o valor de M, inicialmente supomos que os ângulos sejam suficientemente pequenos para que cada ângulo (em radiano) seja igual ao seu seno e a sua tangente. Usando a Figura 34.51a e desenhando na Figura 34.51b o raio que passa através do centro da lente sem sofrer desvio, verificamos que os ângulos θ e θ' são

$$\theta = \frac{y}{25\ \text{cm}} \qquad \theta' = \frac{y}{f}$$

Combinando essas relações com a Equação (34.21), obtemos

$$M = \frac{\theta'}{\theta} = \frac{y/f}{y/25\ \text{cm}} = \frac{25\ \text{cm}}{f} \qquad (34.22)$$

(ampliação angular para uma lupa)

A fórmula obtida sugere que seria possível conseguir uma ampliação angular tão elevada que fizesse diminuir a distância focal f. Na verdade, as aberrações de uma lente biconvexa simples impõem um limite prático para M aproximadamente igual a 3× ou 4×. Caso essas aberrações sejam corrigidas, a ampliação angular pode chegar até 20×. Se o objetivo são ampliações angulares maiores do que esta, costuma-se usar um microscópio composto, que será discutido na próxima seção.

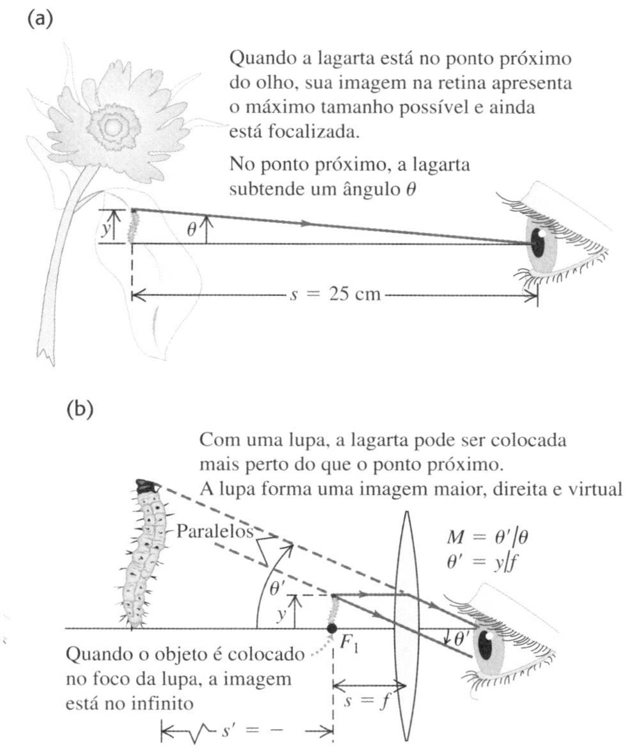

Figura 34.51 (a) O ângulo θ subtendido (tamanho angular) é máximo quando o objeto é colocado sobre o ponto próximo. (b) A lupa fornece uma imagem virtual no infinito. Essa imagem virtual é interpretada pelo olho como um objeto real que subtende um ângulo θ' maior que o observado sem a lupa.

Teste sua compreensão da Seção 34.7 Você está examinando uma pedra preciosa com uma lupa. Se você usar uma outra lupa, com o dobro da distância focal da primeira, (i) você terá de segurar o objeto a uma distância duas vezes maior e a ampliação angular será o dobro; (ii) você terá de segurar o objeto a uma distância duas vezes maior e a ampliação angular será reduzida à metade; (iii) você terá de segurar o objeto na metade da distância anterior e a ampliação angular será duas vezes maior; (iv) você terá de segurar o objeto na metade da distância e a ampliação angular será reduzida à metade. ❚

34.8 Microscópios e telescópios

Máquinas fotográficas, lentes de óculos e lupas usam uma única lente para formar uma imagem. Dois importantes dispositivos de ótica que empregam *duas* lentes são o microscópio e o telescópio. Nesses dispositivos, uma lente primária, ou lente *objetiva,* forma uma imagem real, e uma segunda lente, ou *ocular,* é usada como uma lupa para formar uma imagem maior, virtual.

Microscópios

Quando necessitamos de uma ampliação angular maior do que a que pode ser obtida com uma lupa simples, devemos usar um **microscópio**, algumas vezes denominado *microscópio composto*. Os elementos essenciais de um microscópio são mostrados na Figura 34.52a. Para analisarmos esse sistema, tomamos como base o princípio de que a imagem formada por um elemento ótico, tal como uma lente ou um espelho, pode servir de objeto para um segundo elemento ótico. Já utilizamos esse princípio na Seção 34.4 ao deduzirmos a equação das lentes delgadas aplicando duas vezes seguidas a equação da refração às duas superfícies da lente; usamos novamente esse princípio nos exemplos 34.11 (Seção 34.4), nos quais a imagem formada por uma lente servia de objeto para uma segunda lente.

O objeto O é colocado em um ponto um pouco além do primeiro foco F_1 da **objetiva**, uma lente convergente que forma uma imagem I real e maior do que o objeto (Figura 34.52b). Em um instrumento projetado adequadamente, essa imagem se forma entre o foco F'_1 e o vértice de uma segunda lente convergente, chamada de **ocular**, em um ponto quase sobre seu foco. (Deixamos a seu encargo a explicação sobre por que essa imagem deve ser formada na *parte interna* do foco quase sobre F'_1; veja o Problema 34.108.) A ocular funciona como uma lupa simples, conforme discutido na Seção 34.7, e forma uma imagem virtual final I' do objeto I. A posição da imagem I' pode estar situada entre o ponto próximo e o ponto distante do olho. Tanto a lente ocular quanto a objetiva de um microscópio são lentes compostas altamente corrigidas, com diversos elementos óticos; contudo, por simplicidade, cada uma dessas lentes é mostrada aqui como uma única lente delgada simples.

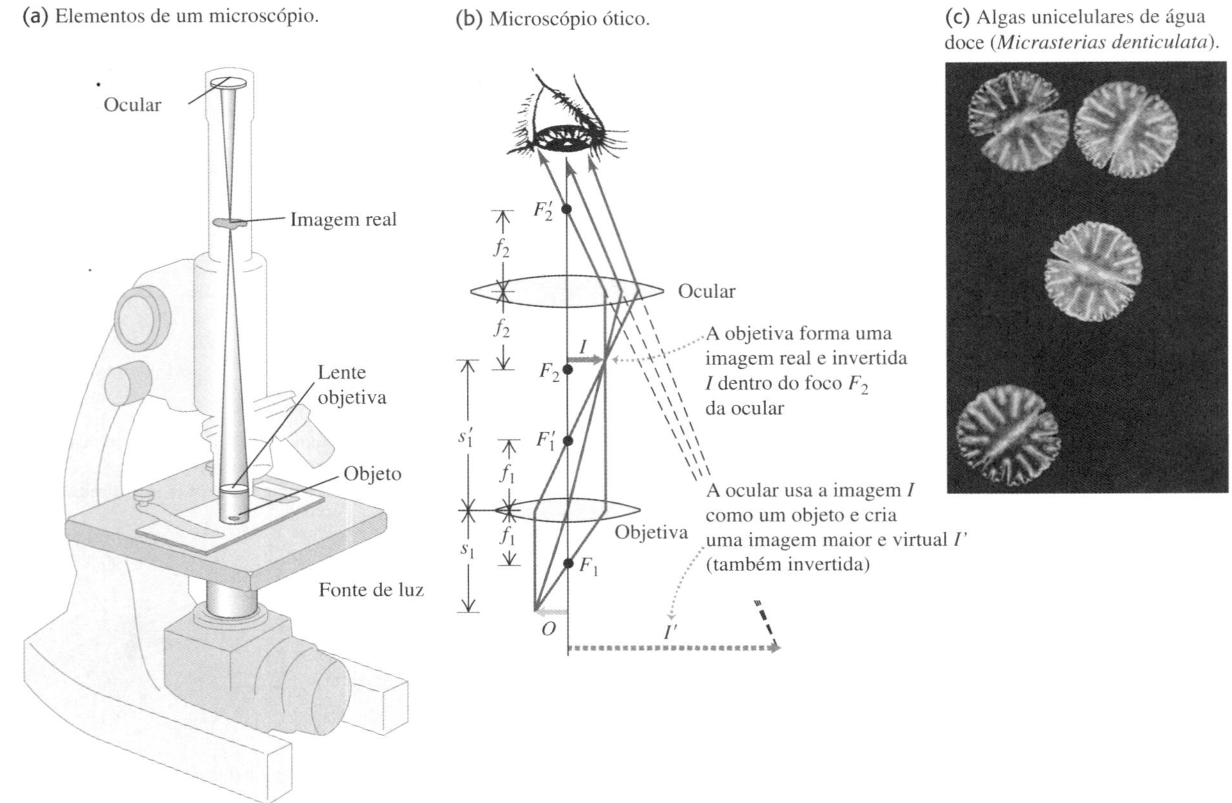

Figura 34.52 (a) Elementos de um microscópio. (b) O objeto O é colocado ligeiramente além do primeiro foco da lente objetiva (a distância s_1 foi exagerada para maior clareza). (c) Essa imagem de microscópio mostra organismos unicelulares de cerca de 2×10^{-4} m (0,2 mm) de extensão. Microscópios luminosos comuns podem resolver detalhes da ordem de 2×10^{-7} m, comparáveis ao comprimento de onda da luz.

Analogamente ao caso da lupa, o que importa quando se usa um microscópio é sua ampliação *angular* M. A ampliação angular total de um microscópio composto é o produto de dois fatores. O primeiro fator é a ampliação *transversal* m_1 da objetiva, que determina o tamanho linear da imagem real I; o segundo é a ampliação *angular* M_2 da ocular, que relaciona o tamanho angular da imagem virtual vista através da ocular com o tamanho que a imagem real I teria se ela fosse vista *sem* a ocular. O primeiro fator é dado por

$$m_1 = -\frac{s'_1}{s_1} \qquad (34.23)$$

onde s_1 é a distância do objeto e s'_1 é a distância da imagem para a lente objetiva. Em geral, o objeto está muito próximo do foco, de modo que a distância da imagem s'_1 é muito grande em comparação com a distância focal f_1 da lente objetiva. Logo, s_1 é aproximadamente igual a f_1 e podemos escrever $m_1 = -s'_1/f_1$.

A imagem real I está próxima ao foco F'_1 da ocular, de modo que, para calcular a ampliação angular da ocular, podemos usar a Equação (34.22): $M_2 = (25 \text{ cm})/f_2$, onde f_2 é a distância focal da ocular (tomada como uma lente simples). A ampliação angular total M de um microscópio composto (com exceção de um sinal negativo que se costuma ignorar) é o produto das duas ampliações mencionadas:

$$M = m_1 M_2 = \frac{(25 \text{ cm})s'_1}{f_1 f_2} \qquad (34.24)$$

(ampliação angular de um microscópio)

onde s'_1, f_1 e f_2 são grandezas medidas em centímetros. A imagem final é invertida em relação ao objeto. Os fabricantes de microscópios geralmente especificam os valores de m_1 e de M_2 para os componentes do microscópio em vez de especificar as distâncias focais da objetiva e da ocular.

A Equação (34.24) mostra que a ampliação angular de um microscópio pode ser aumentada usando-se uma objetiva com uma distância focal f_1 pequena, fazendo-se aumentar o valor de m_1 e o tamanho da imagem real I. Muitos microscópios óticos possuem uma "torre" giratória com três ou mais objetivas de diferentes distâncias focais para que o mesmo objeto possa ser visto de diferentes ampliações. A ocular também deve possuir uma distância focal f_2 pequena para se obter o valor máximo de M.

Para tirar uma fotografia usando um microscópio, a ocular é removida e uma câmera acoplada de modo que a imagem real I se forme na matriz CCD ou no filme da câmera. A Figura 34.52c mostra uma dessas fotografias. Neste caso, o que importa é a ampliação *transversal* do microscópio, como dada pela Equação (34.23).

Telescópios

O sistema ótico de um **telescópio** é semelhante ao de um microscópico composto. Em ambos, a imagem formada pela objetiva é vista através de uma ocular. A diferença essencial é que o telescópio é usado para ver objetos grandes situados a grandes distâncias, e o microscópico é usado para ver objetos pequenos que estão próximos de nós. Outra diferença é que muitos telescópios usam como objetiva um espelho curvo e não uma lente.

Na Figura 34.53, mostramos um *telescópio astronômico*. Como esse telescópio usa uma lente como objetiva, ele é chamado de *telescópio de refração* ou *telescópio refrator*. A lente objetiva forma uma imagem real reduzida I do objeto. Essa imagem é o objeto para a lente ocular, que por sua vez forma uma imagem virtual ampliada de I. Os objetos que são vistos com um telescópio quase sempre estão tão afastados do instrumento que a primeira imagem I se forma aproximadamente sobre o segundo foco da lente objetiva. Se a imagem final I' formada pela ocular está no infinito (para a visão mais confortável de um olho normal), a primeira imagem deve se formar sobre o foco da ocular. A distância entre a objetiva e a ocular, que é igual ao comprimento do telescópio é, portanto, a *soma* $f_1 + f_2$ das distâncias focais da objetiva e da ocular.

A ampliação angular M de um telescópio é definida como a razão entre o ângulo subtendido pela imagem final I' no olho e o ângulo subtendido pelo objeto quando visto a olho nu. Podemos expressar essa razão em termos das distâncias focais da objetiva e da ocular. Na Figura 34.53, pode-se ver o raio que passa por F_1, o primeiro foco da objetiva, e por F'_2, o segundo foco da ocular. O objeto (não-indicado) subtende um ângulo θ na objetiva e deve subtender também essencialmente o mesmo ângulo quando a observação é feita a olho nu. Além disso, como o olho do observador se encontra imediatamente à direita do foco F'_2, o ângulo subtendido no olho pela imagem final é aproximadamente igual ao ângulo θ'. Como bd é paralelo ao eixo ótico, a distância ab é igual a cd e é também igual à altura y' da imagem real I. Como os ângulos θ e θ' são pequenos, eles podem ser aproximados pelas respectivas tangentes. Pelos triângulos retângulos F_1ab e F'_2cd, obtemos

$$\theta = \frac{-y'}{f_1} \qquad \theta' = \frac{y'}{f_2}$$

e a ampliação angular M é

$$M = \frac{\theta'}{\theta} = -\frac{y'/f_2}{y'/f_1} = -\frac{f_1}{f_2} \tag{34.25}$$

(ampliação angular de um telescópio)

A ampliação angular M de um telescópio é igual à razão entre a distância focal da objetiva e a distância focal da ocular. O sinal negativo mostra que a imagem final é invertida. A Equação (34.25) mostra que, para obter uma ampliação angular grande, um *telescópio* deve ter uma objetiva com distância focal F_1 *grande*. Em contraste, vimos na Equação (34.24) que um *microscópico* precisa de uma objetiva com uma distância focal *pequena*. Contudo,

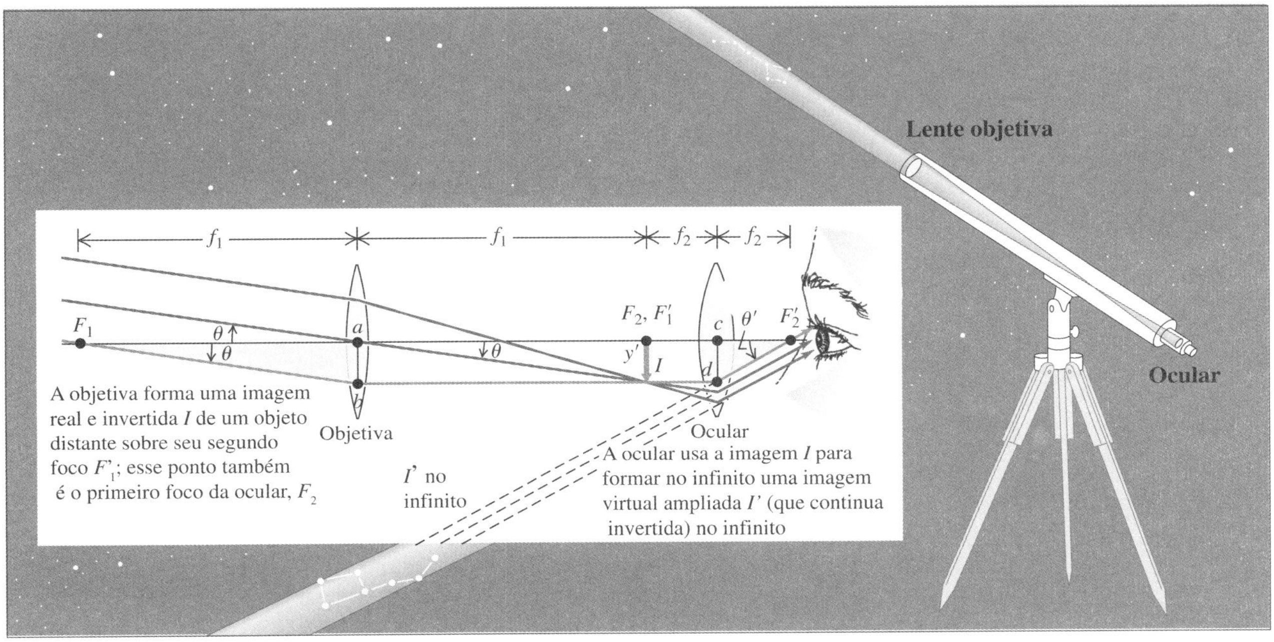

Figura 34.53 Sistema ótico de um telescópio astronômico refrator.

um telescópio que possua uma objetiva com uma distância focal grande deve também ter um diâmetro D grande para que o número f, dado por f_1/D, não seja muito grande; como dissemos na Seção 34.5, um número f grande significa uma imagem sem brilho, com pouca intensidade. Normalmente, um telescópio não possui muitas objetivas para serem trocadas; em vez disso, a variação da ampliação angular é obtida fazendo-se variar as lentes da ocular com diferentes valores da distância focal f_2. Analogamente ao caso do microscópico, valores pequenos de f_2 fornecem ampliações angulares maiores.

Uma imagem invertida não é uma grande desvantagem para uma observação astronômica. Contudo, quando usamos um telescópio ou um binóculo — que, em essência, é um par de telescópios montados lado a lado — para observar um objeto na Terra, desejamos que a imagem não seja invertida. Em um *binóculo com prismas* isso é obtido refletindo-se a luz diversas vezes na trajetória da objetiva à ocular. O efeito combinado dessas reflexões é inverter a imagem tanto horizontalmente quanto verticalmente. Os binóculos geralmente são especificados por dois números separados pelo sinal de multiplicação, tal como 7 × 50. O primeiro número indica a ampliação angular M e o segundo revela o diâmetro da lente objetiva (em milímetros). O diâmetro serve para determinar a capacidade da entrada de luz através da objetiva e, portanto, indica o brilho da imagem.

No *telescópio refletor* (Figura 34.54a), a lente objetiva é substituída por um espelho côncavo. Para um telescópio de grandes dimensões, esse esquema apresenta muitas vantagens teóricas e práticas. Os espelhos não apresentam aberrações cromáticas (dependência da distância focal em relação ao comprimento de onda), e as aberrações esféricas (associadas com a aproximação paraxial) são mais fáceis de corrigir do que nas lentes. A superfície refletora às vezes é parabólica em vez de esférica. O material do espelho não precisa ser transparente e pode ser mais rígido do que no caso de uma lente, que só pode ser segurada pela borda.

Os maiores telescópios refletores existentes no mundo atualmente são os telescópios Keck, no cume da montanha Mauna Kea, no Havaí; cada um deles possui um espelho com diâmetro total de 10 m montado com 36 elementos refletores hexagonais.

Um desafio a ser vencido no projeto de telescópios refletores é que a imagem se forma na frente do espelho objetivo, em uma região atravessada pelos raios incidentes. Isaac Newton concebeu uma solução para esse problema. Um espelho secundário plano, orientado a 45° do eixo ótico, faz com que a imagem seja formada em um furo ao lado do telescópio, onde pode ser ampliado com uma ocular (Figura 34.54b). Outra solução emprega um espelho secundário que faz com que a luz focalizada passe por um furo no espelho objetivo (Figura 34.54c). Grandes telescópios de exploração, assim como muitos telescópios amadores, seguem esse projeto (Figura 34.54d).

Como um microscópio, quando um telescópio é usado para fotografar, uma ocular é removida e uma matriz CCD ou

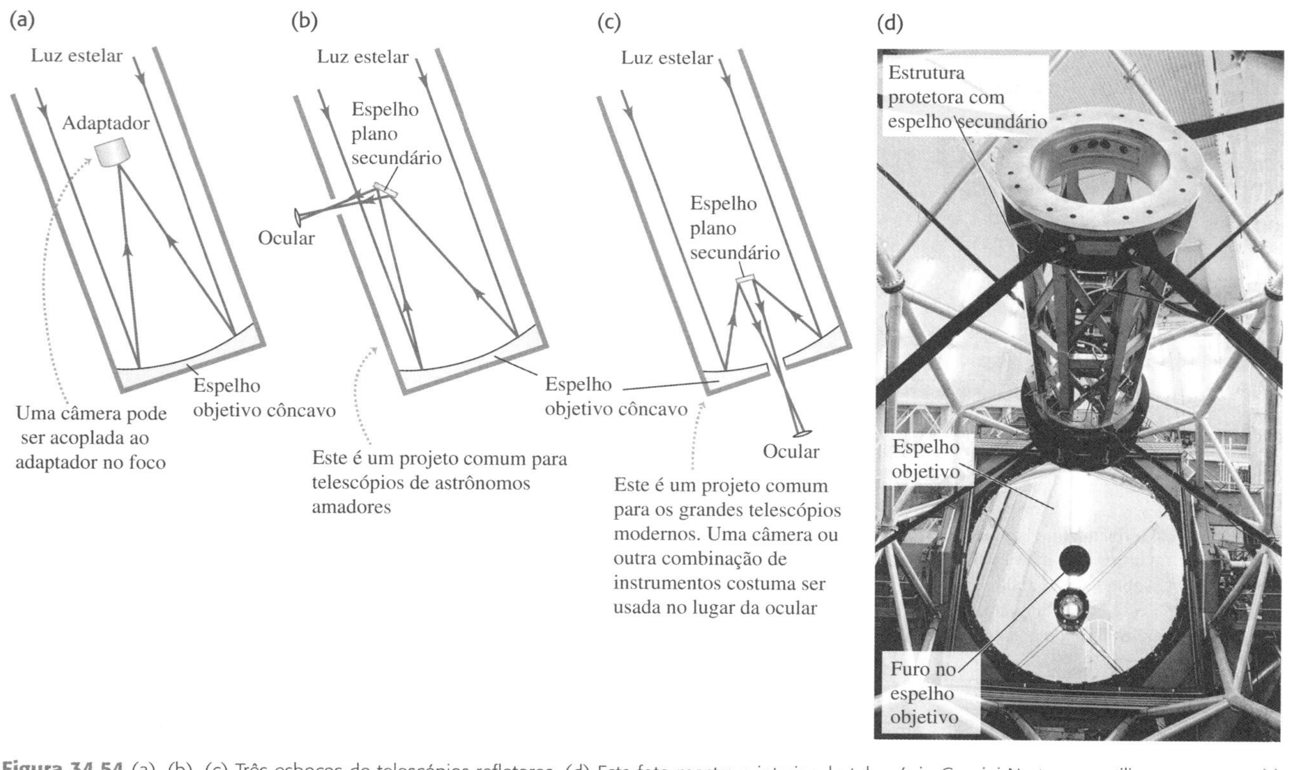

Figura 34.54 (a), (b), (c) Três esboços de telescópios refletores. (d) Esta foto mostra o interior do telescópio Gemini Norte, que utiliza o esquema (c). O espelho objetivo tem 8 m de diâmetro.

uma película fotográfica é colocada na posição da imagem real formada pela objetiva. (Algumas lentes de longa distância focal para fotografar são, na verdade, telescópios refletores usados dessa forma.) A maioria dos telescópios usados em pesquisas astronômicas nunca são usados com uma ocular.

Teste sua compreensão da Seção 34.8 Qual desses dispositivos fornece uma ampliação transversal de maior valor absoluto: (i) a lente objetiva de um microscópio (Figura 34.52); (ii) a lente objetiva de um telescópio refrator (Figura 34.53); ou (iii) não há informações suficientes para responder? ∎

Resumo

Reflexão ou refração em uma superfície plana: quando os raios divergem de um ponto objeto P e são refletidos ou refratados, as direções dos raios emergentes correspondem às direções dos raios que divergem de um ponto P' denominado ponto imagem. Quando os raios passam efetivamente pelo ponto P' e divergem novamente a partir desse ponto, P' é uma imagem real de P; quando apenas parece que eles divergem do ponto P', trata-se de uma imagem virtual. As imagens podem ser direitas ou invertidas.

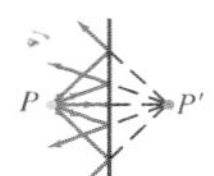

Ampliação transversal: a ampliação transversal m de qualquer dispositivo que produz reflexão ou refração é definida como a razão entre a altura da imagem y' e a altura do objeto y. Quando m é positivo, a imagem é direita, quando m é negativo, a imagem é invertida.

$$m = \frac{y'}{y} \qquad (34.2)$$

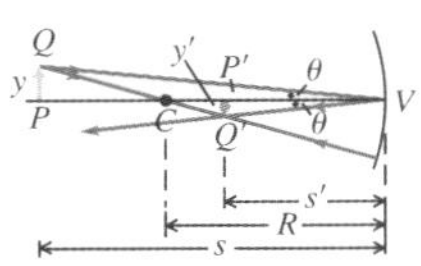

Foco e distância focal: o foco de um espelho é o ponto para o qual os raios paralelos ao eixo convergem depois de se refletirem em um espelho côncavo, ou o ponto do qual os raios parecem divergir depois de se refletirem em um espelho convexo. Os raios que divergem do foco de um espelho côncavo depois da reflexão emergem paralelos ao eixo ótico, e os raios que convergem para o foco de um espelho convexo depois da reflexão emergem paralelos ao eixo ótico. A distância focal, designada pela letra f, é a distância entre o vértice e o foco do espelho. Os focos de uma lente são definidos de modo análogo.

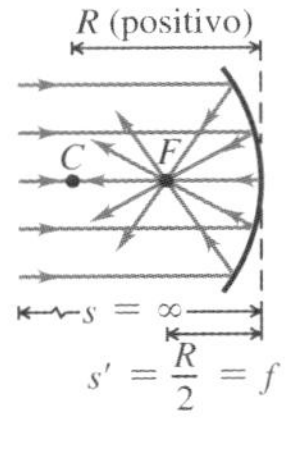

Relação entre a distância do objeto e a distância da imagem: a tabela a seguir resume as fórmulas para a distância do objeto s e para a distância da imagem s' no caso de espelhos planos e esféricos e para uma superfície refratora. A equação para uma superfície plana pode ser obtida a partir da equação correspondente para uma superfície esférica fazendo $R = \infty$. (Veja os exemplos 34.1-34.7.)

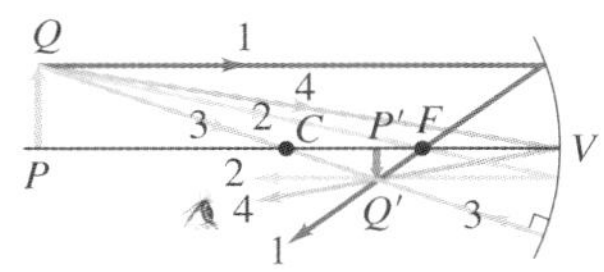

	Distância da imagem e do objeto	Ampliação Transversal
Espelho plano	$\frac{1}{s} + \frac{1}{s'} = 0$	$m = -\frac{s'}{s} = 1$
Espelho esférico	$\frac{1}{s} + \frac{1}{s'} = \frac{2}{R} = \frac{1}{f}$	$m = -\frac{s'}{s}$
Superfície refratora plana	$\frac{n_a}{s} + \frac{n_b}{s'} = 0$	$m = -\frac{n_a s'}{n_b s} = 1$
Superfície refratora esférica	$\frac{n_a}{s} + \frac{n_b}{s'} = \frac{n_b - n_a}{R}$	$m = -\frac{n_a s'}{n_b s}$

As relações objeto–imagem deduzidas neste capítulo são válidas somente para os chamados raios paraxiais, ou seja, os raios próximos ao eixo e que são aproximadamente paralelos ao eixo ótico. Os raios que não são paraxiais não convergem para um ponto imagem. Esse efeito é denominado aberração esférica.

Lentes delgadas: a relação objeto–imagem para uma lente fina, dada pela Equação (34.16), é análoga à que obtivemos para um espelho esférico. A Equação (34.19), a equação do fabricante de lentes, relaciona a distância focal de uma lente a seu índice de refração e ao raio de curvatura de suas superfícies. (Ver exemplos 34.8-34.11.)

$$\frac{1}{s} + \frac{1}{s'} = \frac{1}{f} \qquad (34.16)$$

$$\frac{1}{f} = (n-1)\left(\frac{1}{R_1} - \frac{1}{R_2}\right) \qquad (34.19)$$

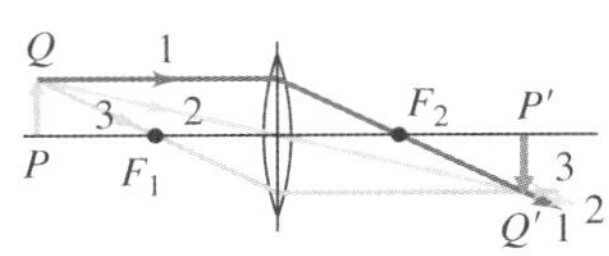

Regras de sinais: as regras de sinais apresentadas a seguir podem ser usadas para todas as superfícies refletoras e refratoras planas e esféricas:

- $s > 0$ quando o objeto está do lado dos raios incidentes sobre a superfície (objeto real); caso contrário, $s < 0$.
- $s' > 0$ quando a imagem está do lado dos raios que emergem da superfície (imagem real); caso contrário, $s' < 0$.
- $R > 0$ quando o centro de curvatura está ao lado dos raios que emergem da superfície; caso contrário, $R < 0$.

- $m > 0$ quando a imagem é direita, e $m < 0$ quando ela é invertida.

Máquinas fotográficas: uma máquina fotográfica forma uma imagem real, invertida, geralmente reduzida do objeto que está sendo fotografado sobre uma superfície sensível. A quantidade de luz que incide sobre essa superfície é controlada pelo tempo de exposição e pelo diâmetro da abertura. A intensidade dessa luz é inversamente proporcional ao número *f* da lente. (Veja o Exemplo 34.12.)

$$\text{número } f = \frac{\text{Distância focal}}{\text{Diâmetro de abertura}} = \frac{f}{D} \qquad (34.20)$$

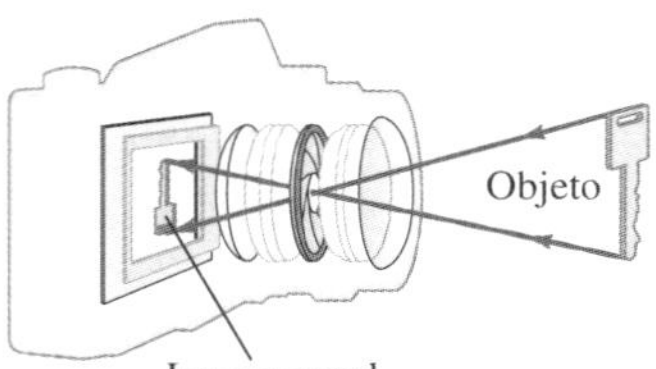

O olho: no olho, a refração na superfície da córnea forma uma imagem real sobre a retina. O ajuste para diversas distâncias do objeto é feito esticando ou comprimindo suas lentes, fazendo aumentar ou diminuir sua distância focal. Um olho míope é alongado demais em relação a suas lentes; um olho hipermetrope é pequeno demais. A potência de uma lente corretiva, medida em dioptrias, fornece o inverso da distância focal em metros. (Veja os exemplos 34.13 e 34.14.)

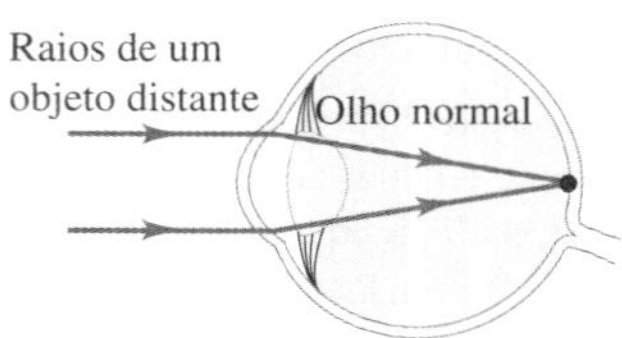

Lupa simples: uma lupa simples cria uma imagem virtual cujo tamanho angular θ' é maior do que o tamanho angular θ produzido pelo próprio objeto a uma distância igual a 25 cm, a distância nominal mais próxima do olho para que se tenha uma visão confortável. A ampliação angular M de uma lupa simples é a razão entre o tamanho angular da imagem virtual e o tamanho angular do objeto nessa distância.

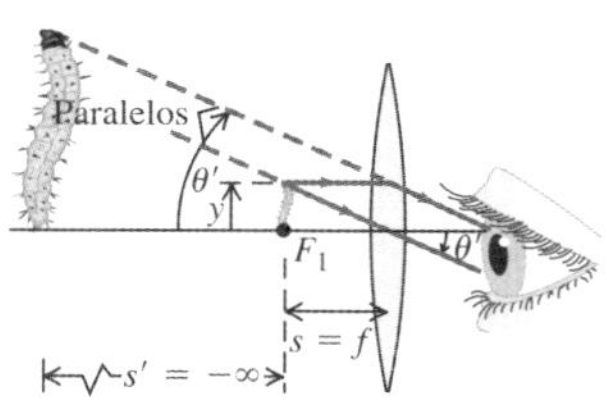

$$M = \frac{\theta'}{\theta} = \frac{25 \text{ cm}}{f} \qquad (34.22)$$

Microscópios e telescópios: no microscópio composto a lente da objetiva forma uma primeira imagem no tubo do instrumento, e a ocular forma uma imagem virtual final, geralmente no infinito, da primeira imagem. O telescópio funciona sob o mesmo princípio, contudo o objeto está mais afastado. No telescópio refletor, a lente da objetiva é substituída por um espelho côncavo, que elimina as aberrações cromáticas.

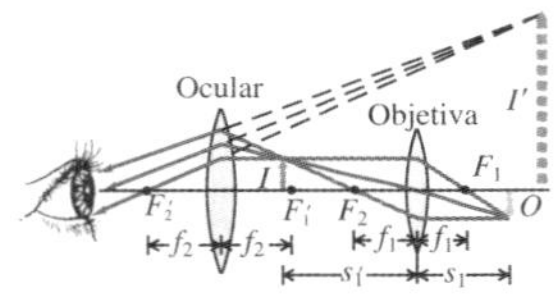

Principais termos

Resposta à Pergunta Inicial do Capítulo

Uma lupa simples produz uma imagem virtual com um grande tamanho angular e infinitamente distante, de modo que você pode vê-la nitidamente com os olhos relaxados. (Um cirurgião fazendo uma microcirurgia não gostaria de ter de forçar os olhos enquanto trabalha.) O objeto deve estar no foco da lente, então o objeto e a lente estão separados por uma distância focal.

Resposta às Perguntas dos Testes de Compreensão

34.1 **Resposta: (iv)** Quando você está a uma distância s do espelho, a sua imagem está a uma distância s do outro lado do espelho e a distância de você até a sua imagem é $2s$. À medida que você se aproxima do espelho, a distância $2s$ varia duas vezes mais rápido do que a distância s, logo, a sua imagem se aproxima de você com uma velocidade escalar $2v$.

34.2 **Respostas: (a) côncavo, (b) (ii)** Um espelho convexo sempre produz uma imagem direita, mas essa imagem é menor do que o objeto (ver Figura 34.16b). Assim, é preciso usar um espelho côncavo. A imagem será direita e maior apenas se a distância do objeto (seu rosto) até o espelho for menor do que a distância focal do espelho, como na Figura 34.20d.

34.3 **Resposta: não** O Sol está muito distante, por isso a distância do objeto é essencialmente infinita: $s = \infty$ e $1/s = 0$. O material a é o ar ($n_a = 1{,}0$) e o material b é a água ($n_b = 1{,}33$), logo a posição da imagem s' é dada por

$$\frac{n_a}{s} + \frac{n_b}{s'} = \frac{n_b - n_a}{R} \quad \text{ou} \quad 0 + \frac{1{,}33}{s'} = \frac{1{,}33 - 1{,}0}{R}$$

$$s' = \frac{1{,}33}{0{,}33}R = 4{,}0R$$

A imagem seria formada a 4,0 raios de gotas da superfície frontal da gota. Entretanto, como cada gota é apenas uma parte de uma esfera completa, a distância da parte da frente até a parte de trás da gota é menor do que $2R$. Assim, os raios de luz solar nunca chegam ao ponto imagem, e as gotas não formam uma imagem do sol sobre a folha. Embora os raios não estejam focalizados em um ponto, eles continuam concentrados e podem danificar a folha.

34.4 **Respostas: A e C** Quando os raios A e D são prolongados para trás, eles passam pelo foco F_2; portanto, antes de passarem pela lente, eles eram paralelos ao eixo ótico. As Figuras mostram que o raio A veio do ponto Q, mas não o raio D. O raio B é paralelo ao eixo ótico; logo, antes de passar pela lente, ele se dirigia ao foco F_1. Assim, ele não pode ter vindo do ponto Q. O raio C passa pelo centro da lente e, portanto, não é desviado por essa passagem; prolongando o raio para trás pode-se ver que ele sai do ponto Q.

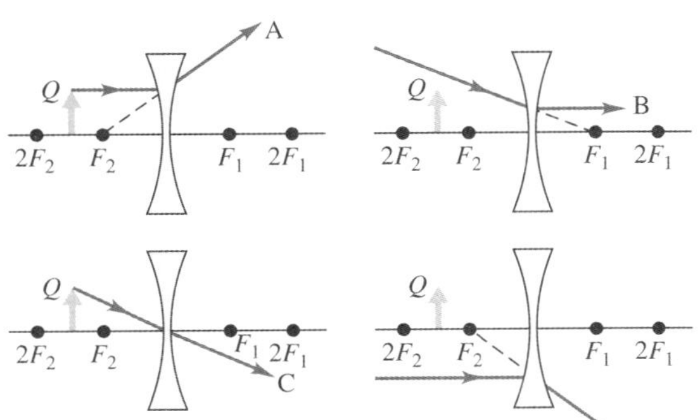

34.5 **Resposta: (iii)** A área menor da imagem da matriz CCD significa que o ângulo de visão diminui para uma dada distância focal. Objetos individuais formam imagens do mesmo tamanho em qualquer dos casos; quando uma menor área sensível à luz é usada, menos imagens cabem nessa área e o campo de visão é mais estreito.

34.6 **Resposta: (iii)** Essa lente é projetada para corrigir um tipo de astigmatismo. Ao longo do eixo vertical, a lente é configurada como uma lente convergente; ao longo do eixo horizontal, a lente é configurada como uma lente divergente. Logo, o olho é hipermetrope (veja a Figura 34.46) para objetos orientados verticalmente, mas míope para objetos orientados horizontalmente (veja a Figura 34.47). Sem correção, o olho focaliza objetos na vertical atrás da retina e objetos na horizontal na frente da retina.

34.7 **Resposta: (ii)** O objeto precisa ser segurado no foco, que é duas vezes mais longe se a distância focal f for duas vezes maior. A Equação (24.22) mostra que a ampliação angular M é inversamente proporcional a f, portanto dobrar a distância focal reduz M à metade. Para acentuar a ampliação, você deveria usar uma lupa com uma distância focal *menor*.

34.8 **Resposta: (i)** A lente objetiva de um microscópio é projetada para formar imagens ampliadas de objetos pequenos, logo o valor absoluto de sua ampliação transversal m é maior do que 1. Em contraste, a lente da objetiva de um telescópio refrator é projetada para formar imagens *reduzidas*. Por exemplo, a Lua tem milhares de quilômetros de diâmetro, porém sua imagem cabe em uma matriz CCD de poucos centímetros de comprimento. Assim, $|m|$ é muito menor do que 1 em um telescópio refrator. (Em frente ambos os casos m é negativo porque a objetiva forma uma imagem invertida, sendo esta a razão pela qual a questão pede o valor absoluto de m.)

Questões para discussão

Q34.1 Um espelho esférico é cortado horizontalmnte na metade. Será formada uma imagem na metade inferior do espelho? Em caso afirmativo, onde a imagem será formada?

Q34.2 Na situação descrita na Figura 34.43, a distância da imagem s' é positiva ou negativa? A imagem é real ou virtual? Explique.

Q34.3 As leis da ótica também se aplicam às demais ondas eletromagnéticas que não sensibilizam nossa visão. Uma antena de TV em forma de prato ou — antena parabólica — é usada para detectar ondas de rádio provenientes de satélites em órbita. Por que é necessário usar uma superfície refletora curva (um "prato")? O prato geralmente é côncavo e nunca convexo. Por quê? O verdadeiro receptor de rádio é colocado sobre um braço e suspenso em frente ao prato. A que distância do prato ele deve ser colocado?

Q34.4 Explique por que a distância focal de um espelho *plano* é infinita e o que significa fisicamente dizer que o foco do espelho se encontra no infinito.

Q34.5 Se um espelho esférico for imerso na água, sua distância focal irá se alterar? Explique.

Q34.6 Para que intervalo de distância entre um objeto e o vértice um espelho côncavo forma uma imagem real? E no caso de um espelho esférico convexo?

Q34.7 Quando uma sala possui espelhos em duas paredes opostas, uma série infinita de reflexões podem ser observadas. Discuta esse fenômeno em termos das imagens formadas. Por que as imagens mais afastadas parecem menos brilhantes?

Q34.8 Em um espelho esférico, quando $s = f$, então $s' = \infty$, e a ampliação transversal m é infinita. Isso faz sentido? Em caso positivo, qual é o significado físico?

Q34.9 Talvez você tenha reparado em um pequeno espelho convexo junto ao caixa automático do seu banco. Por que esse espelho é convexo, em vez de plano ou côncavo? Que considerações determinam o seu raio de curvatura?

Q34.10 Uma aluna alega que pode acender um cigarro ou iniciar um fogo usando um espelho côncavo em um dia ensolarado. Como ela faz isso? O conceito de imagem é relevante? Ela poderia fazer a mesma coisa usando um espelho convexo? Explique.

Q34.11 Uma pessoa observa o próprio reflexo no lado côncavo de uma colher muito brilhante. A imagem é direita ou invertida? A distância entre o rosto dela e a colher é importante? E se ela olhar no lado convexo? (Experimente!)

Q34.12 No Exemplo 34.4 (Seção 34.2) parece existir uma ambigüidade no caso $s = 10$ cm, porque s' pode ser $+\infty$ ou $-\infty$ e a imagem poderia ser direita ou invertida. Como você resolve essa ambigüidade? Ou não existe solução?

Q34.13 Suponha que na situação descrita no Exemplo 34.7 da Seção 34.3 (Figura 34.26), uma seta vertical com 2,0 m de altura seja pintada na parede lateral da piscina abaixo do nível da água. De acordo com os cálculos do exemplo, a pessoa mostrada na Figura 34.26 veria a seta com uma altura igual a 1,50 m. Após a apresentação da Equação (34.13), foi dito, contudo, que a ampliação de uma superfície plana refratora deve ser $m = 1$, sugerindo que a altura da imagem vista pelo observador deve ser igual a 2,0 m. Como você resolve essa aparente contradição?

Q34.14 Na parte de trás do espelho lateral de passageiro do seu carro está escrito: "Objetos no espelho estão mais perto do que parecem". Isso é verdade? Por quê?

Q34.15 É possível, mediante uma experiência rápida, determinar aproximadamente a distância focal de uma lente convergente? Poderia o mesmo método ser usado para uma lente divergente? Explique.

Q34.16 A distância focal de uma lente simples depende da cor (comprimento de onda) da luz que a atravessa. Por quê? A mesma lente pode ter uma distância focal positiva para algumas cores e negativa para outras? Explique.

Q34.17 Quando uma lente convergente é imersa na água, sua distância focal aumenta ou diminui em comparação com o valor quando a lente está imersa no ar? Explique.

Q34.18 Uma bolha de ar esférica na água pode funcionar como uma lente. Ela é convergente ou divergente? Como o seu raio está relacionado à distância focal?

Q34.19 Pode a imagem formada por uma superfície refletora ou refratora servir como um objeto para uma segunda reflexão ou refração? O fato de a primeira imagem ser real ou virtual é relevante? Explique.

Q34.20 Quando uma película fotográfica é colocada no local onde se forma uma imagem real, o filme depois de revelado mostra a imagem. Isso pode ser feito do mesmo modo para uma imagem virtual? Como devemos proceder para registrar uma imagem virtual?

Q34.21 Pelo que estudamos na Seção 34.2, os raios luminosos podem ser invertidos. Todas as fórmulas da tabela mostrada no resumo deste capítulo continuam válidas se você trocar a imagem pelo objeto e vice-versa? O que o princípio da reversibilidade dos raios luminosos pode afirmar sobre as *formas* das diversas fórmulas?

Q34.22 Você entrou em uma competição de sobrevivência que irá incluir a construção de um telescópio básico. Todos recebem uma grande caixa de lentes. Se você puder escolher duas lentes, quais escolherá? Com que rapidez você as identificará?

Q34.23 Você não pode ver com nitidez embaixo d'água a olho nu; contudo, você *consegue* ver com nitidez usando um capacete fechado ou óculos de mergulho (desde que exista ar entre seus olhos e o capacete ou os óculos de mergulho). Por que existe essa diferença? Em vez disso, você poderia usar óculos comuns (com água entre seus olhos e os óculos) para ver com nitidez? Caso a resposta seja positiva, as lentes devem ser convergentes ou divergentes? Explique.

Q34.24 Você cobre uma lente de modo que a luz possa passar apenas por sua metade inferior. Como a imagem formada pela lente coberta se compara com a imagem formada antes de a lente ser coberta?

Exercícios

Seção 34.1 Reflexão e refração em uma superfície plana

34.1 Uma vela com 4,85 cm de altura está a uma distância de 39,2 cm do lado esquerdo de um espelho plano. Onde a imagem se forma e qual é sua altura?

34.2 A imagem de uma árvore cabe precisamente em um espelho plano com 4,0 cm de altura quando o espelho é mantido a uma distância de 35,0 cm do olho. A árvore está a uma distância de 28,0 m do espelho. Qual é a altura da árvore?

34.3 Na Figura 34.9, o espelho 1 usa a imagem P'_2 formada pelo espelho 2 como um objeto e forma uma outra imagem desse objeto. Mostre que a referida imagem se encontra no ponto P'_3 da figura.

Seção 34.2 Reflexão em uma superfície esférica

34.4 Um dado espelho côncavo possui raio de curvatura de 34,0 cm. a) Qual é sua distância focal? b) Quando o espelho é imerso em água (índice de refração igual a 1,33), qual é sua distância focal?

34.5 Um objeto com altura de 0,60 cm é colocado a uma distância de 16,5 cm do lado esquerdo de um espelho côncavo que possui raio de curvatura igual a 22,0 cm. a) Faça um diagrama dos raios principais mostrando a formação da imagem. b) Determine a posição, o tamanho e a natureza (real ou virtual) da imagem.

34.6 Repita o Exercício 34.5 supondo o caso de um espelho convexo.

34.7 O diâmetro de Marte é de 6794 km e sua distância mínima até a Terra é de $5{,}58 \times 10^7$ km. Quando Marte está a essa distância da Terra, qual o diâmetro da imagem de Marte formada por um telescópio com um espelho esférico côncavo cuja distância focal é igual a 1,75 m?

34.8 Um objeto está a uma distância de 24,0 cm do centro de um enfeite prateado esférico de 6,0 cm de diâmetro de uma árvore de Natal. Determine a posição e a ampliação da imagem.

34.9 Uma moeda é colocada junto ao lado convexo de uma concha de vidro delgada e esférica com um raio de curvatura de 18,0 cm. Uma imagem da moeda de 1,5 cm de altura é formada 6,0 cm atrás da concha de vidro. Onde a moeda está localizada? Determine o tamanho, orientação e natureza (real ou virtual) da imagem.

34.10 Você segura uma tigela esférica de salada a 90 cm do seu rosto com o fundo da tigela de frente para você. A tigela é feita de metal polido com um raio de curvatura de 35 cm. a) Onde a imagem do seu nariz de 2,0 cm de comprimento estará localizada? b) Quais são o tamanho, orientação e natureza (real ou virtual) da imagem?

34.11 a) Mostre que a Equação (34.6) pode ser escrita na forma $s' = sf/(s - f)$ e portanto a ampliação transversal, dada pela Equação (34.7), pode ser escrita na forma $m = f/(f - s)$. b) Use essas fórmulas para s' e m para fazer um gráfico de s' em função de s para o caso em que $f > 0$ (um espelho côncavo). c) Para que valores de s o valor de s' é positivo, de modo que a imagem seja real? d) Para que valores de s o valor de s' é negativo, de modo que a imagem seja virtual? e) Onde se forma a imagem quando o objeto está a uma distância ligeiramente menor do que a distância focal (ou seja, s é ligeiramente menor do que f)? f) Onde se forma a imagem quando o objeto está no infinito? g) E quando o objeto está junto ao espelho ($s = 0$)? h) Faça um gráfico de m em função de s para um espelho côncavo. i) Para que valores de s a imagem é direita e maior do que o objeto? j) Para que valores de s a imagem é invertida? k) Para que valores de s a imagem é menor do que o objeto? l) O que ocorre com o tamanho da imagem quando o objeto é colocado sobre o foco?

34.12 Use as fórmulas para s' e m obtidas no item (a) do Exercício 34.11 para fazer um gráfico de s' em função de s para o caso $f < 0$ (um espelho convexo). a) Para que valores de s o valor de s' é positivo? b) Para que valores de s o valor de s' é negativo? c) Onde se forma a imagem quando o objeto está no infinito? d) Onde se forma a imagem se o objeto está junto ao espelho ($s = 0$)? Para que valores de s a imagem é e) direita; f) invertida; g) maior do que o objeto; h) menor do que o objeto?

34.13 **Espelho dental.** Uma dentista usa um espelho curvo para ver os dentes da parte superior da boca. Suponha que ela queira uma imagem direita com uma ampliação de 2,0 quando o espelho está a 1,25 cm de um dente. (Considere, neste problema, que o objeto e a imagem estão dispostos ao longo de uma linha reta.) a) Que tipo de espelho (côncavo ou convexo) é necessário? Use um diagrama de raios para decidir, sem fazer nenhum cálculo. b) Qual deve ser a distância focal e o raio de curvatura desse espelho? c) Faça um diagrama dos raios principais para verificar sua resposta na parte (b).

34.14 Um espelho de barbear côncavo possui raio de curvatura igual a 32,0 cm. a) Qual é a ampliação da face de uma pessoa que está a 12,0 cm à esquerda do vértice do espelho? b) Onde se forma a imagem? Ela é real ou virtual? c) Faça um diagrama dos raios principais mostrando a formação da imagem.

Seção 34.3 Refração em uma superfície esférica

34.15 Um grão de poeira está imerso em uma camada de gelo a uma distância de 3,50 cm abaixo da superfície do gelo (n = 1,309). Qual é a profundidade aparente do grão quando observado normalmente de cima para baixo?

34.16 No fundo de um tanque com água até uma profundidade de 20,0 cm existe um espelho. Um peixe imóvel flutua a 7,0 cm abaixo da superfície da água. a) Qual é a profundidade aparente do peixe quando observamos normalmente de cima para baixo? b) Qual é a profundidade aparente da imagem do peixe quando observamos normalmente de cima para baixo?

34.17 **Um aquário esférico.** Um pequeno peixe tropical está no centro de um aquário esférico com diâmetro de 28,0 cm e cheio de água. a) Determine a posição aparente e a ampliação do peixe em relação a um observador na parte externa do aquário. Despreze os efeitos da parede fina do aquário esférico. b) Um amigo aconselha ao dono do aquário que não mantenha o aquário exposto aos raios solares porque o peixe poderia ficar cego quando ele estivesse nadando nas vizinhanças do foco formado pelos raios solares paralelos. O foco se forma realmente no interior do aquário?

34.18 A extremidade esquerda de um longo bastão de vidro com diâmetro de 6,0 cm é uma superfície hemisférica convexa com raio de 3,0 cm. O índice de refração do vidro é igual a 1,60. Determine a posição da imagem quando um objeto é colocado no ar ao longo do eixo do bastão para as seguintes distâncias à esquerda do vértice da extremidade curva: a) distância infinita; b) 12,0 cm; c) 2,0 cm.

35.19 O bastão mencionado no Exercício 34.18 é imerso em óleo (n = 1,45). Um objeto colocado à esquerda do bastão sobre o eixo do bastão forma uma imagem a 1,20 m no interior do bastão. A que distância da extremidade esquerda do bastão o objeto deve ser colocado para formar a imagem?

34.20 A extremidade esquerda de um longo bastão de vidro com diâmetro de 8,0 cm e índice de refração igual a 1,60 é uma superfície hemisférica convexa com raio de 4,0 cm. Um objeto em forma de seta com uma altura de 1,50 mm é colocado ortogonalmente ao eixo do bastão a uma distância de 24,0 cm à esquerda do vértice da superfície convexa. Determine a posição e a altura da imagem da seta formada pelos raios paraxiais que incidem sobre a superfície convexa. A imagem é direita ou invertida?

34.21 Repita o Exercício 34.20 supondo que a extremidade esquerda do bastão seja uma superfície hemisférica *côncava* com raio igual a 4,0 cm.

34.22 O bastão de vidro do Exercício 34.21 é imerso em um líquido. Um objeto a 14,0 cm do vértice da extremidade esquerda do bastão e sobre seu eixo forma uma imagem em um ponto a 9,0 cm do vértice dentro do líquido. Qual é o índice de refração do líquido?

Seção 34.4 Lentes delgadas

34.23 Um inseto com 3,75 mm de altura é colocado 22,5 cm à esquerda de uma lente delgada plano-convexa. A superfície esquerda dessa lente é plana, a superfície direita possui um raio de curvatura de módulo 13,0 cm, e o índice de refração do material da lente é 1,70. a) Calcule a localização e o tamanho da imagem que essa lente forma do inseto. Ela é real ou virtual? Direita ou invertida? b) Repita parte (a) invertendo a lente.

34.24 Uma lente forma uma imagem de um objeto. A distância entre o objeto e o vértice da lente é 16,0 cm. A imagem se forma a 12,0 cm do vértice e do mesmo lado onde se encontra o objeto. a) Qual é a distância focal da lente? A lente é convergente ou divergente? b) Se o objeto possui uma altura de 8,50 mm, qual é a altura da imagem? A imagem é direita ou invertida? c) Faça um diagrama dos raios principais.

34.25 Uma lente menisco convergente (ver Figura 34.32a) com um índice de refração de 1,52 possui superfícies esféricas cujos raios são 7,0 cm e 4,0 cm. Qual é a posição da imagem se um objeto é colocado 24,0 cm à esquerda da lente? Qual é a ampliação?

34.26 Uma lente convergente com distância focal de 90,0 cm forma uma imagem de um objeto com altura igual a 3,20 mm situado à esquerda da lente. A imagem é invertida e possui altura de 4,50 cm. Onde estão localizados o objeto e a imagem? A imagem é real ou virtual?

34.27 Uma lente convergente forma uma imagem de um objeto real de 8,0 mm de altura. A imagem está 12,0 cm à esquerda da lente, é direita e possui 3,40 cm de altura. Qual é a distância focal da lente? Onde o objeto está situado?

34.28 Um slide está situado à esquerda de uma lente. A lente projeta a imagem do slide sobre uma parede situada a uma distância de 6,0 m à direita do slide. O tamanho da imagem é 80 vezes maior do que o tamanho do slide. a) Qual é a distância entre o slide e a lente? b) A imagem é direita ou invertida? c) Qual é a distância focal da lente? A lente é convergente ou divergente?

34.29 Uma lente delgada biconvexa possui superfícies com raios de curvatura iguais em módulo e medindo 2,50 cm. Olhando através dessa lente, você observa que ela forma uma imagem de uma árvore distante 1,87 cm da lente. Qual é o índice de refração da lente?

34.30 Suponha que as seis lentes mostradas na Figura 34.32 estejam imersas no ar. Cada uma dessas lentes é feita de um material com índice de refração $n > 1$. Considere cada uma delas individualmente e imagine que a luz entre nas lentes pelo lado esquerdo. Prove que as três lentes da Figura 34.32a possuem distâncias focais *positivas* e, portanto, são lentes *convergentes*. Prove também que as três lentes da Figura 34.32b possuem distâncias focais *negativas* e, portanto, são lentes *divergentes*.

34.31 Os exercícios 34.11 a 34.12 referem-se a espelhos esféricos. a) Mostre que as fórmulas para s' e para m deduzidas na parte (a) do Exercício 34.11 também se aplicam a lentes delgadas. b) Um espelho côncavo é usado no exercício 34.11. Repita esses exercícios para uma lente convergente. Existe alguma diferença nos resultados quando o espelho é substituído pela lente? Explique. c) Um espelho convexo é usado nos exercícios 34.12. Repita esses exercícios para uma lente divergente. Existe alguma diferença nos resultados quando o espelho é substituído pela lente? Explique.

34.32 Uma lente convergente com uma distância focal de 12,0 cm forma uma imagem com altura de 8,0 mm, situada a 17,0 cm à direita da lente. Determine a posição e a altura do objeto. A imagem é direita ou invertida? A imagem e o objeto estão do mesmo lado da lente ou estão em lados opostos? Faça um diagrama dos raios principais para essa situação.

34.33 Repita o Exercício 34.32 considerando uma lente divergente com distância focal de – 48,0 cm.

34.34 Um objeto está situado a uma distância de 16,0 cm à esquerda de uma lente. A imagem se forma a uma distância de 36,0 cm à direita da lente. a) Qual é a distância focal da lente? A lente é convergente ou divergente? b) Sabendo que a altura do objeto é igual a 8,0 mm, qual é a altura da imagem? A imagem é direita ou invertida? c) Faça um diagrama dos raios principais.

Seção 34.5 Câmeras

34.35 A lente de uma dada máquina fotográfica possui distância focal igual a 200 mm. Se a lente está a uma distância de 20,4 cm do filme, qual deve ser a distância entre a máquina fotográfica e o objeto a ser fotografado?

34.36 Quando ajustamos o foco de uma máquina fotográfica, a lente se aproxima ou se afasta do filme. Se você está fotografando um amigo que está 3,90 m distante da lente usando uma máquina fotográfica com distância focal de 85 mm, qual é a distância entre a lente e o filme? Se a altura do seu amigo é 175 cm e o filme é de 24 × 36 mm, a imagem do seu amigo ficará completa?

34.37 A Figura 34.41 mostra diversas fotografias da mesma cena fotografada com diversas lentes e distâncias focais diferentes. Quando o objeto está a 200 m da lente, qual é a ampliação transversal para uma lente com distância focal de: a) 28 mm; b) 105 mm; c) 300 mm?

34.38 Um fotógrafo tira uma fotografia de um Boeing 747 (comprimento de 70,7 m) quando ele está passando a uma altitude de 9,50 km diretamente acima de sua cabeça. A lente possui uma distância focal igual a 5,0 m. Qual é o comprimento da imagem do avião no filme?

34.39 **Escolha da lente para uma máquina fotográfica.** O tamanho de cada imagem no filme da máquina fotográfica comum de 35 mm é de 24 mm x 36 mm. As distâncias focais das lentes disponíveis para as máquinas fotográficas de 35 mm incluem, entre outros, os seguintes valores típicos: 28, 35, 50 (para as chamadas lentes 'normais'), 85, 100, 135, 200 e 300 mm. Escolha quais dessas lentes devem ser usadas para fotografar os seguintes objetos, supondo que cada objeto deva preencher a maior parte da área disponível de cada imagem: a) Um edifício de 240 m de altura e 160 m de largura a uma distância de 600 m. b) Um trailer com 9,6 m de comprimento a uma distância de 40,0 m.

34.40 **Lente zoom.** Considere o modelo simples de lente zoom apresentado na Figura 34.43a. A lente convergente possui distância focal f_1 = 12 cm e a lente divergente possui distância focal f_2 = –12 cm. A distância entre as lentes mostradas na Figura 34.43a é de 4 cm. a) Para um objeto distante, onde se forma a imagem produzida pela lente convergente? b) A imagem da lente convergente serve de objeto para a lente divergente. Qual é a distância do objeto para a lente divergente? c) Onde se forma a imagem final? Compare sua resposta com a Figura 34.43a. d) Repita os itens (a), (b) e (c) para a situação indicada na Figura 34.43b, na qual a distância entre as lentes é de 8 cm.

34.41 Uma lente de máquina fotográfica tem uma distância focal de 180,0 mm e um diâmetro de abertura de 16,36 mm. a) Qual é o número f da lente? b) Se a exposição correta de uma certa cena é $\frac{1}{30}$ s para f/11, qual é exposição correta para f/2,8?

34.42 Lembre-se de que a intensidade da luz chegando ao filme em uma câmera é proporcional à área efetiva da lente. A câmera A tem uma lente com um diâmetro de abertura de 8,0 mm, e fotografa um objeto usando a exposição de tempo correta, de $\frac{1}{30}$ s. Que exposição de tempo deveria ser usada com a câmera B para fotografar o mesmo objeto com o mesmo filme se essa câmera possui uma lente com um diâmetro de abertura de 23,1 mm?

34.43 **Fotografia.** Uma câmera de 35 mm possui uma lente padrão com distância focal de 50 mm e pode focalizar objetos entre 45 cm e o infinito. a) A lente dessa câmera é côncava ou convexa? b) A câmera é focalizada girando-se a lente, o que desloca a câmera e altera a sua distância do filme. Em que intervalo de distâncias entre a lente e o plano do filme a lente deve se mover para focalizar adequadamente nesse intervalo de 45 cm até o infinito?

34.44 Você deseja projetar a imagem de um slide sobre uma tela a 9,0 m da lente de um projetor de slides. a) Se o slide é colocado a 15,0 cm da lente, que distância focal lente é necessária? b) Se as dimensões de um slide colorido de 35 mm são 24 mm × 36 mm, qual é o tamanho mínimo que a tela do projetor precisa ter para que a imagem caiba?

Seção 34.6 O olho

34.45 a) Onde se localiza o ponto próximo de um olho que deve usar uma lente de contato com potência de +2,75 dioptrias? b)

Onde se localiza o ponto distante de um olho que deve usar uma lente de contato com potência de −1,30 dioptrias para poder ver nitidamente objetos afastados?

34.46 **Curvatura da córnea.** No modelo simplificado do olho humano, o humor vítreo, o humor aquoso e o cristalino possuem um mesmo índice de refração igual a 1,40, e toda refração ocorre na córnea, cujo vértice está a uma distância de 2,60 cm da retina. Qual deve ser o raio de curvatura da córnea para que a imagem de um objeto situado a 40,0 cm do vértice da córnea seja focalizada sobre a retina?

34.47 **Lentes corretivas.** Determine a potência de uma lente de contato corretiva para: a) um olho com hipermetropia cujo ponto próximo está a 60,0 cm; b) um olho com miopia cujo ponto distante está a 60,0 cm.

Seção 34.7 A lupa

34.48 Uma lente delgada com distância focal igual a 6,0 cm é usada como lupa simples. a) Qual é a ampliação angular da imagem obtida com essa lente quando o objeto está sobre o seu foco? b) Quando um objeto é examinado através dessa lente, até que distância ele pode se aproximar da lente? Suponha que a imagem vista pelo olho seja formada sobre o ponto próximo que está a 25,0 cm do olho e que a lente esteja muito próxima do olho.

34.49 A distância focal de uma lupa simples é 8,0 cm. Suponha que a lupa seja uma lente delgada muito próxima do olho. a) A que distância um objeto deve ser colocado para que a imagem seja formada sobre o ponto próximo que está a 25,0 cm do olho? b) Se o objeto possui uma altura igual a 1,0 mm, qual é a altura da imagem formada pela lupa?

34.50 Você deseja ver um inseto de comprimento igual a 2,0 mm através de uma lupa. Se o objeto deve ficar no foco da lupa, que distância focal permite que o inseto seja visto com um tamanho angular igual a 0,025 radianos?

34.51 Você está examinando uma formiga com uma lupa com distância focal igual a 4,0 cm. Se o tamanho da imagem for 6,50 vezes maior do que o tamanho da formiga, a que distância a formiga deve ficar da lente? Em relação à lente, onde se forma a imagem?

Seção 34.8 Microscópios e telescópios

34.52 **Resolução de um microscópio.** A objetiva de um microscópio com distância focal de 5,0 mm forma uma imagem a uma distância de 160 mm do seu segundo foco. A ocular possui distância focal igual a 26,0 mm. a) Qual é a ampliação angular do microscópio? b) O olho nu consegue distinguir dois pontos nas vizinhanças do ponto próximo quando a distância entre os pontos for aproximadamente igual a 0,10 mm. Qual é a separação mínima que pode ser resolvida com esse microscópio?

34.53 A distância focal da ocular de um certo microscópio é 18,0 mm. A distância entre a objetiva e a ocular é 19,7 cm. A imagem final formada pela ocular se encontra no infinito. Suponha que todas as lentes apresentem o comportamento de lentes delgadas. a) A que distância da objetiva o objeto deve ser visto? b) Qual é o módulo da ampliação linear produzida pela objetiva? c) Qual é a ampliação angular total produzida pelo microscópio?

34.54 Um certo microscópio é equipado com objetivas com distâncias focais de 16 mm, 4 mm e 1,9 mm e oculares com ampliações angulares de 5× e 10×. Cada objetiva forma uma imagem a uma distância de 120 mm além do seu segundo foco. Determine: a) a maior ampliação angular total obtida; b) a menor ampliação angular total obtida.

34.55 O telescópio refrator Yerkes da Universidade de Chicago possui uma objetiva com diâmetro igual a 1,02 m e um número *f* igual a 19,0. (Trata-se do maior telescópio refrator existente atualmente no mundo.) Qual é sua distância focal?

34.56 A ocular de um telescópio refrator (Figura 34.53) possui uma distância focal igual a 9,0 cm. A distância entre a objetiva e a ocular é 1,80 m e a imagem final se forma no infinito. Qual é a ampliação angular do telescópio?

34.57 Um telescópio é construído a partir de duas lentes com distâncias focais de 95,0 cm e 15,0 cm, sendo usada como objetiva, a lente de 95,0 cm. Tanto o objeto quanto a imagem final se encontram no infinito. a) Encontre a ampliação angular do telescópio. b) Encontre a altura da imagem formada pela objetiva para um edifício com altura de 60,0 m situado a uma distância igual a 3,0 km. c) Qual é o tamanho angular da imagem final vista por um olho próximo da ocular?

34.58 Saturno é visto com o telescópio refrator do Observatório Lick, da Universidade da Califórnia (distância focal da objetiva igual a 18 m). Se o diâmetro da imagem de Saturno produzida pela objetiva é 1,7 mm, que ângulo Saturno subtende quando visto da Terra?

34.59 Um telescópio refletor (ver a Figura 34.55a) deve ser feito usando-se um espelho esférico com raio de curvatura igual a 1,30 m e uma ocular com distância focal igual a 1,10 cm. A imagem final se forma no infinito. a) Qual deve ser a distância entre o vértice do espelho e a ocular para um objeto situado no infinito? b) Qual será a ampliação angular?

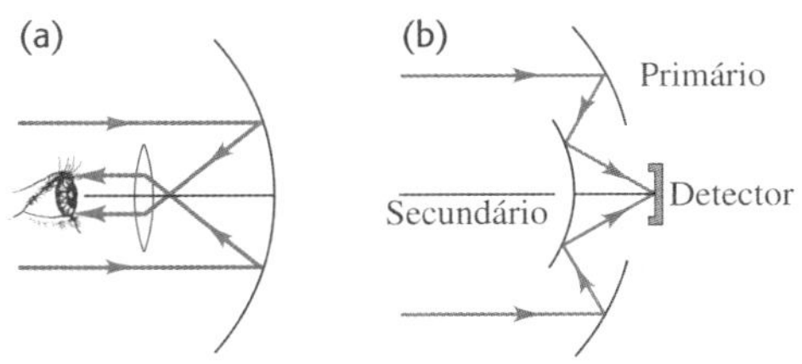

Figura 34.55 Exercícios 34.59 e 34.60; Problema 34.112.

34.60 Um telescópio Cassegrain é um telescópio refletor que usa dois espelhos, com o espelho secundário focalizando a imagem por um furo no espelho primário (de maneira semelhante ao desenho na Figura 34.55b). Você deseja focalizar a imagem de uma galáxia distante no detector mostrado na Figura. Se o espelho primário tem uma distância focal de 2,5 m, o espelho secundário tem uma distância focal de −1,5 m e a distância do vértice do espelho primário ao detector é 15 cm. Qual deve ser a distância entre os vértices dos dois espelhos?

Problemas

34.61 Se você se afasta perpendicularmente de um espelho plano com uma velocidade de 2,40 m/s, com que velocidade a imagem se afasta de você?

34.62 Um objeto é colocado entre dois espelhos que formam um ângulo reto, sendo d_1 a distância a um dos espelhos e d_2 a distância ao outro espelho. a) Quantas imagens se formam? Mostre a localização das imagens usando um diagrama. b) Desenhe as trajetórias dos raios até o olho do observador.

34.63 Qual é a menor altura de um espelho plano vertical para que uma mulher de altura *h* possa ver sua imagem completa no espelho?

34.64 Uma lâmpada está a uma distância de 4,0 m de uma parede. Você deve usar um espelho côncavo para projetar a imagem da lâmpada na parede, de modo que a imagem seja 2,25 vezes maior do que o objeto. Qual deve ser a distância entre o espelho e a parede? Qual deve ser seu raio de curvatura?

34.65 Um espelho côncavo deve formar a imagem do filamento da lâmpada de um farol de automóvel sobre uma tela situada a uma distância de 8,0 m do espelho. O filamento possui uma altura igual a 6,0 mm e a altura da imagem é 36,0 cm. a) A que distância do vértice do espelho o filamento deve ser colocado? b) Qual deve ser o raio de curvatura do espelho?

34.66 **Espelho retrovisor.** Um espelho do lado do passageiro de um carro é convexo e possui um raio de curvatura cujo valor absoluto é 18,0 cm. a) Outro carro é visto nesse espelho e está a uma distância de 13,0 m atrás do espelho. Se a altura desse carro é 1,5 m, qual é a altura da imagem? b) O fabricante do espelho imprimiu sobre o espelho uma frase alertando que os objetos vistos no espelho estão mais próximos do que parecem. Por que isso ocorre?

34.67 Suponha que o filamento da lâmpada do Exemplo 34.1 (Seção 34.2) seja deslocado para uma distância de 8,0 cm em frente ao espelho. a) Onde a imagem se forma nesse caso? Ela é real ou virtual? b) Qual é a altura da imagem? Ela é direita ou invertida? c) No Exemplo 34.1, o filamento está a uma distância de 10,0 cm em frente ao espelho, e a imagem do filamento se forma sobre a parede situada a uma distância de 3,0 m do espelho. Quando o filamento está a uma distância de 8,0 cm em frente ao espelho, é possível colocar uma parede sobre a qual se forme a imagem? Caso seja possível, explique onde ela deve ser colocada. Caso não seja possível, explique por quê.

34.68 Onde você deve colocar um objeto em frente a um espelho côncavo com raio R para que a imagem seja direita e 2,5 vezes maior do que o objeto? Onde se forma a imagem?

34.69 **Objeto virtual.** Quando a luz que incide sobre o lado esquerdo de um espelho convexo não diverge de um ponto objeto, porém converge para um ponto situado a uma distância s (negativa) do lado direito do espelho, chamamos esse ponto de *objeto virtual*. a) Em um espelho convexo com raio de curvatura igual a 24,0 cm, para qual intervalo de posições do objeto virtual se forma uma imagem real? b) Qual é a orientação da imagem real? c) Faça um diagrama dos raios principais mostrando a formação dessa imagem.

34.70 Uma camada de benzeno (n = 1,50) com espessura de 2,60 cm flutua sobre uma camada de água (n = 1,33) com espessura de 6,50 cm. Qual é a distância aparente entre a superfície superior da camada de benzeno e o fundo da camada de água quando a observação é feita perpendicularmente de cima para baixo?

34.71 Faça um esboço dos diversos tipos de lentes delgadas que podem ser obtidos combinando duas superfícies cujos raios de curvatura são 4,0 cm e 8,0 cm em módulo. Quais são convergentes e quais são divergentes? Calcule a distância focal de cada uma dessas lentes se as superfícies são feitas de vidro com índice de refração igual a 1,60.

34.72 A Figura 34.56 mostra uma plantinha perto de uma lente delgada. O raio mostrado é um dos raios principais da lente. Cada quadrado tem 2,0 cm na direção horizontal, mas na direção vertical a escala é diferente. Use as informações do diagrama para responder às seguintes questões: a) Usando apenas o raio mostrado, decida qual é o tipo de lente (convergente ou divergente). b) Qual é a distância focal da lente? c) Localize a imagem desenhando os outros dois raios principais. d) Calcule onde a imagem deveria estar, e compare esse resultado com a solução gráfica da parte (c).

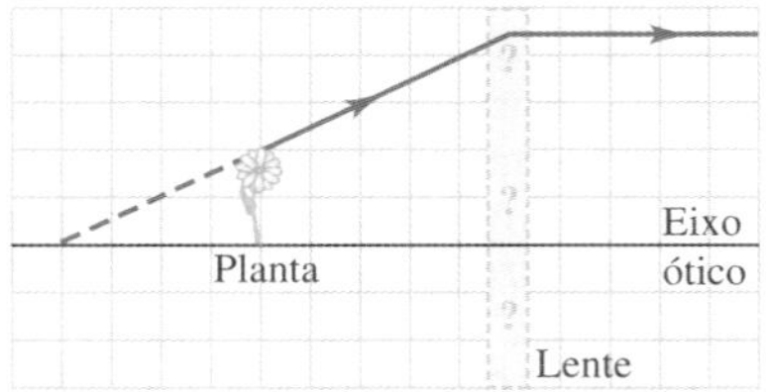

Figura 34.56 Problema 34.72.

34.73 Você está dirigindo seu carro em uma auto-estrada a 25 m/s quando olha no espelho do lado do passageiro (um espelho convexo com raio de curvatura de 150 cm) e nota um caminhão se aproximando. Se a imagem do caminhão está se aproximando do vértice do espelho à velocidade de 1,5 m/s quando o caminhão está a 2,0 m de distância, qual é a velocidade do caminhão em relação à estrada?

34.74 Um microscópio focaliza a superfície superior de um prato de vidro. Um segundo prato é então colocado sobre o primeiro. Para focalizar a superfície inferior do segundo prato, o microscópio deve ser erguido 0,780 mm. Para focalizar a superfície superior, ele deve ser erguido mais 2,50 mm. Calcule o índice de refração do segundo prato.

34.75 **Uma imagem em três dimensões.** A ampliação *longitudinal* é definida como $m' = ds'/ds$. Ela relaciona a dimensão longitudinal de um objeto pequeno com a dimensão longitudinal da sua imagem. a) Mostre que, para um espelho esférico, a ampliação longitudinal é dada por $m' = -m^2$. Qual é o significado físico do fato de m' possuir *sempre* valor negativo? b) Um objeto de arame formando um pequeno cubo de 1,0 mm de aresta é colocado com o centro sobre o eixo de um espelho côncavo com raio de curvatura de 150,0 cm. As arestas do cubo ou são paralelas ao eixo ou perpendiculares ao eixo. A face do cubo de frente para o espelho está a uma distância de 200,0 cm à esquerda do vértice do espelho. Determine i) a posição da imagem dessa face e da imagem da face oposta; ii) a ampliação transversal e a ampliação longitudinal; iii) a forma e o tamanho de cada uma das seis faces da imagem do cubo.

34.76 Tome como referência o Problema 34.75. Mostre que a ampliação longitudinal m' para a refração em uma interface esférica é dada por

$$m' = -\frac{n_b}{n_a}m^2$$

34.77 **Câmera de caixa de sapato.** Uma câmera de caixa de sapato é feita com uma caixa retangular com um pequeno buraco em uma das faces. O filme fica na face oposta a esse furo, que é onde a imagem é formada. A câmera forma uma imagem *sem* uma lente. a) Desenhe um diagrama de raios nítido para mostrar como uma câmera de caixa de sapato pode formar uma imagem em um filme sem usar lente. (*Sugestão*: coloque um objeto fora da câmera junto ao furo, e então desenhe raios passando pelo furo até o lado oposto da caixa.) b) Uma certa câmera é feita com uma caixa de 25 cm quadrados e 20,0 cm de profundidade, com o furo no centro de uma das faces de 25 x 25 cm. Se essa câmera for usada para fotografar uma galinha furiosa de 18 cm de altura e a uma distância de 1,5 m diante da câmera, qual será o tamanho da imagem da galinha no filme? Qual é a ampliação dessa câmera?

34.78 **Uma barra de vidro.** Ambas as extremidades de uma barra com índice de refração 1,60 são polidas de modo a formar duas superfícies hemisféricas convexas. O raio de curvatura da extremidade esquerda é igual a 6,0 cm e o raio de curvatura da extremidade direita é igual a 12,0 cm. O comprimento da barra entre os vértices é igual a 40,0 cm. O objeto para a superfície da extremidade esquerda é uma seta situada a 23,0 cm à esquerda do vértice dessa superfície. A seta possui altura de 1,50 mm e está localizada perpendicularmente ao eixo da barra. a) Qual é o objeto para a superfície da extremidade direita da barra? b) Qual é distância do objeto para essa superfície? c) O objeto para essa superfície é real ou virtual? (*Sugestão*: veja o Problema 34.69.) d) Qual é a posição da imagem final? e) A imagem final é real ou virtual? Ela é direita ou invertida em relação ao objeto original? f) Qual é a altura da imagem final?

34.79 A barra do Problema 34.78 é encurtada e a distância entre seus vértices passa para 25,0 cm; os raios de curvatura das extremidades permanecem inalterados. Como no Problema 34.78, o objeto para a superfície da extremidade esquerda é uma seta situada a 23,0 cm à esquerda do vértice dessa superfície. A seta possui altura de 1,50 mm e está localizada perpendicularmente ao eixo da barra. a) Qual é a distância do objeto para a superfície da extremidade direita da barra? b) O objeto para essa superfície é real ou virtual? c) Qual é a posição da imagem final? d) A imagem final é real ou virtual? Ela é direita ou invertida em relação ao objeto original? e) Qual é a altura da imagem final?

34.80 A Figura 34.57 mostra um objeto e sua imagem formada por uma lente delgada. a) Qual é a distância focal da lente, e qual é o tipo de lente (convergente ou divergente)? b) Qual é a altura da imagem? Ela é real ou virtual?

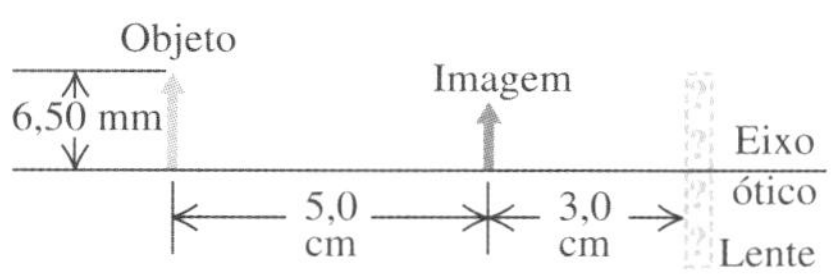

Figura 34.57 Problema 34.80.

34.81 A Figura 34.58 mostra um objeto e sua imagem formada por uma lente delgada. a) Qual é a distância focal da lente, e qual é o tipo de lente (convergente ou divergente)? (b) Qual é a altura da imagem? Ela é real ou virtual?

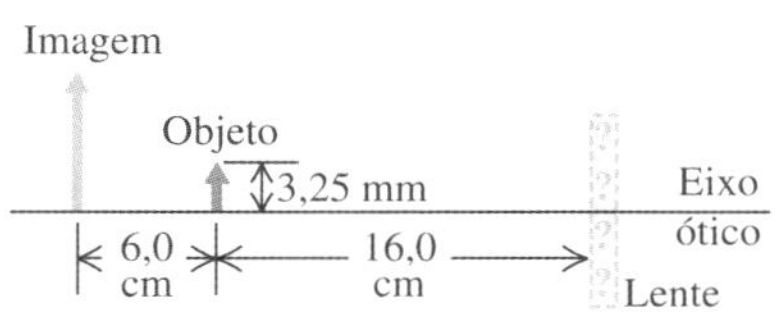

Figura 34.58 Problema 34.81.

34.82 Uma barra transparente com 30,0 cm de comprimento é cortada formando um plano em uma extremidade e uma superfície hemisférica de raio igual a 10,0 cm na outra extremidade. Um objeto é colocado no interior da barra em um ponto do eixo eqüidistante das extremidades da barra, ou seja, a 15,0 cm da extremidade plana e a 15,0 cm do vértice da extremidade curva. Quando observado através da extremidade plana, o objeto está a uma profundidade aparente de 9,50 cm da extremidade plana. Qual é a profundidade aparente quando observado através da extremidade curva?

34.83 Um hemisfério sólido de vidro com raio igual a 12,0 cm e índice de refração n = 1,50 é colocado com sua superfície plana apoiada sobre uma mesa. Um feixe de raios paralelos com seção reta e diâmetro igual a 3,80 mm incide verticalmente de cima para baixo e entra no hemisfério através do centro de sua superfície curva. a) Qual é o diâmetro do círculo de luz que se forma sobre a mesa? b) De que modo seu resultado depende do raio do hemisfério?

34.84 Uma espessa taça de vinho apoiada sobre uma mesa pode ser considerada uma esfera oca de vidro com raio externo igual a 4,0 cm e raio interno de 3,40 cm. O índice de refração do vidro da taça é igual a 1,50. a) Um feixe de raios paralelos entra na taça vazia ao longo de um eixo horizontal. Caso se forme uma imagem, onde ela se forma? b) A taça está cheia de vinho branco (n = 1,37). Onde se forma a imagem?

34.85 **Foco do olho.** A córnea do olho possui um raio de curvatura de aproximadamente 0,50 cm, e o humor aquoso atrás dela possui um índice de refração de 1,35. A espessura da córnea é pequena o bastante para que possamos desprezá-la. A profundidade de um olho humano típico é aproximadamente 25 mm. a) Qual deveria ser o raio de curvatura da córnea para que ela sozinha focalizasse a imagem de uma montanha distante na retina, que fica na parte de trás do olho, do lado oposto à córnea? b) Se a córnea focalizasse a montanha corretamente na retina como descrito na parte (a), ela também focalizaria o texto de uma tela de computador na retina se essa tela estivesse a uma distância de 25 cm na frente do olho? Em caso negativo, onde esse texto seria focalizado: na frente ou atrás da retina? c) Dado que a córnea possui um raio de curvatura de cerca de 5,0 mm, onde a montanha é realmente focalizada? Na frente ou atrás da retina? Isso ajuda você a ver por que o olho necessita da ajuda de uma lente para completar a tarefa de focalizar?

34.86 Uma barra transparente com 50,0 cm de comprimento e índice de refração de 1,60 é cortada formando um plano na extremidade direita e uma superfície hemisférica com um raio de 15,0 cm na extremidade esquerda. Um objeto é colocado 12,0 cm à esquerda do vértice da superfície hemisférica. a) Qual é a posição da imagem final? b) Qual é a ampliação?

34.87 Qual deve ser o índice de refração de uma esfera transparente para que os raios paraxiais provenientes de um objeto no infinito sejam focalizados no vértice da superfície oposta ao ponto de incidência?

34.88 Um bastão de vidro com índice de refração igual a 1,55 é raspado e polido em ambas as extremidades para formar superfícies hemisféricas com raios de 6,0 cm. Quando um objeto é colocado sobre o eixo do bastão, 25,0 cm à esquerda da extremidade esquerda, a imagem final é formada 65,0 cm à direita da extremidade direita. Qual é o comprimento do bastão medido entre os vértices das duas superfícies hemisféricas?

34.89 Duas lentes delgadas com distâncias focais de módulo 15,0 cm, a primeira divergente e a segunda convergente, são colocadas a 12,0 cm de distância uma da outra. Um objeto com 4,0 mm de altura é colocado 5,0 cm à esquerda da primeira lente (divergente). a) Qual é a posição da imagem formada pela primeira lente? b) A que distância do objeto é formada a imagem final? c) A imagem final é real ou virtual? d) Qual é a altura da imagem final? A imagem final é direita ou invertida?

34.90 Os raios de curvatura de uma lente delgada convergente em forma de menisco são dados por $R_1 = +12{,}0$ cm e $R_2 = +28{,}0$ cm. Seu índice de refração é 1,60. a) Determine a posição e o tamanho da imagem de um objeto em forma de seta com altura de 5,0 mm, perpendicular ao eixo da lente, situado a uma distância de 45,0 cm à esquerda da lente. b) Uma segunda lente delgada convergente, com a mesma distância focal, é colocada a uma distância de 3,15 m à direita da primeira lente. Determine a posição e o tamanho da imagem final. A imagem final é direita ou invertida em relação ao objeto original? c) Repita o item (b) considerando a segunda lente a uma distância de 45,0 cm à direita da primeira lente e mantendo inalterados os demais valores.

34.91 A imagem de um objeto situado à esquerda forma-se sobre uma tela a uma distância de 30,0 cm à direita da lente. Quando a lente é deslocada 4,0 cm para a direita, a tela deve se deslocar 4,0 cm para a esquerda para que a imagem seja novamente focalizada. Determine a distância focal da lente.

34.92 Para a refração em uma interface esférica, a primeira distância focal f é definida como o valor de s correspondente a $s' = \infty$, como na Figura 34.59a. A segunda distância focal f' é definida como o valor de s' correspondente a $s = \infty$, como indicado na Figura 34.59b. a) Prove que $n_a / n_b = f / f'$. b) Prove que a relação geral entre a distância do objeto e a distância da imagem é dada por

$$\frac{f}{s} + \frac{f'}{s'} = 1$$

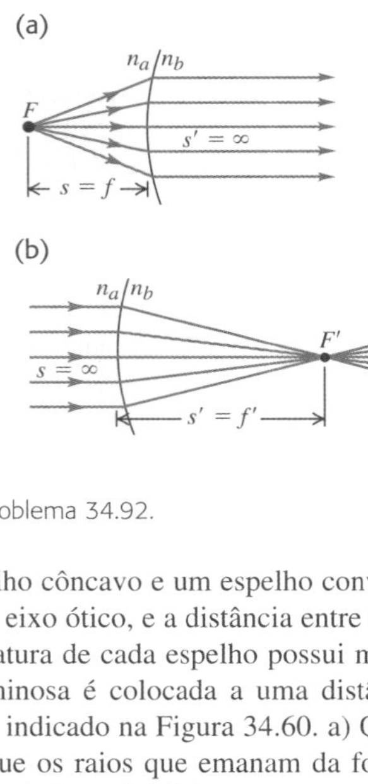

Figura 34.59 Problema 34.92.

34.93 Um espelho côncavo e um espelho convexo são colocados sobre o mesmo eixo ótico, e a distância entre eles é $L = 0{,}600$ m. O raio de curvatura de cada espelho possui módulo de 0,360 m. Uma fonte luminosa é colocada a uma distância x do espelho côncavo, como indicado na Figura 34.60. a) Qual deve ser a distância x para que os raios que emanam da fonte retornem a ela depois de se refletirem inicialmente no espelho convexo e a seguir no espelho côncavo? b) Repita o cálculo do item (a) supondo que os raios se reflitam inicialmente no espelho côncavo e a seguir no espelho convexo.

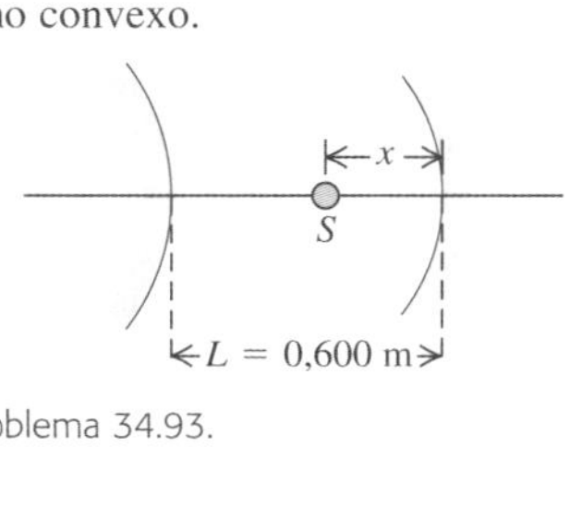

Figura 34.60 Problema 34.93.

34.94 Na Figura 34.61, a vela está no centro de curvatura do espelho côncavo cuja distância focal é 10,0 cm. A lente convergente possui distância focal igual a 32,0 cm e está a uma distância de 85,0 cm à direita da vela. A vela é vista através da lente por um observador situado à direita da lente. A lente forma duas imagens da vela. A primeira é formada pela luz que passa diretamente através da lente. A segunda é formada pela luz que passa pela lente, atinge o espelho, é refletida e a seguir passa novamente pela lente. a) Faça um diagrama dos raios principais mostrando a localização de cada uma dessas imagens. b) Para cada uma das imagens, responda: i) onde está a imagem? ii) a imagem é real ou virtual? iii) a imagem final é direita ou invertida em relação ao objeto original?

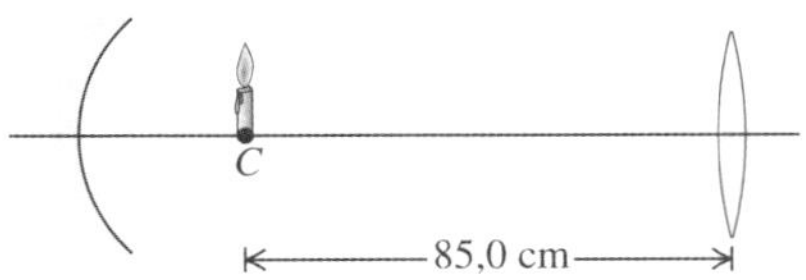

Figura 34.61 Problema 34.94.

34.95 Uma das extremidades de um longo bastão de vidro é raspada até assumir uma forma hemisférica convexa. O índice de refração desse vidro é 1,55. Quando uma pequena folha é colocada a uma distância de 20,0 cm em frente ao centro do hemisfério junto ao eixo ótico, uma imagem é formada dentro do vidro a 9,12 cm da superfície esférica. Onde seria formada a imagem se o vidro estivesse agora imerso na água (índice de refração 1,33), mas todos os outros valores se mantivessem inalterados?

34.96 **Duas lentes em contato.** a) Prove que, quando duas lentes delgadas com distâncias focais f_1 e f_2 estão *em contato*, a distância focal f da combinação é dada por

$$\frac{1}{f} = \frac{1}{f_1} + \frac{1}{f_2}$$

b) Uma lente menisco convergente (Figura 34.32a) possui índice de refração igual a 1,55 e suas superfícies apresentam raios de curvatura de 4,50 cm e 9,0 cm. A superfície côncava é colocada para cima e cheia com tetracloreto de carbono (CCl_4), com $n = 1{,}46$. Qual é a distância focal da combinação CCl_4−vidro?

34.97 Os raios provenientes de uma lente convergem para um ponto imagem P localizado à direita da lente. Determine a espessura t de uma placa de vidro com índice de refração 1,60 que deve ser colocada entre a lente e o ponto P para que a imagem passe a se formar em um ponto P', localizado a 0,30 cm à direita do ponto P. As localizações da placa de vidro e dos pontos P e P' são mostradas na Figura 34.62.

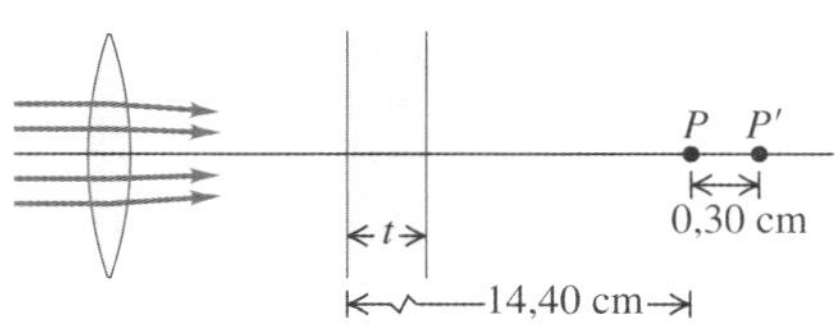

Figura 34.62 Problema 34.97.

34.98 **Uma lente em um líquido.** Uma lente obedece à lei de Snell, desviando os raios de luz em cada superfície com ângulos que dependem do índice de refração da lente e do índice de refração do material no qual a lente está imersa. a) A Equação (34.19) supõe que a lente esteja circundada pelo ar atmosférico. Em vez disso, suponha que uma lente delgada esteja imersa em um líquido com índice de refração $n_{líq}$. Mostre que a distância focal f' pod então ser dada pela Equação (34.19) substituindo-se n por $n / n_{líq}$. b) Uma lente delgada possui distância focal f e índice de refração n no vácuo. Use o resultado do item (a) para mostrar que, quando uma lente delgada está imersa em um líquido com índice de refração $n_{líq}$, sua nova distância focal é dada por

$$f' = \left[\frac{n_{líq}(n-1)}{n - n_{líq}}\right] f$$

34.99 Quando um objeto é colocado a uma distância apropriada à esquerda de uma lente convergente, a imagem é focalizada sobre uma tela situada a 30,0 cm à direita da lente. A seguir, uma lente divergente é colocada a 15,0 cm à direita da lente convergente e verifica-se que a tela deve ser afastada mais 19,2 cm para a direita para que seja obtida uma nova imagem nítida. Qual é a distância focal da lente divergente?

34.100 Um espelho esférico convexo cuja distância focal possui módulo igual a 24,0 cm é colocado a uma distância de 20,0 cm à esquerda de um espelho plano. Um objeto com altura de 0,250 cm é colocado na metade da distância entre a superfície do espelho plano e o vértice do espelho esférico. O espelho esférico forma muitas imagens do objeto. Determine a altura de cada imagem e a localização das duas imagens que se formam mais próximas do espelho esférico.

34.101 Uma placa de vidro com espessura de 3,50 cm e índice de refração 1,55 é mantida com suas faces na horizontal, de modo que sua face inferior esteja 6,0 cm acima de uma página impressa. Determine a posição da imagem formada pelos raios que fazem um pequeno ângulo com a normal ao plano.

34.102 Uma lente delgada simétrica biconvexa é feita de vidro com índice de refração de 1,52 e possui distância focal no ar igual a 40,0 cm. A lente fecha uma abertura na extremidade esquerda de um tanque cheio de água. Na extremidade direita do tanque, oposta à lente, existe um espelho plano situado a uma distância de 90,0 cm da lente. O índice de refração da água é igual $\frac{4}{3}$. a) Determine a posição da imagem formada pelo sistema lente-água-espelho referente a um pequeno objeto fora do tanque situado sobre o eixo da lente a uma distância de 70,0 cm à esquerda da lente. b) A imagem é real ou virtual? c) A imagem é direita ou invertida? d) Se o objeto possui uma altura de 4,0 mm, qual é a altura da imagem?

34.103 A sua máquina fotográfica possui uma lente com distância focal igual a 35,0 mm e o filme, largura igual a 36,0 mm. Ao fotografar um veleiro com 22,7 m de comprimento você verifica que a imagem do veleiro abrange somente um quarto da largura do filme. a) Qual é a distância entre você e o veleiro? b) Qual deve ser a distância entre você e o veleiro para que a imagem do veleiro preencha completamente a largura do filme?

34.104 Um objeto é colocado a uma distância de 18,0 cm de uma tela. a) Determine as posições dos dois pontos entre o objeto e a tela nos quais devemos colocar uma lente convergente com distância focal de 3,0 cm para que se forme uma imagem sobre a tela. b) Qual é a ampliação da imagem para cada uma dessas posições da lente?

34.105 Três lentes delgadas, com a mesma distância focal de 40,0 cm, são alinhadas ao longo de um eixo comum; a distância entre duas lentes consecutivas é 52,0 cm. Determine a posição da imagem de um objeto pequeno colocado sobre o eixo a uma distância de 80,0 cm à esquerda da primeira lente.

34.106 Uma câmera com uma lente de distância focal igual a 90 mm é usada para focalizar um objeto distante 1,30 m da lente. Para focalizar novamente outro objeto situado a uma distância de 6,50 m da lente, de quanto a distância entre a lente e o filme deve variar? Para focalizar novamente um objeto situado a uma distância maior da lente, a lente deve se aproximar ou se afastar do filme?

34.107 A dedução da expressão da ampliação angular, Equação (34.22), foi feita supondo o ponto próximo a uma distância de 25,0 cm. Na verdade, o ponto próximo varia com a idade como indicado na Tabela 34.1. A fim de se obter uma ampliação angular de 2,0 ×, qual é a distância focal que deve ser usada por uma pessoa com idade de a) 10 anos? b) 30 anos? c) 60 anos? d) Se a lente que fornece uma ampliação angular $M = 2{,}0$ para uma pessoa de 10 anos for usada por uma pessoa de 60 anos, qual é a ampliação angular observada pela pessoa mais idosa? e) A sua resposta do item (d) significa que uma pessoa mais idosa pode ver imagens com ampliações mais elevadas do que pessoas mais jovens? Explique.

34.108 **Ampliação angular.** Ao deduzir a Equação (34.22) para a ampliação angular de uma lupa, supusemos que o objeto estivesse no foco da lupa, de modo que a imagem virtual se formasse no infinito. Em vez disso, suponha que o objeto seja colocado em uma posição tal que a imagem virtual se forme no ponto próximo de um observador médio a uma distância de 25,0 cm, o ponto mais próximo que o observador pode focalizar um objeto. a) Onde o objeto deve ser colocado para se obter esse resultado? Forneça a resposta em termos da distância focal f da lupa. b) Qual é o ângulo θ' que um objeto de altura y subtende na posição encontrada no item (a)? c) Calcule a ampliação angular M para o objeto na posição encontrada no item (a). O ângulo θ é o mesmo que o indicado na Figura 34.51a, visto que ele se refere a uma observação do objeto *sem* usar a lupa. d) Para uma lente convexa com $f = +\,10{,}0$ cm, qual é o valor de M para o objeto na posição encontrada no item (a)? Quantas vezes esse valor de M é maior do que o valor encontrado quando a imagem se forma no infinito? e) Na descrição do microscópio composto feita na Seção 34.8, afirmamos que em um instrumento projetado adequadamente, a imagem real formada pela objetiva deve se encontrar na *parte interna* entre o primeiro foco e a ocular, em um ponto *quase* sobre o foco F'_1 da ocular. Qual é a vantagem de a imagem formada pela objetiva estar quase sobre o foco F'_1 da ocular em relação à formação da imagem exatamente sobre o foco F'_1 da ocular? O que ocorreria se a imagem se formasse na *parte externa*, em um ponto situado *quase* sobre o foco F'_1?

34.109 Em um tipo de cirurgia de catarata, a lente natural, que deixou de ser transparente, é substituída por uma lente artificial. As propriedades refratoras da lente artificial podem ser escolhidas de tal forma que o olho da pessoa possa focalizar objetos distantes. Contudo, não existe acomodação, tornando-se necessário o uso de lentes de contato ou de óculos para visão de perto. Qual é a potência, em dioptrias, de uma lente de contato corretiva para que essa pessoa possa ler a página de um livro situada a uma distância de 24 cm?

34.110 **Um olho míope.** Uma pessoa muito míope não consegue focalizar com nitidez nenhum objeto situado a uma distância maior do que 36,0 cm do seu olho. Considere o modelo simplificado do olho descrito no Exercício 34.46. Sabendo que o raio de curvatura da córnea é 0,75 cm quando o olho focaliza um objeto a uma distância de 36,0 cm do vértice da córnea, e usando os índices de refração mencionados no Exercício 34.46, qual é a distância entre o vértice da córnea e a retina? O que isso indica a você sobre a forma de um olho míope?

34.111 Distância focal de uma lente zoom. A Figura 34.63 mostra uma versão simples de uma lente zoom. A lente convergente possui distância focal f_1 e a lente divergente possui distância focal $f_2 = -|f_2|$. As duas lentes estão separadas por uma distância d variável que é sempre menor do que f_1. O módulo da distância focal da lente divergente satisfaz à desigualdade $|f_2| > (f_1 - d)$. Para determinar a distância focal efetiva da combinação das duas lentes, considere um feixe de raios paralelos com raio r_0 entrando na lente convergente. a) Mostre que o raio do feixe diminui para o valor $r'_0 = r_0(f_1 - d)/f_1$ no ponto onde ele penetra na lente divergente. b) Mostre que a imagem I' se forma a uma distância $s'_2 = |f_2|\,(f_1 - d)/(|f_2| - f_1 + d)$ à direita da lente divergente. c) Se os raios que emergem da lente divergente e atingem o ponto imagem final são prolongados para trás, para a esquerda da lente divergente, eles acabam atingindo o raio original r_0 em algum ponto Q. A distância entre a imagem final I' e o ponto Q é a *distância focal efetiva* f da combinação das duas lentes; ou seja, se as duas lentes fossem substituídas por uma única lente situada no ponto Q com distância focal f, os raios paralelos incidentes seriam focalizados formando I'. Mostre que a distância focal efetiva é dada por $f = f_1|f_2|/(|f_2| - f_1 + d)$. d) Sabendo que $f_1 = 12{,}0$ cm, $f_2 = -18{,}0$ cm e que a distância d pode ser ajustada entre zero e 4,0 cm, descubra a distância focal máxima e a distância focal mínima para essa combinação. Qual é o valor da distância d para obter $f = 30{,}0$ cm?

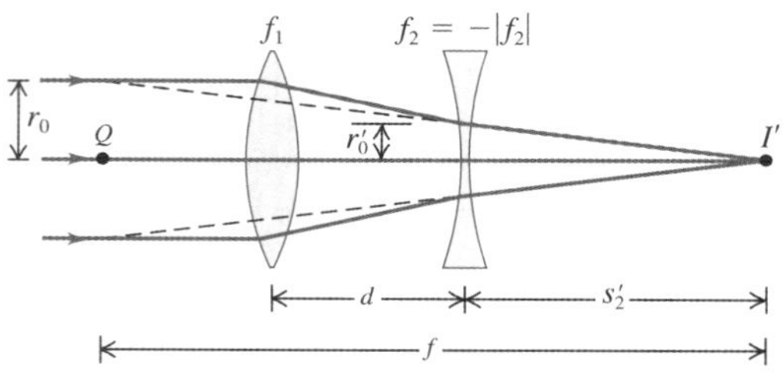

Figura 34.63 Problema 34.111.

34.112 Certo telescópio refletor, construído como indicado na Figura 34.55a, possui um espelho esférico com um raio de curvatura de 96,0 cm e uma ocular com distância focal igual a 1,20 cm. Sabendo que o módulo da ampliação angular é 36 e que o objeto está no infinito, encontre a posição da ocular e a posição e natureza (real ou virtual) da imagem final. (*Nota*: $|M|$ *não* é dado por $|f_1/|f_2|$, de modo que a imagem formada pela ocular *não* está no infinito.)

34.113 Um microscópico cuja objetiva possui distância focal igual a 8,0 mm e cuja ocular possui distância focal igual a 7,50 cm é usado para projetar uma imagem sobre uma tela situada a 2,0 m da ocular. Considere a distância da imagem para a objetiva igual a 18,0 cm. a) Qual é a ampliação transversal da imagem? b) Qual é a distância entre a objetiva e a ocular?

34.114 O Telescópio de Galileu. A Figura 34.64 é diagrama do *Telescópio de Galileu* mostrando tanto o objeto quanto sua imagem final no infinito. A imagem I serve como objeto virtual para a ocular. A imagem final é virtual e direita. a) Prove que a ampliação angular é dada por $M = -f_1/f_2$. b) Um telescópio de Galileu deve ser construído usando-se a mesma lente objetiva do Exercício 34.57. Qual deve ser a distância focal da ocular para que o telescópio possua o mesmo módulo da ampliação angular do telescópio do Exercício 34.57? c) Compare os comprimentos dos dois telescópios.

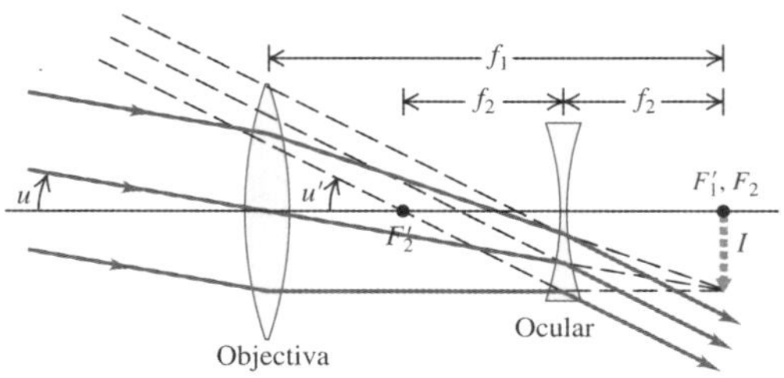

Figura 34.64 Problema 34.114.

Problemas desafiadores

34.115 Um objeto inclinado. Um lápis com 16,0 cm de comprimento é colocado formando um ângulo de 45,0° com a horizontal e seu centro está situado a 15,0 cm acima do eixo ótico e a 45,0 cm de uma lente com distância focal igual a 20,0 cm, como indica a Figura 34.65. (Note que a figura não foi desenhada em escala.) Suponha que o diâmetro da lente seja suficientemente grande para que a aproximação de raios paraxiais seja válida. a) Onde está a imagem do lápis? (Indique o local onde se formam as imagens dos pontos objetos A, B e C localizados, respectivamente, na extremidade da borracha, na ponta e no centro do lápis.) b) Qual é o comprimento da imagem? (Ou seja, qual é a distância entre as imagens dos pontos A e B?) c) Faça um desenho esquemático para mostrar a orientação da imagem.

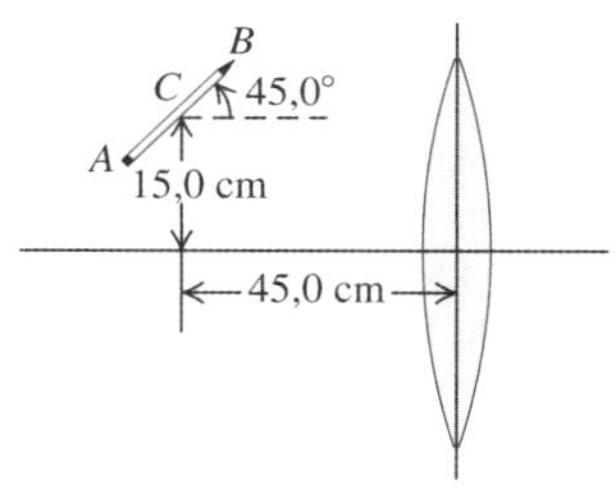

Figura 34.65 Problema desafiador 34.115.

34.116 A *aberração esférica* faz a imagem de um espelho esférico ficar borrada. Ela ocorre porque os raios paralelos que atingem o espelho em pontos afastados do eixo ótico são focalizados em pontos diferentes do foco produzido pelos raios paralelos paraxiais. Esse problema pode ser minimizado usando-se apenas a seção central do espelho esférico. a) Mostre que, para um espelho esférico côncavo, o foco se aproxima do vértice à medida que os raios paralelos se afastam do eixo ótico. (*Sugestão*: deduza uma expressão analítica para a distância entre o vértice e o foco de um dado raio paralelo ao eixo ótico. Essa expressão deve depender i) do raio de curvatura R do espelho e ii) do ângulo de incidência θ compreendido entre a direção do raio incidente e a reta que une o centro do espelho com o ponto de incidência do raio.) b) Qual é o valor de θ que produz uma variação de 2% na localização do foco, em comparação com o foco formado quando θ é aproximadamente igual a zero?

34.117 a) Para uma lente com distância focal f, determine a menor distância possível entre um objeto e sua imagem real. b) Faça um gráfico da distância entre o objeto e sua imagem real em função da distância entre o objeto e a lente. Seu gráfico concorda com o resultado obtido no item (a)?

34.118 Dois espelhos são montados como indicado na Figura 34.66. a) Mostre que qualquer fonte pontual entre os dois espelhos e suas duas imagens está sobre uma circunferência. b) Determine o centro dessa circunferência. c) Faça um diagrama mostrando a localização do olho de um observador para que ele seja capaz de ver as duas primeiras imagens formadas pelos espelhos.

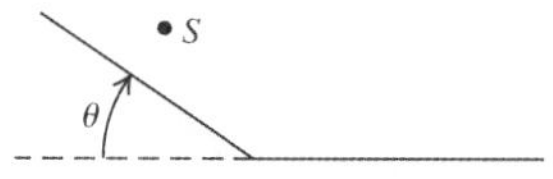

Figura 34.66 Problema desafiador 34.118.

34.119 Uma pessoa com visão normal não consegue ver com nitidez embaixo d'água a menos que ela esteja usando capacete fechado ou óculos de mergulho, de modo que exista ar entre seus olhos e o capacete ou os óculos; caso exista água em contato com os olhos essa pessoa não consegue ver com nitidez (veja a Questão Q34.23). a) Por que não? b) Usando o modelo simplificado do olho descrito no Exercício 34.46, qual deve ser a lente corretiva (especificada pela distância focal medida no ar) que essa pessoa deve usar para poder focalizar embaixo d'água um objeto no infinito? (Tome cuidado — a distância focal de uma lente embaixo d'água *não* é a mesma medida no ar! Veja o Problema 34.98. Suponha que a lente corretiva possua índice de refração igual a 1,62 e que a lente seja usada em óculos normais, e não em óculos de mergulho, de modo que exista água em ambos os lados da lente. Suponha que a distância entre a lente e o olho seja igual a 2,0 cm.)

INTERFERÊNCIA

35

?Água ensaboada não tem cor, mas, quando fazemos bolhinhas de sabão, elas brilham em cores vivas. Como a espessura das paredes da bolha determina as cores específicas que aparecem?

OBJETIVOS DE APRENDIZAGEM

Ao estudar este capítulo, você aprenderá:

- O que acontece quando duas ondas se combinam, ou interferem, no espaço.
- Como entender a figura de interferência formada pela interferência de duas ondas luminosas coerentes.
- Como calcular a intensidade em vários pontos de uma figura de interferência.
- Como a interferência ocorre quando a luz se reflete nas duas superfícies de uma película fina.
- Como a interferência torna possível medir distâncias extremamente pequenas.

Uma feia mancha negra de óleo sobre o asfalto pode tornar-se uma bela imagem com as cores do arco-íris, quando chove. Reflexos multicoloridos também podem ser observados sobre a face de um CD ou na superfície de uma bolha de sabão. Essas cenas familiares nos indicam que existem alguns aspectos da luz que ainda não abordamos.

Quando estudamos lentes, espelhos e instrumentos de ótica, usamos o modelo da *ótica geométrica*, segundo o qual representamos a luz por meio de *raios* — linhas retas que mudam de direção quando sofrem reflexão ou refração em uma superfície. Contudo, existem muitos aspectos da luz que *não* podem ser explicados mediante o uso de raios. Já afirmamos que a luz é fundamentalmente uma *onda*, e em diversas situações é preciso considerar apenas suas propriedades ondulatórias. Se duas ou mais ondas luminosas com a mesma freqüência se superpõem em um ponto, a onda resultante depende das amplitudes das ondas e de suas respectivas *fases*. A figura resultante decorre da natureza *ondulatória* da luz e não pode ser compreendida a partir do uso de raios. Os efeitos óticos que dependem da natureza ondulatória da luz são analisados pela **ótica física**.

No presente capítulo estudaremos os fenômenos de *interferência* que ocorrem quando duas ondas se combinam. As cores que observamos em películas de óleo e na superfície de bolhas de sabão resultam de fenômenos de interferência decorrentes de reflexões entre a parte superior e a parte inferior de uma fina camada de óleo ou de uma película formada pela solução de água e sabão. Os efeitos que ocorrem quando *muitas* fontes de ondas estão simultaneamente presentes denominam-se fenômenos de *difração*; estudaremos esses efeitos no Capítulo 36, em que também mostraremos que os efeitos de difração ocorrem quando as ondas passam através de uma fenda ou ao redor de um obstáculo. Esses efeitos são importantes nas aplicações práticas da ótica física, tais como as redes de difração, a difração de raios X e a holografia.

Embora nosso objetivo principal seja o estudo da ótica, a interferência e a difração podem ocorrer com *qualquer* tipo de onda. À medida que prosseguirmos com os estudos, mencionaremos aplicações em outros tipos de ondas, tais como ondas sonoras e ondas na superfície da água.

35.1 Interferência e fontes coerentes

Conforme discutimos no Capítulo 15, o termo **interferência** indica a superposição de duas ou mais ondas na mesma região do espaço. Quando isso ocorre, a onda resultante em qualquer ponto em um dado instante é determinada pelo **princípio da superposição**, apresentado na Seção 15.6 no estudo das ondas em cordas vibrantes. Esse princípio também se aplica a ondas eletromagnéticas e é o mais importante princípio da ótica física; portanto, certifique-se de que você o tenha compreendido bem. O princípio da superposição afirma o seguinte:

Quando duas ou mais ondas se superpõem, o deslocamento resultante em qualquer ponto em um dado instante pode ser determinado somando-se os deslocamentos instantâneos de cada onda como se ela estivesse presente sozinha.

(Em alguns casos especiais, tal como no de ondas eletromagnéticas propagando-se por um cristal, esse princípio não se aplica. Uma discussão desse assunto foge aos nossos objetivos.)

Empregamos o termo *deslocamento* com um significado geral. No caso de ondas sobre a superfície de um líquido, ele indica o deslocamento real da superfície acima ou abaixo do nível normal. Para ondas sonoras, esse termo indica o aumento ou a diminuição da pressão. Para ondas eletromagnéticas, ele compreende um componente específico do campo magnético ou do campo elétrico.

Interferência em duas ou três dimensões

Já discutimos um caso importante de interferência ao estudarmos uma *onda estacionária* resultante da combinação de duas ondas idênticas que se propagam em sentidos opostos. Vimos esse caso nos capítulos 15 e 16, com ondas transversais em uma corda e com ondas longitudinais para um fluido que preenchia um tubo; na Seção 32.5 descrevemos esse mesmo fenômeno com ondas eletromagnéticas. Em todos esses casos, as ondas se propagavam ao longo de um único eixo: ao longo de uma corda, ao longo do comprimento de um tubo contendo um fluido ou ao longo da direção de propagação de uma onda eletromagnética plana. No entanto, as ondas luminosas podem se propagar (e efetivamente se propagam) em um meio com duas ou três dimensões. Nesta seção veremos o que ocorre quando combinamos ondas que se espalham em duas ou três dimensões a partir de duas fontes de ondas idênticas.

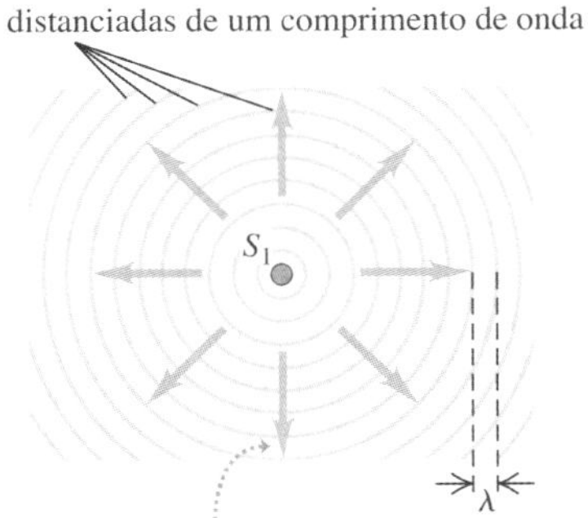

Figura 35.1 Um 'instantâneo' de ondas senoidais de freqüência f e comprimento de onda λ espalhando-se a partir da fonte S_1 em todas as direções.

Os efeitos de interferência podem ser estudados com mais facilidade quando combinamos ondas senoidais com uma única freqüência f e comprimento de onda λ. A Figura 35.1 mostra um 'instantâneo' ou 'figura estacionária' de uma *única* fonte S_1 de ondas senoidais e algumas frentes de onda produzidas por essa fonte. A figura mostra apenas as frentes de onda que correspondem às *cristas* das ondas, de modo que a distância entre duas ondas é igual a um comprimento de onda. O material que circunda a fonte S_1 é uniforme; assim, a velocidade da onda é a mesma em todas as direções e, portanto, não existe nenhuma refração (ou seja, as frentes de onda não sofrem nenhum desvio). Quando as ondas se propagam em duas dimensões, como ondas na superfície de um líquido, as circunferências da Figura 35.1 representam frentes de onda circulares; quando as ondas se propagam em três dimensões, as circunferências representam frentes de onda esféricas que se espalham a partir da fonte S_1.

Na ótica, uma onda senoidal caracteriza uma **luz monocromática** (luz de uma única cor). Embora seja fácil produzir ondas de água ou ondas sonoras com uma única freqüência, as fontes de luz comuns *não* emitem luz monocromática (com uma única freqüência). Por exemplo, as chamas e as lâmpadas incandescentes emitem uma distribuição contínua de comprimentos de onda. Contudo, existem diversas maneiras de gerar um feixe de luz *aproximadamente* monocromático. Por exemplo, alguns filtros bloqueiam quase todos os comprimentos de onda, deixando passar apenas uma faixa muito estreita de comprimentos de onda. A melhor fonte de luz monocromática disponível atualmente é o laser. O laser comum, de neônio-hélio, que é barato e fácil de obter, emite uma luz vermelha com 632,8 nm e com uma variação de comprimento de onda da ordem de aproximadamente 0,000001 nm, ou cerca de uma parte em 10^9. Ao analisarmos os efeitos de interferência e de difração neste capítulo, estaremos supondo sempre ondas monocromáticas (a menos que se diga explicitamente o contrário).

Interferência construtiva e destrutiva

A Figura 35.2a mostra duas fontes idênticas de ondas monocromáticas S_1e S_2. As duas fontes produzem ondas com a mesma amplitude e o mesmo comprimento de onda λ. Além disso, as duas fontes estão permanentemente *em fase* — elas vibram em sincronia. Elas poderiam ser produzidas por dois agitadores sincronizados em um tanque de ondas, por dois alto-falantes acionados pelo mesmo amplificador, por duas antenas alimentadas pelo mesmo transmissor ou por dois pequenos orifícios ou fendas em um anteparo opaco iluminado pela mesma fonte de luz monocromática. Como veremos, quando não existe uma diferença constante entre as fontes, não ocorre o fenômeno que estamos começando a discutir. Dizemos que duas fontes monocromáticas com a mesma freqüência são **coerentes** quando há uma relação de fase constante entre elas (as duas fontes não precisam estar necessariamente em fase). Usamos também a expressão *ondas coerentes* (no caso da

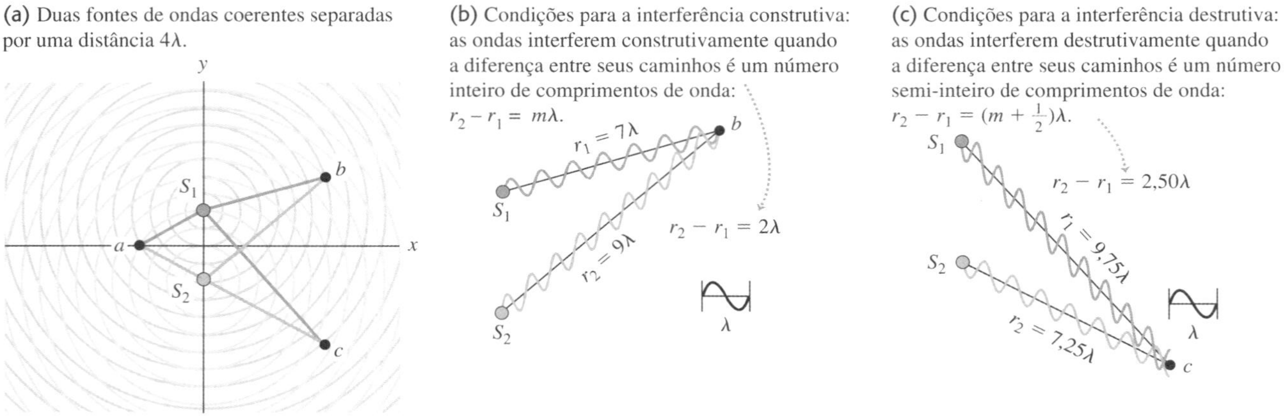

Figura 35.2 (a) Um 'instantâneo' de ondas senoidais disseminando-se a partir de duas fontes coerentes S_1 e S_2. Ocorre interferência construtiva no ponto *a* (eqüidistante das duas fontes) e (b) no ponto *b*. (c) Ocorre interferência destrutiva no ponto *c*.

luz, *luz coerente*) para designar as ondas emitidas por fontes coerentes.

Se as ondas emitidas por duas fontes são *transversais*, como no caso de ondas eletromagnéticas, devemos também supor que as perturbações produzidas por ambas as fontes têm a mesma *polarização* (ou seja, as ondas são polarizadas na mesma direção, ou paralelamente). Por exemplo, as fontes S_1 e S_2 mostradas na Figura 35.2 poderiam ser duas antenas de rádio constituídas por barras cilíndricas compridas orientadas paralelamente ao eixo Oz (perpendicular ao plano da figura); portanto, em qualquer ponto do plano xy, as ondas produzidas por ambas as antenas apresentam um campo $\vec{E}$ com somente um componente z. Então, necessitamos apenas de uma única função escalar para descrever cada onda; isso permite uma análise muito mais simples.

Colocamos em pontos eqüidistantes da origem duas fontes de mesma amplitude, mesmo comprimento de onda e (no caso de ondas transversais) de mesma polarização ao longo do eixo Oy, como na Figura 35.2a. Considere um ponto a sobre o eixo Ox; por simetria, vemos que a distância de S_1 até a é *igual* à distância de S_2 até a; portanto, as fontes levam o mesmo tempo para se deslocar até a. Logo, as ondas provenientes das duas fontes S_1 e S_2 estão em fase e atingem o ponto a em fase. As duas ondas se somam e a amplitude total no ponto a é o *dobro* da amplitude de cada onda individual. Isso é verdade para qualquer ponto ao longo do eixo Ox.

Analogamente, notamos que a distância de S_2 até b é exatamente dois comprimentos de onda *maior* do que a distância de S_1 até b. Uma crista de onda proveniente de S_1 chega ao ponto b exatamente dois ciclos antes que uma crista de onda emitida no mesmo instante pela fonte S_2, e novamente as duas ondas chegam em fase. Tal como no caso do ponto a, a amplitude total é a soma das amplitudes das ondas provenientes de S_1 e S_2.

Em geral, quando ondas provenientes de duas ou mais ondas chegam a um ponto *em fase*, a amplitude resultante é a *soma* das amplitudes das ondas individuais — as ondas individuais se reforçam mutuamente. Esse efeito constitui a **interferência construtiva** (Figura 35.2b). Seja r_1 a distância entre qualquer ponto P e S_1 e seja r_2 a distância entre qualquer ponto P e S_2. Para que ocorra interferência construtiva no ponto P, a diferença de caminho $r_2 - r_1$ para as duas fontes deve ser um múltiplo inteiro do comprimento de onda λ:

$$r_2 - r_1 = m\lambda \qquad (m = 0, \pm 1, \pm 2, \pm 3 \ldots) \tag{35.1}$$

(interferência construtiva, fontes em fase)

Na Figura 35.2a, os pontos a e b satisfazem à Equação (35.1) com $m = 0$ e $m = +2$, respectivamente.

Algo diferente ocorre no ponto c da Figura 35.2a. Nesse ponto, a diferença de caminho é dada por $r_2 - r_1 = -2{,}5\lambda$, que equivale a um número *semi-inteiro* de comprimentos de onda. As ondas provenientes das duas fontes chegam ao ponto c com uma diferença de fase igual a meio ciclo. Uma crista de onda chega a um ponto ao mesmo tempo em que uma crista invertida (ou seja, um 'vale') da outra onda (Figura 35.2c). A amplitude resultante é a *diferença* das amplitudes das ondas individuais. Se as amplitudes das ondas individuais são iguais, então a amplitude resultante é igual a *zero*! Esse cancelamento completo ou parcial das ondas individuais é chamado de **interferência destrutiva**. A condição para a interferência destrutiva nas circunstâncias descritas na Figura 35.2a é

$$r_2 - r_1 = \left(m + \frac{1}{2}\right)\lambda \qquad (m = 0, \pm 1, \pm 2, \pm 3 \ldots) \tag{35.2}$$

(interferência destrutiva, fontes em fase)

Na Figura 35.2a, o ponto c satisfaz à Equação (35.2) com $m = -3$.

Na Figura 35.3 mostramos a mesma situação descrita na Figura 35.2a, porém, agora as curvas que cortam as circunferências concêntricas indicam curvas que ligam os pontos onde ocorrem interferências *construtivas*. Em cada uma dessas curvas, a diferença de caminho $r_2 - r_1$ é igual a um inteiro m vezes o comprimento de onda λ, de acordo com a Equação (35.1). Essas curvas de interferência máxima também são chamadas de **curvas antinodais**. Elas são diretamente análogas aos *ventres* ou *antinós* existentes nas ondas estacionárias descritas nos capítulos 15 e 16, e na Seção 32.5. Em uma onda estacionária formada pela interferência de duas ondas que se propagam em sentidos contrários, os ventres correspondem aos pontos onde se formam os máximos das amplitudes; analogamente, as curvas antinodais mostradas na Figura 35.3 indicam os máximos da interferência. As **curvas nodais**, não mostradas na Figura 35.3, correspondem aos pontos nos quais ocorre interferência *destrutiva* de acordo com a Equação (35.2); essas curvas são análogas aos nós existentes nas ondas estacionárias. Embora não representadas na Figura 35.3, elas correspondem aos pontos situados entre duas curvas antinodais adjacentes; uma dessas curvas, correspondente a $r_2 - r_1 = -2{,}5\lambda$, passa pelo ponto *c*.

Em alguns casos, como, por exemplo, quando são usados dois alto-falantes ou duas antenas transmissoras de rádio, a interferência ocorre em três dimensões. Se você girar a Figura 35.3 em torno do eixo *Oy*, a interferência construtiva máxima ocorrerá em todos os pontos pertencentes às superfícies de revolução correspondentes à rotação das curvas antinodais.

ATENÇÃO Figuras de interferência não são ondas estacionárias As figuras de interferência mostradas nas figuras 35.2a e 35.3 *não* são ondas estacionárias, embora apresentem semelhanças com as configurações das ondas estacionárias descritas nos capítulos 15 e 16 e na Seção 32.5. Em uma onda estacionária, a interferência ocorre entre duas ondas que se propagam em sentidos opostos; quando em uma onda estacionária surge uma configuração de nós e de ventres, não existe *nenhum* fluxo de energia em nenhum dos dois sentidos (a energia da onda permanece 'estacionária'). Nas situações mostradas nas figuras 35.2a e 35.3 também há uma configuração estacionária de curvas nodais e de curvas antinodais; contudo, existe um fluxo resultante de energia orientado *para fora* das fontes. Do ponto de vista da energia, a interferência produz a 'canalização' do fluxo de energia de tal modo que ele se torna máximo ao longo das curvas antinodais e mínimo ao longo das curvas nodais.

Para que as equações (35.1) e (35.2) sejam válidas, as duas fontes devem ter o mesmo comprimento de onda e *sempre* estar em fase. Essas condições são facilmente satisfeitas para ondas sonoras (veja o Exemplo 16.15 na Seção 16.6). Todavia, no caso de ondas *luminosas* não existe nenhum método prático para obter uma relação de fase constante (coerência) com duas fontes independentes. Isso decorre da maneira como a luz é emitida. Nas fontes de luz comuns, os átomos ganham um excesso de energia em virtude do impacto com elétrons ou por causa da agitação térmica. Um átomo 'excitado' começa a irradiar energia até perdê-la completamente, em geral em um intervalo de tempo da ordem de 10^{-8} s. Os muitos átomos existentes em uma fonte costumam irradiar de modo não-sincronizado, e as relações de fase são aleatórias; portanto, a luz emitida por *duas* fontes desse tipo não apresenta nenhuma relação definida de fase.

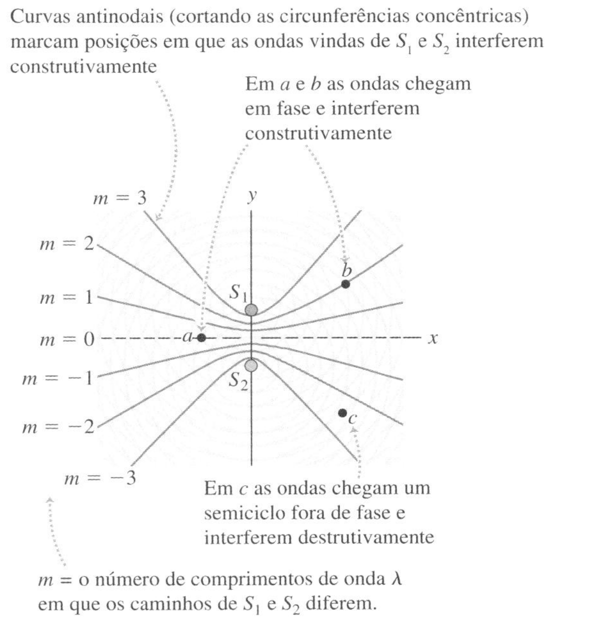

Figura 35.3 Mesma situação descrita na Figura 35.2a, com a diferença de que agora indicamos as curvas antinodais (curvas que ligam os pontos com amplitudes máximas) que cortam as circunferências concêntricas. Todos os pontos dessas curvas obedecem à Equação (35.1) com os valores de *m* indicados. Não mostramos as curvas nodais, que ficam situadas entre duas curvas antinodais adjacentes.

Entretanto, a luz proveniente de uma única fonte pode ser dividida de modo que suas partes sejam emergentes de duas ou mais regiões do espaço, formando dois ou mais feixes de *ondas secundárias*. Então qualquer variação de fase da fonte afeta igualmente essas fontes secundárias e não produz variação em suas fases *relativas*.

A característica que distingue a luz proveniente de um laser é que, nesse caso, a emissão de luz ocorre por átomos sincronizados na freqüência e na fase. Em vista disso, as flutuações aleatórias de fase já mencionadas ocorrem menos freqüentemente. Relações definidas de fase se conservam ao longo de extensões muito maiores nos feixes, e a luz de um laser é muito mais coerente do que a luz natural.

Teste sua compreensão da Seção 35.1 Considere um ponto na Figura 35.3 sobre o eixo *Oy* positivo acima de S_1. Esse ponto está em (i) uma curva antinodal; (ii) uma curva nodal ou (iii) nenhuma das anteriores? (*Sugestão*: a distância entre S_1 e S_2 é 4λ.) ∎

35.2 Interferência da luz produzida por duas fontes

A imagem de interferência produzida por duas fontes coerentes de ondas de água com o mesmo comprimento de onda pode ser facilmente observada em um tanque de ondas com uma camada de água rasa (Figura 35.4). Entretanto, essa imagem não é facilmente visível quando a interferência ocorre entre duas fontes *luminosas*, pois quando a luz se propaga em um meio uniforme, a figura não pode ser vista (os raios solares que você observa quando um feixe de luz solar entra por uma janela são produzidos pelo espalhamento de partículas de poeira existentes no ar).

Uma das primeiras experiências quantitativas para revelar a interferência da luz proveniente de duas fontes foi realizada pelo cientista inglês Thomas Young. Vamos mencionar essa experiência diversas vezes neste capítulo e nos próximos, de modo que é importante conhecê-la em detalhe. O dispositivo experimental de Young pode ser visto em perspectiva na Figura 35.5a. Uma fonte de luz (não mostrada) emite luz monocromática; contudo essa luz não é apropriada para uma experiência de interferência, porque as emissões a partir de diferentes partes de uma fonte comum não são sincronizadas. Para solucionar esse problema, a luz é direcionada para um anteparo com uma fenda muito estreita S_0, com uma largura da ordem de 1 μm. A luz que emerge da fenda se origina de apenas uma pequena região da fonte; portanto, a fenda S_0 se comporta quase como se fosse a fonte ideal indicada na Figura 35.1. (Nas versões modernas dessa experiência, utiliza-se um laser como fonte de luz coerente, e não é necessário usar a fenda S_0.) A luz proveniente da fenda S_0 incide sobre um anteparo com outras duas fendas muito estreitas S_1 e S_2, com larguras da ordem de 1 μm e separadas por uma distância aproximadamente igual a dezenas ou centenas de μm. Ondas cilíndricas emanam da fenda S_0 e incidem *em fase* sobre as fendas S_1 e S_2 porque elas percorrem a mesma distância partindo de S_0. As ondas que *emergem* de S_1 e S_2 estão, portanto, sempre em fase, de modo que S_1 e S_2 são fontes *coerentes*. A interferência das ondas provenientes de S_1 e S_2 produz uma configuração no espaço semelhante ao que ocorre no lado direito das fontes mostradas nas figuras 35.2a e 35.3.

Para visualizar a figura de interferência, coloca-se uma tela de modo que as ondas provenientes de S_1 e S_2 incidam sobre ela (Figura 35.5b). A tela será mais fortemente iluminada no ponto P, no qual as ondas luminosas provenientes das fendas interferem construtivamente, e será escura nos pontos onde a interferência é destrutiva.

Para simplificar a análise da experiência de Young, consideramos a distância R entre o plano das fendas e a tela muito maior do que a distância d entre as fendas, de modo que as linhas que ligam S_1 e S_2 com o ponto P são aproximadamente paralelas, como indica a Figura 35.5c. Isso costuma ser verdade no caso de experiências feitas com a luz; a distância típica entre as fendas é da ordem de alguns milímetros, ao passo que a distância entre a tela e as fendas costuma ser da ordem de um metro. Portanto, a diferença de caminho é dada por

$$r_2 - r_1 = d \operatorname{sen} \theta \qquad (35.3)$$

onde θ é o ângulo entre uma das retas traçadas a partir de uma das fendas e a direção da normal ao plano das fendas (veja a Figura 35.5c).

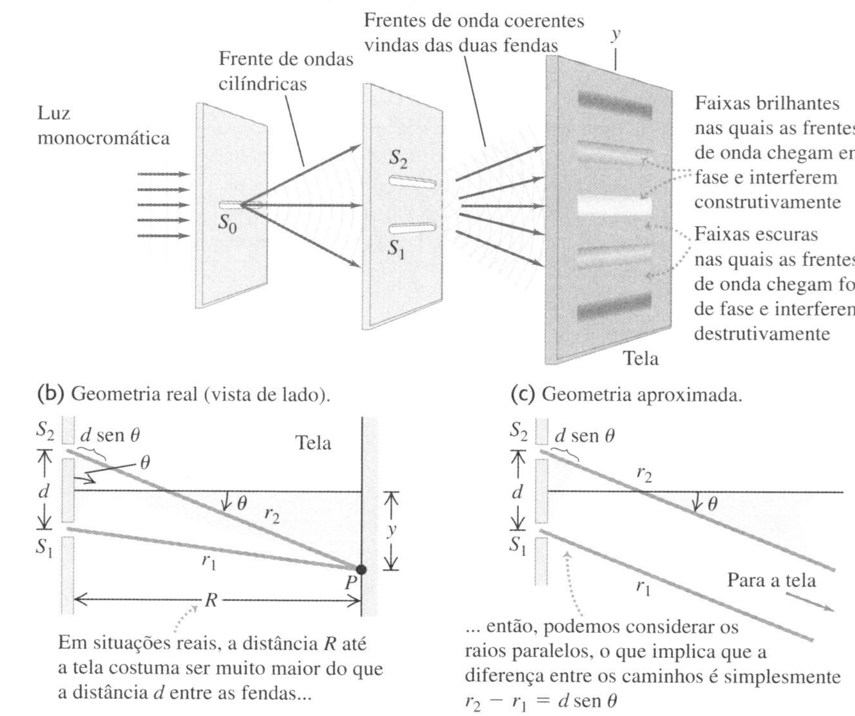

Figura 35.5 (a) Experiência de Young para mostrar a interferência da luz que passa através de duas fendas. Um padrão de áreas brilhantes e escuras aparece sobre a tela (veja a Figura 35.6). (b) Análise geométrica da experiência de Young. No caso mostrado aqui, $r_2 > r_1$, e tanto y quanto θ são positivos. Se o ponto P estiver do outro lado do centro da tela, $r_2 < r_1$, e tanto y quanto θ são negativos. (c) Geometria aproximada quando a distância R é muito maior do que a distância d entre as fendas.

Figura 35.4 Os conceitos de interferência construtiva e interferência destrutiva se aplicam a estas ondas de água de modo semelhante ao das ondas luminosas e sonoras.

Interferência construtiva e destrutiva produzida por duas fendas

Verificamos na Seção 35.1 que a interferência construtiva (o reforço das ondas) ocorre nos pontos em que a diferença de caminho d sen θ é igual a um número inteiro de comprimentos de onda, $m\lambda$, onde $m = 0, \pm 1, \pm 2, \pm 3 \ldots$ Portanto, as regiões brilhantes sobre a tela ocorrem para os ângulos θ em que

$$d \operatorname{sen} \theta = m\lambda \qquad (m = 0, \pm 1, \pm 2 \ldots) \tag{35.4}$$

(interferência construtiva, fenda dupla)

Analogamente, a interferência destrutiva (cancelamento), com a formação de regiões escuras sobre a tela, ocorre nos pontos em que a diferença de caminho é igual a um número semi-inteiro de comprimentos de onda, $(m + \frac{1}{2})\lambda$:

$$d \operatorname{sen} \theta = \left(m + \frac{1}{2}\right)\lambda \qquad (m = 0, \pm 1, \pm 2 \ldots) \tag{35.5}$$

(interferência destrutiva, fenda dupla)

Portanto, a figura de interferência que se forma na tela indicada nas figuras 35.5a e 35.5b é uma sucessão de faixas claras e escuras, ou **franjas de interferência**, distribuídas paralelamente à direção das fendas S_1 e S_2. A Figura 35.6 mostra uma fotografia dessas franjas. O centro da figura de interferência é uma franja larga brilhante que corresponde a $m = 0$ na Equação (35.4); o centro da tela está à mesma distância das duas fendas.

Podemos deduzir uma expressão para localizar as posições dos centros das franjas brilhantes sobre a tela. Na Figura 35.5b, y é medido a partir do centro da figura de interferência, que corresponde à distância a partir do centro da Figura 35.6. Seja y_m a distância a partir do centro da figura de interferência ($\theta_m = 0$) até o centro da franja brilhante de ordem m. Seja θ_m o valor correspondente de θ; portanto,

$$y_m = R \operatorname{tg} \theta_m$$

Em experiências desse tipo, as distâncias y_m são geralmente muito menores do que a distância R entre as fendas e a tela. Portanto, θ_m é muito pequeno, tg θ_m é aproximadamente igual a sen θ_m e

$$y_m = R \operatorname{sen} \theta_m$$

Combinando a relação anterior com a Equação (35.4), verificamos que, *somente para ângulos pequenos*,

$$y_m = R\frac{m\lambda}{d} \tag{35.6}$$

(interferência construtiva na experiência de Young)

Como é possível medir R e d, assim como as posições y_m das franjas brilhantes, essa experiência fornece uma medida direta do comprimento de onda λ. Na realidade, a experiência de Young foi a primeira medida direta do comprimento de onda da luz.

ATENÇÃO A Equação (35.6) só serve para ângulos pequenos Embora as equações (35.4) e (35.5) sejam válidas para qualquer ângulo, a Equação (35.6) vale somente para ângulos *pequenos*. Ela só pode ser usada quando a distância R entre a tela e as fendas for muito maior do que a distância d entre as fendas e quando R for muito maior do que a distância y_m entre o centro da figura de interferência e o centro da franja brilhante de ordem m.

A distância entre duas franjas brilhantes adjacentes na figura de interferência é *inversamente* proporcional à distância d entre as fendas. Quanto mais próximas estão as duas fendas, maior é o espaçamento entre as franjas. Quando a distância entre as fendas é muito grande, as franjas ficam muito próximas.

Embora a experiência de Young tenha sido descrita para a luz, os resultados fornecidos pelas equações (35.4) e (35.5) são válidos para *qualquer* tipo de onda, desde que a onda resultante da superposição das ondas seja detectada em um ponto muito distante em comparação com a distância d entre as fontes coerentes.

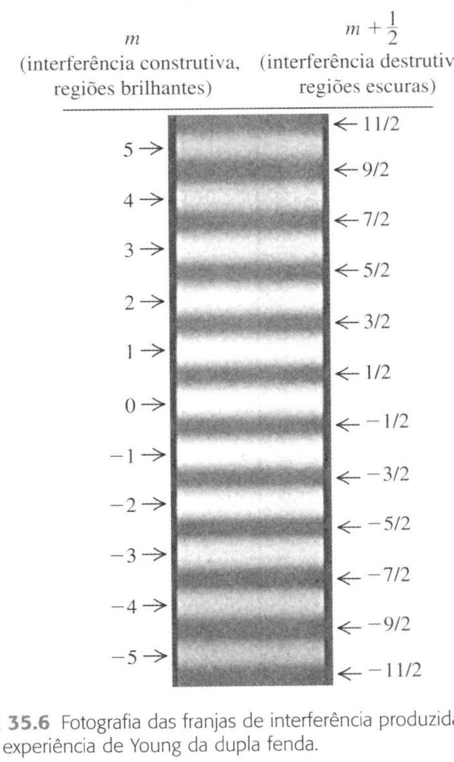

Figura 35.6 Fotografia das franjas de interferência produzidas sobre uma tela na experiência de Young da dupla fenda.

Exemplo 35.1

INTERFERÊNCIA PRODUZIDA POR FENDA DUPLA Em uma experiência de interferência com fenda dupla, a distância entre as fendas é 0,20 mm e a tela está a uma distância de 1,0 m. A terceira franja brilhante (sem contar a franja brilhante que se forma no centro da tela) forma-se a uma distância de 9,49 mm do centro da franja central (Figura 35.7). Calcule o comprimento de onda da luz usada.

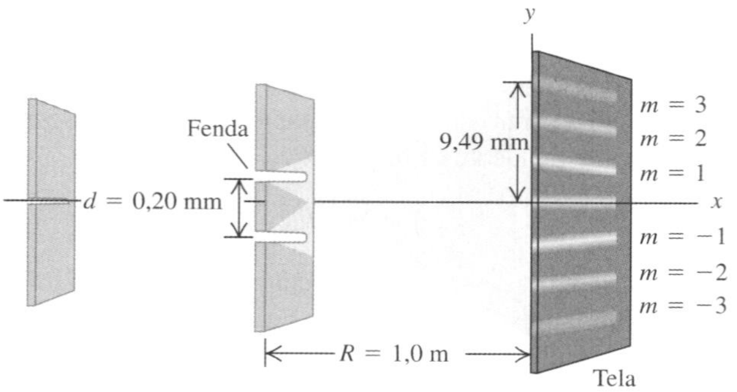

Figura 35.7 Experiência usando interferência produzida por fenda dupla para medir o comprimento de onda da luz.

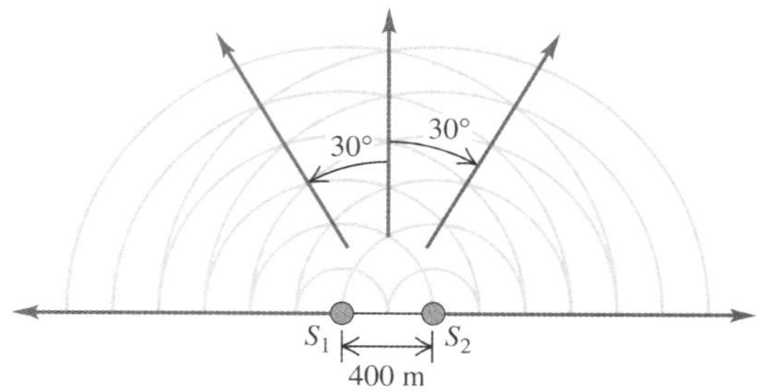

Figura 35.8 Duas antenas de rádio que emitem ondas em fase. Cada seta indica uma direção para a qual a intensidade da radiação torna-se máxima. As ondas emitidas do lado inferior das fontes não são representadas.

SOLUÇÃO

IDENTIFICAR: este problema nos pede para calcular o comprimento de onda λ a partir das dimensões $d = 0{,}20$ mm (separação entre as fendas), $R = 1{,}0$ m (distância das fendas à tela) e $y_m = 9{,}49$ mm (distância da terceira franja brilhante do centro da configuração).

PREPARAR: a terceira franja brilhante corresponde a $m = 3$ nas equações (35.4) e (35.6), assim como à franja brilhante indicada como $m = 3$ na Figura 35.6. Para calcular o valor da incógnita λ podemos usar a Equação (35.6), já que $R = 1{,}0$ m é muito maior do que $d = 0{,}20$ mm ou $y_m = 9{,}49$ mm.

EXECUTAR: isolando λ na Equação (35.6), encontramos

$$\lambda = \frac{y_m d}{mR} = \frac{(9{,}49 \times 10^{-3}\text{ m})(0{,}20 \times 10^{-3}\text{ m})}{(3)(1{,}0\text{ m})}$$
$$= 633 \times 10^{-9}\text{ m} = 633\text{ nm}$$

AVALIAR: essa franja brilhante poderia também corresponder a $m = -3$; você é capaz de demonstrar que com esse valor o resultado obtido para λ seria igual?

Exemplo 35.2

INTERFERÊNCIA PRODUZIDA POR UMA ESTAÇÃO DE RÁDIO Uma estação de rádio com freqüência de 1500 kHz = $1{,}5 \times 10^6$ Hz (nas vizinhanças da parte superior da banda de rádio AM) opera com duas antenas idênticas, com dipolos verticais que oscilam em fases, separadas por uma distância de 400 m. Para distâncias muito maiores do que 400 m, em que direções a intensidade da radiação transmitida torna-se máxima? (Isso não é apenas um problema hipotético. Geralmente se orienta a energia irradiada por uma emissora de rádio em determinadas direções em vez de se produzir uma radiação uniforme em todas as direções. Diversos pares de antenas alinhadas ao longo de uma linha reta costumam ser usadas para obter a configuração da radiação desejada.)

SOLUÇÃO

IDENTIFICAR: duas antenas, mostradas na Figura 35.8, correspondem às fontes S_1 e S_2 na Figura 35.5. Assim, podemos aplicar as idéias de interferência produzida por fenda dupla a este problema.

PREPARAR: como a onda resultante é detectada a distâncias muito maiores do que $d = 400$ m, podemos usar a Equação (35.4) para encontrar as direções da intensidade *máxima*, os valores de θ para os quais a diferença de caminho é zero ou um número inteiro de comprimentos de onda.

EXECUTAR: o comprimento de onda é $\lambda = c/f = 200$ m. Pela Equação (35.4) com $m = 0, \pm 1$ e ± 2, as direções de intensidade máxima são dadas por

$$\operatorname{sen}\theta = \frac{m\lambda}{d} = \frac{m(200\text{ m})}{400\text{ m}} = \frac{m}{2} \qquad \theta = 0, \pm 30°, \pm 90°$$

Neste exemplo, os valores de m maiores do que 2 ou menores do que -2 fornecem valores de sen θ maiores do que 1 ou menores do que -1, o que é impossível. Não existe *nenhuma* direção em que a diferença de caminho seja igual a três ou mais de três comprimentos de onda. Os valores $m = \pm 3$ e os demais valores sucessivos não têm significado físico neste exemplo.

AVALIAR: podemos verificar nosso resultado calculando os ângulos para a intensidade *mínima* (interferência destrutiva). Deve haver uma intensidade mínima entre cada par de intensidades máximas, como na figura de interferência mostrada na Figura 35.6. Os ângulos para intensidade mínima são dados pela Equação (35.5) com $m = -2, -1, 0$ e 1:

$$\operatorname{sen}\theta = \frac{(m + \frac{1}{2})\lambda}{d} = \frac{m + \frac{1}{2}}{2} \qquad \theta = \pm 14{,}5°, \pm 48{,}6°$$

(Quaisquer outros valores de m não têm significado físico neste exemplo.) Note que esses ângulos são intermediários entre os ângulos de intensidade máxima, como deveriam ser. Note também que, como os ângulos não são pequenos, os ângulos para intensidade mínima *não* estão exatamente na metade dos ângulos para intensidade máxima.

Teste sua compreensão da Seção 35.2 Você mira um laser ajustável (cujo comprimento de onda pode ser ajustado girando-se um botão) sobre um par de fendas próximas uma da outra. A luz que emerge das duas fendas produz sobre a tela uma figura de interferência como a mostrada na Figura 35.6. Se você ajustar o comprimento de onda de modo que a luz do laser mude de vermelho a azul, como a distância entre as franjas brilhantes irá mudar? (i) a distância aumenta; (ii) a distância diminui; (iii) a distância não se altera; (iv) não há informações suficientes para responder. ∎

35.3 Intensidade das figuras de interferência

Na Seção 35.2, determinamos as posições dos máximos e dos mínimos de uma figura de interferência produzida por duas fendas. Veremos agora como determinar a intensidade em *qualquer* ponto sobre a tela. Para isso, precisamos somar no ponto P da tela os dois campos que variam senoidalmente (provenientes das duas fontes), levando em consideração de modo apropriado a diferença de fase das duas ondas no ponto P, que resulta da diferença de caminho. A seguir, determinamos a intensidade lembrando que ela é proporcional ao quadrado da amplitude do campo elétrico resultante, como aprendemos no Capítulo 32.

Para calcular a intensidade, suporemos que as duas funções senoidais (correspondentes a ondas provenientes das duas fontes) possuam a mesma amplitude E e que os campos elétricos $\vec{E}$ sejam paralelos a uma mesma direção (isto é, tenham a mesma polarização). Isso significa supor que as fontes sejam idênticas e que desprezamos a pequena diminuição de amplitude produzida pela diferença de caminho (a amplitude diminui com o aumento da distância até a fonte). De acordo com a Equação (32.29), cada fonte separadamente forneceria uma intensidade $\frac{1}{2}\epsilon_0 cE^2$ no ponto P. Se as duas fontes estão em fase, então as ondas que chegam ao ponto P apresentam uma diferença de fase proporcional à diferença de caminho entre elas $(r_2 - r_1)$. Designando por ϕ a diferença de fase entre essas ondas, podemos usar as seguintes expressões para os dois campos elétricos que se superpõem no ponto P:

$$E_1(t) = E\cos(\omega t + \phi)$$
$$E_2(t) = E\cos\omega t$$

Eis aqui o procedimento que iremos seguir. A superposição dos dois campos no ponto P é uma função senoidal com amplitude E_p, que depende de E bem como da diferença de fase ϕ. Inicialmente, calcularemos a amplitude E_p quando E e ϕ forem conhecidos. A seguir, determinaremos a intensidade I da onda resultante, que é proporcional a E_p^2. Finalmente, vamos relacionar a diferença de fase ϕ com a diferença de caminho, que é dada pela geometria da situação considerada.

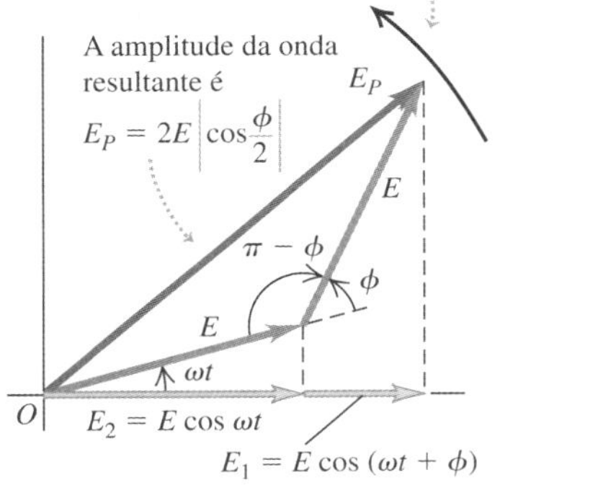

Figura 35.9 Diagrama de fasores para a superposição no ponto P de duas ondas de mesma amplitude E com uma diferença de fase ϕ.

Amplitude na interferência produzida por fenda dupla

Para somar duas funções senoidais com uma diferença de fase, usaremos a mesma representação de *fasores* adotada para o movimento harmônico simples (Seção 13.2) e para voltagens e correntes em circuitos ac (Seção 31.1). Sugerimos que você faça uma revisão daquelas seções para relembrar o uso dos fasores. Cada função senoidal é representada por um vetor girante (um fasor), cuja projeção sobre o eixo horizontal em qualquer instante representa o valor instantâneo da função senoidal.

Na Figura 35.9, E_1 é o componente horizontal do fasor que representa a onda emitida pela fonte S_1, e E_2 é o componente horizontal do fasor que representa a onda emitida pela fonte S_2. Como mostra o diagrama, ambos os fasores têm o mesmo módulo E, porém E_1 está *adiantado* de um ângulo de fase igual a ϕ em relação a E_2. Ambos os fasores giram no sentido anti-horário com a mesma velocidade angular ω, e a soma das projeções sobre o eixo horizontal em qualquer instante fornece o valor instantâneo do campo resultante E no ponto P. Portanto, a amplitude E_p da onda senoidal resultante no ponto P é o módulo do vetor resultante (indicado por E_p), que fornece a *soma vetorial* dos outros dois fasores. Para calcularmos E_p, aplicamos a lei dos co-senos e a identidade trigonométrica $\cos(\pi - \phi) = -\cos\phi$:

$$E_P^2 = E^2 + E^2 - 2E^2\cos(\pi - \phi)$$
$$= E^2 + E^2 + 2E^2\cos\phi$$

A seguir, usando a identidade $1 + \cos\phi = 2\cos^2(\phi/2)$, obtemos

$$E_P^2 = 2E^2(1 + \cos\phi) = 4E^2\cos^2\left(\frac{\phi}{2}\right)$$

$$E_P = 2E\left|\cos\frac{\phi}{2}\right| \qquad (35.7)$$

(amplitude na interferência de duas fontes)

Você também pode obter o resultado anterior algebricamente, sem o uso de fasores (veja o Problema 35.48).

Quando as duas ondas estão em fase, $\phi = 0$ e $E_p = 2E$. Quando elas estão exatamente defasadas de meio ciclo, $\phi = \pi$ rad $= 180°$, $\cos(\phi/2) = \cos(\phi/2) = 0$ e $E_p = 0$. Portanto, a superposição de duas ondas senoidais com a mesma freqüência e com a mesma amplitude, porém, com uma diferença de fase dá origem a uma onda senoidal com a mesma freqüência, mas com uma amplitude que varia desde zero até um máximo igual a duas vezes a amplitude de cada onda, dependendo da diferença de fase.

Intensidade na interferência produzida por duas fendas

Para obter a intensidade I no ponto P lembramos que, de acordo com a Seção 32.4, I é dado pela média do módulo do vetor de Poynting $S_{\text{méd}}$. Para uma onda senoidal com o módulo do vetor campo elétrico dado por E_p, essa média é fornecida pela Equação (33.29), substituindo-se $E_{máx}$ por E_p. Logo, podemos expressar a intensidade em qualquer uma das seguintes formas equivalentes:

$$I = S_{méd.} = \frac{E_P^2}{2\mu_0 c} = \frac{1}{2}\sqrt{\frac{\epsilon_0}{\mu_0}}E_P^2 = \frac{1}{2}\epsilon_0 c E_P^2 \qquad (35.8)$$

O conteúdo essencial dessas expressões é que I é proporcional a E_p^2. Quando substituímos a Equação (35.7) na última expressão indicada na Equação (35.8), obtemos

$$I = \frac{1}{2}\epsilon_0 c E_P^2 = 2\epsilon_0 c E^2 \cos^2\frac{\phi}{2} \qquad (35.9)$$

Em particular, a intensidade *máxima* I_0 que ocorre nos pontos em que a diferença de fase é igual a zero ($\phi = 0$) é dada por

$$I_0 = 2\epsilon_0 c E^2$$

Note que a intensidade máxima I_0 é *quatro vezes* (e não duas vezes) maior do que a intensidade $\frac{1}{2}\epsilon_0 c E^2$ de cada onda individual.

Substituindo a expressão de I_0 na Equação (35.9), podemos expressar a intensidade I em qualquer ponto de modo muito simples com base na intensidade máxima I_0:

$$I = I_0 \cos^2\frac{\phi}{2} \qquad (35.10)$$

(intensidade na interferência de duas fontes)

Em alguns ângulos de fase ϕ a intensidade é I_0, quatro vezes maior que a de uma fonte individual, mas em outros ângulos de fase a intensidade é zero. Note que, se tomarmos a média da Equação (35.10) sobre todas as diferenças de fase possíveis, o resultado é $I_0/2 = \epsilon_0 c E^2$ (o valor médio de $\cos_2 (\phi/2)$ é igual a $\frac{1}{2}$). Isso é exatamente igual ao dobro da intensidade de cada fonte individual, como era esperado. A energia total emitida pelas duas fontes não se altera pelo efeito da interferência; contudo, essa energia é redistribuída (conforme vimos na Seção 35.1).

Diferença de fase e diferença de caminho

Agora vamos relacionar a diferença de fase ϕ entre dois campos no ponto P com a diferença de caminho usando a geometria da situação considerada. Sabemos que ϕ é proporcional à diferença entre os caminhos das ondas desde as fontes até o ponto P. Quando a diferença de caminho é igual a um comprimento de onda, a diferença de fase é igual a um ciclo e $\phi = 2\pi$ rad = 360°. Quando a diferença de caminho é igual a $\lambda/2$, $\phi = \pi$ rad = 180° e assim por diante. Ou seja, a razão entre a diferença de fase ϕ e 2π é igual à razão entre a diferença de caminho $r_2 - r_1$ e λ:

$$\frac{\phi}{2\pi} = \frac{r_2 - r_1}{\lambda}$$

Portanto, a diferença de caminho $(r_2 - r_1)$ produz uma diferença de fase dada por

$$\phi = \frac{2\pi}{\lambda}(r_2 - r_1) = k(r_2 - r_1) \qquad (35.11)$$

(relação entre a diferença de fase e a diferença de caminho)

onde $k = 2\pi/\lambda$ é o *número de onda* introduzido na Seção 15.3.

Se existir algum material diferente do vácuo entre as fontes e o ponto P, devemos usar o comprimento de onda *dentro do material* na Equação (35.11). Se o material tem índice de refração n, então

$$\lambda = \frac{\lambda_0}{n} \quad \text{e} \quad k = nk_0 \qquad (35.12)$$

onde λ_0 e k_0 são, respectivamente, o comprimento de onda e o número de onda no vácuo.

Finalmente, se o ponto P estiver muito afastado das fontes em comparação com a distância d entre elas, a diferença de caminho deve ser dada pela Equação (35.3):

$$r_2 - r_1 = d \operatorname{sen} \theta$$

Combinando a relação anterior com a Equação (35.11), encontramos

$$\phi = k(r_2 - r_1) = kd \operatorname{sen}\theta = \frac{2\pi d}{\lambda}\operatorname{sen}\theta \qquad (35.13)$$

Substituindo a expressão anterior na Equação (35.10), obtemos

$$I = I_0\cos^2\left(\frac{1}{2}kd\operatorname{sen}\theta\right) = I_0\cos^2\left(\frac{\pi d}{\lambda}\operatorname{sen}\theta\right) \qquad (35.14)$$

(intensidade longe de duas fontes)

As direções nas quais ocorrem intensidades *máximas* são obtidas quando o co-seno é igual a ± 1, ou seja, quando

$$\frac{\pi d}{\lambda}\operatorname{sen}\theta = m\pi \qquad (m = 0, \pm 1, \pm 2 \ldots)$$

ou

$$d \operatorname{sen}\theta = m\lambda$$

resultado que concorda com a Equação (35.4). Deixamos para você como exercício demonstrar que a Equação (35.5), que fornece as direções para as quais a intensidade é igual a zero, pode também ser obtida pela Equação (35.14) (veja o Exercício 35.24).

Conforme notamos na Seção 35.2, nas experiências com a luz vemos a figura de interferência produzida por duas fendas usando uma tela colocada a uma distância R das fendas. Podemos descrever as posições dos pontos sobre a tela empregando a coordenada y; as posições das franjas brilhantes são dadas pela Equação (35.6), onde geralmente $y \ll R$. Nesse caso, $\operatorname{sen}\theta$ é aproximadamente igual a y/R, e obtemos as seguintes expressões para a intensidade em *qualquer* ponto da tela em função de y:

$$I = I_0\cos^2\left(\frac{kdy}{2R}\right) = I_0\cos^2\left(\frac{\pi dy}{\lambda R}\right) \qquad (35.15)$$

(intensidade na interferência de duas fendas)

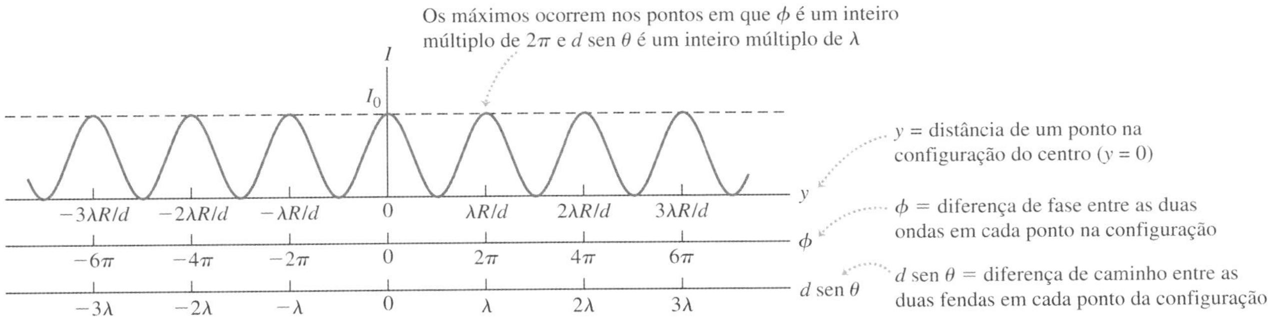

Figura 35.10 Distribuição das intensidades na figura de interferência de duas fendas idênticas.

A Figura 35.10 mostra um gráfico da Equação (35.15); podemos comparar esse resultado com a figura de interferência reproduzida na fotografia indicada na Figura 35.6. Todos os picos mostrados na Figura 35.10 têm a mesma intensidade, ao passo que os picos mostrados na Figura 35.6 diminuem de intensidade à medida que o ponto se afasta do centro. No Capítulo 36 vamos explicar a causa dessa variação da intensidade dos picos.

Exemplo 35.3

DUAS ANTENAS TRANSMISSORAS DIRECIONAIS Suponha que a distância entre as duas antenas transmissoras mostradas na Figura 35.8 seja reduzida para apenas 10 m e que a freqüência das ondas irradiadas aumente para f = 60 MHz. A intensidade a uma distância de 700 m na direção $+x$ (que corresponde a $\theta = 0$ na Figura 35.5) é dada por $I_0 = 0{,}020\ \text{W/m}^2$. a) Qual é a intensidade na direção $\theta = 4{,}0°$? b) Em que direção próxima de $\theta = 0$ a intensidade se reduz a $I_0/2$? c) Para quais direções a intensidade é igual a zero?

SOLUÇÃO

IDENTIFICAR: este problema envolve a distribuição da intensidade em função da *direção* — ou seja, em função do ângulo. (Em outros problemas, estamos preocupados com a intensidade em função da *posição* em uma tela, como na figura de interferência apresentada na Figura 35.6.)

PREPARAR: como a distância das antenas ao ponto em que a intensidade é medida é muito maior do que a distância de 700 m entre as duas antenas (d = 10 m), as amplitudes das ondas provenientes das duas antenas são aproximadamente iguais. Portanto, podemos aplicar a Equação (35.14) para relacionar a intensidade I e o ângulo θ.

EXECUTAR: para usar a Equação (35.14), primeiramente achamos o comprimento de onda por meio da relação $c = \lambda f$:

$$\lambda = \frac{c}{f} = \frac{3{,}0 \times 10^8\ \text{m/s}}{60{,}0 \times 10^6\ \text{s}^{-1}} = 5{,}0\ \text{m}$$

A distância d entre as fontes é exatamente o dobro do comprimento de onda. A Equação (35.14) torna-se, então

$$I = I_0 \cos^2\left(\frac{\pi d}{\lambda}\text{sen}\,\theta\right)$$
$$= (0{,}020\ \text{W/m}^2)\cos^2\left[\frac{\pi(10\ \text{m})}{5\ \text{m}}\ \text{sen}\,\theta\right]$$
$$= (0{,}020\ \text{W/m}^2)\cos^2[(2\pi\ \text{rad})\text{sen}\,\theta]$$

(a) Quando $\theta = 4{,}0°$,

$$I = (0{,}020\ \text{W/m}^2)\cos^2[(2\pi\ \text{rad})\text{sen}\,4{,}0°]$$
$$= 0{,}016\ \text{W/m}^2$$

O resultado obtido corresponde a 82% da intensidade para $\theta = 0$.

(b) A intensidade I torna-se igual a $I_0/2$ quando o valor do coseno na Equação (35.14) é $\pm 1/\sqrt{2}$. Isso ocorre quando 2π sen $\theta = \pm\ \pi/4$ rad, de modo que sen$\theta = \pm\ (1/8) = \pm\ 0{,}125$ e $\theta = \pm\ 7{,}2°$.

(c) A intensidade é zero quando cos $[(2\pi\ \text{rad})\ \text{sen}\ \theta] = 0$. Isso ocorre quando 2π sen $\theta = \pm\ \pi/2, \pm\ 3\pi/2, \pm 5\ \pi/2 \ldots$, ou quando sen$\theta = \pm\ 0.250, \pm\ 0.750, \pm\ 1.25\ldots$ Valores de sen θ maiores do que 1 não têm significado, e concluímos que

$$\theta = \pm\ 14{,}5°, \pm\ 48{,}6°$$

AVALIAR: a condição do item (b) de que $I = I_0/2$, de modo que $(2\pi\ \text{rad})$ sen $\theta = \pm\ \pi/4$ rad, também é satisfeita quando sen$\theta = \pm\ 0{,}375, \pm\ 0{,}625$ ou $\pm\ 0{,}875$, de modo que $\theta = \pm\ 22°, \pm\ 38{,}7°$, ou $\pm\ 61°$. (Você é capaz de verificar isso?) Seria incorreto incluir esses ângulos na resposta, contudo, porque o problema pediu o ângulo *próximo a* $\theta = 0$ em que $I = I_0/2$. Esses outros valores de θ não são os pedidos.

Teste sua compreensão da Seção 35.3 Uma experiência com interferência produzida por duas fendas emprega luz coerente de um comprimento de onda igual a $5{,}0 \times 10^{-7}$ m. Coloque em ordem os seguintes pontos na figura de interferência conforme a intensidade de cada ponto, da maior à menor. (i) um ponto que está $4{,}0 \times 10^{-7}$ m mais perto de uma das fendas do que da outra; (ii) um ponto em que as ondas luminosas provenientes das duas fendas estão 4,0 rad fora de fase; (iii) um ponto que está $7{,}50 \times 10^{-7}$ m mais perto de uma das fendas do que da outra; (iv) um ponto em que as ondas luminosas provenientes das duas fendas estão 2 rad fora de fase. ∎

35.4 Interferência em películas finas

Costumamos ver faixas brilhantes coloridas quando a luz solar é refletida em bolhas de sabão ou em películas de óleo flutuando sobre a água. Esse efeito é produzido pela interferência da luz. As ondas luminosas são refletidas pelas superfícies opostas dessas películas e ocorre interferência construtiva entre duas ondas refletidas (com caminhos diferentes) em diversos locais e para comprimentos de onda diferentes. A situação é ilustrada esquematicamente na Figura 35.11a. A luz que incide sobre a superfície superior de uma película fina com espessura t é parcialmente refletida na superfície superior (caminho *abc*). A luz *transmitida* pela superfície superior é parcialmente refletida na superfície inferior (caminho *abdef*). As duas ondas chegam juntas ao ponto P sobre a retina do olho. Dependendo da relação entre suas fases, pode ocorrer interferência construtiva ou destrutiva. Cores diferentes têm diferentes comprimentos de onda, de modo que a interferência pode ser construtiva para algumas cores e destrutiva para outras. É por isso que vemos anéis ou franjas coloridas em uma situação como a mostrada na Figura 35.11b, em que uma fina película de óleo flutua sobre a água. As formas complexas dos anéis coloridos em cada fotografia resultam de variações na espessura da película.

Interferência em películas finas e deslocamentos de fase na reflexão

Vamos discutir um exemplo de um feixe de luz *monocromática* incidindo quase perpendicularmente sobre duas placas quase paralelas. A Figura 35.12 mostra duas placas de vidro separadas em uma das extremidades, formando uma cunha ou película fina de ar. O objetivo é estudar a interferência produzida pelas duas ondas refletidas nas superfícies adjacentes da cunha de ar, como indicado. (Ocorrem também reflexões nas superfícies superior e inferior da placa de vidro; para simplificarmos nosso estudo, não levaremos em conta essas reflexões.) A situação é a mesma que a indicada na Figura 35.11a, exceto que, neste caso, a película fina (a cunha de ar) não tem espessura uniforme. A diferença de caminho entre as duas ondas é precisamente igual ao dobro da espessura t da cunha de ar em cada ponto. Nos pontos em que $2t$ é um múltiplo inteiro de comprimentos de onda, espera-se que ocorra interferência construtiva e surja uma área brilhante; nos pontos em que $2t$ é um múltiplo semi-inteiro de comprimentos de onda, supõe-se que deva ocorrer interferência destrutiva e surgir uma área escura. Ao longo da linha de contato entre as placas, a espessura é praticamente igual a zero; não existe *nenhuma* diferença de caminho e, portanto, deveria se formar uma área brilhante.

Contudo, quando realizamos a experiência, surgem franjas claras e escuras, porém as posições mostram-se trocadas! Ao longo da linha de contato entre as placas forma-se uma franja *escura* e não uma franja clara. Isso sugere que uma ou outra onda refletida sofre uma mudança de fase de meio ciclo durante a reflexão. Nesse caso, as duas ondas refletidas ao longo da linha de contato entre as placas estão defasadas em meio ciclo, embora a diferença de caminho entre elas seja igual a zero.

De fato, esse deslocamento de fase pode ser previsto pelas equações de Maxwell e pela natureza eletromagnética da luz. Os detalhes da dedução fogem aos nossos objetivos, porém mostraremos os resultados. Suponha que uma onda de luz com campo elétrico de amplitude E_i esteja se propagando em um material transparente com índice de refração n_a. Ela incide perpendicularmente sobre a interface com o outro material transparente com índice de refração n_b. A amplitude E_r da onda refletida da interface é proporcional à amplitude E_i da onda incidente e é dada pela expressão

$$E_r = \frac{n_a - n_b}{n_a + n_b} E_i \qquad (35.16)$$

(incidência perpendicular)

O resultado mostra que a amplitude E_r tem o mesmo sinal da amplitude E_i se n_a for maior do que n_b, e sinais opostos se n_b for maior do que n_a. Podemos distinguir três casos, como mostrado na Figura 35.13:

Figura 35.13a: quando $n_a > n_b$, a luz se propaga no primeiro meio com velocidade maior do que no segundo meio. Nesse caso, E_i tem o mesmo sinal de E_r e a onda incidente apresenta a mesma fase da onda

(a) Interferência entre raios refletidos nas duas superfícies de uma película fina.

A luz refletida nas superfícies superior e inferior da película encontram-se no olho no ponto P e sofrem interferência

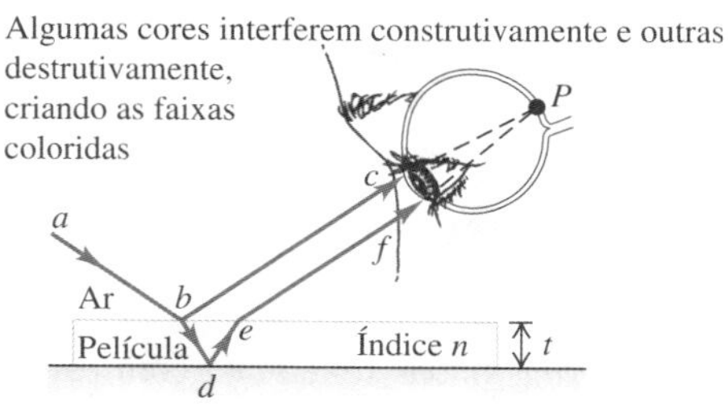

(b) Mancha de óleo sobre a água.

Figura 35.11 (a) Um diagrama e (b) uma fotografia mostrando a interferência da luz refletida em uma película fina.

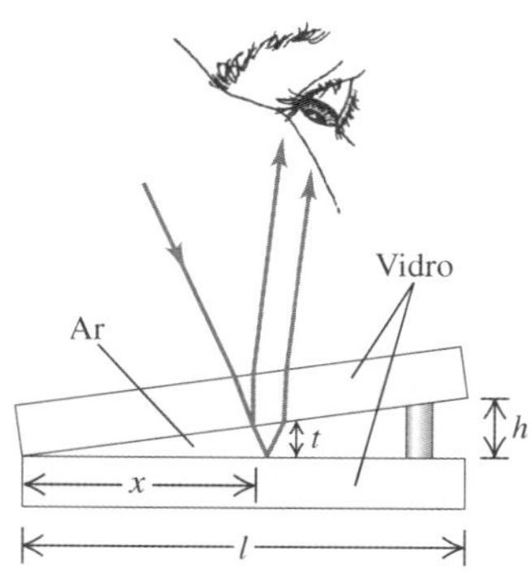

Figura 35.12 Interferência entre raios refletidos na superfície superior e na superfície inferior de uma cunha de ar separando duas placas de vidro. Os ângulos e a espessura do ar foram exagerados para maior clareza; no texto, supusemos que a luz incide na placa superior normalmente e que as distâncias h e t são muito menores do que l.

refletida. Esse caso é análogo à reflexão de uma onda transversal numa corda vibrante grossa no ponto onde ela está amarrada a uma corda fina ou a um anel capaz de deslizar verticalmente sem atrito.

Figura 35.13b: quando $n_a = n_b$, a amplitude E_r da onda refletida é igual a zero. A onda incidente não pode 'ver' a interface e não existe *nenhuma* onda refletida.

Figura 35.13c: quando $n_a < n_b$, a luz se propaga no primeiro meio com velocidade menor do que no segundo meio. Nesse caso, E_i e E_r apresentam sinais contrários e existe uma diferença entre a onda incidente e a onda refletida igual a π rad (180° ou meio ciclo). Esse caso é análogo à reflexão (com inversão) de uma onda transversal em uma corda fina em um ponto onde ela está amarrada a uma corda espessa ou a um suporte rígido.

Vamos examinar a situação indicada na Figura 35.12. Para a onda refletida pela superfície superior da cunha de ar, n_a (vidro) é maior do que n_b, de modo que essa onda refletida não muda de fase. Para a onda refletida na superfície inferior, n_a (ar) é menor do que n_b (vidro), de modo que existe uma diferença de fase de meio ciclo. As ondas refletidas ao longo da linha de contato entre as placas apresentam uma diferença de fase de meio ciclo e sofrem uma interferência destrutiva; isso é realmente o que observamos. Convidamos você a aplicar esse princípio para mostrar que, para a incidência normal, a onda refletida no ponto *b* da Figura 35.11 sofre uma defasagem de meio ciclo, ao passo que a onda refletida no ponto *d* não sofre nenhuma defasagem (suponha que exista ar embaixo da película).

Podemos resumir essa discussão matematicamente. Quando a película fina tem espessura t, a luz tem incidência normal e comprimento de onda λ no interior da película; quando nenhuma das duas ondas está em defasagem ou quando ambas estão em defasagem de meio ciclo na reflexão, a condição para interferência construtiva é dada por

$$2t = m\lambda \qquad (m = 0, 1, 2 \ldots) \tag{35.17a}$$

(reflexão construtiva em películas finas, sem diferença de fase relativa)

$$2t = \left(m + \frac{1}{2}\right)\lambda \qquad (m = 0, 1, 2 \ldots) \tag{35.17b}$$

(reflexão destrutiva em películas finas, sem diferença de fase relativa)

Se *uma* das duas ondas apresenta um deslocamento de fase de meio ciclo na reflexão, as condições para interferência construtiva e destrutiva são invertidas:

$$2t = \left(m + \frac{1}{2}\right)\lambda \qquad (m = 0, 1, 2 \ldots) \tag{35.18a}$$

(reflexão construtiva em películas finas, com defasagem de meio ciclo)

$$2t = m\lambda \qquad (m = 0, 1, 2 \ldots) \tag{35.18b}$$

(reflexão destrutiva em películas finas, com defasagem de meio ciclo)

Películas finas e películas espessas

Talvez você se pergunte por que concentramos nosso estudo em películas *finas*. Nós o fizemos devido ao princípio que discutimos na Seção 35.1: para que duas ondas provoquem uma figura de interferência estacionária, as ondas precisam ser *coerentes*, com uma relação de fase definida e constante. Entretanto, o Sol e as lâmpadas emitem luz em um feixe de impulsos curtos, cada um com apenas alguns micrômetros de extensão (1 micrômetro = 1 μm = 10^{-6} m). Se a luz se reflete em duas superfícies de uma película fina, as duas ondas refleti-

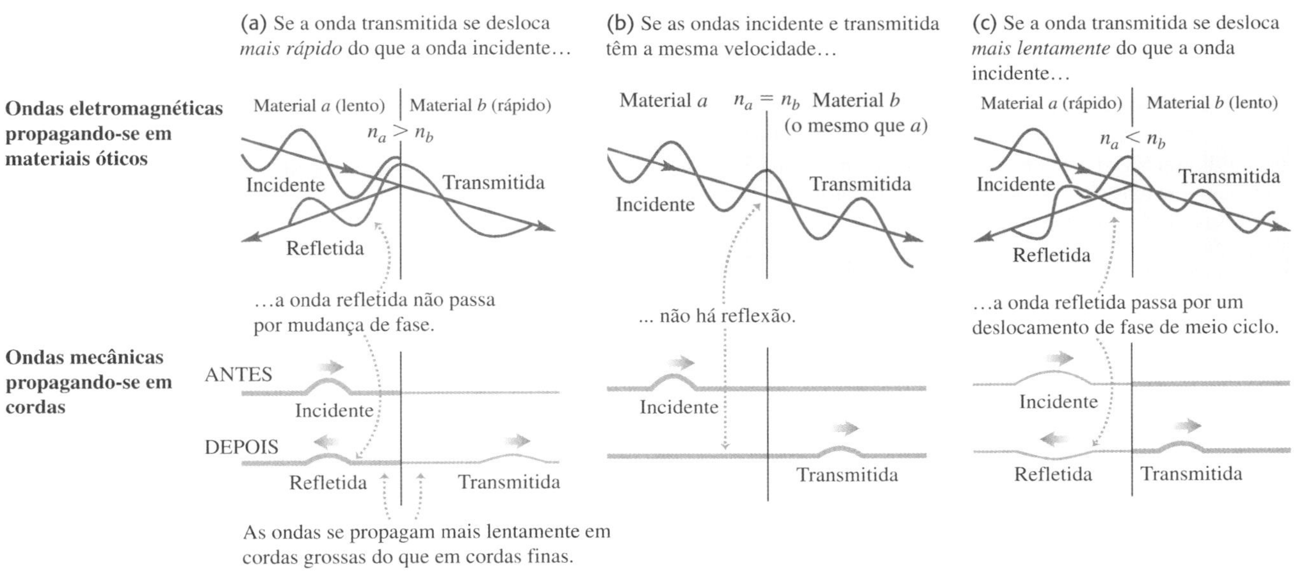

Figura 35.13 Parte superior das figuras: ondas eletromagnéticas incidindo perpendicularmente sobre uma interface entre dois materiais transparentes (para maior clareza, as ondas formam pequenos ângulos com a normal). Parte inferior das figuras: pulsos ondulatórios mecânicos em cordas.

das foram emitidas no mesmo impulso (Figura 35.14a). Logo, essas ondas são coerentes e ocorre interferência, como descrevemos. Se a película é espessa demais, todavia, as duas ondas refletidas foram emitidas em impulsos diferentes (Figura 35.14b). Não há uma relação definida de fase entre diferentes emissões de luz, logo as duas ondas são incoerentes e não há uma figura fixa de interferência. É por isso que você vê a interferência das cores da luz refletidas em uma mancha de óleo de poucos micrômetros de espessura, mas você *não* vê essas cores na luz refletida de uma vidraça de janela com a espessura de alguns milímetros (mil vezes maior).

Estratégia para a solução de problemas 35.1

INTERFERÊNCIA EM PELÍCULAS FINAS

IDENTIFICAR *os conceitos relevantes*: problemas com película finas envolvem interferência de duas ondas, uma refletida na superfície frontal e a outra na superfície posterior da película. Normalmente, o problema pedirá que você relacione o comprimento de onda, o índice de refração e as dimensões da película.

PREPARAR *o problema por meio dos seguintes passos*:

1. Faça um esboço mostrando a geometria da película fina. O seu esboço também deve indicar os materiais adjacentes à película; suas propriedades determinam se uma ou ambas as ondas refletidas apresentam uma diferença de fase de meio ciclo.
2. Determine a incógnita.

EXECUTAR *o problema da seguinte forma*:

1. Aplique as regras de mudanças de fase a cada onda refletida. Existe uma diferença de fase de meio ciclo quando $n_b > n_a$ e não há nenhuma diferença de fase quando $n_b < n_a$.
2. Se nenhuma das ondas refletidas passa por uma mudança de fase, ou se ambas as ondas refletidas passam por uma mudança de fase, você pode aplicar a Equação (35.17). Se apenas uma das ondas refletidas passa por uma mudança de fase, você precisa usar a Equação (35.18).
3. Resolva a equação de interferência resultante para a incógnita. Se o material da película não é o vácuo, certifique-se de estar usando o comprimento de onda da luz *na película* em seus cálculos. Para qualquer material, esse comprimento de onda é igual ao comprimento de onda no vácuo dividido por n. (Para o ar, $n = 1{,}000$ com quatro algarismos significativos.)
4. Se o problema perguntar a respeito de uma onda que é transmitida através da película, não se esqueça de que a intensidade *mínima* na reflexão corresponde a uma intensidade *máxima* na *transmissão* e vice-versa.

AVALIAR *a sua resposta*: você pode interpretar seus resultados examinando o que aconteceria se o comprimento de onda fosse alterado, ou se a película tivesse uma espessura diferente.

Exemplo 35.4

INTERFERÊNCIA EM PELÍCULAS FINAS I Suponha que as duas placas de vidro da Figura 35.12 sejam duas lâminas de 10 cm de comprimento de um microscópio. Em uma das extremidades elas estão em contato; na outra estão separadas por uma folha de papel com uma espessura de 0,020 mm. Qual é o espaçamento das franjas de interferência vistas por reflexão? A franja vista por reflexão ao longo da linha de contato entre as placas é clara ou escura? Suponha luz monocromática com um comprimento de onda no ar $\lambda = \lambda_0 = 500$ nm.

SOLUÇÃO

IDENTIFICAR: vamos considerar somente a interferência entre a luz refletida pela superfície inferior e pela superfície superior da cunha de ar entre as lâminas. A placa de vidro tem cerca de um milímetro de espessura, de modo que podemos desprezar a interferência entre a luz refletida pelas superfícies superior e inferior dessa placa (ver Figura 35.14b).

PREPARAR: a Figura 35.15 retrata a situação. A luz se desloca mais devagar no vidro das lâminas do microscópio do que no ar. Dessa forma, uma onda refletida na superfície superior da cunha de ar não sofre deslocamento de fase (ver Figura 35.13a), enquanto a onda refletida na superfície inferior apresenta um deslocamento de meio ciclo (ver Figura 35.13c).

EXECUTAR: como apenas uma das ondas refletidas sofre um deslocamento de fase, a condição para a interferência *destrutiva* (com formação de franjas escuras) é dada pela Equação (35.18b):

$$2t = m\lambda_0 \qquad (m = 0, 1, 2...)$$

Pelos triângulos semelhantes representados na Figura 35.15, a espessura t da cunha de ar em cada ponto é proporcional à distância x da linha de contato:

$$\frac{t}{x} = \frac{h}{l}$$

Combinando o resultado anterior com a Equação (35.18b), encontramos

$$\frac{2xh}{l} = m\lambda_0$$

$$x = m\frac{l\lambda_0}{2h} = m\frac{(0{,}100\text{ m})(500 \times 10^{-9}\text{ m})}{(2)(0{,}020 \times 10^{-3}\text{ m})} = m(1{,}25\text{ mm})$$

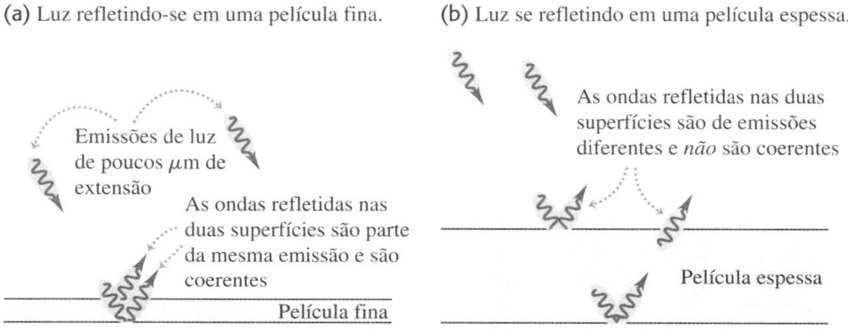

Figura 35.14 (a) A luz que se reflete em uma película fina produz uma figura de interferência estacionária, mas (b) a luz que se reflete em uma película espessa não.

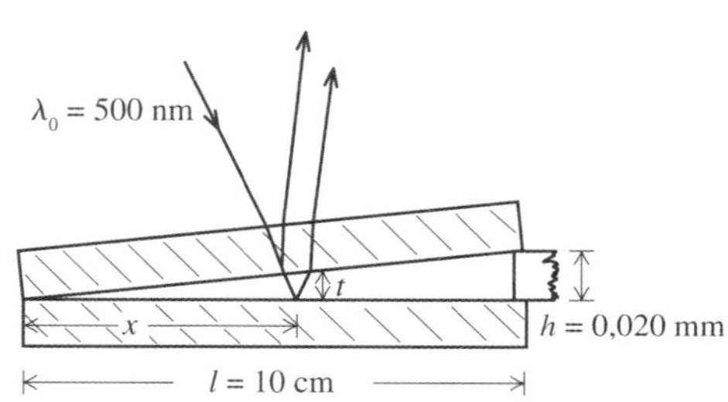

Figura 35.15 Nosso esboço do Problema 35.4.

As franjas escuras sucessivas correspondentes a valores sucessivos do número inteiro m apresentam um espaçamento de 1,25 mm. Substituindo $m = 0$ nesta equação, obtemos $x = 0$, o que corresponde à linha de contato entre as duas lâminas (do lado esquerdo da Figura 35.15). Logo, há uma franja escura na linha de contato.

AVALIAR: o resultado mostra que o espaçamento entre as franjas é proporcional ao comprimento de onda da luz usada — as franjas devem ficar mais afastadas com luz vermelha (λ_0 maior) do que com luz azul (λ_0 menor). Para incidência com luz branca, a luz refletida é uma mistura de comprimentos de onda em que ocorre interferência construtiva; os comprimentos de onda em que há interferência destrutiva são fracos ou ficam ausentes da luz refletida. (Esse mesmo efeito explica as cores vistas quando uma película de óleo sobre a água é iluminada pela luz branca, como na Figura 35.11b).

Exemplo 35.5

INTERFERÊNCIA EM PELÍCULAS FINAS II Suponha que no Exemplo 35.4, as duas placas de vidro possuam $n = 1{,}52$ e que exista água ($n = 1{,}33$) entre as placas em vez de ar. O que ocorre agora?

SOLUÇÃO

IDENTIFICAR: o índice de refração da película de água é ainda menor do que o do vidro em ambos os lados da película, logo as mudanças de fase são as mesmas do Exemplo 35.4. A única diferença é que o comprimento de onda na água é diferente do comprimento de onda no ar.

PREPARAR: mais uma vez, usamos a Equação (35.18b) para encontrar as posições das franjas escuras. Os comprimentos de onda λ na água relacionam-se ao comprimento de onda λ_0 no ar (essencialmente vácuo) pela Equação (33.5), $\lambda = \lambda_0/n$.

EXECUTAR: na película de água ($n = 1{,}33$), o comprimento de onda é

$$\lambda = \frac{\lambda_0}{n} = \frac{500 \text{ nm}}{1{,}33} = 376 \text{ nm}$$

Quando substituímos λ_0 por λ na expressão do Exemplo 35.4 para a posição x da franja escura de número m, descobrimos que o espaçamento entre as franjas se reduz do mesmo fator de 1,33 e é igual a 0,940 mm. Note que ainda há uma franja escura na linha de contato.

AVALIAR: você compreende que para voltar ao mesmo espaçamento entre as franjas do Exemplo 35.4, a dimensão h na Figura 35.15 teria de ser reduzida a (0,020 mm) /1,33 = 0,0150 mm? Isso mostra que o que importa na interferência em películas finas é a *razão* entre o comprimento de onda e a espessura da película. [Você entenderá isso melhor analisando as equações (35.17a) e (35.17b).]

Exemplo 35.6

INTERFERÊNCIA EM PELÍCULAS FINAS III Suponha que a placa superior no Exemplo 35.4 seja um plástico com $n = 1{,}40$, que a cunha esteja cheia de um óleo de silicone com $n = 1{,}50$ e que a placa inferior seja um vidro flint denso com $n = 1{,}60$. O que ocorre agora?

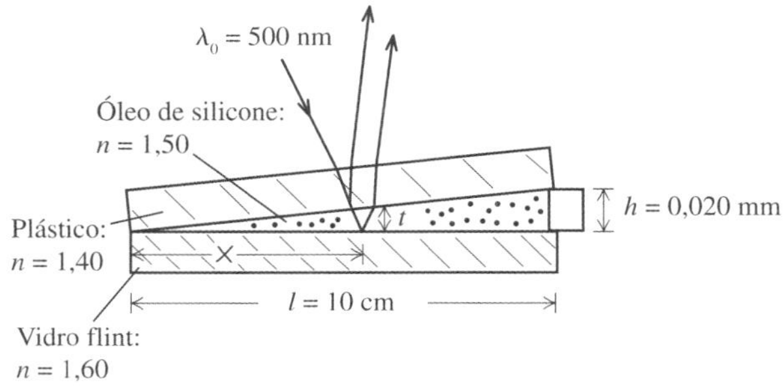

Figura 35.16 Nosso esboço deste problema.

SOLUÇÃO

IDENTIFICAR: a geometria ainda é a mesma da Figura 35.15, mas agora ocorrem diferenças de fase de meio ciclo em *ambas* as superfícies da cunha de óleo (ver Figura 35.13c).

PREPARAR: a Figura 35.16 mostra a situação. Como há uma diferença de fase de meio ciclo em ambas as superfícies, não existe uma mudança de fase *relativa* e precisamos usar a Equação (35.17b) para encontrar as posições das franjas escuras.

EXECUTAR: o valor de λ a ser usado na Equação (35.17b) é o comprimento de onda do óleo de silicone: $\lambda = \lambda_0/n = (500 \text{ nm})/1{,}50 = 333$ nm. Convidamos você a provar que o espaçamento entre as franjas é 0,833 mm. Note que as duas ondas refletidas na linha de contato estão em fase (ambas sofrem uma mudança de fase igual), de modo que a linha de contato é uma franja *brilhante*.

AVALIAR: o que aconteceria se você removesse cuidadosamente a lâmina superior do microscópio de modo que a cunha de óleo conservasse sua forma? Ainda haveria mudanças de fase de meio ciclo nas superfícies superior e inferior da cunha, de modo que a configuração das franjas seria a mesma que era com a presença da lâmina superior.

Anéis de Newton

A Figura 35.17a mostra a superfície convexa de uma lente em contato com uma superfície plana de vidro. Forma-se uma película fina de ar entre as duas superfícies. Ao se examinar esse dispositivo usando luz monocromática, é possível observar franjas de interferência (Figura 35.17b). Essas franjas foram estudadas por Newton e são chamadas de **anéis de Newton**.

Podemos usar as franjas de interferência para comparar duas superfícies óticas examinando as franjas de interferência formadas. A Figura 35.18 é uma fotografia tirada durante a fabricação da lente objetiva de um telescópio. O disco inferior mais grosso e com diâmetro maior é usado como padrão com forma correta e o disco superior é a lente que está sendo testada. As 'linhas de contorno' são os anéis de Newton; cada um deles indica uma distância adicional de meio comprimento de onda entre a lente e o padrão. A uma distância de 10 linhas a partir do centro, a distância entre as duas superfícies corresponde a 5 comprimentos de onda ou cerca de 0,003 mm. Isso não é muito bom; uma lente de boa qualidade é esmerilhada com precisão menor do que um

(a) Uma lente convexa em contato com uma superfície plana de vidro.

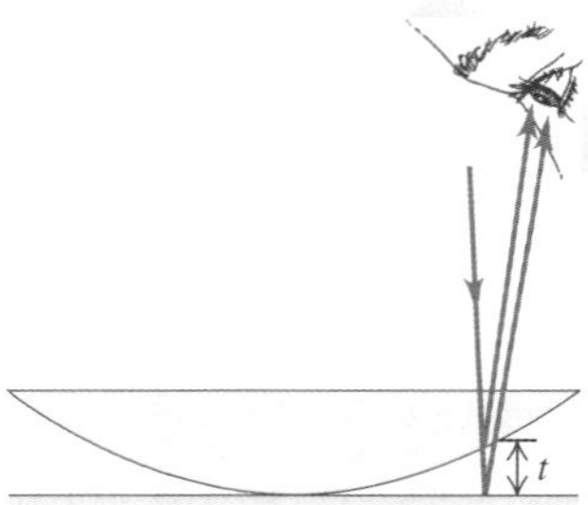

(b) Anéis de Newton: franjas circulares de interferência.

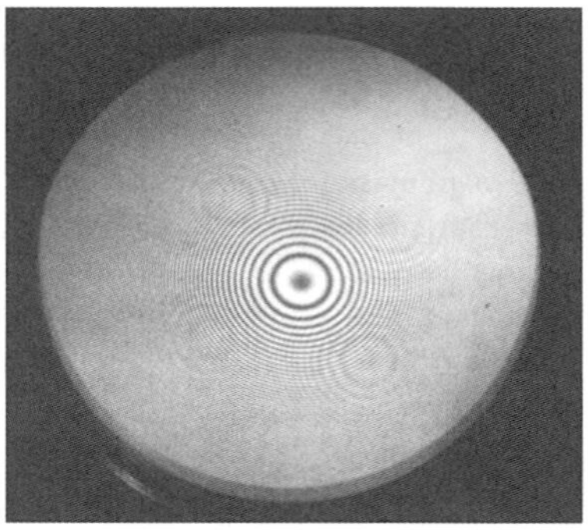

Figura 35.17 (a) Uma película de ar entre uma lente convexa e uma superfície plana. A espessura *t* da película aumenta a partir de zero à medida que nos afastamos do centro, criando (b) uma sucessão de anéis claros e escuros para luz monocromática.

As franjas mapeiam as discrepâncias entre a lente e o padrão

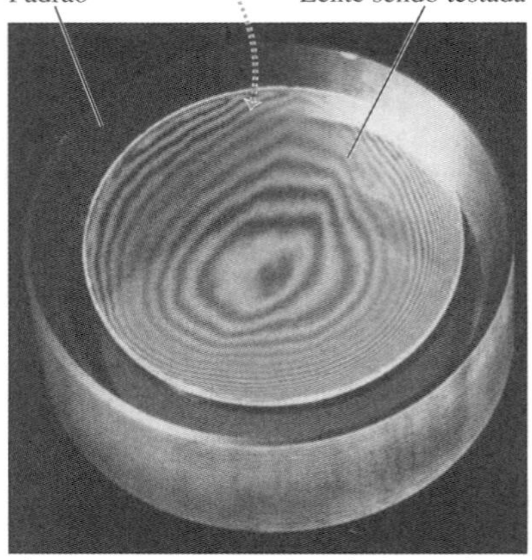

Figura 35.18 A superfície da lente objetiva de um telescópio sendo examinada durante a fabricação.

comprimento de onda. A superfície do espelho primário do Telescópio Espacial Hubble foi esmerilhada com uma precisão maior do que $\frac{1}{50}$ do comprimento de onda. Infelizmente, ele foi fabricado com uma especificação incorreta, produzindo um dos erros mais precisos na história na tecnologia ótica (ver Seção 34.2).

Revestimento refletor e não-refletor

O **revestimento não-refletor** da superfície de uma lente usa a interferência em película fina. Uma camada fina ou um filme de um material transparente duro com índice de refração menor do que o do vidro é depositado sobre a superfície da lente, como mostrado na Figura 35.19. A luz é refletida nas duas superfícies da camada. Nas duas reflexões a luz é refletida em um meio cujo índice de refração é menor do que o índice de refração do meio adjacente, de modo que ocorre uma diferença de fase nas duas reflexões. Se a espessura do filme for igual a um quarto do comprimento de onda na luz *no interior do filme* (supondo incidência perpendicular), a diferença de caminho total será igual a meio comprimento de onda. Portanto, a luz refletida pela superfície superior apresenta uma diferença de fase de meio ciclo em relação à luz refletida pela superfície inferior e, desse modo, ocorre interferência destrutiva.

A espessura do revestimento não-refletor só pode ser igual a um quarto de comprimento de onda para um comprimento de onda em particular. Geralmente se escolhe o comprimento de onda correspondente à região verde-amarela do centro do espectro ($\lambda = 550$ nm), à qual o olho humano é mais sensível. Haverá então, uma reflexão maior nos comprimentos de onda extremos, tanto no mais longo (vermelho) quanto no mais curto (azul), e a luz refletida terá uma coloração púrpura. Com essa técnica, a reflexão global da superfície de uma lente ou de um prisma pode ser reduzida desde 4–5% até menos de 1%. Esse tratamento é particularmente importante para a eliminação da luz parasita em conjuntos de lentes de máquinas fotográficas com elevado grau de correção e muitas interfaces ar–vidro. Isso também faz aumentar a luz globalmente *transmitida* através da lente, visto que a luz que não é refletida deve ser transmitida. O mesmo princípio é aplicado para eliminar as reflexões das células solares fotovoltaicas de silício ($n = 3{,}5$), usando-se uma fina camada na superfície de monóxido de silício (SiO, $n = 1{,}45$), o que ajuda a aumentar a quantidade de luz que atinge efetivamente a célula solar.

Se um material com espessura de um quarto de comprimento de onda e índice de refração *maior* do que o do vidro é depositado sobre a superfície do vidro, a refletividade *aumenta* e o material depositado recebe o nome de **revestimento refletor**. Nesse caso, há uma diferença de fase de meio ciclo na reflexão na interface ar–película, porém, não existe defasagem na interface película–vidro e as reflexões nas duas superfícies da película fina produzem interferência construtiva. Por exemplo, um revestimento com índice de refração igual a 2,5 produz uma reflexão de 38% da energia incidente em comparação com 4% de reflexão que ocorre sem o revestimento. Usando-se revestimentos com muitas camadas, podemos obter quase 100% de transmissão ou de

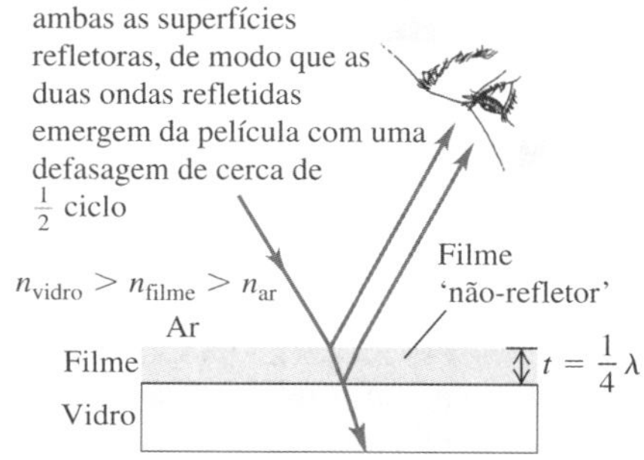

Figura 35.19 Um revestimento com filme não-refletor tem um índice de refração intermediário entre o do ar e o índice de refração do vidro.

reflexão para comprimentos de onda particulares. Algumas aplicações práticas desses revestimentos são empregadas na separação de cores em câmaras de televisão em cores e nos chamados 'refletores de calor' de infravermelho em projetores de cinema, em células solares e nos visores dos astronautas. Na natureza também existem aplicações para os revestimentos refletores, como nas escamas do arenque e de outros peixes prateados; por essa razão esses peixes têm uma aparência brilhante (veja o Problema 35.56).

Exemplo 35.7

REVESTIMENTO NÃO-REFLETOR Um material geralmente usado em revestimentos de lentes é o fluoreto de magnésio (MgF_2), de $n = 1,38$. Qual deve ser a espessura de uma película não-refletora para luz de 550 nm quando ela é aplicada sobre uma placa de vidro com $n = 1,52$?

SOLUÇÃO

IDENTIFICAR: esse revestimento é do tipo retratado na Figura 35.19.

PREPARAR: a espessura deve ser um quarto do comprimento de onda do revestimento.

EXECUTAR: o comprimento de onda da luz verde-amarela no ar é $\lambda_0 = 550$ nm, logo, o seu comprimento de onda no MgF_2 é

$$\lambda = \frac{\lambda_0}{n} = \frac{550 \text{ nm}}{1,38} = 400 \text{ nm}$$

Uma película não-refletora de MgF_2 deve ter uma espessura igual a um quarto de comprimento de onda, ou 100 nm. Trata-se de uma película muito fina, com não mais do que poucas centenas de moléculas de espessura.

AVALIAR: note que tal revestimento se torna *refletor* se a sua espessura for igual a *meio* comprimento de onda; assim, a luz refletida da superfície inferior do revestimento se desloca um comprimento de onda a mais do que a luz refletida da superfície superior, de modo que as duas ondas estão em fase e interferem construtivamente. Isso ocorre para a luz com um comprimento de onda de 200 nm no MgF_2 e de (200 nm) (1,38) = 276 nm no ar. Trata-se do comprimento de onda de uma luz ultravioleta (ver Seção 32.1), portanto, os projetistas de lentes óticas com revestimentos não-refletores não precisam se preocupar com esse tipo de aumento na reflexão.

Teste sua compreensão da Seção 35.4 Uma camada fina de benzeno ($n = 1,501$) está colocada sobre uma folha de fluorita ($n = 1,434$). Ela é iluminada de cima por uma luz cujo comprimento de onda no benzeno é 400 nm. Quais das seguintes possíveis espessuras da camada de benzeno maximizarão o brilho da luz refletida? (i) 100 nm; (ii) 200 nm; (iii) 300 nm; (iv) 400 nm. ∎

35.5 O interferômetro de Michelson

O **interferômetro de Michelson** é um importante dispositivo experimental que aplica o efeito da interferência. Há mais de cem anos, ele foi usado para fornecer um método experimental decisivo para a teoria da relatividade. Mais recentemente, os interferômetros de Michelson têm servido para a determinação precisa de comprimentos de onda e de distâncias muito curtas, tal como as pequenas variações da espessura de um axônio quando um impulso nervoso se propaga ao longo de seu comprimento. Tal como no caso da experiência da fenda dupla de Young, um interferômetro de Michelson recebe um feixe de luz monocromática proveniente de uma única fonte e o divide em dois feixes que seguem caminhos diferentes. Na experiência de Young, essa tarefa é realizada enviando-se uma parte do feixe para uma fenda e a outra parte para a outra fenda; no interferômetro de Michelson, um dispositivo chamado de *divisor de feixe* pode ser usado. Nessas duas experiências a interferência ocorre quando os dois feixes são recombinados.

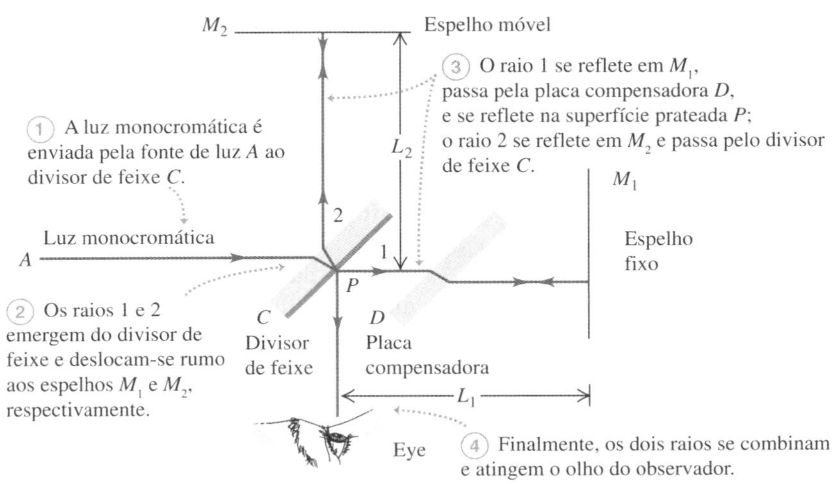

Figura 35.20 Esquema de um interferômetro de Michelson. O observador vê uma figura de interferência que resulta da diferença dos caminhos entre os raios 1 e 2.

Como funciona um interferômetro de Michelson

Os principais componentes de um interferômetro de Michelson são mostrados esquematicamente na Figura 35.20. Um raio de luz proveniente de uma fonte monocromática A atinge o divisor de feixe C, que é uma placa de vidro com um revestimento fino de prata em uma de suas faces. Uma parte da luz (raio 1) passa pela superfície prateada, atravessa a placa compensadora D e é refletida pelo espelho M_1. A seguir, retorna através de D, é refletida pela superfície de C e volta para o olho do observador. A parte restante da luz (raio 2) é refletida pela superfície prateada no ponto P, atinge o espelho móvel M_2 e volta através de C para o olho do observador. O objetivo da placa compensadora D é garantir que os raios 1 e 2 passem através da mesma espessura de vidro; a placa D é cortada da mesma placa de vidro da qual foi cortada a placa C, de modo que suas espessuras são as mesmas com uma precisão da ordem de uma fração de comprimento de onda.

O dispositivo inteiro mostrado na Figura 35.20 é montado sobre um suporte muito rígido e a posição do espelho móvel M_2 pode ser ajustada mediante um parafuso micrométrico extremamente preciso. Se as distâncias L_1 e L_2 forem exatamente iguais e se os espelhos M_1 e M_2 formarem um ângulo de exatamente noventa graus, a imagem virtual de M_1 formada por reflexão na superfície prateada da placa C coincidirá com o espelho M_2. Se L_1 e L_2 *não* forem exatamente iguais, a imagem de M_1 estará ligeiramente deslocada em relação a M_2; e se os espelhos M_1 e M_2 não forem exatamente perpendiculares, a imagem de M_1 formará um pequeno ângulo com M_2. Então, o espelho M_2 e a imagem virtual de M_1 desempenham papéis semelhantes aos das superfícies de uma película fina em forma de cunha (veja a Seção 35.4), e os raios de luz refletidos por essas superfícies formam os mesmos tipos de franjas de interferência.

Suponha que o ângulo entre o espelho M_2 e a imagem virtual de M_1 seja suficiente para que se formem apenas cinco ou seis franjas no campo visual. Se a seguir deslocarmos lentamente o espelho M_2 para a frente ou para trás uma distância igual a $\lambda/2$, a diferença de caminho entre os raios 1 e 2 vai variar de λ e cada franja se deslocará para a direita ou para a esquerda uma distância igual ao espaçamento entre as franjas. Se observarmos as posições das franjas com um telescópio contendo linhas finas no visor da ocular e m franjas atravessarem essas linhas de marcação ao deslocarmos o espelho uma distância y, então

$$y = m\frac{\lambda}{2} \quad \text{ou} \quad \lambda = \frac{2y}{m} \tag{35.19}$$

Se m for igual a alguns milhares, a distância y terá de ser suficientemente grande para que possa ser medida com precisão, e podemos medir com precisão o valor do comprimento de onda λ. Alternativamente, se o comprimento de onda for conhecido, a distância y pode ser medida contando-se simplesmente as franjas quando M_2 se deslocar essa mesma distância. Desse modo, distâncias comparáveis a um comprimento de onda podem ser medidas com relativa facilidade.

A experiência de Michelson-Morley

A aplicação original do interferômetro de Michelson ocorreu na famosa **experiência de Michelson-Morley**. Antes da consolidação da teoria eletromagnética da luz e da especial teoria da relatividade de Einstein, muitos físicos acreditavam que a luz se propagava através do **éter**, um meio que deveria permear todo o espaço. Em 1887, os cientistas norte-americanos Albert Michelson e Edward Morley usaram o interferômetro de Michelson para tentar detectar o movimento da Terra através do éter. Suponha que o interferômetro da Figura 35.20 se desloque da esquerda para a direita em relação ao éter. De acordo com a teoria do éter, isso produziria variações da velocidade da luz nas partes da trajetória indicadas por linhas horizontais na figura. Deveriam ocorrer deslocamentos das franjas em relação às suas posições caso o instrumento estivesse em repouso em relação ao éter. A seguir, se o conjunto inteiro do instrumento sofresse uma rotação de 90°, as outras partes da trajetória seriam afetadas de modo análogo, produzindo um deslocamento de franjas em sentido oposto.

Michelson e Morley esperavam que o movimento da Terra através do éter produziria um deslocamento da franja aproximadamente igual a quatro décimos de uma franja quando o instrumento sofresse a rotação. O deslocamento efetivamente observado na experiência foi menor do que um centésimo de uma franja, e, dentro do limite da precisão da experiência, parecia ser exatamente igual a zero. Apesar do movimento orbital da Terra em relação ao Sol, a Terra dava a impressão de estar em repouso em relação ao éter. Esse resultado negativo foi um desafio para os físicos até 1905, quando Einstein desenvolveu a teoria especial da relatividade. Einstein postulou que a velocidade da luz c tem sempre o mesmo módulo em relação a *qualquer* sistema de referência inercial, independentemente da velocidade que um sistema possa ter em relação a outro. Como o suposto éter não desempenhava nenhum papel, seu conceito foi abandonado.

A teoria da relatividade é uma das bases da física moderna, e iremos estudá-la em detalhe no Capítulo 37. Historicamente, a experiência de Michelson-Morley forneceu forte evidência experimental a favor da teoria especial da relatividade, e é geralmente citada como a mais significativa experiência de 'resultado negativo' realizada até hoje.

Teste sua compreensão da Seção 35.5 Você está observando a configuração das franjas em um interferômetro de Michelson como o mostrado na Figura 35.20. Se você variar o índice de refração (mas não a espessura) da placa compensadora, a configuração irá se alterar? ▌

Resumo

Interferência e fontes coerentes: a luz monocromática contém apenas uma freqüência. A coerência é uma relação de fase definida e invariável entre duas ondas ou duas fontes de ondas. A superposição de ondas monocromáticas provenientes de duas fontes coerentes produz uma figura de interferência. O princípio da superposição afirma que a perturbação ondulatória total em qualquer ponto é igual à soma das perturbações das ondas individuais.

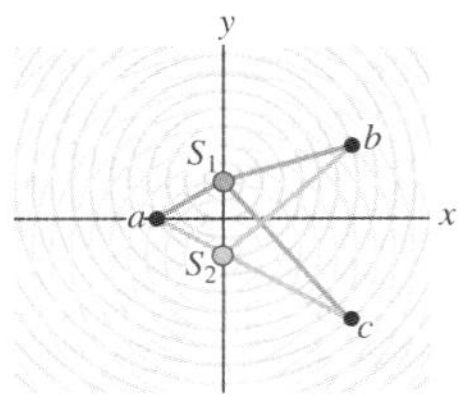

Interferência produzida por duas fontes de luz: quando duas fontes estão em fase, ocorre interferência construtiva em pontos nos quais a diferença de caminho ótico dos raios provenientes das fontes é igual a zero ou a um número inteiro de comprimentos de onda; a interferência destrutiva ocorre em pontos nos quais a diferença de caminho ótico é igual a um número semi-inteiro de comprimentos de onda. Se as duas fontes estão separadas por uma distância d e estão ambas muito afastadas de um ponto P e a linha que liga a fonte com o ponto P forma um ângulo θ com a reta perpendicular ao segmento que une as fontes, então a condição para interferência construtiva em P é a Equação (35.4). A condição para interferência destrutiva é a Equação (35.5). Quando θ é um ângulo muito pequeno, a posição y_m da franja brilhante de ordem m está localizada sobre a tela a uma distância R da fonte dada pela Equação (35.6). (Ver Exemplos 35.1 e 35.2.)

$$d\,\text{sen}\,\theta = m\lambda \quad (m = 0, \pm 1, \pm 2\ldots) \tag{35.4}$$

(interferência construtiva)

$$d\,\text{sen}\,\theta = \left(m + \frac{1}{2}\right)\lambda \quad (m = 0, \pm 1, \pm 2\ldots) \tag{35.5}$$

(interferência destrutiva)

$$y_m = R\frac{m\lambda}{d} \tag{35.6}$$

(franjas brilhantes)

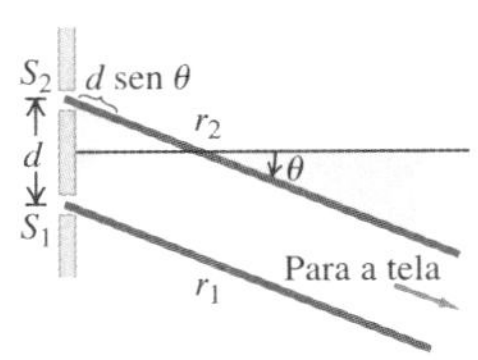

Intensidade em configurações de interferência: quando duas ondas de mesma amplitude E apresentam a mesma diferença de fase ϕ e se superpõem, a amplitude resultante E_p é dada pelas Equações (35.7) e (35.10), respectivamente. Se as duas fontes emitem ondas em fase, a diferença de fase ϕ em um ponto P (localizado a uma distância r_1 da fonte 1 e a uma distância r_2 da fonte 2) é diretamente proporcional à diferença dos caminhos $r_2 - r_1$. (Veja o Exemplo 35.3.)

$$E_P = 2E\left|\cos\frac{\phi}{2}\right| \tag{35.7}$$

$$I = I_0 \cos^2\frac{\phi}{2} \tag{35.10}$$

$$\phi = \frac{2\pi}{\lambda}(r_2 - r_1) = k(r_2 - r_1) \tag{35.11}$$

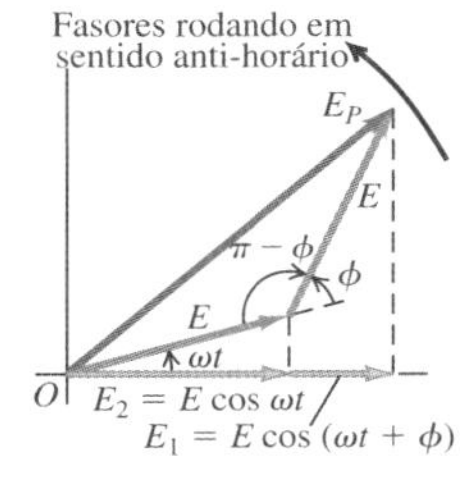

Interferência em películas finas: quando a luz é refletida em ambos os lados de uma película fina de espessura t e não existe qualquer diferença de fase em nenhuma das interfaces, ocorre interferência construtiva entre as ondas refletidas quando $2t$ é igual a um número inteiro de comprimentos de onda. Se há uma diferença de fase de meio ciclo em uma das duas superfícies, a condição anterior passa a ser a condição de interferência destrutiva. Uma diferença de fase de meio ciclo ocorre sempre que o índice de refração do segundo material é maior do que o índice de refração do primeiro. (Veja os exemplos 35.4-35.7.)

$$2t = m\lambda \quad (m = 0, 1, 2\ldots) \tag{35.17a}$$

(reflexão construtiva em película fina, sem mudança de fase relativa)

$$2t = \left(m + \frac{1}{2}\right)\lambda \quad (m = 0, 1, 2\ldots) \tag{35.17b}$$

(reflexão destrutiva em película fina, sem mudança de fase relativa)

$$2t = \left(m + \frac{1}{2}\right)\lambda \quad (m = 0, 1, 2\ldots) \tag{35.8a}$$

(reflexão construtiva em película fina, diferença de fase relativa de meio ciclo)

$$2t = m\lambda \quad (m = 0, 1, 2\ldots) \tag{35.8b}$$

(reflexão destrutiva em película fina, diferença de fase relativa de meio ciclo)

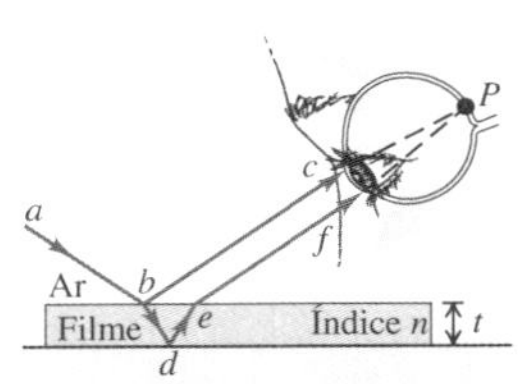

Interferômetro de Michelson: o interferômetro de Michelson usa uma fonte monocromática e serve para medir com alta precisão um comprimento de onda. Seu propósito inicial era detectar o movimento da Terra em relação a um suposto éter, o meio que se acreditava existir para que uma onda eletromagnética pudesse se propagar. O éter nunca foi detectado e esse conceito foi abandonado; verificou-se que a velocidade de propagação da luz é sempre a mesma para qualquer observador. Esse resultado faz parte dos fundamentos da teoria especial da relatividade.

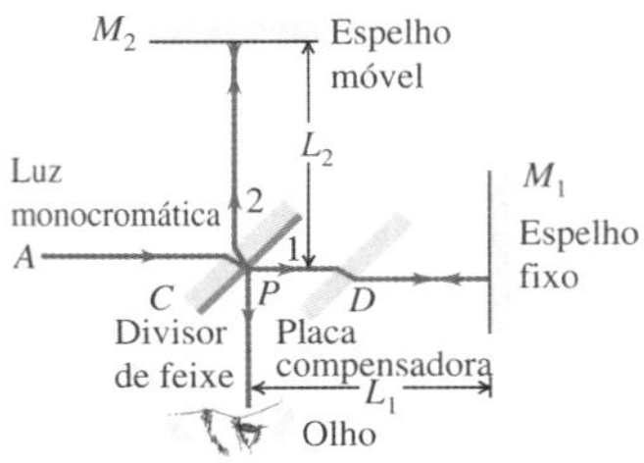

Principais termos

Resposta à Pergunta Inicial do Capítulo

As cores aparecem devido à interferência construtiva entre ondas luminosas refletidas nas superfícies externa e interna da bolha de sabão. A espessura das paredes da bolha em cada ponto determina o comprimento de onda da luz em que a interferência construtiva máxima ocorre e, assim, a cor que parece mais brilhante nesse ponto (veja o Exemplo 35.4 na Seção 35.4).

Respostas às Perguntas dos Testes de Compreensão

35.1 **Resposta: (i)** Em qualquer ponto P sobre o eixo Oy positivo acima de S_1, a distância r_2 de S_2 a P é 4λ maior do que a distância r_1 de S_1 a P. Isso corresponde a $m = 4$ na Equação (35.1), a equação da interferência construtiva. Logo, todos esses pontos formam uma curva antinodal.

35.2 **Resposta: (ii)** A luz azul tem um comprimento de onda menor do que a luz vermelha (ver Seção 32.1). A Equação (35.6) nos diz que a distância y_m do centro da configuração à franja brilhante é proporcional ao comprimento de onda λ. Logo, todas as franjas irão se deslocar na direção do centro da configuração à medida que o comprimento de onda diminui, e o espaçamento entre franjas diminuirá.

35.3 **Resposta: (i), (iv), (ii), (iii)** Nos casos (i) e (iii), o problema informa o comprimento de onda λ e a diferença de caminhos $d\text{sen}\theta$. Assim, usamos a Equação (35.14), $I = I_0\cos^2[(\pi d\text{sen}\theta)/\lambda]$. Nas partes (ii) e (iii), é dada a diferença de fase ϕ e usamos a Equação (35.10), $I = I_0\cos^2(\phi/2)$. Encontramos:
(i) $I = I_0\cos^2[\pi(4{,}0 \times 10^{-7}\text{ m})/(5{,}0 \times 10^{-7})] = I_0\cos^2(0{,}800\pi\text{ rad}) = 0{,}655I_0$;
(ii) $I = I_0\cos^2[(4{,}0\text{ rad})/2] = I_0\cos^2(2{,}0\text{ rad}) = 0{,}173I_0$;
(iii) $I = I_0\cos^2[\pi(7{,}50 \times 10^{-7}\text{ m})/(5{,}0 \times 10^{-7})] = I_0\cos^2(1{,}50\pi\text{ rad}) = 0$;
(iv) $I = I_0\cos^2[(2{,}0\text{ rad})/2] = I_0\cos^2(1{,}0\text{ rad}) = 0.292I_0$.

35.4 **Respostas: (i) e (iii)** O benzeno tem um índice de refração maior do que o ar, então a luz que se reflete na superfície superior do benzeno passa por um deslocamento de meio ciclo. A fluorita tem um índice de refração *menor* do que o benzeno, então a luz que se reflete na interface benzeno–fluorita não passa por mudança de fase. Assim, a equação para a reflexão construtiva é a Equação (35.18a), $2t = (m + \frac{1}{2})\lambda$, que podemos reescrever como $t = (m + \frac{1}{2})\lambda/2 = (m + \frac{1}{2})(400\text{ mm})/2 = 100\text{ nm}, 300\text{ nm}, 500\text{ nm}, \ldots$

35.5 **Resposta: sim** Quando se muda o índice de refração, o comprimento de onda da luz dentro da placa compensadora muda, e também o número de comprimentos de onda dentro de uma espessura da placa. Assim, o efeito é o mesmo do que se alterássemos a distância L_1 do divisor de feixe ao espelho M_1 que alteraria a figura de interferência.

Questões para discussão

Q35.1 Uma experiência de interferência com fenda dupla é realizada e formam-se franjas de interferência sobre um anteparo. A seguir, o conjunto inteiro do aparato experimental é imerso em uma piscina. Qual é alteração produzida na distribuição das franjas?

Q35.2 Pode uma experiência semelhante à realizada por Young com uma fenda dupla ser também realizada com ondas sonoras? Como você faria essa experiência? O fato de as ondas sonoras serem longitudinais, e as ondas eletromagnéticas serem transversais, influi na figura de interferência obtida? Explique.

Q35.3 Uma luz monocromática coerente passando por duas fendas estreitas é vista em uma tela distante. As franjas brilhantes estão espaçadas de modo uniforme sobre a tela? Em caso afirmativo, por quê? Em caso negativo, quais estão mais perto de apresentarem um espaçamento uniforme?

Q35.4 Em uma figura de interferência com fenda dupla sobre uma tela distante, as franjas brilhantes ficam na metade da distância entre duas franjas escuras? Essa poderia ser uma boa aproximação?

Q35.5 Os faróis dianteiros de um carro muito distante poderiam formar uma figura de interferência de duas fontes? Em caso positivo, como poderíamos observá-la? Em caso negativo, por que não?

Q35.6 As duas fontes S_1 e S_2 da Figura 35.3 estão em fase e emitem ondas com o mesmo comprimento de onda λ. Suponha que S_1 seja uma fonte mais fraca, de modo que a amplitude da onda emitida por S_1 seja igual à metade da amplitude da onda emitida por S_2. Como isso afetaria as posições das linhas nodais e das linhas antinodais? Poderia ocorrer interferência construtiva em pontos sobre as curvas antinodais? Haveria interferência destrutiva em pontos sobre as curvas nodais? Explique as suas respostas.

Q35.7 A experiência de Young da fenda dupla poderia ser realizada com raios gama? Caso não possa, por que não? Caso possa, discuta as diferenças na montagem da experiência em comparação com a experiência feita com a luz visível.

Q35.8 Um feixe coerente de luz vermelha ilumina duas fendas estreitas separadas por uma distância de 25 cm. Você poderá observar uma figura de interferência se a luz proveniente dessas duas fendas incidir sobre um anteparo? Explique.

Q35.9 Um feixe coerente de luz de comprimento de onda λ incide sobre duas fendas estreitas separadas por uma distância d. Quando d é menor do que um certo valor mínimo não se forma nenhuma franja escura. Explique. Com base em λ, qual deve ser esse valor mínimo de d?

Q35.10 Um estudante universitário que gosta de decorar fórmulas sem entendê-las, combina a Equação (35.4) com a Equação (35.13) para 'provar' que ϕ pode *somente* ser igual a $2\pi m$. Como você explicaria para esse aluno que ϕ pode assumir qualquer valor além de $2\pi m$?

Q35.11 Se o feixe de luz monocromática da Figura 35.5a fosse substituído por luz branca, você observaria uma figura de interferência de fenda dupla sobre um anteparo? Explique.

Q35.12 Ao usar o princípio da superposição para calcular as intensidades na figura de interferência, você poderia somar as intensidades em vez de somar as amplitudes das ondas? Explique.

Q35.13 A vidraça de uma janela coberta com uma fina película de água reflete menos do que quando a vidraça está completamente seca. Por quê?

Q35.14 Uma película de sabão *muito* fina (n = 1,33), cuja espessura é muito menor do que o comprimento de onda da luz, parece negra, ou seja, ela não reflete absolutamente nenhuma luz. Por quê? Em contraste, uma película de uma solução de água com sabão igualmente fina (n = 1,33), depositada sobre vidro (n = 1,50), parece bastante luminosa. Por que existe essa diferença?

Q35.15 O fenômeno da interferência pode ocorrer em uma película fina. Por que é necessário que a película seja *fina*? Por que esse efeito não é observado em uma película *espessa*? Qual é o limite entre a película *fina* e a *espessa*? Explique.

Q35.16 Se você iluminar com luz branca a camada de ar em forma de cunha da Figura 35.12, os mínimos da luz *refletida* de qualquer ponto da cunha correspondem aos máximos da luz *transmitida* através da cunha. Explique a razão desse comportamento.

Q35.17 Um feixe de luz monocromática é direcionado perpendicularmente a uma película fina. Ocorre interferência destrutiva para a luz refletida, de modo que a intensidade da luz refletida é muito baixa. O que aconteceu com a energia da luz incidente?

Q35.18 Quando uma película fina de óleo se espalha sobre uma poça d'água, a parte mais fina da película de óleo parece negra na figura de interferência resultante. Com essa informação, o que se pode concluir sobre os valores relativos dos índices de refração da água e do óleo?

Exercícios

Seção 35.1 Interferência e fontes coerentes

35.1 Duas fontes coerentes de ondas de rádio, A e B, estão a 5,0 m de distância uma da outra. Cada fonte emite ondas com um comprimento de onda igual a 6,0 m. Considere pontos ao longo da linha reta entre as duas fontes. A que distância de A, se houver alguma, a interferência é a) construtiva e b) destrutiva?

35.2 **Interferência de ondas de rádio.** Duas antenas de rádio A e B irradiam em fase. A antena B está a 120 m à direita da antena A. Considere um ponto Q ao longo da extensão da linha reta que une as duas antenas, situado a uma distância de 40 m à direita da antena B. A freqüência e, portanto, o comprimento de onda das ondas emitidas pode variar. a) Qual é o maior comprimento de onda para o qual pode existir interferência destrutiva no ponto Q? b) Qual é o maior comprimento de onda para o qual pode haver interferência construtiva no ponto Q?

35.3 Uma estação transmissora de rádio possui duas antenas idênticas que irradiam em fase ondas com freqüência de 120 MHz. A antena B está a 9,0 m à direita da antena A. Considere um ponto P entre as antenas ao longo da reta que une as duas antenas, situado a uma distância x à direita da antena A. Para que valores de x ocorrerá interferência construtiva no ponto P?

35.4 Duas fontes de luz podem ser ajustadas para emitir luz monocromática com qualquer comprimento de onda na região visível. As duas fontes são coerentes, separadas por uma distância de 2,04 μm e estão alinhadas com um observador, de modo que a distância entre uma das fontes e o observador é 2,04 μm maior do que a distância entre a outra fonte e o observador. a) Para qual comprimento de onda na região visível (de 400 até 700 nm) o observador verá a luz mais forte, oriunda da interferência construtiva? b) Qual seria a resposta para o item (a), supondo que as fontes não estivessem alinhadas com o observador, porém a distância entre uma das fontes e o observador continuasse sendo 2,04 μm maior do que a distância entre a outra fonte e o observador? c) Em que comprimentos de onda visíveis haverá interferência *destrutiva* no local onde o observador se encontra?

35.5 Dois alto-falantes emitindo ondas sonoras idênticas de comprimento de onda igual a 2,0 m em fase uma com a outra e um observador estão posicionados como mostra a Figura 35.21. a) No local onde está o observador, qual é a diferença entre os caminhos das ondas provenientes dos dois alto-falantes? b) As ondas sonoras irão interferir construtivamente ou destrutivamente no local onde está o observador? Ou será uma interferência entre construtiva e destrutiva? c) Suponha que o observador agora amplie a sua distância dos alto-falantes para 17,0 m, permanecendo diretamente na frente do mesmo alto-falante como inicialmente. Responda às questões das partes (a) e (b) para essa nova situação.

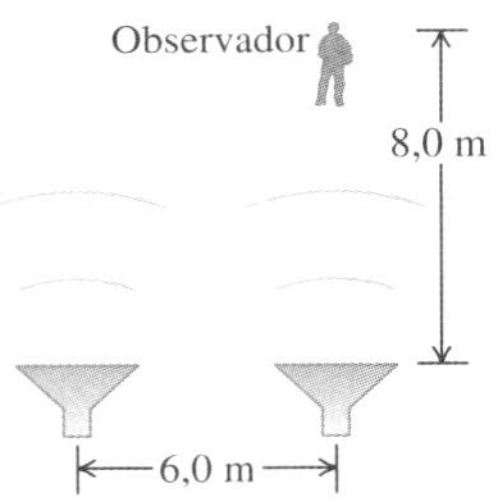

Figura 35.21 Exercício 35.5.

35.6 A Figura 35.3 mostra a configuração ondulatória produzida pela interferência de ondas provenientes de duas fontes idênticas coerentes, que emitem ondas de comprimento de onda λ, separadas por uma distância $d = 4\lambda$. a) Explique por que o eixo Oy acima de S_1 constitui a curva antinodal para $m = +4$ e o eixo Oy abaixo de S_2 constitui a curva antinodal para $m = -4$. b) Desenhe uma nova configuração ondulatória produzida pela interferência quando a distância entre as fontes diminui para 3λ. No seu desenho, inclua um esboço de todas as curvas antinodais, ou seja, as curvas que constituem o lugar geométrico dos pontos para os quais $r_2 - r_1 = m\lambda$. Identifique cada curva do desenho assinalando-a com o respectivo valor de m. c) Em geral, o que determina o valor máximo (maior valor positivo) e o mínimo (maior valor negativo) do número inteiro m usado para identificar as curvas? d) Suponha que a distância entre as fontes aumente para $7\frac{1}{2}\lambda$. Quantas curvas antinodais deverão existir? A que valores de m elas correspondem? Explique suas respostas. (Você não deve precisar fazer o desenho para responder a essas perguntas.)

35.7 Considere a Figura 35.3, que poderia representar a interferência entre as ondas aquáticas em um tanque de ondas. Escolha pelo menos três pontos na curva antinodal assinalada como 'm = 3' e meça as distâncias na figura para mostrar que a Equação (35.1) é realmente obedecida. Explique quais medidas você fez e como mediu o comprimento de onda λ.

Seção 35.2 Interferência da luz produzida por duas fontes

35.8 Uma experiência de Young é realizada com a luz emitida por átomos de hélio excitados ($\lambda = 502$ nm). As franjas de interferência são medidas cuidadosamente sobre uma tela situada a uma distância de 1,20 m do plano das fendas, e verifica-se que a distância entre o centro da vigésima franja brilhante (excluindo da contagem a franja central) e a franja central é igual a 10,6 mm. Qual é a distância entre as fendas?

35.9 Duas fendas separadas por uma distância de 0,450 mm são colocadas a uma distância de 75,0 cm de uma tela. Qual é a distância entre a segunda franja escura e a terceira franja escura na figura de interferência que se forma sobre a tela quando as fendas são iluminadas por luz coerente de comprimento de onda igual a 500 nm?

35.10 Uma luz coerente com comprimento de onda de 450 nm incide sobre uma fenda dupla. Em um anteparo a 1,80 m de distância, a distância entre as franjas escuras é 4,20 mm. Qual é o espaçamento entre as fendas?

35.11 Uma luz coerente proveniente de uma lâmpada de vapor de sódio passa através de um filtro que bloqueia tudo e deixa passar um único comprimento de onda. A seguir ela incide sobre duas fendas separadas por uma distância de 0,460 mm. Na figura de interferência formada sobre uma tela situada a uma distância de 2,20 m, a distância entre duas franjas brilhantes adjacentes é igual a 2,82 mm. Qual é o comprimento de onda?

35.12 Uma luz coerente com comprimento de onda de 400 nm passa por duas fendas muito estreitas que estão separadas por 0,200 mm e a figura de interferência é observada sobre um anteparo a 4,0 m das fendas. a) Qual é a largura (em mm) da máxima interferência central? b) Qual é a largura da primeira franja brilhante?

35.13 Duas fendas muito estreitas estão a uma distância de 1,80 μm uma da outra e a 35,0 cm de um anteparo. Qual é a distância entre a primeira e a segunda linhas escuras da figura de interferência quando as fendas são iluminadas com luz coerente de $\lambda = 550$ nm? (*Sugestão*: o ângulo θ na Equação (35.5) *não* é pequeno.)

35.14 Uma luz coerente que contém dois comprimentos de onda, 660 nm (vermelho) e 470 nm (azul), passa por duas fendas estreitas separadas por 0,300 mm, e a figura de interferência pode ser vista sobre um anteparo a 5,0 m das fendas. Qual é a distância no anteparo entre as primeiras franjas brilhantes dos dois comprimentos de onda?

35.15 Uma luz coerente com um comprimento de onda de 600 nm passa por duas fendas muito estreitas e a figura de interferência é vista em um anteparo a 3,0 m das fendas. A primeira franja brilhante está a 4,84 mm do centro da franja brilhante central. Em que comprimento de onda da luz a primeira franja escura será vista no mesmo ponto do anteparo?

35.16 Uma luz coerente de freqüência $6{,}32 \times 10^{14}$ Hz passa por duas fendas estreitas e incide sobre uma tela a 85,0 cm de distância. Você nota que a terceira franja brilhante ocorre a uma distância de $\pm 3{,}11$ cm de ambos os lados da franja brilhante central. a) A que distância estão as duas fendas? b) A que distância da franja brilhante central ocorrerá a terceira franja escura?

35.17 Duas fendas estreitas paralelas que estão a 0,0116 mm de distância uma da outra são iluminadas por um feixe de laser cujo comprimento é de onda é 585 nm. a) Em uma tela muito distante, qual é o número *total* de franjas brilhantes (aquelas que indicam uma interferência construtiva completa), inclusive a franja central e aquelas em ambos os lados da franja central? Resolva este problema sem calcular todos os ângulos! (*Sugestão*: qual é o valor máximo que senθ pode assumir? O que isso indica a respeito de qual é o maior valor possível de m?) b) Em que ângulo ocorre a franja que está mais longe da franja brilhante central em relação à direção original do feixe?

35.18 Uma estação de rádio FM emite ondas com freqüência igual a 107,9 MHz e tem duas antenas idênticas separadas por uma distância de 12,0 m. As antenas irradiam em fase. A figura da radiação resultante apresenta intensidade máxima ao longo de uma linha reta horizontal passando perpendicularmente pelo centro do segmento que liga as duas antenas. Suponha que a intensidade seja observada em pontos para os quais as distâncias até as antenas sejam muito maiores do que 12,0 m. a) Em que ângulos (medidos a partir da linha de intensidade máxima) a intensidade é máxima? b) Em que ângulos ela é igual a zero?

Seção 35.3 Intensidade das figuras de interferência

35.19 Em uma figura de interferência com fenda dupla, a intensidade no pico da interferência máxima central é I_0. a) Qual é a intensidade em um ponto da figura de interferência em que a diferença de fase entre as ondas das duas fendas é 60,0°? b) Qual é a diferença entre os caminhos de uma luz de 480 nm proveniente das duas fendas em um ponto em que o ângulo de fase é 60,0°?

35.20 As fontes coerentes A e B emitem ondas eletromagnéticas com comprimento de onda 2,0 cm. O ponto P está a 4,86 m de A e a 5,24 m de B. Qual é a diferença de fase em P entre essas duas ondas?

35.21 Uma luz coerente com comprimento de onda 500 nm passa por fendas estreitas separadas por 0,340 mm. A uma distância das fendas que é grande se comparada ao seu espaçamento, qual é a diferença de fase (em radianos) entre a luz proveniente das duas fendas a um ângulo de 23,0° da linha central?

35.22 **Transmissão GPS.** Os satélites do Sistema de Posicionamento Global (GPS, ou *Global Positioning System*) têm aproximadamente 5,18 m de extensão e transmitem dois sinais de baixa potência, um dos quais a 1575,42 MHz (na banda UHF). Em uma série de testes de laboratório efetuados no local, você coloca dois transmissores de 1575,42 MHz UHF em extremidades opostas do satélite. Eles transmitem em fase uniformemente em todas as direções. Você mede a intensidade nos pontos de um círculo de centenas de metros de raio e centrado no satélite. Você mede ângulos nesse círculo em relação a um ponto que está sobre a linha central do satélite (ou seja, a mediatriz da linha que vai de um transmissor ao outro). Nesse ponto do círculo, a intensidade medida é 2,0 W/m^2. a) Em quantos outros ângulos no intervalo $0° < \theta < 90°$ a intensidade é também 2,0 W/m^2? b) Encontre os quatro menores ângulos no intervalo $0° < \theta < 90°$ em que a intensidade é 2,0 W/m^2. c) Qual é a intensidade em um ponto do círculo que forma um ângulo de 4,65° com a linha central?

35.23 Duas fendas distantes 0,260 mm uma da outra, colocadas a uma distância de 0,700 m de uma tela são iluminadas por uma luz coerente de comprimento de onda igual a 660 nm. A intensidade no centro do máximo central ($\theta = 0°$) é igual a I_0. a) Qual é a distância sobre a tela entre o centro do máximo central e o primeiro mínimo? b) Qual é a distância sobre a tela entre o centro do máximo central e o ponto no qual a intensidade se reduz para $I_0/2$?

35.24 Mostre que as direções para as quais a intensidade é igual a zero fornecidas pela Equação (35.14) concordam com as direções para intensidades nulas obtidas pela Equação (35.5).

35.25 Os pontos A e B estão a 56,0 m de distância um do outro sobre uma linha que vai do leste para o oeste. Em cada um desses pontos, um radiotransmissor está emitindo um sinal de 12,5 MHz horizontalmente. Esses transmissores estão em fase um com o outro e emitem feixes de luz uniformemente em um plano horizontal. Um receptor é levado 0,500 km ao norte da linha AB e inicialmente colocado no ponto C, diretamente oposto ao ponto central de AB. O receptor pode ser deslocado apenas na direção leste-oeste, mas, devido à sua sensibilidade limitada, precisa sempre permanecer em um intervalo de modo que a intensidade do sinal que ele recebe do transmissor não seja menor do que $\frac{1}{4}$ de seu valor máximo. Qual é a distância máxima do ponto C (ao longo de uma linha leste-oeste) para o qual o receptor pode ser deslocado e continue recebendo o sinal?

35.26 Considere duas antenas separadas por uma distância igual a 9,0 m que irradiam em fase a 120 MHz, como descrito no Exercício 35.3. Um receptor colocado à mesma distância de 150 m de ambas as antenas mede uma intensidade I_0. O receptor se desloca para uma posição tal que sua distância até uma das antenas é 1,8 m menor do que sua distância da outra antena. a) Qual é a diferença de fase ϕ entre as duas ondas de rádio produzida por essa diferença de caminho? b) Em termos de I_0, qual é a intensidade medida pelo receptor nessa nova posição?

Seção 35.4 Interferência em películas finas

35.27 Qual deve ser a espessura da película mais fina com n = 1,42 que devemos usar como revestimento sobre uma placa de vidro (n = 1,52) para que ocorra interferência destrutiva da componente vermelha (650 nm) na reflexão de um feixe de luz branca que incide no ar sobre a placa?

35.28 **Vidro anti-ofuscante.** Quando observamos uma obra de arte que está atrás de um vidro, muitas vezes somos ofuscados pela luz que é refletida na superfície frontal do vidro, o que pode tornar difícil a contemplação da obra. Uma solução é cobrir a superfície externa do vidro com uma película para cancelar parte da ofuscação. a) Se o vidro tem um índice de refração de 1,62 e você usar TiO_2, que tem um índice de refração igual a 2,62, como revestimento, qual é a espessura mínima da película que cancelará uma luz de comprimento de onda igual a 505 nm? b) Se esse revestimento é fino demais para resistir ao desgaste, que outras espessuras também poderiam ser usadas? Calcule apenas as três menores espessuras.

35.29 Duas placas planas de vidro estão apoiadas uma sobre a outra sobre a superfície de uma mesa. Uma fina folha de papel é colocada entre as extremidades das placas de modo que se forme uma cunha de ar entre as placas. As placas são iluminadas perpendicularmente por um feixe de luz de 546 nm proveniente de uma lâmpada de vapor de mercúrio. Formam-se 15 franjas de interferência por centímetro. Calcule o ângulo da cunha.

35.30 Uma placa de vidro com 9,0 cm de comprimento é colocada em contato com outra placa de vidro e mantida a um pequeno ângulo de distância da segunda placa devido à inserção de uma tira metálica com espessura de 0,0800 mm em uma das extremidades. No espaço entre as placas existe ar. As placas são iluminadas de cima para baixo por um feixe de luz cujo comprimento de onda no ar é igual a 656 nm. Quantas franjas de interferência por centímetro são observadas na luz refletida?

35.31 Uma película uniforme de TiO_2 com 1036 nm de espessura e índice de refração 2,62 é espalhada uniformemente sobre a superfície de um vidro crown com índice de refração 1,52. Uma luz de comprimento de onda 520,0 nm incide perpendicularmente sobre uma película de ar. Você deseja aumentar a espessura dessa película de modo que a luz refletida seja cancelada. a) Qual é a espessura *mínima* de TiO_2 que você precisa *adicionar* para que a luz refletida sofra cancelamento, como desejado? b) Depois que você executa o ajuste da parte (a), qual é a diferença de caminho entre a luz refletida no topo da película e a luz que é cancelada depois de passar pela película? Expresse a sua resposta em (i) nanômetros e (ii) comprimentos de onda da luz na película de TiO_2.

35.32 Uma película de plástico com índice de refração igual a 1,85 é colocada nos vidros das janelas de um carro para aumentar a refletividade e manter o interior do carro mais frio. O índice de refração do vidro da janela é 1,52. a) Qual é a espessura mínima da película necessária para que a luz de comprimento de onda de 550 nm, ao se refletir em ambas as superfícies da película, produza interferência construtiva? b) Verifica-se que é difícil fabricar e instalar uma película com a espessura calculada no item (a). Qual deve ser a espessura mais grossa seguinte para que se produza uma nova interferência construtiva?

35.33 A película de uma bolha de sabão tem o mesmo índice de refração da água, ou seja, n = 1,33. Na parte interna e na parte externa da bolha existe ar. a) Qual é o comprimento de onda (no ar) da luz mais fortemente refletida em um ponto em que a espessura da película é igual a 290 nm? A que cor isso corresponde? (Veja a Figura 32.4 e a Tabela 32.1) b) Repita o item (a) considerando a espessura da película igual a 340 nm.

35.34 Uma luz com comprimento de onda 648 nm no ar incide perpendicularmente a partir do ar em uma película com 8,76 μm de espessura e índice de refração igual a 1,35. Parte da luz é refletida na primeira superfície da película, e parte entra na película e é refletida de volta na segunda superfície, onde a película também está em contato com o ar. a) Quantas ondas estão contidas no caminho dessa segunda parte da luz em sua viagem de ida e volta através da película? b) Qual é a diferença de fase entre essas duas partes da luz ao saírem da película?

35.35 **Aparelho de CD.** Um disco compacto (CD) é lido a partir do fim por um laser semicondutor de comprimento de onda igual a 790 nm, que passa por um substrato de plástico com índice de refração igual a 1,8. Quando o feixe encontra um sulco, parte do feixe é refletida pelo sulco e parte pela região plana entre os sulcos, de forma que esses dois feixes interferem um no outro (Figura 35.22). Qual deve ser a profundidade mínima do sulco para que a parte do feixe refletida em um sulco cancele a parte do feixe refletida na região plana? (É esse processo de cancelamento que permite ao aparelho reconhecer o início e o fim de um sulco. Para uma explicação mais completa dos processos físicos por trás da tecnologia de CD, leia o artigo 'The Compact Disc Digital Audio System' ('O Sistema de Áudio Digital de um Disco Compacto'), de Thomas D. Rossing, no número de dezembro de 1987 da revista *The Physics Teacher* (*O Professor de Física*).

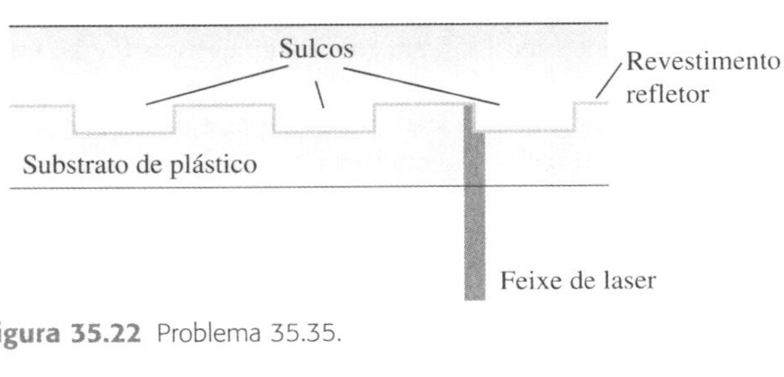

Figura 35.22 Problema 35.35.

35.36 Qual é a espessura mínima de uma película de sabão (excluindo o caso da espessura nula) para que se forme uma franja escura quando iluminada por luz de comprimento de onda igual a

480 nm? O índice de refração da película é 1,33 e existe ar em ambos os lados da película.

Seção 35.5 O interferômetro de Michelson

35.37 Até que distância deve se deslocar o espelho M_2 do interferômetro de Michelson (Figura 35.20) para que 1800 franjas da luz de um laser de He-Ne (λ = 633 nm) se desloquem através de uma linha de referência no campo visual?

35.38 Jan inicialmente usa um interferômetro de Michelson com luz de 606 nm proveniente de uma lâmpada de criptônio-86. Ele conta 818 franjas atravessando uma linha de referência no campo visual quando o espelho é deslocado, afastando-se dele. A seguir Linda substitui a lâmpada de criptônio por uma luz de 502 nm, filtrada de uma lâmpada de hélio, e o espelho é deslocado, aproximando-se dela. Ela também conta 818 franjas, porém, o deslocamento das franjas em seu campo visual é feito em sentido contrário ao do deslocamento observado por Jan. a) Até que distância cada pessoa deslocou o espelho? b) Qual foi o deslocamento total do espelho?

Problemas

35.39 O raio de curvatura da superfície convexa de uma lente plano-convexa é igual a 95,2 cm. A lente é colocada com a face convexa apoiada sobre uma placa de vidro perfeitamente plana e iluminada verticalmente de cima para baixo com luz vermelha de comprimento de onda igual a 580 nm. Calcule o diâmetro do segundo anel brilhante da figura de interferência.

35.40 Os anéis de Newton podem ser vistos quando uma lente plano-convexa é apoiada sobre uma placa de vidro perfeitamente plana (Problema 35.39). Para uma lente particular com índice de refração n = 1,50 e uma placa de vidro com índice de refração n = 1,80, o diâmetro do terceiro anel brilhante é igual a 0,850 mm. A seguir coloca-se água (n = 1,33), preenchendo o espaço entre a lente e a placa: qual é o novo diâmetro do terceiro anel?

35.41 Suponha que você ilumine duas fendas estreitas com uma luz monocromática coerente no ar e descubra que elas produzem sua primeira interferência *mínima* em ± 35,20° em ambos os lados da faixa brilhante central. Então você mergulha essas fendas em um líquido transparente e as ilumina com a mesma luz. Agora você descobre que a primeira mínima ocorre em ± 19,46°. Qual é o índice de refração desse líquido?

35.42 Uma folha bem fina de latão contém duas fendas estreitas paralelas. Quando um feixe de laser incide perpendicularmente sobre essas fendas à temperatura ambiente (20,0°), a primeira franja escura de interferência ocorre a ± 32,5° da direção original do feixe de laser quando vista de certa distância. Se essa folha for aquecida lentamente até 135°, em quantos graus essas franjas escuras mudarão de posição? Elas se aproximarão uma da outra ou se distanciarão? Consulte a Tabela 17.1 e despreze quaisquer efeitos que possam se originar da mudança da espessura das fendas. (*Sugestão*: como a expansão térmica costuma produzir variações muito pequenas no comprimento, você pode usar diferenciais para encontrar a variação do ângulo.)

35.43 Dois alto-falantes, a 2,50 m de distância um do outro, são acionados pelo mesmo oscilador de áudio, de modo que cada um deles produz um som que consiste em *duas* freqüências distintas, 0,900 kHz e 1,20 kHz. A velocidade do som na sala é 344 m/s. Encontre todos os ângulos em relação à linha central entre os dois alto-falantes em que *ambas* as freqüências interferem construtivamente.

35.44 Duas antenas de rádio irradiam em fase e estão localizadas nos pontos A e B separados por uma distância de 200 m (Figura 35.23). As ondas de rádio têm uma freqüência igual a 5,80 Hz. Um receptor de rádio é deslocado de B, sendo movido ao longo de uma reta perpendicular ao segmento que liga os pontos A e B (reta BC da Figura 35.23). A que distância de B ocorrerá interferência *destrutiva*? (*Nota*: a distância entre o receptor e a fonte não é grande em comparação com a distância entre as fontes, de modo que a Equação (35.5) não pode ser aplicada.)

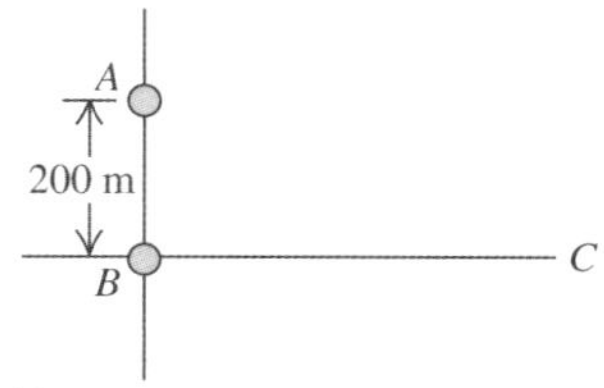

Figura 35.23 Problema 35.44.

35.45 Uma face redonda, de 3,25 m, de um tubo cilíndrico sólido de plástico é coberta com um revestimento fino negro que bloqueia completamente a luz. A face oposta é coberta com um revestimento fluorescente que brilha quando a luz incide sobre ele. Dois riscos retos, finos e paralelos, com 0,225 mm de distância um do outro, são feitos no centro da face negra. Quando um feixe de laser com 632,8 nm de comprimento de onda incide nas fendas perpendicularmente à face negra, você descobre que a franja brilhante central na face oposta tem 5,82 mm de largura, medida entre as franjas escuras que a margeiam em ambos os lados. Qual é o índice de refração do plástico?

35.46 Uma película uniforme fina de um material com índice de refração 1,40 reveste uma placa de vidro de índice de refração 1,55. Essa película tem a espessura adequada para cancelar uma luz de comprimento de onda 525 nm que incide perpendicularmente a partir do ar sobre a superfície da película, mas é um pouco maior do que a espessura mínima necessária para efetuar esse cancelamento. Com o passar do tempo, a película se desgasta a uma taxa constante de 4,20 nm por ano. Qual é o número mínimo de anos para que a luz refletida com esse comprimento de onda passe a ser reforçada em vez de cancelada?

35.47 a) Na Figura 35.3, suponha que a fonte S_2 *não* esteja em fase com S_1, porém exista uma *diferença* de fase de meio ciclo. Para essa situação, a Equação (35.1) fornece a condição para interferência *destrutiva*, e a Equação (35.2) dá as condições para interferência *construtiva*. Explique por quê. b) Suponha que a fonte S_2 esteja uma fase ϕ adiantada em relação a S_1; ou seja, se o deslocamento da fonte S_1 for $x_1(t) = A \cos \omega t$, então, o deslocamento da fonte S_2 será $x_2(t) = A \cos(\omega t + \phi)$. (No caso do item (a), $\phi = \pi$.) Obtenha as fórmulas para as diferenças de caminhos $r_2 - r_1$ que correspondam à interferência destrutiva e à interferência construtiva.

35.48 Os campos elétricos recebidos em um ponto P de duas fontes coerentes e idênticas são dados por $E_1(t) = E \cos(\omega t + \phi)$ e $E_2(t) = E \cos \omega t$. a) Aplique uma das identidades trigonométricas do Apêndice B para mostrar que a onda resultante é dada por $E_p(t) = 2E \cos(\phi/2) \cos(\omega t + \phi/2)$. b) Mostre que a amplitude da onda resultante é dada pela Equação (35.7). c) Use o resultado do item (a) para mostrar que em um máximo de interferência a amplitude da onda resultante está em fase com as ondas originais $E_1(t)$ e $E_2(t)$. d) Tome como base o resultado do item (a) para mostrar que nas vizinhanças de um mínimo de interferência a onda resultante está defasada de um quarto de ciclo de qualquer uma das ondas originais. e) Mostre que o vetor de Poynting *instantâneo* em um ponto P tem módulo $S = 4\epsilon_0 cE^2 \cos^2(\phi/2)\cos^2(\omega t + \phi/2)$ e que o *valor médio* do vetor de Poynting é dado pela Equação (35.9).

35.49 Na Figura 35.3, suponha que as fontes S_1 e S_2 estejam localizadas nos pontos $y = d$ e $y = -d$, respectivamente. a) Reescreva a Equação (35.1) em termos das coordenadas x e y em um ponto P da Figura 35.3 no qual ocorre interferência construtiva. b) A expressão que você obteve no item (a) é a equação das curvas antinodais mostradas na Figura 35.3. Mostre que essas curvas são hipérboles. (*Sugestão*: talvez seja conveniente fazer uma revisão da definição de hipérbole na geometria analítica.) c) Repita o item (a) para a Equação (35.2), que fornece a condição para que ocorra interferência *destrutiva*, e mostre que as curvas *nodais* (não mostradas na Figura 35.3) também são hipérboles.

35.50 Considere uma experiência de interferência com duas fendas de larguras diferentes. Fazendo-se medidas em uma tela muito afastada, a amplitude da onda proveniente da primeira fenda é igual a E, enquanto a amplitude da onda proveniente da segunda fenda é igual a $2E$. a) Mostre que a intensidade em qualquer ponto da figura de interferência é dada por

$$I = I_0\left(\frac{5}{9} + \frac{4}{9}\cos\phi\right)$$

onde ϕ é a diferença de fase entre as duas ondas medidas em um ponto particular da tela e I_0 é a intensidade máxima da figura de interferência. b) Faça um gráfico de I por ϕ (como na Figura 35.10). Qual é o valor mínimo da intensidade e para quais valores de ϕ isso ocorre?

35.51 Uma película fina e uniforme com índice de refração 1,750 é colocada sobre uma folha de vidro com índice de refração 1,50. À temperatura ambiente (20 °C), essa película tem a espessura certa para que uma luz com comprimento de onda 582,4 nm refletida na parte superior da película seja cancelada pela luz refletida na superfície superior do vidro. Depois que o vidro é colocado em um forno e aquecido devagar até atingir 170 °C, você descobre que a película cancela a luz refletida de comprimento de onda 588,5 nm. Qual é o coeficiente de dilatação linear da película? (Despreze quaisquer variações no índice de refração da película devido à variação de temperatura.)

35.52 Uma luz vermelha de comprimento de onda igual a 700 nm passa através de um dispositivo de fenda dupla. Simultaneamente, outro feixe de luz monocromática passa através do mesmo dispositivo. Em conseqüência, a maior parte da figura de interferência que se forma na tela é dada pela mistura de duas cores; contudo, o centro da terceira franja brilhante ($m = 3$) da luz vermelha é puramente vermelho, sem nenhuma tonalidade da outra cor. Qual é o comprimento de onda do segundo feixe de luz? Você precisa saber o valor da distância entre as fendas para responder à pergunta? Por quê?

35.53 Suponha que a distribuição da intensidade em uma experiência de interferência com duas fendas seja dada pela Equação (35.14). Seja θ_m a posição angular da franja brilhante de ordem m em que a intensidade é I_0. Suponha que θ_m seja pequeno, de modo que sen $\theta_m \cong \theta_m$. Sejam θ_m^+ e θ_m^- os dois ângulos de cada lado de θ_m para os quais a intensidade da franja é $I = \frac{1}{2}I_0$. A grandeza $\Delta\theta_m = |\theta_m^+ - \theta_m^-|$ é a semi-largura da franja de ordem m. Calcule $\Delta\theta_m$. Como $\Delta\theta_m$ depende de m?

35.54 A luz branca se reflete com incidência normal na superfície inferior e na superfície superior de uma placa de vidro (n = 1,52). Existe ar em cima e embaixo da placa. Observa-se interferência construtiva para a luz cujo comprimento de onda no ar é igual a 477,0 nm. Qual é a espessura da placa sabendo que o comprimento de onda mais longo no qual ocorre interferência construtiva é 540,6 nm?

35.55 Um detector D e uma fonte de luz monocromática S estão separados por uma distância x, estando ambos localizados no ar a uma distância h acima de uma placa plana de vidro. As ondas que atingem D diretamente de S sofrem interferência com as ondas refletidas na superfície do vidro. A distância x é pequena em comparação com h, de modo que a reflexão é próxima da normal. a) Mostre que a condição de interferência construtiva é $\sqrt{x^2 + 4h^2} - x = (m + \frac{1}{2})\lambda$ e que a condição de interferência destrutiva é $\sqrt{x^2 + 4h^2} - x = m\lambda$. (*Sugestão*: leve em consideração a mudança de fase que ocorre na reflexão.) b) Seja h = 24 cm e x = 14 cm. Qual é o comprimento de onda mais longo para o qual pode ocorrer interferência construtiva?

35.56 O arenque e o revestimento refletor. O arenque e outros peixes semelhantes têm uma aparência prateada, uma camuflagem para protegê-los quando nadam nas proximidades da superfície do oceano iluminada pela luz solar. A aparência prateada decorre de *pequenas placas* existentes na superfície desses peixes. Cada placa é constituída por múltiplas camadas alternadas de guanina (n = 1,80) e de citoplasma (n = 1,333, igual ao da água), sendo que a camada de guanina está na parte superior em contato com a água (Figura 35.24). Em uma placa típica, as camadas de guanina apresentam uma espessura de 74 nm e as de citoplasma, de 100 nm. a) Para uma luz que atinge a superfície de uma placa com incidência normal, para quais comprimentos de onda do espectro visível no vácuo todos os raios refletidos R_1, R_2, R_3, R_4 e R_5, mostrados na Figura 35.24, estão aproximadamente em fase? Quando uma luz branca ilumina essa placa, quais são as cores mais fortemente refletidas? (Veja a Figura 32.4.) O arenque tem muitas placas dispostas ao longo de sua superfície externa com diversas espessuras, de modo que *todos* os comprimentos de onda são refletidos. b) Explique por que uma 'pilha' de camadas reflete mais do que uma única camada de guanina sobre uma camada de citoplasma. (Uma pilha de cinco camadas de guanina separadas por camadas de citoplasma reflete mais de 80% da luz que esteja incidindo naquele comprimento de onda para o qual ela está 'sintonizada'.) c) A cor mais fortemente refletida pela placa depende do ângulo pelo qual ela é observada. Explique a razão desse comportamento. (Você pode observar essa variação de cores examinando um arenque a partir de diferentes ângulos. A maioria das placas nesses peixes está orientada da mesma forma e, assim, fica na vertical quando o peixe está nadando.)

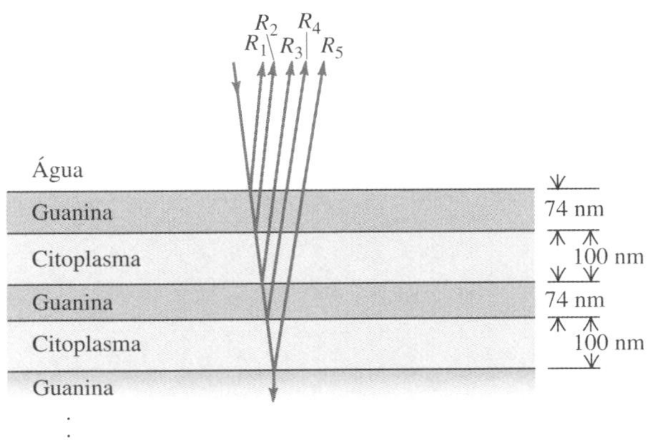

Figura 35.24 Problema 35.56.

35.57 Duas fendas estreitas paralelas são abertas em uma película de folha opaca. Quando um feixe monocromático de luz incide sobre elas perpendicularmente, as primeiras franjas brilhantes de luz transmitida formam um ângulo de $\pm$ 18,0° com a direção original do feixe de luz sobre um anteparo distante quando o dispositivo se encontra no ar. Quando o dispositivo é imerso em um líquido, as mesmas franjas brilhantes formam um ângulo de $\pm$12,6°. Encontre o índice de refração do líquido.

35.58 Um navio petroleiro derrama uma grande quantidade de petróleo (n = 1,45) no oceano (n = 1,33). a) Observando-se a mancha de petróleo verticalmente de cima para baixo, qual é o comprimento de onda da luz que se vê predominantemente em um local onde a espessura do petróleo é igual a 380 nm? A que cor corresponde esse comprimento de onda? (*Sugestão*: veja a Tabela 32.1). b) Na água embaixo da mancha de petróleo, qual seria o comprimento de onda predominante (medido em relação ao ar) da luz transmitida no mesmo local do item (a)?

35.59 Em uma experiência de fenda dupla de Young, uma placa de vidro de espessura L e índice de refração n é colocada na frente da fenda superior. a) Descreva qualitativamente o que ocorre com a figura de interferência. b) Deduza uma expressão para a intensidade da luz sobre um ponto da tela em função de n, L e θ. O ângulo θ é o ângulo usual medido a partir do eixo central entre as duas fendas. Ou seja, deduza uma relação análoga à Equação (35.14) que envolva também n e L da placa de vidro. c) Partindo do resultado obtido no item (b), deduza uma expressão para os ângulos θ que localizem os máximos da figura de interferência. (Ou seja, deduza uma relação análoga à Equação (35.4).)

35.60 Depois que um feixe de laser passa por duas fendas estreitas paralelas, as primeiras franjas totalmente escuras formam um ângulo de $\pm$ 15,0° com a direção original do feixe, vistas sobre um anteparo distante das fendas. a) Qual é a razão entre a distância de uma fenda à outra e o comprimento de onda da luz que ilumina as fendas? b) Qual é o menor ângulo, relativamente à direção original do feixe de laser, em que a intensidade da luz é $\frac{1}{10}$ da intensidade máxima sobre a tela?

Problemas desafiadores

35.61 O índice de refração de uma barra de vidro é 1,48 para uma temperatura T = 20°C e varia linearmente com a temperatura, com um coeficiente de 2,50 × 10^{-5}/°C. O coeficiente de dilatação linear do vidro é 5,0 × 10^{-6}/°C. A 20°C, o comprimento da barra é de 3,0 cm. Um dos braços do interferômetro de Michelson é formado por essa barra que está sendo aquecida com uma taxa igual a 5,0° C/min. A fonte de luz tem comprimento de onda λ= 589 nm, e a temperatura inicial da barra é T = 20°C. Quantas franjas de interferência atravessam a linha de referência do campo visual a cada minuto?

35.62 A Figura 35.25 mostra um interferômetro denominado *biprisma de Fresnel*. O ângulo do prisma A é extremamente pequeno. a) Se S_0 é uma fonte constituída por uma fenda muito estreita, mostre que a distância entre as duas fontes coerentes virtuais S_1 e S_2 é dada por $d = 2aA(n - 1)$, onde n é o índice de refração do material do prisma. b) Calcule o espaçamento entre as franjas de interferência para uma luz incidente verde de comprimento de onda igual a 500 nm, sabendo que a tela está a uma distância de 2,0 m do biprisma. Considere a = 0,200 m, A = 3,50 mrad e n = 1,50.

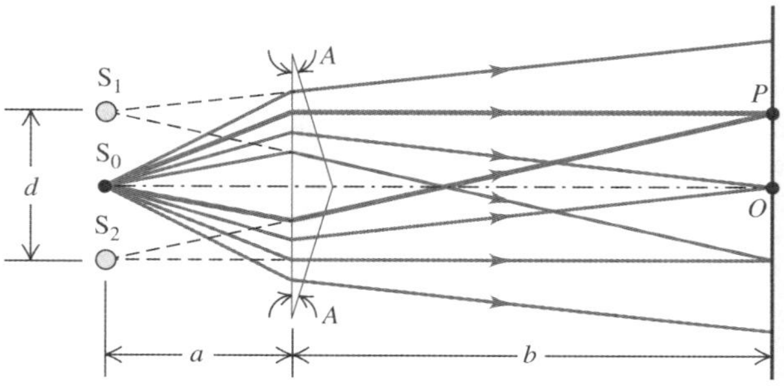

Figura 35.25 Problema desafiador 35.62.

DIFRAÇÃO

36

O comprimento de onda de um laser usado para ler um disco compacto (CD) é 780 nm, enquanto o comprimento de onda de um laser usado para ler um DVD é 650 nm. Como isso possibilita que se armazene mais informações em um DVD do que em um CD?

OBJETIVOS DE APRENDIZAGEM

Ao estudar este capítulo, você aprenderá:

- O que acontece quando uma luz coerente incide sobre um objeto com um canto ou uma abertura.
- Como entender a figura de difração formada quando uma luz coerente passa por uma fenda estreita.
- De que forma calcular a intensidade em vários pontos em uma figura de difração de fenda única.
- O que acontece quando uma luz coerente incide sobre um conjunto de fendas estreitas, com pequeno espaçamento entre as fendas.
- Como os cientistas usam redes de difração para medir o comprimento de onda com precisão.
- O modo como a difração de raios X revela a disposição dos átomos em um cristal.
- De que maneira a difração estabelece limites sobre os menores detalhes do que pode ser visto em um telescópio.

Estamos acostumados com a idéia de que o som pode se desviar e contornar um obstáculo. Caso o som não se comportasse desse modo, você não poderia ouvir a sirene de um carro de polícia quando ele estivesse em outra rua, fora de seu campo visual, nem a voz de uma pessoa que está de costas para você. O que talvez cause surpresa a você (e certamente causou surpresa a muitos cientistas no início do século XIX) é que a *luz* também pode contornar obstáculos. Quando a luz proveniente de uma fonte puntiforme incide sobre um contorno retilíneo, o contorno da sombra projetada sobre um plano nunca é perfeitamente retilíneo. Algumas ondas surgem na área da sombra, e na área iluminada podem surgir franjas claras e escuras. Em geral, ao passar por uma abertura, a luz não se comporta precisamente de acordo com o modelo da propagação retilínea fornecido pela ótica geométrica.

A explicação desses efeitos é que a luz, assim como o som, tem características ondulatórias. No Capítulo 35 estudamos as figuras de interferência formadas quando duas ondas luminosas se superpõem. Neste capítulo vamos investigar os efeitos de interferência resultantes da superposição de *muitas* ondas luminosas. Tais efeitos constituem o fenômeno da *difração*. Verificaremos que o comportamento das ondas luminosas ao passar por uma abertura constitui um exemplo de difração; cada parte individual da abertura funciona como uma font e de onda e a figura resultante com franjas brilhantes e franjas escuras é o resultado da interferência das ondas que emanam dessas fontes.

A luz proveniente de um conjunto de fendas também forma uma figura cujo tipo depende das cores da luz e do tamanho e espaçamento das aberturas. Exemplos desse efeito incluem as cores de borboletas iridescentes e o 'arco-íris' que vemos refletido na superfície de um disco compacto (CD). Estudaremos efeitos semelhantes que ocorrem com os raios X usados para pesquisar a estrutura atômica dos sólidos e dos líquidos. Finalmente, analisaremos a física de um *holograma*, que nada mais é do que uma fotografia que registra um tipo especial de figura de interferência e que pode ser reproduzida. Quando iluminado apropriadamente, o filme forma uma imagem tridimensional do objeto original.

36.1 Difração de Fresnel e difração de Fraunhofer

De acordo com a ótica geométrica, quando um objeto opaco é colocado entre uma fonte luminosa puntiforme e uma tela, como na Figura 36.1, a sombra formada pelo objeto forma um nítido contorno retilíneo. Nenhuma luz atinge a região da sombra, e a área fora da sombra é iluminada continuamente. No entanto, conforme vimos no Capítulo 35, a natureza *ondulatória* da luz produz efeitos que não podem ser entendidos com o modelo simples da ótica geométrica. Uma classe importante desses efeitos ocorre quando a luz atinge um obstáculo que apresenta uma abertura ou uma extremidade. As figuras de interferência que se formam em decorrência desses efeitos são estudadas com a designação geral de **difração**.

Um exemplo de difração é mostrado na Figura 36.2. A fotografia na Figura 36.2a foi feita colocando-se uma lâmina de barbear na metade da distância entre uma placa fotográfica e um furo de alfinete no centro de um anteparo, iluminado por luz monocromática. O filme registrou a sombra projetada pela lâmina de barbear. A Figura 36.2b é uma ampliação da sombra da aresta retilínea na extremidade esquerda da lâmina. As setas indicam a posição da sombra *geométrica* dessa aresta. Na região próxima a essa aresta, a área do lado esquerdo apresenta uma sucessão de franjas claras e escuras. Embora na fotografia não apareça com nitidez, também existe um pouco de luz na região da sombra. Na Figura 36.2b a primeira franja clara que surge logo do lado esquerdo do limite da sombra apresenta um brilho maior que o brilho da extremidade esquerda da área iluminada. Essa experiência simples fornece uma idéia da riqueza e da complexidade daquilo que parecia ser um fenômeno simples, a formação da sombra de um objeto opaco.

Em geral na vida cotidiana não observamos figuras de difração como as da Figura 36.2 porque a maioria das fontes de luz não são monocromáticas nem puntiformes. Se usássemos a luz branca proveniente de uma lâmpada comum em vez da fonte puntiforme usada para obter a fotografia da Figura 36.1, cada comprimento de onda da luz proveniente de cada ponto da lâmpada formaria sua própria figura de difração; porém, em virtude da superposição de todas essas figuras, não poderíamos ver nenhuma figura de difração individual.

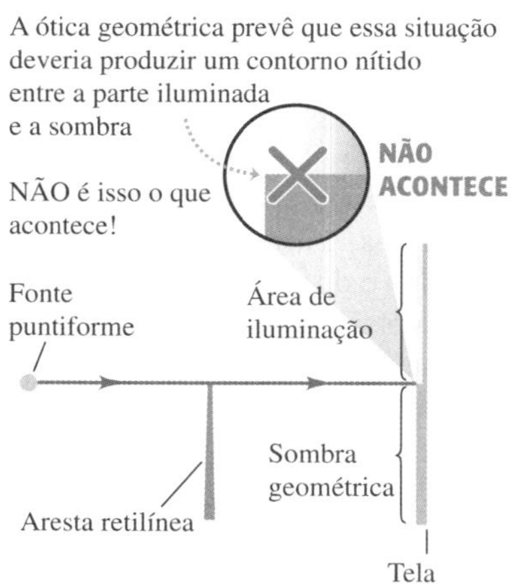

Figura 36.1 Uma fonte puntiforme de luz ilumina uma aresta retilínea.

Difração e princípio de Huygens

As figuras de difração podem ser analisadas aplicando-se o princípio de Huygens (Seção 33.7). Vamos fazer uma breve revisão desse princípio. Cada ponto de uma frente de onda pode ser tomado como fonte de uma onda secundária que se espalha em todas as direções com velocidade igual à velocidade de propagação da onda nesse meio. A posição da frente de onda em cada instante posterior é dada pela envoltória das frentes de onda no instante considerado. Para determinar o deslocamento em um dado ponto, devemos combinar todos os deslocamentos individuais produzidos por essas ondas secundárias, com base no princípio da superposição levando em conta suas amplitudes e fases relativas.

Na Figura 36.1, tanto a fonte quanto a tela estão relativamente próximas do obstáculo que produz a figura de difração. Essa situação é conhecida como *difração de campo próximo* ou **difração de Fresnel**, em homenagem ao cientista francês Augustin Jean Fresnel (1788-1827). Quando as distâncias entre a fonte, o obstáculo e a tela são suficientemente grandes para que todas as retas que ligam a fonte com o obstáculo possam ser consideradas paralelas e que todas as retas que ligam pontos do obstáculo com pontos da tela possam ser consideradas paralelas, dizemos que se trata de uma **difração de Fraunhofer**, em homenagem ao cientista alemão Joseph von Fraunhofer (1787-1826). As discussões que serão feitas a seguir ficarão restritas ao caso da difração de Fraunhofer, em geral mais fácil de analisar detalhadamente do que a difração de Fresnel.

A difração é algumas vezes descrita como o 'desvio da luz ao contornar um obstáculo'. Mas o mecanismo que produz a difração da luz é o mesmo para *qualquer* tipo de onda. Quando partes de um feixe de onda são interrompidas por algum obstáculo, observamos efeitos de difração oriundos da interferência entre as partes das ondas que não foram interrompidas. Os instrumentos de ótica geralmente usam apenas uma pequena parte da frente de onda; por exemplo, um telescópio emprega apenas a parte da frente de onda recebida pela lente ou espelho da objetiva. Portanto, a difração desempenha um papel importante em quase todos os fenômenos óticos.

Finalmente, enfatizamos que não existe nenhuma diferença fundamental entre os fenômenos que ocorrem na *interferência* e na *difração*. No Capítulo 35, usamos o termo *interferência* para designar efeitos de superposição envolvendo um número pequeno de fontes, geralmente duas. Na *difração* consideramos uma distribuição *contínua* de ondas secundárias de Huygens através da área de uma

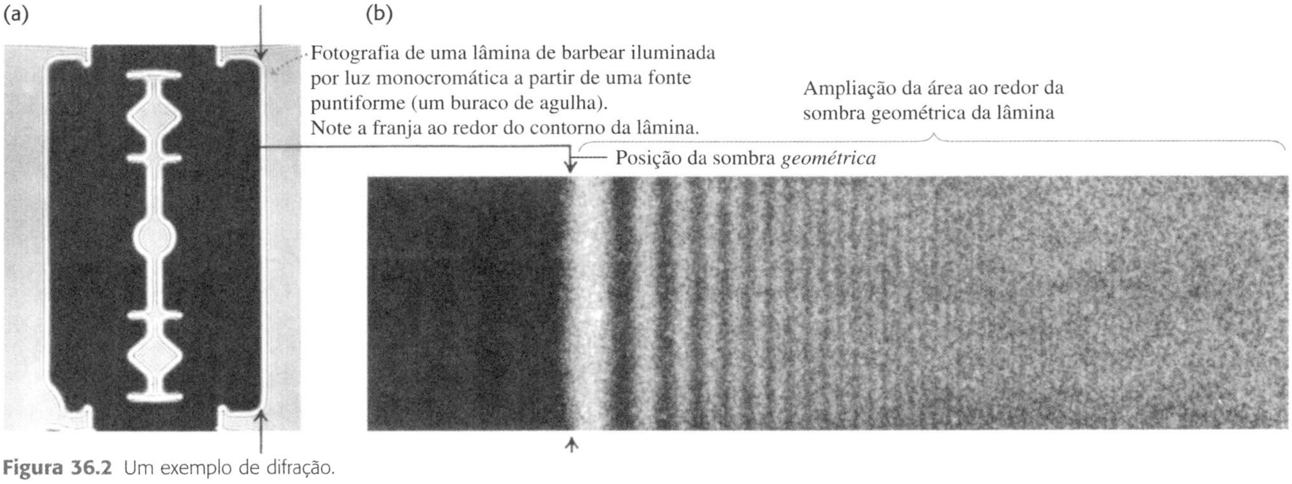

Figura 36.2 Um exemplo de difração.

abertura ou um número muito grande de fontes e de aberturas. No entanto, ambos os fenômenos são explicados a partir das mesmas leis físicas básicas da superposição de ondas e do princípio de Huygens.

Teste sua compreensão da Seção 36.1 Ondas *sonoras* podem sofrer difração e contornar um canto ou extremidade? ▮

36.2 Difração produzida por uma fenda simples

Nesta seção discutiremos a figura de difração formada por um feixe colimado (raios paralelos) de luz monocromática quando ele emerge de uma fenda estreita e comprida, como mostrado na Figura 36.3. Chamamos essa dimensão estreita de *largura*, embora nesta figura ela esteja em posição vertical.

De acordo com a ótica geométrica, o feixe transmitido deve ter a mesma seção reta da fenda, como na Figura 36.3a. Mas o que *realmente* vemos é mostrado na Figura 36.3b. O feixe se espalha verticalmente depois de passar pela fenda. A figura de difração formada sobre a tela é constituída por uma franja brilhante central, cuja largura pode ser maior do que a largura da fenda, seguida em ambos os lados por uma seqüência de franjas claras e escuras cujas intensidades diminuem quando elas se afastam do centro. Cerca de 85% da potência do feixe transmitido está concentrada na franja central cuja largura é *inversamente* proporcional à largura da fenda. Em geral, quanto mais estreita é a fenda, maior é a largura total da figura de difração. (O espalhamento *horizontal* do feixe mostrado na Figura 36.3b é desprezível porque a dimensão horizontal da franja é relativamente grande.) Você pode facilmente observar uma figura de difração semelhante olhando para uma fonte puntiforme distante, tal como a luz de uma lâmpada de rua, através de uma pequena abertura formada entre dois dedos da mão mantidos em frente ao olho: a retina do olho desempenha o papel da tela.

Difração de fenda simples: localizando as franjas escuras

A Figura 36.4 mostra uma seção reta do mesmo dispositivo experimental; o lado comprido da fenda é perpendicular ao plano da figura, e as ondas planas incidem sobre a fenda da esquerda para a direita. De acordo com o princípio de Huygens, cada elemento de área da abertura da fenda pode ser considerado uma fonte de uma onda secun-

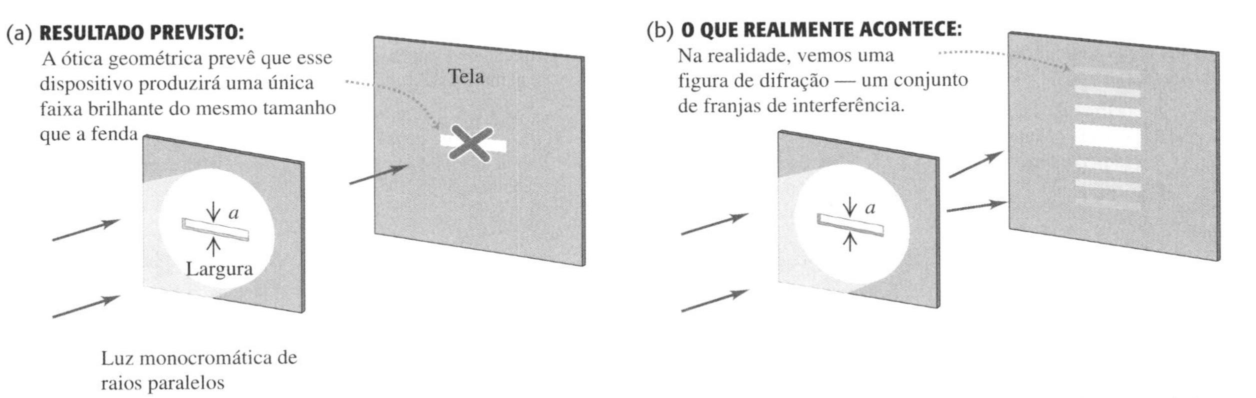

Figura 36.3 (a) Previsão incorreta da 'sombra' de uma fenda horizontal segundo a ótica geométrica. (b) Uma fenda horizontal produz, na verdade, uma figura de difração. A largura da fenda foi exagerada.

dária. Em particular, suponha que a fenda seja dividida em diversas faixas de mesma largura, paralelas ao comprimento da fenda e perpendiculares ao plano da página. Na Figura 36.4a mostramos apenas duas dessas faixas. Frentes de ondas secundárias cilíndricas, mostradas na figura em seção reta, se espalham a partir de cada faixa.

Na Figura 36.4b, uma tela é colocada do lado direito da fenda. Podemos calcular a intensidade resultante em um ponto P sobre a tela somando as contribuições das ondas secundárias individuais, levando em consideração suas diversas fases e amplitudes. É mais fácil fazer esse cálculo quando supomos que a distância entre a tela e a fenda é suficientemente grande, de modo que os raios provenientes da fenda e que atingem o ponto P possam ser considerados paralelos, como se pode ver na Figura 36.4c. Uma situação equivalente pode ser observada na Figura 36.4d, na qual os raios que incidem sobre a lente são paralelos e a lente forma sobre a tela uma imagem reduzida da figura de difração que se formaria sobre uma tela a uma distância infinita da fenda na ausência da lente. Você poderia pensar que os diversos caminhos da luz através da lente introduziriam diferenças de fase adicionais, mas, na realidade, podemos demonstrar que todos esses caminhos produzem deslocamentos de fase *iguais*, então isso não apresenta nenhum problema.

A difração de Fresnel é ilustrada na Figura 36.4b; as situações exibidas na Figura 36.4c e na Figura 36.5d, nas quais os raios emergentes são considerados paralelos, são chamadas de difração de Fraunhofer. Podemos deduzir de modo bastante simples as características da difração de Fraunhofer para o caso da fenda simples. Inicialmente, consideramos duas pequenas faixas, uma limitada por um raio logo abaixo da extremidade superior da fenda e outra começando em seu centro, como mostrado na Figura 36.5. A diferença entre os dois caminhos dos raios indicados até o ponto P é igual a $(a/2)$ sen θ, onde a é a largura da fenda e θ é o ângulo entre a perpendicular ao plano da tela e a reta que liga o centro da fenda com o ponto P. Suponha que essa diferença seja igual a $\lambda/2$; nesse caso, as ondas provenientes das duas faixas atingem o ponto P com uma defasagem de meio ciclo e ocorre cancelamento das ondas.

Analogamente, os raios correspondentes à faixa *abaixo* daquela mostrada na figura também chegam ao ponto P defasados de meio ciclo. Na realidade, a luz proveniente de *qualquer* faixa na metade superior da fenda cancela a luz proveniente da faixa correspondente da metade inferior da fenda. O resultado é a completa destruição da luz que atinge o ponto P proveniente de todos os pontos da fenda, resultando em uma franja escura na figura de interferência. Ou seja, uma franja escura aparece quando

$$\frac{a}{2}\operatorname{sen}\theta = \pm\frac{\lambda}{2} \qquad \text{ou} \qquad \operatorname{sen}\theta = \pm\frac{\lambda}{a} \qquad (36.1)$$

O sinal mais ou menos ($\pm$) da Equação (36.1) afirma que existem franjas escuras simétricas acima e abaixo do ponto O na Figura 36.5a. A franja superior ($\theta > 0$) aparece em um ponto P atingido por uma onda proveniente da metade inferior e que vai até uma distância além de P que é $\lambda/2$ maior do que a distância percorrida pela luz da metade superior; a franja inferior ($\theta < 0$) aparece em um ponto em que a luz proveniente da metade *superior* se desloca $\lambda/2$ além da distância percorrida pela luz da metade *inferior*.

Também é possível dividir a tela em quatro partes, em seis partes, e assim por diante, para poder aplicar o raciocínio anterior e mostrar que aparecem franjas escuras toda vez que sen $\theta = \pm\, 2\lambda/a$, $\pm 3\lambda/a$ e assim por diante. Logo, a condição para o ocorrência de uma franja *escura* é

$$\operatorname{sen}\theta = \frac{m\lambda}{a} \qquad (m = \pm 1, \pm 2, \pm 3\ldots) \qquad (36.2)$$

(franjas escuras na difração da fenda única)

Por exemplo, se a largura da fenda for igual a dez comprimentos de onda ($a = 10\lambda$), as franjas escuras aparecem quando $\operatorname{sen}\theta = \pm\frac{1}{10}, \pm\frac{2}{10}, \pm\frac{3}{10}\ldots$ Entre duas franjas escuras consecutivas existe sempre uma franja brilhante. Notamos também que sen $\theta = 0$ corresponde a uma franja *brilhante*; nesse caso, todas as ondas provenientes da fenda chegam em fase ao ponto P. Portanto, seria errado fazer $m = 0$ na Equação (36.2). A franja brilhante central é mais larga do que as demais franjas claras, como mostra a Figura 36.3. Para a aproximação de ângulos pequenos que faremos a

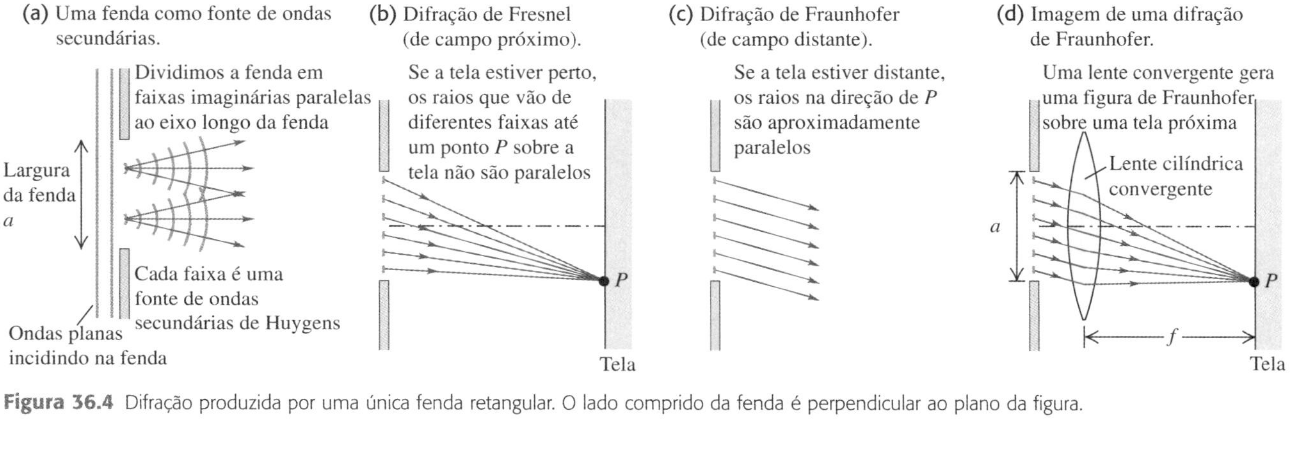

Figura 36.4 Difração produzida por uma única fenda retangular. O lado comprido da fenda é perpendicular ao plano da figura.

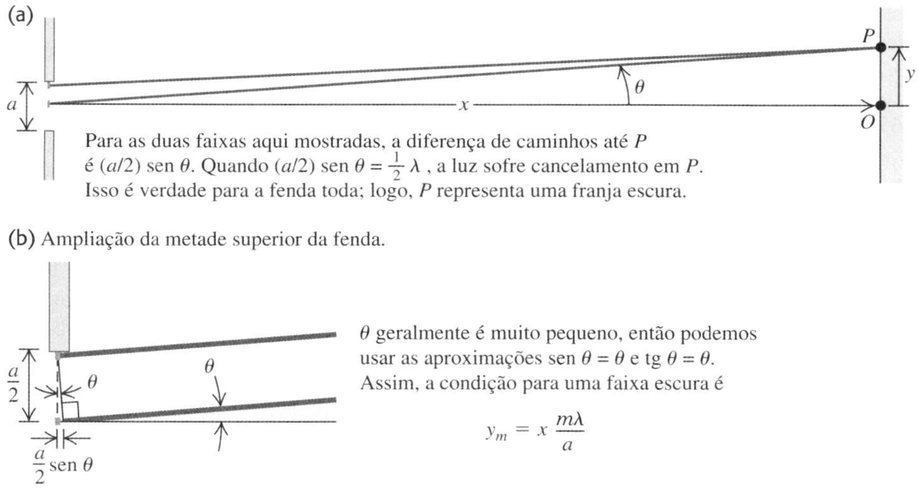

Figura 36.5 Seção reta de uma fenda horizontal. Quando a distância x até a tela é muito maior do que a largura a da fenda, os raios provenientes de pontos situados a uma distância $a/2$ podem ser considerados paralelos.

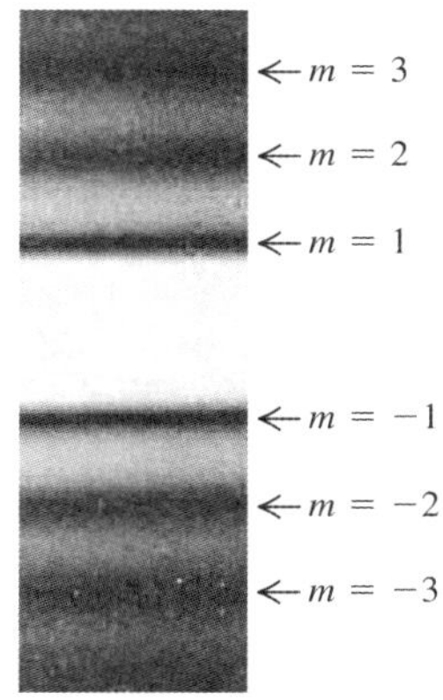

Figura 36.6 Fotografia da figura da difração de Fraunhofer de uma fenda horizontal simples.

seguir, a largura da franja clara central é exatamente igual ao *dobro* da largura das demais franjas brilhantes.

Para a luz, o comprimento de onda λ é da ordem de 500 nm = 5×10^{-7} m. Geralmente isso é muito menor do que a largura a da fenda; a largura típica de uma fenda é 10^{-2} cm = 10^{-4} m. Portanto, os valores de θ na Equação (36.2) costumam ser tão pequenos que a aproximação sen $\theta \approx \theta$ (onde θ é dado em radianos) é muito boa. Nesse caso, a referida equação pode ser escrita na forma

$$\theta = \frac{m\lambda}{a} \qquad (m = \pm 1, \pm 2, \pm 3 \ldots)$$
(para um ângulo θ pequeno)

onde θ é dado em *radianos*. Além disso, se a distância entre a fenda e a tela for x, como na Figura 36.5a, designando por y_m a distância vertical entre a franja escura de ordem m e o centro da figura, então tg $\theta = y_m/x$. Se o ângulo θ é pequeno também podemos aproximar tg θ por θ (em radianos), de modo que obtemos

$$y_m = x\frac{m\lambda}{a} \qquad (\text{para } y_m \ll x) \qquad (36.3)$$

A Figura 36.6 é uma fotografia de uma figura de difração de fenda simples com as mínimas $m = \pm 1$, ± 2 e ± 3 indicadas.

ATENÇÃO Difração de fenda simples versus interferência de fenda dupla A Equação (36.3) tem a mesma forma da Equação (35.6) referente à figura de interferência de uma fenda dupla, exceto que, na Equação (36.3), x é usado no lugar de R para designar a distância entre a tela e a fenda. Entretanto, a Equação (36.3) fornece a posição das franjas *escuras* na experiência da *fenda única*, ao passo que a outra equação fornece a posição das franjas *brilhantes* na experiência da *fenda dupla*. Além disso, m = 0 *não* corresponde a uma franja escura. Preste atenção!

Exemplo 36.1

DIFRAÇÃO DE FENDA SIMPLES Você faz um feixe de luz de laser de 633 nm incidir sobre uma fenda estreita e observa a figura de difração sobre uma tela situada a uma distância igual a 6,0 m. Você verifica que é de 32 mm a distância entre o centro do primeiro mínimo acima do máximo central e o centro do primeiro mínimo abaixo do máximo central. Qual é a largura da fenda?

SOLUÇÃO

IDENTIFICAR: este problema envolve a relação entre as franjas escuras em uma figura de difração de fenda simples e a largura da fenda (nossa incógnita).

PREPARAR: neste caso, a distância entre os pontos sobre a tela é muito menor do que a distância entre a tela e a fenda, de modo que o ângulo θ mostrado na Figura 36.5a é muito pequeno. Logo, podemos usar a relação aproximada fornecida pela Equação (36.3) para encontrar a largura da fenda (a incógnita).

EXECUTAR: o primeiro mínimo corresponde a $m = 1$ na Equação (36.3). A distância y_1 entre o máximo central e o primeiro mínimo é igual à metade da distância entre os dois primeiros mínimos, logo, y_1 = (32 mm)/2. Explicitando a largura a da Equação (36.3) e substituindo o valor $m = 1$, obtemos

$$a = \frac{x\lambda}{y_1} = \frac{(6{,}0\ \text{m})(633 \times 10^{-9}\ \text{m})}{(32 \times 10^{-3}\ \text{m})/2}$$
$$= 2{,}4 \times 10^{-4}\ \text{m} = 0{,}24\ \text{mm}$$

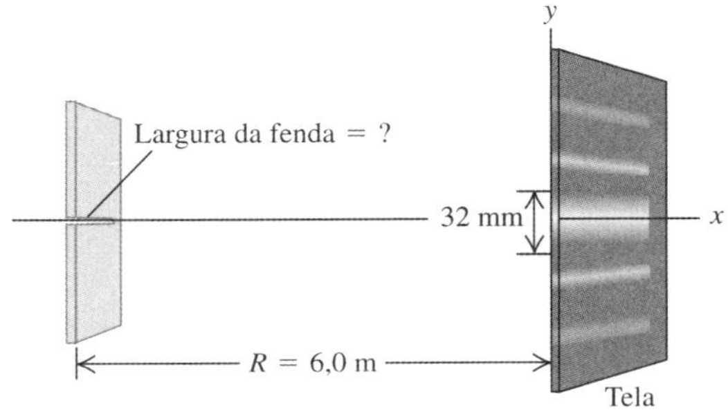

Figura 36.7 Experiência com difração de fenda simples.

AVALIAR: o ângulo θ é pequeno apenas se o comprimento de onda é pequeno comparado à largura da fenda. Como $\lambda = 633$ nm $= 6{,}33 \times 10^{-7}$ m e descobrimos que $a = 0{,}24$ mm $= 2{,}4 \times 10^{-4}$ m, nosso resultado é compatível com isso: o comprimento de onda é $(6{,}33 \times 10^{-7}$ m$)/(2{,}4 \times 10^{-4}$ m$) = 0{,}0026$ da largura da fenda.

Você é capaz de demonstrar que a distância entre os dois *segundos* mínimos, um de cada lado do máximo central, é igual a 2(32 mm) = 64 mm, e assim por diante?

Teste sua compreensão da Seção 36.2 Avalie as seguintes experiências de difração de fenda simples e coloque-as em ordem, da maior para a menor, em termos do tamanho do ângulo formado entre o centro da figura de difração e a primeira franja escura: (i) comprimento de onda 400 nm, largura da fenda 0,20 mm; (ii) comprimento de onda 600 nm, largura da fenda 0,20 mm; (iii) comprimento de onda 400 nm, largura da fenda 0,30 mm; (iv) comprimento de onda 600 nm, largura da fenda 0,30 mm. ❚

36.3 Intensidade na difração produzida por uma fenda simples

Podemos deduzir uma expressão para a distribuição da intensidade na difração produzida por uma fenda única usando o mesmo método da soma de fasores da Seção 35.3 para obter as equações (35.10) e (35.14) para o caso da figura de interferência com fenda dupla. Novamente, supomos que a frente de onda na fenda esteja subdividida em um grande número de faixas. Superpomos todas as contribuições das frentes de onda secundárias de Huygens que atingem o ponto P sobre a tela distante e que formam um ângulo θ com a normal ao plano da fenda (Figura 36.8a). Para isso, usamos um fasor que represente cada campo $\vec{E}$ senoidal proveniente de cada faixa individual. O módulo da soma vetorial dos fasores em cada ponto P fornece a amplitude E_P do campo resultante $\vec{E}$ nesse ponto. A intensidade no ponto P é proporcional a E_P^2.

No ponto O na Figura 36.8a, correspondente ao centro da figura onde $\theta = 0$, existem diferenças de caminhos desprezíveis para $x >> a$, e todos os fasores estão essencialmente em fase (ou seja, possuem a mesma direção e o mesmo sentido). Na Figura 36.8b, desenhamos o diagrama de fasores para $t = 0$ e designamos por E_0 a amplitude resultante no ponto O. Nessa ilustração dividimos a fenda em catorze faixas.

Considere agora as ondas secundárias que chegam ao ponto P da Figura 36.8a provenientes de faixas diferentes formando um ângulo θ a partir do ponto O. Em virtude da diferença de caminho, existe agora uma diferença de fase entre as ondas provenientes de faixas adjacentes; o diagrama de fasores correspondente pode ser visto na Figura 36.8c. A soma vetorial dos fasores é indicada pelo perímetro de um polígono com muitos lados e a amplitude E_P do campo resultante no ponto P é dada pela *corda* dessa poligonal. A diferença de fase total entre a onda que sai da extremidade da faixa do topo na Figura 36.8a e a que sai da faixa inferior é igual a β, ou seja, β é a fase da onda que chega ao ponto P proveniente da faixa do topo em relação à onda que chega ao ponto P proveniente da faixa inferior.

Suponhamos que a fenda seja subdividida em faixas cada vez mais estreitas. No limite, quando existe um número infinito de faixas infinitamente estreitas, a linha poligonal de fasores transforma-se em um *arco de circunferência* (Figura 36.8d), cujo comprimento de arco é igual ao valor E_0 mostrado na Figura 36.8b. O centro C desse

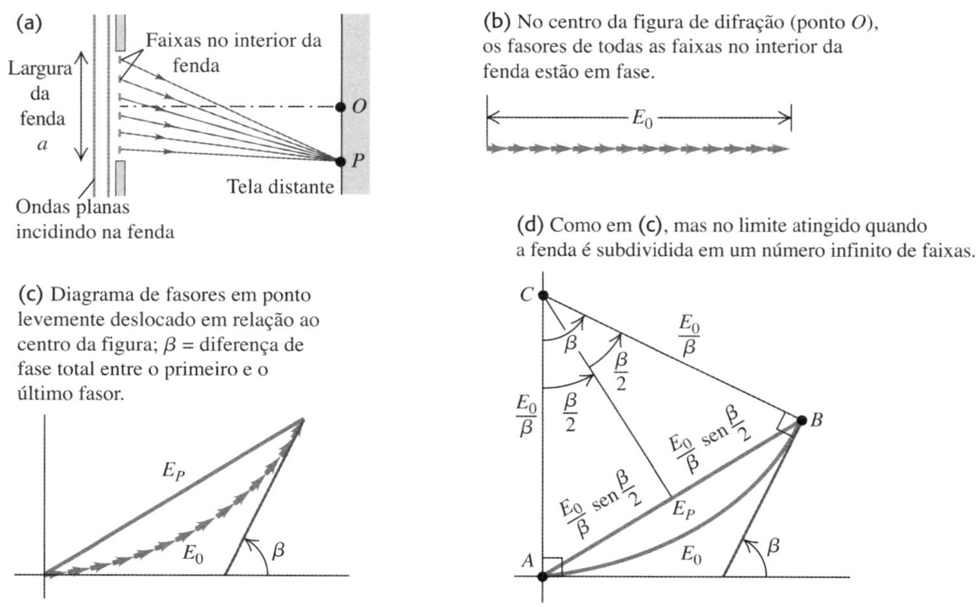

Figura 36.8 Diagrama de fasores para determinar a amplitude do campo resultante $\vec{E}$ na difração da fenda única. Cada fasor representa o campo $\vec{E}$ de uma única faixa no interior da fenda.

arco é encontrado traçando-se perpendiculares em A e em B. De acordo com a relação entre comprimento de arco, raio e ângulo, o raio do arco é dado por E_0/β; a amplitude E_p do campo elétrico resultante no ponto P é dada pela corda AB, cujo comprimento é $2(E_0/\beta)$ sen $(\beta/2)$. (Note que β deve ser expresso em radianos!) Portanto, obtemos

$$E_p = E_0 \frac{\text{sen}(\beta/2)}{\beta/2} \quad (36.4)$$

(amplitude na difração de fenda única)

A intensidade em cada ponto da tela é proporcional ao quadrado da amplitude dada pela Equação (36.4). Designando por I_0 a intensidade na direção frontal para $\theta = 0$ e $\beta = 0$, então a intensidade em qualquer ponto da tela é

$$I = I_0 \left[\frac{\text{sen}(\beta/2)}{\beta/2}\right]^2 \quad (36.5)$$

(intensidade na difração de fenda única)

Podemos expressar a diferença de fase β em termos das grandezas geométricas, como fizemos no caso da figura de interferência com fenda dupla. Pela Equação (35.11), a diferença de fase é $2\pi/\lambda$ vezes a diferença de caminho. Como indica a Figura 36.5, a diferença de caminho entre o raio proveniente do topo da fenda e o raio que sai do meio da fenda é igual a $(a/2)$ sen θ. A diferença de caminho entre o raio proveniente do topo da fenda e o raio que sai da extremidade inferior da fenda é igual ao dobro desse valor, logo,

$$\beta = \frac{2\pi}{\lambda} a \,\text{sen}\,\theta \quad (36.6)$$

e a Equação (36.5) pode ser escrita na forma

$$I = I_0 \left\{\frac{\text{sen}[\pi a(\text{sen}\,\theta)/\lambda]}{\pi a(\text{sen}\,\theta)/\lambda}\right\}^2 \quad (36.7$$

(intensidade na difração de fenda única))

Essa equação expressa a intensidade diretamente em termos do ângulo θ. Em muitos cálculos é mais fácil determinar inicialmente o ângulo β a partir da Equação (36.6) e, a seguir, usar a Equação (36.5).

A Figura 36.9a ilustra um gráfico da Equação (36.7). Note que a intensidade da franja clara central é muito maior do que a intensidade de qualquer uma das outras franjas. Isso significa que a maioria da potência da onda permanece dentro de um ângulo θ com a perpendicular à fenda, onde sen $\theta = \lambda/a$ (o primeiro mínimo da difração). Pode-se ver isso facilmente na Figura 36.9b, que é uma fotografia das ondas na água passando por uma difração de fenda simples. Note também que as intensidades máximas na Figura 36.9a diminuem rapidamente à medida que nos afastamos do centro da figura. (Compare com a Figura 36.6, que mostra a figura de difração de fenda simples para a luz.)

As franjas escuras da figura de difração se formam nos pontos em que $I = 0$. Esses pontos ocorrem quando o numerador da Equação (36.5) é igual a zero, ou seja, quando β é um múltiplo de 2π. De acordo com a Equação (36.6), essa condição corresponde a

$$\frac{a\,\text{sen}\,\theta}{\lambda} = m \qquad (m = \pm 1, \pm 2 \ldots)$$
$$\text{sen}\,\theta = \frac{m\lambda}{a} \qquad (m = \pm 1, \pm 2 \ldots) \quad (36.8)$$

Essa relação concorda com o resultado anterior obtido com a Equação (36.2). Observe novamente que $\beta = 0$ (que corresponde a $\theta = 0$) *não* fornece um mínimo. A Equação (36.5) é indeterminada para $\beta = 0$, porém podemos calcular o limite quando $\beta = 0$ usando a regra de L'Hôpital. Verificamos que, quando $\beta = 0$, obtemos $I = I_0$, como era esperado.

Máximos da figura de difração da fenda única

Também podemos aplicar a Equação (36.5) para determinar a posição dos picos, ou dos *máximos*, e o valor da intensidade de cada um desses picos. Isso não é tão simples quanto pode parecer, contudo. Esperaríamos que os picos ocorressem nos pontos em que a função seno atingisse valores iguais a ± 1, ou seja, quando $\beta = \pm\pi, \pm 3\pi, \pm 5\pi$, ou, em geral,

$$\beta \approx \pm(2m + 1)\pi \qquad (m = 0, 1, 2 \ldots) \quad (36.9)$$

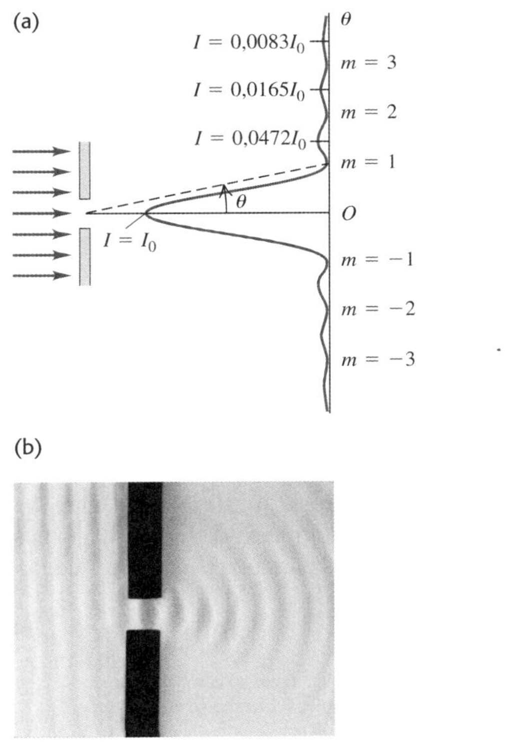

Figura 36.9 (a) Distribuição da intensidade na difração da fenda única. Os valores de m indicam a intensidade mínima fornecida pela Equação (36.8). A maior parte da potência da água vai para o máximo central (entre as intensidades mínimas $m = 1$ e $m = -1$). (b) Estas ondas de água que passam através de uma pequena abertura se comportam de modo exatamente análogo às ondas de luz na figura de difração de fenda única. Apenas as ondas difratadas dentro do pico de intensidade central são visíveis; as ondas com ângulos maiores são fracas demais para serem vistas.

Isso é *aproximadamente* correto; entretanto, por causa do fator $(\beta/2)^2$ no denominador da Equação (36.5), os máximos não ocorrem precisamente nesses pontos. Quando derivamos a Equação (36.5) em relação a β e igualamos a zero o resultado para tentar determinar os máximos e mínimos, obtemos uma equação transcendental que deve ser resolvida numericamente. Na realidade, não existe nenhum máximo nas vizinhanças de $\beta = \pm\ \pi$. Os primeiros máximos, um de cada lado do máximo central, nas vizinhanças de $\beta = \pm\ 3\pi$ ocorrem na verdade para os valores $\pm\ 2{,}860\pi$. Os segundos máximos laterais nas vizinhanças de $\beta = \pm\ 5\pi$, ocorrem na verdade para $\pm\ 4{,}918\pi$, e assim por diante. O erro da Equação (36.9) se anula no limite de valores grandes de m, ou seja, para os máximos muito afastados do centro da figura de difração.

Para calcular as intensidades dos máximos laterais, substituímos esses valores de β na Equação (36.5). Usando a aproximação indicada na Equação (36.9), obtemos

$$I_m \approx \frac{I_0}{\left(m + \dfrac{1}{2}\right)^2 \pi^2} \qquad (36.10)$$

onde I_m é a intensidade do máximo lateral de ordem m e I_0 é a intensidade do máximo central. A Equação (36.10) fornece a série de intensidades

$$0{,}0450 I_0 \qquad 0{,}0162 I_0 \qquad 0{,}0083 I_0$$

e assim por diante. Como dissemos anteriormente, essa equação está apenas aproximadamente correta. Verificamos que as intensidades verdadeiras desses máximos laterais são

$$0{,}0472 I_0 \qquad 0{,}0165 I_0 \qquad 0{,}0083 I_0 \qquad \ldots$$

Note que as intensidades dos máximos laterais diminuem muito rapidamente, como também indica a Figura 36.9. Até mesmo o primeiro máximo apresenta menos de 5% da intensidade do máximo central.

Largura da figura de difração da fenda única

Para ângulos pequenos, o espalhamento angular da figura de difração é inversamente proporcional à largura da fenda a ou, mais precisamente, à razão entre a e o comprimento de onda λ. A Figura 36.10 mostra a intensidade I em função do ângulo θ para diversos valores da razão a/λ.

Em ondas luminosas, o comprimento de onda λ é geralmente muito menor do que a largura da fenda a, e os valores de θ nas equações (36.6) e (36.7) são tão pequenos que a aproximação sen $\theta = \theta$ é bastante boa. Com essa aproximação, a posição θ_1 do primeiro mínimo ao lado do máximo central, correspondendo a $\beta/2 = \pi$, de acordo com a Equação (36.7), é dada por

$$\theta_1 = \frac{\lambda}{a} \qquad (36.11)$$

Esse valor caracteriza a largura (espalhamento angular) do máximo central, e vemos que ela é *inversamente* proporcional à largura da fenda a. Quando a aproximação de ângulo pequeno é válida, o máximo central apresenta uma largura duas vezes maior do que a largura de cada um dos máximos laterais. Quando a é da ordem de um centímetro ou mais, θ_1 é tão pequeno que podemos praticamente considerar toda a luz concentrada no foco geométrico. Porém, quando a é menor do que λ, o máximo central se espalha até 180° e não podemos ver qualquer franja.

É importante lembrar que a difração ocorre em *qualquer* tipo de onda e não apenas com a luz. As ondas sonoras sofrem difração ao passar por uma fenda ou uma abertura, tal como uma porta aberta. As ondas sonoras da voz humana possuem comprimentos de onda ligeiramente maiores do que um metro e uma porta comum tem largura inferior a 1 m; nesse caso, a é menor do que λ e o máximo central se espalha até 180°. Isso explica por que o som que passa por uma porta aberta pode ser ouvido facilmente até por uma pessoa escondida atrás da porta e que está fora do ângulo de visão. Da mesma forma, as ondas sonoras podem contornar a cabeça de um professor que está voltado para a lousa enquanto fala (Figura 36.11). Em contraste, não existe nenhuma difração da luz através dessa porta porque a largura a é muito maior do que o comprimento de onda λ (aproximadamente igual a 5×10^{-7} m). Você pode *ouvir* em torno de arestas porque as ondas sonoras típicas possuem comprimentos de onda relativamente grandes, mas você não pode *ver* em torno de arestas porque a luz possui comprimentos de onda muito pequenos.

Exemplo 36.2

DIFRAÇÃO DE FENDA SIMPLES: INTENSIDADE I a) Em uma figura de difração da fenda única, qual é a intensidade em um ponto onde a diferença de fase total entre as ondas secundá-

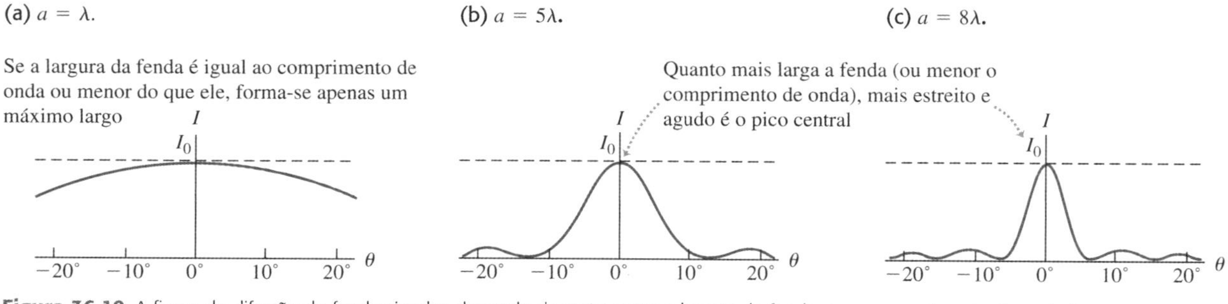

Figura 36.10 A figura de difração de fenda simples depende da razão entre a largura da fenda a e o comprimento de onda λ.

Figura 36.11 As ondas sonoras usadas na fala têm um longo comprimento de onda (cerca de 1 m) e podem facilmente contornar a cabeça desse professor. Em contraste, as ondas luminosas possuem comprimentos de onda muito curtos e sofrem muito pouca difração. Assim, você não consegue *ver* ao redor da cabeça dele!

rias provenientes do topo e da parte inferior da fenda é igual a 66 rad? b) Se esse ponto está 7° afastado do máximo central, quantos comprimentos de onda de largura tem a fenda?

SOLUÇÃO

IDENTIFICAR: este problema pede que encontremos a intensidade em um ponto em uma figura de difração de fenda simples em que há uma diferença de fase específica entre ondas provenientes das duas extremidades da fenda (Figura 36.8a). O problema pede também que relacionemos a diferença de fase, a largura da fenda, o comprimento de onda e o ângulo θ mostrado na Figura 36.9a.

PREPARAR: a diferença de fase total entre as ondas secundárias provenientes das duas extremidades da fenda é a grandeza que chamamos de β na Figura 36.8d. Dado que $\beta = 66$ rad, usamos a Equação (36.5) para encontrar a intensidade I no ponto em questão, e a Equação (36.6) para determinar a largura da fenda a em função do comprimento de onda λ.

EXECUTAR: a) Como $\beta = 66$ rad, $\beta/2 = 33$ rad e aplicamos a Equação (36.5):

$$I = I_0\left[\frac{\text{sen}(33\text{ rad})}{33\text{ rad}}\right]^2 = (9{,}2 \times 10^{-4})I_0$$

b) Isolamos a na Equação (36.6):

$$a = \frac{\beta\lambda}{2\pi\,\text{sen}\,\theta} = \frac{(66\text{ rad})\lambda}{(2\pi\text{ rad})\,\text{sen}\,7{,}0^\circ} = 86\lambda$$

Por exemplo, para uma luz de 550 nm, a largura da fenda a é dada por (86) (550 nm) = $4{,}7 \times 10^{-5}$ m = 0,047 mm ou aproximadamente igual a $\frac{1}{20}$ mm.

AVALIAR: a que ponto na figura de difração esse valor de β corresponde? Para descobrir, note que $\beta = 66\text{ rad} = 21\pi$. Uma comparação com a Equação (36.9) revela que esse valor é aproximadamente igual ao valor do *décimo* máximo lateral, bem além do intervalo mostrado na Figura 36.9a (que mostra apenas os primeiros três máximos laterais). Essa intensidade é muito menor do que a intensidade do máximo central I_0. (A localização *exata* desse máximo corresponde a $\beta = 65{,}91\text{rad} = 20{,}98\pi$, aproximadamente situado na metade da distância entre os mínimos referentes à $\beta = 20\pi$ e $\beta = 22\pi$.)

Exemplo 36.3

DIFRAÇÃO DE FENDA SIMPLES: INTENSIDADE II Na experiência descrita no Exemplo 36.1 (Seção 36.2), qual é a intensidade em um ponto sobre a tela a uma distância de 3,0 mm do centro da figura de difração? A intensidade no centro da figura é igual a I_0.

SOLUÇÃO

IDENTIFICAR: este problema é semelhante ao Exemplo 36.2, a não ser pelo fato de que o valor da diferença de fase β no ponto em questão não é dado.

PREPARAR: usamos geometria para determinar o ângulo θ para nosso ponto e então usamos a Equação (36.7) para calcular a intensidade I (nossa incógnita).

EXECUTAR: observando a Figura 36.5a, obtemos $y = 3{,}0$ mm e $x = 6{,}0$ m; logo, $\text{tg}\,\theta = y/x = (3{,}0 \times 10^{-3}\text{ m})/(6{,}0\text{ m}) = 5{,}0 \times 10^{-4}$. Como esse valor é muito pequeno, os valores de tg θ, sen θ e θ (em radianos) são todos aproximadamente os mesmos. Então, usando a Equação (36.7), obtemos

$$\frac{\pi a\,\text{sen}\,\theta}{\lambda} = \frac{\pi(2{,}4 \times 10^{-4}\text{ m})(5{,}0 \times 10^{-4})}{6{,}33 \times 10^{-7}\text{ m}} = 0{,}60$$

$$I = I_0\left(\frac{\text{sen}\,0{,}60}{0{,}60}\right)^2 = 0{,}89I_0$$

AVALIAR: examinando a Figura 36.9a, vemos que uma intensidade assim tão grande pode ocorrer apenas dentro da região da intensidade máxima central. Isso confere; pelo Exemplo 36.1, a primeira intensidade mínima ($m = 1$ na Figura 36.9a) está a 32 mm / 2 = 16 mm do centro da figura, portanto, o ponto em questão está, realmente, dentro do máximo central.

Teste sua compreensão da Seção 36.3 Uma radiação eletromagnética coerente é enviada por uma fenda de 0,0100 mm de largura. Em qual dos seguintes comprimentos de onda *não* haverá pontos na figura de difração em que a intensidade é zero? (i) luz azul de comprimento de onda 500 nm; (ii) luz infravermelha de comprimento de onda 10,6 μm; (iii) microondas de comprimento de onda 1,0 mm; (iv) luz ultravioleta de comprimento de onda 50,0 nm. ∎

36.4 Fendas múltiplas

Nas seções 35.2 e 35.3, analisamos a interferência entre duas fontes puntiformes ou da luz proveniente de duas fendas estreitas; naquela análise desprezamos os efeitos produzidos pelo fato de a largura de cada fenda ser finita (ou seja, diferente de zero). Nas seções 36.2 e 36.3, analisamos os efeitos de difração que ocorrem quando a luz passa por uma fenda única com largura finita. Efeitos adicionais importantes ocorrem quando consideramos duas fendas com larguras finitas ou quando existem diversas fendas estreitas.

Duas fendas com larguras finitas

Vamos examinar novamente o problema da fenda dupla considerando um caso mais realista, no qual as duas fendas apresentam larguras finitas. Quando as fendas são estreitas em comparação com o comprimento de onda, podemos supor que a luz proveniente de cada fenda se espalha uniformemente em todas as direções do lado direito da fenda. Utilizamos essa hipótese na Seção 35.3 para calcular a figura de interferência descrita pela Equação (35.10) ou pela Equação (35.15), que consistia de uma série de máximos com intensidade igual, separados por distâncias idênticas. Contudo, quando as fendas possuem larguras finitas, os picos da figura de interferência de fenda dupla são modulados pela figura de difração característica da largura de cada fenda.

A Figura 36.12a mostra a intensidade em uma figura de difração para uma fenda única de largura a. Os *mínimos da difração* são indicados pela notação dos números inteiros $m_d = \pm 1, \pm 2...$ (o índice 'd' indica 'difração'). A Figura 36.12b apresenta a figura formada pelos raios provenientes de duas

(a) Figura de difração para uma fenda única de largura a.

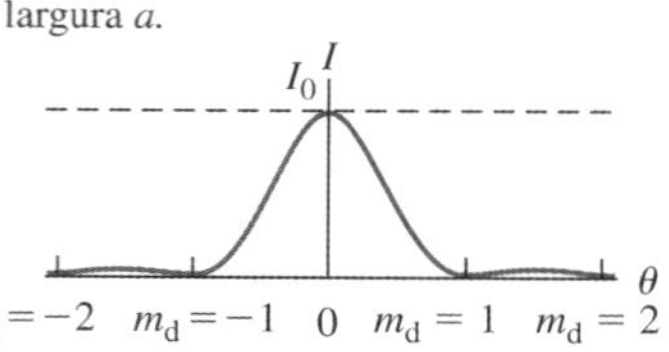

(b) Figura de interferência para duas fendas estreitas separadas por uma distância d igual a quatro vezes a largura da fenda indicada em (a).

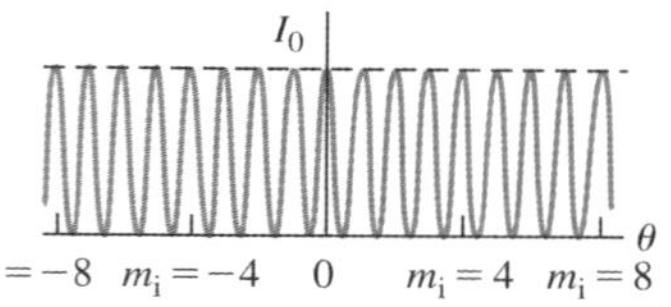

(c) Cálculo da figura de intensidade para duas fendas de largura a e distância $d = 4a$, incluindo os efeitos de interferência e difração.

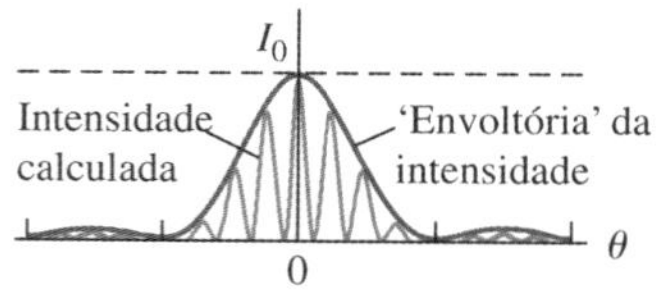

(d) Fotografia real da figura de difração calculada na parte (c).

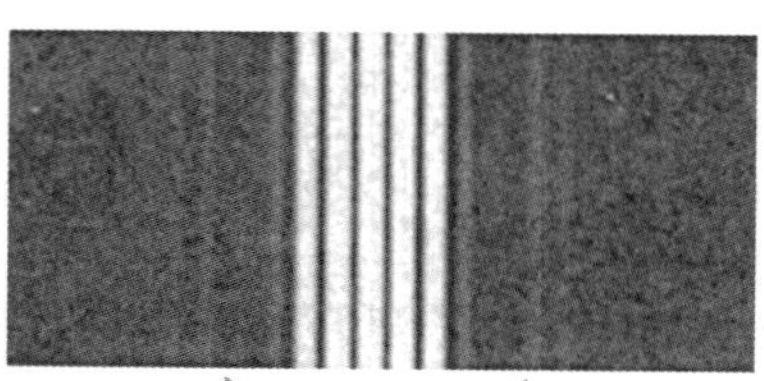

Para $d = 4a$, todos os máximos com número de ordem múltiplo de quatro ($m_i = \pm 4, \pm 8...$) estão ausentes

Figura 36.12 Encontrando as intensidades na figura de difração de duas fendas de largura finita.

fendas estreitas separadas por uma distância d igual a quatro vezes a largura a da fenda indicada na Figura 36.12a; ou seja, $d = 4a$. Os *máximos da interferência* são indicados pela notação dos números inteiros $m_i = 0, \pm 1, \pm 2...$ (o índice 'i' indica 'interferência'). Note que o espaçamento entre os dois primeiros mínimos adjacentes ao centro da figura de difração da fenda única é quatro vezes maior do que no caso da figura de interferência da fenda dupla. Suponha agora que a largura dessas duas fendas seja aumentada até atingir o mesmo valor da largura a da fenda indicada na Figura 36.12a. A Figura 36.12c mostra a configuração formada pelas duas fendas de largura a separadas por uma distância (entre seus centros) $d = 4a$. O efeito da largura finita das fendas consiste em fazer a superposição dos efeitos das duas figuras anteriores, ou seja, as intensidades são multiplicadas em cada ponto. Os picos da interferência da fenda dupla continuam nas mesmas posições anteriores; contudo, suas intensidades são moduladas pela intensidade da difração na fenda única. A expressão para a intensidade na Figura 36.12c é proporcional ao produto da intensidade na experiência de fenda dupla, dada pela Equação (35.10) multiplicada pela Equação (36.5), que fornece a intensidade da difração na fenda única:

$$I = I_0 \cos^2 \frac{\phi}{2} \left[\frac{\operatorname{sen}(\beta/2)}{\beta/2} \right]^2 \qquad (36.12)$$

(duas fendas com larguras finitas)

onde, como anteriormente,

$$\phi = \frac{2\pi d}{\lambda} \operatorname{sen}\theta \qquad \beta = \frac{2\pi a}{\lambda} \operatorname{sen}\theta$$

Note, na Figura 36.12c, que estão *ausentes* em ambos os lados da figura todos os máximos de interferência cujas ordens sejam múltiplos de quatro, pois esses máximos ($m_i = \pm 4, \pm 8...$) coincidem com os mínimos da difração ($m_d = \pm 1, \pm 2...$). Isso também pode ser visto na Figura 36.12d, que é uma fotografia da figura real para $d = 4a$. Você deve se convencer de que haverá máximos 'ausentes' toda vez que d for um múltiplo inteiro de a.

As figuras 36.12c e 36.12d mostram que, à medida que você se afasta da franja brilhante central da figura formada pelas duas fendas, a intensidade dos máximos vai diminuindo. Isso resulta da modulação imposta pela figura de difração de fenda única indicada na Figura 36.12a; matematicamente, a diminuição de intensidade decorre do fator $(\beta/2)^2$ no denominador da Equação (36.12). Essa diminuição de intensidade pode também ser vista na Figura 35.6 (Seção 35.2). Quanto mais estreita for a fenda, mais largo será o máximo central da figura de difração da fenda única (como mostrado na Figura 36.10) e mais lenta será a diminuição de intensidade de um máximo de interferência para o máximo seguinte.

A configuração mostrada na Figura 36.12d deve ser chamada de figura de *interferência* ou de figura de *difração*? Na verdade, os dois fenômenos ocorrem simultaneamente, visto que há superposição das ondas que sofreram difração nas duas fendas. Nesse caso, não existe nenhuma diferença fundamental entre a interferência e a difração.

Diversas fendas

Vamos agora considerar figuras produzidas por *diversas* fendas estreitas. Conforme veremos, sistemas com fendas estreitas encontram uma extraordinária aplicação prática na *espectroscopia* — a determinação dos comprimentos de onda particulares da luz proveniente de uma fonte. Suponha que a largura de cada fenda seja menor do que o comprimento de onda, de modo que a frente de onda difratada se espalhe de modo praticamente uniforme. A Figura 36.13 mostra uma rede com oito fendas estreitas que apresentam a mesma distância d entre duas fendas consecutivas. Ocorre interferência construtiva para os raios que formam um ângulo θ com a normal que chegam ao ponto P com uma diferença de caminho entre duas fendas adjacentes igual a um número inteiro de comprimentos de onda:

$$d \operatorname{sen} \theta = m\lambda \qquad (m = 0, \pm 1, = \pm 2 \ldots)$$

Isso significa que a interferência construtiva acontece quando a diferença de fase ϕ no ponto P para a luz proveniente de duas fendas adjacentes é um múltiplo inteiro de 2π. Ou seja, o máximo da figura ocorre na *mesma* posição no caso da experiência de *duas* fendas com o mesmo espaçamento. Nesse sentido, a figura é semelhante à que resulta da interferência de fenda dupla.

Porém, o que ocorre *entre* os máximos? Na figura de interferência de fenda dupla, existe apenas um mínimo entre dois máximos consecutivos, quando as diferenças de fase entre as ondas provenientes das duas fendas for igual a π, 3π, 5π e assim por diante. Na figura de interferência formada por oito fendas existem também mínimos entre dois máximos consecutivos porque a luz proveniente de fendas adjacentes pode se cancelar aos pares, como mostrado no diagrama de fasores da Figura 36.14a. Mas esses não são os únicos mínimos da figura com oito fendas. Por exemplo, quando a diferença de fase ϕ entre duas fendas adjacentes é igual a $\pi/4$ (o diagrama de fasores é mostrado na Figura 36.14b), o fasor total (resultante) é igual a zero e a intensidade também é igual a zero. Quando $\phi = \pi/2$, obtemos o diagrama de fasores da Figura 36.14c e, mais uma vez, o fasor total e a intensidade são iguais a zero. Generalizando, a intensidade é igual a zero no caso de oito fendas quando a diferença de fase é um múltiplo inteiro de $\pi/4$, *exceto* quando ϕ for um múltiplo inteiro de 2π. Logo, existem sete mínimos entre dois máximos.

Cálculos detalhados mostram que a figura de interferência para oito fendas se comporta como indica a Figura 36.15b. Os máximos maiores, chamados de *máximos principais*, estão localizados nas mesmas posições da figura de interferência de fenda dupla, como se vê na Figura 36.15a, mas são muito mais estreitos. Se a diferença de fase ϕ entre duas fendas adjacentes for ligeiramente diferente de um múltiplo de 2π, as ondas provenientes das fendas 1 e 2 estarão ligeiramente fora de fase; contudo, a diferença de fase entre as fendas 1 e 3 será maior, aquela entre as fendas 1 e 4 será maior ainda e assim por diante. Isso produz um cancelamento parcial nos ângulos que diferem em poucos graus da condição do máximo, fornecendo os máximos estreitos mostrados na Figura 36.15b. Obtemos máximos ainda mais estreitos quando usamos dezesseis fendas (Figura 36.15c).

Convidamos você a demonstrar que, no caso de N fendas, existem $(N-1)$ mínimos entre cada par de máximos principais e que ocorre um mínimo quando ϕ é um múltiplo inteiro de $2\pi/N$ (*exceto* quando ϕ é um múltiplo inteiro de 2π, que corresponde a um máximo principal). Existem máximos *secundários* entre esses mínimos, que se tornam cada vez menores em comparação com os máximos principais à medida que N aumenta. Quanto maior o valor de N, mais estreitos se tornam os máximos principais. Do ponto de vista da energia, concluímos que a ener-

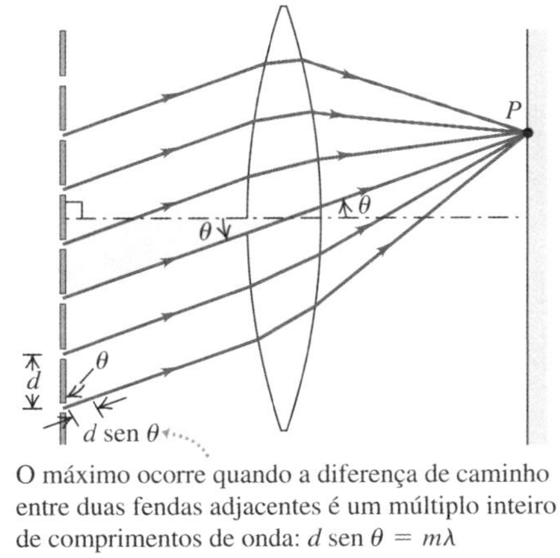

Figura 36.13 Difração com fendas múltiplas. Aqui usamos uma lente convergente para obter uma difração de Fraunhofer sobre uma tela próxima, como no caso da Figura 36.4d.

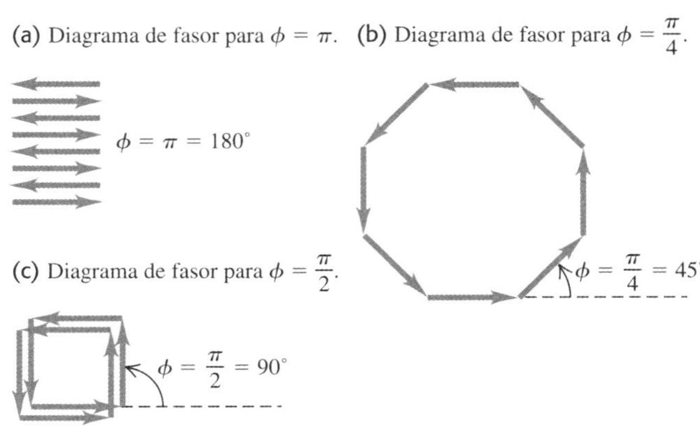

Figura 36.14 Diagramas de fasores para a luz que passa através de oito fendas estreitas. Os máximos ocorrem quando a diferença de fase é $\phi = 0$, 2π, 4π... Entre os máximos $\phi = 0$ e $\phi = 2\pi$ existem sete mínimos, correspondentes a $\phi = \pi/4$, $\pi/2$, $3\pi/4$, π, $5\pi/4$, $3\pi/2$ e $7\pi/4$. Mostramos diagramas de fasores para (a) $\phi = \pi$, (b) $\phi = \pi/4$, (c) $\phi = \pi/2$. Você é capaz de desenhar diagramas de fasores para os outros mínimos?

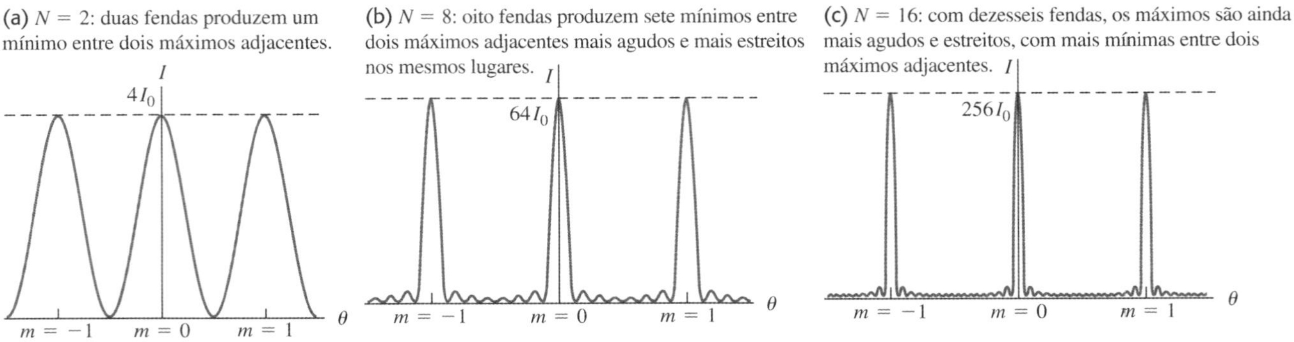

Figura 36.15 Figuras de interferência para N fendas muito estreitas igualmente espaçadas. (a) Duas fendas. (b) Oito fendas. (c) Dezesseis fendas. As escalas verticais são diferentes para cada gráfico. I_0 é a intensidade máxima para a difração de fenda única e a intensidade máxima para N fendas é igual a N^2I_0. A largura de cada pico é proporcional a $1/N$.

gia da figura toda é proporcional a N. A altura de cada máximo principal é proporcional a N^2, portanto, pela lei da conservação da energia, concluímos que a largura de cada máximo principal deve ser proporcional a $1/N$. Conforme veremos na próxima seção, o estreitamento dos máximos principais nas figuras com fendas múltiplas possui grande importância prática na física e na astronomia.

Teste sua compreensão da Seção 36.4 Suponha que duas fendas, ambas com largura a, estejam separadas por uma distância $d = 2{,}5a$. Existem máximos ausentes na figura de interferência produzida por essas fendas? Caso existam, quais estão ausentes? Caso contrário, por que não existem máximos ausentes? ▮

36.5 A rede de difração

Acabamos de verificar que, aumentando o número de fendas em uma experiência de interferência (enquanto mantemos o espaçamento entre as fendas constante), obtemos uma figura de interferência na qual os máximos estão nas mesmas posições, porém, são mais agudos e mais estreitos do que no caso da experiência de fenda dupla. Visto que esses máximos são tão agudos, suas posições angulares e, portanto, os comprimentos de onda podem ser determinados com elevada precisão. Veremos que esse efeito tem importantes aplicações.

Denomina-se **rede de difração** um conjunto que contém um número grande de fendas paralelas, todas com a mesma largura a e com a mesma distância d entre os centros de duas fendas consecutivas. A primeira rede de difração foi construída por Fraunhofer, usando fios finos. As fendas ou ranhuras da rede podem ser feitas com uma ponta de diamante para gerar sulcos igualmente espaçados sobre uma superfície de vidro ou de metal, ou então, fazendo-se a redução de uma fotografia de um conjunto de faixas claras e escuras impressas sobre uma folha de papel. Para uma rede de difração, o termo *fenda* geralmente pode ser substituído por *ranhura* ou *linha*.

Na Figura 36.16, GG' representa a seção reta de uma *rede de transmissão*, as fendas são perpendiculares ao plano da página e a figura de interferência é formada pela luz que é transmitida através das fendas. O diagrama mostra apenas seis fendas; uma rede real pode conter milhares de ranhuras. A distância d entre os centros de duas fendas consecutivas denomina-se *espaçamento da rede*. Um feixe plano de luz monocromática incide perpendicularmente da esquerda para a direita sobre a rede. Consideramos a condição de campo distante (condição de Fraunhofer), ou seja, a tela está situada a uma distância suficientemente grande para que os raios que emergem da rede e atingem um ponto da tela possam ser considerados paralelos.

Verificamos na Seção 36.4 que os máximos principais na experiência com fendas múltiplas estão localizados nas mesmas direções dos máximos na experiência da fenda dupla. Essas direções são obtidas com a condição de que a diferença de caminho entre duas fendas adjacentes seja igual a um número inteiro de comprimentos de onda. Portanto, as posições dos máximos são novamente obtidas pela relação

$$d \operatorname{sen} \theta = m\lambda \qquad (m = 0, \pm 1, \pm 2, \pm 3 \ldots) \qquad (36.13)$$

(máximos, fendas múltiplas)

A Figura 36.15 indica as intensidades a partir de duas, oito e dezesseis fendas, mostrando o progressivo estreitamento dos máximos à medida que se aumenta o número de fendas.

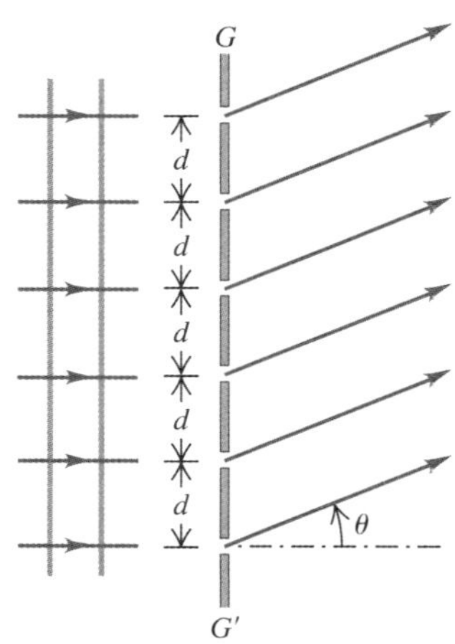

Figura 36.16 Um segmento de uma rede de difração de transmissão. A distância entre os centros de fendas adjacentes é d.

Figura 36.17 Os milhões de escamas microscópicas nas asas da borboleta tropical *Morpho peleides* agem como uma rede de reflexão. Quando vistas sob o ângulo adequado, essas escamas refletem intensamente a luz azul. Isso talvez seja um mecanismo de defesa: as faíscas de luz das asas em movimento de uma *Morpho* podem ofuscar momentaneamente predadores como lagartos e pássaros.

Quando uma rede com centenas ou milhares de fendas é iluminada por um feixe de raios paralelos de luz monocromática, a figura obtida é constituída por uma série de linhas agudas em ângulos determinados pela Equação (36.13). As linhas $m = \pm 1$ são chamadas de *linhas de primeira ordem*, as linhas $m = \pm 2$ são chamadas de *linhas de segunda ordem* e assim por diante. Quando a fenda é iluminada com luz branca com uma distribuição contínua de comprimentos de onda, cada valor de m corresponde a um espectro contínuo na figura. O ângulo para cada cor é determinado pela Equação (36.13); para um dado valor de m, os comprimentos de onda mais longos (na extremidade vermelha do espectro) são encontrados em ângulos maiores (ou seja, apresentam um maior desvio da direção do feixe incidente) do que os ângulos dos comprimentos de onda mais curtos da extremidade violeta do espectro.

De acordo com a Equação (36.13), os senos dos ângulos de desvio dos máximos são proporcionais à razão λ/d. Para que ocorra um desvio substancial, o espaçamento d da rede deve ter a mesma ordem de grandeza do comprimento de onda λ. Redes destinadas ao uso da luz visível (λ entre 400 e 700 nm) costumam ter cerca de 1000 fendas por milímetro; o valor de d é dado pelo *inverso* do número de fendas por unidade de comprimento; portanto, d é da ordem de $\frac{1}{1000}$ mm = 1000 nm.

Figura 36.18 Sulcos microscópicos na superfície desse disco compacto (CD) agem como uma rede de reflexão, decompondo a luz branca em suas cores componentes (que não podem ser vistas nesta imagem).

Em uma *rede de reflexão*, o conjunto de fendas igualmente espaçadas representadas na Figura 36.16 é substituído por um conjunto de sulcos ou saliências sobre uma tela refletora. A luz refletida forma máximos em ângulos em que a diferença de fase para ondas refletidas em dois sulcos ou saliências adjacentes é igual a um múltiplo inteiro de 2π. Quando uma luz de comprimento de onda λ incide perpendicularmente sobre uma rede de reflexão com um espaçamento d, os ângulos de *reflexão* em que ocorrem os máximos são dados pela Equação (36.13). As cores iridescentes de certas borboletas decorrem de pequenos sulcos em suas asas que formam uma rede de reflexão (Figura 36.17). Quando as asas são observadas sob ângulos diferentes, correspondendo a mudanças no ângulo θ da Equação (36.13), os comprimentos de onda e as cores que são predominantemente refletidas para o olho do observador também variam de modo correspondente.

Os reflexos multicoloridos que observamos na superfície de um CD ou de um CD-ROM são efeito da rede de reflexão (Figura 36.18). Os 'sulcos' são pequenas reentrâncias com profundidade da ordem de 0,1 μm sobre a superfície do disco, com um espaçamento radial uniforme d = 1,60 μm = 1600 nm. A informação é codificada no CD mediante a variação do *comprimento* das reentrâncias; o aspecto de rede de reflexão do disco é apenas um efeito paralelo esteticamente agradável.

Exemplo 36.4

LARGURA DO ESPECTRO DE UMA REDE Os comprimentos de onda das extremidades do espectro visível são aproximadamente 400 nm (violeta) e 700 nm (vermelho). a) Calcule a largura angular do espectro visível de primeira ordem produzido por uma rede plana com 600 fendas por milímetro quando uma luz branca incide perpendicularmente sobre a rede. b) Os espectros de primeira ordem e segunda ordem se sobrepõem? E os espectros de segunda ordem e terceira ordem? As suas respostas dependem do espaçamento da rede?

SOLUÇÃO

IDENTIFICAR: os espectros de primeira, segunda e terceira ordem correspondem a $m = 1$, 2 e 3 na Equação (36.13). Este problema nos pede para encontrar os ângulos que se distribuem pelo espectro visível de cada uma dessas ordens.

PREPARAR: usamos a Equação (36.13) com $m = 1$ para encontrar o desvio angular θ para a luz violeta de 400 nm e a luz vermelha de 700 nm no espectro de primeira ordem. Essa diferença é a largura angular do espectro de primeira ordem, nossa incógnita na parte (a). Usando a mesma técnica para $m = 2$ e $m = 3$, encontramos o desvio angular máximo e mínimo para essas ordens.

EXECUTAR: a) O espaçamento d da rede é

$$d = \frac{1}{600\ \text{fendas/mm}} = 1{,}67 \times 10^{-6}\ \text{m}$$

De acordo com a Equação (36.13), com $m = 1$, o desvio angular θ_v da luz violeta (400 nm ou 400×10^{-9} m) é

$$\operatorname{sen}\theta_v = \frac{400 \times 10^{-9}\ \text{m}}{1{,}67 \times 10^{-6}\ \text{m}} = 0{,}240$$
$$\theta_v = 13{,}9°$$

O desvio angular θ_r da luz vermelha (700 nm) é

$$\operatorname{sen}\theta_r = \frac{700 \times 10^{-9}\ \text{m}}{1{,}67 \times 10^{-6}\ \text{m}} = 0{,}419$$
$$\theta_r = 24{,}8°$$

Portanto, a largura angular do espectro visível de primeira ordem é

$$24{,}8° - 13{,}9° = 10{,}9°$$

b) Pela Equação (36.13), com um espaçamento de rede igual a d o desvio angular θ_{vm} da luz violeta de 400 nm no espectro de ordem m é dado por

$$\begin{aligned}\operatorname{sen}\theta_{vm} &= \frac{m(400 \times 10^{-9}\ \text{m})}{d}\\ &= \frac{4{,}0 \times 10^{-7}\ \text{m}}{d} \quad (m = 1)\\ &= \frac{8{,}0 \times 10^{-7}\ \text{m}}{d} \quad (m = 2)\\ &= \frac{1{,}20 \times 10^{-6}\ \text{m}}{d} \quad (m = 3)\end{aligned}$$

De forma similar, o desvio angular θ_{rm} da luz vermelha de 700 nm no espectro de ordem m é dado por

$$\begin{aligned}\operatorname{sen}\theta_{rm} &= \frac{m(700 \times 10^{-9}\ \text{m})}{d}\\ &= \frac{7{,}0 \times 10^{-7}\ \text{m}}{d} \quad (m = 1)\\ &= \frac{1{,}40 \times 10^{-6}\ \text{m}}{d} \quad (m = 2)\\ &= \frac{2{,}10 \times 10^{-6}\ \text{m}}{d} \quad (m = 3)\end{aligned}$$

Quanto maior o valor de sen θ, maior o valor de θ (para ângulos entre zero e 90°). Assim, nossos resultados mostram que, para qualquer valor do espaçamento de rede d, o maior ângulo (da extremidade vermelha) do espectro com $m = 1$ é sempre menor do que o menor ângulo (da extremidade violeta) do espectro com $m = 2$, de modo que a primeira e a segunda ordens *nunca* se sobrepõem. Em contraste, o maior ângulo (da extremidade vermelha) do espectro com $m = 2$ é sempre maior do que o menor ângulo (da extremidade violeta) do espectro com $m = 3$; portanto, a segunda e a terceira ordens *sempre* se sobrepõem.

AVALIAR: o motivo fundamental porque a primeira ordem e a segunda ordem do espectro visível não se sobrepõem é que o olho humano é sensível apenas a um intervalo pequeno de comprimentos de onda. Será que você consegue mostrar que, se o olho pudesse detectar comprimentos de onda de 400 nm a 900 nm (no intervalo próximo ao infravermelho), a primeira e a segunda ordens *iriam* se sobrepor?

Espectrômetro de rede

As redes de difração são amplamente empregadas para medir o espectro da luz emitida por uma fonte, uma técnica chamada de *espectroscopia* ou *espectrometria*. A luz incidente sobre uma rede de difração com espaçamento conhecido sofre dispersão e forma um espectro. Os ângulos dos desvios são então medidos e a Equação (36.13) serve para calcular os comprimentos de onda. Usando uma rede com muitas fendas, são obtidos máximos muito agudos, e os desvios angulares (e, portanto, os comprimentos de onda) podem ser determinados com precisão.

Uma importante aplicação dessa técnica é usada na astronomia. À medida que a luz gerada dentro do Sol passa por sua atmosfera, certos comprimentos de onda são absorvidos seletivamente. O resultado é que o espectro de luz solar produzido por uma rede de difração apresenta *linhas de absorção* escuras (Figura 36.19). Experiências de laboratório mostram que diferentes tipos de átomos e íons absorvem luz de diferentes comprimentos de onda. Comparando esses resultados de laboratório com os comprimentos de onda de linhas de absorção no espectro da luz solar, os astrônomos podem deduzir a composição química da atmosfera do Sol. A mesma técnica é usada para fazer análises químicas de galáxias que estão a milhões de anos-luz de distância.

A Figura 36.20 mostra o projeto de um *espectrômetro de rede* usado na astronomia. Nessa figura, é usada uma rede de transmissão; porém, em outros dispositivos costuma-se usar redes de reflexão. Nos projetos mais antigos, usava-se um prisma em vez de uma rede, e formava-se um espectro por dispersão (ver Seção 33.4) em vez de por difração. No entanto, não existe nenhuma relação simples entre comprimento de onda e ângulo de desvio em um prisma. Os prismas absorvem parte da luz que passa por eles, e são menos eficazes para lidar com muitos comprimentos de onda não visíveis que são importantes na astronomia. Por essas e outras razões, as redes são preferidas em aplicações que exigem precisão.

(a)

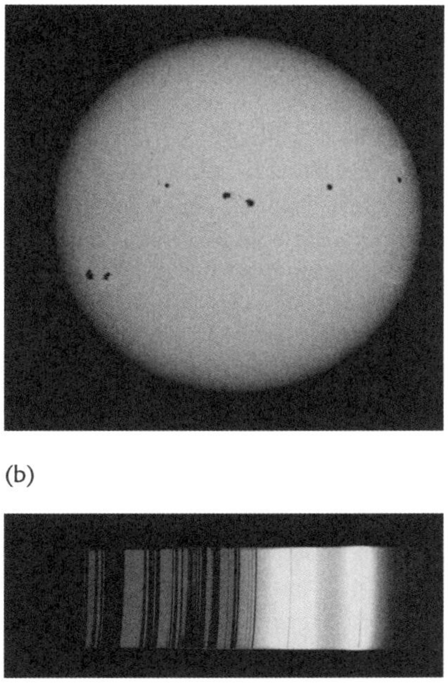

(b)

Figura 36.19 (a) Fotografia do Sol com luz visível. (b) A luz solar se dispersa em um espectro por uma rede de difração. Comprimentos de onda específicos são absorvidos à medida que a luz solar passa pela atmosfera do Sol, deixando linhas escuras no espectro.

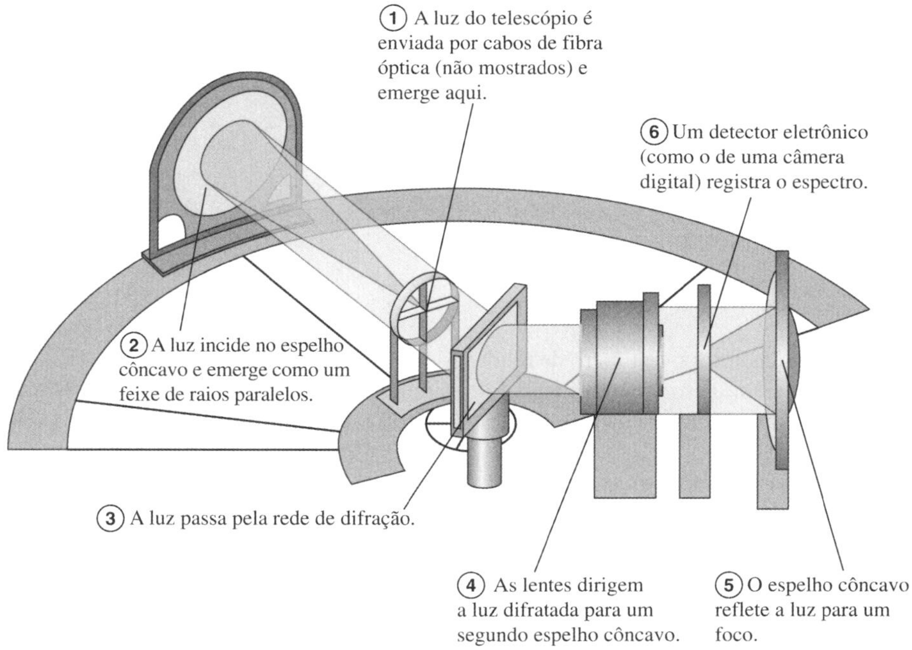

Figura 36.20 Diagrama de um espectrômetro baseado em rede de difração para uso em astronomia. Note que a luz não incide na rede normalmente à sua superfície; conseqüentemente, as intensidades máximas são dadas por uma expressão pouco diferente da Equação (36.13). (Veja o Problema 36.66).

Resolução de um espectrômetro de rede

Na espectroscopia, é importante separar dois comprimentos de onda ligeiramente diferentes. A diferença mínima entre dois comprimentos de onda $\Delta\lambda$ que podem ser distinguidos por um espectrômetro é descrita pelo **poder de resolução cromático** R, definido por

$$R = \frac{\lambda}{\Delta\lambda} \qquad (36.14)$$

(poder de resolução cromático)

Como exemplo, quando átomos de sódio são aquecidos, eles emitem intensamente nos comprimentos de onda amarelos de 589,0 nm e 589,59 nm. Um espectrômetro que mal consegue distinguir essas duas linhas no espectro da luz de sódio (chamado *dupleto do sódio*) tem um poder de resolução cromática R = (589,0 nm) / (0,59 nm) = 1000. (Você pode ver esses comprimentos de onda quando ferve água em um fogão a gás. Se a água ferve e derrama sobre as chamas, o sódio dissolvido do sal de cozinha emite um jato de luz amarela.)

Podemos deduzir uma expressão para o poder de resolução de uma rede de difração usada em um espectrômetro. Dois comprimentos de onda diferentes fornecem máximos de difração para dois ângulos ligeiramente diferentes. Como um critério razoável (embora arbitrário), vamos supor que seja possível separar dois picos quando o máximo de um coincide com o primeiro mínimo do outro.

Conforme o que estudamos na Seção 36.4, o máximo de ordem m ocorre quando a diferença de fase ϕ para fendas adjacentes é dada por $\phi = 2\pi m$. O primeiro mínimo junto a esse máximo ocorre para $\phi = 2\pi m + 2\pi/N$, onde N é o número de fendas. Entretanto, ϕ é dado por $\phi = (2\pi d \operatorname{sen}\theta)/\lambda$, de modo que o intervalo angular $d\theta$ correspondente a um pequeno incremento $d\phi$ do deslocamento de fase pode ser obtido pela diferencial desta equação:

$$d\phi = \frac{2\pi d \cos\theta \, d\theta}{\lambda}$$

Quando $d\phi = 2\pi/N$, isso corresponde a um intervalo angular $d\theta$ entre um máximo e o primeiro mínimo adjacente. Portanto, $d\theta$ é dado por

$$\frac{2\pi}{N} = \frac{2\pi d \cos\theta \, d\theta}{\lambda} \quad \text{ou} \quad d\cos\theta \, d\theta = \frac{\lambda}{N}$$

ATENÇÃO Cuidado com os diferente usos do símbolo *d* Não confunda o espaçamento d com o símbolo da diferencial 'd'existente no intervalo angular $d\theta$ e no incremento $d\phi$ do deslocamento de fase!

Agora é preciso calcular o espaçamento angular $d\theta$ para dois comprimentos de onda diferentes. Isso é fácil; temos $d \operatorname{sen}\theta = m\lambda$, logo, a diferencial dessa equação fornece

$$d \cos\theta \, d\theta = m \, d\lambda$$

De acordo com nosso critério, o limite de resolução é atingido quando esses dois espaçamentos angulares são iguais. Igualando as duas expressões obtidas para (d cosθ $d\theta$), obtemos

$$\frac{\lambda}{N} = m\,d\lambda \qquad \text{e} \qquad \frac{\lambda}{d\lambda} = Nm$$

Se $\Delta\lambda$ é pequeno, podemos substituir $d\lambda$ por $\Delta\lambda$, e o poder de resolução R é dado simplesmente por

$$R = \frac{\lambda}{\Delta\lambda} = Nm \tag{36.15}$$

Quanto maior for o número de fendas N, melhor será a resolução; além disso, quanto maior for o número de ordem m do máximo da figura da difração, melhor será a resolução.

Teste sua compreensão da Seção 36.5 Que número mínimo de fendas seria necessário em uma rede para resolver o dupleto de sódio na quarta ordem? (i) 250; (ii) 400; (iii) 1000; (iv) 4000. ▌

36.6 Difração de raios X

Os raios X foram descobertos em 1895 por Wilhelm Röntgen (1845-1923), e as experiências iniciais sugeriram que se tratava de ondas eletromagnéticas cujos comprimentos de onda são da ordem de 10^{-10} m. Aproximadamente na mesma época, surgiu a idéia de que, em um sólido cristalino, os átomos são dispostos em um arranjo regular com espaçamentos entre os átomos também com ordem de grandeza de 10^{-10} m. Combinando essas duas idéias, Max von Laue (1879-1960) propôs, em 1912, que um cristal poderia servir como uma espécie de rede de difração tridimensional para raios X. Isto é, um feixe de raios X poderia ser espalhado (ou seja, absorvido e reemitido) pelos átomos individuais de um cristal e as ondas espalhadas poderiam interferir de modo análogo ao das ondas provenientes de uma rede de difração.

As primeiras experiências de **difração de raios X** foram realizadas em 1912 por Friederich, Knipping e Von Laue usando o dispositivo experimental esquematizado na Figura 36.21a. Os raios X espalhados *formaram* uma figura de interferência que eles gravaram em uma placa fotográfica. A Figura 36.21b é uma fotografia dessa figura. Tais experiências mostraram que os raios X *são* ondas ou, pelo menos, possuem propriedades ondulatórias e também que os átomos de um cristal *são* agrupados em uma rede cristalina regular (Figura 36.22). Desde aquela época, a difração de raios X se tornou uma ferramenta valiosa, tanto para a medida do comprimento de onda dos raios X quanto para o estudo da estrutura cristalina e de moléculas complexas.

Um modelo simples de difração de raios X

Para entender melhor a difração de raios X, consideraremos inicialmente uma situação de espalhamento bidimensional, como mostrado na Figura 36.23a, na qual uma onda plana incide sobre uma rede retangular de centros de espalhamento. Essa situação pode ser um tanque de ondas com uma rede formada por pequenos obstáculos, microondas de 3 cm incidindo sobre uma rede de pequenas esferas ou raios X incidindo sobre uma rede de átomos. No caso de ondas eletromagnéticas, a onda induz um dipolo elétrico oscilante em cada átomo espalhador. Esses dipolos atuam como pequenas antenas, emitindo ondas espalhadas. A figura de interferência resultante é obtida pela superposição de todas essas ondas espalhadas. A situação é diferente do que ocorre em uma rede de difração, na qual as ondas provenientes das fendas são emitidas em *fase* (para uma onda plana com incidência normal). No caso presente, as ondas *não* estão todas em fase porque suas distâncias até a *fonte* são diferentes. Para determinar a figura de interferência, devemos considerar a diferença de caminho *total* para as ondas espalhadas, incluindo as distâncias entre a fonte e o átomo espalhador e entre ele e o observador.

Como se pode observar na Figura 36.23b, os caminhos da fonte até o observador são os mesmos para todos os átomos espalhadores situados sobre a mesma linha

(a) Dispositivo básico de difração de raios X.

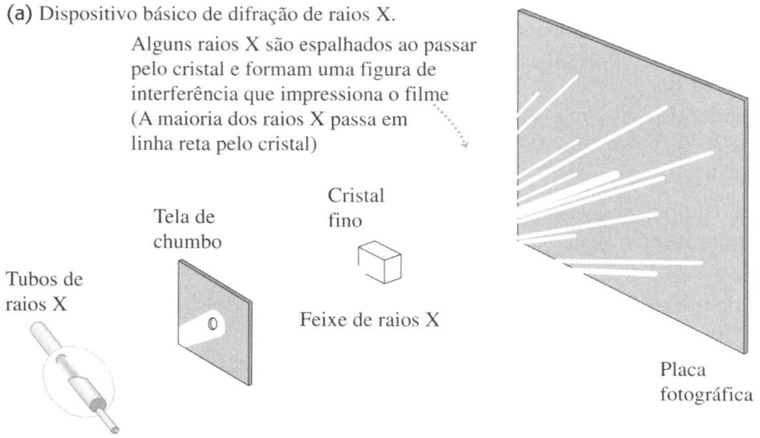

(b) Figura de difração de Laue para uma seção fina de cristal de quartzo.

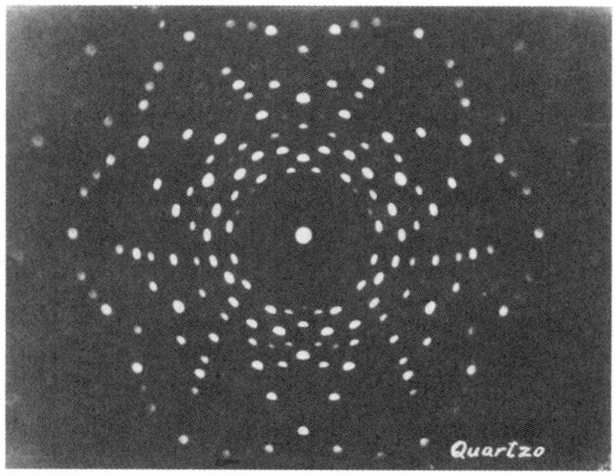

Figura 36.21 (a) Uma experiência de difração de raios X. (b) Figura de difração (ou *figura de difração de Laue*) formada direcionando-se um feixe de raios X sobre uma pequena seção de um cristal de quartzo.

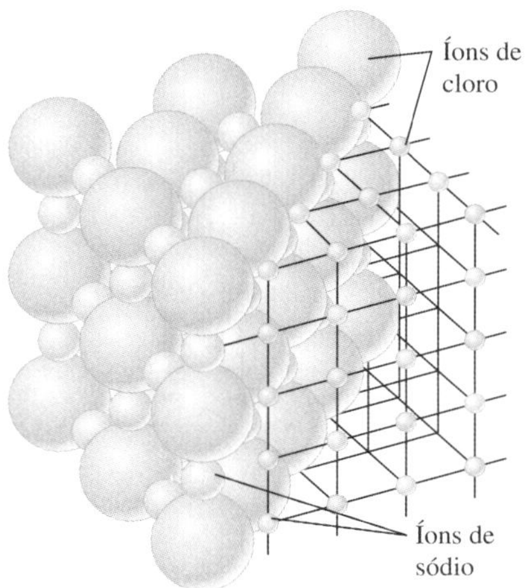

Figura 36.22 Modelo do arranjo dos íons em um cristal de NaCl (sal de cozinha). O espaçamento de átomos adjacentes é 0,282 mm. (As nuvens de elétrons dos átomos se superpõem ligeiramente.)

quando o ângulo θ_a é igual ao ângulo θ_r. As ondas espalhadas de linhas *adjacentes* estão *também* em fase quando a diferença de caminho entre duas linhas adjacentes é um número inteiro de comprimentos de onda. A Figura 36.23c mostra que essa diferença de caminho é igual a $2d$ sen θ, onde θ é o valor comum de θ_a ou de θ_r. Portanto, as condições para que a radiação proveniente da *linha inteira* atinja o observador em fase são (1) o ângulo de incidência deve ser igual ao ângulo de espalhamento e (2) a diferença de caminho entre linhas adjacentes deve ser igual a $m\lambda$, onde m é um número inteiro. A segunda condição pode ser expressa do seguinte modo:

$$2d \text{ sen } \theta = m\lambda \qquad (m = 1, 2, 3...) \qquad (36.16)$$

(condição de Bragg para interferência construtiva)

ATENÇÃO Espalhamento de um conjunto Na equação (36.16), o ângulo θ é medido a partir da *superfície* do cristal e não a partir da *normal* ao plano de uma linha de átomos ou ao plano da rede. Note também que a diferença de caminho na Equação (36.16) é igual a $2d$ sen θ e não d sen θ como na Equação (36.13) para o caso de uma rede de difração.

Nas direções nas quais a Equação (36.16) é satisfeita, observamos um forte máximo na figura de interferência. É possível descrever a interferência em termos de *reflexões* das ondas a partir dos átomos das linhas horizontais da Figura 36.23a. Uma forte reflexão (interferência construtiva) ocorre quando o ângulo de incidência é igual ao ângulo de espalhamento, e quando a Equação (36.16) é satisfeita. Como sen θ nunca pode ser maior do que 1, a Equação (36.16) diz que, para se ter interferência construtiva, a expressão $m\lambda$ precisa ser menor do que $2d$ e, assim, λ precisa ser menor do que $2d/m$. Por exemplo, o valor de d em um cristal de NaCl (Figura 36.22) é apenas 0,282 nm. Assim, para se ter um máximo de ordem m presente na figura de difração, λ precisa ser menor do que 2 (0,282 nm) $/m$; ou seja, $\lambda < 0{,}564$ nm para $m = 1$, $\lambda < 0{,}282$ nm para $m = 2$, $\lambda < 0{,}188$ nm para $m = 3$ e assim por diante. Todos esses são comprimentos de onda de raios X (ver Figura 32.4), e é esta a razão por que os raios X são usados para estudar a estrutura de cristais.

Podemos estender essa discussão a uma rede tridimensional em que as ondas são espalhadas por *planos* em vez de *linhas*. A Figura 36.24 mostra dois conjuntos de planos paralelos que passam através de todos os átomos espalhadores. As ondas provenientes de todos os átomos espalhadores de um dado plano produzem interferência construtiva quando o ângulo de incidência é igual ao ângulo de espalhamento. Existe também interferência construtiva entre os planos quando a Equação (36.16) é satisfeita, sendo d agora a distância entre planos adjacentes. Como existem muitos conjuntos de planos paralelos, também há muitos valores de d e muitos conjuntos de ângulos que fornecem interferência construtiva para a rede cristalina completa. Esse fenômeno é chamado de **reflexão de Bragg** e a Equação (36.16) denomina-se **condição de Bragg**, em homenagem a sir William Bragg e seu filho Lawrence Bragg, dois pioneiros na análise da difração com raios X.

ATENÇÃO *A reflexão* de Bragg é, na verdade, a *interferência* de Bragg Embora estejamos empregando o termo *reflexão*, lembre-se de que se trata de um efeito de *interferência*. De fato, a reflexão produzida por planos adjacentes é muito parecida com a reflexão em películas delgadas que dá origem aos efeitos de interferência em filmes finos (veja a Seção 35.4).

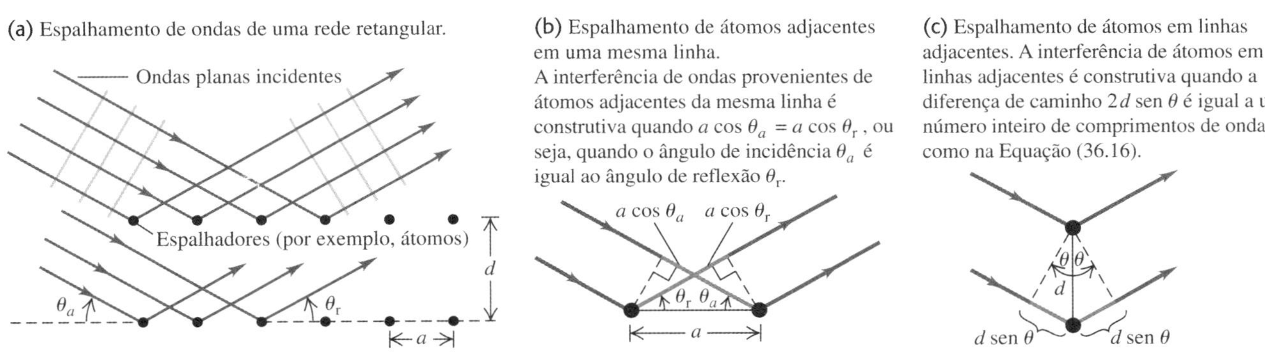

Figura 36.23 Um modelo bidimensional de espalhamento de um conjunto retangular. Note que os ângulos em (b) são medidos a partir da *superfície* do conjunto, não da sua normal.

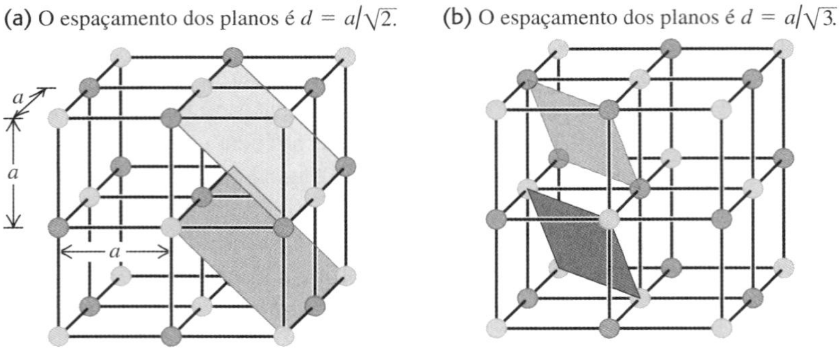

Figura 36.24 Um cristal cúbico e duas famílias de planos cristalinos. Existe também um conjunto de três planos paralelos às faces do cubo separados pela distância a.

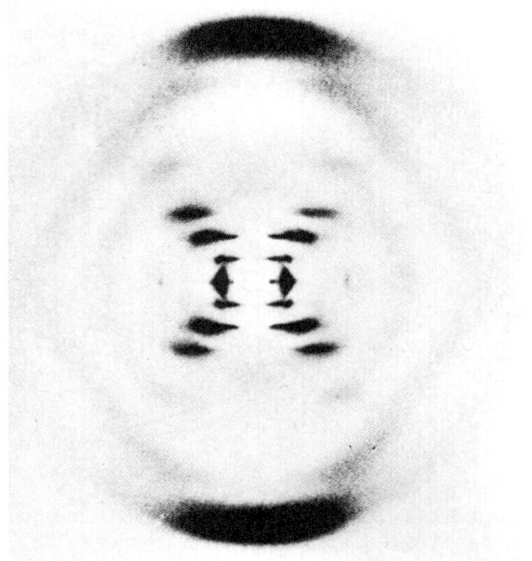

Figura 36.25 A cientista britânica Rosalind Franklin fez esta imagem pioneira com difração de raios X do DNA em 1953. As faixas escuras dispostas em cruz forneceram a primeira evidência da estrutura helicoidal da molécula de DNA.

Como se pode ver na Figura 36.21b, na difração com raios X existe um cancelamento praticamente completo em quase todas as direções, exceto naquelas em que ocorre interferência construtiva e formam-se pontos extremamente brilhantes. Essa configuração geralmente é chamada de figura de *difração* de raios X, embora figura de *interferência* talvez fosse o termo mais apropriado.

Podemos determinar o comprimento de onda dos raios X examinando a figura de difração de um cristal com estrutura conhecida e sabendo o valor do espaçamento entre os átomos, do mesmo modo como procedemos para determinar o comprimento de onda da luz fazendo medidas com a figura de interferência de fendas ou de redes de difração. (A distância entre os átomos de cristais simples com estrutura conhecida, como o cloreto de sódio, pode ser calculada a partir da densidade do cristal e do número de Avogadro.) Então, uma vez conhecido o comprimento do feixe de raios X, podemos usar a difração desses raios X para investigar a estrutura cristalina e determinar as distâncias entre os átomos em cristais com estrutura desconhecida.

A difração de raios X é, de longe, a ferramenta mais importante para a investigação da estrutura cristalina dos sólidos. A difração de raios X também desempenha um papel importante no estudo da estrutura de líquidos e de moléculas orgânicas. Ela vem sendo uma das técnicas experimentais importantes para a determinação da estrutura com hélice dupla do DNA (Figura 36.25) e resultantes progressos na genética molecular.

Exemplo 36.5

DIFRAÇÃO DE RAIOS X Fazemos um feixe de raios X de comprimento de onda igual a 0,154 nm incidir sobre certos planos de um cristal de silício. À medida que se aumenta o ângulo de incidência a partir de zero, você encontra o primeiro máximo forte de interferência entre ondas provenientes de planos do cristal quando o feixe forma com esses planos um ângulo de 34,5°. a) Qual é a distância entre esses planos? b) É possível encontrar outros máximos de interferência para ondas provenientes desses planos para ângulos mais elevados?

SOLUÇÃO

IDENTIFICAR: este problema envolve reflexão de Bragg de raios X a partir dos planos de um cristal.

PREPARAR: na parte (a), usamos a condição de Bragg, Equação (36.16), para relacionar o comprimento de onda λ e o ângulo θ para a interferência máxima (ambos são dados) ao espaçamento d entre planos (que é a incógnita). Dado o valor de d, usamos a condição de Bragg mais uma vez na parte (b) a fim de encontrar os valores de θ para a interferência máxima correspondente a outros valores de m.

EXECUTAR: a) Explicitamos d e fazemos $m = 1$ na condição de Bragg, Equação (36.16):

$$d = \frac{m\lambda}{2\,\text{sen}\,\theta} = \frac{(1)(0{,}154\text{ nm})}{2\,\text{sen}\,34{,}5°} = 0{,}136\text{ nm}$$

Essa é a distância entre dois planos adjacentes.

b) Para determinar outros ângulos, explicitamos sen θ da Equação (36.16):

$$\text{sen}\,\theta = \frac{m\lambda}{2d} = m\frac{0{,}154\text{ nm}}{2(0{,}136\text{ nm})} = m(0{,}566)$$

Quando m é igual a 2 ou maior do que 2, vemos que o seno se torna maior do que 1, o que é impossível. Portanto, não existe nenhum outro ângulo para máximos de interferência para esse conjunto particular de planos do cristal.

AVALIAR: nosso resultado na parte (b) mostra que *haveria* uma segunda interferência máxima se a expressão $\lambda/2d$ fosse igual a 0,500 ou menos. Esse seria o caso se o comprimento de onda dos raios X fosse menor do que $2d$ = 0,272 nm. Quão pequeno teria de ser o comprimento de onda para que houvesse *três* interferências máximas?

Teste sua compreensão da Seção 36.6 Você está fazendo uma experiência com difração de raios X em um cristal em que os planos atômicos estão a 0,200 nm de distância. Você está usando raios X de comprimento de onda igual a 0,100 nm. O máximo de quinta ordem estará presente na figura de difração? ∎

36.7 Orifícios circulares e poder de resolução

Estudamos em detalhe as figuras de difração formadas por fendas longas e estreitas e por conjuntos de fendas. No entanto, *qualquer* que seja a forma da abertura, ocorre a formação de uma figura de difração. A figura de difração formada por uma abertura *circular* é um caso de interesse especial, porque esse fenômeno desempenha um papel muito importante no estudo do limite de resolução de um instrumento de ótica. Em princípio, podemos determinar a intensidade em qualquer ponto P da figura de difração dividindo a área da abertura em pequenos elementos de área; determinamos a amplitude e a fase da onda resultante no ponto P e a seguir integramos sobre a área da abertura para encontrar a amplitude resultante e a intensidade no ponto P. Contudo, na prática, a integração não pode ser feita a partir de funções elementares. Vamos apenas *descrever* a figura de difração e citar alguns valores relevantes.

A figura de difração formada por uma abertura circular é constituída por um disco central brilhante circundado por anéis claros e escuros, como mostrado na Figura 36.26. Podemos descrever a figura em termos do ângulo θ, que representa o raio angular de cada anel. Se o diâmetro do círculo é D e o comprimento de onda é λ, o raio angular θ_1 do primeiro anel *escuro* é dado por

$$\operatorname{sen}\theta_1 = 1{,}22\frac{\lambda}{D} \qquad (36.17)$$

(difração em uma abertura circular)

Os raios angulares para os dois anéis escuros seguintes são dados por

$$\operatorname{sen}\theta_2 = 2{,}23\frac{\lambda}{D} \qquad \operatorname{sen}\theta_3 = 3{,}24\frac{\lambda}{D} \qquad (36.18)$$

Entre esses anéis escuros existem anéis brilhantes cujos raios angulares são dados por

$$\operatorname{sen}\theta = 1{,}63\frac{\lambda}{D}, \qquad 2{,}68\frac{\lambda}{D}, \qquad 3{,}70\frac{\lambda}{D} \qquad (36.19)$$

e assim por diante. O círculo central brilhante denomina-se **disco de Airy**, em homenagem a sir George Airy (1801-1892), Astrônomo Real da Inglaterra, que foi o primeiro pesquisador a deduzir a expressão para a intensidade na figura de difração. O raio angular do disco de Airy é dado pelo raio angular do primeiro anel escuro, obtido pela Equação (36.17).

As intensidades dos anéis claros caem muito rapidamente, à medida que o raio angular aumenta. Quando D é muito maior do que o comprimento de onda λ, o que geralmente ocorre nos instrumentos de ótica, a intensidade do primeiro anel brilhante se reduz a 1,7% da intensidade do disco de Airy e a intensidade do segundo anel brilhante cai para apenas 0,4%. Quase toda a energia incidente (85%) permanece dentro do disco de Airy. A Figura 36.27 mostra a difração de uma abertura circular.

Difração e formação de imagem

A difração tem implicações importantes na formação de imagens por meio de espelhos e de lentes. No estudo dos instrumentos óticos no Capítulo 34, dissemos que uma lente de distância focal f focaliza um feixe paralelo (ondas planas) em um *ponto* situado a uma distância f da lente. Essa hipótese desprezava os efeitos da difração. Agora sabemos que a luz, em vez de ser focalizada em um ponto, forma uma figura de difração do modo que acabamos de descrever. Quando focalizamos dois objetos puntiformes, suas imagens não são dois pontos, mas sim duas figuras de difração. Quando os objetos estão muito próximos, suas figuras de difração se superpõem quase completamente, e não podemos distingui-los. Esse efeito é ilustrado na Figura 36.28, que mostra as figuras de difração produzidas por quatro fontes de luz 'puntiformes'(ou seja, muito pequenas). Na Figura 36.28a, as imagens das fontes 1 e 2 estão bem separadas, porém as imagens das fontes 3 e 4 do lado direito se superpõem. Na Figura 36.28b, usando um diâmetro de abertura maior, que resulta em um menor disco de Airy, as imagens 3 e 4 estão

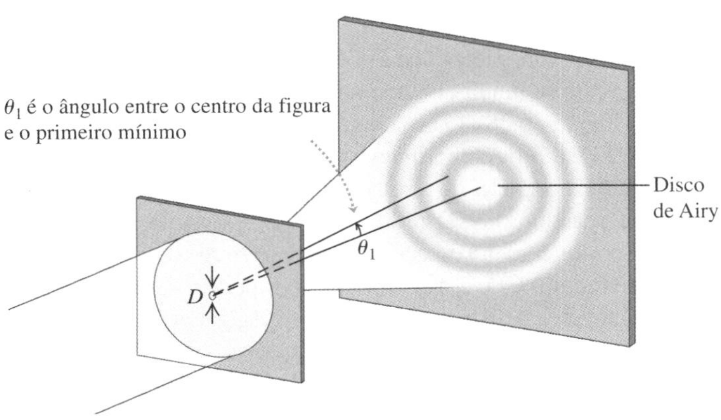

Figura 36.26 Figura de difração formada por uma abertura circular com diâmetro D. A figura é constituída por um disco central brilhante circundado por anéis claros e escuros. O raio angular do θ_2 do segundo anel escuro é indicado. (Este diagrama não foi desenhado em escala.)

Figura 36.27 Fotografia da figura de difração formada por uma abertura circular.

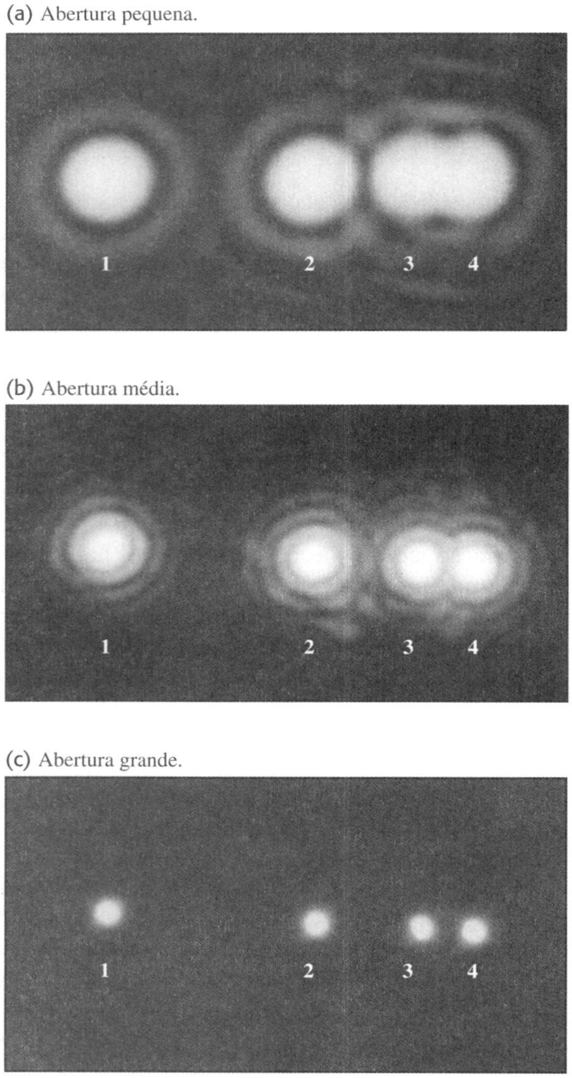

Figura 36.28 Figuras de difração formadas por quatro fontes 'puntiformes'. As fotografias foram feitas colocando-se uma abertura circular na parte frontal da lente objetiva. (a) Aqui a abertura é tão pequena, que as figuras das fontes 3 e 4 se superpõem e estão quase atingindo o limite de resolução dado pelo critério de Rayleigh. Aumentando-se o diâmetro da abertura, a figura de difração diminui de tamanho, como mostrado em (b) e em (c).

quase se separando. Na Figura 36.28c, com um diâmetro da abertura ainda maior, elas ficam bem separadas.

Um critério de resolução bastante empregado para objetos puntiformes foi proposto pelo físico inglês lorde Rayleigh (1842-1919) e denomina-se **critério de Rayleigh**. De acordo com esse critério, dois objetos estão começando a ser distinguíveis quando o centro da figura de difração de um dos objetos coincide com o primeiro mínimo da figura do outro objeto. Nesse caso, a separação angular dos centros das imagens é dada pela Equação (36.17). A separação angular dos *objetos* é a mesma que a das *imagens* formadas por um telescópio, um microscópio ou por qualquer outro dispositivo ótico. Portanto, dois objetos começam a ser distinguíveis, pelo critério de Rayleigh, quando a separação angular entre eles é dada pela Equação (36.17).

A separação mínima entre dois objetos para que eles possam ser distinguíveis em um instrumento ótico denomina-se **limite de resolução** do instrumento. Quanto menor for o limite de resolução do instrumento, maior será a *resolução*, ou o **poder de resolução** do instrumento. O efeito da difração determina o limite máximo para a resolução de uma lente. De acordo com a ótica *geométrica*, podemos pensar que seja possível ampliar uma imagem indefinidamente, sem nenhum limite. Acaba-se, no entanto, atingindo um limite para o qual, embora a imagem seja grande, não se consegue obter nenhum detalhe novo na imagem. As imagens mostradas na Figura 36.28 não se tornam mais nítidas com maior ampliação.

ATENÇÃO Poder de resolução versus poder de resolução cromático Não confunda o poder de resolução de um instrumento ótico com o poder de resolução *cromático* de uma rede de difração (descrito na Seção 36.5). O poder de resolução do instrumento refere-se à capacidade de distinguir dois objetos que estão muito próximos observando através de um instrumento ótico ou olhando uma fotografia feita com esse instrumento. O poder de resolução cromático descreve como dois comprimentos de onda muito próximos podem ser distinguidos com auxílio de uma rede de difração.

O critério de Rayleigh, combinado com a Equação (36.17), mostra que a resolução (poder de resolução) se eleva quando aumentamos o diâmetro. Ele também aumenta quando diminuímos o comprimento de onda. Um microscópio com luz ultravioleta tem poder de resolução maior do que o microscópio ótico. No microscópio eletrônico, a resolução depende dos comprimentos de onda associados com os elétrons (a ser discutido de forma mais detalhada no Capítulo 39). Esses comprimentos de onda podem se tornar 100 mil vezes menores do que os da luz visível, com um ganho correspondente na resolução. O poder de resolução explica também a diferença entre a capacidade de armazenamento de discos compactos (CDs) e discos digitais de vídeo ou discos digitais versáteis (DVDs). As informações são armazenadas em ambos como uma série de minúsculas reentrâncias. A fim de não perder informações no processo de varredura, a ótica de varredura precisa ser capaz de distinguir duas reentrâncias adjacentes, de modo que elas não pareçam se fundir em uma única reentrância (ver fontes 3 e 4 na Figura 36.28). O laser vermelho usado em um aparelho de DVD tem um comprimento de onda mais curto (650 nm) e um melhor poder de resolução do que o laser infravermelho de um aparelho de CD (780 nm). Assim, os sulcos podem ser dispostos com um espaçamento menor entre si em um DVD do que em um CD, e mais informações podem ser armazenadas em um disco de mesmo tamanho (4,7 gigabytes em um DVD contra 700 megabytes, ou 0,7 gigabyte em um CD). A tecnologia de armazenamento mais moderna utiliza um laser azul-violeta de 405 nm de comprimento de onda; isso torna possível utilizar um espaçamento entre os sulcos ainda menor e, assim, armazenar ainda mais dados (de 15 a 25 gigabytes) em um disco de mesmo tamanho que um CD ou DVD.

(a) **Interferometria de rádio.** O VLA montado 80 km a oeste de Socorro, Novo México, consiste em 27 pratos de rádio que podem ser deslocados em trilhos; quando estão distanciados ao máximo, sua resolução é igual à de um único prato de 36 km de diâmetro.

(b) **Interferometria ótica.** Os quatro telescópios de 8,2 m do *Very Large Telescope* (Telescópio Muito Grande) do Observatório da Europa Meridional em Cerro Paranal, Chile, pode ser combinado oticamente em pares. Funcionando juntos, os dois telescópios externos apresentam a resolução de um único telescópio de 130 m de comprimento.

Figura 36.29 Observando simultaneamente o mesmo objeto com telescópios bastante distanciados, os astrônomos obtêm um poder de resolução bem maior do que com um único telescópio.

Os efeitos da difração são importantes para os chamados 'pratos', que são antenas ou refletores parabólicos destinados a receber sinais enviados por satélite. Esses pratos devem ser capazes de recuperar sinais transmitidos por dois satélites cuja separação angular seja de apenas alguns graus e que emitam ondas com a mesma freqüência; a necessidade de resolver esses sinais determina o diâmetro mínimo do prato. Para freqüências mais elevadas, o diâmetro mínimo torna-se menor. Por exemplo, quando dois satélites com uma separação angular de 5° emitem microondas de 7,5 cm, o diâmetro mínimo para resolver os sinais (pelo critério de Rayleigh) é aproximadamente igual a 1 m.

Um motivo para construir telescópios de grande tamanho é aumentar o diâmetro de abertura e, assim, minimizar os efeitos de difração. O diâmetro efetivo de um telescópio pode ser ampliado usando-se uma rede de telescópios menores. O — VLA — *Very Large Array* ou 'Rede Muito Grande' é um conjunto de 27 radiotelescópios que podem ser espalhados em forma de Y por uma extensão de 36 km (Figura 36.29a). Assim, o diâmetro de abertura efetivo é 36 km, o que dá ao VLA um limite de resolução de menos de 3×10^{-7} rad. Isso é comparável, no reino da ótica, a ser capaz de ler a linha inferior do quadro de um exame de vista a sete quilômetros de distância! Tal dispositivo é chamado de *interferômetro de rádio,* ou *radiointerferômetro*, porque utiliza as diferenças de fases entre os sinais recebidos em diferentes telescópios. O mesmo princípio também pode ser usado para aperfeiçoar a resolução de telescópios de luz visível (Figura 36.29b).

Exemplo 36.6

PODER DE RESOLUÇÃO DA MÁQUINA FOTOGRÁFICA Uma lente de certa máquina fotográfica com distância focal f = 50 mm e abertura máxima *f*/2 forma a imagem de um objeto situado a uma distância de 9,0 m. a) Se a resolução é limitada pelos efeitos da difração, qual é a distância mínima entre dois pontos sobre o objeto que podem ser distinguidos e qual a distância correspondente entre os pontos imagem? b) Como varia a situação anterior se a abertura da lente for reduzida para *f*/16? Suponha l = 500 nm em ambos os casos.

SOLUÇÃO

IDENTIFICAR: este exemplo utiliza idéias desta seção, assim como das Seções 34.4 (onde estudamos a formação da imagem por uma lente) e 34.5 (onde foi apresentada a idéia de número f).

PREPARAR: conforme a Equação (34.20), o número f de uma lente é a sua distância focal f dividida pelo diâmetro da abertura D. Usamos as informações fornecidas para determinar D e então usamos a Equação (36.17) para encontrar a separação angular θ entre dois pontos que apenas começam a se tornar distinguíveis sobre o objeto. Usamos então a geometria da formação da imagem por uma lente (ver Seção 34.4) para calcular a distância entre esses pontos e a distância entre os pontos imagem correspondentes.

EXECUTAR: a) O diâmetro da abertura é $D = f\,/$ (número f) = (50 nm)/2 = 25 nm = 25×10^{-3} m. De acordo com a Equação (36.17), a separação angular θ entre dois objetos puntiformes que estão começando a ser distinguíveis é dada por

$$\theta \approx \operatorname{sen}\theta = 1{,}22\frac{\lambda}{D} = 1{,}22\frac{500 \times 10^{-9}\ \text{m}}{25 \times 10^{-3}\ \text{m}}$$

$$= 2{,}4 \times 10^{-5}\ \text{rad}$$

Seja y a distância entre os pontos objeto e y' a distância entre os pontos imagem correspondentes. Da análise de lentes delgadas feita na Seção 34.4, sabemos que, sem levar em conta os sinais, $y/s = y'/s'$. Logo, a separação angular dos dois pontos objeto e a separação angular dos dois pontos imagem correspondentes são ambas iguais a θ. Como a distância do objeto s é muito maior do que a distância focal f = 50 mm, a distância da imagem s' é aproximadamente igual a f. Logo,

$$\frac{y}{9{,}0\ \text{m}} = 2{,}4 \times 10^{-5} \qquad y = 2{,}2 \times 10^{-4}\ \text{m} = 0{,}22\ \text{mm}$$

$$\frac{y'}{50\ \text{mm}} = 2{,}4 \times 10^{-5} \qquad y' = 1{,}2 \times 10^{-3}\ \text{mm}$$

$$= 0{,}0012\ \text{mm} \approx \frac{1}{800}\ \text{mm}$$

b) Agora o diâmetro da abertura é igual a (50 mm)/16 ou 1/8 do diâmetro anterior. A separação angular entre dois pontos no limite de resolução deve ser oito vezes maior do que no caso anterior, e os valores de y e y' também são oito vezes maiores do que antes:

$$y = 1{,}8 \text{ mm} \qquad y' = 0{,}0096 \text{ mm} = \frac{1}{100} \text{ mm}$$

Somente lentes de máquinas muito sofisticadas podem atingir esse poder de resolução.

AVALIAR: muitos fotógrafos costumam usar as menores aberturas possíveis para que as imagens fiquem mais nítidas, uma vez que as aberrações das lentes fazem os raios mais afastados do eixo ótico convergirem para um foco diferente do obtido para os raios paraxiais. Os fotógrafos devem saber também que, como mostra este exemplo, os efeitos de difração tornam-se mais intensos com aberturas pequenas. Um fator de distorção da imagem deve ser equilibrado pelo outro.

Teste sua compreensão da Seção 36.7 Pediram a você que comparasse quatro projetos diferentes de telescópios a serem colocados em órbita, acima dos efeitos ofuscantes causados pela atmosfera da Terra. Coloque os projetos de telescópios em ordem de sua capacidade de resolver os menores detalhes, do melhor ao pior. (i) um radiotelescópio com 100 m de diâmetro operando em um comprimento de onda de 21 cm; (ii) um telescópio ótico com 2,0 m de diâmetro operando em um comprimento de onda de 500 nm; (iii) um telescópio ultravioleta de 1,0 m de diâmetro operando em um comprimento de onda de 100 nm; (iv) um telescópio infravermelho de 2,0 m de diâmetro operando em um comprimento de onda de 10 μm. ∎

36.8 Holografia

A **holografia** é uma técnica para registrar e reproduzir a imagem de um objeto a partir de efeitos de interferência. Diferentemente da imagem bidimensional obtida pela máquina fotográfica usual ou por um sistema de televisão, uma imagem holográfica é tridimensional. Essa imagem pode ser vista a partir de várias direções, revelando lados diferentes do objeto, e de várias distâncias, mostrando perspectivas diferentes. Se você nunca viu um holograma, você não acredita que isso seja possível!

O procedimento básico para fazer um holograma é mostrado na Figura 36.30a. Inicialmente iluminamos o objeto com luz monocromática e posicionamos o filme de modo que ele seja atingido simultaneamente pela luz espalhada pelo objeto e pela luz proveniente da fonte. Na prática, a fonte deve ser um laser, por motivos que discutiremos mais adiante. A interferência entre a luz espalhada e a luz que incide diretamente sobre o objeto grava sobre o filme uma complexa figura de interferência.

Para formar a imagem, basta fazer um feixe de luz incidir sobre o filme revelado, como na Figura 36.30b. Formam-se duas imagens: uma virtual sobre o lado do filme próximo da fonte e uma real sobre o lado oposto.

Holografia e figuras de interferência

Embora uma análise completa da holografia esteja além de nossos objetivos, podemos entender como se faz um holograma examinando o que ocorre com um ponto durante a confecção e a reprodução do holograma. Considere a figura de interferência formada sobre um filme negativo pela superposição de um feixe plano e de uma frente de onda esférica, como mostrado na Figura 36.31a. As ondas esféricas são produzidas por uma fonte puntiforme P situada a uma distância b_0 do filme; o ponto P pode ser de fato um pequeno objeto que espalha parte da onda plana incidente. Supomos que as duas ondas sejam monocromáticas e coerentes e que a relação de fase seja tal que ocorra interferência construtiva no ponto O sobre o diagrama. A interferência construtiva *também* ocorrerá sobre qualquer ponto Q sobre o filme que esteja a uma distância do ponto O igual a um número inteiro de comprimentos de onda. Ou seja, há interferência construtiva quando $b_m - b_0 = m\lambda$, onde m é um

(b) Vendo o holograma.

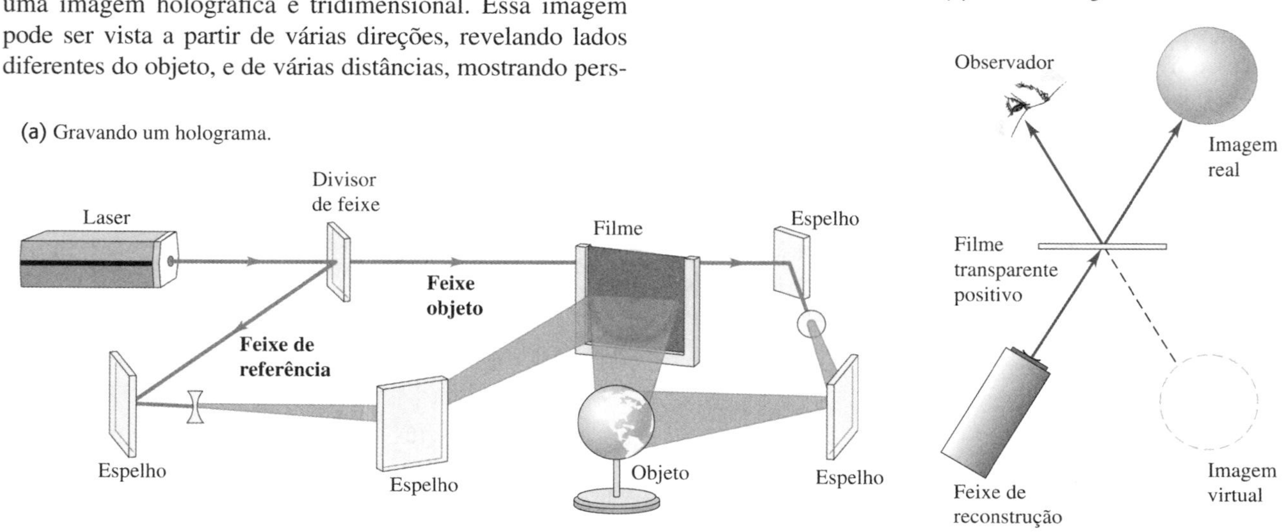

Figura 36.30 (a) Um holograma é um registro sobre um filme da figura de interferência formada pela luz proveniente de uma fonte coerente e pela luz espalhada pelo objeto. (b) As imagens se formam quando a luz é projetada sobre o holograma. O observador vê a imagem virtual formada atrás do holograma.

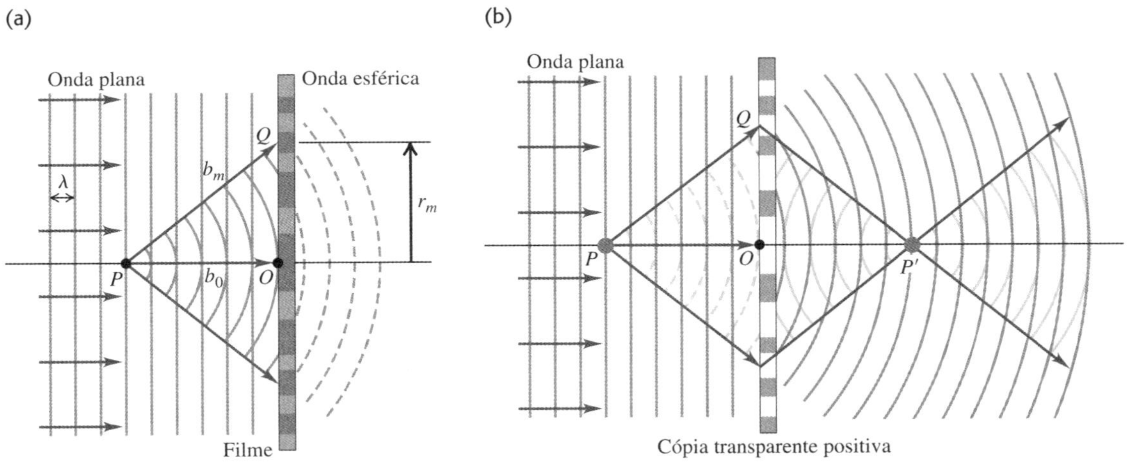

Figura 36.31 (a) A interferência construtiva entre uma onda plana e uma onda esférica ocorre em todo ponto Q sobre o filme para o qual a diferença entre a distância b_m até P e a distância b_0 entre P e O é um número inteiro de comprimentos de onda $m\lambda$. No ponto Q indicado, $m = 2$. (b) Quando uma onda plana incide sobre uma cópia transparente positiva do filme revelado, a onda difratada é constituída por uma onda que converge para P' e a seguir diverge novamente, com uma onda divergente que parece se originar no ponto P. Essas ondas formam, respectivamente, uma imagem real e uma imagem virtual.

número inteiro. Os pontos que obedecem a essa condição formam circunferências sobre o filme centralizadas no ponto O cujos raios r_m satisfazem a relação

$$b_m - b_0 = \sqrt{b_0^2 + r_m^2} - b_0 = m\lambda \qquad (m = 1, 2, 3\ldots) \tag{36.20}$$

Explicitando r^2_m, encontramos

$$r_m^2 = \lambda\,(2mb_0 + m^2\,\lambda)$$

Geralmente b_0 é muito maior do que λ, de modo que podemos desprezar o segundo termo entre parênteses, obtendo

$$r_m = \sqrt{2m\lambda b_0} \qquad (m = 1, 2, 3\ldots) \tag{36.21}$$

A figura de interferência é constituída por uma série de franjas circulares brilhantes cujos raios são dados pela Equação (36.21). Entre essas franjas claras existem franjas escuras.

Agora, revelamos e fazemos uma cópia transparente positiva do filme, de modo que as franjas brilhantes tenham uma transparência máxima no filme. A seguir, iluminamos esse filme com luz monocromática plana com o mesmo comprimento de onda λ usado inicialmente. Na Figura 36.31b, considere um ponto P' situado a uma distância b_0 ao longo do eixo perpendicular ao filme. As distâncias até P' dos centros das sucessivas franjas brilhantes diferem de um número inteiro de comprimentos de onda e, portanto, um forte *máximo* da onda difratada ocorre no ponto P'. Ou seja, a luz converge para P' e a seguir diverge dele do lado oposto. Logo, o ponto P' é a imagem *real* do ponto P.

Contudo, essa não é a onda difratada completa. A interferência das ondas secundárias que se espalham a partir das áreas transparentes forma uma segunda onda esférica que é divergente em vez de convergente. Quando se acompanha o caminho dessa onda atrás do filme na Figura 36.31b, parece que ela se espalha a partir do ponto P. Portanto, a onda total difratada pelo holograma é uma superposição de uma onda esférica convergente que forma a imagem real no ponto P' e de uma onda esférica que diverge como se ela estivesse sendo emitida pela imagem virtual no ponto P.

Por causa do princípio da superposição das ondas, o que é válido para a imagem de um único ponto também vale para a imagem de um número qualquer de pontos. O filme registra a figura de interferência superposta em diversos pontos e, quando a luz é projetada sobre o filme, os diversos pontos-imagem são reproduzidos simultaneamente. Assim, a imagem de um objeto extenso pode ser reproduzida da mesma maneira como é reproduzida a imagem de um único objeto puntiforme. A Figura 36.32 mostra duas fotografias de um holograma obtidas a partir de dois ângulos diferentes, mostrando a variação da perspectiva na imagem tridimensional.

Para fazer um holograma é preciso superar dois problemas práticos. Primeiro, a luz usada deve ser *coerente* ao longo de distâncias grandes em comparação com as dimensões do objeto e com sua distância em relação ao filme. As fontes de luz comuns *não* satisfazem a essa exigência pelas razões expostas na Seção 35.1. Portanto, o uso da luz de um laser é essencial para fazer um holograma. Em segundo lugar, é necessário que haja grande estabilidade mecânica. Caso ocorra algum movimento relativo entre a fonte, o objeto ou o filme durante a exposição, até mesmo pequenos movimentos ocasionando deslocamentos da ordem de um quarto de comprimento de onda, a figura de interferência sobre o filme pode ficar superposta a ponto de surgirem manchas, impedindo a formação de uma imagem satisfatória. Contudo, esses obstáculos não são insuperáveis e a holografia vem se tornando importante para pesquisas, entretenimento e muitas aplicações tecnológicas.

Figura 36.32 Duas vistas do mesmo holograma a partir de ângulos diferentes.

Resumo

Difração de Fresnel e difração de Fraunhofer: o fenômeno da difração ocorre quando a luz passa por uma abertura ou quando ela contorna um obstáculo. Dizemos que ocorre uma difração de Fraunhofer quando a fonte e o observador estão situados a uma distância grande da superfície que produz a difração, de modo que os raios emergentes são considerados paralelos. Quando a fonte ou o observador estão situados nas proximidades da superfície que produz a difração, dizemos que ocorre uma difração de Fresnel.

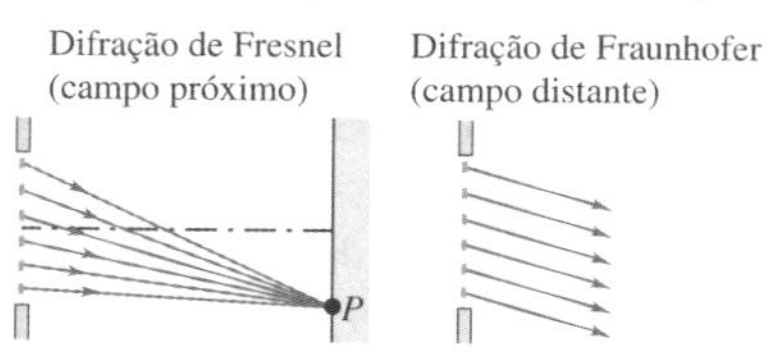

Difração de fenda simples: uma luz monocromática que passa por uma fenda estreita com largura a produz uma figura de difração sobre uma tela distante. A Equação (36.2) fornece a condição para a interferência destrutiva (uma franja escura) em um ponto P que corresponde a um ângulo θ. A Equação (36.7) fornece a intensidade na figura em função de θ. (Ver Exemplos 36.1–36.3.)

$$\operatorname{sen}\theta = \frac{m\lambda}{a} \qquad (m = \pm 1, \pm 2 \ldots) \tag{36.2}$$

$$I = I_0\left\{\frac{\operatorname{sen}[\pi a(\operatorname{sen}\theta)/\lambda]}{\pi a(\operatorname{sen}\theta)/\lambda}\right\}^2 \tag{36.7}$$

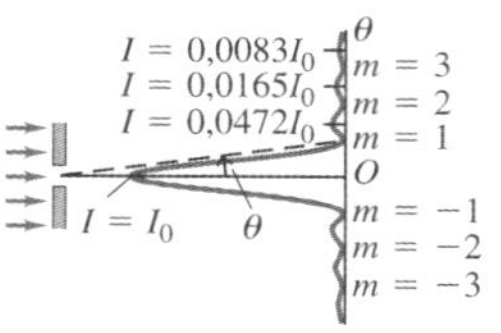

Redes de difração: uma rede de difração é constituída por um grande número de fendas paralelas estreitas separadas por uma distância d. A condição para que ocorra uma intensidade máxima na figura de interferência é a mesma que para uma figura de fenda dupla, mas os máximos para as redes são muito agudos e estreitos (Ver Exemplo 36.4.)

$$d \operatorname{sen}\theta = m\lambda \qquad (m = 0, \pm 1, \pm 2, \pm 3 \ldots) \tag{36.13}$$

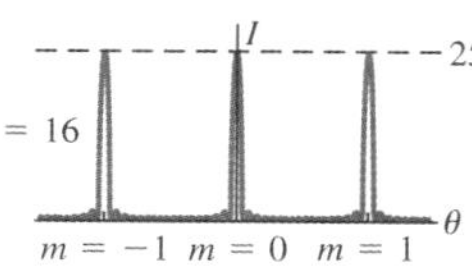

Difração de raios X: um cristal se comporta como uma rede de difração tridimensional para feixes de raios X cujos comprimentos de onda sejam da mesma ordem de grandeza do espaçamento entre os átomos do cristal. Para um conjunto de planos da rede cristalina separados por uma distância d, a interferência construtiva ocorre quando o ângulo de incidência é igual ao ângulo de espalhamento (medido a partir dos planos do cristal) e quando a condição de Bragg [Equação (36.16)] é satisfeita. (Ver Exemplo 36.5.)

$$2d \operatorname{sen}\theta = m\lambda \qquad (m = 1, 2, 3 \ldots) \tag{36.16}$$

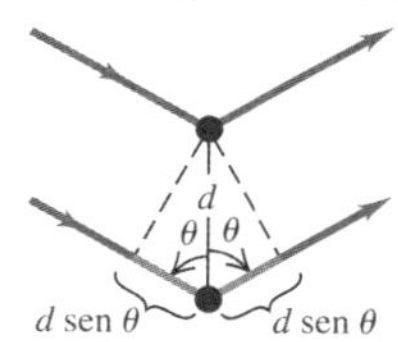

Aberturas circulares e poder de resolução: a figura de difração de uma abertura circular com diâmetro D é constituída por um círculo central brilhante chamado de disco de Airy e por uma série concêntrica de anéis claros e escuros. O raio angular θ_1 para o primeiro anel escuro, igual ao raio angular da parte externa do disco de Airy, é dado pela Equação (36.17). A difração impõe um limite máximo para a resolução (nitidez da imagem) de um instrumento ótico. De acordo com o critério de Rayleigh, dois objetos puntiformes estão no limite de resolução quando a distância angular entre eles é dada pela Equação (36.17). (Ver Exemplo 36.6.)

$$\operatorname{sen}\theta_1 = 1{,}22\frac{\lambda}{D} \tag{36.17}$$

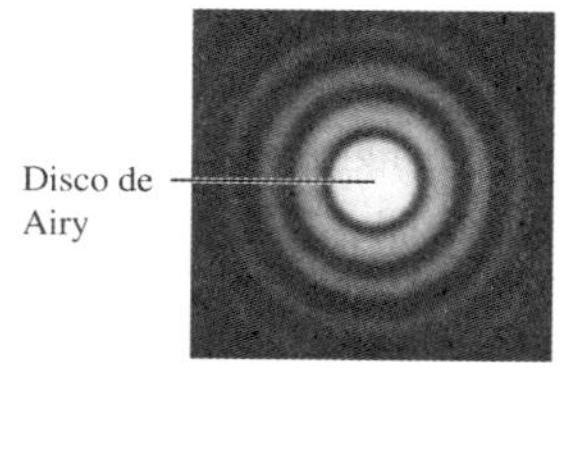

Principais termos

Resposta à Pergunta Inicial do Capítulo

O comprimento de onda menor de um laser de varredura de um DVD lhe dá um poder de resolução superior e, assim, as informações podem ser guardadas de modo mais compacto em um DVD do que em um CD. Ver mais detalhes na Seção 36.7.

Respostas às Perguntas dos Testes de Compreensão

36.1 **Resposta: sim** Quando você ouve a voz de alguém em pé em um canto, você está ouvindo ondas sonoras que passaram por difração. Se não houvesse difração do som, você só poderia ouvir sons de objetos que estivessem visíveis e voltados para você.

36.2 **Respostas: (ii), (i) e (iv) (empate), (iii)** O ângulo θ da primeira franja escura é dado pela Equação (36.2) com $m = 1$, ou sen $\theta = \lambda/a$. Quanto maior o valor da razão λ/a, maior o valor de sen θ e, portanto, o valor de θ. A razão λ/a em cada um dos casos é (i) (400 nm) / (0,20 mm) = $(4{,}0 \times 10^{-7}$ m) / $(2{,}0 \times 10^{-4}$ m) = $2{,}0 \times 10^{-3}$; (ii) (600 nm) / (0,20 mm) = $(6{,}0 \times 10^{-7}$ m) / $(2{,}0 \times 10^{-4}$ m) = $3{,}0 \times 10^{-3}$; (iii) (400 nm) / (0,30 mm) = $(4{,}0 \times 10^{-7}$ m) / $(3{,}0 \times 10^{-4}$ m) = $1{,}3 \times 10^{-3}$; (iv) (600 nm) / (0,30 mm) = $(6{,}0 \times 10^{-7}$ m) / $(3{,}0 \times 10^{-4}$ m) = $2{,}0 \times 10^{-3}$.

36.3 **Respostas: (ii) e (iii)** Se a largura da fenda a for menor do que o comprimento de onda λ, não há pontos na figura de difração em que a intensidade é zero (ver Figura 36.10a). A largura da fenda é 0,0100 mm = $1{,}0 \times 10^{-5}$ m, logo essa condição é satisfeita por (ii) (λ = 10,6 μm = $10{,}6 \times 10^{-5}$ m) e (iii) (λ = 1,0 mm = $1{,}0 \times 10^{-3}$ m), mas não por (i) (λ = 500 nm = 500×10^{-7}) ou (iv) (λ = 50,0 nm = $5{,}0 \times 10^{-8}$ m).

36.4 **Respostas: sim; $m_i = \pm 5, \pm 10$...** Um 'máximo ausente' satisfaz tanto a d sen $\theta = m_i \lambda$ (a condição para uma interferência máxima) quanto a a sen $\theta = m_d \lambda$ (a condição para um mínimo de difração). Substituindo $d = 2{,}5a$, podemos combinar essas duas condições na relação $m_i = 2{,}5 m_d$. Esta relação é satisfeita por $m_i = \pm 5$ e $m_d = \pm 2$ (o quinto máximo está ausente porque coincide com a segunda difração mínima), $m_i = \pm 10$ e $m_d = \pm 4$ (o décimo máximo está ausente porque coincide com a quarta difração mínima), e assim por diante.

36.5 **Resposta: (i)** Como descrito no texto, o poder de resolução necessário é $R = Nm = 1000$. Na primeira ordem ($m = 1$), precisamos de $N = 1000$ fendas, mas na quarta ordem ($m = 4$) precisamos apenas de $N = R/m = 1000/4 = 250$ fendas. (Esses números são apenas aproximados por causa da natureza arbitrária de nosso critério de resolução, e porque redes reais sempre têm leves imperfeições nas formas e espaçamentos das fendas.)

36.6 **Respostas: não** A posição angular do máximo de ordem m é dado pela Equação (36.16), $2d$ sen $\theta = m\lambda$. Com d = 0,200 nm, λ = 0,100 nm e $m = 5$, obtemos sen $\theta = m\lambda/2d$ = (5) (0,100 nm) / (2) (0,200 nm) = 1,25. Como a função seno nunca pode ser maior do que 1, isso significa que não há solução para essa equação, e que o máximo $m = 5$ não ocorre.

36.7 **Respostas: (iii), (ii), (iv), (i)** O critério de Rayleigh combinado com a Equação (36.17) mostra que quanto menor o valor da razão λ/D, maior o poder de resolução de um telescópio de diâmetro D. Em cada um dos quatro telescópios, essa razão é igual a (i) (21 cm) / (100 m) = (0,21 m) / (100 m) = $2{,}1 \times 10^{-3}$; (ii) (500 nm) / (2,0 m) = $(5{,}0 \times 10^{-7}$ m) / (2,0 m) = $2{,}5 \times 10^{-7}$; (iii) (100 nm) / (1,0 m) = $(1{,}0 \times 10^{-7}$ m) / (1,0 m) = $1{,}0 \times 10^{-7}$; (iv) (10 μm) / (2,0 m) = $(1{,}0 \times 10^{-5}$ m) / (2,0 m) = $5{,}0 \times 10^{-6}$.

Questões para discussão

Q36.1 Por que podemos observar facilmente efeitos de difração em ondas sonoras e ondas aquáticas, mas não em ondas luminosas? Isso acontece porque a velocidade da luz é muito maior do que a dessas outras ondas? Explique.

Q36.2 Qual é a diferença entre a difração de Fresnel e a de Fraunhofer? Os processos *físicos* desses dois fenômenos são diferentes? Explique.

Q36.3 Você usa uma lente de diâmetro D e uma luz de comprimento de onda λ e freqüência f para formar uma imagem de dois objetos a pouca distância um do outro e distantes de você. Quais dos seguintes processos aumentarão o poder de resolução? a) Usar uma lente com um diâmetro menor; b) usar uma luz com freqüência mais elevada; c) usar uma luz com maior comprimento de onda. Em cada caso, justifique a sua resposta.

Q36.4 Uma luz de comprimento de onda λ e freqüência f passa por uma única fenda de largura a. A figura de difração é observada sobre uma tela a uma distância x da fenda. Qual dos seguintes processos *diminuirá* a largura dos máximos centrais? a) Diminuir a largura da fenda; b) diminuir a freqüência f da luz; c) diminuir o comprimento de onda λ da luz; d) diminuir a distância x entre a tela e a fenda. Em cada caso, justifique a sua resposta.

Q36.5 Em uma experiência de difração com ondas de comprimento de onda λ, não ocorre *nenhuma* intensidade mínima (ou seja, nenhuma franja escura) quando a largura da fenda é suficientemente pequena. Qual é a largura máxima da fenda para que isso ocorra? Explique sua resposta.

Q36.6 As ondas sonoras usadas predominantemente na fala humana têm comprimentos de onda no intervalo de um até três metros. Usando os conceitos da difração, explique como você consegue ouvir a voz de uma pessoa mesmo quando ela está de costas para você.

Q36.7. Na difração de fenda simples, qual é o sen ($\beta/2$) quando θ = 0? Em vista de sua resposta, por que a intensidade da difração de fenda simples *não* é igual a zero no centro?

Q36.8 Um arco-íris comum exibe diversas cores (veja a Seção 33.4). Entretanto, quando as gotas de água são suficientemente pequenas, o arco-íris exibe uma cor branca. Aplicando os conceitos da difração, explique por quê. Qual é o diâmetro máximo das gotas para que isso ocorra?

Q36.9 Alguns alto-falantes para concertos ao ar livre (quando em geral os ouvintes estão sentados no solo) são maiores na direção vertical do que na horizontal. Com base nos conceitos da difração, explique por que esse tipo de alto-falante espalha o som de modo mais uniforme entre a platéia do que aqueles com forma quadrada ou que possuem forma de um retângulo mais largo horizontalmente do que verticalmente. Esse formato continuaria sendo o ideal se os ouvintes estivessem sentados em fileiras com alturas diferentes como no caso de um anfiteatro? Por quê?

Q36.10 A Figura 31.12 (Seção 31.2), no volume 3, mostra o sistema de um alto-falante. Os sons de baixa freqüência são gerados pelo *woofer*, que é um alto-falante com diâmetro grande; o *tweeter*, um alto-falante com diâmetro menor, gera os sons com freqüências elevadas. Usando as idéias da difração, explique por que o *tweeter* é mais eficiente do que o *woofer* para espalhar uniformemente em uma sala os sons com freqüências elevadas.

Q36.11 A informação é armazenada em um disco compacto de áudio (CD de áudio), no disco CD-ROM ou no disco de DVD por meio de minúsculas reentrâncias ao longo do disco. Essas reentrâncias são varridas por um feixe de laser. Um fator importante que limita a quantidade de informação que pode ser armazenada nesse disco é a largura do feixe de laser. Explique a razão desse comportamento e diga por que usando-se um laser de comprimento de onda menor é possível armazenar mais informação em um disco com o mesmo diâmetro.

Q36.12 Qual é a cor de luz que permite ao Telescópio Espacial Hubble obter maior resolução ao examinar um objeto astronômico distante: a vermelha, a azul ou a luz ultravioleta? Explique sua resposta.

Q36.13 Um telescópio típico usado por astrônomos amadores utiliza um espelho com diâmetro de 20 cm. Com esse telescópio (e um filtro para cortar a intensidade da luz solar até um nível tolerável para a visão), podemos examinar detalhes pequenos na superfície do Sol. Por que um telescópio com ondas de *rádio* deveria ter um diâmetro muito maior para poder 'ver' os mesmos detalhes do Sol observados com esse telescópio?

Q36.14 Os efeitos de difração produzidos por raios X com cristais podem ser observados se você usar a luz em vez dos raios X? Por quê?

Q36.15 Por que uma rede de difração é mais eficiente do que uma fenda dupla para medir comprimentos de onda da luz?

Q36.16 Algumas vezes observamos torres com antenas de rádio alinhadas de modo que a distância entre duas torres consecutivas é constante. Uma aluna diz que elas funcionam de modo análogo a uma rede de difração. O que ela quer dizer? Por que é desejável que elas funcionem como uma rede de difração?

Q36.17 Suponha que um holograma seja feito usando-se luz com um comprimento de onda de 600 nm e, a seguir, seja observado com luz de 500 nm. Compare as imagens observadas com a luz de 500 nm e com a de 600 nm. Explique as eventuais diferenças.

Q36.18 Um holograma é feito a partir de uma luz com um comprimento de onda de 600 nm e, a seguir, ele é observado com um feixe de luz branca proveniente de uma lâmpada incandescente. O que será visto? Explique.

Q36.19 Uma película fotográfica transforma o branco em preto e vice-versa, ou seja, na película revelada a região mais brilhante torna-se escura e a região escura torna-se clara (o nome *negativo* dado a esse tipo de filme surgiu dessa propriedade). Suponha que um holograma negativo seja observado diretamente sem que se faça uma transparência positiva. Como a imagem resultante do holograma negativo difere da imagem observada com o positivo? Explique.

Exercícios

Seção 36.2 Difração produzida por uma fenda simples

36.1 Uma luz monocromática proveniente de uma fonte distante incide sobre uma fenda com largura igual a 0,750 mm. Sobre a tela, a uma distância de 2,0 m da fenda, verifica-se que a distância entre o primeiro mínimo e o máximo central da figura de difração é igual a 1,35 mm. Calcule o comprimento de onda da luz.

36.2 Raios paralelos de comprimento de onda igual a 546 nm, provenientes de uma lâmpada de mercúrio, passam por uma fenda e são focalizados por uma lente convergente de distância focal igual a 60 cm. Sobre o plano focal da lente, a distância entre o máximo central e o primeiro mínimo é de 10,2 mm. Qual é a largura da fenda?

36.3. Uma luz de comprimento de onda igual a 585 nm incide sobre uma fenda com 0,0666 mm de largura. a) Sobre uma tela grande e distante, qual o *total* de franjas escuras (indicando cancelamento completo) que serão formadas, incluindo ambos os lados da faixa brilhante central? Resolva este problema *sem* calcular todos os ângulos! (*Sugestão*: qual é o maior valor que sen θ pode assumir? O que isso indica sobre o maior valor que m pode assumir?) b) Em que ângulo a franja escura mais distante da franja brilhante central aparecerá?

36.4 Uma luz de comprimento de onda igual a 633 nm proveniente de uma fonte distante incide sobre uma fenda com largura de 0,750 mm, e a figura de difração resultante é observada sobre uma tela situada a uma distância de 3,5 m da fenda. Qual é a distância entre as duas primeiras franjas escuras localizadas de cada lado da franja brilhante central?

36.5 A difração ocorre com qualquer tipo de onda, inclusive com ondas sonoras. Um som de freqüência elevada e comprimento de onda igual a 9 cm proveniente de uma fonte distante passa através de uma fenda estreita com largura igual a 12 cm. Um microfone é colocado a uma distância de 40 cm diretamente em frente ao centro da fenda, correspondendo ao ponto O mostrado na Figura 36.5a. A seguir, o microfone é deslocado em uma direção perpendicular à reta que liga o ponto O ao centro da fenda. Para quais distâncias em relação ao ponto O a intensidade detectada pelo microfone será igual a zero?

36.6 **Tsunami!** Em 26 de dezembro de 2004, um violento terremoto de magnitude 9,1 ocorreu na costa da Sumatra. Esse terremoto desencadeou um forte tsunami (semelhante a um maremoto) que matou mais de 150 mil pessoas. Os cientistas que observaram a onda no oceano aberto efetuaram medições e verificaram que o tempo entre cristas era de 1 h e a velocidade da onda era 800 km/h. Modelos de computador da evolução dessa enorme onda mostraram que ela contornou os continentes e se espalhou por todos os oceanos da Terra. Quando a onda atingia as fendas entre os continentes, ela sofria difração. a) Qual era o comprimento de onda desse tsunami? b) A distância entre a extremidade sul da África e o norte da Antártida é cerca de 4500 km, enquanto a distância entre a extremidade sul da Austrália e a Antártida é de cerca de 3700 km. Podemos fazer uma aproximação do comportamento dessa onda usando difração de Fraunhofer. Encontre o menor ângulo que se afasta do máximo central para o qual as ondas se cancelariam após passar por cada uma dessas fendas continentais.

36.7 Uma série de frentes de onda paralelas lineares está se propagando na direção da praia a 15 cm/s em um lago que não apresenta outras perturbações. Há um buraco em uma longa barreira de concreto paralela à praia, distante 3,20 m dela. Você conta as cristas de onda e observa que passam 75 cristas por minuto. Você observa também que nenhuma onda chega à praia a $\pm 61{,}3$ cm do ponto diretamente oposto ao buraco, mas as ondas chegam à praia em qualquer outro ponto dentro dessa distância. a) Qual é o diâmetro do buraco na barreira? b) Em que outros ângulos você percebe que não há ondas chegando à praia?

36.8 Uma luz monocromática de comprimento de onda igual a 580 nm passa por uma fenda única e a figura de difração é observada em uma tela. Tanto a fonte quanto a tela estão suficientemente distantes da fenda para que se aplique a difração de Fraunhofer. a) Se a primeira difração mínima ocorrer em $\pm 90°$, de modo que o máximo central preencha completamente a tela, qual é a largura da fenda? b) Para a largura da fenda calculada na parte (a), qual é a razão entre a intensidade com $\theta = 45°$ e a intensidade com $\theta = 0$?

36.9 **Difração em uma entrada.** Um som de freqüência 1250 Hz sai de uma sala por uma passagem de 1,0 m de largura (ver Exercício 36.5). Em que ângulos relativamente à perpendicular à linha central da passagem alguém fora da sala não escutará nenhum som? Considere a velocidade do som no ar de 344 m/s e suponha que a fonte e o ouvinte estão ambos suficientemente longe da passagem para que a difração de Fraunhofer se aplique. Despreze os efeitos de reflexões.

36.10 Ondas luminosas, cujo campo elétrico é dado por $E_y(x, t) = E_{máx}$ sen $[(1{,}20 \times 10^7\ \text{m}^{-1})\,x - \omega t]$, passam por uma fenda e produzem as primeiras faixas escuras em um ângulo de $\pm 28{,}6°$ com o centro da figura de difração. a) Qual é a freqüência dessa luz? b) Qual é a largura da fenda? c) Em que ângulos ocorrerão outras faixas escuras?

36.11 Raios luminosos paralelos de comprimento de onda 620 nm passam por uma fenda que cobre uma lente com uma distância focal de 40,0 cm. A figura de difração é vista no plano focal da lente, e a distância do centro do máximo central ao primeiro mínimo é 36,5 cm. Qual é a largura da fenda? (*Note*: o ângulo que determina o primeiro mínimo *não* é pequeno.)

36.12 Uma radiação eletromagnética monocromática proveniente de uma fonte distante possui comprimento de onda λ. A figura de difração é observada sobre uma tela situada a uma distância de 2,50 m da fenda. Sabendo que a largura do máximo central é 6,0 mm, qual é a largura a da fenda para um comprimento de onda de a) 500 nm (luz visível)? b) 50,0 mm (radiação infravermelha)? c) 0,500 nm (raios X)?

36.13 Um feixe de luz vermelha de comprimento de onda igual a 633 nm proveniente de um laser de hélio-neônio passa por uma fenda com largura de 0,350 mm. A figura de difração é observada sobre uma tela situada a uma distância de 3,0 m da fenda. Defina a largura de uma franja brilhante como a distância entre os dois mínimos existentes de cada lado da respectiva franja. a) Qual é a largura da franja brilhante central? b) Qual é a largura da primeira franja brilhante situada de cada lado da franja central?

Seção 36.3 Intensidade na difração produzida por uma fenda simples

36.14 Uma luz monocromática proveniente de uma fonte distante possui comprimento de onda $\lambda = 620$ nm e passa por uma fenda com largura igual a 0,450 mm. A figura de difração é observada sobre uma tela situada a uma distância de 3,0 m da fenda. Em termos da intensidade I_0 do pico do máximo central, qual é a intensidade da luz sobre a tela em pontos cujas distâncias ao máximo central são: a) 1,0 mm? b) 3,0 mm? c) 5,0 mm?

36.15 Uma fenda com largura igual a 0,240 mm é iluminada por um feixe de raios paralelos de comprimento de onda igual a 540 nm. A figura de difração é observada sobre uma tela situada a uma distância de 3,0 m da fenda. A intensidade no centro do máximo central ($\theta = 0°$) é igual a $6{,}0 \times 10^{-6}\ \text{W/m}^2$. a) Qual é a distância sobre a tela entre o centro do máximo central e o primeiro mínimo? b) Qual é a intensidade em um ponto situado no centro do segmento que une o máximo central com o primeiro mínimo?

36.16. A luz de um laser de comprimento de onda 632,8 nm incide normalmente em uma fenda com 0,0250 mm de largura. A luz transmitida é vista sobre uma tela distante onde a intensidade no centro da franja brilhante central é $8{,}50\ \text{W/m}^2$. a) Encontre o número máximo de franjas totalmente escuras sobre a tela, supondo que a tela seja grande o bastante para mostrar todas. b) Em que ângulo ocorre a franja escura mais distante do centro? c) Qual é a intensidade máxima da franja brilhante que ocorre imediatamente antes da franja escura da parte (b)? Dê o ângulo aproximado em que essa franja ocorre supondo que ela esteja na metade do ângulo formado com a franja escura em ambos os lados da franja.

36.17 Uma figura de difração de fenda única se forma quando uma radiação eletromagnética monocromática proveniente de uma fonte distante passa por uma fenda com largura de 0,105 mm. Em um ponto da tela que forma um ângulo de $3{,}25°$ a partir do máximo central, a diferença de fase total entre as ondas secundárias provenientes do topo e da base da fenda é igual a 56,0 rad. a) Qual é o comprimento de onda dessa radiação? b) Qual é a intensidade nesse ponto quando a intensidade no centro do máximo central é igual a I_0?

36.18 Considere uma figura de difração de fenda única em que a amplitude da onda no ponto O mostrado na Figura 36.5a é E_0. Para cada um dos seguintes casos, desenhe um diagrama de fasores como o da Figura 36.8c e determine *graficamente* a amplitude da onda no ponto em questão. (*Sugestão*: use a Equação (36.6) para determinar o valor de β em cada caso.) Calcule a intensidade e compare com a Equação (36.5). a) sen $\theta = \lambda/2a$; b) sen $\theta = \lambda/a$; c) sen $\theta = 3\lambda/2a$.

36.19 A estação de rádio pública KXPR-FM de Sacramento transmite a 88,9 MHz. As ondas de rádio passam entre dois arranha-céus. A distância entre as paredes mais próximas dos dois arranha-céus é 15,0 m. a) Em que ângulos horizontais, relativamente à direção original das ondas, uma antena distante não receberá qualquer sinal dessa estação? b) Se a intensidade máxima é $3{,}50\ \text{W/m}^2$ na antena, qual é a intensidade a $\pm 5{,}0°$ do centro do máximo central na antena distante?

Seção 36.4 Fendas múltiplas

36.20 **Difração e interferência combinadas.** Considere a figura de interferência produzida por duas fendas paralelas de largura a e distância d, em que $d = 3a$. As fendas são iluminadas por uma luz que incide normalmente com um comprimento de onda λ. a) Primeiramente desprezaremos os efeitos de difração devidos à largura da fenda. Em que ângulos θ formados com o máximo central ocorrerão os próximos quatro máximos na figura de interferência de fenda dupla? A sua resposta deve ser dada em termos de d e λ. b) Agora incluiremos os efeitos de difração. Se a intensidade em θ é I_0, qual é a intensidade em cada um dos ângulos da parte (a)? c) Quais máximos da interferência de fenda dupla estão ausentes na figura? d) Compare os seus resultados com aqueles apresentados na Figura 36.12c. Em que o seu resultado difere?

36.21 **Número de franjas no máximo de difração.** Na Figura 36.12c o máximo central da difração contém exatamente sete franjas de interferência e nesse caso $d/a = 4$. a) Qual deve ser a razão d/a para que o máximo central da difração contenha exatamente cinco franjas? b) No caso considerado no item (a), quantas franjas há no primeiro máximo de difração existente de cada lado do máximo central?

36.22 Uma figura de interferência é produzida por oito fendas estreitas igualmente espaçadas. Existe um mínimo de interferência quando a diferença de fase ϕ da luz proveniente de duas fendas adjacentes é igual a $\pi/4$. O diagrama de fasores é mostrado na Figura 36.14b. Para que pares de fendas ocorre interferência destrutiva total?

36.23 Uma figura de interferência é produzida por uma luz de comprimento de onda igual a 580 nm proveniente de uma fonte distante incidindo sobre duas fendas idênticas paralelas separadas por uma distância (entre seus centros) igual a 0,530 mm. a) Se as fendas forem muito estreitas, qual deverá ser a posição do máximo de primeira ordem e do máximo de segunda ordem na experiência de fenda dupla? b) Suponha que a largura de cada fenda seja igual a 0,320 mm. Em termos da intensidade I_0 no centro do máximo central, qual é a intensidade em cada uma das posições angulares indicadas no item (a)?

36.24 Uma luz monocromática ilumina um par de fendas paralelas estreitas em incidência normal, produzindo uma figura de interferência sobre uma tela distante. A largura de cada fenda é $\frac{1}{7}$ da distância de centro a centro entre as fendas. a) Que interferências máximas estão ausentes na figura na tela? b) A resposta à parte (a) depende do comprimento de onda da luz usada? A posição do máximo que está ausente depende do comprimento de onda?

36.25 Uma figura de interferência é produzida por quatro fendas paralelas igualmente espaçadas. Desenhe um diagrama de fasores apropriado e mostre que existe um mínimo de interferência quando a diferença de fase ϕ da luz proveniente de duas fendas adjacentes é *a)* $\pi/2$; *b)* π; *c)* $3\pi/2$. Em cada caso, em que pares de fendas ocorre interferência destrutiva total?

36.26 Uma experiência com difração envolvendo duas fendas paralelas estreitas produz a figura de franjas brilhantes e franjas escuras bastante próximas que você pode ver na Figura 36.33 (apenas a parte central da figura é exibida). As faixas brilhantes estão dispostas a distâncias iguais de 1,53 mm entre os centros (exceto quando há faixas ausentes) sobre uma tela a 2,50 m das fendas. A fonte de luz usada foi um laser He-Ne, produzindo um comprimento de onda de 632,8 nm. a) A que distância estão as duas fendas? b) Qual é a largura de cada uma delas?

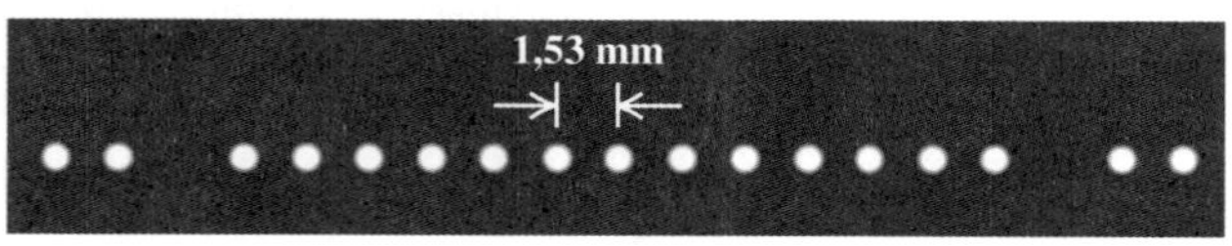

Figura 36.33 Exercício 36.26.

36.27 Uma luz de laser de comprimento de onda 500,0 nm ilumina duas fendas idênticas, produzindo uma figura de interferência sobre uma tela a 90,0 cm das fendas. As faixas brilhantes estão a 1,0 cm de distância uma da outra, e as terceiras faixas brilhantes em ambos os lados do máximo central estão ausentes na figura. Encontre a largura e a distância entre as duas fendas.

Seção 36.5 A rede de difração

36.28 Uma luz monocromática incide normalmente sobre uma rede de transmissão plana. O máximo de primeira ordem na figura de interferência fica a um ângulo de 8,94°. Qual é a posição angular do máximo de quarta ordem?

36.29 Se uma rede de difração produz a sua faixa brilhante de terceira ordem formando um ângulo de 78,4° para uma luz de comprimento de onda igual a 681 nm, encontre a) o número de fendas por centímetro na rede e b) a posição angular das faixas brilhantes de primeira e segunda ordens. c) Haverá uma faixa brilhante de quarta ordem? Explique.

36.30 Se uma rede de difração produz uma faixa brilhante de terceira ordem para luz vermelha (de comprimento de onda 700 nm) a 65,0° do máximo central, em que ângulo estará a faixa brilhante de segunda ordem para a luz violeta (de comprimento de onda 400 nm)?

36.31 Uma luz visível passa por uma rede de difração com 900 fendas/cm e uma figura de interferência é observada sobre uma tela que está a 2,50 m da rede. a) A posição angular do espectro da primeira ordem é suficientemente pequena para que sen $\theta \approx \theta$ seja uma boa aproximação? b) No espectro de primeira ordem, o máximo para dois comprimentos de onda diferentes estão separados na tela por uma distância de 3,0 mm. Qual é a diferença entre esses comprimentos de onda?

36.32 O intervalo de comprimentos de onda do espectro visível está compreendido entre 400 e 700 nm. Uma luz branca incide perpendicularmente sobre uma rede de difração que possui 350 fendas/mm. Determine a largura angular do espectro visível a) na primeira ordem; b) na terceira ordem. (*Nota*: a vantagem de usar ordens mais elevadas consiste em se obter espalhamento angular maior e melhor resolução. A desvantagem é a superposição de diversas ordens, como indicado no Exemplo 36.4.)

36.33 **Usando um CD para medir um comprimento de onda.** Um feixe de laser de comprimento de onda $\lambda = 632{,}8$ nm incide perpendicularmente sobre a face refletora de um CD. As trilhas formadas por pequenas reentrâncias que codificam a informação no CD estão dispostas a uma distância constante de 1,60 μm. Quais são os ângulos de reflexão (medidos a partir da normal) em que a intensidade da luz torna-se máxima?

36.34 a) Qual é o comprimento de onda da luz que é desviada na primeira ordem de um ângulo de 13,5° por uma rede de transmissão que possui 5000 fendas/cm? b) Qual é o desvio na segunda ordem para esse comprimento de onda? Suponha incidência perpendicular.

36.35 Um feixe de ondas eletromagnéticas monocromáticas de comprimento de onda igual a 520 nm incide perpendicularmente sobre uma rede de transmissão plana que possui 350 fendas/mm. Determine os ângulos de desvio para a primeira, a segunda e a terceira ordens.

36.36 **Identificação de isótopos por meio do espectro.** Isótopos diferentes do mesmo elemento emitem luz com diferentes comprimentos de onda. Um comprimento de onda do espectro de emissão do átomo de hidrogênio é igual a 656,45 nm; para o deutério, o comprimento de onda correspondente é igual a 656,27 nm. a) Qual é o menor número de fendas necessário para separar esses dois comprimentos de onda na segunda ordem? b) Se a rede possui 500 fendas/mm, determine os ângulos e a separação desses dois comprimentos de onda na segunda ordem.

36.38 A luz proveniente de um arco de ferro possui diversos comprimentos de onda. Dois deles são $\lambda = 587{,}9782$ nm e $\lambda = 587{,}8002$ nm. Você deseja separar essas duas linhas espectrais na primeira ordem usando uma rede com 1,20 cm de comprimento. Qual é o menor número de fendas por centímetro que essa rede deve ter?

Seção 36.6 Difração de raios X

36.39 Raios X de comprimento de onda igual a 0,0850 nm são espalhados pelos átomos de um cristal. O máximo de segunda ordem na reflexão de Bragg ocorre quando o ângulo θ na Figura

36.23 é igual a 21,5°. Qual é o espaçamento entre os planos atômicos adjacentes do cristal?

36.40 Se os planos de um cristal são 3,50 Å (1 Å = 10^{-10} m = 1 Ångstrom) de distância, a) que comprimento de onda de ondas eletromagnéticas é necessário para que a primeira interferência máxima forte na reflexão de Bragg ocorra quando as ondas incidem sobre os planos com um ângulo de 15,0° e em que parte do espectro eletromagnético encontram-se essas ondas? (Ver Figura 32.4.) b) Em que outros ângulos ocorrerão fortes interferências máximas?

Seção 36.7 Orifícios circulares e poder de resolução

36.41 Por causa das manchas produzidas pela distorção atmosférica, a resolução máxima que pode ser obtida por um telescópio ótico na superfície terrestre corresponde a cerca de 0,3 segundo de arco (cada grau contém 60 minutos de arco e cada minuto de arco contém 60 segundos de arco). a) Usando o critério de Rayleigh, calcule o diâmetro de um telescópio ótico na superfície terrestre que fornece essa resolução para uma luz de comprimento de onda igual a 550 nm. b) O aumento do diâmetro do telescópio acima do valor encontrado no item (a) faz aumentar a capacidade de entrada de luz, permitindo o estudo de objetos astronômicos mais distantes e com luz mais fraca, porém não faz aumentar a resolução. Em que aspectos os telescópios de Keck (cada um deles com diâmetro de 10 m) situados no topo da montanha Mauna Kea no Havaí são superiores ao telescópio Hale (de diâmetro igual a 5 m) situado no Monte Palomar na Califórnia? Em que aspectos eles *não* são superiores? Explique.

36.42 Se você consegue ler a última linha do quadro no exame de vista de seu oculista, o poder de resolução de seu olho corresponde a cerca de um minuto de arco, equivalente a 1/60 do grau. Caso esse poder de resolução seja limitado por efeitos de difração, a que diâmetro efetivo do sistema ótico de seu olho essa resolução corresponde? Use o critério de Rayleigh e suponha λ = 550 nm.

36.43 A distância entre dois satélites a uma altitude de 1200 km é 28 km. Se eles enviam microondas de 3,6 cm, qual é o diâmetro necessário (pelo critério de Rayleigh) para que uma antena em forma de prato seja capaz de resolver as duas ondas transmitidas por eles?

36.44 O chamado VLBA (*Very Long Baseline Array*) pode resolver (pelo critério de Rayleigh) sinais de duas fontes separadas por uma distância de $1{,}0 \times 10^{-8}$ rad. Sabendo que o diâmetro efetivo do conjunto é igual a 8000 km, qual é o comprimento de onda do sinal?

36.45 Uma luz monocromática de comprimento de onda igual a 620 nm passa por um orifício circular com um diâmetro de 7,4 μm. A figura de difração resultante é observada sobre uma tela situada a uma distância de 4,5 m do orifício. Qual é o diâmetro do disco de Airy sobre a tela?

36.46 **Fotografia.** Um fotógrafo da vida selvagem usa uma lente telefoto moderada com uma distância focal de 135 mm e abertura máxima *f*/4,0 para fotografar um urso a 11,5 m de distância. Considere o comprimento de onda 550 nm. a) Qual é a largura do menor detalhe do urso que essa lente pode resolver se estiver em sua abertura máxima? b) Se, para ganhar profundidade de campo, o fotógrafo diminui a abertura para *f* / 22,0, qual seria a largura dos menores detalhes do urso que poderiam ser resolvidos?

36.47 **Observação de Júpiter.** Você foi convidado a projetar um telescópio espacial para ficar em órbita em torno da Terra. Quando Júpiter está a uma distância de $5{,}93 \times 10^8$ km (sua menor distância em relação à Terra), pelo critério de Rayleigh, ele pode resolver dois pontos sobre Júpiter separados por uma distância igual a 250 km. Qual é o diâmetro mínimo do espelho necessário? Considere um comprimento de onda igual a 500 nm.

36.48 Uma lente convergente com diâmetro de 7,20 cm possui uma distância focal igual a 300 mm. Supondo que a resolução é limitada por efeitos de difração, qual é a distância máxima entre a lente e um objeto para que dois pontos sobre o objeto, separados por uma distância de 4,0 mm, possam ser resolvidos (pelo critério de Rayleigh)? Use λ = 550 nm.

36.49 **Hubble x Arecibo.** O Telescópio Espacial Hubble tem uma abertura de 2,4 m e focaliza luz visível (400 –700 nm). O rádio telescópio de Arecibo, em Porto Rico, apresenta 305 m de diâmetro (está montado no vale de uma montanha) e focaliza ondas de rádio com um comprimento de onda de 75 cm. a) Em condições ótimas de visibilidade, qual é a menor cratera que cada um desses telescópios poderia resolver na Lua? b) Se o Telescópio Espacial Hubble precisasse ser usado para um trabalho de vigilância, qual seria a órbita mais alta sobre a superfície da Terra que ele poderia manter para ainda ser capaz de distinguir a placa (não as letras e números, apenas a placa) de um carro no solo? Suponha condições de visibilidade ótimas, de modo que a resolução seja limitada pela difração.

36.50 **Procurando manchas nas estrelas.** O Telescópio Hale no Monte Palomar, na Califórnia, tem um espelho de 200 polegadas (5,08 m) de diâmetro e focaliza luz visível. Dado que uma grande mancha solar tem cerca de 10.000 milhas de diâmetro, qual é a estrela mais distante em que esse telescópio poderia distinguir uma mancha solar para ver se elas existem em outras estrelas? (Suponha condições de visibilidade ótimas, de modo que a resolução seja limitada pela difração.) Existe alguma estrela assim tão perto de nós, além do Sol?

36.51 **Procurando planetas.** Os Telescópios Keck, em Mauna Kea, no Havaí utilizam um espelho com 10,0 m de diâmetro. Esses telescópios conseguem resolver planetas do tamanho de Júpiter que orbitam ao redor da estrela mais próxima de nós, Alpha Centauri, que está a 4,28 anos-luz de distância?

Problemas

36.52 Suponha que o dispositivo experimental inteiro (fenda, tela e os espaços intermediários) do Exercício 36.4 seja completamente imerso na água (n = 1,33). Qual seria então a distância entre as duas franjas escuras?

36.53 Considere uma figura de difração de fenda única. O centro do máximo central, cuja intensidade é igual a I_0, está localizado em $\theta = 0$. a) Designe por θ_+ e θ_- os dois ângulos de cada lado de $\theta = 0$ para os quais $I = \frac{1}{2} I_0$. A diferença $\Delta\theta = |\theta_+ - \theta_-|$ denomina-se *largura completa na metade do máximo* da franja central brilhante da difração. Determine $\Delta\theta$ quando a razão entre a largura da fenda a e o comprimento de onda λ é i) $a/\lambda = 2$, ii) $a/\lambda = 5$, iii) $a/\lambda = 10$. (*Sugestão*: sua equação para θ_+ e θ_- não pode ser resolvida analiticamente. Você poderá usar o método das tentativas ou resolvê-la graficamente.) b) A largura do máximo central pode ser definida de modo alternativo como $2\theta_0$, onde θ_0 é o ângulo referente a cada mínimo ao lado do máximo central. Calcule $2\theta_0$ para cada um dos casos do item (a) e compare com $\Delta\theta$.

36.54 Um alto-falante com um diafragma que vibra a 1250 Hz está se deslocando a 80,0 m/s em linha reta na direção de um par de buracos em uma grande parede, em uma região em que a velocidade do som é 344 m/s. Você observa que o som vindo dessas aberturas sofre o primeiro cancelamento em um ângulo de ± 12,7° com a direção original do alto-falante quando observado a uma grande distância da parede. a) A que distância estão as duas aberturas? b) Em que ângulos o primeiro som seria cancelado se a fonte parasse de se mover?

36.55 Medindo o índice de refração. Uma fenda estreita iluminada por uma luz de freqüência f produz sua primeira faixa escura em um ângulo de $\pm 38{,}2°$ no ar. Quando todo o dispositivo (fenda, tela e espaços intermediários) é imerso em um líquido transparente desconhecido, as primeiras faixas escuras da fenda ocorrem com um ângulo de $\pm 17{,}4°$. Encontre o índice de refração do líquido.

36.56 Projeto de rede. O seu patrão lhe pede para projetar uma rede de difração que deverá dispersar o espectro de primeira ordem visível com um intervalo angular de 15° (ver Exemplo 36.4 na Seção 36.5). a) Qual deve ser o número de fendas por centímetro nessa rede? b) Em que ângulos o espectro visível de primeira ordem começa e termina?

36.57 Uma fenda com largura de 0,360 mm é iluminada por raios luminosos paralelos cujo comprimento de onda é 540 nm. A figura de difração é observada sobre uma tela situada a uma distância de 1,20 m da fenda. A intensidade no centro do máximo central (θ = 0°) é igual a I_0. a) Qual é a distância sobre a tela entre o centro do máximo central e o primeiro mínimo? b) Qual é a distância sobre a tela entre o centro do máximo central e o ponto para o qual $I = I_0/2$? (Veja o Problema 36.53, parte (a), no qual há uma sugestão acerca do cálculo do ângulo de fase β.)

36.58 A intensidade da luz na figura da difração de Fraunhofer de uma fenda única é

$$I = I_0\left(\frac{\operatorname{sen}\gamma}{\gamma}\right)^2$$

onde

$$\gamma = \frac{\pi a \operatorname{sen}\theta}{\lambda}$$

a) Mostre que a equação que fornece os valores de γ correspondentes aos máximos é dada por $\operatorname{tg}\gamma = \gamma$. b) Determine os três menores valores positivos de γ que são soluções dessa equação. (*Sugestão*: você poderá usar o método das tentativas. Estime um valor inicial para γ e ajuste sua tentativa de modo a tornar o valor da $\operatorname{tg}\gamma$ o mais próximo possível de γ. Uma solução gráfica da equação é muito útil para fazer a estimativa do valor inicial.)

36.59 Largura angular de um máximo principal. Considere N fendas estreitas igualmente espaçadas. Use a aproximação para ângulos pequenos $\operatorname{sen}\theta = \theta$ (para θ em radianos) e mostre que, para um certo máximo que ocorre em um ângulo θ, um mínimo imediatamente adjacente a esse máximo está localizado nos ângulos $\theta + \lambda/Nd$ e $\theta - \lambda/Nd$, de modo que a largura angular do máximo principal é dada por $2\lambda/Nd$. Isso é proporcional a $1/N$, conforme havíamos concluído no final da Seção 36.4 fazendo um raciocínio de conservação de energia.

36.60 O Universo em expansão. Um cosmologista que está estudando a luz vinda de uma galáxia identifica o espectro de hidrogênio, mas descobre que os comprimentos de ondas estão um tanto deslocados em relação aos encontrados em laboratório. No laboratório, a linha de H_α apresenta um comprimento de onda de 656,3 nm. O cosmologista está usando uma rede de difração com 5758 linhas/cm na primeira ordem e descobre que a primeira franja brilhante para a linha do H_α ocorre com um ângulo de $\pm$ 23,41° em relação à região central. Quão rápido está se deslocando a galáxia? Expresse a sua resposta em m/s e como uma porcentagem da velocidade da luz. Ela está se aproximando ou se afastando de nós? (*Sugestão*: ver Seção 16.8.)

36.61 Diagrama de fasores para oito fendas. Uma figura de interferência é formada por oito fendas estreitas igualmente espaçadas. A Figura 36.14 mostra diagramas de fasores para os casos em que a diferença de fase ϕ entre duas ondas provenientes de fendas adjacentes é dada por $\phi = \pi$, $\phi = \pi/4$ e $\phi = \pi/2$. Cada um desses casos fornece um mínimo. A legenda da Figura 36.14 também afirma que podem ocorrer mínimos para $\phi = 3\pi/4$, $\phi = 5\pi/4$, $\phi = 3\pi/2$ e $\phi = 7\pi/4$. a) Desenhe um diagrama de fasores para cada um desses casos e explique por que cada diagrama prova de fato a existência de um mínimo. (*Nota*: talvez você ache útil usar uma cor diferente para cada fenda!) b) Em cada um dos quatro casos $\phi = 3\pi/4$, $\phi = 5\pi/4$, $\phi = 3\pi/2$ e $\phi = 7\pi/4$, em quais pares de fendas ocorre interferência destrutiva total?

36.62 Difração dos raios X do sal. Raios X com 0,125 nm de comprimento de onda são espalhados por uma rede cristalina cúbica (de um cristal de cloreto de sódio), cujo espaçamento entre átomos adjacentes é dado por a = 0,282 nm. a) Se considerarmos a difração em planos paralelos a uma face do cubo, em que ângulos θ do feixe incidente em relação aos planos do cristal os máximos devem observados? b) Repita o item (a) para a difração produzida pelos planos mostrados na Figura 36.24a, que estão separados por uma distância $a/\sqrt{2}$.

36.63 No final da Seção 36.4, fizemos algumas afirmações sobre uma rede com N fendas. Desenhe um diagrama de fasores para explicar cada uma dessas afirmações: a) Ocorre um mínimo quando ϕ é um múltiplo inteiro de $2\pi/N$, exceto quando ϕ for um múltiplo inteiro de 2π (que fornece um máximo principal). b) Existem $(N - 1)$ mínimos entre dois máximos principais consecutivos.

36.64 Na Equação (36.12), considere o caso $d = a$. Faça um desenho e mostre que esse caso se reduz à situação de uma única fenda com largura $2a$. A seguir, mostre que a Equação (36.12) se transforma na Equação (36.5) para uma única fenda com largura $2a$.

36.65 Qual é o maior comprimento de onda que pode ser observado na terceira ordem para uma rede de difração de transmissão contendo 6500 fendas/cm? Suponha incidência perpendicular.

36.66 a) A Figura 36.16 mostra ondas planas de luz incidindo *perpendicularmente* sobre uma rede de difração. Se, em vez disso, a luz incidir formando um ângulo θ' (medido a partir da normal), mostre que a condição para a obtenção dos máximos *não* é dada pela Equação (36.13), mas por

$$d\,(\operatorname{sen}\theta + \operatorname{sen}\theta') = m\lambda \qquad (m = 0, \pm 1, \pm 2, \pm 3\ldots)$$

b) Para a rede descrita no Exemplo 36.4 (Seção 36.5), com 600 fendas por milímetro, calcule os ângulos para os máximos correspondentes a m = 0, 1 e –1 com luz vermelha (λ = 650 nm) para os casos θ' = 0 (incidência normal) e θ' = 20,0°.

36.67 Uma rede de difração possui 650 fendas/mm. Qual é a ordem mais elevada que contém o espectro visível completo? (O espectro visível está compreendido aproximadamente entre 400 nm e 700 nm.)

36.68 Um *quasar* — abreviação das palavras inglesas *quasi-stelar radio source* (quase-estrela com fonte de rádio) — é um corpo celeste distante que parece ser uma estrela quando observado por um telescópio, mas que emite mais ondas eletromagnéticas do que uma galáxia normal inteira com todas as suas estrelas. Um exemplo é o objeto brilhante mostrado na parte inferior esquerda da Figura 36.34; os outros objetos alongados mostrados na fotografia são galáxias normais. A principal hipótese sobre a estrutura de um quasar é que ele seja uma galáxia contendo um buraco negro com massa extremamente grande em seu centro. Nesse modelo, a radiação é emitida pelo gás interestelar e pela poeira à medida que esses materiais são acelerados caindo no buraco negro. Imagina-se que essa radiação seja proveniente de uma região com um diâmetro de apenas alguns anos-luz. (Imagina-se que a luz difusa em torno do quasar brilhante vista na Figura 36.34 seja a galáxia que hospeda o quasar.) Para investigar esse modelo de quasar e para estudar outros objetos astronômicos exóticos, a Agência Espacial da Rússia planeja colocar em órbita um radiotelescópio a uma distância de 77.000 km da Terra. Quando os sinais desse telescópio forem combinados com a rede de telescópios VLBA, a resolução será equivalente à de um único radiotelescópio com diâmetro de 77.000 km. Qual é o menor detalhe que esse dispositivo pode distinguir no quasar 3C 405, que está a uma distância de $7{,}2 \times 10^8$ anos-luz da Terra, usando ondas de rádio com freqüência igual a 1665 MHz? (*Sugestão*: use o critério de Rayleigh.) Dê sua resposta em anos-luz e em quilômetros.

Figura 36.34 Problema 36.68.

36.69 **Uma rede de radar.** Em um sistema típico de radar, a antena gira e varre todas as direções para captar as ondas provenientes do céu. No entanto, no sistema com uma *rede de radar*, as antenas permanecem fixas e o feixe é varrido eletronicamente. Para entender como esse sistema funciona, considere uma rede com N antenas agrupadas ao longo de um eixo Ox horizontal nos pontos $x = 0$, $\pm d$, $\pm 2d$..., $\pm(N - 1)d/2$. (O número N é ímpar.) Cada antena emite uma radiação uniforme ao longo do plano xy. Todas as antenas emitem radiação coerentemente com a mesma amplitude E_0 e o mesmo comprimento de onda λ. Contudo, a fase relativa δ entre duas antenas consecutivas pode ser variada. Se a antena situada em $x = 0$ emite um sinal dado por $E_0 \cos\omega t$ medido em um ponto próximo da antena, a antena em $x = d$ emite um sinal dado por $E_0 \cos(\omega t + \delta)$ medido em um ponto próximo daquela antena. A expressão correspondente para $x = -d$ é $E_0 \cos(\omega t - \delta)$; para a antena em $x = \pm 2d$, a expressão correspondente é $E_0 \cos(\omega t \pm 2\delta)$; e assim por diante. a) Quando $\delta = 0$, a figura de interferência a uma distância grande da antena em comparação com d possui um máximo principal para $\theta = 0$ (ou seja, ao longo do eixo $+Oy$, perpendicular ao eixo que contém as antenas). Mostre que, para $d < \lambda$, esse é o *único* máximo principal da interferência no intervalo angular $-90° < \theta < +90°$. Portanto, esse máximo principal descreve um feixe emitido na direção $\theta = 0$. Conforme descrito na Seção 36.4, se N é grande, o feixe pode apresentar grande intensidade e se tornar bastante estreito. b) Se $\delta \neq 0$, mostre que o máximo descrito no item (a) está localizado em

$$\theta = \arcsen\left(\frac{\delta\lambda}{2\pi d}\right)$$

onde δ é medido em radianos. Portanto, fazendo δ variar de valores positivos até valores negativos e vice-versa, o que pode ser feito eletronicamente com facilidade, o feixe pode ser varrido para frente e para trás em torno da direção $\theta = 0$. c) Um radar de previsão de tempo deve ser instalado sobre um avião que emite ondas de rádio com freqüência de 8800 MHz. A unidade usa uma rede com 15 antenas com 28,0 cm de comprimento (desde a antena de uma extremidade até a outra antena na extremidade oposta). Quais devem ser o maior e o menor valor de δ (ou seja, o maior valor positivo e o maior valor negativo) para que o feixe de radar possa varrer até 45° à esquerda e à direita da direção do vôo do avião? Dê sua resposta em radianos.

36.70 **Fotografando embaixo d'água.** Uma máquina fotográfica subaquática possui uma lente cuja distância focal é 35,0 mm e a abertura máxima é igual a *f*/2,80. O filme usado apresenta uma emulsão sensível à luz de freqüência $6{,}0 \times 10^{14}$ Hz. Se o fotógrafo tirar uma fotografia de um objeto que está 2,75 m à frente da câmera com abertura máxima, qual é a largura dos menores detalhes que podem ser resolvidos sobre o objeto, se este é (a) um peixe embaixo d'água com a câmera dentro d'a água e (b) uma pessoa na praia, com a câmera fora da água?

36.71 Uma astronauta em órbita consegue distinguir, no limite de resolução, dois pontos da superfície terrestre separados por uma distância de 75,0 m. Considere o limite de resolução imposto pela difração e use o critério de Rayleigh. Qual é a altitude da astronauta em relação à superfície terrestre? Trate o olho da astronauta como um orifício circular com diâmetro igual a 4,0 mm (o diâmetro da pupila) e considere um comprimento de onda de 500 nm para a luz.

36.72 **Pesquisa de planetas existentes fora do nosso sistema solar.** A agência espacial norte-americana NASA está desenvolvendo um projeto chamado *Planet Imager* (gerador de imagens de um planeta) que permitiria a um astronauta ver detalhes de planetas que estão em órbita ao redor de outras estrelas. Seguindo o mesmo princípio adotado no *Very Large Array* (veja o final da Seção 36.7), o *Planet Imager* usará uma rede de telescópios infravermelhos espalhados ao longo de milhares de quilômetros no espaço. (A luz visível permitiria melhor resolução. Infelizmente, em comprimentos de onda visíveis, as estrelas são tão brilhantes que não é possível observá-las devido ao efeito de ofuscamento. Com o infravermelho, esse problema diminui.) a) Supondo um diâmetro de 6000 km para o *Planet Imager* e que a observação seja feita com radiação infravermelha de comprimento de onda igual a 10 μm, qual é a maior distância para que se possa observar detalhes de 250 km de extensão (um tamanho correspondente à área da grande Los Angeles) sobre um planeta? Dê sua resposta em anos-luz (veja o Apêndice E). (*Sugestão*: use o critério de Rayleigh.) b) Para comparar, considere a resolução de um único telescópio infravermelho no espaço, com um diâmetro de 1,0 m e utilizando radiação infravermelha de comprimento de onda igual a 10 μm. Qual é o menor detalhe que esse telescópio pode distinguir para pesquisar um planeta orbitando a estrela mais próxima do Sol, a Proxima Centauri, que está a uma distância da Terra de 4,22 anos-luz? Como esse valor se compara com o diâmetro da Terra ($1{,}27 \times 10^4$ km)? E com a distância média entre a Terra e o Sol ($1{,}50 \times 10^8$ km)? Um único telescópio desse tipo seria capaz de detectar a presença de um planeta como a Terra, em uma órbita de tamanho semelhante à da Terra, em torno de *qualquer* outra estrela? Explique. c) Suponha que o *Planet Imager* seja usado para observar um planeta em órbita em torno da 70 Virginis, uma estrela situada a uma distância da Terra de 59 anos-luz. Um planeta (embora não parecido com a Terra) girando em torno dessa estrela foi de fato detectado não pela observação direta da imagem, e sim pela medida da 'ondulação' produzida pelo movimento do conjunto da estrela e do planeta em torno do centro de massa comum do sistema. Qual é o tamanho do menor detalhe que o *Planet Imager* poderia distinguir sobre o planeta da estrela 70 Virginis? Como esse resultado se compara com o diâmetro de Júpiter ($1{,}38 \times 10^5$ km)? (Embora se acredite que o planeta da estrela 70 Virginis tenha uma massa 6,6 vezes maior do que a massa de Júpiter, seu raio provavelmente seria aproximadamente igual ao de Júpiter. Isso acontece porque planetas desse tipo devem conter muita matéria sob forma gasosa e não matéria sólida, de modo que esses gases podem ser comprimidos pela própria atração gravitacional das diferentes partes do planeta.)

Problemas desafiadores

36.73 É possível determinar a intensidade na figura de difração de fenda única de Fraunhofer *sem* usar o método dos fasores mostrado na Seção 36.3. Designe por y' a posição de um ponto no interior da fenda de largura a na Figura 36.5a, fazendo $y' = 0$, de modo que a fenda se estenda desde $y' = -a/2$ até $y' = a/2$. Podemos imaginar a fenda dividida em faixas de largura dy', cada uma delas desempenhando o papel de um centro de ondas secundárias. a) A amplitude da onda resultante no ponto O sobre a tela distante na Figura 36.5a é igual a E_0. Explique por que a amplitude de cada onda secundária infinitesimal na faixa dentro da fenda é dada por $E_0\,(dy'/a)$, de modo que o campo elétrico da onda secundária a uma distância x da faixa infinitesimal é $dE = E_0\,(dy'/a)\,\text{sen}\,(kx - \omega t)$. b) Explique por que a onda secundária que sai de cada faixa da fenda e atinge o ponto P mostrado na Figura 36.5a pode ser expressa do seguinte modo:

$$dE = E_0 \frac{dy'}{a} \text{sen}\left[k(D - y'\,\text{sen}\,\theta) - \omega t\right]$$

onde D é a distância entre o ponto P e o centro da fenda e $k = 2\pi/\lambda$. c) Integrando as contribuições da onda infinitesimal dE provenientes de todas as partes da fenda, mostre que a onda resultante detectada no ponto P é dada por

$$E = E_0 \text{sen}(kD - \omega t) \frac{\text{sen}\left[ka(\text{sen}\,\theta)/2\right]}{ka(\text{sen}\,\theta)/2}$$
$$= E_0 \text{sen}(kD - \omega t) \frac{\text{sen}\left[\pi a(\text{sen}\,\theta)/\lambda\right]}{\pi a(\text{sen}\,\theta)/\lambda}$$

(As identidades trigonométricas do Apêndice B serão úteis.) Mostre que, para $\theta = 0$, correspondendo ao ponto O na Figura 36.5a, a onda é $E = E_0\,\text{sen}\,(kd - \omega t)$ e possui amplitude E_0 conforme foi dito no item (a). d) Use o resultado do item (c) para mostrar que, se a intensidade no ponto O for I_0, então a intensidade no ponto P será dada pela Equação (36.7).

36.74 **Intensidade em uma rede com N fendas.** a) Considere uma rede com N fendas com uma distância d constante entre fendas adjacentes. As fendas emitem coerentemente e em fase ondas de comprimento de onda λ. Mostre que para um instante t o campo elétrico em um ponto P distante é dado por

$$E_P(t) = E_0\cos(kR - \omega t) + E_0\cos(kR - \omega t + \phi) + E_0\cos(kR - \omega t + 2\phi) + \cdots + E_0\cos(kR - \omega t + (N-1)\phi)$$

onde E_0 é a amplitude no ponto P do campo elétrico produzido por uma fenda individual, $\phi = (2\pi d\,\text{sen}\,\theta)/\lambda$, sendo θ o ângulo formado pelo raio que atinge o ponto P (medido a partir da perpendicular que passa pelo centro do conjunto das fendas) e R é a distância entre o ponto P e a fenda mais afastada. Neste problema, suponha que R seja muito maior do que d. b) Para fazer a soma indicada no item (a), é conveniente usar a seguinte relação envolvendo o número complexo

$$e^{iz} = \cos z + i\,\text{sen}\,z,$$

onde $i = \sqrt{-1}$. Na expressão anterior, $\cos z$ é a *parte real* do número complexo e^{iz} e $\text{sen}\,z$ é sua *parte imaginária*. Mostre que o campo elétrico $E_P(t)$ é dado pela parte real da grandeza complexa

$$\sum_{n=0}^{N-1} E_0 e^{i(kR - \omega t + n\phi)}$$

c) Usando a propriedade da função exponencial $e^A e^B = e^{(A+B)}$ e a propriedade $(e^A)^n = e^{nA}$, mostre que a soma do item (b) pode ser escrita na forma

$$E_0\left(\frac{e^{iN\phi} - 1}{e^{i\phi} - 1}\right)e^{i(kR - \omega t)} = E_0\left(\frac{e^{iN\phi/2} - e^{-iN\phi/2}}{e^{i\phi/2} - e^{-i\phi/2}}\right)e^{i[kR - \omega t + (N-1)\phi/2]}$$

A seguir, usando a relação $e^{iz} = \cos z + i\,\text{sen}\,z$, mostre que o campo elétrico (real) no ponto P é

$$E_p(t) = \left[E_0 \frac{\text{sen}(N\phi/2)}{\text{sen}(\phi/2)}\right]\cos\left[kR - \omega t + (N-1)\phi/2\right]$$

A grandeza entre os dois primeiros colchetes na expressão anterior é a amplitude do campo elétrico no ponto P. d) Use o resultado da amplitude do campo elétrico do item (c) para mostrar que a intensidade para qualquer ângulo θ é dada por

$$I = I_0\left[\frac{\text{sen}(N\phi/2)}{\text{sen}(\phi/2)}\right]^2$$

onde I_0 é a intensidade máxima de uma única fenda. e) Verifique o resultado geral do item (d) para o caso $N = 2$. Será útil lembrar que $\text{sen}\,2A = 2\,\text{sen}\,A\cos A$. Explique por que seu resultado difere de um fator 4 do resultado mostrado na Equação (35.10), que fornece a expressão da intensidade na experiência de fenda dupla. (*Sugestão*: I_0 é definido do mesmo modo nas duas expressões?)

36.75 **Intensidade em uma rede com N fendas, continuação.** O item (d) do problema anterior fornece a intensidade na figura de interferência de N fendas idênticas. Use esse resultado para verificar as seguintes afirmações: a) A intensidade máxima da figura é dada por $N^2 I_0$. b) O máximo principal do centro da figura se estende desde $\phi = -2\pi/N$ até $\phi = 2\pi/N$, de modo que sua largura é proporcional a $1/N$. c) Ocorre um mínimo quando ϕ é um múltiplo inteiro de $2\pi/N$, exceto quando ϕ é um múltiplo inteiro de 2π (que fornece um máximo principal). d) Existem $(N-1)$ mínimos entre dois máximos principais consecutivos. e) Na metade entre dois máximos principais, a intensidade não pode ser maior do que I_0; ou seja, ela não pode ser maior do que $1/N^2$ vezes a intensidade de um máximo principal.

RELATIVIDADE

37

No Laboratório Nacional de Brookhaven, em Nova York, núcleos atômicos são acelerados a 99,995% do limite máximo de velocidade existente no universo — a velocidade da luz. Existe também um limite máximo para a *energia cinética* de uma partícula?

OBJETIVOS DE APRENDIZAGEM

Ao estudar este capítulo, você aprenderá:

- Os dois postulados da teoria especial da relatividade de Einstein, e o raciocínio por trás desses postulados.
- Por que observadores diferentes podem discordar sobre a simultaneidade ou não de dois eventos.
- Como a relatividade prevê que os relógios se atrasarão, e evidências experimentais que confirmam isso.
- Como a extensão de um objeto varia devido ao movimento do objeto.
- Como a velocidade de um objeto depende do sistema de referência a partir do qual o objeto é observado.
- Como a teoria da relatividade modifica a relação entre velocidade e momento linear.
- Como resolver problemas envolvendo trabalho e energia cinética para partículas que se deslocam em velocidades relativísticas.
- Alguns dos conceitos-chave da teoria geral da relatividade de Einstein.

No início de 1905, Albert Einstein tinha 25 anos de idade e era um desconhecido funcionário do departamento de patentes da Suíça. No final daquele ano, ele publicou três artigos de extraordinária importância. Um deles era a análise do movimento browniano; o segundo (aquele que lhe garantiu o Prêmio Nobel) versava sobre o efeito fotoelétrico. No terceiro, Einstein introduziu sua **teoria da relatividade especial**, propondo uma drástica revisão dos conceitos newtonianos de espaço e tempo.

A teoria da relatividade especial introduziu muitas mudanças significativas em nossa compreensão da natureza; entretanto, Einstein baseou essa teoria em apenas dois postulados bastante simples. Um deles afirma que as leis da física devem ser as mesmas em qualquer sistema de referência inercial. O outro diz que a velocidade da luz no vácuo deve ser sempre a mesma em qualquer sistema de referência inercial. Essas proposições aparentemente simples apresentam conseqüências muito importantes. Três delas são: (1) Um evento que ocorre simultaneamente a outro em relação a um observador pode não ocorrer simultaneamente em relação a outro observador. (2) Quando existe movimento relativo entre dois observadores e eles efetuam medidas de intervalos de tempo e de distância, os resultados obtidos podem não concordar. (3) Para que a lei da conservação da energia e a lei da conservação do momento linear sejam válidas em qualquer sistema de referência inercial, a segunda lei de Newton e as equações para a energia cinética e o momento linear devem ser reformuladas.

A relatividade tem conseqüências muito importantes em *todas* as áreas da física, inclusive a termodinâmica, o eletromagnetismo, a ótica, a física atômica, a física nuclear e a física das partículas de alta energia. Embora muitos resultados deduzidos neste capítulo possam parecer contrários à intuição, a teoria concorda solidamente com as observações experimentais.

37.1 Invariância das leis físicas

Vamos dar uma olhada nos dois postulados que constituem a teoria especial da relatividade. Ambos os postulados descrevem o que é visto por um observador em um *sistema de referência inercial,* que estudamos na Seção 4.2. A teoria é 'especial' no sentido de que se aplica aos observadores em tais sistemas de referência especial.

Primeiro postulado de Einstein

O primeiro postulado de Einstein, chamado de **princípio da relatividade**, afirma que: *as leis da física são as mesmas em qualquer sistema de referência inercial*. Caso houvesse alguma lei diferente, ela serviria para distinguir um sistema de referência inercial de outro ou faria um sistema ser mais 'correto' do que outro. Vejamos dois exemplos. Suponha que você esteja no interior de um trem que se desloca com velocidade constante e veja uma criança jogar uma bola, dentro do trem, para outra criança dentro do trem. Observando apenas o movimento *da bola*, por melhor que seja a medida que você realize, você não poderá saber o valor da velocidade do trem (ou se ele se move). Isso resulta do fato de as leis da mecânica (leis de Newton) serem as mesmas em qualquer sistema de referência inercial.

Outro exemplo é a força eletromotriz (fem) induzida em uma bobina pelo movimento de um ímã situado em suas vizinhanças. No sistema de referência no qual a *bobina* está em repouso (Figura 37.1a), o ímã está se aproximando da bobina, produzindo uma variação de fluxo magnético nela, e isso induz uma fem. No sistema de referência no qual o *ímã* está em repouso (Figura 37.1b), a bobina induz uma fem ao aproximar-se do ímã através do campo magnético. De acordo com o princípio da relatividade, ambos os pontos de vista são válidos e, assim, a mesma fem deve ser induzida em ambas as situações retratadas na Figura 37.1. Como vimos no Capítulo 29, volume 3, esse é realmente o caso, então a lei da indução de Faraday é compatível com o princípio da relatividade. De fato, todas as leis do eletromagnetismo são as mesmas em todos os sistemas de referência inercial.

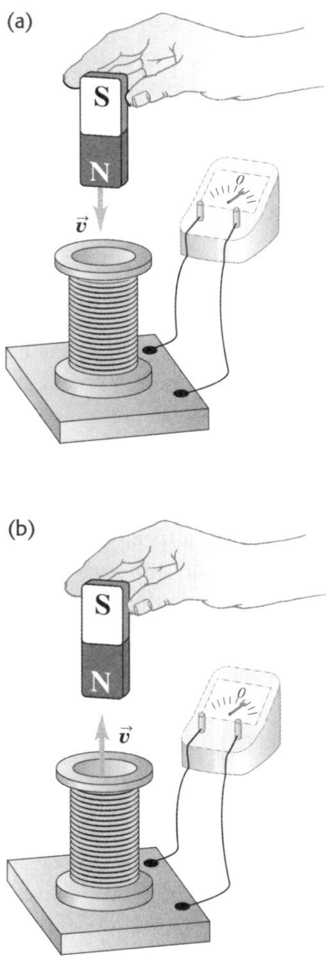

Figura 37.1 A mesma fem é induzida na bobina, quer (a) o ímã se mova em relação à bobina, quer (b) a bobina se mova em relação ao ímã.

Igualmente importante é a previsão acerca da velocidade de propagação das ondas eletromagnéticas no vácuo, deduzida a partir das equações de Maxwell (Seção 32.2). De acordo com essa análise, a luz e todas as ondas eletromagnéticas deslocam-se no vácuo com uma velocidade constante, agora definida como exatamente igual a 299.792.458 m/s. (Geralmente usamos o valor aproximado $c = 3{,}0 \times 10^8$ m/s, que difere do valor exato com erro de uma parte em 1000.) Como veremos, a velocidade da luz no vácuo desempenha um papel central na teoria da relatividade especial.

Segundo postulado de Einstein

Durante o século XIX, muitos físicos acreditavam que a luz se deslocasse através de um meio hipotético chamado *éter*, do mesmo modo que o som se propaga no ar. Se isso fosse verdade, a velocidade da luz em relação a observadores diferentes dependeria da velocidade relativa entre os observadores e, portanto, teria diversos valores para direções diferentes. A experiência de Michelson-Morley, descrita na Seção 35.5, buscou medir o movimento da Terra em relação ao éter. O grande salto conceitual obtido por Einstein foi reconhecer que, se as equações de Maxwell fossem válidas em qualquer sistema de referência inercial, então a velocidade da luz deveria ser a mesma em todos os sistemas de referência e em todas as direções. De fato, Michelson e Morley não detectaram *nenhum* movimento da Terra em relação ao éter, e o conceito de éter foi abandonado. Embora Einstein possa não ter tido conhecimento desse resultado negativo, tal resultado confirma sua hipótese marcante da constância da velocidade da luz no vácuo.

O segundo postulado de Einstein afirma: a velocidade da luz no vácuo é sempre a mesma em qualquer sistema de referência inercial, e não depende da velocidade da fonte.

Vamos raciocinar sobre o significado desse postulado. Suponha que dois observadores meçam a velocidade da luz no vácuo. Um está em repouso em relação à fonte de luz e o outro se afasta dela. Ambos estão em sistemas de referência inerciais. De acordo com o princípio da relatividade, os dois observadores devem obter o mesmo resultado, embora haja um movimento relativo entre eles.

Figura 37.2 (a) A mecânica newtoniana faz previsões corretas sobre objetos relativamente lentos em movimento; (b) faz previsões incorretas sobre o comportamento da luz.

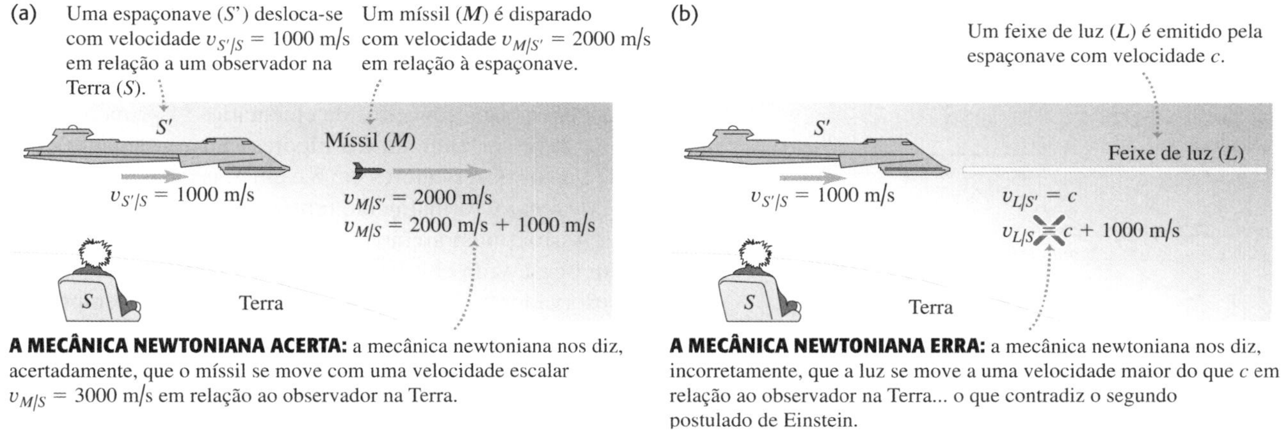

Se isso parece muito fácil, considere a seguinte situação. Uma espaçonave se desloca com velocidade de 1000 m/s em relação à Terra e dispara um míssil na mesma direção e no mesmo sentido de seu movimento com velocidade de 2000 m/s (em relação à espaçonave) (Figura 37.2). Qual é a velocidade do míssil em relação à Terra? É simples, você responde; trata-se de um problema elementar de velocidade relativa (Seção 3.5, no volume 1). A resposta correta, de acordo com a mecânica newtoniana, é 3000 m/s. Mas suponha agora que o farol da espaçonave esteja emitindo luz no mesmo sentido e na mesma direção do movimento do míssil disparado. Um observador no interior da espaçonave mede o valor da velocidade da luz emitida pelo farol e encontra o valor c. De acordo com o segundo postulado de Einstein, o movimento da luz depois que ela abandonou a fonte não pode depender do movimento da fonte. Portanto, um observador que mede a velocidade da luz deve obter o mesmo valor c e não c + 1000 m/s. Esse resultado contradiz nossa noção elementar de velocidade relativa e não concorda com o senso comum. Porém, o 'senso comum' é uma intuição baseada em nossa experiência cotidiana, que geralmente não inclui medidas de velocidade da luz.

Velocidade limite

O segundo postulado de Einstein implica a seguinte conclusão:

Um observador inercial não pode se deslocar com a velocidade da luz no vácuo *c*.

Podemos provar isso mostrando que se deslocar com a velocidade da luz c conduz a uma contradição. Suponha que a espaçonave S' indicada na Figura 37.2b se mova com a velocidade da luz em relação a um observador na Terra, de modo que $v_{S'/S} = c$. Se a espaçonave a seguir acende um farol, o observador S na Terra, de acordo com o segundo postulado, verifica que o feixe de luz do farol também se desloca com velocidade c. Ou seja, como a espaçonave e a luz deslocam-se com a mesma velocidade, a luz deve ficar sempre no mesmo ponto do espaço onde estiver a espaçonave. Porém, de acordo com o segundo postulado, concluímos que o feixe de luz também se desloca com velocidade c em relação à espaçonave e, portanto, o feixe de luz *não* pode ficar sempre no mesmo ponto do espaço onde está a espaçonave. Esse resultado contraditório só pode ser resolvido afirmando-se que nenhum observador pode se deslocar com a velocidade da luz c. À medida que avançamos em nossos estudos sobre a relatividade, você talvez faça a mesma pergunta que Einstein fez quando era um estudante com 16 anos de idade: "O que eu veria se me deslocasse com a velocidade da luz?" Einstein concluiu, anos mais tarde, que a falácia básica da pergunta é que ele não poderia se deslocar com a velocidade c.

Transformação galileana para as coordenadas

Vamos agora discutir esse assunto simbolicamente, usando dois sistemas de referência inerciais, designados por S para o observador na Terra e por S' para o observador na espaçonave que se move, como indicado na Figura 37.3. Para simplificar, omitimos o eixo Oz. Os dois eixos na direção x dos dois sistemas estão sobre a mesma linha reta, porém, a origem O' do sistema S' desloca-se em relação à origem O do sistema S com velocidade constante u ao longo do eixo x-x' comum. Na Terra ajustamos nossos relógios de modo que as duas origens coincidam no instante $t = 0$, e, portanto, a distância entre as origens no instante t é igual a ut.

ATENÇÃO Tenha cuidado ao escolher as suas coordenadas do sistema inercial Muitas equações deduzidas neste capítulo são verdadeiras *somente* quando definimos nosso sistema inercial como estipulado no parágrafo anterior. Por exemplo, o sentido positivo do eixo Ox deve ser dado pelo sentido no qual a origem O' se desloca em relação à origem O. Na Figura 37.3, esse sentido é da esquerda para a direita; se, em vez disso, O' se desloca para a esquerda em relação a O, você deve lembrar que o sentido positivo do eixo Ox deve ser da direita para a esquerda.

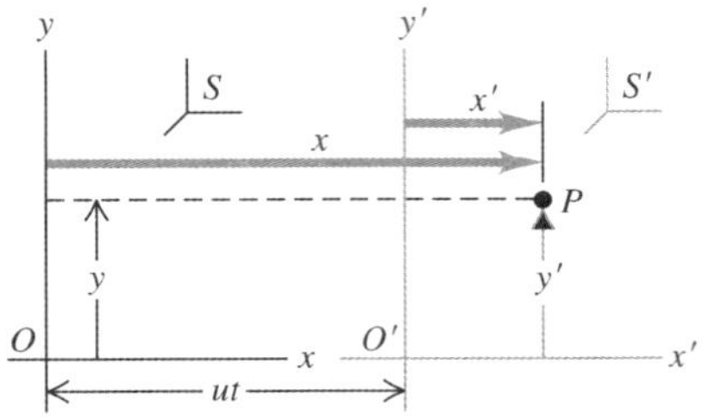

Figura 37.3 A posição de uma partícula *P* pode ser descrita pelas coordenadas *x* e *y* de um sistema de referência *S* ou por *x'* e *y'* de *S'*.

Pense agora como descrever o movimento de uma partícula *P*; esta poderia ser um veículo explorador lançado pela espaçonave ou um pulso de luz emitido por um laser. Podemos descrever a *posição* dessa partícula usando as coordenadas na Terra (x, y, z) em *S* ou as coordenadas na espaçonave (x', y', z') em *S'*. A Figura 37.3 mostra a expressão simples pela qual elas estão relacionadas:

$$x = x' + ut \qquad y = y' \qquad z = z' \tag{37.1}$$

(transformação galileana para as coordenadas)

Essas equações, baseadas nas noções newtonianas usuais de espaço e tempo, são chamadas de **transformação galileana para as coordenadas**.

Se uma partícula *P* se desloca ao longo do eixo *Ox*, o componente v de sua velocidade em relação a um observador em repouso em *S* é dado por $v_x = dx/dt$. O componente v'_x da velocidade da partícula em relação a um observador em repouso em *S'* é dado por $v'_x = dx'/dt$. Podemos deduzir uma relação entre v_x e v'_x derivando em relação a *t* a primeira equação indicada no conjunto (37.1):

$$\frac{dx}{dt} = \frac{dx'}{dt} + u$$

Como dx/dt é a velocidade v_x medida em *S* e dx'/dt é a velocidade v'_x medida em *S'*, obtemos a *transformação galileana para as velocidades* para um movimento em uma dimensão:

$$v_x = v'_x + u \tag{37.2}$$

(transformação galileana para as velocidades)

Embora a notação seja diferente, o resultado anterior concorda com o que estudamos na Seção 3.5, no volume 1, sobre velocidades relativas.

Vejamos agora o problema fundamental. Aplicando a Equação (37.2) para a velocidade da luz no vácuo, obtemos $c = c' + u$. O segundo postulado de Einstein, confirmado por um grande número de resultados experimentais, afirma que $c = c'$. Isso é uma genuína contradição, não mera ilusão, e requer uma solução. Aceitando o segundo postulado somos forçados a concluir que as equações (37.1) e (37.2) *não* podem ser exatamente corretas, apesar de nossa dedução convincente. Essas equações devem ser modificadas para que fiquem em harmonia com esse postulado.

A solução envolve algumas modificações fundamentais em nossos conceitos de cinemática. A primeira noção que deve ser alterada é a hipótese aparentemente óbvia de que os observadores em *S* e em *S'* usam a mesma *escala de tempo*, formalmente representada pela igualdade $t = t'$. Assim, mostraremos a seguir que essa hipótese aceita em nossa vida cotidiana não pode estar correta; os dois observadores *devem* possuir duas escalas de tempo diferentes. Devemos definir a velocidade v' no sistema *S'* como $v' = dx'/dt'$ e não como dx'/dt; essas duas grandezas são diferentes. A dificuldade reside no conceito de *simultaneidade*, que será nosso próximo tópico. Uma análise cuidadosa desse conceito nos ajudará a reformular nossas noções de espaço e tempo.

Teste sua compreensão da Seção 37.1 Quando uma espaçonave passa por você em alta velocidade, aciona um estroboscópio que emite um pulso de luz em todas as direções. Um observador a bordo da espaçonave mede uma frente de onda esférica que se espalha a partir da espaçonave com a mesma velocidade em todas as direções. a) Qual é a forma da frente de onda que *você* mede? (i) esférica; (ii) elipsoidal, com o eixo maior ao longo da direção do movimento da espaçonave; (iii) elipsoidal, com o eixo menor ao longo da direção do movimento da espaçonave; (iv) não há informações suficientes para decidir. b) A frente de onda está centrada na espaçonave? ∎

37.2 Relatividade da simultaneidade

A medida do tempo e de um intervalo de tempo envolve o conceito de **simultaneidade**. Em um dado sistema de referência, um **evento** é uma ocorrência caracterizada por valores definidos da posição e do tempo (Figura 37.4). Quando você diz que se levantou às 7 horas, está afirmando que dois eventos ocorreram *simultaneamente* (você levantar e o relógio indicar 7 horas). O problema fundamental na medida de intervalos de tempo é que, quando dois eventos ocorrem simultaneamente em um sistema de referência, eles *não* ocorrem simultaneamente em um segundo sistema de referência que se move em relação ao primeiro, mesmo quando ambos são sistemas de referência inerciais.

Uma experiência imaginária sobre simultaneidade

Isso parece ser contrário ao senso comum. Para ilustrar esse ponto, vamos fazer uma das *experiências imaginárias* de Einstein — experiências mentais que seguem os conceitos e suas conclusões lógicas. Imagine um trem deslocando-se

Figura 37.4 Um evento apresenta uma posição e um tempo definidos — por exemplo, na rua diante do centro da torre Eiffel, à meia-noite, na véspera do Ano Novo.

com uma velocidade uniforme, próxima de c (Figura 37.5). Dois raios atingem o vagão de passageiros nas vizinhanças das duas extremidades. Cada raio deixa uma marca no vagão e no chão no momento em que atinge esses pontos. Os pontos sobre o solo são indicados pelas letras A e B na figura, e os pontos correspondentes sobre o vagão são A' e B'. Stanley está em repouso no solo no ponto O, na metade do segmento que liga A com B. Mavis move-se com o trem no ponto O', no meio do vagão de passageiros, na metade do segmento que liga A' com B'. Tanto Stanley quanto Mavis vêem as frentes de onda da luz emitidas pelos pontos atingidos pelos raios.

Suponha que as duas frentes de onda dos raios que atingiram o solo atinjam Stanley simultaneamente no ponto O. Ele sabe que a distância entre ele e o ponto A é igual à distância entre ele e o ponto B, de modo que Stanley conclui que os raios atingiram A e B simultaneamente. Mavis admite que as duas frentes de onda atingiram Stanley no mesmo instante, porém, não concorda que as frentes de onda tenham sido emitidas simultaneamente dos pontos atingidos pelos raios.

Stanley e Mavis concordam que as duas frentes de onda não atingem Mavis no mesmo instante. Mavis no ponto O' desloca-se para a direita juntamente com o trem, de modo que ela encontra a frente de onda proveniente de B' *antes* de a frente de onda proveniente de A' atingi-la. Contudo, como ela está no meio do vagão de passageiros, eqüidistante entre os pontos A' e B', se os dois raios atingissem simultaneamente as extremidades do vagão, as duas frentes de onda deveriam levar o mesmo tempo para chegar até ela, porque eles percorreriam a mesma distância com a mesma velocidade c. (Lembre-se de que a velocidade da luz em relação a *qualquer* observador é sempre igual a c.) Assim, Mavis conclui que um raio atingiu o ponto B' *antes* de o outro atingir o ponto A'. Stanley, que está no ponto O, conclui que os dois eventos ocorrem simultaneamente, porém, Mavis, no ponto O', conclui que os dois eventos *não* são simultâneos! *Quando dois eventos ocorrem em dois pontos diferentes do eixo Ox eles podem ou não ser simultâneos, dependendo do estado do movimento do observador.*

Você poderá contestar que os dois raios *são* realmente simultâneos e que, caso Mavis no ponto O' pudesse se comunicar com os dois pontos distantes sem o atraso do tempo produzido pela velocidade finita da luz, ela poderia comprovar isso. Contudo, esse raciocínio é errado; a velocidade finita da transmissão da informação não é a questão central. Como O' está eqüidistante dos pontos A' e B', então, no sistema de referência de Mavis, o sinal para ir de A' até O' leva o mesmo tempo que para ir de B' até O'. Os dois sinais chegariam simultaneamente ao ponto O' caso tivessem partido simultaneamente de A' e de B'. Nesse exemplo eles *não* chegaram simultaneamente a O', portanto Mavis concluiu que os eventos em A' e B' *não* ocorreram simultaneamente.

Além disso, não existe nenhuma base para afirmar se Stanley está certo e Mavis está errada, ou vice-versa. De acordo com o princípio da relatividade, não podemos dizer que um sistema de referência inercial é mais correto do que outro para formular uma lei física. Cada observador está correto em *seu respectivo sistema de referência*. Em outras palavras, a simultaneidade não é um conceito absoluto. Se dois eventos ocorreram simultaneamente ou não, isso depende do sistema de referência. Como dissemos no início desta seção, a simultaneidade desempenha um papel importante na medição de intervalos de tempo. Concluímos que *intervalos de tempo entre dois eventos podem ser diferentes em sistemas de referência diferentes*. Logo, nossa próxima tarefa é aprender como se comparam intervalos de tempo em diferentes sistemas de referência.

Teste sua compreensão da Seção 37.2 Stanley, que trabalha para a companhia ferroviária a que pertence o trem mostrado na Figura 37.5, sincronizou cuidadosamente os relógios de todas as estações. No momento em que Stanley mede, todos os relógios marcam meio-dia. Mavis está em um trem de passageiros viajando em alta velocidade de Ogdenville para North Haverbrook. Segundo Mavis, quando o relógio de Ogdenville bate meio-dia, que horas são em North Haverbrook? (i) meio-dia; (ii) antes do meio-dia; (iii) depois do meio-dia. ∎

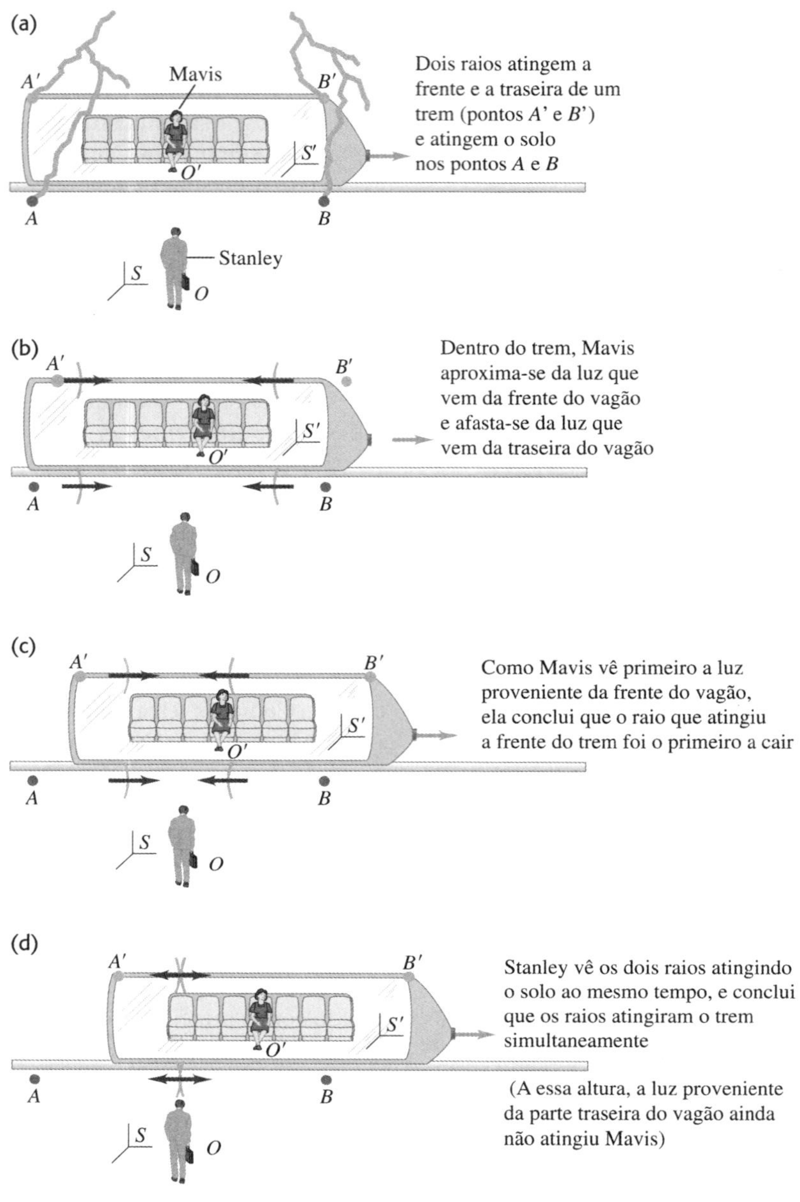

Figura 37.5 Uma experiência imaginária sobre simultaneidade.

37.3 Relatividade dos intervalos de tempo

Para deduzir uma relação quantitativa entre os diferentes intervalos de tempo em diferentes sistemas de referência, vamos considerar outra experiência imaginária. Como antes, um sistema de referência S' move-se ao longo do eixo comum $x - x'$ com velocidade constante u em relação a um sistema de referência S. De acordo com a Seção 37.1, u deve ser menor do que a velocidade da luz c. Mavis, que se desloca com o sistema S, mede o intervalo de tempo entre dois eventos que ocorrem em um *mesmo* ponto do espaço em relação a ela. O evento 1 é a emissão do pulso no ponto O'. O evento 2 é o retorno do pulso ao ponto O', depois que ele é refletido de um espelho situado a uma distância d desse ponto, como indicado na Figura 37.6a. Designamos esse intervalo de tempo por Δt_0, onde o índice inferior zero é usado para lembrar que o observador está em repouso, com velocidade nula, no sistema S'. O pulso de luz se desloca uma distância total de $2d$, de modo que esse intervalo de tempo é

$$\Delta t_0 = \frac{2d}{c} \tag{37.3}$$

Stanley mede um intervalo de tempo diferente Δt para o percurso de ida e volta do pulso; em seu sistema de refe-

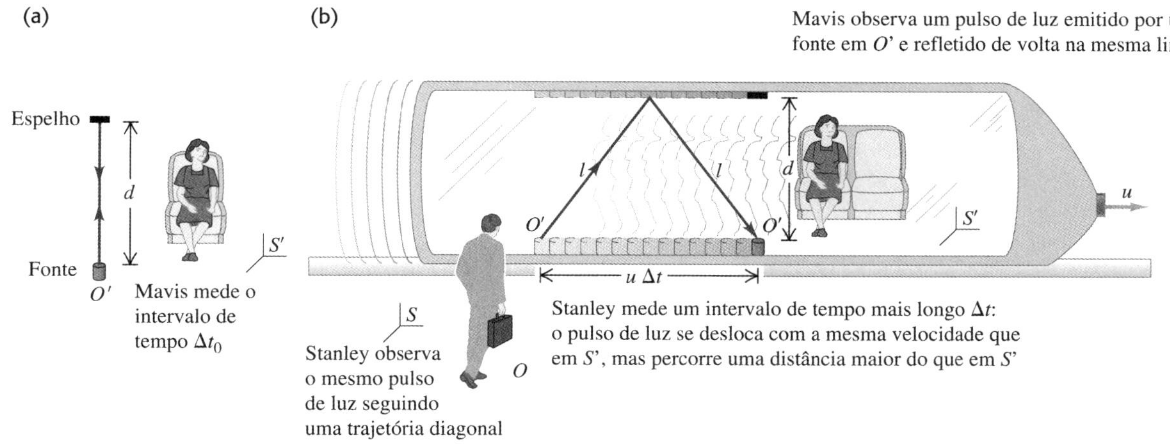

Figura 37.6 (a) Mavis, em repouso em S', observa um pulso de luz emitido de uma fonte em O' e refletido de volta ao longo da mesma direção. (b) Trajetória do mesmo pulso de luz observado por Stanley no sistema S. As posições de O' quando o pulso é emitido e quando ele retorna estão indicadas.

rência, os dois eventos ocorrem em dois pontos *diferentes* do espaço. Durante o intervalo de tempo Δt, a fonte deslocou-se uma distância $u\Delta t$ em relação a S (Figura 37.6b). No sistema S', o percurso de ida e volta do pulso é uma distância $2d$ perpendicular à velocidade relativa, porém, no sistema S o percurso de ida e volta do pulso é uma distância $2l$ mais longa dada por

$$l = \sqrt{d^2 + \left(\frac{u\,\Delta t}{2}\right)^2}$$

Ao deduzirmos as relações anteriores, admitimos que ambos os observadores medem a mesma distância d. Mostraremos a validade dessa hipótese na próxima seção. A velocidade da luz é a mesma para os dois observadores; portanto, o intervalo de tempo medido em S para o percurso de ida e volta do pulso é

$$\Delta t = \frac{2l}{c} = \frac{2}{c}\sqrt{d^2 + \left(\frac{u\,\Delta t}{2}\right)^2} \tag{37.4}$$

Deseja-se obter uma relação entre Δt e Δt_0 que não dependa da distância d. Para isso, explicitamos d na Equação (37.3), substituímos o resultado na Equação (37.4) e obtemos

$$\Delta t = \frac{2}{c}\sqrt{\left(\frac{c\,\Delta t_0}{2}\right)^2 + \left(\frac{u\,\Delta t}{2}\right)^2} \tag{37.5}$$

Agora elevamos ao quadrado e explicitamos Δt; o resultado é

$$\Delta t = \frac{\Delta t_0}{\sqrt{1 - u^2/c^2}}$$

Como a expressão $\sqrt{1 - u^2/c^2}$ é menor do que 1, Δt é maior do que Δt_0. Assim, Stanley mede um tempo de ida e volta *mais longo* para o pulso de luz do que Mavis.

Dilatação do tempo

Podemos generalizar esse importante resultado. Em um sistema de referência particular, supomos que dois eventos ocorram no mesmo ponto do espaço. Chamamos de Δt_0 o intervalo de tempo entre esses eventos, medido por um observador em repouso no mesmo sistema (que chamamos de *sistema de referência em repouso* em relação ao observador). Então, um observador situado em um segundo sistema de referência que se move com velocidade constante u em relação a um sistema de referência em repouso medirá um intervalo de tempo Δt dado por

$$\Delta t = \frac{\Delta t_0}{\sqrt{1 - u^2/c^2}} \tag{37.6}$$

(dilatação do tempo)

Lembrando que nenhum observador pode se deslocar com $u = c$, notamos que $\sqrt{1 - u^2/c^2}$ possui valor imaginário para $u > c$. Logo, a Equação (37.6) fornece valores reais apenas quando $u < c$. O denominador da Equação (37.7) é sempre maior do que 1, de modo que Δt é sempre maior do que Δt_0. Portanto, chamamos esse efeito de **dilatação do tempo**.

Imagine um relógio de pêndulo antigo marcando um segundo entre dois tique-taques consecutivos, medido por Mavis no mesmo sistema do relógio; esse valor é Δt_0. Se o sistema de referência onde se encontra esse relógio se move em relação a Stanley, ele mede um intervalo de tempo Δt entre dois tique-taques maior do que um segundo. Em resumo, *todo observador que se desloca em rela-*

Figura 37.7 Esta imagem mostra uma estrela explodindo, chamada de ***supernova***, situada no interior de uma galáxia afastada bilhões de anos-luz da Terra. O brilho de uma supernova típica diminui a uma certa taxa. No entanto, o brilho de uma supernova que se afasta de nós com velocidade próxima da velocidade da luz diminui mais lentamente, de acordo com a Equação (37.6). Esse tipo de supernova é como um 'relógio' em movimento, que vai se tornando cada vez mais lento.

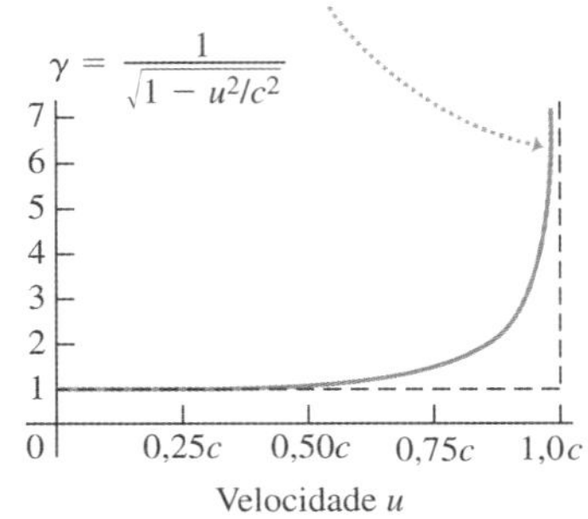

Figura 37.8 A grandeza $1/\sqrt{1 - u^2/c^2}$ em função da velocidade relativa u de dois sistemas de referência.

ção a um relógio mede um tempo mais longo do que o tempo medido com este relógio. (Figura 37.7). Note que essa conclusão decorre diretamente do fato de a velocidade da luz ser a mesma nos dois sistemas de referência.

A grandeza $1/\sqrt{1 - u^2/c^2}$ na Equação (37.6) aparece tanto na relatividade que é representada pela letra grega γ ('gama'):

$$\gamma = \frac{1}{\sqrt{1 - u^2/c^2}} \tag{37.7}$$

Por exemplo, podemos expressar a relação que dá a dilatação do tempo, Equação (37.6), simplesmente por

$$\Delta t = \gamma \, \Delta t_0 \quad \text{(dilatação do tempo)} \tag{37.8}$$

Para simplificarmos, algumas vezes usamos a letra grega β ('beta') para designar a razão u/c; por exemplo, $\gamma = 1/\sqrt{1 - \beta^2}$.

A Figura 37.8 mostra um gráfico de γ em função da velocidade relativa u de dois sistemas de referência. Quando u é muito pequeno se comparado a c, u^2/c^2 é muito menor do que 1 e γ é quase *igual* a 1. Nesse limite, as Equações (37.6) e (37.8) se aproximam da relação newtoniana $\Delta t = \Delta t_0$, *correspondente* ao mesmo intervalo de tempo em todos os sistemas de referência.

Se a velocidade relativa u for grande o suficiente para que γ seja significativamente maior do que 1, diz-se que a velocidade é *relativística;* se a diferença entre γ e 1 é desprezivelmente pequena, a velocidade é dita *não-relativística.* Assim, $u = 6{,}0 \times 10^7$ m/s $= 0{,}200c$ (em que $\gamma = 1{,}02$) é uma velocidade relativística, mas $u = 6{,}0 \times 10^4$ m/s $= 0{,}000200c$ (em que $\gamma = 1{,}00000002$ é uma velocidade não-relativística.

Tempo próprio

Há somente um sistema de referência para o qual um relógio está em repouso, porém, existe uma infinidade de sistemas para os quais esse relógio possui uma velocidade relativa. Portanto, o intervalo de tempo entre dois eventos (tal como o medido entre dois tique-taques do relógio) que ocorrem em um mesmo ponto em um sistema de referência particular é uma grandeza mais fundamental do que o intervalo de tempo entre dois eventos que acontecem em pontos diferentes. Usaremos a expressão **tempo próprio** para descrever um intervalo de tempo Δt_0 entre dois eventos que ocorrem *no mesmo ponto.*

ATENÇÃO Medindo intervalos de tempo É importante notar que o intervalo de tempo Δt na Equação (37.6) envolve eventos que ocorreram *em pontos diferentes do espaço* em relação ao sistema de referência S. Note também que as diferenças entre o intervalo de tempo Δt e o tempo próprio Δt_0 *não* são produzidas pela diferença de tempo de trânsito, ou seja, o tempo que a luz leva para ir daqueles pontos do espaço até o observador que está em repouso em S. Estamos supondo que o nosso observador seja capaz de corrigir o tempo de trânsito do mesmo modo que um astrônomo que observa o Sol entende que um evento que ocorre agora na Terra já ocorreu na superfície do Sol há cerca de 500 s. Alternativamente, podemos usar *dois* observadores, um em repouso no local do primeiro evento e o outro no local do segundo, cada um deles com seu próprio relógio. Podemos sincronizar esses relógios sem dificuldades, desde que eles estejam em repouso no mesmo sistema de referência. Por exemplo, a partir de um ponto eqüidistante entre os dois relógios, poderíamos enviar um pulso de luz simultaneamente para os relógios. Quando os pulsos atingirem os relógios, os observadores ajustarão a hora para um valor predeterminado. (Note, contudo, que relógios sincronizados em um sistema de referência geralmente *não* ficam sincronizados em relação a outros sistemas de referência.)

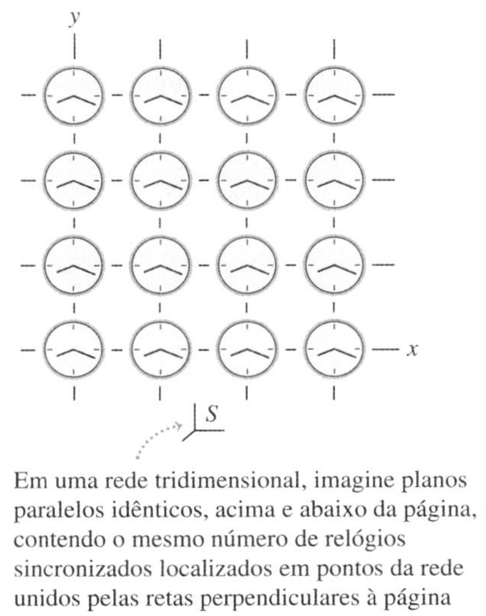

Figura 37.9 Um sistema de referência representado por uma rede de relógios sincronizados.

Em experimentos feitos mentalmente, é útil imaginar muitos observadores com relógios sincronizados em diversos pontos de um sistema de referência particular. Podemos representar um sistema de referência como uma rede de relógios sincronizados distribuídos ao longo da rede, como na Figura 37.9. Somente quando um relógio se move em relação a um sistema de referência é que devemos examinar as ambigüidades da sincronização ou simultaneidade.

Ao longo deste capítulo, usaremos com freqüência frases como "Stanley *observa* que Mavis passa pelo ponto $x = 5{,}0$ m, $y = 0$, $z = 0$ no tempo 2,0 s". Isso significa que Stanley está usando uma rede de relógios em seu sistema de referência, como a rede mostrada na Figura 37.9, para registrar o tempo de um evento. Poderíamos reformular a frase e dizer: "Quando Mavis passa pelo ponto $x = 5{,}0$ m, $y = 0$, $z = 0$, o relógio naquele local no sistema de referência de Stanley indica 2,0 s". Evitaremos usar frases como "Stanley *vê* que Mavis está em certo ponto em dado momento", porque há um atraso de tempo correspondente ao tempo que a luz leva para ir do local do evento até o olho de Stanley.

Estratégia para a solução de problemas 37.1

DILATAÇÃO DO TEMPO

IDENTIFICAR *os conceitos relevantes*: o conceito de dilatação do tempo é usado sempre que comparamos os intervalos de tempo entre eventos em relação a observadores em diferentes sistemas de referência inercial.

PREPARAR *o problema por meio dos seguintes passos*:

1. Para descrever um intervalo de tempo, primeiro você precisa decidir quais são os dois eventos que definem o começo e o fim do intervalo. Você precisa também identificar os dois sistemas de referência em que o intervalo de tempo é medido.
2. Determine qual é a incógnita.

EXECUTAR *o problema da seguinte forma*:

1. Em muitos problemas envolvendo dilatação do tempo, o intervalo de tempo entre eventos em relação a um sistema de referência é o tempo *próprio* Δt_0. O tempo próprio em certo sistema de referência é o intervalo de tempo entre dois eventos que ocorrem no mesmo ponto do sistema de referência. O tempo mais longo Δt é o intervalo de tempo entre os mesmos eventos medido por um observador em um segundo sistema que se desloca com velocidade u em relação ao primeiro sistema de referência. Os dois eventos ocorrem em pontos diferentes no segundo sistema de referência. Você precisará decidir em que sistema o intervalo de tempo é Δt_0 e em que sistema é Δt.
2. Use a Equação (37.6) ou a Equação (37.8) para relacionar Δt_0 e Δt, e depois resolva isolando a incógnita.

AVALIAR *o resultado obtido:* note que Δt nunca pode ser menor do que Δt_0 e u nunca pode ser maior do que c. Se os seus resultados não satisfazem a essa condição, você precisa refazer os cálculos.

Exemplo 37.1

DILATAÇÃO DO TEMPO PARA 0,990*c* Partículas subatômicas de alta energia vindas do espaço interagem com átomos nas camadas superiores da atmosfera terrestre, produzindo partículas instáveis chamadas *múons.* A vida média dos múons é $2{,}20 \times 10^{-6}$ s em relação a um sistema de referência no qual eles estão em repouso. Se um múon está se deslocando com uma velocidade de $0{,}990c$ (cerca de $2{,}97 \times 10^{8}$ m/s) em relação à Terra, que valor você (um observador na Terra) encontrará para a vida média desse múon?

SOLUÇÃO

IDENTIFICAR: este problema envolve a vida média do múon, que é o intervalo de tempo entre dois eventos: a geração do múon e seu subseqüente decaimento. Essa vida média é medida por dois observadores diferentes: um que observa o múon em repouso e outro (você) que o observa movendo-se a $0{,}990c$.

PREPARAR: seja S o sistema de referência da Terra e S' o sistema da espaçonave. A incógnita é o intervalo entre esses eventos em referência a S.

EXECUTAR: o intervalo de tempo entre os dois eventos em referência a S', $2{,}20 \times 10^{-6}$ s, é o tempo *próprio*, já que os dois eventos ocorrem na mesma posição em relação ao múon. Assim, $\Delta t_0 = 2{,}20 \times 10^{-6}$ s. O múon move-se em relação à Terra entre os dois eventos, logo os dois eventos ocorrem em posições diferentes em referência a S e o intervalo de tempo nesse sistema é Δt (a incógnita). Pela Equação (37.6),

$$\Delta t = \frac{\Delta t_0}{\sqrt{1 - u^2/c^2}} = \frac{2{,}20 \times 10^{-6}\ \text{s}}{\sqrt{1 - (0{,}990)^2}} = 15{,}6 \times 10^{-6}\ \text{s}$$

AVALIAR: nosso resultado prevê que a vida média do múon no sistema de referência da Terra (Δt) seja sete vezes mais longo do que no sistema do múon (Δt_0). Essa previsão foi verificada experimentalmente; na verdade, foi a primeira confirmação experimental da fórmula da dilatação do tempo, Equação (37.6).

Exemplo 37.2

DILATAÇÃO DO TEMPO PARA UM AVIÃO A JATO Um avião a jato voa de San Francisco até Nova York (cerca de 4800 km ou $4{,}80 \times 10^6$ m) com velocidade constante de 300 m/s (cerca de 670 mi/h). Qual é a duração da viagem para um observador no solo? E para um observador dentro do avião?

SOLUÇÃO

IDENTIFICAR: neste problema, estamos preocupados com o que nossos dois observadores medem como o intervalo de tempo entre o avião que sai de San Francisco e aterrissa em Nova York.

PREPARAR: as incógnitas são os intervalos de tempo entre esses eventos em relação ao sistema de referência no solo S e ao sistema de referência do avião S'.

EXECUTAR: os dois eventos ocorrem em posições diferentes (San Francisco e Nova York) em relação a S, portanto, o intervalo de tempo medido por um observador no solo corresponde ao valor de Δt indicado na Equação (37.6). Para calcular esse valor simplesmente dividimos a distância pela velocidade:

$$\Delta t = \frac{4{,}80 \times 10^6\ \text{m}}{300\ \text{m/s}} = 1{,}60 \times 10^4\ \text{s} \qquad \text{(cerca de 4,5 horas)}$$

No sistema de referência do avião, sair de San Francisco e chegar a Nova York são dois eventos que ocorrem no *mesmo* ponto (a posição do avião). O intervalo de tempo medido por um observador no avião constitui um tempo próprio que corresponde ao valor de Δt_0 indicado na Equação (37.6). Obtemos

$$\frac{u^2}{c^2} = \frac{(300\ \text{m/s})^2}{(3{,}0 \times 10^8\ \text{m/s})^2} = 1{,}0 \times 10^{-12}$$

e, de acordo com a Equação (37.6),

$$\Delta t_0 = (1{,}60 \times 10^4\ \text{s})\sqrt{1 - 1{,}0 \times 10^{-12}}$$

A raiz quadrada indicada não pode ser calculada com precisão suficiente por uma calculadora comum. Mas podemos aproximá-la usando a série binomial (veja o Apêndice B):

$$(1 - 1{,}0 \times 10^{-12})^{1/2} = 1 - \left(\frac{1}{2}\right)(1{,}0 \times 10^{-12}) + \cdots$$

Os termos seguintes são da ordem de 10^{-24} ou ainda menores e podem ser desprezados. Portanto, Δt_0 é aproximadamente

$$\Delta t_0 = (1{,}60 \times 10^4\ \text{s})(1 - 0{,}50 \times 10^{-12})$$

O tempo próprio Δt_0 medido no avião difere muito pouco (menos de uma parte em 10^{12}) do tempo medido pelo observador no solo.

AVALIAR: em nossa vida cotidiana não notamos esses efeitos de pequena intensidade. Contudo, como dissemos na Seção 1.3, no volume 1, os relógios atômicos modernos podem atingir uma precisão da ordem de uma parte em 10^{13}. Um avião a jato transportando um relógio de césio foi usado para medir esse efeito e verificou a validade da Equação (37.6) mesmo no caso de velocidades bem menores do que c.

Exemplo 37.3

QUANDO É QUE UM TEMPO É PRÓPRIO? Mavis viaja em uma espaçonave e passa com velocidade relativa de $0{,}600c$ sobre Stanley, que está na Terra. No instante em que ela passa sobre ele, ambos começam a cronometrar o tempo. a) No instante em que Stanley verifica que Mavis se afastou dele $9{,}0 \times 10^7$ m, qual é o valor registrado pelo cronômetro de Mavis? b) No instante em que Mavis lê 0,400 s em seu cronômetro, qual é o valor observado por Stanley?

SOLUÇÃO

IDENTIFICAR: este problema envolve dilatação do tempo em dois conjuntos *diferentes* de eventos: o acionamento e o travamento do cronômetro de Mavis, e o acionamento e o travamento do cronômetro de Stanley.

PREPARAR: seja S o sistema de referência de Stanley, e S' o sistema de referência de Mavis. Os dois eventos de interesse na parte (a) ocorrem quando Mavis passa por Stanley e quando Stanley mede a distância percorrida por Mavis como sendo $9{,}0 \times 10^7$ m; as incógnitas são os intervalos de tempo entre esses dois eventos como medidos em S e em S'. Os dois eventos na parte (b) são o momento quando Mavis passa Stanley e o momento em que Mavis mede um tempo decorrido de 0,400 s; a incógnita é o intervalo de tempo entre esses dois eventos em relação a S. Como veremos, entender este exemplo depende da compreensão da diferença entre esses dois pares de eventos.

EXECUTAR: a) Os dois eventos, Mavis passando pela Terra e Mavis chegando a $x = 9{,}0 \times 10^7$ m em relação a Stanley, ocorrem em posições diferentes no sistema de Stanley, mas na mesma posição no sistema de Mavis. Assim, o intervalo de tempo no sistema de Stanley, S, é Δt, enquanto o intervalo de tempo no sistema de Mavis, S', é o tempo próprio Δt_0. Em referência a Stanley, Mavis se move com $0{,}600c = 0{,}600\ (3{,}0 \times 10^8\ \text{m/s}) = 1{,}80 \times 10^8$ m/s e percorre os $9{,}0 \times 10^7$ m em um tempo $\Delta t = (9{,}0 \times 10^7\ \text{m}) / (1{,}80 \times 10^8\ \text{m/s}) = 0{,}500$ s. Pela Equação (37.6), o cronômetro de Mavis indica um intervalo de tempo de

$$\Delta t_0 = \Delta t\sqrt{1 - u^2/c^2} = 0{,}500\ \text{s}\sqrt{1 - (0{,}600)^2} = 0{,}400\ \text{s}$$

b) Pelo item anterior, poderíamos ser tentados a responder — erroneamente — que a leitura do cronômetro de Stanley seria de 0,500 s. Contudo, estamos agora considerando um par de eventos *diferentes*, o início e o final da leitura do cronômetro de Stanley, ambos ocorridos no mesmo ponto do sistema de referência da Terra. Mavis mediu um intervalo de tempo de 0,400 s entre esses dois eventos, porém eles ocorreram em locais diferentes de seu sistema de referência, logo, $0{,}400\ \text{s} = \Delta t$. (No sistema de referência de Mavis, Stanley passou por ela no instante zero e está a uma distância dela igual a $(1{,}80 \times 10^8\ \text{m/s})\ (0{,}400\ \text{s}) = 7{,}20 \times 10^7$ m no instante 0,400 s.) O tempo medido por Stanley é agora o tempo próprio Δt_0:

$$\Delta t_0 = \Delta t\sqrt{1 - u^2/c^2} = 0{,}400\ \text{s}\sqrt{1 - (0{,}600)^2} = 0{,}320\ \text{s}$$

AVALIAR: se a diferença entre 0,500 s e 0,320 s ainda confunde você, observe o seguinte: Stanley, levando em consideração o tempo de trânsito de um sinal emitido do ponto $x = 9{,}0 \times 10^7$ m, afirma que passou nesse ponto no mesmo instante em que a leitura de seu cronômetro era igual a 0,500 s. Porém, Mavis afirma que aqueles dois eventos ocorreram em pontos diferentes e *não* eram simultâneos — ela passa pelo referido ponto quando o cronômetro de Stanley indicava 0,320 s. Esse exemplo ilustra a relatividade da simultaneidade.

O paradoxo dos gêmeos

As equações (37.6) e (37.8) para a dilatação do tempo sugerem um paradoxo aparente chamado de **paradoxo dos gêmeos**. Considere duas astronautas gêmeas, Terrana e Astrina. A astronauta Terrana permanece na Terra enquanto sua irmã gêmea Astrina faz uma viagem com velocidade muito elevada percorrendo diversos astros. Por causa da dilatação do tempo, Terrana observa um ritmo mais lento para o batimento do coração e os demais processos biológicos de Astrina. Portanto, para Terrana, Astrina envelhece mais devagar; ao retornar para a Terra, Astrina está mais nova (envelheceu menos) do que Terrana.

Agora surge o paradoxo: todos os sistemas de referência inerciais são equivalentes. Astrina não poderia partir dos mesmos argumentos e concluir que Terrana é, na verdade, a mais jovem? Então cada irmã concluiria que a outra é a mais jovem quando as duas se reencontrassem depois da viagem de Astrina, o que seria um paradoxo.

Para resolvermos o paradoxo, devemos reconhecer que as duas irmãs *não* são idênticas em todos os aspectos. Enquanto Terrana permanece sempre em um sistema de referência aproximadamente inercial, Astrina sofre diversas acelerações em relação à Terra para atingir a velocidade elevada, fazer uma volta no espaço e, a seguir, retornar para a Terra. O sistema de referência de Terrana permanece sempre aproximadamente inercial; Astrina está grande parte do tempo em um sistema de referência não-inercial. Portanto, existe uma diferença física real entre os dois sistemas das gêmeas e elas não são equivalentes. Uma análise cuidadosa mostra que a interpretação de Terrana está correta: ao retornar, Astrina *estará* realmente mais jovem do que Terrana.

Teste sua compreensão da Seção 37.3 Samir (que está no solo) aciona seu cronômetro no instante em que Maria passa por ele em sua espaçonave, com uma velocidade de $0{,}600c$. No mesmo instante, Maria aciona seu cronômetro. (a) No sistema de referência de Samir, qual é a leitura no cronômetro de Maria no instante em que o cronômetro de Samir indica 10,0 s? (i) 10,0 s; (ii) menos do que 10,0 s; (iii) mais do que 10,0 s. (b) No sistema de referência de Maria, qual é a leitura no cronômetro de Samir no instante em que o cronômetro de Maria marca 10,0 s? (i) 10,0 s; (ii) menos do que 10,0 s; (iii) mais do que 10,0 s. ∎

37.4 Relatividade do comprimento

Não é somente o intervalo de tempo entre dois eventos que depende do sistema de referência; a *distância* entre dois pontos também pode depender do sistema de referência onde se encontra o observador. O conceito de simultaneidade é evocado novamente. Suponha que você deseje medir o comprimento de um carro em movimento. Um modo seria pedir a dois assistentes para fazer marcas sobre o asfalto nos locais correspondentes ao pára-choque dianteiro e ao pára-choque traseiro do veículo. A seguir, você mede a distância entre as marcas. Contudo, seus assistentes teriam de fazer as duas marcas *no mesmo instante*. Se um marcar a posição do pára-choque dianteiro em um instante e o outro marcar a posição do pára-choque traseiro em um instante posterior, você não medirá o comprimento real do carro. Como você já aprendeu que o conceito de simultaneidade não é absoluto, é preciso proceder com cautela.

Comprimentos paralelos à direção do movimento

Para deduzir uma relação entre comprimentos medidos paralelamente à direção do movimento em diversos sistemas de referência, vamos considerar outra experiência imaginária. Em uma das extremidades de uma régua, colocamos uma fonte de luz, e na outra extremidade colocamos um espelho. A régua está em repouso no sistema de referência S', no qual seu comprimento é igual a l_0 (Figura 37.10a). Portanto, o intervalo de tempo Δt_0 que um pulso de luz leva para ir da fonte até o espelho e voltar ao ponto inicial é

$$\Delta t_0 = \frac{2l_0}{c} \qquad (37.9)$$

Esse intervalo de tempo é um tempo próprio, porque a ida e a volta ocorrem no mesmo ponto de S'.

No sistema de referência S, a régua se desloca da esquerda para a direita com velocidade u durante a propagação do pulso de luz (Figura 37.10b). O comprimento da régua no sistema de referência S é igual a l e o intervalo de tempo que a luz leva para ir da fonte até o espelho, conforme medido no sistema de referência S, é igual a Δt_1. Durante esse intervalo de tempo, a régua, juntamente com a fonte e o espelho, já andou $u\,\Delta t_1$. Portanto, a distância total d entre a fonte e o espelho não é l, mas sim

$$d = l + u\,\Delta t_1 \qquad (37.10)$$

O pulso de luz se desloca com velocidade c; portanto, também é verdade que

$$d = c\,\Delta t_1 \qquad (37.11)$$

Substituindo a Equação (37.10) na Equação (37.11) para eliminar d, obtemos

$$c\,\Delta t_1 = l + u\,\Delta t_1$$

ou

$$\Delta t_1 = \frac{l}{c - u} \qquad (37.12)$$

(Dividir a distância l por $c - u$ *não* significa que a luz se desloca com velocidade $c - u$, mas que a distância que a luz percorre em S é maior do que l.)

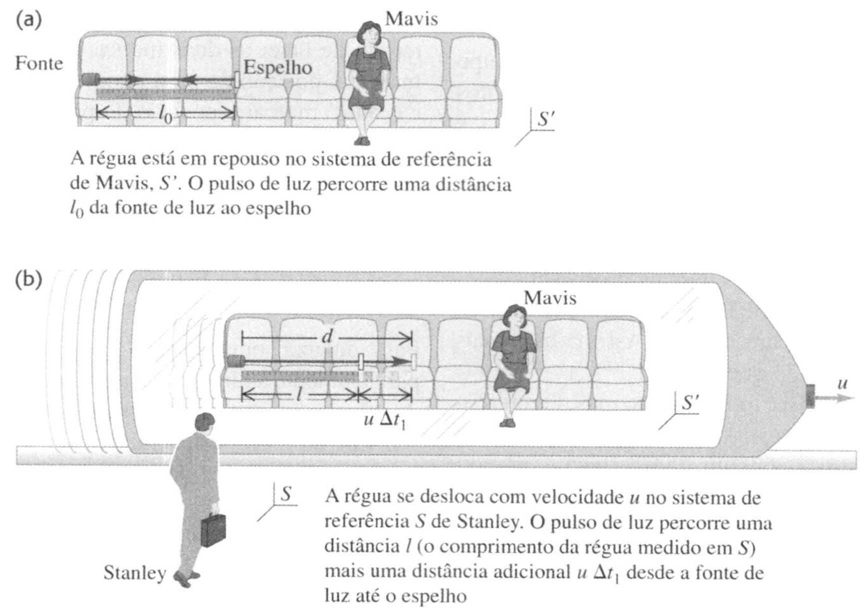

Figura 37.10 (a) Uma régua está em repouso no sistema de referência de Mavis, S'. Um pulso de luz emitido de uma fonte na extremidade de uma régua é refletido por um espelho na extremidade oposta e retorna para o ponto original. (b) Movimento do pulso de luz observado por Stanley em S.

Analogamente, podemos mostrar que o intervalo de tempo Δt_2 que a luz leva para voltar do espelho até o ponto de partida é

$$\Delta t_2 = \frac{l}{c + u} \qquad (37.13)$$

O intervalo de tempo *total* $\Delta t = \Delta t_1 + \Delta t_2$ que o pulso de luz leva para ir da fonte até o espelho e voltar ao ponto inicial é

$$\Delta t = \frac{l}{c - u} + \frac{l}{c + u} = \frac{2l}{c(1 - u^2/c^2)} \qquad (37.14)$$

Sabemos também que Δt e Δt_0 estão relacionados pela Equação (37.6), visto que Δt_0 é o tempo próprio em S'. Logo, a Equação (37.9) para o tempo total de ida e volta para a régua no sistema de referência S' fornece

$$\Delta t\sqrt{1 - \frac{u^2}{c^2}} = \frac{2l_0}{c} \qquad (37.15)$$

Finalmente, combinando a Equação (37.14) com a Equação (37.15) para eliminar Δt e simplificando, obtemos

$$l = l_0\sqrt{1 - \frac{u^2}{c^2}} = \frac{l_0}{\gamma} \qquad (37.16)$$

(contração do comprimento)

[Usamos a grandeza $\gamma = 1/\sqrt{1 - u^2/c^2}$ definida na Equação (37.7).] Portanto, o comprimento l medido em S, o sistema no qual a régua se move, é *menor* do que o comprimento l_0 medido no sistema de repouso S'.

ATENÇÃO A contração de comprimento é real Isso *não* é uma ilusão de ótica! A régua observada no sistema S possui comprimento realmente menor do que o comprimento no sistema S'.

O comprimento medido no sistema de referência no qual o corpo está em repouso (o sistema de repouso do corpo) é chamado de **comprimento próprio**; logo, l_0 é o comprimento próprio medido em S', e o comprimento medido em qualquer outro sistema de referência que se move em relação a S' é *menor do que* l_0. Esse efeito é chamado de **contração do comprimento**.

Quando u é muito pequeno em comparação com c, o valor de γ tende a 1. Logo, no limite de velocidades pequenas, obtemos a relação newtoniana $l = l_0$. Esse resultado, bem como o resultado correspondente obtido no caso da dilatação do tempo, mostra que as equações (37.1), as transformações galileanas para as coordenadas, são em geral suficientemente precisas quando as velocidades relativas envolvidas são muito menores do que c. Se u é uma fração significativa de c, todavia, a grandeza $\sqrt{1 - u^2/c^2}$ pode ser menor do que 1. Dessa forma, l pode ser significativamente menor do que l_0, e os efeitos da contração do comprimento podem ser significativos (Figura 37.11).

Figura 37.11 A velocidade com que os elétrons atravessam a linha de luz de 3 km no Centro de Aceleração Linear de Stanford é menor do que **c** por menos do que 1 cm/s. Em relação ao sistema de referência de tal elétron, a linha de luz (que se estende de cima a baixo nessa fotografia) é de apenas 15 cm de extensão!

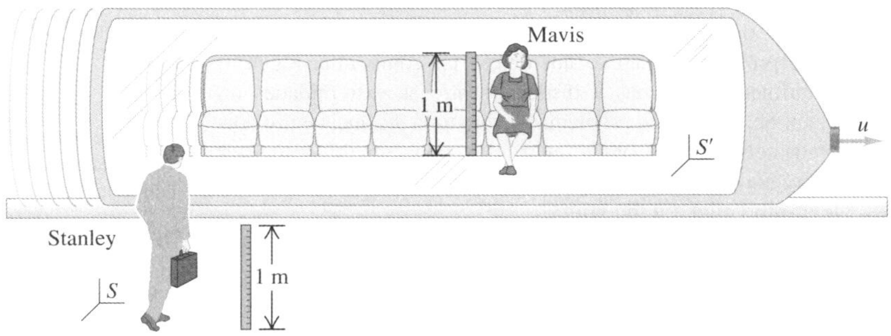

Figura 37.12 As duas réguas estão em direções perpendiculares à direção da velocidade relativa, de modo que, para qualquer valor de ***u***, tanto Stanley quanto Mavis concluem que ambas as réguas possuem o mesmo comprimento de um metro.

Comprimentos perpendiculares à direção do movimento

Deduzimos a Equação (37.16) para a contração do comprimento em uma direção *paralela* à direção da velocidade relativa entre os dois sistemas de referência. Os comprimentos medidos em direções *perpendiculares* à direção da velocidade relativa *não* sofrem contração. Para provar isso, considere duas réguas idênticas. Uma régua está em repouso no sistema de referência S e está sobre o eixo Oy com uma de suas extremidades no ponto O, a origem do sistema S. A outra régua está em repouso no sistema de referência S' e está sobre o eixo Oy' com uma de suas extremidades no ponto O', a origem do sistema S'. O sistema S' move-se no sentido positivo do eixo Ox em relação ao sistema S. Os observadores Stanley e Mavis estão em repouso, respectivamente, no sistema S e no sistema S'. No instante inicial, quando as duas origens coincidem, as duas réguas estão sobre a mesma linha reta. Nesse instante, Mavis marca a posição correspondente a 50 cm de sua própria régua sobre a régua de Stanley, e Stanley faz a mesma marca correspondente sobre a régua de Mavis.

Para facilitar o raciocínio, suponha que Stanley observe que a régua de Mavis tem comprimento maior do que sua própria régua. Então, a marca que Stanley fez na régua de Mavis estaria *abaixo* do centro da régua. Nesse caso, Mavis pensaria que a régua de Stanley ficou mais curta, uma vez que a metade do comprimento da régua dele coincide com *menos* da metade da régua dela. Portanto, Mavis observaria uma contração da régua de Stanley, enquanto ele observaria um aumento do comprimento da régua dela. Porém, isso implica uma assimetria entre os dois sistemas de referência, contrariando o postulado fundamental da relatividade, segundo o qual todos os sistemas de referência inerciais são equivalentes. Concluímos que a obediência ao princípio da relatividade exige que ambos os observadores vejam as réguas com os mesmos comprimentos, embora um observador esteja em repouso e o outro esteja em movimento (veja a Figura 37.12). *Assim, não existe nenhuma contração do comprimento quando duas réguas estão dispostas em direções perpendiculares à direção da velocidade relativa.* Esse resultado foi usado anteriormente, quando deduzimos a Equação (37.6), porque naquela dedução dissemos que a distância d era a mesma em ambos os sistemas de referência.

Por exemplo, suponha que uma barra de comprimento l_0 esteja se movendo formando um ângulo igual a θ_0 com a direção da velocidade relativa (ao longo do eixo Ox), medido em relação ao sistema em repouso. O componente do comprimento paralelo à direção do movimento, $l_0 \cos \theta_0$, se contrai para $(l_0 \cos \theta_0)/\gamma$. Contudo, o componente perpendicular à direção do movimento, $l_0 \operatorname{sen} \theta_0$, permanece sempre com o mesmo comprimento.

Estratégia para a solução de problemas 37.2

CONTRAÇÃO DO COMPRIMENTO

IDENTIFICAR *os conceitos relevantes*: o conceito de contração do comprimento é usado sempre que comparamos o comprimento de um objeto como medido por observadores em sistemas de referência inercial diferentes.

PREPARAR *o problema por meio dos seguintes passos*:

1. Verifique o que define o comprimento em questão. Se o enunciado do problema descreve um objeto tal como uma régua, o comprimento é apenas a distância entre as extremidades do objeto. Se, contudo, o problema é sobre uma distância entre dois pontos sem nenhum objeto entre eles, pode ser útil visualizar uma régua ou barra que se estenda de um ponto ao outro.
2. Determine qual é a incógnita.

EXECUTAR *o problema da seguinte forma*:

1. Determine o sistema de referência em que o objeto em questão está em repouso. Nesse sistema, o comprimento do objeto é seu comprimento próprio l_0. Em um segundo sistema de referência que se desloque com a velocidade u em relação ao primeiro sistema, o objeto apresenta um comprimento contraído l.
2. Não se esqueça de que a contração do comprimento ocorre apenas para comprimentos paralelos à direção do movimento relativo entre os dois sistemas. Qualquer comprimento que seja perpendicular ao movimento relativo é igual nos dois sistemas.
3. Use a Equação (37.16) para relacionar l e l_0, e depois isole a incógnita.

AVALIAR *sua resposta*: verifique se suas respostas fazem sentido; l nunca pode ser maior do que l_0 e u nunca pode ser maior do que c.

Exemplo 37.4

QUAL É O COMPRIMENTO DA ESPAÇONAVE? Uma espaçonave passa pela Terra com uma velocidade de $0{,}990c$. Um membro da tripulação da espaçonave do Exemplo 39.1 (Seção 39.4) verifica que o comprimento da espaçonave é igual a 400 m. Qual é o comprimento da espaçonave medido por um observador na Terra?

SOLUÇÃO

IDENTIFICAR: este problema nos pede para relacionar o comprimento da espaçonave — isto é, a distância de seu nariz até sua cauda — como medido por observadores em dois diferentes sistemas de referência: um a bordo da espaçonave e o outro na Terra.

PREPARAR: o comprimento em questão é ao longo da direção de movimento relativo (Figura 37.13), de modo que haverá contração do comprimento como medido em um dos sistemas de referência. Nossa incógnita é o comprimento medido no sistema terrestre.

EXECUTAR: o valor de 400 m é o comprimento próprio l_0, porque ele foi medido no sistema de referência no qual a espaçonave está em repouso. Desejamos determinar o comprimento l medido por um observador na Terra. De acordo com a Equação (37.16),

$$l = l_0\sqrt{1 - \frac{u^2}{c^2}} = (400 \text{ m})\sqrt{1 - (0{,}990)^2}$$
$$= 56{,}4 \text{ m}$$

AVALIAR: essa resposta faz sentido: a espaçonave é menor em um sistema em que está em movimento do que em um sistema em que está em repouso. Para medir o comprimento l, dois observadores com relógios sincronizados medem as posições das extremidades da espaçonave simultaneamente no sistema de referência da Terra, como indicado na Figura 37.13. (Essas duas medidas *não* serão simultâneas em relação a um observador na espaçonave.)

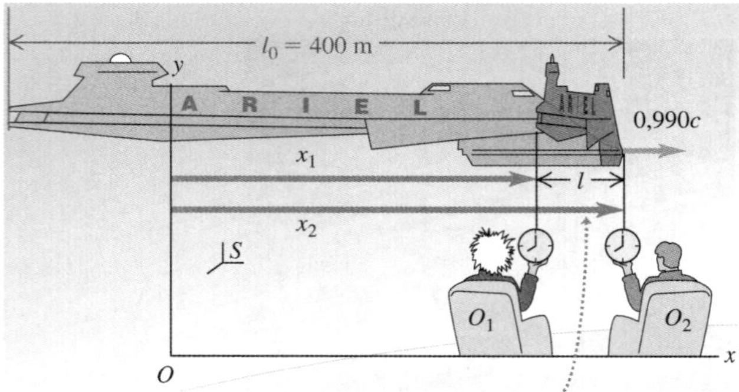

Os dois observadores na Terra (sistema S) devem medir x_2 e x_1 simultaneamente para obter o comprimento correto $l = x_2 - x_1$ no seu sistema de referência

Figura 37.13 Medindo o comprimento de uma espaçonave em movimento.

Exemplo 37.5

QUAL É A DISTÂNCIA ENTRE DOIS OBSERVADORES? A distância entre os dois observadores mencionados no Exemplo 37.4 é igual a 56,4 m na Terra. Qual é a distância entre esses observadores medida pelos tripulantes da espaçonave?

SOLUÇÃO

IDENTIFICAR: os dois conjuntos de observadores são os mesmos que no Exemplo 37.4, mas agora a distância que está sendo medida é entre os dois observadores na Terra.

PREPARAR: a distância entre os observadores na Terra em relação à própria Terra é um *comprimento próprio*, pois os dois observadores estão em repouso no sistema terrestre. (Pense em um tubo com 56,4 m de comprimento que se estende de O_1 a O_2 na Figura 37.13. Esse tubo está em repouso em relação ao sistema terrestre, então o seu comprimento é um comprimento próprio.) A Terra está se movendo em relação à espaçonave com uma velocidade de $0{,}990c$, portanto, os tripulantes da espaçonave medirão uma distância menor do que 56,4 m entre os dois observadores na Terra. O valor que eles medem é nossa incógnita.

EXECUTAR: como $l_0 = 56{,}4$ m e $u = 0{,}990c$, o comprimento l que os membros da tripulação medem é

$$l = l_0\sqrt{1 - \frac{u^2}{c^2}} = (56{,}4 \text{ m})\sqrt{1 - (0{,}990)^2}$$
$$= 7{,}96 \text{ m}$$

AVALIAR: essa resposta *não* significa que os tripulantes da espaçonave medem o comprimento da espaçonave como 400 m e 7,96 m ao mesmo tempo. Os observadores na Terra mediram um comprimento contraído da espaçonave igual a 56,4 m porque a distância entre eles era de 56,4 m quando eles mediram simultaneamente as extremidades da espaçonave. (Em relação aos tripulantes da espaçonave essas medidas não ocorreram simultaneamente.) Então os tripulantes da espaçonave verificaram que o comprimento próprio de 56,4 m se contraiu para 7,96 m. O ponto-chave é que as medidas efetuadas no Exemplo 37.4 (em que os observadores na Terra medem a distância entre as extremidades da espaçonave) são diferentes daquelas efetuadas neste exemplo (em que a tripulação da espaçonave mede a distância entre os observadores na Terra).

Exemplo conceitual 37.6

VIAJANDO COM UM MÚON De acordo com o Exemplo 37.1, um múon possui uma vida média normal de $2{,}20 \times 10^{-6}$ s e uma vida média dilatada de $15{,}6 \times 10^{-6}$ s em um sistema de referência onde sua velocidade relativa é $0{,}990c$. Multiplicando a velocidade constante pelo tempo para determinar a distância, obtemos $0{,}990\,(3{,}0 \times 10^8\,\text{m/s}) \times (2{,}20 \times 10^{-6}\,\text{s}) = 653$ m e $0{,}990\,(3{,}0 \times 10^8\,\text{m/s})\,(15{,}6 \times 10^{-6}\,\text{s}) = 4630$ m. Interprete essas duas distâncias.

SOLUÇÃO

Quando um múon médio se desloca com velocidade relativa de $0{,}990c$ em relação a alguns observadores, eles verificam que o múon é criado em um certo ponto e que a seguir desaparece em um instante $15{,}6 \times 10^{-6}$ s posterior em um ponto situado a uma distância de 4630 m do primeiro ponto. Por exemplo, esse múon poderia ter sido criado no alto de uma montanha com 4630 m de altura e que desaparece depois de se deslocar verticalmente até a base dela.

Contudo, um observador que se move com um múon médio dirá que o múon percorreu apenas 653 m antes de desaparecer, porque para esse observador a existência do múon dura apenas $2{,}20 \times 10^{-6}$ s. Para mostrar que essa resposta é consistente, considere o exemplo da montanha. A altura da montanha de 4630 m é seu comprimento próprio na direção do movimento. Em relação a um observador que se desloca com o múon, a montanha se desloca para cima com velocidade igual a $0{,}990c$, de modo que seu comprimento de 4630 m se contrai para

$$l = l_0\sqrt{1 - \frac{u^2}{c^2}} = (4630\,\text{m})\sqrt{1 - (0{,}990)^2}$$
$$= 653\,\text{m}$$

Vemos, portanto, que a contração do comprimento é consistente com a dilatação do tempo. O mesmo é verdade para um elétron que se move com uma velocidade u em um acelerador linear (ver Figura 37.11). Comparados com os valores medidos por um físico em pé ao lado do acelerador, um observador que andasse junto com o elétron, ao medir o comprimento do acelerador e o tempo para percorrer esse comprimento, encontraria valores menores por um fator de $\sqrt{l - u^2/c^2}$.

Como seria a aparência de um objeto que se aproxima

Finalmente, vamos imaginar como seria a aparência visual de um objeto tridimensional. Caso pudéssemos ver simultaneamente todos os pontos do corpo, observaríamos apenas uma contração na direção do movimento. Contudo, *não* podemos ver simultaneamente todos os pontos do corpo; a luz oriunda de um ponto mais afastado do corpo leva mais tempo para atingir nossos olhos do que a luz proveniente de um ponto mais próximo do corpo; portanto, vemos um ponto mais afastado do corpo na posição que ele ocupava em um instante anterior.

Suponha que você tenha uma barra retangular com suas faces paralelas aos planos coordenados. Ao olhar frontalmente a extremidade dessa barra em repouso, vemos apenas a face de sua extremidade mais próxima. (Veja a barra central na rede indicada na Figura 37.14a simulada por um computador.) Mas quando essa barra se move para a direita com uma velocidade que é uma fração significativa da velocidade da luz, você também pode ver sua face da esquerda por causa do efeito relativo ao tempo passado mencionado anteriormente. Ou seja, podemos ver mais pontos do que quando a barra estava em repouso porque a barra se move em uma direção que permite aos raios de luz da face lateral atingir nossos

(a) Rede em repouso.

(b) Rede se deslocando para a direita com velocidade igual a $0{,}2c$.

(c) Rede se deslocando para a direita com velocidade de $0{,}9c$.

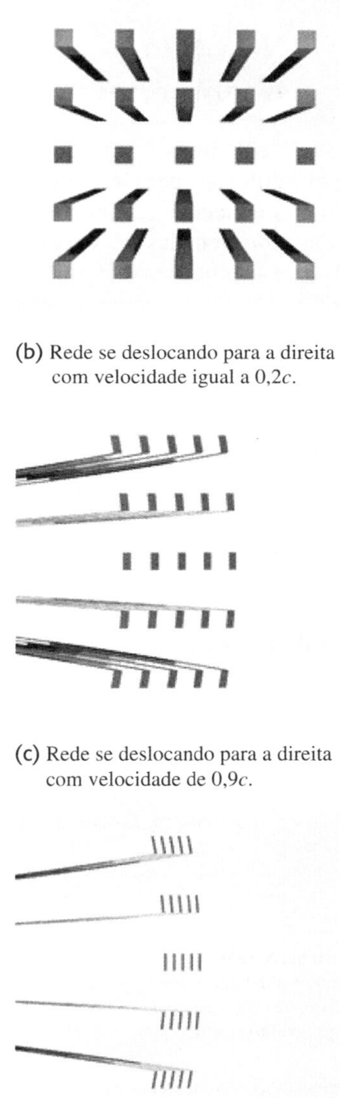

Figura 37.14 Imagem simulada por computador da aparência de uma rede com 25 barras paralelas com a mesma seção reta quadrada. A barra central é vista com a extremidade de frente. A simulação despreza eventuais mudanças de cor produzidas pelo efeito Doppler (ver Seção 37.6).

olhos. Reciprocamente, alguns raios de luz que podem atingir nossos olhos quando a barra está em repouso são bloqueados pelo movimento da barra. Por causa desse efeito teremos a impressão de que as barras indicadas nas figuras 37.14b e 37.14c sofreram uma ligeira rotação e uma distorção.

Teste sua compreensão da Seção 37.4 Uma espaçonave em miniatura está passando por você, voando horizontalmente com uma velocidade que é uma fração significativa da velocidade da luz. Em certo instante, você observa que o nariz e a cauda da espaçonave se alinham de modo exato com as duas extremidades de uma régua de um metro que você segura nas mãos. Ordene as seguintes distâncias da maior para a menor: (i) o comprimento próprio da régua; (ii) o comprimento próprio da espaçonave; (iii) o comprimento da espaçonave medido no seu sistema de referência; (iv) o comprimento da régua medido no sistema de referência da espaçonave. ▌

37.5 As transformações de Lorentz

Na Seção 37.1 deduzimos as equações que fornecem as transformações galileanas para as coordenadas, indicadas no conjunto das equações (37.1). Essas transformações relacionam as coordenadas (x, y e z) de um sistema de referência S com as coordenadas (x', y' e z') de um segundo sistema de referência S'. O segundo sistema de referência se move com velocidade constante u em relação ao sistema S no sentido positivo ao longo do eixo x-x' comum aos dois sistemas. Essas transformações também supõem que as escalas de tempo sejam iguais nos dois sistemas de referência, o que é expresso mediante a relação adicional $t = t'$. Essas transformações galileanas, como vimos, são válidas somente quando a velocidade u tende a zero. Estamos agora preparados para deduzir transformações mais gerais consistentes com o princípio da relatividade. Essas relações gerais são chamadas de **transformações de Lorentz**.

Transformação de Lorentz para as coordenadas

Nossa primeira pergunta é: quando um evento ocorre em um ponto (x, y e z) no instante t, observado em um sistema de referência S, quais são as coordenadas (x', y' e z') no instante t' quando o mesmo evento é observado em um segundo sistema de referência S' que se move em relação ao sistema S no sentido $+x$ com velocidade constante u?

Para deduzir as transformações de coordenadas pertinentes, tomamos como referência a Figura 37.15, que é uma repetição da Figura 37.3. Como antes, supomos que as duas origens coincidem no instante $t = 0 = t'$. Então, para o sistema de referência S, a distância entre O e O' continua sendo igual a ut. A coordenada x' é um tempo próprio para S', de modo que para o sistema S ela se contrai de um fator $1/\gamma = \sqrt{1 - u^2/c^2}$, como indicado na Equação (37.16). Portanto, a distância x entre O e P, conforme observado em S, não é determinada simplesmente por $x = ut + x'$, como nas transformações galileanas, mas sim por

$$x = ut + x'\sqrt{1 - \frac{u^2}{c^2}} \tag{37.17}$$

Explicitando x' da equação anterior, obtemos

$$x' = \frac{x - ut}{\sqrt{1 - u^2/c^2}} \tag{37.18}$$

A Equação (37.18) faz parte do conjunto das transformações de coordenadas de Lorentz; outra relação desse conjunto é a que fornece a coordenada t' em termos de x e de t. Para obtê-la, notamos que o princípio da relatividade exige que as transformações de S para S' tenham a mesma forma das transformações de S' para S. A única diferença deve ser a mudança de sinal da velocidade relativa u. Portanto, de acordo com a Equação (37.17), trocando o sinal de u, também deve ser verdade que

$$x' = -ut' + x\sqrt{1 - \frac{u^2}{c^2}} \tag{37.19}$$

Agora igualamos a Equação (37.18) com a Equação (37.19) para eliminar x'. Isso fornece uma equação para a

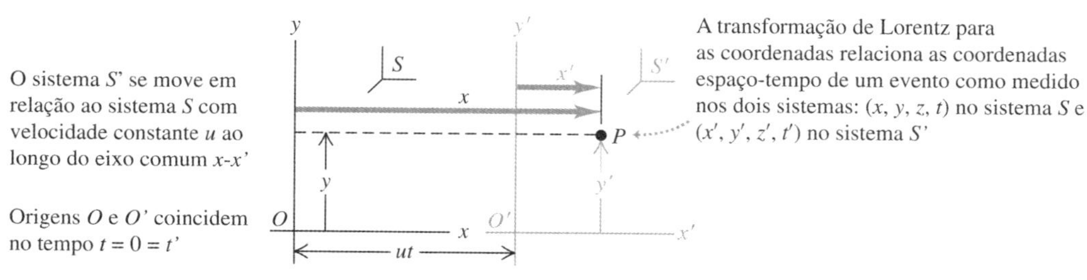

Figura 37.15 Para um observador no sistema de referência S, a distância x' se contrai a x'/γ, logo, $x = ut + x'/\gamma$ e $x' = \gamma(x - ut)$.

coordenada t' em termos de x e de t. Deixamos os detalhes das transformações algébricas como exercício para você; o resultado é

$$t' = \frac{t - ux/c^2}{\sqrt{1 - u^2/c^2}} \tag{37.20}$$

Conforme dissemos anteriormente, os comprimentos perpendiculares à direção do movimento não sofrem contração; portanto, $y' = y$ e $z' = z$.

Agrupando as relações anteriores, obtemos

$$\begin{aligned} x' &= \frac{x - ut}{\sqrt{1 - u^2/c^2}} = \gamma(x - ut) \\ y' &= y \\ z' &= z \\ t' &= \frac{t - ux/c^2}{\sqrt{1 - u^2/c^2}} = \gamma(t - ux/c^2) \end{aligned} \tag{37.21}$$

(transformações de Lorentz para as coordenadas)

Esse conjunto de relações constitui as *transformações de Lorentz para as coordenadas* — a generalização relativística das transformações de Galileu dadas pelo conjunto indicado na Equação (37.1) juntamente com a relação $t = t'$. Quando os valores de u tendem a zero, os radicais dos denominadores e γ tendem a 1 e o termo ux/c^2 tende a zero. Para esse limite as equações (37.21) tornam-se idênticas às equações (37.1) juntamente com a relação $t = t'$. Contudo, geralmente as coordenadas e o tempo de um evento em um dado sistema de referência dependem das coordenadas e do tempo em outro sistema de referência. *O espaço e o tempo tornam-se interligados; não podemos mais dizer que o espaço e o tempo possuem significados absolutos independentes do sistema de referência.* Por esse motivo, referimo-nos ao tempo e às três dimensões do espaço coletivamente como uma entidade quadridimensional chamada **espaço-tempo**, e chamamos o conjunto (x, y, z, t) de **coordenadas do espaço-tempo** de um evento.

Transformação de Lorentz para a velocidade

Podemos usar a Equação (37.21) para obter a generalização relativística da transformação de Galileu para as velocidades, dada pela Equação (37.2). Vamos considerar apenas o movimento em uma dimensão ao longo do eixo Ox e usar o termo 'velocidade' como uma forma abreviada para designar 'o componente x da velocidade'. Suponha que em um intervalo de tempo dt a partícula se desloque uma distância dx, em relação a um observador no sistema S. Podemos obter as expressões correspondentes para dx' e dt' no sistema S' diferenciando as respectivas coordenadas indicadas nas equações (37.21):

$$\begin{aligned} dx' &= \gamma(dx - u\,dt) \\ dt' &= \gamma(dt - u\,dx/c^2) \end{aligned}$$

Dividimos membro a membro as equações anteriores e, depois de dividir o numerador e o denominador por dt, obtemos

$$\frac{dx'}{dt'} = \frac{\dfrac{dx}{dt} - u}{1 - \dfrac{u}{c^2}\dfrac{dx}{dt}}$$

Sabendo que dx/dt é a velocidade v_x em S e que dx'/dt' é a velocidade v'_x em S', obtemos a generalização relativística

$$v'_x = \frac{v_x - u}{1 - uv_x/c^2} \tag{37.22}$$

(transformação de Lorentz para a velocidade)

Quando u e v_x são muito menores do que c, o denominador da Equação (37.22) tende a 1, e a expressão se reduz ao resultado não relativístico $v'_x = v_x - u$. O extremo oposto ocorre quando $v_x = c$; para esse caso encontramos

$$v'_x = \frac{c - u}{1 - uc/c^2} = \frac{c(1 - u/c)}{1 - u/c} = c$$

O resultado anterior mostra que qualquer onda ou partícula que se desloque com velocidade $v_x = c$ em relação a S terá também uma velocidade $v'_x = c$ em relação a S' qualquer que seja a velocidade relativa entre os dois sistemas de referência. Portanto, a Equação (37.22) é compatível com o postulado de Einstein de que a velocidade da luz no vácuo é a mesma em todos os sistemas de referência inerciais.

O princípio da relatividade afirma que não existe nenhuma distinção entre os sistemas S e S'. Assim, a expressão de v_x em termos de v'_x deve ter a mesma forma indicada na Equação (37.22), trocando-se a letra v_x por v'_x e alterando-se o sinal de u. Fazendo essas trocas na Equação (37.22), obtemos

$$v_x = \frac{v'_x + u}{1 + uv'_x/c^2} \tag{37.23}$$

(transformação de Lorentz para a velocidade)

Esse resultado também poderia ter sido obtido algebricamente, explicitando-se v_x na Equação (37.22). Tanto a Equação (37.22) quanto a Equação (37.23) são formas das *transformações de Lorentz para a velocidade* no caso do movimento em uma dimensão.

ATENÇÃO Use as coordenadas do sistema de referência correto Lembre-se de que as equações das transformações de Lorentz fornecidas pelas Equações (37.21), (37.22) e (37.23) pressupõem que o sistema S' esteja se deslocando no sentido $+x$ com a velocidade u em relação ao sistema S. Siga sempre essa convenção ao montar o seu sistema de coordenadas.

Quando u é menor do que c, as transformações de Lorentz para a velocidade mostram que, quando a velocidade de um corpo for menor do que c em um dado sistema de referência, a velocidade será sempre menor do que c em relação a *qualquer outro* sistema de referência. Isso nos permite concluir que nenhuma partícula material pode se deslocar com velocidade igual ou superior à velocidade da luz no vácuo em relação a nenhum sistema de referência. A generalização relativística do momento linear e da energia, que apresentaremos mais adiante, fornece outra base para corroborar essa hipótese.

Estratégia para a solução de problemas 37.3

TRANSFORMAÇÕES DE LORENTZ

IDENTIFICAR *os conceitos relevantes*: a transformação de Lorentz para as *coordenadas* indica como relacionar as coordenadas do espaço-tempo de um evento em um sistema de referência inercial com as coordenadas de espaço-tempo do mesmo evento em um segundo sistema inercial. A transformação de Lorentz para a *velocidade* relaciona a velocidade de um objeto em um sistema inercial com a sua velocidade em um segundo sistema inercial.

PREPARAR *o problema por meio dos seguintes passos*:

1. Verifique qual é a incógnita do problema.
2. Defina os dois sistemas inerciais S e S'. Lembre-se de que S' se move em relação a S em uma velocidade constante u no sentido $+x$.
3. Se for preciso usar as equações de transformação para as coordenadas, faça uma lista das coordenadas do espaço-tempo nos dois sistemas, tal como x_1, x'_1, t_1, t'_1 e assim por diante. Inclua na lista cuidadosamente as grandezas que você conhece e as incógnitas.
4. Nos problemas que envolvem transformações de velocidade, identifique claramente as velocidades u (a velocidade relativa dos dois sistemas de referência), v_x (a velocidade do objeto em relação a S) e v'_x (a velocidade do objeto em relação a S').

EXECUTAR *o problema da seguinte forma*:

1. Em um problema envolvendo transformação de coordenadas, use as equações (37.21) para encontrar as coordenadas do espaço-tempo do evento em relação a S' em função dos valores correspondentes em S. (Se você precisar encontrar as coordenadas do espaço-tempo em S em função dos valores correspondentes em S', você pode converter facilmente as expressões nas Equações (37.21): substitua todas as grandezas do sistema S por grandezas do sistema S', e vice versa, e substitua u por $-u$.)
2. Em problemas envolvendo transformação de velocidades, use a Equação (37.22) ou a Equação (37.23) — a que for mais conveniente — para encontrar a incógnita.

AVALIAR *o resultado obtido*: não desanime se alguns de seus resultados aparentemente não fazem sentido ou não concordam com a intuição. Poderá levar um certo tempo para que você desenvolva uma intuição segura sobre a relatividade. Contudo, se você encontrar algum valor maior do que c, algo certamente estará errado na sua solução.

Exemplo 37.7

UM SINAL PODE SER RECEBIDO ANTES DE SER ENVIADO? Tendo vencido uma competição interestelar, Mavis pilota sua espaçonave e atravessa a linha final de chegada com uma velocidade igual a $0{,}600c$ em relação a essa linha. Um sinal de 'vitória' é enviado da parte traseira de sua espaçonave (evento 2) no instante em que (no sistema de referência de Mavis) a parte dianteira da espaçonave atravessa a linha final de chegada (evento 1). Ela verifica que o comprimento da espaçonave é 300 m. Stanley está em repouso no local da linha final de chegada. Quando e onde os eventos 1 e 2 ocorrem para Stanley?

SOLUÇÃO

IDENTIFICAR: este exemplo envolve a transformação de Lorentz para coordenadas.

PREPARAR: nossa dedução para as transformações de Lorentz pressupõe que as origens dos sistemas S e S' coincidem quando $t = 0 = t'$. Para simplificarmos, fixamos a origem do sistema S na linha de chegada e a origem do sistema S' na parte dianteira da espaçonave, de modo que Stanley e Mavis verificam que o evento 1 possui coordenadas $x = 0 = x'$ e $t = 0 = t'$.
Mavis em S' verifica que o comprimento de sua espaçonave é 300 m; portanto, o sinal de 'vitória' é enviado a uma distância de 300 m atrás da parte dianteira da espaçonave no momento em que Mavis atravessa a linha final. Ou seja, para ela, o evento 2 ocorre em $x' = -300$ m e $t' = 0$.

Nossas incógnitas são a coordenada x e o tempo t do evento 2 que Stanley mede em S.

EXECUTAR: para encontrar as incógnitas mais facilmente, modificamos a primeira e a última das Equações (37.21) para determinar x e t em função de x' e t'. Fazemos isso usando o princípio da relatividade da mesma forma que obtivemos a Equação (37.23) a partir da Equação (37.22). Substituímos x' por x, t' por t, x por x' e t por t' e, por fim, substituímos u por $-u$. Os resultados são

$$x = \gamma(x' + ut') \quad \text{e} \quad t = \gamma(t' + ux'/c^2)$$

De acordo com a Equação (37.7), $\gamma = 1{,}25$ para $u = 0{,}600c = 1{,}80 \times 10^8$ m/s. Substituindo os valores $x' = -300$ m, $t' = 0$, $c = 3{,}0 \times 10^8$ m/s e $u = 1{,}80 \times 10^8$ m/s nas equações de x e t encontramos para o evento 2 os valores $x = -375$ m para $t = -7{,}50 \times 10^{-7}$s $= -0{,}750\ \mu$s.

AVALIAR: Mavis afirma que os dois eventos são simultâneos, porém, Stanley não concorda. Stanley afirma que o sinal de 'vitória' foi enviado antes de Mavis atravessar a linha final. Isso não significa que o efeito foi anterior à causa que o produziu. O mais rápido que Mavis pode enviar um sinal do comprimento de sua espaçonave é $300 \text{ m}/(3{,}0 \times 10^8 \text{ m/s}) = 1{,}0\ \mu$s. Ela não pode enviar um sinal a partir da parte dianteira da espaçonave no instante em que ela cruza a linha de chegada que seja enviado a partir da parte traseira ao mesmo tempo. Ela teria de enviar o sinal da frente no mínimo 1,0 μs antes disso; portanto, teria de prever que iria ser a vencedora.

A relatividade é consistente: no sistema de referência de Stanley a espaçonave de Mavis tem um comprimento igual a l_0/γ = 300 m/1,25 = 240 m; quando o sinal de 'vitória' foi enviado, a parte traseira da espaçonave de Mavis estava no ponto $x = -375$ m para $t = -0{,}750\ \mu s = -7{,}50 \times 10^{-7}$s. Naquele instante, Stanley verificou que a parte dianteira da espaçonave de 240 m de Mavis estava no ponto (375 − 240) m = 135 m antes da linha final. Contudo, como $(1{,}80 \times 10^8$ m/s) $(7{,}50 \times 10^{-7}$ s) = 135 m, a parte dianteira da espaçonave atravessará a linha final no instante $t = 0$.

Exemplo 37.8

VELOCIDADES RELATIVAS a) Uma espaçonave que se afasta da Terra com uma velocidade igual a 0,900c dispara uma sonda espacial com um robô com uma velocidade igual a 0,700c em relação à espaçonave na mesma direção e no mesmo sentido da velocidade da espaçonave. Qual é a velocidade da sonda espacial em relação à Terra? b) Um ônibus espacial tenta alcançar a espaçonave se deslocando com velocidade igual a 0,950c em relação à Terra. Qual é a velocidade do ônibus em relação à espaçonave?

SOLUÇÃO

IDENTIFICAR: este exemplo usa a transformação de Lorentz para velocidades.

PREPARAR: seja S o sistema de referência da Terra e S' o sistema de referência da espaçonave (Figura 37.16). A velocidade relativa dos dois sistemas é $u = 0{,}700c$. A incógnita na parte (a) é a velocidade da sonda em relação ao S; a incógnita na parte (b) é a velocidade do ônibus espacial em relação a S'.

EXECUTAR: a) O problema informa a velocidade da sonda em relação à espaçonave, $v'_x = 0{,}700c$. Usamos a Equação (37.23) para calcular sua velocidade v_x em relação à Terra:

$$v_x = \frac{v'_x + u}{1 + uv'_x/c^2} = \frac{0{,}700c + 0{,}900c}{1 + (0{,}900c)(0{,}700c)/c^2} = 0{,}982c$$

b) O problema informa a velocidade do ônibus espacial em relação à Terra, $v_x = 0{,}950c$. Usamos a Equação (37.22) para calcular sua velocidade v'_x em relação à espaçonave:

$$v'_x = \frac{v_x - u}{1 - uv_x/c^2} = \frac{0{,}950c - 0{,}900c}{1 - (0{,}900c)(0{,}950c)/c^2} = 0{,}345c$$

AVALIAR: é instrutivo comparar nossos resultados com o que teríamos obtido se tivéssemos usado a fórmula da transformação galileana para a velocidade, Equação (37.2). Na parte (a), teríamos calculado a velocidade da sonda em relação à Terra como $v_x = v'_x + u = 0{,}700c + 0{,}900c = 1{,}600c$. Esse valor é maior do que a velocidade da luz e, assim, deve estar incorreto. Na parte (b), teríamos calculado a velocidade do ônibus espacial em relação à espaçonave como $v'_x = v_x - u = 0{,}950c - 0{,}900c = 0{,}050c$; o valor relativístico correto, $v'_x = 0{,}345c$, é aproximadamente sete vezes maior do que o valor galileano incorreto.

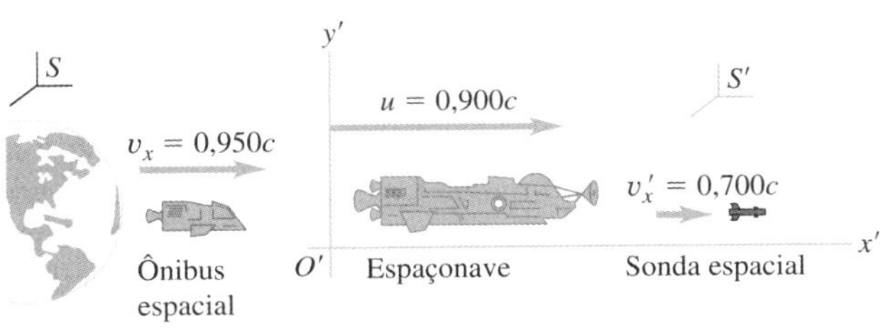

Figura 37.16 A espaçonave, a sonda espacial e ônibus espacial.

Teste sua compreensão da Seção 37.5 (a) No sistema S, os eventos P_1 e P_2 ocorrem nas mesmas coordenadas x, y e z, mas o evento P_1 ocorre antes do evento P_2. No sistema S', qual evento ocorre primeiro? (b) No sistema S, os eventos P_3 e P_4 ocorrem no mesmo tempo t e nas mesmas coordenadas y e z, mas o evento P_3 ocorre em uma coordenada menos positiva x do que o evento P_4. No sistema S', que evento ocorre primeiro? ∎

*37.6 O efeito Doppler para as ondas eletromagnéticas

Uma conseqüência adicional importante da cinemática relativística é o efeito Doppler para as ondas eletromagnéticas. Na discussão anterior sobre o efeito Doppler (veja a Seção 16.8, no volume 2), dissemos sem provar que a fórmula dada pela Equação (16.30) fornece o deslocamento da freqüência resultante do movimento de uma fonte de ondas eletromagnéticas em relação a um observador. Podemos agora demonstrar esse resultado.

Formulemos, então, o problema. Uma fonte de luz move-se com velocidade constante u em relação a Stanley, que está em repouso em um sistema de referência inercial (Figura 37.17). No sistema de referência da própria fonte, a fonte emite luz com freqüência f_0 e período $T_0 = 1/f_0$. Qual é a freqüência f dessas ondas medidas por Stanley?

Seja T o intervalo de tempo entre duas cristas consecutivas observadas no sistema de referência de Stanley. Note que esse valor *não* é o intervalo entre a *chegada* de duas cristas sucessivas a sua posição porque as cristas são emitidas em pontos diferentes no sistema de referência de Stanley. Ao medir somente a freqüência f que ele recebe, Stanley não leva em conta as diferenças dos tempos de trânsito entre cristas sucessivas. Logo, a freqüência que ele mede *não* é igual a $1/T$. Qual é a equação para f?

Durante um tempo T uma crista na frente da fonte se move uma distância cT e a fonte se move uma distância menor uT no mesmo sentido. A distância λ entre duas cristas sucessivas — ou seja, o comprimento de onda — é, portanto, $\lambda = (c - u)T$, conforme Stanley mede em seu sistema de referência. Logo, a freqüência medida por ele é igual a c/λ. Portanto,

$$f = \frac{c}{(c - u)T} \tag{37.24}$$

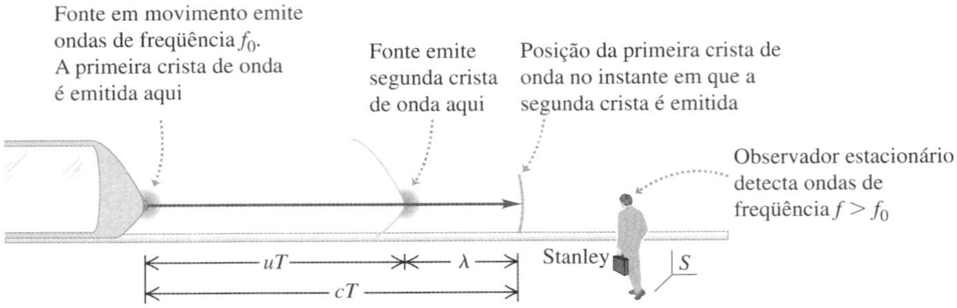

Figura 37.17 O efeito Doppler para a luz. Uma fonte de luz movendo-se com uma velocidade u em relação a Stanley emite uma crista de onda e a seguir desloca-se uma distância uT na direção de um observador e emite nova crista de onda. No sistema de referência S de Stanley, a segunda crista está a uma distância λ atrás da primeira.

Até este momento, apresentamos considerações semelhantes às feitas durante a dedução da fórmula do efeito Doppler do som emitido por uma fonte que se move (veja a Seção 16.8, volume 2). Naquela discussão, a etapa seguinte consistia em igualar T ao tempo T_0 referente ao tempo entre as emissões de duas cristas sucessivas. Contudo, pela relatividade não é correto igualar T com T_0. O tempo T_0 é medido no sistema de repouso da fonte, logo, ele é um tempo próprio. De acordo com a Equação (37.6), T e T_0 são relacionados por

$$T = \frac{T_0}{\sqrt{1 - u^2/c^2}} = \frac{cT_0}{\sqrt{c^2 - u^2}}$$

ou, visto que $T_0 = 1/f_0$,

$$\frac{1}{T} = \frac{\sqrt{c^2 - u^2}}{cT_0} = \frac{\sqrt{c^2 - u^2}}{c} f_0$$

Lembre-se que $1/T$ não é igual a f. Devemos substituir a expressão anterior de $1/T$ na Equação (37.24) para calcular f:

$$f = \frac{c}{c - u} \frac{\sqrt{c^2 - u^2}}{c} f_0$$

Usando a identidade $c^2 - u^2 = (c - u)(c + u)$, obtemos

$$f = \sqrt{\frac{c + u}{c - u}} f_0 \qquad (37.25)$$

(efeito Doppler, ondas eletromagnéticas)

Isso mostra que, quando uma fonte se *aproxima* de um observador, a freqüência f observada é *maior* do que a freqüência emitida f_0. A diferença $f - f_0 = \Delta f$ denomina-se deslocamento de freqüência Doppler. Quando u/c é muito menor do que 1, o deslocamento relativo $\Delta f/f$ é aproximadamente igual a u/c:

$$\frac{\Delta f}{f} = \frac{u}{c}$$

Se a fonte se *afasta* do observador, trocamos o sinal de u na Equação (37.25) e obtemos

$$f = \sqrt{\frac{c - u}{c + u}} f_0 \qquad (37.26)$$

(efeito Doppler, ondas eletromagnéticas, fonte se afastando do observador)

O resultado anterior concorda com a Equação (16.30), no volume 2, que mencionamos anteriormente com algumas mudanças de notação.

No caso da luz, diferentemente do som, não existe distinção entre o movimento da fonte e o movimento do observador; somente a velocidade *relativa* entre a fonte e o observador é relevante. Os quatro últimos parágrafos da Seção 16.8, no volume 2, analisam diversas aplicações do efeito Doppler para a luz e outras ondas eletromagnéticas; sugerimos uma revisão desses parágrafos. A Figura 37.18 mostra uma aplicação comum.

Figura 37.18 Um radar-pistola emite um feixe de rádio de freqüência f_0 que, no sistema de referência de um carro que se aproxima, possui uma freqüência maior f dada pela Equação (37.25). O feixe refletido apresenta a mesma freqüência f do sistema do carro, mas apresenta uma freqüência f' ainda maior no sistema do policial. O radar-pistola calcula a velocidade do carro comparando as freqüências do feixe emitido e o feixe refletido deslocado duplamente por efeito Doppler. (Compare com o Exemplo 16.19 na Seção 16.8.)

Exemplo 37.9

UM JATO DE UM BURACO NEGRO Muitas galáxias apresentam buracos negros supermassivos em seus centros (ver Seção 12.8). Quando a matéria gira ao redor de um desses buracos negros, ela é aquecida, ioniza-se e gera fortes campos magnéticos. As forças magnéticas resultantes desviam parte da matéria em jatos de alta velocidade que são expelidos para fora da galáxia e entram no espaço intergaláctico (Figura 37.19). A luz azul que vemos saindo do jato na Figura 37.19 possui uma freqüência de $6{,}66 \times 10^4$ Hz, mas no sistema de referência da matéria do jato a luz tem uma freqüência de $5{,}55 \times 10^{13}$ Hz (na região infravermelha do espectro eletromagnético). Com que velocidade o jato está se movendo em nossa direção?

SOLUÇÃO

IDENTIFICAR: este problema envolve o efeito Doppler para ondas eletromagnéticas.

PREPARAR: a freqüência que observamos é $f = 6{,}66 \times 10^{14}$ Hz, e a freqüência no sistema da fonte é $f_0 = 5{,}55 \times 10^{13}$ Hz. Como $f > f_0$, a fonte está se aproximando de nós e, portanto, usamos a Equação (37.25) para encontrar a incógnita u.

EXECUTAR: precisamos resolver a Equação (37.25) para encontrar u. Isso requer um pouco de álgebra; deixaremos ao seu encargo, como um exercício, demonstrar que o resultado é

$$u = \frac{(f/f_0)^2 - 1}{(f/f_0) + 1}c$$

Temos $f/f_0 = (6{,}66 \times 10^{14}\text{ Hz}) / (5{,}55 \times 10^{13}\text{ Hz}) = 12{,}0$, então obtemos

$$u = \frac{(12{,}0)^2 - 1}{(12{,}0)^2 + 1}c = 0{,}986c$$

AVALIAR: como o deslocamento de freqüência é significativo, teria sido errado usar a expressão aproximativa $\Delta f/f = u/c$. Se você tivesse tentado fazer isso, você teria encontrado $u = c\ \Delta f/f_0 = c$ $(6{,}66 \times 10^{14}\text{ Hz} - 5{,}55 \times 10^{13}\text{ Hz}) / (5{,}55 \times 10^{13}\text{ Hz}) = 11{,}0c$. Esse resultado não pode estar correto, porque a matéria do jato não pode se deslocar com uma velocidade maior do que a da luz.

Figura 37.19 Esta imagem mostra um jato de 5000 anos-luz de comprimento saindo do centro da galáxia M87 em alta velocidade. A luz do jato é emitida por céleres elétrons girando em espiral ao redor de linhas de campos magnéticos (ver Figura 27.16).

37.7 Momento linear relativístico

As leis do movimento de Newton apresentam a mesma forma em todos os sistemas de referência inerciais. Quando usamos uma transformação para ir de um sistema de coordenadas a outro, as leis não devem se alterar. Entretanto, acabamos de aprender que o princípio da relatividade nos obriga a trocar as transformações de Galileu pelas transformações de Lorentz, que são mais gerais. Como veremos, isso exige generalizações correspondentes para as leis do movimento e para as definições de energia e de momento linear.

O princípio da conservação do momento linear afirma que, *quando dois corpos interagem, o momento linear total permanece constante*, desde que a força externa resultante que atua sobre os corpos no sistema de referência inercial seja igual a zero (por exemplo, quando eles formam um sistema isolado e existe apenas força de interação entre os dois corpos). Para que a conservação do momento linear seja uma lei física correta, ela deve ser válida em todos os sistemas de referência inerciais. Agora surge o problema: suponha que observemos uma colisão em um sistema de referência inercial S e verifiquemos que o momento linear é conservado. Então usamos as transformações de Lorentz para obter as velocidades em um segundo sistema de referência inercial S'. Verificamos que, usando a definição newtoniana de momento linear ($\vec{p} = m\vec{v}$), o momento linear *não* é conservado no segundo sistema de referência! Como temos certeza de que as transformações de Lorentz e o princípio da relatividade são corretos, a única maneira de salvar a lei da conservação do momento linear consiste em generalizar a *definição* de momento linear.

Não é nosso objetivo aqui deduzir a generalização relativística correta do momento linear; porém, a seguir apresentamos o resultado dessa dedução. Suponha que, ao medirmos a massa de uma partícula quando ela está em repouso em relação a nós, achamos um valor m; geralmente chamamos de **massa de repouso** a massa m. Vamos chamar de *partícula material* toda partícula com massa de repouso diferente de zero. Quando essa partícula possui uma velocidade $\vec{v}$, seu **momento linear relativístico** $\vec{p}$ é

$$\vec{p} = \frac{m\vec{v}}{\sqrt{1 - v^2/c^2}} \qquad (37.27)$$

(momento relativístico)

Quando a velocidade da partícula v é muito menor do que a velocidade c, essa expressão é aproximadamente igual à expressão do momento linear newtoniano $\vec{p} = m\vec{v}$; porém, geralmente o momento linear possui módulo maior do que mv (Figura 37.20). De fato, quando v tende a c, o momento linear tende ao infinito.

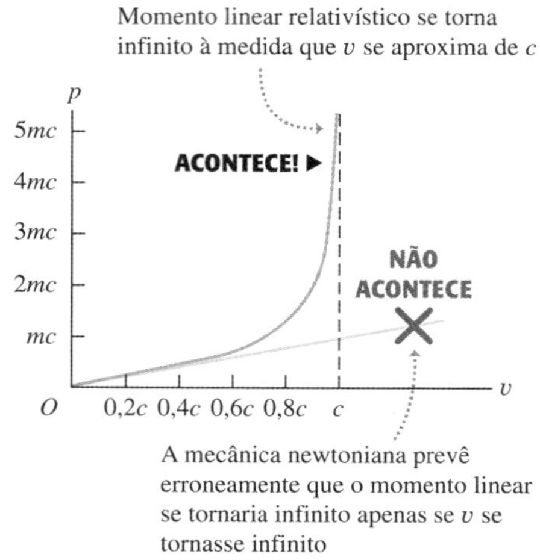

Figura 37.20 Gráfico do módulo do momento linear de uma partícula com massa de repouso m em função da velocidade v Junto, a previsão newtoniana, que fornece resultados corretos apenas em velocidades muito menores do que c.

Relatividade, segunda lei de Newton e massa relativística

O que você sabe sobre a generalização relativística da segunda lei de Newton? Na mecânica newtoniana, a forma mais geral da segunda lei de Newton é

$$\vec{F} = \frac{d\vec{p}}{dt} \qquad (37.28)$$

Ou seja, a força resultante $\vec{F}$ que atua sobre uma partícula é igual à derivada de seu momento linear em relação ao tempo. As experiências mostram que o resultado anterior continua válido na mecânica relativística, desde que se use o momento linear relativístico dado pela Equação (37.27). Ou seja, a generalização relativística correta da segunda lei de Newton é

$$\vec{F} = \frac{d}{dt}\frac{m\vec{v}}{\sqrt{1 - v^2/c^2}} \qquad (37.29)$$

Como o momento linear não é mais diretamente proporcional à velocidade, a taxa de variação do momento linear não é mais diretamente proporcional à aceleração. Por causa disso, *uma força constante não produz uma aceleração constante*. Por exemplo, quando a força resultante e a velocidade estão ambas situadas ao longo do eixo Ox, a Equação (37.29) fornece

$$F = \frac{m}{(1 - v^2/c^2)^{3/2}}a \qquad (37.30)$$

($\vec{F}$ e $\vec{v}$ ao longo da mesma linha)

onde a é a aceleração, também orientada ao longo do eixo Ox. Explicitando a aceleração a da Equação (37.30), obtemos

$$a = \frac{F}{m}\left(1 - \frac{v^2}{c^2}\right)^{3/2}$$

Vemos que, à medida que a velocidade da partícula aumenta, a aceleração produzida por uma dada força *diminui* continuamente. Quando a velocidade tende ao valor de c, a aceleração tende a zero, por maior que seja o valor da força aplicada. Portanto, é impossível acelerar uma partícula com massa de repouso diferente de zero até que ela atinja uma velocidade igual ou superior a c. A velocidade da luz no vácuo é algumas vezes chamada de 'velocidade limite'.

Muitas vezes a Equação (37.27) para o momento linear relativístico é interpretada como uma afirmação de que uma partícula que se move com velocidade elevada sofre um aumento de massa. Se a massa para velocidade zero (a massa de repouso) for designada por m, então a 'massa relativística' m_{rel} será dada por

$$m_{\text{rel}} = \frac{m}{\sqrt{1 - v^2/c^2}}$$

Na verdade, quando consideramos o movimento de um sistema de partículas (tal como o movimento rápido das moléculas de um gás ideal em um recipiente em repouso), a massa de repouso total do sistema é dada pela soma das massas relativísticas das partículas e não pela soma das massas de repouso das partículas.

Entretanto, se aplicado cegamente, o conceito de massa relativística revela algumas armadilhas. Como indicado na Equação (37.29), a generalização relativística da segunda lei de Newton *não* é dada por $\vec{F} = m_{\text{rel}}\vec{a}$, e mostraremos na Seção 37.8 que a energia cinética relativística de uma partícula *não* é dada por $K = \frac{1}{2}m_{\text{rel}}v^2$. O uso do conceito de massa relativística tem seus defensores e seus críticos, alguns bastante enfáticos em suas respectivas opiniões. Como geralmente consideraremos somente partículas individuais, não entraremos no mérito dessa discussão e usaremos a Equação (37.27) como uma generalização da definição do momento linear tomando a massa de repouso m como uma constante para cada partícula, independentemente de seu movimento.

Para abreviar, usaremos a seguinte notação

$$\gamma = \frac{1}{\sqrt{1 - v^2/c^2}}$$

Quando usamos essa notação na Seção 37.3, com u no lugar de v, u designava a velocidade relativa de um sistema em relação a outro sistema de referência. Agora designamos por v a velocidade de uma partícula em relação a um particular sistema de referência, ou seja, é a própria velocidade do sistema de repouso da partícula em relação ao sistema considerado. Em termos de γ, as Equações (37.27) e (37.30) se tornam

$$\vec{p} = \gamma m\vec{v} \qquad (37.31)$$

(momento linear relativístico)

$$F = \gamma^3 ma \qquad (37.32)$$

($\vec{F}$ e $\vec{v}$ ao longo da mesma linha)

Em aceleradores lineares (usados em medicina, na física nuclear e na física das partículas elementares; veja a Figura 37.11), a força resultante $\vec{F}$ e a velocidade $\vec{v}$ da partícula acelerada estão ao longo da mesma linha reta. Contudo, na maior parte dos aceleradores circulares, as partículas descrevem órbitas com velocidade v de módulo constante. Então, a força resultante e a velocidade são perpendiculares, logo, a força não realiza trabalho sobre a partícula, e a energia cinética e a velocidade permanecem constantes. Desse modo, o denominador da Equação (37.29) permanece constante e obtemos

$$F = \frac{m}{(1 - v^2/c^2)^{1/2}}a = \gamma ma \qquad (37.33)$$

$$(\vec{F} \text{ e } \vec{v} \text{ perpendiculares})$$

Retomando a Seção 3.4, volume 1, lembre-se de que, quando uma partícula descreve um movimento circular, a força resultante e a aceleração são dirigidas ao longo do raio r e $a = v^2/r$.

O que podemos dizer sobre o caso geral quando $\vec{F}$ e $\vec{v}$ não são nem perpendiculares nem estão ao longo da mesma direção? Nesse caso, é possível decompor a força $\vec{F}$ em qualquer instante em componentes perpendiculares e paralelos à direção de $\vec{v}$. A aceleração resultante terá componentes correspondentes obtidos pelas equações (37.32) e (37.33). Por causa da diferença entre os fatores γ^3 e γ, os componentes da aceleração não serão proporcionais aos componentes da força resultante. Ou seja, *exceto quando a força resultante sobre uma partícula relativística está na mesma direção da velocidade ou é perpendicular a ela, o vetor força e o vetor aceleração não são vetores paralelos.*

Exemplo 37.10

DINÂMICA RELATIVÍSTICA DE UM ELÉTRON Um elétron (massa de repouso igual a $9{,}11 \times 10^{-31}$ kg, carga de $-1{,}60 \times 10^{-19}$ C) move-se em sentido oposto ao de um campo elétrico com módulo $E = 5{,}0 \times 10^5$ N/C. Todas as outras forças são desprezíveis em comparação com a força elétrica. a) Determine o módulo do momento linear e da aceleração quando $v = 0{,}010c$, $0{,}90c$ e $0{,}99c$. b) Calcule a aceleração correspondente considerando uma força com módulo igual ao do item anterior perpendicular à velocidade.

SOLUÇÃO

IDENTIFICAR: além das expressões desta seção para o momento linear e relativístico e a aceleração, precisamos da relação entre força elétrica e campo elétrico que vimos no Capítulo 21.

PREPARAR: na parte (a) usamos a Equação 37.31 para calcular o módulo do momento linear, e a Equação 37.32 para determinar o módulo da aceleração da força que atua na mesma linha que a velocidade. Na parte (b), a força é perpendicular à velocidade, por isso usamos a Equação 37.33 para calcular o módulo da aceleração.

EXECUTAR: a) Para encontrar tanto o módulo do momento linear quanto o módulo da aceleração, precisamos dos os valores de $\gamma = \sqrt{1 - v^2/c^2}$ para cada uma das três velocidades dadas. Encontramos $\gamma = 1{,}0$, $2{,}29$ e $7{,}09$. Os valores do módulo do momento linear p são:

$$\begin{aligned}
p_1 &= \gamma_1 m v_1 \\
&= (1{,}0)(9{,}11 \times 10^{-31}\,\text{kg})(0{,}010)(3{,}0 \times 10^8\,\text{m/s}) \\
&= 2{,}7 \times 10^{-24}\,\text{kg} \cdot \text{m/s para } v_1 = 0{,}010c \\
p_2 &= (2{,}29)(9{,}11 \times 10^{-31}\,\text{kg})(0{,}90)(3{,}0 \times 10^8\,\text{m/s}) \\
&= 5{,}6 \times 10^{-22}\,\text{kg} \cdot \text{m/s at } v_2 = 0{,}90c \\
p_3 &= (7{,}09)(9{,}11 \times 10^{-31}\,\text{kg})(0{,}99)(3{,}0 \times 10^8\,\text{m/s}) \\
&= 1{,}9 \times 10^{-21}\,\text{kg} \cdot \text{m/s para } v_3 = 0{,}99c
\end{aligned}$$

Conforme o Capítulo 21, o módulo da força que atua sobre o elétron é

$$\begin{aligned}
F &= |q|E = (1{,}60 \times 10^{-19}\,\text{C})(5{,}0 \times 10^5\,\text{N/C}) \\
&= 8{,}0 \times 10^{-14}\,\text{N}
\end{aligned}$$

De acordo com a Equação (37.32), $a = F/\gamma^3 m$. Quando $v = 0{,}010c$ e $\gamma = 1{,}0$,

$$a_1 = \frac{8{,}0 \times 10^{-14}\,\text{N}}{(1{,}0)^3(9{,}11 \times 10^{-31}\,\text{kg})} = 8{,}8 \times 10^{16}\,\text{m/s}^2$$

As acelerações correspondentes às duas velocidades mais altas são menores por um fator γ^3:

$$a_2 = 7{,}3 \times 10^{15}\,\text{m/s}^2 \qquad a_3 = 2{,}5 \times 10^{14}\,\text{m/s}^2$$

Essas duas últimas acelerações são apenas 8,3% e 0,28%, respectivamente, dos valores correspondentes previstos pela mecânica não-relativística.

b) De acordo com a Equação (37.33), $a = F/\gamma\, m$ se $\vec{F}$ e $\vec{v}$ forem perpendiculares. Quando $v = 0{,}010c$ e $\gamma = 1{,}0$,

$$a_1 = \frac{8{,}0 \times 10^{-14}\,\text{N}}{(1{,}0)(9{,}11 \times 10^{-31}\,\text{kg})} = 8{,}8 \times 10^{16}\,\text{m/s}^2$$

As acelerações correspondentes às duas velocidades mais altas são menores por um fator γ:

$$a_2 = 3{,}8 \times 10^{16}\,\text{m/s}^2 \qquad a_3 = 1{,}2 \times 10^{16}\,\text{m/s}^2$$

As acelerações anteriores são γ^2 vezes maiores do que aquelas encontradas no item (a).

AVALIAR: nossos resultados na parte (a) mostram que, em velocidades mais altas, os valores relativísticos do momento linear diferem cada vez mais dos valores não-relativísticos calculados usando $p = mv$. Note que o momento linear em $0{,}99c$ é mais do que três vezes maior do que em $0{,}90c$ por causa do aumento no fator γ.

Nossos resultados mostram também que a aceleração cai rapidamente à medida que v se aproxima de c. No Centro de Aceleração Linear de Stanford, uma força elétrica basicamente constante é usada para acelerar elétrons a uma velocidade apenas ligeiramente menor do que c. Se a aceleração fosse constante como previsto pela mecânica newtoniana, essa velocidade seria atingida depois que os elétrons houvessem percorrido apenas 1,5 cm. Na verdade, por causa da diminuição da aceleração com a velocidade, uma trajetória de 3 km de comprimento é necessária.

Teste sua compreensão da Seção 37.7 Segundo a mecânica relativística, quando se dobra a velocidade de uma partícula, o módulo de seu momento linear aumenta por (i) um fator de 2; (ii) a fator maior do que 2; (iii) um fator entre 1 e 2 que depende da massa da partícula. ∎

37.8 Trabalho e energia na relatividade

Quando desenvolvemos a relação entre trabalho e energia cinética no Capítulo 6, volume 1, usamos as leis de Newton do movimento. Para generalizar essas leis de acordo com o princípio da relatividade, precisamos de uma correspondente generalização da equação para a energia cinética.

Energia cinética relativística

Empregamos o princípio do trabalho-energia, começando com a definição de trabalho. Quando a força resultante e o deslocamento estão na mesma direção, o trabalho realizado por essa força é dado por $W = \int F\,dx$. Substituímos na relação anterior a expressão de F dada pela Equação (37.30), a versão relativística da segunda lei de Newton para esse caso. Para deslocar uma partícula com massa de repouso m de um ponto x_1 até um ponto x_2, o trabalho é dado por

$$W = \int_{x_1}^{x_2} F\,dx = \int_{x_1}^{x_2} \frac{ma\,dx}{(1 - v^2/c^2)^{3/2}} \qquad (37.34)$$

Para deduzir a expressão generalizada da energia cinética K em função da velocidade v, seria conveniente converter a expressão anterior em uma integral em v. Inicialmente lembramos que a energia cinética de uma partícula é igual ao trabalho líquido realizado para deslocá-la desde o repouso até uma velocidade v: $K = W$. Logo, fazemos a velocidade igual a zero no ponto x_1 e igual a v no ponto x_2. Então, para não confundir a variável de integração com a velocidade final, trocamos v por v_x na Equação (37.34). Ou seja, v_x é o componente x da velocidade variável da partícula quando a força resultante a acelera desde o repouso até a velocidade v. Notamos também que dx e dv_x são, respectivamente, as variações infinitesimais de x e de v_x durante o intervalo de tempo dt. Como $v_x = dx/dt$ e $a = dv_x/dt$, podemos escrever $a\,dx$ da Equação (37.34) na forma

$$a\,dx = \frac{dv_x}{dt}dx = dx\frac{dv_x}{dt} = \frac{dx}{dt}dv_x = v_x dv_x$$

Aplicando as substituições mencionadas, obtemos

$$K = W = \int_0^v \frac{mv_x dv_x}{(1 - v_x^2/c^2)^{3/2}} \qquad (37.35)$$

Podemos calcular a integral fazendo uma simples mudança de variável; o resultado final é

$$K = \frac{mc^2}{\sqrt{1 - v^2/c^2}} - mc^2 = (\gamma - 1)mc^2 \qquad (37.36)$$

(energia cinética relativística)

À medida que v se aproxima de c, a energia cinética se aproxima do infinito. Se a Equação (37.36) estiver correta, ela deve atingir no limite a expressão newtoniana $K = \frac{1}{2}mv^2$, válida quando v for muito menor do que c (veja a Figura 37.21). Para verificarmos isso, desenvolvemos o termo embaixo da raiz quadrada usando a série binomial na forma

$$(1 + x)^n = 1 + nx + n(n - 1)x^2/2 + \cdots$$

Para o nosso caso, $n = -\frac{1}{2}$ e $x = -v^2/c^2$, logo,

$$\gamma = \left(1 - \frac{v^2}{c^2}\right)^{-1/2} = 1 + \frac{1}{2}\frac{v^2}{c^2} + \frac{3}{8}\frac{v^4}{c^4} + \cdots$$

Combinando a relação anterior com $K = (\gamma - 1)\,mc^2$, obtemos

$$K = \left(1 + \frac{1}{2}\frac{v^2}{c^2} + \frac{3}{8}\frac{v^4}{c^4} + \cdots - 1\right)mc^2$$
$$= \frac{1}{2}mv^2 + \frac{3}{8}\frac{mv^4}{c^2} + \cdots \qquad (37.37)$$

Quando v é muito menor do que c, todos os termos da série anterior são desprezíveis com exceção do primeiro e, portanto, obtemos a expressão newtoniana $\frac{1}{2}mv^2$.

Energia de repouso e $E = mc^2$

A Equação (37.36) para a energia cinética, a energia devida ao movimento da partícula, inclui um termo de energia $mc^2/\sqrt{1 - v^2/c^2}$ que depende do movimento e um segundo termo mc^2 que não depende do movimento. Logo, notamos

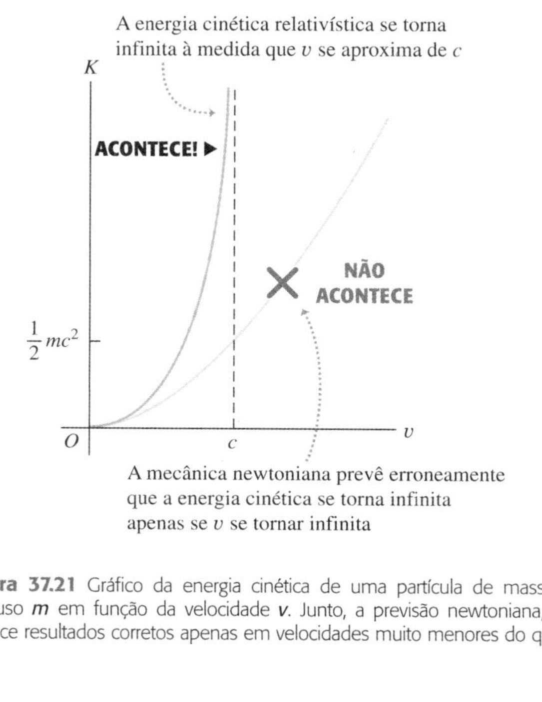

Figura 37.21 Gráfico da energia cinética de uma partícula de massa de repouso m em função da velocidade v. Junto, a previsão newtoniana, que fornece resultados corretos apenas em velocidades muito menores do que c.

que a energia cinética de uma partícula é a diferença entre uma **energia total** E e uma energia mc^2 que existe sempre, mesmo quando o corpo está em repouso. Assim, podemos reescrever a Equação (37.36) da seguinte forma

$$E = K + mc^2 = \frac{mc^2}{\sqrt{1 - v^2/c^2}} = \gamma mc^2 \qquad (37.38)$$

(energia total de uma partícula)

Para uma partícula em repouso ($K = 0$), vemos que $E = mc^2$. A energia mc^2 associada à massa de repouso m da partícula é chamada de **energia de repouso** da partícula.

Há uma evidência experimental direta de que a energia de repouso de uma partícula existe de fato. O exemplo mais simples é o decaimento de um *píon* neutro. Trata-se de uma partícula subatômica cuja massa de repouso m_π desaparece e se transforma em energia eletromagnética quando essa partícula decai. Supondo que o píon não possua nenhuma energia cinética antes de seu decaimento, verifica-se que depois do decaimento a energia total da radiação é exatamente igual a $m_\pi c^2$. Em muitas outras transformações envolvendo partículas fundamentais, a soma das massas de repouso das partículas varia. Contudo, em qualquer caso existe sempre conservação da energia total, visto que, se ocorrer uma perda de massa, deverá ocorrer uma transformação correspondente da energia de repouso mc^2 associada com a massa de repouso m que desapareceu.

Historicamente, o princípio da conservação da energia e o princípio da conservação da massa foram desenvolvidos de modo independente. A teoria da relatividade mostra agora que esses dois princípios são na verdade casos particulares de um princípio de conservação mais geral, *o princípio da conservação da massa-energia*. Há alguns fenômenos físicos nos quais não há conservação, separadamente, nem da soma das massas de repouso nem da energia cinética total das partículas; existe, porém, um princípio de conservação mais geral: em um sistema isolado, quando a soma das massas de repouso varia, ocorre sempre uma variação igual a $1/c^2$ vezes a variação correspondente da parte da energia total que não inclui a energia de repouso. Essa variação possui o mesmo módulo, porém um sinal contrário ao da variação da soma das massas de repouso.

A lei da conservação da massa-energia mais geral é o princípio fundamental envolvido na geração de energia em reações nucleares. Quando um núcleo de urânio sofre fissão em um reator nuclear, a soma das massas de repouso dos fragmentos resultantes da reação é *menor do que* a soma das massas de repouso dos núcleos antes da fissão. A quantidade de energia liberada é igual à diminuição da massa multiplicada por c^2. A maior parte dessa energia pode ser usada para produzir o vapor que impulsiona as turbinas para gerar energia elétrica (Figura 37.22).

Figura 37.22 Embora a sala de controle de uma usina nuclear seja bastante complexa, o princípio físico sob o qual tal usina funciona é bastante simples: parte da energia de repouso de núcleos atômicos é convertida em energia térmica, que, por sua vez, é usada para produzir vapor para acionar geradores elétricos.

Podemos também relacionar diretamente a energia total E de uma partícula (energia de repouso mais energia cinética) com seu momento linear; para isso, combinamos a Equação (37.27) do momento linear relativístico com a Equação (37.38) da energia total e eliminamos a velocidade da partícula. O procedimento mais simples consiste em reescrever essas equações do seguinte modo:

$$\left(\frac{E}{mc^2}\right)^2 = \frac{1}{1 - v^2/c^2} \quad \text{e} \quad \left(\frac{p}{mc}\right)^2 = \frac{v^2/c^2}{1 - v^2/c^2}$$

Subtraindo membro a membro as duas relações anteriores e reagrupando, encontramos

$$E^2 = (mc^2)^2 + (pc)^2 \qquad (37.39)$$

(energia total, energia de repouso e momento linear)

Verificamos novamente que, para uma partícula em repouso ($p = 0$), obtemos $E = mc^2$.

A Equação (37.39) também sugere que uma partícula pode ter energia e momento linear mesmo quando ela não possui massa de repouso. Em tal caso, $m = 0$ e

$$E = pc \quad \text{(massa de repouso igual a zero)} \qquad (37.40)$$

Partículas com massa de repouso igual a zero existem. Tais partículas sempre se deslocam com velocidade igual à velocidade da luz no vácuo. Um exemplo é o *fóton*, o quantum da radiação eletromagnética (que será discutido no Capítulo 38). Os fótons são emitidos e absorvidos durante variações de estado de um sistema atômico ou nuclear quando a energia e o momento linear do sistema variam.

Exemplo 37.11

ELÉTRONS COM ENERGIAS ELEVADAS a) Calcule a energia de repouso de um elétron ($m = 9{,}109 \times 10^{-31}$kg, $q = -e = -1{,}602 \times 10^{-19}$ C) em joules e em elétrons-volt. b) Determine a velocidade de um elétron que foi acelerado por um campo elétrico, a partir do repouso, com diferença de potencial igual a 20 kV (típica em um cinescópio de TV) ou 5,0 MV (comum em um tubo de raios X com alta voltagem).

SOLUÇÃO

IDENTIFICAR: este problema utiliza as idéias de energia de repouso, energia cinética relativística e energia elétrica potencial (Capítulo 23).

PREPARAR: usamos a relação $E = mc^2$ para encontrar a energia de repouso, e a Equação (37.38) para calcular a velocidade que fornece a energia total dada.

EXECUTAR: a) A energia de repouso é

$$mc^2 = (9{,}109 \times 10^{-31}\,\text{kg})(2{,}998 \times 10^8\,\text{m/s})^2 = 8{,}187 \times 10^{-14}\,\text{J}$$

De acordo com a definição de elétron-volt dada na Seção 23.2, volume 3, 1 eV = $1{,}602 \times 10^{-19}$ J. Usando esse valor, obtemos

$$mc^2 = (8{,}187 \times 10^{-14}\,\text{J})\frac{1\,\text{eV}}{1{,}602 \times 10^{-19}\,\text{J}} = 5{,}11 \times 10^5\,\text{eV} = 0{,}511\,\text{MeV}$$

b) Em cálculos como os anteriores, em geral é conveniente trabalhar com a grandeza γ definida pela Equação (37.7):

$$\gamma = \frac{1}{\sqrt{1 - v^2/c^2}}$$

Explicitando v, obtemos

$$v = c\sqrt{1 - (1/\gamma)^2}$$

A energia total E do elétron é a soma de sua energia de repouso mc^2 com sua energia cinética eV_{ba} calculada pelo trabalho realizado sobre esse elétron quando ele se desloca do ponto a até o ponto b:

$$E = \gamma mc^2 = mc^2 + eV_{ba} \quad \text{ou}$$

$$\gamma = 1 + \frac{eV_{ba}}{mc^2}$$

Um elétron acelerado através de uma diferença de potencial V_{ba} = 20 kV ganha uma energia de 20 keV, de modo que para esse elétron temos

$$\gamma = 1 + \frac{20{,}0 \times 10^3\,\text{eV}}{0{,}511 \times 10^6\,\text{eV}} \quad \text{ou} \quad = 1{,}039$$

e

$$v = c\sqrt{1 - (1/1{,}039)^2} = 0{,}272c = 8{,}15 \times 10^7\,\text{m/s}$$

Repetindo os cálculos para V_{ba} = 5,0 MV, achamos e V_{ba}/mc^2 = 9,78, γ = 10,78 e $v = 0{,}996c$.

AVALIAR: esses resultados fazem sentido: com V_{ba} = 20,0 kV, a energia adicionada de 20,0 keV é menos do que 4% da energia de repouso de 0,511 MeV, e a velocidade final é aproximadamente igual a um quarto da velocidade da luz no vácuo. A energia cinética adicionada (5,0 MeV) é muito maior do que a energia de repouso, e a velocidade é muito próxima da velocidade da luz c.

ATENÇÃO Três energias diferentes para os elétrons O elétron acelerado por uma diferença de potencial de 5,0 MV adquire uma energia cinética igual a 5,0 MeV. Convencionamos chamá-lo de 'elétron de 5,0 MeV'. Um elétron de 5,0 MeV possui energia de repouso igual a 0,511 MeV (que é a mesma para qualquer elétron), uma energia cinética de 5,0 MeV e uma energia total de 5,51 MeV. Tome cuidado para não misturar essas energias.

Exemplo 37.12

UMA COLISÃO RELATIVÍSTICA Dois prótons (cada um com $M = 1{,}67 \times 10^{-27}$ kg) estão se movendo inicialmente com velocidades de módulos iguais e sentidos opostos. Depois da colisão eles continuam a existir, porém, ocorre a produção de um píon neutro de massa $m = 2{,}40 \times 10^{-28}$ kg (Figura 37.23). Sabendo que os prótons e o píon permanecem em repouso depois da colisão, calcule a velocidade inicial dos prótons. A energia é conservada na colisão.

SOLUÇÃO

IDENTIFICAR: este problema utiliza a idéia de energia total relativística, que é conservada na colisão.

PREPARAR: igualamos a energia total dos dois prótons antes da colisão com a energia de repouso do píon e dos dois prótons depois da colisão. A seguir, usamos a Equação (37.38) para encontrar a velocidade de cada próton.

EXECUTAR: a energia total de cada próton antes da colisão é γMc^2. Pela conservação da energia,

$$2(\gamma Mc^2) = 2(Mc^2) + mc^2$$

$$\gamma = 1 + \frac{m}{2M} = 1 + \frac{2{,}40 \times 10^{-28}\,\text{kg}}{2(1{,}67 \times 10^{-27}\,\text{kg})} = 1{,}072$$

logo,

$$v = c\sqrt{1 - (1/\gamma)^2} = 0{,}360c$$

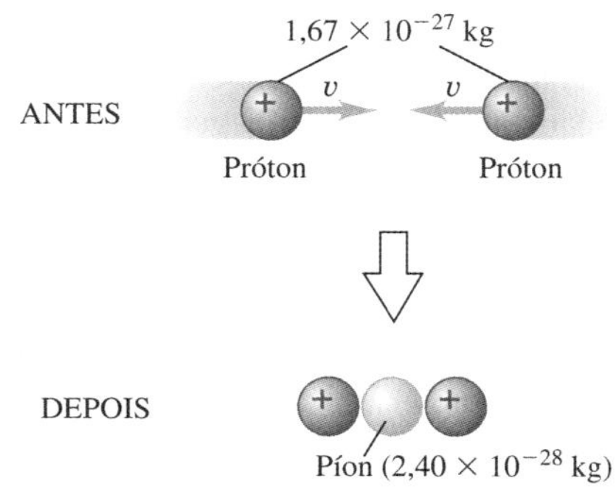

Figura 37.23 Nesta colisão, a energia cinética de dois prótons é transformada em energia de repouso de uma nova partícula, um píon.

AVALIAR: a energia cinética inicial de cada próton é dada por $(\gamma - 1)\,Mc^2 = 0{,}072Mc^2$. A energia de repouso de cada próton é igual a 938 MeV, de modo que sua energia cinética é igual a (0,072)(938 MeV) = 67,5 MeV. (As duas partículas são 'prótons de 67,5 MeV'.) Convidamos você a verificar que a energia de repouso do píon é igual ao dobro desse valor, ou 135 MeV. Toda a energia cinética 'perdida' nessa colisão completamente inelástica é convertida na energia de repouso do píon.

Teste sua compreensão da Seção 37.8 Um próton é acelerado a partir do repouso por uma força constante que sempre aponta na direção e sentido do movimento da partícula. Comparada à quantidade de energia cinética que o próton ganha durante o primeiro metro de seu percurso, quanta energia cinética o próton ganha durante um metro de percurso enquanto está se movendo com 99% da velocidade da luz? (i) a mesma quantidade; (ii) uma quantidade maior; (iii) uma quantidade menor. ∎

37.9 Mecânica newtoniana e relatividade

As mudanças exigidas pelo princípio da relatividade atingem as próprias bases da mecânica newtoniana, inclusive os conceitos de comprimento e tempo, as equações do movimento e os princípios de conservação. Em conseqüência, pode parecer que destruímos os fundamentos sobre os quais a mecânica newtoniana é construída. Em certo sentido isso é verdade, embora a mecânica newtoniana seja precisa quando as velocidades envolvidas são pequenas em comparação com a velocidade da luz no vácuo. Nessas circunstâncias, a dilatação do tempo, a contração dos comprimentos e as modificações das leis do movimento são efeitos tão pequenos que não podem ser observados. De fato, todos os princípios da mecânica newtoniana são casos especiais de uma formulação relativística mais geral.

As leis da mecânica newtoniana não estão *erradas*; elas são *incompletas*. Elas podem ser obtidas como um caso limite da mecânica relativística. Elas são *aproximadamente* corretas quando todas as velocidades envolvidas são muito menores do que a velocidade da luz c e elas tornam-se exatas no limite quando as velocidades tendem a zero. Então não destruímos completamente as leis da mecânica newtoniana; porém, fazemos uma *generalização* dessas leis. As leis de Newton possuem uma base experimental muito firme e seria estranho desenvolver uma teoria que fosse inconsistente com essa evidência experimental. Isso é um comportamento comum a todo desenvolvimento de uma teoria da física. Quando uma teoria nova entra em conflito parcial com uma teoria antiga já estabelecida, a nova teoria deve fazer as mesmas previsões da antiga nas situações nas quais esta seja confirmada pela evidência experimental. Toda teoria nova da física deve passar por esse teste, conhecido como **princípio da correspondência**.

A teoria geral da relatividade

Agora questionamos se a teoria da relatividade especial é completa ou se uma *nova* generalização se torna necessária ou possível. Por exemplo, os sistemas de referência inerciais ocuparam uma posição central em nossas discussões. O princípio da relatividade pode ser estendido também para sistemas de referência não-inerciais?

Vejamos um exemplo para ilustrar algumas implicações da pergunta anterior. Uma estudante decide descer as cataratas do Niágara fechada em uma grande caixa de madeira. Durante a queda livre, ela pode flutuar no ar em qualquer posição no interior da caixa. Ela não cai necessariamente para o fundo da caixa porque ela e a caixa estão em queda livre com uma aceleração da gravidade igual a 9,8 m/s^2. Porém, de um ponto de vista alternativo (o dela própria), ela não cai no fundo da caixa porque a gravidade não existe mais. Enquanto dura a queda livre, ela não pode garantir se está em queda livre submetida à gravidade ou se apenas está em um sistema com aceleração constante.

Um problema semelhante ao anterior ocorre quando uma estação espacial está em órbita em torno da Terra. Os objetos no interior da estação espacial não possuem peso *aparente*; entretanto, sem olhar para fora da estação, não é possível saber se na posição da estação espacial não existe gravidade ou se tudo o que está dentro dela e a estação toda estão sendo acelerados para o centro da Terra. Na Figura 37.24, ilustramos o mesmo raciocínio para uma espaçonave que não está em queda livre, mas que pode estar sendo acelerada em relação a um sistema de referência inercial, ou que pode se encontrar em repouso na superfície da Terra.

As considerações anteriores constituem a base da **teoria da relatividade geral** de Einstein. Se experimentalmente não podemos distinguir um referencial uniformemente acelerado de outro em repouso no interior de um campo gravitacional uniforme, então não pode existir nenhuma distinção real entre eles. Com base nesse conceito, é possível representar qualquer campo gravitacional em termos de características especiais de um dado sistema de coordenadas. Isso implica uma revisão de nossos conceitos de espaço e de tempo ainda mais profundas do que as feitas no caso da teoria da relatividade especial. Na teoria da relatividade geral, as propriedades geométricas são afetadas pela presença da matéria (Figura 37.25).

A teoria da relatividade geral foi comprovada por diversos testes experimentais, inclusive três testes propostos por Einstein. Um deles diz respeito ao problema da rotação do eixo do planeta Mercúrio em sua órbita elíptica, conhecido como *precessão no periélio*. (O periélio é o ponto no qual o planeta está mais próximo do Sol.) O segundo teste é o problema do desvio de um raio luminoso de uma estrela quando a luz passa nas vizinhanças do Sol. O terceiro teste é o *deslocamento para o vermelho gravitacional*, o aumento do comprimento de onda da luz emitida por uma fonte com massa muito elevada. Alguns detalhes

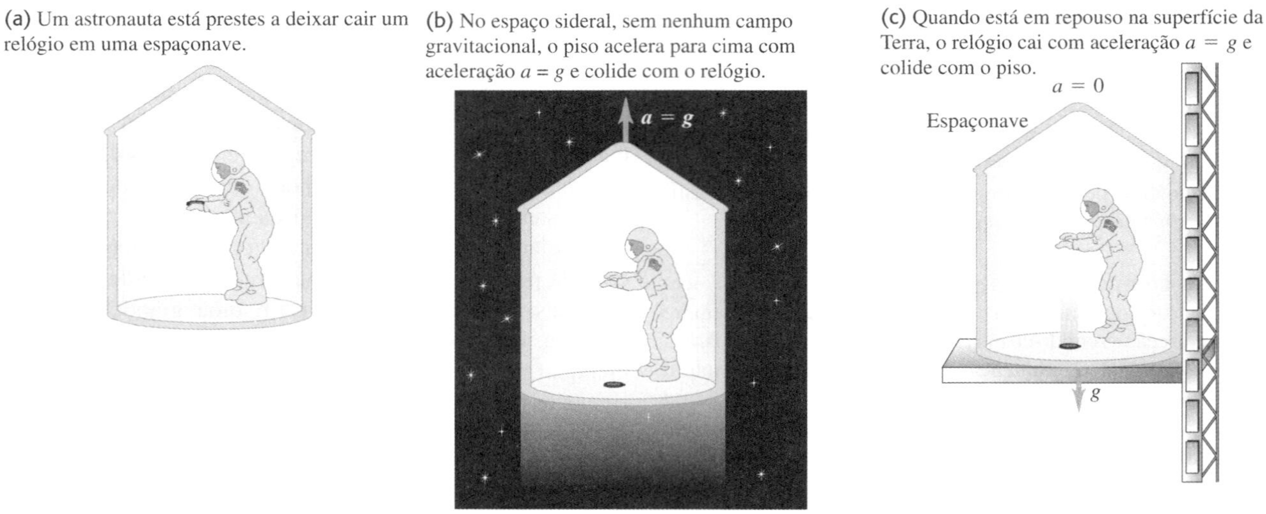

Figura 37.24 Sem olhar para fora da espaçonave, o astronauta não pode distinguir a situação (b) da (c).

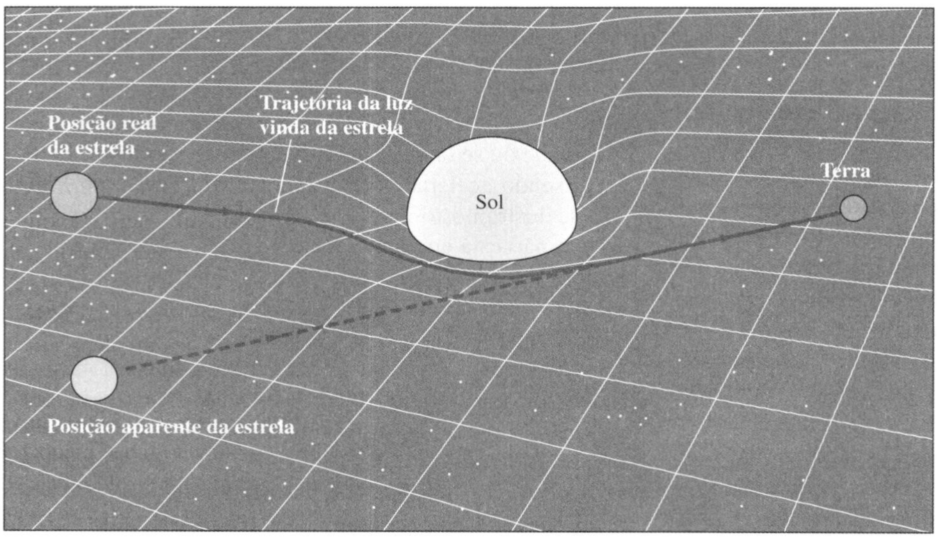

Figura 37.25 Uma representação bidimensional de um espaço curvo. Imaginamos que o espaço (representado pelo plano) seja distorcido por um objeto com massa muito grande (o Sol). A luz proveniente de uma estrela muito longínqua (linha contínua) segue a trajetória através da superfície distorcida em seu caminho para a Terra. A linha tracejada indica a direção ***aparente*** do raio de luz proveniente da estrela. Esse efeito foi bastante exagerado no desenho; para o Sol, o desvio do raio de luz é de apenas 0,00048°.

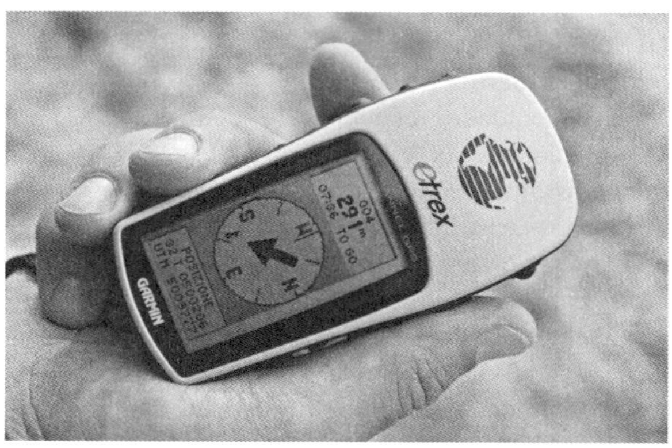

Figura 37.26 Um receptor GPS usa sinais de rádio dos satélites do GPS em órbita para determinar a sua posição. Para levar em conta os efeitos da relatividade, o receptor precisa estar sintonizado em uma freqüência levemente mais alta (10,23 MHz) do que a freqüência emitida pelos satélites (10,22999999543 MHz).

da teoria da relatividade geral são mais difíceis de serem testados experimentalmente, porém essa teoria tem desempenhado um papel fundamental nas investigações cosmológicas da estrutura do Universo, da formação e evolução de estrelas, de buracos negros e de outros corpos semelhantes.

A teoria geral da relatividade pode parecer exótica e com pouca aplicação prática. Na verdade, essa teoria desempenha um papel essencial no Sistema de Posicionamento Global (Global Positioning System — GPS), que permite a você determinar a sua posição na superfície da Terra com uma precisão de poucos metros usando um receptor portátil (Figura 37.26). O núcleo do sistema GPS é uma coleção de mais de duas dúzias de satélites em órbitas muito precisas. Cada satélite emite sinais de rádio cuidadosamente cronometrados, e um receptor GPS detecta simultaneamente os sinais de vários satélites. O receptor então calcula o atraso de tempo entre o momento em que o sinal foi emitido e o momento em que foi recebido, e usa essa informação para calcular a posição do receptor. Para assegurar a correta cronometragem dos sinais, é necessário incluir correções devido à teoria especial da relatividade (porque os satélites estão se movendo em relação ao receptor na Terra), bem como à teoria geral (porque os satélites estão em uma posição mais elevada no campo gravitacional da Terra do que o receptor). As correções devido à relatividade são pequenas — menos do que uma unidade em 10^9 —, mas cruciais para a precisão magnífica do sistema GPS.

Resumo

Invariabilidade das leis físicas, simultaneidade: todas as leis fundamentais da física apresentam a mesma forma em todos os sistemas de referência inerciais. A velocidade da luz no vácuo é a mesma em todos os sistemas de referência inerciais e não depende do movimento da fonte. A simultaneidade não é um conceito absoluto; dois eventos simultâneos em um dado sistema de referência não são necessariamente simultâneos em outro sistema de referência que se mova em relação ao primeiro.

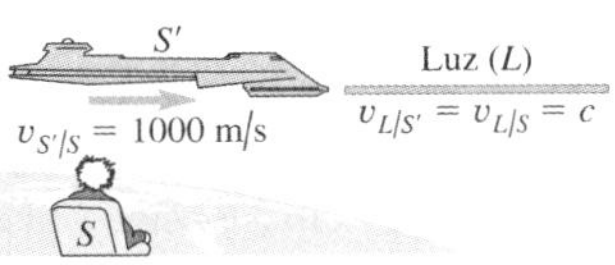

Dilatação do tempo: se Δt_0 for o intervalo de tempo entre dois eventos que ocorrem no mesmo ponto do espaço em um determinado sistema de referência, Δt_0 será chamado de intervalo de tempo próprio. Se esse sistema se move com velocidade constante u em relação a um segundo sistema, o intervalo de tempo Δt entre os eventos como observados no segundo sistema é mais longo do que Δt_0. Esse efeito é chamado dilatação do tempo. (Ver Exemplos 37.1–37.3.)

$$\Delta t = \frac{\Delta t_0}{\sqrt{1 - u^2/c^2}} = \gamma\, \Delta t_0 \qquad (37.6), (37.8)$$

$$\gamma = \frac{1}{\sqrt{1 - u^2/c^2}} \qquad (37.7)$$

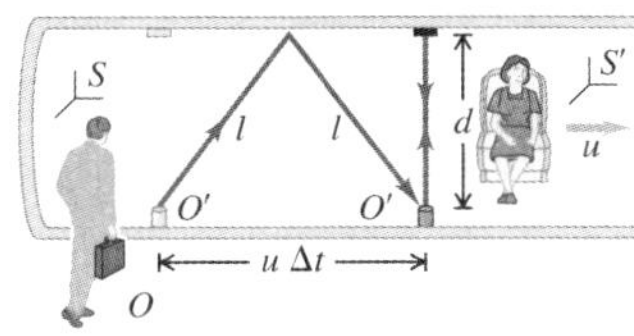

Contração do comprimento: se l_0 for a distância entre dois pontos que estão em repouso em um determinado sistema de referência, l_0 será chamado de comprimento próprio. Se esse sistema se desloca com velocidade relativa constante u em relação a um segundo sistema e as distâncias são medidas na direção paralela ao movimento, a distância l entre dois pontos verificada por um observador no segundo sistema é menor do que l_0. Esse efeito é chamado contração do comprimento. (Ver Exemplos 37.4–37.6.)

$$l = l_0\sqrt{1 - u^2/c^2} = \frac{l_0}{\gamma} \qquad (37.16)$$

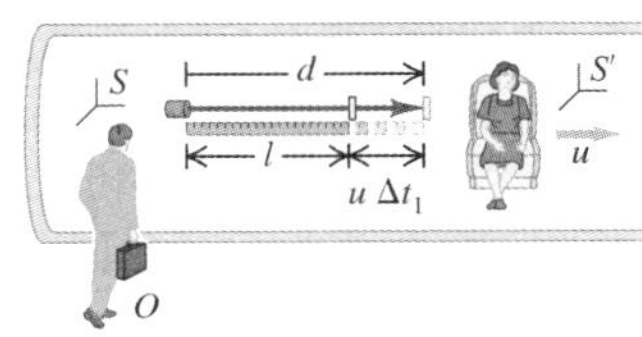

As transformações de Lorentz: as transformações de Lorentz relacionam as coordenadas e o tempo de um evento que ocorre em um sistema de referência inercial S com o tempo e as coordenadas do mesmo evento medidas por um observador em um segundo sistema de referência inercial S' que se desloca com velocidade relativa constante u em relação ao primeiro. Para o movimento em uma dimensão, as velocidades v_x em S e v'_x em S são relacionadas por uma transformação de Lorentz para velocidades. (Ver Exemplos 37.7 e 37.8.)

$$x' = \frac{x - ut}{\sqrt{1 - u^2/c^2}} = \gamma(x - ut)$$

$$y' = y \qquad z' = z$$

$$t' = \frac{t - ux/c^2}{\sqrt{1 - u^2/c^2}} = \gamma(t - ux/c^2) \qquad (37.21)$$

$$v'_x = \frac{v_x - u}{1 - uv_x/c^2} \qquad (37.22)$$

$$v_x = \frac{v'_x + u}{1 + uv'_x/c^2} \qquad (37.23)$$

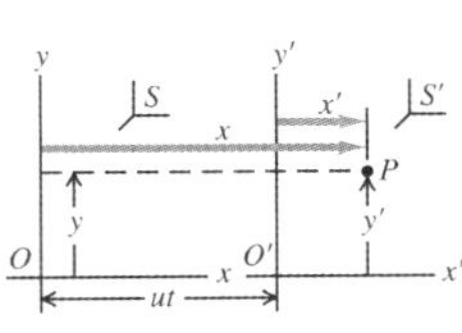

O efeito Doppler para ondas eletromagnéticas: o efeito Doppler é o deslocamento de freqüência de uma fonte produzido pelo movimento relativo entre a fonte e o observador. Para uma fonte que se aproxima de um observador com velocidade relativa u, a Equação (37.25) fornece a freqüência f em termos da freqüência emitida f_0 (Ver Exemplo 37.9.)

$$f = \sqrt{\frac{c + u}{c - u}} f_0 \qquad (37.25)$$

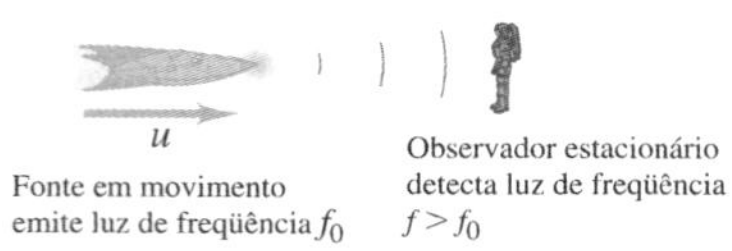

Momento linear e energia relativísticos: para uma partícula de massa de repouso movendo-se com velocidade $\vec{v}$, o momento linear relativístico $\vec{p}$ é dado pela Equação (37.27) ou (37.31), e a energia cinética relativística K é dada pela Equação (37.36). A energia total E é a soma da energia cinética e da energia de repouso mc^2. A energia total pode ser também expressa em termos do módulo do momento linear p e massa de repouso m. (Ver Exemplos 37.10–37.12.)

$$\vec{p} = \frac{m\vec{v}}{\sqrt{1 - v^2/c^2}} = \gamma m\vec{v} \qquad (37.27), (37.31)$$

$$K = \frac{mc^2}{\sqrt{1 - v^2/c^2}} - mc^2 = (\gamma - 1)mc^2 \qquad (37.36)$$

$$E = K + mc^2 = \frac{mc^2}{\sqrt{1 - v^2/c^2}} = \gamma mc^2 \qquad (37.38)$$

$$E^2 = (mc^2)^2 + (pc)^2 \qquad (37.39)$$

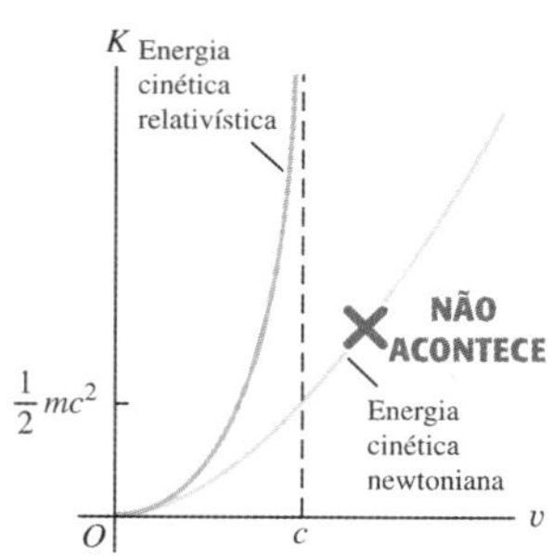

Mecânica newtoniana e teorias especial e geral da relatividade: a teoria da relatividade especial é uma generalização da mecânica newtoniana. Todos os princípios da mecânica newtoniana continuam válidos quando as velocidades envolvidas são muito menores do que c. Uma generalização mais profunda que inclua o campo gravitacional e sistemas de referência não-inerciais conduz à teoria da relatividade geral.

Principais termos

comprimento próprio, 152
contração do comprimento, 152
coordenadas do espaço-tempo, 157
dilatação do tempo, 147
energia de repouso, 165
energia total, 165
espaço-tempo, 157
evento, 144
massa de repouso, 161
momento linear relativístico, 161
paradoxo dos gêmeos, 151
princípio da correspondência, 167
princípio da relatividade, 142
simultaneidade, 144
tempo próprio, 148
teoria da relatividade especial, 141
teoria da relatividade geral, 167
transformação galileana para as coordenadas, 144
transformações de Lorentz, 156

Resposta à Pergunta Inicial do Capítulo

Não. Embora a velocidade da luz c seja a 'velocidade limite' para qualquer partícula, *não* há limite máximo para a energia cinética de uma partícula (ver Figura 37.21). À medida que a velocidade tende a c, um pequeno aumento na velocidade corresponde a um aumento maior na energia cinética.

Respostas às Perguntas dos Testes de Compreensão

37.1 Respostas: (a) (i), (b) não Você também irá medir a frente de onda esférica que se expande com a mesma velocidade c em todas as direções. Isso é conseqüência do segundo postulado de Einstein. A frente de onda que você mede *não* é centrada na posição atual da espaçonave, e sim no ponto P onde a espaçonave se localizava no instante em que é emitido o pulso de luz. Por exemplo, suponha que a espaçonave esteja se movendo com a velocidade $c/2$. Quando o seu relógio indica que um tempo t se passou desde que o pulso de luz foi emitido, as suas medidas mostrarão que a frente de onda é uma esfera de raio ct centrada em P e que a espaçonave está a uma distância $ct/2$ de P.

37.2 Resposta: (iii) No sistema de referência de Mavis, os dois eventos (o relógio de Ogdenville batendo meio-dia e o relógio de North Haverbrook batendo meio-dia) não são simultâneos. A Figura 37.5 mostra que o evento na parte frontal do trem ocorre primeiro. Como o trem está se deslocando na direção de North Haverbrook, o relógio de North Haverbrook bate meio-dia antes do relógio de Ogdenville. Assim, segundo Mavis, já passou do meio-dia em North Haverbrook.

37.3 **Respostas: (a) (ii), (b) (ii)** A afirmação de que relógios em movimento se atrasam refere-se a qualquer relógio que esteja se movendo em relação a um observador. Maria e seu cronômetro movem-se em relação a Samir, então Samir observa que o cronômetro de Maria está se atrasando e marcando alguns segundos a menos do que o seu próprio cronômetro. Samir e seu cronômetro estão se movendo em relação à Maria, então ela também observa que o cronômetro de Samir está se atrasando. A medição de ambos os observadores está correta em seu próprio sistema de referência. *Ambos* os observadores concluem que um cronômetro em movimento se atrasa. Isso é coerente com o princípio da relatividade (ver Seção 37.1), que afirma que as leis da física são as mesmas em todos os sistemas de referência inercial.

37.4 **Resposta: (ii), (i) e (iii) (empate), (iv)** Você mede o comprimento em repouso da régua estacionária e o comprimento contraído da espaçonave em movimento como sendo ambos iguais a um metro. O comprimento em repouso da espaçonave é maior do que o comprimento contraído que você mede, portanto precisa ser maior do que um metro. Um observador em miniatura a bordo da espaçonave mediria um comprimento contraído para a régua de menos de um metro. Note que, no seu sistema de referência, o nariz e a cauda da espaçonave podem se alinhar simultaneamente com as duas extremidades da régua, já que no seu sistema de referência eles têm o mesmo comprimento de um metro. No sistema da espaçonave esses dois alinhamentos não podem acontecer simultaneamente porque a régua é mais curta do que a espaçonave. A Seção 37.2 nos diz que isso não deveria ser uma surpresa; dois eventos que são simultâneos para um observador podem não ser simultâneos para um segundo observador se movendo em relação ao primeiro.

37.5 **Respostas: (a)** P_1, **(b)** P_4 (a) A última das Equações (37.21) indica os tempos dos dois eventos em S': $t'_1 = \gamma(t_1 - ux_1/c^2)$ e $t'_2 = \gamma(t_2 - ux_2/c^2)$. No sistema S, os dois eventos ocorrem nas mesmas coordenadas x, logo $x_1 = x_2$, e o evento P_1 ocorre antes do evento P_2, portanto, $t_1 < t_2$. Assim, você pode ver que $t'_1 < t'_2$ e o evento P_1 acontece antes de P_2 no sistema S', também. Isso indica que, se o evento P_1 acontece antes de P_2 em um sistema de referência S em que os dois eventos ocorrem na mesma posição, então P_1 acontece antes de P_2 em qualquer outro sistema se movendo em relação a S. (b) No sistema S, os dois eventos ocorrem em diferentes coordenadas x, logo $x_3 < x_4$ e os eventos P_3 e P_4 ocorrem ao mesmo tempo, portanto, $t_3 = t_4$. Dessa forma, você pode ver que $t'_3 = \gamma(t_3 - ux_3/c^2)$ é maior do que $t'_4 = \gamma(t_4 - ux_4/c^2)$, logo o evento P_4 acontece antes de P_3 no sistema S'. Isso significa que, embora os dois eventos sejam simultâneos no sistema S, eles não precisam ser simultâneos em um sistema se movendo em relação a S.

37.7 **Resposta: (ii)** Equação (37.27) indica que o módulo do momento linear de uma partícula com massa m e velocidade v é $p = mv/\sqrt{1 - v^2/c^2}$. Se v aumenta por um fator de 2, o numerador mv aumenta por um fator de 2 *e* o denominador $\sqrt{1 - v^2/c^2}$ diminui. Assim, p aumenta por um fator maior do que 2. (Note que, para dobrar a velocidade, a velocidade inicial deve ser menor do que $c/2$. Isso acontece porque a velocidade da luz é a velocidade limite.)

37.8 **Resposta: (i)** Enquanto o próton se desloca de uma distância s, a força constante de módulo F realiza o trabalho $W = Fs$ e aumenta a energia cinética de uma quantidade $\Delta K = W = Fs$. Isso é verdade independentemente da velocidade do próton antes de percorrer essa distância. Assim, uma força constante aumenta a energia cinética do próton na mesma quantidade, tanto durante o primeiro metro de percurso quanto durante qualquer metro de percurso subseqüente. (É verdade que à medida que o próton se aproxima da velocidade limite c, o aumento na *velocidade* do próton é cada vez menor a cada metro de percurso subseqüente. Contudo, não é isso o que a questão está perguntando.)

Questões para discussão

Q37.1 Você está em pé na plataforma de uma estação de trem observando um trem passar em alta velocidade. Uma luz dentro de um dos vagões é acesa e um pouco depois apagada. a) Quem pode medir o intervalo de tempo próprio para a duração da luz: você ou um passageiro no trem? b) Quem pode medir o comprimento próprio do vagão, você ou um passageiro no trem? c) Quem pode medir o comprimento próprio de uma placa pregada em um poste na plataforma da estação, você ou um passageiro no trem? Em cada um desses casos, explique a sua resposta.

Q37.2 Sabendo que a simultaneidade não é um conceito absoluto, devemos abandonar o conceito de causalidade? Para que um evento A cause o evento B, o evento A deve ocorrer antes de B. Seria possível a existência de um sistema de referência inercial para o qual o evento B parecesse ocorrer antes do evento A? Explique.

Q37.3 Um foguete está se deslocando para a direita com uma velocidade igual a $\frac{1}{2}$ da velocidade da luz em relação à Terra. Uma lâmpada no centro de uma sala dentro do foguete é acesa de repente. Chame a luz que incide na parte frontal da sala de evento A e a luz que incide nos fundos da sala de evento B (Figura 37.27). Que evento ocorre primeiro, A ou B? Ou eles são simultâneos, se observados por a) um astronauta viajando no foguete e b) uma pessoa em repouso na Terra?

Figura 37.27 Questão Q37.3.

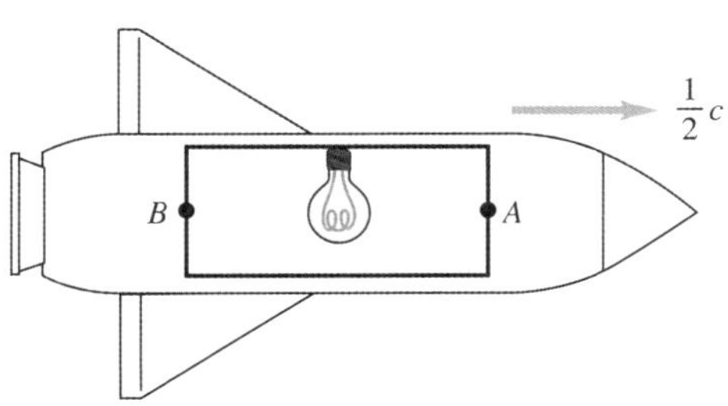

Q37.4 Se a velocidade da luz fosse de 10 m/s, em vez de ser igual a $3{,}00 \times 10^8$ m/s, o que seria diferente em nossa vida cotidiana?

Q37.5 Suponha que a vida média de uma pessoa seja de aproximadamente 70 anos. Poderia uma pessoa com essa vida média viajar até um planeta situado a uma distância maior do que 70 anos-luz? Explique. (Um ano-luz é a distância percorrida pela luz durante um ano.)

Q37.6 Você está segurando uma bandeja de forma elíptica. Como você teria de viajar para que a bandeja parecesse redonda para outro observador?

Q37.7 Dois eventos ocorrem no mesmo ponto do espaço em um dado sistema de referência inercial e são simultâneos em relação a ele. É possível que eles não sejam simultâneos em relação a outro sistema de referência inercial? Explique.

Q37.8 Um trem passa em alta velocidade pela plataforma de uma estação. Larry é um dos passageiros do trem, Adam está em pé na plataforma e David está andando de bicicleta na direção da plataforma, na mesma direção e sentido em que o trem está se deslocando. Compare o comprimento de um vagão com o medido por Larry, Adam e David.

Q37.9 A teoria da relatividade estabelece um limite superior para a velocidade de qualquer partícula material. Existe também o mesmo tipo de limitação para a energia e o momento linear de uma partícula? Explique.

Q37.10 Uma aluna afirma que a velocidade de qualquer partícula material é sempre menor do que a velocidade da luz e que toda partícula sem massa sempre se desloca com velocidade exatamente igual à velocidade da luz. Ela está correta? Caso esteja, como pode uma partícula sem massa, tal como um fóton, adquirir essa velocidade? Ele pode partir do repouso e depois acelerar até atingir a velocidade da luz? Explique.

Q37.11 A velocidade da luz no seio de um volume de água em repouso é igual a $2{,}25 \times 10^8$ m/s. Quando a água se desloca em relação a nós, verificamos que a velocidade da luz depende da velocidade da água. Isso viola o segundo postulado de Einstein? Explique.

Q37.12 Quando uma fonte de luz monocromática se aproxima de um observador, seu comprimento de onda parece ter valor menor do que o valor medido quando a fonte está em repouso. Isso contradiz a hipótese de que a velocidade da luz deve ser sempre a mesma, independentemente do movimento da fonte? Explique.

Q37.13 Em princípio, um gás quente possui massa maior do que a mesma quantidade do gás a uma temperatura mais baixa? Explique. Na prática essa diferença poderia ser medida? Explique.

Q37.14 Em sua opinião, por que a mecânica newtoniana levou tanto tempo para ser generalizada pela teoria da relatividade especial, mais refinada?

Exercícios

Seção 37.2 Relatividade da simultaneidade

37.1 Suponha que os dois raios da Figura 37.5a atinjam simultaneamente o solo em relação a um observador dentro do trem. Mostre que esses eventos *não* ocorrem simultaneamente em relação a um observador situado no solo. Para o observador no solo, qual dos dois raios atinge primeiro o solo?

Seção 37.3 Relatividade dos intervalos de tempo

37.2 O múon positivo (μ^+), uma partícula instável, possui vida média aproximadamente igual a $2{,}20 \times 10^{-6}$ s (medida em seu próprio sistema de referência). a) Supondo que essa partícula se desloque com velocidade igual a $0{,}900c$ em relação ao laboratório, qual é a sua vida média em relação ao laboratório? b) Qual é a distância média que essa partícula percorre em relação ao laboratório antes de decair?

37.3 Com que velocidade um foguete deve se deslocar em relação à Terra para que o tempo no foguete 'se retarde' até a metade de sua taxa em referência a observadores situados na Terra? Os aviões a jato modernos chegam perto dessa velocidade?

37.4 Uma espaçonave passa por Marte com velocidade igual a $0{,}985c$ em relação à superfície desse planeta. Quando a espaçonave está passando pela vertical de um ponto na superfície, um pulso de luz muito forte é emitido neste ponto e depois desligado. Para um observador na superfície de Marte, a duração do pulso de luz foi igual a $75{,}0\ \mu s$. a) Quem mede o tempo próprio, o observador em Marte ou o piloto da espaçonave? b) Qual é a duração do pulso de luz medido pelo piloto da espaçonave?

37.5 O píon negativo (π^-) é uma partícula instável que possui vida média aproximadamente igual a $2{,}60 \times 10^{-8}$ s (medida no sistema de referência do píon). a) Quando o píon se desloca com velocidade muito grande em relação ao laboratório, sua vida média em relação ao laboratório é de $4{,}20 \times 10^{-7}$ s. Calcule a velocidade do píon expressa como uma fração de c. b) Qual é a distância que o píon percorre no laboratório durante sua vida média?

37.6 Quando você está pilotando sua espaçonave em uma viagem até a Lua, uma astronauta passa por você pilotando uma espaçonave mais veloz com uma velocidade igual a $0{,}800c$ em relação a você. No instante em que a astronauta passa por você, tanto você quanto ela começam a cronometrar o tempo a partir de zero. a) No instante em que a astronauta está a uma distância de $1{,}20 \times 10^8$ m de você, qual é a leitura indicada no cronômetro da astronauta? b) Quando a astronauta mede o tempo indicado no item (a), qual é a distância que ela mede entre você e ela? c) Quando a astronauta mede o tempo indicado no item (a), qual é o intervalo de tempo que você verifica no seu cronômetro?

37.7 Uma espaçonave se afasta da Terra com velocidade de $4{,}80 \times 10^6$ m/s em relação à Terra e a seguir volta com a mesma velocidade. A espaçonave transporta um relógio atômico que foi cuidadosamente sincronizado com outro relógio idêntico que permaneceu na Terra. A espaçonave retorna a seu ponto de partida 365 dias (um ano) mais tarde, conforme medido pelo relógio que ficou na Terra. Qual é a diferença entre os intervalos de tempo, em horas, medidos pelos dois relógios? Qual dos dois relógios, o que ficou na Terra ou o da espaçonave, indica o menor intervalo de tempo?

37.8 Uma espaçonave de outro planeta está voando a uma grande distância e passa sobre a vertical onde você está em repouso. Você vê o farol da espaçonave piscar durante 0,190 s. O comandante da espaçonave verifica que o farol ficou aceso durante 12,0 ms. a) Qual dessas duas medidas de intervalo de tempo corresponde ao tempo próprio? b) Qual é o módulo da velocidade da espaçonave expressa como uma fração de c?

Seção 37.4 Relatividade do comprimento

37.9 Uma espaçonave da Federação de Comércio passa sobre o planeta Coruscant com velocidade de $0{,}600c$. Uma cientista na superfície de Coruscant mede o comprimento dessa espaçonave e obtém um valor igual a 74,0 m. A seguir, a espaçonave pousa na superfície de Coruscant, e a mesma cientista mede o comprimento dessa espaçonave, que agora está em repouso. Qual é o valor que ela encontra?

37.10 Uma régua de um metro move-se em relação a você com velocidade muito elevada. O movimento é paralelo ao comprimento longitudinal da régua. Se, usando uma régua de um pé, você verifica que a régua de um metro possui comprimento igual a 1 pé (1 pé = 0,3048 m), com que velocidade a régua de um metro se desloca em relação a você?

37.11 **Por que somos bombardeados por múons?** Múons são partículas subatômicas instáveis que sofrem decaimento e se transformam em elétrons com uma vida média de $2{,}2\ \mu s$. Eles são gerados quando raios cósmicos bombardeiam as camadas superiores da atmosfera, a cerca de 10 km acima da superfície da Terra, e deslocam-se com uma velocidade muito próxima à da luz. O problema que gostaríamos de discutir é por que vemos múons na superfície da Terra. a) Qual é a maior distância que um múon poderia percorrer durante a sua vida média de $2{,}2\ \mu s$? b) De acordo com a sua resposta à parte (a), seria de imaginar que os múons nunca chegariam à superfície. Mas a vida média de 2,2 μs é medida no sistema do múon, e múons se movem muito rápido. A uma velocidade de 0,999c, qual é a vida média de um múon em referência a um observador em repouso na Terra? Que distância o múon percorreria nesse tempo? Esse resultado explica por que encontramos múons em raios cósmicos? c) Do ponto de vista do múon, ele continua vivendo apenas durante 2,2 μs, então como ele alcança o solo? Qual é densidade dos 10 km de atmosfera que o múon precisa atravessar, em relação ao múon? Está claro agora como o múon consegue chegar ao solo?

37.12 Uma partícula instável se forma a partir de um raio cósmico na atmosfera superior da Terra e se desloca verticalmente de cima para baixo com velocidade igual a 0,99540c em relação à Terra. Um cientista em repouso na superfície terrestre verifica que essa partícula é criada a uma altura de 45 km. a) Em relação ao cientista, quanto tempo a partícula leva para se deslocar 45 km até a Terra? b) Use a fórmula da contração do comprimento para calcular a distância entre a partícula e a Terra no momento em que ela foi criada, em relação ao sistema de referência da própria partícula. c) No sistema de referência da partícula, qual é o intervalo de tempo desde o momento em que ela é criada até o instante em que ela atinge a superfície da Terra? Calcule esse tempo aplicando a fórmula da dilatação do tempo e também pela distância calculada no item (b). Os dois resultados concordam?

37.13 Em relação a um observador na Terra, a pista de lançamento de uma espaçonave possui comprimento de 3600 m. a) Qual é o comprimento da pista medido pelo piloto de uma espaçonave que se desloca com velocidade igual a $4{,}0 \times 10^7$ m/s em relação à Terra? b) Uma observadora em repouso na Terra mede o intervalo de tempo desde o momento em que a espaçonave está diretamente sobre o início da pista até o instante em que a espaçonave está diretamente sobre o final da pista. Que resultado ela obtém? c) O piloto da espaçonave mede o intervalo de tempo desde o momento em que a espaçonave passa diretamente sobre o início da pista até o instante em que ela passa diretamente sobre o final da pista. Que resultado ele obtém?

Seção 37.5 As transformações de Lorentz

37.14 Resolva as equações (37.21) e obtenha x e t em função de x' e t' para mostrar que a transformação resultante possui a mesma forma da transformação original, exceto que o sinal de u fica invertido.

37.15 Uma observadora em um sistema S' move-se da esquerda para a direita (no sentido $+x$) com $u = 0{,}600c$, afastando-se de um observador em repouso no sistema S. A observadora no sistema S' mede a velocidade v' de uma partícula que se afasta dela da esquerda para a direita. Qual é a velocidade v que o observador no sistema S mede para a velocidade da partícula quando a) $v' = 0{,}400c$? b) $v' = 0{,}900c$? c) $v' = 0{,}990c$?

37.16 A astronauta Mavis passa sobre Stanley com velocidade relativa igual a 0,800c. Mavis e Stanley sincronizam o instante zero de seus respectivos cronômetros quando a espaçonave de Mavis está diretamente acima de Stanley. Quando o cronômetro de Mavis indica 5,0 s, ela liga uma fonte luminosa muito forte sob a frente da espaçonave. a) Use as transformações de Lorentz deduzidas no Exercício 37.14 e no Exemplo 37.7 para calcular os valores de x e t do evento da ligação da luz. b) Aplique a fórmula da dilatação do tempo, Equação (37.6), para calcular o intervalo de tempo entre os dois eventos (o instante em que a espaçonave passa sobre sua cabeça e o instante em que a luz se acende), conforme medida realizada por Stanley. Compare com o valor de t que você calculou no item (a). c) Multiplique o intervalo de tempo pela velocidade de Mavis, usando ambos os valores medidos por Stanley para calcular a distância que ela se deslocou, como foi verificado por Stanley até o momento em que a luz se acende. Compare com o valor de x que você calculou no item (a).

37.17 Uma nave do planeta Tatooine está tentando alcançar um cruzador da Federação do Comércio. Em relação a um observador em Tatooine, o cruzador está se afastando do planeta com uma velocidade de 0,600c. A nave está se deslocando com uma velocidade de 0,800c em relação a Tatooine, no mesmo sentido que o cruzador. a) Para a nave alcançar o cruzador, a velocidade do cruzador em relação a ela deve ser positiva ou negativa? b) Qual é a velocidade do cruzador em relação à nave?

37.18 A Equação 37.23 fornece a transformação apenas do componente no eixo Ox da velocidade de um objeto. Suponha que o objeto considerado na dedução também se mova na direção y/y'. Encontre uma expressão para u_y em função dos componentes de u', v e c que represente a transformação para os componentes da velocidade no eixo Oy. (*Sugestão*: aplique as transformações de Lorentz e relações como $u_x = dx/dt$, $u'_x = dx'/dt'$ e assim por diante aos componentes no eixo Oy.

37.19 Duas partículas são produzidas em um acelerador de partículas de alta energia e se afastam em sentidos opostos. A velocidade de uma das partículas, medida no laboratório, é igual a 0,650c, e a velocidade relativa entre as duas é de 0,950c. Qual é a velocidade da outra partícula, medida no laboratório?

37.20 Duas partículas provenientes de um acelerador de partículas de alta energia se aproximam frontalmente com uma velocidade relativa igual a 0,9520c medida no laboratório. Qual é o módulo da velocidade com a qual uma partícula se aproxima da outra?

37.21 Em uma experiência, duas partículas em um acelerador de partículas de alta energia se aproximam uma da outra em sentidos opostos com uma velocidade relativa de 0,890c. Ambas as partículas se deslocam à mesma velocidade em relação ao laboratório. Qual é a velocidade de cada partícula, medida no laboratório?

37.22 Uma espaçonave inimiga está perseguindo sua espaçonave Starfighter com velocidade, medida em relação a você, igual a 0,400c. A espaçonave inimiga dispara um míssil para atingir a Starfighter com uma velocidade, em relação à espaçonave inimiga, de 0,700c (Figura 37.28). a) Qual é a velocidade do míssil em relação a você? Expresse sua resposta em termos da velocidade da luz. b) Se você mediu uma distância igual a $8{,}0 \times 10^6$ km entre você e a espaçonave inimiga no instante em que o míssil foi disparado, qual será o tempo que o míssil levará para atingir você?

Figura 37.28 Exercício 37.22.

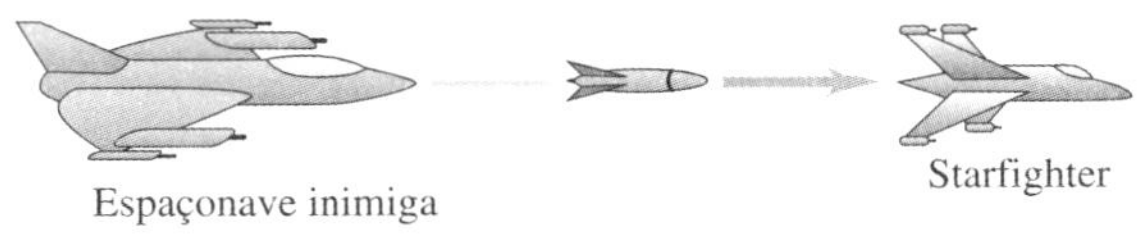

37.23 Uma espaçonave da Armada Imperial se desloca com velocidade elevada em relação ao planeta Arrakis e dispara um foguete na direção do planeta com uma velocidade de 0,920c em relação à espaçonave. Um observador na superfície de Arrakis verifica que o foguete está se aproximando com velocidade de 0,360c. Qual é a velocidade da espaçonave em relação ao planeta Arrakis? A espaçonave está se aproximando ou se afastando de Arrakis?

*Seção 37.6 O efeito Doppler para as ondas eletromagnéticas

*37.24 Reescreva a Equação 37.25 para encontrar a velocidade relativa u entre a fonte eletromagnética e um observador em termos da razão entre a freqüência observada e a freqüência da luz da fonte. Que velocidade relativa u produzirá a) uma diminuição de 5,0% na freqüência e (b) um aumento por um fator de 5 da luz observada?

*37.25 **Diga isso ao juiz.** a) Qual deve ser a velocidade com a qual você tem de se aproximar de um sinal de trânsito vermelho (λ = 675 nm) para que ele aparente uma cor amarela (λ = 575 nm)? Expresse sua resposta em termos da velocidade da luz. b) Se você usou isso como desculpa para não pagar a multa pelo avanço do sinal vermelho, quanto você teria de pagar de multa pelo excesso de velocidade? Suponha que seja cobrada uma multa de R$ 1,00 (um real) para cada km/h de excesso de velocidade acima da velocidade permitida de 90 km/h.

*37.26 Mostre que, se uma fonte de ondas eletromagnéticas se afasta de nós com velocidade igual a $0{,}600c$, a freqüência que medimos é igual à metade da freqüência medida no sistema no qual a fonte está em repouso.

Seção 37.7 Momento linear relativístico

37.27 a) Uma partícula com massa m se move ao longo de uma linha reta sob a ação de uma força F dirigida ao longo da mesma linha reta. Calcule a derivada da Equação (37.29) para mostrar que a aceleração $a = dv/dt$ da partícula é dada por $a = (F/m)(1 - v^2/c^2)^{3/2}$. b) Calcule a derivada da Equação (37.29) para encontrar uma expressão para o módulo da aceleração F, m e v/c quando a força for perpendicular à velocidade.

37.28 **Quando você deve usar a relatividade?** Como você viu, os cálculos relativísticos costumam envolver a grandeza γ. Quando γ é significativamente maior do que um, devemos usar fórmulas relativísticas em vez de newtonianas. Em que velocidade v (em termos de c) o valor de γ é a) 1,0% maior do que um; b) 10% maior do que um; c) 100% maior do que um?

37.29 a) Para qual valor da velocidade o momento linear de uma partícula é igual ao dobro do valor da expressão não-relativística mv? Expresse sua resposta em termos da velocidade da luz. b) Uma força é aplicada a uma partícula ao longo da mesma direção de seu movimento. Para qual velocidade a força necessária para produzir uma dada aceleração é duas vezes maior do que a força necessária para produzir a mesma aceleração quando a partícula está em repouso? Expresse sua resposta em termos da velocidade da luz.

37.30 **Beisebol relativístico.** Calcule o módulo da força necessária para fornecer a uma bola de beisebol de 0,145 kg uma aceleração $a = 1{,}0$ m/s^2 na mesma direção e no mesmo sentido da velocidade inicial da bola de beisebol quando o módulo da velocidade é dado por a) 10,0 m/s; b) $0{,}900c$; c) $0{,}990c$. Repita os itens (a), (b) e (c) para quando a força e a aceleração forem perpendiculares à velocidade.

Seção 37.8 Trabalho e energia na relatividade

37.31 Qual é a velocidade de uma partícula cuja energia cinética é a) igual a sua energia de repouso? b) cinco vezes maior do que o valor de sua energia de repouso?

37.32 **Aniquilamento.** No chamado aniquilamento próton-antipróton, um próton colide com um antipróton (um próton com carga negativa) e ambos desaparecem produzindo radiação eletromagnética. Supondo que cada partícula possua massa igual a $1{,}67 \times 10^{-27}$ kg e que elas estejam em repouso imediatamente antes da colisão, calcule a energia total da radiação eletromagnética. Forneça sua resposta em joules e em elétrons-volt.

37.33 Um próton (massa de repouso $1{,}67 \times 10^{-27}$) apresenta uma energia total que é quatro vezes a sua energia de repouso. Qual é a) a energia cinética do próton; b) o módulo do momento linear do próton; c) a velocidade do próton?

37.34 a) Qual é o trabalho realizado sobre uma partícula com massa m para que ela seja acelerada a) desde o repouso até uma velocidade igual a $0{,}090c$? b) Desde uma velocidade de $0{,}900c$ até uma velocidade igual a $0{,}990c$? (Expresse sua resposta em termos de mc^2.) c) Como você compara a resposta do item (a) com a do item (b)?

37.35 a) Em que porcentagem a sua massa de repouso aumenta quando você sobe 30 m até o topo de um edifício de dez andares? Você percebe esse aumento? Explique. b) Em quantos gramas a massa de uma mola de 12,0 g com uma constante de 200 N/cm varia quando você a comprime em 6,0 cm? A massa aumenta ou diminui? Você notaria a variação na massa, se estivesse segurando a mola? Explique.

37.36 Uma pessoa de 60,0 kg está em pé em repouso no nível do solo. Com que velocidade ela precisa correr para a) dobrar sua energia total e (b) aumentar sua energia total por um fator de 10?

37.37 **Reator antimatéria.** Quando uma partícula encontra a sua antipartícula, elas aniquilam uma ou outra e sua massa é convertida em energia luminosa. Os Estados Unidos consomem aproximadamente $1{,}0 \times 10^{19}$ J de energia por ano. a) Se toda essa energia viesse de um reator antimatéria futurista, que massa de combustível de matéria e antimatéria seria consumida anualmente? b) Se esse combustível tivesse a densidade do ferro (7,86 g/cm^3) e estivesse empilhado em tijolos formando um cubo, que altura esse cubo teria? (Antes de você ficar muito animado, lembre que reatores antimatéria estão *bem* distantes no futuro — se é que um dia existirão.)

37.38 Uma partícula ψ ('psi') possui massa igual a $5{,}52 \times 10^{-27}$ kg. Calcule a energia de repouso da partícula ψ em MeV.

37.39 Uma partícula possui massa de repouso de $6{,}64 \times 10^{-27}$ kg e momento linear igual a $2{,}10 \times 10^{-18}$ kg . m/s. a) Qual é a energia total (energia cinética mais energia de repouso) dessa partícula? b) Qual é a energia cinética dessa partícula? c) Qual é a razão entre a energia cinética e a energia de repouso dessa partícula?

37.40 Partindo da Equação (37.39), mostre que no limite clássico ($pc \ll mc^2$) a energia tende ao limite clássico da energia cinética $\frac{1}{2}mv^2$ somada com a energia de repouso mc^2.

37.41 Calcule a energia cinética de um próton (massa igual a $1{,}67 \times 10^{-27}$ kg) usando a expressão relativística e também a expressão não-relativística e calcule a razão entre os dois resultados (relativística dividida pela não-relativística) para velocidades de a) $8{,}0 \times 10^7$ e b) $2{,}85 \times 10^8$ m/s.

37.42 Qual é a energia cinética de um próton deslocando-se a a) $0{,}100c$; b) $0{,}500c$; c) $0{,}900c$? Quanto trabalho precisa ser realizado para d) aumentar a velocidade do próton de $0{,}100c$ para $0{,}500c$ e e) aumentar a velocidade do próton de $0{,}500c$ para $0{,}900c$? f) Como os últimos dois resultados se comparam com resultados obtidos no limite não-relativístico?

37.43 a) A que diferença de potencial um elétron precisa ser acelerado, a partir do repouso, para alcançar uma velocidade de $0{,}980c$? b) Qual é a energia cinética do elétron a essa velocidade? Expresse a sua resposta em joules e em elétrons-volt.

37.44 **Criando uma partícula.** Dois prótons (cada um com uma massa de repouso $M = 1{,}67 \times 10^{-27}$ kg) estão se deslocando inicialmente com velocidades iguais em sentidos opostos. Os prótons continuam a existir depois da colisão que também produz uma partícula η^0 (ver Capítulo 44). A massa de repouso do η^0 é $m = 9{,}75 \times 10^{-28}$ kg. a) Se os dois prótons e a partícula η^0 estão ambos em repouso depois da colisão, encontre a velocidade inicial dos prótons, expressa como uma fração da velocidade da luz. b) Qual é a energia cinética de cada próton? Expresse a sua resposta em MeV. c) Qual é a energia de repouso de η^0, expressa em MeV? d) Discuta a relação entre as respostas às partes (b) e (c).

37.45 Calcule a velocidade de uma partícula cuja energia cinética relativística é 50% maior do que o valor newtoniano para a mesma velocidade.

37.46 **Energia da fusão.** Em um reator de fusão nuclear hipotético, dois núcleos de deutério se combinam, ou se 'fundem', formando um núcleo do átomo de hélio. A massa do núcleo de deutério, expressa em unidades de massa atômica (u), é igual a 2,0136 u e a do núcleo do átomo de hélio é igual a 4,0015 u (1 u = 1,6605402 $\times 10^{-27}$ kg). a) Qual é a quantidade de energia liberada quando 1,0 kg de deutério sofre fusão? b) O consumo anual de energia nos Estados Unidos é aproximadamente igual a $1{,}0 \times 10^{19}$ J. Qual é a quantidade de deutério que deve reagir para produzir essa quantidade de energia?

37.47 O Sol produz energia por reações de fissão nuclear, nas quais matéria é convertida em energia. Medindo a quantidade de energia que recebemos do Sol, sabemos que ele produz energia a uma taxa de $3{,}8 \times 10^{26}$ W. a) Quantos quilogramas de matéria o Sol perde a cada segundo? Aproximadamente a quantas toneladas americanas de matéria corresponde esse valor? b) A essa taxa, quanto tempo levaria para que o Sol consumisse toda a sua massa?

37.48 Uma partícula de poeira de 0,100μg é acelerada a partir do repouso até uma velocidade de 0,900c por uma força constante de $1{,}0 \times 10^6$ N. a) Se a forma não-relativística da segunda lei de Newton ($\Sigma F = ma$) for usada, que distância o objeto percorrerá para atingir sua velocidade final? b) Usando o tratamento relativístico correto da Seção 37.8, que distância o objeto percorrerá para atingir sua velocidade final? c) Qual dessas distâncias é maior? Por quê?

Problemas

37.49 Depois de ser produzido numa colisão entre partículas elementares, um píon positivo (π^+), para atingir o local de uma experiência, deve se deslocar ao longo de um tubo de comprimento igual a 1,20 km. Uma partícula π^+ possui vida média igual a $2{,}60 \times 10^{-8}$ s (em relação ao sistema de repouso); o π^+ considerado possui essa vida média. a) Com que velocidade o π^+ deve se deslocar para que ele possa atingir a extremidade do tubo antes de decair? (Visto que u deve ser muito próximo de c, escreva $u = (1 - \Delta)c$ e forneça sua resposta em função de Δ em vez de u.) b) O π^+ possui uma energia de repouso igual a 139,6 MeV. Qual é a energia total do π^+, considerando a velocidade calculada no item (a)?

37.50 Um cubo de metal cuja aresta possui comprimento a está em repouso em um sistema de referência S com uma de suas arestas paralelas ao eixo Ox. Logo, em S o volume do cubo é igual a a^3. O sistema de referência S' se desloca ao longo eixo Ox com velocidade u. Em relação a um observador no sistema de referência S', qual é o volume do cubo de metal?

37.51 As naves da Federação Solar são marcadas com o símbolo da Federação, um círculo, enquanto as naves do Império Denebian são marcadas com o símbolo do Império, uma elipse cujo maior eixo é 1,40 vezes maior do que o eixo menor ($a = 1{,}40b$ na Figura 37.29). Com que velocidade, em relação a um observador, uma nave do Império precisa se deslocar para que o seu símbolo seja confundido com o símbolo das naves da Federação?

Figura 37.29 Problema 37.51.

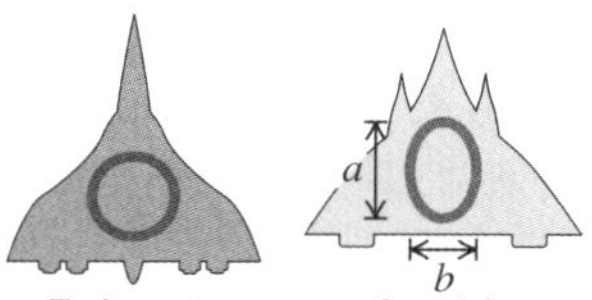

37.52 Uma sonda espacial é enviada para a estrela Capella, situada a uma distância igual a 42,2 anos-luz da Terra. (Um ano-luz é a distância percorrida pela luz durante um ano.) A sonda se desloca com velocidade de 0,9910c. No momento em que a sonda é lançada da Terra, uma astronauta no interior da sonda está com 19 anos. Qual será sua idade quando a sonda atingir Capella?

37.53 Dizemos que uma partícula é *extremamente relativística* quando sua energia cinética é muito maior do que sua energia de repouso. a) Qual é a velocidade de uma partícula (expressa como uma fração de c) para que sua energia total seja dez vezes maior do que sua energia de repouso? b) Qual seria a diferença percentual entre o membro esquerdo e o membro direito da Equação (37.39) se o termo $(mc^2)^2$ fosse desprezado para a partícula cuja velocidade foi calculada no item (a)?

37.54 **Dilatação do tempo na vida cotidiana.** Dois relógios atômicos são cuidadosamente sincronizados. Um deles permanece em Nova York e o outro é montado em um avião que se desloca com velocidade média igual a 250 m/s e posteriormente volta para Nova York. Quando o avião retorna, o intervalo de tempo total medido pelo relógio no solo é igual a 4 h. Qual é a diferença entre os intervalos de tempo medidos pelos dois relógios e qual deles indica o intervalo de tempo mais curto? (*Sugestão*: como $u \ll c$, você pode simplificar $\sqrt{1 - u^2/c^2}$ usando a série binomial.)

37.55 **O Grande Colisor de Hádrons (LHC).** Físicos e engenheiros do mundo todo se juntaram para construir o maior acelerador do mundo, o Grande Colisor de Hádrons (*Large Hadron Collider* — LHC) nos laboratórios da CERN em Geneva, Suíça. O aparelho irá acelerar prótons a energias cinéticas de 7 TeV em um anel subterrâneo de 27 km de circunferência. (Leia as últimas notícias e informações sobre o LHC no site www.cern.ch.) a) Com que velocidade os prótons chegarão ao LHC? (Como o valor de v é muito próximo do valor de c, use $v = (1 - \Delta)c$ e encontre a sua resposta em termos de Δ.) b) Encontre a massa relativística, m_{rel} dos prótons acelerados em termos de sua massa de repouso.

37.56 Uma bomba atômica contendo 8,0 kg de plutônio explode. A soma das massas de repouso dos produtos da reação é menor uma parte em 10^4 do que as massas de repouso antes da reação. a) Qual é a energia liberada na explosão? b) Se a explosão ocorre em 4,0 μs, qual é a potência média desenvolvida pela bomba? c) Que massa de água poderia ser elevada até uma altura de 1,0 km por essa energia libertada?

37.57 **Radiação Čerenkov.** O físico russo P. A. Čerenkov descobriu que ocorre uma emissão de ondas eletromagnéticas quando uma partícula carregada se desloca em um meio material com velocidade superior à velocidade de propagação da luz no mesmo material. (Esse efeito é análogo ao estrondo sônico produzido por um avião que se desloca no ar com velocidade superior à velocidade de propagação do som no ar; veja a Seção 16.9, no volume 2. Čerenkov ganhou em 1958 o Prêmio Nobel por essa descoberta.) Qual é a energia cinética mínima (em elétrons-volt) que um elétron deve possuir ao se deslocar ao longo de uma barra de vidro crown (n = 1,52) para que ele possa emitir radiação Čerenkov?

37.58 Um fóton com energia E é emitido por um átomo de massa m que recua em sentido contrário. a) Supondo que o movimento do átomo possa ser tratado de modo não-relativístico, calcule a velocidade de recuo do átomo. b) De acordo com o resultado do item (a), mostre que a velocidade de recuo é muito menor do que c quando E é muito menor do que a energia de repouso mc^2 do átomo.

37.59 Em uma experiência, dois prótons são lançados diretamente um contra o outro, cada um se deslocando com a metade da velocidade da luz em relação ao laboratório. a) Que velocidade tem um próton em relação ao outro? b) Qual seria a resposta à parte (a) se usássemos apenas mecânica newtoniana não-relativística? c) Qual é a energia cinética de cada próton em relação a (i) um observador em repouso no laboratório e (ii) um observador se deslocando junto com um dos prótons? d) Quais seriam as respostas à parte (c) se usássemos apenas mecânica newtoniana não-relativística?

37.60 Suponha que a velocidade dos prótons do Problema 37.59 seja tal que cada próton apresenta uma velocidade que é a metade da velocidade da luz em relação ao outro próton. a) Qual é a velocidade desses prótons em relação a um observador no laboratório? b) Qual é a energia cinética de cada próton em relação a (i) um observador no laboratório e (ii) ao outro próton?

37.61 Um sistema S' possui um componente x da velocidade igual a u relativa a um sistema S e para $t = t' = 0$ os dois sistemas coincidem (Figura 37.3). Um pulso de luz é emitido na origem de S' no instante $t' = 0$. Sua distância x' da origem depois de um tempo t' é dada por $x'^2 = c^2t'^2$. Use as transformações de Lorentz para transformar essa equação para as coordenadas x e t, a fim de mostrar que o resultado é dado por $x^2 = c^2t^2$; ou seja, o movimento parece exatamente o mesmo tanto para S quanto para S'. (Veja a Figura 37.4.)

37.62 Em certos processos de desintegração radioativa beta, a partícula beta (um elétron) sai do núcleo atômico com uma velocidade de 99,95% da velocidade da luz em relação ao núcleo em desintegração. Se esse núcleo está se deslocando com 75,0% da velocidade da luz, encontre a velocidade do elétron emitido em relação ao sistema de referência do laboratório se o elétron for emitido a) no mesmo sentido em que o núcleo está se deslocando e b) no sentido oposto da velocidade do núcleo. c) Em cada caso das partes (a) e (b), calcule a energia cinética do elétron em relação (i) ao sistema do laboratório e (ii) ao sistema de referência do núcleo em desintegração.

37.63 Uma partícula de massa m acelerada por uma força constante F, de acordo com a mecânica newtoniana, deve continuar a ser acelerada indefinidamente. Ou seja, quando $t \to \infty$, $v \to \infty$. Mostre que, de acordo com a mecânica relativística, a velocidade da partícula tende a c quando $t \to \infty$ (*Nota*: uma integral útil é $\int (1 - x^2)^{-3/2}\,dx = x/\sqrt{1 - x^2}$.)

37.64 Em um sistema S dois eventos ocorrem no mesmo ponto, sendo que o segundo ocorre 1,80 s depois do primeiro. Um observador situado em um segundo sistema S', que se move em relação ao sistema S, verifica que o segundo evento ocorre 2,35 s depois do primeiro. Qual é a diferença entre as posições dos dois eventos medida pelo observador situado em S'?

37.65 Dois eventos observados em um sistema S possuem posições e tempos dados por (x_1, t_1) e (x_2, t_2), respectivamente. a) O sistema S' se move ao longo do eixo Ox com uma velocidade apenas suficiente para que esses dois eventos ocorram no mesmo ponto em relação ao sistema S'. Mostre que, para o sistema S', o intervalo de tempo $\Delta t'$ entre os dois eventos é dado por

$$\Delta t' = \sqrt{(\Delta t)^2 - \left(\frac{\Delta x}{c}\right)^2}$$

onde $\Delta x = x_2 - x_1$ e $\Delta t = t_2 - t_1$. Portanto, mostre que, se $\Delta x > c\,\Delta t$, não existe nenhum sistema S' no qual os dois eventos ocorrem no mesmo ponto. O intervalo $\Delta t'$ algumas vezes é chamado de *intervalo de tempo próprio* para os dois eventos. Esse termo é apropriado? b) Mostre que, se $\Delta x > c\,\Delta t$, existe um sistema S' diferente no qual os dois eventos ocorrem *simultaneamente*. Calcule a distância entre os dois eventos no sistema S'; expresse sua resposta em termos de Δx, Δt e c. Essa distância algumas vezes é chamada de *distância própria*. Esse termo é apropriado? c) Verifica-se que em relação a um sistema S' dois eventos ocorrem simultaneamente em pontos separados por uma distância igual a 2,50 m. Em um segundo sistema S que se move em relação ao sistema S', parece que os dois eventos estão separados por uma distância de 5,0 m. Qual é o intervalo de tempo entre os dois eventos em relação ao sistema S? (*Sugestão*: aplique o resultado do item (b).)

37.66 **Albert no País das Maravilhas.** Einstein e Lorentz, fanáticos por tênis, jogam uma partida rápida em um campo onde a distância entre eles é 20,0 m. Como eles são jogadores muito experientes, jogam sem a rede. A massa da bola de tênis é 0,0580 kg. Despreze a gravidade e suponha que a bola se desloque paralelamente ao solo entre os dois homens. A menos que seja especificado algo em contrário, as medidas são feitas pelos dois jogadores. a) Lorentz envia uma bola com velocidade de 80,0 m/s. Qual é a energia cinética da bola? b) Einstein rebate e a bola adquire uma velocidade de $1{,}80 \times 10^8$ m/s. Qual é a energia cinética da bola? c) Durante o retorno da bola de Einstein do item (a), um coelho branco corre pela margem do campo paralelamente à direção da bola no sentido de Einstein para Lorentz. A velocidade do coelho é $2{,}20 \times 10^8$ m/s em relação aos dois homens. Qual é a velocidade do coelho em relação à bola? d) Qual é a distância entre Einstein e Lorentz medida pelo coelho? e) De acordo com os dois observadores, qual é o tempo que o coelho leva para percorrer a distância de 20,0 m? f) O coelho branco transporta um relógio de bolso. Ele usa o relógio para medir o intervalo de tempo (que ele observa) para percorrer a distância entre Einstein e Lorentz. Qual é o valor que ele mede?

*37.67 Um dos comprimentos de onda emitidos pelos átomos de hidrogênio submetidos a condições normais de laboratório é λ = 656,3 nm, na região vermelha do espectro eletromagnético. Observando-se essa mesma luz emitida por uma galáxia distante, verifica-se que ela sofre um deslocamento Doppler para λ = 953,4 nm, na região infravermelha do espectro eletromagnético. Qual é a velocidade dessa galáxia em relação à Terra? Ela está se aproximando ou se afastando da Terra?

*37.68 **Medida de velocidades com radar.** Um instrutor de beisebol usa um radar para medir a velocidade de uma bola de beisebol. Esse dispositivo envia ondas eletromagnéticas com freqüência f_0 e a seguir mede o deslocamento de freqüência Δf das ondas eletromagnéticas refletidas pela bola de beisebol em movimento. Sabendo que a fração da variação da freqüência produzida por uma bola de beisebol em movimento é $\Delta f/f_0 = 2{,}86 \times 10^{-7}$, qual é a velocidade da bola de beisebol em km/h? (*Sugestão*: as ondas sofrem um deslocamento Doppler uma segunda vez, quando são refletidas na bola?)

37.69 **Viagem espacial?** Uma viagem às estrelas requer centenas ou milhares de anos, mesmo à velocidade da luz. Algumas pessoas sugerem que podemos contornar essa dificuldade acelerando a espaçonave (e seus astronautas) a velocidades muito altas de modo que eles envelheçam menos devido à dilatação do tempo. O problema é que é preciso uma quantidade muito grande de energia para fazer isso. Suponha que você queira ir até Betelgeuse, a gigante vermelha, que fica a cerca de 500 anos-luz de distância. (Um ano-luz é a distância que a luz percorre em um ano.) Você planeja viajar a uma velocidade constante em uma espaçonave de 1000 kg — na realidade, pequena demais para esse propósito. Em cada um dos casos que se seguem, calcule o tempo da viagem, em relação às pessoas na Terra e aos astronautas na espaçonave, a energia necessária em joules e a energia necessária como uma porcentagem do consumo anual de energia dos Estados Unidos ($1{,}0 \times 10^{19}$ J). Para comparar, disponha os seus resultados em uma tabela mostrando $v_{\text{espaçonave}}$, t_{Terra}, $t_{\text{espaçonave}}$, E (em J) e E (como % do consumo dos EUA). A velocidade da espaçonave é a) $0{,}50c$; b) $0{,}99c$; c) $0{,}9999c$. Com base nos seus resultados, parece provável que o governo vá investir em uma viagem espacial a alta velocidade em um futuro próximo?

*37.70 Uma espaçonave se movendo com velocidade constante u em relação a nós envia um sinal de rádio com freqüência constante f_0. À medida que a espaçonave se aproxima de nós, recebemos uma freqüência f maior do que a anterior; depois que ela passa e se afasta, recebemos uma freqüência menor. a) No momento em que a espaçonave está passando sobre nós, ou seja, quando ela não está se aproximando nem se afastando, mostre que a freqüência que recebemos não é igual a f_0 e deduza uma expressão para a freqüência que recebemos. Essa freqüência é maior ou menor do que f_0? (*Sugestão*: nessa situação, as cristas de ondas sucessivas se deslocam a mesma distância na direção do observador e, portanto, os tempos de trânsito são os mesmos. Logo, f é igual a $1/T$. Use a fórmula da dilatação do tempo para relacionar os períodos no sistema de referência em repouso e no sistema que se move.) b) Uma espaçonave emite ondas eletromagnéticas com freqüência $f_0 = 345$ MHz em relação ao sistema da própria espaçonave. A espaçonave se move em relação a nós com velocidade constante igual a $0{,}758c$. Qual é a freqüência f que recebemos quando a espaçonave se aproxima de nós? E quando ela se afasta de nós? Em cada caso, qual é o deslocamento de freqüência $f - f_0$? c) Use o resultado do item (a) para calcular a freqüência f e o deslocamento de freqüência $(f - f_0)$ quando a espaçonave está passando sobre nós. Como se compara o deslocamento de freqüência calculado nesse item com o deslocamento de freqüência calculado no item (b)?

*37.71 **O paradoxo do celeiro e da vara.** Suponha que um corredor *muito* veloz ($v = 0{,}600c$) segurando uma vara muito longa esteja correndo por um celeiro aberto em ambas as extremidades. O comprimento da vara (no sistema de repouso *da vara*) é 6,0 m e o comprimento do celeiro (no sistema de repouso *do celeiro*) é 5,0 m. No sistema de referência do celeiro, a vara sofre contração de comprimento e pode se encaixar completamente dentro do celeiro. Contudo, no sistema de referência do corredor, o *celeiro* sofre contração de comprimento e a vara *nunca* poderá se encaixar completamente dentro do celeiro! Explique como se resolve esse paradoxo.

37.72 O físico francês Armand Fizeau foi o primeiro a medir a velocidade da luz c com precisão. Ele também verificou experimentalmente que a velocidade da luz u em relação a um sistema fixo no laboratório, supondo que o feixe de luz se propaga no mesmo sentido da velocidade V da água no interior de um tubo, é

$$v = \frac{c}{n} + kV$$

onde $n = 1{,}333$ é o índice de refração da água. Fizeau chamou k de coeficiente de arraste e encontrou o valor experimental $k = 0{,}44$. Obtenha a expressão relativística para k usando as transformações de Lorentz e calcule o valor de k.

Problemas desafiadores

37.73 **Transformação de Lorentz para a aceleração.** Usando um método análogo ao empregado no texto para a dedução das transformações de Lorentz para a velocidade, podemos determinar as transformações de Lorentz para a aceleração. Suponha que um sistema S' tenha um componente x com velocidade constante u em relação a um sistema S. Um objeto se desloca em relação ao sistema S com velocidade instantânea v ao longo do eixo Ox e com uma aceleração instantânea a. a) Mostre que sua aceleração instantânea em relação ao sistema S' é

$$a'_x = a_x\left(1 - \frac{u^2}{c^2}\right)^{3/2}\left(1 + \frac{uv'_x}{c^2}\right)^{-3}$$

(*Sugestão*: expresse a aceleração em S' como $a'_x = dv'_x/dt'$. A seguir use a Equação (37.21) para representar dt'_x em termos de dt e de dx e aplique a Equação (37.22) para representar dv'_x em termos de u e de dv_x. A velocidade do objeto em S é $v_x = dx/dt$.) b) Mostre que a aceleração no sistema S pode ser expressa como

$$a_x = a'_x\left(1 - \frac{u^2}{c^2}\right)^{3/2}\left(1 - \frac{uv'_x}{c^2}\right)^{-3}$$

onde $v'_x = dx'/dt'$ é a velocidade do objeto em relação ao sistema S'.

37.74 **Uma versão realista do paradoxo dos gêmeos.** Uma espaçonave deixa a Terra no dia 1º de janeiro de 2100. Stella, uma das irmãs gêmeas nascidas no ano 2075, pilota a espaçonave (sistema de referência S'); a outra gêmea, chamada de Terra, permanece em nosso planeta (sistema de referência S). A espaçonave possui uma aceleração com módulo constante g no seu próprio sistema (isso faz com que a astronauta sinta como se estivesse em casa, visto que a aceleração é igual à existente na superfície terrestre). A trajetória da espaçonave é uma linha reta. a) Usando os resultados do Problema Desafiador 37.73, mostre que, para o sistema S da gêmea Terra, a aceleração da espaçonave é

$$\frac{du}{dt} = g\left(1 - \frac{u^2}{c^2}\right)^{3/2}$$

onde u é a velocidade instantânea em relação ao sistema S. b) Escreva o resultado do item (a) na forma $dt = f(u)\,du$, onde $f(u)$ é uma função de u, e integre ambos os membros da equação anterior. (*Sugestão*: use a integral indicada no Problema 37.63.) Mostre que, no sistema de referência da irmã gêmea Terra, o tempo que Stella leva para atingir a velocidade v_{1x} é dado por

$$t_1 = \frac{v_{1x}}{g\sqrt{1 - v_{1x}^2/c^2}}$$

c) Use a fórmula da dilatação do tempo para relacionar dt com dt' (intervalos de tempo infinitesimais medidos, respectivamente, no sistema S e no sistema S'). Combine esse resultado com o obtido no item (a) e integre como indicado no item (b) para mostrar o seguinte: quando Stella adquire uma velocidade $v1x$ em relação à sua irmã Terra, o tempo t1' decorrido no sistema S' é

$$t_1' = \frac{c}{g}\operatorname{arctanh}\left(\frac{v_{1x}}{c}\right)$$

onde arctgh é a função inversa da tangente hiperbólica. (*Sugestão*: use a integral indicada no Problema Desafiador 5.124, no volume 1. d) Combine os resultados obtidos nos itens (b) e (c) para achar t_1 em termos somente de t_1', g e c. e) Stella acelera em linha reta durante 5 anos (usando seu relógio), freia com a mesma taxa durante 5 anos, volta na mesma direção em sentido contrário, acelera durante 5 anos e freia com a mesma taxa durante 5 anos, finalmente atingindo o repouso na superfície terrestre. De acordo com o relógio de Stella, ela regressou no dia 1º de janeiro de 2120. De acordo com o relógio da irmã gêmea Terra, em que data ela regressou?

*37.75 **Determinação da massa de uma estrela.** Muitas estrelas vistas no céu são na realidade *estrelas binárias*, ou seja, duas estrelas que giram em torno do centro de massa comum. Quando essas estrelas possuem velocidades angulares elevadas, suas velocidades em relação à Terra podem ser medidas pelo efeito Doppler da luz que elas emitem. As estrelas que se enquadram nesse caso denominam-se *estrelas binárias espectroscópicas*. Na Figura 37.30 mostramos um caso simples de estrelas binárias espectroscópicas: duas estrelas idênticas, cada uma delas com massa m, giram em torno do centro de massa comum descrevendo uma circunferência de raio R. O plano comum das órbitas das estrelas é visto de perfil em relação a um observador na Terra. a) A luz produzida pelo gás hidrogênio em um laboratório na Terra possui freqüência igual a $4{,}568110 \times 10^{14}$ Hz. Observamos através de um telescópio na Terra que a luz proveniente dessas estrelas possui uma freqüência que varia entre $4{,}567710 \times 10^{14}$ Hz e $4{,}568910 \times 10^{14}$ Hz. Verifique se esse sistema binário se aproxima ou se afasta da Terra, calcule a velocidade do sistema e a velocidade angular das estrelas. (*Sugestão*: as velocidades envolvidas são muito menores do que a velocidade da luz, de modo que você pode usar o resultado aproximado $\Delta f/f = u/c$ dado na Seção 37.6.) b) A freqüência da luz proveniente de cada estrela do sistema binário varia desde um valor máximo até um valor mínimo e retorna ao valor máximo em um período igual a 11 dias. Determine o raio orbital R e a massa m de cada estrela. Forneça a resposta da massa m em quilogramas e também como um múltiplo da massa do Sol, $1{,}99 \times 10^{30}$ kg. Compare o valor de R com a distância entre a Terra e o Sol, $1{,}50 \times 10^{11}$ m. (Essa técnica é efetivamente usada na astronomia para a determinação da massa de estrelas. Na prática, o problema é mais complicado porque em um sistema binário as estrelas não costumam ser idênticas, as órbitas geralmente não são circulares e o plano da órbita está inclinado em relação à linha de visão de um observador na Terra.)

Figura 37.30 Problema Desafiador 37.75.

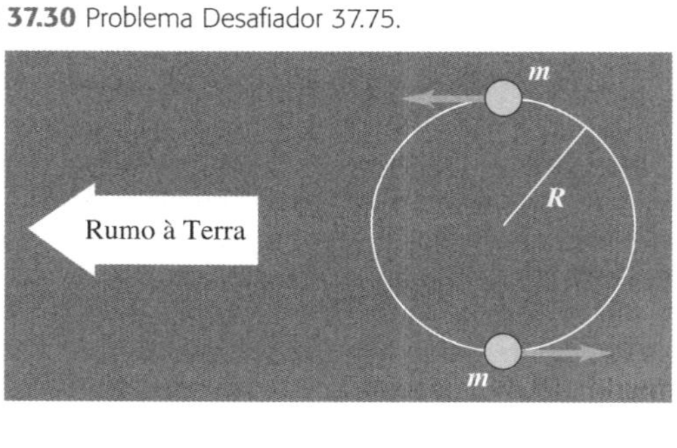

37.76 **A relatividade e a equação de onda.** a) Considere uma transformação galileana ao longo do eixo Ox: $x' = x - vt$ e $t' = t$. No sistema de referência S, a equação da propagação das ondas eletromagnéticas no vácuo é dada por

$$\frac{\partial^2 E(x,t)}{\partial x^2} - \frac{1}{c^2}\frac{\partial^2 E(x,t)}{\partial t^2} = 0$$

onde E representa o campo elétrico da onda. Mostre que, usando uma transformação galileana no sistema de referência S', obtemos

$$\left(1 - \frac{v^2}{c^2}\right)\frac{\partial^2 E(x',t')}{\partial x'^2} + \frac{2v}{c^2}\frac{\partial^2 E(x',t')}{\partial x'\partial t'} - \frac{1}{c^2}\frac{\partial^2 E(x',t')}{\partial t'^2} = 0$$

A forma da equação anterior é diferente da forma da equação da onda no sistema S. Logo, a transformação galileana *viola* o primeiro postulado da relatividade segundo o qual todas as leis físicas devem possuir a mesma forma em todos os sistemas de referência inerciais. (*Sugestão*: usando a regra de cadeia, expresse as respectivas derivadas parciais $\partial/\partial x$ e $\partial/\partial t$ em termos de $\partial/\partial x'$ e $\partial/\partial t'$.) b) Repita a análise do item (a) usando agora as transformações de Lorentz dadas pelo conjunto das equações (37.21) e mostre que no sistema de referência S' a equação da onda possui a mesma forma da equação da onda no sistema S:

$$\frac{\partial^2 E(x',t')}{\partial x^2} - \frac{1}{c^2}\frac{\partial^2 E(x',t')}{\partial t'^2} = 0$$

Explique por que esse resultado mostra que a velocidade da luz no vácuo é igual a c tanto no sistema de referência S' quanto no sistema S.

37.77 **Produção do káon.** Na física de alta energia, novas partículas podem ser produzidas mediante a colisão entre partículas com energias elevadas e partículas em repouso. Uma parte da energia cinética da partícula incidente é usada para produzir a massa de repouso da nova partícula. A colisão de um próton com outro próton pode produzir um káon positivo (K^+) juntamente com um káon negativo (K^-):

$$p + p \rightarrow p + p + K^- + K^+$$

a) Calcule a energia cinética mínima do próton incidente para que a reação anterior ocorra, sabendo que o segundo próton (o alvo) está inicialmente em repouso. A energia de repouso de cada káon é igual a 493,7 MeV e a energia de repouso de cada próton é igual a 938, 3 MeV. (*Sugestão*: neste caso é conveniente usar um sistema de referência para o qual o momento linear seja igual a zero. Veja o Problema 8.100, no volume 1; observe, no entanto, que agora você deve usar as transformações de Lorentz para relacionar as velocidades no sistema do laboratório com as velocidades no sistema no qual o momento linear total é igual a zero.) b) Como essa energia cinética mínima calculada se compara com a energia de repouso dos káons criados? c) Em vez da hipótese anterior, suponha que os dois prótons estejam em movimento com velocidades de mesmo módulo e sentidos contrários. Calcule a energia cinética mínima do sistema dos dois prótons para que a reação mencionada ocorra. Como essa energia cinética mínima calculada se compara com a energia de repouso dos káons criados? (Este exemplo mostra que, quando usamos feixes de partículas colidindo em sentidos contrários, as energias necessárias para produzir a reação são substancialmente menores do que as empregadas quando o alvo está em repouso.)

FÓTONS, ELÉTRONS E ÁTOMOS

38

Embora esta nuvem gasosa brilhante chamada Nebulosa Laguna esteja situada a uma distância de 5000 anos-luz da Terra, podemos afirmar que ela é constituída quase completamente de hidrogênio, devido à sua coloração vermelha. Essa luz vermelha tem um comprimento de onda de 656,3 nm e não é emitida por nenhuma outra substância além do hidrogênio. O que acontece dentro de um átomo de hidrogênio para emitir luz com esse comprimento de onda?

OBJETIVOS DE APRENDIZAGEM

Ao estudar este capítulo, você aprenderá:

- Como experiências envolvendo espectros de linhas, efeito fotoelétrico e raios X indicaram o caminho para uma reinterpretação radical da natureza da luz.
- De que forma a teoria de Einstein sobre o fóton explica o efeito fotoelétrico.
- Como o espectro de luz emitido pelo hidrogênio atômico revela a existência de níveis de energia nos átomos.
- De que maneira os físicos descobriram o núcleo atômico.
- Como o modelo de Bohr para as órbitas dos elétrons explicou o espectro dos átomos de hidrogênio e semelhantes ao hidrogênio.
- Os princípios de funcionamento de um laser.
- Como experiências com raios X ajudaram a confirmar a teoria do fóton.
- De que forma a teoria do fóton explica o espectro de luz emitido por um objeto quente, opaco.
- Como podemos conciliar os aspectos da luz como onda e como partícula.

No Capítulo 32, volume 3, vimos como Maxwell, Hertz e outros estabeleceram que a luz é uma onda eletromagnética. Fenômenos tais como a interferência, a difração e a polarização, discutidos nos capítulos 35 e 36, forneceram novas comprovações da *natureza ondulatória* da luz.

Quando observamos de perto a emissão, absorção e espalhamento da radiação eletromagnética, no entanto, descobrimos um aspecto completamente diferente da luz. Verificamos que a energia de uma onda eletromagnética é *quantizada*; ela é emitida e absorvida em pacotes semelhantes a partículas com energias definidas, chamados de *fótons* ou *quanta*. A energia de um único fóton é proporcional à freqüência da radiação.

A energia interna de um átomo também é quantizada. Em um dado átomo, a energia não pode assumir qualquer valor; somente alguns valores da energia, chamados *níveis de energia*, são possíveis.

As idéias básicas sobre fótons e níveis de energia nos auxiliam a entender outras observações igualmente enigmáticas. Entre elas, mencionamos os conjuntos discretos de comprimentos de onda das ondas absorvidas ou emitidas por elementos gasosos, a emissão de elétrons a partir de uma superfície iluminada, a operação de um laser e a produção e o espalhamento de raios X. Nossos estudos sobre fótons e níveis de energia nos conduzirão ao limiar da *mecânica quântica*, que implica diversas mudanças radicais em nossas concepções sobre a natureza da radiação eletromagnética e sobre a própria matéria.

38.1 Emissão e absorção da luz

Como a luz é produzida? No Capítulo 32, volume 3, mostramos como Heinrich Hertz produziu ondas eletromagnéticas usando um circuito ressonante *L–C* semelhante aos circuitos analisados no Capítulo 30, volume 3. Ele empregou freqüências da ordem de 10^8 Hz, porém, a freqüência da luz é da ordem de 10^{15} Hz, muito maior do que qualquer freqüência que pode ser obtida a partir de circuitos eletrônicos convencionais. No final do século XIX, muitos físicos especulavam que ondas com essas freqüências elevadas poderiam ser produzidas por cargas elétricas oscilando no interior de átomos individuais. Contudo, tais especulações não explicavam alguns dados experimentais cruciais. A explicação do *espectro de linhas,* do *efeito fotoelétrico*, da produção de raios X e outros problemas desafiavam os físicos em 1900. Analisaremos a seguir cada um desses problemas.

Espectro de linhas

Podemos obter o espectro de um feixe de luz usando um prisma ou uma rede de difração para separar os diversos comprimentos de onda que compõem a luz analisada. Quando a fonte luminosa é um sólido com temperatura elevada (tal como o filamento de uma lâmpada incandescente) ou um líquido, obtemos um espectro *contínuo*; todos os comprimentos de onda da luz visível estão presentes (Figura 38.1a). No entanto, quando a fonte é um gás, uma descarga elétrica (como em um anúncio luminoso de neônio) ou um sal volátil aquecido em uma chama (quando, por exemplo, jogamos sal de cozinha em uma fogueira), verificamos que somente linhas brilhantes paralelas e isoladas tornam-se visíveis (Figura 38.1b). (Cada 'linha' espectral resulta do desvio produzido pela difração, e o ângulo desse desvio depende do comprimento de onda da luz que forma a imagem sobre a tela; veja a Seção 36.5.) Esse tipo de espectro é chamado de **espectro de linhas** — também conhecido como *espectro de raias*. Cada linha indica um dado comprimento de onda e uma freqüência correspondente.

Foi descoberto no início do século XIX que cada elemento em sua forma gasosa possui um espectro de linhas com um conjunto de comprimentos de onda que caracteriza o respectivo elemento. O espectro do hidrogênio sempre contém certo conjunto de comprimentos de onda; o sódio produz outro conjunto de comprimentos de onda; o ferro, outro, e assim por diante. Os cientistas verificaram que a análise dos espectros é uma ferramenta de grande valor para a identificação dos elementos e dos compostos. Por exemplo, analisando espectros, os astrônomos identificaram mais de 100 moléculas diferentes no espaço interestelar, inclusive algumas que não existem na natureza aqui na Terra. O espectro característico de um átomo estava supostamente relacionado à sua estrutura interna; entretanto, as tentativas de explicar essa relação somente com base na mecânica *clássica* e na eletrodinâmica — a física resumida pelas três leis de Newton e pelas quatro equações de Maxwell — não tiveram êxito.

Efeito fotoelétrico

Havia também mistérios associados à *absorção* da luz. Em 1887, quando fazia suas experiências com ondas eletromagnéticas, Hertz descobriu o *efeito fotoelétrico*. Quando a luz incide sobre uma superfície metálica, alguns elétrons próximos à superfície absorvem energia suficiente para superar a força que os mantém na superfície, em virtude da atração dos íons positivos do metal, e escapam para o espaço das vizinhanças. Uma investigação detalhada desse efeito revelou características que desafiavam a ótica clássica. Na próxima seção faremos uma descrição dessas características.

Raios X

Outro problema não resolvido sobre a emissão e a absorção de ondas eletromagnéticas dizia respeito à produção e ao espalhamento dos raios X, que foram descobertos em 1895. Esses raios eram produzidos em tubos onde ocorriam descargas elétricas com voltagens elevadas; contudo, ninguém sabia quais seriam seus comprimentos de onda (que são muito menores do que o comprimento de onda da

(a) Espectro contínuo: luz de todos os comprimentos de onda presente.

(b) Espectro de linhas: apenas certos comprimentos de onda discretos estão presentes.

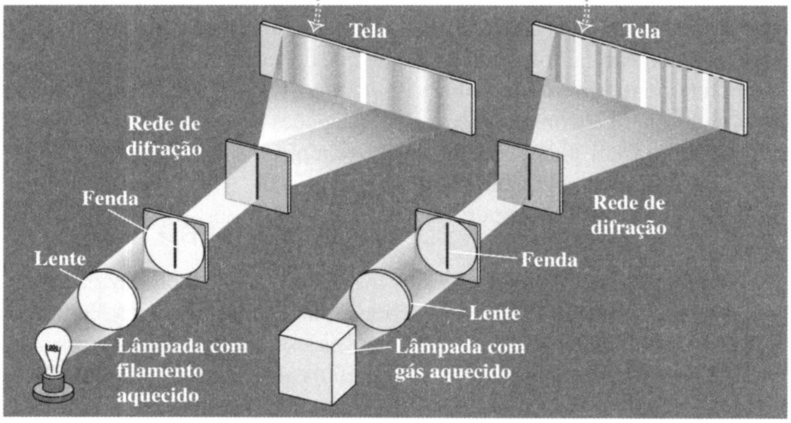

Figura 38.1 (a) Espectro contínuo produzido pela luz emitida pelo filamento de uma lâmpada incandescente. (b) Espectro de linhas da luz emitida por uma lâmpada contendo gás aquecido.

luz), nem como ou por que esses raios eram produzidos. E, para complicar ainda mais, quando os raios X colidiam com a matéria, os raios espalhados apresentavam às vezes comprimentos de onda mais longos do que os raios X originais. Esse fenômeno seria análogo a dizer que um feixe de luz azul incidindo sobre um espelho pudesse ser espalhado como um feixe de luz vermelha!

Fótons e níveis de energia

Todos esses fenômenos (e muitos outros) mostravam claramente que a ótica clássica, capaz de explicar os fenômenos que ocorrem em lentes e espelhos, a interferência e a polarização, tinha suas limitações. Agora entendemos que todos esses fenômenos decorrem da natureza *quântica* da radiação. A radiação eletromagnética, juntamente com sua natureza *ondulatória*, possui outra origem com propriedades pertinentes a *partículas*. Por exemplo, a energia associada às ondas eletromagnéticas é sempre emitida ou absorvida em pacotes chamados de *fótons* ou *quanta*, que possuem energias proporcionais às respectivas freqüências da radiação.

(a)

(b)

Figura 38.2 (a) Um tubo fotomultiplicador para visão noturna usa o efeito fotoelétrico. Os fótons que entram no tubo colidem com a placa, ejetando elétrons que passam através de um disco fino, no qual existem milhões de minúsculos canais. A corrente através de cada canal é ampliada eletronicamente e, a seguir, é direcionada para uma tela que cintila quando atingida por elétrons. (b) A imagem sobre a tela, formada por milhões de cintilações, é milhares de vezes mais nítida do que a imagem formada a olho nu.

Os dois conceitos básicos que servirão para todas as partes deste capítulo são a quantização das ondas eletromagnéticas e a existência de níveis de energia discretos para os átomos. Na parte restante deste capítulo, mostraremos como esses dois conceitos contribuem para explicar os fenômenos mencionados anteriormente. Ainda não estamos preparados para desenvolver uma teoria abrangente sobre a estrutura atômica, mas esse assunto será retomado nos capítulos 40 e 41. Ainda assim, examinaremos o modelo de Bohr do átomo de hidrogênio, uma tentativa de prever os níveis de energia dos átomos com base na estrutura atômica.

38.2 O efeito fotoelétrico

O **efeito fotoelétrico** consiste na emissão de elétrons que ocorre quando a luz incide sobre uma superfície. Esse efeito apresenta diversas aplicações práticas (Figura 38.2). Os elétrons absorvem energia da radiação incidente e, portanto, podem superar a atração das cargas positivas e ser libertados da superfície. Essa atração produz uma barreira de energia potencial que geralmente mantém os elétrons confinados no interior do material. Imagine que essa barreira seja semelhante ao desnível produzido pelo meio-fio que separa a rua da calçada. O meio-fio impede que uma bola de futebol suba espontaneamente da rua para a calçada. Mas, quando chutada com velocidade suficiente, a bola sobe para a calçada e o trabalho realizado contra a força gravitacional é igual à perda de energia cinética da bola.

Freqüência de corte e potencial de corte

O efeito fotoelétrico foi observado inicialmente por Heinrich Hertz em 1887, que verificou que uma centelha passava de uma esfera metálica para outra quando suas superfícies carregadas eram iluminadas pela luz de outra centelha. A luz que incidia sobre as superfícies facilitava a liberação das partículas, hoje chamadas de elétrons. Essa idéia por si só não era revolucionária. A existência de uma barreira de energia potencial já era conhecida. Em 1883, Thomas Edison descobriu a *emissão termoiônica*, na qual a energia para superar a barreira é fornecida pelo aquecimento do material até uma temperatura elevada, liberando elétrons de modo análogo à ebulição de um líquido. A quantidade *mínima* de energia necessária que um elétron precisa absorver para escapar de uma dada superfície é chamada de **função trabalho** dessa superfície, designada por ϕ. Contudo, as superfícies usadas por Hertz não estavam na temperatura necessária para que houvesse emissão termoiônica.

O efeito fotoelétrico foi investigado em detalhe pelos físicos alemães Wilhelm Hallwachs e Philipp Lenard durante os anos 1886-1900; seus resultados foram bastante inesperados. Descreveremos esse efeito com base em um dispositivo mais moderno, chamado fototubo ou válvula fotoelétrica (Figura 38.3). Os eletrodos condutores — o anodo e o catodo — encontram-se no interior de um tubo de vidro no qual existe o vácuo. A bateria ou qualquer outra fonte de diferença de potencial cria um campo elétrico orientado do anodo para o catodo (Figura 38.3a). O feixe de luz incidente sobre a superfície do catodo produz uma corrente no circuito externo; essa corrente é medida pelo galvanômetro (G). Hallwachs e Lenard estudaram de que modo essa *fotocorrente* varia com a voltagem, com a freqüência e com a intensidade da luz incidente.

Depois da descoberta do elétron, em 1897, tornou-se claro que a luz fazia com que elétrons fossem emitidos do catodo. Por causa de suas cargas negativas – e, os *fotoelétrons* são a seguir empurrados pelo campo elétrico para o anodo. É necessário criar um vácuo elevado ou uma pressão residual de 0,01 Pa (10^{-7} atm), ou menor, para minimizar as colisões dos elétrons com as moléculas gasosas.

Hallwachs e Lenard verificaram que, quando a luz monocromática incide sobre o catodo, *nenhum* elétron é emitido se a freqüência da luz incidente é menor do que a chamada **freqüência de corte**. Essa freqüência mínima, abaixo da qual não ocorre emissão de elétrons, é uma característica do material do catodo. Para a maioria dos metais, a freqüência de corte está na região do ultravioleta (que corresponde a comprimentos de onda entre 200 nm e 300 nm); porém, para óxidos de potássio e de césio ela está na região visível do espectro (λ entre 400 nm e 700 nm).

Quando a freqüência f é *maior* do que a freqüência de corte, alguns elétrons são emitidos do catodo com velocidade inicial elevada. Isso pode ser mostrado invertendo-se a polaridade da bateria (Figura 38.3b) de modo que a força elétrica que atua sobre o elétron seja orientada no sentido do catodo. Quando o módulo do campo elétrico não é muito elevado, os elétrons com velocidades mais altas continuam a atingir o anodo e ainda assim existe uma corrente. Podemos determinar a energia cinética *máxima* dos elétrons emitidos ajustando o potencial no anodo em relação ao catodo, V_{AC}, de modo que seu valor negativo seja suficiente para fazer a corrente se anular. Isso ocorre quando $V_{AC} = -V_0$, em que V_0 é o chamado **potencial de corte**. À medida que o elétron se desloca do catodo para o anodo, o potencial diminui de V_0 e o trabalho $-eV_0$ é realizado sobre o elétron (com carga negativa); os elétrons com velocidade máxima deixam o catodo com energia cinética $K_{máx} = \frac{1}{2}mv_{máx}{}^2$ e possuem energia cinética igual a zero no anodo. Usando o teorema do trabalho–energia, obtemos

$$W_{total} = -eV_0 = \Delta K = 0 - K_{máx}$$

$$K_{máx} = \frac{1}{2}mv_{máx}{}^2 = eV_0 \qquad (38.1)$$

(energia cinética máxima dos fotoelétrons)

Portanto, medindo o potencial de corte V_0 podemos determinar a energia cinética máxima com a qual os elétrons deixam o catodo. (Estamos desprezando qualquer efeito provocado pela eventual diferença nos materiais do catodo e do anodo.)

A Figura 38.4 mostra um gráfico da diferença de potencial V_{AC} para um feixe de luz com freqüência constante e duas intensidades diferentes. Quando V_{AC} é suficientemente grande e positivo, as curvas atingem um nível constante, mostrando que *todos* os elétrons emitidos são coletados pelo anodo. A diferença de potencial $-V_0$ invertida, necessária para reduzir a corrente a zero, é indicada.

Se a intensidade da luz aumenta, mas a freqüência permanece constante, as curvas atingem um nível mais elevado proporcional à intensidade, mostrando que um número maior de elétrons é emitido por unidade de tempo. Contudo, verifica-se que o potencial de corte V_0 permanece constante.

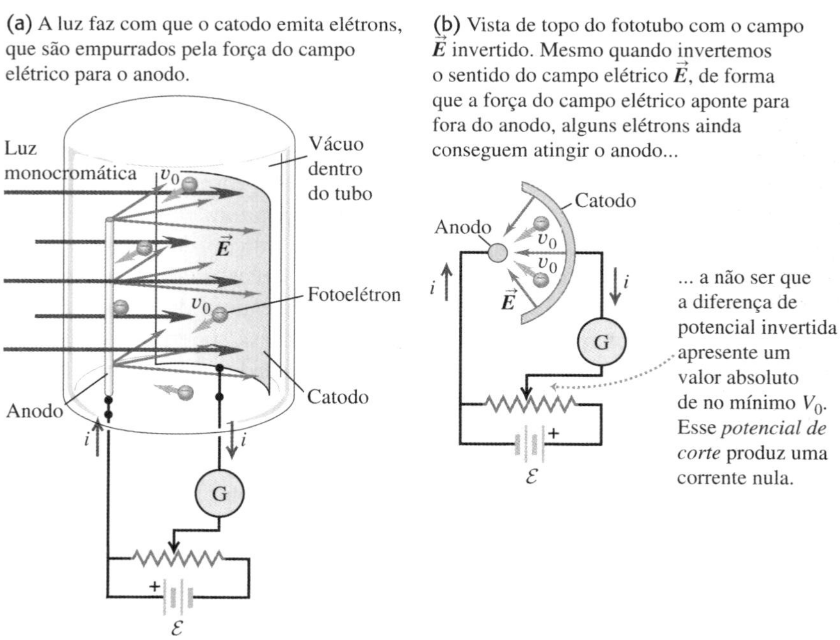

Figura 38.3 Demonstrando o efeito fotoelétrico.

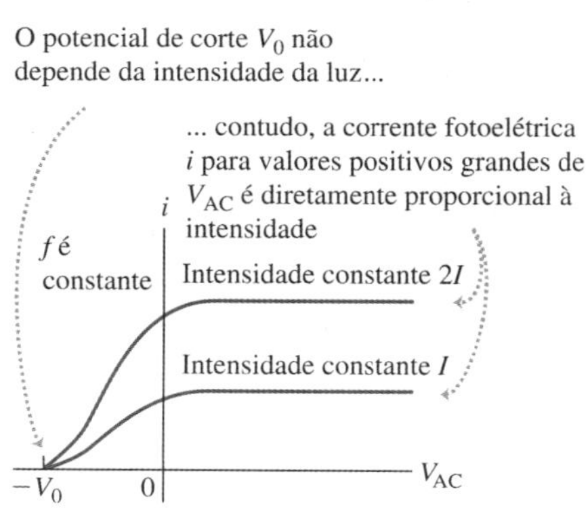

Figura 38.4 Corrente fotoelétrica i em função do potencial V_{AC} do anodo em relação ao catodo para uma freqüência da luz f constante.

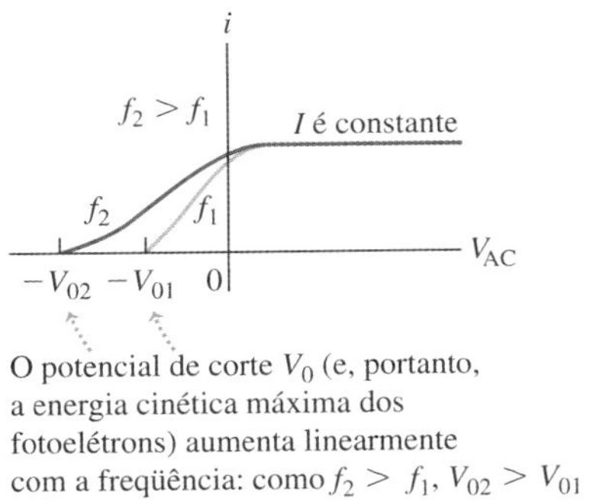

Figura 38.5 Corrente fotoelétrica i em função da diferença de potencial V_{AC} do anodo em relação ao catodo para dois feixes de luz com freqüências diferentes f_1 e f_2.

A Figura 38.5 mostra a corrente fotoelétrica em função da diferença de potencial para dois feixes de luz com a mesma intensidade, porém, com freqüências diferentes. Vemos que, quando a freqüência da luz monocromática aumenta, o potencial de corte V_0 também aumenta. De fato, verifica-se que V_0 é uma função linear da freqüência f.

Teoria do fóton proposta por Einstein

Os resultados anteriores não podem ser explicados pela física clássica. Quando a intensidade (energia média por unidade de tempo e por unidade de área) aumenta, os elétrons ganham mais energia, elevando o potencial de corte V_0. Contudo, verifica-se que V_0 não depende da intensidade. Além disso, a física clássica não oferece nenhuma explicação para a existência da freqüência de corte. Na Seção 32.4, no volume 3, verificamos que a intensidade de uma onda eletromagnética tal como a luz não depende da freqüência e, portanto, um elétron deveria poder atingir a energia necessária para escapar da superfície a partir de uma luz de qualquer freqüência. Logo, não deveria existir uma freqüência de corte f_0. Finalmente, seria de se esperar que os elétrons levassem um longo intervalo de tempo para atingir a energia necessária a partir de um feixe fraco de luz. Mas as experiências também mostram que os elétrons são emitidos instantaneamente após a incidência na superfície de *qualquer* luz com $f \geq f_0$.

A análise correta do efeito fotoelétrico foi feita por Albert Einstein em 1905. Desenvolvendo uma hipótese apresentada cinco anos antes por Max Planck (a ser discutida na Seção 38.8), Einstein postulou que um feixe de luz era constituído por pequenos pacotes de energia, chamados **fótons** ou *quanta*. A energia E de um fóton é igual a uma constante h vezes a freqüência f. De acordo com a relação $f = c/\lambda$ para ondas eletromagnéticas no vácuo, temos

$$E = hf = \frac{hc}{\lambda} \quad \text{(energia de um fóton)} \qquad (38.2)$$

em que h é uma constante universal chamada de **constante de Planck**. O valor numérico dessa constante, com a precisão conhecida até hoje, é

$$h = 6{,}6260693(11) \times 10^{-34}\ \text{J} \cdot \text{s}$$

Um fóton que atinge uma superfície é absorvido por um elétron. Essa transferência de energia é um processo do tipo tudo ou nada, ou seja, o elétron ou ganha a energia total do fóton ou não absorve nenhuma energia; isso contraria o princípio da transferência de energia contínua da física clássica. Quando essa energia é maior do que a função trabalho ϕ, o elétron pode escapar da superfície. Uma intensidade maior para a mesma freqüência corresponde a um número proporcionalmente maior de fótons por segundo absorvidos, portanto o número de elétrons emitidos por segundo é proporcionalmente maior e a corrente é proporcionalmente maior, como se pode ver na Figura 38.4.

Lembre-se de que ϕ é a energia *mínima* necessária para remover um elétron da superfície. Então Einstein aplicou a lei da conservação da energia e mostrou que a energia cinética *máxima* $K_{máx} = \frac{1}{2}mv_{máx}{}^2$ de um elétron emitido é dada pela diferença entre a função trabalho ϕ e a energia hf que o elétron ganhou do fóton:

$$K_{máx} = \frac{1}{2}mv_{máx}{}^2 = hf - \phi \qquad (38.3)$$

Substituindo a Equação (38.1) $K_{máx} = eV_0$ na relação anterior, obtemos

$$eV_0 = hf - \phi \quad \text{(efeito fotoelétrico)} \qquad (38.4)$$

Podemos medir o potencial de corte V_0 para todos os diversos valores de f para um dado material do catodo. Em um gráfico de V_0 em função de f, observamos que o resultado é uma linha reta, confirmando a Equação (38.4) e, a partir desse gráfico, podemos determinar tanto a função trabalho ϕ quanto o valor da grandeza h/e. (Faremos essa análise gráfica no Exemplo 38.3.) Depois que a carga do elétron $-e$ foi medida por Robert Millikan em 1909, a constante de Planck h também foi determinada a partir dessas medidas.

A função trabalho e as energias dos elétrons são geralmente expressas em elétrons-volt (eV), unidade definida na Seção 23.2, no volume 3. Com dois algarismos significativos, temos

$$1\ \text{eV} = 1{,}602 \times 10^{-19}\ \text{J}$$

Com essa mesma precisão, a constante de Planck é dada por

$$h = 6{,}626 \times 10^{-34}\ \text{J} \cdot \text{s} = 4{,}136 \times 10^{-15}\ \text{eV} \cdot \text{s}$$

A Tabela 38.1 lista algumas funções trabalho de elementos comuns. Esses valores são aproximados porque os elementos são muito sensíveis a impurezas existentes nas superfícies. Quanto maior for a função trabalho, maior deverá ser a freqüência mínima necessária para a emissão de fotoelétrons.

Momento linear do fóton

Abordamos o fóton no contexto da luz. Contudo, o conceito da quantização se aplica a *todas* as regiões do espectro eletromagnético, inclusive as ondas de rádio, os raios X e assim por diante. Um fóton, de qualquer radiação,

Tabela 38.1 Função trabalho de diversos elementos.

Elemento	Função trabalho (eV)
Alumínio	4,3
Carbono	5,0
Cobre	4,7
Níquel	5,1
Ouro	5,1
Prata	4,3
Silício	4,8
Sódio	2,7

com freqüência f e comprimento de onda λ possui uma energia E dada pela Equação (38.2). Além disso, de acordo com a teoria da relatividade especial, toda partícula que possui energia deve também possuir momento linear, mesmo quando ela não apresenta massa de repouso. Os fótons têm massa de repouso igual a zero. Como vimos na Equação (37.40), um fóton com energia E possui momento linear com módulo p obtido da relação $E = pc$. Logo, o comprimento de onda λ e o módulo p de seu momento linear são relacionados por

$$p = \frac{E}{c} = \frac{hf}{c} = \frac{h}{\lambda} \tag{38.5}$$

(momento linear de um fóton)

A direção e o sentido do momento linear do fóton são simplesmente a direção e o sentido da propagação da onda eletromagnética.

Estratégia para a solução de problemas 38.1

FÓTONS

IDENTIFICAR *os conceitos relevantes*: a energia e o momento linear de um fóton individual são proporcionais à freqüência e inversamente proporcionais ao comprimento de onda. Esses conceitos, com a idéia de potencial de corte no efeito fotoelétrico, possibilitam a resolução de quase todos os problemas envolvendo fótons.

PREPARAR *o problema*: identifique a incógnita. Pode ser o comprimento de onda λ, a freqüência f, a energia E ou o momento linear p do fóton. Se o problema envolve o efeito fotoelétrico, a incógnita pode ser a energia cinética máxima dos fotoelétrons $K_{máx}$, o potencial de corte V_0, ou a função trabalho ϕ.

EXECUTAR *a solução* conforme segue:

1. Use as Equações (38.2) e (38.5) para relacionar a energia e o momento linear de um fóton a seu comprimento de onda e freqüência. Se o problema envolve o efeito fotoelétrico, use as equações (38.1), (38.3) e (38.4) para relacionar a freqüência, o potencial de corte, a função trabalho e a energia cinética máxima dos fotoelétrons.
2. O elétron-volt é uma unidade importante e conveniente. Usamos essa unidade no Capítulo 37 e ela será empregada ainda mais neste e nos próximos três capítulos. Um elétron-volt (1 eV) é a quantidade de energia cinética ganha por um elétron ao se deslocar livremente através de um aumento de potencial igual a um volt: 1 eV = $1{,}602 \times 10^{-19}$ J. Se a energia do fóton E for dada em elétrons-volt, use $h = 4{,}136 \times 10^{-15}$ eV · s; se E estiver em joules, use $h = 6{,}626 \times 10^{-34}$ J · s.

AVALIAR *sua resposta*: em problemas envolvendo fótons, as grandezas algumas vezes são expressas com intervalos não familiares, por isso o senso comum não irá ajudá-lo a identificar nem mesmo grandes erros de cálculo. É útil lembrar que um fóton de luz com $\lambda = 600$ nm e $f = 5 \times 10^{14}$ Hz possui uma energia E aproximadamente igual a 2 eV, ou cerca de 3×10^{-19} J.

Exemplo 38.1

FÓTONS DE UMA RÁDIO FM Uma estação de rádio transmite ondas com freqüência de 89,3 MHz com potência total igual a 43,0 kW. a) Qual é o módulo do momento linear de cada fóton? b) Quantos fótons ela emite a cada segundo?

SOLUÇÃO

IDENTIFICAR: este problema envolve as idéias de (a) momento linear do fóton e (b) energia do fóton.

PREPARAR: o problema fornece a freqüência da radiação, portanto podemos usar a Equação (38.5) diretamente para encontrar o módulo do momento linear de cada fóton na parte (a). Na parte (b), note que 'potência' significa a energia emitida por segundo e que a Equação (38.2) fornece a energia por fóton. Podemos combinar essas duas equações para calcular o número de fótons emitidos por segundo.

EXECUTAR: a) De acordo com a Equação (38.5), o módulo do momento linear de cada fóton é

$$\begin{aligned} p &= \frac{hf}{c} = \frac{(6{,}626 \times 10^{-34}\ \mathrm{J \cdot s})(89{,}3 \times 10^{6}\ \mathrm{Hz})}{3{,}0 \times 10^{8}\ \mathrm{m/s}} \\ &= 1{,}97 \times 10^{-34}\ \mathrm{kg \cdot m/s} \end{aligned}$$

(Lembre-se de que 1 J = 1 kg · m^2/s^2 e que 1 Hz = 1 s^{-1}.)

(b) De acordo com a Equação (38.2), a energia de cada fóton é

$$\begin{aligned} E &= pc = (1{,}97 \times 10^{-34}\ \mathrm{kg \cdot m/s})(3{,}0 \times 10^{8}\ \mathrm{m/s}) \\ &= 5{,}92 \times 10^{-26}\ \mathrm{J} \end{aligned}$$

A estação emite $43{,}0 \times 10^3$ joules a cada segundo. A taxa de emissão de fótons é, portanto,

$$\frac{43{,}0 \times 10^{3}\ \mathrm{J/s}}{5{,}92 \times 10^{-26}\ \mathrm{J/fóton}} = 7{,}26 \times 10^{29}\ \mathrm{fótons\ /s}$$

AVALIAR: o resultado na parte (a) apresenta um valor bastante pequeno, aproximadamente o valor em módulo do momento linear que um elétron teria caso se arrastasse em uma velocidade de um metro por hora. A energia E do fóton calculada na parte (b) também é bastante pequena, igual a $3{,}69 \times 10^{-7}$ eV. Um fóton de luz visível possui cerca de 10^7 vezes essa energia. Isso faz sentido: a energia de um fóton é proporcional à sua freqüência, e as freqüências da luz visível são cerca de 10^7 vezes maiores do que aquelas usadas em uma rádio FM. (Você também pode verificar o valor da energia do fóton usando $E = hf$.)

Nosso resultado na parte (b) mostra que um grande número de fótons sai da estação a cada segundo, cada um deles com uma quantidade infinitesimal de energia. Assim, os saltos de energia desses pequenos pacotes individuais não são percebidos, e a energia irradiada parece um fluxo contínuo.

Exemplo 38.2

UMA EXPERIÊNCIA DO EFEITO FOTOELÉTRICO Realizando uma experiência do efeito fotoelétrico com uma luz de determinada freqüência, você verifica que é necessária uma diferença de potencial invertida de 1,25 V para anular a corrente. Determine: a) a energia cinética máxima; b) a velocidade máxima dos fotoelétrons emitidos.

SOLUÇÃO

IDENTIFICAR: este problema utiliza a relação entre a energia cinética máxima $K_{máx}$ de um elétron no efeito fotoelétrico e o potencial de corte associado V_0.

PREPARAR: o valor de 1,25 V é o potencial de corte V_0. Podemos encontrar a energia cinética máxima dos fotoelétrons $K_{máx}$ usando a Equação (38.1); com esse valor, definimos a velocidade máxima dos fotoelétrons.

EXECUTAR: a) De acordo com a Equação (38.1),

$$K_{máx} = eV_0 = (1{,}6 \times 10^{-19}\,\text{C})(1{,}25\,\text{V}) = 2{,}0 \times 10^{-19}\,\text{J}$$

Para conferir a consistência das unidades, lembre que 1 V = 1 J/C. Em termos de elétrons-volt,

$$K_{máx} = eV_0 = e(1{,}25\,\text{V}) = 1{,}25\,\text{eV}$$

pois um elétron-volt (eV) é igual ao módulo da carga do elétron e vezes um volt (1 V).

b) De acordo com $K_{máx} = \frac{1}{2}mv_{máx}^2$, obtemos

$$v_{máx} = \sqrt{\frac{2K_{máx}}{m}} = \sqrt{\frac{2(2{,}0 \times 10^{-19}\,\text{J})}{9{,}11 \times 10^{-31}\,\text{kg}}}$$
$$= 6{,}63 \times 10^5\,\text{m/s}$$

AVALIAR: essa velocidade corresponde a uma fração igual a $\frac{1}{500}$ da velocidade da luz c; logo, podemos justificar o uso da expressão não-relativística para a energia cinética. Uma justificativa análoga é que a energia cinética de 1,25 eV do elétron é muito menor do que sua energia de repouso $mc^2 = 0{,}511$ MeV.

Exemplo 38.3

EXPERIÊNCIA PARA DETERMINAR ϕ E h Para um certo material do catodo de uma experiência do efeito fotoelétrico, verifica-se um potencial de corte de 1,0 V para uma luz de comprimento de onda igual a 600 nm, 2,0 V para 400 nm e 3,0 V para 300 nm. Determine a função trabalho para esse material e a constante de Planck.

SOLUÇÃO

IDENTIFICAR: este exemplo utiliza uma relação entre o potencial de corte V_0, a freqüência f e função trabalho ϕ no efeito fotoelétrico.

PREPARAR: conforme a Equação (38.4), um gráfico do potencial de corte V_0 pela freqüência f seria uma linha reta. Tal gráfico é completamente determinado por sua inclinação e o valor em que ele intercepta o eixo vertical; usaremos esses dados para encontrar os valores das incógnitas ϕ e h.

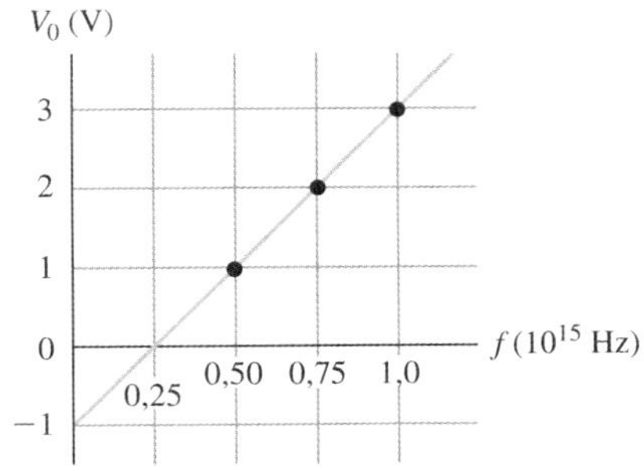

Figura 38.6 Potencial de corte em função da freqüência. Para um material do catodo que possua uma função trabalho diferente, a linha reta seria deslocada para cima ou para baixo, porém teria a mesma inclinação dada por h/e dentro dos limites do erro experimental.

EXECUTAR: reescrevemos a Equação (38.4) na forma

$$V_0 = \frac{h}{e}f - \frac{\phi}{e}$$

A partir dessa forma, vemos que a inclinação da linha reta é igual a h/e e a interseção com o eixo vertical (correspondente a $f = 0$) ocorre no ponto $-\phi/e$. As freqüências, obtidas pela relação $f = c/\lambda$ e $c = 3{,}0 \times 10^8$ m/s, são $0{,}50 \times 10^{15}$ Hz, $0{,}75 \times 10^{15}$ Hz e $1{,}0 \times 10^{15}$ Hz, respectivamente. O gráfico pode ser visto na Figura 38.6. Do gráfico, obtemos

$$-\frac{\phi}{e} = \text{interseção vertical} = -1{,}0\,\text{V}$$
$$\phi = 1{,}0\,\text{eV} = 1{,}6 \times 10^{-19}\,\text{J}$$

e

Inclinação =

$$= \frac{\Delta V_0}{\Delta f} = \frac{3{,}0\,\text{V} - (-1{,}0\,\text{V})}{1{,}0 \times 10^{15}\,\text{s}^{-1} - 0} = 4{,}0 \times 10^{-15}\,\text{J}\cdot\text{s/C}$$
$$h = \text{inclinação} \times e = (4{,}0 \times 10^{-15}\,\text{J}\cdot\text{s/C})(1{,}6 \times 10^{-19}\,\text{C})$$
$$= 6{,}4 \times 10^{-34}\,\text{J}\cdot\text{s}$$

AVALIAR: o valor encontrado nessa experiência difere em 3% do valor aceito. O pequeno valor de ϕ encontrado revela que a superfície do catodo não é constituída por nenhum dos materiais indicados na Tabela 38.1.

Teste sua compreensão da Seção 38.2 Películas de silicone tornam-se melhores condutores elétricos quando iluminadas por fótons com energias de 1,14 eV ou mais, um efeito chamado *fotocondutividade*. Qual dos seguintes comprimentos de onda da radiação eletromagnética pode causar fotocondutividade em películas de silicone? (i) luz ultravioleta com $\lambda = 300$ nm; (ii) luz vermelha com comprimento de onda $\lambda = 600$ nm; (iii) luz infravermelha com $\lambda = 1200$ nm. ∎

38.3 Espectro atômico de linhas e níveis de energia

A origem do *espectro de linhas*, descrita na Seção 38.1, pode ser entendida de modo geral a partir de dois conceitos básicos: o conceito de fóton e o de *níveis de energia* de um átomo. Esses dois conceitos foram combinados pelo físico dinamarquês Niels Bohr em 1913.

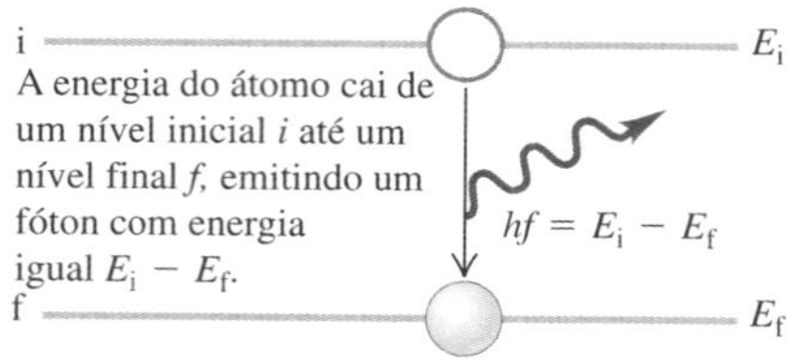

Figura 38.7 Um átomo emitindo um fóton.

Emissão de fótons por átomos

A hipótese de Bohr representou um rompimento marcante em relação às idéias do século XIX. Seu raciocínio foi parecido com o descrito a seguir. O espectro de linhas de um elemento consiste em fótons com energias específicas emitidos pelos átomos desse elemento. Durante a emissão de um fóton, a energia de um átomo varia de uma quantidade igual à energia do fóton. Portanto, imaginou Bohr, as energias de um átomo devem existir somente com certos valores específicos de sua energia interna. Cada átomo possui um conjunto possível de **níveis de energia**. Um átomo pode apresentar qualquer quantidade de energia pertencente a esses níveis de energia, porém ele *não* pode ter nenhuma energia com valor *intermediário* entre dois níveis de energia consecutivos. Todos os átomos isolados de um elemento possuem os mesmos níveis de energia, mas átomos de outros elementos apresentam conjuntos diferentes. Nos tubos de descarga elétrica, os átomos são *excitados* para níveis de energia mais elevados, principalmente por meio de colisões inelásticas entre elétrons.

De acordo com Bohr, um átomo pode fazer uma *transição* de um nível de energia para outro nível mais baixo, emitindo um fóton com energia igual à *diferença* de energia entre o nível inicial e o nível final (Figura 38.7). Sendo E_i a energia inicial do átomo antes da transição, E_f é sua energia final depois da transição e a energia do fóton é dada por $hf = hc/\lambda$, e então a lei da conservação da energia fornece

$$hf = \frac{hc}{\lambda} = E_i - E_f \qquad (38.6)$$

(energia do fóton emitido)

Por exemplo, quando um átomo de criptônio emite um fóton de luz amarela com um comprimento de onda $\lambda = 606$ nm, a energia do fóton correspondente é dada por

$$E = \frac{hc}{\lambda} = \frac{(6{,}63 \times 10^{-34}\ \text{J}\cdot\text{s})(3{,}0 \times 10^{8}\ \text{m/s})}{606 \times 10^{-9}\ \text{m}}$$
$$= 3{,}28 \times 10^{-19}\ \text{J} = 2{,}05\ \text{eV}$$

Esse fóton é emitido durante uma transição tal como a que vemos na Figura 38.7, entre dois níveis do átomo com uma diferença de energia igual a 2,05 eV.

O espectro do átomo de hidrogênio

Por volta de 1913, o espectro do átomo de hidrogênio — o átomo mais simples e de menor massa — já havia sido estudado exaustivamente. Em um tubo de descarga elétrica, o hidrogênio atômico emite uma série de linhas (Figura 38.8). A linha visível com maior comprimento de onda, ou menor freqüência, está na região vermelha e é chamada de linha H_α; –1 a linha seguinte, na região entre o azul e o verde, é chamada de linha H_β; e assim por diante. Em 1885, o professor suíço Johann Balmer (1825-1898) achou (pelo método das tentativas) uma fórmula que fornece os comprimentos de onda dessas linhas, hoje denominada *série de Balmer*. Podemos escrever a série de Balmer na forma

$$\frac{1}{\lambda} = R\left(\frac{1}{2^2} - \frac{1}{n^2}\right) \qquad (38.7)$$

em que λ é o comprimento de onda, R é uma constante chamada de **constante de Rydberg** (escolhida de modo a fazer a Equação (38.7) concordar com os comprimentos de onda medidos) e n pode ter os valores inteiros 3, 4, 5... . Quando λ é dado em metros, o valor numérico de R é dado por

$$R = 1{,}097 \times 10^{7}\ \text{m}^{-1}$$

Considerando $n = 3$ na Equação (38.7), obtemos o comprimento de onda para a linha H_α:

$$\frac{1}{\lambda} = (1{,}097 \times 10^{7}\ \text{m}^{-1})\left(\frac{1}{4} - \frac{1}{9}\right) \quad \text{ou} \quad \lambda = 656{,}3\ \text{nm}$$

Considerando $n = 4$, obtemos o comprimento de onda para a linha H_β e assim por diante. Para $n = \infty$, obtemos o *menor* comprimento de onda na série, $\lambda = 364{,}6$ nm.

A série de Balmer possui uma relação direta com a hipótese de Bohr sobre os níveis de energia. Usando a relação $E = hc/\lambda$, é possível determinar as *energias dos fótons*

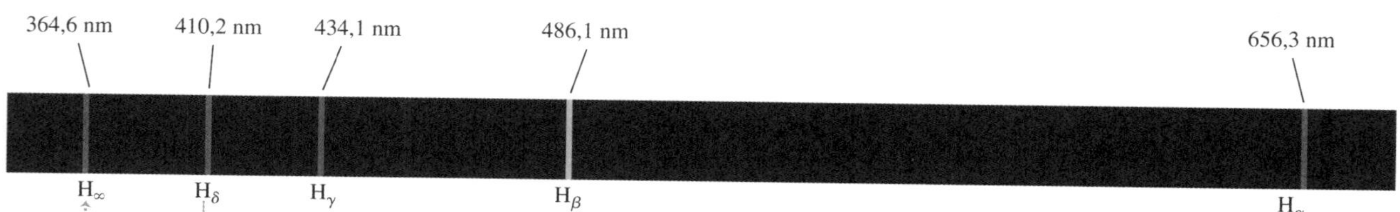

Todas as linhas da série de Balmer além de H_δ se encontram na região ultravioleta do espectro.

As linhas H_α, H_β, H_γ, e H_δ se encontram na região visível do espectro.

Figura 38.8 A série de Balmer das linhas espectrais do hidrogênio atômico.

correspondentes aos comprimentos de onda da série de Balmer. Multiplicando a Equação (38.7) por hc, encontramos

$$E = \frac{hc}{\lambda} = hcR\left(\frac{1}{2^2} - \frac{1}{n^2}\right) = \frac{hcR}{2^2} - \frac{hcR}{n^2} \qquad (38.8)$$

As equações (38.6) e (38.8) para as energias dos fótons concordam de modo direto se identificarmos $-hcR/n^2$ como a energia inicial E_i do átomo e $-hcR/2^2$ como a energia final E_f do átomo, para uma transição na qual um fóton com energia $E_i - E_f$ é emitido. As energias dos níveis são negativas porque escolhemos para o nível zero da energia potencial o estado no qual a distância entre o elétron e o núcleo é igual a infinito. A série de Balmer (além de outras) sugere que o átomo de hidrogênio possui uma série de níveis de energia que chamaremos de E_n, dada por

$$E_n = -\frac{hcR}{n^2} \qquad (n = 1, 2, 3, 4\ldots) \qquad (38.9)$$

(níveis de energia do átomo de hidrogênio)

Cada comprimento de onda na série de Balmer corresponde a transições de um nível com n igual a 3 ou maior até o nível $n = 2$.

O valor numérico do produto hcR é

$$hcR = (6{,}626 \times 10^{-34}\ \text{J} \cdot \text{s})(2{,}998 \times 10^8\ \text{m/s})(1{,}097 \times 10^7\ \text{m}^{-1})$$
$$= 2{,}179 \times 10^{-18}\ \text{J} = 13{,}6\ \text{eV}$$

Portanto, os níveis de energia fornecidos pela Equação (38.9) são −13,6 eV, −3,4 eV, −1,51 eV, −0,85 eV e assim por diante.

Outras séries espectrais para o hidrogênio foram descobertas, como as séries de Lyman, Paschen, Brackett e Pfund. Seus comprimentos de onda podem ser determinados mediante fórmulas semelhantes às da série de Balmer:

Série de Lyman $\quad \frac{1}{\lambda} = R\left(\frac{1}{1^2} - \frac{1}{n^2}\right) \quad (n = 2, 3, 4\ldots)$

Série de Paschen $\quad \frac{1}{\lambda} = R\left(\frac{1}{3^2} - \frac{1}{n^2}\right) \quad (n = 4, 5, 6\ldots)$

Série de Brackett $\quad \frac{1}{\lambda} = R\left(\frac{1}{4^2} - \frac{1}{n^2}\right) \quad (n = 5, 6, 7\ldots)$

Série de Pfund $\quad \frac{1}{\lambda} = R\left(\frac{1}{5^2} - \frac{1}{n^2}\right) \quad (n = 6, 7, 8\ldots)$

A série de Lyman está contida na região ultravioleta, enquanto as séries de Paschen, Brackett e Pfund estão na região infravermelha. Vemos que a série de Balmer está compreendida na região entre as séries de Lyman e de Paschen.

Logo, *todas* as séries espectrais do hidrogênio podem ser explicadas com base na formulação de Bohr acerca das transições de um nível de energia (e da órbita do elétron correspondente) para outro, obedecendo aos níveis de energia indicados na Equação (38.9) com $n = 1, 2, 3\ldots$. Para a série de Lyman, o nível final é sempre $n = 1$; para a série de Paschen, ele é sempre $n = 3$; e assim por diante. Na Figura 38.9 ilustramos as relações entre os diversos níveis de energia, as séries espectrais e as órbitas dos elétrons. Consideradas no conjunto, essas séries espectrais forneceram forte comprovação do modelo de Bohr para a descrição dos níveis de energia nos átomos.

(a) Órbitas 'permitidas' para um elétron no modelo de Bohr do átomo de hidrogênio (não em escala). As transições responsáveis por algumas das linhas das diversas séries são indicadas por setas.

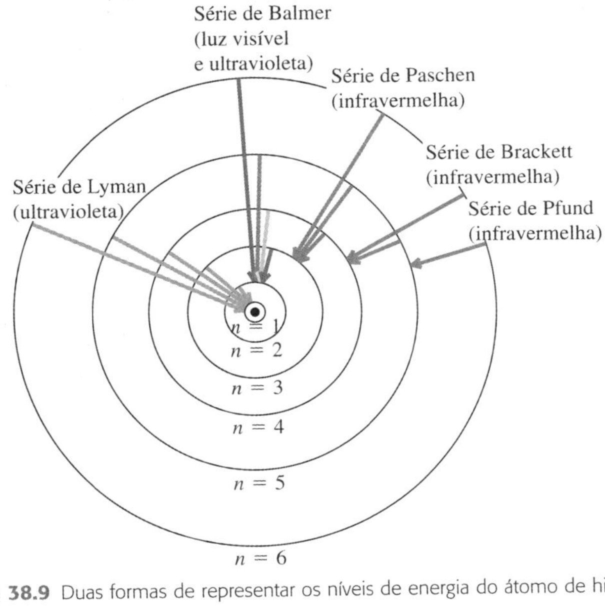

(b) Diagrama dos níveis de energia do hidrogênio, mostrando algumas transições correspondentes às diferentes séries.

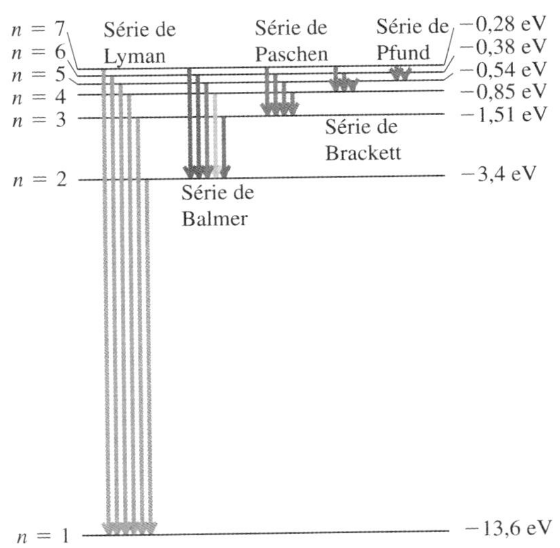

Figura 38.9 Duas formas de representar os níveis de energia do átomo de hidrogênio e transições entre as diferentes séries.

ATENÇÃO Produzindo um espectro de linhas As linhas de um espectro, tais como as indicadas na Figura 38.8 para o espectro do hidrogênio, *não* são todas produzidas por um único átomo. A amostra do gás hidrogênio que produziu o espectro na Figura 38.8 é constituída por um número muito grande de átomos, excitados até diversos níveis de energia em conseqüência de uma descarga elétrica ocorrida no tubo. O espectro do gás mostra a luz emitida pelo conjunto das transições ocorridas em vários átomos da amostra.

Ainda não discutimos nenhum método para *prever* como deveriam ser os níveis de energia de um determinado átomo. Também não mostramos como deduzir a Equação (38.9) a partir de uma teoria fundamental nem como relacionar a constante de Rydberg R a outras constantes fundamentais. Vamos retornar a essa discussão adiante.

A experiência de Franck-Hertz

Em 1914, James Franck e Gustav Hertz encontraram novas evidências da existência de níveis de energia nos átomos. Franck e Hertz estudaram o movimento de elétrons através de uma lâmpada de mercúrio sob a ação de um campo elétrico. Eles verificaram que, quando a energia cinética era maior do que 4,9 eV ou igual a esse valor, o vapor emitia luz ultravioleta com um comprimento de onda de 0,25 μm. Suponha que átomos de mercúrio tenham níveis de energia 4,9 eV acima do nível mais baixo de energia. Um átomo pode ser elevado até esse nível mediante colisão com um elétron; um decaimento posterior o faz retornar a seu nível de energia mais baixo com a emissão de um fóton. De acordo com a Equação (38.2), o comprimento de onda do fóton deve ser

$$\lambda = \frac{hc}{E} = \frac{(4{,}136 \times 10^{-15}\ \text{eV} \cdot \text{s})(3{,}0 \times 10^{8}\ \text{m/s})}{4{,}9\ \text{eV}}$$
$$= 2{,}5 \times 10^{-7}\ \text{m} = 0{,}25\ \mu\text{m}$$

Esse resultado é igual ao comprimento de onda medido, confirmando a existência desse nível de energia do átomo de mercúrio. Experiências semelhantes feitas com outros átomos forneceram o mesmo tipo de comprovação do modelo para os níveis de energia nos átomos.

Níveis de energia

Somente alguns átomos e íons (como o hidrogênio, o íon de hélio ionizado uma vez, o lítio duplamente ionizado) possuem espectros cujos comprimentos de onda podem ser representados mediante uma fórmula simples tal como a série de Balmer. Contudo, é *sempre* possível analisar os espectros mais complexos dos outros elementos, tendo como base as transições entre diversos níveis de energia, e determinar os valores numéricos desses níveis de energia a partir das medidas dos comprimentos de onda do espectro.

Todo átomo apresenta um nível de energia mais baixo, que corresponde ao estado de energia interna *mínima* que o átomo pode ter. Esse nível é chamado de *nível de energia do estado fundamental,* ou simplesmente de **nível fundamental**, e todos os demais níveis de energia mais elevados são denominados *estados excitados* ou, mais precisamente, **níveis excitados**. Um fóton correspondente a uma linha particular do espectro é emitido quando um átomo faz uma transição de um nível excitado até um nível inferior ou até o nível fundamental.

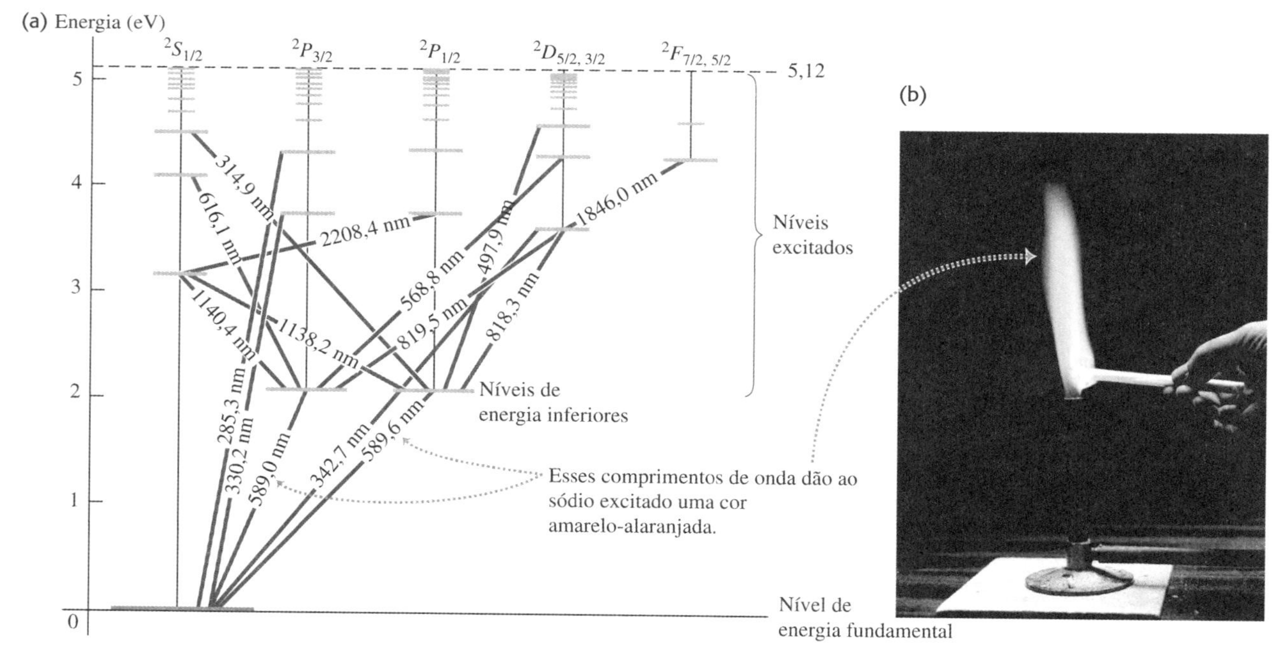

Figura 38.10 (a) Níveis de energia do átomo de sódio relativos ao nível fundamental. Os números sobre as linhas que ligam dois níveis indicam comprimentos de onda. Os dísticos no alto de cada coluna, tal como $^2S_{1/2}$, referem-se a alguns estados quânticos dos elétrons de valência (que serão discutidos no Capítulo 41). (b) Quando um composto de sódio é colocado em uma chama, os átomos de sódio são excitados até os níveis de energia inferiores. Ao descerem novamente para o nível fundamental de energia, os átomos emitem fótons de luz amarelo-alaranjada com comprimentos de onda de 589,0 nm e 589,6 nm.

Alguns níveis de energia do sódio são mostrados na Figura 38.10a com as energias relativas ao nível fundamental. Você já deve ter observado a luz amarelo-alaranjada emitida por lâmpadas de sódio existentes na iluminação de vias públicas. Os átomos de sódio emitem a luz característica amarelo-alaranjada, cujos comprimentos de onda são 589,0 nm e 589,6 nm, ao sofrerem uma transição de dois níveis de energia muito próximos, chamados de *níveis de energia inferiores,* até o nível fundamental. Um teste padrão para verificar a presença de compostos de sódio é observar a luz amarelo-alaranjada de uma amostra colocada sob a chama (Figura 38.10b).

Absorção de fótons

Um átomo de sódio no nível fundamental também pode *absorver* um fóton cujo comprimento de onda seja igual a 589,0 nm ou 589,6 nm. Para demonstrar esse processo, faz-se um feixe de luz proveniente de uma lâmpada de vapor de sódio incidir sobre um tubo contendo vapor de sódio. Os átomos do vapor absorvem os fótons com comprimentos de onda de 589,0 nm ou de 589,6 nm existentes no feixe de luz, sendo promovidos para os níveis de energia inferiores; depois de um pequeno intervalo de tempo, eles retornam ao nível fundamental, emitindo fótons em todas as direções e fazendo o vapor de sódio do interior do tubo cintilar com a luz amarela característica. O intervalo de tempo no qual o átomo permanece no nível excitado antes da emissão da luz chama-se *vida média* do nível; para os dois níveis de energia inferiores do átomo de sódio, a vida média é aproximadamente igual a $1{,}6 \times 10^{-8}$ s.

Generalizando, um fóton *emitido* quando um átomo faz uma transição de um nível excitado até um nível inferior pode também ser *absorvido* por outro átomo semelhante que esteja inicialmente nesse nível inferior (veja a Figura 38.11). Quando fazemos um feixe de luz branca (com espectro contínuo) passar através de um gás, analisando a luz *transmitida* com um espectrômetro, observamos uma série de linhas negras correspondentes a comprimentos de onda que foram absorvidos, como indica a Figura 38.12. Essas linhas caracterizam o chamado **espectro de absorção**.

Um fenômeno relacionado ao anterior é a *fluorescência*. Um átomo absorve um fóton (geralmente na região ultravioleta) que atinge um nível excitado e, a seguir, volta ao nível fundamental em etapas sucessivas, emitindo dois ou mais fótons com energias menores e comprimentos de onda mais longos. Por exemplo, a descarga elétrica em um tubo fluorescente faz com que o vapor de mercúrio no interior do tubo emita radiação ultravioleta. Essa radiação é absorvida pelos átomos do revestimento da superfície interna do tubo. Os átomos do revestimento reemitem fótons com comprimentos de onda mais longos que estão na região visível do espectro. As lâmpadas fluorescentes são mais eficientes do que as lâmpadas incandescentes na conversão da energia elétrica em energia luminosa por não dissiparem tanta energia como as lâmpadas incandescentes na produção dos fótons (invisíveis) da região infravermelha.

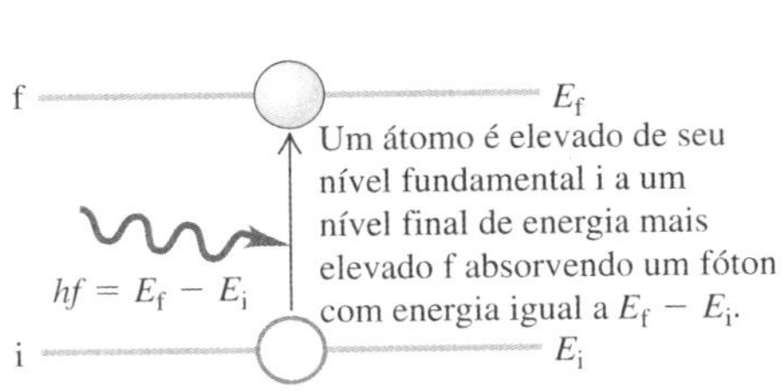

Figura 38.11 Um átomo absorvendo um fóton. (Compare com a Figura 38.7.)

A hipótese de Bohr estabelece a relação entre níveis de energia e comprimentos de onda, mas não fornece princípios gerais para a *previsão* dos níveis de energia de um átomo particular. Bohr elaborou uma análise parcial para o caso do átomo de hidrogênio; discutiremos esse caso na Seção 38.5. Uma descrição mais geral da estrutura atômica e dos níveis de energia se baseia nos conceitos da *mecânica quântica*, que serão estudados nos capítulos 39 e 40. A mecânica quântica fornece todos os princípios necessários para calcular os níveis de energia a partir de uma teoria fundamental. Infelizmente, no caso de átomos com muitos elétrons, os cálculos são tão complexos que só podem ser realizados de modo aproximado.

Exemplo 38.4

ESPECTRO DE EMISSÃO E ESPECTRO DE ABSORÇÃO Um átomo hipotético apresenta três níveis de energia: o nível fundamental e níveis de 1,0 eV e de 3,0 eV acima do nível fundamental. a) Determine as freqüências e os comprimentos de onda das linhas espectrais que esse átomo pode emitir ao ser excitado. b) Quais são os comprimentos de onda que esse átomo pode absorver quando ele está inicialmente em seu nível fundamental?

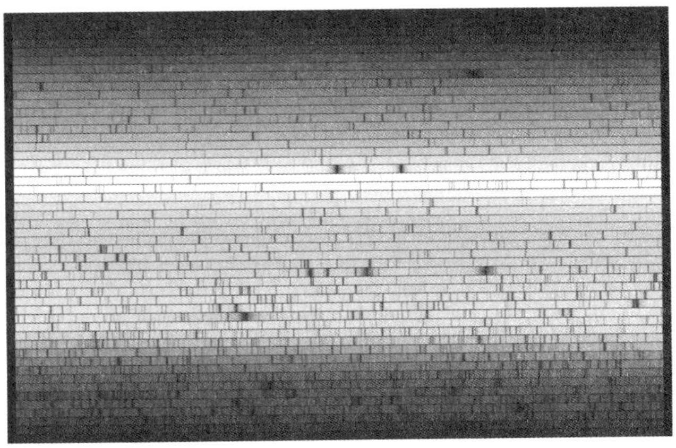

Figura 38.12 Espectro de absorção do Sol. (O espectro deve ser lido da esquerda para a direita em cada faixa e de cima para baixo de uma faixa à seguinte, como palavras em um parágrafo impresso.) A atmosfera solar relativamente fria absorve seletivamente fótons da superfície incandescente do Sol, produzindo linhas negras de absorção que indicam quais átomos estão presentes na atmosfera solar.

SOLUÇÃO

IDENTIFICAR: usamos a idéia de que a energia é conservada quando um fóton é emitido ou absorvido.

PREPARAR: em cada transição a energia do fóton é igual à diferença entre as energias do nível mais elevado e do nível mais baixo envolvidas na transição.

EXECUTAR: a) A Figura 38.13 mostra um diagrama dos níveis de energia. As energias possíveis dos fótons, correspondentes às transições indicadas, são 1,0 eV, 2,0 eV e 3,0 eV. De acordo com a Equação (38.2), para 1,0 eV

$$f = \frac{E}{h} = \frac{1{,}0\ \text{eV}}{4{,}136 \times 10^{-15}\ \text{eV}\cdot\text{s}} = 2{,}42 \times 10^{14}\ \text{Hz}$$

Para 2,0 eV e 3,0 eV, $f = 4{,}84 \times 10^{14}$ Hz e $f = 7{,}25 \times 10^{14}$ Hz, respectivamente. Podemos determinar os comprimentos de onda usando a relação $\lambda = c/f$. Para 1,0 eV,

$$\lambda = \frac{c}{f} = \frac{3{,}0 \times 10^{8}\ \text{m/s}}{2{,}42 \times 10^{14}\ \text{Hz}} = 1{,}24 \times 10^{-6}\ \text{m} = 1240\ \text{nm}$$

situado na região infravermelha do espectro. Para 2,0 eV e 3,0 eV, os comprimentos de onda são 620 nm (vermelho) e 414 nm (violeta), respectivamente (Figura 38.13b).

b) A partir do nível fundamental, somente os fótons com energias de 1,0 eV e 3,0 eV podem ser absorvidos; o fóton com energia igual a 2,0 eV não pode ser absorvido porque não existe nenhum nível de energia igual a 2,0 eV acima do nível fundamental. Como já calculamos, para os fótons de 1,0 eV e 3,0 eV, os comprimentos de onda são 1240 nm e 414 nm, respectivamente. Se a luz proveniente de um sólido quente passar por um gás frio com esse mesmo tipo de átomo, obteremos um espectro contínuo com linhas negras de absorção correspondentes a 1240 nm e 414 nm.

AVALIAR: se um gás contendo esses átomos fosse submetido a uma temperatura suficientemente elevada, as colisões excitariam átomos até o nível de energia de 1,0 eV. Tais átomos excitados *poderiam* absorver fótons de 2,0 eV e uma linha de absorção correspondente a 620 nm apareceria no espectro. Portanto, o espectro de absorção de uma dada substância depende dos níveis de energia e da temperatura.

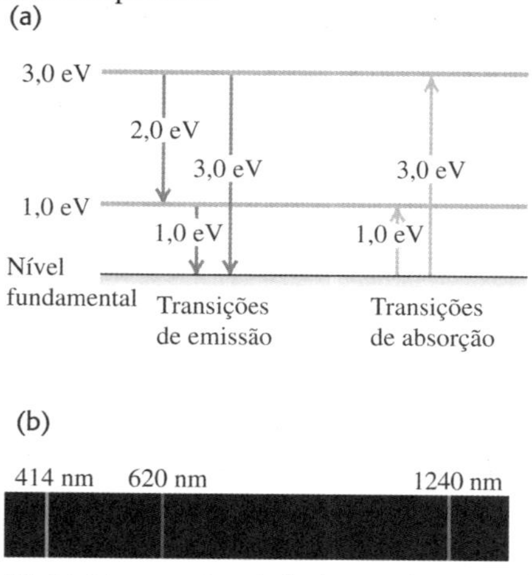

Figura 38.13 (a) Diagrama dos níveis de energia mostrando as transições possíveis para a emissão a partir dos níveis excitados e para a absorção a partir do nível fundamental. (b) Espectro de emissão desse átomo hipotético.

Teste sua compreensão da Seção 38.3 Seria possível excitar o átomo hipotético do Exemplo 38.4 desde o nível fundamental até o nível de 1,0 eV com um fóton de 1,5 eV? ∎

38.4 O núcleo do átomo

Antes de desenvolvermos o estudo da relação entre os níveis de energia de um átomo e sua estrutura interna, precisamos formar uma idéia sobre o que existe no interior de um átomo. Sabemos que um átomo é muito menor do que o comprimento de onda da luz; portanto, não há como *examinar* um átomo fazendo incidir sobre ele um feixe de luz. Mesmo assim, é possível descrever como a massa e a carga elétrica distribuem-se pelo volume do átomo.

Vejamos os fatos ocorridos até cerca de 1910. Em 1897, J. J. Thomson descobriu o elétron e mediu a razão entre sua carga e sua massa (*e/m*); em torno de 1909, Millikan completou suas primeiras medidas da carga do elétron $-e$. Essas e outras experiências mostraram que quase toda a massa de um átomo deve ser associada à sua carga *positiva* e não aos elétrons. Já se sabia também que o tamanho de um átomo era da ordem de 10^{-10} m e que todos os átomos, exceto o hidrogênio, têm mais do que um elétron. Contudo, *não* se sabia como a carga e a massa distribuíam-se no interior do átomo. Thomson propôs um modelo segundo o qual o átomo seria constituído por uma esfera carregada positivamente com o diâmetro da ordem de 10^{-10} m e com elétrons distribuídos ao longo do volume da esfera, como se fossem passas no interior de um bolinho esférico.

Estudo do átomo feito por Rutherford

As primeiras experiências que determinaram a estrutura do átomo foram as **experiências de espalhamento de Rutherford**, realizadas em 1910-1911 por Ernest Rutherford (Figura 38.14) e dois alunos seus, Hans Geiger e Ernest Marsden, na Universidade de Manchester, na

Figura 38.14 Nascido na Nova Zelândia, Ernest Rutherford (1871-1937) desenvolveu suas atividades profissionais na Inglaterra e no Canadá. Antes de realizar as experiências que verificaram a existência dos núcleos dos átomos, ele ganhou em 1908 (juntamente com Frederick Soddy) o prêmio Nobel de Química por ter mostrado a radioatividade na desintegração dos átomos.

Inglaterra. Essas experiências consistiram na observação do desvio ocorrido quando se projetavam partículas carregadas sobre folhas de metais que estavam sendo estudadas. Naquela época ainda não se dispunha dos aceleradores de partículas geralmente encontrados nos laboratórios modernos, e os projéteis usados por Rutherford eram *partículas alfa* emitidas por elementos contendo radioatividade natural. As partículas alfa são os núcleos dos átomos de hélio: dois prótons e dois nêutrons ligados entre si. Elas emergem de núcleos instáveis com velocidades da ordem de 10^7 m/s e podem se deslocar diversos centímetros através do ar ou 0,1 mm através de um sólido antes de entrarem em repouso em virtude das colisões.

Um esquema do dispositivo experimental usado por Rutherford é mostrado na Figura 38.15. A substância radioativa do lado esquerdo emite partículas alfa. Telas grossas de chumbo absorvem todas as partículas alfa exceto aquelas que passam pelos orifícios das telas e formam um feixe fino. O feixe atinge, a seguir, um alvo constituído por uma folha fina de ouro, de prata ou de cobre e colide com telas recobertas com sulfeto de zinco, cintilando de modo análogo ao que ocorre em um cinescópio de TV. Um brilho momentâneo, ou *cintilação*, pode ser visto sobre a tela toda vez que ela é atingida por uma partícula alfa. Rutherford e seus alunos contavam o número de partículas desviadas em diversos ângulos.

Imagine que os átomos do material do alvo estejam dispostos como bolas de gude em uma caixa. Uma partícula alfa pode passar através de uma fina folha de metal, de modo que a partícula alfa seria capaz de passar através do interior dos átomos. A carga elétrica *total* do átomo é igual a zero; portanto, fora do átomo, a força que atua sobre a partícula alfa é muito pequena. No interior do átomo existem forças elétricas produzidas pelos elétrons e pelas cargas positivas. No entanto, a massa de uma partícula alfa é 7300 vezes maior do que a massa de um elétron. Considerações sobre o momento linear mostram que a partícula alfa só poderia sofrer um desvio muito pequeno em virtude da interação com um elétron muito mais leve. Isso seria análogo a jogar uma pedra em um enxame de mosquitos — os mosquitos não produzem praticamente nenhum desvio da pedra. Somente as interações com a carga *positiva*, que concentra a maior parte da massa do átomo, seriam capazes de gerar algum desvio apreciável da partícula alfa.

No modelo de Thomson, as cargas positivas e negativas são distribuídas uniformemente ao longo do volume do átomo. Assim, o campo elétrico no interior do átomo deveria ser muito pequeno e a força elétrica atuando sobre uma partícula alfa que penetra no átomo seria muito fraca. Nesse caso, o desvio máximo que poderia ocorrer seria da ordem de alguns graus (Figura 38.16a).

Os resultados obtidos mostraram-se muito diferentes do anterior e foram inesperados. Algumas partículas alfa sofriam um desvio com um ângulo de 180°, ou seja, elas voltavam quase na mesma direção e em sentido contrário (Figura 38.16b). Rutherford mais tarde escreveu:

> **"Foi o acontecimento mais incrível que ocorreu em toda a minha vida. Foi tão inacreditável quanto se você atirasse uma bala de canhão em uma folha de papel e a bala ricocheteasse e o atingisse."**

Vamos reformular tudo! Suponha que a carga positiva, em vez de ser distribuída uniformemente ao longo da esfera com volume igual ao do átomo (com raio da ordem de 10^{-10} m), esteja toda concentrada em um espaço muito *menor*. Então ela poderia ser considerada uma carga puntiforme para distâncias ainda menores. O campo elétrico máximo que repele a partícula alfa poderia ser muito maior e o grande ângulo de desvio da partícula alfa seria passível de explicação. Rutherford usou a palavra **núcleo** para designar essa minúscula região onde a carga positiva esta-

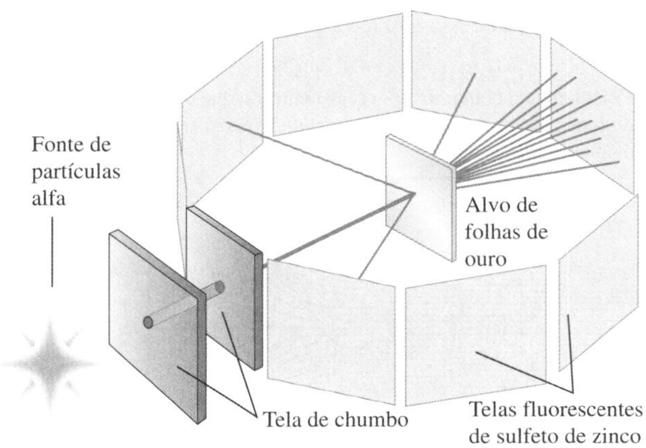

Figura 38.15 O espalhamento de partículas alfa produzido por uma fina folha metálica. A fonte das partículas alfa é um elemento radioativo tal como o rádio. As duas telas de chumbo com pequenos orifícios formam um feixe fino de partículas alfa que são espalhadas pela folha de ouro. As direções das partículas alfa desviadas são determinadas pelas cintilações ocorridas nas telas fluorescentes.

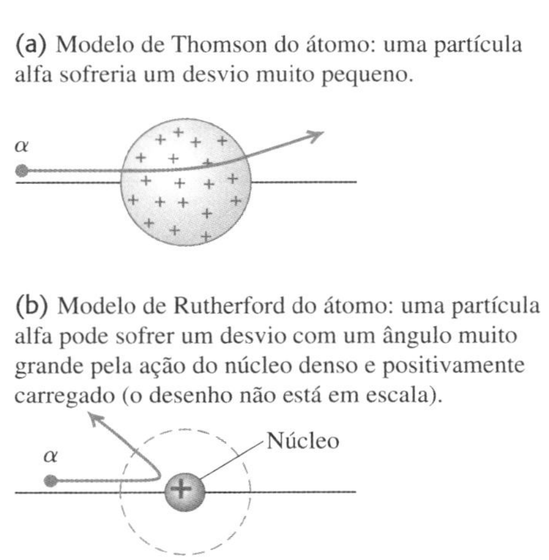

Figura 38.16 (a) O modelo de Thomson do átomo foi contestado pelas experiências de espalhamento de Rutherford. (b) Para explicar seus resultados experimentais, Rutherford desenvolveu um modelo nuclear do átomo.

va concentrada. Ele calculou novamente o número de partículas que eram encontradas em determinados ângulos. Dentro da precisão de suas experiências, os valores calculados concordavam com os dados experimentais até distâncias da ordem de 10^{-14} m. Portanto, suas experiências estabeleceram que o átomo possui um núcleo muito pequeno, de densidade muito grande, com diâmetro menor do que 10^{-14} m. O núcleo ocupa um volume de cerca de 10^{-12} do volume total do átomo, mas contém *toda* a carga positiva e pelo menos 99,95% de sua massa total.

A Figura 38.17 mostra uma simulação de computador para o espalhamento de uma partícula alfa de 5,0 MeV colidindo com um núcleo de ouro com raio igual a 7,0 × 10^{-15} m (seu tamanho real) e com outro núcleo hipotético de raio dez vezes maior do que o raio real. No segundo caso não ocorre *nenhum* desvio com ângulo muito grande. A presença de um desvio com ângulo muito acentuado nas experiências de Rutherford confirmava a presença de um núcleo com tamanho muito pequeno.

Exemplo 38.5

UMA EXPERIÊNCIA DE RUTHERFORD Uma partícula alfa é lançada na direção de um núcleo de ouro. Uma partícula alfa possui dois prótons e uma carga com módulo $2e = 2\,(1{,}6 \times 10^{-19}\text{ C})$, enquanto um núcleo de ouro possui 79 prótons e uma carga com módulo $79e = 79(1{,}6 \times 10^{-19}\text{ C})$. Qual é a energia cinética mínima que essa partícula alfa deve ter a fim de se aproximar até uma distância de $5{,}0 \times 10^{-14}$ m do centro do núcleo de ouro? Suponha que o núcleo de ouro, cuja massa de repouso é cinqüenta vezes maior do que a massa de repouso da partícula alfa, permaneça em repouso.

SOLUÇÃO

IDENTIFICAR: à medida que a partícula alfa se aproxima do núcleo de ouro, ela desacelera devido à força elétrica repulsiva que age sobre ela. Essa força é conservativa, então a energia mecânica total (energia cinética da partícula alfa mais energia potencial elétrica do sistema) é conservada.

PREPARAR: suponha que o ponto 1 esteja bem distante do núcleo de ouro (a posição inicial da partícula alfa), e que o ponto 2 esteja $5{,}0 \times 10^{-14}$ m do centro do núcleo de ouro. Nossa incógnita é a energia cinética da partícula alfa no ponto 1 que permite que ela chegue ao ponto 2. Para calculá-la, usamos a lei da conservação da energia e a Equação (23.9) para a energia potencial elétrica, $U = qq_0/4\pi\epsilon_0 r$.

EXECUTAR: a energia cinética no ponto 1 é K_1 (a incógnita), e a energia cinética no ponto 2 (onde a partícula alfa atinge momentaneamente o repouso) é $K_2 = 0$. No ponto 1, a partícula alfa e o núcleo de ouro estão tão distantes um do outro que podemos encarar a sua distância r como infinita. De acordo com a Equação (23.9), no volume 3, a energia potencial elétrica no ponto 1 é $U_1 = 0$. No ponto 2, o potencial é

$$
\begin{aligned}
U_2 &= \frac{1}{4\pi\epsilon_0}\frac{qq_0}{r} \\
&= (9{,}0 \times 10^9\text{ N}\cdot\text{m}^2/\text{C}^2)\frac{(2)(79)(1{,}6 \times 10^{-19}\text{ C})^2}{5{,}0 \times 10^{-14}\text{ m}} \\
&= 7{,}3 \times 10^{-13}\text{ J} = 4{,}6 \times 10^6\text{ eV} = 4{,}6\text{ MeV}
\end{aligned}
$$

Pela conservação da energia $K_1 + U_1 = K_2 + U_2$, logo $K_1 = K_2 + U_2 - U_1 = 0 + 4{,}6\text{ MeV} - 0 = 4{,}6$ MeV. Assim, para que uma partícula alfa possa se aproximar até uma distância igual a $5{,}0 \times 10^{-14}$ m do centro do núcleo de ouro antes de parar, ela deve possuir uma energia cinética maior do que 4,6 MeV quando estiver a uma distância grande do núcleo. De fato, uma partícula alfa emitida por um elemento com radioatividade natural possui uma energia cinética típica da ordem de 4 MeV até 6 MeV. Por exemplo, o isótopo comum do rádio, ^{226}Ra, emite uma partícula alfa com energia igual a 4,78 MeV.

AVALIAR: foi válido supor que o núcleo de ouro permanecia em repouso? Para poder responder, observe que, quando a partícula alfa pára momentaneamente, todo o seu momento linear inicial foi transferido para o núcleo de ouro. Uma partícula alfa possui uma massa $m_\alpha = 6{,}64 \times 10^{-27}$ kg; se a sua energia cinética inicial $K_1 = \frac{1}{2}mv_1^2$ é $7{,}3 \times 10^{-13}$ J, você pode demonstrar que sua velocidade inicial é $v_1 = 1{,}5 \times 10^7$ m/s e seu momento linear inicial é $p_1 = m_\alpha v_1 = 9{,}8 \times 10^{-20}$ kg · m/s. Um núcleo de ouro (massa $m_{\text{Au}} = 3{,}27 \times 10^{-25}$ kg) com um momento linear de um valor alto como esse apresenta uma velocidade $v_{\text{Au}} = 3{,}0 \times 10^5$ m/s e uma energia cinética $K_{\text{Au}} = \frac{1}{2}mv_{\text{Au}}^2 = 1{,}5 \times 10^{-14}$ J = 0,092 MeV muito menores. Essa *energia cinética de recuo* do núcleo de ouro é uma pequena fração da energia total nessa situação, por isso podemos desprezá-la.

(a) Um núcleo de ouro com um raio de 7,0 × 10^{-15} m produz um desvio com um ângulo muito grande.

(b) Um núcleo com raio dez vezes maior do que o raio indicado em (a) não produz *nenhum* desvio com um ângulo muito grande.

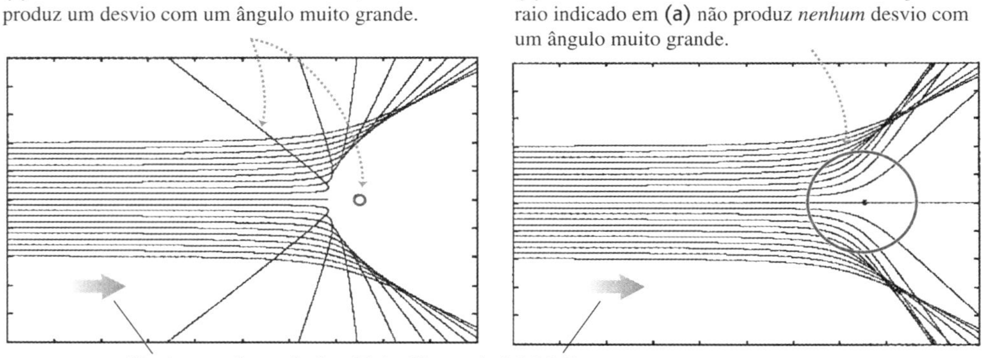

Movimento de partículas alfa incidentes de 5,0 MeV

Figura 38.17 Simulação de computador do espalhamento de uma partícula alfa de 5,0 MeV colidindo com um núcleo de ouro. Cada curva indica uma trajetória possível para a partícula alfa. (a) As curvas de desvio confirmam os dados experimentais de Rutherford se supusermos raio de 7,0 × 10^{-15} m para um núcleo de ouro. (b) Um modelo com um raio muito maior não confirma os dados.

Teste sua compreensão da Seção 38.4 Suponha que você tenha repetido a experiência do espalhamento de Rutherford usando uma folha fina de hidrogênio sólido em lugar da folha de ouro. (O hidrogênio é sólido em temperaturas abaixo de 14,0 K.) Você esperaria observar partícula alfas com um grande desvio? ▮

38.5 O modelo de Bohr

No mesmo ano (1913) em que estabeleceu sua relação entre níveis de energia e comprimentos de onda dos espectros, Bohr também propôs um modelo para o átomo de hidrogênio. Ele desenvolveu suas idéias na época em que trabalhava no laboratório de Rutherford. Usando esse modelo, hoje conhecido como **modelo de Bohr**, ele era capaz de *calcular* os níveis de energia do átomo de hidrogênio, obtendo medidas que concordavam com os valores determinados a partir dos espectros.

A descoberta do núcleo do átomo feita por Rutherford levantou uma pergunta séria: o que poderia manter um elétron a uma distância (da ordem de 10^{-10} m) muito maior do que o diâmetro do núcleo (da ordem de 10^{-14} m), apesar da mútua atração eletrostática? Rutherford sugeriu que eles deveriam descrever uma órbita *circular* em torno do núcleo, do mesmo modo que um planeta descreve uma órbita em torno do Sol.

Contudo, de acordo com a teoria eletromagnética clássica, qualquer carga elétrica acelerada (oscilando ou descrevendo um movimento circular) irradia ondas eletromagnéticas. Um exemplo é o dipolo elétrico oscilante mostrado na Figura 32.2 (Seção 32.1). A energia de um elétron descrevendo uma órbita deveria diminuir continuamente, o raio de sua órbita deveria tornar-se cada vez menor e ele deveria descrever uma trajetória espiral até cair no núcleo (Figura 38.18). Além disso, de acordo com a teoria clássica, a *freqüência* das ondas eletromagnéticas deve ser igual à freqüência da revolução. À medida que os elétrons irradiam energia, suas velocidades angulares variam continuamente, e eles emitiriam um espectro *contínuo* (a mistura de todos os comprimentos de onda) e não o espectro de *linhas* que observamos na realidade.

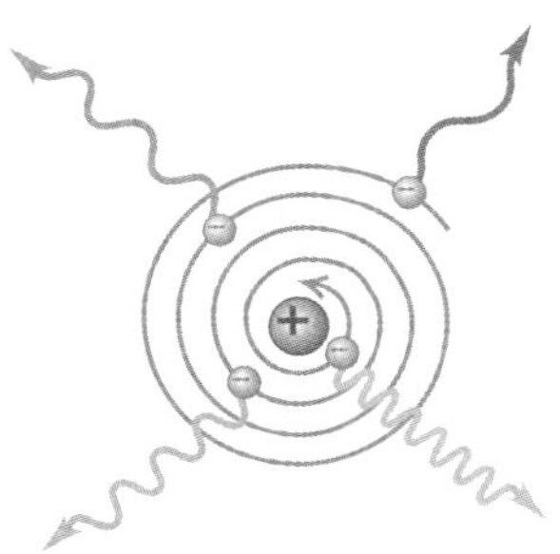

Figura 38.18 De acordo com a física clássica, os elétrons circulando em uma órbita deveriam irradiar continuamente ondas eletromagnéticas e descrever espirais até cair no núcleo. A velocidade angular do elétron depende de sua distância em relação ao núcleo, de modo que a física clássica prevê que a freqüência das ondas eletromagnéticas emitidas deve variar continuamente.

Órbitas estacionárias

Para resolver esse problema, Bohr sugeriu uma hipótese revolucionária. Ele postulou que um elétron em um átomo pode circular em torno do núcleo descrevendo *órbitas estacionárias* sem emitir *nenhuma* radiação, contrariando as previsões da teoria eletromagnética clássica. De acordo com Bohr, existe uma energia definida associada a cada órbita estacionária, e o átomo só irradia energia ao fazer uma transição de uma dessas órbitas para outra. A energia é irradiada na forma de um fóton cuja energia e freqüência obedecem à Equação (38.6), $hf = E_i - E_f$.

Como resultado de um raciocínio bastante complicado, que relacionava a freqüência angular da luz emitida às velocidades angulares do elétron em níveis de energia altamente excitados, Bohr verificou que o módulo do momento angular do elétron é *quantizado*, ou seja, esse módulo para o elétron deve ser um múltiplo inteiro de $h/2\pi$. (Como $1\ \text{J} = 1\ \text{kg}\cdot\text{m}^2/\text{s}^2$, note que as unidades SI da constante de Planck h, dada por J · s, são as mesmas que as unidades SI de momento angular, geralmente escrita na forma kg · m^2/s.) De acordo com a Seção 10.5, Equação (10.28), no volume 1, o módulo do momento angular é $L = mvr$ para uma partícula com massa m se deslocando com velocidade angular v ao longo de uma circunferência de raio r (logo, com ϕ = 90°). Portanto, o argumento de Bohr leva ao resultado

$$L = mvr = n\frac{h}{2\pi}$$

em que n = 1, 2, 3... . Cada valor de n corresponde a um valor permitido para o raio da órbita, que daqui por diante será designado por r_n, e a um valor correspondente da velocidade v_n. O valor de n para cada órbita é chamado de **número quântico principal** para a referida órbita. Com essa notação, a equação anterior pode ser escrita na forma

$$L_n = mv_nr_n = n\frac{h}{2\pi} \quad (38.10)$$

(quantização do momento angular)

Vamos agora considerar um modelo para o átomo de hidrogênio (Figura 38.19) que é basicamente newtoniano, mas que incorpora a hipótese da quantização. Esse átomo é constituído por um único elétron de massa m e carga $-e$ girando em torno de um próton com carga $+e$. O próton possui massa aproximadamente 2000 vezes maior do que a massa do elétron, de modo que supomos que o próton permaneça em repouso. Aprendemos na Seção 5.4, no volume 1, que, quando uma partícula de massa m se desloca com velocidade v_n em uma órbita circular com raio r_n, sua aceleração orientada para o centro da circunferência é igual a v_n^2/r_n. De acordo com a segunda lei de Newton, é necessário que haja uma força orientada para o centro com módulo $F = mv_n^2/r_n$. Discutimos na Seção 12.4, no volume 2, como a atração gravitacional fornecia a força para manter um satélite em órbita. No átomo de hidrogênio, a força F é fornecida pela atração elétrica entre o próton positivo e o elétron negativo. De acordo com a lei de Coulomb (Equação 21.2, no volume 3),

$$F = \frac{1}{4\pi\epsilon_0}\frac{e^2}{r_n^2}$$

portanto, a segunda lei de Newton afirma que

$$\frac{1}{4\pi\epsilon_0}\frac{e^2}{r_n^2} = \frac{mv_n^2}{r_n} \qquad (38.11)$$

Explicitando r_n e v_n das equações (38.10) e (38.11), obtemos

$$r_n = \epsilon_0\frac{n^2h^2}{\pi me^2} \qquad (38.12)$$

(raios orbitais no modelo de Bohr)

$$v_n = \frac{1}{\epsilon_0}\frac{e^2}{2nh} \qquad (38.13)$$

(velocidades orbitais no modelo de Bohr)

A Equação (38.12) mostra que o raio orbital r_n é proporcional a n^2; o menor raio orbital corresponde a $n = 1$. Esse raio mínimo, chamado de *raio de Bohr*, será designado por a_0:

$$a_0 = \epsilon_0\frac{h^2}{\pi me^2} \qquad (38.14)$$

Então a Equação (38.12) pode ser escrita na forma

$$r_n = n^2a_0 \qquad (38.15)$$

As órbitas permitidas possuem raios a_0, $4a_0$, $9a_0$ e assim por diante.

Os valores numéricos das grandezas do lado direito da Equação (38.14) são indicados Apêndice F. Usando esses valores, verificamos que o raio de Bohr a_0 é dado por

$$a_0 = \frac{(8{,}854 \times 10^{-12}\ \text{C}^2/\text{N}\cdot\text{m}^2)(6{,}626 \times 10^{-34}\ \text{J}\cdot\text{s})^2}{(3{,}142)(9{,}109 \times 10^{-31}\ \text{kg})(1{,}602 \times 10^{-19}\ \text{C})^2}$$
$$= 5{,}29 \times 10^{-11}\ \text{m}$$

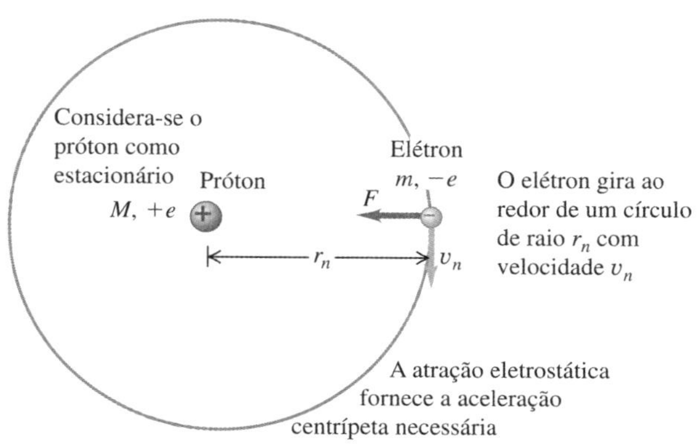

Figura 38.19 Modelo de Bohr para o átomo de hidrogênio.

O resultado anterior, que fornece um diâmetro atômico aproximadamente igual a 10^{-10} m = 0,1 nm, é consistente com as dimensões atômicas obtidas por outros métodos.

Podemos usar a Equação (38.13) para determinar a *velocidade* orbital dos elétrons. Deixamos esse cálculo como um exercício (ver Exercício 38.27); o resultado é que, para o nível $n = 1$, $v_1 = 2{,}19 \times 10^6$ m/s. O valor obtido, que fornece a maior velocidade possível no átomo de hidrogênio, é apenas cerca de 1% da velocidade da luz, mostrando que as considerações relativísticas não são relevantes nesse modelo.

Níveis de energia do hidrogênio no modelo de Bohr

Podemos usar as equações (38.13) e (38.12) para calcular a energia cinética K_n e a energia potencial U_n quando o elétron descreve uma órbita com número quântico n:

$$K_n = \frac{1}{2}mv_n^2 = \frac{1}{\epsilon_0^2}\frac{me^4}{8n^2h^2} \qquad (38.16)$$

$$U_n = -\frac{1}{4\pi\epsilon_0}\frac{e^2}{r_n} = -\frac{1}{\epsilon_0^2}\frac{me^4}{4n^2h^2} \qquad (38.17)$$

A energia total E_n é a soma da energia cinética mais a energia potencial:

$$E_n = K_n + U_n = -\frac{1}{\epsilon_0^2}\frac{me^4}{8n^2h^2} \qquad (38.18)$$

A energia potencial possui sinal negativo porque consideramos a energia potencial igual a zero quando o elétron está a uma distância infinita do núcleo. Como aqui nos interessam apenas as *diferenças* de energia, a posição de referência não é importante.

Na Figura 38.9 (Seção 38.3) ilustramos as órbitas e os níveis de energia. Os níveis de energia permitidos no átomo são identificados com o número quântico n. Para cada valor de n existem valores correspondentes para o raio orbital r_n, para a velocidade orbital v_n, para o momento angular $L_n = nh/2\pi$ e para a energia total E_n. A energia do átomo é mínima quando $n = 1$ e E_n possui seu maior valor negativo. Esse valor fornece a energia do *nível fundamental* do átomo, que é o nível com o menor raio orbital, igual a a_0. Para $n = 2, 3...$, os valores absolutos de E_n ficam cada vez menores e a energia se torna progressivamente maior (menos negativa). O raio orbital cresce com n^2, como indicado nas equações (38.12) e (38.15), enquanto a velocidade diminui com $1/n$, de acordo com a Equação (38.13).

Comparando a expressão para E_n na Equação (38.18) com a Equação (38.9) (deduzida a partir do espectro de hidrogênio medido), vemos que eles concordam apenas se os coeficientes forem iguais:

$$hcR = \frac{1}{\epsilon_0^2}\frac{me^4}{8h^2} \quad \text{ou} \quad R = \frac{me^4}{8\epsilon_0^2h^3c} \qquad (38.19)$$

A equação anterior nos mostra como *calcular* o valor da constante de Rydberg a partir das constantes fundamentais m, c, e, h e ϵ_0, as quais podem ser determinadas independentemente da teoria de Bohr. Quando substituímos os valores numéricos dessas grandezas, obtemos o valor $R = 1{,}097 \times 10^7\ \text{m}^{-1}$. Até quatro algarismos significativos, esse valor concorda com o determinado a partir de medidas de comprimentos de onda, o que fornece uma forte confirmação direta da teoria de Bohr. Convidamos você a substituir os valores numéricos na Equação (38.19) e calcular o valor de R para confirmar as afirmações anteriores.

A *energia de ionização* do átomo de hidrogênio é a energia necessária para remover o elétron completamente. A ionização corresponde a uma transição entre o nível fundamental ($n = 1$) e a energia na órbita de raio infinito ($n = \infty$) e, portanto, é igual a $-E_1$. Substituindo as constantes do Apêndice F na Equação (38.18), obtemos uma energia de ionização igual a 13,606 eV. A energia de ionização pode ser medida diretamente; o resultado obtido é 13,6 eV. Esses dois valores concordam dentro de uma precisão de 0,1%.

Exemplo 38.6

EXPLORANDO O MODELO DE BOHR Determine a energia cinética, a energia potencial e a energia total do átomo de hidrogênio em seu primeiro nível excitado; e calcule o comprimento de onda do fóton emitido na transição do primeiro nível excitado até o nível fundamental.

SOLUÇÃO

IDENTIFICAR: este problema utiliza as idéias do modelo de Bohr discutidos nesta seção.

PREPARAR: usamos as equações (38.16), (38.17) e (38.18) para encontrar as energias do átomo. Para encontrar o comprimento de onda λ do fóton, usamos a Equação (38.6), que relaciona a energia e o comprimento de onda de um fóton emitido com as energias dos níveis inicial e final do átomo.

EXECUTAR: podemos calcular as equações (38.16), (38.17) e (38.18) para o nível n substituindo os valores de m, e, ϵ_0 e h. Mas podemos simplificar os cálculos comparando com a Equação (38.19), que mostra que a constante que aparece nas equações (38.14), (38.15) e (38.16) é igual a hcR e é experimentalmente igual a 13,6 eV:

$$\frac{me^4}{8\epsilon_0^2 h^2} = hcR = 13{,}6\ \text{eV}$$

Usando essa expressão, podemos reescrever as equações (38.16), (38.17) e (38.18) na forma

$$K_n = \frac{13{,}6\ \text{eV}}{n^2} \qquad U_n = \frac{-27{,}2\ \text{eV}}{n^2} \qquad E_n = \frac{-13{,}6\ \text{eV}}{n^2}$$

O primeiro nível excitado corresponde ao nível $n = 2$, em que $K_2 = 3{,}4$ eV, $U_2 = -6{,}8$ eV e $E_2 = -3{,}4$ eV.

O nível fundamental corresponde ao nível $n = 1$, de energia $E_1 = -13{,}6$ eV. A energia do fóton emitido é $E_2 - E_1 = -3{,}4\ \text{eV} - (-13{,}6\ \text{eV}) = 10{,}2$ eV. A energia do fóton é igual a hc/λ, portanto,

$$\lambda = \frac{hc}{E_2 - E_1} = \frac{(4{,}136 \times 10^{-15}\ \text{eV}\cdot\text{s})(3{,}0 \times 10^8\ \text{m/s})}{10{,}2\ \text{eV}}$$
$$= 1{,}22 \times 10^{-7}\ \text{m} = 122\ \text{nm}$$

O resultado anterior corresponde ao comprimento de onda da linha 'Lyman alfa', o comprimento de onda mais longo situado na série de Lyman do espectro do átomo de hidrogênio (ver Figura 38.9).

AVALIAR: nossos resultados mostram que a energia mecânica total é negativa e igual à metade da energia potencial. É interessante notar que encontramos a mesma relação de energias para as órbitas do satélite na Seção 12.4. O motivo para a semelhança entre as duas situações é que tanto a força eletrostática quanto a força gravitacional são inversamente proporcionais a $1/r^2$.

Movimento do núcleo e massa reduzida de um átomo

Os valores da constante de Rydberg R e da energia de ionização do átomo de hidrogênio previstos pelo modelo de Bohr concordam com os valores medidos com erro da ordem de 0,1%. A concordância seria ainda maior se não tivéssemos imaginado o núcleo (um próton) em repouso. Em vez disso, sabemos que o próton descreve juntamente com o elétron um movimento circular em torno do *centro de massa* do sistema (veja a Seção 8.5, no volume 1), como indicado na Figura 38.20. Verifica-se que podemos tratar esse movimento de modo bem simples usando as equações de Bohr não para a massa de repouso m do elétron, mas sim para uma grandeza chamada de **massa reduzida** m_r do sistema. Para um sistema de dois corpos com massas m_1e m_2, a massa reduzida é definida por

$$m_r = \frac{m_1 m_2}{m_1 + m_2} \tag{38.20}$$

Para o átomo de hidrogênio consideramos m_1 igual a m e m_2 igual à massa do próton, $m_P = 1836{,}2m$. Portanto, para o sistema próton-elétron obtemos a seguinte massa reduzida:

$$m_r = \frac{m(1836{,}2m)}{m + 1836{,}2m} = 0{,}99946m$$

Quando o valor anterior é usado nas equações de Bohr em vez da massa de repouso m do elétron, os valores previstos concordam muito bem com os valores medidos.

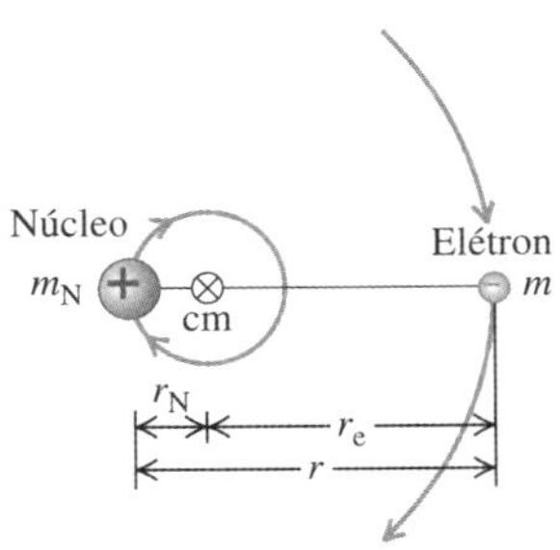

Figura 38.20 O núcleo e o elétron giram em torno do centro de massa comum do sistema. A distância r_N foi exagerada para clareza do desenho. Na realidade, ela é igual a r_e /1836,2 para o átomo de hidrogênio.

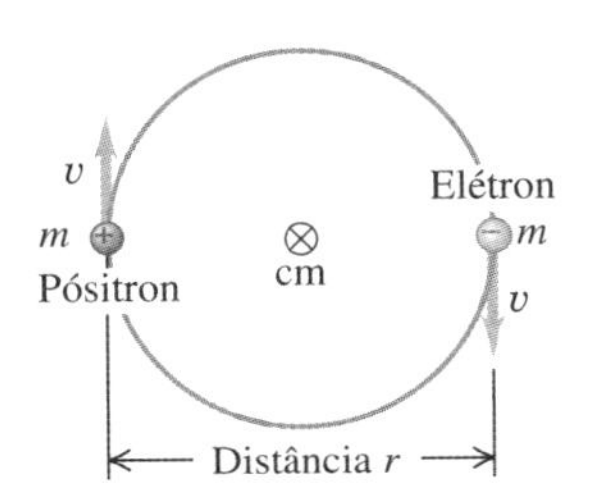

Figura 38.21 Aplicação do modelo de Bohr para o positrônio. O elétron e o pósitron giram em torno do centro de massa comum, que está situado na metade da distância entre eles, porque suas massas são iguais. A distância r entre eles é igual ao dobro do raio da órbita.

Em um átomo de deutério, também chamado de *hidrogênio pesado*, o núcleo não é um próton isolado — é constituído por um próton e um nêutron ligados entre si, formando um núcleo chamado de *dêuteron*. Verifica-se que a massa reduzida do átomo de deutério é igual a $0{,}99973m$. As equações (38.6) e (38.18) (substituindo-se m por m_r) mostram que todas as energias e freqüências são proporcionais a m_r, ao passo que os comprimentos de onda são inversamente proporcionais a m_r. Portanto, os comprimentos de onda do espectro do deutério deveriam ser iguais aos do átomo de hidrogênio divididos por $(0{,}99973m)/(0{,}99946m) = 1{,}00027$. Esse efeito é muito reduzido, mas está dentro da precisão dos espectrômetros modernos. Esse pequeno deslocamento de comprimento de onda permitiu que o cientista norte-americano Harold Urey descobrisse o deutério em 1932, o que lhe valeu o prêmio Nobel de Química em 1934.

O conceito de massa reduzida apresenta outras aplicações. Um *pósitron* possui a mesma massa de repouso do elétron, porém, uma carga igual a $+e$. Um 'átomo' de positrônio (Figura 38.21) é constituído por um elétron e um pósitron, cada um com massa m, girando em torno do centro de massa comum. Esse sistema dura apenas 10^{-6} s antes que as duas partículas se aniquilem mutuamente e desapareçam; contudo, esse tempo é suficiente para o estudo do espectro do positrônio. A massa reduzida é igual a $m/2$; portanto, os níveis de energia e as freqüências dos fótons possuem exatamente a metade dos respectivos valores previstos pelo modelo de Bohr simples que considera o próton com massa infinita. A existência de átomos de positrônio foi confirmada pela observação do espectro de linhas correspondente.

Átomos semelhantes ao átomo de hidrogênio

Podemos estender o modelo de Bohr para outros átomos com um único elétron, tal como o átomo de hélio ionizado apenas uma vez (He^+), o lítio duplamente ionizado (Li^{2+}) e assim por diante. Esses íons são chamados de *átomos semelhantes ao hidrogênio*. Para esses átomos, a carga do núcleo não é e, mas Ze, em que Z é o *número atômico*, ou seja, o número de prótons no núcleo. O efeito consiste em trocar nas fórmulas anteriores e^2 por Ze^2. Em particular, os raios orbitais r_n, dados pela Equação (38.12), se tornam um fator Z menores do que os raios anteriores, e os níveis de energia E_n, dados pela Equação (38.18), ficam multiplicados por Z^2. Convidamos você a verificar essas afirmações. As correções introduzidas pela massa reduzida para esses casos é ainda menor do que 0,1% porque os núcleos são mais pesados do que o próton no modelo simples do átomo de hidrogênio. Na Figura 38.22, comparamos os níveis de energia do átomo H e do íon He^+, que possui $Z = 2$.

Os átomos dos metais *alcalinos* apresentam um elétron na parte externa de uma camada interna, constituída pelo núcleo e pelos elétrons interiores; e a carga líquida dessa camada central é igual a $+e$. Esses átomos são aproximadamente semelhantes ao átomo de hidrogênio, especialmente nos níveis excitados. Até mesmo elétrons aprisionados e lacunas de elétrons em sólidos semicondutores possuem comportamentos semelhantes aos do átomo de hidrogênio.

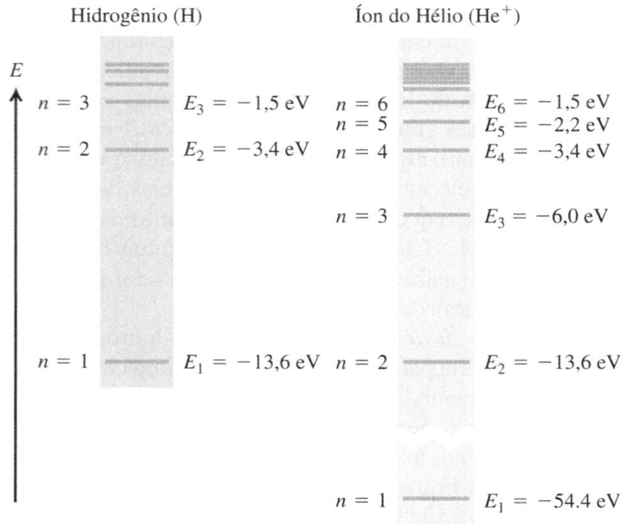

Figura 38.22 Níveis de energia do átomo H e do íon He^+. A expressão da energia, Equação (38.18), é multiplicada por $Z^2 = 4$ para o He^+; portanto, a energia de um íon He^+ com um dado n é quase quatro vezes maior do que a energia do átomo H com o mesmo n. (Existem pequenas diferenças, da ordem de 0,05%, porque as massas reduzidas são ligeiramente diferentes.)

Embora o modelo de Bohr preveja corretamente os níveis de energia do átomo de hidrogênio, ele levantou tantas perguntas quanto as respostas que forneceu, combinando elementos da física clássica com novos postulados que não eram compatíveis com as idéias clássicas. O modelo forneceu uma interpretação do que ocorre *durante* uma transição de um nível para outro; as velocidades angulares dos elétrons nas órbitas geralmente não eram iguais às freqüências angulares da radiação emitida, um resultado contrário ao previsto pela eletrodinâmica clássica. Foram infrutíferas as tentativas de estender o modelo para átomos com dois ou mais elétrons. Um elétron se movendo em uma órbita de Bohr circular é análogo a uma espira de corrente e deveria produzir um momento magnético. Contudo, o átomo de hidrogênio em seu nível fundamental não possui *nenhum* momento magnético em virtude do movimento orbital. Nos capítulos 39 e 40, mostraremos que uma teoria ainda mais radical se tornou necessária para que as pesquisas sobre a estrutura atômica pudessem atingir novos progressos.

Teste sua compreensão da Seção 38.5 Considere os comprimentos de onda no espectro de luz emitido por íons excitados de He^+. Algum desses comprimentos de onda é quase igual a qualquer dos comprimentos de onda emitidos por átomos excitados de H? ▌

38.6 O laser

O **laser** é uma fonte de luz que produz um feixe de luz altamente coerente e quase totalmente monocromático em virtude da emissão cooperativa de diversos átomos. A palavra *laser* deriva das iniciais da expressão em inglês *light* *amplification by stimulated emission of radiation* ('amplificação da luz pela emissão estimulada da radiação'). Podemos entender os princípios da operação de um laser com base nos conceitos de fóton e de níveis de energia. Durante a discussão introduziremos dois novos conceitos: *emissão estimulada* e *inversão da população*.

Emissão estimulada e espontânea

Se um átomo possui um nível de energia E acima do nível fundamental, ele pode absorver um fóton com freqüência f dada por $E = hf$. Esse tipo de processo é indicado na Figura 38.23a, que mostra um gás em um recipiente transparente. Cada um dos três átomos A absorve um fóton, atingindo um nível excitado designado por A*. Algum tempo depois, cada átomo excitado retorna ao nível fundamental emitindo um fóton com a mesma freqüência que a do fóton inicialmente absorvido. Esse processo é chamado de *emissão espontânea*; as direções e as fases dos fótons emitidos são aleatórias (Figura 38.23b).

Na **emissão estimulada** (Figura 38.23c), cada fóton incidente encontra um átomo previamente excitado. Uma espécie de efeito de ressonância induz cada átomo a emitir um segundo fóton com a mesma direção, freqüência, fase e polarização do fóton incidente, que não se altera pelo processo. Para cada átomo existe um fóton antes do processo e dois fótons depois do processo; daí deriva a expressão *amplificação da luz*. Como os dois fótons possuem a mesma fase, eles emergem simultaneamente como *radiação* coerente. O laser utiliza a emissão estimulada para produzir um feixe composto por um grande número de fótons coerentes.

Para discutir a emissão estimulada de átomos em níveis excitados, precisamos saber como os átomos se comportam em cada um dos diferentes níveis de energia. Inicialmente, devemos entender a diferença entre os termos *nível de energia* e *estado de energia*. Um sistema pode ter diversas maneiras de atingir um dado nível de energia; cada maneira diferente caracteriza um **estado** diferente. Por exemplo, há dois modos de fazer certa mola não comprimida atingir um dado nível de energia. Lembrando que $U = \frac{1}{2}kx^2$, podemos comprimir a mola de uma distância $x = -b$ ou, então, esticá-la uma distância $x = +b$ para atingir o mesmo nível $U = \frac{1}{2}kb^2$. No modelo de Bohr cada nível de energia possui apenas um estado; porém, na Seção 41.4, mostraremos que ele, na verdade, possui dois estados no nível fundamental de –13,6 eV, oito estados no seu primeiro nível excitado de –3,4 eV e assim por diante.

A função que dá a distribuição de Maxwell-Boltzmann (Seção 18.5, no volume 2) determina o número de átomos em um dado estado do gás. Essa função nos diz que, quando um gás está em equilíbrio a uma temperatura absoluta T, o número n_i de átomos em um estado com energia E_i é igual a $Ae^{-E_i/kT}$, em que k é a constante de Boltzmann e A é outra constante determinada pelo número total de átomos no gás. (Na Seção 18.5, no volume 2, E era a energia cinética $\frac{1}{2}mv^2$ das moléculas do gás; agora estamos considerando a energia interna do átomo.) Por causa do sinal negativo na função exponencial, poucos átomos ocupam estados de energia mais elevados, como era de se esperar. Designando por E_g a energia do estado fundamental e por E_{ex} a energia de um estado excitado, então a razão entre os números de átomos dos dois estados é dada por

$$\frac{n_{ex}}{n_g} = \frac{Ae^{-E_{ex}/kT}}{Ae^{-E_g/kT}} = e^{-(E_{ex}-E_g)/kT} \qquad (38.21)$$

Por exemplo, suponha que $E_{ex} - E_g = 2{,}0$ eV $= 3{,}2 \times 10^{-19}$ J, a energia correspondente a um fóton da luz visível de 620 nm. Para $T = 3000$ K (a temperatura do filamento de uma lâmpada incandescente),

$$\frac{E_{ex} - E_g}{kT} = \frac{3{,}2 \times 10^{-19}\text{ J}}{(1{,}38 \times 10^{-23}\text{ J/K})(3000\text{ K})} = 7{,}73$$

e

$$e^{-(E_{ex}-E_g)/kT} = e^{-7{,}73} = 0{,}00044$$

Ou seja, a fração dos átomos no estado de 2,0 eV acima do estado fundamental é extremamente pequena mesmo considerando essa temperatura elevada. O ponto básico é que,

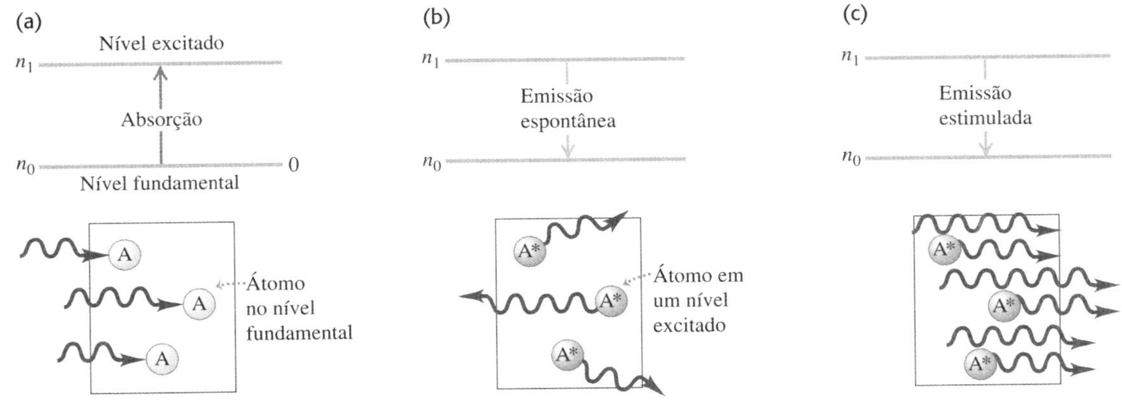

Figura 38.23 Três processos de interação entre um átomo e ondas eletromagnéticas. Na parte (a), A representa um átomo em seu nível fundamental; na partes (b) e (c), A* representa um átomo em um nível excitado.

em qualquer temperatura razoável, não existe um número de átomos nos estados excitados suficiente para que ocorra uma emissão estimulada. Nessa situação, a absorção é muito mais provável.

Aumentando a emissão estimulada: inversões de população

Poderíamos tentar aumentar o número de átomos nos estados excitados submetendo o gás do recipiente a um feixe de radiação com freqüência $f = E/h$ com energia correspondente à diferença de energia $E = E_{ex} - E_g$. Alguns átomos absorvem fótons com energia E e são elevados para estados excitados, e a população n_{ex}/n_g aumenta momentaneamente. Contudo, como n_g era inicialmente muito maior do que n_{ex}, seria necessário usar um feixe de luz com intensidade extremamente elevada para fazer a densidade n_{ex} aumentar momentaneamente até atingir um valor comparável a n_g. A taxa com a qual a energia é *absorvida* do feixe pelos n_g átomos no estado fundamental compensaria com larga margem a taxa com a qual a energia é adicionada ao feixe pela emissão estimulada pelos raros (n_{ex}) átomos excitados.

Precisamos criar uma situação de não-equilíbrio, na qual o número de átomos no estado de energia com nível mais elevado seja maior do que o número de átomos no estado de energia mais baixo. Essa situação é chamada de **inversão da população**. Então a taxa de energia irradiada por emissão estimulada pode *superar* a taxa de energia absorvida e o sistema passa a funcionar como uma *fonte* que irradia fótons com energia E. Além disso, como os fótons são produzidos pela emissão estimulada, todos possuem a mesma freqüência, fase, polarização e direção de propagação. Em conseqüência, a radiação resultante é muito mais coerente do que a radiação de uma fonte natural, na qual as emissões dos átomos individuais ocorre de forma não-organizada. Essa emissão coerente é exatamente o que ocorre em um laser.

A necessária inversão da população pode ser feita de diversos modos. Um exemplo mais comum é o laser de hélio-neônio, um laser barato, disponível em muitos laboratórios de ensino de graduação. Uma mistura de átomos de hélio e de neônio, geralmente com pressões da ordem de 10^2 Pa (10^{-3} atm), está contida em um recipiente de vidro que dispõe de dois eletrodos. Quando se aplica uma voltagem suficientemente elevada, ocorre uma descarga elétrica. As colisões entre átomos ionizados e elétrons da corrente da descarga excitam átomos para diversos estados de energia.

A Figura 38.24 mostra um diagrama de níveis de energia para o sistema. Os dísticos que assinalam os diversos níveis de energia, tais como $1s$, $3p$ e $5s$, se referem aos estados dos elétrons nos diversos níveis. (Iremos discutir essa notação no Capítulo 41; não precisamos do conhecimento detalhado da natureza dos estados para entender como funciona um laser.) Por causa da restrição imposta pela conservação do momento angular, um átomo de hélio com um elétron excitado para um estado $2s$ não pode voltar para o estado fundamental ($1s$) emitindo um fóton de 20,61 eV, como era de se esperar. Tal estado, no qual a emissão de um fóton individual é impossível, tem uma vida média muito longa e denomina-se **estado metaestável**. Os átomos de hélio ficam 'empilhados' nos estados metaestáveis $2s$, criando uma inversão da população em relação aos estados fundamentais.

Contudo, os átomos de hélio excitados *podem* perder energia nas colisões com átomos de neônio que estavam inicialmente no estado fundamental. Um átomo de hélio, excitado a um estado $2s$ 20,61 eV acima do estado fundamental e com uma pequena energia cinética, pode colidir com um átomo de neônio no estado fundamental, excitando o átomo de *neônio* até o estado excitado $5s$ a 20,66 eV, fazendo o átomo de *hélio* retornar ao estado fundamental. Portanto, criamos um mecanismo necessário para a inversão da população no neônio, obtendo mais átomos de neônio no estado $5s$ do que no estado $3p$.

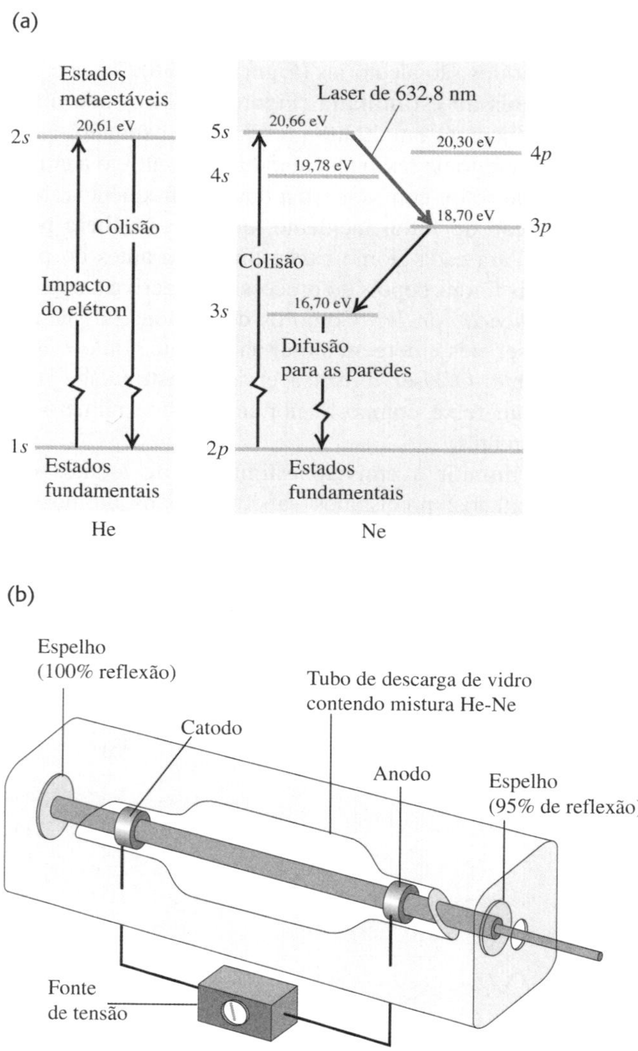

Figura 38.24 (a) Diagrama dos níveis de energia para o laser de hélio-neônio. (b) Operação de um laser de hélio-neônio. A luz emitida pelos elétrons que retornam aos estados de energia inferiores é refletida entre dois espelhos, de modo que ela continua a estimular a emissão de mais luz coerente. Um dos espelhos transmite parcialmente a luz e permite que um feixe com intensidade elevada saia da cavidade do laser.

As emissões estimuladas durante transições do estado 5*s* para o estado 3*p* produzirão, portanto, a emissão de luz altamente coerente de 632,8 nm, como se pode ver na Figura 38.24a. Na prática, o feixe varre o tubo diversas vezes para a frente e para trás por meio de reflexões sucessivas em dois espelhos paralelos (Figura 38.24b), de modo a estimular a emissão do maior número possível de átomos. Um dos espelhos é parcialmente transparente, de modo que uma parte do feixe emerge como feixe externo. O resultado final de todos esses processos é a produção de um feixe de luz que pode ser muito intenso, é colimado (isto é, possui raios paralelos), é altamente monocromático e é espacialmente *coerente* em todos os pontos da mesma seção reta do feixe.

Cada tipo de laser usa um mecanismo para obter a necessária inversão da população. Em um laser de semicondutor, a inversão da população é obtida por meio da condução de elétrons e buracos adequadamente em uma junção $p - n$ (que será estudada na Seção 42.7) mediante a ação de um campo elétrico estacionário. Em certo tipo de laser *químico*, uma reação química forma moléculas em estados excitados metaestáveis. Em um laser dinâmico de dióxido de carbono gasoso, a inversão da população ocorre em virtude de uma rápida expansão do gás. Existe até um laser de raios X no qual a inversão da população é causada por pequenas explosões nucleares. O *maser*, palavra derivada das iniciais de *microwave amplification by stimulated emission of radiation* ('amplificação de microondas pela emissão estimulada da radiação'), funciona de modo semelhante ao laser, ou seja, no maser há uma inversão da população de moléculas com níveis de energia muito próximos. A radiação emitida correspondente ocorre na região das microondas. Verificou-se que existe um maser natural na emissão de microondas por moléculas nas nuvens interestelares.

Atualmente, o laser é importante em inúmeras aplicações práticas. Um laser com intensidade muito grande pode atuar como uma broca, servindo, por exemplo, para perfurar um pequeno buraco em um diamante que será empregado como molde na fabricação de fios com diâmetros muito pequenos. Os agrimensores geralmente usam um laser quando necessitam de medidas altamente precisas, como, por exemplo, para perfurar um longo túnel em linha reta a partir de suas extremidades. Como um feixe de laser é colimado, ele pode se deslocar através de longas distâncias continuando quase paralelo, sem espalhamento apreciável.

O laser tem sido amplamente usado na medicina. Um laser com um feixe fino intenso pode ser empregado para tratar um descolamento de retina; um pequeno pulso de radiação danifica uma área restrita da retina e o tecido marcado "solda" a retina na membrana da qual ela havia se descolado (ver Figura 33.2). O laser é usado em intervenções cirúrgicas: vasos sanguíneos cortados por um feixe de laser tendem a se fechar, tornando mais fácil o controle do sangramento dos vasos. O laser também serve para fazer uma destruição seletiva de tecidos, como no caso da remoção de tumores.

Teste sua compreensão da Seção 38.6 Um anúncio comum de neônio emite luz vermelha com o mesmo comprimento de onda de 632,8 nm, como um laser de hélio-neônio. A luz emitida por um anúncio de neônio é (i) uma emissão espontânea; (ii) uma emissão estimulada; (iii) uma emissão espontânea e estimulada. ∎

38.7 Espalhamento e produção de raios X

A produção e o espalhamento de raios X fornecem exemplos adicionais sobre a natureza quântica das ondas eletromagnéticas. Os raios X são produzidos quando elétrons com velocidades elevadas são acelerados por potenciais da ordem de 10^3 V a 10^6 V colidem com um alvo metálico. Eles foram produzidos pela primeira vez em 1895, por Wilhelm Röntgen (1845-1923), que empregou um aparelho semelhante ao dispositivo indicado na Figura 38.25. Elétrons são 'evaporados' do catodo quente pela emissão termoiônica e são acelerados no sentido do anodo (o alvo) por uma grande diferença de potencial V_{AC}. No bulbo é criado vácuo (pressão residual menor ou igual a 10^{-7} atm), de modo que os elétrons possam se deslocar do catodo até o anodo sem colidir com as moléculas do ar. Quando V_{AC} for maior do que alguns milhares de volts, uma radiação extremamente penetrante será emitida da superfície do anodo.

Fótons de raios X

Sendo emitidos por cargas aceleradas, fica claro que os raios X são ondas eletromagnéticas. Como a luz, os raios X obedecem às relações da mecânica quântica em suas interações com a matéria. Portanto, podemos falar de fótons de raios X ou quanta, e a energia dos fótons dos raios X é relacionada às respectivas freqüências e a comprimentos de onda da mesma maneira que os fótons da luz: $E = hf = hc/\lambda$. Os comprimentos de onda típicos de raios X estão na região entre 0,001 nm até 1 nm (10^{-12} m até 10^{-9} m). Os comprimentos de onda dos raios X podem ser medidos por técnicas de difração de raios X, que foram estudadas na Seção 36.6.

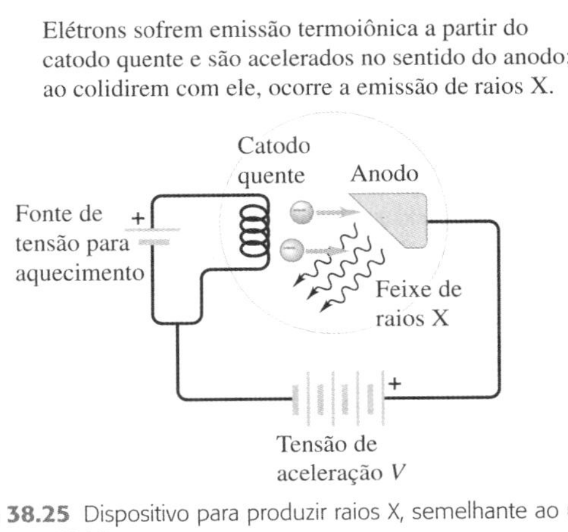

Figura 38.25 Dispositivo para produzir raios X, semelhante ao usado por Röntgen em 1895.

A emissão de raios X é um fenômeno inverso à emissão que ocorre no efeito fotoelétrico. Na emissão fotoelétrica há transformação da energia de um fóton na energia cinética de um elétron; na produção dos raios X ocorre a transformação da energia cinética de um elétron na energia de um fóton. As relações de energia são semelhantes. Na produção dos raios X geralmente desprezamos a função trabalho do alvo e a energia cinética do elétron 'evaporado' do catodo porque essas grandezas são pequenas em comparação com as outras energias.

Dois processos distintos estão envolvidos na emissão de raios X. No primeiro, alguns elétrons são freados ou param pela ação do alvo e uma parte ou a totalidade da energia cinética do elétron é convertida diretamente em um espectro contínuo de fótons, inclusive os raios X. Esse processo é chamado de *bremsstrahlung* (palavra alemã que significa 'freio da radiação'). A física clássica é totalmente incapaz de explicar por que na emissão de raios X no processo de *bremsstrahlung* existe uma freqüência máxima $f_{\text{máx}}$ e um correspondente comprimento de onda $\lambda_{\text{mín}}$ mínimo, e muito menos pode prever esses valores. Mas com a mecânica quântica é fácil. Um elétron possui carga $-e$ e ganha uma energia cinética eV_{AC} quando acelerado através de uma diferença de potencial V_{AC}. O fóton mais energético (maior freqüência e menor comprimento de onda) é produzido quando toda a energia cinética do elétron é usada para produzir um fóton, ou seja,

$$eV_{AC} = hf_{\text{máx}} = \frac{hc}{\lambda_{\text{min}}} \qquad (38.22)$$

(limites do *bremsstrahlung*)

Note que a freqüência máxima e o comprimento de onda mínimo no processo de *bremsstrahlung* não dependem do material do alvo.

O segundo processo fornece picos no espectro de raios X para freqüências características e comprimentos de onda que *dependem* do material do alvo. Outros elétrons, caso possuam energia cinética suficiente, podem transferir energia cinética, total ou parcialmente, para átomos individuais no interior do alvo. Esses átomos são promovidos para níveis excitados; ao retornarem para seus níveis fundamentais, eles emitem fótons. Como o átomo de cada elemento possui um único conjunto de níveis de energia, cada um deles produzirá um espectro característico de raios X. Os níveis de energia associados aos raios X são bastante diferentes em caráter daqueles associados ao espectro da luz. Eles envolvem níveis vazios nas configurações eletrônicas internas de átomos complexos. As diferenças de energia entre esses níveis podem ser de centenas ou milhares de elétrons-volt, em vez de alguns elétrons-volt típicos dos espectros óticos. Na Seção 41.5 voltaremos a discutir a questão dos níveis de energia e dos espectros associados aos raios X.

Exemplo 38.7

PRODUZINDO RAIOS X Elétrons em um tubo de raios X são acelerados por uma diferença de potencial de 10,0 kV. Sabendo que um elétron produz um fóton na colisão com o alvo, qual é o comprimento de onda mínimo dos raios X produzidos? Responda usando unidades do SI e elétrons-volt.

SOLUÇÃO

IDENTIFICAR: para produzir um fóton de raios X com um comprimento de onda mínimo e, portanto, energia máxima, toda a energia cinética de um elétron precisa ir para a produção de um único fóton de raios X.

PREPARAR: usamos a Equação (38.22) para calcular o comprimento de onda nessa situação.

EXECUTAR: de acordo com a Equação (38.22) e em unidades do SI, obtemos

$$\lambda_{\text{min}} = \frac{hc}{eV_{AC}} = \frac{(6{,}626 \times 10^{-34}\ \text{J}\cdot\text{s})(3{,}0 \times 10^{8}\ \text{m/s})}{(1{,}602 \times 10^{-19}\ \text{C})(10{,}0 \times 10^{3}\ \text{V})}$$
$$= 1{,}24 \times 10^{-10}\ \text{m} = 0{,}124\ \text{nm}$$

Usando elétrons-volt, encontramos

$$\lambda_{\text{min}} = \frac{hc}{eV_{AC}} = \frac{(4{,}136 \times 10^{-15}\ \text{eV}\cdot\text{s})(3{,}0 \times 10^{8}\ \text{m/s})}{e(10{,}0 \times 10^{3}\ \text{V})}$$
$$= 1{,}24 \times 10^{-10}\ \text{m} = 0{,}124\ \text{nm}$$

Note que o 'e' na unidade eV é cancelado pelo '*e*' do módulo da carga do elétron, porque o elétron-volt (eV) é o módulo da carga do elétron *e* vezes um volt (1 V).

AVALIAR: para verificar nosso resultado, lembre-se do Exemplo 38.6 (Seção 38.5), em que um fóton de energia 10,2 eV tem um comprimento de onda de 122 nm. Neste exemplo, a energia do elétron e, portanto, a energia do fóton dos raios X, é $10{,}0 \times 10^3$ eV = 10,0 keV (cerca de 10^3 vezes maior do que no Exemplo 38.6) e o comprimento de onda é cerca de 10^{-3} vezes maior que no Exemplo 38.6. Isso faz sentido, já que o comprimento de onda e a energia do fóton são inversamente proporcionais.

Espalhamento Compton

Um fenômeno chamado de **espalhamento Compton**, inicialmente explicado em 1923 pelo físico americano Arthur H. Compton, fornece uma confirmação adicional direta da natureza quântica dos raios X. Quando os raios X colidem com a matéria, uma parte da radiação é *espalhada*, do mesmo modo que a luz visível sofre reflexão difusa ao incidir sobre uma superfície rugosa. Compton e outros descobriram que uma parte da radiação espalhada possuía freqüência menor (comprimento de onda maior) do que a radiação incidente e que a diferença de comprimento de onda dependia do ângulo de espalhamento. Especificamente, se a radiação espalhada emerge formando um ângulo ϕ com a direção da radiação incidente (Figura 38.26), sendo λ o comprimento de onda da radiação incidente e λ' o comprimento de onda da radiação espalhada, verificamos que

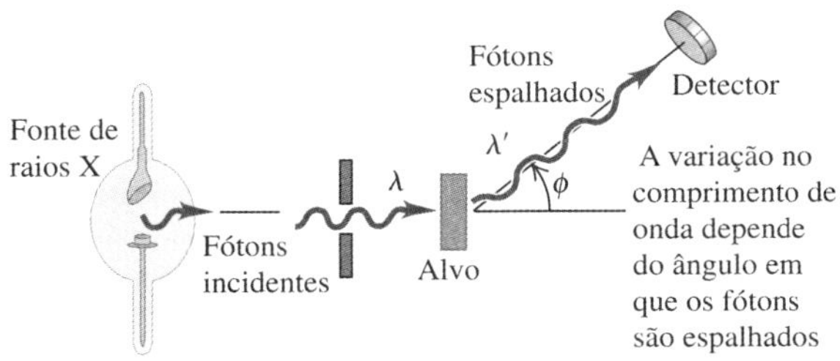

Figura 38.26 Experiência do efeito Compton.

$$\lambda' - \lambda = \frac{h}{mc}(1 - \cos\phi) \quad (38.23)$$

(espalhamento Compton)

em que m é a massa de repouso do elétron. A grandeza h/mc na Equação (38.23) tem dimensão de comprimento. Seu valor numérico é

$$\frac{h}{mc} = \frac{6{,}626 \times 10^{-34}\ \mathrm{J \cdot s}}{(9{,}109 \times 10^{-31}\ \mathrm{kg})(2{,}998 \times 10^{8}\ \mathrm{m/s})} = 2{,}426 \times 10^{-12}\ \mathrm{m}$$

Não podemos explicar o espalhamento Compton com base na teoria eletromagnética clássica, segundo a qual a onda espalhada possui sempre o mesmo comprimento de onda da luz incidente. Entretanto, a teoria quântica fornece uma explicação bastante clara. Imaginamos o processo de espalhamento como uma colisão de duas *partículas*, o fóton incidente e o elétron que estava inicialmente em repouso, como na Figura 38.27a. O fóton incidente desaparece, fornecendo parte de sua energia e de seu momento linear para o elétron, que recua por causa do impacto. A parte restante fica com o novo fóton espalhado, que possui uma energia menor, uma freqüência menor e um comprimento de onda maior do que o fóton incidente (Figura 38.27b).

Podemos deduzir a Equação (38.23) usando o princípio da conservação da energia e a lei da conservação do momento linear. Fazemos um esboço da dedução a seguir. Convidamos você a completar os detalhes da solução (veja o Exercício 38.41). A energia de recuo do elétron pode estar na região relativística, de modo que usaremos as relações relativísticas para a energia e o momento linear, equações (37.39) e (37.40). O fóton incidente possui momento linear $\vec{p}$, com módulo p, e energia pc. O fóton espalhado possui momento linear $\vec{p}'$, com módulo p', e energia $p'c$. O elétron está inicialmente em repouso, de modo que seu momento linear inicial é igual a zero e sua energia inicial é sua energia de repouso mc^2. O momento linear final do elétron $\vec{P}_e$ possui módulo P_e e a energia final do elétron é dada por $E_e^2 = (mc^2)^2 + (P_e c)^2$. Então, o princípio da conservação da energia permite escrever

$$pc + mc^2 = p'c + E_e$$

Rearranjando, encontramos

$$(pc - p'c + mc^2)^2 = E_e^2 = (mc^2)^2 + (P_e c)^2 \quad (38.24)$$

Podemos eliminar o módulo do momento linear $\vec{P}_e$ do elétron da Equação (38.24) usando a lei da conservação do momento linear (Figura 38.27c):

$$\vec{p} = \vec{p}' + \vec{P}_e \quad \text{ou} \quad \vec{P}_e = \vec{p} - \vec{p}' \quad (38.25)$$

Fazendo o produto escalar de cada membro da Equação (38.25) pelo próprio vetor de cada membro ou então usando a regra da soma vetorial no diagrama da Figura 38.27c, obtemos

$$P_e^2 = p^2 + p'^2 - 2pp'\cos\phi \quad (38.26)$$

Agora, substituímos a expressão de P_e^2 na Equação (38.24) e desenvolvemos o quadrado do lado esquerdo. Colocando em evidência o fator comum c^2, diversos termos se cancelam e, quando a relação resultante é dividida por (pp'), encontramos

$$\frac{mc}{p'} - \frac{mc}{p} = 1 - \cos\phi \quad (38.27)$$

Finalmente, substituindo $p' = h/\lambda'$, $p = h/\lambda$ e, a seguir, multiplicando por h/mc, obtemos a Equação (38.23).

Quando os comprimentos de onda dos raios X espalhados em um certo ângulo são medidos, a curva da intensidade por unidade de comprimento de onda em função do comprimento de onda apresenta dois picos (Figura 38.28). O pico do comprimento de onda mais elevado corresponde ao espa-

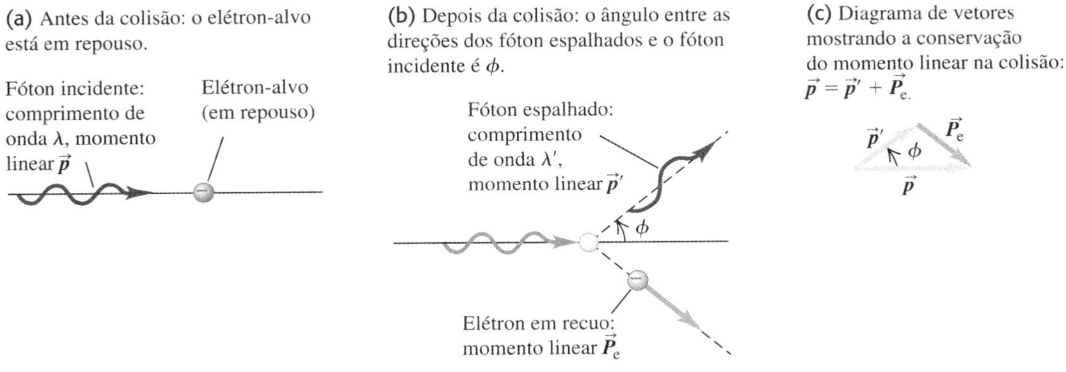

Figura 38.27 Diagrama esquemático do espalhamento Compton.

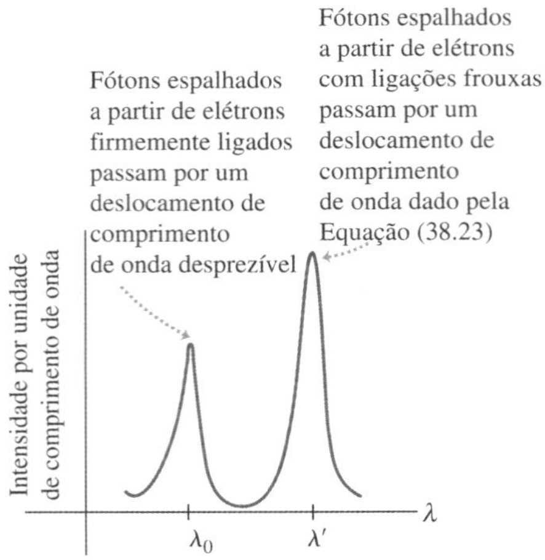

Figura 38.28 Intensidade por unidade de comprimento de onda em função do comprimento de onda para fótons espalhados em um ângulo de 135° no efeito Compton.

lhamento Compton. O comprimento de onda mais curto, designado por λ_0, coincide com o comprimento de onda do raio X incidente e corresponde a um raio X espalhado de elétrons fortemente ligados. Nesse tipo de processo de espalhamento, todo o átomo deve recuar, de modo que *m* na Equação (38.23) deve ser a massa do átomo todo e não apenas a massa de um único elétron. As correções dos deslocamentos do comprimento de onda resultante são desprezíveis.

Exemplo 38.8

ESPALHAMENTO COMPTON Você usa os fótons dos raios X do Exemplo 38.7 (com $\lambda = 0{,}124$ nm) para uma experiência de espalhamento Compton. a) Em que ângulo o comprimento de onda do raio X espalhado é 1% maior do que o comprimento de onda do raio X incidente? b) E em que ângulo ele é 0,050% maior?

SOLUÇÃO

IDENTIFICAR: este problema utiliza a relação entre ângulo de espalhamento e deslocamento de comprimento de onda no efeito Compton.

PREPARAR: em cada um dos casos, nossa incógnita é o ângulo mostrado na Figura 38.27b. Nós o resolvemos por meio da Equação (38.23).

EXECUTAR: a) na Equação (38.23) desejamos que $\Delta\lambda = \lambda' - \lambda$ seja igual a 1% de 0,124 nm, isto é, $\Delta\lambda = 0{,}00124 \text{ nm} = 1{,}24 \times 10^{-12}$ m. Usando o valor $h/mc = 2{,}426 \times 10^{-12}$ m, obtemos

$$\Delta\lambda = \frac{h}{mc}(1 - \cos\phi)$$

$$\cos\phi = 1 - \frac{\Delta\lambda}{h/mc} = 1 - \frac{1{,}24 \times 10^{-12}\text{ m}}{2{,}426 \times 10^{-12}\text{ m}} = 0{,}4889$$

$$\phi = 60{,}7°$$

b) Para que λ seja 0,050% de 0,124 nm, isto é, 6,2 × 10,14 m,

$$\cos\phi = 1 - \frac{6{,}2 \times 10^{-14}\text{ m}}{2{,}426 \times 10^{-12}\text{ m}} = 0{,}9744$$

$$\phi = 13{,}0°$$

AVALIAR: comparando nossos resultados nas partes (a) e (b), vemos que ângulos menores fornecem menores deslocamentos de comprimento de onda. Portanto, em uma colisão com ângulos rasantes, a perda de energia do fóton e a energia de recuo do elétron são menores do que no caso de ângulos de espalhamento maiores. Isso é exatamente o que esperaríamos de uma colisão elástica, quer seja entre um fóton e um elétron, quer entre duas bolas de bilhar.

Aplicações de raios X

Os raios X encontram muitas aplicações práticas na medicina e na indústria. Por serem capazes de penetrar muitos centímetros em um sólido, eles podem ser usados para pesquisar o interior de materiais opacos para a luz, tais como ossos quebrados ou defeitos em estruturas de aço. O objeto a ser examinado é colocado entre uma fonte de raios X e uma grande placa fotográfica — o enegrecimento do filme é proporcional à radiação incidente. Uma falha ou uma bolha de ar permite a passagem de maior quantidade da radiação e indica uma área escura. Os ossos devem aparecer mais claros do que os tecidos de suas vizinhanças porque eles contêm uma grande proporção de elementos com pesos atômicos elevados (e maior absorção); nos tecidos macios predominam os elementos leves carbono, hidrogênio e oxigênio.

Uma técnica amplamente empregada e bastante aperfeiçoada de raios X é a *tomografia computadorizada*; a sigla CT serve para indicar o instrumento correspondente que faz a varredura com raios X. A fonte de raios X produz um feixe fino em forma de leque que é detectado do lado oposto ao objeto por uma rede de diversos detectores alinhados. Cada detector mede a absorção ao longo de uma linha reta através do objeto. O aparelho inteiro gira em torno do objeto no plano do feixe durante alguns segundos. As variações das taxas de contagens dos detectores são registradas digitalmente; um computador processa esses dados e reconstrói a imagem da absorção sobre uma seção reta completa do objeto (Figura 38.29). Diferenças diminutas, da ordem de 1%, podem ser detectadas com as varreduras de um scanner CT, revelando tumores e outras anomalias muito pequenas que não são passíveis de serem observadas com as técnicas antigas de raios X.

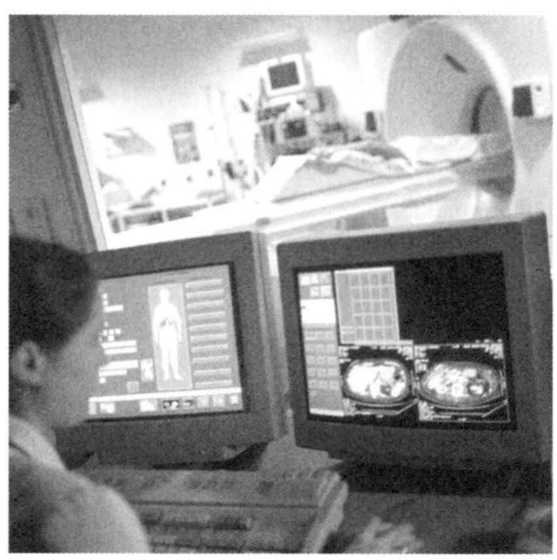

Figura 38.29 Esta radiologista está operando um scanner CT (visto pela janela) em uma sala isolada contígua para evitar a exposição contínua a raios X.

Os raios X produzem danos aos tecidos de seres vivos. Quando os fótons dos raios X são absorvidos nos tecidos, suas energias quebram ligações moleculares e criam radicais livres altamente reativos (tais como H e OH neutros) que, por sua vez, podem perturbar a estrutura molecular das proteínas e especialmente o material genético. Células jovens e que crescem rapidamente são particularmente suscetíveis; portanto, os raios X podem ser usados para a destruição seletiva de células cancerosas. Por outro lado, uma célula sadia pode sofrer danos pela radiação e ainda assim sobreviver, continuando a se dividir e produzindo células defeituosas; dessa forma, os raios X podem *produzir* câncer.

Mesmo quando o próprio organismo não mostra nenhum dano aparente, uma exposição excessiva a essa radiação produz alterações no sistema reprodutor do organismo que podem afetar a fertilidade. O uso dos raios X para diagnóstico médico tem sido objeto de calorosos debates durante muitos anos; uma clara avaliação dos riscos e benefícios da exposição à radiação é essencial em cada caso individual.

Teste sua compreensão da Seção 38.7 Se você usasse fótons de luz visível na experiência mostrada na Figura 38.26, os fótons sofreriam um deslocamento de comprimento de onda no espalhamento? Em caso positivo, o olho humano é capaz de detectar o deslocamento? ❚

38.8 Espectro contínuo

Os espectros de linhas são obtidos pela emissão de luz da matéria no estado gasoso, no qual os átomos estão tão afastados entre si que podemos desprezar a interação entre eles, e cada átomo se comporta como um sistema isolado. A matéria quente no estado condensado (no estado sólido ou líquido) emite luz cujo espectro é uma distribuição *contínua* de comprimentos de onda em vez de um espectro de linhas. Uma superfície ideal que absorve todos os comprimentos de onda da radiação eletromagnética que incide sobre ela também é o melhor emissor de ondas eletromagnéticas para qualquer freqüência. Essa superfície ideal é chamada de *corpo negro*, e a radiação eletromagnética com espectro contínuo emitida por ela denomina-se **radiação do corpo negro**. No início do século XX, essa radiação foi estudada exaustivamente e suas características foram determinadas.

Em primeiro lugar, verificamos que a intensidade total I (a média temporal da taxa de variação da energia por unidade de área da superfície ou potência por unidade de área) emitida pela superfície de um corpo negro ideal é proporcional à quarta potência da temperatura absoluta (Figura 38.30). Já vimos essa relação na Seção 17.7, no volume 2, durante nosso estudo sobre mecanismos de transferência de calor. Essa intensidade total I emitida a uma temperatura absoluta T é dada pela **lei de Stefan-Boltzmann**:

$$I = \sigma T^4 \qquad (38.28)$$

(lei de Stefan-Boltzmann para um corpo negro)

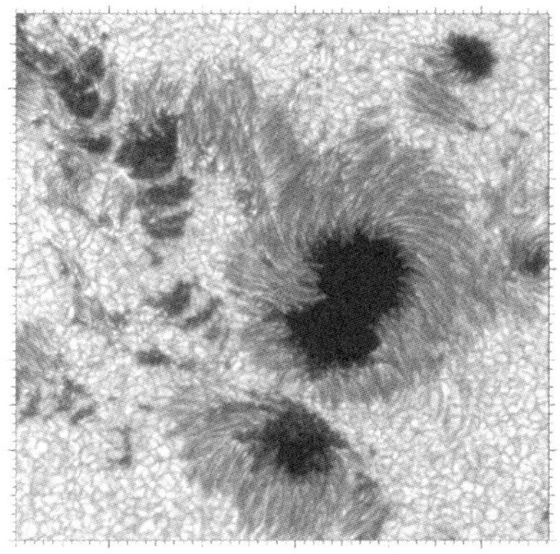

Figura 38.30 Esta foto da superfície solar mostra duas manchas solares negras. A temperatura dessas manchas é da ordem de 4000 K, enquanto o material solar em suas vizinhanças está a uma temperatura $T = 5800$ K. De acordo com a lei de Stefan-Boltzmann, a intensidade em uma dada área da mancha é somente $(4000 \text{ K}/5800 \text{ K})^4 = 0{,}23$ vezes maior do que a intensidade da mesma área do material das vizinhanças — é por essa razão que as manchas solares parecem negras.

em que σ é uma constante física fundamental chamada de *constante de Stefan-Boltzmann*. Em unidades do sistema SI,

$$\sigma = 5{,}670400(40) \times 10^{-8} \frac{\text{W}}{\text{m}^2 \cdot \text{K}^4}$$

Em segundo lugar, verificamos que a intensidade não é distribuída uniformemente ao longo de todos os comprimentos de onda. Sua distribuição pode ser medida e descrita por uma intensidade por intervalo de comprimento de onda $I(\lambda)$, chamada de *emitância espectral*. Logo, $I(\lambda)\,d\lambda$ corresponde a intensidades compreendidas no intervalo entre λ e $\lambda + d\lambda$. A intensidade *total* I, dada pela Equação (38.28), é a *integral* da função distribuição $I(\lambda)$ sobre todos os comprimentos de onda, que é igual à área sob a curva de $I(\lambda)$ por λ:

$$I = \int_0^\infty I(\lambda)\,d\lambda \qquad (38.29)$$

ATENÇÃO Emitância espectral x Intensidade Embora o símbolo $I(\lambda)$ seja usado para a emitância espectral, lembre-se de que a emitância espectral *não* é a mesma coisa que a intensidade I. A intensidade é a potência por unidade de área, com unidades W/m^2; a emitância espectral é a potência por unidade de área por unidade de intervalo de comprimento de onda, com unidades W/m^3.

Na Figura 38.31, você pode ver medidas de emitância espectral $I(\lambda)$ em três temperaturas diferentes. Cada uma delas possui um comprimento de onda de pico λ_m, no qual a intensidade por intervalo de comprimento de onda atinge um valor máximo. As experiências mostram que λ_m é inversamente proporcional a T, de modo que o produto dessas grandezas permanece constante. Esse resultado é chamado de **lei do deslocamento de Wien**. O valor experimental dessa constante é $2{,}9 \times 10^{-3}$ m · K:

$$\lambda_m T = 2{,}9 \times 10^{-3}\ \text{m}\cdot\text{K} \qquad (38.30)$$

(lei do deslocamento de Wien)

À medida que a temperatura aumenta, o pico de $I(\lambda)$ se torna cada vez mais elevado e se desloca para comprimentos de onda menores. Um corpo que emite luz amarela está mais quente e brilha mais do que um corpo que emite luz vermelha — a luz amarela possui comprimento de onda menor do que a luz vermelha. Finalmente, as experiências mostram que a *forma* da função distribuição é a mesma para todas as temperaturas; o gráfico para uma dada temperatura pode ser usado para obter as curvas para outras temperaturas simplesmente alterando-se as escalas dos gráficos.

Rayleigh e a "catástrofe ultravioleta"

Durante a última década do século XIX, foram realizadas muitas tentativas de *deduzir* essas relações empíricas a partir de princípios básicos. Em uma dessas tentativas, o físico inglês Lord Rayleigh estudou a luz encerrada em uma caixa retangular com paredes perfeitamente refletoras. Tal caixa possui uma série de *modos normais* para as ondas eletromagnéticas, conforme discutido na Seção 32.5, no volume 3. Parecia razoável supor que a distribuição de energia entre os diferentes modos pudesse ser calculada pelo princípio da eqüipartição da energia (Seção 18.4, no volume 2), o qual foi aplicado com êxito para o estudo da capacidade calorífica. Um pequeno furo na caixa poderia se comportar como um corpo negro ideal.

Incluindo as energias do campo magnético e do campo elétrico, Rayleigh supôs que a energia total de cada modo normal deveria ser igual a kT. A seguir, comparando o *número* de modos normais correspondente a um intervalo de comprimentos de onda $d\lambda$, Rayleigh pôde fazer a previsão da distribuição de comprimentos de onda da radiação no interior da caixa. Finalmente, ele calculou a distribuição de intensidades $I(\lambda)$ da radiação emitida por um pequeno buraco na caixa e obteve o seguinte resultado, bastante simples:

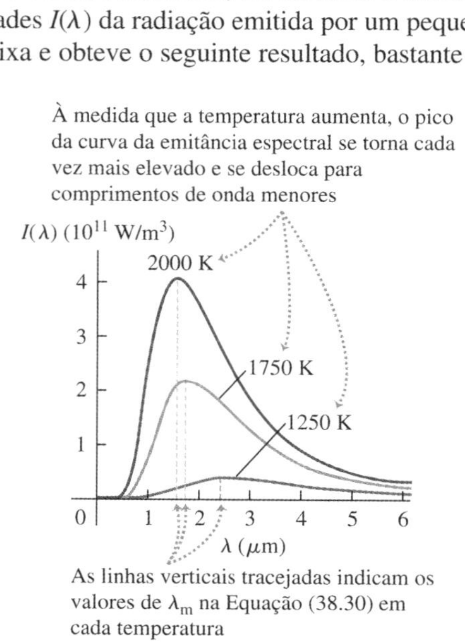

Figura 38.31 Emitância espectral $I(\lambda)$ da radiação de um corpo negro em três temperaturas diferentes.

$$I(\lambda) = \frac{2\pi ckT}{\lambda^4} \qquad (38.31)$$

Em comprimentos de onda muito elevados, a fórmula anterior concorda muito bem com os resultados experimentais indicados na Figura 38.31. Entretanto, esses resultados não concordam de forma alguma com a previsão da fórmula para comprimentos de onda pequenos. A curva experimental tende a zero quando λ torna-se cada vez menor, porém a fórmula de Rayleigh indica um comportamento oposto, tendendo ao infinito para valores pequenos de λ por causa da fração $1/\lambda^4$; esse resultado passou a ser chamado de "catástrofe ultravioleta" na época de Rayleigh. Um resultado ainda pior é que a integral da Equação (38.31) tomada sobre todos os valores de λ é infinita, indicando que a intensidade *total* irradiada é infinitamente grande. Claramente, existe algum erro.

Planck e a hipótese do quantum

Finalmente, em 1900, Planck desenvolveu uma fórmula, hoje chamada de **lei da radiação de Planck**, cujos resultados são bastante compatíveis com as curvas experimentais da distribuição de intensidades. Em sua dedução, ele usou uma fórmula que na época parecia ser uma hipótese descabida. Planck supôs que os osciladores eletromagnéticos (elétrons) nas paredes da caixa de Rayleigh, vibrando com uma freqüência f, poderiam possuir somente certos valores da energia iguais a nhf, em quee $n = 0, 1, 2, 3...$ e h era uma constante que hoje recebe o nome de Planck. Esses osciladores estavam em equilíbrio com as ondas eletromagnéticas no interior da caixa. Sua hipótese imaginava níveis de energia quantizados e batia de frente com o ponto de vista de Rayleigh, segundo o qual cada modo normal poderia assumir qualquer quantidade de energia.

Planck não tinha muita certeza sobre sua *hipótese de quantização*; ele imaginava que ela fosse apenas um artifício de cálculo, e não uma hipótese fundamental. Em uma carta a um amigo, Planck disse que ela era apenas 'um ato de desespero' ao qual ele foi forçado porque 'uma explicação teórica deveria ser encontrada a qualquer preço'. Porém, cinco anos mais tarde, Einstein identificou a energia hf entre níveis de energia como sendo a energia de um fóton para explicar o efeito fotoelétrico (Seção 38.2) e outras evidências surgiram rapidamente. Por volta de 1915 existiam poucas dúvidas acerca da validade do conceito quântico e da existência de fótons. Ao discutirmos os espectros de linhas *antes* dos espectros contínuos, invertemos a ordem histórica dos fatos. A invenção do conceito de quantização da energia é atribuída a Planck, embora ele não tivesse acreditado em sua descoberta a princípio.

Não forneceremos detalhes da dedução feita por Planck da distribuição de intensidades. Apresentamos apenas o resultado:

$$I(\lambda) = \frac{2\pi hc^2}{\lambda^5(e^{hc/\lambda kT} - 1)} \qquad (38.32)$$

(lei da radiação de Planck)

em que h é a constante de Planck, c é a velocidade da luz, k é a constante de Boltzmann, T é a temperatura *absoluta* e λ é o comprimento de onda. Verificou-se que essa função concorda com as curvas de intensidade obtidas experimentalmente, como, por exemplo, aquelas indicadas na Figura 38.31.

A lei da radiação de Planck também permite se chegar à lei do deslocamento de Wien e à lei de Stefan-Boltzmann como conseqüências. Para deduzir a lei do deslocamento de Wien, derivamos a Equação (38.32) e igualamos o resultado a zero para obter o valor de λ para o qual $I(\lambda)$ é máximo. Deixamos os detalhes como um problema (veja o Exercício 38.47). O resultado é

$$\lambda_m = \frac{hc}{4{,}965kT} \qquad (38.33)$$

Para obter o resultado anterior, devemos resolver a equação

$$5 - x = 5e^{-x} \qquad (38.34)$$

A raiz da equação anterior, obtida pelo método das tentativas, é igual a 4,965 com quatro algarismos significativos. Convidamos você a calcular o valor da constante $hc/4{,}965k$ e mostrar que ela concorda com o valor experimental $2{,}9 \times 10^{-3}$ m · K fornecido pela Equação (38.30).

Podemos chegar à lei de Stefan-Boltzmann para um corpo negro integrando a Equação (38.32) sobre todos os valores de λ para determinar a intensidade *total* irradiada (veja o Problema 38.77). Essa integral não é simples; o resultado é

$$I = \int_0^\infty I(\lambda)\, d\lambda = \frac{2\pi^5k^4}{15c^2h^3}T^4 = \sigma T^4 \qquad (38.35)$$

concordando com a Equação (38.28). O resultado anterior também mostra que a constante σ daquela lei pode ser expressa como uma combinação de outras constantes fundamentais:

$$\sigma = \frac{2\pi^5k^4}{15c^2h^3} \qquad (38.36)$$

Convidamos você a calcular o valor dessa constante usando os valores de k, c e h, dados no Apêndice F, para mostrar que se obtém o valor da constante de Stefan-Boltzmann $\sigma = 5{,}6705 \times 10^{-8}$ W/m² · K⁴.

A forma geral da Equação (38.33) é a que deveríamos esperar pela teoria cinética, considerando a energia típica dos fótons da ordem de kT, conforme o teorema da eqüipartição da energia sugere; então para um fóton típico espera-se que

$$E \approx kT \approx \frac{hc}{\lambda} \quad \text{e} \quad \lambda \approx \frac{hc}{kT} \qquad (38.37)$$

Realmente, um fóton cujo comprimento de onda é dado pela Equação (38.33) possui uma energia $E = 4{,}965kT$.

A lei da radiação de Planck, Equação (38.32), dá a impressão de ser tão diferente da Equação (38.31), a fórmula de Rayleigh que não teve êxito, que poderia parecer improvável que elas concordassem para valores elevados de λ. Contudo, quando o valor λ é elevado, o expoente no denominador da Equação (38.32) é muito pequeno. Podemos então usar a aproximação $e^x \approx 1 + x$ (para $x \ll 1$). Convidamos você a provar que, ao proceder assim, o resultado tende ao indicado na Equação (38.31), mostrando que as duas relações *concordam* no limite para valores elevados de λ. Notamos também que a relação de Rayleigh não contém h. Para comprimentos de onda muito elevados e energias muito pequenas correspondentes dos fótons, os efeitos quânticos tornam-se desprezíveis.

Exemplo 38.9

LUZ DO SOL A temperatura da superfície do Sol é aproximadamente igual a 5800 K. Com boa aproximação podemos considerá-lo um corpo negro. a) Qual é o comprimento de onda λ_m que fornece a intensidade de pico? b) Qual é a potência total irradiada por unidade de área?

SOLUÇÃO

IDENTIFICAR: este problema envolve a lei do deslocamento de Wien (que relaciona a temperatura T de um corpo negro e seu comprimento de onda λ_m na intensidade máxima) e a lei de Stefan-Boltzmann (que relaciona a temperatura do corpo negro e a potência irradiada pela área).

PREPARAR: usamos a Equação (38.30) para determinar λ_m e a Equação (38.28) para calcular I.

EXECUTAR: a) Pela Equação (38.30),

$$\lambda_m = \frac{2{,}9 \times 10^{-3}\ \text{m} \cdot \text{K}}{T} = \frac{2{,}9 \times 10^{-3}\ \text{m} \cdot \text{K}}{5800\ \text{K}}$$
$$= 0{,}5 \times 10^{-6}\ \text{m} = 500\ \text{nm}$$

b) Pela Equação (38.28),

$$I = \sigma T^4 = (5{,}67 \times 10^{-8}\ \text{W/m}^2 \cdot \text{K}^4)(5800\ \text{K})^4$$
$$= 6{,}42 \times 10^7\ \text{W/m}^2 = 64{,}2\ \text{MW/m}^2$$

AVALIAR: o comprimento de onda encontrado na parte (b) está próximo ao do meio do espectro visível. Esse resultado não é surpreendente: nossos olhos evoluíram e se adaptaram para usufruir a intensidade máxima da luz existente na natureza.

O valor imenso de I encontrado na parte (b) indica a intensidade na *superfície* do Sol. Quando a potência irradiada atinge a Terra, a intensidade cai para cerca de 1400 W/m² porque a potência se espalha pela área muito maior de uma esfera cujo raio é a distância entre a Terra e o Sol.

Exemplo 38.10

UMA FATIA DE LUZ SOLAR Calcule a intensidade da luz emitida da superfície do Sol no intervalo entre 600,0 nm e 605,0 nm.

SOLUÇÃO

IDENTIFICAR: este problema trata da potência emitida por um corpo negro ao longo de um intervalo estreito de comprimentos de onda e, assim, envolve a emitância espectral (distribuição das intensidades) $I(\lambda)$.

PREPARAR: para obtermos um resultado exato, devemos integrar a Equação (38.32) entre os limites 600,0 nm e 605,0 nm, encontrando a área sob a curva $I(\lambda)$ entre esses limites. Essa integral não pode ser calculada com base em funções conhecidas, então *aproximamos* a área pelo produto da altura medida no comprimento de onda médio $\lambda = 602{,}5$ nm pela largura do intervalo ($\Delta\lambda = 5{,}0$ nm).

EXECUTAR: para obter a altura da curva $I(\lambda)$ em $\lambda = 602{,}5$ nm $= 6{,}025 \times 10^{-7}$ m, calculamos primeiro $hc/\lambda kT$ para esse valor de λ e para $T = 5800$ K (a temperatura da superfície solar; ver Exemplo 38.9). Depois, substituímos o resultado na Equação (38.32):

$$\frac{hc}{\lambda kT} = \frac{(6{,}626 \times 10^{-34}\ \mathrm{J \cdot s})(2{,}998 \times 10^{8}\ \mathrm{m/s})}{(6{,}025 \times 10^{-7}\ \mathrm{m})(1{,}381 \times 10^{-23}\ \mathrm{J/K})(5800\ \mathrm{K})} = 4{,}116$$

$$I(\lambda) = \frac{2\pi(6{,}626 \times 10^{-34}\ \mathrm{J \cdot s})(2{,}998 \times 10^{8}\ \mathrm{m/s})^2}{(6{,}025 \times 10^{-7}\ \mathrm{m})^5(e^{4{,}116} - 1)} = 7{,}81 \times 10^{13}\ \mathrm{W/m^3}$$

A intensidade no intervalo de 5 nm entre os limites 600,0 nm e 605,0 nm é, portanto, aproximadamente igual a

$$I(\lambda)\Delta\lambda = (7{,}81 \times 10^{13}\ \mathrm{W/m^3})(5{,}0 \times 10^{-9}\ \mathrm{m}) = 3{,}9 \times 10^{5}\ \mathrm{W/m^2} = 0{,}39\ \mathrm{MW/m^2}$$

AVALIAR: vemos por esse resultado e pela parte (b) do Exemplo 38.9 (em que calculamos a potência irradiada por unidade de área em *todos* os comprimentos de onda), que cerca de 0,6% da intensidade luminosa total proveniente do Sol se encontra entre os limites 600,0 nm e 605,0 nm. Se houvéssemos encontrado uma potência irradiada maior nesse intervalo do que no total calculado no Exemplo 38.9, haveria algo de errado em nossos cálculos!

Teste sua compreensão da Seção 38.8 a) Um corpo negro a 2000 K emite raios X? b) E ondas de rádio? ∎

38.9 A dualidade onda-partícula

Vimos aqui muitos exemplos do comportamento da luz e de outras radiações eletromagnéticas. Alguns efeitos, inclusive a interferência e a difração estudadas nos capítulos 35 e 36, demonstraram irrefutavelmente a *natureza* ondulatória da luz. Outros, discutidos no presente capítulo, mostraram com igual clareza que a luz apresenta um comportamento semelhante ao de *partículas*. Em uma primeira análise, concluímos que esses dois comportamentos são diretamente conflitantes. Como pode a luz ser uma onda e uma partícula ao mesmo tempo?

Podemos encontrar a resposta para essa aparente contradição onda-partícula usando o **princípio da complementaridade**, enunciado primeiramente por Bohr em 1928. A descrição ondulatória é complementar à descrição corpuscular. Ou seja, precisamos das duas descrições para completar nosso modelo da natureza, mas nunca precisaremos usar ambas as descrições simultaneamente para descrever uma determinada ocorrência.

Difração e interferência na teoria do fóton

Vamos começar considerando novamente a figura de difração na experiência da fenda simples, analisada nas seções 36.2 e 36.3. Em vez de registrar a imagem da figura de difração em uma placa fotográfica, podemos usar um tubo *fotomultiplicador* que serve, na verdade, para detectar até um único elétron. Usando o dispositivo mostrado na Figura 38.32, colocamos o detector fotomultiplicador em diversas posições em intervalos de tempo iguais, contamos os fótons que chegam a cada posição e fazemos um gráfico da distribuição das intensidades.

Verificamos que, na média, a distribuição dos fótons concorda com nossas previsões da Seção 36.3. Em pontos correspondentes aos máximos da figura de difração contamos muitos fótons; nos mínimos não contamos quase nenhum fóton; e assim por diante. O gráfico das contagens nos diversos pontos fornece a mesma figura de difração prevista na Equação (36.7).

Suponha agora que a intensidade seja reduzida a tal ponto que somente alguns fótons por segundo passam através da fenda. No caso de somente alguns fótons, não podemos esperar que se forme uma figura de difração nítida como a obtida quando existe um número muito grande de fótons. Na verdade, não há como prever o local exato em que um único fóton vai colidir. Para reconciliar a descrição ondulatória com a descrição corpuscular da figura de difração, devemos encarar essa figura como uma distribuição *estatística* que nos informa quantos fótons, na média, atingem diversos locais, ou a *probabilidade* de que um fóton individual atinja cada um dos diversos locais. Mas é impossível prever o local exato onde podemos encontrar um determinado fóton.

Vamos agora fazer uma breve descrição da interpretação quântica da experiência da figura de interferência ótica da *fenda dupla*, que foi estudada na Seção 35.2. Podemos novamente desenhar a figura de interferência usando um detector fotomultiplicador e um contador (Figura 38.33). Mais uma vez imaginamos que a intensidade seja reduzida a somente alguns fótons por segundo. Não podemos prever o local exato em que um único fóton irá colidir; a figura de interferência é uma *distribuição estatística*.

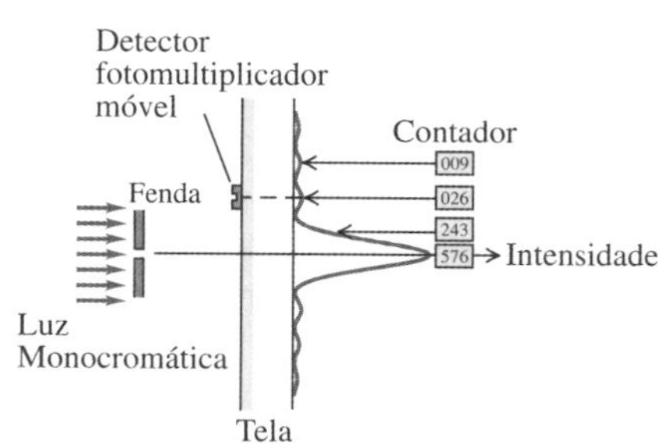

Figura 38.32 Figura de difração na experiência da fenda simples observada com um fotomultiplicador móvel. A curva obtida mostra a distribuição das intensidades prevista pela descrição ondulatória e a distribuição dos fótons é indicada pelo número de fótons contados em cada posição.

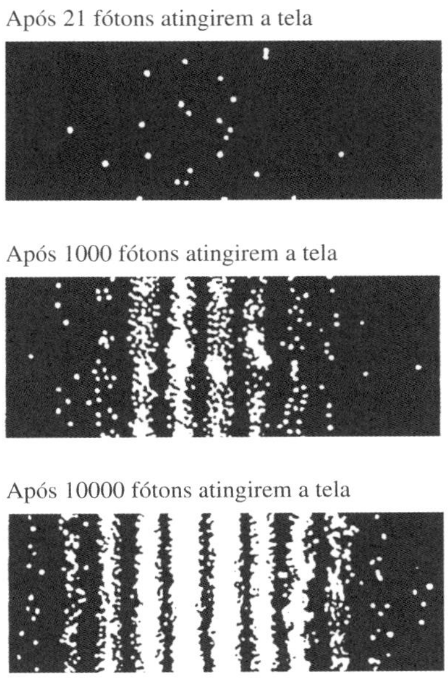

Figura 38.33 Estas imagens registram as posições em que fótons individuais incidem na tela em uma experiência de interferência de fenda dupla. À medida que mais fótons atingem a tela, começamos a reconhecer uma figura de interferência.

Como o princípio da complementaridade se aplica a essas experiências de interferência e de difração? A descrição ondulatória, e não a descrição corpuscular, explica as experiências da fenda simples e da fenda dupla. Porém, a descrição corpuscular, e não a descrição ondulatória, explica como um detector fotomultiplicador pode ser usado para construir a figura de interferência mediante a adição de pacotes discretos de energia. As duas descrições completam nossa compreensão dos resultados.

Nessas experiências, a luz atravessa uma fenda ou mais, e os fótons são detectados em diversas posições ao longo da tela. Suponha que você faça a seguinte pergunta: "Acabamos de detectar um fóton em certa posição; quando o fóton atravessou a fenda, como ele poderia saber qual caminho deveria seguir?". O problema dessa pergunta é que ela é formulada admitindo-se que a luz seja uma *partícula*. É a natureza ondulatória da luz, e não sua natureza corpuscular, que determina a distribuição dos fótons. Fazer essa pergunta é tentar forçar uma descrição corpuscular (o fóton tendo uma trajetória predeterminada) sobre um fenômeno ondulatório (a formação da figura sobre a tela).

Eletrodinâmica quântica

Sabemos das experiências que ondas eletromagnéticas passando através de fendas produzem figuras de interferência e que essas figuras podem ser construídas com fótons individuais. Mas quando não conhecemos os resultados experimentais, como saber se devemos fazer uma descrição ondulatória ou uma descrição corpuscular da luz? Precisamos de uma teoria que abranja ambos os aspectos da luz e que seja capaz de fazer previsões, assim como explicar os dois tipos de comportamento. Essa teoria vem sendo desenvolvida nos últimos 50 anos em uma parte da física chamada *eletrodinâmica quântica* (QED). Nessa teoria, o conceito de níveis de energia de um sistema atômico é estendido para os campos eletromagnéticos. Assim como as energias de um átomo só podem existir formando um conjunto discreto de níveis de energia, um campo eletromagnético também só possui certos conjuntos discretos de energia correspondentes à presença de diversos números de fótons com uma distribuição de energias, momentos lineares e polarizações. A teoria QED floresceu somente 50 anos depois da hipótese quântica de Planck de 1900, que permitiu o nascimento da mecânica quântica.

Nos capítulos seguintes, verificaremos que os elétrons também possuem uma natureza dual onda-partícula. Uma conquista espetacular da mecânica quântica foi conciliar esses dois aspectos aparentemente contraditórios inerentes ao comportamento dos fótons, dos elétrons e de todos os demais constituintes da matéria.

Resumo

Fótons: a radiação eletromagnética se comporta tanto como onda quanto como partícula. A energia de uma onda eletromagnética é transportada em pacotes chamados fótons ou quanta. A energia E de um fóton é proporcional à freqüência f e inversamente proporcional ao comprimento de onda λ, e é proporcional à grandeza universal h, chamada constante de Planck. O momento linear de um fóton apresenta módulo E/c. (Ver Exemplo 38.1.)

$$E = hf = \frac{hc}{\lambda} \tag{38.2}$$

$$p = \frac{E}{c} = \frac{hf}{c} = \frac{h}{\lambda} \tag{38.5}$$

O efeito fotoelétrico: no efeito fotoelétrico, uma superfície pode emitir um elétron absorvendo um fóton cuja energia hf seja maior ou igual ao valor da função trabalho ϕ do material. O potencial de corte V_0 é a voltagem necessária para impedir que uma corrente de elétrons emitidos atinja um anodo. (Ver exemplos 38.2 e 38.3.)

$$eV_0 = hf - \phi \tag{38.4}$$

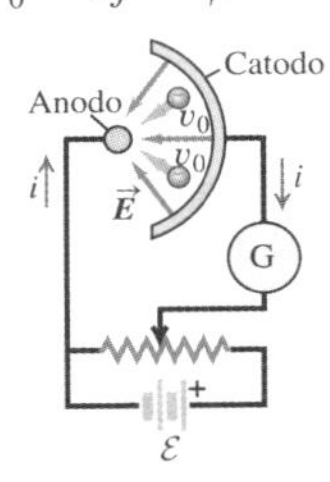

Espectros de linhas e níveis de energia dos átomos: quando um átomo faz uma transição de um nível de energia E_i para um nível de energia mais baixo E_f, a energia do fóton emitido é igual a $E_i - E_f$. Os níveis de energia do átomo de hidrogênio são dados pela Equação (38.9), em que R é a constante de Rydberg. Todas as séries das linhas espectrais do átomo de hidrogênio podem ser explicadas a partir desses níveis de energia. (Ver Exemplo 38.4.)

$$hf = \frac{hc}{\lambda} = E_i - E_f \tag{38.6}$$

$$E_n = -\frac{hcR}{n^2} = -\frac{13{,}6\text{ eV}}{n^2} \quad (n = 1, 2, 3\ldots) \qquad (38.9)$$

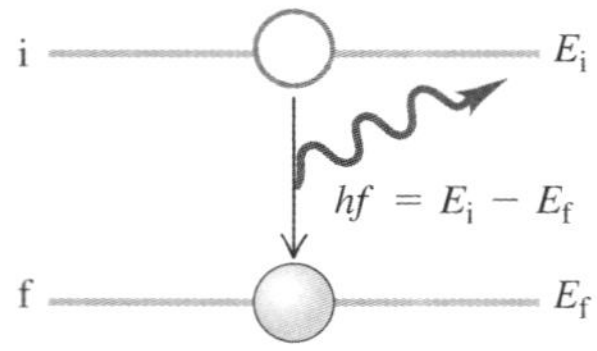

O núcleo do átomo: a experiência de espalhamento realizada por Rutherford mostra que no centro de um átomo existe um núcleo denso, muito menor do que o tamanho global de um átomo, porém contendo a carga positiva total do átomo e quase toda sua massa. (Ver Exemplo 38.5.)

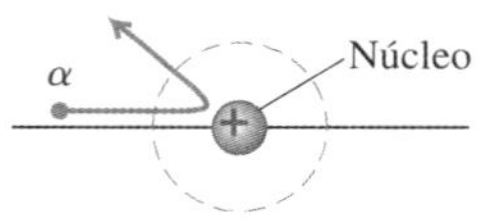

O modelo de Bohr: no modelo de Bohr do átomo de hidrogênio, os valores permitidos para os momentos angulares são múltiplos inteiros de $h/2\pi$. O número inteiro n é chamado de número quântico principal do nível. Os raios orbitais são proporcionais a n^2 e as velocidades orbitais são proporcionais a $1/n$. (Ver Exemplo 38.6.)

$$L_n = mv_n r_n = n\frac{h}{2\pi} \quad n = 1, 2, 3\ldots \qquad (38.10)$$

$$r_n = \epsilon_0 \frac{n^2h^2}{\pi m e^2} = n^2 a_0 = n^2(5{,}29 \times 10^{-11}\text{ m}) \qquad (38.12)$$

$$v_n = \frac{1}{\epsilon_0}\frac{e^2}{2nh} = \frac{2{,}19 \times 10^6\text{ m/s}}{n} \qquad (38.13)$$

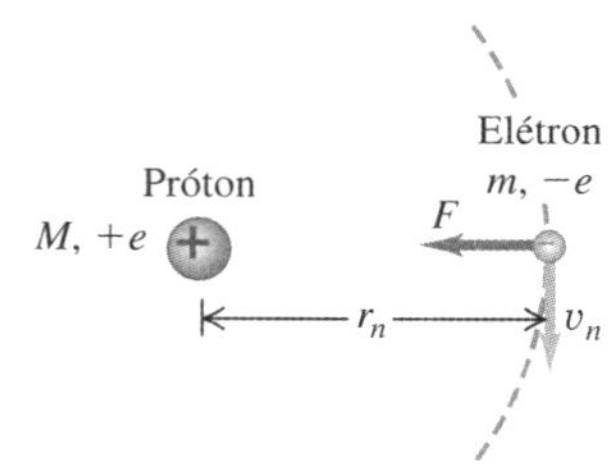

O laser: o laser opera sob o princípio da emissão estimulada, no qual muitos fótons são emitidos com a mesma fase e com o mesmo comprimento de onda. A operação de um laser requer a criação de uma condição de não-equilíbrio chamada de inversão da população, na qual o número de átomos no estado de energia do nível superior é muito maior do que o número de átomos no estado de energia do nível inferior.

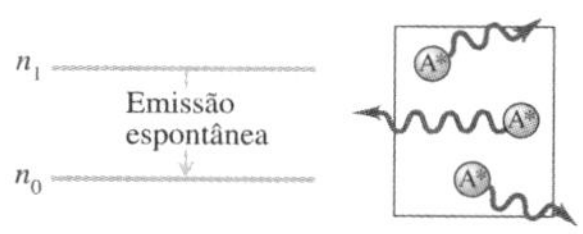

Produção e espalhamento de raios X: os raios X podem ser produzidos pelo impacto dos elétrons sobre um alvo. Se elétrons são acelerados por meio de um aumento de potencial V_{AC}, a freqüência máxima e o comprimento de onda mínimo são dados pela Equação (38.22). (Ver Exemplo 38.7.) No efeito Compton, fótons de raios X são espalhados por elétrons. Para elétrons livres (massa m), os comprimentos de onda λ e λ' do fóton incidente e do fóton espalhado são relacionados ao ângulo de espalhamento ϕ por meio da Equação (38.23). (Ver Exemplo 38.8.)

$$eV_{AC} = hf_{máx} = \frac{hc}{\lambda_{min}} \qquad (38.22)$$

$$\lambda' - \lambda = \frac{h}{mc}(1 - \cos\phi) \qquad (38.23)$$

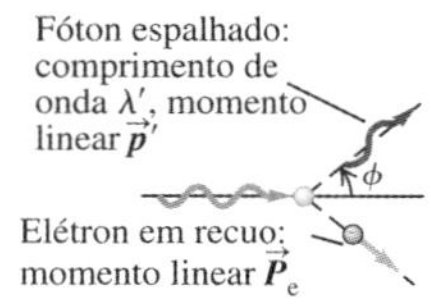

Radiação de um corpo negro: a intensidade total (potência média irradiada por área) irradiada pela superfície de um corpo negro é proporcional à quarta potência da temperatura absoluta T. A grandeza $\sigma = 5{,}67 \times 10^{-8}\text{ W/m}^2 \cdot \text{K}^4$ é chamada de constante de Stefan-Boltzmann. O comprimento de onda λ_m em que um corpo negro irradia mais intensamente é inversamente proporcional a T. A lei da radiação de Planck fornece a emitância espectral $I(\lambda)$ (intensidade por intervalo de comprimento de onda na radiação de um corpo negro). (Ver exemplos 38.9 e 38.10.)

$$I = \sigma T^4 \quad \text{(lei de Stefan-Boltzmann)} \qquad (38.28)$$

$$\lambda_m T = 2{,}90 \times 10^{-3}\text{ m} \cdot \text{K} \quad \text{(lei do deslocamento de Wien)} \qquad (38.30)$$

$$I(\lambda) = \frac{2\pi hc^2}{\lambda^5(e^{hc/\lambda kT} - 1)} \quad \text{(lei da radiação de Planck)} \qquad (38.32)$$

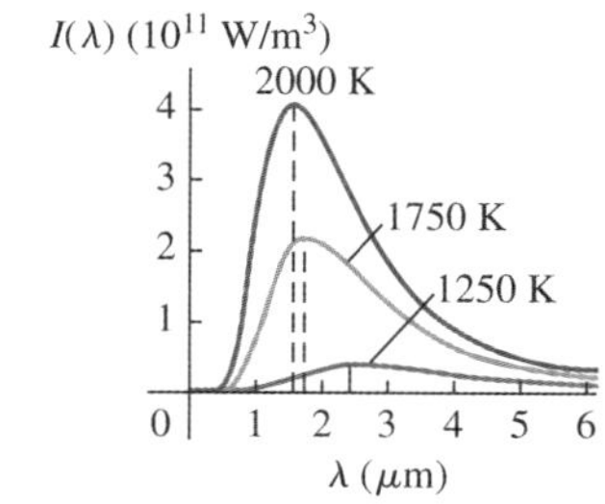

Principais termos

Resposta à Pergunta Inicial do Capítulo

Um fóton de comprimento de onda igual a 656,3 nm (a linha do H na Figura 38.8) é emitido quando o elétron em um átomo de hidrogênio cai do nível de energia $n = 3$ para o nível $n = 2$. O fato de observarmos isso revela que o gás hidrogênio na Nebulosa Laguna está extremamente excitado. (Se o gás não estivesse excitado, todos os átomos estariam no nível inferior de energia e não poderiam emitir fótons.) O gás é excitado por fótons ultravioletas de alta energia vindos de estrelas quentes e luminosas no interior da Nebulosa Laguna.

Respostas às Perguntas dos Testes de Compreensão

38.2 **Respostas: (i) e (ii)** Conforme a Equação (38.2), um fóton de energia $E = 1{,}14$ eV possui um comprimento de onda $\lambda = hc/E = (4{,}136 \times 10^{-15}\ \text{eV}) \cdot (3{,}0 \times 10^{8}\ \text{m/s}) / (1{,}14\ \text{eV}) = 1{,}09 \times 10^{-6}\ \text{m} =$ 1090 nm, localizado na parte infravermelha do espectro. Como o comprimento de onda é inversamente proporcional à energia do fóton, a energia *mínima* do fóton de 1,14 eV corresponde ao comprimento de onda *máximo* que gera fotocondutividade no silicone. Assim, o comprimento de onda deve ser 1090 nm ou menos.
38.3 **Resposta: não** Para o átomo absorver um fóton, a energia do fóton deve ser precisamente igual à diferença de energia entre os níveis de energia inicial e final do átomo (ver Figura 38.11).
38.4 **Resposta: não** O núcleo de um átomo de hidrogênio é um próton (massa igual a $1{,}67 \times 10^{-27}$ kg), que possui apenas cerca de um quarto da massa de uma partícula alfa ($6{,}64 \times 10^{-27}$ kg). Como a partícula alfa tem massa maior, ela não ricocheteará nem mesmo em uma colisão frontal com um próton. É como uma bola de boliche colidindo com uma bola de pingue-pongue em repouso (ver Figura 8.22b). Portanto, neste caso não haveria um grande desvio. Na experiência de Rutherford, ao contrário, *havia* espalhamento com um ângulo bastante grande, porque a massa do núcleo do ouro é maior do que a da partícula alfa. A analogia agora seria a de uma bola de pingue-pongue atingindo uma bola de boliche em repouso (ver Figura 8.22a).
38.5 **Resposta: sim** A Figura 38.22 mostra que muitos (embora não todos) os níveis de energia de He^+ são iguais aos de H. Em conseqüência, fótons emitidos durante transições entre pares correspondentes de níveis em He^+ e H apresentam a mesma energia E e o mesmo comprimento de onda $\lambda = hc/E$. Por exemplo, um átomo de H que cai do nível $n = 2$ para o nível $n = 1$ emite um fóton de energia 10,2 eV e comprimento de onda 122 nm (ver Exemplo 38.6); um íon de He^+ emite um fóton de mesma energia e comprimento de onda quando cai do nível $n = 4$ para o nível $n = 2$.
38.6 **Resposta: (i)** Em um anúncio de neônio, uma grande diferença de potencial é aplicada entre as extremidades de um tubo de vidro cheio de neônio. Isso provoca a ionização dos átomos de neônio, permitindo que uma corrente de elétrons flua através do gás. Parte dos átomos de neônio é atingida por elétrons que se deslocam em alta velocidade, excitando os átomos até o nível 5*s* mostrado na Figura 38.24a. Desse nível, os átomos passam espontaneamente para o nível 3*p* e, nesse processo, emitem fótons de 632,8 nm. Os fótons escapam pelos lados do tubo de vidro. Esse processo é uma emissão *espontânea*, como mostra a Figura 38.23b. Não ocorre inversão de população, e os fótons não são confinados por espelhos como na Figura 38.24b, de modo que não existe emissão estimulada. Assim, não existe ação de laser.
38.7 **Respostas: sim, não** A Equação (38.23) mostra que o deslocamento do comprimento de onda $\Delta\lambda = \lambda'$ depende apenas do ângulo de espalhamento do fóton ϕ, não do comprimento de onda do fóton incidente. Assim, um fóton de luz visível com um ângulo ϕ de espalhamento passa por um deslocamento de comprimento de onda igual ao de um fóton de raio X. A Equação (38.23) mostra também que esse deslocamento é da ordem de $h/mc = 2{,}426 \times 10^{-12}\ \text{m} =$ 0,002426 nm. Esse valor é uma porcentagem pequena do comprimento de onda dos raios X (ver Exemplo 38.8), de modo que o efeito é perceptível no espalhamento dos raios X. Entretanto, h/mc é uma fração minúscula do comprimento de onda da luz visível (entre 400 nm e 700 nm). O olho humano não distingue diferenças tão pequenas de comprimento de onda (isto é, diferenças de cor).
38.8 **Respostas: (a) sim, (b) sim** A lei da radiação de Planck, Equação (38.32), mostra que um corpo negro ideal emite radiações em *todos* os comprimentos de onda: a emitância espectral $I(\lambda)$ é igual a zero apenas para $\lambda = 0$ e no limite $\lambda \rightarrow \infty$. Assim, um corpo negro a 2000 K realmente emite tanto raios X quanto ondas de rádio. Entretanto, a Figura 38.31 mostra que a emitância espectral nessa temperatura é muito baixa para comprimentos de onda muito menores do que 1 μm (inclusive raios X) e para comprimentos de onda muito maiores do que alguns μm (inclusive ondas de rádio). Portanto, tal corpo negro emite muito poucos raios X ou ondas de rádio.

Questões para discussão

Q38.1 Em que aspectos os fótons são semelhantes a outras partículas, como, por exemplo, elétrons? Em que aspectos eles são diferentes? Eles possuem carga elétrica? Eles podem ser acelerados? Que propriedades mecânicas eles possuem?
Q38.2 Existe uma certa probabilidade de que um único elétron possa absorver simultaneamente *dois* fótons idênticos de um laser com intensidade elevada. Como tal ocorrência poderia afetar a freqüência de corte e as equações deduzidas na Seção 38.2? Explique.
Q38.3 Segundo a teoria do fóton, a luz transporta a energia em pacotes chamados quanta ou fótons. Por que então nós não vemos uma série de flashes quando olhamos para as coisas?
Q38.4 Quais são os efeitos que você considera mais importantes na extremidade de baixas freqüências do espectro eletromagnético (ondas de rádio), levando em conta que a luz é constituída por fótons? E na extremidade de altas freqüências do espectro eletromagnético (raios X e raios gama)? Por quê?

Q38.5 Durante o efeito fotoelétrico, a luz arranca elétrons dos metais. Então, por que os metais em sua casa não perdem seus elétrons quando você acende a luz?

Q38.6 Quase todas as películas fotográficas para filmes em preto-e-branco (exceto películas usadas para fins especiais) possuem sensibilidade para o vermelho menor do que para o azul e não apresentam quase nenhuma sensibilidade para o infravermelho. Como você explica essas propriedades usando o conceito de fóton?

Q38.7 A pele humana não sofre praticamente nenhum dano quando exposta a um feixe de luz, porém, a radiação ultravioleta pode causar sérios problemas à pele. Esse comportamento tem alguma relação com as energias dos fótons? Explique.

Q38.8 Explique por que a Figura 38.4 indica que muitos fotoelétrons possuem energias cinéticas menores do que $hf - \phi$, e explique também como essas energias cinéticas menores ocorrem.

Q38.9 A Figura 38.5 mostra que, em uma experiência do efeito fotoelétrico, a fotocorrente i para valores positivos de V_{AC} possui o mesmo valor por mais elevada que seja a freqüência f da luz (desde que f seja maior do que a freqüência de corte f_0). Explique por quê.

Q38.10 Em uma experiência envolvendo o efeito fotoelétrico, se a intensidade da luz incidente (tendo uma freqüência maior do que a freqüência de corte) é reduzida por um fator de 10 sem que nada mais se altere, quais das seguintes declarações sobre esse processo são verdadeiras (se houver alguma verdadeira)? a) O número de fotoelétrons provavelmente será reduzido por um fator de 10. b) A energia cinética máxima dos fotoelétrons ejetados provavelmente será reduzida por um fator de 10. c) A velocidade máxima dos fotoelétrons ejetados provavelmente será reduzida por um fator de 10. d) A velocidade máxima dos fotoelétrons ejetados provavelmente será reduzida por um fator de $\sqrt{10}$. e) O tempo para que o primeiro fotoelétron seja ejetado será aumentado por um fator de 10.

Q38.11 O material chamado *fósforo*, que reveste a parede interna de uma lâmpada fluorescente de mercúrio, converte a radiação ultravioleta (produzida pela descarga elétrica no vapor de mercúrio do interior do tubo) em luz visível. Seria possível também produzir um fósforo que convertesse a luz em radiação ultravioleta? Explique

Q38.12 Em uma experiência com efeito fotoelétrico, quais dos seguintes procedimentos aumentará a energia cinética máxima dos fotoelétrons; a) Usar luz de maior intensidade; b) usar luz de freqüência mais alta; c) usar luz de maior comprimento de onda; d) usar uma superfície metálica com maior função trabalho. Em cada caso, justifique sua resposta.

Q38.13 As galáxias tendem a ser fortes emissores de fótons da linha α da série de Lyman (transição de $n = 2$ até $n = 1$ no átomo de hidrogênio). Contudo, o meio intergalático — o gás muito rarefeito entre as galáxias — tende a *absorver* fótons da linha α da série de Lyman. Com base nessas observações, o que você pode concluir sobre a temperatura desses dois ambientes? Explique.

Q38.14 Um átomo de lítio duplamente ionizado (Li^{++}) é aquele que perdeu dois de seus três elétrons. Os níveis de energia do íon que possui apenas um elétron restante são intimamente relacionados àqueles do átomo de hidrogênio. A carga do núcleo do lítio é igual a $+3e$, em vez de apenas $+e$. Como os níveis de energia do lítio são relacionados com os do átomo de hidrogênio? Como o *raio* da órbita do nível fundamental do lítio se relaciona àquele do átomo de hidrogênio?

Q38.15 Na emissão de um fóton, um átomo isolado recua em obediência à conservação do momento linear. Portanto, a Equação (38.6) deveria incluir um termo K_r para a energia cinética do átomo. Por que esse termo é desprezível naquela equação?

Q38.16 Como você poderia medir diretamente os níveis de energia de um átomo, isto é, sem usar a análise espectral?

Q38.17 Os elementos no estado gasoso emitem espectros de linha cujos comprimentos de onda são bem definidos. Contudo, corpos sólidos quentes sempre emitem um espectro contínuo, ou seja, uma distribuição contínua de comprimentos de onda. Você pode explicar essa diferença?

Q38.18 Quando um corpo é aquecido até temperaturas elevadas e começa a emitir luz, as cores da radiação emitida passam do vermelho para o amarelo e finalmente para o azul, à medida que a temperatura do corpo vai aumentando. Por que ocorre essa mudança de cores? Quais são as outras variações nas características da radiação?

Q38.19 O comprimento de onda na intensidade máxima das estrelas anãs vermelhas, cuja superfície apresenta temperaturas ao redor de 3000 K, é de cerca de 1000 nm, situando-se além do espectro visível. Então, como conseguimos ver essas estrelas e por que elas parecem vermelhas?

Q38.20 Um fóton de freqüência f sofre espalhamento Compton de um elétron em repouso e se espalha com um ângulo ϕ. A freqüência do fóton espalhado é f'. Como f' se relaciona a f'? A sua resposta depende de ϕ? Explique.

Q38.21 O espalhamento Compton pode ocorrer com prótons da mesma forma que ocorre com elétrons? Por exemplo, suponha que um feixe de raios X seja direcionado para um alvo de hidrogênio líquido. (Lembre que o núcleo do átomo de hidrogênio possui um único próton.) Quais são as semelhanças e diferenças entre o espalhamento Compton no caso de elétrons e o espalhamento Compton no caso de prótons? Explique.

Q38.22 Por que os cientistas e os engenheiros precisam se proteger dos raios X produzidos em equipamentos com voltagens elevadas?

Exercícios

Seção 38.2 O efeito fotoelétrico

38.1 O gráfico na Figura 38.34 mostra o potencial de corte em função da freqüência da luz incidente sobre uma superfície de metal. a) Calcule a função trabalho fotoelétrica desse metal. b) Que valor da constante de Planck o gráfico fornece? c) Por que o gráfico *não* se estende além do eixo Ox? d) Se fosse usado um metal diferente, que características do gráfico você esperaria que fossem iguais e quais seriam diferentes?

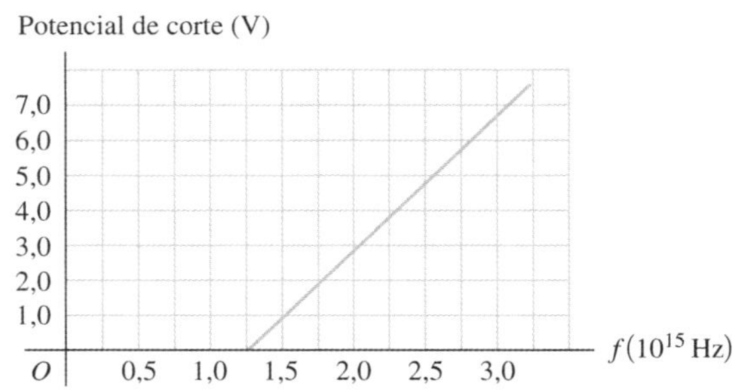

Figura 38.34 Exercício 38.1.

38.2 Sensibilidade do olho. O olho humano é mais sensível à luz verde, de comprimento de onda igual a 505 nm. Verificou-se em experiências que, quando pessoas são mantidas em um quarto escuro até que seus olhos se adaptem à escuridão, um *único* fóton de luz verde ativará as células receptoras nas camadas externas da retina. a) Qual é a freqüência desse fóton? b) Quanta energia (em joules e elétrons-volt) ele fornece às células receptoras? c) Para avaliar quão pequena é essa quantidade de energia, calcule a velocidade com que uma bactéria comum de massa $9{,}5 \times 10^{-12}$ g se moveria se tivesse essa quantidade de energia.

38.3 Um fóton de luz verde tem um comprimento de onda de 520 nm. Calcule a freqüência do fóton, o módulo de seu momento linear e sua energia. Expresse a energia em joules e em elétrons-volt.

38.4 Um laser usado para soldar retinas descoladas emite luz com comprimento de onda igual a 652 nm através de pulsos que duram 20,0 nm. A potência média durante cada pulso é igual a 0,6 W. a) Qual é a energia de cada pulso em joules? E em elétrons-volt? b) Qual é a energia de um fóton em joules? E em elétrons-volt? c) Quantos fótons são emitidos em cada pulso?

38.5 Um núcleo excitado emite um fóton de raio gama com energia igual a 2,45 MeV. a) Qual é a freqüência do fóton? b) Qual é o comprimento de onda do fóton? c) Como se compara seu comprimento de onda ao diâmetro típico de um núcleo igual a 10^{-14} m?

38.6 O comprimento de onda de corte para o efeito fotoelétrico em uma superfície de tungstênio é 272 nm. Calcule a energia cinética máxima dos elétrons emitidos por essa superfície de tungstênio quando ela é iluminada por uma radiação ultravioleta com freqüência igual a $1{,}45 \times 10^{15}$ Hz. Expresse a resposta em elétrons-volt.

38.7 Uma superfície polida de níquel é exposta a um feixe de luz com um comprimento de onda igual a 235 nm. Qual é a velocidade máxima dos fotoelétrons emitidos por essa superfície? Use a Tabela 38.1.

38.8 Qual seria a função trabalho mínima que um metal deveria ter para que a luz visível (400–700 nm) emitisse fotoelétrons?

38.9 Uma fonte de luz de 75 W consome 75 W de potência elétrica. Suponha que toda essa energia se transfira para a luz emitida com comprimento de onda 600 nm. a) Calcule a freqüência da luz emitida. b) Quantos fótons por segundo a fonte emite? c) As respostas às partes (a) e (b) são iguais? A freqüência da luz é a mesma coisa que o número de fótons emitidos por segundo? Explique.

38.10 Em uma experiência com efeito fotoelétrico, a energia cinética máxima dos fotoelétrons ejetados é medida em vários comprimentos de onda da luz incidente. A Figura 38.35 mostra um gráfico dessa energia cinética máxima, $K_{máx}$, em função do comprimento de onda λ da luz que incide sobre superfície do metal. Qual é a) a freqüência de corte e b) a função trabalho (em elétrons-volt) desse metal? c) Dados de experiências como essa muitas vezes são expressos em gráficos mostrando $K_{máx}$ em função de $1/\lambda$. Faça um esboço *qualitativo* (sem números) de como pareceria esse gráfico. Identifique o comprimento de onda de corte (λ) em seu esboço. Qual é a vantagem de dispor os dados em um gráfico dessa forma?

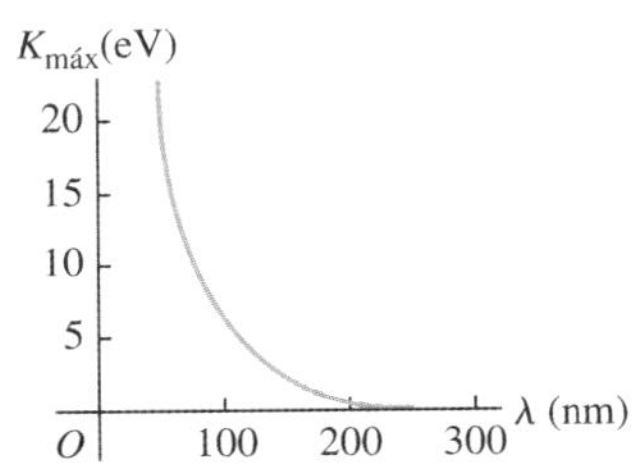

Figura 38.35 Exercício 38.10.

38.11 a) Um próton está se deslocando com uma velocidade muito menor do que a velocidade da luz. Sua energia cinética é K_1 e o momento linear é p_1. Se o momento linear do próton é dobrado, de modo que $p_2 = 2p_1$, como a sua nova energia cinética K_2 se relaciona com K_1? b) Um fóton com energia E_1 tem um momento linear p_1. Se outro fóton possui um momento linear p_2 que é o dobro de p_1, como a energia E_2 do segundo fóton se relaciona com E_1?

38.12 A função trabalho para o efeito fotoelétrico em uma superfície de potássio é 2,3 eV. Se uma luz com comprimento de onda igual a 250 nm incide sobre o potássio, calcule qual é a) o potencial de corte em volts; b) a energia cinética em elétrons-volt dos elétrons emitidos com maior energia; c) a velocidade desses elétrons.

38.13 Quando um feixe de luz ultravioleta de 254 nm incide sobre uma superfície polida de cobre, o potencial de corte necessário para impedir a emissão de fotoelétrons é igual a 0,181 V. a) Qual é o comprimento de onda de corte dessa superfície de cobre? b) Qual é a função trabalho dessa superfície, e como o valor que você obteve se compara ao fornecido na Tabela 38.1?

38.14 O momento linear de um fóton é $8{,}24 \times 10^{-28}$ kg · m/s. a) Qual é a energia desse fóton? Expresse a resposta em joules e em elétrons-volt. b) Qual é o comprimento de onda associado a esse fóton? Em que região do espectro eletromagnético ele está?

Seção 38.3 Espectro atômico de linhas e níveis de energia

38.15 Use a fórmula de Balmer para calcular a) o comprimento de onda, b) a freqüência e c) a energia do fóton para a linha H da série de Balmer do átomo de hidrogênio.

38.16 Calcule o maior e o menor comprimento de onda da série de Lyman e da série de Paschen para o átomo de hidrogênio. Em que região do espectro eletromagnético cada série se situa?

38.17 a) Um átomo que inicialmente está em um nível de energia com $E = -6{,}52$ eV absorve um fóton de comprimento de onda igual a 860 nm. Qual é a energia interna do átomo depois que ele absorve o fóton? b) Um átomo que inicialmente está em um nível de energia com $E = -2{,}68$ eV emite um fóton de comprimento de onda igual a 420 nm. Qual é a energia interna do átomo depois que ele emite o fóton?

38.18 O diagrama de níveis de energia para o elemento hipotético *sears-zemanskium* é indicado na Figura 38.36. A energia potencial é igual a zero quando a distância entre o elétron e o núcleo é infinita. a) Qual é a energia necessária (em elétrons-volt) para ionizar um elétron a partir do nível fundamental? b) Um fóton de 18 eV é absorvido pelo átomo de *sears-zemanskium* em seu nível fundamental. Quando o átomo retorna para seu nível fundamental, quais são as energias possíveis para os fótons emitidos? c) O que ocorreria se um fóton de 8 eV colidisse com um átomo de *sears-zemanskium* em seu nível fundamental? Por quê? d) Fótons emitidos por um átomo de *sears-zemanskium* nas transições $n = 3 \rightarrow n = 2$ e $n = 3 \rightarrow n = 1$ produzem fotoelétrons quando incidem sobre um metal desconhecido; porém, os fótons emitidos na transição $n = 4 \rightarrow n = 3$ não produzem fotoelétrons. Qual é o intervalo de valores possíveis (o valor máximo e o mínimo) para a função trabalho desse metal desconhecido?

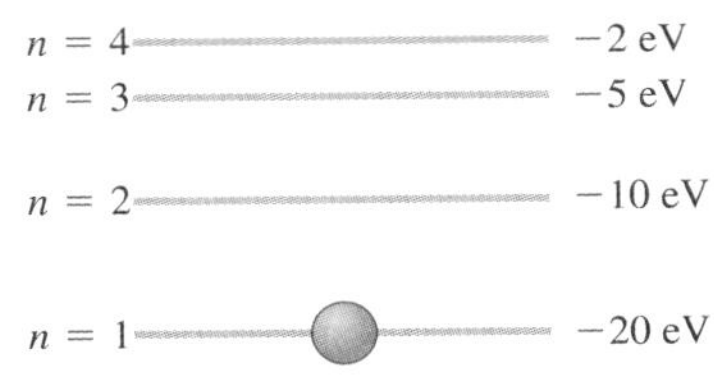

Figura 38.36 Exercício 38.18.

38.19 Em uma série de experiências com um átomo hipotético de um elétron, você mede os comprimentos de onda dos fótons emitidos nas transições que terminam no nível fundamental ($n = 1$), como mostra o diagrama de níveis de energia da Figura 38.37. Você também observa que são necessários 17,5 eV para ionizar esse átomo. a) Qual é a energia do átomo em cada um dos níveis ($n = 1$, $n = 2$ etc.) mostrados na figura? b) Se um elétron fez uma transição do nível $n = 4$ para o nível $n = 2$, que comprimento de onda de luz ele emitiria?

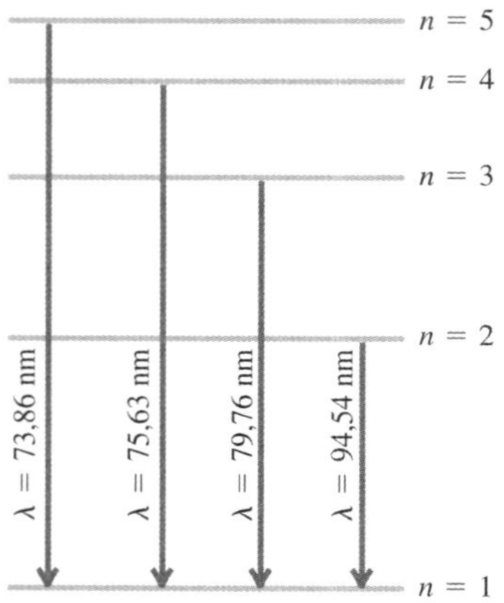

Figura 38.37 Exercício 38.19.

Seção 38.4 O núcleo do átomo

38.20 Uma partícula alfa de 4,78 MeV oriunda da desintegração do ^{226}Ra colide frontalmente com um núcleo de urânio. Um núcleo de urânio possui 92 prótons. a) Qual é a menor distância entre uma partícula alfa e o centro desse núcleo? Suponha que o núcleo de urânio permaneça em repouso e que essa menor distância seja muito maior do que o raio do núcleo de urânio. b) Qual é a força sobre a partícula alfa no instante em que ela está mais próxima do núcleo de urânio?

38.21 Um feixe de partículas alfa incide sobre um alvo de chumbo. Uma dada partícula alfa se aproxima "frontalmente" de um determinado núcleo de chumbo e pára a uma distância de $6{,}5 \times 10^{-14}$ m do centro desse núcleo. (Esse ponto está bem fora do núcleo.) Suponha que o núcleo de chumbo, que possui 82 prótons, permaneça em repouso. A massa da partícula alfa é igual a $6{,}64 \times 10^{-27}$ kg. a) Calcule a energia potencial eletrostática no instante em que partícula alfa pára. Expresse o resultado em joules e em MeV. b) Qual era a energia cinética inicial (em joules e em MeV) da partícula alfa? c) Qual era a velocidade inicial (em joules e em MeV) da partícula alfa?

Seção 38.5 O modelo de Bohr

38.22 a) Qual é o momento angular L do elétron no átomo de hidrogênio, em relação a uma origem no núcleo, quando o átomo está em seu nível de energia mais baixo? b) Repita o item (a) para o nível fundamental do He^+. Compare o resultado ao obtido no item (a).

38.23 Um átomo de hidrogênio está em um estado com energia – 1,51 eV. No modelo de Bohr, qual é o momento angular do elétron no átomo, em relação a um eixo que passa pelo núcleo?

38.24 Um átomo de hidrogênio inicialmente no nível fundamental absorve um fóton que o excita até o nível $n = 4$. Determine o comprimento de onda e a freqüência do fóton.

38.25 Um átomo de berílio triplamente ionizado Be^{3+} (um átomo de berílio que perdeu três elétrons) apresenta um comportamento semelhante ao do átomo de hidrogênio, a não ser pelo fato de ter uma carga nuclear quatro vezes maior do que a do hidrogênio. a) Qual é a energia do nível fundamental do berílio? Como ela se compara à energia do nível fundamental do átomo de hidrogênio? b) Qual é a energia de ionização do Be^{3+}? Como ela se compara à energia de ionização do átomo de hidrogênio? c) Para o átomo de hidrogênio, o comprimento de onda do fóton emitido na transição $n = 2$ para $n = 1$ é igual a 122 nm (Exemplo 38.6, Seção 38.5). Qual é o comprimento de onda quando o íon Be^{3+} realiza a mesma transição? d) Para um dado valor de n, como se compara o raio da órbita do íon Be^{3+} ao raio da órbita do mesmo nível do átomo de hidrogênio?

38.26 Um átomo de hidrogênio passa por uma transição do nível $n = 5$ para o nível $n = 2$. a) Quais são a energia e o comprimento de onda do fóton emitido? b) Se o momento angular é conservado e se o modelo de Bohr é usado para descrever o átomo, qual deve ser o momento angular do fóton emitido? (Como veremos no Capítulo 41, a moderna descrição da mecânica quântica do átomo de hidrogênio fornece um resultado diferente.)

38.27 a) Usando o modelo de Bohr, calcule a velocidade do elétron no átomo de hidrogênio para os níveis $n = 1$, 2 e 3. b) Calcule o período orbital para cada um desses níveis. c) A vida média para o primeiro nível excitado do átomo de hidrogênio é $1{,}0 \times 10^{-8}$ s. No modelo de Bohr, quantas voltas completas o elétron daria no nível $n = 2$ antes de o elétron voltar para seu nível fundamental?

38.28 a) Mostre que, quando n se torna muito grande, os níveis de energia do átomo de hidrogênio se aproximam cada vez mais em energia. b) Os raios desses níveis de energia também se aproximam?

Seção 38.6 O laser

38.29 Quantos fótons por segundo são emitidos por um laser de CO_2 com potência de 7,50 mW e comprimento de onda igual a 10,6 μm?

38.30 Cirurgia PRK. A ceratectomia fotorrefrativa (PRK) é uma cirurgia a laser que corrige miopia e hipermetropia removendo parte da lente do olho para alterar a sua curvatura e, conseqüentemente, a distância focal. Essa cirurgia pode remover camadas de 0,25 μm de espessura por meio de pulsos com 12,0 ns de duração de um feixe de laser com um comprimento de onda de 193 nm. Feixes de baixa intensidade podem ser usados porque cada fóton individual tem energia suficiente para quebrar as ligações covalentes do tecido. a) Em que parte do espectro eletromagnético está essa luz? b) Qual é a energia de um único fóton? c) Se um feixe de 1,5 mW é usado, quantos fótons são transmitidos para a lente em cada pulso?

38.31 Muitos átomos de neônio estão em equilíbrio térmico. Qual é a razão entre o número de átomos no estado 5s e o número de átomos no estado 3p para a) 300 K? b) 600 K? c) 1200 K? As energias desses estados são indicadas na Figura 38.24a. d) Em qualquer uma dessas temperaturas, a taxa com que o gás neônio emite espontaneamente a radiação de 632,8 nm é muito pequena. Explique por quê.

38.32 Os níveis de energia do átomo de sódio são indicados na Figura 38.10. Os dois níveis excitados mais baixos estão nas colunas com os dísticos $^2P_{3/2}$ e $^2P_{1/2}$. Calcule a razão entre o número de átomos no estado $^2P_{3/2}$ e o número de átomos no estado $^2P_{1/2}$ para o sódio gasoso em equilíbrio térmico a 500 K. Em qual estado encontramos mais átomos?

Seção 38.7 Espalhamento e produção de raios X

38.33 Prótons são acelerados a partir do repouso por uma diferença de potencial igual a 4,0 kV e atingem um alvo metálico. Se o próton produz um fóton no impacto, qual é o comprimento de onda mínimo dos raios X emitidos? Como se compara sua resposta ao comprimento de onda mínimo dos raios X emitidos quando elétrons de 4,0 keV são usados no lugar dos prótons? Por que nos tubos de raios X usamos elétrons e não prótons para produzir raios X?

38.34 a) Qual é a diferença de potencial mínima entre o filamento e o alvo de um tubo de raios X para que o tubo possa produzir raios X com comprimento de onda igual a 0,150 nm? b) Qual é o comprimento de onda mínimo dos raios X produzidos em um tubo de raios X submetido a 30,0 kV?

38.35 **Raios X de telas de televisão.** A voltagem aceleradora de uma TV de tubo de raios catódicos (CRT) é cerca de 25,0 kV. Qual é a) a maior freqüência e b) o menor comprimento de onda (em nm) dos raios X que essa tela de TV pode produzir? c) Que suposições você precisou fazer? (Televisões de CRT incluem uma blindagem para absorver esses raios X.)

38.36 Raios X são produzidos em um tubo submetido a 18,0 kV. Depois de emergirem no tubo, os raios X que possuem um comprimento de onda mínimo atingem um alvo e sofrem um espalhamento Compton de um ângulo igual a 45,0°. a) Qual é o comprimento de onda do raio X original? b) Qual é o comprimento de onda do raio X espalhado? c) Qual é a energia (em elétrons-volt) dos raios X espalhados?

38.37 Raios X com comprimentos de onda de 0,0665 nm sofrem um espalhamento Compton. Qual é o maior comprimento de onda observado nos raios X espalhados? Em que ângulo de espalhamento esse comprimento de onda é observado?

38.38 Um feixe de raios X de comprimento de onda igual a 0,05 nm sofre espalhamento Compton por elétrons em uma amostra. Qual deve ser o ângulo de observação em relação à direção do feixe incidente para que se possa encontrar raios X cujos comprimentos de onda sejam de: a) 0,0542 nm?; b) 0,0521 nm?; c) 0,05 nm?

38.39 Se um fóton com 0,0425 nm de comprimento de onda se choca com um elétron livre e sofre um espalhamento que forma um ângulo de 35,0° com sua direção original, calcule a) a variação no comprimento de onda desse fóton; b) o comprimento de onda da luz espalhada; c) a variação da energia do fóton (há uma perda ou um ganho?); d) a energia ganha pelo elétron.

38.40 Um fóton sofre espalhamento no sentido oposto (θ = 180°) ao de um próton livre que está inicialmente em repouso. Qual deve ser o comprimento de onda do fóton incidente para que ele sofra uma variação de 10,0% no comprimento de onda em resultado do espalhamento?

38.41 Complete a dedução da fórmula do espalhamento Compton, Equação (38.23), seguindo os passos indicados da Equação (38.24) até a Equação (38.27).

Seção 38.8 Espectro contínuo

38.42 Determine λ_m, o comprimento de onda do pico da distribuição de Planck, e a freqüência f correspondente nas seguintes temperaturas: a) 3,0 K; b) 300 K; c) 3000 K.

38.43 Uma lâmpada incandescente de 100 W tem um filamento cilíndrico de tungstênio com 30,0 cm de comprimento, 0,4 mm de diâmetro e uma emissividade de 0,26. a) Qual é a temperatura do filamento? b) Em que comprimento de onda a emitância espectral da lâmpada é máxima? c) Lâmpadas incandescentes não são fontes de luz muito eficientes. Explique por quê.

38.44 O comprimento de onda visível mais curto é aproximadamente igual a 400 nm. Qual é a temperatura de um corpo negro ideal cuja emitância espectral apresente um pico nesse comprimento de onda?

38.45 Foi detectada uma radiação proveniente do espaço que caracteriza um radiador ideal com T = 2,728 K. (Essa radiação é decorrente do *Big-Bang*, a grande explosão do início do universo.) Nessa temperatura, em que comprimento de onda ocorre o pico da distribuição de Planck? Em que parte do espectro eletromagnético se situa esse comprimento de onda?

38.46 Duas estrelas, ambas se comportando como corpos negros, irradiam a mesma energia total por segundo. A mais fria delas tem uma temperatura de superfície T e seu diâmetro é 3,0 vezes maior que o da estrela mais quente. a) Qual é a temperatura da estrela mais quente em termos de T? b) Qual é a razão entre o comprimento de onda na intensidade máxima da estrela mais quente e o comprimento de onda na intensidade máxima da estrela mais fria?

38.47 a) Mostre que o máximo na distribuição de Planck, Equação (38.32), ocorre para um comprimento de onda λ_m dado por $\lambda_m = hc/4{,}965kT$, Equação (38.33). Conforme discutido no texto, 4,965 é a raiz da Equação (38.34). b) Avalie as constantes na expressão deduzida no item (a) para mostrar que $\lambda_m T$ possui o valor numérico dado pela lei de deslocamento de Wien, Equação (38.30).

38.48 **Sirius B.** A estrela mais brilhante no céu é Sirius, que é, na verdade, um sistema binário de duas estrelas. A menor delas (Sirius B) é uma anã branca. A análise espectral de Sirius B indica que sua temperatura de superfície é 24000 K e que ela irradia energia a uma taxa total de $1{,}0 \times 10^{25}$ W. Suponha que Sirius B se comporte como um corpo negro ideal. a) Qual é a intensidade total irradiada por Sirius B? b) Qual é o comprimento de onda na intensidade máxima? Esse comprimento de onda é visível para os seres humanos? c) Qual é o raio de Sirius B? Expresse a sua resposta em quilômetros e como uma fração do raio do nosso Sol. d) Que estrela irradia mais *energia total* por segundo, a quente Sirius B ou o (relativamente) frio Sol, com uma temperatura de superfície igual a 5800 K? Para descobrir, calcule a razão entre a potência total irradiada pelo nosso Sol e a potência irradiada por Sirius B.

38.49 Mostre que, para valores grandes de λ, a distribuição de Planck, dada pela Equação (38.32), concorda com a distribuição de Rayleigh, dada pela Equação (38.31).

38.50 **Supergigantes azuis.** Uma típica estrela supergigante azul (o tipo que explode deixando buracos negros para trás) apresenta uma temperatura de superfície próxima a 30000 K e uma luminosidade visual 100000 vezes maior que a do nosso Sol. O nosso Sol irradia a uma taxa de $3{,}86 \times 10^{26}$ W. (Luminosidade visual é a potência total irradiada em comprimentos de onda visíveis.) a) Supondo que essa estrela se comporte como um corpo negro ideal, qual é o principal comprimento de onda que ela irradia? Essa luz é visível? Use a sua resposta para explicar por que essas estrelas são azuis. b) Se supusermos que a potência irradiada pela estrela é também 100000 vezes maior que a do nosso Sol, qual é o raio dessa estrela? Compare o tamanho da estrela com o do nosso Sol, que possui um raio de $6{,}96 \times 10^5$ km. c) É correto dizer que a luminosidade visual é proporcional à potência total irradiada? Explique.

Problemas

38.51 **Sensibilidade de uma película fotográfica.** O composto mais sensível usado em películas fotográficas é o brometo de prata, AgBr. Um filme é 'sensibilizado' quando a energia luminosa é usada para dissociar a molécula em seus átomos. (O processo real é um pouco mais complexo, porém o resultado quantitativo difere muito pouco.) A energia de dissociação do AgBr é $1{,}0 \times 10^5$ J/mol. Para um fóton que é apenas capaz de dissociar o brometo de prata, calcule a) a energia do fóton em elétrons-volt, b) o comprimento de onda do fóton e c) a freqüência do fóton. d) Qual é a energia em elétrons-volt de um fóton que possui uma freqüência igual a 100 MHz? e) A luz de um vaga-lume pode sensibilizar um filme, porém a radiação proveniente de uma estação de rádio FM de 100 MHz e potência de 50000 W não é capaz de sensibilizá-lo. Explique a razão desse comportamento.

38.52 Um átomo de massa m emite um fóton de comprimento de onda λ. a) Qual é a velocidade de recuo do átomo? b) Qual é a energia cinética K do átomo que recua? c) Calcule a razão K/E, em que E é a energia do fóton emitido. Quando essa razão é muito menor do que 1, o recuo do átomo pode ser desprezado no processo de emissão. O recuo do átomo é mais importante para pequenas ou para grandes massas atômicas? Para comprimentos de onda longos ou curtos? d) Calcule K (em elétrons-volt) e K/E para o átomo de hidrogênio (massa $1{,}67 \times 10^{-27}$ kg) que emite um fóton ultravioleta com energia de 10,2 eV. O recuo é um fator importante nessa emissão?

38.53 Quando certa superfície fotoelétrica é iluminada com luz de diversos comprimentos de onda, os seguintes potenciais de corte são observados:

Comprimento de onda (nm)	Potencial de corte (V)
366	1,48
405	1,15
436	0,93
492	0,62
546	0,36
579	0,24

Faça um gráfico colocando o potencial de corte no eixo vertical e a freqüência da luz no eixo horizontal. Determine a) a freqüência de corte; b) o comprimento de onda de corte; c) a função trabalho do material (em elétrons-volt); d) o valor da constante de Planck h (supondo que o valor de e seja conhecido).

38.54 a) Sabendo que a freqüência média emitida por uma lâmpada incandescente de 200 W é $5{,}0 \times 10^{14}$ Hz e que 10,0% da potência fornecida para a lâmpada é convertida na luz emitida, quantos fótons por segundo da luz visível são emitidos aproximadamente? b) A que distância da lâmpada isso corresponderia a $1{,}0 \times 10^{11}$ fótons da luz visível por centímetro quadrado por segundo, se a luz fosse emitida igualmente em todas as direções?

38.55 a) O comprimento de onda da luz que incide sobre uma superfície metálica se reduz de λ_1 para λ_2 (λ_1 e λ_2 são menores do que o comprimento de onda de corte para a superfície). Quando o comprimento de onda é reduzido desse modo, qual é a variação do potencial de corte para os fotoelétrons emitidos por essa superfície? b) Calcule a variação do potencial de corte para $\lambda_1 = 295$ nm e $\lambda_2 = 265$ nm.

38.56 Um feixe de luz de 2,50 W com comprimento de onda igual a 124 nm incide sobre a superfície de um metal. Você observa que a energia cinética máxima dos elétrons ejetados é 4,16 eV. Suponha que cada fóton no feixe ejete um fotoelétron. a) Qual é a função trabalho (em elétrons-volt) desse metal? b) Quantos fotoelétrons são ejetados a cada segundo por esse metal? c) Se a potência de um feixe de luz fosse reduzida à metade, mas não o seu comprimento de onda, qual seria a resposta à parte (b)? d) Se o comprimento de onda do feixe fosse reduzido à metade, mas não a sua potência, qual seria a resposta à parte (b)?

38.57 **Removendo lesões vasculares.** Um laser de luz pulsada emite luz com comprimento de onda de 585 nm em pulsos de 450 μs. Sendo esse comprimento de onda absorvido em grande parte pela hemoglobina do sangue, esse método é especialmente eficaz na remoção de diversos tipos de manchas causadas pelo sangue, como marcas de nascença. Para obter uma estimativa razoável da potência requerida para essa cirurgia a laser, podemos supor que o sangue tenha o mesmo calor específico e calor de vaporização que a água (4190 J/kg · K, $2{,}256 \times 10^6$ J/kg). Suponha que cada pulso deve remover 2,0 μg de sangue por evaporação, começando com uma temperatura de 33°C. a) Quanta energia cada pulso deve transferir para a mancha? b) Qual deve ser a potência de saída desse laser? c) Quantos fótons cada pulso deve transferir para a mancha?

38.58 As funções trabalho fotoelétricas para amostras metálicas são dadas por: césio, 2,1 eV; cobre, 4,7 eV; potássio, 2,3 eV; e zinco, 4,3 eV. a) Qual é o comprimento de onda de corte para cada uma dessas superfícies metálicas? b) Quais dessas superfícies metálicas *não* podem emitir fotoelétrons quando irradiadas com luz visível (400-700 nm)?

38.59 O múon negativo possui carga igual à do elétron, porém sua massa é 207 vezes maior. Considere um átomo semelhante ao átomo de hidrogênio constituído por um próton e um múon. a) Qual é a massa reduzida do átomo? b) Qual é a energia do nível fundamental (em elétrons-volt)? c) Qual é o comprimento de onda da radiação emitida na transição do nível $n = 2$ para o nível $n = 1$?

38.60 Um fóton de raios X incidente sofre espalhamento por um elétron livre que está inicialmente em repouso. O fóton é espalhado de volta com um ângulo de 180°, assumindo o sentido oposto ao inicial. O comprimento de onda do fóton espalhado é 0,083 nm. a) Qual é o comprimento de onda do fóton incidente? b) Qual é o módulo do momento linear do elétron após a colisão? c) Qual é a energia cinética do elétron após a colisão?

38.61 Um fóton de raios X incidente com um comprimento de onda igual a 0,09 nm é espalhado de volta no sentido oposto por um elétron livre que está inicialmente em repouso. a) Qual é o módulo do momento linear do fóton espalhado? b) Qual é a energia cinética do elétron depois que o fóton é espalhado?

38.62 **Órbitas de Bohr de um satélite.** Um satélite de 20,0 kg gira em torno da Terra uma vez a cada 2,0 h numa órbita com raio igual a 8060 km. a) Supondo que o momento angular de Bohr ($L = nh/2\pi$) se aplique a um satélite do mesmo modo que a um elétron no átomo de hidrogênio, calcule o número quântico n da órbita do satélite. b) Usando o resultado do momento angular de Bohr e a lei de Newton da gravitação, mostre que o raio de um satélite em uma órbita da Terra é diretamente proporcional ao quadrado do número quântico $r = kn^2$, em que k é a constante de proporcionalidade. c) Usando o resultado do item (b) determine a distância entre a órbita do satélite neste problema e a órbita adjacente "permitida". (Calcule um valor numérico.) d) Comente a possibilidade da observação da distância entre duas órbitas adjacentes. e) As órbitas calculadas quanticamente concordam com as órbitas calculadas classicamente para esse satélite? Qual é o método 'correto' para o cálculo das órbitas?

38.63 a) Qual é a menor quantidade de energia em elétrons-volt que deve ser fornecida a um átomo de hidrogênio que está inicialmente em seu nível fundamental, de modo que ele emita a linha Hα da série de Balmer? b) Quantas possibilidades diferentes existem no espectro de linhas de emissão para esse átomo quando o elétron está inicialmente no nível $n = 3$ e por fim termina no nível fundamental? Calcule o comprimento de onda do fóton emitido em cada caso.

38.64 Muitos átomos de hidrogênio se encontram em equilíbrio térmico. Seja n_2/n_1 a razão entre o número de átomos no estado excitado $n = 2$ e o número de átomos no estado fundamental $n = 1$. Em que temperatura n_2/n_1 assume o valor a) 10^{-12}? b) 10^{-8}? c) 10^{-4}? d) Como o Sol, outras estrelas possuem espectros contínuos com linhas de absorção negras (Figura 38.12). A absorção ocorre na atmosfera da estrela; sabemos que o hidrogênio é o elemento que predomina na atmosfera de todas as estrelas. Explique por que as linhas de absorção da série de Balmer são relativamente fracas nos espectros de estrelas cujas atmosferas apresentam temperaturas baixas, como o Sol (temperatura da atmosfera = 5800 K), porém são mais fortes nas estrelas cujas atmosferas apresentam temperaturas elevadas.

38.65 Uma amostra de átomos de hidrogênio é irradiada com ondas eletromagnéticas de comprimento de onda igual a 85,5 nm, e observamos elétrons deixando o gás. a) Sabendo que cada átomo de hidrogênio estava inicialmente no nível fundamental, qual deve ser a energia cinética máxima em elétrons-volt dos elétrons emitidos? b) Detectamos alguns elétrons com uma energia até 10,2 eV maior do que a energia cinética calculada no item (a). Como isso é possível?

38.66 A luz proveniente de um corpo negro esférico ideal com 15,0 cm de diâmetro é analisada por meio de uma rede de difração com 3850 linhas/cm. Quando você faz essa luz passar pela rede, você observa que o comprimento de onda na intensidade máxima forma uma franja brilhante de primeira ordem com um ângulo de $\pm$ 11,6° em relação à franja brilhante central. a) Qual é a temperatura do corpo negro? b) Quanto tempo levará para que essa esfera irradie 12,0 MJ de energia?

38.67 **A gigante vermelha Betelgeuse.** A gigante vermelha Betelgeuse tem uma temperatura de superfície de 3000 K e um diâmetro 600 vezes maior do que o do nosso Sol. (Se o nosso Sol fosse tão grande quanto a Betelgeuse, nós estaríamos dentro dele!) Suponha que ela irradie como um corpo negro ideal. a) Se a Betelgeuse irradiasse toda a sua energia com o comprimento de onda da intensidade máxima, quantos fótons por segundo ela irradiaria? b) Calcule a razão entre a potência irradiada pela Betelgeuse e a potência irradiada pelo nosso Sol (a 5800 K).

38.68 Um corpo negro esférico ideal com 24,0 cm de diâmetro é mantido a 225°C por um aquecedor elétrico interno e é imerso em um grande tanque de água aberto no topo. O tanque é mantido em temperatura de ebulição pela energia irradiada pela esfera. Despreze as transferências de calor por condução e convecção. Consulte a Tabela 17.4 quando necessário. a) Em que taxa, em g/s, a água está evaporando do tanque? b) Se um organismo termófilo que vive nessa água quente soubesse física e estivesse observando esse processo, que intensidade máxima ele mediria para (i) o comprimento de onda e (ii) a freqüência das ondas eletromagnéticas emitidas pela esfera?

38.69 Qual deve ser a temperatura de um corpo negro ideal para que os fótons da luz que ele irradia com o comprimento de onda da intensidade máxima possam excitar o elétron no átomo de hidrogênio do modelo de Bohr desde o estado fundamental até o terceiro estado de excitação?

38.70 Um tubo de raios X está operando com uma voltagem V e uma corrente I. a) Sabendo que somente uma fração p da potência elétrica fornecida é convertida na produção de raios X, com que taxa a energia está sendo fornecida para o alvo? b) Sabendo que o alvo possui massa m e calor específico c (em J/kg · K), em que taxa média sua temperatura deve aumentar, supondo que não ocorram perdas térmicas? c) Avalie seus resultados nos itens (a) e (b) para um tubo de raios X operando com uma voltagem de 18,0 kV e uma corrente de 60,0 mA que converte 1,0% de sua potência elétrica em raios X. Suponha que o alvo de 0,25 kg seja feito de chumbo (c = 130 J/kg · K). d) Que propriedades físicas um material deve ter para ser usado como um alvo apropriado? Que elementos poderiam ser escolhidos como alvos adequados?

38.71 Quando um fóton é emitido, o átomo recua em obediência à conservação do momento linear. Isso significa dizer que o fóton e o átomo juntos absorvem a energia da transição. a) Para um átomo de massa m, calcule a correção $\Delta\lambda$ para o comprimento de onda do fóton emitido produzido pelo recuo do átomo. Chame de λ o comprimento de onda do fóton emitido sem considerar o recuo do átomo. (*Sugestão*: a correção é muito pequena, como sugerido no Problema 38.52, logo, $|\Delta\lambda|/\lambda << 1$. Use esse fato para obter uma expressão aproximada, porém precisa para $\Delta\lambda$.) b) Calcule essa correção para um átomo de hidrogênio no qual um elétron na órbita de ordem n retorna a seu nível fundamental. Como a resposta depende de n?

38.72 a) Deduza uma expressão para o deslocamento total do comprimento de onda de um fóton que sofreu dois sucessivos espalhamentos Compton produzidos por elétrons inicialmente em repouso. Na primeira colisão, o ângulo de espalhamento do fóton é igual a θ_1 e na segunda é θ_2. b) Geralmente, quando ocorrem dois espalhamentos sucessivos com ângulos iguais a $\theta/2$, o resultado é o mesmo que ocorreria para um único espalhamento com ângulo igual a θ? Caso sua resposta seja negativa, existem valores específicos de θ, além de $\theta = 0°$, em que os deslocamentos totais sejam os mesmos? c) Use o resultado do item (a) para calcular o deslocamento total do comprimento de onda de um fóton que sofreu dois sucessivos espalhamentos Compton de 30° cada. Expresse sua resposta em termos de h/mc. d) Qual é o deslocamento do comprimento de onda produzido por um único espalhamento de 60,0°? Compare sua resposta com o resultado encontrado no item (c).

38.73 A reação de fusão nuclear no centro do Sol produz fótons de raios gama com energias da ordem de 1 MeV (10^6 eV). Em contraste, o que vemos emanar da superfície do Sol são fótons de luz cujos comprimentos de onda são da ordem de 500 nm. Um modelo simples que explica esse comportamento é que os fótons sofrem muitos espalhamentos Compton sucessivos — na verdade, ocorrem 10^{26} espalhamentos, como sugerido por alguns modelos do interior do Sol — à medida que os fótons se deslocam do centro até a superfície do Sol. a) Estime o aumento do comprimento de onda para um único evento médio de espalhamento Compton. b) Calcule o ângulo em graus em que o fóton é espalhado no evento de espalhamento descrito no item (a). (*Sugestão*: uma aproximação útil é $\cos\phi \approx 1 - \phi^2/2$, que vale para $\phi \ll 1$. Note que nessa expressão ϕ é dado em radianos.) c) Estima-se que um fóton leve cerca de 10^6 anos para se deslocar do centro até a superfície do Sol. Determine a distância média que a luz pode se deslocar no interior do Sol sem sofrer espalhamento. (Como sua resposta mostra, o interior do Sol é *muito* opaco.)

38.74 Um fóton de raios X é espalhado por um elétron (massa m) em repouso. O comprimento de onda do fóton espalhado é λ' e a velocidade final do elétron é igual a v. a) Qual era o comprimento de onda λ inicial do fóton? Expresse sua resposta em termos de λ', v e m. (*Sugestão*: use a expressão relativística para a energia cinética do elétron.) b) Através de qual ângulo ϕ o fóton é espalhado? Expresse sua resposta em termos de λ, λ' e m. c) Avalie seus resultados dos itens (a) e (b) para um comprimento de onda do fóton espalhado igual a $5{,}1 \times 10^{-3}$ nm e para uma velocidade final do elétron igual a $1{,}8 \times 10^{6}$ m/s. Forneça ϕ em graus.

38.75 Um fóton de comprimento de onda igual a 0,11 nm colide com um elétron livre que está inicialmente em repouso. Depois da colisão, o comprimento de onda passa a ser 0,1132 nm. a) Qual é a energia cinética do elétron após a colisão? Qual é sua velocidade? b) Caso o elétron seja subitamente contido (por exemplo, usando-se um alvo sólido), toda sua energia cinética é empregada na criação de um fóton. Qual é o comprimento de onda do fóton?

38.76 a) Calcule o aumento máximo do comprimento de onda de um fóton que pode ocorrer durante um espalhamento Compton. b) Qual é a energia (em elétrons-volt) do fóton de raios X de menor energia em que o comprimento de onda dobra de valor durante um espalhamento Compton?

38.77 a) Escreva a lei da distribuição de Planck em termos da freqüência f em vez do comprimento de onda λ para obter $I(f)$. b) Mostre que

$$\int_0^{\infty} I(\lambda)\, d\lambda = \frac{2\pi^5 k^4}{15c^2h^3}T^4$$

em que $I(\lambda)$ é a fórmula da distribuição de Planck da Equação (38.32). (*Sugestão*: troque a variável de integração de λ para f.) Você precisará usar a seguinte integral obtida em tabelas:

$$\int_0^{\infty} \frac{x^3}{e^{\alpha x}-1}\, dx = \frac{1}{240}\left(\frac{2\pi}{\alpha}\right)^4$$

c) O resultado do item (b) é I, que possui a forma da lei de Stefan-Boltzmann, $I = \sigma T^4$, indicada na Equação (38.28). Calcule a constante obtida no item (b) para mostrar que σ possui o valor dado na Seção 38.8.

38.78 Um corpo negro ideal. Uma grande cavidade com um orifício muito pequeno mantida a uma temperatura T constitui uma boa aproximação de um corpo negro ideal. A radiação só pode entrar ou sair da cavidade através do orifício. A cavidade é um absorvedor perfeito, uma vez que a radiação que incide sobre o orifício fica presa no interior da cavidade. Uma cavidade desse tipo está a 200° C, e a área do orifício é igual a 4,0 mm^2. Qual é o tempo necessário para que essa cavidade irradie 100 J de energia através do orifício?

Problemas desafiadores

38.79 a) Mostre que, no modelo de Bohr, a freqüência da revolução de um elétron em uma órbita circular estacionária em torno do núcleo do átomo de hidrogênio é dada por $f = me^4/4\epsilon_0^2 n^3 h^3$. b) Na física clássica, a freqüência da revolução de um elétron é igual à freqüência da radiação que ele emite. Mostre que, quando n é muito grande, a freqüência da revolução é, na verdade, igual à freqüência da radiação calculada pela Equação (38.6) para uma transição do nível $n_1 = n + 1$ até o nível $n_2 = n$. (Esse item ilustra o *princípio de correspondência* de Bohr, que é muito usado para conferir cálculos da mecânica quântica. Quando n é pequeno, a mecânica quântica fornece resultados muito diferentes dos obtidos pela física clássica. Quando n é grande, a diferença entre esses resultados é desprezível e os dois métodos são 'correspondentes'. De fato, quando Bohr estudou o problema do átomo de hidrogênio pela primeira vez, ele procurou determinar f em função de n, de modo a obter um resultado correspondente ao da física clássica para valores de n elevados.)

38.80 Considere um feixe de luz monocromática com intensidade I incidindo sobre uma superfície completamente absorvedora perpendicular à direção do feixe. Use o conceito de fóton para mostrar que a pressão da radiação exercida pela luz sobre a superfície é dada por I/c.

38.81 Considere o espalhamento Compton de um fóton que colide com um elétron que se *move*. Antes da colisão, o fóton possui comprimento de onda λ e está se deslocando no sentido $+x$ e o elétron está se deslocando no sentido $-x$ com energia total E (que inclui sua energia de repouso mc^2). A colisão entre o fóton e o elétron é central. Depois da colisão, ambos se movem no sentido $-x$ (ou seja, o ângulo de espalhamento é igual a 180°). a) Deduza uma expressão para o comprimento de onda λ' do fóton espalhado. Mostre que, quando $E >> mc^2$, em que m é a massa do elétron, seu resultado se reduz a

$$\lambda' = \frac{hc}{E}\left(1 + \frac{m^2c^4\lambda}{4hcE}\right)$$

b) Um feixe de radiação infravermelha proveniente de um laser de CO_2 (λ=10,6 μm) colide centralmente com um feixe de elétrons, cada um deles com energia total E =10,0 GeV (1 GeV =10^9 eV). Calcule os comprimentos de onda λ' dos fótons espalhados, supondo um ângulo de espalhamento igual a 180°. c) Que tipo de fóton espalhado é obtido (infravermelho, microonda, ultravioleta, etc.)? Você pode imaginar alguma aplicação para esse efeito?

A NATUREZA ONDULATÓRIA DAS PARTÍCULAS 39

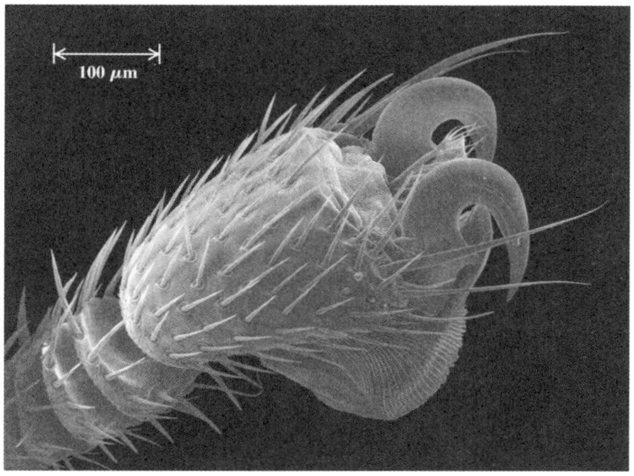

? Esta imagem da pata de uma mosca parasita de morcegos (*Streblidae*) foi feita usando-se um feixe de elétrons em vez de um feixe de luz. Que propriedades dos elétrons os tornam úteis para exibir detalhes tão sutis?

OBJETIVOS DE APRENDIZAGEM

Ao estudar este capítulo, você aprenderá:

- A hipótese de De Broglie, de que elétrons, prótons e outras partículas podem se comportar como ondas.
- Como experiências com difração de elétrons forneceram comprovações das idéias de De Broglie.
- Como o princípio da incerteza de Heisenberg impõe limites fundamentais sobre o que pode ser medido.
- Como os microscópios eletrônicos podem fornecer imagem de ampliação maior do que a fornecida por microscópios óticos.
- As funções de onda que descrevem o comportamento das partículas e a equação de Schrödinger a que essas funções devem satisfazer.

Nos capítulos precedentes, descrevemos um aspecto da natureza da dualidade onda-partícula: a luz e outras ondas eletromagnéticas algumas vezes se comportam como ondas e outras vezes como partículas. A interferência e a difração revelam o comportamento ondulatório, enquanto a emissão e a absorção de fótons demonstram o aspecto corpuscular.

Uma teoria completa deveria ser capaz de *prever*, em bases teóricas, os níveis de energia de qualquer átomo particular. O modelo de Bohr de 1913 para o átomo de hidrogênio foi uma etapa rumo a esse objetivo. No entanto, esse modelo combinava princípios clássicos com as novas idéias, que eram incompatíveis com a teoria clássica, e o número de questões que ele levantava era igual ao número de questões a que ele respondia. Tornava-se necessário fazer mudanças mais drásticas nos conceitos clássicos.

A *mecânica quântica*, uma teoria que começou a ser desenvolvida no início da década de 1920, efetuou essas mudanças mais drásticas. Além das ondas que algumas vezes se comportam como partículas, a mecânica quântica estendeu o conceito da dualidade onda-partícula a partículas que apresentam um comportamento *ondulatório*. Nessas circunstâncias, uma partícula pode ser imaginada como uma entidade fundamentalmente difusa, que não pode ser descrita como um ponto de posição e velocidade precisamente determinados.

Neste capítulo, estudaremos a natureza ondulatória da matéria e algumas de suas aplicações. Apresentaremos a equação de Schrödinger, que é tão importante para a mecânica quântica como as leis de Newton o são para a mecânica, ou as equações de Maxwell para o eletromagnetismo. No Capítulo 40, veremos como usar essa equação para encontrar os níveis de energia possíveis de um sistema mecânico-quântico.

A mecânica quântica é a chave para a descrição de átomos e de moléculas, inclusive estruturas, espectros, comportamento químico e muitas outras propriedades. Ela tem o mérito de restaurar a unidade e simetria na nossa descrição das partículas e da radiação. Do presente capítulo até o final deste livro, abordaremos a mecânica quântica e suas aplicações.

39.1 Onda de De Broglie

O avanço mais importante no entendimento da estrutura atômica começou em 1924, cerca de dez anos após o modelo de Bohr, com uma hipótese lançada pelo físico francês de origem nobre, o príncipe Louis de Broglie. Seu pensamento, parafraseado livremente, foi mais ou menos o seguinte: a natureza ama as simetrias. A luz possui uma natureza dual, comportando-se em algumas situações como onda e em outras, como partícula. Se a natureza é simétrica, essa dualidade também deveria ser válida para a matéria. Elétrons e prótons, que são geralmente considerados *partículas*, podem em algumas situações se comportar como *ondas*.

Se uma partícula se comporta como onda, ela deve ter um comprimento de onda e uma freqüência. De Broglie (Figura 39.1) postulou que uma partícula livre com massa de repouso m, deslocando-se com velocidade não-relativística v, deve ter um comprimento de onda λ associado a seu momento linear $p = mv$ do mesmo modo que um fóton, como expresso pela Equação (38.5): $\lambda = h/p$. O **comprimento de onda de De Broglie** de uma partícula é então

$$\lambda = \frac{h}{p} = \frac{h}{mv} \qquad (39.1)$$

(comprimento de onda de De Broglie de uma partícula)

onde h é a constante de Planck. Se a velocidade da partícula é uma fração considerável da velocidade da luz c, devemos usar a Equação (37.27) para substituir mv na Equação (39.1), com $\gamma mv = mv/\sqrt{1 - v^2/c^2}$. A freqüência f, de acordo com De Broglie, é também relacionada com a energia da partícula E da mesma forma que ocorre com um fóton, ou seja,

$$E = hf \qquad (39.2)$$

Portanto, a relação entre comprimento de onda e momento linear e a relação entre freqüência e energia, de acordo com De Broglie, são exatamente as mesmas tanto para partículas quanto para ondas.

Figura 39.1 Louis-Victor De Broglie, o sétimo duque De Broglie (1892–1987), rompeu a tradição familiar escolhendo a física em vez da diplomacia. Sua hipótese revolucionária de que as partículas apresentam comportamento ondulatório – pela qual De Broglie recebeu o prêmio Nobel de física de 1929 – foi publicada em sua tese de doutorado.

ATENÇÃO Nem todas as equações dos fótons se aplicam a partículas com massa A relação $E = hf$ deve ser aplicada com cuidado a partículas que possuem massa de repouso diferente de zero, como, por exemplo, elétrons e prótons. Diferentemente dos fótons, essas partículas *não* se deslocam com a velocidade da luz c, de modo que nem a relação $E = pc$, nem a relação $f = c/\lambda$ podem ser aplicadas a elas!

Para entender a enorme importância da hipótese formulada por De Broglie, devemos lembrar que naquela época ainda não existia nenhuma evidência experimental direta de que as partículas pudessem ter um caráter ondulatório. Uma coisa é fazermos uma hipótese nova baseada em observações experimentais, outra completamente diferente é propor tal mudança radical das concepções apenas com base em conceitos teóricos. Era claro, no entanto, que havia a necessidade de uma idéia radical. A idéia da natureza dual das ondas eletromagnéticas conduziu ao conceito de fóton, também uma idéia radical. A relativa falta de êxito na explicação da estrutura atômica indicava que uma revolução semelhante seria necessária na mecânica das partículas.

A hipótese aventada por De Broglie foi o início dessa revolução. No período de alguns anos após 1924, uma teoria detalhada, chamada de **mecânica quântica**, foi desenvolvida por Heisenberg, Schrödinger, Dirac, Born e outros. O desenvolvimento dessa teoria ocorreu mesmo antes da evidência experimental direta das propriedades ondulatórias das partículas.

A mecânica quântica envolve uma revisão radical de nossos conceitos sobre a estrutura da matéria. Uma partícula não é um ponto geométrico, e sim uma entidade que ocupa uma região do espaço. A distribuição espacial de uma partícula é descrita por uma função chamada **função de onda**, intimamente relacionada com a função de onda que aplicamos às ondas mecânicas no Capítulo 15, volume 2, e às ondas eletromagnéticas no Capítulo 32, volume 3. A função de onda para uma partícula *livre* com uma energia definida possui uma configuração ondulatória com valores bem definidos para a freqüência e para o comprimento de onda. A descrição corpuscular não é incompatível com a descrição ondulatória; o *princípio da complementaridade*, que discutimos na Seção 38.9, mostra que é necessário usar o modelo ondulatório juntamente com o modelo corpuscular para tornar possível uma descrição completa da natureza.

O modelo de Bohr e as ondas de De Broglie

No modelo de Bohr, descrevemos os níveis de energia do átomo de hidrogênio com base em órbitas fixas dos elétrons, como se pode verificar na Figura 38.9. Trata-se de uma grande simplificação, que não deve ser tomada literalmente. Entretanto, a idéia mais importante da teoria de Bohr foi a verificação da existência de níveis de energia discretos e suas relações com as freqüências dos fótons emitidos. A nova mecânica quântica ainda estipula certos níveis de energia permitidos para o átomo, porém com uma descrição mais geral para o movimento dos elétrons a partir das funções de onda. No átomo de hidrogênio, verificamos que os níveis de energia previstos pela mecânica quântica coincidem com aqueles previstos pelo modelo de Bohr. Em átomos mais complexos, para os quais o modelo de Bohr não funciona, a mecânica quântica fornece previsões que concordam muito bem com os valores observados.

Existe uma interessante relação entre a hipótese ondulatória aventada por De Broglie e o modelo de Bohr. Podemos usar a Equação (39.1) para obter a condição de Bohr da quantização do momento angular, ou seja, $L = mvr$ deve ser um número inteiro múltiplo da constante de Planck, h. O método é análogo ao da determinação da freqüência dos modos normais das ondas estacionárias. Discutimos esse problema nas seções 15.8 (volume 2) e 32.5 (volume 3); a idéia básica era satisfazer as **condições de contorno** para as ondas. Por exemplo, nas ondas estacionárias em uma corda vibrante com extremidades fixas, as extremidades são sempre nós, e devem existir nós adicionais ao longo da corda em todos os modos normais, exceto no modo fundamental. Para que as condições de contorno sejam satisfeitas, o comprimento total da corda deve ser igual a um número *inteiro* multiplicado pela metade do comprimento de onda.

Uma onda estacionária em uma corda não transmite nenhuma energia, e o elétron em uma órbita estacionária no modelo de Bohr não irradia nenhuma energia. Imagine que o elétron seja uma onda estacionária distribuída ao longo de uma órbita circular de Bohr. Para que essa onda seja contida *exatamente* e se feche de modo contínuo na órbita, a circunferência deve conter um *número inteiro* de comprimentos de onda, como sugere a Figura 39.2. Para uma órbita de raio r e circunferência $2\pi r$, devemos ter $2\pi r = n\lambda$, onde $n = 1, 2, 3...$ De acordo com a relação proposta por De Broglie, Equação (39.1), o comprimento de onda λ de uma partícula com massa m, movendo-se com velocidade não-relativística v, é $\lambda = h/mv$. Combinando $2\pi r = n\lambda$ com $\lambda = h/mv$, obtemos $2\pi r = nh/mv$, ou seja,

$$mvr = n\frac{h}{2\pi} \tag{39.3}$$

Notamos que a Equação (39.3) é idêntica à Equação (38.10), a condição de Bohr, segundo a qual o momento angular $L = mvr$ deve ser um número inteiro vezes $h/2\pi$. Portanto, a descrição da mecânica quântica conduz naturalmente à quantização do momento angular do elétron.

Na verdade, a idéia de fazer uma onda estacionária preencher exatamente uma órbita circular parece ser uma noção vaga. Contudo, a concordância da Equação (39.3) com o modelo de Bohr é importante demais para ser mera coincidência. Ela sugere fortemente que as propriedades ondulatórias do elétron devem realmente ser relevantes para o estudo da estrutura atômica.

Mais adiante mostraremos como as funções de onda de sistemas específicos são determinadas pelas soluções de uma equação de onda conhecida como equação de Schrödinger. As condições de contorno desempenham um papel crucial na obtenção das soluções dessa equação e, portanto, na determinação dos níveis de energia, dos valores do momento angular e de outras grandezas.

Estratégia para a solução de problemas 39.1

PARTÍCULAS E ONDAS

IDENTIFICAR *os conceitos relevantes*: por mais estranho que pareça, tanto as partículas quanto a luz têm propriedades ondulatórias, além das propriedades como partículas. O comprimento de onda de uma partícula é inversamente proporcional ao momento linear, e a freqüência é proporcional à energia. Esses conceitos irão ajudá-lo a resolver muitos problemas que envolvem o caráter ondulatório da matéria.

PREPARAR *o problema*: como sempre, determine a incógnita e decida que equações irá usar para calculá-la.

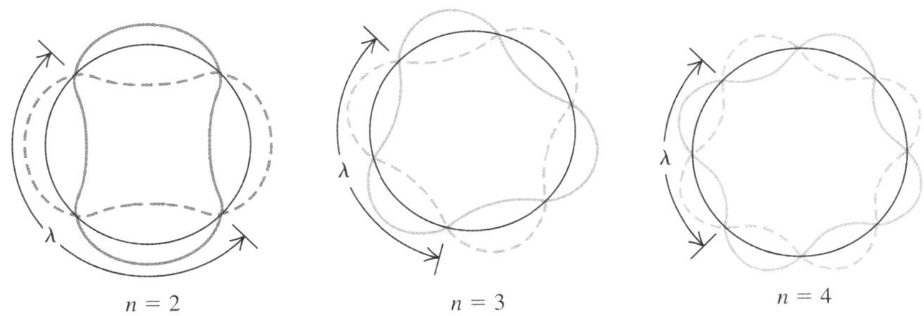

Figura 39.2 O diagrama mostra como uma onda estacionária pode preencher exatamente uma órbita circular. Para que a onda se encaixe perfeitamente na circunferência, o comprimento da circunferência deve ser igual a um número inteiro n de comprimentos de onda. Mostramos exemplos para $n = 2$, 3 e 4.

EXECUTAR *o problema da seguinte forma*:

1. Use a Equação (39.1) para relacionar o momento linear p com o comprimento de onda λ, e a Equação (39.2) para relacionar a energia E com a freqüência f.
2. A energia cinética não-relativística pode ser expressa na forma $K = \frac{1}{2}mv^2$ ou (como $p = mv$) pela relação $K = p^2/2m$. A última forma é geralmente útil para cálculos que envolvem o comprimento de onda de De Broglie.
3. Use unidades compatíveis. Comprimentos, tais como comprimentos de onda, precisam ser expressos em metros quando se usa outras grandezas expressas em unidades do SI. Se você deseja expressar o comprimento em nanômetros ou qualquer outra unidade, não se esqueça de fazer as conversões. Como no Capítulo 38, as energias podem ser expressas em joules ou elétrons-volt. Dependendo da sua escolha, você pode usar $h = 6{,}626 \times 10^{-34}$ J·s ou $h = 4{,}136 \times 10^{-15}$ eV·s.

AVALIAR *sua resposta*: para verificar os seus resultados numéricos, é útil memorizar as ordens de grandeza mais usadas na escala atômica:

Raio de um átomo: 10^{-10} m;
Massa de um átomo: 10^{-26} kg;
Massa de um elétron: 10^{-30} kg;
Ordem de grandeza da energia de um estado atômico: de 1 até 10 eV (10^{-19} a 10^{-18} J) (contudo, algumas energias de interação são muito menores);
Velocidade de um elétron no modelo de Bohr para um átomo de hidrogênio: 10^6 m/s;
Ordem de grandeza da carga de um elétron: 10^{-19} C;
kT na temperatura ambiente: $\frac{1}{40}$ eV.

Você pode adicionar outras grandezas a essa lista. Todos esses valores aproximados poderão também ser úteis no Capítulo 43, quando você estudar as ordens de grandeza típicas de estruturas *nucleares* em vez de estruturas atômicas; essas ordens de grandeza diferem por fatores de 10^4 até 10^6.

Exemplo 39.1

ENERGIA DE UM NÊUTRON TÉRMICO Calcule a velocidade e a energia cinética de um nêutron ($m = 1{,}675 \times 10^{-27}$ kg) com comprimento de onda de De Broglie $\lambda = 0{,}200$ nm, valor aproximadamente igual ao espaçamento entre os átomos em muitos cristais. Compare essa energia com a energia cinética média das moléculas de um gás na temperatura ambiente ($T = 20°C = 293$ K.)

SOLUÇÃO

IDENTIFICAR: este problema utiliza diversas relações: entre o comprimento de onda e a velocidade de uma partícula, entre velocidade da partícula e energia cinética, e entre a temperatura de um gás e a energia cinética média de uma molécula de gás.

PREPARAR: nossas incógnitas são a velocidade e energia cinética K. Calculamos v por meio da Equação (39.1), e depois encontramos a energia cinética usando $K = \frac{1}{2}mv$. Para calcular a energia cinética média de uma molécula na temperatura T, usamos os resultados de nosso estudo sobre a teoria cinética na Seção 18.3.

EXECUTAR: conforme a Equação (39.1),

$$v = \frac{h}{\lambda m} = \frac{6{,}626 \times 10^{-34}\ \text{J}\cdot\text{s}}{(0{,}200 \times 10^{-9}\ \text{m})(1{,}675 \times 10^{-27}\ \text{kg})}$$
$$= 1{,}98 \times 10^3\ \text{m/s}$$

A energia cinética é

$$K = \frac{1}{2}mv^2 = \frac{1}{2}(1{,}675 \times 10^{-27}\ \text{kg})(1{,}98 \times 10^3\ \text{m/s})^2$$
$$= 3{,}28 \times 10^{-21}\ \text{J} = 0{,}0204\ \text{eV}$$

A energia cinética média translacional de uma dada molécula de um gás ideal é dada pela Equação (18.16), no volume 2:

$$\frac{1}{2}m(v^2)_{\text{méd}} = \frac{3}{2}kT = \frac{3}{2}(1{,}38 \times 10^{-23}\ \text{J/K})(293\ \text{K})$$
$$= 6{,}07 \times 10^{-21}\ \text{J} = 0{,}0397\ \text{eV}$$

As duas energias obtidas possuem a mesma ordem de grandeza. De fato, um nêutron com energia cinética dessa ordem de grandeza denomina-se *nêutron térmico*. A difração de nêutrons térmicos, que será discutida na próxima seção, é usada para estudar cristais e estruturas moleculares de modo análogo ao da difração de raios X. Verificou-se que a difração de nêutrons é especialmente útil no estudo de moléculas orgânicas grandes.

AVALIAR: note que a velocidade obtida para o nêutron é muito menor do que a velocidade da luz. Isso justifica o nosso uso da forma não-relativística da Equação (39.1).

Teste sua compreensão da Seção 39.1 A massa de um próton é um pouco menor do que a de um nêutron. Comparado ao nêutron descrito no Exemplo 39.1, um próton do mesmo comprimento de onda apresentaria (i) mais energia cinética; (ii) menos energia cinética ou (iii) a mesma energia cinética? ❚

39.2 Difração de elétrons

A hipótese ondulatória sugerida por De Broglie, por mais radical que parecesse, recebeu imediata confirmação experimental. A primeira evidência direta envolveu uma experiência de difração de elétrons análoga à experiência de difração de raios X descrita na Seção 36.6. Naquela experiência, os átomos de um cristal desempenhavam o papel de uma rede de difração para os raios X. Um feixe de raios X é fortemente refletido quando incide formando um ângulo em que ocorre interferência construtiva entre as ondas espalhadas pelos diversos átomos no cristal. Esses efeitos de interferência demonstram a natureza *ondulatória* dos raios X.

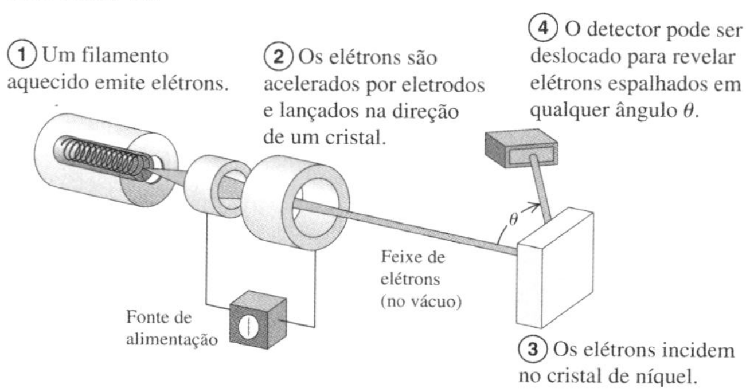

Figura 39.3 Dispositivo semelhante ao usado por Davisson e Germer para descobrir a difração de elétrons.

Estudando a natureza ondulatória dos elétrons

Em 1927, Clinton Davisson e Lester Germer, trabalhando nos laboratórios da Bell Telephone, estavam estudando a superfície de um bloco de níquel fazendo um feixe de elétrons incidir sobre ela e observando quantos elétrons emergiam em diferentes ângulos. A Figura 39.3 mostra um dispositivo experimental semelhante ao que eles usaram. A amostra era policristalina; assim como vários metais comuns, a amostra continha muitos cristais microscópicos orientados aleatoriamente. Os físicos experimentais esperavam verificar que até mesmo uma superfície extremamente polida poderia se comportar como uma superfície rugosa para os elétrons e que eles sofreriam uma reflexão difusa, de modo que a distribuição de intensidade em função do ângulo θ deveria ser uniforme.

Durante a realização da experiência, ocorreu um acidente que possibilitou a entrada de ar na câmara a vácuo, ocasionando a formação de uma película de óxido sobre a superfície metálica. Para remover essa película, Davisson e Germer aqueceram a amostra em um forno com uma temperatura tão elevada que seria quase capaz de produzir a fusão da amostra. Sem que eles soubessem, esse processo teve o efeito de criar vastas regiões de monocristais cujos planos eram dispostos continuamente ao longo da largura do feixe de elétrons.

Quando eles repetiram as observações, os resultados foram bastante diferentes. Os máximos fortes do feixe refletido ocorriam em determinados ângulos (Figura 39.4a), em contraste com a variação uniforme da intensidade com o ângulo que Davisson e Germer observaram antes do acidente. As posições angulares dos máximos dependiam da voltagem V_{ba} usada para produzir o feixe de elétrons. Davisson e Germer conheciam a hipótese lançada por De Broglie e notaram a semelhança entre o comportamento da difração de raios X e o observado por eles. Embora esse não fosse o efeito que eles estavam procurando, eles imediatamente concluíram que o feixe de elétrons estava sendo *difratado*. Eles descobriram uma confirmação experimental direta da hipótese ondulatória.

Davisson e Germer podiam determinar as velocidades dos elétrons a partir das voltagens de aceleração, de modo que era possível calcular os comprimentos de onda de De Broglie usando a Equação (39.1). Os elétrons eram inicialmente espalhados pelos planos dos átomos na superfície do cristal. Os átomos em uma superfície plana são distribuídos ao longo de linhas e colunas, e a distância d do espaçamento entre os átomos pode ser medida pela técnica de difração de raios X. Essas linhas se comportam como uma rede de difração; os ângulos em que ocorre forte reflexão são os mesmos que os obtidos no caso de uma rede de difração com uma distância d entre duas fendas consecutivas (Figura 39.4b). De acordo com a Equação (36.13), os ângulos em que ocorre reflexão máxima são dados por

$$d\,\text{sen}\,\theta = m\lambda \qquad (m = 1, 2, 3 \ldots) \tag{39.4}$$

onde θ é o ângulo indicado na Figura 39.3. Verificou-se que os valores observados concordavam com os previstos pela equação anterior, usando o comprimento de onda de De Broglie (Figura 39.4a). Portanto, a descoberta acidental da **difração de elétrons** foi a primeira evidência experimental direta a confirmar a hipótese feita por De Broglie.

O comprimento de onda proposto por De Broglie para uma partícula não-relativística é $\lambda = h/p = h/mv$. Podemos também expressar λ em termos da energia cinética da partícula. Por exemplo, considere um elétron acelerado do repouso em um ponto a até um ponto b por um aumento de potencial $V_b - V_a = V_{ba}$. A variação da energia cinética K é igual ao trabalho realizado sobre o elétron eV_{ba}. Usando $K = p^2/2m$, obtemos

$$eV_{ba} = \frac{p^2}{2m} \qquad p = \sqrt{2meV_{ba}}$$

e o comprimento de onda de De Broglie do elétron é dado por

$$\lambda = \frac{h}{p} = \frac{h}{\sqrt{2meV_{ba}}} \tag{39.5}$$

(comprimento de onda De Broglie do elétron)

(a) Este pico na intensidade dos elétrons espalhados se deve à interferência construtiva entre as ondas dos elétrons.

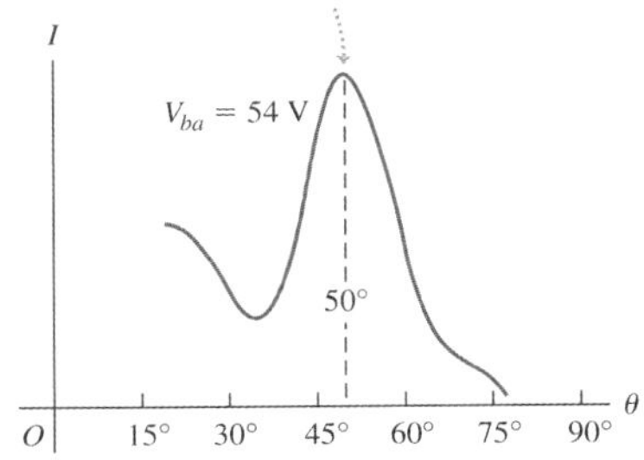

(b) Se as ondas espalhadas estão em fase, há um pico na intensidade dos elétrons espalhados.

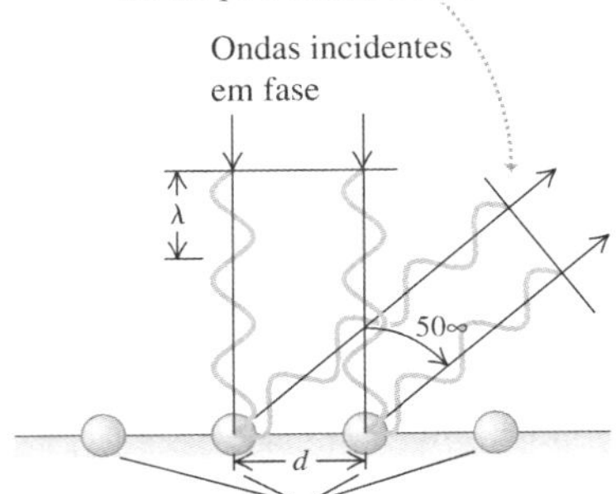

Figura 39.4 (a) Gráfico da intensidade do feixe de elétrons espalhados mostrado na Figura 39.3 em função do ângulo de espalhamento θ. (b) Interferência construtiva entre as ondas dos elétrons espalhados por dois átomos adjacentes quando $d\text{sen}\theta = m\lambda$. No caso mostrado aqui, $\theta = 50°$ e $m = 1$.

Exemplo 39.2

UMA EXPERIÊNCIA COM DIFRAÇÃO DE ELÉTRONS Em certa experiência de difração de elétrons usando uma voltagem de aceleração igual a 54 V, ocorre um máximo intensidade quando o ângulo θ indicado na Figura 39.3 é igual 50° (veja a Figura 39.4a). A energia cinética inicial do elétron é desprezível. A difração de raios X mostrou que a distância entre os átomos ao longo de uma linha é dada por $d = 2{,}15 \times 10^{-10}$ m = 0,215 nm. Calcule o comprimento de onda do elétron.

SOLUÇÃO

IDENTIFICAR: este problema utiliza as relações entre voltagem de aceleração, comprimento de onda do elétron, espaçamento entre átomos e ângulo de reflexão máxima em uma experiência de difração de elétrons.

PREPARAR: o problema fornece a voltagem de aceleração V_{ba} = 54 V, então podemos calcular o comprimento de onda λ com a Equação (39.5). O problema informa também o espaçamento d entre os átomos e o ângulo λ em um máximo de intensidade, portanto podemos também encontrar λ usando a Equação (39.4).

EXECUTAR: de acordo com a Equação (39.5), o comprimento de onda do elétron é

$$\lambda = \frac{6{,}626 \times 10^{-34}\ \text{J} \cdot \text{s}}{\sqrt{2(9{,}109 \times 10^{-31}\ \text{kg})(1{,}602 \times 10^{-19}\ \text{C})(54\ \text{V})}}$$
$$= 1{,}7 \times 10^{-10}\ \text{m}$$

De modo alternativo, com a Equação (39.3), para $m = 1$,

$$\lambda = d\ \text{sen}\ \theta = (2{,}15 \times +10^{-10}\ \text{m})\ \text{sen}50° = 1{,}7 \times 10^{-10}\ \text{m}$$

AVALIAR: os dois números concordam dentro do nível de precisão dos resultados experimentais, o que nos fornece uma comprovação excelente de nossos cálculos. Note que esse comprimento de onda do elétron é menor do que o espaçamento entre os átomos.

Difração de elétrons e outras partículas

Em 1928, apenas um ano após a descoberta de Davisson e Germer, o físico inglês G. P. Thomson fez experiências de difração de elétrons usando como alvo uma fina folha metálica policristalina. Debye e Sherrer empregaram uma técnica semelhante para estudar a difração de raios X de amostras policristalinas. Por causa das orientações aleatórias dos cristais microscópicos no interior da folha, a figura de difração era constituída por máximos distribuídos ao longo de um anel em torno da direção do feixe incidente. Os resultados de Thomson confirmaram novamente a relação proposta por De Broglie. A Figura 39.5 mostra duas figuras de difração, uma para elétrons e a outra para raios X, passando através de uma folha de alumínio policristalina. (É interessante notar que G. P. Thomson era filho de J. J. Thomson, que, 31 anos antes da experiência do filho, havia realizado uma experiência definitiva mostrando que o elétron se comportava como *partícula*.)

Experiências adicionais foram posteriormente realizadas em muitos laboratórios. Na Alemanha, Estermann e Stern demonstraram a difração de partículas alfa. Mais recentemente, experiências de difração foram feitas com diversos íons e nêutrons de baixas energias (veja o Exemplo 39.1). Assim, a natureza ondulatória das partículas, tão estranha em 1924, se tornou firmemente estabelecida nos anos posteriores.

Teste sua compreensão da Seção 39.2 O Exemplo 39.2 indica que, para dar aos elétrons um comprimento de onda de $1{,}7 \times 10^{-10}$ m, eles precisam ser acelerados a partir do repouso por uma voltagem de 54 V e, assim, adquirir uma energia cinética de 54 eV. Um fóton com essa mesma energia também tem um comprimento de onda de $1{,}7 \times 10^{-10}$ m? ❚

39.3 Probabilidade e incerteza

A descoberta de que a matéria possui uma natureza dual onda-partícula nos forçou a fazer uma reavaliação da linguagem cinemática que usávamos para descrever a posição e o momento linear de uma partícula. Na mecânica clássica newtoniana uma partícula era descrita como um ponto. Podemos descrever sua posição e seu estado de movimento com três coordenadas espaciais e três componentes para a velocidade. Contudo, geralmente tal descrição específica não é possível. Quando observamos uma partícula em uma escala suficientemente pequena, existem limitações fundamentais que impedem a exata determinação da sua posição e sua velocidade. Muitos aspectos do comportamento de uma partícula só podem ser descritos em termos de *probabilidades*.

Difração em uma única fenda

Para visualizar a natureza do problema, vamos rever a experiência de ótica da difração em uma única fenda des-

Em cima: difração de raios X

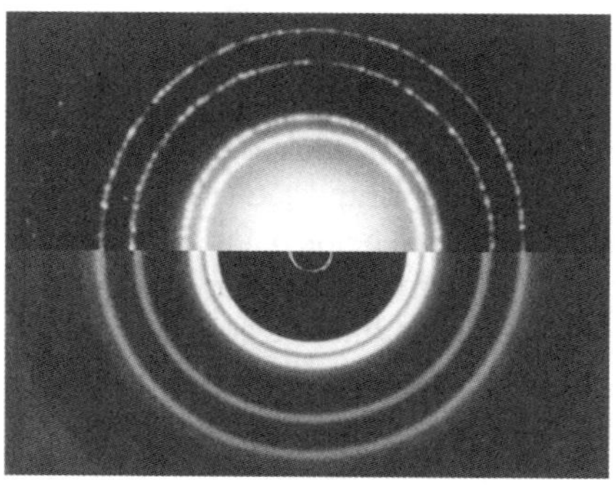

Embaixo: difração de elétrons

Figura 39.5 Difração de elétrons e difração de raios X. A metade superior da foto mostra a figura de difração para raios X de 71 pm passando através de uma folha de alumínio. A metade inferior da foto mostra, em uma escala diferente, a figura de difração para elétrons de 600 eV passando através de uma folha de alumínio.

crita na Seção 36.2. Considere um comprimento de onda λ muito menor do que a largura a da fenda. Então, a maior parte da luz (85%) da figura de difração está concentrada no máximo central, delimitado em ambos os lados pelo primeiro mínimo da difração. O ângulo da fronteira entre o máximo central e o primeiro mínimo será designado por θ_1. Usando a Equação (36.2) com $m = 1$, verificamos que θ_1 é dado por sen $\theta_1 = \lambda/a$. Uma vez que supomos $\lambda << a$, concluímos que θ_1 é muito pequeno e sen θ_1 é aproximadamente igual a θ_1 (em radianos), e

$$\theta_1 = \frac{\lambda}{a} \tag{39.6}$$

Fazemos agora a mesma experiência, porém, usando um feixe de *elétrons* em vez de um feixe de luz monocromática (Figura 39.6). Devemos realizar a experiência no vácuo (pressões menores do que 10^{-7} atm) de modo que os elétrons não sejam desviados pelas colisões com as moléculas do ar. Podemos produzir o feixe de elétrons com um dispositivo semelhante ao canhão de elétrons de um tubo de raios catódicos. O dispositivo produz um feixe estreito de elétrons que possuem aproximadamente a mesma velocidade e a mesma direção e, portanto, o mesmo comprimento de onda de De Broglie.

O resultado dessa experiência, registrado em uma placa fotográfica ou por detectores mais sofisticados, é uma figura de difração idêntica à indicada na Figura 39.6. Essa figura fornece uma evidência adicional direta da natureza *ondulatória* do elétron. Cerca de 85% dos elétrons incidentes atingem a placa fotográfica dentro do máximo central. Os elétrons restantes formam os máximos secundários adjacentes ao máximo central.

Supondo que os elétrons sejam ondas, o comportamento ondulatório comprovado por essa experiência não é surpreendente. Contudo, se imaginarmos que os elétrons são *partículas*, estaremos diante de problemas muito sérios. Em primeiro lugar, nem todos os elétrons seguem a mesma trajetória, embora todos se encontrassem na mesma situação no estado inicial. Na verdade, não podemos prever a trajetória exata de nenhum elétron individual a partir do conhecimento de seu estado inicial. O máximo que podemos dizer é que *muitos* elétrons incidem em uma região, alguns *poucos* incidem em outra, e assim por diante. Ou seja, podemos apenas dizer qual é a *probabilidade* de que um elétron atinja uma determinada área da placa fotográfica. Essa indeterminação fundamental não encontra nenhuma contrapartida na mecânica newtoniana, segundo a qual o movimento de uma partícula pode ser completamente determinado quando conhecemos sua posição inicial e sua velocidade com precisão suficiente.

Em segundo lugar, existem *incertezas* fundamentais quanto à posição e ao momento linear de uma partícula individual, e essas duas incertezas são indissociáveis. Para esclarecer esse ponto, vamos examinar novamente a Figura 39.6. Um elétron que atinge a borda externa do máximo central, formando um ângulo igual a θ_1, deve possuir um componente do momento linear p_y na direção y, bem como um componente p_x na direção x, embora no estado inicial todos os elétrons possuam somente momento linear na direção x. De acordo com a geometria da situação, os dois componentes são relacionados por $p_y/p_x =$ tg θ_1. Como θ_1 é muito pequeno, usamos a aproximação tg $\theta_1 = \theta_1$, e

$$p_y = p_x\theta_1 \tag{39.7}$$

Combinando essa equação com a Equação (39.6), $\theta_1 = \lambda/a$, obtemos

$$p_y = p_x\frac{\lambda}{a} \tag{39.8}$$

Para os 85% de elétrons que atingem a placa fotográfica dentro do máximo central (ou seja, entre os ângulos $-\lambda/a$ e $+\lambda/a$), vemos que o componente y do momento linear se espalha para fora do centro desde $-p_x\lambda/a$ até $+p_x\lambda/a$. Vamos agora considerar *todos* os elétrons que passam pela fenda e atingem a placa fotográfica. Novamente, eles podem

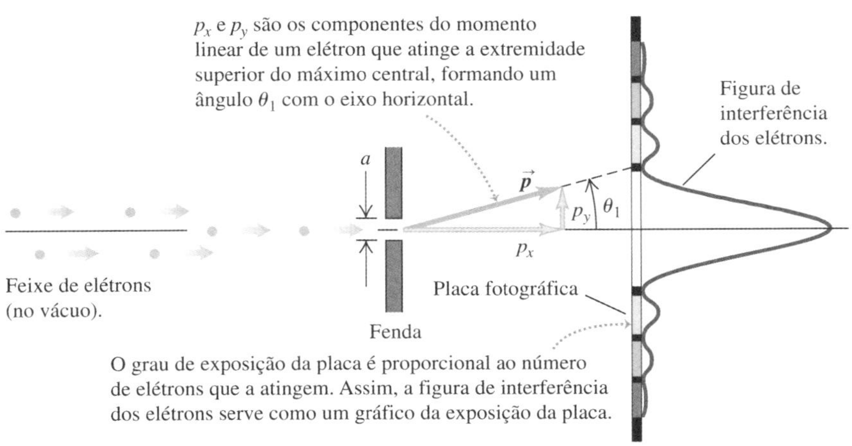

Figura 39.6 Uma experiência de difração de elétrons.

atingir regiões acima ou abaixo do centro da figura, de modo que o componente p_y pode ser positivo ou negativo. Contudo, a simetria da situação mostra que o valor médio deve ser $(p_y)_{\text{méd}} = 0$. Deverá existir uma *incerteza* Δp_y no componente y do momento linear no mínimo igual a $p_x\lambda/a$, ou seja,

$$\Delta p_y \geq p_x \frac{\lambda}{a} \tag{39.9}$$

Quanto menor for a largura a da fenda, mais larga será a figura de difração e maior a incerteza no valor do componente y do momento linear p_y.

O comprimento de onda λ do elétron está relacionado com seu momento linear $p_x = mv_x$ por meio da fórmula proposta por De Broglie, Equação (39.1), que pode ser escrita na forma $\lambda = h/p_x$. Usando esse resultado na Equação (39.9) e simplificando, obtemos

$$\Delta p_y \geq p_x \frac{h}{p_x a} = \frac{h}{a}$$
$$\Delta p_y a \geq h \tag{39.10}$$

Qual é o significado do resultado anterior? A largura a da fenda representa uma incerteza no componente y da *posição* do elétron quando ele passa pela fenda. Não podemos saber exatamente *onde* cada elétron passa através da fenda. Logo, a posição y e o componente y do momento linear possuem incertezas e essas incertezas são relacionadas pela Equação (39.10). Podemos diminuir a incerteza do *momento linear* Δp_y somente reduzindo a largura da figura de difração. Para isso é necessário aumentar a largura a da fenda, o que faz aumentar a incerteza da *posição*. Reciprocamente, quando *diminuímos* a incerteza da posição reduzindo a largura da fenda, a figura de difração se alarga e a incerteza do momento linear *aumenta*.

Você pode argumentar que o resultado anterior entra em conflito com o senso comum, segundo o qual toda partícula possui um dado momento linear e uma posição definida. Respondemos dizendo que o chamado *senso comum* baseia-se em uma familiaridade obtida a partir de experiências. Nossa experiência geralmente não inclui o contato com partículas microscópicas. Algumas vezes, ao considerar fenômenos muito distantes da nossa experiência cotidiana, somos obrigados a aceitar conclusões que violam nossa intuição.

Princípio da incerteza

Em discussões mais gerais acerca das relações de incerteza, notamos que a incerteza de uma grandeza é geralmente descrita com base em um conceito estatístico chamado de *desvio-padrão*, que fornece uma medida de afastamento dos valores de um conjunto de números em relação ao valor médio desses números. Suponha agora que passemos a descrever incertezas dessa maneira [na Equação (39.10) nem a nem Δp_y são desvios-padrão]. Quando a coordenada x apresenta uma incerteza Δx e o momento linear correspondente p_x apresenta uma incerteza Δp_x, então os desvios-padrão associados com as incertezas são relacionados de forma geral por meio da desigualdade

$$\Delta x \Delta p_x \geq \hbar \tag{39.11}$$

(princípio da incerteza de Heisenberg para a posição e o momento linear)

Nessa expressão, a grandeza $\hbar$ é a constante de Planck dividida por 2π:

$$\hbar = \frac{h}{2\pi} = 1{,}05457168(18) \times 10^{-34}\ \text{J} \cdot \text{s} \tag{39.12}$$

Usaremos essa grandeza freqüentemente para evitar escrever demasiados fatores 2π nas equações que utilizaremos daqui para frente.

A Equação (39.11) é uma forma do **princípio da incerteza de Heisenberg**, proposto pela primeira vez pelo físico alemão Werner Heisenberg (1901-1976). Esse princípio afirma que, em geral, não podemos determinar nem a posição nem o momento linear de uma partícula com uma precisão arbitrariamente grande, como é previsto pela física clássica. Ao contrário, as incertezas dessas duas grandezas desempenham papéis complementares, conforme descrevemos. Na Figura 39.7 mostramos as relações entre essas duas incertezas.

Podemos ser levados a supor que obteríamos uma precisão mais elevada usando detectores mais sofisticados de posição e momento linear. Verificou-se que isso é impossível. Para detectar uma partícula, o detector teria de *interagir* com ela, e essa interação produziria inevitáveis perturbações no movimento da partícula, introduzindo uma incerteza em seu estado inicial. Por exemplo, fazendo incidir sobre a partícula fótons com comprimentos de onda muito curtos para localizá-la melhor, o momento linear mais elevado h/λ faria a partícula sofrer um recuo maior, produzindo maior incerteza em seu momento linear. Uma análise mais detalhada dessas experiências hipotéticas mostra que as incertezas que descrevemos são fundamentais e intrínsecas. Elas *não* podem ser evitadas *mesmo em princí-*

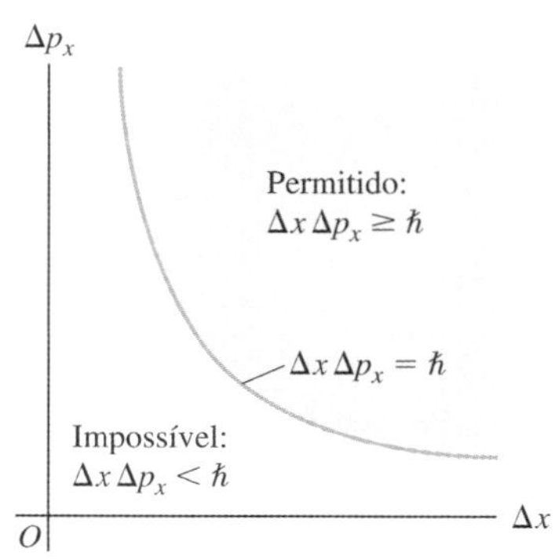

Figura 39.7 Princípio da incerteza de Heisenberg para a posição e o momento linear. É impossível que o produto $\Delta x \Delta p_x$ seja inferior a $\hbar = h/2\pi$.

pio com o aperfeiçoamento da técnica experimental, por mais sofisticada que ela seja.

Não existe nada de especial com o eixo x. Em três dimensões, com coordenadas (x, y, z), existe uma relação de incerteza para cada coordenada e seu respectivo componente do momento linear: $\Delta x \Delta p_x \geq \hbar$, $\Delta y \Delta p_y \geq \hbar$ e $\Delta z \Delta p_z \geq \hbar$. Contudo, a incerteza em uma coordenada *não* é relacionada com a incerteza de outro componente do momento linear. Por exemplo, não existe nenhuma relação direta entre Δx e Δp_y.

Para uma partícula se deslocando ao longo de uma circunferência, podemos substituir x na Equação (39.11) por r, obtendo $\Delta r \Delta p_r \geq \hbar$. No modelo de Bohr, o elétron se desloca ao longo de uma circunferência de raio exatamente igual a r, obtendo-se $\Delta r = 0$ e $\Delta p_r = 0$. Logo, o modelo de Bohr viola o princípio da incerteza de Heisenberg. Faremos uma descrição mais completa da estrutura atômica no Capítulo 41; felizmente, verifica-se que os níveis de energia previstos pelo modelo de Bohr *são* corretos.

Incerteza na energia

Existe também um princípio da incerteza para a *energia*. Verifica-se que a energia de um sistema também possui incertezas. A incerteza ΔE depende do *intervalo de tempo* Δt durante o qual o sistema permanece em um dado estado. A relação é

$$\Delta E \Delta t \geq \hbar \quad \text{(princípio da incerteza de Heisenberg para a energia e o intervalo de tempo)} \qquad (39.13)$$

Um sistema que permanece em um estado metaestável durante um tempo muito longo (Δt muito grande) pode apresentar um estado de energia muito bem definido (ΔE muito pequeno); contudo, quando ele permanece em um estado durante somente um intervalo de tempo curto (Δt muito pequeno), a incerteza na energia é correspondentemente maior (ΔE muito grande). A Figura 39.8 ilustra essa idéia.

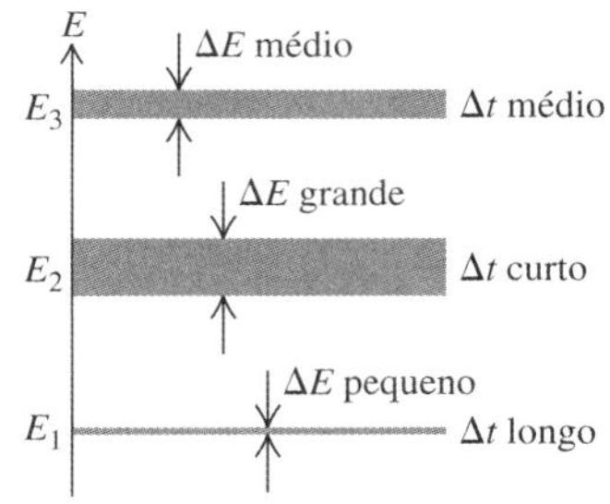

Figura 39.8 Quanto maior a vida média (Δt) de um estado de energia, menor é a largura de seu estado de energia (mostrada pela largura dos níveis de energia).

Exemplo 39.3

O PRINCÍPIO DA INCERTEZA: MOMENTO LINEAR E POSIÇÃO Um elétron está confinado no interior de uma região com $\Delta x = 1{,}0 \times 10^{-10}$ m. a) Estime a incerteza mínima no componente x do momento linear do elétron. b) Se o elétron possui um momento linear cujo módulo é igual à incerteza calculada no item (a), qual é sua energia cinética? Expresse o resultado em joules e em elétrons-volt.

SOLUÇÃO

IDENTIFICAR: este problema utiliza o princípio da incerteza de Heisenberg para a posição e momento linear, assim como a relação entre o momento linear e a energia cinética da partícula.

PREPARAR: sabemos que o elétron está *em algum lugar* dentro da região em que está confinado. Como não sabemos exatamente onde nessa região situa-se o elétron, a largura da região é a incerteza referente à posição: $\Delta x = 1{,}0 \times 10^{-10}$ m. (Você poderia argumentar que a incerteza deveria, na verdade, ser a metade da largura da região. Tudo o que queremos, no entanto, é uma estimativa, por isso não vamos nos preocupar com fatores de 2.) Encontramos então a incerteza referente ao momento linear Δp_x usando Equação (39.11), e a energia cinética usando $K = p^2/2m$.

EXECUTAR: a) Para um dado valor de Δx, há uma incerteza mínima referente ao momento linear quando o produto $\Delta x \Delta p_x$ na Equação (39.11) é igual a $\hbar$. Substituindo o valor de $\hbar$ retirado da Equação (39.12),

$$(\Delta p_x)_{\text{min}} = \frac{\hbar}{\Delta x} = \frac{1{,}055 \times 10^{-34}\ \text{J} \cdot \text{s}}{1{,}0 \times 10^{-10}\ \text{m}} = 1{,}1 \times 10^{-24}\ \text{kg} \cdot \text{m/s}$$

b) Se o módulo do momento linear for igual ao valor encontrado no item anterior, a energia cinética do elétron será

$$K = \frac{p^2}{2m} = \frac{(1{,}1 \times 10^{-24}\ \text{kg} \cdot \text{m/s})^2}{2(9{,}11 \times 10^{-31}\ \text{kg})}$$
$$= 6{,}1 \times 10^{-19}\ \text{J} = 3{,}8\ \text{eV}$$

AVALIAR: a região considerada é da ordem de grandeza de um átomo e a energia obtida possui a mesma ordem de grandeza das energias típicas dos elétrons nos átomos. Trata-se de um cálculo muito aproximado, porém ele garante que a energia possui uma ordem de grandeza razoável.

Em um tipo de decaimento radioativo chamado de *decaimento beta menos*, um elétron é emitido pelo núcleo. Embora pareça razoável supor que o elétron estivesse confinado no interior do núcleo, essa hipótese levaria à conclusão de que a posição do elétron seria conhecida com uma incerteza da ordem de $\Delta x = 10^{-14}$ m, porém, isso daria para o elétron confinado um valor para Δp_x cerca de 10^4 vezes maior do que o encontrado neste exemplo e uma energia cinética tão elevada que seria necessário usar a equação relativística para seu cálculo. Essa energia elevada fornece uma razão para acreditarmos que não existem elétrons confinados no interior do núcleo. No decaimento beta menos, o elétron é na realidade *produzido* no interior do núcleo quando um nêutron se transforma em um próton.

Exemplo 39.4

O PRINCÍPIO DA INCERTEZA: ENERGIA E TEMPO Um átomo de sódio está em um dos estados excitados inferiores indicados na Figura 38.10 (Seção 38.3). Ele permanece nesse estado durante um intervalo de tempo de $1{,}6 \times 10^{-8}$ s antes de sofrer uma transição de volta ao estado fundamental, emitindo um fóton com energia de 2,105 eV e comprimento de onda igual a 589,0 nm. Qual é a incerteza na energia daquele estado excitado? Qual é o intervalo de comprimentos de onda da linha espectral correspondente?

SOLUÇÃO

IDENTIFICAR: este problema utiliza o princípio da incerteza de Heisenberg para a energia e o intervalo de tempo, assim como a relação entre a energia e o comprimento de onda de um fóton.

PREPARAR: o tempo médio que o átomo passa nesse estado excitado é igual a Δt na Equação (39.13). Encontramos a incerteza na energia substituindo o sinal de $\geq$ na Equação (39.13) pelo sinal de igual e isolando ΔE.

EXECUTAR: de acordo com a Equação (39.13),

$$\Delta E = \frac{\hbar}{\Delta t} = \frac{1{,}055 \times 10^{-34}\ \text{J} \cdot \text{s}}{1{,}6 \times 10^{-8}\ \text{s}}$$
$$= 6{,}6 \times 10^{-27}\ \text{J} = 4{,}1 \times 10^{-8}\ \text{eV}$$

O átomo permanece um tempo muito longo em seu estado fundamental, portanto *não* existe nenhuma incerteza fundamental para esse estado. A incerteza fracionária para a energia do fóton é dada por

$$\frac{4{,}1 \times 10^{-8}\ \text{eV}}{2{,}105\ \text{eV}} = 1{,}95 \times 10^{-8}$$

O intervalo de comprimentos de onda da linha espectral correspondente, ou 'largura' da linha espectral, é aproximadamente dado por

$$\Delta\lambda = (1{,}95 \times 10^{-8})\,(589{,}0\ \text{nm}) = 0{,}000011\ \text{nm}$$

AVALIAR: a incerteza irredutível $\Delta\lambda$ que encontramos denomina-se *largura de linha natural* dessa particular linha espectral. Embora seja muito pequena, ela está dentro do limite de resolução dos espectrômetros modernos. Geralmente, a largura de linha natural é muito menor do que a largura de linha produzida por outras causas, tais como o efeito Doppler e as colisões entre átomos que se movem rapidamente.

Interferência em fenda dupla

Vamos agora examinar brevemente a interpretação quântica da figura de interferência ótica na experiência da *fenda dupla*. Estudamos em detalhe essas figuras para o caso da luz nas Seções 35.2 e 35.3, e na Seção 38.9 discutimos sua interpretação com base nas probabilidades de os fótons atingirem diversas regiões da tela nas quais a figura de interferência se forma.

Tendo em vista nossa discussão sobre as propriedades ondulatórias do elétron, seria natural perguntar o que ocorre quando fazemos uma experiência de fenda dupla com um feixe de elétrons. A resposta é: exatamente a mesma coisa que descrevemos na Seção 38.9 para o caso de fótons! Podemos novamente usar uma placa fotográfica (Figura 39.9) ou contadores de partículas para traçar a figura de interferência, do mesmo modo que fizemos para fótons. O princípio da complementaridade, introduzido na Seção 38.9, mais uma vez nos informa que não podemos tentar aplicar simultaneamente o modelo ondulatório e o modelo corpuscular para descrever uma parte da experiência. Portanto, *não* podemos prever exatamente o ponto sobre a figura de interferência (um fenômeno ondulatório) no qual qualquer elétron individual (uma partícula) incidirá. Não podemos nem mesmo saber por qual das duas fendas o elétron passou para construir a figura de interferência. Se fizéssemos fótons incidirem sobre os elétrons para saber por qual das fendas os elétrons passariam, os elétrons recuariam e a figura de interferência não se formaria.

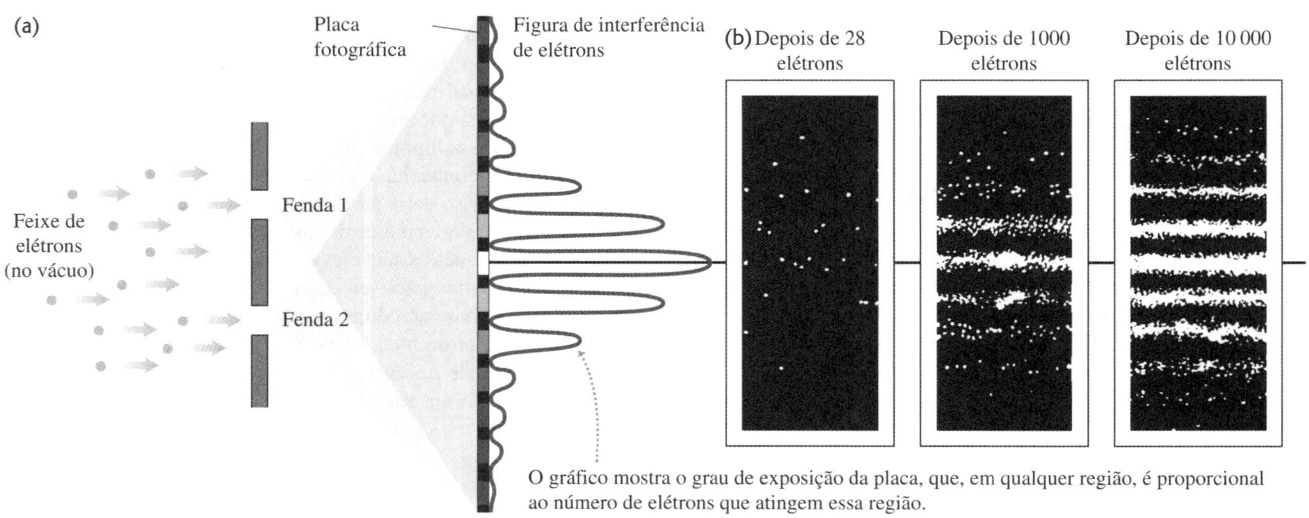

Figura 39.9 (a) Formação da figura de interferência para elétrons que incidem sobre duas fendas (b) depois de 28 elétrons, depois de 1000 elétrons, depois de 10 000 elétrons.

Teste sua compreensão da Seção 39.3 Coloque as seguintes situações em ordem de incerteza no momento linear no eixo *Ox*, da maior para a menor. A massa do próton é 1836 vezes a massa do elétron. (i) Um elétron cuja coordenada x é conhecida num intervalo de 2×10^{-15} m; (ii) um elétron cuja coordenada x é conhecida num intervalo de 4×10^{-15} m; (iii) um próton cuja coordenada x é conhecida num intervalo de 2×10^{-15} m; (iv) um próton cuja coordenada x é conhecida num intervalo de 4×10^{-15} m. ∎

39.4 O microscópio eletrônico

O **microscópio eletrônico** constitui um exemplo interessante e importante para entender as propriedades ondulatórias e corpusculares dos elétrons. Um feixe de elétrons pode ser usado para formar a imagem de um objeto de modo bastante parecido com a formação da imagem por um feixe luminoso. Um raio de luz pode ser desviado por reflexão ou refração e um feixe de elétrons pode ser desviado usando-se um campo magnético ou um campo elétrico. Os raios que divergem de um ponto sobre um objeto podem convergir pela ação de uma lente convergente ou de um espelho côncavo, e um feixe de elétrons que diverge de uma região pode convergir para outra região mediante a ação de um campo magnético e/ou de um campo elétrico.

A analogia entre raios de luz e feixes de elétrons vai além. O modelo de *raios* da ótica geométrica é uma aproximação do modelo *ondulatório* mais geral. A ótica geométrica (ótica com raios) é válida quando os efeitos de interferência e de difração são desprezíveis. Analogamente, o modelo do elétron como uma partícula puntiforme se deslocando ao longo de uma trajetória retilínea é uma descrição aproximada do comportamento real do elétron; esse modelo é útil quando desprezamos os efeitos associados com a natureza ondulatória dos elétrons.

De que modo um microscópio eletrônico é superior a um microscópio ótico? A *resolução* de um microscópio é limitada pelos efeitos da difração, conforme discutimos na Seção 36.7. Usando comprimentos de onda em torno de 500 nm, um microscópio ótico não pode distinguir objetos com dimensões menores do que algumas centenas de nanômetros, por melhor que seja a lente empregada. De modo análogo, a resolução de um microscópio eletrônico também é limitada pelos comprimentos de onda dos elétrons, mas esses comprimentos de onda podem ser milhares de vezes *menores* do que o comprimento de onda da luz visível. Como resultado, a ampliação útil de um microscópio eletrônico pode ser milhares de vezes maior do que a ampliação de um microscópio ótico.

A capacidade do microscópio eletrônico de formar uma imagem ampliada *não* depende das propriedades ondulatórias do elétron. Dentro dos limites do princípio de Heisenberg, podemos calcular as trajetórias dos elétrons considerando-os partículas clássicas submetidas a forças elétricas e magnéticas (analogamente ao caso da ótica de raios). Somente quando tratamos da *resolução* é que as propriedades ondulatórias se tornam relevantes.

Exemplo 39.5

UM MICROSCÓPIO ELETRÔNICO O feixe de elétrons não-relativísticos de um microscópio eletrônico é formado por um dispositivo semelhante ao canhão eletrônico usado na experiência de Davisson-Germer (Figura 39.3). Qual é a voltagem de aceleração necessária para produzir um feixe de elétrons com comprimento de onda de 10 pm = 0,010 nm (aproximadamente 50000 vezes menor do que o comprimento de onda da luz visível)? Despreze a energia cinética inicial do elétron.

SOLUÇÃO

IDENTIFICAR: como esta situação é semelhante à experiência de Davisson-Germer, podemos usar todos os conceitos que estudamos a respeito dessa experiência.

PREPARAR: a voltagem de aceleração (a incógnita) é a grandeza V_{ba} na Equação (39.5). O problema fornece os valores de todas as outras grandezas nessa equação, de modo que podemos encontrar V_{ba}.

EXECUTAR: isolando V_{ba} na Equação (39.5) e substituindo os valores apropriados, obtemos

$$\begin{aligned} V_{ba} &= \frac{h^2}{2me\lambda^2} \\ &= \frac{(6{,}626 \times 10^{-34}\ \mathrm{J \cdot s})^2}{2(9{,}109 \times 10^{-31}\ \mathrm{kg})(1{,}602 \times 10^{-19}\ \mathrm{C})(10 \times 10^{-12}\ \mathrm{m})^2} \\ &= 1{,}5 \times 10^4\ \mathrm{V} = 15.000\ \mathrm{V} \end{aligned}$$

AVALIAR: essa voltagem é aproximadamente igual à voltagem de aceleração encontrada em um cinescópio de TV. Este exemplo mostra, incidentalmente, que a nitidez da imagem de um cinescópio de TV *não* é limitada pelos efeitos de difração de elétrons. Note também que uma voltagem de 15 kV faz aumentar a energia cinética do elétron de um valor relativamente pequeno até 15 keV. Como o elétron possui uma energia de repouso de 0,511 MeV = 511 keV, podemos descrever com precisão os elétrons de 15 keV sem precisar usar as fórmulas relativísticas.

Microscópio eletrônico de transmissão

Com exceção do canhão eletrônico, quase todos os microscópios eletrônicos práticos usam campos magnéticos em vez de campos elétricos como 'lentes' para focalizar o feixe de elétrons. Um dispositivo comum do *microscópio eletrônico de transmissão* inclui três dessas lentes em um arranjo de microscópio composto, como indicado na Figura 39.10a. Os elétrons são emitidos por um catodo quente e acelerados por uma diferença de potencial típica da ordem de 10 até 100 kV. Os elétrons passam através de uma lente condensadora, cujo objetivo é produzir um feixe colimado de elétrons, ou seja, um feixe paralelo que deve passar através da amostra ou do objeto a ser examinado. A amostra a ser examinada é muito fina, em geral de 10 até 100 nm, de modo que os elétrons não diminuem muito de velocidade quando atravessam a amostra. A lente objetiva forma, então, uma imagem intermediária do objeto e a lente de projeção produz uma imagem real final daquela imagem. A lente objetiva e a lente de projeção desempenham, respectivamente, os papéis da lente objetiva e da ocular de um microscópio ótico composto (ver Seção 34.8). A imagem final é registrada em uma placa fotográfica ou então projetada sobre uma tela fluorescente para ser vista ou fotografada. O aparelho inteiro, incluindo a amostra, deve ficar encerrado em um recipiente sob vácuo, tal como no caso do tubo de raios catódicos; se não fosse assim, os elétrons seriam espalhados pelas moléculas de ar e a imagem não ficaria nítida. Figura 39.10b mostra uma imagem feita com um microscópio eletrônico de transmissão.

Poderíamos pensar que, quando o comprimento de onda do elétron é 0,01 nm (como no Exemplo 39.5), a resolução também seria aproximadamente igual a 0,01 nm. Na verdade, ela nunca é melhor do que 0,5 nm, em parte porque a distância focal de uma lente magnética depende da velocidade do elétron, que nunca é exatamente a mesma em todos os elétrons do feixe.

Microscópio eletrônico de varredura

Outro tipo importante de microscópio eletrônico é o *microscópio eletrônico de varredura*. O feixe eletrônico é focalizado em uma linha muito estreita e executa uma varredura por meio da amostra, do mesmo modo que um feixe de elétrons em um cinescópio de TV traça a imagem na tela. À medida que o feixe varre a amostra, os elétrons são rebatidos para fora da amostra e coletados por um anodo que é mantido em um potencial algumas centenas de volts positivo em relação à amostra. A corrente no anodo coletor é amplificada e usada para modular o feixe de elétrons em um tubo de raios catódicos, que executa a varredura em sincronia com o feixe do microscópio. Portanto, o tubo de raios catódicos pode traçar uma imagem fortemente ampliada da amostra. Esse dispositivo apresenta diversas vantagens. A amostra pode ser grossa, pois o feixe não precisa atravessá-la. Além disso, o ângulo de espalhamento dos elétrons depende do *ângulo* segundo o qual o feixe incide sobre a superfície da amostra. Portanto, as micrografias feitas com um microscópio eletrônico de varredura possuem uma aparência muito mais tridimensional do que uma micrografia convencional alcançada com a luz. A resolução típica é da ordem de 10 nm, ainda muito maior do que a resolução alcançada com os melhores microscópios óticos. A imagem na página inicial deste capítulo foi feita com um microscópio eletrônico de varredura.

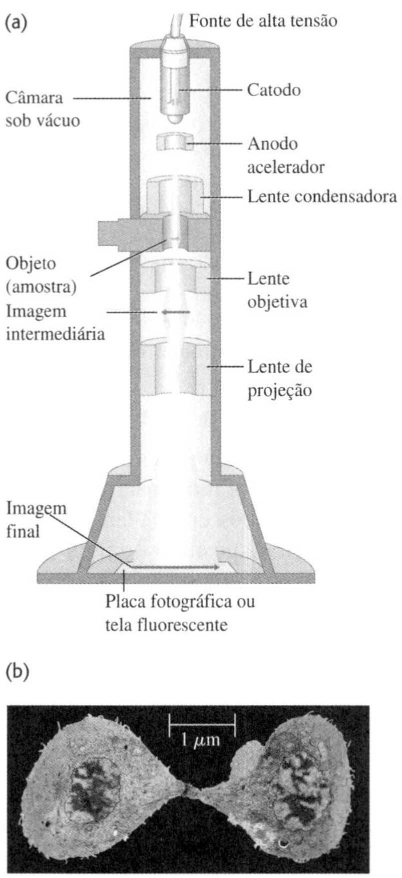

Figura 39.10 (a) Diagrama esquemático de um microscópio eletrônico de transmissão. (b) Essa microfotografia eletrônica mostra uma célula da pele no processo de divisão em duas células-filhas.

39.5 A função de onda e a equação de Schrödinger

Temos agora evidências convincentes de que, em escala atômica ou subatômica, uma partícula tal como um elétron não pode ser descrita simplesmente como um ponto. Em vez disso, usamos uma função de onda para descrever o estado da partícula. Vamos então descrever mais especificamente a linguagem usada pela mecânica quântica para substituir o esquema clássico das coordenadas e dos componentes da velocidade.

Nosso novo esquema para descrever o estado de uma partícula tem muita coisa em comum com a linguagem clássica do movimento ondulatório. No Capítulo 15, volu-

Figura 39.11 Essas crianças estão conversando por meio de um 'telefone de brinquedo'. O deslocamento da corda é completamente descrito por uma função de onda $y(x, t)$. De forma análoga, uma partícula é completamente descrita por uma função de onda da mecânica quântica $\Psi(x, y, z, t)$.

me 2, descrevemos ondas transversais em uma corda especificando a posição de cada ponto na corda em um dado instante por meio de uma *função de onda* (Seção 15.3). Se y indica o deslocamento de um ponto da corda a partir de sua posição de equilíbrio, então a função de onda $y(x, t)$ representa o deslocamento de qualquer ponto x a partir da origem em qualquer instante t. Conhecendo a função de onda para um movimento ondulatório particular, sabemos tudo o que é necessário saber acerca do movimento. Podemos determinar a posição e a velocidade de qualquer ponto sobre a corda em qualquer instante, e assim por diante (Figura 39.11). Já descrevemos formas específicas para essas funções de onda para ondas *senoidais*, em que cada ponto descreve um movimento harmônico simples.

No Capítulo 16, volume 2, seguimos um esquema semelhante para as ondas sonoras. A função de onda $p(x, t)$ para uma onda deslocando-se ao longo da direção x representa a variação da pressão em qualquer ponto x e em qualquer instante t. Aplicamos mais uma vez essa linguagem na Seção 32.3, no volume 3, na qual usamos duas funções de onda para descrever os campos elétricos e magnéticos das ondas *eletromagnéticas* em qualquer ponto do espaço e em qualquer instante.

Portanto, é conveniente empregar a função de onda como um elemento central da nova linguagem da mecânica quântica. O símbolo geralmente usado para designar a função de onda é a letra grega Ψ ou ψ. Costuma-se empregar Ψ para designar uma função das coordenadas e do tempo e ψ para designar uma função apenas das coordenadas, *sem* incluir o tempo. Assim como é possível usar uma função de onda $y(x, t)$ para fornecer uma completa descrição das partículas de uma onda mecânica se propagando em uma corda vibrante, podemos usar a função de onda da mecânica quântica $\Psi(x, y, z, t)$ de uma partícula para encontrar os valores médios da posição, do momento linear, da energia e do momento angular da partícula. As técnicas para isso estão além dos objetivos deste livro, mas elas estão bem estabelecidas e são confirmadas por resultados experimentais.

ATENÇÃO Ondas de partículas *versus* ondas mecânicas Ao contrário de ondas mecânicas em uma corda, ou de ondas sonoras no ar, a função de onda de uma partícula *não* é uma onda mecânica que necessite de um meio para se propagar. A função de onda descreve a partícula, porém, não podemos relacionar essa função de onda com os materiais nos quais a onda se propaga, como no caso da função que descreve uma onda mecânica. Podemos apenas relacioná-la com os efeitos fisicamente observáveis.

Interpretação da função de onda

A função de onda descreve a distribuição de probabilidade de uma partícula no espaço, do mesmo modo que uma onda eletromagnética descreve a distribuição dos campos elétricos e magnéticos. Quando estudamos as figuras de interferência e de difração nos capítulos 35 e 36, verificamos que a intensidade I da radiação em qualquer ponto da figura é proporcional ao quadrado do campo elétrico, ou seja, proporcional a E^2. Na interpretação da interferência e difração usando o conceito de fóton (Seção 38.9), vimos que a intensidade em cada ponto é proporcional ao número de fótons que atingem o ponto ou, alternativamente, proporcional à *probabilidade* de o fóton individual se encontrar nas vizinhanças do referido ponto.

Da mesma forma, o quadrado da função de onda de uma partícula em cada ponto representa a probabilidade de encontrar a partícula nas vizinhanças do ponto considerado. Mais precisamente, devemos dizer o quadrado do *módulo* da função de onda $|\Psi|^2$. Essa notação é necessária porque, conforme veremos mais adiante, Ψ não é necessariamente uma grandeza real. Pode ser uma grandeza *complexa* com uma parte real e uma parte imaginária. (A parte imaginária da função consiste de uma função multiplicada pelo número imaginário $i = \sqrt{-1}$.)

Para uma partícula que se desloca em três dimensões, a grandeza $|\Psi(x, y, z, t)|^2\,dV$ é a probabilidade de que uma partícula seja encontrada no tempo t dentro de um volume dV em torno do ponto (x, y, z). É mais provável que encontremos a partícula em regiões em que $|\Psi|^2$ é grande, e assim por diante. Essa interpretação, formulada pela primeira vez pelo físico alemão Max Born (Figura 39.12), requer que a função de onda Ψ seja *normalizada*. Ou seja, a integral de $|\Psi|^2\,dV$ no espaço total deve ser exatamente igual a 1. Em outras palavras, existe uma probabilidade de 100% de encontrar a partícula *em algum lugar* do universo.

ATENÇÃO Interpretando $|\Psi|^2$ Note que $|\Psi(x, y, z, t)|^2$ *não* é uma probabilidade em si. Na verdade, $|\Psi(x, y, z, t)|^2\,dV$ é a probabilidade de encontrar a partícula dentro de um volume dV ao redor do ponto (x, y, z) no tempo t. Se o volume diminuir, torna-se menos provável que a partícula seja encontrada nesse volume, logo a probabilidade diminui. Um nome mais adequado para $|\Psi(x, y, z, t)|^2$ é a **função de distribuição de probabilidade**, pois descreve como a probabilidade de encontrar a partícula em diferentes locais está distribuída ao longo do espaço.

Estado estacionário

Em geral, o valor de $|\Psi(x, y, z, t)|^2$ em um ponto particular também varia com o tempo. Isso faz sentido: quando um elétron em um tubo de televisão passa do catodo para a tela, o lugar em que é mais provável encontrá-lo irá variar com o tempo. Mas, se a partícula estiver em um estado de energia definida, tal como um elétron em um átomo em um nível definido de energia, o valor de $|\Psi|^2$ em cada ponto é *independente* do tempo. Como a distribuição de probabilidade de uma partícula em tal estado não varia com o tempo, um estado com energia definida é chamado de **estado estacionário**. Tais estados são extremamente

Figura 39.12 Em 1926, o físico alemão Max Born (1882-1970) formulou a interpretação da grandeza $|\Psi|^2 dV$ como a probabilidade de encontrar a partícula dentro de um volume dV. Ele também criou a expressão 'mecânica quântica' (em alemão, ***Quantenmechanik***). Por suas contribuições, Born conquistou (com Walther Bothe) o prêmio Nobel de física de 1954.

importantes na mecânica quântica. Por exemplo, para cada estado de energia definida, estacionário, em um átomo de hidrogênio, existe uma função de onda específica. É possível um átomo estar em um estado que não é idêntico a nenhuma dessas funções de onda de estados estacionários e que não tenha uma energia definida. Apesar disso, a função de onda para qualquer estado sempre pode ser escrita como uma combinação de funções de onda de estados estacionários. Vimos algo semelhante na Seção 15.8: qualquer onda estacionária em uma corda, por mais complexa que seja, pode ser expressa como uma combinação das vibrações de um modo normal da corda. Dedicaremos a maior parte do Capítulo 40 ao cálculo de funções de onda de estados estacionários nas mais diferentes situações físicas.

Por que $|\Psi|^2$ é independente do tempo, se a partícula se encontra em um estado de energia definida? Quer dizer, por que esses estados são estacionários? Para responder a essa pergunta, primeiro observamos o seguinte resultado da mecânica quântica: para uma partícula em um estado de energia definida E, a função de onda dependente do tempo $\Psi(x, y, z, t)$ pode ser escrita como um produto de uma função *independente* do tempo $\psi(x, y, z)$ por uma simples função do tempo:

$$\Psi(x, y, z, t) = \psi(x, y, z)e^{-iEt/\hbar} \tag{39.14}$$

(função de onda dependente do tempo para um estado estacionário)

A função exponencial na Equação (39.14) é definida pela *fórmula de Euler*, a qual afirma que, para qualquer ângulo θ,

$$e^{i\theta} = \cos\theta + i\,\text{sen}\theta \quad \text{e} \quad e^{-i\theta} = \cos\theta - i\,\text{sen}\theta \tag{39.15}$$

Assim, a Equação (39.14) indica que a função de onda para qualquer estado estacionário é uma função *complexa*.

Vamos agora analisar a função de distribuição de probabilidade $|\Psi|^2$ obtida a partir da Equação (39.14). Note que $|\Psi|^2$ é o produto de Ψ pelo seu *complexo conjugado* Ψ^*. Para encontrar o complexo conjugado de um número complexo, basta substituir todos os i por $-i$. Por exemplo, o conjugado complexo de $c = a + ib$, onde a e b são reais, é $c^* = a - ib$, portanto $|c|^2 = c^* c = (a + ib)(a - ib) = a^2 + b^2$ (lembre-se de que $i^2 = -1$). O conjugado complexo da Equação (39.14) é

$$\Psi^*(x, y, z, t) = \psi^*(x, y, z)e^{+iEt/\hbar} \tag{39.16}$$

Logo,

$$\begin{aligned} |\Psi(x, y, z, t)|^2 &= \Psi^*(x, y, z, t)\Psi(x, y, z, t) \\ &= \psi^*(x, y, z)\psi(x, y, z)e^{+iEt/\hbar}\,e^{-iEt/\hbar} \\ &= \psi^*(x, y, z)\psi(x, y, z)e^{0} = |\psi(x, y, z)|^2 \end{aligned} \tag{39.17}$$

Como $|\psi(x, y, z)|^2$ não depende do tempo, a Equação (39.17) indica que o mesmo deve ser verdade para uma função de distribuição de probabilidade $|\Psi(x, y, z)|^2$. Isso justifica a aplicação da expressão "estado estacionário" a um estado de energia definida.

A equação de Schrödinger

Enfatizamos a importância dos estados estacionários ao descrever os sistemas de mecânica quântica. Como mostra a Equação (39.14), para descrever um estado estacionário nós precisamos conhecer a sua função de onda espacial $\psi(x, y, z)$ e sua energia E. Para encontrar esses

Figura 39.13 Erwin Schrödinger (1887-1961) desenvolveu a equação — que leva seu nome em sua homenagem — em 1926, uma realização pela qual recebeu (juntamente com o físico britânico P. A. M. Dirac) o prêmio Nobel de física em 1933. Nos últimos anos de sua vida ele efetuou pesquisas em filosofia e história da ciência.

valores, usamos uma ferramenta desenvolvida em 1926, pelo físico austríaco Erwin Schrödinger (Figura 39.13), conhecida como *equação de Schrödinger.* Esta equação desempenha o mesmo papel central na mecânica quântica que as leis de Newton na mecânica e as equações de Maxwell no eletromagnetismo. Nossa compreensão de todo o sistema da mecânica quântica, inclusive átomos, moléculas, núcleos atômicos e elétrons em sólidos, baseia-se nas soluções dessa equação nesse sistema.

Não é possível *deduzir* a equação de Schrödinger a partir de outros princípios; ela é um novo princípio em si. Entretanto, podemos mostrar como ela se relaciona com as relações de De Broglie, e podemos fazer com que ela pareça plausível.

A forma mais simples de uma equação de Schrödinger é aplicada a uma partícula de massa m que se desloca em apenas uma dimensão, paralela ao eixo Ox, de modo que a função de onda espacial ψ é uma função apenas de x. Supomos que a partícula se desloque na presença de uma força conservativa que tenha apenas um componente no eixo Ox, de modo que haja uma energia potencial $U(x)$ correspondente. A **equação de Schrödinger** para tal partícula com uma energia definida E é

$$-\frac{\hbar^2}{2m}\frac{d^2\psi(x)}{dx^2} + U(x)\psi(x) = E\psi(x) \qquad (39.18)$$

(equação de Schrödinger em uma dimensão)

Nessa equação, E é uma constante. Como sabemos que essa equação está correta? Porque funciona. As previsões feitas com essa equação concordam com os resultados experimentais. No Capítulo 40, aplicaremos a Equação (39.18) a várias situações físicas, cada uma com uma forma diferente da função $U(x)$.

Equação de onda para uma partícula livre

Como exemplo, considere uma partícula *livre* sobre a qual nenhuma força é aplicada. Se não há forças, $U(x)$ é independente de x; para simplificar, tomamos $U(x) = 0$. Se essa partícula livre estiver se deslocando no sentido $+x$ com momento linear de módulo p, a sua energia cinética (e, portanto, sua energia total) é $E = p^2/2m$. Essa partícula está em um estado de energia definida (um estado estacionário).

De acordo com as equações de De Broglie, a partícula tem um comprimento de onda $\lambda = h/p$ e uma freqüência $f = E/h$ definidos. Por analogia com as ondas mecânicas progressivas que estudamos na Seção 15.3, escrevemos a função de onda para a partícula como

$$\Psi(x,t) = A\cos(kx - \omega t) + B\,\text{sen}(kx - \omega t) \qquad (39.19)$$

onde A e B são constantes. Como fizemos com as ondas mecânicas no Capítulo 15 e ondas eletromagnéticas no Capítulo 32, usamos o número de onda $k = 2\pi/\lambda$ e a freqüência angular $\omega = 2\pi f$ na Equação (39.19), que estão relacionados ao momento linear e à energia pela expressão

$$k = \frac{2\pi}{\lambda} = \frac{2\pi}{h}\frac{h}{\lambda} = \frac{p}{\hbar} \qquad \omega = 2\pi f = \frac{2\pi}{h}hf = \frac{E}{\hbar} \qquad (39.20)$$

A função de onda na Equação (39.19) não parece estar na forma de estado estacionário dada pela Equação (39.14). Podemos colocá-la nessa forma, contudo, fazendo $B = iA$. Então,

$$\begin{aligned}\Psi(x,t) &= A\cos(kx - \omega t) + iA\,\text{sen}(kx - \omega t)\\ &= A[\cos(kx - \omega t) + i\,\text{sen}(kx - \omega t)]\\ &= Ae^{i(kx-\omega t)} = Ae^{ikx}e^{-i\omega t}\end{aligned} \qquad (39.21)$$

Na Equação (39.21), usamos novamente a fórmula de Euler, que afirma que, para qualquer ângulo θ,

$$e^{i\theta} = \cos\theta + i\,\text{sen}\theta \quad \text{e} \quad e^{-i\theta} = \cos\theta - i\,\text{sen}\theta \qquad (39.22)$$

Comparando a Equação (39.21) com a Equação (39.14), vemos que a nossa função de onda realmente representa um estado estacionário com energia $E = \hbar\omega$ e função de onda espacial $\psi(x) = Ae^{ikx}$. Na Figura 39.14, vemos o gráfico das partes real e imaginária dessa função.

Se substituirmos $\psi(x)$ no lado esquerdo de uma equação de Schrödinger, Equação (39.18), obtemos

$$\begin{aligned}-\frac{\hbar^2}{2m}\frac{d^2(Ae^{ikx})}{dx^2} + (0)(Ae^{ikx}) &= -\frac{\hbar^2}{2m}(ik)^2Ae^{ikx} = \frac{\hbar^2k^2}{2m}Ae^{ikx}\\ &= \frac{p^2}{2m}\psi(x)\end{aligned} \qquad (39.23)$$

(Usamos o resultado em que a segunda derivada de e^{ax}, onde a é uma constante, é a^2e^{ax}.) O lado direito da Equação (39.18) é $E\psi(x)$. Como $E = p^2/2m$, segundo a Equação (39.18), vemos, pela Equação (39.23), que a função de onda da partícula livre na Equação (39.21) satisfaz a equação de Schrödinger.

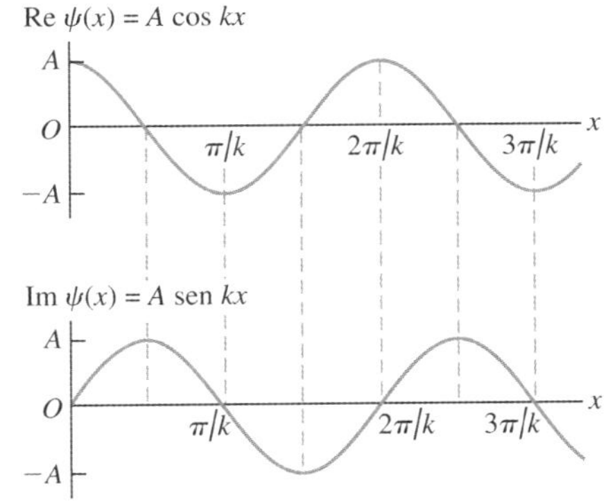

Figura 39.14 A função de onda espacial $\psi(x) = Ae^{ikx}$ para uma partícula livre de momento linear definido $p = \hbar k$ é uma função *complexa*: possui uma parte real e uma parte imaginária.

Se k for positivo na Equação (39.21), a função de onda representa uma partícula livre deslocando-se no sentido positivo do eixo Ox. Se k for negativo, o momento linear e, portanto, o movimento, ocorrem no sentido negativo do eixo Ox. (Com um valor negativo de k, o comprimento de onda é $\lambda = 2\pi/|k|$.)

Para uma partícula livre, não há restrição sobre o valor de p e, assim, não há restrição sobre o valor da energia $E = p^2/2m$. Veremos, no Capítulo 40, que se $U(x)$ não for constante, então as soluções de uma equação de Schrödinger são possíveis apenas para certos valores de E. Esses valores representam os *níveis de energia* permitidos do sistema descritos por $U(x)$. Essa descoberta é da maior importância. Antes do desenvolvimento da equação de Schrödinger, não havia forma de prever os níveis de energia a partir de qualquer teoria fundamental, a não ser pelo modelo de Bohr, cuja eficiência era bastante limitada.

Existe também uma versão da equação de Schrödinger que inclui a dependência do tempo. É necessário estudar estados que *não* são estacionários e para os quais a função de distribuição de probabilidade $|\Psi(x, y, z, t)|^2$ depende de tempo. Todavia, não precisamos dessa versão para calcular os níveis de energia e funções de onda de estados estacionários. Se precisarmos de uma função de onda dependente do tempo para um estado estacionário de energia E, usamos simplesmente a Equação (39.14). A equação de Schrödinger dependente do tempo é essencial para estudar os detalhes das *transições* entre estados. Em cursos mais avançados, você estudará fenômenos de mecânica quântica dependentes do tempo, tais como a emissão e absorção de fótons e a vida média dos estados.

Exemplo 39.6

A EQUAÇÃO DE SCHRÖDINGER Considere a função de onda $\Psi(x) = A_1 e^{ikx} + A_2 e^{-ikx}$, onde k é positivo. Essa é uma função de onda de um estado estacionário válida para uma partícula livre? Qual é a energia?

SOLUÇÃO

IDENTIFICAR: uma função de onda de um estado estacionário válida para uma partícula livre deve satisfazer a equação de Schrödinger, Equação (39.18), com $U(x) = 0$.

PREPARAR: para testar a dada função $\psi(x)$, nós apenas substituímos o seu valor no lado esquerdo da equação. Se o resultado for uma constante vezes $\psi(x)$, então a função de onda é, de fato, uma solução, e a constante é igual à energia E.

EXECUTAR: substituindo $\psi(x) = A_1 e^{ikx} + A_2 e^{-ikx}$ e $U(x) = 0$ na Equação (39.18), obtemos

$$\begin{aligned} -\frac{\hbar^2}{2m}\frac{d^2\psi(x)}{dx^2} &= -\frac{\hbar^2}{2m}\frac{d^2(A_1e^{ikx} + A_2e^{-ikx})}{dx^2} \\ &= -\frac{\hbar^2}{2m}[(ik)^2A_1e^{ikx} + (-ik)^2A_2e^{ikx}] \\ &= \frac{\hbar^2k^2}{2m}(A_1e^{ikx} + A_2e^{-ikx}) = \frac{\hbar^2k^2}{2m}\psi(x) \end{aligned}$$

Verificamos que o lado esquerdo de uma equação de Schrödinger é igual à constante vezes $\psi(x)$, portanto essa $\psi(x)$ é realmente uma função de onda de um estado estacionário válida para uma partícula livre. A constante é igual à energia: $E = \hbar^2k^2/2m$.

AVALIAR: note que $\psi(x)$ é uma *superposição* de duas funções de onda diferentes: uma para uma partícula com um dado valor de momento linear $p = \hbar k$ deslocando-se no sentido positivo do eixo Ox e uma para uma partícula com o mesmo valor de momento linear deslocando-se no sentido negativo do eixo Ox. Embora a função de onda combinada represente um estado estacionário com uma energia definida, esse estado *não* tem um momento linear definido. Veremos no Capítulo 40 que tal função de onda pode representar uma *onda estacionária,* e analisaremos as situações em que tais ondas estacionárias podem surgir.

Pacotes de ondas

A função de onda para uma partícula livre dada pela Equação (39.21) apresenta um momento linear definido p na direção x. Para tal estado, *não* há incerteza no momento linear: $\Delta p_x = 0$. O princípio da incerteza de Heisenberg, Equação (39.11), afirma que $\Delta x \Delta p_x \geq \hbar$. Se Δp_x é zero, Δx deve ser infinito. O preço que pagamos por conhecer o momento linear de uma partícula é exatamente não termos a menor idéia de *onde* a partícula está! Podemos demonstrar isso calculando a função de distribuição de probabilidade $|\Psi(x, t)|^2$:

$$\begin{aligned} |\Psi(x,t)|^2 &= \Psi^*(x,t)\Psi(x,t) = (A^*e^{-ikx}e^{+i\omega t})(Ae^{ikx}e^{-i\omega t}) \\ &= A^*Ae^0 = |A|^2 \end{aligned}$$

A função de distribuição de probabilidade não depende do tempo, como seria de se esperar pelo fato de se tratar de um estado estacionário (um estado de energia definida). Ela também não depende da posição, o que indica que a probabilidade de encontrarmos uma partícula *em qualquer lugar* no espaço é igual! Matematicamente, essa situação ocorre porque a função de onda espacial $\psi(x) = Ae^{ikx} = A\cos kx + iA\,\text{sen}\,kx$ é uma função senoidal que se estende desde $x = -\infty$ até $x = +\infty$ com a mesma amplitude A. (Isso também significa que a função de onda não pode ser normalizada: a integral de $|\Psi(x, t)|^2$ ao longo de todo o espaço seria infinita para qualquer valor de A.)

Em situações práticas, nós sempre temos *alguma* idéia de onde uma partícula está. Para descrever essa situação, precisamos de uma função de onda que seja mais localizada no espaço. Podemos criar uma função assim superpondo duas ou mais funções senoidais, como fizemos no Exemplo 39.6. Naquele exemplo, somamos duas funções de onda com número de ondas opostos k e $-k$; para criar uma função de onda localizada, precisamos escolher outros valores.

Para simplificar, vamos imaginar funções de onda que dependam apenas de uma coordenada espacial (x) e considerá-las em um único instante de tempo (digamos, $t = 0$). Nossas funções de onda serão, então, funções dependentes somente da coordenada espacial x, de modo que vamos designá-las pela letra ψ. Por exemplo, vamos somar duas funções de onda de estados estacionários diferentes para uma partícula livre como dadas pela Equação (39.21), mas com valores levemente diferentes de k_1 e k_2 do número de onda. Em $t = 0$, os fatores do tempo $e^{-i\omega_1 t}$ e $e^{-i\omega_2 t}$ são ambos iguais a $e^0 = 1$, logo a função de onda em $t = 0$ é

$$\begin{aligned}\psi(x) &= A_1 e^{ik_1 x} + A_2 e^{ik_2 x} \qquad (39.24)\\ &= [A_1\cos(k_1x) + iA_1\text{sen}(k_1x)] + [A_2\cos(k_2x) + iA_2\text{sen}(k_2x)]\\ &= [A_1\cos(k_1x) + A_2\cos(k_2x)] + i[A_1\text{sen}(k_1x) + A_2\text{sen}(k_2x)]\end{aligned}$$

Usamos a fórmula de Euler, Equação (39.22), para separar as partes real e imaginária de $\psi(x)$.

A Figura 39.15a é um gráfico das partes reais das funções de onda individuais para o caso $A_2 = -A_1$; já o gráfico da Figura 39.15b mostra a parte real da função de onda combinada $\Psi(x)$ dada pela Equação (39.24). Vimos algo bastante semelhante à Figura 39.15b, em nosso estudo sobre batimentos na Seção 16.7: quando superpusemos duas ondas senoidais com freqüências ligeiramente diferentes (Figura 16.24), o resultado foi uma onda com um aspecto encrespado, uma característica ausente nas ondas originais. Da mesma forma, uma partícula representada pela função de onda de aspecto encrespado dada na Equação (39.24) apresenta uma maior probabilidade de ser encontrada em algumas regiões do que em outras, ou seja, ela é *localizada*. Entretanto, o momento linear da partícula não possui mais um valor definido, porque começamos com dois números de ondas diferentes. Isso está de acordo com o princípio da incerteza de Heisenberg: diminuindo a incerteza na posição da partícula, aumentamos a incerteza em seu momento linear.

Não é difícil imaginar a superposição de mais duas ondas senoidais com amplitudes e comprimentos de onda diferentes de modo a reforçar saliências alternadas no gráfico da Figura 39.15b e anular as saliências intermediárias. Finalmente, fazendo a superposição de um grande número de ondas senoidais com comprimentos de onda diferentes, torna-se possível construir uma onda contendo apenas uma saliência (Figura 39.16). Então, finalmente obtemos uma figura que começa a ficar parecida tanto com uma onda quanto com uma partícula. Parece com uma partícula por estar localizada em uma região do espaço; se for observada de uma distância muito grande, ela tenderá a se transformar em um ponto. Contudo, ela possui uma estrutura periódica característica de uma onda.

Esse pulso ondulatório denomina-se **pacote de onda**. Podemos representar essa superposição de ondas por uma expressão do tipo

$$\psi(x) = \int_{-\infty}^{\infty} A(k)e^{ikx}\,dk \qquad (39.25)$$

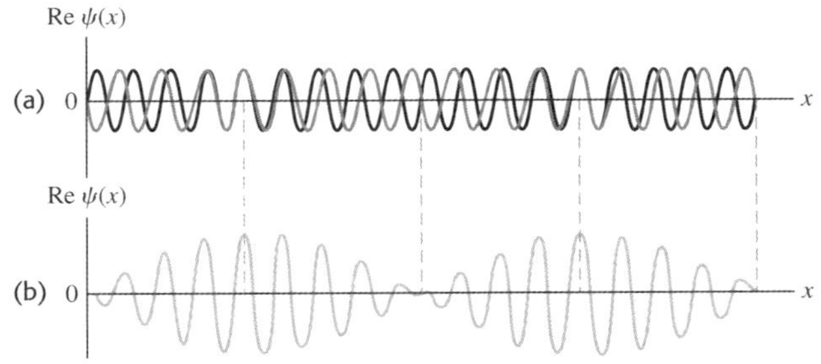

Figura 39.15 (a) As partes reais de duas ondas senoidais com comprimentos de onda ligeiramente diferentes, mostradas em um dado instante. (b) A superposição dessas duas ondas resulta em um número de onda igual à média de números de onda individuais. A amplitude varia, dando à onda resultante um aspecto encrespado, uma característica que as ondas originais não possuíam.

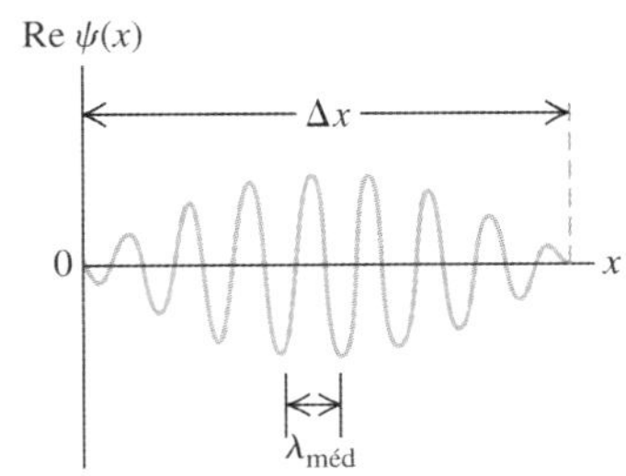

Figura 39.16 A superposição de um grande número de ondas senoidais com comprimentos de onda diferentes e com amplitudes apropriadas pode produzir um pulso ondulatório de natureza periódica com um comprimento de onda médio $\lambda_{méd} = 2\pi/k_{méd}$ localizado em uma região Δx do espaço. Esse pulso localizado possui aspectos tanto de partícula quanto de onda.

Essa integral representa uma superposição de um número muito grande de ondas, cada uma com um número de onda diferente e com uma amplitude $A(k)$ que depende de k.

Verificou-se que existe uma relação importante entre as duas funções $\psi(x)$ e $A(k)$. Ela é indicada qualitativamente na Figura 39.17. Se a função $A(k)$ apresenta um pico muito acentuado, como na Figura 39.17a, estamos superpondo somente faixas estreitas de números de onda. O pulso ondulatório resultante $\psi(x)$ é então relativamente largo (Figura 39.17b). Porém, quando usamos um intervalo muito grande para k, de modo que $A(k)$ seja mais larga (Figura 39.17c), então o pulso ondulatório resultante $\psi(x)$ é mais estreito (Figura 39.17d).

O que estamos vendo é o princípio da incerteza em ação. Uma faixa estreita de k significa uma faixa estreita para $p_x = \hbar k$ e, portanto, um Δp_x pequeno, correspondendo a um valor grande de Δx. Uma faixa larga de k corresponde a uma faixa larga para p_x e, em conseqüência, um Δp_x grande, resultando em um valor menor para Δx. Assim, vemos que o princípio da incerteza $\Delta x \Delta p_x \geq \hbar$ é uma conseqüência inevitável da relação proposta por De Broglie e das propriedades de integrais do tipo da Equação (39.25).

Essas integrais são chamadas de *integrais de Fourier*; elas constituem uma generalização das séries de Fourier, conforme discutimos na Seção 15.8. Em ambos os casos estamos representando uma forma complexa da função de onda como uma superposição de funções de onda senoidais. No caso das séries de Fourier usamos uma seqüência de freqüências (ou de valores de k) que são múltiplos inteiros de algum valor básico, enquanto nas integrais de Fourier fazemos a superposição de funções que apresentam uma distribuição *contínua* de valores de k.

Teste sua compreensão da Seção 39.5 Um pacote de ondas dado pela Equação (39.25) representa um estado estacionário? ❚

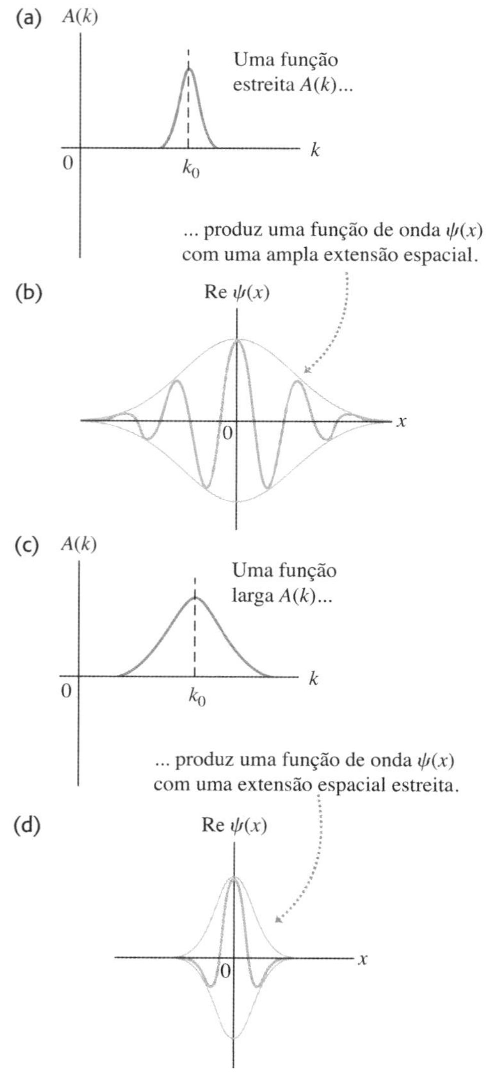

Figura 39.17 Como a variação da função $A(k)$ na expressão para o pacote de onda, Equação (39.25), varia o aspecto da função de onda $\psi(x)$.

Resumo

Ondas de De Broglie: os elétrons e outras partículas possuem propriedades ondulatórias. O comprimento de onda da onda depende do momento linear da partícula do mesmo modo que ocorre com os fótons. O estado de uma partícula não é descrito por suas coordenadas de posição e pelos componentes da velocidade, mas sim por sua função de onda, que em geral é uma função das três coordenadas espaciais e do tempo. (Ver Exemplo 39.1.)

$$\lambda = \frac{h}{p} = \frac{h}{mv} \qquad (39.1)$$

$$E = hf \qquad (39.2)$$

Difração de elétrons e microscópios eletrônicos: a difração de um feixe de elétrons produzida pela superfície de um cristal metálico forneceu a primeira evidência direta da natureza ondulatória das partículas. Se um elétron não-relativístico é acelerado a partir do repouso por uma diferença de potencial V_{ba}, seu comprimento de onda é dado pela Equação (39.5). Microscópios eletrônicos usam os comprimentos de onda muito pequenos de elétrons que se deslocam rapidamente para obter imagens com uma resolução milhares de vezes melhor do que é possível com microscópios óticos. (Ver exemplos 39.2 e 39.5.)

$$\lambda = \frac{h}{p} = \frac{h}{\sqrt{2meV_{ba}}} \qquad (39.5)$$

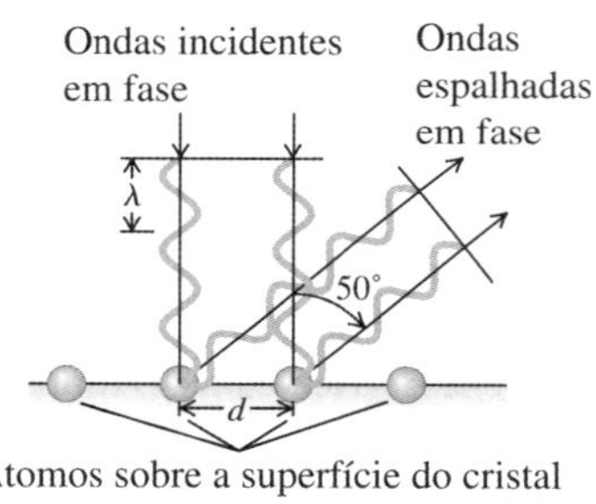

O princípio da incerteza de Heisenberg: é impossível determinar simultaneamente com precisão a coordenada de uma partícula e seu correspondente momento linear. A precisão dessas medidas dos componentes x é limitada pelo princípio da incerteza de Heisenberg, Equação (39.11); existem relações correspondentes para os componentes y e z. A incerteza ΔE na energia de um estado ocupado durante um intervalo de tempo Δt é dada pela Equação (39.13). Nessas expressões, $\hbar = h/2\pi$. (Ver exemplos 39.3 e 39.4.)

$\Delta x \Delta p_x \geq \hbar$ (princípio da incerteza de Heisenberg para a posição e o momento linear) (39.11)

$\Delta E \Delta t \geq \hbar$ (princípio da incerteza de Heisenberg para a energia e o tempo) (39.13)

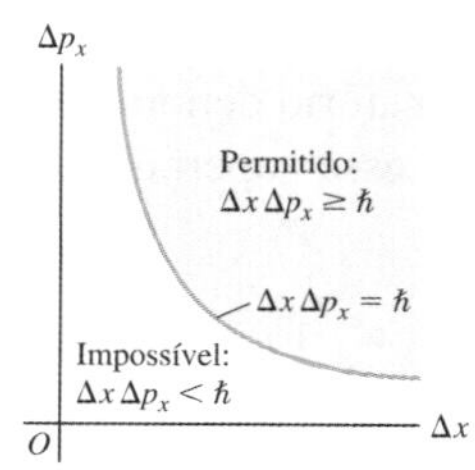

Funções de onda: a função de onda $\Psi(x, y, z, t)$ para uma partícula contém todas as informações sobre essa partícula. A grandeza $|\Psi(x, y, z, t)|^2$, chamada de função de distribuição de probabilidade, determina a probabilidade relativa de se encontrar uma partícula perto de uma dada posição em um dado tempo. Se a partícula estiver em um estado de energia definida, chamado de estado estacionário, $\Psi(x, y, z, t)$ é o produto de uma função ψ que depende apenas das coordenadas espaciais com a função $e^{-iEt/\hbar}$, que depende apenas do tempo. Em um estado estacionário, a função de distribuição de probabilidade não depende do tempo.

$$\Psi(x, y, z, t) = \psi(x, y, z)\, e^{-iEt/\hbar} \qquad (39.14)$$

(estado estacionário)

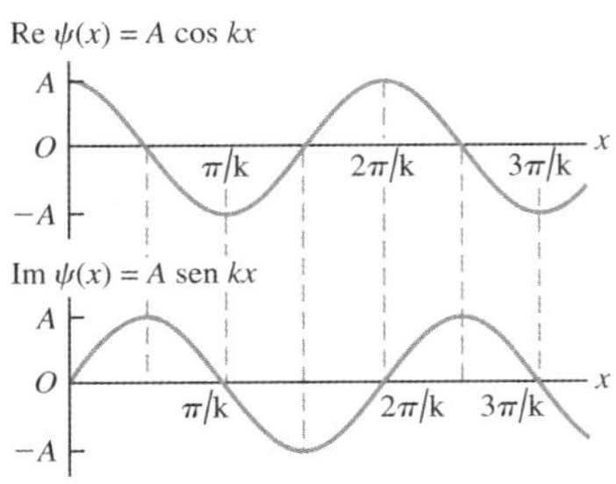

A equação de Schrödinger: para uma partícula que se desloca em uma dimensão na presença de uma função energia potencial $U(x)$, a função de onda para um estado estacionário de energia E satisfaz a equação de Schrödinger. Funções de onda mais complexas podem ser criadas superpondo-se funções de onda de estados estacionários. Essas funções podem representar partículas localizadas em certa região e ainda possuem propriedades de onda, fornecendo-lhes aspectos tanto como partícula quanto como onda. (Ver Exemplo 39.6.)

$$-\frac{\hbar^2}{2m}\frac{d^2\psi(x)}{dx^2} + U(x)\psi(x) = E\psi(x) \qquad (39.18)$$

(equação de Schrödinger em uma dimensão)

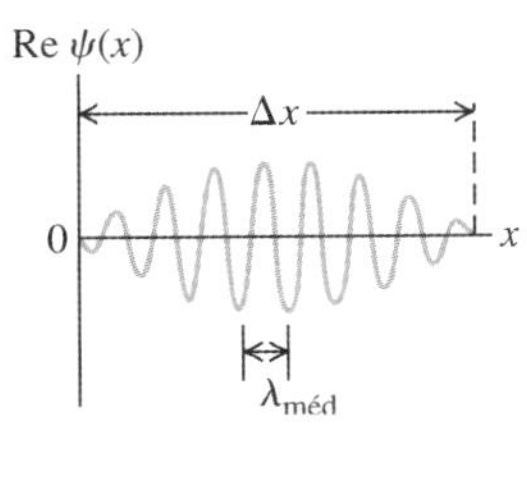

Principais termos

comprimento de onda de De Broglie, 218
condições de contorno, 219
difração de elétrons, 221
equação de Schrödinger, 231
estado estacionário, 229
função de distribuição de probabilidade, 229
função de onda, 218
mecânica quântica, 218
microscópio eletrônico, 227
pacote de onda, 233
princípio da incerteza de Heisenberg, 224

Resposta à Pergunta Inicial do Capítulo

O menor detalhe visível em uma imagem é comparável ao comprimento de onda usado para fazer a imagem. É fácil dar aos elétrons um grande momento linear p e, portanto, um comprimento de onda $\lambda = h/p$ pequeno, o que permite que eles sejam usados para mostrar detalhes bastante sutis. (Ver Seção 39.4.)

Respostas às Perguntas dos Testes de Compreensão

39.1 **Resposta: (i)** Conforme o Exemplo 39.1, a velocidade de uma partícula é $v = h/\lambda m$ e a energia cinética é $K = \frac{1}{2}mv^2 = (m/2)(h/\lambda m)^2 = h^2/2\lambda^2 m$. Isso mostra que, para um dado comprimento de onda, a energia cinética é inversamente proporcional à massa. Logo, o próton, com uma massa menor, possui mais energia cinética do que o nêutron.

39.2 **Resposta: não** A energia de um fóton é $E = hf$, e a freqüência de um fóton é $f = c/\lambda$. Assim, $E = hc/\lambda$ e $\lambda = hc/E = (4{,}136 \times 10^{-15}$ eV · s) $\times$ ($2{,}998 \times 10^8$ m/s) / (54 eV) $= 2{,}3 \times 10^{-8}$ m. Isso é mais do que 100 vezes maior do que o comprimento de onda de um elétron com a mesma energia. Embora tanto fótons quanto elétrons tenham propriedades ondulatórias, as relações entre sua energia e seu momento linear são diferentes e, portanto, as relações entre sua freqüência e comprimento de onda também são diferentes.

39.3 **Resposta: (i) e (iii) (empate), (ii) e (iv) (empate)** Segundo o princípio da incerteza de Heisenberg, quanto menor a incerteza Δx na coordenada x, maior a incerteza Δp_x no momento linear x. A relação entre Δx e Δp_x não depende da massa da partícula e, portanto, é a mesma para um próton e para um elétron.

39.5 **Resposta: não** A Equação (39.25) representa uma superposição de funções de onda com diferentes valores de número de onda k e, portanto, diferentes valores de energia $E = \hbar^2k^2/2m$. O estado que essa função de onda combinada representa não é um estado de energia definida e, conseqüentemente, não é um estado estacionário. Outra forma de encarar esse fenômeno é observar que a função de onda dependente do tempo $\Psi(x,t)$ incluiria um fator $e^{-iEt/\hbar}$ dentro da integral na Equação (39.25), com um valor diferente de E para cada valor de k. Essa função de onda apresenta, portanto, uma dependência bastante complexa em relação ao tempo, e a função de distribuição de probabilidade $|\Psi(x,t)|^2$ depende do tempo.

Questões para discussão

Q39.1 Em uma tentativa de reconciliar os modelos ondulatório e de partícula da luz, algumas pessoas têm sugerido que o fóton anda para cima e para baixo nas cristas e vales das ondas eletromagnéticas. Que aspectos estão *errados* nessa descrição?

Q39.2 Se um elétron e um próton têm a mesma velocidade, qual dos dois apresenta o maior comprimento de onda de De Broglie? Explique.

Q39.3 Se um elétron e um próton possuem a mesma energia cinética, qual dos dois tem o maior comprimento de onda de De Broglie? Explique.

Q39.4 Um fóton apresenta um comprimento de onda de De Broglie? Em caso afirmativo, como ele se relaciona com o comprimento de onda da onda eletromagnética associada? Explique.

Q39.5 Quando um feixe de elétrons passa por um orifício muito pequeno, produz sobre uma tela uma figura de difração exatamente igual à da luz. Isso significa que um elétron sofre espalhamento ao passar pelo orifício? O que significa essa figura?

Q39.6 Pediu-se a você que projetasse um sistema magnético para guiar um feixe de elétrons de 54-eV como aquele descrito no Exemplo 39.2 (Seção 39.2). O objetivo é direcionar o feixe de elétrons para que ele atinja um alvo específico com uma precisão de ± 1,0 mm. Em seu projeto, você precisa levar em conta a natureza ondulatória do elétron? Explique.

Q39.7 A metade superior da figura de difração de elétrons que se pode ver na Figura 39.6 é a imagem especular da metade inferior da figura. Seria correto dizer que a metade superior da figura de difração é formada pelos elétrons que passaram pela metade superior da fenda? Explique.

Q39.8 Um elétron particular no dispositivo experimental indicado na Figura 39.6 colide com a placa fotográfica a uma distância x acima do centro da figura. Sabendo o valor de x, é possível obter a trajetória precisa que o elétron percorreu? Explique.

Q39.9 O princípio da incerteza tem alguma coisa em comum com o tiro ao alvo? Ou seja, a precisão do tiro para acertar o alvo é limitada pelo princípio da incerteza? Explique.

Q39.10 Suponha que você use um feixe de elétrons em uma experiência de interferência em fenda dupla. A figura de interferência obtida com as duas fendas abertas é a mesma que você obteria fechando uma fenda de cada vez? Caso sua resposta seja negativa, explique por quê. Não é verdade que cada elétron passa por uma fenda e não passa pela outra? Ou cada elétron atravessa simultaneamente as duas fendas? Discuta a última possibilidade usando o princípio da complementaridade.

Q39.11 A Equação (39.13) afirma que pode haver incerteza na energia de um sistema. Isso significa que o princípio da conservação da energia deixa de ser válido? Explique.

Q39.12 A luz de um laser resulta das transições de estados metaestáveis com vida longa. Por que a luz emitida é mais monocromática do que a luz comum?

Q39.13 Uma experiência de difração de elétrons pode ser realizada com o uso de três ou quatro fendas? E se você usar uma rede com muitas fendas? Que resultados você espera obter com uma rede? O princípio da incerteza seria violado? Explique.

Q39.14 Como indicado na metade inferior da Figura 39.5, a figura de difração produzida por elétrons que atravessam uma folha de alumínio é uma série de anéis concêntricos. Contudo, se você substituir a folha de alumínio por um monocristal de alumínio, somente alguns pontos desses anéis aparecem na figura. Explique.

Q39.15 Por que um microscópio eletrônico fornece uma ampliação maior do que a de um microscópio comum?

Q39.16 Se a linguagem da mecânica quântica substitui a da mecânica newtoniana, por que não precisamos usar uma função de onda para descrever o movimento de corpos macroscópicos, tais como o movimento de uma bola ou de um automóvel?

Q39.17 Um estudante afirma que a relação entre a ótica geométrica e a ótica ondulatória é análoga à relação entre a mecânica newtoniana, com trajetórias bem definidas, e a mecânica quântica. O que você acha dessa analogia?

Q39.18 Como indica a Equação (39.14), a função de onda dependente do tempo para um estado estacionário é um número complexo com uma parte real e uma parte imaginária. Como pode essa função ter algum significado físico, sendo parte dela *imaginária?*

Q39.19 Ao verificar a pressão do pneu de seu carro, uma pequena quantidade de gás sempre escapa; o processo da medida altera o valor que existia antes da medida. Dê outros exemplos de medidas que perturbam o valor da grandeza que está sendo medida.

Q39.20 Por que a função de onda de uma partícula deve ser normalizada?

Q39.21 Se uma partícula está em repouso, é possível afirmar que ela não apresenta nenhum movimento? Podemos dizer que uma partícula pode ficar em repouso quando ela se move no espaço sideral com momento linear constante $\vec{p}$ e, portanto, com energia constante $E = p^2/2m$? Explique suas respostas.

Q39.22 Um tipo de laser emite um pulso de luz que dura somente cerca de 10^{-12} s. O comprimento desse pulso é $(3 \times 10^8 \text{ m/s})(10^{-12} \text{ s}) = 3 \times 10^{-4} \text{ m} = 0{,}3$ mm. A luz de um laser pulsante é tão monocromática quanto a luz de um laser que emite um feixe contínuo e estacionário? Explique.

Exercícios

Seção 39.1 Onda de De Broglie

39.1 a) Um elétron se move com velocidade igual a $4{,}70 \times 10^6$ m/s. Qual é seu comprimento de onda de De Broglie? b) Um próton se move com a mesma velocidade. Determine seu comprimento de onda de De Broglie.

39.2 Em experiências de difração em cristais (discutidas na Seção 39.3), comprimentos de onda da ordem de 0,20 nm são geralmente apropriados. Calcule a energia em elétrons-volt de uma partícula com esse comprimento de onda se essa partícula for a) um fóton; b) um elétron; c) uma partícula alfa ($m = 6{,}64 \times 10^{-27}$ kg).

39.3 O comprimento de onda de De Broglie de um elétron é $2{,}80 \times 10^{-10}$ m. Determine a) o módulo do momento linear; b) sua energia cinética (em joules e em elétrons-volt).

39.4 **Comprimento de onda de uma partícula alfa**. Uma partícula alfa ($m = 6{,}64 \times 10^{-27}$ kg) emitida no decaimento radioativo do urânio 238 possui uma energia igual a 4,20 MeV. Qual é seu comprimento de onda de De Broglie?

39.5 No modelo de Bohr do átomo de hidrogênio, qual é o comprimento de onda de De Broglie de um elétron que está a) no nível $n = 1$?; b) no nível $n = 4$? Em cada caso compare o comprimento de onda com o comprimento da circunferência $2\pi r_n$ da órbita.

39.6 a) Uma partícula não-relativística de massa m possui energia cinética K. Deduza uma expressão para o comprimento de onda de De Broglie da partícula em termos de m e K. b) Qual é o comprimento de onda de De Broglie de um elétron com 800 eV?

39.7 **Por que nós não difratamos?** a) Calcule o comprimento de onda de De Broglie de uma pessoa comum passando por um portal. Faça aproximações razoáveis para as grandezas necessárias. b) A pessoa da parte (a) exibirá um comportamento ondulatório quando passar pela 'fenda única' de um portal? Por quê?

39.8 Qual é o comprimento de onda de De Broglie para um elétron com velocidade a) $v = 0{,}480c$?; b) $v = 0{,}960c$? (*Sugestão*: use a expressão relativística correta quando for necessário.)

39.9 a) Se um fóton e um elétron têm a mesma energia de 20,0 eV, encontre o comprimento de onda de cada um. b) Se um fóton e um elétron têm o mesmo comprimento de onda de 250 nm, encontre a energia de cada um. c) Você deseja estudar uma molécula orgânica de cerca de 250 nm de extensão usando um fóton ou um microscópio eletrônico. Que comprimento de onda aproximado você deve usar e qual das partículas, o elétron ou o fóton, tende a danificar menos a molécula?

39.10 Considere o gás hidrogênio (H_2) a 0°C. A massa de um *átomo* de hidrogênio é $1{,}67 \times 10^{-27}$ kg. a) Qual é o comprimento de onda médio de De Broglie das moléculas de hidrogênio? b) Com que velocidade um elétron teria de se deslocar para ter o mesmo comprimento de onda de De Broglie que o hidrogênio? É necessário levar em conta a relatividade para esse elétron? c) Qual seria a energia de um fóton com o mesmo comprimento de onda que as moléculas de H_2 e os elétrons? Compare esse valor com a energia cinética da molécula de hidrogênio na parte (a) e o elétron na parte (b).

39.11 **Comprimento de onda de uma bala**. Calcule o comprimento de onda de De Broglie de uma bala de 5 g que se desloca com velocidade igual a 340 m/s. A bala exibirá propriedades semelhantes a ondas?

Seção 39.2 Difração de elétrons

39.12 Que diferença de potencial seria necessária para acelerar os elétrons para terem a) o mesmo comprimento de onda que um raio X de comprimento de onda 0,150 nm e b) a mesma energia que o raio X na parte (a)?

39.13 a) Com que velocidade aproximada um elétron deve se deslocar para ter um comprimento de onda que o torne útil para medir a distância entre átomos adjacentes em cristais comuns (cerca de 0,10 nm)? b) Qual é a energia cinética do elétron na parte (a)? c) Qual seria a energia de um fóton do mesmo comprimento de onda que o elétron na parte (b)? d) Quais partículas seriam sensores mais eficazes para estruturas de menor escala, elétrons ou fótons? Por quê?

39.14 Um feixe de elétrons é acelerado a partir do repouso por uma diferença de potencial de 0,100kV e então passa por uma fenda estreita. O feixe difratado apresenta seu primeiro mínimo de difração com um ângulo de ±11,5° com a direção original do feixe quando visto a uma longa distância da fenda. a) Precisamos usar fórmulas relativísticas? Como você sabe disso? b) Qual é a largura da fenda?

39.15 Um feixe de nêutrons, todos com a mesma energia, é espalhado pelos átomos da superfície plana de um cristal que possui um espaçamento igual a 0,0910 nm. O máximo de intensidade correspondente a $m = 1$ ocorre quando o ângulo θ na Figura 39.3 é de 28,6°. Qual é a energia cinética em elétrons-volt para cada nêutron no feixe?

39.16 Um feixe de elétrons de 188 eV incide perpendicularmente sobre a superfície de um cristal como indicado na Figura 39.4b. O máximo $m = 2$ ocorre para um ângulo $\theta = 60{,}6°$. a) Qual é o espaçamento entre os átomos adjacentes na superfície? b) Em que ângulos ocorrem os demais máximos? c) Para que energia do elétron (em eV) o máximo $m = 1$ ocorre para um ângulo $\theta = 60{,}6°$? Nessa energia existe o máximo $m = 2$? Explique.

39.17 Um CD-ROM é usado em vez de um cristal em uma experiência de difração de elétrons semelhante à indicada na Figura 39.3. A superfície do CD-ROM contém minúsculos sulcos com um espaçamento uniforme de 1,60 μm. a) Sabendo que a velocidade dos elétrons é igual a $1{,}26 \times 10^4$ m/s, para que valores do ângulo θ os máximos $m = 1$ e $m = 2$ devem ocorrer? b) Os elétrons espalhados nesse máximo atingem perpendicularmente uma placa fotográfica que está a 50,0 cm do CD-ROM. Qual é a distância entre esses máximos sobre a placa fotográfica?

Seção 39.3 Probabilidade e incerteza

39.18 Um mosquito de 1,5 mg está importunando-o enquanto você tenta estudar física no seu quarto, que tem 5,0 m de lado e 2,5 m de altura. Você decide atingir o importuno inseto quando este se aproxima, mas você precisa estimar sua velocidade para aplicar um golpe mortal. a) Qual é a incerteza máxima na posição horizontal do mosquito? b) Que limite o princípio da incerteza de Heisenberg estabelece sobre a sua capacidade de saber a velocidade horizontal desse mosquito? Esse limite é um sério obstáculo à sua tentativa de atingir o mosquito?

39.19 A partir de medidas extremamente cuidadosas você determina a coordenada x do centro de massa de um carro com uma incerteza de apenas 1,0 μm. A massa do carro é igual a 1200 kg. a) Qual é a incerteza mínima na componente x da velocidade do centro de massa do carro de acordo com o princípio da incerteza de Heisenberg? b) O princípio da incerteza impõe um limite prático em nossa capacidade de medir simultaneamente a posição e as velocidades de objetos comuns, tais como carros, livros e pessoas? Explique.

39.20 Uma bola de gude de 10,0 g é colocada cuidadosamente sobre uma mesa horizontal de 1,75 m de largura. a) Qual é a incerteza máxima na posição horizontal da bola de gude? b) Segundo o princípio da incerteza de Heisenberg, qual é a incerteza mínima na velocidade horizontal da bola de gude? c) À luz da sua resposta à parte (b), qual é o maior tempo que a bola de gude pode permanecer sobre a mesa? Compare esse tempo com a idade do universo, que é de aproximadamente 14 bilhões de anos. (*Sugestão*: é possível saber que a velocidade horizontal da bola de gude é *exatamente* zero?)

39.21 Um cientista descobriu um método novo para isolar partículas individuais. Ele alega que seu método permite a medida simultânea da posição da partícula ao longo de um eixo com um desvio-padrão de 0,12 nm e a medida do componente do momento linear ao longo do mesmo eixo com um desvio-padrão de $3{,}0 \times 10^{-25}$ kg · m/s. Use o princípio da incerteza de Heisenberg para verificar a validade dessa alegação.

39.22 a) A incerteza na medida da coordenada x da posição de um elétron é 0,20 nm. Qual é o componente x da velocidade v_x do elétron, sabendo que a porcentagem da incerteza mínima para medir simultaneamente a posição e a velocidade v_x é igual a 1,0%? b) Repita o item (a) para um próton.

39.23 Um átomo em um estado metaestável possui vida média igual a 5,2 ms. Qual é a incerteza na energia do estado metaestável?

39.24 a) A incerteza na medida da coordenada y da posição de um próton é igual a $2{,}0 \times 10^{-12}$ m. Qual é a incerteza mínima para se medir simultaneamente a posição e a componente y da velocidade do próton? b) A incerteza na medida da componente z da velocidade de um elétron é igual a 0,250 m/s. Qual é a incerteza mínima para medir simultaneamente a velocidade e a coordenada z do elétron?

39.25 A partícula ψ ('psi') possui energia de repouso igual a 3097 MeV (1 MeV = 10^6 eV). A partícula ψ é instável e sua vida média é igual a $7{,}6 \times 10^{-21}$ s. Estime a incerteza na energia de repouso da partícula ψ. Expresse sua resposta em MeV e como uma fração de sua energia de repouso.

39.26 Vida média de uma partícula. A partícula instável W^+ possui energia de repouso igual a 80,41 GeV (1 GeV = 10^9 eV) e a incerteza na energia de repouso é 2,06 GeV. Estime a vida média de uma partícula W^+.

Seção 39.4 O microscópio eletrônico

39.27 Você deseja estudar um espécime biológico por meio de um comprimento de onda de 10,0 nm, e você pode escolher entre usar ondas eletromagnéticas ou um microscópio eletrônico. a) Calcule a razão entre a energia de um fóton com um comprimento de onda de 10,0 nm e a energia cinética de um elétron com um comprimento de onda de 10,0 nm. b) Diante de sua resposta à parte (a), quais partículas seriam menos danosas aos espécimes em estudo, os fótons ou os elétrons?

39.28 a) Em um microscópio eletrônico, qual é a voltagem de aceleração necessária para produzir um feixe de elétrons de comprimento de onda igual a 0,0600 nm? b) Se usarmos prótons em vez de elétrons, qual será a voltagem de aceleração necessária para produzir prótons de comprimento de onda igual a 0,0600 nm? (*Sugestão*: em cada um desses casos, a energia cinética inicial é desprezível.)

Seção 39.5 Função de onda e a equação de Schrödinger

39.29 Considere uma função de onda dada por $\psi(x) = A$ sen kx, onde $k = 2\pi/\lambda$ e A é uma constante real. a) Para quais valores de x ocorre a probabilidade máxima de encontrar a partícula descrita por essa função de onda? Explique. b) Para quais valores de x a probabilidade é igual a *zero*? Explique.

39.30 Calcule $|\Psi|^2$ para $\Psi = \psi$ sen ωt, onde ψ não depende do tempo e ω é uma constante real. Essa função de onda corresponde a um estado fundamental? Por quê?

39.31 Normalização da função de onda. Considere uma partícula deslocando-se em uma dimensão, que chamaremos de eixo Ox. a) O que significa para a função de onda dessa partícula ser *normalizada?* b) A função de onda $\psi(x) = e^{ax}$, onde a é um número real positivo, é normalizada? Essa função de onda poderia ser válida? c) Se a partícula descrita pela função de onda $\psi(x) = Ae^{bx}$, onde A e b são números reais positivos, estiver confinada ao intervalo $x \geq 0$, determine A (inclusive suas unidades) de modo que a função de onda seja normalizada.

39.32 Uma partícula é descrita por uma função de onda dada por $\psi(x) = Ae^{-\alpha x^2}$, onde α e A são constantes positivas reais. Quando o valor de α aumenta, que efeito isso produz sobre a) a incerteza da posição da partícula?; b) a incerteza do momento linear da partícula? Explique suas respostas.

39.33 Considere a função complexa $f(x, y) = (x - iy)/(x + iy)$. Calcule $|f|^2$

39.34 Uma partícula A é descrita por uma função de onda $\psi(x, y, z)$. Uma partícula B é descrita por uma função de onda $\psi(x, y, z)\,e^{i\phi}$, onde ϕ é uma constante real. Como se compara a probabilidade de encontrar a partícula A em torno de certo ponto no espaço no interior de um volume dV com a probabilidade de encontrar a partícula B dentro do mesmo volume?

39.35 Uma partícula deslocando-se em uma dimensão (o eixo Ox) é descrita pela função de onda

$$\psi(x) = \begin{cases} Ae^{-bx}, & \text{para } x \geq 0 \\ Ae^{bx}, & \text{para } x < 0 \end{cases}$$

onde $b = 2{,}00\ \text{m}^{-1}$, $A > 0$, e o sentido positivo do eixo Ox aponta para a direita. a) Determine A de modo que a função de onda seja normalizada. b) Faça o gráfico da função de onda. c) Calcule a probabilidade de se encontrar essa partícula em cada uma das seguintes regiões: (i) até 50,0 cm da origem, (ii) do lado esquerdo da origem (você pode adivinhar a resposta olhando para o gráfico da função de onda?), (iii) entre $x = 0{,}500$ m e $x = 1{,}0$ m.

39.36 Combinações lineares de funções de onda. Sejam ψ_1 e ψ_2 duas soluções da Equação (39.18) com a mesma energia E. Mostre que $\psi = B\psi_2 + C\,\psi_2$ é também uma solução com energia E, para quaisquer valores das constantes B e C.

39.37 Sejam ψ_1 e ψ_2 duas soluções da Equação (39.18) com energias E_1 e E_2, respectivamente, sendo $E_1 \neq E_2$. Pode $\psi = A\psi_1 + B\psi_2$, sendo A e B constantes não nulas, ser uma solução para a Equação (39.18)? Explique a sua resposta.

Problemas

39.38 Um feixe de elétrons de 40 eV deslocando-se no sentido $+x$ passa através de uma fenda de largura igual a 5,0 μm paralela ao eixo y. A figura de difração é registrada em uma tela situada a uma distância de 2,5 m da fenda. a) Qual é o comprimento de onda de De Broglie dos elétrons? b) Quanto tempo os elétrons levam para ir da fenda até a tela? c) Use a largura do máximo central da difração para calcular a incerteza no componente y do momento linear de um elétron logo depois que ele passou através da fenda. d) Use o resultado do item (c) e o princípio da incerteza de Heisenberg, dado pela Equação (39.11) para y, para estimar a incerteza mínima na coordenada y de um elétron logo depois que ele passou através da fenda. Compare seus resultados com a largura da fenda.

39.39 a) Qual é a energia de um fóton de comprimento de onda igual a 0,10 μm? b) Qual a diferença de potencial aproximada que deve haver para que os elétrons acelerados mostrem natureza ondulatória ao passar por um orifício de 0,10 μm de diâmetro? Qual é a velocidade desses elétrons? c) Se usarmos prótons em vez de elétrons, a que diferença de potencial os prótons precisam ser acelerados para que exibam natureza ondulatória ao passar por esse orifício? Qual seria a velocidade desses prótons?

39.40 Elétrons passam por uma fenda única de 150 nm de largura e atingem uma tela a 24,0 cm de distância. Você descobre que nenhum elétron atinge a tela com um ângulo de $\pm$ 20,0° a partir do centro da figura de difração, mas que elétrons atingem todos os pontos próximos ao centro. a) Com que velocidade esses elétrons estavam se deslocando quando passaram pela fenda? b) Quais são os próximos ângulos maiores em que nenhum elétron atinge a tela?

39.41 Um feixe de elétrons é acelerado a partir do repouso e passa por um par de fendas estreitas idênticas dispostas com uma distância de 1,25 nm entre si. Você observa que a primeira franja escura da interferência de dupla fenda ocorre a $\pm$ 18,0° da direção original do feixe quando observada em uma tela distante. a) Esses elétrons são relativísticos? Como você sabe disso? b) Que diferença de potencial foi usada para acelerar esses elétrons?

39.42 Um feixe de prótons e um feixe de partículas alfa (de massa $6{,}64 \times 10^{-27}$ kg e carga $+2e$) são acelerados a partir do repouso através da mesma diferença de potencial e passam por orifícios circulares idênticos em uma película fina e opaca. Quando observado à distância do orifício, o feixe de prótons difratado forma seu primeiro anel escuro a 15° em relação à sua direção original. Quando observado da mesma forma que anteriormente, em que ângulo a partícula alfa forma seu primeiro anel negro?

39.43 Um feixe de elétrons e um feixe de fótons passam por fendas idênticas. Em uma tela distante, a primeira franja escura ocorre no mesmo ângulo para ambos os feixes. A velocidade dos elétrons é bem menor do que a da luz. a) Expresse a energia de um fóton em termos da energia cinética K de um dos elétrons. b) Qual é maior, a energia de um fóton ou a energia cinética de um elétron?

39.44 Luz coerente passa por duas fendas estreitas cuja separação é de 40,0 μm. A franja brilhante de segunda ordem na figura de interferência está situada a um ângulo de 0,0300 rad. Se elétrons forem usados em vez de luz, qual deve ser a energia cinética (em elétrons-volt) dos elétrons, se eles devem produzir uma figura de interferência em que o máximo de segunda ordem também está a 0,0300 rad?

39.45 Qual é o comprimento de onda de De Broglie de uma célula vermelha do sangue, com massa igual a $1{,}0 \times 10^{-11}$ g e que se desloca com velocidade igual a 0,400 cm/s? Você deve levar em consideração a natureza ondulatória de uma célula vermelha ao analisar o fluxo do sangue em seu corpo?

39.46 Elétrons com velocidades elevadas são usados para sondar a estrutura dos núcleos dos átomos. Para tais elétrons a relação $\lambda = h/p$ continua válida, porém, devemos usar a expressão relativística para o momento linear, $p = mv/\sqrt{1 - v^2/c^2}$ · a) Mostre que a velocidade de um elétron que possui o comprimento de onda de De Broglie λ é dada por

$$v = \frac{c}{\sqrt{1 + (mc\lambda/h)^2}}$$

b) A grandeza h/mc é igual a $2{,}426 \times 10^{-12}$ m. (Como vimos na Seção 38.7, essa mesma grandeza aparece na Equação (38.23), a expressão do espalhamento Compton de fótons por elétrons.) Se λ é pequeno em comparação com h/mc, o denominador da expressão encontrada no item (a) é aproximadamente igual a 1, e a velocidade v é aproximadamente igual a c. Nesse caso, é conveniente escrever $v = (1 - \Delta)c$ e expressar a velocidade do elétron em termos de Δ em vez de v. Encontre uma expressão para Δ válida quando $\lambda << h/mc$. (*Sugestão*: use a série binomial $(1 + z)^n = 1 + nz + n(n-1)z^2/2 + ...$, válida para $|z| < 1$. c) Qual deve ser a velocidade de um elétron para que seu comprimento de onda de De Broglie seja igual a $1{,}0 \times 10^{-15}$ m, comparável ao diâmetro de um próton? Expresse sua resposta na forma $v = (1 - \Delta)c$, dizendo quanto vale Δ.

39.47 a) Qual é o comprimento de onda de De Broglie de um elétron acelerado a partir do repouso por meio de um aumento de potencial igual a 125 V? b) Qual é o comprimento de onda de De Broglie de uma partícula alfa ($q = +2e$, $m = 6{,}64 \times 10^{-27}$ kg) acelerada a partir do repouso por meio de uma diminuição de potencial igual a 125 V?

39.48 Suponha que a incerteza na posição de um elétron seja igual ao raio da órbita $n = 1$ do modelo de Bohr do átomo de hidrogênio. Calcule a incerteza mínima na determinação do componente correspondente do momento linear e compare o resultado com o módulo do momento linear do elétron na órbita $n = 1$ do modelo de Bohr do átomo de hidrogênio. Discuta seus resultados.

39.49 a) Uma partícula de massa m possui energia cinética igual a três vezes sua energia de repouso. Qual é o comprimento de onda de De Broglie dessa partícula? (*Sugestão*: você deve usar a expressão relativística para a energia cinética: $E^2 = (pc)^2 + (mc^2)^2$ e $K = E - mc^2$.) b) Determine o valor numérico da energia cinética (em MeV) e do comprimento de onda (em metros), sabendo que a partícula do item (a) é i) um elétron; ii) um próton.

39.50 **Energia do próton em um núcleo**. Os raios dos núcleos dos átomos são da ordem de $5{,}0 \times 10^{-15}$ m. a) Estime a incerteza mínima no momento linear de um próton quando ele está confinado no núcleo. b) Considere o valor da incerteza no momento linear como uma estimativa do módulo do momento linear. Use a expressão relativística entre a energia e o momento linear, Equação (37.39), para obter uma estimativa da energia cinética de um próton confinado em um núcleo. c) Para que um próton permaneça ligado no interior do núcleo, qual deve ser o módulo da energia potencial (negativa) para que ele fique confinado no núcleo? Dê sua resposta em eV e em MeV. Compare com a energia potencial de um elétron no átomo de hidrogênio, a qual é da ordem de algumas dezenas de eV. (Esse resultado mostra por que a interação que mantém um próton ligado ao núcleo é chamada de 'força nuclear forte'.)

39.51 **Energia do elétron em um núcleo**. Os raios dos núcleos dos átomos são da ordem de $5{,}0 \times 10^{-15}$ m. a) Estime a incerteza mínima no momento linear de um elétron quando ele está confinado no núcleo. b) Considere o valor da incerteza no momento linear como uma estimativa do módulo do momento linear. Use a expressão relativística entre a energia e o momento linear, Equação (37.39), para obter uma estimativa da energia cinética de um elétron confinado em um núcleo. c) Compare a energia calculada no item (b) com a energia potencial coulombiana entre um elétron e um próton separados por uma distância igual a $5{,}0 \times 10^{-15}$ m. Com base em seu resultado, você acha que seria possível existir elétrons no interior de um núcleo? (*Nota*: é interessante comparar esse resultado com aquele obtido no Problema 39.50.)

39.52 No cinescópio de uma TV, a voltagem de aceleração é igual a 15,0 kV; o feixe de elétrons passa através de uma abertura de 0,50 mm de diâmetro e atinge uma tela situada a uma distância de 0,300 m da abertura. a) Calcule a incerteza no componente da velocidade do elétron perpendicular à reta entre a abertura e a tela. b) Qual é a incerteza na localização do ponto onde o elétron atinge a tela? c) O efeito da incerteza afeta significativamente a nitidez da imagem? (Use expressões não-relativísticas para o movimento dos elétrons. Isso fornece uma precisão bastante boa e certamente é adequado para a estimativa dos efeitos da incerteza.)

39.53 O píon neutro (π^0) é uma partícula instável produzida em colisões entre partículas com energias elevadas. Sua massa é aproximadamente 264 vezes maior do que a massa do elétron e possui uma vida média de $8{,}4 \times 10^{-17}$ s antes de decair transformando-se em dois fótons de raios gama. Usando a relação entre massa e energia $E = mc^2$, calcule a incerteza na massa da partícula e expresse o resultado como uma fração da massa.

39.54 **Efeitos quânticos na vida diária?** Um inseto de 1,25 mg voa através de um orifício com 4,0 mm de diâmetro em uma janela comum de tela. A espessura da tela é 0,500 mm. a) Qual deve ser o comprimento de onda e a velocidade aproximados do inseto para que ele exiba comportamento ondulatório ao passar pelo orifício? b) Na velocidade encontrada na parte (a), quanto tempo levaria para o inseto passar pela espessura de 0,500 mm do orifício na tela? Compare esse tempo com a idade do universo (cerca de 14 bilhões de anos). Você esperaria ver 'difração de insetos' na vida diária?

39.55 **Difração na passagem por uma porta**. Se o comprimento de onda associado a você fosse da ordem de 1,0 m, você sofreria considerável difração ao passar por uma porta. a) Qual deve ser sua velocidade para que você tenha esse comprimento de onda? (Suponha que sua massa seja igual a 60,0 kg.) b) Com a velocidade calculada no item (a), quantos anos você levaria para caminhar apenas 0,80 m? Você nota algum efeito de difração quando caminha passando por uma porta?

39.56 **Incertezas em espectros atômicos**. Um certo átomo possui um nível de energia 2,58 eV acima do nível fundamental. Uma vez excitado até esse nível, o átomo permanece nesse nível durante $1{,}64 \times 10^{-7}$ s (na média) antes de emitir um fóton e retornar ao nível fundamental. a) Qual é a energia do fóton (em elétrons-volt)? Qual é seu comprimento de onda (em nanômetros)? b) Qual é a menor incerteza possível na energia do fóton? Forneça sua resposta em elétrons-volt. c) Mostre que $|\Delta E/E| = |\Delta\lambda/\lambda|$, quando $|\Delta\lambda/\lambda| << 1$. Use esse resultado para calcular o módulo da menor incerteza possível no comprimento de onda do fóton. Forneça sua resposta em nanômetros.

39.57 Você pretende usar um microscópio eletrônico para estudar a estrutura de alguns cristais. Para uma resolução acurada, você deseja que o comprimento de onda do elétron seja 1,00 nm. a) Esses elétrons são relativísticos? Como você sabe disso? b) Qual é o potencial de aceleração necessário? c) Qual é a energia cinética dos elétrons que você está usando? Para verificar se a energia é grande a ponto de danificar os cristais que você está estudando, compare-a com a energia potencial de uma molécula de NaCl, que é cerca de 6,0 eV. d) Se você decidiu usar ondas eletromagnéticas em seu estudo, que energia os seus fótons devem ter para fornecer a mesma resolução que os elétrons? Essa energia danificaria o cristal?

39.58 Para raios X de comprimento de onda igual a 0,0300 nm, o máximo $m = 1$ para um certo cristal ocorre quando o ângulo θ na Figura 36.23c é igual a 35,8°. Em que ângulo θ o máximo $m = 1$ ocorre quando, em vez dos raios X, usamos um feixe de elétrons de 4,50 keV? Suponha que os elétrons também sofram espalhamento pelos átomos da superfície plana do mesmo cristal.

39.59 A difração de elétrons pode ocorrer também quando existe interferência entre as ondas dos elétrons espalhados pelos átomos sobre a superfície do cristal e as ondas dos elétrons espalhados pelos átomos da camada imediatamente abaixo da superfície do cristal, situados a uma distância d abaixo da superfície (veja a Figura 36.23c). a) Elabore uma equação para o ângulo θ referente a um máximo da figura de difração no caso de elétrons de comprimento de onda λ. b) O espaçamento entre os planos do cristal de um metal é igual a 0,091 nm. Usando elétrons de 71,0 eV, calcule o ângulo em que ocorre um máximo produzido pela interferência entre ondas espalhadas de planos adjacentes do cristal. O ângulo é medido como na Figura 36.23c. c) O ângulo real referente à intensidade máxima é ligeiramente diferente daquele que você calculou no item (b). A explicação é que a função trabalho ϕ do metal (veja a Seção 38.2) faz a energia potencial do elétron mudar de $-e\phi$ quando ele sai do vácuo e penetra no metal. Quando consideramos o efeito da função trabalho, o ângulo referente à intensidade máxima é maior ou menor do que o calculado no item (b)? Explique.

39.60 **Energia do ponto zero**. Considere uma partícula de massa m movendo-se através de um potencial $U = \frac{1}{2}kx^2$, como no caso do sistema massa-mola. A energia total da partícula é $E = p^2/2m + \frac{1}{2}kx^2$. Suponha que p e x sejam relacionados pelo princípio da incerteza de Heisenberg, $px \approx h$. a) Calcule o menor valor possível da energia E bem como o valor de x que fornece o valor mínimo de E. Esse valor mínimo da energia, que não é igual a zero, denomina-se *energia do ponto zero*. b) Para o valor de x calculado no item (a), qual é a razão entre a energia cinética e a energia potencial da partícula?

39.61 Uma partícula de massa m se move através de um potencial $U(x) = |Ax|$, onde A é uma constante positiva. Em uma descrição simplificada, os *quarks* (partículas constituintes dos prótons, nêutrons e outras partículas, conforme veremos no Capítulo 44) possuem uma energia potencial cuja interação é dada aproximadamente por essa função, onde x representa a distância entre dois *quarks*. Como $U(x) \rightarrow \infty$ quando $x \rightarrow \infty$, não é possível separar completamente dois *quarks* (um fenômeno chamado de *confinamento dos quarks*). a) Classicamente, qual é a força que atua sobre essa partícula em função de x? b) Usando o princípio da incerteza do modo mencionado no Problema 39.60, determine aproximadamente a energia do ponto zero da partícula.

39.62 A matéria estudada na Seção 39.5 mostra que a função de onda referente a um estado estacionário dada por $\Psi = \psi\, e^{-i\omega t}$, onde ψ não depende do tempo e ω é uma constante real (não complexa). Considere a função de onda $\Psi = \psi_1 e^{-i\omega_1 t} + \psi_2 e^{-i\omega_2 t}$, onde ψ_1 e ψ_2 são funções diferentes que não dependem do tempo e ω_1 e ω_2 são constantes reais diferentes. Suponha que ψ_1 e ψ_2 sejam funções reais unívocas, de modo que $\psi_1^* = \psi_1$ e $\psi_2^* = \psi_2$. A nova função Ψ representa um estado estacionário? Por quê?

39.63 **A equação de Schrödinger dependente do tempo.** A Equação (39.18) é a equação de Schrödinger independente do tempo em uma dimensão. A equação de Schrödinger dependente do tempo é

$$-\frac{\hbar^2}{2m}\frac{\partial^2\Psi(x,t)}{\partial x^2} + U(x)\Psi(x,t) = i\hbar\frac{\partial\Psi(x,t)}{\partial t}$$

Se $\psi\,(x)$ é uma solução para a Equação (39.18) com energia E, mostre que a função dependente do tempo $\Psi\,(x,\,t) = \psi\,(x)e^{-i\omega t}$ é uma solução para a equação de Schrödinger dependente do tempo se ω for escolhido de modo adequado. Qual é o valor de ω que torna Ψ uma solução?

39.64 **Função de onda dependente do tempo para uma partícula livre.** Um exemplo de função de onda dependente do tempo é o de uma partícula livre [em que $U(x) = 0$ para qualquer x] de energia E e componente x do momento linear p. De acordo com as relações de De Broglie (ver Seção 39.1), tal partícula está associada a uma freqüência $f = E/h$ e um comprimento de onda $\lambda = h/p$. Uma primeira hipótese razoável para a função de onda dependente do tempo para tal partícula é $\Psi(x, t) = A\cos(kx - \omega t)$, onde A é a constante, $\omega = 2\pi f$ é a freqüência angular, e $k = 2\pi/\lambda$ é o número de onda. Essa é a mesma função que usamos para descrever uma onda mecânica [ver Equação (15.7)] ou uma onda eletromagnética propagando-se no sentido x [ver Equação (32.16)]. a) Mostre que $\omega = E\hbar$, $k = p/\hbar$ e $\omega = \hbar k^2/2m$. (*Sugestão*: a energia é puramente cinética, de modo que $E = p^2/2m$.) b) Para verificar essa hipótese para a função de onda dependente do tempo, substitua $\Psi(x, t) = A\cos(kx - \omega t)$ na equação de Schrödinger dependente do tempo (ver Problema 39.63) com $U(x) = 0$ (desse modo, a partícula é livre). Mostre que essa hipótese para $\Psi(x, t)$ *não* satisfaz a essa equação e, assim, não é uma função de onda adequada para uma partícula livre. c) Use o procedimento descrito na parte (b) para mostrar que uma segunda hipótese, $\Psi(x, t) = A\,\text{sen}(kx - \omega t)$, também não é uma função de onda adequada para uma partícula livre. d) Considere uma combinação das funções propostas nas partes (b) e (c):

$$\Psi\,(x, t) = A \cos\,(kx - \omega t) + B \text{ sen}\,(kx - \omega t)$$

Usando o procedimento descrito na parte (b), mostre que essa função de onda é uma solução para a equação de Schrödinger dependente do tempo com $U(x) = 0$, mas apenas se $B = iA$. (*Sugestão*: para satisfazer a equação de Schrödinger dependente do tempo para qualquer x e t, os coeficientes de $\cos(kx - \omega t)$ em ambos os lados da equação devem ser iguais. O mesmo é verdade para os coeficientes de $\text{sen}(kx - \omega t)$ em ambos os lados da equação.) Este é um exemplo que mostra que as funções de onda dependentes do tempo sempre apresentam uma parte real e uma parte imaginária.

39.65 Imagine que em outro universo a constante de Planck seja igual a 0,0663 J · s. Suponha que nesse universo as leis da física e as demais constantes sejam as mesmas do nosso. No outro universo uma aluna de física joga uma bola para outro aluno segurar. A distância entre eles é igual a 12 m e a aluna lança uma bola de 0,25 kg com velocidade de 6,0 m/s diretamente para o outro aluno. a) Qual é a incerteza no momento linear horizontal, na direção perpendicular à direção horizontal na qual a bola foi lançada, se a aluna que a lançou sabia que a bola estava dentro de um cubo com volume de 125 cm^3 no instante do lançamento? b) A que distância horizontal a bola poderia passar pelo outro aluno sem atingi-lo?

39.66 Uma partícula é descrita por uma função de onda normalizada dada por $\psi\,(x, y, z) = Axe^{-\alpha x^2} e^{-\beta y^2} e^{-\gamma z^2}$, onde A, α, β e γ são constantes positivas reais. A probabilidade de que a partícula seja encontrada no volume infinitesimal $dx\,dy\,dz$ centralizado no ponto (x_0, y_0, z_0) é dada por $|\psi\,(x_0, y_0, z_0)|^2\,dx\,dy\,dz$. a) Em que valores de x_0 é mais provável encontrar a partícula? b) Existem valores de x_0 em que a probabilidade de encontrar a partícula seja igual a zero? Caso existam, quais são esses valores de x_0?

39.67 Uma partícula é descrita por uma função de onda normalizada dada por $\psi\,(x, y, z) = Ae^{-\alpha(x^2 + y^2 + z^2)}$, onde A e α são constantes positivas reais. a) Determine a probabilidade de a partícula ser encontrada no volume entre r e $r + dr$ a partir da origem. (*Sugestão*: veja o Problema 39.66. Considere uma coroa esférica centralizada na origem com raio interno r e com espessura dr.) b) Para que valores de r a probabilidade encontrada no item (a) atinge seu valor máximo? Esse valor é igual ao que você obtém quando $|\psi\,(x, y, z)|^2$ atinge seu valor máximo? Caso não seja igual, explique as diferenças.

39.68 Considere o pacote de onda definido por

$$\psi(x) = \int_0^\infty B(k) \cos kx\, dk$$

Seja $B(k) = e{-}\alpha^2 k^2$. a) A função $B(k)$ apresenta seu valor máximo em $k = 0$. Considere k_h o valor de k em que $B(k)$ decaiu à metade de seu valor máximo, e defina a largura de $B(k)$ como $w_k = k_h$. Em termos de α, quanto vale w_k? b) Use tabelas de integrais para calcular a integral que fornece $\psi\,(x)$. Em que valor de x a função $\psi\,(x)$ atinge seu valor máximo? c) Defina a largura de $\psi\,(x)$ como $w_x = x_h$, onde x_h é o valor positivo de x em que $\psi\,(x)$ atinge um valor igual à metade de seu valor máximo. Calcule w_x em termos de α. d) O momento linear p é igual a $hk/2\pi$, de modo que a largura de B em relação ao momento linear é $w_p = hw_k/2\pi$. Calcule o produto $w_p w_x$ e compare o resultado com o princípio da incerteza de Heisenberg.

39.69 a) Usando a integral do Problema 39.68, determine a função de onda $\psi\,(x)$ para uma função $B(k)$ dada por

$$B(k) = \begin{cases} 0 & k < 0 \\ 1/k_0, & 0 \le k \le k_0 \\ 0, & k > k_0 \end{cases}$$

Isso representa a mesma combinação de todos os números de onda entre 0 e k_0. Portanto, $\psi(x)$ representa uma partícula com um número de onda médio $k_0/2$, com um espalhamento total ou incerteza no número de onda igual a k_0. Chamaremos esse espalhamento de *largura* w_k de $B(k)$, logo, $w_k = k_0$. b) Faça um gráfico de $B(k)$ contra k e de $\psi(x)$ contra x para o caso $k_0 = 2\pi/L$, onde L é um comprimento. Localize o ponto para o qual $\psi(x)$ possui valor máximo e assinale esse ponto sobre seu gráfico. Localize os dois pontos mais próximos desse máximo (um para cada lado dele) para os quais $\psi(x) = 0$ e defina com w_x a distância entre esses dois pontos ao longo do eixo Ox a largura de $\psi(x)$. Indique a distância w_x no seu gráfico. Qual é o valor de w_x para $k_0 = 2\pi/L$? c) Repita o item (b) para o caso $k_0 = \pi/L$. d) O momento linear p é igual a $hk/2\pi$, de modo que a largura de B no momento linear é $w_p = hw_k/2\pi$. Calcule o produto $w_p w_x$ para cada um dos casos $k_0 = 2\pi/L$ e $k_0 = \pi/L$. Discuta os seus resultados com base na aplicação do princípio da incerteza de Heisenberg.

Problemas desafiadores

39.70 De acordo com a mecânica quântica, a natureza ondulatória das partículas faz com que partículas encerradas em uma caixa possuam apenas comprimentos de onda que resultam de ondas estacionárias na caixa, e as paredes da caixa são necessariamente nós dessas ondas. a) Mostre que um elétron confinado em uma caixa de comprimento L em uma dimensão possui níveis de energia dados por

$$E_n = \frac{n^2 h^2}{8mL^2}$$

(*Sugestão*: lembre que a relação entre o comprimento de onda de De Broglie e a velocidade de uma partícula não-relativística é dada por $mv = h/\lambda$. A energia de uma partícula é dada por $\frac{1}{2}mv^2$.) b) Se um átomo de hidrogênio for imaginado como uma caixa em uma dimensão cujo comprimento seja igual ao raio de Bohr, qual será a energia (em elétrons-volt) do nível mais baixo de energia do elétron?

39.71 Você está participando de uma competição na qual os jogadores deixam cair bolas de gude de 20,0 g do alto de um edifício para atingir um pequeno alvo situado 25,0 m abaixo. Com base no princípio da incerteza, qual deve ser a distância horizontal típica entre a bola e o alvo, imaginando que você faça uma pontaria com a melhor precisão possível? (*Sugestão*: a incerteza Δx_f na coordenada x quando a bola de gude atinge o solo resulta em parte da incerteza Δx_i na coordenada x inicial e em parte da incerteza inicial em v_x. A última incerteza dá origem a uma incerteza Δv_x no movimento horizontal da bola de gude à medida que ela cai. Os valores de Δx_i e de Δv_x são relacionados pelo princípio da incerteza. Um valor pequeno de Δx_i dá origem a um valor grande de Δv_x e vice-versa. Calcule o valor de Δx_i que dá origem ao menor valor da incerteza total em x no solo. Despreze os efeitos da resistência do ar.)

MECÂNICA QUÂNTICA

40

Estes recipientes contêm uma solução de partículas microscópicas semicondutoras, cada uma das quais age como um 'átomo' de tamanho nanométrico. As partículas brilham quando expostas à luz ultravioleta. Por que as menores partículas (à esquerda) apresentam um brilho azul, enquanto as maiores (à direita) ostentam um brilho vermelho?

OBJETIVOS DE APRENDIZAGEM

Ao estudar este capítulo, você aprenderá:

- Como calcular as funções de onda e os níveis de energia para uma partícula confinada em uma caixa.
- A forma de analisar o comportamento mecânico-quântico de uma partícula em um poço de potencial.
- Como a mecânica quântica torna possível às partículas ir aonde a mecânica newtoniana dizia que elas não poderiam ir.
- De que maneira usar a mecânica quântica para analisar um oscilador harmônico.
- Como estender os cálculos de mecânica quântica a problemas em três dimensões.

No Capítulo 39, mostramos que as partículas às vezes se comportam como ondas e podem ser descritas por meio de funções de onda. Agora estamos preparados para fazer uma análise sistemática de partículas em *estados ligados* (tais como elétrons em átomos), inclusive cálculos das funções de onda possíveis e dos níveis de energia.

Nossa análise envolve a determinação das soluções da equação de Schrödinger, que vimos no Capítulo 39. Em qualquer sistema mecânico-quântico, as funções de onda em qualquer estado de energia definida devem ser soluções da equação de Schrödinger desse sistema. Cada solução corresponde a uma energia definida; logo, o resultado da equação de Schrödinger pode fornecer automaticamente os níveis de energia possíveis de um sistema. Apresentaremos diversos exemplos de aplicações da equação de Schrödinger a problemas em uma dimensão.

Além das energias, a solução da equação de Schrödinger pode fornecer também as probabilidades de encontrar a partícula em diversas regiões. Um dado surpreendente da solução da equação de Schrödinger é que a probabilidade de uma partícula atravessar uma barreira estreita não é zero, embora esse processo seja proibido pela mecânica newtoniana.

Finalmente, vamos generalizar a equação de Schrödinger para problemas em três dimensões. Isso abrirá caminho para a descrição das funções de onda do átomo de hidrogênio no Capítulo 41. As funções de onda do átomo de hidrogênio serão, por sua vez, a base para a descrição de átomos mais complexos da tabela periódica dos elementos, dos níveis de energia dos raios X e de outras propriedades dos átomos.

40.1 Partícula em uma caixa

Neste capítulo o objetivo é aprender como usar a equação de Schrödinger para determinar os níveis de energia possíveis e as funções de onda correspondentes em vários sistemas. Como no Capítulo 39, iremos nos referir aos estados de energia definida como *estados estacionários*. Para simplificar, começaremos com problemas em que a partícula só pode se mover ao longo do eixo *Ox*. De acordo com a Seção 39.5, a equação de Schrödinger para problemas em uma dimensão é

$$-\frac{\hbar^2}{2m}\frac{d^2\psi(x)}{dx^2} + U(x)\psi(x) = E\psi(x) \qquad (40.1)$$

(equação de Schrödinger em uma dimensão)

Essa equação é uma declaração de que a energia cinética [representada pelo termo $-(\hbar E^2/2m)d^2\psi(x)\ /\ dx^2$] mais a energia potencial [representada pelo termo $U(x)\ \psi\ (x)$] é igual à energia total [representada pelo termo $E\psi\ (x)$]. O problema fundamental é, então, o seguinte: para uma dada função energia potencial $U(x)$, quais são as funções de onda de estados estacionários $\psi\ (x)$ possíveis e quais são as energias correspondentes E?

Na Seção 39.5, resolvemos esse problema para o caso $U(x) = 0$, correspondente a uma *partícula livre*. As funções de onda permitidas e energias correspondentes são

$$\psi(x) = Ae^{ikx} \qquad E = \frac{\hbar^2 k^2}{2m} \qquad (40.2)$$

(partícula livre)

O número de onda k é igual a $2\pi/\lambda$, onde λ é o comprimento de onda. Verificamos que k pode assumir qualquer valor real; portanto, a energia E de uma partícula livre pode assumir qualquer valor de zero ao infinito. Além disso, a probabilidade de se encontrar uma partícula é igual para qualquer valor de x de $-\infty$ a $+\infty$.

Agora vamos estudar um modelo simples em que uma partícula está *confinada* de modo a não poder escapar para o infinito, estando presa em uma região restrita do espaço. Nosso sistema consiste em uma partícula confinada entre duas paredes rígidas separadas por uma distância L (Figura 40.1). O movimento acontece apenas em uma dimensão, com a partícula se deslocando ao longo apenas do eixo Ox e as paredes em $x = 0$ e $x = L$. A energia potencial correspondente às paredes rígidas é infinita, e a partícula não pode escapar. Essa situação é em geral descrita por meio da expressão '**partícula em uma caixa**'. Esse modelo pode representar um elétron livre para se mover dentro de uma molécula comprida e retilínea ou ao longo de um fio bastante fino. Um gráfico de sua função energia potencial pode ser visto na Figura 40.2.

Função de onda para uma partícula em uma caixa

Para resolver a equação de Schrödinger nesse sistema, começamos com algumas restrições sobre a função de onda $\psi(x)$ da partícula. Como a partícula está confinada à

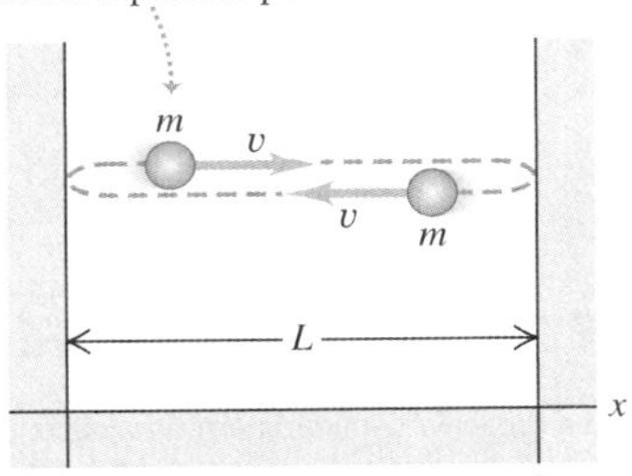

Figura 40.1 Visão newtoniana de uma partícula em uma caixa.

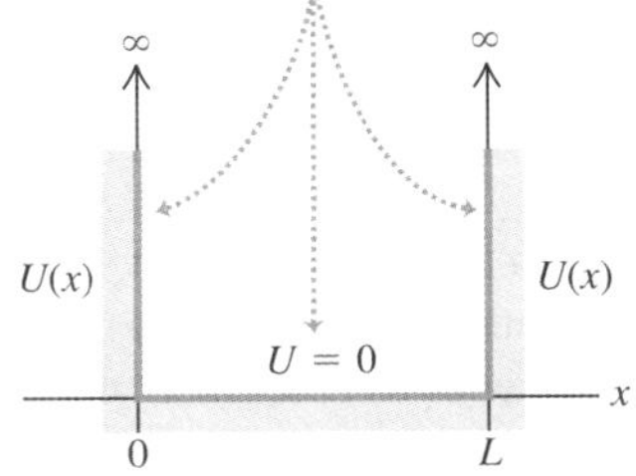

Figura 40.2 A função energia potencial de uma partícula em uma caixa.

região $0 \le x \le L$, esperamos que $\psi\ (x)$ seja zero fora dessa região. Isso está de acordo com a equação de Schrödinger: se o termo $U(x)\ \psi\ (x)$ na Equação (40.1) deve ser finito, então $\psi\ (x)$ deve ser zero quando $U(x)$ é infinito.

Além disso, $\psi\ (x)$ deve ser uma função *contínua* para ser uma solução matematicamente aceitável para a equação de Schrödinger. Sendo assim, $\psi\ (x)$ deve ser igual a zero nas fronteiras da região $x = 0$ e $x = L$. As duas últimas condições são conhecidas como as *condições de contorno* do problema. Elas devem lhe parecer familiares, visto que são as mesmas condições que usamos no volume 2, Seção 15.8 (Figura 40.3) para determinar os modos normais em uma corda vibrante. Talvez seja necessária uma revisão dessa parte da matéria.

Uma condição adicional é a de que, para calcular a segunda derivada $d^2\ \psi\ (x)/dx^2$ na Equação (40.1), a *primeira* derivada $d\psi\ (x)/dx$ deve ser também contínua, a não ser nos pontos em que a energia potencial se torna infinita (como acontece nas paredes da caixa). Essa condição é análoga à de que uma corda vibrante, como as mostradas na Figura 40.3, não pode apresentar nós (o que corresponderia a uma descontinuidade na primeira derivada da função de onda) a não ser nas extremidades da corda.

Resolvemos agora para as funções de onda na região $0 \le x \le L$ sob as condições acima. Nessa região $U(x) = 0$; portanto, a função de onda nessa região deve satisfazer a

$$-\frac{\hbar^2}{2m}\frac{d^2\psi(x)}{dx^2} = E\psi(x) \qquad (40.3)$$

(partícula em uma caixa)

A Equação (40.3) é a mesma equação de Schrödinger que aplicamos a uma partícula livre, de forma que é tentador concluir que as funções de onda e energias são dadas pela Equação (40.2). É verdade que $\psi\ (x) = Ae^{ikx}$ satisfaz à equação de Schrödinger com $U(x) = 0$, é contínua e produz uma primeira derivada contínua $d\psi(x)/dx = ikAe^{ikx}$. Entretanto, essa função de onda *não* satisfaz as condições de contorno em que $\psi\ (x)$ deve ser zero em $x = 0$ e $x = L$: em $x = 0$ a função de onda na Equação (40.2) é igual a $Ae^0 = A$, e em $x = L$ é igual à Ae^{ikL}. (Essas funções seriam iguais a zero se $A = 0$, mas nesse caso a função de onda seria igual a zero e não existiria nenhuma partícula!)

Para sair desse dilema, precisamos nos lembrar do Exemplo 39.6 (Seção 39.5), em que descobrimos que uma solução de um estado estacionário mais geral para a equação de Schrödinger com $U(x) = 0$ é

$$\psi(x) = A_1 e^{ikx} + A_2 e^{-ikx} \quad (40.4)$$

Essa função de onda é uma superposição de duas ondas: uma que se desloca no sentido $+x$ com amplitude A_1 e outra que se desloca no sentido $-x$ com o mesmo número de onda, porém, com amplitude A_2. Essa situação é análoga à de ondas estacionárias em uma corda (Figura 40.3), que podemos encarar como a superposição de duas ondas senoidais propagando-se em sentidos opostos (ver Seção 15.7). A energia que corresponde à Equação (40.4) é $E = \hbar^2 k^2/2m$, da mesma forma que para uma única onda.

Para verificar se a função de onda dada pela Equação (40.4) satisfaz às condições de contorno, vamos primeiro reescrevê-la em termos de senos e co-senos usando a fórmula de Euler, Equação (39.15):

$$\begin{aligned}\psi(x) &= A_1(\cos kx + i\,\text{sen}\,kx) + A_2[\cos(-kx) + i\,\text{sen}(-kx)] \\ &= A_1(\cos kx + i\,\text{sen}\,kx) + A_2(\cos kx - i\,\text{sen}\,kx) \\ &= (A_1 + A_2)\cos kx + i(A_1 - A_2)\,\text{sen}\,kx \quad (40.5)\end{aligned}$$

Em $x = 0$, obtemos $\psi(0) = A_1 + A_2$, que deve ser igual a zero para satisfazer à condição de contorno nesse ponto. Assim, $A_2 = -A_1$, e a Equação (40.5) se torna

$$\psi(x) = 2iA_1\,\text{sen}\,kx = C\,\text{sen}\,kx \quad (40.6)$$

Simplificamos a expressão introduzindo a constante $C = 2iA_1$. (Voltaremos a falar desta constante mais tarde.) Podemos também satisfazer à segunda condição de contorno em que $\psi = 0$ em $x = L$ escolhendo valores de k de modo que $kL = n\pi$ ($n = 1, 2, 3...$). Dessa forma, a Equação (40.6) fornece funções de onda de um estado estacionário para uma partícula em uma caixa na região $0 \leq x \leq L$. (Fora dessa região, $\psi(x) = 0$.) Os valores possíveis de k e do comprimento de onda $\lambda = 2\pi/k$ são

$$k = \frac{n\pi}{L} \quad \text{e} \quad \lambda = \frac{2\pi}{k} = \frac{2L}{n} \quad (n = 1, 2, 3...) \quad (40.7)$$

Assim como ocorre com uma corda (Figura 40.3), o comprimento L da região é um número inteiro de metades de comprimento de ondas.

Níveis de energia para uma partícula em uma caixa

Os níveis de energia possíveis são dados por $E = \hbar^2k^2/2m = p^2/2m$, onde $p = \hbar k = (h/2\pi)(2\pi/\lambda) = h/\lambda$ é o módulo do momento linear de uma partícula livre com número de onda k e comprimento de onda λ. Isso faz sentido, já que dentro da região $0 \leq x \leq L$ a energia potencial é zero e a energia é toda cinética. Para cada valor de n, há valores correspondentes de p, λ e E; vamos designá-los por p_n, λ_n e E_n. Juntando tudo, obtemos

$$p_n = \frac{h}{\lambda_n} = \frac{nh}{2L} \quad (40.8)$$

e

$$E_n = \frac{p_n^2}{2m} = \frac{n^2h^2}{8mL^2} = \frac{n^2\pi^2\hbar^2}{2mL^2} \quad (n = 1, 2, 3...) \quad (40.9)$$

(níveis de energia, partícula em uma caixa)

Esses são os níveis de energia possíveis para uma partícula em uma caixa. Cada nível de energia tem seu próprio valor de número quântico n e função de onda correspondente, que designamos por ψ_n. Quando substituímos k na Equação (40.6) pela expressão $n\pi/L$ da Equação (40.7), encontramos

$$\psi_n(x) = C\,\text{sen}\frac{n\pi x}{L} \quad (n = 1, 2, 3...) \quad (40.10)$$

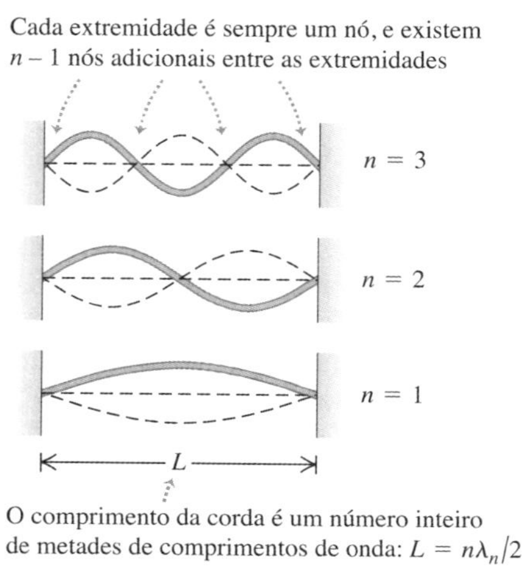

Figura 40.3 Modos normais de vibração em uma corda de comprimento L, com extremidades fixas.

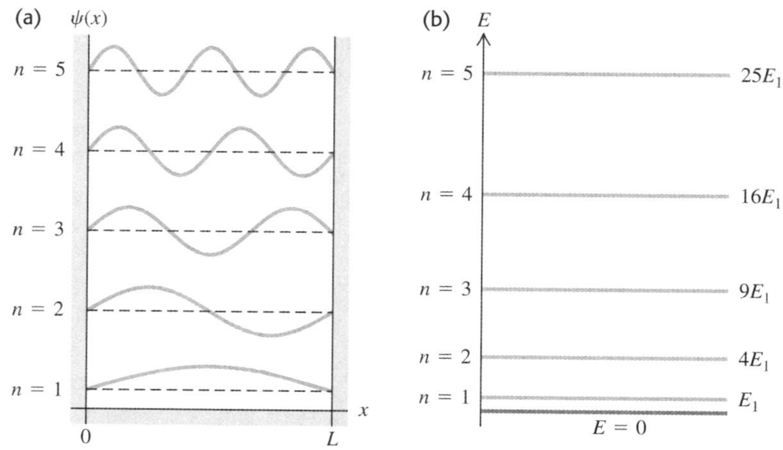

Figura 40.4 (a) Funções de onda para a partícula confinada em uma caixa, para $n = 1, 2, 3, 4$ e 5. A linha horizontal tracejada representa a função $\psi = 0$ para cada um dos cinco níveis. (b) Diagrama dos níveis de energia para a partícula confinada em uma caixa. Cada energia é igual a n^2E_1, onde E_1 é a energia do nível fundamental.

A Figura 40.4a mostra gráficos das funções de onda $\psi_n(x)$ para $n = 1, 2, 3, 4$ e 5. Note que essas funções parecem idênticas às das ondas estacionárias em uma corda (Figura 40.3). A Figura 40.4b mostra um diagrama dos níveis de energia para esse sistema. Os níveis de energia cada vez mais elevados, proporcionalmente a n^2, são cada vez mais espaçados entre si. Há um número infinito de níveis porque as paredes são perfeitamente rígidas; mesmo uma partícula de energia cinética infinitamente grande permanece confinada dentro da caixa.

ATENÇÃO Energia zero não é permitida Note que a energia de uma partícula em uma caixa *não pode* ser zero. A Equação (40.9) mostra que $E = 0$ exigiria $n = 0$, mas substituindo-se $n = 0$ na Equação (40.10) obtém-se uma função de onda igual a zero. Como uma partícula é descrita por uma função de onda não nula, significa que não pode haver uma partícula com $E = 0$.

Exemplo 40.1

ELÉTRON EM UMA CAIXA DO TAMANHO DE UM ÁTOMO Calcule o nível de energia mais baixo para uma partícula em uma caixa se a partícula for um elétron confinado em uma caixa de largura $5{,}0 \times 10^{-10}$ m, uma ordem de grandeza um pouco maior do que um átomo.

SOLUÇÃO

IDENTIFICAR: este problema utiliza os conceitos que estudamos nesta seção, relativos a uma partícula em uma caixa.

PREPARAR: o nível inferior de energia (ou seja, o nível fundamental) corresponde a $n = 1$ na Equação (40.9).

EXECUTAR: de acordo com a Equação (40.9),

$$E_1 = \frac{h^2}{8mL^2} = \frac{(6{,}626 \times 10^{-34}\ \text{J}\cdot\text{s})^2}{8(9{,}109 \times 10^{-31}\ \text{kg})(5{,}0 \times 10^{-10}\ \text{m})^2}$$
$$= 2{,}4 \times 10^{-19}\ \text{J} = 1{,}5\ \text{eV}$$

AVALIAR: uma partícula confinada em uma caixa é bastante diferente de um elétron confinado em um átomo. Contudo, é interessante notar que a energia obtida neste exemplo possui a mesma ordem de grandeza do nível de energia realmente existente em um átomo.

No caso de um próton ou de um nêutron ($m = 1{,}67 \times 10^{-27}$ kg) confinado em uma caixa cuja largura seja da ordem de grandeza do diâmetro de um núcleo médio ($L = 1{,}1 \times 10^{-14}$ m), você precisa mostrar que a resposta é $E_1 = 1{,}7$ MeV. Isso prova que a energia de partículas confinadas em um núcleo é um milhão de vezes maior do que a energia do elétron em um átomo, o que nos fornece uma pista para entender a razão pela qual as energias envolvidas em reações de fissão nuclear ou de fusão nuclear são muito maiores do que as energias envolvidas em reações químicas normais.

Caso você repita esse cálculo para uma bola de bilhar ($m = 0{,}2$ kg) ricocheteando entre as superfícies de uma mesa de bilhar perfeitamente elástica e sem atrito (para $L = 1{,}5$ m), você verificará que a separação entre os níveis de energia é da ordem de 4×10^{-67} J (Exercício 40.1). Esse valor desprezível mostra que os efeitos quânticos não afetam o seu jogo de bilhar!

Probabilidade e normalização

Vamos analisar mais detalhadamente as funções de onda para uma partícula em uma caixa, lembrando da interpretação da função de onda ψ como uma *probabilidade*, conforme discutimos na Seção 39.5. Em nossa situação unidimensional, a grandeza $|\psi(x)|^2\,dx$ é proporcional à probabilidade de que a partícula seja encontrada dentro de um pequeno intervalo dx ao redor de x. Para uma partícula em uma caixa,

$$|\psi(x)|^2\,dx = C^2 \text{sen}^2 \frac{n\pi x}{L}\,dx$$

Os gráficos tanto de $\psi(x)$ quanto de $|\psi(x)|^2$ são mostrados na Figura 40.5 para $n = 1$, 2 e 3. Notamos que nem todas as posições apresentam a mesma probabilidade. Isso contradiz a previsão da mecânica clássica segundo a qual todas as posições entre $x = 0$ e $x = L$ são igualmente prováveis. Vemos na Figura 40.5b que $|\psi(x)|^2 = 0$ em alguns pontos, de modo que a probabilidade de encontrar a partícula exatamente nesses pontos é igual a zero. Não se preocupe; o princípio da incerteza já mostrou que não podemos determinar posições com exatidão. Devemos localizar a partícula apenas em um intervalo entre $x = 0$ e $x = L$, não em algum ponto x em particular.

Sabemos que a partícula *deve* ser encontrada em algum lugar no universo, ou seja, entre $x = -\infty$ e $x = +\infty$. Portanto, a *soma* de todas as probabilidades de todos os elementos dx de todos os pontos (a probabilidade *total* de encontrar a partícula) deve ser igual a 1. Ou seja,

$$\int_{-\infty}^{\infty} |\psi(x)|^2\,dx = 1 \qquad (40.11)$$

(condição de normalização)

Dizemos que uma função de onda é *normalizada* quando ela possui uma constante C como a indicada na Equação (40.10), que foi calculada de modo a se obter a probabilidade total igual a 1, como indicado na Equação (40.11). O processo para determinar essa constante denomina-se **nor-**

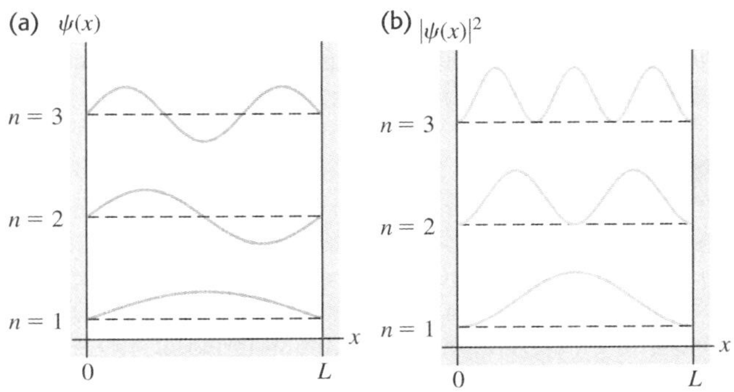

Figura 40.5 Gráficos de (a) $\psi(x)$ e (b) $|\psi(x)|^2$ para as três primeiras funções de onda ($n = 1, 2, 3$) para a partícula em uma caixa. A linha horizontal tracejada representa a função $\psi(x) = 0$ e $|\psi(x)|^2 = 0$ para cada um dos três níveis. O valor de $|\psi(x)|^2 dx$ em cada ponto é proporcional à probabilidade de encontrar a partícula em um intervalo dx pequeno em torno do ponto.

malização, como discutimos na Seção 39.5. Por que se preocupar com a normalização? Porque, quando uma função de onda está normalizada, $|\psi(x)|^2$ não é meramente proporcional à probabilidade de encontrar a partícula, mas é exatamente *igual* à probabilidade de encontrar a partícula no intervalo dx. Lembre-se, da Seção 39.5, que $|\psi(x)|^2$ é chamada de *função de distribuição de probabilidade.*

Vamos agora normalizar a função de onda $\psi(x)$ dada pela Equação (40.10) para a partícula em uma caixa. Visto que $\psi(x)$ é igual a zero exceto entre $x = 0$ e $x = L$, a Equação (40.11) se torna

$$\int_0^L C^2 \operatorname{sen}^2 \frac{n\pi x}{L}\, dx = 1 \qquad (40.12)$$

Podemos calcular essa integral usando a identidade trigonométrica $\operatorname{sen}^2 \theta = \frac{1}{2}(1 - \cos 2\theta)$; o resultado é $C^2L/2$. Portanto, nossa interpretação da probabilidade calculada pela função de onda exige que $C^2L/2 = 1$, ou $C = (2/L)^{1/2}$; a constante C *não* é arbitrária. (Esse resultado contrasta com o problema clássico da corda vibrante, no qual a constante C representa uma amplitude que depende das condições iniciais.) Então as funções de onda normalizadas para uma partícula em uma caixa são

$$\psi_n(x) = \sqrt{\frac{2}{L}} \operatorname{sen} \frac{n\pi x}{L} \qquad (n = 1, 2, 3...) \qquad (40.13)$$

(partícula em uma caixa)

A seguir, vamos verificar se nossos resultados para uma partícula em uma caixa estão de acordo com o princípio da incerteza. Podemos escrever a posição da partícula como $x = L/2 \pm L/2$, de modo que é possível estimar a incerteza da posição como $\Delta x \approx L/2$. De acordo com a Equação (40.8), o módulo do momento linear no estado n é dado por $p_n = nh/2L$. Uma estimativa razoável da incerteza no momento linear consiste em calcular p_n para $n = 1$, que corresponde a uma diferença entre dois valores consecutivos de n, ou seja, $\Delta p_x \approx h/2L$. Portanto, o produto $\Delta x\, \Delta p_x$ é

$$\Delta x\, \Delta p_x = \frac{h}{4}$$

O resultado obtido está de acordo com o princípio da incerteza, dado pela Equação (39.11), $\Delta x \Delta p_x \geq \hbar = h/2\pi$, onde as incertezas foram definidas com maior precisão mediante o conceito de desvio-padrão.

Exemplo 40.2

UMA FUNÇÃO DE ONDA NÃO-SENOIDAL? a) Mostre que $\psi(x) = Ax + B$, com A e B constantes, é uma solução da equação de Schrödinger para um nível de energia $E = 0$ de uma partícula em uma caixa. b) Que limites as condições de contorno em $x = 0$ e $x = L$ estabelecem sobre as constantes A e B?

SOLUÇÃO

IDENTIFICAR: este problema usa a idéia de que qualquer função de onda fisicamente razoável deve satisfazer tanto à equação de Schrödinger quanto às condições de contorno.

PREPARAR: na parte (a), substituímos $\psi(x)$ na equação de Schrödinger para uma partícula em uma caixa, Equação (40.3), a fim de verificar se essa função é uma solução. Na parte (b), impomos que $\psi(x)$ seja igual a zero em $x = 0$ e em $x = L$.

EXECUTAR: a) Conforme a Equação (40.3), a equação de Schrödinger para essa situação é $-(\hbar^2/2m)\, d^2\psi(x)/dx^2 = E\psi(x)$. Derivando $\psi(x) = Ax + B$ duas vezes em relação a x, obtemos $d^2\psi(x)/dx^2 = 0$, para o lado esquerdo da equação. Como por suposição $E = 0$, o lado direito da equação também é igual a zero. Como $0 = 0$, vemos que $\psi(x) = Ax + B$ é uma solução da equação de Schrödinger para $E = 0$. Note que tanto $\psi(x)$ quanto sua derivada $d\psi(x)/dx = A$ são funções contínuas, como deveriam ser.

b) Aplicando a condição de contorno em $x = 0$, obtemos $\psi(0) = B$, de modo que a constante B deve ser zero e $\psi(x) = Ax$. Aplicando a condição de contorno em $x = L$, obtemos $\psi(L) = AL = 0$; portanto, a constante A também deve ser zero. Assim, a função de onda é igual a zero tanto dentro da caixa como fora dela, e há *zero* probabilidade de se encontrar a partícula em qualquer lugar com essa função de onda. Dessa forma, $\psi(x) = Ax + B$ não é uma função de onda válida em termos físicos.

AVALIAR: a moral dessa história é que há muitas funções que satisfazem à equação de Schrödinger em uma dada situação física, mas a maioria delas — inclusive a função considerada aqui — deve ser rejeitada por não satisfazer às condições de contorno.

Dependência do tempo

Finalmente, notamos que as funções de onda $\psi_n(x)$ na Equação (40.13) dependem apenas da coordenada *espacial* x. Vimos na Seção 39.5 que a função de onda geral depende também do *tempo*. A Equação (39.14) mostra que, se $\psi(x)$ é a função de onda para um estado definido de energia E, a função de onda dependente do tempo $\Psi(x, t)$ é

$$\Psi(x, t) = \psi(x)\, e^{-iEt/\hbar} \qquad (40.14)$$

(função de onda dependente do tempo para um estado estacionário)

De acordo com a Equação (40.12), segue-se que as funções de onda dependentes do tempo para uma partícula em uma caixa são

$$\Psi(x, t) = \sqrt{\frac{2}{L}} \operatorname{sen}\left(\frac{n\pi x}{L}\right) e^{-iE_n t/\hbar} \quad (n = 1, 2, 3...) \qquad (40.15)$$

Nessa expressão, as energias E_n são dadas pela Equação (40.9).

O valor absoluto de $e^{-iEt/\hbar}$ é a unidade: $|e^{-iEt/\hbar}|^2 = e^{+iEt/\hbar}e^{-iEt/\hbar} = e^0 = 1$. Logo, $|\Psi(x, t)|^2$ é igual a $|\psi(x)|^2$ e a função de distribuição de probabilidade não depende do tempo. Vimos na Seção 39.5 que essa é a origem do termo *estado estacionário* para um estado de energia definida. Assim, em cálculos envolvendo estados que possuam energia definida, podemos omitir o fator tempo. Em nossas aplicações de mecânica quântica, iremos nos preocupar principalmente com os estados estacionários.

Teste sua compreensão da Seção 40.1 Se uma partícula em uma caixa está no nível de energia de ordem n, qual é o valor médio do componente x de seu momento linear p_x? (i) $nh/2L$; (ii) $(\sqrt{2}/2)nh/L$; (iii) $(1/\sqrt{2})nh/L$; (iv) $(1/2\sqrt{2})nh/L$; (v) zero. ∎

40.2 Poço de potencial

Um **poço de potencial** é uma função energia potencial $U(x)$ que possui um mínimo. Introduzimos esse termo na Seção 7.5, no volume 1, e também o utilizamos em nossa discussão do movimento periódico no Capítulo 13, volume 2. Na mecânica newtoniana, uma partícula presa em um poço de potencial pode oscilar com movimento periódico. Nossa primeira aplicação da equação de Schrödinger, a partícula em uma caixa, envolvia um poço de potencial rudimentar com uma função $U(x)$ igual a zero dentro de um intervalo e igual a infinito em qualquer ponto fora desse intervalo. Conforme discutimos na Seção 40.1, essa função ocorre em algumas situações existentes na natureza, porém a correspondência é apenas aproximada.

Um poço de potencial que forme melhor aproximação para diversas situações físicas é um poço com lados retilíneos, porém, com altura *finita*. A Figura 40.6 mostra uma função energia potencial igual a zero no intervalo $0 \leq x \leq L$ e que possui um valor U_0 em qualquer ponto fora desse intervalo. Essa função é geralmente chamada de **poço de potencial quadrado**, que pode servir como um modelo simples de um elétron confinado em uma placa metálica de espessura L se deslocando perpendicularmente à superfície da placa. O elétron pode se mover livremente no interior do metal, mas terá de escalar uma barreira de potencial de altura U_0 para escapar de cada superfície do metal. A energia U_0 é relacionada com a *função trabalho,* conforme discutimos na Seção 38.2, em conexão com o efeito fotoelétrico. A versão do poço de potencial em três dimensões pode ser aplicada para descrever aproximadamente o movimento de prótons e nêutrons no interior de núcleos.

Estados ligados de um poço de potencial quadrado

Na mecânica newtoniana, a partícula fica presa (localizada) em um poço quando sua energia total E é menor do que a energia U_0. Na mecânica quântica, esse estado localizado é geralmente chamado de **estado ligado**. Todos os estados são ligados quando o poço de potencial possui profundidade infinita, porém, quando E é maior do que U_0, a partícula *não* está ligada.

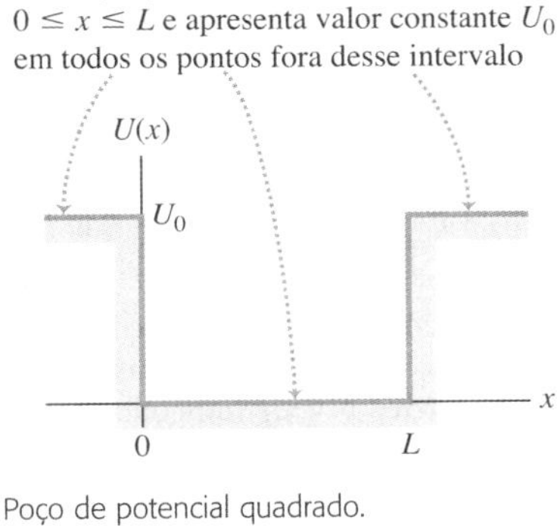

Figura 40.6 Poço de potencial quadrado.

Para um poço de potencial finito, vamos considerar as soluções dos estados ligados fornecidas pela equação de Schrödinger correspondentes ao caso $E < U_0$. O tratamento mais simples consiste em considerar as regiões para as quais $U = 0$ e $U = U_0$. Quando $U = 0$, a equação de Schrödinger fornece a Equação (40.13). Reagrupando os termos dessa equação, obtemos

$$\frac{d^2\psi(x)}{dx^2} = -\frac{2mE}{\hbar^2}\psi(x) \tag{40.16}$$

Pela Equação (40.5), podemos expressar as soluções dessa equação como combinações de $\cos kx$ e $\operatorname{sen} kx$, onde $E = \hbar^2k^2/2m$ e, portanto, $k = \sqrt{2mE}/\hbar$. Assim, dentro do poço quadrado ($0 \leq x \leq L$) nós temos

$$\psi(x) = A\cos\frac{\sqrt{2mE}}{\hbar}x + B\operatorname{sen}\frac{\sqrt{2mE}}{\hbar}x \tag{40.17}$$

(dentro do poço)

onde A e B são constantes. Até o momento a solução se parece com a da partícula em uma caixa, como discutimos na Seção 40.1.

Nas regiões $x < 0$ e $x > L$ usamos a Equação (40.1) com $U = U_0$. Reagrupando os termos dessa equação, obtemos

$$\frac{d^2\psi(x)}{dx^2} = \frac{2m(U_0 - E)}{\hbar^2}\psi(x) \tag{40.18}$$

A grandeza $U_0 - E$ é positiva, portanto, as soluções dessa equação são exponenciais. Usando a letra grega κ para designar abreviadamente a grandeza positiva $\kappa = [2m(U_0 - E)]^{1/2} / \hbar$, podemos escrever a solução na forma

$$\psi(x) = Ce^{\kappa x} + De^{-\kappa x} \tag{40.19}$$

(fora do poço)

onde C e D são constantes com valores diferentes para as regiões $x < 0$ e $x > L$.

Vemos que as funções de onda para os estados ligados desse sistema são senoidais dentro do poço e exponenciais fora dele. Devemos usar o expoente positivo para a região $x < 0$ e o expoente negativo para a região $x > L$. Ou seja, $D = 0$ para $x < 0$ e $C = 0$ para $x > L$. Sem essa escolha das constantes, ψ tenderia para o infinito quando $|x|$ se aproximasse do infinito e a condição de normalização dada pela Equação (40.11) não poderia ser satisfeita. Devemos também obrigar a função a obedecer às condições de contorno, conforme discutimos na Seção 40.1: $\psi(x)$ e $d\psi(x)/dx$ devem ser contínuas nas fronteiras ($x = 0$ e $x = L$). Se a função de onda $\psi(x)$ ou sua derivada $d\psi(x)/dx$ fossem descontínuas em um dado ponto, então $d^2\psi(x)/dx^2$ seria *infinita* nesse ponto. No entanto, isso violaria a equação de

Schrödinger, segundo a qual $d^2\psi(x)/dx^2$ é proporcional a $U - E$. Em nosso caso, $U - E$ possui valor finito em qualquer ponto, portanto, $d^2\psi(x)/dx^2$ também deve apresentar um valor finito em qualquer ponto.

Somente para determinados valores da energia total E é possível igualar os valores da função de onda exponencial com a senoidal nas extremidades do poço de modo que elas variem continuamente através das fronteiras; portanto, essa exigência determina os níveis de energia do poço quadrado finito. Não existe nenhuma fórmula simples para os níveis de energia como no caso do poço de profundidade infinita. O cálculo desses níveis é um problema matemático bastante complexo que necessita da solução de uma equação transcendental mediante o uso de aproximações numéricas; não forneceremos detalhes dessa solução. Na Figura 40.7 mostramos a forma geral de uma função de onda possível. As características mais marcantes dessa função de onda são suas 'extremidades exponenciais', que se estendem para fora do poço, penetrando em regiões proibidas pela mecânica newtoniana (porque nessas regiões a partícula teria energia cinética negativa). Notamos que existe alguma probabilidade de encontrar a partícula *fora* do poço de potencial, embora pela mecânica newtoniana isso seja impossível. A penetração em regiões proibidas é um efeito da mecânica quântica que não possui nenhuma analogia para uma partícula na mecânica clássica. Estudaremos esse efeito curioso na Seção 40.3.

Exemplo 40.3

POÇO *VERSUS* CAIXA Mostre que a Equação (40.19), $\psi(x) = Ce^{\kappa x} + De^{-\kappa x}$ está de acordo com a função de onda correspondente da partícula em uma caixa.

SOLUÇÃO

IDENTIFICAR: a Equação (40.19) fornece funções de onda possíveis para a partícula fora do poço de potencial. Visto que a função de onda fora da caixa (um poço de potencial infinito) é igual a zero, precisamos mostrar que $\psi(x) = Ce^{\kappa x} + De^{-\kappa x}$ tende a zero para $x < 0$ e $x > L$ à medida que a profundidade do poço de potencial (U_0) tende ao infinito.

PREPARAR: usamos nossos conhecimentos sobre a função exponencial e a definição da grandeza κ na Equação (40.19): $\kappa = [2m(U_0 - E)]^{1/2}/\hbar$.

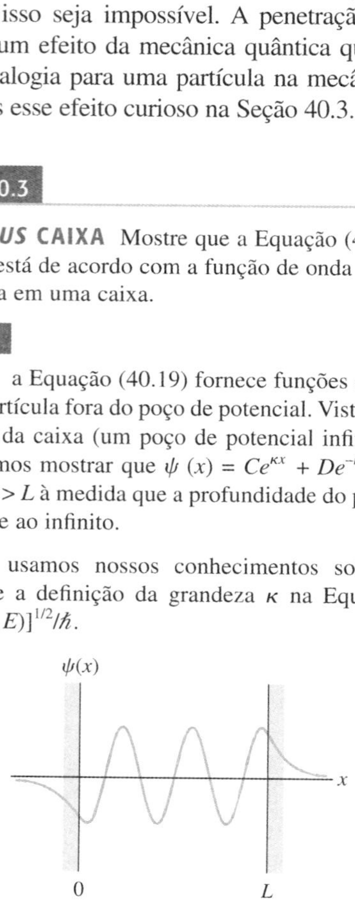

Figura 40.7 Uma função de onda possível para uma partícula em um poço de potencial finito. A função de onda é senoidal dentro do poço ($0 \leq x \leq L$) e exponencial fora do poço. Tende assintoticamente a zero para valores elevados de $|x|$. As funções devem se unir continuamente nas fronteiras $x = 0$ e $x = L$; a função de onda e sua derivada devem ser contínuas.

EXECUTAR: quando U_0 tende ao infinito, κ também tende ao infinito. Na região $x < 0$, a função de onda é $\psi(x) = Ce^{\kappa x}$; quando $\kappa \to \infty$, $\kappa x \to -\infty$ e $e^{\kappa x} \to 0$, de modo que a função de onda tende a zero para qualquer $x < 0$. Na região $x > L$, a função de onda é $\psi(x) = De^{-\kappa x}$; quando $\kappa \to \infty$, $-\kappa x \to -\infty$ e $e^{-\kappa x} \to 0$, portanto, a função de onda também tende a zero para todo $x > L$.

AVALIAR: na Seção 40.1 havíamos *suposto* que $\psi(x) = 0$ fora da caixa. Esta análise comprova a validade de nossa suposição.

Em nosso estudo de mecânica, muitas vezes consideramos casos restritos para verificar nossos resultados (veja os exemplos 5.11 e 5.13 na Seção 5.2). Este exemplo mostra que essa técnica é tão útil em problemas de mecânica quântica quanto em problemas de outros ramos da física.

Comparação entre um poço quadrado finito e um poço infinito

Vamos continuar nossa comparação entre um poço de potencial finito e um poço infinito que iniciamos no Exemplo 40.3. Em primeiro lugar, como as funções de onda para o poço finito não são nulas nas fronteiras $x = 0$ e $x = L$, o comprimento de onda da parte senoidal de cada função de onda é *mais longo* do que o comprimento de onda no caso de um poço infinito. De acordo com a relação $p = h/\lambda$, o aumento de λ corresponde a uma diminuição do momento linear e, portanto, a uma redução da energia. Assim, comparando poços com a mesma largura, vemos que cada nível de energia — inclusive o nível fundamental — de um poço finito é *mais baixo* do que o respectivo nível do poço infinito.

Em segundo lugar, um poço com profundidade U_0 possui um número *finito* de estados ligados e níveis de energia correspondentes, em comparação com o número *infinito* existente no caso de um poço com profundidade infinita. A quantidade de níveis existentes depende do módulo de U_0 em comparação com a energia do estado fundamental do poço infinito, o qual será designado pelo símbolo E_∞. De acordo com a Equação (40.9),

$$E_\infty = \frac{\pi^2\hbar^2}{2mL^2} \tag{40.20}$$

Quando U_0 é muito *maior* do que E_∞ (um poço muito profundo), existem muitos estados ligados e as energias dos estados mais baixos são aproximadamente iguais às energias do poço infinito. Quando U_0 é somente um pouco maior do que E_∞, existem apenas alguns estados ligados. (Porém, existe sempre pelo menos um estado ligado, por menor que seja a profundidade do poço.) Assim como no caso do poço com profundidade infinita, não existe *nenhum* estado em que $E = 0$, pois tal estado violaria o princípio da incerteza.

A Figura 40.8 mostra um caso particular no qual $U_0 = 6E_\infty$; para esse caso existem três estados ligados. Os níveis de energia são expressos como frações da profundidade U_0 e como múltiplos de E_∞. Note que, se o poço tivesse uma profundidade infinita, os três níveis mais baixos, de acordo com a Equação (40.9), deveriam ser E_∞, $4E_\infty$ e $9E_\infty$. As funções de onda para os três estados ligados também são indicadas.

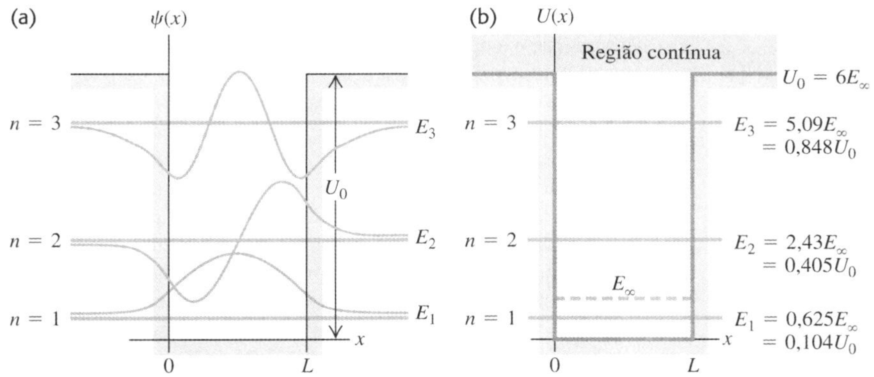

Figura 40.8 (a) Funções de onda para três estados ligados de uma partícula em um poço de potencial finito com profundidade U_0 para o caso $U_0 = 6E_\infty$. As linhas retas horizontais para cada função de onda correspondem a $\psi = 0$. As energias indicadas ao lado das linhas horizontais referem-se a energias dos estados ligados. (b) Diagramas dos níveis de energia para este sistema. As energias são indicadas por múltiplos de E_∞ e por frações de U_0. Todas as energias maiores do que U_0 são possíveis; os estados com $E > U_0$ formam uma região contínua.

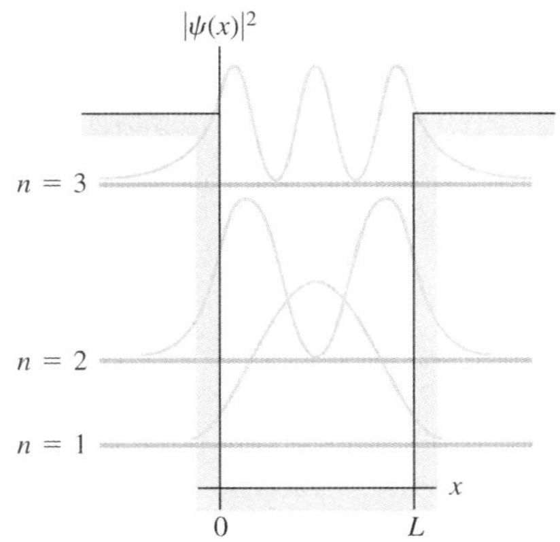

Figura 40.9 Distribuições de probabilidade (valores de $|\psi(x)|^2$) para cada função de onda mostrada na Figura 40.8 para uma partícula em um poço de potencial quadrado. As linhas retas horizontais para cada função de onda correspondem a $|\psi|^2 = 0$.

Verifica-se que, quando U_0 é menor do que E_∞, existe apenas um estado ligado. No limite, quando U_0 é *muito menor* do que E_∞ (um poço muito estreito ou com profundidade muito pequena), a energia desse único estado é dada aproximadamente por $E = 0{,}68U_0$.

A Figura 40.9 mostra distribuições de probabilidade, ou seja, os valores de $|\psi|^2$, para as funções de onda indicadas na Figura 40.8a. Assim como no caso do poço infinito, as posições não são igualmente prováveis. Já comentamos a probabilidade de encontrar a partícula em regiões proibidas pela mecânica clássica.

Existem estados em que E é *maior do que* U_0. Nesses casos, a partícula não está ligada e pode se mover livremente em todos os valores de x. Logo, *qualquer* energia E maior do que U_0 é possível. Esses estados de partícula livre formam uma *região contínua* e não um conjunto discreto de níveis com determinadas energias. As funções de onda da partícula livre são senoidais dentro e fora do poço. O comprimento de onda dentro do poço é maior do que fora dele, correspondendo a uma energia cinética dentro do poço maior do que a energia cinética exterior a ele.

O poço de potencial quadrado descrito nesta seção possui inúmeras aplicações práticas. Mencionamos anteriormente um elétron no interior de uma placa metálica. Uma versão tridimensional, na qual U é igual a zero dentro de uma região esférica de raio R e possui valor igual a U_0 fora da esfera, fornece um modelo simples para descrever a interação de um nêutron com um núcleo em experiências de espalhamento de nêutrons. Nesse contexto, o modelo é chamado de modelo da *bola de cristal* para o núcleo, porque os nêutrons que interagem com esse tipo de potencial são espalhados de modo análogo ao espalhamento da luz por uma bola de cristal.

A Figura 40.10 é uma demonstração gráfica de partículas em um poço de potencial finito de *duas* dimensões, e o Exemplo 40.4 descreve outra aplicação do poço de potencial quadrado.

Exemplo 40.4

ELÉTRON EM UM POÇO QUADRADO Um elétron está preso em um poço quadrado com largura igual a 0,50 nm (comparável com alguns diâmetros atômicos). a) Calcule a energia do nível fundamental supondo que o poço tenha profundidade infinita. b) Calcule os níveis de energia quando a profundidade do poço é igual a seis vezes o valor da energia do nível fundamental encontrada no item (a). c) Supondo que o átomo faça uma transição do estado com energia E_2 até um estado com energia E_1 emitindo um fóton, calcule o comprimento de onda deste fóton. Em que região do espectro eletromagnético esse fóton se situa? d) Se o elétron está inicialmente no nível fundamental e absorve um fóton, qual é a energia mínima que esse fóton deve possuir para que o elétron escape do poço? Em que região do espectro eletromagnético esse fóton se localiza?

SOLUÇÃO

IDENTIFICAR: utilizaremos o estudo que fizemos a respeito da partícula em uma caixa e do poço quadrado. A energia do fóton emitida ou absorvida em uma transição é igual à diferença de energia entre os dois níveis envolvidos na transição.

PREPARAR: usamos a Equação (40.20) para calcular a energia do nível fundamental E_∞ para um poço infinitamente profundo. As energias de um poço quadrado com $U_0 = 6E_\infty$ são mostradas na Figura 40.8b. O comprimento de onda do fóton é dado pela relação $E = hf = hc/\lambda$ [Equação (38.8)].

EXECUTAR: a) Pela Equação (40.20),

$$E_\infty = \frac{\pi^2\hbar^2}{2mL^2} = \frac{\pi^2(1{,}055 \times 10^{-34}\ \text{J}\cdot\text{s})^2}{2(9{,}11 \times 10^{-31}\ \text{kg})(0{,}50 \times 10^{-9}\ \text{m})^2}$$
$$= 2{,}4 \times 10^{-19}\ \text{J} = 1{,}5\ \text{eV}$$

b) De acordo com os dados, $U_0 = 6E_\infty$, logo, $U_0 = 6(1{,}5\ \text{eV}) = 9{,}0\ \text{eV}$. Basta ler os níveis de energia na Figura 40.8b. As respostas são:

$$E_1 = 0{,}104U_0 = 0{,}104(9{,}0\ \text{eV}) = 0{,}94\ \text{eV}$$
$$E_2 = 0{,}405U_0 = 0{,}405(9{,}0\ \text{eV}) = 3{,}6\ \text{eV}$$
$$E_3 = 0{,}848U_0 = 0{,}848(9{,}0\ \text{eV}) = 7{,}6\ \text{eV}$$

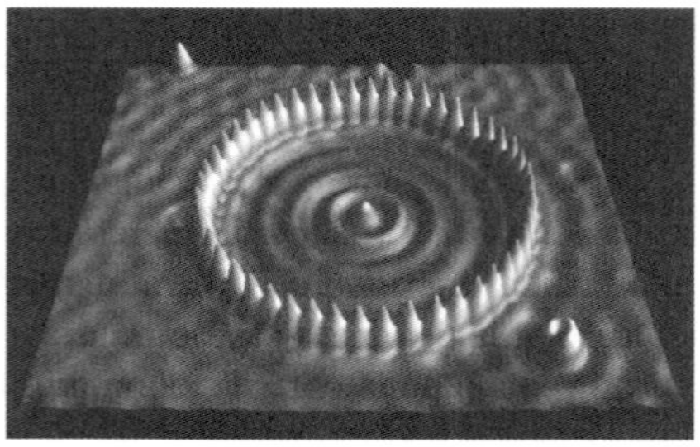

Figura 40.10 Para compor esta imagem, 48 átomos de ferro foram dispostos em um círculo sobre uma superfície de cobre. A 'elevação' em cada ponto dentro do círculo indica a densidade de elétrons dentro dele. A configuração de onda estacionária é bastante similar à função de distribuição de probabilidade de uma partícula em um poço de potencial finito de uma dimensão. (Esta imagem foi feita com um microscópio de tunelamento com varredura, a ser estudado na Seção 40.3.)

Alternativamente,

$$E_1 = 0{,}625E_\infty = 0{,}625(1{,}5\ \text{eV}) = 0{,}94\ \text{eV}$$
$$E_2 = 2{,}43E_\infty = 2{,}43(1{,}5\ \text{eV}) = 3{,}6\ \text{eV}$$
$$E_3 = 5{,}09E_\infty = 5{,}09(1{,}5\ \text{eV}) = 7{,}6\ \text{eV}$$

c) A energia do fóton é

$$E_2 - E_1 = 3{,}6\ \text{eV} - 0{,}94\ \text{eV} = 2{,}7\ \text{eV}$$

Determinamos o comprimento de onda pela relação $E = hf = hc/\lambda$:

$$\lambda = \frac{hc}{E} = \frac{(4{,}136 \times 10^{-15}\ \text{eV}\cdot\text{s})(3{,}0 \times 10^{8}\ \text{m/s})}{2{,}7\ \text{eV}} = 460\ \text{nm}$$

Esse fóton se encontra na região azul do espectro visível.

d) Pela Figura 40.8, notamos que a energia mínima necessária para fazer o elétron sair do poço de potencial a partir de seu nível fundamental $n = 1$ é igual ao valor da profundidade do poço ($U_0 = 9{,}0$ eV) menos a energia inicial do elétron ($E_1 = 0{,}94$ eV) ou 8,1 eV. Como 8,1 eV é igual a três vezes a energia do fóton de 2,7 eV calculada no item (c), o comprimento de onda correspondente é igual a um terço de 460 nm ou 150 nm, e o fóton se encontra na região ultravioleta do espectro.

AVALIAR: para verificar nossos resultados para as energias dos três estados ligados, note que, se a profundidade do poço fosse infinita, as energias seriam

$$E_1 = E_\infty = 1{,}5\ \text{eV}$$
$$E_2 = 4E_\infty = 6{,}0\ \text{eV}$$
$$E_3 = 9E_\infty = 13{,}5\ \text{eV}$$

As energias encontradas na parte (b) são menores do que essas. Como mencionamos anteriormente, a profundidade finita do poço faz abaixar os níveis de energia em comparação com os respectivos níveis no caso do poço com profundidade infinita.

Uma aplicação dessas idéias são os *pontos quânticos*, que são partículas de tamanho nanométrico de um semicondutor como o seleneto de cádmio (CdSe). Um elétron dentro de um ponto quântico se comporta como uma partícula em um poço de potencial finito com uma largura L igual ao tamanho do ponto. Quando pontos quânticos são iluminados com luz ultravioleta, os elétrons absorvem os fótons ultravioletas e são excitados a níveis de energia mais altos, como o nível $n = 3$ descrito neste exemplo. Se o elétron volta ao nível fundamental ($n = 1$) em duas ou mais etapas (por exemplo, de $n = 3$ a $n = 2$ e de $n = 2$ a $n = 1$) uma das etapas envolverá a emissão de um fóton de luz visível, como calculamos aqui. (Descrevemos esse processo de *fluorescência* na Seção 38.3.) Aumentar o valor de L diminui a energia dos níveis e, portanto, o espaçamento entre eles e, conseqüentemente, provoca uma diminuição na energia e um aumento no comprimento de onda dos fótons emitidos. A fotografia do início deste capítulo mostra pontos quânticos de diferentes tamanhos em solução, cada um dos quais emitindo um comprimento de onda característico, que depende do tamanho do ponto. Pontos quânticos podem ser injetados nos tecidos vivos e seu brilho fluorescente pode ser usado como um indicador em pesquisas biológicas e médicas. Eles podem ser também fundamentais para uma nova geração de lasers e de computadores ultra-rápidos.

Teste sua compreensão da Seção 40.2 Suponha que a largura do poço de potencial finito da Figura 40.8 seja reduzida à metade. Como deve variar o valor de U_0 para que haja apenas três níveis de energia ligados cujas energias são as frações de U_0 que aparecem na Figura 40.8b? (i) U_0 deve aumentar por um fator de 4; (ii) U_0 deve aumentar por um fator de 2; (iii) U_0 deve permanecer inalterado; (iv) U_0 deve diminuir por um fator de $\frac{1}{2}$; (v) U_0 deve diminuir por um fator de $\frac{1}{4}$. ∎

40.3 Barreira de potencial e tunelamento

Uma **barreira de potencial** é o oposto do poço de potencial; ela é descrita por uma função energia potencial com um *máximo*. A Figura 40.11 mostra um exemplo. Na mecânica newtoniana, quando a energia total é E_1, uma partícula que está inicialmente ao lado esquerdo da barreira deve permanecer sempre do lado esquerdo do ponto $x = a$. Caso ela se deslocasse para o lado direito desse ponto, a energia potencial U seria maior do que a energia total E. Como $K = E - U$, a energia cinética seria negativa, o que seria impossível porque um valor negativo para $K = \frac{1}{2}mv^2$ exigiria um valor negativo para a massa ou um valor imaginário para a velocidade.

Se a energia total é maior do que E_2, a partícula pode ultrapassar a barreira. O carro de uma montanha-russa só pode ultrapassar uma elevação se a sua energia cinética na base é maior do que a energia potencial no alto da elevação. Caso contrário, ele atinge certo ponto e depois retorna para a base.

A mecânica quântica possibilita a explicação de um fenômeno muito interessante e peculiar em conexão com barreiras de energia potencial. Uma partícula que encontra uma barreira não retorna necessariamente; existe alguma probabilidade de que ela passe para o outro lado da barreira, mesmo que, de acordo com a mecânica newtoniana, ela não possua energia cinética suficiente para ultrapassar a barreira. A penetração de uma barreira é chamada de **tunelamento**. Trata-se de um nome natural: se você escava um túnel, você não precisa subir a montanha para chegar ao outro lado.

Contudo, no tunelamento da mecânica quântica, a partícula não cava realmente nenhum túnel através da barreira e não perde nenhuma energia no processo de tunelamento.

Tunelamento através de uma barreira retangular

Para entender como o tunelamento ocorre, vamos examinar a função energia potencial $U(x)$, demonstrada na Figura 40.12. Ela descreve o inverso da situação indicada na Figura 40.6; a energia potencial é igual a zero em todos os pontos exceto no intervalo $0 \leq x \leq L$, no interior do qual ela possui valor igual a U_0. Isso poderia representar um modelo simples de um elétron entre duas placas metálicas separadas por uma camada com ar de espessura L. Podemos impor que a energia potencial seja igual a zero nas duas placas e que seja U_0 na região onde existe ar entre as placas.

Vamos considerar as soluções da equação de Schrödinger para essa função energia potencial em que E é menor do que U_0. Podemos usar os resultados da Seção 40.2. Nas regiões $x < 0$ e $x > L$, a solução é senoidal e é dada pela Equação (40.17). Dentro da barreira ($0 \leq x \leq L$), a solução é exponencial, como na Equação (40.19). Tal como no caso do poço de potencial finito, as funções devem se unir sem quebras nas fronteiras $x = 0$ e $x = L$. Ou seja, a função de onda e suas derivadas devem ser contínuas nesses pontos.

Aplicando essas condições obtemos uma função de onda do tipo indicado na Figura 40.13. A função de onda *não* é igual a zero dentro da barreira (a região proibida pela mecânica newtoniana). O que ainda é mais notável é que existe uma probabilidade de que a partícula que inicialmente estava do lado *esquerdo* da barreira possa ser encontrada do lado *direito* da barreira. Qual é o valor dessa probabilidade? Depende da espessura L da barreira e da energia E da partícula (totalmente cinética) em comparação com a altura da barreira U_0. A probabilidade T de que a partícula passe pela barreira é proporcional ao quadrado da razão entre as amplitudes das funções de onda senoidais dos dois lados da barreira. Essas amplitudes são obtidas quando igualamos as funções de onda e suas derivadas nas fronteiras da barreira, um problema matemático bastante trabalhoso. Quando T é muito menor do que 1, esse coeficiente é aproximadamente dado por

$$T = Ge^{-2\kappa L} \quad \text{onde} \quad G = 16\frac{E}{U_0}\left(1 - \frac{E}{U_0}\right) \quad \text{e} \qquad (40.21)$$

$$\kappa = \frac{\sqrt{2m(U_0 - E)}}{\hbar}$$

(probabilidade de tunelamento)

A probabilidade diminui rapidamente à medida que aumenta a espessura da barreira L. Ela também depende criticamente da diferença $U_0 - E$, que representa a energia cinética adicional que a partícula deveria possuir para ser capaz de passar por cima da barreira de acordo com a análise newtoniana.

Exemplo 40.5

TUNELAMENTO ATRAVÉS DE UMA BARREIRA Um elétron de 2,0 eV incide sobre uma barreira com 5,0 eV de altura. Qual é a probabilidade de ele tunelar através da barreira se a espessura da barreira é a) 1,0 nm? b) 0,50 nm (algo em torno de dez e cinco diâmetros atômicos, respectivamente)?

SOLUÇÃO

IDENTIFICAR: esse problema utiliza as idéias de tunelamento através de uma barreira retangular como aquela mostrada nas figuras 40.12 e 40.13.

PREPARAR: nossa incógnita é a probabilidade de tunelamento ou coeficiente de transmissão T na Equação (40.21), que calculamos para os valores dados $E = 2,0$ eV (energia do elétron), $U = 5,0$ eV (altura da barreira), $m = 9,11 \times 10^{-31}$ kg (massa do elétron) e $L = 1,0$ nm ou 0,50 nm (largura da barreira).

EXECUTAR: primeiro calculamos G e κ na Equação (40.21), usando $E = K = 2,0$ eV:

$$G = 16\frac{2,0\text{ eV}}{5,0\text{ eV}}\left(1 - \frac{2,0\text{ eV}}{5,0\text{ eV}}\right) = 3,8$$

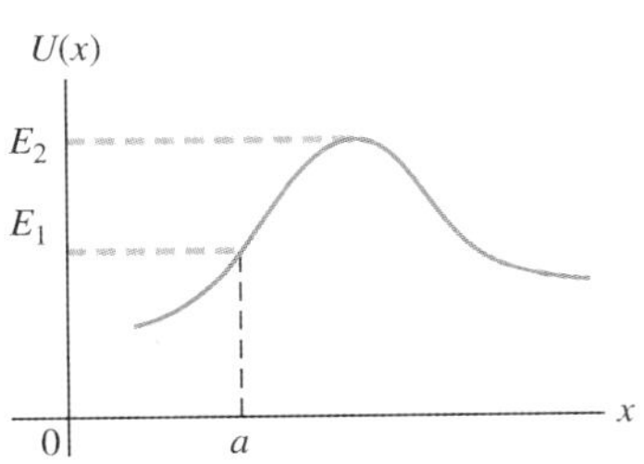

Figura 40.11 Uma barreira de energia potencial. De acordo com a mecânica newtoniana, quando a energia total é E_1, uma partícula que está do lado esquerdo da barreira não pode se deslocar para a direita do ponto $x = a$. Quando a energia total é maior do que E_2, a partícula pode ultrapassar a barreira.

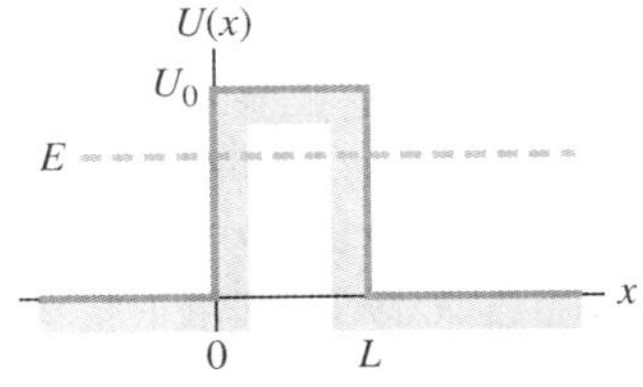

Figura 40.12 Uma barreira de energia potencial com largura L e altura U_0. De acordo com a mecânica newtoniana, quando a energia total E é menor do que U_0, a partícula não pode ultrapassar a barreira, permanecendo confinada no lado em que ela se encontrava inicialmente.

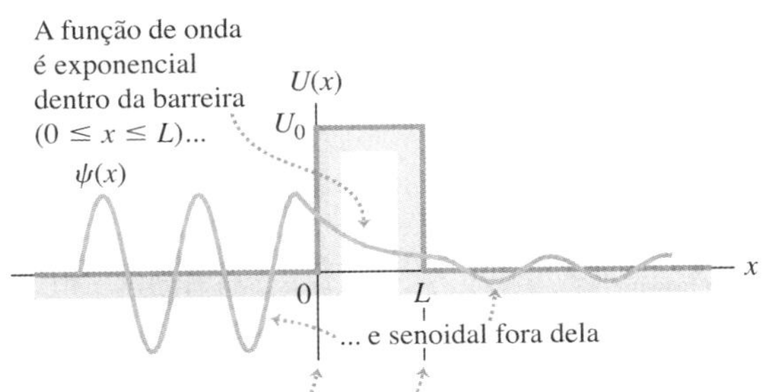

Figura 40.13 Uma função de onda possível para uma partícula tunelando através da barreira de energia potencial mostrada na Figura 40.12.

$$U_0 - E = 5{,}0\text{ eV} - 2{,}0\text{ eV} = 3{,}0\text{ eV} = 4{,}8 \times 10^{-19}\text{ J}$$

$$\kappa = \frac{\sqrt{2(9{,}11 \times 10^{-31}\text{ kg})(4{,}8 \times 10^{-19}\text{ J})}}{1{,}055 \times 10^{-34}\text{ J} \cdot \text{s}}$$

$$= 8{,}9 \times 10^{9}\text{ m}^{-1}$$

(Note que a unidade de energia em eV se cancela no cálculo de G, porém, é necessário usar a conversão de eV para J = kg · m^2/s^2 para determinar o valor de κ em m^{-1}.)

a) Quando $L = 1{,}0$ nm $= 1{,}0 \times 10^{-9}$ m, $2L = 2(8{,}9 \times 10^{9}\text{ m}^{-1})(1{,}0 \times 10^{-9}\text{ m}) = 17{,}8$, e

$$T = Ge^{-2\kappa L} = 3{,}8e^{-17{,}8} = 7{,}1 \times 10^{-8}$$

b) Quando $L = 0{,}50$ nm, a metade de 1,0 nm, $2L$ é igual à metade de 17,8, ou 8,9, e então

$$T = 3{,}8e^{-8{,}9} = 5{,}2 \times 10^{-4}$$

AVALIAR: quando a espessura dessa barreira se reduz à metade, a probabilidade do tunelamento aumenta de um fator igual a dez mil.

Aplicações do tunelamento

O tunelamento é um fenômeno relevante em diversas áreas da física, inclusive algumas de considerável importância prática. Por exemplo, quando enrolamos dois fios de cobre ou fechamos os contatos de uma chave, a corrente passa de um condutor para o outro, apesar da existência de uma fina camada de óxido de cobre isolante que sempre se forma sobre a superfície de um condutor de cobre. Os elétrons tunelam através dessa fina camada de óxido. O chamado *diodo túnel* é um dispositivo semicondutor no qual os elétrons tunelam através de uma barreira de potencial. Podemos abrir ou fechar rapidamente (em um intervalo de poucos picossegundos) um circuito eletrônico acoplado ao diodo ao variar a altura da barreira. A *junção Josephson de tunelamento* consiste em dois supercondutores separados por uma camada de óxido com espessura de apenas alguns diâmetros atômicos (de 1 a 2 nm). Os pares de elétrons dos supercondutores podem tunelar através da barreira da camada de óxido, permitindo que essa junção seja usada em aplicações úteis, tais como medidas precisas de padrões de voltagem e medidas de campos magnéticos extremamente pequenos.

Um *microscópio eletrônico de tunelamento* com varredura usa o tunelamento de elétrons para obter imagens das superfícies de amostras revelando até átomos individuais. A ponta de uma agulha condutora extremamente fina é colocada próxima da superfície da amostra a uma distância aproximadamente igual a 1 nm (Figura 40.14a). Quando a agulha está a um potencial positivo em relação à superfície, os elétrons podem tunelar através da barreira de energia potencial e atingir a ponta da agulha. Como indica o Exemplo 40.5, a probabilidade do tunelamento e, portanto, a corrente de tunelamento, dependem fortemente da largura L da barreira (a distância entre a superfície e a ponta da agulha). Em um modo de operação, a agulha varre a superfície e ao mesmo tempo desloca-se perpendicularmente à superfície para manter permanentemente uma corrente de tunelamento. O movimento da agulha é registrado e, depois de diversas varreduras, a imagem da superfície pode ser reconstruída. É essencial controlar com elevada precisão o movimento da agulha, inclusive o isolamento das vibrações. A Figura 40.14b mostra uma imagem de átomos de sódio sobre a superfície de um cristal de platina. (A Figura 40.10 foi também obtida com um microscópio eletrônico de tunelamento.)

O tunelamento é muito importante na física nuclear. Uma reação de fusão pode ocorrer quando dois núcleos tunelam através da barreira de potencial formada pela repulsão elétrica mútua e se aproximam tanto que as forças nucleares de atração produzem a fusão dos dois núcleos. As reações de fusão ocorrem nos núcleos das estrelas,

(a)

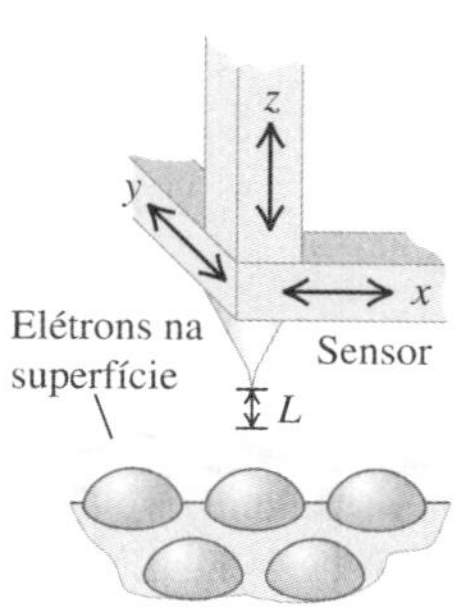

(b)

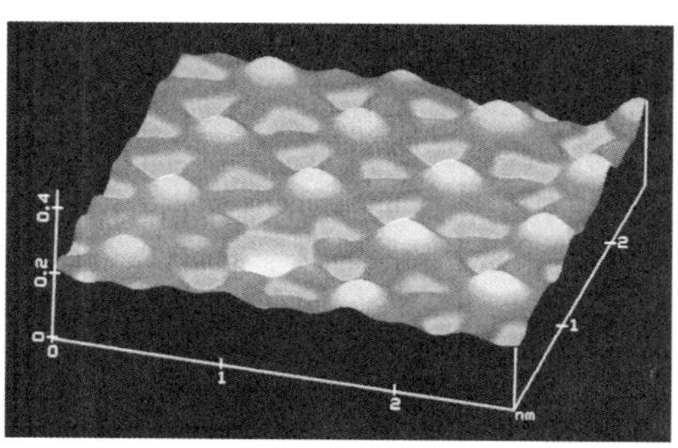

Figura 40.14 (a) Diagrama esquemático do sensor de um microscópio eletrônico de tunelamento com varredura. À medida que o sensor varre a superfície nas direções x e y, ele também se desloca na direção z para manter uma corrente de tunelamento permanente. Suas posições são registradas e usadas para construir a imagem da superfície. (b) Esta imagem obtida com um microscópio eletrônico de tunelamento mostra átomos de sódio adsorvidos na superfície de um cristal de platina.

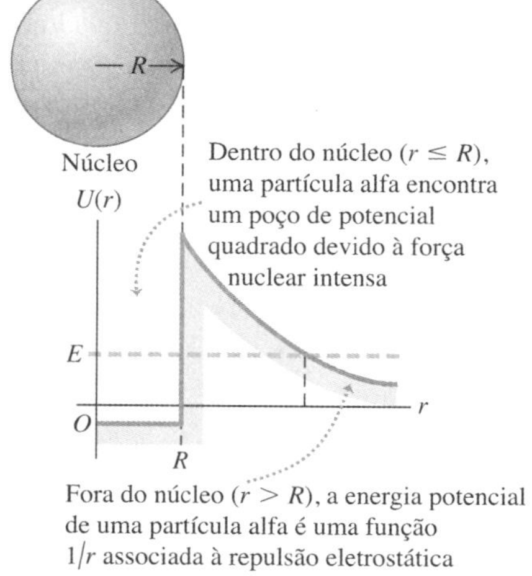

Figura 40.15 Função energia potencial aproximada de uma partícula alfa interagindo com um núcleo de raio R. Se uma partícula alfa dentro do núcleo apresenta uma energia potencial E maior do que zero, a partícula alfa pode tunelar através da barreira e escapar do núcleo.

inclusive no Sol; se não existisse o tunelamento, o Sol não poderia brilhar. A emissão de partículas alfa de núcleos instáveis também envolve o tunelamento. Uma partícula alfa na superfície de um núcleo encontra uma barreira de potencial resultante da ação combinada da força de atração nuclear e da repulsão elétrica da parte restante do núcleo (Figura 40.15). A partícula alfa tunela através dessa barreira. Visto que a probabilidade do tunelamento depende criticamente da altura e da largura da barreira, existe um grande intervalo de tempo para a vida média das partículas alfa emitidas por núcleos. Voltaremos a estudar o decaimento alfa no Capítulo 43.

Teste sua compreensão da Seção 40.3 É possível uma partícula que passa por tunelamento ser encontrada *dentro* da barreira em vez de em qualquer dos lados dela? ❚

40.4 O oscilador harmônico

Na mecânica newtoniana, um **oscilador harmônico** é uma partícula de massa m sobre a qual atua uma força conservativa que possui um componente $F_x = -k'x$. (Vamos designar a *constante da mola* por k' para evitar confusão com o número de onda $k = 2\pi/\lambda$.) Esse componente da força é proporcional ao deslocamento x da partícula a partir da posição de equilíbrio, $x = 0$. A função energia potencial correspondente é dada por $U = \frac{1}{2}k'x^2$ (Figura 40.16). Quando a partícula é deslocada do equilíbrio, ela executa um movimento senoidal com freqüência angular $\omega = (k'/m)^{1/2}$. Estudamos esse sistema em detalhe no Capítulo 13, volume 2; será útil rever esse capítulo.

A análise do oscilador harmônico feita pela mecânica quântica com auxílio da equação de Schrödinger é um estudo útil e interessante. As soluções fornecem uma ferramenta para o estudo das vibrações moleculares, da teoria quântica do calor específico, das vibrações mecânicas em sólidos cristalinos e de muitas outras situações.

Antes de descrever os detalhes, vamos aventar uma hipótese acerca dos níveis de energia. A energia E de um *fóton* está relacionada com a freqüência angular ω por meio da expressão $E = hf = (h/2\pi)(\omega/2\pi) = \hbar\omega$. O oscilador harmônico possui uma freqüência angular característica ω, pelo menos na mecânica newtoniana. Portanto, uma hipótese razoável para analisar o problema de acordo com a mecânica quântica é supor que os níveis de energia do oscilador harmônico sejam múltiplos inteiros da grandeza

$$\hbar\omega = \hbar\sqrt{\frac{k'}{m}}$$

Foram esses os níveis de energia usados por Planck na dedução de sua lei da radiação (veja a Seção 38.8). Era uma hipótese boa; sabemos agora que, na verdade, esses níveis de energia são múltiplos semi-inteiros $\left(\frac{1}{2}, \frac{3}{2}, \frac{5}{2}...\right)$ de $\hbar\omega$.

Para o oscilador harmônico, substituímos a energia potencial U por $\frac{1}{2}k'x^2$ na equação de Schrödinger, Equação (40.1):

$$-\frac{\hbar^2}{2m}\frac{d^2\psi}{dx^2} + \frac{1}{2}k'x^2\psi = E\psi \qquad (40.22)$$

(equação de Schrödinger para o oscilador harmônico)

As soluções da equação anterior fornecem as funções de onda para os estados do sistema fisicamente possíveis.

Funções de onda, condições de contorno e níveis de energia

Na discussão sobre o poço de potencial quadrado na Seção 40.2, verificamos que os níveis de energia são determinados pelas condições de contorno nas paredes do poço. Não há, entretanto, paredes como essa no potencial do oscilador harmônico. Quais seriam, então, as condições de contorno apropriadas? Classicamente, $|x|$ não pode ser maior do que a amplitude A, que fornece o maior valor do deslocamento a partir do equilíbrio. A mecânica quântica permite a penetração em regiões proibidas classicamente, porém, a probabilidade da penetração diminui à medida que a penetração aumenta. Logo, a função de onda deve tender a zero para valores de $|x|$ elevados.

O uso da condição $\psi(x) \to 0$ quando $|x| \to \infty$ não é tão trivial como parece. Suponha que se queira calcular a solução da Equação (40.22) *numericamente*. Devemos começar em algum ponto x, escolhendo valores para $\psi(x)$ e para $d\psi(x)/dx$ nesse ponto. Usando a equação de Schrödinger para calcular $d^2\psi(x)/dx^2$ nesse ponto, podemos encontrar valores para $\psi(x)$ e para $d\psi(x)/dx$ nas vizinhanças do ponto $x + \Delta x$, e assim por diante. Usando um programa de computador para fazer o processo de iteração diversas vezes até atingir etapas com Δx suficientemente pequenos, é possível calcular a função de onda com uma precisão muito grande. Contudo, não existe nenhuma garantia de que essa função de onda tenda a zero quando x tende ao infinito. Para verificar as dificuldades que teremos de resolver, escrevemos a Equação (40.22) na forma

$$\frac{d^2\psi(x)}{dx^2} = \frac{2m}{\hbar^2}\left(\frac{1}{2}k'x^2 - E\right)\psi(x) \qquad (40.23)$$

Examinando a equação na forma anterior, verificamos que, quando x possui valores elevados (positivos ou negativos),

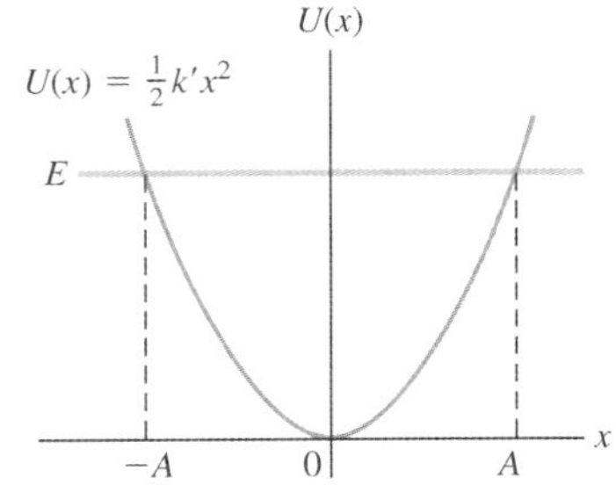

Figura 40.16 Função energia potencial de um oscilador harmônico. A curva é uma parábola. Na mecânica newtoniana, a relação entre a amplitude A e a energia total E é dada por $E = \frac{1}{2}k'A^2$ e a partícula permanece dentro do intervalo $x = -A$ e $x = A$.

o valor da grandeza ($\frac{1}{2}k'x^2 - E$) torna-se positivo, portanto a função $\psi(x)$ e sua segunda derivada $d^2\psi(x)/dx^2$ devem ter o mesmo sinal.

A segunda derivada de $\psi(x)$ fornece a taxa de variação da *inclinação* de $\psi(x)$. Considere um ponto com $x > A$ para o qual $\frac{1}{2}k'x^2 - E > 0$. Quando $\psi(x)$ é positivo, $d^2\psi(x)/dx^2$ também deve ser positivo e a curva possui *concavidade para cima*. A Figura 40.17 indica quatro tipos possíveis de comportamento começando em um ponto $x > A$. Quando a inclinação é inicialmente positiva, a função se encurva para cima e a inclinação se torna cada vez maior (curva *a*), tendendo para o infinito. Se a inclinação é inicialmente negativa nesse ponto, existem três possibilidades. Quando a inclinação muda muito rapidamente (curva *b*), a função se encurva para cima, tendendo novamente para o infinito. Quando a inclinação não muda muito rapidamente, a curva se dirige para baixo e corta o eixo *Ox*. Depois de cortar esse eixo, $\psi(x)$ e $d^2\psi(x)/dx^2$ tornam-se negativas (curva *c*) e a função se encurva para baixo tendendo para o infinito com valor *negativo*. Entre as curvas que tendem ao infinito por valores positivos e as que tendem ao infinito por valores negativos existe a possibilidade de que uma curva tenda assintoticamente ao eixo *Ox* (curva *d*). Nesse caso, $\psi(x)$, $d\psi(x)/dx$ e $d^2\psi(x)/dx^2$ tendem simultaneamente a zero quando x tende para o infinito; essa possibilidade fornece a única esperança para satisfazer a condição de contorno $\psi(x) \to 0$ quando $|x| \to \infty$ e ela só é satisfeita para valores especiais da constante E.

A discussão precedente oferece indicações sobre como as condições de contorno determinam, nesse problema, os níveis de energia possíveis. A Equação (40.22) pode ser resolvida também de modo exato. As soluções, embora geralmente não sejam encontradas em livros elementares de matemática, são bem conhecidas dos matemáticos; elas são chamadas de *funções de Hermite*. Cada uma delas é uma função exponencial multiplicada por um polinômio em x. O estado com energia mais baixo (o estado fundamental) é representado pela seguinte função de onda:

$$\psi(x) = Ce^{-\sqrt{mk'}x^2/2\hbar} \tag{40.24}$$

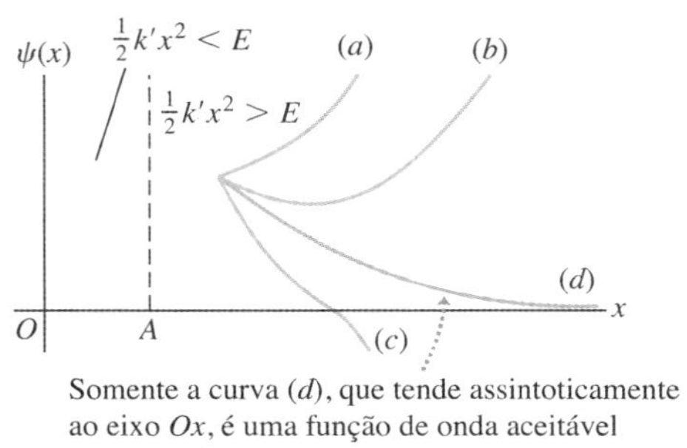

Figura 40.17 Tipos possíveis de comportamento para a função de onda de um oscilador harmônico na região $\frac{1}{2}k'x^2 > E$. Nessa região, $\psi(x)$ e $d^2\psi(x)/dx^2$ possuem o mesmo sinal. A concavidade da curva é voltada para cima quando o valor de $d^2\psi(x)/dx^2$ é positivo e voltada para baixo quando é negativo.

A constante C é escolhida de modo a normalizar a função de onda, ou seja, ela deve satisfazer a integral $\int_{-\infty}^{\infty}|\psi|^2\,dx = 1$. Para determinar C, usando uma tabela de integrais, temos

$$\int_{-\infty}^{\infty} e^{-a^2x^2}\,dx = \frac{\sqrt{\pi}}{a}$$

A energia correspondente, que chamaremos de E_0, é a energia do estado fundamental, dada por

$$E_0 = \frac{1}{2}\hbar\omega = \frac{1}{2}\hbar\sqrt{\frac{k'}{m}} \tag{40.25}$$

Talvez você não acredite que a Equação (40.24) *seja* a solução da Equação (40.22) (a equação de Schrödinger para o oscilador harmônico) com a energia fundamental dada pela Equação (40.25). Convidamos você a calcular a segunda derivada da Equação (40.24), substituir o resultado na Equação (40.22) e verificar que ela realmente é uma solução daquela equação quando E_0 é dado pela Equação (40.25) (veja o Exercício 40.28). Essa verificação é muito trabalhosa, porém, o resultado compensa o esforço.

Uma análise mais aprofundada da equação de Schrödinger para o oscilador harmônico mostra que ela pode ser escrita na forma

$$\frac{d^2\psi(x)}{dx^2} = \frac{2m}{\hbar^2}\left[\frac{1}{2}k'x^2 - \left(n + \frac{1}{2}\right)\hbar\sqrt{\frac{k'}{m}}\right]\psi(x)$$

Comparando essa expressão complicada com a Equação (40.23), temos uma agradável surpresa: os níveis de energia, que serão designados por E_n, podem ser obtidos pela fórmula simples

$$E_n = \left(n + \frac{1}{2}\right)\hbar\sqrt{\frac{k'}{m}} = \left(n + \frac{1}{2}\right)\hbar\omega \quad (n = 0, 1, 2...) \tag{40.26}$$

(níveis de energia do oscilador harmônico)

onde n é o número quântico que identifica cada estado e cada nível de energia. Note que o nível fundamental de energia $E_0 = \frac{1}{2}\hbar\omega$ é representado por $n = 0$, *não* por $n = 1$.

A Equação (40.26) confirma nossa hipótese inicial de que os níveis de energia deveriam ser múltiplos de $\hbar\omega$. Os níveis de energia adjacentes são separados por um intervalo constante dado por $\hbar\omega = hf$, conforme a hipótese feita por Planck em 1900. Existe um número infinito de níveis de energia; isso não deveria surpreender porque estamos considerando um poço de potencial com profundidade infinita. À medida que $|x|$ cresce, $U = \frac{1}{2}k'x^2$ cresce sem limites.

A Figura 40.18 mostra os seis níveis de energia mais baixos e a função energia potencial $U(x)$. Para cada nível n, o valor de $|x|$ correspondente ao ponto de interseção entre $U(x)$ e a reta horizontal que representa a energia total E_n fornece a amplitude A_n do oscilador harmônico newtoniano correspondente.

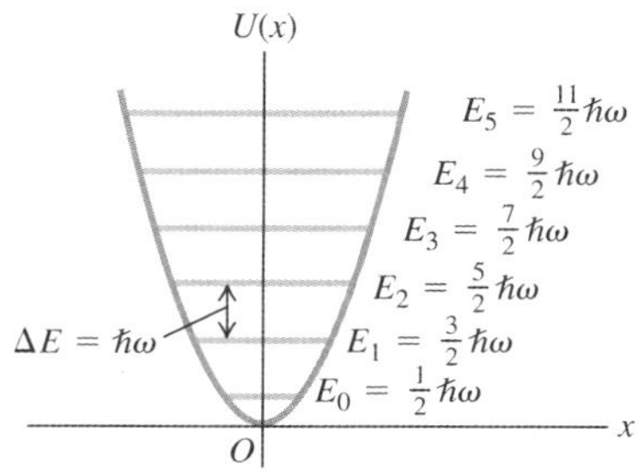

Figura 40.18 Níveis de energia para o oscilador harmônico. Os níveis de energia são eqüidistantes e o espaçamento entre dois níveis adjacentes é dado por $\Delta E = \hbar\omega$. A energia do estado fundamental é dada por $E_0 = \frac{1}{2}\hbar\omega$.

Exemplo 40.6

VIBRAÇÃO EM UM CRISTAL DE SÓDIO Um átomo de sódio com massa igual a $3{,}82 \times 10^{-26}$ kg vibra com movimento harmônico simples no interior do cristal. A energia potencial cresce de 0,0075 eV quando o átomo é deslocado de 0,014 nm a partir de sua posição de equilíbrio. a) Calcule a freqüência angular usando a mecânica newtoniana. b) Determine o espaçamento entre dois níveis de energia adjacentes em elétrons-volt. c) Se um átomo emite um fóton durante a transição de um nível vibracional até o nível seguinte mais baixo, qual é o comprimento de onda do fóton emitido? Em que região do espectro eletromagnético esse fóton se situa?

SOLUÇÃO

IDENTIFICAR: este problema emprega as descrições de um oscilador harmônico tanto da mecânica newtoniana quando da mecânica quântica.

PREPARAR: para encontrar a freqüência angular $\omega = (k'/m)^{1/2}$, usamos a informação dada e a expressão $U(x) = \frac{1}{2}k'x^2$ para a energia potencial. O espaçamento entre níveis de energia adjacentes é dado pela Equação (40.26). Calculamos o comprimento de onda do fóton emitido usando as mesmas idéias empregadas no Exemplo 40.4 (Seção 40.2).

EXECUTAR: não conhecemos k', mas podemos encontrá-lo a partir do fato de que $U = 0{,}0075$ eV $= 1{,}2 \times 10^{-21}$ J quando $x = 0{,}014 \times 10^{-9}$ m. Temos

$$U = \frac{1}{2}k'x^2$$

$$k' = \frac{2U}{x^2} = \frac{2(1{,}2 \times 10^{-21}\ \text{J})}{(0{,}014 \times 10^{-9}\ \text{m})^2} = 12{,}2\ \text{N/m}$$

a) A freqüência angular é

$$\omega = \sqrt{\frac{k'}{m}} = \sqrt{\frac{12{,}2\ \text{N/m}}{3{,}82 \times 10^{-26}\ \text{kg}}} = 1{,}79 \times 10^{13}\ \text{rad/s}$$

b) De acordo com a Equação (40.26) e a Figura 40.18, o espaçamento entre dois níveis de energia adjacentes é

$$\hbar\omega = (1{,}054 \times 10^{-34}\ \text{J}\cdot\text{s})(1{,}79 \times 10^{13}\ \text{s}^{-1})$$
$$= 1{,}88 \times 10^{-21}\ \text{J} = 0{,}0118\ \text{eV}$$

c) Usando $E = hc/\lambda$, obtemos o comprimento de onda correspondente:

$$\lambda = \frac{hc}{E} = \frac{(4{,}136 \times 10^{-15}\ \text{eV}\cdot\text{s})(3{,}00 \times 10^8\ \text{m/s})}{0{,}0118\ \text{eV}}$$
$$= 1{,}05 \times 10^{-4}\ \text{m} = 105\ \mu\text{m}$$

Esse fóton se encontra na região infravermelha do espectro.

AVALIAR: este exemplo mostra que as constantes da mola de forças interatômicas são da ordem de poucos N/m, não muito diferente dos valores de nossas molas caseiras ou de brinquedos de mola. O exemplo sugere também que os físicos podem estudar as vibrações dos átomos medindo a radiação que eles emitem na transição de um estado vibratório para um estado inferior. Veremos essa idéia em detalhe no Capítulo 42.

Oscilador na mecânica newtoniana e na mecânica quântica

A Figura 40.19 mostra as quatro primeiras funções de onda do oscilador harmônico. Cada gráfico também indica a amplitude A do oscilador harmônico da mecânica newtoniana com a mesma energia, ou seja, o valor de A determinado pela relação

$$\frac{1}{2}k'A^2 = \left(n + \frac{1}{2}\right)\hbar\omega \qquad (40.27)$$

Em cada caso existe alguma penetração da função de onda em regiões com $|x| > A$ proibidas pela mecânica newtoniana. Esse efeito é semelhante ao que notamos no caso de uma partícula no interior de um poço de potencial.

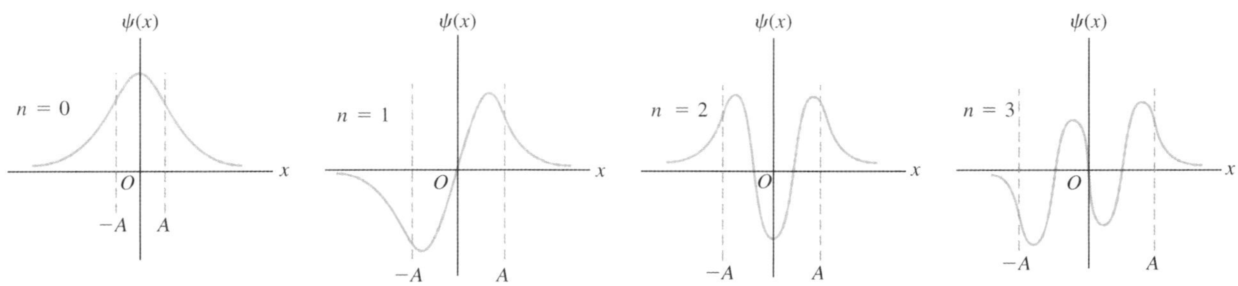

Figura 40.19 As quatro primeiras funções de onda de um oscilador harmônico. Em cada caso, indicamos a amplitude A do oscilador harmônico da mecânica newtoniana com a mesma energia total. Cada função de onda penetra ligeiramente em regiões com $|x| > A$, proibidas pela mecânica newtoniana. Para cada número quântico existe um número total de máximos e de mínimos igual a $n + 1$.

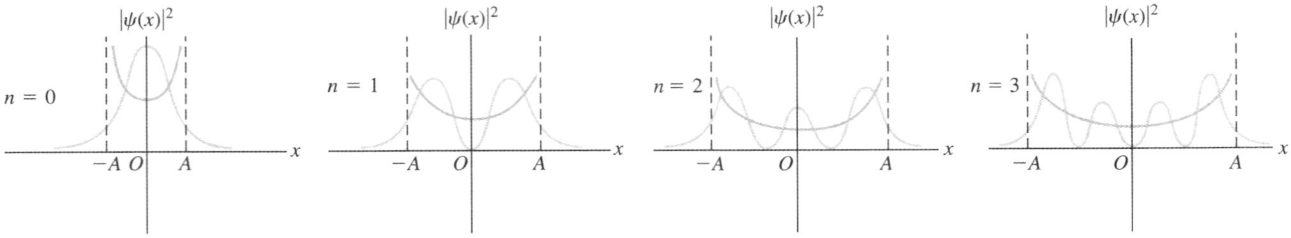

Figura 40.20 Distribuições de probabilidades $|\psi|^2$ para as funções de onda do oscilador harmônico mostradas na Figura 40.19. Em cada caso indicamos a amplitude A do oscilador harmônico da mecânica newtoniana com a mesma energia. Cada curva parabólica com a concavidade voltada para cima mostra a distribuição de probabilidade correspondente da mecânica newtoniana. À medida que o número quântico n aumenta, a média das funções de onda se aproxima cada vez mais da curva de probabilidade da mecânica newtoniana.

ATENÇÃO Tome cuidado com seus símbolos algébricos A amplitude A (em m) da mecânica newtoniana *não* é a constante de normalização A (em $m^{-1/2}$) da mecânica quântica que foi usada em diversas funções de onda neste capítulo. Note também que a freqüência angular ω (em rad/s) do oscilador harmônico *não* é a freqüência angular ω (também em rad/s) da relação proposta por De Broglie $E = \hbar\omega$ (foi por essa razão que a Equação (40.14) foi expressa em termos de $2\pi E/h = E/\hbar$ em vez de ω). Finalmente, fizemos a distinção entre a constante da mola k' (em N/m ou kg/s^2) e o número de onda k (em rad/m). Nenhuma dessas duas grandezas deve ser confundida com κ (em m^{-1}) usada nas equações (40.19) e (40.21), nem com a energia cinética K (em J ou eV).

A Figura 40.20 ilustra as distribuições de probabilidades $|\psi(x)|^2$ correspondentes aos estados indicados na figura anterior. Cada gráfico também mostra a distribuição de probabilidade com base na mecânica newtoniana, segundo a qual a probabilidade de encontrar uma partícula nas vizinhanças de um ponto é inversamente proporcional ao módulo da velocidade da partícula no referido ponto. Se calcularmos as médias das curvas de probabilidade da mecânica quântica, os resultados para $n > 0$ serão parecidos com os obtidos pela mecânica newtoniana. Essa concordância aumenta à medida que o número quântico n aumenta; na Figura 40.21 comparamos a função de probabilidade baseada na mecânica newtoniana e a função de probabilidade da mecânica quântica para $n = 10$. Note que cresce o espaçamento entre zeros de $|\psi(x)|^2$ na Figura 40.21 com o aumento da distância a partir de $x = 0$. Isso faz

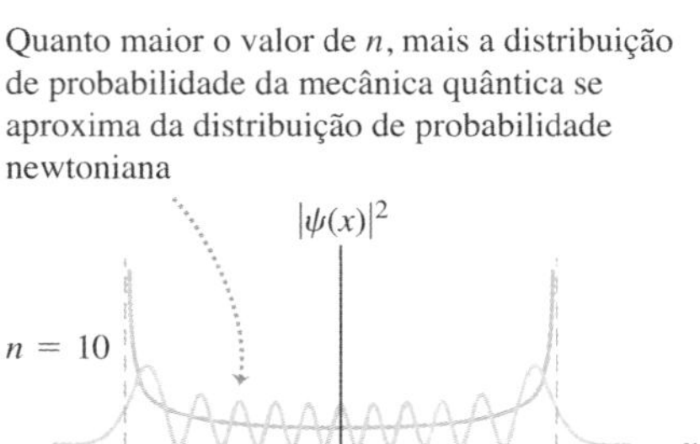

Figura 40.21 Comparação entre a distribuição de probabilidade baseada na mecânica newtoniana e a distribuição de probabilidade da mecânica quântica para um oscilador harmônico no estado $n = 10$. A amplitude A da mecânica newtoniana também é indicada.

sentido da perspectiva newtoniana: à medida que uma partícula se afasta de $x = 0$, sua energia cinética K e o módulo p de seu momento linear diminuem. Pensando em termos de mecânica quântica; isso significa que o comprimento de onda $\lambda = h/p$ aumenta; logo, o espaçamento entre zeros de $\psi(x)$ (e, portanto, de $|\psi(x)|^2$) também aumenta.

De acordo com a análise do oscilador harmônico da mecânica newtoniana, a energia mínima igual a zero corresponde ao repouso da partícula na posição de equilíbrio. Isso não é possível na mecânica quântica — não existe nenhuma solução da equação de Schrödinger que tenha $E = 0$ e satisfaça à condição de contorno. Além disso, caso tal estado existisse, ele violaria o princípio da incerteza, porque não haveria incerteza nem na posição, nem no momento linear. Na verdade, a energia deve ser pelo menos igual a $\frac{1}{2}\hbar\omega$ para que o sistema possa obedecer ao princípio da incerteza. Para verificar por que isso é verdade, considere um oscilador harmônico na mecânica newtoniana com energia total igual a $\frac{1}{2}\hbar\omega$. Podemos determinar a amplitude A e a velocidade máxima do mesmo modo que fizemos na Seção 13.3, no volume 2. Para a energia total, a relação apropriada é a Equação (13.21), e a Equação (13.23) é usada para a velocidade máxima. Fazendo $E = \frac{1}{2}\hbar\omega$, obtemos

$$E = \frac{1}{2}k'A^2 = \frac{1}{2}\hbar\omega = \frac{1}{2}\hbar\sqrt{\frac{k'}{m}} \qquad A = \sqrt{\frac{\hbar}{\sqrt{k'm}}}$$

$$p_{máx} = mv_{máx} = m\sqrt{\frac{k'}{m}}A = m\sqrt{\frac{k'}{m}}\sqrt{\frac{\hbar}{\sqrt{k'm}}} = \sqrt{\hbar\sqrt{k'm}}$$

Por fim, supondo que A represente a incerteza Δx na posição e que $p_{máx}$ seja a incerteza Δp_x correspondente do momento linear, então o produto das duas incertezas é

$$\Delta x\,\Delta p_x = \sqrt{\frac{\hbar}{\sqrt{k'm}}}\sqrt{\hbar\sqrt{k'm}} = \hbar$$

Assim, o produto é igual ao valor mínimo permitido pela Equação (39.11), $\Delta x\,\Delta p_x \geq \hbar$ e, portanto, satisfaz ao princípio da incerteza. Caso a energia fosse menor do que $\frac{1}{2}\hbar\omega$, o produto $\Delta x\,\Delta p_x$ seria menor do que $\hbar$, violando o princípio da incerteza.

Mesmo quando a forma da função energia potencial não é exatamente parabólica, podemos aproximá-la pelo

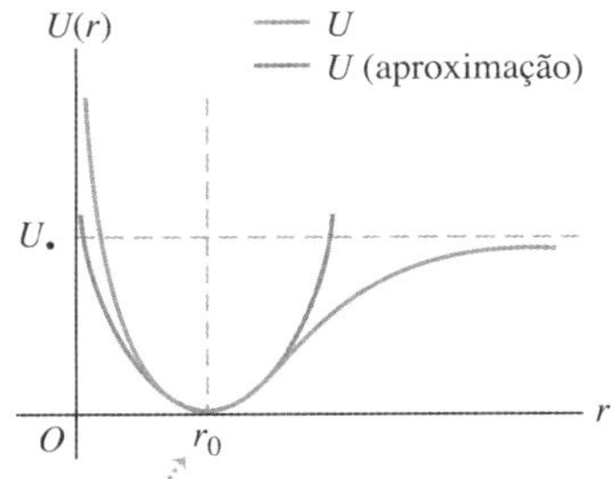

Figura 40.22 Uma função energia potencial que descreve a interação entre dois átomos em uma molécula diatômica. A posição de equilíbrio corresponde a $r = r_0$. A energia potencial necessária para dissociar a molécula é igual a U_∞.

potencial do oscilador harmônico para deslocamentos suficientemente pequenos a partir da posição de equilíbrio. A Figura 40.22 ilustra a função energia potencial que descreve a interação entre dois átomos em uma molécula diatômica. Para distâncias muito grandes entre os átomos, a curva é praticamente horizontal, correspondendo a uma ausência de força entre dois átomos infinitamente distantes. Contudo, a curva é aproximadamente uma parábola nas vizinhanças de seu mínimo (a posição de equilíbrio dos átomos). Nas vizinhanças do equilíbrio, a vibração molecular corresponde a um movimento harmônico simples com níveis de energia dados pela Equação (40.26), conforme supusemos no Exemplo 40.6.

Teste sua compreensão da Seção 40.4 Um sistema mecânico quântico inicialmente em seu nível fundamental absorve um fóton e é promovido ao primeiro estado de excitação. Então, o sistema absorve um segundo fóton e é alçado ao segundo estado de excitação. Em qual dos seguintes sistemas o segundo fóton tem um comprimento de onda maior do que o primeiro? (i) um oscilador harmônico; (ii) um átomo de hidrogênio; (iii) uma partícula em uma caixa. ∎

40.5 Problemas em três dimensões

Discutimos a equação de Schrödinger e suas aplicações somente a problemas em *uma dimensão* — o análogo do movimento retilíneo de uma partícula na mecânica newtoniana. O modelo retilíneo é adequado em algumas aplicações, contudo, para entender a estrutura atômica, precisamos de uma generalização tridimensional.

Não é difícil imaginar a forma da equação de Schrödinger em três dimensões. Inicialmente, a função de onda ψ é uma função de todas as três coordenadas espaciais (x, y, z). Geralmente a função energia potencial também depende de todas as três coordenadas espaciais e pode ser escrita na forma $U(x, y, z)$. A seguir, lembre-se de que o termo $-(\hbar^2/2m)d^2\psi/dx^2$ da equação de Schrödinger em uma dimensão, Equação (40.1), relaciona-se à energia cinética de uma partícula no estado descrito pela função de onda ψ. Por exemplo, se inserimos nesse termo a função de onda $\psi(x) = Ae^{ikx}$ para uma partícula livre com módulo do momento linear $p = \hbar k$ e energia cinética $K = p^2/2m$, obtemos $-(\hbar^2/2m)(ik)^2Ae^{ikx} = (\hbar k^2/2m)Ae^{ikx} = (p^2/2m)\psi(x) = K\psi(x)$. Se o momento linear da partícula tem três componentes (p_x, p_y, p_z), então a energia cinética é

$$K = \frac{p_x^2}{2m} + \frac{p_y^2}{2m} + \frac{p_z^2}{2m} \tag{40.28}$$

De acordo com as observações anteriores, concluímos que a correta generalização da equação de Schrödinger em três dimensões é

$$-\frac{\hbar^2}{2m}\left(\frac{\partial^2\psi(x,y,z)}{\partial x^2} + \frac{\partial^2\psi(x,y,z)}{\partial y^2} + \frac{\partial^2\psi(x,y,z)}{\partial z^2}\right) + U(x,y,z)\psi(x,y,z) = E\psi(x,y,z) \tag{40.29}$$

(equação de Schrödinger em três dimensões).

Na equação precedente, sabemos que ψ *é* função de x, y e z (daí a necessidade da notação com derivadas parciais), enquanto E é constante para um estado de energia particular.

Não pretendemos dizer que *deduzimos* a Equação (40.29). Como no caso da versão em uma dimensão, a equação precedente deve ser testada comparando suas previsões com os resultados obtidos nas experiências. Conforme veremos nos capítulos seguintes, a Equação (40.29) foi aprovada com louvor pelos testes, e acreditamos firmemente que ela *é* de fato a equação correta.

Em muitos problemas práticos, em estruturas atômicas e outras situações, a função energia potencial é *esfericamente simétrica*; ela depende somente da distância $r = (x^2 + y^2 + z^2)^{1/2}$ a partir da origem das coordenadas. Para tirar vantagem dessa simetria, usamos *coordenadas esféricas* (r, θ, ϕ) (Figura 40.23), em vez das coordenadas cartesianas (x, y, z). Então, a função energia potencial esfericamente simétrica depende apenas de r, não de θ nem de ϕ, logo, $U = U(r)$. Verifica-se que essa circunstância simplifica extremamente a tarefa de buscar a solução da equação de Schrödinger, apesar de as derivadas indicadas na Equação (40.29) serem mais complexas quando expressas em coordenadas esféricas. Tome cuidado: alguns livros de matemática trocam os ângulos θ e ϕ indicados na Figura 40.23.

Para o átomo de hidrogênio, a função energia potencial $U(r)$ é dada pela energia potencial coulombiana:

$$U(r) = -\frac{1}{4\pi\epsilon_0}\frac{e^2}{r} \tag{40.30}$$

Verificaremos que, para *qualquer* função energia potencial esfericamente simétrica $U(r)$, cada função de onda possível pode ser expressa como um produto de três funções: uma função de onda que depende apenas de r, outra apenas de θ e outra apenas de ϕ. Além disso, as fun-

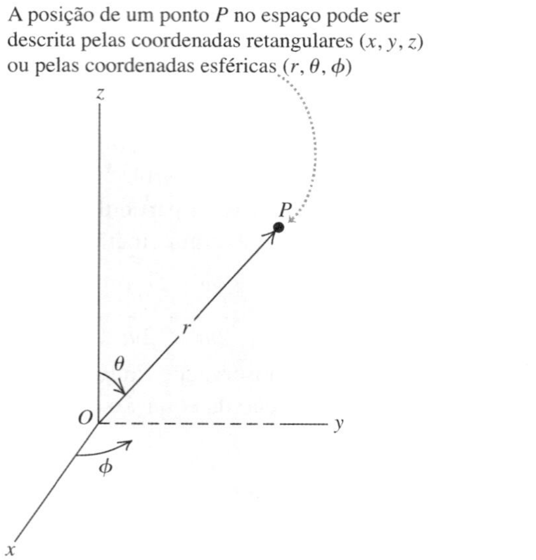

Figura 40.23 As coordenadas esféricas são particularmente úteis na mecânica quântica em problemas em que a energia potencial depende apenas de r, a distância entre o ponto e a origem.

ções que dependem de θ e de ϕ são sempre *as mesmas* para qualquer função energia potencial esfericamente simétrica. Esse resultado está relacionado diretamente com o problema de encontrar valores possíveis do *momento angular* de diversos estados. Discutiremos essas questões de modo mais aprofundado no próximo capítulo.

Resumo

Partícula em uma caixa: os níveis de energia para uma partícula em uma caixa (poço de potencial quadrado com profundidade infinita) com largura L são dados pela Equação (40.9). As funções de onda normalizadas correspondentes de uma partícula são dadas pela Equação (40.13). (Veja os exemplos 40.1 e 40.2.)

$$E_n = \frac{p_n^2}{2m} = \frac{n^2h^2}{8mL^2} = \frac{n^2\pi^2\hbar^2}{2mL^2} \qquad (n = 1, 2, 3\ldots) \tag{40.9}$$

$$\psi_n(x) = \sqrt{\frac{2}{L}}\,\mathrm{sen}\,\frac{n\pi x}{L} \qquad (n = 1, 2, 3\ldots) \tag{40.13}$$

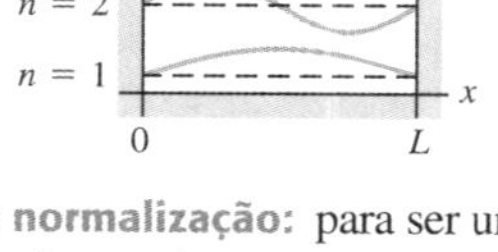

Funções de onda e normalização: para ser uma solução da equação de Schrödinger, a função de onda $\psi(x)$ e sua derivada $d\psi(x)/dx$ devem ser contínuas em todos os pontos, exceto quando a função energia potencial $U(x)$ apresenta uma descontinuidade infinita. Uma função de onda geralmente é normalizada, de modo que a probabilidade de encontrar a partícula em algum local do universo é 1.

$$\int_{-\infty}^{\infty} |\psi(x)|^2\,dx = 1 \tag{40.11}$$

(condição de normalização)

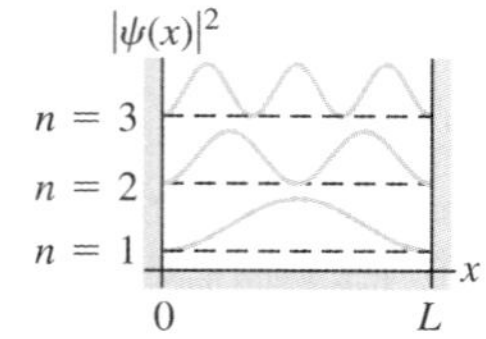

Poço de potencial finito: em um poço de potencial com profundidade finita U_0, os níveis de energia são mais baixos do que os de um poço com profundidade infinita com a mesma largura, e é finito o número de níveis de energia correspondentes a estados ligados. Os níveis de energia são obtidos igualando as funções de onda nas paredes do poço de modo a satisfazer a continuidade de $\psi(x)$ e $d\psi(x)/dx$. (Veja os exemplos 40.3 e 40.4.)

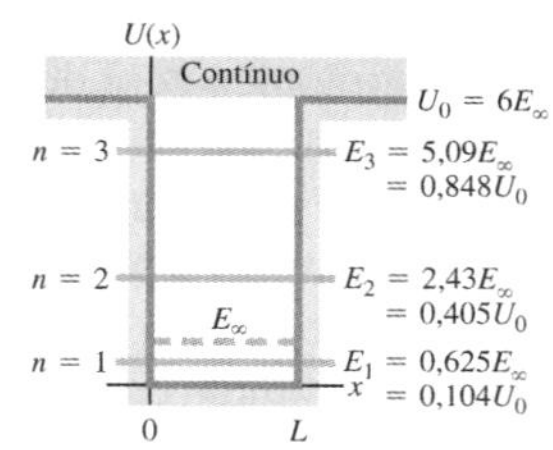

Barreira de potencial e tunelamento: existe uma certa probabilidade de uma partícula penetrar uma barreira de energia potencial mesmo que sua energia cinética inicial seja menor do que a altura da barreira. Esse processo é chamado de tunelamento. (Ver exemplo 40.5.)

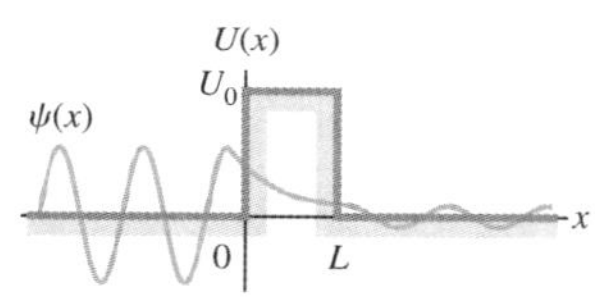

Oscilador harmônico quântico: os níveis de energia de um oscilador harmônico, para o qual $U(x) = \frac{1}{2}k'x^2$, são dados pela Equação (40.26). O espaçamento entre quaisquer dois níveis adjacentes é $\hbar\omega$, onde $\omega = \sqrt{k'/m}$ é a freqüência angular de oscilação do oscilador harmônico newtoniano correspondente. (Ver exemplo 40.6.)

$$E_n = \left(n + \frac{1}{2}\right)\hbar\omega = \left(n + \frac{1}{2}\right)\hbar\sqrt{\frac{k'}{m}} \qquad (n = 0, 1, 2, 3\ldots) \tag{40.26}$$

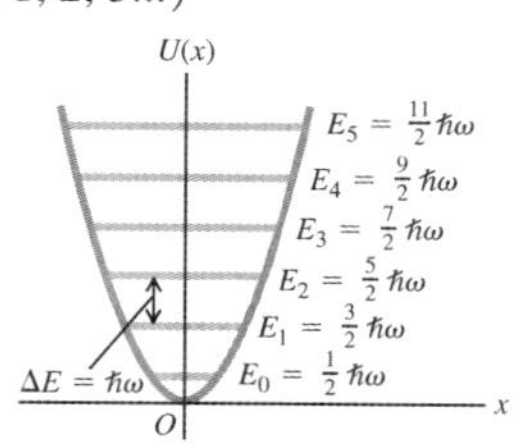

Problemas em três dimensões: a equação de Schrödinger para problemas em três dimensões é dada pela Equação (40.29).

$$-\frac{\hbar^2}{2m}\left(\frac{\partial^2\psi(x,y,z)}{\partial x^2} + \frac{\partial^2\psi(x,y,z)}{\partial y^2} + \frac{\partial^2\psi(x,y,z)}{\partial z^2}\right) + U(x,y,z)\psi(x,y,z) = E\psi(x,y,z) \tag{40.29}$$

Principais termos

barreira de potencial, 250
estado ligado, 247
normalização, 245-6
oscilador harmônico, 253
partícula em uma caixa, 243
poço de potencial quadrado, 247
poço de potencial, 247
tunelamento, 250

Resposta à Pergunta Inicial do Capítulo

Quando um elétron em uma dessas partículas — chamadas *pontos quânticos* — efetua uma transição de um nível excitado para um nível inferior, ele emite um fóton cuja energia é igual à diferença de energia entre os níveis. Quanto menor é o ponto quântico, maior é o espaçamento da energia entre níveis e, conseqüentemente, menor o comprimento de onda dos fótons emitidos. Veja mais detalhes no Exemplo 40.4 (Seção 40.2).

Respostas às Perguntas dos Testes de Compreensão

40.1 **Resposta: (v)** Nossa derivada das funções de onda de estados estacionários para uma partícula em uma caixa mostra que elas são superposições de ondas se propagando em sentidos opostos, como uma onda estacionária em uma corda. O momento linear de uma onda tem um sentido $+x$, enquanto a outra onda tem um momento linear de igual módulo e sentido $-x$. O componente x *total* do momento linear é zero.

40.2 **Resposta (i)** Os níveis de energia estão dispostos como na Figura 40.8b se $U_0 = 6E_\infty$, onde $E_\infty = \pi^2\hbar^2/2mL^2$ é a energia do nível fundamental de um poço infinito. Se a largura do poço L for reduzida à metade de seu valor inicial, E_∞ aumenta por um fator de 4 e, assim, U_0 também deve aumentar por um fator de 4. As energias E_1, E_2 e E_3 mostradas na Figura 40.8b são frações específicas de U_0, de modo que também aumentarão por um fator de 4.

40.3 **Resposta: sim** A Figura 40.13 ilustra uma função de onda $\psi(x)$ que pode passar por tunelamento; como $\psi(x)$ não é zero dentro da barreira ($0 \leq x \leq L$), existe alguma probabilidade de que a partícula possa ser encontrada lá.

40.4 **Resposta: (ii)** Se o segundo fóton possui um comprimento de onda maior e, portanto, menos energia do que o primeiro fóton, a diferença de energia entre o primeiro e o segundo níveis de excitação deve ser menor do que a diferença entre o nível fundamental e o primeiro nível excitado. Este é o caso do átomo de hidrogênio, para o qual a diferença de energia entre os níveis diminui à medida que a energia aumenta (ver Figura 38.9). Em contraste, a diferença de energia entre níveis sucessivos aumenta para uma partícula em uma caixa (ver Figura 40.4b) e é constante para um oscilador harmônico (ver Figura 40.18).

Questões para discussão

Q40.1 Para a partícula em uma caixa escolhemos $k = n\pi/L$, onde $n = 1, 2, 3...$ para que a condição de contorno $\psi = 0$ em $x = L$ seja satisfeita. Contudo, $n = 0$ e $n = -1, -2, -3...$ também satisfazem a essa condição de contorno. Por que também não escolhemos esses valores de n?

Q40.2 Quando ψ é uma função normalizada, qual é o significado da área embaixo da curva de $|\psi|^2$ por x entre x_1 e x_2? Qual é área embaixo da curva de $|\psi|^2$ quando incluímos todos os valores de x? Explique.

Q40.3 Para uma partícula em uma caixa, qual seria o aspecto da função de distribuição de probabilidades $|\psi|^2$ supondo que a partícula apresente um comportamento clássico (newtoniano)? A distribuição de probabilidade efetiva tende a esse limite clássico quando n é muito grande? Explique.

Q40.4 No Capítulo 15, volume 2, representamos uma onda estacionária como a superposição de duas ondas progressivas se propagando em sentidos opostos. As funções de onda de uma partícula em uma caixa podem também ser representadas por uma combinação de duas ondas progressivas? Por que sim ou por que não? Qual é a interpretação física para essa representação? Explique.

Q40.5 Uma partícula em uma caixa está em seu nível fundamental. Qual é a probabilidade de encontrar a partícula na metade direita da caixa? (Tome como referência a Figura 40.5, mas não calcule a integral.) A resposta será a mesma se a partícula estiver em um nível excitado? Explique.

Q40.6 As funções de onda de uma partícula em uma caixa (Figura 40.5a) são nulas em determinados pontos. Isso significa que a partícula não pode passar através desses pontos? Explique.

Q40.7 Para uma partícula confinada em um poço quadrado infinito, é correto dizer que cada estado com energia definida é também um estado com comprimento de onda definido? Ele é também um estado com momento linear definido? (*Sugestão*: lembre-se de que o momento linear é um vetor.)

Q40.8 Para uma partícula em um poço de potencial finito, é correto dizer que cada estado com energia definida é também um estado com comprimento de onda definido? Ele é também um estado com momento linear definido? Explique.

Q40.9 A Equação 40.15 fornece a função de onda dependente do tempo para uma partícula em uma caixa. Como pode uma função de onda que possui uma parte real e uma parte imaginária descrever a posição (um número real) de uma partícula?

Q40.10 Na Figura 40.5b vemos que a função de probabilidade é igual a zero nos pontos $x = 0$ e $x = L$, as 'paredes' da caixa. Isso significa que a partícula nunca pode colidir com as paredes? Explique.

Q40.11 Uma partícula está confinada em um poço de potencial finito na região $0 < x < L$. Como a área sob o gráfico de $|\psi|^2$ na região $0 < x < L$ se compara com a área total sob o gráfico de $|\psi|^2$ quando se inclui todos os valores possíveis de x?

Q40.12 Compare as funções de onda dos três primeiros níveis para uma partícula em uma caixa de largura L (Figura 40.5a) com as funções de onda correspondentes para uma partícula em um poço de potencial finito com a mesma largura (Figura 40.8a). Como o comprimento de onda de uma partícula no intervalo $0 \leq x \leq L$ para o nível $n = 1$ de uma partícula em uma caixa se compara com o comprimento de onda correspondente para o nível $n = 1$ de uma partícula em um poço de potencial finito? Use o resultado para explicar por que E_1 é menor do que E_∞ na situação ilustrada na Figura 40.8b.

Q40.13 Na Seção 40.2 afirmamos que um poço de potencial finito sempre tem pelo menos um nível ligado, por menor que seja a profundidade do poço. Isso significa que $U_0 \rightarrow 0$, quando $E_1 \rightarrow 0$? Isso viola o princípio da incerteza de Heisenberg? Explique.

Q40.14 Na Figura 40.8a vemos que, quanto maior a energia de um estado ligado em um poço de potencial finito, maior é a parte da função de onda que se estende para fora do poço (nos intervalos $x < 0$ e $x > L$). Explique por que isso ocorre.

Q40.15 Na mecânica clássica (newtoniana), a energia total E de uma partícula nunca pode ser menor do que a energia potencial U porque a energia cinética K nunca pode ser negativa. Contudo, no tunelamento através de uma barreira (Seção 40.3), uma partícula passa através de regiões para as quais E é menor do que U. Isso é uma contradição? Explique.

Q40.16 A Figura 40.10 mostra a imagem feita com um microscópio de tunelamento com varredura de 48 átomos de ferro sobre uma superfície de cobre; a configuração indica a densidade dos elétrons sobre a superfície de cobre. O que você pode inferir a respeito da função energia potencial dentro do círculo de átomos de ferro?

Q40.17 Qualitativamente, como você espera que a altura da barreira possa influir na probabilidade de tunelamento através da barreira? Explique.

Q40.18 A função de onda indicada na Figura 40.13 é diferente de zero para $x < 0$ e para $x > L$. Isso significa que a partícula se divide em duas partes quando colide com a barreira, com uma das partes tunelando através da barreira e a outra parte ricocheteando na barreira? Explique.

Q40.19 As distribuições de probabilidade das funções de onda do oscilador harmônico (figuras 40.20 e 40.21) começam a ficar parecidas com a distribuição de probabilidade clássica (newtoniana) quando o número quântico n torna-se grande. As distribuições quânticas tendem a se tornar exatamente iguais à distribuição clássica quando n tende ao infinito? Explique.

Q40.20 Na Figura 40.21, como a probabilidade de encontrar uma partícula na metade central da região $-A < x < A$ se compara com a probabilidade de encontrar a partícula na metade exterior da região? Isso está de acordo com a interpretação física da situação?

Q40.21 Compare os níveis de energia para o átomo de hidrogênio com os níveis de uma partícula em uma caixa e com os níveis do oscilador harmônico. Quais são os valores do número quântico n para o nível fundamental e para o segundo estado excitado de cada um desses sistemas?

Q40.22 No átomo de hidrogênio, a função energia potencial depende somente da distância r até o núcleo e não depende da direção. Ou seja, existe simetria esférica. Você acha que todas as funções de onda do elétron no átomo de hidrogênio são também esfericamente simétricas? Explique.

Q40.23 Faça o gráfico da função de onda para o poço de energia potencial da Figura 40.24 quando E_1 é menor do que U_0 e quando E_3 é maior do que U_0.

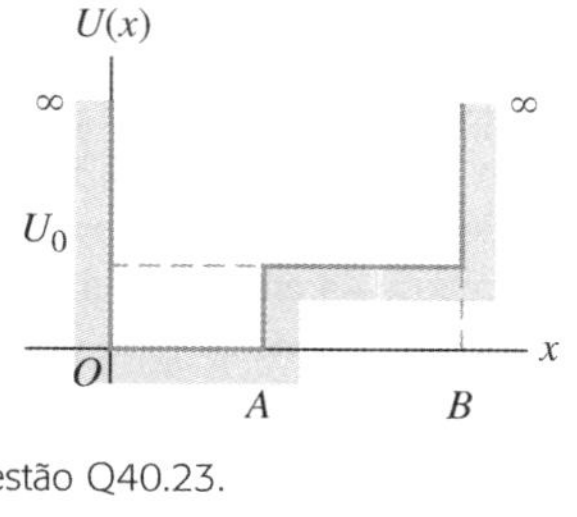

Figura 40.24 Questão Q40.23.

Exercícios

Seção 40.1 Partícula em uma caixa

40.1 Bolas de bilhar no nível fundamental. a) Determine o nível de energia mais baixo para a partícula em uma caixa supondo que a partícula seja uma bola de bilhar ($m = 0{,}20$ kg) e que a largura da caixa seja 1,5 m, o tamanho de uma mesa do jogo de bilhar. (Suponha que a bola de bilhar deslize sem atrito em vez de rolar. Ou seja, despreze a energia cinética da *rotação*.) b) Como a energia do item (a) é totalmente dada pela energia cinética, a que velocidade isso corresponde? Com essa velocidade, quanto tempo a bola levaria para ir de uma extremidade da mesa até a outra? c) Qual é a diferença de energia entre os níveis $n = 2$ e $n = 1$? d) Os efeitos da mecânica quântica são importantes para o jogo de bilhar?

40.2 Um próton está em uma caixa de largura L. Qual deve ser a largura da caixa para que a energia do nível fundamental seja igual a 5,0 MeV, valor típico da energia de ligação de partículas no interior de um núcleo? Compare o resultado com o tamanho de um núcleo, que é da ordem de 10^{-14} m.

40.3 Encontre a largura L de uma caixa de uma dimensão que corresponderia ao valor absoluto do estado fundamental de um átomo de hidrogênio.

40.4 Quando um átomo de hidrogênio passa por uma transição do nível $n = 2$ para o nível $n = 1$, um fóton com $\lambda = 122$ nm é emitido. a) Se imaginarmos o átomo como um elétron em uma caixa de uma dimensão, qual é a largura da caixa para que a transição de $n = 2$ a $n = 1$ corresponda à emissão de um fóton com essa energia? b) Para uma caixa com a largura calculada na parte (a), qual é o estado fundamental de energia? Como isso compara ao estado fundamental de energia de um átomo de hidrogênio? c) Você acha que uma caixa de uma dimensão é um bom modelo para um átomo de hidrogênio? Explique. (*Sugestão*: compare o espaçamento entre níveis de energia adjacentes em função de n.)

40.5 É necessário fornecer 3,0 eV de energia a um átomo para excitar um elétron do nível fundamental até o primeiro nível excitado. Considere o átomo um elétron em uma caixa e calcule a largura L da caixa.

40.6 Lembre que $|\psi|^2\,dx$ é a probabilidade de encontrar uma partícula com uma função de onda normalizada $\psi(x)$ no intervalo entre x e $x + dx$. Considere uma partícula no interior de uma caixa com paredes rígidas em $x = 0$ e $x = L$. Suponha que a partícula esteja no nível fundamental e use ψ_n conforme indicado na Equação (40.13). a) Para que valores de x, caso existam, no intervalo de 0 até L a probabilidade de encontrar a partícula é igual a zero? b) Para que valores de x a probabilidade atinge seu valor máximo? c) Suas respostas dos itens (a) e (b) estão de acordo com a Figura 40.8? Explique.

40.7 Repita o Exercício 40.6 para uma partícula no primeiro nível excitado.

40.8 a) Mostre que $\psi = A\,\text{sen}\,kx$ é uma solução para a Equação (40.3) se $k = \sqrt{2mE}/\hbar$. b) Explique por que essa é uma função de onda aceitável para uma partícula em uma caixa com paredes rígidas em $x = 0$ e $x = L$ apenas se k for um número inteiro múltiplo de π/L.

40.9 a) Repita Exercício 40.8 para $\psi = A\cos kx$. b) Explique por que essa não pode ser uma função de onda aceitável para uma partícula em uma caixa com paredes rígidas em $x = 0$ e $x = L$ independentemente do valor de k.

40.10 a) Calcule a energia de excitação do nível fundamental até o terceiro nível excitado para um elétron confinado em uma caixa com largura igual a 0,125 nm. b) O elétron faz uma transição do nível $n = 1$ até o nível $n = 4$ absorvendo um fóton. Calcule o comprimento de onda desse fóton.

40.11 Um elétron está em uma caixa de largura igual a $3{,}0 \times 10^{-10}$ m. Qual é o comprimento de onda de De Broglie e qual é o módulo do momento linear do elétron quando ele está no a) nível $n = 1$? b) nível $n = 2$? c) nível $n = 3$? Em cada caso, como o comprimento de onda se compara com a largura da caixa?

40.12 Mostre que a função de onda dependente do tempo dada pela Equação (40.15) é uma solução para a equação de Schrödinger em uma dimensão, Equação (40.1).

Seção 40.2 Poço de potencial

40.13 a) Mostre que $\psi = A\operatorname{sen}kx$, onde k é uma constante, *não* é uma solução da Equação (40.1) para $U = U_0$ e $E < U_0$. b) Essa função de onda ψ é uma solução para $E > U_0$?

40.14 Um elétron está passando pelo poço quadrado mostrado na Figura 40.6. O elétron possui energia $E = 3U_0$. Qual é a razão entre o comprimento de onda de De Broglie do elétron na região $x > L$ e o comprimento de onda para $0 < x < L$?

40.15 Um elétron está confinado em um poço quadrado de profundidade $U_0 = 6E_\infty$. Qual é a largura do poço se o seu estado fundamental de energia é 2,0 eV?

40.16 Um elétron está confinado em um poço quadrado de largura de 1,50 nm e profundidade $U_0 = 6E_\infty$. Se o elétron está inicialmente no nível fundamental e absorve um fóton, qual é o comprimento de onda máximo do fóton para que o elétron seja libertado do poço?

40.17 Calcule $d^2\psi/dx^2$ para a função de onda da Equação (40.17) e mostre que a função de onda é solução da Equação (40.16).

40.18 Calcule $d^2\psi/dx^2$ para a função de onda da Equação (40.19) e mostre que, para qualquer valor de C e de D, ela é solução da Equação (40.1) para $x \leq 0$ e $x \geq L$ quando $U = U_0$ e $E < U_0$.

40.19 Um próton está confinado em um poço quadrado de largura de 4,0 fm = $4{,}0 \times 10^{-15}$ m. A profundidade do poço é igual a seis vezes o valor da energia do nível fundamental E_∞ do poço infinito correspondente. Se o próton faz uma transição do nível com energia E_1 para o nível com energia E_3 absorvendo um fóton, qual o comprimento de onda do fóton?

40.20 Um elétron está confinado em um poço quadrado com uma profundidade igual a seis vezes a energia E_∞ do nível fundamental de um poço infinito de mesma largura. O fóton de maior comprimento de onda que é absorvido pelo elétron tem um comprimento de onda de 400,0 nm. Determine a largura do poço.

Seção 40.3 Barreira de potencial e tunelamento

40.21 Um elétron com energia cinética inicial igual a 6,0 eV colide com uma barreira de altura 11,0 eV. Qual é a probabilidade de tunelamento quando a largura da barreira é de a) 0,80 nm? b) 0,40 nm?

40.22 Um elétron com energia cinética inicial igual a 5,0 eV colide com uma barreira com altura igual a U_0 e largura de 0,60 nm. Qual é o coeficiente de transmissão quando a) $U_0 = 7{,}0$ eV?; b) $U_0 = 9{,}0$ eV?; c) $U_0 = 13{,}0$ eV?

40.23 Um elétron está passando pela barreira quadrada mostrada na Figura 40.12, mas a energia do elétron é *maior* do que a altura da barreira. Se $E = 2U_0$, qual é a razão entre o comprimento de onda de De Broglie do elétron na região $x > L$ e o comprimento de onda para $0 < x < L$?

40.24 Um próton com energia cinética inicial igual a 50,0 eV encontra uma barreira de altura 70,0 eV. Qual é a largura da barreira se a probabilidade de tunelamento é $3{,}0 \times 10^{-3}$? Como isso se compara com a largura da barreira para um elétron com a mesma energia tunelando por uma barreira de mesma altura com a mesma probabilidade?

40.25 a) Um elétron com energia cinética inicial igual a 32 eV colide com uma barreira quadrada com altura de 41 eV e largura de 0,25 nm. Qual é a probabilidade do tunelamento do elétron através dessa barreira? b) Um próton com a mesma energia cinética colide com a mesma barreira. Qual é a probabilidade do tunelamento do próton através dessa barreira?

40.26 Decaimento alfa. Em um modelo simples de núcleo radioativo, uma partícula alfa ($m = 6{,}64 \times 10^{-27}$ kg) está presa em uma barreira quadrada com altura igual a 30,0 MeV e largura de 2,0 fm. a) Qual é a probabilidade do tunelamento se a partícula alfa colide com a barreira com uma energia cinética 1,0 MeV abaixo do topo da barreira (Figura 40.25)? b) Qual é a probabilidade do tunelamento se a energia cinética da partícula alfa está a 10,0 MeV abaixo do topo da barreira?

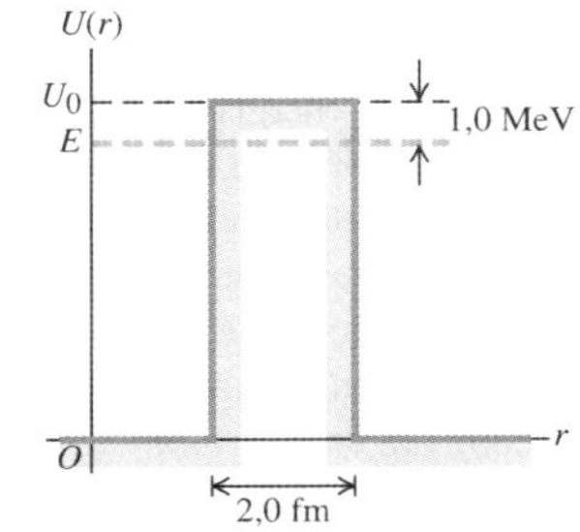

Figura 40.25 Exercício 40.26.

Seção 40.4 O oscilador harmônico

40.27 Um bloco de madeira com massa igual a 0,250 kg oscila na extremidade de uma mola cuja constante é igual a 110 N/m. Calcule a energia do nível fundamental e a diferença de energia entre dois níveis adjacentes. Expresse sua resposta em joules e em elétrons-volt. Os efeitos quânticos são importantes?

40.28 Mostre que $\psi(x)$, dada pela Equação (40.24), é uma solução da Equação (40.22) com energia $E_0 = \hbar\omega/2$.

40.29 Os químicos usam espectros de absorção infravermelho para identificar os elementos químicos em uma amostra. Em certa amostra, um químico verifica que uma luz de comprimento de onda 5,8 μm é absorvida. a) Calcule a energia dessa transição. b) Se a massa da molécula é $5{,}6 \times 10^{-26}$ kg, calcule a constante da mola.

40.30 O estado fundamental de energia de um oscilador harmônico é 5,60 eV. Se o oscilador passa por uma transição do nível $n = 3$ para o nível $n = 2$ emitindo um fóton, qual é o comprimento de onda do fóton?

40.31 Na Seção 40.4, mostramos que, para o nível fundamental de um oscilador harmônico, $\Delta x \Delta p_x = \hbar$. Faça uma análise semelhante para um nível excitado com número quântico n. Como a incerteza do produto $\Delta x \Delta p_x$ depende de n?

40.32 Na função de onda $\psi(x)$ do nível fundamental do oscilador harmônico dada pela Equação (40.24), $|\psi|^2$ atinge seu valor máximo em $x = 0$. a) Calcule a razão entre $|\psi|^2$ para $x = +A$ e $|\psi|^2$ para $x = 0$, onde A é dado pela Equação (40.27) com $n = 0$ para o nível fundamental. b) Calcule a razão entre $|\psi|^2$ para $x = +2A$ e $|\psi|^2$ para $x = 0$. Em cada caso seu resultado está de acordo com a informação indicada na Figura 40.20?

40.33 Para o átomo de sódio do Exemplo 40.6, calcule a) a energia do estado fundamental, b) o comprimento de onda de um fóton emitido quando ocorre a transição de $n = 4$ para $n = 3$; c) a diferença de energia para qualquer transição em que $\Delta n = 1$.

Problemas

40.34 Mostre que a função de onda $\psi(x) = Ae^{ikx}$ é a solução da Equação 40.1 para uma partícula de massa m, na região onde a energia potencial é uma constante $U_0 < E$. Encontre uma expressão para k e relacione-a ao momento linear da partícula e ao comprimento de onda de De Broglie.

40.35 Funções de onda como a do Problema 40.34 podem representar partículas livres deslocando-se com velocidade $v = p/m$ na direção x. Considere um feixe de tais partículas que incide sobre um nível de energia potencial $U(x) = 0$, para $x < 0$, e $U(x) = U_0 < E$, para $x > 0$. A função de onda para $x < 0$ é $\psi(x) = Ae^{ik_1x} + Be^{-ik_1x}$, representando as partículas incidentes e refletidas, e para $x > 0$ é $\psi(x) = Ce^{ik_2x}$, representando as partículas transmitidas. Use a condição de que tanto ψ quanto sua primeira derivada devem ser contínuas em $x = 0$ para encontrar as constantes B e C em termos de k_1, k_2 e A.

40.36 Seja ΔE_n a diferença de energia entre dois níveis de energia adjacentes E e E_{n+1} de uma partícula em uma caixa. A razão $R_n = \Delta E_n/E_n$ compara a energia de um nível com a diferença de energia entre ele e a energia de um nível adjacente. a) Em que valor de n a razão R_n atinge seu valor máximo? Qual é o valor máximo de R_n? b) Para qual limite a razão R_n tende quando n se torna muito grande? Como o resultado se compara com o valor clássico dessa grandeza?

40.37 **Fóton em um laser de corante.** Um elétron em uma longa molécula orgânica usada em um laser de corante se comporta aproximadamente como uma partícula em uma caixa de largura igual a 4,18 nm. Qual é o comprimento de onda do fóton emitido quando o elétron sofre uma transição a) do primeiro nível excitado para o nível fundamental? b) do segundo nível excitado para o primeiro nível excitado?

40.38 Uma partícula está no nível fundamental em uma caixa que se estende desde $x = 0$ até $x = L$. a) Qual é a probabilidade de se encontrar a partícula na região entre 0 e $L/4$? Calcule esse valor integrando $|\psi(x)|^2dx$, onde ψ é normalizada, desde $x = 0$ até $x = L/4$. b) Qual é a probabilidade de se encontrar a partícula na região entre $x = L/4$ e $x = L/2$? c) Como se comparam os resultados dos itens (a) e (b)? Explique. d) Some as probabilidades calculadas nos itens (a) e (b). e) Os resultados encontrados nos itens (a), (b) e (d) estão de acordo com a Figura 40.5b? Explique.

40.39 Qual é a probabilidade de se encontrar uma partícula em uma caixa de comprimento L em uma região entre $x = L/4$ e $x = 3L/4$ quando a partícula está a) no nível fundamental? b) no primeiro nível excitado? (*Sugestão*: integre $|\psi(x)|^2dx$, onde ψ é normalizada, desde $L/4$ até $3L/4$. c) Os resultados encontrados nos itens (a) e (b) estão de acordo com a Figura 40.5b? Explique.

40.40 Considere uma partícula em uma caixa com paredes rígidas entre $x = 0$ até $x = L$. A partícula está no nível fundamental. Calcule a probabilidade $|\psi|^2dx$ de a partícula ser encontrada no intervalo entre x e $x + dx$ para a) $x = L/4$; b) $x = L/2$; c) $x = 3L/4$.

40.41 Repita o Problema 40.40 para a partícula no primeiro nível excitado.

40.42 Uma partícula está confinada em uma caixa com paredes rígidas entre $x = 0$ até $x = L$. Embora o módulo da força instantânea que a parede exerce sobre a partícula seja igual a infinito e o tempo da atuação dessa força seja nulo, o impulso (que envolve o produto da força pelo tempo) é finito e quantizado. Mostre que o impulso exercido pela parede em $x = 0$ é $(nh/L)\hat{\imath}$ e que o impulso exercido pela parede em $x = L$ é igual a $-(nh/L)\hat{\imath}$. (*Sugestão*: talvez seja útil uma revisão da Seção 8.1, volume 1.)

40.43 Um estudante universitário propôs a seguinte expressão para a função de onda de uma partícula livre de massa m (uma partícula para a qual a função energia potencial $U(x)$ é igual a zero):

$$\psi(x) = \begin{cases} e^{+\kappa x}, & x < 0 \\ e^{-\kappa x}, & x \geq 0 \end{cases}$$

onde κ é uma constante positiva. a) Faça um gráfico da função de onda proposta. b) Mostre que a função de onda proposta satisfaz a equação de Schrödinger para $x < 0$ se a energia for dada por $E = -\hbar^2\kappa^2/2m$, ou seja, quando a energia da partícula for *negativa*. c) Mostre que a função de onda proposta também satisfaz a equação de Schrödinger para $x \geq 0$ com a mesma energia do item (b). d) Explique por que, embora ela preencha essas condições, ela *não* é uma solução aceitável para a equação de Schrödinger de uma partícula livre. (*Sugestão*: qual é o comportamento da função no ponto $x = 0$?) Sabemos que é impossível uma partícula livre (aquela cuja energia potencial $U(x) = 0$) possuir energia negativa.

40.44 A distância de penetração η em um poço de potencial finito é a distância em que a função de onda diminuiu a $1/e$ da função de onda no ponto clássico de inversão:

$$\psi(x = L + \eta) = \frac{1}{e}\psi(L)$$

Pode-se demonstrar que a distância de penetração é

$$\eta = \frac{\hbar}{\sqrt{2m(U_0 - E)}}$$

A probabilidade de encontrar a partícula além da distância de penetração é praticamente zero. a) Calcule η para um elétron com uma energia cinética de 13 eV em um poço de potencial com $U_0 = 20$ eV. b) Calcule η para um próton de 20,0 MeV confinado em um poço de potencial de 30,0 MeV de profundidade.

40.45 a) Para o poço de potencial finito indicado na Figura 40.6, quais são as relações entre as constantes A e B na Equação (40.17) e C e D na Equação (40.19) obtidas quando aplicamos as condições de contorno segundo as quais ψ deve ser contínua em $x = 0$ e $x = L$? b) Quais são as relações entre A, B, C e D obtidas quando aplicamos as condições de contorno segundo as quais $d\psi/dx$ deve ser contínua em $x = 0$ e $x = L$?

40.46 Um elétron com energia cinética inicial igual a 5,5 eV colide com uma barreira de potencial quadrado com altura igual a 10,0 eV. Qual é a largura da barreira quando a probabilidade de tunelamento do elétron através da barreira for igual a 0,10%?

40.47 Uma partícula de massa m e energia total E tunela através de uma barreira de potencial quadrado com altura U_0 e largura L. Quando o coeficiente de transmissão não é muito menor do que 1, ele é dado por

$$T = \left[1 + \frac{(U_0 \operatorname{senh} \kappa L)^2}{4E(U_0 - E)}\right]^{-1}$$

onde o seno hiperbólico de κL é definido pela relação senh $L = (e^{\kappa L} - e^{-\kappa L})/2$. a) Mostre que, quando $\kappa L >> 1$, a expressão de T tende ao resultado indicado Equação (40.21). b) Explique por que a restrição do item (a), $\kappa L >> 1$, implica ou que a barreira é relativamente larga ou que a energia E é relativamente pequena em comparação com U_0. c) Mostre que a energia cinética incidente E da partícula tende a se igualar à altura da barreira U_0 quando T tende a $[1 + (kL/2)^2]^{-1}$, onde $k = \sqrt{2mE}/\hbar$ é o número de onda da partícula incidente. (*Sugestão*: quando $|z| << 1$, senh $z \approx z$.)

40.48 Um oscilador harmônico é constituído por um corpo de massa 0,020 kg ligado a uma mola. Sua freqüência é 1,50 Hz, e a velocidade do corpo quando ele passa em sua posição de equilíbrio é 0,360 m/s. a) Qual é o valor do número quântico n para seu nível de energia? b) Qual é a diferença entre os níveis E_n e E_{n+1}? Essa diferença pode ser medida?

40.49 Para pequenas amplitudes, as oscilações de um pêndulo constituem um movimento harmônico simples. Para um pêndulo com período igual a 0,500 s, determine a energia do nível fundamental e a diferença entre as energias de níveis adjacentes. Expresse seus resultados em joules e em elétrons-volt. Essas energias podem ser medidas?

40.50 Fótons de 164,9 nm são emitidos em uma transição com $\Delta n = 1$ dentro de uma estrutura molecular em estado sólido. A estrutura molecular pode ser imaginada como elétrons em uma caixa de comprimento igual a 0,500 nm. Que transição corresponde à luz emitida?

40.51 a) Mostre por substituição direta na equação de Schrödinger para o oscilador harmônico em uma dimensão que a função de onda $\psi_0(x) = A_0 e^{-\alpha^2 x^2/2}$, onde $\alpha^2 = m\omega/\hbar$, é uma solução com energia correspondente ao nível $n = 0$ na Equação (40.22). b) Encontre a constante de normalização A_0. c) Encontre os pontos clássicos de inversão e mostre, em contraste, que a densidade de probabilidade apresenta um máximo em $x = 0$.

40.52 a) Mostre por substituição direta na equação de Schrödinger para o oscilador harmônico em uma dimensão que a função de onda $\psi_1(x) = A_1 x e^{-\alpha^2 x^2/2}$, onde $\alpha^2 = m\omega/\hbar$, é uma solução com energia correspondente ao nível $n = 1$ na Equação (40.22). b) Encontre a constante de normalização A_1. (c) Mostre que a densidade de probabilidade apresenta um mínimo em $x = 0$ e um máximo em $x = \pm 1/\alpha$, correspondentes aos pontos clássicos de inversão para o estado fundamental $n = 0$.

40.53 Um oscilador harmônico isotrópico em três dimensões. Um oscilador harmônico isotrópico possui uma função energia potencial dada por $U(x, y, z) = \frac{1}{2}k'(x^2 + y^2 + z^2)$. (*Isotrópico* significa que a constante da mola k' é a mesma em todas as três direções das coordenadas.) a) Mostre que, para este potencial, a solução da Equação (40.29) é dada por $\psi = \psi_{n_x}(x)\psi_{n_y}(y)\psi_{n_z}(z)$. Nessa expressão, $\psi_{n_x}(x)$ é uma solução da equação de Schrödinger em uma dimensão para o oscilador harmônico, Equação (40.22), com energia $E_{n_x} = \left(n_x + \frac{1}{2}\right)\hbar\omega$. As funções $\psi_{n_y}(y)$ e $\psi_{n_z}(z)$ são análogas às funções de onda em uma dimensão para as direções y e z. Calcule a energia associada a essa função ψ. b) Com base em seu resultado encontrado no item (a) calcule a energia do nível fundamental e as energias do primeiro nível excitado do oscilador harmônico isotrópico em três dimensões. c) Mostre que existe somente um estado (um conjunto de números quânticos n_x, n_y e n_z) para o nível fundamental, porém, existem três estados para o primeiro nível excitado.

40.54 Um oscilador harmônico anisotrópico em três dimensões. A função energia potencial de um oscilador harmônico é dada por $U(x, y, z) = \frac{1}{2}k_1'(x^2 + y^2) + \frac{1}{2}k_2' z^2$, onde $k_1' > k_2'$. Esse oscilador é chamado de *anisotrópico* porque a constante da mola não é a mesma em todas as três direções das coordenadas. a) Determine a expressão geral dos níveis de energia desse oscilador (veja o Problema 40.53). b) Com base em seu resultado encontrado no item (a) calcule a energia do nível fundamental e as energias do primeiro nível excitado do oscilador. c) Quantos estados (conjuntos diferentes de números quânticos n_x, n_y e n_z) existem para o nível fundamental e para o primeiro nível excitado? Compare o resultado com o item (c) do Problema 40.53.

Problemas desafiadores

40.55 Na Seção 40.1, consideramos uma caixa com paredes em $x = 0$ e $x = L$. Considere agora uma caixa com largura L, porém centralizada em $x = 0$, de modo que ela se estende de $x = -L/2$ até $x = +L/2$ (Figura 40.26). Note que essa caixa é simétrica em relação ao ponto $x = 0$. a) Considere funções de onda possíveis da forma $\psi(x) = A \operatorname{sen} kx$. Aplique as condições de contorno nas paredes para obter os níveis de energia permitidos. b) Outro conjunto possível é constituído por funções de onda com a forma $\psi(x) = A \cos kx$. Aplique as condições de contorno nas paredes para obter os níveis de energia permitidos. c) Compare as energias obtidas nos itens (a) e (b) com as energias fornecidas pela Equação (40.9). d) Uma função ímpar f é aquela que obedece à condição $f(x) = -f(-x)$, e uma função par g é aquela que obedece à condição $g(x) = g(-x)$. Entre as funções de onda obtidas nos itens (a) e (b), qual delas é uma função par e qual é uma função ímpar?

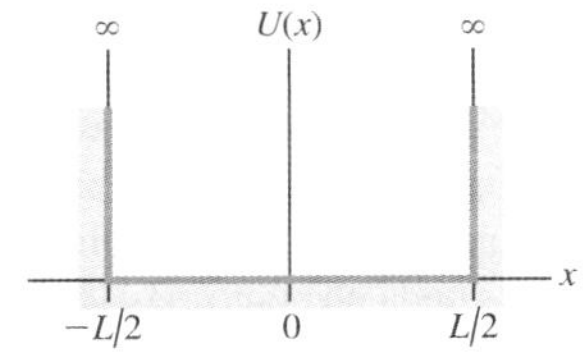

Figura 40.26 Problema desafiador 40.55.

40.56 Considere um poço de potencial definido do seguinte modo: $U(x) = \infty$ para $x < 0$, $U(x) = 0$ para $0 < x < L$ e $U(x) = U_0 > 0$ para $x > L$ (Figura 40.27). Considere uma partícula com massa m e energia cinética $E < U_0$ que está confinada no poço. a) A condição de contorno sobre a parede infinita ($x = 0$) é $\psi(0) = 0$. Qual deve ser a forma da função de onda $\psi(x)$ para $0 < x < L$ a fim de que ela possa satisfazer simultaneamente à equação de Schrödinger e às condições de contorno? b) A função de onda deve permanecer finita quando $x \to \infty$. Qual deve ser a forma da função de onda $\psi(x)$ para $x > L$ a fim de que ela possa satisfazer simultaneamente à equação de Schrödinger e à condição de contorno no infinito? c) Imponha a condição de contorno de que ψ e $d\psi/dx$ são contínuas para $x = L$. Mostre que as energias permitidas são obtidas das soluções da equação $k \cot g\, kL = -\kappa$; onde $k = \sqrt{2mE}/\hbar$ e $\kappa = \sqrt{2m(U_0 - E)}/\hbar$.

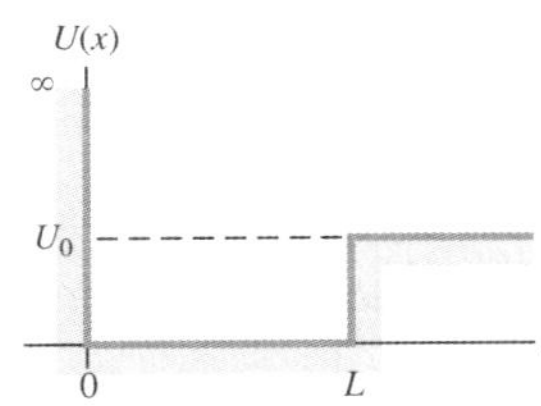

Figura 40.27 Problema desafiador 40.56.

40.57 A aproximação WKB. É um desafio resolver a equação de Schrödinger para os níveis de energia de estados ligados de um poço de potencial arbitrário. Um método alternativo que pode fornecer resultados aproximados para os níveis de energia é conhecido como *aproximação WKB* (sigla dada em homenagem aos físicos Gregor Wentzel, Hendrik Kramers e Léon Brillouin). A aproximação WKB começa com três afirmações físicas: i) De acordo com De Broglie, o módulo do momento linear p de uma partícula é dado por $p = h/\lambda$. ii) O módulo do momento linear é relacionado com a energia cinética K por $K = p^2/2m$. iii) Quando não existe nenhuma força não-conservativa, de acordo com a mecânica newtoniana a energia E de uma partícula é constante e dada em cada ponto pela soma da energia cinética com a energia potencial: $E = K + U(x)$, onde x é a coordenada. a) Combine as três relações anteriores para mostrar que o comprimento de onda de uma partícula para uma coordenada x é dado por

$$\lambda(x) = \frac{h}{\sqrt{2m[E - U(x)]}}$$

Portanto, imaginamos na mecânica quântica uma partícula em um poço de potencial $U(x)$ como se fosse uma partícula livre, porém com um comprimento de onda $\lambda(x)$ que depende da posição. b) Quando a partícula se desloca para uma região com uma energia potencial crescente, o que ocorre com seu comprimento de onda? c) Em um ponto no qual $E = U(x)$, a mecânica newtoniana afirma que a partícula possui energia cinética zero e que ela está instantaneamente em repouso. Tal ponto é chamado de *ponto clássico de inversão*, visto que ele correspondente ao ponto onde a partícula pára e retorna na mesma direção em sentido contrário. Como exemplo, um objeto que executa um movimento harmônico simples oscila para a frente e para trás entre os pontos $x = -A$ e $x = +A$; ambas as extremidades são um ponto clássico de inversão, visto que nesses pontos a energia potencial $\frac{1}{2}k'x^2$ é igual à energia total $\frac{1}{2}k'A^2$. Na expressão WKB para $\lambda(x)$, qual é o comprimento de onda no ponto clássico de inversão? d) Para uma partícula em uma caixa de comprimento L, as paredes da caixa são pontos clássicos de inversão (veja a Figura 40.1). Além disso, o número de comprimentos de onda que completam o comprimento da caixa deve ser um número semi-inteiro (veja a Figura 40.3), de modo que $L = (n/2)\lambda$ e, portanto, $L/\lambda = n/2$, onde $n = 1, 2, 3...$ [Note que essa é uma outra forma de expressar a Equação (40.7).] O método WKB para determinar os níveis de energia permitidos de estados ligados de um poço de potencial *arbitrário* é uma extensão das observações anteriores. Ele exige que para um nível de energia E permitido deve existir um número semi-inteiro de comprimentos de onda entre os dois pontos clássicos de inversão para a energia considerada. Visto que o comprimento de onda na aproximação WKB não é constante, porém depende de x, o número de comprimentos de onda entre os dois pontos clássicos de inversão a e b para a energia considerada é obtido pela integral de $1/\lambda(x)$ entre esses pontos:

$$\int_a^b \frac{dx}{\lambda(x)} = \frac{n}{2} \qquad (n = 1, 2, 3...)$$

Usando a expressão de $\lambda(x)$ que você encontrou no item (a), mostre que *a condição WKB para as energias permitidas de estados ligados* pode ser escrita na forma

$$\int_a^b \sqrt{2m[E - U(x)]}\, dx = \frac{nh}{2} \qquad (n = 1, 2, 3...)$$

e) Para conferir essa solução, aplique a expressão obtida no item (d) para uma partícula em uma caixa com paredes em $x = 0$ e $x = L$. Calcule a integral e mostre que as energias permitidas obtidas pelo método WKB concordam com as energias fornecidas pela Equação (40.9). (*Sugestão*: visto que as paredes da caixa possuem altura infinita, os pontos $x = 0$ e $x = L$ são pontos clássicos de inversão para *qualquer* energia E. No interior da caixa a energia potencial é igual a zero.) f) Para o poço quadrado finito indicado na Figura 40.6, mostre que a aproximação WKB fornecida no item (d) faz a *mesma* previsão dos estados de energia feita para um poço finito com a mesma largura. (*Sugestão*: suponha $E < U_0$. Então, os pontos de inversão clássicos correspondem a $x = 0$ e $x = L$.) Isso mostra que a aproximação WKB não é eficiente quando a energia potencial varia descontinuamente como no caso de um poço de potencial finito. Nos dois problemas apresentados a seguir, consideraremos situações em que a energia potencial varia gradualmente e a aproximação WKB é muito mais eficiente.

40.58 A aproximação WKB (Problema Desafiador 40.57) pode ser usada para determinar os níveis de energia de um oscilador harmônico. Nessa aproximação os níveis de energia são as soluções da equação

$$\int_a^b \sqrt{2m[E - U(x)]}\, dx = \frac{nh}{2} \qquad n = 1, 2, 3...$$

onde E é a energia, $U(x)$ é a função energia potencial e a e b são os dois pontos clássicos de inversão (os pontos em que E é igual à energia potencial, de modo que a energia cinética newtoniana é igual a zero). a) Determine os pontos clássicos de inversão para um oscilador harmônico com energia E e constante da mola k'. b) Faça a integral da aproximação WKB e mostre que os níveis de energia nessa aproximação são dados por $E_n = \hbar\omega$, onde $\omega = \sqrt{k'/m}$ e $n = 1, 2, 3...$ (*Sugestão*: lembre que $\hbar = h/2\pi$. Uma integral útil é dada por

$$\int \sqrt{A^2 - x^2}\, dx = \frac{1}{2}\left[x\sqrt{A^2 - x^2} + A^2 \operatorname{arcsen}\left(\frac{x}{|A|}\right)\right]$$

onde arc sen é a notação geralmente usada para a função inversa do seno. Note que a integral é par, de modo que a integral de $-x$ até x é igual ao dobro da integral de 0 até x.) c) Como os níveis de energia aproximados encontrados no item (b) se comparam com os níveis de energia verdadeiros indicados na Equação (40.26)? A aproximação WKB fornece uma estimativa maior ou menor para os valores reais dos níveis de energia?

40.59 Os prótons, os nêutrons e muitas outras partículas são constituídos por partículas fundamentais chamadas *quarks* e *antiquarks* (a antimatéria dos quarks). Os quarks e os antiquarks podem formar estados ligados com uma variedade de níveis de energia diferentes, cada um dos quais corresponde a uma partícula diferente que pode ser observada em laboratório. Como um exemplo, a partícula ψ é uma partícula correspondente ao estado ligado de mais baixa energia do chamado quark *charm* e de seu antiquark, com uma energia de repouso igual a 3097 MeV; a partícula ψ (2S) é outro estado excitado dessa mesma combinação quark-antiquark, com uma energia de repouso igual a 3686 MeV. Uma representação simplificada da energia potencial da interação entre um quark e um antiquark é dada por $U(x) = A|x|$, onde A é uma constante positiva e x representa a distância entre o quark e o antiquark. Você pode usar a aproximação WKB (Problema desafiador 40.57) para determinar as energias dos estados ligados para essa função energia potencial. Na aproximação WKB, os níveis de energia são obtidos pelas soluções da equação

$$\int_a^b \sqrt{2m[E - U(x)]}\, dx = \frac{nh}{2} \qquad (n = 1, 2, 3...)$$

onde E é a energia, $U(x)$ é a função energia potencial e $x = a$ e $x = b$ são os dois pontos clássicos de inversão (os pontos em que E é igual à energia potencial, de modo que a energia cinética newtoniana é igual a zero). a) Determine os pontos de inversão clássicos para a energia E e para a energia potencial $U(x) = A|x|$. b) Calcule a integral anterior e mostre que os níveis de energia na aproximação WKB são dados por

$$E_n = \frac{1}{2m}\left(\frac{3mAh}{4}\right)^{2/3} n^{2/3} \qquad (n = 1, 2, 3...)$$

(*Sugestão*: a integral é par, de modo que a integral de $-x$ até x é igual ao dobro da integral de 0 até x.) c) A diferença de energia entre dois níveis adjacentes aumenta, diminui ou permanece constante à medida que o número n aumenta? Como esse resultado se compara com os níveis de energia do oscilador harmônico? E com os níveis de energia de uma partícula em uma caixa? Você é capaz de sugerir alguma regra simples que relacione as diferenças de energia entre dois níveis adjacentes sucessivos com a forma da função energia potencial?

ESTRUTURA ATÔMICA

41

O sódio (com onze elétrons por átomo) é um metal altamente reativo que inflama espontaneamente em contato com o ar, enquanto o neônio (com dez elétrons por átomo) é um gás inerte que dificilmente participa de uma reação química. Como apenas um elétron a mais pode tornar esses dois elementos tão radicalmente diferentes?

OBJETIVOS DE APRENDIZAGEM

Ao estudar este capítulo, você aprenderá:

- Como descrever os estados de um átomo de hidrogênio em termos de números quânticos.
- De que forma os campos magnéticos afetam o movimento orbital dos elétrons.
- Como sabemos que os elétrons são dotados de momento angular intrínseco.
- A maneira de analisar a estrutura de átomos com muitos elétrons.
- Como raios X emitidos por átomos revelam sua estrutura interna.

Alguns físicos alegam que a química inteira está contida na equação de Schrödinger. Embora isso seja um exagero, essa equação pode nos ensinar muitas coisas sobre o comportamento químico dos elementos e sobre a natureza das ligações químicas. A partir dela, é possível fazer previsões sobre a tabela periódica dos elementos e entender a base microscópica do magnetismo.

Podemos aprender muitas coisas sobre a estrutura e as propriedades de *todos* os átomos partindo das soluções da equação de Schrödinger para o átomo de hidrogênio. Essas soluções mostram valores quantizados para o momento angular; não precisamos de postulados separados como no caso do modelo de Bohr. Identificamos os estados mediante um conjunto de números quânticos, que mais tarde também usaremos ao estudar átomos com muitos elétrons. Veremos que o elétron também possui um momento angular intrínseco de 'spin', além do momento angular associado ao seu movimento.

Vamos estudar também o princípio de exclusão, uma espécie de regra de organização microscópica por zonas, que constitui a chave para entender átomos com muitos elétrons. Esse princípio afirma que dois elétrons de um átomo não podem ter o mesmo estado quântico. Finalmente, utilizaremos os princípios desenvolvidos neste capítulo para analisar o espectro de raios X característicos dos átomos.

41.1 O átomo de hidrogênio

Vamos continuar a discussão sobre o átomo de hidrogênio que havíamos iniciado no Capítulo 38. No modelo de Bohr, os elétrons descreviam órbitas circulares como partículas que obedeciam à mecânica newtoniana, porém, com valores quantizados para o momento angular. Embora esse modelo tenha fornecido os níveis de energia corretos do átomo de hidrogênio, medidos pelo espectro, ele possui muitas dificuldades conceituais. O modelo de Bohr mistura conceitos clássicos com conceitos novos e aparentemente contraditórios; não proporciona nenhuma explicação sobre a questão da emissão e de absorção de fótons; não pode ser generalizado para átomos com muitos elétrons e fornece uma previsão errada para as propriedades magnéticas do átomo de hidrogênio. Além disso, talvez o mais importante, sua visão de que o elétron é uma partícula localizada em um ponto não é compatível com a visão que desenvolvemos nos capítulos 39 e 40. Para ir além do modelo de Bohr, vamos aplicar a equação de Schrödinger para encontrar as funções de onda para estados estacionários (estados de energia definida) do átomo de hidrogênio. Como na Seção 38.5, incluímos o movimento do núcleo simplesmente trocando a massa do elétron m pela massa reduzida m_r.

A equação de Schrödinger para o átomo de hidrogênio

Apresentamos a versão tridimensional da equação de Schrödinger na Seção 40.5. O problema do átomo de hidrogênio é mais bem formulado usando-se as coordenadas esféricas (r, θ, ϕ) mostradas na Figura 41.1; então, a energia potencial é dada simplesmente por

$$U(r) = -\frac{1}{4\pi\epsilon_0}\frac{e^2}{r} \quad (41.1)$$

A equação de Schrödinger com essa função energia potencial pode ser resolvida de modo exato; as soluções são combinações de funções familiares. Mesmo sem fornecer detalhes da solução, é possível descrever as características mais importantes do procedimento e dos resultados.

Inicialmente, as soluções são obtidas por um método chamado de *separação das variáveis*, segundo o qual expressamos a função de onda esférica $\psi(r, \theta, \phi)$ como o produto de três funções, cada uma delas dependente de apenas uma das coordenadas:

$$\psi(r, \theta, \phi) = R(r)\Theta(\theta)\Phi(\phi) \quad (41.2)$$

Ou seja, a função $R(r)$ depende *apenas* de r, $\theta(\theta)$ depende *apenas* de θ e $\Phi(\phi)$ depende *apenas* de ϕ. Ao substituirmos a Equação (41.2) na equação de Schrödinger, obtemos três equações separadas. Trata-se de uma grande simplificação, que reduz o problema da solução de uma equação diferencial *parcial* com três variáveis independentes ao problema mais simples da solução de três equações diferenciais *ordinárias*, cada uma delas com apenas uma variável independente.

As soluções fisicamente aceitáveis dessas três equações são obtidas aplicando-se as *condições de contorno*. A função de onda radial $R(r)$ deve tender a zero para valores elevados de r, visto que estamos considerando *estados ligados* de elétrons que devem permanecer nas vizinhanças do núcleo. Essa condição é análoga à usada para a função de onda do oscilador harmônico (Seção 40.4) que devia tender a zero para valores elevados de x. As funções angulares $\Theta(\theta)$ e $\Phi(\phi)$ devem ser *periódicas*. Por exemplo, (r, θ, ϕ) e (r, θ, $\phi + 2\pi$) devem descrever o mesmo ponto; logo, $\Phi(\phi)$ deve ser igual a $\Phi(\phi + 2\pi)$. As duas funções angulares também devem ser *finitas* para todos os valores relevantes dos ângulos. Por exemplo, existem soluções da equação da função de onda θ que tendem ao infinito para $\theta = 0$ e para $\theta = \pi$; essas soluções são inaceitáveis, visto que a função de onda $\psi(r, \theta, \phi)$ deve ser normalizável.

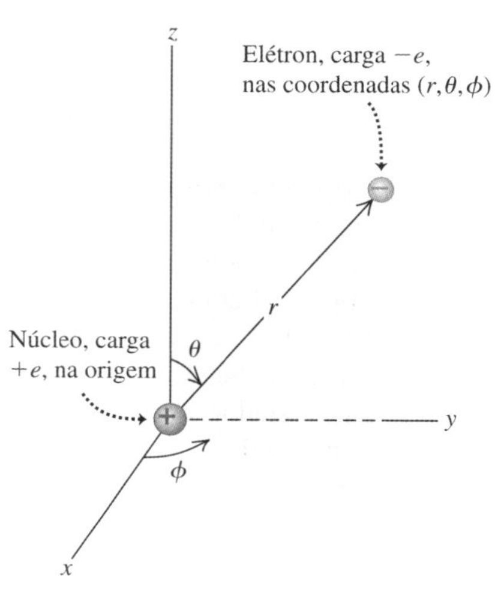

Figura 41.1 A equação de Schrödinger para o átomo de hidrogênio pode ser resolvida facilmente com o uso de coordenadas esféricas.

Verifica-se que a função de onda radial $R(r)$ deve ser uma função exponencial do tipo $e^{-\alpha r}$ (onde α *é* positivo) multiplicada por um polinômio em r. As funções $\Theta(\theta)$ são constituídas por polinômios que possuem várias potências de senθ e de cosθ; as funções $\Phi(\phi)$ são simplesmente proporcionais a $e^{im_l\phi}$, onde $i = \sqrt{-1}$ e m_l é um inteiro que pode ser positivo, negativo ou igual a zero.

No processo de procurar as soluções que satisfazem as condições de contorno, também determinamos os níveis de energia correspondentes. Verificou-se que essas energias, designadas por E_n (n = 1, 2, 3...), são *idênticas* às obtidas pelo modelo de Bohr, como indicado na Equação (38.18), substituindo-se a massa do elétron m pela massa reduzida m_r. Reescrevendo aquela equação usando $\hbar = h/2\pi$, temos

$$E_n = -\frac{1}{(4\pi\epsilon_0)^2}\frac{m_r e^4}{2n^2\hbar^2} = -\frac{13{,}60 \text{ eV}}{n^2} \quad (41.3)$$

(níveis de energia do hidrogênio)

Assim como na Seção 38.5, vamos chamar de n o **número quântico principal** que caracteriza o nível de energia E_n.

O fato de a Equação (41.3) poder ser obtida pela equação de Schrödinger é de importância fundamental. A análise feita por Schrödinger é diferente do modelo de Bohr, tanto conceitual quanto formalmente, embora ambos os tratamentos forneçam o mesmo esquema de níveis de energia, o qual concorda com as energias obtidas experimentalmente por meio dos espectros. Esse resultado é uma confirmação significativa da abordagem baseada na equação de Schrödinger. Como veremos, a análise de Schrödinger explica muito mais aspectos do átomo de hidrogênio do que o modelo de Bohr.

Quantização do momento angular orbital

As soluções que satisfazem as condições de contorno mencionadas anteriormente também apresentam valores quantizados para o *momento angular orbital*. Ou seja, somente certos valores do módulo e dos componentes do momento angular orbital são permitidos. Ao discutir o modelo de Bohr na Seção 38.5, mostramos que a quantização do momento angular era um resultado quase sem nenhuma justificativa fundamental. Usando a equação de Schrödinger, ele surge de modo automático!

Os valores possíveis do módulo L do momento angular orbital $\vec{L}$ são determinados pela exigência de que a função de onda $\Theta(\theta)$ deve ser finita para $\theta = 0$ e para $\theta = \pi$. Para o nível de energia E_n, referente ao número quântico principal n, os valores possíveis de L são

$$L = \sqrt{l(l+1)}\hbar \quad (l = 0, 1, 2 \ldots, n-1) \tag{41.4}$$
(módulo do momento angular orbital)

O *número quântico l do módulo do momento angular orbital* é abreviadamente chamado de **número quântico orbital**. No modelo de Bohr, cada nível de energia corresponde a um único valor do momento angular. Contudo, a Equação (41.4) mostra que na verdade existem n diferentes valores possíveis para L referentes ao nível de energia de ordem n.

Uma característica interessante da Equação (41.4) é que o momento angular orbital é igual a zero para todo estado em que $l = 0$. Esse resultado não concorda com o previsto pelo modelo de Bohr, segundo o qual o elétron move-se em uma órbita fixa e L nunca pode ser igual a zero. A função de onda ψ para $l = 0$ depende apenas de r; as funções $\Theta(\theta)$ e $\Phi(\phi)$ são constantes para esse estado. Portanto, as funções de onda para o estado $l = 0$ são esfericamente simétricas; não existe nada na distribuição de probabilidade $|\psi|^2$ que possa favorecer uma direção em relação a qualquer outra; logo, não existe nenhum momento angular orbital.

Os valores permitidos para os *componentes* do vetor $\vec{L}$ em determinadas direções, digamos o componente L_z ao longo do eixo Oz, são determinados impondo-se a seguinte condição: função de onda $\Phi(\phi)$ deve ser igual a $\Phi(\phi + 2\pi)$. Os valores permitidos para L_z são dados por

$$L_z = m_l\hbar \qquad (m_l = 0, \pm 1, \pm 2 \ldots, \pm l) \tag{41.5}$$
(componentes do momento angular orbital)

Vemos que os valores do número inteiro m_l podem ser nulos, positivos ou negativos, porém, o módulo desse número é no máximo igual a l. Ou seja, $|m_l| \leq l$. Por exemplo, quando $l = 1$, m_l pode ser igual a -1, 0 ou 1. Por razões que mais tarde ficarão claras, vamos chamar m_l de *número quântico magnético orbital* ou simplesmente **número quântico magnético**.

O componente L_z nunca pode ser igual a L (a menos que ambos sejam nulos). Por exemplo, quando $l = 2$, o maior valor possível de m_l é também igual a 2; então as equações (41.4) e (41.5) fornecem

$$L = \sqrt{2(2+1)}\hbar = \sqrt{6}\hbar = 2{,}45\hbar$$
$$L_z = 2\hbar$$

A Figura 41.2 ilustra essa situação. O valor mínimo do ângulo θ_L entre o vetor $\vec{L}$ e o eixo Oz é dado por

$$\theta_L = \arccos\frac{L_z}{L} = \arccos\frac{2}{2{,}45} = 35{,}3°$$

A conclusão de que $|L_z|$ é sempre menor do que L também é exigida pelo princípio da incerteza. Suponha que você possa determinar com precisão a *direção* do vetor momento angular orbital; então poderíamos escolher essa direção como a direção do eixo Oz e L_z poderia ser igual a L. Isso corresponderia a uma partícula se deslocando somente no plano xy; o componente z do momento linear $\vec{p}$ seria igual a zero e, portanto, não haveria nenhuma incerteza Δp_z. Então o princípio da incerteza $\Delta z\, \Delta p_z \geq \hbar$ exige uma incerteza infinita Δz na coordenada z. Isso é impossível no caso de um estado localizado; donde se conclui que não podemos determinar a direção de $\vec{L}$ com precisão. Assim, como dissemos, o componente de $\vec{L}$ em uma dada direção nunca pode ser igual ao seu módulo L. Contudo, se não podemos determinar $\vec{L}$ com precisão também não podemos determinar precisamente os componentes L_x e L_y. Logo, na Figura 41.2b mostramos os *cones* das direções possíveis de $\vec{L}$.

Você pode desejar saber por que isolamos o eixo Oz para exemplificar nosso caso especial. Não existe nenhuma razão fundamental para essa escolha — certamente o átomo não se preocupa em saber que sistema de coordenadas escolhemos. O ponto central da discussão é que não podemos determinar os três componentes do momento angular

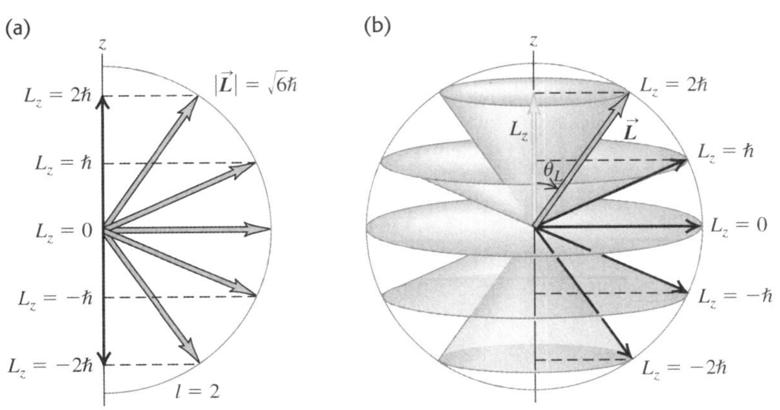

Figura 41.2 (a) Quando $l = 2$, o módulo do vetor $\vec{L}$ é $\sqrt{6}\hbar = 2{,}45\,\hbar$, porém a direção de $\vec{L}$ não é definida. Nesta visão semiclássica, $\vec{L}$ faz um ângulo de 35,3° com o eixo Oz quando o componente z possui seu valor máximo de $2\hbar$. (b) Cones para as direções possíveis de $\vec{L}$.

Figura 41.3 A energia de um satélite artificial que está em órbita, lançado pelo ônibus espacial, depende da distância média entre o satélite e o centro da Terra. Ela ***não*** depende do fato de a órbita ser circular (com um momento angular orbital grande) ou elíptica (caso em que o momento angular orbital é menor). Analogamente, a energia do átomo de hidrogênio não depende do momento angular orbital.

orbital com certeza, de modo que escolhemos arbitrariamente um dos componentes que desejamos medir. Quando discutirmos a interação de um átomo com um campo magnético, orientaremos de modo consistente o campo magnético ao longo do eixo Oz no sentido do $\vec{B}$.

Notação dos números quânticos

As funções de onda para o átomo de hidrogênio são determinadas pelos valores dos três números quânticos n, l e m_l. A energia E_n é determinada pelo número quântico principal n de acordo com a Equação (41.3). O módulo do momento angular orbital é determinado pelo número quântico orbital l de acordo com a Equação (41.4). O componente do momento angular orbital em uma direção específica (geralmente o eixo Oz) é determinado pelo número quântico magnético m_l de acordo com a Equação (41.5). Para cada nível de energia E_n dado pela Equação (41.3) existe mais de um estado distinto com a mesma energia, porém números quânticos diferentes. Denomina-se **degeneração** a existência de mais de um estado distinto com a mesma energia; essa situação não apresenta nenhuma contrapartida no modelo de Bohr.

Os estados com diferentes valores do número quântico l são geralmente designados por letras, de acordo com o seguinte esquema:

$l = 0$: estados s
$l = 1$: estados p
$l = 2$: estados d
$l = 3$: estados f
$l = 4$: estados g
$l = 5$: estados h

e assim por diante, alfabeticamente. Essa escolha aparentemente irracional das letras s, p, d e f tem sua origem no início dos estudos de espectroscopia e não tem nenhum significado fundamental. Em uma forma importante da *notação espectroscópica* que usaremos freqüentemente, um estado com $n = 2$ e $l = 1$ denomina-se estado $2p$; um estado com $n = 4$ e $l = 0$ denomina-se estado $4s$ e assim por diante. Somente estados s ($l = 0$) são esfericamente simétricos.

Vejamos agora outras notações. A extensão radial da função de onda cresce com o número quântico principal n e podemos chamar de **camada** uma região do espaço associada com um valor de n particular. Especialmente no estudo de átomos com muitos elétrons, é costume empregar as seguintes letras para essas camadas:

$n = 1$: camada K
$n = 2$: camada L
$n = 3$: camada M
$n = 4$: camada N

e assim por diante, seguindo a ordem do alfabeto. Para cada valor de n, os valores de l correspondem a diferentes *subcamadas*. Por exemplo, a camada L ($n = 2$) contém as subcamadas $2s$ e $2p$.

A tabela 41.1 mostra algumas combinações possíveis dos números quânticos n, l e m_l para as funções de onda do átomo de hidrogênio. A notação espectroscópica e a notação usada para designar as camadas também são indicadas.

Estratégia para a solução de problemas 41.1

ESTRUTURA ATÔMICA

IDENTIFICAR *os conceitos relevantes*: muitos problemas de estrutura atômica podem ser resolvidos apenas recorrendo-se aos números quânticos que descrevem a energia total E, o módulo do momento angular orbital $\vec{L}$, o componente z do $\vec{L}$ e outras propriedades de um átomo.

PREPARAR *o problema*: verifique qual é a incógnita é selecione as equações que você irá usar para determinar o seu valor. As equações (41.3), (41.4) e (41.5) podem ser especialmente úteis.

EXECUTAR *o problema da seguinte forma*:

1. Certifique-se de que você conhece os valores possíveis dos números quânticos n, l e m_l para os estados do átomo de hidrogênio. Todos eles são números inteiros: n é sempre maior do que zero, l pode ser zero ou positivo e vai até $n - 1$ e m_l varia segundo números inteiros desde $-l$ até l. Assegure-se de poder contar o número de estados (n, l e m_l) em cada camada (K, L, M e assim por diante) e subcamada ($3s$, $3p$, $3d$ e assim por diante). Você deve aprender a deduzir os valores da Tabela 41.1 e não simplesmente memorizá-los.
2. Isole a incógnita.

AVALIAR *a sua resposta*: é conveniente familiarizar-se com algumas ordens de grandeza. Por exemplo, a energia potencial elétrica de um próton cuja distância a um elétron é de 0,10 nm (distância típica de uma dimensão atômica) é da ordem de –15 eV. Comprimentos de onda da luz visível são da ordem de 500 nm e as freqüências correspondentes são da ordem de 5×10^{14} Hz. Você encontrará outros valores comuns na Estratégia para a Solução de Problemas 39.1 (Seção 39.1).

Tabela 41.1 Estados quânticos do átomo de hidrogênio

n	l	m_l	Notação espectroscópica	Camada
1	0	0	$1s$	K
2	0	0	$2s$	L
2	1	−1, 0, 1	$2p$	
3	0	0	$3s$	
3	1	−1, 0, 1	$3p$	M
3	2	−2, −1, 0, 1, 2	$3d$	
4	0	0	$4s$	N

e assim por diante.

Exemplo 41.1

CONTAGEM DOS ESTADOS DO ÁTOMO DE HIDROGÊNIO Quantos estados distintos (n, l e m_l) do átomo de hidrogênio existem para $n = 3$? Calcule as energias desses estados.

SOLUÇÃO

IDENTIFICAR: este problema utiliza as relações entre o número quântico principal n, o número quântico orbital l, o número quântico magnético m_l e a energia de um estado no átomo de hidrogênio.

PREPARAR: para calcular o número de estados, utilizamos a idéia de que l pode assumir valores inteiros de 0 a $n - 1$, e que m_l pode assumir valores de $-l$ a l. A energia de qualquer estado em particular é dada pela Equação (41.3).

EXECUTAR: quando $n = 3$, l pode ser 0, 1 ou 2. Quando $l = 0$, m_l pode ser apenas igual a 0 (1 estado). Quando $l = 1$, m_l pode ser -1, 0 ou 1 (3 estados). Quando $l = 2$, m_l pode ser -2, -1, 0, 1, 2 (5 estados). O número total de estados distintos (n, l e m_l) com $n = 3$ é, portanto, $1 + 3 + 5 = 9$ estados. (Na Seção 41.3, verificaremos que o número total de estados com $n = 3$ é o dobro desse valor, 18, por causa do spin do elétron.)

As energias de todos esses estados são iguais porque a energia só depende do número quântico n. De acordo com a Equação (41.3), com $n = 3$, obtemos

$$E_3 = \frac{-13{,}60 \text{ eV}}{3^2} = -1{,}51 \text{ eV}$$

AVALIAR: é útil lembrar que a energia do nível fundamental do átomo de hidrogênio corresponde a $n = 1$ e $E_1 = -13{,}6$ eV. Esses estados excitados têm uma energia maior, como era de se esperar.

Exemplo 41.2

MOMENTO ANGULAR DE UM NÍVEL EXCITADO DO ÁTOMO DE HIDROGÊNIO Considere os estados $n = 4$ do hidrogênio. a) Qual é o módulo máximo L do momento angular orbital? b) Qual é o valor máximo de L_z? c) Qual é o ângulo mínimo entre $\vec{L}$ e o eixo Oz? Dê a resposta dos itens (a) e (b) em termos de $\hbar$.

SOLUÇÃO

IDENTIFICAR: mais uma vez, o problema pede para relacionarmos o número quântico principal n e o número quântico orbital l em um átomo de hidrogênio. Precisamos também encontrar a relação entre o valor de l e o módulo, bem como as possíveis direções e os sentidos do vetor momento angular orbital.

PREPARAR: usaremos a Equação (41.4) na parte (a) para calcular o valor máximo de L, e depois a Equação (41.5) na parte (b) para determinar o valor máximo de L_z. O ângulo mínimo entre $\vec{L}$ e o eixo Oz ocorre quando L_z é máximo (de forma que $\vec{L}$ esteja quase alinhado com o eixo Oz positivo).

EXECUTAR: a) Quando $n = 4$, o valor máximo do número quântico do momento angular orbital l é igual a $(n - 1) = (4 - 1) = 3$; de acordo com a Equação (41.4),

$$L = \sqrt{3(3 + 1)}\hbar = \sqrt{12}\hbar = 3{,}464\hbar$$

b) Para $l = 3$, o valor máximo do número quântico magnético m_l é igual a 3; de acordo com a Equação (41.5),

$$L_z = 3\hbar$$

c) O ângulo *mínimo* entre $\vec{L}$ e o eixo Oz corresponde aos valores *máximos* permitidos para L_z e m_l (a Figura 41.2b mostra um exemplo para $l = 2$). Para o estado com $l = 3$ e $m_l = 3$,

$$\theta_{\text{mín}} = \arccos\frac{(L_z)_{\text{máx}}}{L} = \arccos\frac{3\hbar}{3{,}464\hbar} = 30{,}0°$$

AVALIAR: convidamos você a verificar que os ângulos são maiores do que 30,0° em todos os estados com valores menores de l.

Distribuições de probabilidade do elétron

Em vez de descrever o elétron como uma partícula puntiforme se deslocando ao longo de uma circunferência perfeita, a equação de Schrödinger fornece uma *distribuição de probabilidade* de encontrar o elétron em torno do núcleo. Como as distribuições de probabilidade para o átomo de hidrogênio são tridimensionais, elas são mais difíceis de ser visualizadas do que as órbitas circulares bidimensionais do modelo de Bohr. É útil considerar a *distribuição de probabilidade radial* $P(r)$, ou seja, a probabilidade por unidade de comprimento de encontrar o elétron a certa distância do próton. De acordo com a Seção 39.5, a probabilidade de encontrar o elétron em um elemento de volume dV é dada por $|\psi|^2 dV$. (Supomos que ψ seja normalizada, ou seja, a integral de $|\psi|^2 dV$ no espaço inteiro é igual a 1, de modo que existe 100% de probabilidade de encontrar o elétron em algum lugar do universo.) Vamos tomar como elemento de volume uma camada esférica com raio interno r e raio externo $r + dr$. O volume dV da camada infinitesimal é aproximadamente igual à área $4\pi r^2$ multiplicada pela espessura da camada dr:

$$dV = 4\pi r^2\,dr \qquad (41.6)$$

Vamos designar por $P(r)\,dr$ a probabilidade de encontrar a partícula dentro da camada radial de espessura dr; portanto,

$$P(r)\,dr = |\psi|^2\,dV = |\psi|^2 4\pi r^2\,dr \qquad (41.7)$$

(probabilidade de encontrar o elétron entre r e $r + dr$)

Para as funções de onda que, além de r, também dependem de θ e de ϕ, devemos tomar a média de $|\psi|^2$ sobre todos os ângulos na Equação (41.7).

A Figura 41.4 mostra gráficos da função radial $P(r)$ para diversas funções de onda do átomo de hidrogênio. A escala em r é indicada em múltiplos de a, onde a é a menor distância entre o elétron e o núcleo no modelo de Bohr:

$$a = \frac{\epsilon_0 h^2}{\pi m_r e^2} = \frac{4\pi\epsilon_0\hbar^2}{m_r e^2} = 5{,}29 \times 10^{-11}\text{ m} \qquad (41.8)$$

(menor r, modelo de Bohr)

Assim como no caso de uma partícula em uma caixa (Seção 40.1), existem certas posições em que a probabilidade é igual a zero. Contudo, novamente o princípio da incerteza nos informa que isso não é relevante, pois de qualquer modo sabemos que não é possível localizar o elétron com precisão. Note que, nos estados com maior valor de l para um dado n (tais como os estados $1s$, $2p$, $3d$

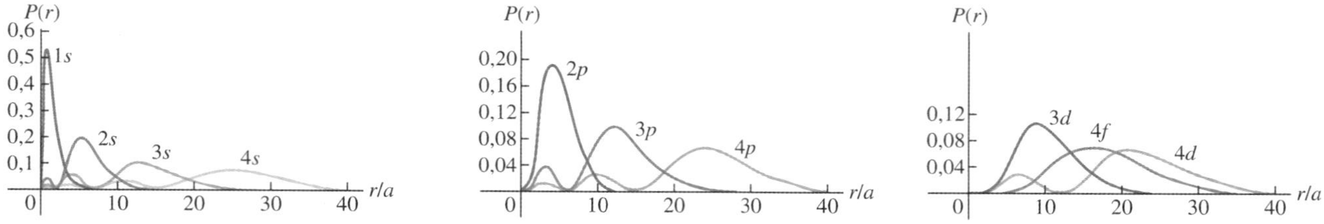

Figura 41.4 Função de distribuição de probabilidade radial $P(r)$ para diversas funções de onda do átomo de hidrogênio; cada curva é representada em função da razão r/a [ver Equação (41.8)]. Para cada função o número de máximos é igual a $(n - 1)$. As curvas para $l = n - 1$(1s, 2p, 3d...) apresentam apenas um máximo localizado no ponto $r = n^2a$.

e 4f), $P(r)$ apresenta apenas um máximo localizado no ponto n^2a. Nesses estados, existe maior probabilidade de encontrar o elétron a uma distância $r = n^2a$, o que está de acordo com a previsão do modelo de Bohr.

A Figura 41.4 mostra as funções de distribuição de probabilidade *radial* $P(r) = 4\pi r^2|\psi|^2$, que indicam a probabilidade relativa de se encontrar o elétron dentro de uma fina camada esférica de raio r. Em contraste, as Figuras 41.5 e 41.6 ilustram as funções de distribuição de probabilidade *em três dimensões*, $|\psi|^2$, que indicam a probabilidade relativa de se encontrar o elétron dentro de uma pequena caixa em uma dada posição. Quanto mais escura a 'nuvem', maior o valor de $|\psi|^2$. A Figura 41.5 apresenta esboços das seções retas das nuvens de probabilidade esfericamente simétricas das três subcamadas s inferiores, em que $|\psi|^2$ depende apenas da coordenada radial r. A Figura 41.6 mostra seções retas das nuvens em outros estados eletrônicos em que $|\psi|^2$ depende tanto de r quanto de θ. Em *qualquer* estado estacionário do átomo de hidrogênio $|\psi|^2$ é independente de ϕ.

Exemplo 41.3

UMA FUNÇÃO DE ONDA PARA O HIDROGÊNIO A função de onda para o estado fundamental do átomo de hidrogênio (o estado 1s) é

$$\psi_{1s}(r) = \frac{1}{\sqrt{\pi a^3}}e^{-r/a}$$

a) Mostre que essa função de onda é normalizada. b) Qual é a probabilidade de um elétron se encontrar a uma distância menor do que a em relação ao núcleo?

SOLUÇÃO

IDENTIFICAR: precisamos mostrar que essa função de onda satisfaz a condição de que a probabilidade de encontrar o elétron *em algum lugar* é 1. Precisamos, a seguir, encontrar a probabilidade de que o elétron seja encontrado na região $r < a$.

PREPARAR: na parte (a), calculamos a integral $\int|\psi|^2\,dV$ sobre todo o espaço; se ela for igual a 1, a função de onda é normalizada. Na parte (b), calculamos a mesma integral sobre um volume esférico que se estende da origem (o núcleo) até uma distância a do núcleo.

EXECUTAR: a) Como a função de onda depende apenas da coordenada radial r, podemos supor que nossos elementos de volume são camadas esféricas de raio r, espessura dr e volume dV dados pela Equação (41.6). Obtemos, então,

$$\int_{\text{todo o espaço}} |\psi_{1s}|^2\,dV = \int_0^\infty \frac{1}{\pi a^3}e^{-2r/a}(4\pi r^2\,dr) = \frac{4}{a^3}\int_0^\infty r^2e^{-2r/a}\,dr$$

A seguinte integral indefinida pode ser obtida fazendo a integral anterior por partes ou por meio de uma tabela de integrais:

$$\int r^2e^{-2r/a}\,dr = \left(-\frac{ar^2}{2} - \frac{a^2r}{2} - \frac{a^3}{4}\right)e^{-2r/a}$$

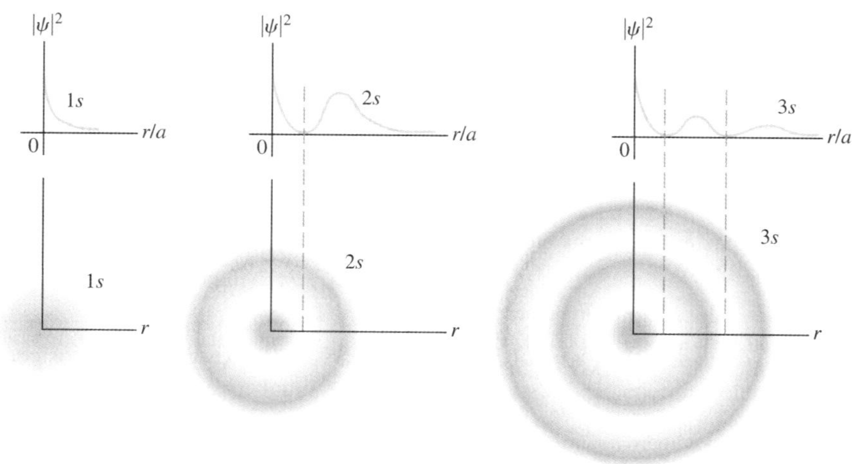

Figura 41.5 Distribuição de probabilidade $|\psi|^2$ para as funções de onda esfericamente simétricas 1s, 2s e 3s do átomo de hidrogênio.

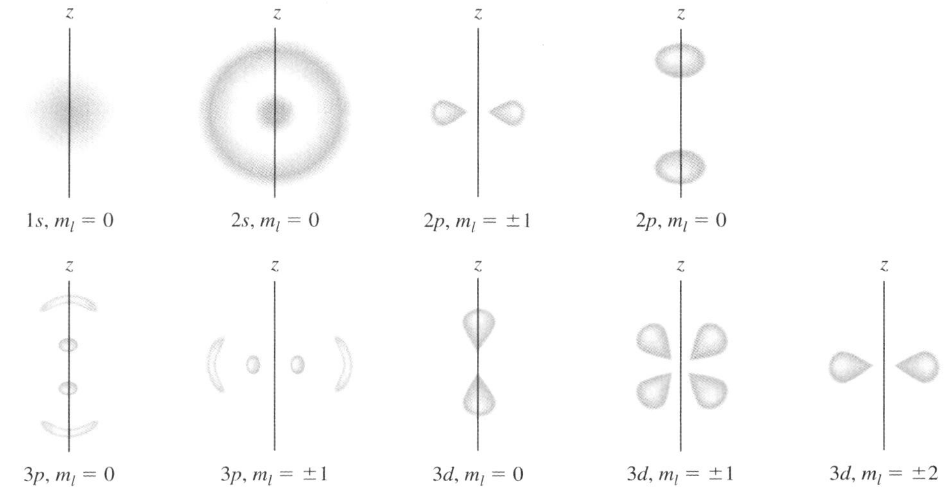

Figura 41.6 Esboços das seções retas das distribuições de probabilidades tridimensionais de alguns estados quânticos do átomo de hidrogênio. Os desenhos não foram feitos na mesma escala. A linha vertical escura representa o eixo *Oz*; imagine uma rotação da figura em torno desse eixo para visualizar a representação tridimensional de $|\psi|^2$. Por exemplo, a distribuição de probabilidade do estado 2*p*, $m_l = \pm 1$ lembra vagamente uma rosquinha.

O cálculo entre os limites $r = 0$ e $r = \infty$ é simples; a expressão se anula para $r = \infty$ por causa do fator exponencial, e para $r = 0$ somente o último termo entre parênteses não se anula. Portanto, o valor da integral é igual a $a^3/4$. Substituindo todos esses valores, obtemos

$$\int_0^\infty |\psi_{1s}|^2 \, dV = \frac{4}{a^3}\int_0^\infty r^2 e^{-2r/a} \, dr = \frac{4}{a^3}\frac{a^3}{4} = 1$$

Portanto, a função de onda *está* normalizada.

b) Para determinar a probabilidade P de o elétron se encontrar na região em que $r < a$, calculamos a mesma integral anterior, porém, os limites agora são 0 e a. Deixaremos o desenvolvimento a seu encargo (ver Exercício 41.13). Usando o limite superior da integral, obtemos $-5e^{-2}a^3/4$; o resultado final é.

$$P = \int_0^a |\psi_{1s}|^2 4\pi r^2 \, dr = \frac{4}{a^3}\left(-\frac{5a^3e^{-2}}{4} + \frac{a^3}{4}\right)$$
$$= 1 - 5e^{-2} = 0{,}323$$

AVALIAR: de acordo com os resultados obtidos, no estado fundamental esperamos encontrar o elétron a uma distância menor do que a em relação ao núcleo cerca de $\frac{1}{3}$ do tempo e a uma distância maior do que a cerca de $\frac{2}{3}$ do tempo. É difícil de visualizar, mas na Figura 41.4 cerca de $\frac{2}{3}$ da área embaixo da curva 1*s* estão situados em distâncias maiores do que a (ou seja, $r/a > 1$).

Átomos semelhantes ao átomo de hidrogênio

Duas generalizações vistas para o modelo de Bohr na Seção 38.5 são igualmente válidas na análise de Schrödinger. Em primeiro lugar, quando o 'átomo' não for um único elétron e um único próton, a massa reduzida m_r do sistema produzirá alterações nas equações (41.3) e (41.8) que são substanciais em alguns sistemas exóticos. Um exemplo é o *positrônio,* composto de um pósitron e um elétron (ver Figura 38.21). Em segundo lugar, nossa análise pode ser aplicada a íons com um único elétron, tais como o He^+, o Li^{2+} e assim por diante. Para tais íons devemos substituir e^2 por Ze^2 nas equações (41.3) e (41.8), onde Z é o número de prótons (o **número atômico**). Essa substituição supera em muito a pequena variação produzida pela massa reduzida m_r nessas equações.

A análise do átomo de hidrogênio baseada na equação de Schrödinger é muito mais complexa, tanto conceitualmente quanto matematicamente, do que a análise newtoniana do movimento dos planetas ou do que o modelo de Bohr semiclássico. Essa análise baseia-se em probabilidades em vez de certezas e prevê valores da energia e do momento angular discretos, em vez de contínuos. Entretanto, ela permite que se faça previsões para as quais a mecânica newtoniana e o eletromagnetismo não oferecem soluções adequadas. O aumento da complexidade é o preço que pagamos pela ampliação de nossos conhecimentos.

Teste sua compreensão da Seção 41.1 Coloque os seguintes estados do átomo de hidrogênio em ordem da maior à menor probabilidade de encontrar o elétron nas vizinhas de $r = 5a$: (i) $n = 1$, $l = 0$, $m_l = 0$; (ii) $n = 2$, $l = 1$, $m_l = +1$; (iii) $n = 2$, $l = 1$, $m_l = 0$. ❚

41.2 O efeito Zeeman

O **efeito Zeeman** é o desdobramento dos níveis de energia e das correspondentes linhas espectrais quando os átomos são colocados na presença de um campo magnético (Figura 41.7). Esse efeito confirma experimentalmente a quantização do momento angular. A discussão desta seção, que supõe apenas a existência do momento angular *orbital* de um único elétron, também mostra por que m_l é chamado de número quântico magnético.

Os átomos contêm cargas em movimento, portanto não devemos nos surpreender com o fato de que um campo magnético provoque alterações no movimento dessas cargas modificando os níveis de energia. Já na metade do século XIX, os físicos especulavam que a luz poderia ser produzida por cargas elétricas vibrando em uma escala atômica. Em 1896, o físico holandês Pieter Zeeman foi o primeiro a mostrar que, na presença de um campo magnético, algumas linhas espectrais eram desdobradas em diversas linhas agrupadas (Figura 41.8). Em sua homenagem, esse efeito recebeu seu nome.

Momento magnético de um elétron em órbita

Vamos começar nossa análise do efeito Zeeman fazendo uma revisão do conceito de *momento de dipolo magnético* ou simplesmente *momento magnético*, introduzido na Seção 27.7. Uma espira plana de área $\vec{A}$ conduzindo uma corrente I possui um momento magnético $\vec{\mu}$ dado por

$$\vec{\mu} = I\vec{A} \tag{41.9}$$

Quando um momento de dipolo magnético $\vec{\mu}$ é colocado na presença de um campo magnético $\vec{B}$, o campo magnético exerce um torque $\vec{\tau} = \vec{\mu} \times \vec{B}$ sobre o dipolo. A energia potencial U associada com essa interação é dada pela Equação (27.27):

$$U = \vec{\mu} \cdot \vec{B} \tag{41.10}$$

Vamos agora usar as equações (41.9) e (41.10) juntamente com o modelo de Bohr para investigar a interação de um átomo de hidrogênio com um campo magnético. O elétron em dada órbita (com velocidade v) é equivalente a uma espira com raio r e área πr^2. A corrente média é a carga média por unidade de tempo que passa em um ponto da órbita. Isso é igual ao módulo da carga e dividido pelo tempo T necessário para completar uma revolução, dado por $T = 2\pi r/v$. Logo, $I = e\,v/2\pi r$ e, de acordo com a Equação (41.9), o módulo μ do momento magnético é

$$\mu = IA = \frac{ev}{2\pi r}\pi r^2 = \frac{evr}{2} \tag{41.11}$$

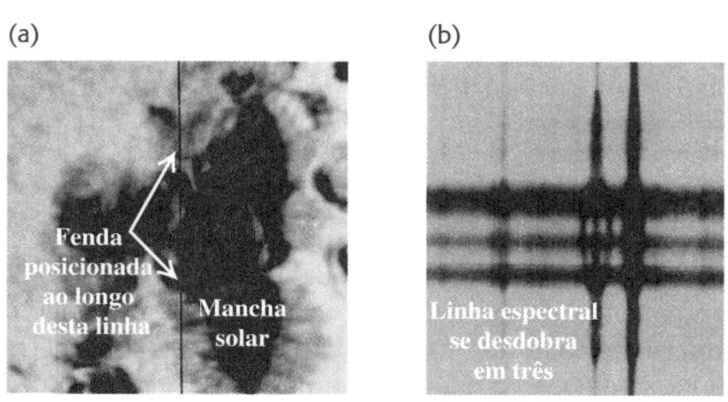

Figura 41.7 Efeitos magnéticos sobre o espectro da luz proveniente do Sol. a) A fenda de um espectrógrafo é posicionada de modo que ela atravesse a região negra de uma mancha solar. b) O campo magnético da mancha solar, da ordem de 0,4 T (mil vezes maior do que o campo magnético da Terra) desdobra a única linha espectral central em três linhas.

Também podemos expressar o resultado anterior com base no módulo L do momento angular orbital. De acordo com a Equação (10.28), $L = mvr$ para uma partícula em uma órbita circular, de modo que a Equação (41.11) pode ser escrita na forma

$$\mu = \frac{e}{2m}L \tag{41.12}$$

A razão entre o módulo $\vec{\mu}$ e o módulo de $\vec{L}$ é chamada de *razão giromagnética*, dada por $\mu/L = e/2m$.

No modelo de Bohr, $L = nh/2\pi = n\hbar$, onde $n = 1, 2...$ Para $n = 1$ (o estado fundamental), a Equação (41.12) fornece $\mu = (e/2m)\hbar$. Essa grandeza é uma unidade natural de momento magnético; ela á chamada de **magneton de Bohr** e é designada por μ_B:

$$\mu_B = \frac{e\hbar}{2m} \tag{41.13}$$

(definição do magneton de Bohr)

Substituindo os valores na Equação (41.13) e calculando, obtemos

$$\mu_B = 5{,}788 \times 10^{-5}\,\text{eV/T} = 9{,}274 \times 10^{-24}\,\text{J/T ou A} \cdot \text{m}^2$$

Note que as unidades J/T e A $\cdot$ m^2 são equivalentes. Já havíamos definido essa grandeza na Seção 28.8 (opcional), no volume 3.

Embora o modelo de Bohr sugira que o movimento orbital de um elétron dê origem a um momento magnético, esse modelo *não* prevê corretamente as interações magnéticas. Por exemplo, o modelo de Bohr prevê que um elétron no estado fundamental em um átomo de hidrogênio teria um momento magnético orbital igual em módulo a μ_B. Mas a formulação de Schrödinger nos diz que tal elétron em estado fundamental está em um estado s com momento angular zero, de modo que o momento magnético orbital deve ser *zero*! Para obtermos o resultado correto, devemos descrever os estados usando as funções de onda de Schrödinger.

Verifica-se que na formulação de Schrödinger os elétrons possuem a mesma razão entre μ e L (razão giromag-

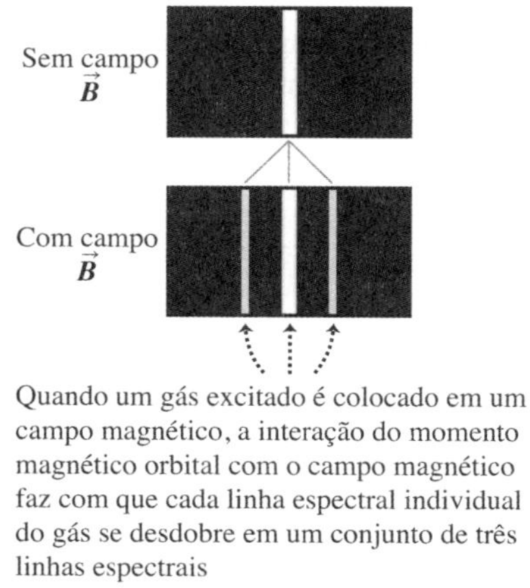

Figura 41.8 Efeito Zeeman normal. Compare com a Figura 41.7b.

nética) fornecida pelo modelo de Bohr, ou seja, $e/2m$. Suponha que o campo magnético $\vec{B}$ seja direcionado ao longo do eixo $+z$. De acordo com a Equação (41.10), a energia U associada com a interação entre o momento magnético do átomo e o campo magnético externo é

$$U = -\mu_z B \qquad (41.14)$$

onde μ_z é o componente z do vetor $\vec{\mu}$.

Agora podemos usar a Equação (41.12) para determinar μ_z, lembrando que e é o *módulo* da carga do elétron e que sua carga real é igual a $-e$. Como a carga do elétron é negativa, o vetor momento angular orbital possui sentido contrário ao do vetor momento magnético. Encontramos

$$\mu_z = -\frac{e}{2m}L_z \qquad (41.15)$$

Para as funções de onda obtidas pela equação de Schrödinger, $L_z = m_l\hbar$, onde $m_l = 0, \pm 1, \pm 2 \ldots \pm l$, logo,

$$\mu_z = -\frac{e}{2m}L_z = -m_l\frac{e\hbar}{2m} \qquad (41.16)$$

ATENÇÃO Dois usos diferentes para o símbolo *m* Tome cuidado para não confundir a massa do elétron m com o número quântico magnético m_l.

Finalmente, podemos expressar a energia da interação, Equação (41.14), na forma

$$U = -\mu_z B = m_l\frac{e\hbar}{2m}B \quad (m_l = 0, \pm 1, \pm 2 \ldots, \pm l) \qquad (41.17)$$

(energia da interação magnética orbital)

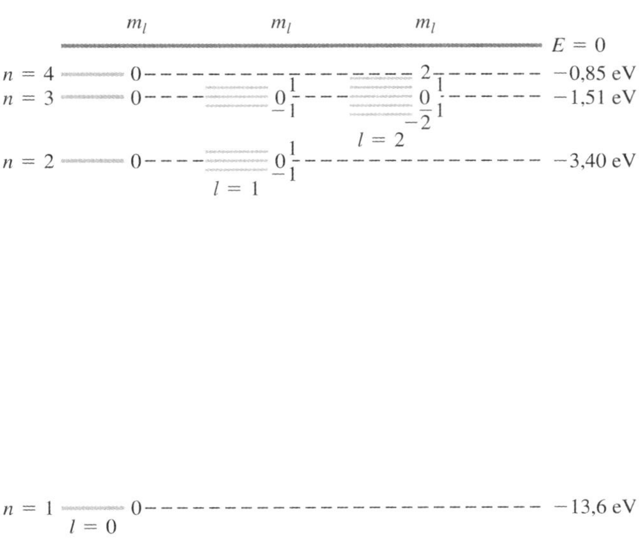

Figura 41.9 Diagrama dos níveis de energia para o átomo de hidrogênio, mostrando o desdobramento dos níveis de energia resultante da interação entre um campo magnético externo e o momento magnético produzido pelo movimento orbital do elétron. Os valores de m_l são indicados ao lado do respectivo nível. Os valores relativos dos desdobramentos estão exagerados para maior clareza. Os desdobramentos para $n = 4$ não são indicados; você seria capaz de desenhá-los?

Em termos do magneton de Bohr, $\mu_B = e\hbar/2m$,

$$U = m_l\mu_B B \qquad (41.18)$$

(energia da interação magnética orbital)

O efeito do campo magnético consiste em deslocar de um valor igual a U cada energia de um dado estado orbital. A energia de interação U depende do valor de m_l porque m_l determina a orientação do momento magnético orbital em relação ao campo magnético. Em razão dessa dependência, m_l é chamado de número quântico magnético.

Como os valores de m_l são números inteiros que variam desde $-l$ até $+l$, um nível de energia com um dado valor de l apresenta $(2l + 1)$ diferentes estados orbitais. Na ausência de campo magnético, todos esses estados possuem a mesma energia, ou seja, eles são degenerados. Aplicando-se um campo magnético, essa degeneração é removida. Quando o átomo é colocado na presença de um campo magnético, esses níveis se desdobram em $2l + 1$ diferentes níveis de energia; a diferença de energia entre dois níveis adjacentes é igual a $(e\hbar/2m)B = \mu_B B$. O efeito sobre os níveis de energia do átomo de hidrogênio é indicado na Figura 41.9. Cada linha espectral correspondente a uma transição de um conjunto de níveis de energia para outro conjunto é desdobrada de modo correspondente e surgem três linhas espectrais igualmente espaçadas substituindo uma única linha espectral existente antes da aplicação do campo magnético. Como mostra o seguinte exemplo, o desdobramento de linhas espectrais é bastante pequeno, porque o valor de $\mu_B B$ é pequeno mesmo em campos magnéticos significativos.

Exemplo 41.4

UM ÁTOMO EM UM CAMPO MAGNÉTICO Um átomo no estado $l = 1$ emite um fóton de comprimento de onda igual a 600,000 nm quando decai para um estado com $l = 0$. Se o átomo está colocado em um campo magnético com módulo $B = 2{,}0$ T, quais são os deslocamentos dos níveis de energia e dos comprimentos de onda resultantes da interação entre o campo magnético externo e o momento magnético orbital do átomo?

SOLUÇÃO

IDENTIFICAR: este problema trata do desdobramento de níveis de energia atômica causado por um campo magnético (o efeito Zeeman).

PREPARAR: usaremos a Equação (41.17) ou a Equação (41.18) para determinar os deslocamentos no nível de energia. A relação $E = hc/\lambda$ entre a energia e o comprimento de onda de um fóton nos possibilita calcular os comprimentos de onda emitidos durante as transições dos estados com $l = 1$ ao estado onde $l = 0$.

EXECUTAR: a energia de um fóton de 600 nm é

$$E = \frac{hc}{\lambda} = \frac{(4{,}14 \times 10^{-15}\ \text{eV} \cdot \text{s})(3{,}0 \times 10^{8}\ \text{m/s})}{600 \times 10^{-9}\ \text{m}} = 2{,}07\ \text{eV}$$

Assim, se não houver campo magnético externo, a diferença de energia entre o nível $l = 0$ e o nível $l = 1$ é 2,07 eV.

Com um campo de 2,0 T presente, a Equação (41.18) indica que não há deslocamento do estado $l = 0$ (onde $m_l = 0$). Nos estados com $l = 1$, o desdobramento de níveis é dado por

$$U = m_l\mu_B B = m_l(5{,}788 \times 10^{-5}\ \text{eV/T})(2{,}0\ \text{T})$$
$$= m_l(1{,}16 \times 10^{-4}\ \text{eV}) = m_l(1{,}85 \times 10^{-23}\ \text{J})$$

Quando $l = 1$, os valores possíveis de m_l são –1, 0 e +1; os três níveis de energia correspondentes são separados por intervalos eqüidistantes e a diferença de energia entre dois níveis adjacentes é igual a $1{,}16 \times 10^{-4}$ eV. Essa energia representa uma fração muito pequena da energia de 2,07 eV do fóton:

$$\frac{1{,}16 \times 10^{-4}\ \text{eV}}{2{,}07\ \text{eV}} = 5{,}60 \times 10^{-5}$$

Os deslocamentos correspondentes para os comprimentos de onda são de $(5{,}60 \times 10^{-5})(600\ \text{nm}) = 0{,}034$ nm. A linha original de 600,000 nm é desdobrada em um tripleto cujos comprimentos de onda são 599,966 nm, 600,000 nm e 600,034 nm.

AVALIAR: embora um campo de 2,0 T seja considerado forte na maioria dos laboratórios, os desdobramentos de comprimento de onda são extremamente pequenos. Apesar disso, os espectrógrafos modernos dispõem de um poder de resolução cromático mais do que suficiente para medir esses desdobramentos (ver Seção 36.5).

Regras de seleção

A Figura 41.10 mostra o que ocorre com um conjunto de estados do nível d ($l = 2$) à medida que o campo magnético cresce. Os cinco estados, $m_l = -2, -1, 0, 1$ e 2 são degenerados (possuem a mesma energia) na ausência de campo magnético, porém o campo magnético crescente desdobra o nível de energia removendo a degeneração. A Figura 41.11 mostra o desdobramento dos estados $3d$ e $2p$. Os níveis de energia são eqüidistantes e a diferença de energia entre dois níveis adjacentes é igual a $(e\hbar/2m)B = \mu_B B$. Na ausência de campo magnético, a transição do nível $3d$ para o nível $2p$ produziria uma única linha espectral tal que a energia do fóton emitida é dada por $E_i - E_f$. Com o desdobramento dos níveis conforme indicado, poderia parecer que existem cinco possíveis energias para os fótons.

Na realidade, existem apenas três possibilidades. Nem todas as combinações de estados iniciais e finais são possíveis por causa da restrição associada à conservação do momento angular. O fóton geralmente transporta apenas uma unidade ($\hbar$) de momento angular, o que determina a exigência de que, em qualquer transição, l só pode variar de 1 e m_l só pode ser –1, 0 e +1. Essas exigências são as chamadas **regras de seleção**. As transições que obedecem a essas regras são denominadas *transições permitidas*; as chamadas *transições proibidas* são aquelas que não as seguem. As transições permitidas são indicadas pelas retas contínuas na Figura 41.11. Convidamos você a verificar que as nove retas contínuas fornecem apenas três possíveis níveis de energia: a energia na ausência de campo magnético com valor $E_i - E_f$, e os valores acima e abaixo desse nível, ou seja, essa energia mais ou menos $\Delta E = (e\hbar/2m)B = \mu_B B$. As linhas espectrais correspondentes são indicadas.

A descrição anterior refere-se ao efeito Zeeman *normal*. Ele é inteiramente pautado na existência do momento angular orbital do elétron. Na verdade, não existe nada de particularmente *normal* em relação a ele. O efeito Zeeman não leva em consideração uma questão bastante importante: o *spin* do elétron, tema da próxima seção.

Teste sua compreensão da Seção 41.2 Nesta seção, supomos que o campo magnético aponte no sentido $+z$. Os resultados serão afetados se o campo magnético apontar no sentido $+x$? ∎

41.3 Spin do elétron

Apesar do sucesso da equação de Schrödinger nas previsões dos níveis de energia do átomo de hidrogênio, diversas observações experimentais indicam que ela não é suficiente para explicar todos os comportamentos dos elétrons nos átomos. Em primeiro lugar, porque os espectroscopistas encontraram outros desdobramentos além dos três

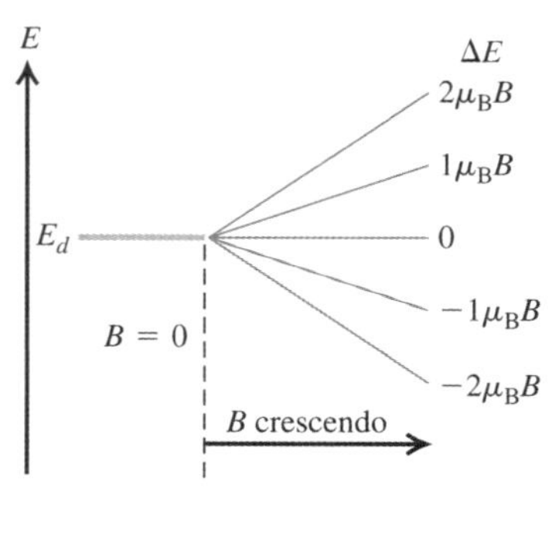

Figura 41.10 Desdobramento dos níveis de energia de um estado d ($l = 2$) produzido por um campo magnético externo, supondo a existência de somente um momento magnético orbital.

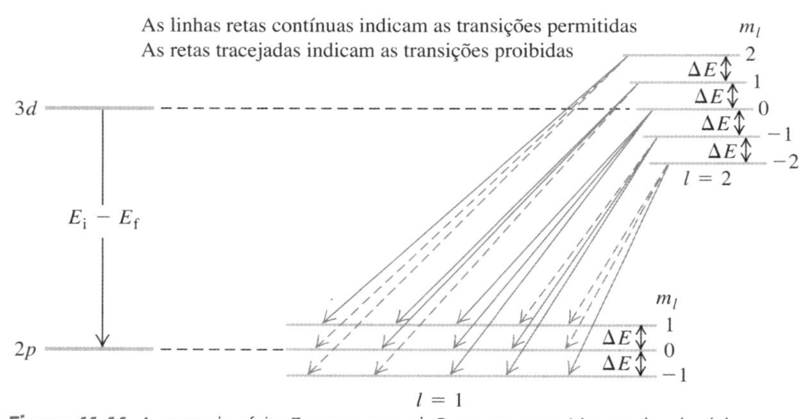

Figura 41.11 A causa do efeito Zeeman normal. O campo magnético produz desdobramento dos níveis de energia, porém, as regras de seleção reduzem as possibilidades para somente três níveis de energia, fornecendo somente três freqüências e três comprimentos de onda diferentes para os fótons.

níveis de energia que estudamos, alguns com espaçamentos diferentes. Antes que se entendesse a razão desse comportamento, ele era chamado de efeito Zeeman *anômalo*, para distinguir do efeito Zeeman 'normal' estudado na seção precedente. Os dois tipos de desdobramentos são mostrados na Figura 41.12.

Em segundo lugar, alguns níveis de energia exibem desdobramentos semelhantes aos do efeito Zeeman mesmo na *ausência* de campo magnético externo. Por exemplo, quando as linhas do espectro do átomo de hidrogênio são examinadas com um espectrômetro de elevada resolução, verifica-se que algumas delas são constituídas por linhas muito próximas, chamadas de *multipletos*. Analogamente, verifica-se que a linha amarelo-alaranjada do sódio que corresponde à transição $4p \rightarrow 3s$ do elétron externo forma um dupleto (com λ = 589,0 nm e λ = 589,6 nm), sugerindo que o nível $4p$ seja de fato constituído por dois níveis separados por uma distância muito pequena. A equação de Schrödinger em sua forma original não previa nenhum desses efeitos.

A experiência de Stern–Gerlach

Anomalias semelhantes surgiram em 1922 na experiência do feixe de átomos realizada na Alemanha pelos físicos Otto Stern e Walter Gerlach. Quando eles fizeram um feixe de átomos neutros passar através de um campo magnético não-uniforme (Figura 41.13), os átomos desviaram de acordo com a orientação de seus momentos magnéticos em relação ao campo. Essas experiências demonstraram de forma muito direta a quantização do momento angular. Caso existisse apenas o momento angular orbital, a ação do campo magnético produziria um desdobramento do feixe em um número ímpar $(2l + 1)$ de componentes diferentes. Contudo, alguns feixes se desdobraram em um número *par* de componentes. Se usássemos outro símbolo j para designar um número quântico para um momento angular, fazendo $2j + 1$ igual a um número par, obteríamos $j = \frac{1}{2}, \frac{3}{2}, \frac{5}{2} \ldots$, sugerindo a existência de um número semi-inteiro para o momento angular. Esse comportamento não pode ser entendido com base no modelo de Bohr nem em descrições semelhantes da estrutura atômica.

Em 1925, dois estudantes de pós-graduação na Holanda, Samuel Goudsmidt e George Uhlenbeck, propuseram que o elétron deveria apresentar um movimento adicional. Usando um modelo semiclássico, eles sugeriram que o elétron pudesse se comportar como uma esfera carregada girando, em vez de se comportar como uma partícula puntiforme. Se isso fosse verdade, ele deveria possuir um momento angular de *spin* adicional e um correspondente momento magnético. Se essas grandezas fossem quantizadas de modo análogo ao do momento angular *orbital* e ao momento magnético, elas poderiam ser úteis para explicar as anomalias observadas nos níveis de energia.

Analogia para o spin do elétron

Para introduzir o conceito de **spin do elétron**, vamos começar com uma analogia. A Terra descreve uma órbita circular em torno do Sol e ao mesmo tempo *gira* em torno de seu eixo. Cada um desses movimentos tem seu momento angular associado, que chamaremos, respectivamente, de momento angular *orbital* e momento angular de *spin*. O momento angular total da Terra é dado pela soma vetorial desses dois momentos angulares. Se imaginarmos um modelo no qual a Terra é um corpo puntiforme, ela não teria momento de inércia em torno de seu eixo de spin e, portanto, nenhum momento angular de spin. Porém, quando incluímos no modelo o tamanho finito da Terra, devemos considerar o momento angular de spin.

Suponha que, no modelo de Bohr, o elétron não seja uma carga puntiforme, mas sim uma pequena esfera girando em torno do próprio eixo ao longo de sua órbita. Então, além do momento angular orbital, ele deve possuir também um momento angular de spin associado a sua rotação em torno de um eixo próprio. Como a esfera é dotada de carga elétrica, seu movimento de spin produz correntes e, portanto, surge um momento magnético associado conforme discutimos na Seção 27.7, no volume 3. Quando colocado na

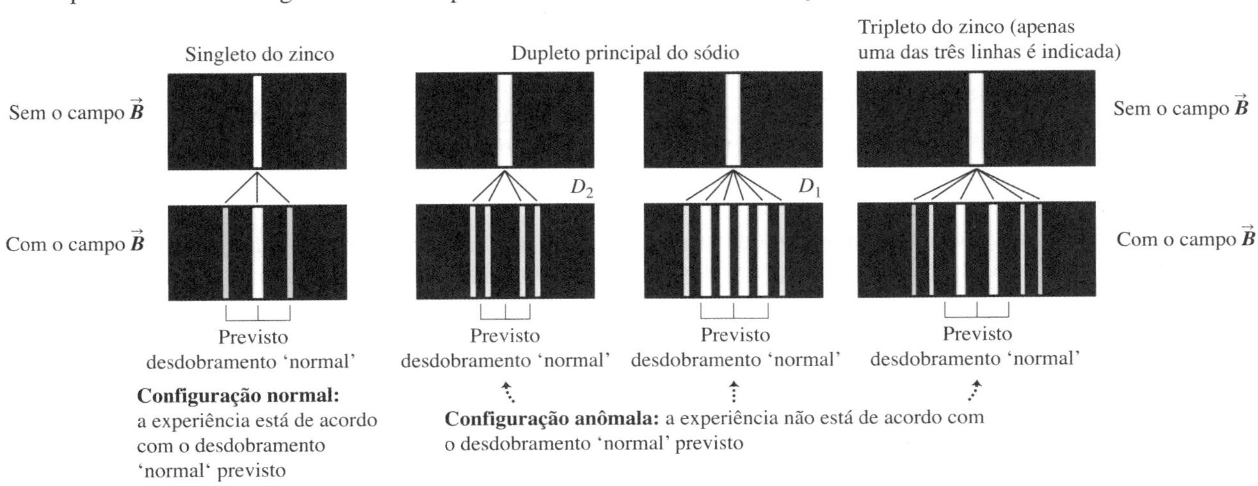

Figura 41.12 Ilustração do efeito Zeeman normal e do efeito Zeeman anômalo para dois elementos. Os colchetes na parte inferior de cada foto mostram o desdobramento "normal" previsto, desprezando-se o efeito do spin do elétron.

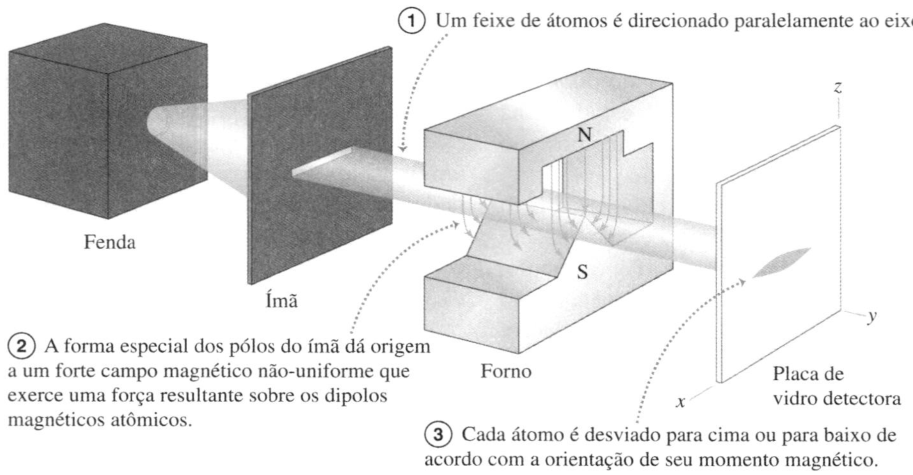

Figura 41.13 Experiência de Stern-Gerlach.

presença de um campo magnético, ocorre a interação entre o momento magnético de *spin* juntamente com a interação produzida pelo momento magnético *orbital* (o efeito Zeeman normal discutido na Seção 41.2). Portanto, deveremos observar desdobramentos Zeeman adicionais produzidos pelo momento magnético de spin.

Como dissemos anteriormente, tais desdobramentos *são* efetivamente observados em análises espectroscópicas com precisão suficiente. Essas e outras experiências mostraram de modo irrefutável que o elétron *possui* momento angular de spin e um correspondente momento magnético de spin que não depende do movimento orbital, mas que é intrinsecamente associado ao próprio elétron.

Números quânticos de spin

Analogamente ao momento angular orbital, o momento angular de spin (designado pelo vetor $\vec{S}$) é *quantizado*. Imagine um dispositivo experimental capaz de medir um componente particular de $\vec{S}$, digamos o componente S_z. Verifica-se que os únicos valores possíveis são dados por

$$S_z = \pm\frac{1}{2}\hbar \tag{41.19}$$

(componentes do momento angular de spin)

Essa relação lembra a equação $L_z = m_l\hbar$ para o componente z do momento angular orbital, exceto que $|S_z|$ é igual a *um meio* de $\hbar$ e não um múltiplo *inteiro*. A Equação (41.19) também sugere que o módulo S do momento angular de spin deva ser dado por uma expressão semelhante à indicada na Equação (41.4) substituindo-se o número quântico l pelo **número quântico de spin** $s = \frac{1}{2}$:

$$S = \sqrt{\frac{1}{2}\left(\frac{1}{2}+1\right)}\hbar = \sqrt{\frac{3}{4}}\hbar \tag{41.20}$$

(módulo do momento angular de spin)

Geralmente, o elétron é chamado de 'partícula com spin $\frac{1}{2}$'.

O modelo de Bohr fornece uma visão muito simplificada do comportamento do elétron. Na mecânica quântica, na qual em vez das órbitas de Bohr consideramos uma distribuição de probabilidade $|\psi|^2$, não podemos realmente *visualizar* o spin do elétron. Se visualizarmos a distribuição de probabilidade como uma nuvem em torno do núcleo, então poderemos imaginar muitas pequenas flechas distribuídas ao longo da nuvem, todas elas com componentes no sentido $+z$ ou então componentes no sentido $-z$. Contudo, não leve essa visualização muito a sério.

Para identificar completamente os estados de um elétron no átomo de hidrogênio precisamos de um quarto número quântico m_s a fim de especificar a orientação do spin. Para concordar com a Equação (41.19), o número quântico m_s só pode possuir os valores $+\frac{1}{2}$ ou $-\frac{1}{2}$:

$$S_z = m_s\hbar \quad \left(m_s = \pm\frac{1}{2}\right) \tag{41.21}$$

(valores permitidos de m_s e S_z para um elétron)

O vetor momento angular de spin $\vec{S}$ só pode ter duas orientações no espaço em relação ao eixo z: '*spin para cima*', com o componente z igual a $+\frac{1}{2}\hbar$, e '*spin para baixo*', com o componente z igual a $-\frac{1}{2}\hbar$.

Verifica-se que o componente z correspondente ao momento magnético de spin (μ_z) relaciona-se a S_z por

$$\mu_z = -(2{,}00232)\frac{e}{2m}S_z \tag{41.22}$$

onde m e $-e$ são (como de costume) a massa e a carga do elétron. Quando o átomo é colocado na presença de um campo magnético, a energia de interação $-\vec{\mu}\cdot\vec{B}$ entre o campo magnético e o momento de dipolo magnético de spin produz um desdobramento adicional dos níveis de energia com um correspondente desdobramento das linhas espectrais.

A Equação (41.22) mostra que a razão giromagnética para o spin do elétron é aproximadamente igual ao *dobro* do valor de $e/2m$ correspondente à razão entre o momento angular *orbital* e o momento de dipolo magnético. Não existe nenhuma analogia clássica para esse resultado. Contudo, em 1928, Paul Dirac desenvolveu uma generalização relativística da equação de Schrödinger para elétrons. Sua equação forneceu uma razão giromagnética exatamente igual a $2(e/2m)$. Foram necessárias mais de duas décadas para o desenvolvimento de uma área da física chamada de *eletrodinâmica quântica*, abreviada por QED, a qual prevê o valor que escrevemos anteriormente com 'apenas' seis algarismos significativos, ou seja, 2,00232. Na verdade, a QED prevê um valor que concorda com a medida experimental efetuada em 2006, igual a 2,00231930436170 (152), o que torna a QED a teoria mais precisa em toda a ciência.

Exemplo 41.5

ENERGIA DE INTERAÇÃO PARA O MOMENTO MAGNÉTICO DE SPIN Calcule a energia de interação para um elétron no estado $l = 0$ (que não possui momento magnético orbital) em um campo magnético com módulo igual a 2,0 T.

SOLUÇÃO

IDENTIFICAR: como não há momento magnético orbital, a única interação magnética é a existente entre o campo $\vec{B}$ e o momento magnético $\vec{\mu}$ devida ao spin do elétron $\vec{S}$.

PREPARAR: a energia de interação é $U = -\vec{\mu}\cdot\vec{B}$, como na Equação (41.10). Assim como fizemos na Seção 41.2, supomos que $\vec{B}$ tenha o sentido $+z$, de forma que a energia de interação possa ser escrita na forma $U = -\mu_z B$ [Equação (41.14)]. O componente z do momento magnético é dado em termos de S_z pela Equação (41.22) e S_z é dado pela Equação (41.19).

EXECUTAR: combinando as Equações (41.14), (41.19) e (41.22), temos

$$\begin{aligned} U &= -\left[-(2{,}00232)\left(\frac{e}{2m}\right)\left(\pm\frac{1}{2}\hbar\right)B\right] \\ &= \pm\frac{1}{2}(2{,}00232)\left(\frac{e\hbar}{2m}\right)B = \pm(1{,}00116)\mu_B B \\ &= \pm(1{,}00116)(9{,}274\times10^{-24}\ \mathrm{J/T})(2{,}0\ \mathrm{T}) \\ &= \pm1{,}86\times10^{-23}\ \mathrm{J} = \pm1{,}16\times10^{-5}\ \mathrm{eV} \end{aligned}$$

O valor positivo de U corresponde a $S_z = +\frac{1}{2}\hbar$ (spin para cima) e o valor negativo de U para $S_z = -\frac{1}{2}\hbar$ (spin para baixo).

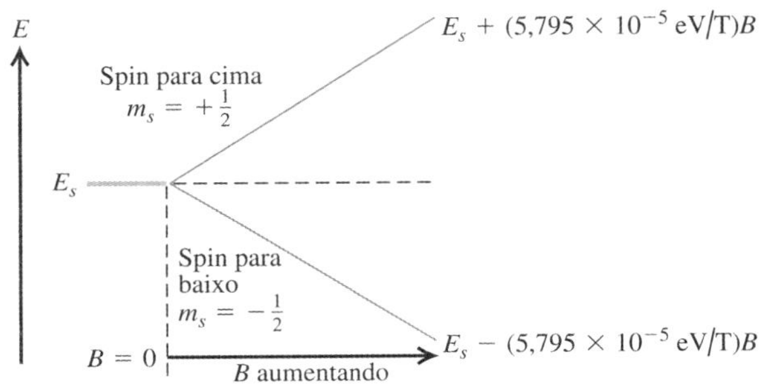

Figura 41.14 O nível $l = 0$ de um único elétron é desdobrado pela interação entre o campo magnético e o momento magnético de spin.

AVALIAR: vamos verificar o *sinal* de nossos resultados. Se o spin do elétron for para baixo, o momento angular $\vec{S}$ do spin geralmente aponta para o sentido contrário do $\vec{B}$ e, portanto, o momento magnético $\vec{\mu}$ (que tem o sentido contrário ao de $\vec{S}$ porque a carga do elétron é negativa) geralmente tem sentido paralelo ao de $\vec{B}$. Conforme a Equação (41.10), $U = -\vec{\mu}\cdot\vec{B}$, a energia de interação é negativa se $\vec{\mu}$ e $\vec{B}$ forem paralelos. Nossos resultados indicam que U é, de fato, negativo neste caso. De modo semelhante, podemos afirmar que U deve ser positivo se o elétron tiver o spin para cima, que foi exatamente o resultado que obtivemos.

A Figura 41.14 mostra como o aumento do módulo do campo magnético afeta as energias de interação em dois estados diferentes de spin. O valor $5{,}795\times10^{-5}$ eV/T é apenas (1,00116) μ_B. Os gráficos são linhas retas porque, como se pode ver pela Equação (41.14), U é proporcional a B.

Acoplamento spin–órbita

Conforme dissemos, o momento de dipolo magnético de spin pode produzir desdobramentos dos níveis de energia mesmo na *ausência* de campos magnéticos externos. Uma das causas envolve o movimento orbital do elétron. No modelo de Bohr, um observador que se deslocasse junto com o elétron veria o núcleo positivo girar em torno do elétron (do mesmo modo que um observador na Terra vê o Sol girar em torno da Terra). Esse movimento relativo produz um campo magnético no local onde se encontra o elétron, campo que é medido pelo observador solidário com o elétron. Ocorre uma interação entre esse campo magnético induzido e o momento magnético de spin, produzindo o desdobramento de cada nível em dois níveis correspondentes às duas possíveis orientações do spin do elétron.

A discussão baseada no modelo de Bohr não deve ser levada muito a sério, porém, um resultado semelhante pode ser obtido por meio da equação de Schrödinger. A energia de interação U pode ser expressa em termos do produto escalar dos vetores $\vec{L}$ e $\vec{S}$. Esse efeito, chamado de **acoplamento spin–órbita**, é responsável pela pequena diferença entre os níveis de energia excitados mais baixos do sódio indicados na Figura 38.10a e pelo correspondente dupleto (589,0 nm e 589,6 nm) no espectro do sódio.

Exemplo 41.6

UM CAMPO MAGNÉTICO EFETIVO Calcule o campo magnético efetivo que atua sobre o elétron nos níveis de energia $3p$ do átomo de sódio.

SOLUÇÃO

IDENTIFICAR: as duas linhas do dupleto de sódio resultam da transição dos dois níveis $3p$, que são desdobrados pelo acoplamento spin-órbita, para o nível $3s$, que *não* sofre desdobramento porque $L = 0$. Imaginamos o acoplamento spin–órbita como uma interação entre o momento magnético do spin do elétron e um campo magnético efetivo gerado pelo núcleo. Assim, este exemplo é como o inverso do Exemplo 41.5: lá, B era dado e precisávamos calcular a diferença de energia entre os dois estados do spin; aqui, usamos a diferença de energia para encontrar B.

PREPARAR: a diferença de energia entre os dois níveis $3p$ é igual à diferença de energia entre os dois fótons do dupleto de sódio. Usaremos essa relação e os resultados do Exemplo 41.5 para encontrar nossa incógnita, o campo de força magnético efetivo B.

EXECUTAR: as energias dos dois fótons são

$$E = \frac{hc}{\lambda} = \frac{(4{,}136 \times 10^{-15}\,\text{eV}\cdot\text{s})(2{,}998 \times 10^{8}\,\text{m/s})}{589{,}0 \times 10^{-9}\,\text{m}} = 2{,}1052\,\text{eV}$$

e

$$E = \frac{hc}{\lambda} = \frac{(4{,}136 \times 10^{-15}\,\text{eV}\cdot\text{s})(2{,}998 \times 10^{8}\,\text{m/s})}{589{,}6 \times 10^{-9}\,\text{m}} = 2{,}1031\,\text{eV}$$

Logo, a diferença de energia entre os dois níveis $3p$ é

$$2{,}1052\,\text{eV} - 2{,}1031\,\text{eV} = 0{,}0021\,\text{eV} = 3{,}4 \times 10^{-22}\,\text{J}$$

A interação spin-órbita eleva um nível e abaixa o outro de $1{,}7 \times 10^{-22}$ J, a metade dessa diferença. De acordo com o Exemplo 41.5, o valor em que cada estado é elevado ou abaixado é $|U| = (1{,}00116)\,\mu_B B$, logo,

$$B = \left|\frac{U}{(1{,}00116)\mu_B}\right| = \frac{1{,}7 \times 10^{-22}\,\text{J}}{9{,}28 \times 10^{-24}\,\text{J/T}} = 18\,\text{T}$$

AVALIAR: esse resultado revela que o campo magnético efetivo a que um elétron é submetido é *muito* forte. Para produzir um campo magnético contínuo com esse valor seria necessário usar um eletroímã moderno muito sofisticado.

Combinando os momentos angulares orbital e de spin

O momento angular orbital e o momento angular de spin (respectivamente $\vec{L}$ e $\vec{S}$) podem ser combinados de diversas maneiras. Definimos o momento angular total $\vec{J}$ do seguinte modo:

$$\vec{J} = \vec{L} + \vec{S} \tag{41.23}$$

Os valores possíveis para o módulo J são dados com base no número quântico j pela relação

$$J = \sqrt{j(j+1)}\,\hbar \tag{41.24}$$

Então, é possível a existência de estados em que $j = \left|l \pm \frac{1}{2}\right|$. O valor $l + \frac{1}{2}$ corresponde ao caso em que os componentes na direção z de $\vec{L}$ e $\vec{S}$ são paralelos, ao passo que o valor $l - \frac{1}{2}$ corresponde ao caso em que os componentes na direção z de $\vec{L}$ e $\vec{S}$ são antiparalelos. Por exemplo, quando $l = 1$, j pode ser igual a $\frac{1}{2}$ ou $\frac{3}{2}$. Em outra notação espectroscópica, esses estados p são designados por $^2P_{1/2}$ e $^2P_{3/2}$, respectivamente. O índice superior indica o número de possíveis orientações de spin, a letra P (agora maiúscula) indica estados com $l = 1$ e o índice inferior indica o valor de j. Utilizamos essa notação na Figura 38.10a para indicar os níveis de energia do átomo de sódio.

Os diversos desdobramentos das linhas espectrais produzidos por interações são chamados coletivamente de *estrutura fina*. Existem outros desdobramentos muito menores associados ao fato de que o *núcleo* também possui um momento de dipolo magnético que interage com o momento magnético orbital e/ou com o momento magnético de spin dos elétrons. Esses efeitos são chamados coletivamente de *estrutura hiperfina*. Por exemplo, o nível fundamental do átomo de hidrogênio é desdobrado em dois estados separados por $5{,}9 \times 10^{-6}$ eV. O fóton emitido em uma transição entre esses dois estados tem um comprimento de onda de 21 cm. Esse comprimento de onda é usado em radioastronomia para localizar nuvens de gás hidrogênio interestelar que são frias demais para emitirem luz visível (Figura 41.15).

Galáxias sob luz visível (imagem em negativo; as galáxias parecem escuras)

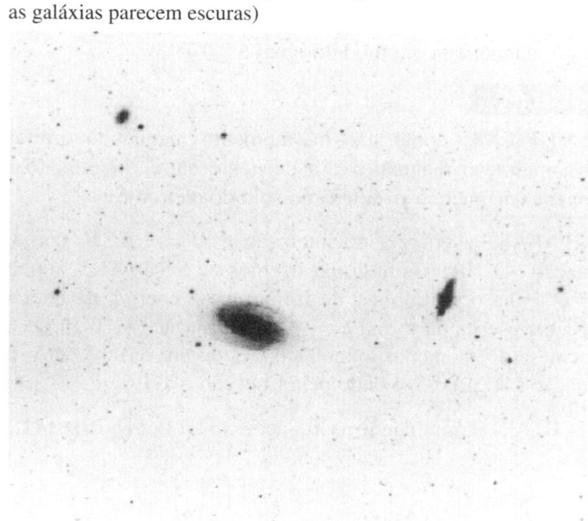

Imagem feita por radiotelescópio com um comprimento de onda de 21 cm

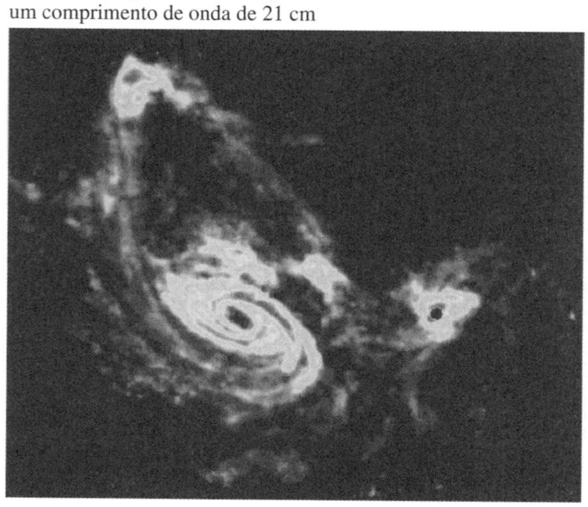

Figura 41.15 Em uma imagem produzida com luz visível (imagem superior), essas três galáxias distantes parecem não ter relação uma com a outra. Na verdade, essas galáxias estão interligadas por imensas faixas de gás hidrogênio, como mostra a imagem inferior, feita com um radiotelescópio sintonizado ao comprimento de onda de 21 cm, emitida pelos átomos de hidrogênio.

Teste sua compreensão da Seção 41.3 Em qual das seguintes situações o momento magnético de um elétron está perfeitamente alinhado com um campo magnético que aponta para o sentido +z? (i) $m_s = +\frac{1}{2}$; (ii) $m_s = -\frac{1}{2}$; (iii) tanto (i) quanto (ii); (iv) nem (i) nem (ii). ∎

41.4 Átomos com muitos elétrons e princípio de exclusão

Até o momento, nossa análise da estrutura atômica centrou-se no átomo de hidrogênio. Isso é natural; o hidrogênio neutro, que possui apenas um elétron, é o átomo mais simples. Se não entendermos o hidrogênio, não seremos capazes de entender os átomos mais complexos. Então agora passaremos a estudar átomos com muitos elétrons.

Geralmente, quando um átomo está em seu estado normal (eletricamente neutro), ele tem Z elétrons e Z prótons. Lembre-se de que na Seção 41.1 chamamos Z de *número atômico*. A carga elétrica total desse átomo é igual a zero porque o nêutron é neutro e o número de prótons é igual ao número de elétrons — cargas de mesmo módulo, porém com sinais contrários.

Podemos aplicar a equação de Schrödinger para um átomo complexo. Contudo, quanto maior o valor de Z, mais complexa a análise. Cada um dos Z elétrons interage não somente com o núcleo como também com os demais elétrons. A função de onda e a energia potencial são funções de $3Z$ coordenadas e a equação contém derivadas de segunda ordem em relação a todas essas variáveis. O problema matemático de obter uma solução para esse tipo de equação é tão complexo que ainda não foi resolvido completamente nem para o átomo de hélio neutro, que possui apenas dois elétrons.

Felizmente, existem diversos esquemas disponíveis. A primeira aproximação consiste em desprezar todas as interações entre os elétrons e considerar cada elétron submetido à ação apenas do núcleo (tomado como uma carga puntiforme). Nessa aproximação, a função de onda de cada elétron é uma função de onda semelhante à usada no caso do átomo de hidrogênio, especificada por quatro números quânticos (n, l, m_l, m_s); a carga do núcleo é Ze em vez de e. Isso exige a substituição do fator e^2 na função de onda e nos níveis de energia por Ze^2. Em particular, os níveis de energia são obtidos substituindo na Equação (41.3) o fator e^4 por Z^2e^4.

$$E_n = -\frac{1}{(4\pi\epsilon_0)^2}\frac{m_r Z^2 e^4}{2n^2\hbar^2} = -\frac{Z^2}{n^2}\,(13{,}6\text{ eV}) \qquad (41.25)$$

A aproximação anterior é bastante drástica; quando existem muitos elétrons, suas interações mútuas são tão importantes quanto a interação com o núcleo. Portanto, esse modelo não é útil para fazer previsões quantitativas.

A aproximação de campo central

Uma aproximação menos drástica e mais útil consiste em imaginar que todos os elétrons constituam uma nuvem eletrônica que, na média, seja *esfericamente simétrica*. A seguir, imaginamos que cada elétron se move sob a ação do campo elétrico resultante da soma do campo elétrico do núcleo com o campo elétrico médio da nuvem eletrônica dos outros elétrons. Existe uma função correspondente esfericamente simétrica $U(r)$ para a energia potencial. Essa descrição, conhecida como **aproximação de campo central**, proporciona um ponto inicial útil para entender a estrutura atômica. Se você ficou desapontado por causa de uma aproximação logo no início do estudo, lembre que estamos tentando resolver um problema que inicialmente não podia ser resolvido por meio de nenhuma análise, com ou sem aproximação.

Na aproximação de campo central, podemos considerar a função de onda de apenas um elétron. A equação de Schrödinger difere da usada no problema do átomo de hidrogênio apenas no fato de que a energia potencial com o fator $1/r$ é substituída por outra energia potencial $U(r)$ diferente. Contudo, verificamos que $U(r)$ não entra na equação diferencial para $\Theta(\theta)$ nem para $\Phi(\phi)$, de modo que as funções angulares são exatamente as mesmas que usamos para o problema do átomo de hidrogênio, e os estados do momento angular orbital são idênticos aos anteriores. Portanto, os números quânticos l, m_l e m_s possuem os mesmos significados que os anteriores e os módulos e componentes z dos momentos angulares orbitais são novamente dados pelas equações (41.4) e (41.5).

As funções de onda radiais e as probabilidades são diferentes do problema do átomo de hidrogênio porque $U(r)$ é diferente, logo, os níveis de energia não são dados pela Equação (41.3). Ainda podemos identificar os estados usando os quatro números quânticos (n, l, m_l, m_s). Em geral, a energia de um estado agora depende de n e de l e não apenas de n, como no caso do átomo de hidrogênio. As restrições sobre os números quânticos são as mesmas usadas anteriormente:

$$n \geq 1 \quad 0 \leq l \leq n-1 \quad |m_l| \leq l \quad m_s = \pm\frac{1}{2} \qquad (41.26)$$

(valores permitidos para os números quânticos)

Princípio de exclusão

Para entender a estrutura atômica de átomos com muitos elétrons, precisamos de uma regra adicional, conhecida como *princípio de exclusão*. Para saber por que esse princípio é necessário, vamos considerar o estado com energia mais baixa ou *estado fundamental* de um átomo com muitos elétrons. Nos estados de um único elétron no modelo da aproximação de campo central, existe um estado com energia mais baixa (correspondente ao estado $n = 1$ do átomo de hidrogênio). Poderíamos esperar que no estado fundamental de um átomo complexo *todos* os elétrons estivessem no estado com energia mais baixa. Caso isso fosse verdade, deveríamos observar uma variação gradual das propriedades físicas e químicas quando examinássemos os átomos à medida que o número de elétrons (Z) fosse aumentando.

Essa variação gradual *não* é observada. Em vez disso, as propriedades dos elementos variam fortemente de um elemento para o seguinte, cada elemento distinguindo-se em suas características. Por exemplo, os elementos flúor, neônio e sódio têm 9, 10 e 11 elétrons, respectivamente, por átomo. O flúor ($Z = 9$) é um *halogênio*; tende a formar compostos nos quais cada átomo de flúor ganha um elétron extra. O sódio ($Z = 11$) é um *metal alcalino*; tende a formar compostos nos quais cada átomo de sódio *perde* um elétron. O neônio ($Z = 10$) é um *gás nobre*; não forma absolutamente nenhum composto. Tais observações mostram que no estado fundamental de um átomo complexo, os elétrons *não* podem ocupar todos simultaneamente os estados com energias mais baixas. Mas por quê?

A chave para a solução desse enigma, descoberta pelo físico austríaco Wolfgang Pauli em 1925, denomina-se **princípio de exclusão**. Esse princípio afirma que *dois elétrons não podem ocupar o mesmo estado quântico* em um dado sistema. Ou seja, dois elétrons *não podem ter os mesmos valores para os quatro números quânticos* (n, l, m_l, m_s). Cada estado quântico corresponde a certa distribuição de elétrons em uma dada 'nuvem' no espaço. Portanto, o princípio também afirma, efetivamente, que não mais do que dois elétrons com spins opostos, ou seja, com valores opostos do número quântico m_s, podem ocupar o mesmo estado quântico no espaço. Não devemos encarar a última afirmação com muita seriedade, pois a função de probabilidade espacial não possui fronteiras definidas. Contudo, o princípio de exclusão impõe um limite para a superposição das funções de onda dos elétrons. Imagine essa regra como uma analogia da mecânica quântica da regra de se colocar apenas um aluno em cada cadeira nas escolas.

Figura 41.16 A chave para entender a tabela periódica dos elementos foi a descoberta do princípio de exclusão feita por Wolfgang Pauli (1900-1958), o que lhe rendeu o Prêmio Nobel de Física de 1945. A foto mostra Pauli (no lado esquerdo) observando com Niels Bohr o fenômeno físico de um pião de brinquedo girando no chão.

ATENÇÃO O significado do princípio de exclusão Não confunda o princípio de exclusão com a repulsão elétrica entre dois elétrons. Embora ambos tendam a manter dois elétrons separados, são efeitos de caráter completamente diferente. Dois elétrons podem sempre se aproximar quando fornecemos uma energia suficiente para superar a repulsão entre os elétrons; contudo, não existe *nenhuma* força capaz de fazer com que dois elétrons ocupem um estado com os quatro números quânticos iguais.

A Tabela 41.2 mostra uma listagem dos números quânticos para elétrons em átomos. Ela é semelhante à Tabela 41.1 (Seção 41.1), porém adicionamos o número de estados de cada camada e subcamada. Em virtude do princípio de exclusão, o 'número de estados' corresponde ao número *máximo* de elétrons que podem existir naqueles estados. Para cada estado, m_s só pode ser igual a $+\frac{1}{2}$ ou $-\frac{1}{2}$.

Assim como no caso da função de onda do átomo de hidrogênio, estados diferentes correspondem a diferentes distribuições espaciais dos elétrons; os elétrons pertencentes a valores maiores de n estão concentrados em regiões situadas a distâncias mais elevadas do núcleo. Na Figura 41.4 (Seção 41.1) mostramos esse efeito. Quando um átomo possui mais de dois elétrons, eles não podem ficar agrupados no estado de mais baixa energia, $n = 1$, porque esse nível comporta no máximo dois elétrons; o princípio de exclusão proíbe a ocupação múltipla de um estado. Alguns elétrons são forçados a passar para regiões mais afastadas do núcleo com energias mais elevadas. Cada valor de n corresponde aproximadamente a uma região do espaço que forma uma *camada* esférica. Portanto, dizemos que a camada K corresponde a uma região ocupada pelos dois elétrons dos estados com $n = 1$, a camada L corresponde a $n = 2$ e assim por diante. Estados com o mesmo n, porém com valores de l diferentes, formam *subcamadas*, como, por exemplo, a subcamada $3p$.

Tabela 41.2 Estados quânticos de elétrons nas quatro primeiras camadas

n	l	m_l	Notação espectroscópica	Número de estados		Camada
1	0	0	$1s$	2		K
2	0	0	$2s$	2	8	L
2	1	−1, 0, 1	$2p$	6		
3	0	0	$3s$	2	18	M
3	1	−1, 0, 1	$3p$	6		
3	2	−2, −1, 0, 1, 2	$3d$	10		
4	0	0	$4s$	2	32	N
4	1	−1, 0, 1	$4p$	6		
4	2	−2, −1, 0, 1, 2	$4d$	10		
4	3	−3, −2, −1, 0, 1, 2, 3	$4f$	14		

A tabela periódica

Podemos usar o princípio de exclusão para deduzir as características mais importantes da estrutura e das propriedades químicas dos átomos com muitos elétrons, inclusive a tabela periódica dos elementos. Vamos imaginar a construção de um átomo neutro, partindo de um núcleo puro com Z prótons sem nenhum elétron e, a seguir, adicionando Z elétrons, um de cada vez. Para obter o estado fundamental do átomo como um todo, começamos completando os níveis de energia mais baixos (aqueles mais próximos do núcleo, com os menores valores de n e de l) e a seguir adicionamos estados com energias cada vez mais elevadas até colocar todos os elétrons no átomo. As propriedades químicas dos átomos são determinadas principalmente pelos elétrons da camada mais externa, chamados de elétrons de *valência*, de modo que é particularmente conveniente aprender como esses elétrons são distribuídos.

Vamos descrever a configuração eletrônica do estado fundamental dos primeiros átomos (em ordem crescente de Z). Para o hidrogênio, o estado fundamental é $1s$; o único elétron está no estado $n = 1$, $l = 0$, $m_l = 0$ e $m_s = \pm\frac{1}{2}$. No hélio ($Z = 2$), *ambos* os elétrons estão nos estados $1s$, com spins opostos; um com $m_s = +\frac{1}{2}$ e o outro com $m_s = -\frac{1}{2}$. O estado fundamental do hélio é designado por $1s^2$ (o índice superior 2 não é um expoente; a notação $1s^2$ indica que existem dois elétrons na subcamada $1s$. Quando o índice superior é 1, não é necessário escrevê-lo, como no caso $2s$.) No hélio, a camada K está completamente cheia e todas as outras estão vazias. O hélio é um gás nobre — não tem nenhuma tendência a perder ou ganhar elétrons e não forma nenhum composto.

O lítio ($Z = 3$) possui três elétrons. Em seu estado fundamental, existem dois elétrons na subcamada $1s$ e o terceiro está no estado $2s$, portanto o estado fundamental do lítio é designado por $1s^2 2s$. Na média, o elétron $2s$ está consideravelmente mais longe do núcleo do que os elétrons $1s$, como indicado de modo esquemático na Figura 41.17. De acordo com a lei de Gauss, a carga *líquida* no interior da esfera Q_{int} que atrai efetivamente o elétron $2s$ é aproximadamente igual a $+e$ em vez de $+3e$, que ocorreria caso não existissem os dois elétrons $1s$. Por isso, o elétron $2s$ é fracamente ligado; para removê-lo basta uma energia igual a 5,4 eV em vez da energia de 30,6 eV fornecida pela Equação (41.25) para $Z = 3$ e $n = 2$. Do ponto de vista químico, o lítio é um *metal alcalino*. Ele forma um composto iônico no qual cada átomo de lítio perde um elétron e possui valência +1.

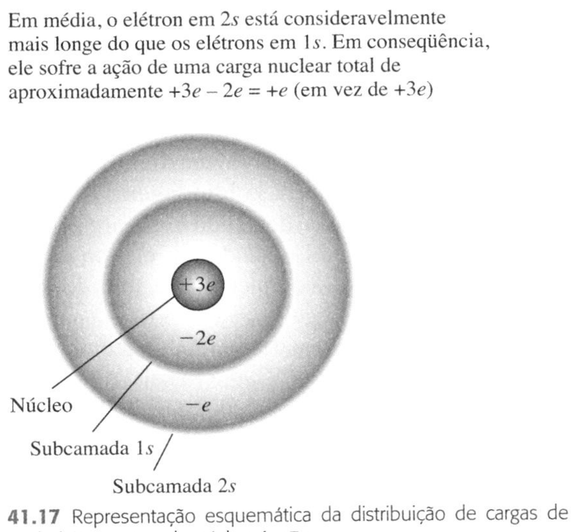

Figura 41.17 Representação esquemática da distribuição de cargas de um átomo de lítio. A carga do núcleo é $+3e$.

A seguir vem o berílio ($Z = 4$); a configuração eletrônica de seu estado fundamental é dada por $1s^2 2s^2$ com seus dois elétrons de valência preenchendo a subcamada s da camada L. O berílio é o primeiro dos elementos *alcalino-terrosos* que formam compostos iônicos com valência +2.

A Tabela 41.3 mostra a configuração eletrônica do estado fundamental dos trinta primeiros elementos da tabela periódica. A camada L comporta no máximo oito elétrons. Para $Z = 10$, tanto a camada K quanto a camada L estão cheias e não existe nenhum elétron na camada M. Portanto, esperamos que o elemento com essa configuração eletrônica particularmente estável não mostre nenhuma tendência a perder nem a ganhar elétrons. Esse elemento é o neônio, um gás nobre que não possui nenhum composto. O elemento depois do neônio é o sódio ($Z = 11$), no qual tanto a camada K quanto a camada L estão cheias, e existe apenas um elétron na camada M. Sua estrutura 'de gás nobre mais um elétron' é semelhante à estrutura do lítio; ambos são metais alcalinos. O elemento *antes* do neônio é o flúor, com $Z = 9$. Ele possui uma vacância na camada L e necessita de um elétron externo para completar essa camada. O flúor forma compostos iônicos com valência −1. Seu comportamento é característico dos *halogênios* (flúor, cloro, bromo, iodo e astatínio), todos com configuração eletrônica 'de gás nobre menos um elétron' (Figura 41.18).

Prosseguindo na lista, podemos verificar com base na configuração eletrônica as regularidades do comportamento químico característico exibido pelos elementos indicados na **tabela periódica dos elementos** (Apêndice D). A semelhança entre os elementos de cada *grupo* (elementos da mesma colu-

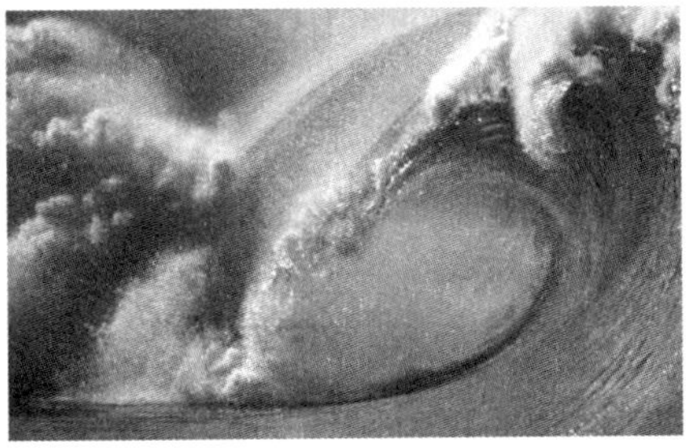

Figura 41.18 O sal (cloreto de sódio, NaCl) dissolve-se facilmente na água, tornando a água do mar salgada, graças às configurações eletrônicas do sódio e do cloro. O sódio tende a perder um elétron com facilidade para formar um íon Na^+, e o cloro tem propensão a ganhar um elétron para formar um íon Cl^-. Esses íons são mantidos em solução porque são atraídos pelas extremidades polares das moléculas de água (veja a Figura 21.31a).

na) da tabela periódica decorre da semelhança da configuração eletrônica de cada elemento da coluna. Todos os gases nobres (hélio, neônio, argônio, criptônio, xenônio e radônio) apresentam camadas cheias ou camadas cheias juntamente com subcamadas *p* cheias. Todos os metais alcalinos (lítio, sódio, potássio, rubídio, césio e frâncio) têm configuração eletrônica 'de gás nobre mais um elétron'. Todos os metais alcalino-terrosos (berílio, magnésio, cálcio, estrôncio, bário e rádio) possuem configuração eletrônica 'de gás nobre mais dois elétrons' e todos os halogênios (flúor, cloro, bromo, iodo e astatínio) têm configuração eletrônica 'de gás nobre menos um elétron'.

Uma leve complicação surge nas subcamadas M e N, porque os níveis das subcamadas ($n = 3$, $l = 2$ e $n = 4$, $l = 0$, respectivamente) possuem energias muito próximas. (Na próxima subseção vamos explicar a razão desse efeito.) O argônio ($Z = 18$) tem todas as subcamadas $1s$, $2s$, $2p$, $3s$ e $3p$ preenchidas; contudo, no potássio ($Z = 19$), o elétron adicional ocupa o estado $4s$ em vez de ocupar o estado $3d$ (porque o estado $4s$ possui energia ligeiramente menor do que a energia do estado $3d$).

Os diversos elementos seguintes apresentam um ou dois elétrons na subcamada $4s$ e números crescentes na subcamada $3d$. Esses elementos são todos metálicos com propriedades físicas e químicas bastante semelhantes; eles formam a primeira *série dos elementos de transição*, que começa com o escândio ($Z = 21$) e termina com o zinco ($Z = 30$), em que todas as subcamadas $4s$ e $3d$ estão preenchidas.

Tabela 41.3 Configuração eletrônica do estado fundamental dos elementos

Elemento	Símbolo	Número atômico (Z)	Configuração eletrônica
Hidrogênio	H	1	$1s$
Hélio	He	2	$1s^2$
Lítio	Li	3	$1s^22s$
Berílio	Be	4	$1s^22s^2$
Boro	B	5	$1s^22s^22p$
Carbono	C	6	$1s^22s^22p^2$
Nitrogênio	N	7	$1s^22s^22p^3$
Oxigênio	O	8	$1s^22s^22p^4$
Flúor	F	9	$1s^22s^22p^5$
Neônio	Ne	10	$1s^22s^22p^6$
Sódio	Na	11	$1s^22s^22p^63s$
Magnésio	Mg	12	$1s^22s^22p^63s^2$
Alumínio	Al	13	$1s^22s^22p^63s^23p$
Silício	Si	14	$1s^22s^22p^63s^23p^2$
Fósforo	P	15	$1s^22s^22p^63s^23p^3$
Enxofre	S	16	$1s^22s^22p^63s^23p^4$
Cloro	Cl	17	$1s^22s^22p^63s^23p^5$
Argônio	Ar	18	$1s^22s^22p^63s^23p^6$
Potássio	K	19	$1s^22s^22p^63s^23p^64s$
Cálcio	Ca	20	$1s^22s^22p^63s^23p^64s^2$
Escândio	Sc	21	$1s^22s^22p^63s^23p^64s^23d$
Titânio	Ti	22	$1s^22s^22p^63s^23p^64s^23d^2$
Vanádio	V	23	$1s^22s^22p^63s^23p^64s^23d^3$
Cromo	Cr	24	$1s^22s^22p^63s^23p^64s3d^5$
Manganês	Mn	25	$1s^22s^22p^63s^23p^64s^23d^5$
Ferro	Fe	26	$1s^22s^22p^63s^23p^64s^23d^6$
Cobalto	Co	27	$1s^22s^22p^63s^23p^64s^23d^7$
Níquel	Ni	28	$1s^22s^22p^63s^23p^64s^23d^8$
Cobre	Cu	29	$1s^22s^22p^63s^23p^64s3d^{10}$
Zinco	Zn	30	$1s^22s^22p^63s^23p^64s^23d^{10}$

Algo semelhante ocorre para os elementos desde $Z = 57$ até $Z = 71$, que possuem um ou dois elétrons na subcamada $6s$, mas subcamadas $4f$ e $5d$ parcialmente preenchidas. Tais elementos são as terras raras; todos eles possuem propriedades físicas e químicas bastante semelhantes. Existe ainda outra série, chamada de série dos *actnídeos*, que começa com $Z = 91$.

Blindagem

Afirmamos que, na aproximação de campo central, os níveis de energia dependem de n e de l. Vamos tomar como exemplo o sódio ($Z = 11$). Como dez de seus elétrons preenchem as camadas K e L, verifica-se experimentalmente que algumas energias disponíveis para o elétron restante são:

estados $3s$:	$-5{,}138$ eV
estados $3p$:	$-3{,}035$ eV
estados $3d$:	$-1{,}521$ eV
estados $4s$:	$-1{,}947$ eV

Os estados $3s$ correspondem aos estados de mais baixa energia (os mais negativos); um deles será ocupado pelo décimo primeiro elétron do sódio. As energias dos estados $3d$ são bastante próximas das energias do estado $n = 3$ do átomo de hidrogênio. A surpresa é que a energia do estado $4s$ está 0,426 eV *abaixo* da energia do estado $3d$, embora o estado $4s$ possua um valor de n maior.

Podemos explicar esses resultados com base na lei de Gauss e na distribuição de probabilidade radial. Para qualquer distribuição de cargas com simetria esférica, o módulo do campo elétrico a uma distância r do centro é dada por $Q_{int} / 4\pi \epsilon_0 r^2$, onde Q_{int} é a carga total no interior da esfera de raio r. Imagine a remoção dos elétrons da camada externa (elétrons de valência) do átomo de sódio. Os elétrons que sobram constituem um conjunto esfericamente simétrico de dez elétrons (que preenchem as camadas K e L) juntamente com o núcleo contendo onze prótons; portanto $Q_{int} = -10e + 11e = +e$. Imaginando que o décimo primeiro elétron esteja completamente fora dessa coleção de cargas, ele será atraído por uma carga efetiva igual a $+e$, e não $+11e$. Esse é um exemplo mais extremo do efeito retratado na Figura 41.17.

Esse efeito denomina-se **blindagem**; os dez elétrons blindam os onze prótons, deixando uma carga efetiva líquida igual a $+e$. Em geral, quando um elétron permanece a maior parte do tempo completamente fora de uma distribuição positiva de carga $Z_{ef}e$, ele possui energias dadas pela expressão dos níveis de energia do átomo de hidrogênio substituindo-se e^2 por $Z_{ef}e^2$. Ou seja, de acordo com a Equação (41.25), obtemos

$$E_n = -\frac{Z_{ef}^{\;2}}{n^2}(13{,}6\text{ eV}) \qquad (41.27)$$

(níveis de energia com blindagem)

No exemplo citado, *se* o décimo primeiro elétron do átomo de sódio estiver completamente fora da distribuição de carga restante, então $Z_{ef} = 1$.

ATENÇÃO Equações diferentes para átomos diferentes As equações (41.3), (41.25) e (41.27) fornecem valores de E_n em termos de (13,6 eV)/n^2, porém, elas não se aplicam aos mesmos tipos de átomos. A Equação (41.3) se aplica *somente* ao átomo de hidrogênio. A Equação (41.25) se aplica quando não existe nenhuma interação com outros elétrons (e só vale quando o átomo possui apenas um elétron na sua camada externa), e a Equação (41.27) é válida quando um elétron é blindado do núcleo pelos outros elétrons restantes.

Vamos agora usar as funções de probabilidade radial indicadas na Figura 41.4 para explicar por que a energia do estado 3*d* do sódio é aproximadamente igual à energia correspondente a $n = 3$ do átomo de hidrogênio, −1,51 eV. A distribuição para o estado 3*d* (em que l apresenta o valor máximo $n - 1$) apresenta um pico, e seu raio mais provável está *fora* das posições do elétron com $n = 1$ ou $n = 2$. Portanto, no sódio um elétron 3*d* permanece a maior parte do tempo bastante afastado dos estados $n = 1$ ou $n = 2$ (correspondentes às camadas *K* e *L*). Os dez elétrons dessas camadas blindam a atração de quase todos os onze prótons, deixando uma carga líquida aproximadamente igual a $Z_{ef}\,e = (1)e$. Então, de acordo com a Equação (41.27), a energia correspondente é aproximadamente igual a $-(1)^2(13{,}6\text{ eV})/3^2 = -1{,}51$ eV. O valor obtido está muito próximo do valor experimental de −1,521 eV.

Examinando novamente a Figura 41.4, vemos que a densidade de probabilidade radial para o estado 3*p* (em que $l = n - 2$) apresenta dois picos e para o estado 3*s* (em que $l = n - 3$), três picos. Para o sódio, o primeiro discreto pico da distribuição 3*p* fornece ao elétron 3*p* uma probabilidade maior (em comparação com o estado 3*d*) de estar *dentro* da distribuição de cargas para elétrons nos estados $n = 2$. Ou seja, um elétron 3*p* é menos completamente blindado do núcleo do que um elétron no estado 3*d*, porque ele passa parte de seu tempo no interior das camadas cheias *K* e *L*. Portanto, para os elétrons 3*p*, Z_{ef} é maior do que um. De acordo com a Equação (41.27), a energia 3*p* é mais baixa (mais negativa) do que a energia 3*d* igual a −1,521 eV. Seu valor efetivo é −3,035 eV. Um elétron 3*s* permanece um tempo ainda maior dentro das camadas eletrônicas internas do que um elétron 3*p*, fornecendo um valor de Z_{ef} ainda maior e uma energia ainda mais negativa.

Exemplo 41.7

DETERMINAÇÃO EXPERIMENTAL DE Z_{ef} O valor medido da energia do estado 3*s* do sódio é igual a −5,138 eV. Calcule o valor de Z_{ef}.

SOLUÇÃO

IDENTIFICAR: o sódio possui um único elétron na camada *M* externa às camadas *K* e *L* já preenchidas. Os elétrons das camadas *K* e *L* blindam parcialmente o único elétron da camada *M* contra a carga do núcleo; nosso objetivo é determinar a extensão dessa blindagem.

PREPARAR: para esse estado, o problema fornece $n = 3$ e $E_n = -5{,}138$ eV, portanto, podemos usar a Equação (41.27) para encontrar Z_{ef}.

EXECUTAR: explicitando o valor de Z_{ef} na Equação (41.27), obtemos

$$Z_{ef}{}^2 = -\frac{n^2E_n}{13{,}6\text{ eV}} = -\frac{3^2(-5{,}138\text{ eV})}{13{,}6\text{ eV}} = 3{,}40$$

$$Z_{ef} = 1{,}84$$

AVALIAR: a carga efetiva que atrai o elétron no estado 3*s* é igual a 1,84*e*. Os onze prótons do sódio são efetivamente blindados por uma média de 11 − 1,84 = 9,16 elétrons em vez de exatamente dez elétrons por causa da penetração dos elétrons 3*s* nas camadas internas (*K* e *L*).

Cada metal alcalino (lítio, sódio, potássio, rubídio e césio) possui um elétron a mais do que o gás nobre correspondente (hélio, neônio, argônio, criptônio e xenônio). Esse elétron extra permanece a maior parte do tempo fora das camadas e subcamadas internas cheias. Portanto, todos os metais alcalinos apresentam um comportamento semelhante ao do sódio.

Exemplo 41.8

ENERGIAS PARA UM ELÉTRON DE VALÊNCIA O elétron de valência no potássio possui um estado fundamental 4*s*. Calcule a energia aproximada do estado com o menor valor de Z_{ef} e discuta as energias relativas dos estados 4*s*, 4*p*, 4*d* e 4*f*.

SOLUÇÃO

IDENTIFICAR: o estado com o menor Z_{ef} é aquele que passa a maior parte do tempo fora das camadas e subcamadas internas preenchidas, por isso ele recebe uma blindagem mais eficiente contra a carga do núcleo.

PREPARAR: assim que determinarmos qual estado possui o menor Z_{ef}, poderemos usar a Equação (41.27) para calcular a energia desse estado.

EXECUTAR: um estado 4*f* tem $n = 4$ e $l = 3 = 4 - 1$. Logo, ele corresponde ao estado de maior momento angular orbital para $n = 4$ e, portanto, ao estado no qual o elétron permanece a maior parte do tempo fora das camadas e subcamadas internas cheias. Isso faz com que o valor de Z_{ef} para o estado 4*f* seja aproximadamente igual a 1. A Equação (41.27) fornece

$$E_4 = -\frac{Z_{ef}{}^2}{n^2}(13{,}6\text{ eV}) = -\frac{1^2}{4^2}(13{,}6\text{ eV}) = -0{,}85\text{ eV}$$

Essa aproximação concorda com a energia medida dentro dos limites da precisão fornecida.

Um elétron no estado 4*d* permanece um pouco mais de tempo dentro das camadas internas e, portanto, deve ter uma energia um pouco mais negativa (o valor medido é igual a − 0,94 eV). Pela mesma razão, um elétron no estado 4*p* apresenta uma energia ainda menor (o valor medido é igual a −2,73 eV), e o estado com energia mínima corresponde ao estado 4*s* (o valor medido é igual a − 4,339 eV).

AVALIAR: podemos estender nosso raciocínio aos alcalinos-terrosos que perderam um único elétron formando os íons: Be^+,

Mg^+, Ca^+, Sr^+ e Ba^+. Para qualquer valor permitido de n, o valor máximo do estado l ($l = n - 1$) do elétron externo restante sente o efeito de uma carga efetiva aproximadamente igual a $+2e$, de modo que, nesses estados, $Z_{ef} = 2$. Por exemplo, um estado $3d$ do Mg^+ possui uma energia aproximadamente igual a $-2^2(13{,}6\ \text{eV}) / 3^2 = -6{,}0\ \text{eV}$.

Teste sua compreensão da Seção 41.4 Se os elétrons *não* obedecessem ao princípio de exclusão, seria mais fácil ou mais difícil remover o primeiro elétron do sódio? ❚

41.5 Espectro de raios X

O espectro de raios X proporciona outro exemplo da riqueza de aplicações da equação de Schrödinger e do modelo de estrutura atômica deduzido na seção precedente. Na Seção 38.7 discutimos a produção de raios X com base no conceito de fóton. Com o desenvolvimento das técnicas de difração de raios X (Seção 36.6), iniciado em 1912 por Von Laue, Bragg e outros, tornou-se possível medir os comprimentos de onda dos raios X com bastante precisão (com erro inferior a 0,1%).

Estudos detalhados dos espectros de raios X revelaram a existência de um espectro contínuo em função dos comprimentos de onda (Figura 41.19) com um comprimento de onda *mínimo* (correspondente a um fóton com energia e freqüência *máximas*) determinado pela voltagem de aceleração V_{AC} do tubo de raios X, de acordo com a relação deduzida na Seção 38.7 para o processo chamado de *bremsstrahlung*:

$$\lambda_{\text{mín}} = \frac{hc}{eV_{AC}} \qquad (41.28)$$

Essa radiação com espectro contínuo é quase independente do material usado no alvo do tubo de raios X.

Lei de Moseley e níveis de energia atômica

Dependendo da voltagem de aceleração e do elemento do alvo, podemos observar picos muito agudos superpostos ao espectro contínuo, como indicado na Figura 41.20. Esses picos se localizam em pontos diferentes para elementos diferentes; eles formam o chamado *espectro característico dos raios X* para cada elemento do alvo. Em 1913, o cientista inglês H. G. J. Moseley estudou em detalhe esses espectros usando técnicas de difração de raios X. Ele verificou que o comprimento de onda correspondente ao pico mais intenso do espectro característico dos raios X de um particular elemento do alvo, chamado de linha K_α, variava com o número atômico Z do elemento (Figura 41.21). Isso contrasta fortemente com o comportamento dos espectros óticos, em que elementos com valores de Z adjacentes revelam espectros completamente diferentes.

Moseley verificou que essa relação poderia ser expressa em termos da freqüência f do raio X por meio de uma fórmula simples, hoje conhecida como *lei de Moseley*:

$$f = (2{,}48 \times 10^{15}\ \text{Hz})\ (Z-1)^2 \qquad (41.29)$$

(lei de Moseley)

A descoberta de Moseley é comparável à da fórmula empírica de Balmer, a Equação (38.8), que fornece os comprimentos de onda do espectro do átomo de hidrogênio.

Mas Moseley foi além dessa relação empírica; ele mostrou como o espectro característico dos raios X poderia ser entendido com base nos níveis de energia existentes nos átomos do alvo. Sua análise se baseou no modelo de Bohr, que foi publicado no mesmo ano. Iremos fazer um pequeno retoque nessa análise usando as idéias sobre estrutura atômica discutidas na Seção 41.4. Inicialmente, lembre que os elétrons da camada *externa* de um átomo são responsáveis pelo espectro ótico. Seus estados excitados correspondem a apenas alguns elétrons-volt acima do estado fundamental. Nas transições dos estados excitados para o estado fundamental, eles geralmente emitem fótons na região visível do espectro.

Em contraste, o espectro característico dos raios X corresponde a transições envolvendo camadas *internas* de

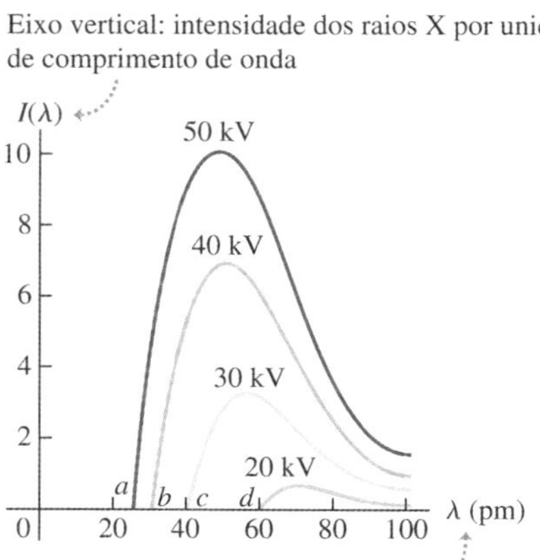

Figura 41.19 Gráficos do espectro contínuo de raios X produzidos por um alvo de tungstênio quando atingido por elétrons acelerados por uma voltagem V_{AC}. As quatro curvas refletem os diferentes valores de V_{AC}; os pontos *a*, *b*, *c* e *d* indicam o comprimento de onda mínimo para cada voltagem.

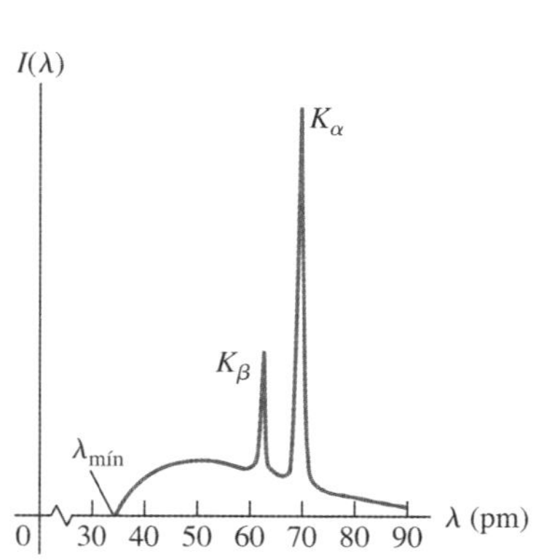

Figura 41.20 Gráficos da intensidade dos raios X por unidade de comprimento de onda em função do comprimento de onda para raios X produzidos por uma voltagem de aceleração de 35 kV e um alvo de molibdênio. A curva é contínua como no caso da Figura 41.19, mas apresenta dois fortes picos superpostos correspondentes ao espectro característico dos raios X desse elemento.

um átomo complexo. Mencionamos esse caso brevemente na Seção 38.7. Em um tubo de raios X, os elétrons podem colidir com o alvo com energia suficiente para excitar elétrons das camadas internas dos átomos do alvo. Esses elétrons internos estão muito mais próximos do núcleo do que os elétrons das camadas externas; eles estão muito mais fortemente ligados e centenas ou milhares de elétrons-volt são necessários para removê-los.

Suponha que um elétron seja retirado da camada *K*. Esse processo produz uma vacância de energia geralmente chamada de *buraco*. (O outro elétron permanece na camada *K*.) O buraco pode a seguir ser preenchido por um elétron proveniente de camadas externas, tais como as camadas *L*, *M*, *N*... Essa transição é acompanhada por uma diminuição da energia do átomo, e um fóton de raio X é emitido com uma energia igual a essa diminuição de energia. Cada estado tem uma energia definida, logo, o raio X emitido possui um comprimento de onda definido; o espectro de emissão é, portanto, um *espectro de linhas*.

Podemos estimar a energia e a freqüência de um fóton de raio X da linha K_α usando o conceito de *blindagem*. Um fóton de raio X da linha K_α é emitido quando um elétron da camada L ($n = 2$) cai para preencher um buraco da camada K ($n = 1$). À medida que o elétron cai, ele é atraído pelo núcleo blindado pelo elétron que permaneceu na camada *K*. Portanto, podemos aproximar a energia usando a Equação (41.27) com $Z_{ef} = Z - 1$, $n_i = 2$ e $n_f = 1$. A energia antes da transição é

$$E_i \approx -\frac{(Z-1)^2}{2^2}(13{,}6\text{ eV}) = -(Z-1)^2(3{,}4\text{ eV})$$

e a energia depois da transição é

$$E_f \approx -\frac{(Z-1)^2}{1^2}(13{,}6\text{ eV}) = -(Z-1)^2(13{,}6\text{ eV})$$

A energia do fóton de raio X da linha K_α é dada por $E_{K\alpha} = E_i - E_f \approx (Z-1)^2(-3{,}4\text{ eV} + 13{,}6\text{ eV})$. Ou seja,

$$E_{K\alpha} \approx (Z-1)^2(10{,}2\text{ eV}) \qquad (41.30)$$

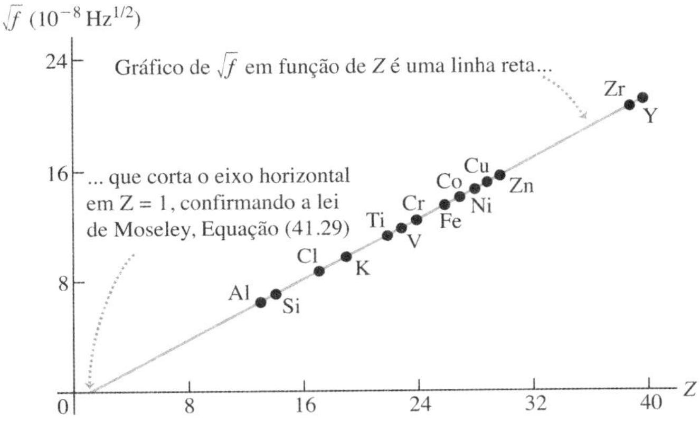

Figura 41.21 Raiz quadrada das freqüências medidas por Moseley para 14 elementos da linha K_α.

A freqüência de qualquer fóton é dada por sua energia dividida pela constante de Planck, logo,

$$f = \frac{E}{h} \approx \frac{(Z-1)^2(10{,}2\text{ eV})}{4{,}136 \times 10^{-15}\text{ eV}\cdot\text{s}}$$

$$= (2{,}47 \times 10^{15}\text{ Hz})(Z-1)^2$$

Esse resultado concorda quase exatamente com a lei experimental de Moseley, dada pela Equação (41.29). Na verdade, levando em conta a aproximação que fizemos, a concordância é melhor do que se poderia esperar. De qualquer forma, nossos cálculos mostram que a lei de Moseley pode ser entendida com base no conceito de blindagem e de transição entre dois níveis de energia.

O buraco na camada *K* também pode ser preenchido por um elétron proveniente da camada *M* ou da camada *N*, supondo que estas estejam ocupadas. Nessas circunstâncias, os espectros característicos dos raios X de um grande grupo de átomos de elementos puros podem exibir uma série de linhas espectrais, chamada de série *K*, constituída por três linhas, conhecidas como K_α, K_β e K_γ. Essas três linhas resultam de transições nas quais o buraco da camada *K* é preenchido por um elétron proveniente da camada *L*, da camada *M* e da camada *N*, respectivamente. A Figura 41.22 mostra a série *K* do tungstênio ($Z = 74$), do molibdênio ($Z = 42$) e do cobre ($Z = 29$).

Existem outras séries de linhas espectrais dos raios X, chamadas de séries *L*, *M* e *N*, que são produzidas quando o buraco se forma por um elétron retirado da camada *L*, *M* ou *N*, em vez da camada *K*. Os elétrons dessas camadas estão mais afastados do núcleo e não ficam tão fortemente ligados quanto os elétrons da camada *K*. A remoção desses elétrons exige uma energia menor e os fótons que são emitidos quando os buracos dessas camadas são preenchidos possuem energias menores do que no caso da série *K*.

Exemplo 41.9

ANÁLISE QUÍMICA PELA EMISSÃO DE RAIOS X Você mede o comprimento de onda da linha K_α de um elemento desconhecido e obtém o valor 0,0709 nm. Qual é esse elemento?

SOLUÇÃO

IDENTIFICAR: para determinar qual é esse elemento, precisamos saber o seu número atômico *Z*. Podemos descobrir isso por meio da lei de Moseley, que relaciona a freqüência da linha de emissão de raios X de um elemento, K_α, com o número atômico *Z* desse elemento.

PREPARAR: usaremos a relação $f = c/\lambda$ para calcular a freqüência da linha K_α e depois a Equação (41.29) para encontrar o valor correspondente do número atômico *Z*. A seguir, consultaremos a tabela periódica (Apêndice D) para verificar qual elemento possui esse número atômico.

EXECUTAR: a freqüência correspondente é

$$f = \frac{c}{\lambda} = \frac{3{,}0 \times 10^8\text{ m/s}}{0{,}0709 \times 10^{-9}\text{ m}} = 4{,}23 \times 10^{18}\text{ Hz}$$

De acordo com a lei de Moseley,

$$Z = 1 + \sqrt{\frac{f}{2{,}48 \times 10^{15}\ \text{Hz}}} = 1 + \sqrt{\frac{4{,}23 \times 10^{18}\ \text{Hz}}{2{,}48 \times 10^{15}\ \text{Hz}}} = 42{,}3$$

Sabemos que Z deve ser um número inteiro, logo, concluímos que $Z = 42$, o que corresponde ao molibdênio.

AVALIAR: se você está preocupado porque nossos cálculos não resultaram em um número inteiro para Z, lembre-se de que a lei de Moseley é uma relação empírica. Há pequenas variações de um átomo a outro devido às diferenças na estrutura das camadas eletrônicas. Apesar disso, este exemplo dá uma idéia da utilidade da lei de Moseley.

Niels Bohr comentou que foram as observações de Moseley, e não as experiências de espalhamento de partículas alfa de Rutherford, Geiger e Marsden (ver Seção 38.4), que realmente convenceram os físicos de que o átomo consiste em um núcleo positivo cercado por elétrons em movimento. Diferentemente de Bohr ou Rutherford, Moseley não recebeu o Prêmio Nobel por sua importante obra; esses prêmios são dados apenas a cientistas vivos, e Moseley foi morto em combate na Primeira Guerra Mundial.

Espectros de absorção de raios X

Podemos também observar *espectros de absorção* dos raios X. Ao contrário dos espectros da ótica, os comprimentos de onda na absorção geralmente não são iguais aos da emissão, em especial quando os átomos apresentam muitos elétrons e, em conseqüência, espectros de linhas muito complexos. Por exemplo, a linha de emissão K_α resulta de uma transição de um elétron da camada L que passa a ocupar um buraco da camada K. A transição inversa não ocorre em átomos com $Z \geq 10$ porque no estado fundamental do átomo não existe nenhum buraco na camada L. Para ser absorvido, um fóton precisa ter energia suficiente para excitar um elétron até um estado vazio. Uma vez que um estado vazio está somente a alguns elétrons-volt abaixo da banda de energia contínua de elétrons livres, as energias de absorção em átomos com muitos elétrons têm a mesma ordem de grandeza da energia necessária para remover um elétron de sua camada. Experimentalmente, se aumentarmos de forma gradual a voltagem de aceleração e, portanto, a energia do fóton, observaremos aumentos repentinos na absorção quando essas energias mínimas forem atingidas. Esses saltos repentinos na absorção são chamados de *extremidades de absorção* (Figura 41.23).

Os espectros dos raios X característicos fornecem uma ferramenta analítica muito útil. Espectrômetros de raios X instalados em satélites são usados para o estudo da emissão de raios X de átomos altamente excitados em fontes astronômicas distantes. Os espectros de raios X também auxiliam o monitoramento da poluição do ar e o estudo da abundância de diversos elementos nas rochas.

Teste sua compreensão da Seção 41.5 Um feixe de fótons passa através de uma amostra de hidrogênio atômico em temperatura elevada. Em que energia do fóton você esperaria haver uma extremidade de absorção como aquela mostrada na Figura 41.23? (i) 13,60 eV; (ii) 3,40 eV; (iii) 1,51 eV; (iv) todas as anteriores; (v) nenhuma das anteriores. ∎

Resumo

O átomo de hidrogênio: a equação de Schrödinger para o átomo de hidrogênio fornece os mesmos níveis de energias que o modelo de Bohr. Se o núcleo possui uma carga Z_e, surge também um fator Z^2 no numerador da Equação (41.3). Os módulos possíveis do momento angular orbital são dados pela Equação (41.4), e os valores possíveis para o componente z do momento angular orbital são dados pela Equação (41.5). (Veja os exemplos 41.1 e 41.2.)

A probabilidade de que o elétron esteja em um ponto situado a uma distância entre r e $r + dr$ do núcleo é $P(r)\,dr$, dada pela Equação (41.7). As distâncias atômicas são geralmente expressas em unidades de a, a menor distância entre o elétron e o núcleo no modelo de Bohr. (Ver Exemplo 41.3.)

$$E_n = -\frac{1}{(4\pi\epsilon_0)^2}\frac{m_r e^4}{2n^2\hbar^2} = -\frac{13{,}60\ \text{eV}}{n^2} \quad (41.3)$$

(níveis de energia do hidrogênio)

$$L = \sqrt{l(l+1)}\,\hbar \quad (41.4)$$
$$(l = 0, 1, 2 \ldots n-1)$$

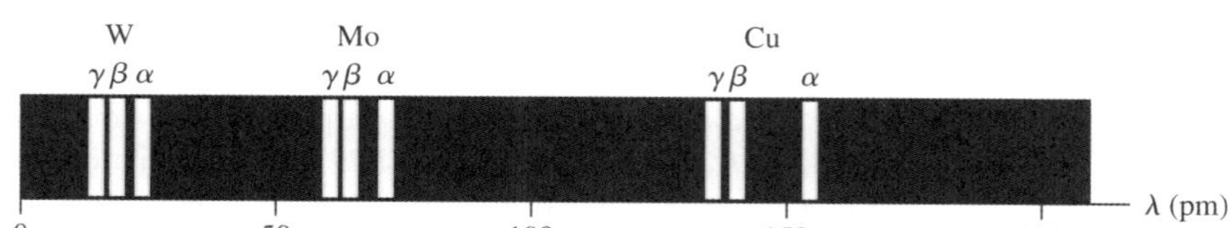

As três linhas em cada série são chamadas de linhas K_α, K_β e K_γ. A linha K_α é produzida pela transição de um elétron da camada L para a vaga aberta na camada K, a linha K_β por um elétron da camada M e a linha K_γ por um elétron da camada N.

Figura 41.22 Comprimentos de onda das linhas K_α, K_β e K_γ do tungstênio, do molibdênio e do cobre.

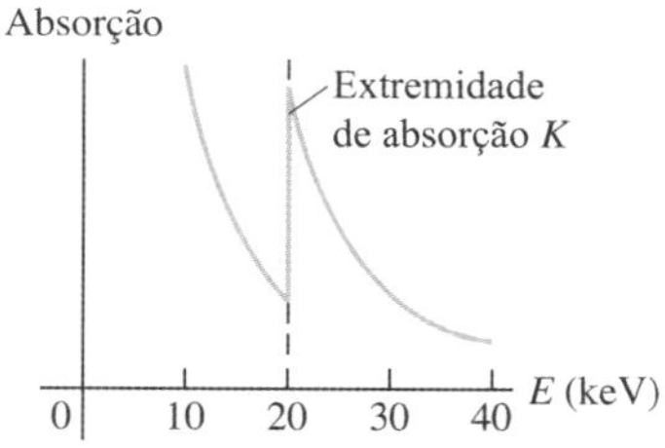

Figura 41.23 Quando um feixe de raios X passa através de uma placa de molibdênio, a extensão em que o feixe é absorvido depende da energia E dos fótons dos raios X. Um forte aumento da absorção ocorre na extremidade de absorção K em 20 keV. Os fótons com energias acima desse valor podem excitar um elétron da camada K até um estado vazio.

$$L_z = m_l\hbar \quad (m_l = 0, \pm 1, \pm 2 \ldots \pm l) \qquad (41.5)$$

$$P(r)\,dr = |\psi|^2\,dV = |\psi|^2\,4\pi r^2\,dr \qquad (41.7)$$

$$a = \frac{\epsilon_0 h^2}{\pi m_r e^2} = \frac{4\pi\epsilon_0\hbar^2}{m_r e^2} = 5{,}29 \times 10^{-11}\ \text{m} \qquad (41.8)$$

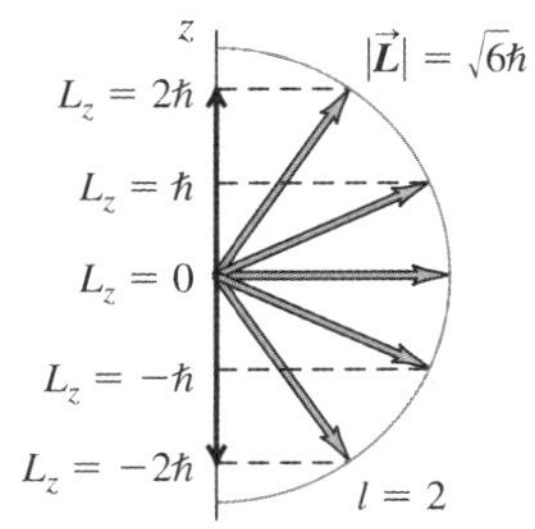

O efeito Zeeman: a energia de interação de um elétron (de massa m) com um número quântico magnético m_l em um campo magnético $\vec{B}$ ao longo do eixo Oz é dada pela Equação (41.17) ou (41.18), onde a grandeza $\mu_B = e\hbar/2m$ é chamada de magneton de Bohr. (Ver Exemplo 41.4.)

$$U = -\mu_z B = m_l \frac{e\hbar}{2m} B = m_l \mu_B B \quad (m_l = 0, \pm 1, \pm 2 \ldots \pm l) \qquad (41.17)\ \text{e}\ (41.18)$$

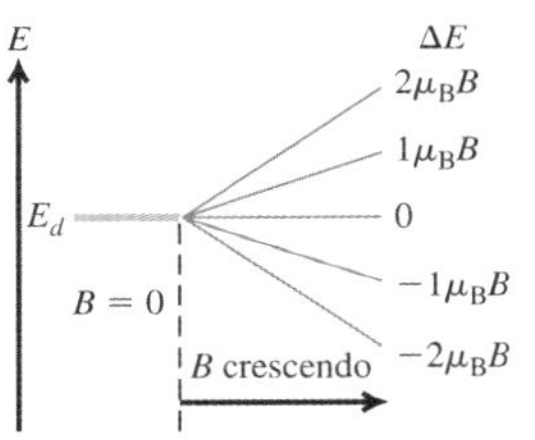

Spin de um elétron: o módulo do momento angular de spin de um elétron é S, dado pela Equação (41.20). Os valores possíveis de seu componente z do momento angular de spin são $S_z = m_s\hbar$, onde $m_s = \pm\frac{1}{2}$. (Ver exemplos 41.5 e 41.6.)

$$S = \sqrt{\frac{1}{2}\left(\frac{1}{2} + 1\right)}\hbar = \sqrt{\frac{3}{4}}\hbar \qquad (41.20)$$

$$S_z = \pm\frac{1}{2}\hbar \qquad (41.19)$$

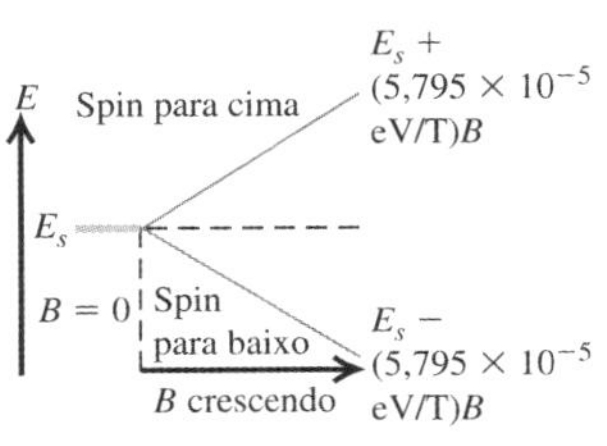

Átomos com muitos elétrons: em um átomo de hidrogênio, há apenas certos valores permitidos para os números quânticos n, l, m_l e m_s do elétron, dados pela Equação (41.26). Em átomos com muitos elétrons, os números quânticos para cada elétron são iguais, mas o nível de energia depende tanto de n quanto de l, em virtude da blindagem, ou seja, do cancelamento parcial do campo do núcleo pelos elétrons das camadas interiores. Se a força efetiva que atrai um elétron é $Z_{ef}e$, as energias dos diversos níveis são aproximadamente dadas pela Equação (41.27). (Ver Exemplos 41.7 e 41.8.)

$$n \geq 1 \qquad 0 \leq l \leq n - 1 \qquad |m_l| \leq l \qquad m_s = \pm\frac{1}{2} \qquad (41.26)$$

$$E_n = -\frac{Z_{ef}^2}{n^2}(13{,}6\ \text{eV})$$

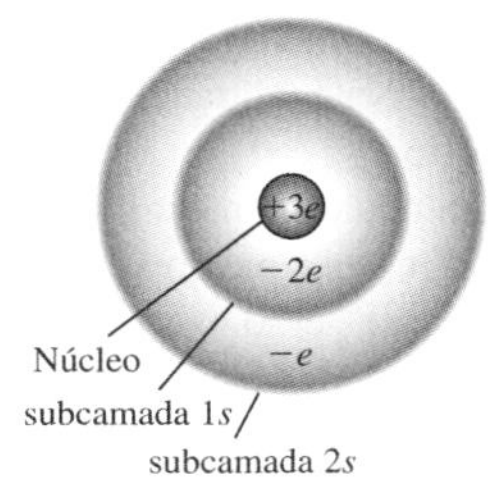

Espectros de raios X: a lei de Moseley afirma que a freqüência de um raio X com a linha K_α proveniente de um alvo com número atômico Z é dada pela Equação (41.29). Os espectros dos raios X característicos resultam de transições para buracos situados em níveis de energia internos. (Ver Exemplo 41.9.)

$$f = (2{,}48 \times 10^{15}\ \text{Hz})(Z - 1)^2 \qquad (41.29)$$

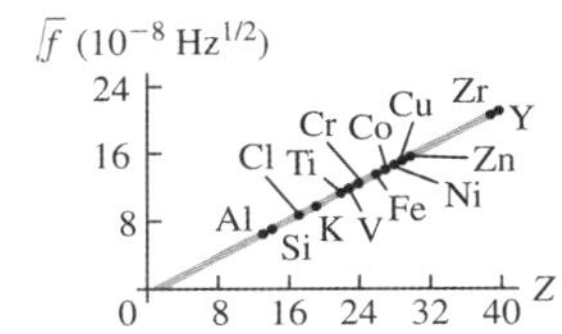

Principais termos

Resposta à Pergunta Inicial do Capítulo

O neônio é inerte porque suas camadas K e L estão preenchidas, enquanto o sódio é bastante reativo porque seu décimo primeiro elétron é fracamente ligado a uma camada M. Ver mais detalhes na Seção 41.1.

Respostas às Perguntas dos Testes de Compreensão

41.1 Resposta: (ii) e (iii) (empate), (i) Um elétron em um estado com número quântico principal n apresenta maior probabilidade de ser encontrado em $r = n^2a$. Isso não depende dos valores dos números quânticos l e m_l. Logo, um elétron com $n = 2$ (com maior probabilidade de ser encontrado em $r = 4a$) apresenta maior probabilidade de ser encontrado próximo a $r = 5a$ do que um elétron com $n = 1$ (encontrado provavelmente em $r = a$).

41.2 Resposta: não Só o que importa é o componente do momento magnético orbital do elétron no sentido do $\vec{B}$, que é chamado de μ_z na Equação (41.14) porque *definimos* o eixo $+z$ como apontando no sentido do $\vec{B}$. Na realidade, os nomes dos eixos são completamente arbitrários.

41.3 Resposta: (iv) Para que o momento magnético esteja perfeitamente alinhado com a direção z, o componente z do vetor momento angular de spin $\vec{S}$ teria de ter o mesmo valor absoluto que $\vec{S}$. Entretanto, os valores possíveis de S_z são $\pm\frac{1}{2}\hbar$ [Equação (41.19)], enquanto o módulo do vetor momento angular de spin é $S = \sqrt{\frac{3}{4}}\,\hbar$ [Equação (41.20)]. Logo, $\vec{S}$ nunca pode estar perfeitamente alinhado com qualquer direção no espaço.

41.4 Resposta: mais difícil Se não existisse o princípio de exclusão, todos os onze elétrons no átomo de sódio estariam no nível de menor energia (o nível $1s$) e a configuração seria $1s^{11}$. Conseqüentemente, seria mais difícil remover o primeiro elétron. (Em um átomo de sódio verdadeiro, o elétron de valência está em um estado blindado $3s$, contando com uma energia comparativamente elevada.)

41.5 Resposta: (iv) Uma extremidade de absorção aparece se a energia do fóton é alta apenas o bastante para remover um elétron em um dado nível de energia do átomo. Em uma amostra de hidrogênio em temperatura elevada esperamos encontrar átomos cujos elétrons estão no nível fundamental ($n = 1$), no primeiro nível excitado ($n = 2$) e no segundo nível excitado ($n = 3$). De acordo com a Equação (41.3), as energias desses níveis são $E_n = (-\,13{,}60 \text{ eV})/n^2 = -\,13{,}60$ eV, $-\,3{,}40$ eV e $-\,1{,}51$ eV (ver Figura 38.9b).

Questões para discussão

Q41.1 As forças gravitacionais desempenham papel importante em estruturas atômicas? Explique.

Q41.2 Quais são as diferenças mais significativas entre o modelo de Bohr do átomo de hidrogênio e a equação de Schrödinger? Quais são as semelhanças?

Q41.3 Em um corpo orbitando ao redor do Sol, como um planeta, um cometa ou um asteróide, existe alguma restrição sobre o componente z de seu momento angular orbital tal como existe sobre o componente z do momento angular orbital do elétron no hidrogênio? Explique.

Q41.4 Por que a análise do átomo de hélio é muito mais complexa do que a análise do átomo de hidrogênio, tanto usando o modelo de Bohr quanto usando a equação de Schrödinger?

Q41.5 A experiência de Stern-Gerlach é sempre realizada com feixes de átomos *neutros*. Não seria mais fácil produzir um feixe de átomos *ionizados*? Por que isso não funcionaria?

Q41.6 a) Se dois elétrons em átomos de hidrogênio têm o mesmo número quântico principal, eles podem ter momentos angulares orbitais diferentes? Como? b) Se dois elétrons em átomos de hidrogênio têm o mesmo número quântico de momento angular orbital, eles podem ter números quânticos principais diferentes? Como?

Q41.7 Na experiência de Stern-Gerlach, por que é essencial usar um campo magnético *não-homogêneo* (ou seja, *não-uniforme*)?

Q41.8 No estado fundamental do átomo de hélio, um elétron deve ter 'spin para cima' e o outro elétron deve ter 'spin para baixo'. Por quê?

Q41.9 Um elétron de um átomo de hidrogênio está em seu nível s, e o átomo se encontra em um campo magnético $\vec{B} = B\hat{k}$. Explique por que o estado com 'spin para cima' ($m_s = +\frac{1}{2}$) possui energia maior do que o estado com 'spin para baixo' ($m_s = -\frac{1}{2}$).

Q41.10 A aproximação de campo central para metais alcalinos é mais precisa do que para os metais de transição tal como o ferro, o níquel ou o cobre. Por quê?

Q41.11 A Tabela 41.3 mostra que, para o potássio no estado fundamental, os elétrons da camada mais externa estão no estado $4s$. O que isso informa a você sobre as energias relativas dos níveis $3d$ e $4s$ desse átomo? Explique.

Q41.12 Um estudante afirma que qualquer camada preenchida deve possuir momento angular total igual a zero e que, portanto, ela deve ser esfericamente simétrica. Você acredita que isso seja verdade? O que dizer sobre uma *subcamada*? Explique.

Q41.13 Por que os elementos de transição (de $Z = 21$ até $Z = 30$) apresentam todos as mesmas propriedades químicas?

Q41.14 Com a ajuda da Tabela 41.3 determine a configuração eletrônica no estado fundamental do átomo de gálio neutro (Ga),bem como dos íons Ga^+ e Ga^-. O número atômico do gálio é 31.

Q41.15 Com base no princípio de exclusão de Pauli, a estrutura da tabela periódica dos elementos indica que deve existir um quarto número quântico além de n, l e m_l. Explique.

Q41.16 Um leve desdobramento das linhas espectrais ocorre mesmo quando os átomos não estão em um campo magnético. Qual é a causa desse fenômeno?

Q41.17 A energia de ionização de um metal alcalino (ou seja, a menor energia necessária para remover um elétron externo quando o átomo está em seu estado fundamental) é da ordem de 4 a 5 eV, enquanto a energia de ionização de um gás nobre é da ordem de 11 a 25 eV. Qual é a razão dessa diferença?

Q41.18 A energia necessária para remover um elétron $3s$ de um átomo de sódio em seu estado fundamental é aproximadamente igual a 5 eV. A energia necessária para remover um elétron adicional do mesmo átomo seria a mesma, maior ou menor do que essa energia? Por quê?

Q41.19 O que é a "aproximação de campo central" e por que ela é apenas uma aproximação?

Q41.20 O núcleo do ouro contém 79 prótons. Como se compara a energia necessária para remover um elétron $1s$ de um átomo de ouro com a energia necessária para remover um elétron do nível fundamental do átomo de hidrogênio? Em que região do espectro eletromagnético se encontraria um fóton que tivesse cada uma dessas energias?

Q41.21 Qual é a distinção básica entre os níveis de energia dos raios X e os níveis de energia comuns?

Q41.22 Um átomo no seu nível fundamental absorve um fóton com energia igual à da extremidade da extremidade de absorção K. A absorção desse fóton ioniza o átomo? Explique.

Q41.23 Pode um átomo de hidrogênio emitir um raio X? Se pode, como é o processo? Se não, por quê?

Exercícios

Seção 41.1 O átomo de hidrogênio

41.1 Um elétron localiza-se no átomo de hidrogênio com $n = 3$. a) Calcule os valores possíveis de L e L_z para esse elétron, em unidades de $\hbar$. b) Para cada valor de L, encontre todos os ângulos possíveis entre L e o eixo Oz.

41.2 Um elétron localiza-se no átomo de hidrogênio com $n = 5$. a) Calcule os valores possíveis de L e L_z para esse elétron, em unidades de $\hbar$. b) Para cada valor de L, encontre todos os ângulos possíveis entre L e o eixo Oz. c) Quais são os valores máximos e mínimos do módulo do ângulo entre L e o eixo Oz?

41.3 O momento angular orbital de um elétron possui módulo igual a $4{,}716 \times 10^{-34}$ kg · m²/s. Qual é o número quântico do momento angular l desse elétron?

41.4 Considere estados com número quântico do momento angular $l = 2$. a) Qual é o maior valor possível de L em unidades de $\hbar$? b) Qual dos dois possui valor maior, L ou o maior valor possível de L_z? c) Para cada valor permitido de L_z qual é o ângulo entre o vetor $\vec{L}$ e o eixo Oz? Como se compara o valor mínimo do ângulo para $l = 2$ com o valor mínimo do ângulo para $l = 3$ calculado no Exemplo 41.2 (Seção 41.2)?

41.5 Calcule, em unidades de $\hbar$, o módulo do momento angular orbital máximo para um elétron em um átomo de hidrogênio em estados com um número quântico principal igual a 2, 20 e 200. Compare cada resultado com o respectivo valor de $n\hbar$ postulado pelo modelo de Bohr. Que tendência você nota?

41.6 a) Faça uma tabela mostrando todos os conjuntos de números quânticos l e m_l possíveis para os estados do elétron no átomo de hidrogênio quando $n = 5$. Quantas combinações existem? Quais são as energias desses estados?

41.7 A Estratégia para a Solução de Problemas 41.1 na Seção 41.1 afirma que o módulo da energia potencial elétrica de um próton e um elétron separados por uma distância de 0,10 nm é igual a 14,4 eV. Verifique essa afirmação.

41.8 a) Qual é a probabilidade de que um elétron seja encontrado no estado 1s do átomo de hidrogênio a uma distância menor do que $a/2$ do núcleo? b) Use os resultados do item (a) e o Exemplo 41.3 (Seção 41.1) para calcular a probabilidade de o elétron ser encontrado a uma distância entre $a/2$ e a do núcleo.

41.9 a) Para a função de onda $\psi(r, \theta, \phi) = R(r)\Theta(\theta)\Phi(\phi)$ onde a função $\Phi(\phi) = Ae^{im_l\phi}$, mostre que $|\psi|^2$ não depende de ϕ. b) Qual deve ser o valor de A para que $\Phi(\phi)$ satisfaça a condição de normalização $\int_0^{2\pi}|\Phi(\phi)|^2 d\phi = 1$?

41.10 Para o átomo de hidrogênio comum, a massa reduzida do sistema elétron e próton é $m_r = 0{,}99946m$, onde m é a massa do elétron (Seção 38.5). Em cada um dos casos seguintes determine o coeficiente numérico de $-1/n^2$ na Equação (41.3) e o nível de energia do fóton emitido na transição do nível $n = 2$ até o nível $n = 1$. a) Um átomo de hidrogênio, supondo que a massa do núcleo seja infinita, de modo que $m_r = m$. b) Um positrônio (Seção 38.5), em que $m_r = m/2$, exatamente. c) Um muônio, um átomo constituído por um múon e um próton (veja o Problema 38.59), em que $m_r = 185{,}8m$.

41.11 Calcule o valor numérico de a na Equação (41.8) para a) um átomo de hidrogênio, supondo que a massa do núcleo seja infinita, de modo que $m_r = m$; b) um positrônio (Seção 38.5), em que $m_r = m/2$, exatamente; c) um muônio, um átomo constituído por um múon e um próton (veja o Problema 38.59), em que $m_r = 185{,}8m$. Para o item (a), a se transforma em a_0, o raio de Bohr.

41.12 Mostre que $\Phi(\phi) = e^{im_l\phi} = \Phi(\phi + 2\pi)$ (ou seja, mostre que $\Phi(\phi)$ é periódica com período igual a 2π) se e somente se m_l possuir valores restritos a 0, $\pm$ 1, $\pm$ 2 ... (*Sugestão*: de acordo com a fórmula de Euler, temos $e^{i\phi} = \cos\phi + i \operatorname{sen}\phi$.)

41.13 No Exemplo 41.3 (Seção 41.1), complete os detalhes omitidos para mostrar que $P = 1 - 5e^{-2}$.

Seção 41.2 O efeito Zeeman

41.14 Um átomo de hidrogênio está no estado d. Na ausência de campo magnético externo, os estados com valores diferentes de m_l possuem (aproximadamente) a mesma energia. Considere a interação do campo magnético com o momento de dipolo magnético orbital do átomo. a) Calcule em elétrons-volt o desdobramento dos níveis m_l quando o átomo é colocado em um campo magnético de 0,400 T na direção z. b) Qual é o nível m_l que possui a energia mais baixa? c) Faça um diagrama dos níveis de energia d com e sem o campo magnético.

41.15 Um átomo de hidrogênio no estado 5g é colocado em um campo magnético de 0,600 T situado na direção z. a) Em quantos níveis o estado se desdobra por causa da interação do campo magnético com o momento de dipolo magnético orbital do átomo? b) Qual é a diferença de energia entre dois níveis adjacentes? c) Qual é a diferença de energia entre o nível mais elevado e o nível mais baixo?

41.16 Um átomo de hidrogênio passa por uma transição de um estado 2p para o estado fundamental 1s. Na ausência de um campo magnético, a energia do fóton emitida é 122 nm. O átomo é então colocado em um campo magnético forte na direção do eixo Oz. Despreze os efeitos de spin; considere apenas a interação do campo magnético com o momento magnético orbital do átomo. a) Quantos comprimentos de onda de fóton diferentes são observados na transição 2$p \rightarrow$ 1s? Quais são os valores de m_l para os estados inicial e final de uma transição que produz cada comprimento de onda do fóton? b) Um comprimento de onda observado é exatamente o mesmo com ou sem campo magnético. Quais são os valores inicial e final de m_l para uma transição que produz um fóton com esse comprimento de onda? c) Um comprimento de onda observado com o campo é maior do que o comprimento de onda sem o campo. Quais são os valores inicial e final de m_l para uma transição que produz um fóton com esse comprimento de onda? d) Repita a parte (c) para o comprimento de onda que é menor do que o comprimento de onda na ausência do campo.

41.17 Um átomo de hidrogênio no estado 3p é colocado em um campo magnético uniforme $\vec{B}$. Considere a interação do campo magnético com o momento de dipolo magnético orbital do átomo. a) Qual é o módulo do campo magnético $\vec{B}$ necessário para desdobrar o estado 3p em muitos níveis com uma diferença de energia entre dois níveis adjacentes igual a $2{,}71 \times 10^{-5}$ eV? b) Quantos níveis existiriam?

Seção 41.3 Spin do elétron

41.18 Um átomo de hidrogênio no estado $n = 1$, $m_s = -\frac{1}{2}$ é colocado em um campo magnético com módulo igual a 0,480 T situado na direção z. a) Calcule a energia (em elétrons-volt) da interação magnética do elétron com o campo. b) Existe alguma interação magnética entre o campo magnético e o momento de dipolo magnético orbital nesse estado? Explique. c) Pode existir uma interação com o momento de dipolo magnético orbital para $n \neq 1$?

41.19 Calcule a diferença de energia entre o nível $m_s = \frac{1}{2}$ ('spin para cima') e o nível $m_s = \frac{1}{2}$ ('spin para baixo') para o átomo de hidrogênio no estado 1s quando ele é colocado em um campo magnético com módulo igual a 1,45 T situado no sentido *negativo* do eixo z. Qual é o nível, $m_s = \frac{1}{2}$ ou $m_s = -\frac{1}{2}$, com energia mais baixa?

41.20 Faça uma lista das possíveis combinações de l e j para o átomo de hidrogênio no nível $n = 3$.

41.21 Verifica-se que um átomo de hidrogênio em um estado com um determinado momento angular orbital possui números quânticos j iguais a $\frac{7}{2}$ e $\frac{9}{2}$. Qual é a letra correspondente ao valor de l para o estado?

41.22 A interação hiperfina no átomo de hidrogênio entre o momento de dipolo magnético do próton e o momento de dipolo magnético de spin do elétron produz o desdobramento do nível fundamental em dois níveis separados por $5{,}9 \times 10^{-6}$ eV. a) Calcule o comprimento de onda e a freqüência do fóton emitido quando o átomo faz uma transição entre esses estados e compare sua resposta com o valor dado no final da Seção 41.3. Em que parte do espectro eletromagnético o fóton se situa? Tais fótons são emitidos por nuvens de hidrogênio frias do espaço interestelar; ao detectar esses fótons, os astrônomos são capazes de calcular o número e a densidade de tais nuvens. b) Calcule o campo magnético efetivo que atua sobre o elétron nesses estados (veja a Figura 41.4). Compare seu resultado com o campo magnético efetivo produzido pelo acoplamento spin-órbita calculado no Exemplo 41.6.

41.23 **Modelo clássico do spin do elétron.** a) Se você imaginar o elétron como uma esfera clássica com raio igual a $1{,}0 \times 10^{-17}$ m, qual será a velocidade angular necessária para produzir um momento angular de spin de módulo igual a $\sqrt{\frac{3}{4}}\hbar$? b) Use $\upsilon = r\omega$ e o resultado do item (a) para calcular o módulo da velocidade υ no equador do elétron. O que seu resultado informa sobre a validade desse modelo?

Seção 41.4 Átomos com muitos elétrons e princípio de exclusão

41.24 Para o germânio (Ge, $Z = 32$), faça uma lista do número de elétrons de cada subcamada ($1s$, $2s$, $2p$...). Use os valores permitidos dos números quânticos e o princípio de exclusão; *não* consulte a Tabela 41.3.

41.25 Faça uma lista dos quatro números quânticos n, l, m_l e m_s para cada um dos dez elétrons no estado fundamental do átomo de neônio. *Não* consulte a Tabela 41.2 nem a Tabela 41.3.

41.26 Para o magnésio, a primeira energia de ionização é 7,6 eV. A segunda energia de ionização (energia adicional necessária para remover um segundo elétron) é 15 eV, e a terceira energia de ionização é bem maior, cerca de 80 eV. Como esses números são explicados?

41.27 Um elétron $5s$ no rubídio (Rb) sofre a ação de uma carga efetiva igual a $2{,}771e$. Calcule a energia de ionização desse elétron.

41.28 As energias dos níveis $4s$, $4p$ e $4d$ do potássio são dadas no Exemplo 41.8 (Seção 41.4). Calcule Z_{ef} para cada estado. Que tendência seus resultados mostram? Como explicar essa tendência?

41.29 a) O íon com carga dupla N^{2+} é formado removendo-se dois elétrons do átomo de nitrogênio. Qual é a configuração eletrônica do estado fundamental do íon N^{2+}? b) Estime a energia do nível menos fortemente ligado da camada L do N^{2+}. c) O íon com carga dupla P^{2+} é formado removendo-se dois elétrons do átomo de fósforo. Qual é a configuração eletrônica do estado fundamental do íon P^{2+}? d) Estime a energia do nível menos fortemente ligado da camada M do P^{2+}.

41.30 a) A energia do estado $2s$ do lítio é – 5,391 eV. Calcule o valor de Z_{ef} para esse estado. b) A energia do estado $4s$ do potássio é −4,339 eV. Calcule o valor de Z_{ef} para esse estado. c) Compare Z_{ef} do estado $2s$ do lítio com o estado $3s$ do sódio (Exemplo 41.8, Seção 41.4) e com o estado $4s$ do potássio. Que tendência seus resultados mostram? Como explicar essa tendência?

41.31 Estime a energia do estado l mais elevado para a) a camada L do Be^+; b) a camada N do Ca^+.

Seção 41.5 Espectro de raios X

41.32 Uma linha K_α do raio X emitido por uma amostra possui uma energia igual a 7,46 keV. De qual elemento a amostra é constituída?

41.33 Calcule a freqüência, a energia (em keV) e o comprimento de onda da linha K_α do raio X emitido pelos elementos a) cálcio (Ca, $Z = 20$); b) cobalto (Co, $Z = 27$) e c) cádmio (Cd, $Z = 48$).

Problemas

41.34 a) Qual é a menor energia possível (em elétrons-volt) de um elétron no hidrogênio se o seu momento angular orbital é $\sqrt{12}\,\hbar$? b) Quais são os maiores e menores valores do componente z do momento angular orbital (em termos de $\hbar$) do elétron na parte (a)? c) Quais são os maiores e menores valores do momento angular de spin (em termos de $\hbar$) do elétron na parte (a)? d) Quais são os maiores e menores valores do momento angular orbital (em termos de $\hbar$) de um elétron na camada M do hidrogênio?

41.35 Considere que um elétron no hidrogênio tenha uma energia total de −0,5440 eV. a) Quais são os valores possíveis de seu momento angular orbital (em termos de $\hbar$)? b) Que comprimento de onda da luz seria necessário para excitar esse elétron até sua próxima camada mais elevada? Esse fóton é visível para os seres humanos?

41.36 a) Mostre todos os estados diferentes de um elétron na camada N do hidrogênio. Inclua todos os quatro números quânticos. b) Para um elétron f na camada N, qual é o maior momento angular orbital possível e o maior valor positivo para o componente desse momento angular ao longo de qualquer direção escolhida (o eixo Oz)? Qual é o módulo desse momento angular de spin? Expresse essas grandezas em unidades de $\hbar$. c) Para um elétron no estado d da camada N, quais são os ângulos máximo e mínimo entre seu vetor momento angular e qualquer direção escolhida (o eixo Oz)? d) Qual é o maior valor do momento angular orbital para um elétron f na camada M?

41.37 a) A energia de um elétron no estado $4s$ do sódio é −1,947 eV. Qual é a carga total efetiva do núcleo 'vista' por esse elétron? Em média, quantos elétrons blindam o núcleo? b) Para um elétron externo no estado $4p$ do potássio, uma média de 17,2 elétrons internos blindam o núcleo. (i) Qual é a carga total efetiva do núcleo 'vista' por esse elétron externo? (ii) Qual é a energia desse elétron externo?

41.38 Para um átomo de hidrogênio, a probabilidade $P(r)$ de encontrar o elétron no interior de uma camada esférica de raio interno r e raio externo $r + dr$ é dada pela Equação (41.7). Para um átomo de hidrogênio no estado fundamental $1s$, em que valor de r a probabilidade $P(r)$ atinge seu valor máximo? Como seu resultado se compara com a distância entre o elétron e o núcleo no estado $n = 1$ no modelo de Bohr indicado pela Equação (41.8)?

41.39 Considere um átomo de hidrogênio no estado $1s$. a) Em que valor de r a energia potencial $U(r)$ torna-se igual à energia total E? Expresse sua resposta em termos de a. Esse valor de r é chamado de *ponto de inversão clássico*, porque nesse ponto uma partícula newtoniana pára momentaneamente e inverte seu sentido. b) Para um valor de r maior do que o valor do ponto de inversão clássico, $U(r) > E$. Classicamente, a partícula não pode estar nessa região, porque a energia cinética não pode ser negativa. Calcule a probabilidade de o elétron ser encontrado nessa região proibida pela física clássica.

41.40 **Átomos de Rydberg.** Um átomo de Rydberg é aquele cujos elétrons da camada externa estão em um estado excitado com número quântico principal muito grande. Os átomos de Rydberg foram produzidos em laboratório e também detectados no espaço interestelar. a) Por que todos os átomos de Rydberg neutros com o mesmo valor de n possuem essencialmente a mesma energia de ionização, que é independente do número total de elétrons no átomo? b) Qual é a energia de ionização de um átomo de Rydberg com número quântico principal igual a 350? Qual é o raio do modelo de Bohr de um elétron em órbita no átomo de Rydberg? c) Repita o item (b) para $n = 650$.

41.41 A função de onda para o átomo de hidrogênio no estado $2s$ é dada por

$$\psi_{2s}(r) = \frac{1}{\sqrt{32\pi a^3}}\left(2 - \frac{r}{a}\right)e^{-r/2a}$$

a) Mostre que essa função de onda é normalizada. b) No modelo de Bohr, a distância entre o elétron e o núcleo no estado $2s$ é exatamente igual a $4a$. Calcule a probabilidade de que um elétron no estado $2s$ seja encontrado a uma distância em relação ao núcleo menor do que $4a$.

41.42 A função de onda normalizada de um átomo de hidrogênio no estado $2s$ é dada no Problema 41.41. a) Para um átomo de hidrogênio no estado $2s$, em que valor de r a probabilidade $P(r)$ é máxima? Como seu resultado se compara com $4a$ — a distância entre o elétron e o núcleo para o estado $n = 2$ no modelo de Bohr? b) Para qual valor de r (além de $r = 0$ ou $r = \infty$) $P(r)$ é igual a zero, de modo que a probabilidade de encontrar o elétron nessa distância em relação ao núcleo é igual a zero? Compare seu resultado com a Figura 41.5.

41.43 Para um estado excitado do átomo de hidrogênio, mostre que o menor ângulo que o momento angular orbital $\vec{L}$ pode formar com o eixo Oz é dado por

$$(\theta_L)_{\text{mín}} = \arccos\left(\frac{n-1}{\sqrt{n(n-1)}}\right)$$

b) Qual é a expressão correspondente do maior ângulo que o momento angular orbital $\vec{L}$ pode formar com o eixo Oz?

41.44 a) Quando conhecemos L_z, não podemos determinar nem L_x nem L_y com precisão. Apesar disso, podemos determinar com precisão o valor da grandeza $\sqrt{L_x^2 + L_y^2}$. Escreva uma expressão para essa grandeza em termos de l, m_l e $\hbar$. b) Qual é o significado de $\sqrt{L_x^2 + L_y^2}$? c) Para um estado com momento angular orbital diferente de zero, determine o valor máximo e o valor mínimo da grandeza $\sqrt{L_x^2 + L_y^2}$?. Explique seus resultados.

41.45 A função de onda radial normalizada, Equação (41.2), para o estado $2p$ do átomo de hidrogênio é $R_{2p} = (1/\sqrt{24a^5})re^{-r/2a}$. Depois de fazermos a média das variáveis angulares, a função de probabilidade radial torna-se $P(r)\,dr = (R_{2p})^2r^2\,dr$. Em que valor de r a função $P(r)$ é um máximo para o estado $2p$? Compare seus resultados com o raio do estado $n = 2$ no modelo de Bohr.

41.46 Experiência de Stern-Gerlach. Em uma experiência de Stern-Gerlach, a força de desvio sobre o átomo é $F_z = -\mu_z\,(dB_z/dz)$, onde μ_z é dado pela Equação (41.22) e dB_z/dz é o gradiente do campo magnético. Em uma experiência na qual a região do campo magnético apresenta 50 cm de comprimento, suponha que o gradiente do campo magnético seja constante nessa região. Um feixe de átomos de prata entra no campo magnético com uma velocidade de 525 m/s. Que valor de dB_z/dz é necessário para resultar em uma separação de 1 mm entre os dois componentes do momento angular de spin ao saírem do campo? (*Nota*: o momento dipolo magnético da prata é igual ao do hidrogênio, já que seu elétron de valência encontra-se em um estado $l = 0$.)

41.47 Considere a transição do estado $3d$ para o estado $2p$ do átomo de hidrogênio na presença de um campo magnético. Suponha que os efeitos de spin possam ser desprezados (quando, na realidade, não podem), de modo que o campo magnético interaja apenas com o campo oriundo do momento angular orbital. Identifique cada transição permitida pelos valores iniciais e finais de m_l. Para cada uma dessas transições permitidas, determine o deslocamento da energia de transição em relação ao valor da energia de transição na ausência do campo magnético, e mostre que existem três valores diferentes para a energia de transição.

41.48 Um átomo em um estado $3d$ emite um fóton de comprimento de onda 475,082 nm quando sofre decaimento até um estado $2s$. a) Qual é a energia (em elétrons-volt) do fóton emitido nessa transição? b) Use as regras de seleção descritas na Seção 41.2 para encontrar as transições permitidas se o átomo está agora em um campo magnético externo de 3,500 T. Ignore os efeitos de spin do elétron. c) No caso da parte (b), se a energia do estado $3d$ fosse originalmente – 8,50000 eV sem campo magnético presente, qual seriam as energias dos estados em que ele se desdobraria no campo magnético? d) Quais são os comprimentos de onda permitidos da luz emitida durante a transição da parte (b)?

41.49 Análise espectral. Ao estudar o espectro de uma nuvem de gás no espaço, uma astrônoma encontra uma linha espectral resultante de uma transição de um estado p para um estado s. Ela descobre que uma linha em 575,050 nm se desdobrou em três linhas, com uma distância entre as linhas adjacentes de 0,0462 nm, o que indica que o gás está no campo magnético externo. (Despreze os efeitos de spin de um elétron.) Qual é a força do campo magnético externo?

41.50 Um átomo de hidrogênio faz uma transição do estado $n = 3$ para o estado $n = 2$ (a linha H_α da série de Balmer) na presença de um campo magnético de 1,40 T orientado ao longo do eixo Oz. a) O número quântico magnético é $m_l = 2$ no estado inicial ($n = 3$) e $m_l = 1$ no estado final ($n = 2$); qual é o deslocamento da energia de transição em relação ao valor na ausência do campo magnético? b) Qual é o deslocamento correspondente do comprimento de onda em relação ao valor na ausência do campo magnético? O comprimento de onda aumenta ou diminui? Suponha que os efeitos de spin possam ser desprezados. (*Sugestão*: use o resultado do Problema 39.56c.)

41.51 Colocamos na presença de um campo magnético orientado ao longo do eixo Oz um grande número de átomos de hidrogênio ocupando estados $1s$. Suponha que os átomos estejam em equilíbrio térmico na temperatura ambiente $T = 300$ K. De acordo com a distribuição de Boltzmann (Seção 38.6), qual é a razão entre o número de átomos no estado $m_s = \frac{1}{2}$ e o número de átomos no estado $m_s = -\frac{1}{2}$ quando o módulo do campo magnético é a) igual a $5{,}00 \times 10^{-5}$ T (aproximadamente igual ao campo magnético da Terra)?; b) 0,500 T?; c) 5,00 T?

41.52 Campo magnético efetivo. Um elétron em um átomo de hidrogênio está no estado $2p$. Em um modelo simples do átomo, suponha que o elétron gire ao redor do próton em uma órbita de raio r igual ao raio do modelo de Bohr para $n = 2$. Suponha que a velocidade v do elétron em órbita possa ser calculada estabelecendo-se que $L = mvr$ e que L tenha o valor mecânico-quântico para um estado $2p$. Na estrutura do elétron, o próton apresenta um raio de órbita r e uma velocidade v. Modele o próton em órbita como uma espira circular de corrente e calcule o campo magnético que ele produz no lugar do elétron.

41.53 Universo estranho. Em outro universo, o elétron é uma partícula com spin igual a $-\frac{3}{2}$ em vez de igual a $-\frac{1}{2}$. Todas as outras leis e fenômenos físicos são iguais aos do nosso universo. Nesse universo, a) quais são os números atômicos dos dois gases inertes mais leves? b) Qual é a configuração do elétron do estado fundamental do sódio?

41.54 Para um íon com um núcleo de carga Z e um único elétron na camada externa, a energia potencial elétrica é dada por $-Ze^2/4\pi\epsilon_0 r$ e a expressão para as energias dos estados e para as funções de onda normalizadas é obtida substituindo-se e^2 por Ze^2 nas expressões correspondentes do átomo de hidrogênio. Considere o íon N^{6+}, ou seja, um átomo de nitrogênio com seis prótons e apenas um elétron na camada externa. a) Qual é a energia do estado fundamental em elétrons-volt? b) Qual é a energia de ionização, ou seja, a energia necessária para remover o único elétron do íon N^{6+} quando ele está inicialmente no estado fundamental? c) Qual é distância a correspondente à distância indicada pela Equação (41.8) para o átomo de hidrogênio? d) Qual é o comprimento de onda do fóton emitido quando o íon N^{6+} sofre uma transição do estado $n = 2$ para o estado fundamental $n = 1$?

41.55 Um átomo de hidrogênio no estado $n = 2$, $l = 1$, $m_l = -1$ emite um fóton quando decai para o estado fundamental $n = 1$, $l = 0$, $m_l = 0$. a) Na ausência de um campo magnético, qual é o comprimento de onda desse fóton? b) Quando o átomo está na presença de um campo magnético orientado ao longo do eixo Oz com módulo igual a 2,20 T, qual é o deslocamento do comprimento de onda em relação ao valor na ausência do campo magnético? O efeito do campo magnético faz o comprimento de onda aumentar ou diminuir? Suponha que os efeitos de spin possam ser desprezados. (*Sugestão*: use o resultado do Problema 39.56c.)

41.56 A configuração eletrônica do estado fundamental $^2S_{1/2}$ de um átomo de lítio com três elétrons é $1s^22s$. O estado excitado $1s^22p$ se desdobra em dois níveis muito próximos, $^2P_{3/2}$ e $^2P_{1/2}$, em virtude da interação spin-órbita (veja o Exemplo 41.6 na Seção 41.3). Um fóton de comprimento de onda igual a 67,09608 μm é emitido na transição $^2P_{3/2} \rightarrow {}^2S_{1/2}$, e um fóton de comprimento de onda igual a 67,09761 μm é emitido na transição $^2P_{1/2} \rightarrow {}^2S_{1/2}$. Calcule o campo magnético efetivo que atua sobre o elétron no estado $1s^22p$ do átomo de lítio. Como seu resultado se compara com o obtido no Exemplo 41.6 para o nível $3p$ do átomo de sódio?

41.57 Estime os comprimentos de onda máximo e mínimo do raio X característico emitido pelo a) vanádio ($Z = 23$); b) rênio ($Z = 45$). Justifique qualquer aproximação que você tenha feito.

41.58 Ressonância de spin. Elétrons no estado com spin de menor energia podem absorver um fóton com uma freqüência exatamente suficiente para efetuarem uma transição para o estado com spin mais elevado. a) Calcule o módulo B do campo magnético necessário para essa transição induzida por microondas de comprimento de onda λ em átomos de hidrogênio no estado $n = 1$, $l = 0$. b) Calcule o valor de B para um comprimento de onda igual a 3,50 cm.

41.59 Mostre que o número total de estados quânticos de um átomo (inclusive os estados de spin) na camada de número quântico n é igual a $2n^2$. (*Sugestão*: a soma dos N primeiros números inteiros $1 + 2 + 3 ... + N = N(N + 1)/2$.) b) Qual é a camada que possui cinqüenta estados?

41.60 a) Se o momento angular intrínseco de spin S da Terra tivesse os mesmos limites que os do elétron, qual seria a velocidade angular de spin de nosso planeta ao redor de seu eixo? Para simplificar os cálculos sem prejudicar a racionalidade da resposta, suponha que a Terra seja uniforme. b) Poderíamos, em princípio, usar o método da parte (a) para determinar a velocidade angular de spin do elétron? Por quê?

Problemas desafiadores

41.61 Existem $2N$ elétrons (com massa m) que podem se mover ao longo do eixo Ox. A energia potencial de cada elétron é dada por $U(x) = \frac{1}{2}k'x^2$, onde k' é uma constante positiva. As interações elétricas e magnéticas entre os elétrons podem ser desprezadas. Use o princípio de exclusão para mostrar que a energia mínima desse sistema de $2N$ elétrons é dada por $\hbar N^2\sqrt{k'/m}$. (*Sugestão*: veja a Seção 40.4 e a sugestão dada no Problema 41.59.)

41.62 Considere um modelo simples do átomo de hélio no qual dois elétrons, cada um deles com massa m, giram em torno do núcleo (carga $+2e$) na mesma órbita circular. Cada elétron possui momento angular orbital $\hbar$ (ou seja, o raio da órbita de menor valor no modelo de Bohr). Suponha que os efeitos de spin possam ser desprezados. a) Determine o raio da órbita e a velocidade orbital de cada elétron. (*Sugestão*: siga o procedimento usado na Seção 38.5 para deduzir as equações (38.12) e (38.13). Cada elétron sofre a ação de uma força de atração do núcleo e de uma força de repulsão do outro elétron.) b) Qual é a energia cinética total dos elétrons? c) Qual é a energia potencial do sistema (o núcleo e os dois elétrons?) d) Nesse modelo, qual é a energia necessária para remover ambos os elétrons afastando-os até o infinito? Como isso se compara com o valor experimental de 79 eV?

41.63 Repita o cálculo do Problema 41.39 para um íon com carga nuclear Z e com um único elétron na camada externa (veja o Problema 41.54). Como a probabilidade de encontrar o elétron na região proibida pela física clássica depende de Z?

MOLÉCULAS E MATÉRIA CONDENSADA

42

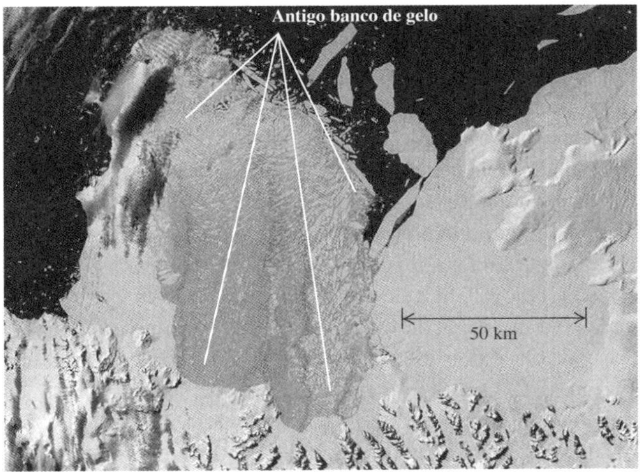

Em 2002, na Antártida, um banco de gelo de 10 000 anos de idade e cerca de quatro mil quilômetros quadrados desmoronou em reação ao aumento de temperatura no verão. Que propriedade das moléculas de dióxido de carbono em nossa atmosfera as torna um poderoso agente desencadeador do aumento de temperaturas no mundo todo (o chamado 'aquecimento global')?

OBJETIVOS DE APRENDIZAGEM

Ao estudar este capítulo, você aprenderá:

- Os diversos tipos de ligações que mantêm os átomos unidos.
- Como as dinâmicas de rotação e vibração das moléculas são reveladas pelos espectros moleculares.
- Como e por que os átomos formam estruturas cristalinas.
- A usar o conceito de banda de energia para explicar as propriedades elétricas dos sólidos.
- Um modelo simples para metais que explica muitas de suas propriedades físicas.
- Como o caráter de um semicondutor pode ser radicalmente transformado pela adição de pequenas quantidades de uma impureza.
- Algumas aplicações tecnológicas de dispositivos semicondutores.
- Por que certos materiais se tornam supercondutores a baixas temperaturas.

No Capítulo 41, discutimos a estrutura e as propriedades dos átomos isolados. Entretanto, tais átomos são exceções; geralmente encontramos átomos agrupados que constituem moléculas ou que formam estruturas mais complexas que chamamos de matéria condensada (líquida ou sólida). São as forças de atração entre os átomos, denominadas ligações moleculares, que determinam os agrupamentos desses átomos. Neste capítulo estudaremos diversos tipos de ligações, assim como os níveis de energia e os espectros associados às moléculas diatômicas. Veremos que, assim como os átomos possuem energias quantizadas determinadas pelo estado mecânico-quântico de seus elétrons, as moléculas apresentam energias quantizadas determinadas por seus estados rotacional e vibracional.

Os mesmos princípios que se aplicam ao estudo das ligações moleculares se aplicam à matéria condensada, na qual ocorrem vários tipos de ligações. Vamos explorar o conceito de bandas de energia e mostrar como ele ajuda a entender as propriedades dos sólidos. A seguir, analisaremos em detalhe as propriedades de uma classe especial de sólidos, os semicondutores. Dispositivos contendo semicondutores existem em muitos aparelhos modernos, tais como rádios, TV, calculadoras e computadores; eles foram responsáveis por uma revolução em todas as partes da eletrônica na última metade do século XX.

42.1 Tipos de ligações moleculares

Podemos usar o que estudamos sobre estrutura atômica no Capítulo 41 como base para explorar a natureza das *ligações moleculares* — as interações que possibilitam a aglutinação dos átomos para formar estruturas estáveis, tais como moléculas e sólidos.

Ligação iônica

A **ligação iônica** é uma interação entre átomos *ionizados* que possuem cargas com sinais contrários. O exemplo mais familiar é o cloreto de sódio (NaCl), no qual o átomo de sódio fornece um elétron 3*s* para o átomo de cloro, completando a vacância na subcamada 3*p* do cloro.

Vamos examinar o equilíbrio de energia nessa ligação. Para remover um elétron $3s$ do átomo neutro de sódio, precisamos de uma energia igual a 5,138 eV; esse valor é chamado de *energia de ionização* ou *potencial de ionização* do sódio. O átomo neutro de cloro pode atrair um elétron extra para a vacância na subcamada $3p$ que está blindada de modo incompleto pelos outros elétrons e, portanto, é atraído para o núcleo. Esse estado possui uma energia 3,613 eV mais baixa do que a energia potencial do átomo neutro de cloro e de um elétron situado a uma distância muito grande do núcleo; dizemos que 3,613 eV é o módulo da *afinidade eletrônica* do cloro. Portanto, a criação de íons muito afastados, Na^+ e Cl^-, exige um investimento de energia de 5,138 eV – 3,613 eV = 1,525 eV. Quando os dois íons de cargas com sinais contrários se aproximam pela ação da atração mútua até uma distância de equilíbrio, o módulo de sua energia potencial negativa depende do valor da distância entre os íons. Esse processo, por sua vez, é limitado pelo princípio da exclusão, que proíbe uma grande superposição das nuvens eletrônicas dos dois íons. À medida que a distância diminui em virtude do princípio da exclusão, as nuvens eletrônicas dos íons sofrem uma distorção e eles deixam de interagir como cargas puntiformes e, por fim, começam a se repelir (Figura 42.1).

Verifica-se que a energia potencial mínima do NaCl é igual a –5,7 eV quando a distância entre os íons é igual a 0,24 nm. A energia líquida necessária para criar os íons e mantê-los na posição de equilíbrio na qual a distância entre eles é 0,24 nm é igual a 5,7 eV – 1,525 eV = 4,2 eV. Portanto, desprezando a energia cinética dos íons, 4,2 eV é a *energia de ligação* da molécula do NaCl — a energia que deve ser fornecida para separar a molécula nos dois átomos neutros constituintes.

Exemplo 42.1

ENERGIA POTENCIAL ELÉTRICA DA MOLÉCULA NaCl
Calcule a energia potencial elétrica dos íons Na^+ e Cl^- quando a distância entre eles é 0,24 nm, considerando-os cargas puntiformes.

SOLUÇÃO

IDENTIFICAR: utilizaremos as idéias da Seção 23.1 sobre a energia potencial elétrica das duas cargas puntiformes.

PREPARAR: a Equação (23.9) nos diz que a energia potencial elétrica de duas cargas puntiformes q e q_0 separadas por uma distância r é $U = qq_0/4\pi\epsilon_0 r$.

EXECUTAR: as duas cargas são $q = +e$ (para Na^+) e $q_0 = -e$ (para Cl^-), e a distância é $r = 0{,}24\ \text{nm} = 0{,}24 \times 10^{-9}$ m. Pela Equação (23.9),

$$U = -\frac{1}{4\pi\epsilon_0}\frac{e^2}{r_0} = -(9{,}0 \times 10^9\ \text{N}\cdot\text{m}^2/\text{C}^2)\frac{(1{,}6 \times 10^{-19}\ \text{C})^2}{0{,}24 \times 10^{-9}\ \text{m}}$$
$$= -9{,}6 \times 10^{-19}\ \text{J} = -6{,}0\ \text{eV}$$

AVALIAR: o resultado obtido concorda satisfatoriamente com o valor observado de –5,7 eV. Para explicarmos a diferença entre esses dois valores, constatamos que, na distância de equilíbrio, os íons não se comportam exatamente como cargas puntiformes; na distância considerada, ocorre uma superposição das nuvens eletrônicas dos dois íons.

Ligação covalente

As ligações iônicas são interações entre distribuições de cargas quase esfericamente simétricas; portanto, quase não dependem das direções e podem envolver mais do que um elétron por átomo. Os elementos alcalino-terrosos formam compostos iônicos nos quais cada átomo perde *dois* elétrons; um exemplo é o composto $Mg^{2+}(Cl^-)_2$. A perda de mais de dois elétrons é relativamente rara; nesses casos, forma-se outro tipo de ligação.

A **ligação covalente** é caracterizada por uma participação mais eqüitativa dos dois átomos em comparação com a ligação iônica. A ligação covalente mais simples é exemplificada pela molécula do hidrogênio, uma estrutura que contém dois prótons e dois elétrons. Essa ligação é esquematizada na Figura 42.2. Quando a distância é grande (Figura 42.2a), as nuvens eletrônicas estão separadas; contudo, à medida que a distância entre os átomos diminui e eles ficam juntos, as funções de onda se superpõem e se tornam mais concentradas na região entre os dois prótons (Figura 42.2b). A atração resultante entre cada próton e os dois elétrons equilibra a repulsão entre os dois elétrons e os dois prótons.

A interação de atração é, por conseguinte, fornecida por um *par* de elétrons, de modo que cada átomo contribui com um elétron, e as nuvens das cargas ficam concentradas principalmente na região entre os dois átomos. Essa ligação também é chamada de *homopolar*, *ligação de elétron compartilhado* ou *ligação com um par de elétrons*. A energia da ligação covalente em uma molécula de hidrogênio H_2 é –4,48 eV.

Como vimos no Capítulo 41, o princípio da exclusão só permite a ocupação de dois elétrons na mesma região do espaço (ou seja, que eles ocupem o mesmo estado quânti-

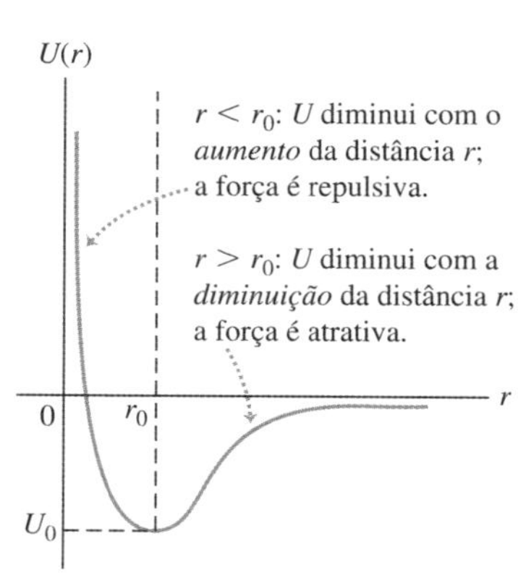

Figura 42.1 Quando a distância r entre dois íons com cargas de sinais contrários é muito grande, a energia potencial $U(r)$ é proporcional a $1/r$, como no caso de cargas puntiformes e quando a força é atrativa. À medida que a distância r diminui, começa a ocorrer uma superposição das nuvens eletrônicas dos dois íons e a força torna-se menos atrativa. A força passa a ser repulsiva quando r é menor do que a distância entre os íons no equilíbrio r_0.

co) quando eles possuem spins opostos. Quando os spins são paralelos, o princípio da exclusão proíbe o estado molecular que seria mais favorável por questões de energia (com os dois elétrons na região entre os átomos). Spins opostos constituem a condição fundamental para a existência de uma ligação covalente, e não mais do que dois elétrons podem participar de uma ligação desse tipo.

Entretanto, um átomo com diversos elétrons na sua camada externa pode formar diversas ligações covalentes. A ligação entre um átomo de hidrogênio e um átomo de carbono, de importância crucial na química orgânica, é um exemplo. Na molécula de *metano* (CH_4), o átomo de carbono está no centro de um tetraedro regular em cujos vértices se encontram átomos de hidrogênio. O átomo de carbono possui quatro elétrons na camada L e cada um desses elétrons forma uma ligação covalente com cada átomo de hidrogênio (Figura 42.3). Configurações semelhantes ocorrem em moléculas orgânicas mais complexas.

Devido ao papel central desempenhado pelo princípio da exclusão, uma ligação covalente revela um caráter altamente direcional. Na molécula de metano, função de onda de cada um dos quatro elétrons de valência do carbono é uma combinação da função de onda $2s$ com a função de onda $2p$, chamada de *função de onda híbrida*. A distribuição de probabilidade de cada uma dessas funções apresenta um lóbulo com uma protuberância ao longo de uma direção apontando para um vértice de um tetraedro. Essa distribuição simétrica minimiza a superposição das funções de onda dos pares de elétrons, minimizando a energia potencial repulsiva.

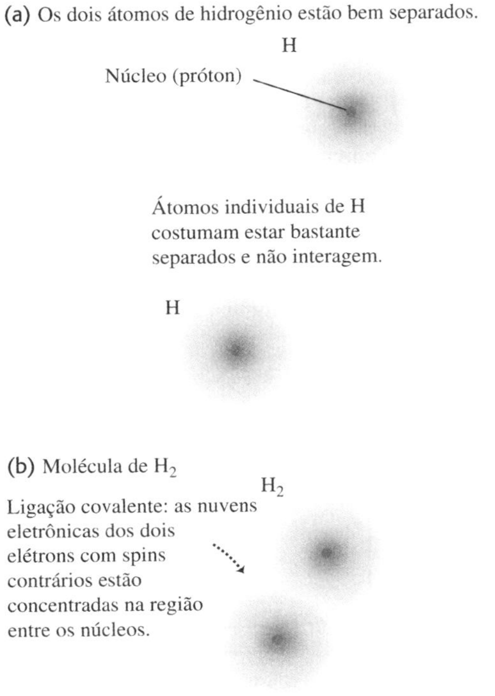

Figura 42.2 Ligação covalente em uma molécula de hidrogênio.

Embora as ligações iônicas e as ligações covalentes representem duas categorias extremas das ligações moleculares, não existe uma divisão nítida entre esses dois tipos. Geralmente ocorre uma transferência *parcial* de um ou mais elétrons de um átomo para o outro. Por isso, muitas moléculas constituídas por átomos diferentes apresentam momento de dipolo elétrico — a preponderância de cargas negativas em uma das suas extremidades e de cargas positivas na outra. Tais moléculas são chamadas de moléculas *polares*. As moléculas da água têm momentos de dipolo elétrico muito elevados; esses dipolos são responsáveis pela grande constante dielétrica da água líquida (veja as seções 24.4 e 24.5).

Ligação de Van der Waals

As ligações iônicas e as ligações covalentes, com energias típicas da ordem de 1 a 5 eV, são chamadas de *ligações fortes*. Existem também outros tipos de ligações mais fracas. Uma delas, a **ligação de Van der Waals**, é uma interação entre o momento de dipolo elétrico dos átomos ou das moléculas, com energias típicas da ordem de 0,1 eV ou ainda menores. A ligação entre as moléculas de água no estado líquido e no estado sólido resultam parcialmente das interações dipolo-dipolo.

Nenhum átomo tem um momento de dipolo elétrico permanente, assim como muitas moléculas também não o têm. Contudo, flutuações da distribuição de cargas podem produzir momentos de dipolo elétrico flutuando localmente, os quais, por sua vez, podem induzir momentos de dipolo elétrico em estruturas vizinhas. Na média global, as interações dipolo-dipolo resultantes são de atração, fornecendo uma ligação fraca entre átomos ou moléculas. A energia potencial desse tipo de interação cai muito rapidamente com a distância r entre as moléculas, geralmente com $1/r^6$. A liquefação e a solidificação de gases inertes e de moléculas, tais como H_2, N_2 e O_2, são produzidas por interações de Van der Waals entre dipolos elétricos induzi-

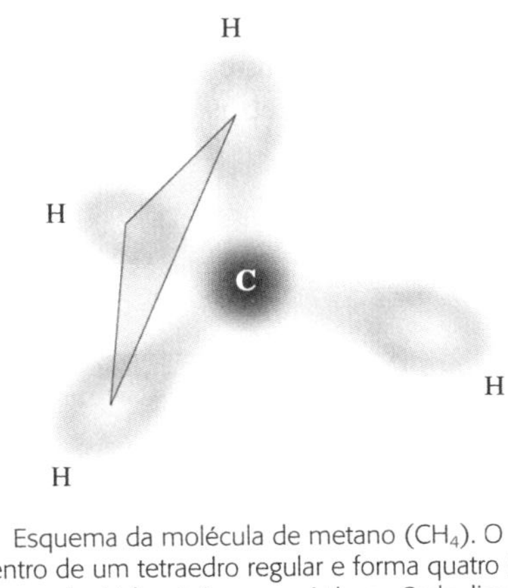

Figura 42.3 Esquema da molécula de metano (CH_4). O átomo de carbono está no centro de um tetraedro regular e forma quatro ligações covalentes com átomos de hidrogênio nos vértices. Cada ligação covalente é composta por dois elétrons com spins opostos formando nuvens eletrônicas concentradas entre cada átomo de hidrogênio e o átomo de carbono.

dos. Uma energia de agitação térmica muito pequena é suficiente para romper essas ligações, portanto, tais substâncias só existem no estado líquido e no estado sólido quando a temperatura é suficientemente baixa.

Ligação de hidrogênio

Em outro tipo de ligação fraca, a **ligação de hidrogênio**, um próton (íon H^+) permanece entre dois átomos, polarizando-os e os atraindo por meio dos dipolos induzidos. Esse tipo de ligação só é possível em compostos de hidrogênio porque somente o hidrogênio apresenta um estado ionizado formando um íon positivo sem nenhuma nuvem eletrônica; o íon do hidrogênio é um único próton, sendo, portanto, muito menor do que qualquer outro átomo que perdeu um único elétron. A energia de ligação é geralmente menor do que 0,5 eV. A ligação de hidrogênio desempenha um papel essencial em muitas moléculas orgânicas, inclusive as ligações entre os monômeros que constituem os polímeros, como, por exemplo, o polietileno, ou as ligações entre os dois ramos da hélice dupla da molécula de DNA. A ligação de hidrogênio também desempenha um papel relevante na estrutura do gelo.

Todos esses tipos de ligação mantêm os átomos unidos em *sólidos* bem como em moléculas. Na verdade, um sólido pode ser considerado uma molécula gigantesca. Ainda outro tipo de ligação, a *ligação metálica*, surge na estrutura de um sólido metálico. Voltaremos a discutir esse tipo de ligação na Seção 42.3.

Teste sua compreensão da Seção 42.1 Se os elétrons obedecessem ao princípio da exclusão, mas *não* tivessem spin, quantos elétrons poderiam participar de uma ligação covalente? (i) um; (ii) dois; (iii) três; (iv) mais do que três. ▮

42.2 Espectro molecular

As moléculas possuem níveis de energia que são associados ao movimento de rotação da molécula e ao movimento de vibração de um átomo em relação aos outros. Assim como as transições entre os níveis de energia dos átomos conduzem aos espectros atômicos, as transições entre os níveis de energia de rotação e de vibração das moléculas conduzem aos *espectros moleculares*.

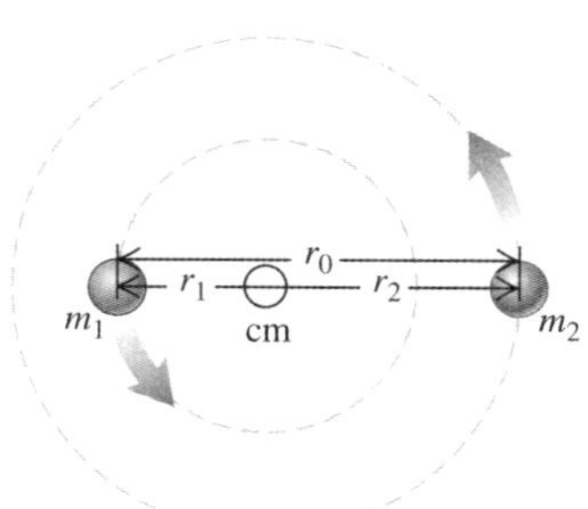

Figura 42.4 Modelo da molécula diatômica como duas massas puntiformes m_1 e m_2 ligadas por uma barra rígida de comprimento igual a r_0. As distâncias das massas até o centro de massa são r_1 e r_2, sendo $r_1 + r_2 = r_0$.

Níveis de energia de rotação

No momento, vamos nos concentrar principalmente em moléculas *diatômicas*, para que nossa análise seja a mais simples possível. Na Figura 42.4, esquematizamos a molécula diatômica como se fosse um haltere rígido (duas massas puntiformes m_1 e m_2 separadas por uma distância constante r_0) que pode *girar* em torno de um eixo, passando pelo centro de massa perpendicularmente à linha reta que une as massas. Quais são os níveis de energia associados a esse movimento?

Mostramos, na Seção 10.5 (volume 1), que quando um corpo rígido gira com velocidade angular ω em torno de um eixo, passando pelo seu centro de massa, o módulo L do seu momento angular é dado pela Equação (10.28), $L = I\omega$, onde I é o momento de inércia em torno do eixo de simetria. Sua energia cinética é dada pela Equação (9.17), no volume 1, $K = \frac{1}{2}I\omega^2$. Combinando as duas relações anteriores, obtemos $K = L^2/2I$. Não existe nenhuma energia potencial U, logo, a energia cinética K é igual à energia mecânica E:

$$E = \frac{L^2}{2I} \qquad (42.1)$$

Uma energia potencial U igual a zero significa dizer que U não depende nem de θ nem de ϕ. Entretanto, a energia potencial U do átomo de hidrogênio também não depende nem de θ nem de ϕ. Em conseqüência, as soluções angulares da equação de Schrödinger para a rotação de um corpo rígido são idênticas às soluções angulares da equação de Schrödinger do átomo de hidrogênio, e o momento angular deve ser quantizado de acordo com as mesmas regras. Pela Equação (41.4),

$$L^2 = l(l+1)\hbar^2 \qquad (l = 0, 1, 2 \ldots) \qquad (42.2)$$

Combinando as equações (42.1) e (42.2), obtemos os *níveis de energia rotacionais*:

$$E_l = l(l+1)\frac{\hbar^2}{2I} \qquad (l = 0, 1, 2 \ldots) \qquad (42.3)$$

(níveis de energia rotacionais, molécula diatômica)

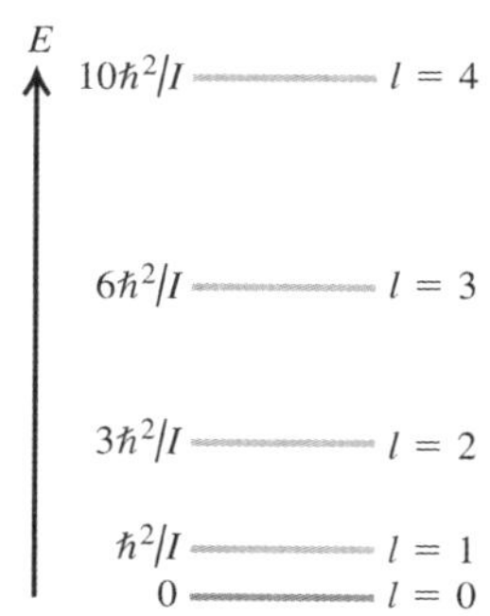

Figura 42.5 O nível fundamental e os quatro primeiros níveis de energia dos estados excitados da rotação da molécula diatômica. Os níveis não são igualmente espaçados.

Um diagrama dos níveis de energia rotacionais é apresentado na Figura 42.5. O nível fundamental tem número quântico l igual a zero e energia E também zero, correspondente a um momento angular igual a zero (nenhuma rotação). O espaçamento entre níveis adjacentes aumenta com o aumento de l.

Podemos expressar o momento de inércia I nas Equações (41.1) e (42.3) em termos da *massa reduzida* m_r da molécula:

$$m_r = \frac{m_1 m_2}{m_1 + m_2} \quad (42.4)$$

Introduzimos a grandeza anterior na Seção 38.5 para levar em conta a massa do núcleo do átomo de hidrogênio. Na Figura 42.4, r_1 e r_2 são as distâncias dos núcleos dos átomos até o centro de massa. Pela definição de centro de massa, $m_1 r_1 = m_2 r_2$, e a figura também mostra que $r_1 + r_2 = r_0$. Explicitando r_1 e r_2 nas equações anteriores, obtemos

$$r_1 = \frac{m_2}{m_1 + m_2} r_0 \qquad r_2 = \frac{m_1}{m_1 + m_2} r_0 \quad (42.5)$$

O momento de inércia é $I = m_1 r_1^2 + m_2 r_2^2$; substituindo a Equação (42.5), encontramos

$$I = m_1 \frac{m_2^2}{(m_1 + m_2)^2} r_0^2 + m_2 \frac{m_1^2}{(m_1 + m_2)^2} r_0^2 = \frac{m_1 m_2}{m_1 + m_2} r_0^2$$

ou

$$I = m_r r_0^2 \quad (42.6)$$

(momento de inércia da molécula diatômica)

Concluímos que o conceito de massa reduzida permite que o problema dos dois corpos seja limitado ao problema equivalente envolvendo apenas um corpo (uma partícula com massa reduzida m_r girando em torno de um círculo de raio r_0) exatamente como no caso do átomo de hidrogênio. Na realidade, a única diferença entre esses dois problemas é que o do átomo de hidrogênio envolve uma força radial. Para que haja conservação do momento angular, as transições permitidas são determinadas pelas mesmas regras de seleção usadas no caso do átomo de hidrogênio: em transições permitidas, l deve variar exatamente de uma unidade.

Exemplo 42.2

ESPECTRO DA ENERGIA DE ROTAÇÃO DO MONÓXIDO DE CARBONO A distância entre os dois núcleos da molécula de monóxido de carbono (CO) é 0,1128 nm. A massa do átomo de carbono mais comum é exatamente igual a 12 u, ou $1{,}993 \times 10^{-26}$ kg. A massa do átomo de oxigênio mais comum é igual a 15,995 u = $2{,}656 \times 10^{-26}$ kg. a) Calcule as energias dos três níveis de energia de rotação mais baixos. Expresse o resultado em elétrons-volt. b) Determine o comprimento de onda do fóton emitido na transição do estado $l = 2$ até o estado $l = 1$.

SOLUÇÃO

IDENTIFICAR: este problema utiliza as idéias estudadas nesta seção a respeito dos níveis de energia de rotação das moléculas.

PREPARAR: o problema informa a distância r_0 entre os átomos e suas massas m_1 e m_2. Calculamos a massa reduzida m_r por meio da Equação (42.4), o momento de inércia I da molécula com a Equação (42.6), e as energias dos níveis com a Equação (42.3). A energia E do fóton emitido é igual à diferença de energia entre os níveis $l = 2$ e $l = 1$. Calculamos o comprimento de onda por meio da relação $E = hc/\lambda$ para um fóton.

EXECUTAR: (a) Usando a Equação (42.4), verificamos que a massa reduzida é $m_r = 1{,}139 \times 10^{-26}$ kg. Pela Equação (42.6),

$$I = m_r r_0^2 = (1{,}139 \times 10^{-26}\,\text{kg})(0{,}1128 \times 10^{-9}\,\text{m})^2$$
$$= 1{,}449 \times 10^{-46}\,\text{kg} \cdot \text{m}^2$$

Os níveis rotacionais são dados pela Equação (42.3):

$$E_l = l(l+1)\frac{\hbar^2}{2I} = l(l+1)\frac{(1{,}0546 \times 10^{-34}\,\text{J} \cdot \text{s})^2}{2(1{,}449 \times 10^{-46}\,\text{kg} \cdot \text{m}^2)}$$
$$= l(l+1)(3{,}838 \times 10^{-23}\,\text{J}) = l(l+1)0{,}2395\,\text{meV}$$

Substituindo $l = 0, 1, 2$, obtemos

$$E_0 = 0 \qquad E_1 = 0{,}479\,\text{meV} \qquad E_2 = 1{,}437\,\text{meV}$$

b) A energia do fóton é dada por

$$E = E_2 - E_1 = 0{,}958\,\text{meV}$$

O comprimento de onda do fóton é

$$\lambda = \frac{hc}{E} = \frac{(4{,}136 \times 10^{-15}\,\text{eV} \cdot \text{s})(3{,}0 \times 10^8\,\text{m/s})}{0{,}958 \times 10^{-3}\,\text{eV}}$$
$$= 1{,}29 \times 10^{-3}\,\text{m} = 1{,}29\,\text{mm}$$

AVALIAR: a diferença entre os dois primeiros níveis de energia de rotação do CO é muito pequena (cerca de $\frac{1}{2}$ meV, onde 1 meV = 10^{-3} eV) comparada à diferença entre os níveis de energia atômicos (que costumam ser de poucos eV) associados ao espectro ótico. Assim, um fóton emitido por uma molécula de CO em uma transição do nível $l = 2$ ao nível $l = 1$ possui uma energia muito baixa e um comprimento de onda muito grande em comparação com a luz visível. De fato, o comprimento de onda calculado na parte (b) encontra-se na região de microondas do espectro. Os comprimentos de onda de fótons em transições de rotação em outras moléculas também são grandes, encontrando-se na região das microondas e do infravermelho longínquo do espectro eletromagnético.

Neste exemplo, a distância de equilíbrio entre os átomos, também chamada de *comprimento da ligação,* é dada, e nós a usamos para calcular um dos comprimentos de onda emitidos pelas moléculas excitadas de CO. Em experiências reais, os cientistas resolvem esse problema de trás para frente: medindo as emissões de microondas de uma amostra de moléculas diatômicas, eles calculam o momento de inércia da molécula e, portanto, o comprimento da ligação.

Níveis de energia de vibração

As moléculas nunca são completamente rígidas. Em um modelo mais realista de uma molécula diatômica, imaginamos que os dois átomos, em vez de serem ligados por uma barra rígida, são ligados por meio de uma *mola* (Figura 42.6). Portanto, além da rotação, os átomos da molécula

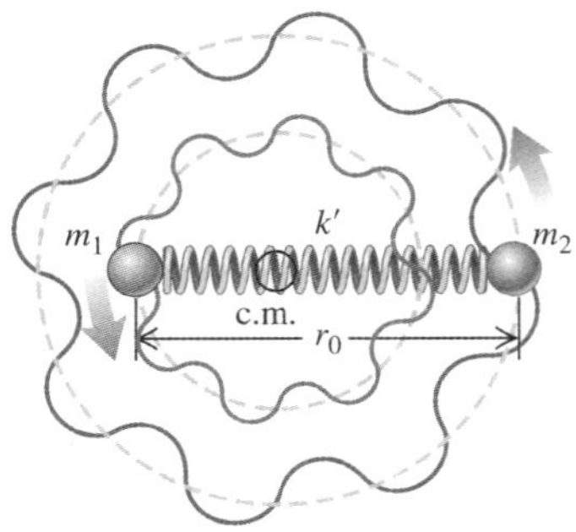

Figura 42.6 Modelo da molécula diatômica como duas massas puntiformes m_1 e m_2 ligadas por uma mola que possui uma constante k'.

também podem *vibrar* em torno de suas posições de equilíbrio ao longo da linha reta que os une. Para pequenas oscilações, podemos considerar uma força restauradora proporcional à distância de equilíbrio r_0 (como a mola que segue a lei de Hooke, sendo k' a constante da mola) e o sistema é um oscilador harmônico. Estudamos o oscilador harmônico quântico na Seção 40.4. Os níveis de energia são dados pela Equação (40.25), substituindo-se a massa m pela massa reduzida m_r:

$$E_n = \left(n + \frac{1}{2}\right)\hbar\omega = \left(n + \frac{1}{2}\right)\hbar\sqrt{\frac{k'}{m_r}} \quad (n = 0, 1, 2\ldots)$$

(níveis de energia vibracionais, molécula diatômica) (42.7)

Isso representa um conjunto de níveis de energia igualmente separados por um espaçamento entre os níveis dado por

$$\Delta E = \hbar\omega = \hbar\sqrt{\frac{k'}{m_r}} \quad (42.8)$$

A Figura 42.7 é um diagrama de níveis de energia das vibrações moleculares. (Compare com a Figura 40.18.)

Atenção Não confunda *k*, *k'* e K Estamos usando novamente k' para representar a constante da mola, desta vez para minimizar a confusão com a constante de Boltzmann k, a constante dos gases por molécula (introduzida na Seção 18.3, no volume 2). Além das grandezas k' e k, também usamos para a temperatura absoluta 1 K = 1 kelvin.

Exemplo 42.3

CONSTANTE DA MOLA NO MONÓXIDO DE CARBONO

Na molécula de monóxido de carbono do Exemplo 42.2, verifica-se que o espaçamento entre os níveis vibracionais é dado por ΔE = 0,2690 eV. Calcule a constante da mola k' para a força interatômica.

SOLUÇÃO

IDENTIFICAR: a idéia central deste problema é de que os níveis de energia de vibração de uma molécula diatômica apresentam um espaçamento uniforme ΔE que depende da constante da 'mola' da força que mantém a molécula unida.

PREPARAR: o problema informa o valor de ΔE, então resolvemos a Equação (42.8) para encontrar a constante da mola k' (nossa incógnita).

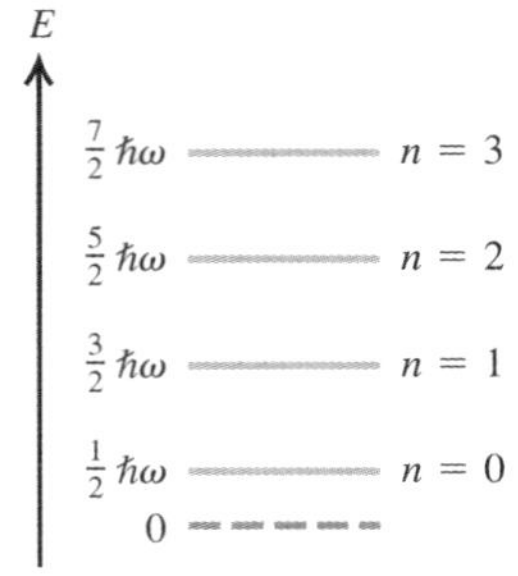

Figura 42.7 O nível fundamental e os três primeiros níveis de energia dos estados excitados da energia de vibração na aproximação do oscilador harmônico em uma dimensão. Os níveis são igualmente espaçados e o espaçamento entre os níveis é dado por $\Delta E = \hbar\omega$.

EXECUTAR: explicitando k' na Equação (42.8), obtemos

$$k' = m_r\left(\frac{\Delta E}{\hbar}\right)^2 = (1{,}139 \times 10^{-26}\,\text{kg})\left(\frac{0{,}2690\,\text{eV}}{6{,}582 \times 10^{-16}\,\text{eV}\cdot\text{s}}\right)^2$$
$$= 1902\,\text{N/m}$$

AVALIAR: isso corresponde a uma mola bastante fraca; para fazer uma mola macroscópica com essa constante se deformar em 1,0 cm seria suficiente aplicar uma força de 19 N (equivalente ao peso de um corpo com massa de aproximadamente 2 kg). As constantes da mola de moléculas diatômicas costumam ser de cerca de 100 a 2000 N/m.

Rotação e vibração combinadas

Os fótons da luz visível possuem energias entre 1,77 eV e 3,10 eV. A diferença de energia de 0,269 eV encontrada no Exemplo 42.3 corresponde a um fóton na região infravermelha do espectro, embora esteja mais próximo da região visível do que o fóton da transição *rotacional* do Exemplo 42.2. As diferenças de energia dos níveis de vibração, embora sejam em geral muito menores do que aquelas dos espectros atômicos, costumam ser *muito maiores* do que as diferenças de energia rotacionais.

Levando em conta simultaneamente os níveis de vibração e de rotação, os níveis de energia da nossa molécula diatômica são

$$E_{nl} = l(l+1)\frac{\hbar^2}{2I} + \left(n + \frac{1}{2}\right)\hbar\sqrt{\frac{k'}{m_r}} \quad (42.9)$$

Um diagrama de níveis de energia pautado na relação anterior pode ser visto na Figura 42.8. Para cada valor de n existem muitos valores de l, formando uma série de níveis com espaçamento muito pequeno.

As setas na Figura 42.8 mostram várias transições possíveis em que uma molécula passa de um nível com n = 2 para um nível com n = 1 emitindo um fóton. Como o fóton possui momento angular, essas transições moleculares obedecem a uma *regra de seleção* (veja a Seção 41.3). Essa regra afirma que o número quântico de momento angular l precisa aumentar ou diminuir uma unidade: $\Delta l = \pm 1$. Uma regra de seleção adicional afirma que, se

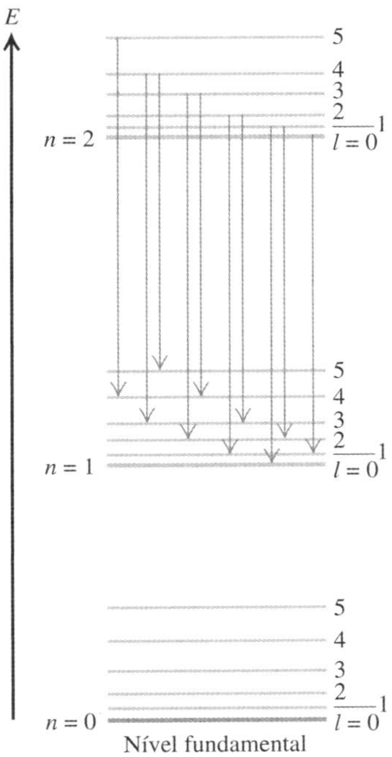

Figura 42.8 Diagrama de níveis de energia das vibrações e das rotações de uma molécula diatômica. Para cada nível vibracional (n) existe uma série de níveis de energia com espaçamentos menores (l). Indicamos diversas transições correspondentes a uma única banda em um espectro de bandas. Essas transições obedecem à regra de seleção $\Delta l = \pm 1$.

ocorrerem variações de nível vibracional, o número quântico vibracional n na Equação (42.9) deve aumentar uma unidade ($\Delta n = 1$), se um fóton for absorvido, ou diminuir uma unidade ($\Delta n = -1$), se um fóton for emitido.

Como uma ilustração dessas regras de seleção, a Figura 42.8 mostra que uma molécula no nível $n = 2$, $l = 4$ pode emitir um fóton e cair para o nível $n = 1$, $l = 5$ ($\Delta n = -1$, $\Delta l = +1$) ou para o nível $n = 1$, $l = 3$ ($\Delta n = -1$, $\Delta l = -1$), mas é proibida de efetuar uma transição em que $\Delta n = -1$, $\Delta l = 0$, ou seja, uma transição para o nível $n = 1$, $l = 4$.

As transições entre estados com muitos pares de valores de n fornecem diversas séries de linhas espectrais, e o espectro resultante exibe várias séries de *bandas*. Cada banda corresponde a uma transição vibracional particular e cada linha individual em uma banda representa uma transição rotacional particular, obedecendo à regra de seleção $\Delta l = \pm 1$. Um *espectro de bandas* típico é indicado na Figura 42.9.

Todas as moléculas também podem ter estados excitados para os *elétrons* além dos estados vibracionais e rotacionais que acabamos de descrever. Em geral, eles estão situados em níveis mais elevados do que os níveis vibracionais e rotacionais, e não existe nenhuma regra simples para relacioná-los. Quando há uma transição entre estados eletrônicos, a regra de seleção $\Delta n = \pm 1$ para os níveis vibracionais não é mais válida.

Exemplo 42.4

ESPECTRO DE VIBRAÇÕES E ROTAÇÕES DO MONÓXIDO DE CARBONO Considere novamente a molécula do CO dos exemplos 42.2 e 42.3. Calcule os comprimentos de onda dos fótons emitidos quando ocorre uma variação da energia vibracional e sua energia rotacional é a) igual a zero no estado inicial e b) igual a zero no estado final.

SOLUÇÃO

IDENTIFICAR: este problema emprega as regras de seleção para as transições vibracional e rotacional de uma molécula diatômica.

PREPARAR: em ambos os casos, a energia do fóton emitido é igual à diferença entre as energias inicial e final da molécula. Como um fóton é emitido quando ocorre uma variação da energia vibracional, o número quântico vibracional diminui de 1. No caso da parte (a), o valor inicial de l é zero (não há energia de rotação), portanto a regra de seleção $\Delta l = \pm 1$ nos diz que o valor *final* de l é 1. No caso da parte (b), o valor *final* de l é zero, portanto a mesma regra de seleção nos diz que o valor *inicial* de l é 1. Logo, na parte (a) a energia do fóton E é igual à diferença $\hbar\omega$ entre níveis de energia de vibração adjacentes *menos* a quantidade de energia de rotação que a molécula *ganha*, enquanto na parte (b) E é igual a $\hbar\omega$ *mais* a quantidade de energia de rotação que as moléculas *perdem*. Utilizaremos os resultados dos Exemplos 42.2 e 42.3 para encontrar as variações da energia rotacional e da energia vibracional, respectivamente, e usaremos $E = hc/\lambda$ para calcular os comprimentos de onda (nossa incógnitas).

EXECUTAR: a) De acordo com o Exemplo 42.2, a diferença de energia entre os níveis de energia rotacional de CO, $l = 0$ e $l = 1$, é 0,000479 meV, e de acordo com o Exemplo 42.3, a diferença de energia entre níveis vibracionais adjacentes é 0,2690 eV. Assim, a energia emitida por esse fóton é 0,2690 eV – 0,000479 eV = 0,2685 eV, e o comprimento de onda do fóton é

$$\lambda = \frac{hc}{E} = \frac{(4{,}136 \times 10^{-16}\,\text{eV}\cdot\text{s})(2{,}998 \times 10^{8}\,\text{m/s})}{0{,}2685\,\text{eV}}$$
$$= 4{,}618 \times 10^{-6}\,\text{m} = 4{,}618\,\mu\text{m}$$

b) Agora ganhamos uma energia igual a 0,2690 eV por causa da diminuição da energia vibracional e 0,000479 eV devido à diminuição da energia rotacional, correspondendo a um total E = 0,2695 eV para o fóton. Logo, o comprimento de onda do fóton é

$$\lambda = \frac{hc}{E} = \frac{(4{,}136 \times 10^{-16}\,\text{eV}\cdot\text{s})(2{,}998 \times 10^{8}\,\text{m/s})}{0{,}2695\,\text{eV}}$$
$$= 4{,}601 \times 10^{-6}\,\text{m} = 4{,}601\,\mu\text{m}$$

Figura 42.9 Espectro de bandas típico para transições entre níveis moleculares.

AVALIAR: Na parte (b), a molécula perde mais energia do que na parte (a); logo, o fóton emitido precisa ter mais energia e um comprimento de onda menor. É exatamente isso o que nossos resultados revelam.

Moléculas complexas

Podemos aplicar esses mesmos princípios a moléculas mais complexas. Uma molécula com três ou mais átomos possui diversos tipos ou *modos* de vibração. Cada modo tem seu próprio conjunto de níveis de energia relacionados pela Equação (42.7). Em quase todos os casos, a radiação associada está contida na região infravermelha do espectro eletromagnético.

Verifica-se que a espectroscopia na região infravermelha é um método analítico extremamente importante, pois fornece informações sobre a energia, a rigidez e o comprimento de uma ligação molecular e sobre a estrutura de moléculas complexas. Por outro lado, como cada molécula (e cada átomo) possui seu espectro característico, a espectroscopia na região infravermelha pode ser usada para a identificação de compostos desconhecidos.

Uma molécula que pode absorver e emitir facilmente radiação infravermelha é o dióxido de carbono (CO_2), que é o quarto componente mais abundante na atmosfera terrestre (depois do nitrogênio, do oxigênio e do argônio). Esse fato tem conseqüências importantes para o clima de nosso planeta. Para estar em equilíbrio térmico, a Terra — que age como um corpo negro (veja a Seção 38.8) — deve irradiar para o espaço a mesma quantidade de energia que recebe do Sol. A temperatura na superfície da Terra é tal que a maior parte da energia irradiada fica na região infravermelha do espectro. Entretanto, o CO_2 na atmosfera absorve parte dessa radiação infravermelha e a irradia de volta para a Terra, em vez de permitir que ela escape para o espaço. Para manter o equilíbrio térmico, a superfície da Terra precisa compensar aumentando sua temperatura T e, em conseqüência, a sua produção total de radiação (que é proporcional a T^4). Isso significa que a temperatura na superfície de nosso planeta é mais alta do que seria se não existisse o CO_2 atmosférico.

Medições do ar confinado há milhares de anos no gelo da Antártida mostram que, ao longo dos últimos 650.000 anos, a concentração do CO_2 tem sido de trezentas partes por milhão em nossa atmosfera. Desde o início da era industrial, todavia, a queima de combustíveis fósseis como o carvão e o petróleo tem elevado a concentração de CO_2 atmosférico a níveis sem precedência (Figura 42.10a). Em conseqüência, desde a década de 1950 a temperatura média global da superfície aumentou em 0,6°, e a Terra vem passando pelos anos mais quentes já registrados (Figura 42.10b). Se continuarmos a consumir combustíveis fósseis à mesma taxa, por volta de 2050 a concentração de CO_2 atmosférico alcançará seiscentas partes por milhão, totalmente fora da escala da Figura 42.10a. O aumento de temperatura resultante nas regiões polares fará com que quantidades imensas de gelo se derretam e passem da terra sólida para o mar, elevando os níveis do oceano no mundo todo e ameaçando as casas e vidas de milhões de pessoas que vivem perto do litoral. Enfrentar essa ameaça é um dos maiores desafios da civilização no século XXI.

Teste sua compreensão da Seção 42.2 Uma molécula diatômica em rotação emite um fóton quando faz uma transição do nível l para o nível $l - 1$. Se o valor de l aumenta, o comprimento de onda do fóton emitido (i) aumenta, (ii) diminui ou (iii) permanece inalterado? ∎

42.3 Estrutura de um sólido

A expressão *matéria condensada* abrange materiais sólidos e líquidos. Em ambos os estados, as interações entre átomos ou moléculas são suficientemente fortes para que o material tenha um volume definido e que varia muito pouco com as tensões aplicadas. Na matéria condensada,

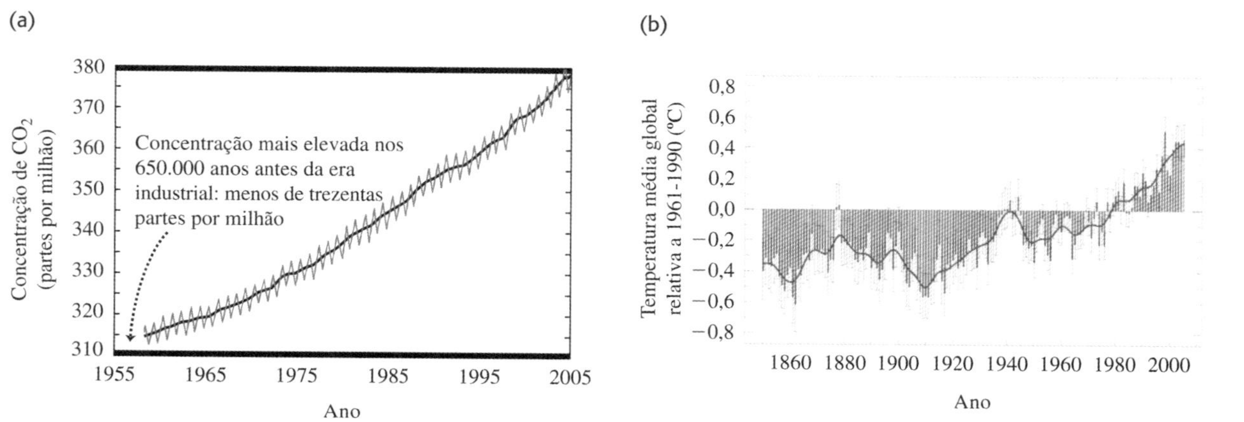

Figura 42.10 (a) A concentração de CO_2 atmosférico aumentou em 18% desde que se iniciaram as medições constantes, em 1958. (As variações ao longo do ano se devem ao consumo maior de CO_2 pelas plantas na primavera e no verão.) (b) O aumento da temperatura média global desde o início da era industrial é resultado do aumento da concentração de CO_2.

os átomos adjacentes se atraem mutuamente até que suas nuvens eletrônicas externas começam a se superpor significativamente. Em resultado, a distância típica entre dois átomos adjacentes na matéria condensada é aproximadamente igual ao próprio diâmetro do átomo, cerca de 0,1 a 0,5 nm. Além disso, quando falamos da distância entre dois átomos, estamos nos referindo à distância entre seus centros, ou seja, à distância entre seus núcleos.

Geralmente, definimos um líquido como um material que pode fluir, e um sólido como um material com forma específica. Contudo, ao aquecer uma barra horizontal de vidro usando a chama de um queimador, você notará que a barra começa a se deformar (fluir) à medida que a temperatura aumenta. O vidro não apresenta nenhuma temperatura definida na transição da fase sólida para a fase líquida e nenhum ponto de fusão definido. Nessas circunstâncias, podemos classificar o vidro na temperatura ambiente como um líquido extremamente viscoso. A parafina e a manteiga exibem propriedades semelhantes.

Quais são as diferenças microscópicas entre materiais como a manteiga ou o vidro e sólidos tais como o gelo ou o cobre, os quais possuem um ponto de fusão bem definido? O gelo e o cobre são exemplos de *sólidos cristalinos*, sólidos cujos átomos têm uma *ordem de longo alcance* — uma configuração de posições atômicas que se repetem ao longo do sólido através de distâncias muito maiores do que um átomo. Em contraste, o vidro na temperatura ambiente é um exemplo de *sólido* amorfo, sem ordem de longo alcance e com apenas uma *ordem de curto alcance* (correlações entre átomos e moléculas vizinhas). Os líquidos também dispõem apenas de uma ordem de curto alcance. As fronteiras entre um sólido cristalino, um sólido amorfo e um líquido algumas vezes não são muito nítidas. Alguns sólidos, que são cristalinos quando puros e perfeitos, podem conter uma quantidade tão grande de imperfeições na estrutura que quase não apresentam ordem de longo alcance. Por outro lado, alguns líquidos apresentam um alto grau de ordem de longo alcance; um exemplo comum é o tipo de *cristal líquido* ilustrado na Figura 42.11.

Quase tudo o que sabemos acerca da estrutura cristalina foi decorrente de experiências de difração, inicialmente com raios X e depois com elétrons e nêutrons. A distância típica entre dois átomos é da ordem de 0,1 nm. Deixamos para você demonstrar, como um exercício, que raios X de 12,4 keV, elétrons de 150 eV e nêutrons de 0,0818 eV possuem todos um comprimento de onda $\lambda = 0{,}1$ nm.

Redes e estruturas cristalinas

Uma *rede cristalina* é uma configuração geométrica de pontos que se repetem e se estendem através do espaço do cristal. Existem quatorze tipos gerais de tais configurações; a Figura 42.12 ilustra alguns exemplos mais comuns. Na *rede cúbica simples* (sc), os pontos da rede localizam-se nos vértices de uma rede de cubos (Figura 42.12a). A *rede cúbica de face centrada* (fcc) é semelhante à rede cúbica simples, mas contém pontos adicionais localizados nos centros de todas as faces dos cubos (Figura 42.12b). A *rede cúbica de corpo centrado* (bcc) é semelhante à rede cúbica simples, mas com um ponto adicional localizado no centro de cada cubo (Figura 42.12c). A *rede hexagonal com agrupamento compacto* possui os pontos da rede localizados nos vértices de hexágonos e cada hexágono apresenta seis triângulos eqüiláteros (Figura 42.12d e 42.12e).

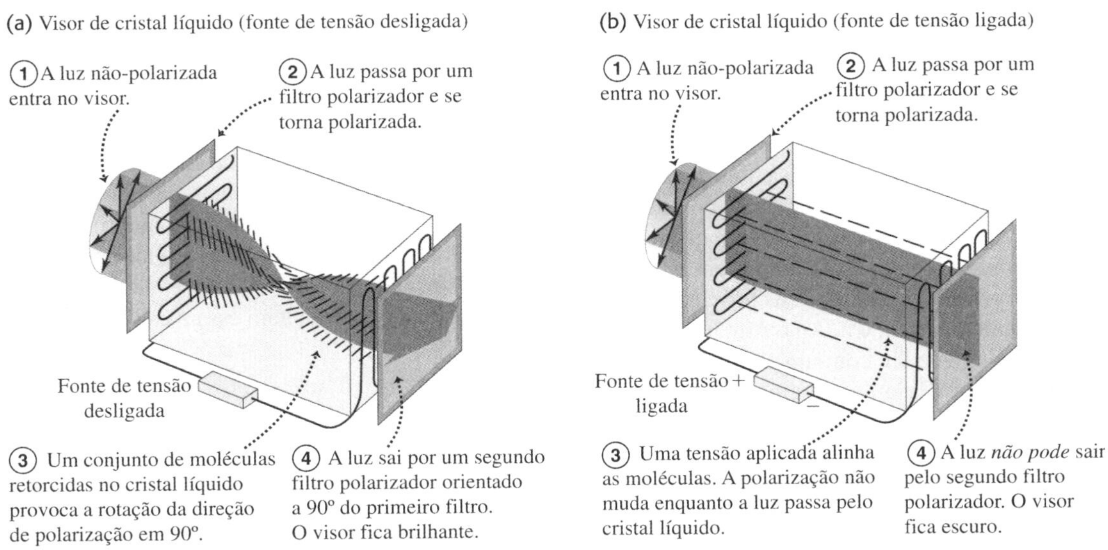

Figura 42.11 (a) O *visor de cristal líquido* (LCD) mais simples é constituído por uma camada fina de um composto orgânico cujas moléculas cilíndricas tendem a se alinhar paralelamente umas com as outras. A camada está confinada entre duas placas de vidro paralelas situadas entre dois polarizadores. (a) As moléculas tendem a se alinhar a pequenos riscos nas superfícies das placas de vidro, torcendo as placas de modo que a luz possa passar pelo segundo filtro polarizador. (b) Cada placa de vidro também possui um conjunto de pequenos eletrodos. Uma diferença de potencial entre as placas fornece um campo elétrico que orienta as moléculas de modo que elas não possam mais fazer girar o plano de polarização da luz. Então não passa nenhuma luz, e a área clara fica escura.

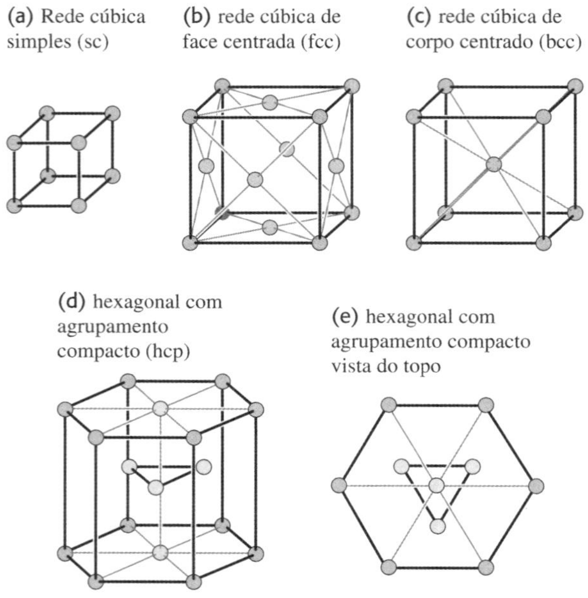

Figura 42.12 Exemplos típicos de redes cristalinas.

ATENÇÃO Uma rede cristalina perfeita é infinitamente grande Você deve ter em mente que a Figura 42.12 mostra apenas a quantidade de pontos suficiente para que você possa visualizar a configuração; a rede, uma abstração matemática, se estende através do espaço do cristal. Portanto, os pontos das redes indicadas se repetem indefinidamente em todas as direções.

Em uma estrutura cristalina, um único átomo ou um grupo de átomos está associado a *cada* ponto da rede. O grupo pode conter um mesmo tipo de átomo ou, então, grupos de átomos diferentes. Esse átomo ou grupo de átomos constitui uma *base*. Portanto, uma descrição completa de uma estrutura cristalina inclui a rede e a base. Inicialmente, vamos considerar um *cristal perfeito* ou *monocristal ideal*, no qual a estrutura cristalina se repete ininterruptamente ao longo do espaço do cristal.

As duas estruturas cristalinas mais comuns dos monocristais são a bcc e a fcc. Os metais alcalinos possuem uma estrutura bcc, ou seja, uma rede bcc com uma base de um átomo em cada ponto da rede. Cada átomo em uma estrutura bcc é cercado por oito vizinhos mais próximos (Figura 42.13a). Os elementos Al, Ca, Cu, Ag e Au têm uma estrutura fcc, ou seja, uma rede fcc com uma base de um átomo em cada ponto da rede. Cada átomo em uma estrutura fcc possui doze vizinhos mais próximos (Figura 42.13b).

A Figura 42.14 mostra a representação da estrutura cristalina do cloreto de sódio (NaCl, sal de cozinha). Ela pode parecer uma estrutura cúbica simples, porém, não é. Cada íon de sódio e de cloro forma uma estrutura fcc; portanto, podemos imaginar que a estrutura cristalina do cloreto de sódio é constituída por duas estruturas fcc que se interpenetram. Mais corretamente, a estrutura cristalina do cloreto de sódio da Figura 42.14 possui uma rede fcc com

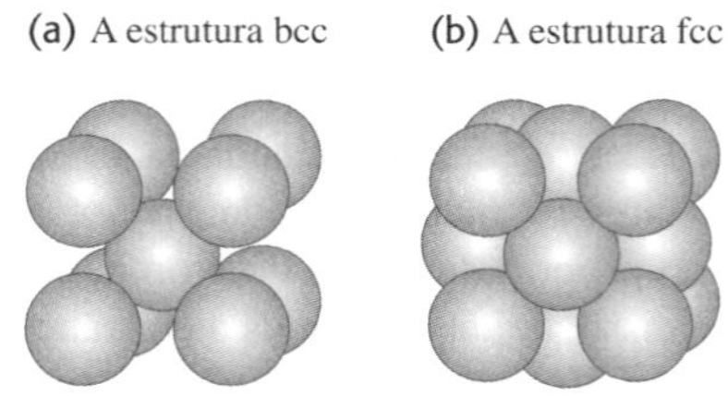

Figura 42.13 (a) A *estrutura* bcc é composta de uma *rede* bcc com a base de um átomo para cada ponto da rede. (b) A *estrutura* fcc é composta de uma *rede* fcc com a base de um átomo para cada ponto da rede. Essas estruturas se repetem indefinidamente para constituir um cristal perfeito.

um íon de cloro em cada ponto da rede e um íon de sódio situado acima dele a uma distância igual à metade da aresta do cubo. Ou seja, sua base é constituída por um íon de cloro e um íon de sódio.

Outro exemplo é a *estrutura do diamante*; ela recebe esse nome porque é a estrutura cristalina do carbono sob a forma de diamante (Figura 42.15). Ela também é a mesma estrutura cristalina do silício, do germânio e do estanho (todos esses quatro elementos fazem parte do grupo IV da Tabela Periódica dos elementos). A rede do diamante é fcc; a base é constituída de um átomo para cada ponto da rede e um segundo átomo *idêntico* deslocado de uma distância igual a um quarto da aresta do cubo em cada uma das três direções das arestas do cubo. A Figura 42.16 ajudará você a visualizar essa estrutura. Ela mostra a parte inferior da direita referente a um oitavo do cubo básico; os quatro átomos localizados em vértices alternados desse cubo estão sobre os vértices de um tetraedro regular, e existe um átomo adicional no centro. Portanto, cada átomo na estrutura do diamante está no centro de um tetraedro regular com quatro átomos vizinhos mais próximos nos vértices do tetraedro.

Na estrutura do diamante, as esferas claras e escuras na Figura 42.16 representam átomos *idênticos* — por exemplo, dois átomos de carbono ou dois átomos de silício. Na estrutura cúbica do sulfeto de zinco, as esferas escuras representam um tipo de átomo e as esferas claras representam um tipo *diferente*. Por exemplo, no sulfeto de zinco (ZnS) cada átomo de zinco (esferas escuras na Figura 42.16) está no centro de um tetraedro regular com quatro átomos de enxofre (esferas claras na Figura 42.16) em seus vértices, e vice-versa. O arseneto de gálio (GaAs) e outros compostos semelhantes também apresentam essa mesma estrutura.

Ligação nos sólidos

As forças responsáveis pelo arranjo dos átomos em um cristal são as mesmas envolvidas nas ligações moleculares, acrescidas de um outro tipo. Não é surpresa verificar que as ligações *iônicas* e *covalentes* das moléculas também são encontradas em cristais iônicos e covalentes, respectivamente. Os *cristais iônicos* mais conhecidos são os haletos alcalinos, tal como o sal de cozinha (NaCl). O íon de sódio positivo e o íon de cloro negativo ocupam posições alternadas ao longo da rede cristalina cúbica (Figura 42.14).

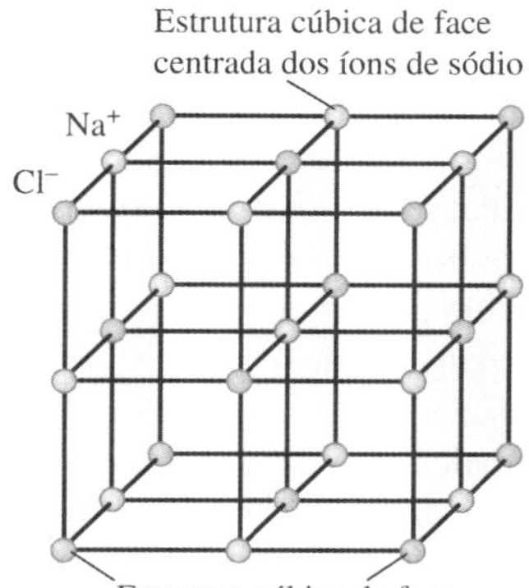

Figura 42.14 Representação de parte da estrutura cristalina do cloreto de sódio. As distâncias entre os íons estão exageradas.

Figura 42.15 A estrutura cristalina do diamante é semelhante às estruturas de outros materiais menos preciosos. O que torna o diamante especial são suas propriedades óticas singulares. Um índice de refração muito elevado o torna brilhante em virtude do fenômeno da reflexão interna total e, como sua dispersão é muito grande, a luz branca incidente emerge formando as cores do arco-íris.

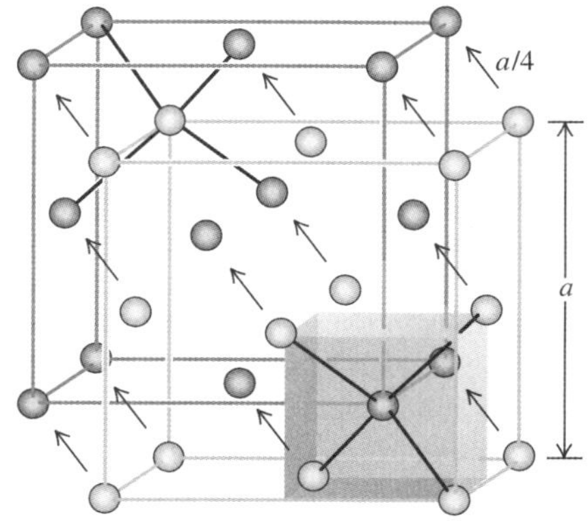

Figura 42.16 A estrutura do diamante, demonstrada como duas estruturas cúbicas de face centrada interpenetrantes, com as distâncias entre os íons exageradas. Em relação ao átomo vizinho mais próximo correspondente, cada átomo é deslocado de uma distância $a/4$ para cima, para trás e para a esquerda.

As forças de atração são as familiares forças coulombianas entre partículas carregadas. Essas forças não possuem uma direção fixa, e o arranjo segundo o qual o material se cristaliza depende do tamanho relativo dos dois íons. Não é difícil demonstrar que essa estrutura é *estável* no sentido que sua energia potencial total é menor do que a energia dos íons quando eles estão separados (veja o Exemplo 42.5). As energias potenciais de pares de cargas opostas possuem um módulo maior do que as energias potenciais de pares de cargas de mesmo sinal porque, na média, os pares de cargas opostas estão mais próximos entre si do que os pares de cargas de mesmo sinal.

Exemplo 42.5

ENERGIA POTENCIAL DE UM CRISTAL IÔNICO Considere um cristal unidimensional imaginário constituído por um número muito grande de íons positivos com carga $+e$ separados por uma distância a constante dos íons negativos com carga $-e$. Prove que a energia potencial total da interação é negativa.

SOLUÇÃO

IDENTIFICAR: podemos considerar cada íon uma carga puntiforme e usar nosso resultado na Seção 23.1 para a energia potencial elétrica de uma coleção de cargas puntiformes.

PREPARAR: as Equações (23.10) e (23.11) indicam que devemos considerar a energia potencial elétrica U de cada par de cargas. A energia potencial total do sistema é a soma dos valores de U para cada par possível.

EXECUTAR: considere um íon em algum lugar no meio da linha reta e some todas as energias potenciais da interação com os outros íons de um dos lados da configuração. Obtemos a série

$$\sum U = -\frac{e^2}{4\pi\epsilon_0}\frac{1}{a} + \frac{e^2}{4\pi\epsilon_0}\frac{1}{2a} - \frac{e^2}{4\pi\epsilon_0}\frac{1}{3a} + \cdots$$
$$= -\frac{e^2}{4\pi\epsilon_0 a}\left(1 - \frac{1}{2} + \frac{1}{3} - \frac{1}{4} + \cdots\right)$$

Podemos notar que a série entre parênteses é semelhante à série de Taylor para ln $(1 + x)$:

$$\ln(1 + x) = x - \frac{x^2}{2} + \frac{x^3}{3} - \frac{x^4}{4} + \cdots$$

Quando $x = 1$, a série fica idêntica à série entre parênteses, logo,

$$\sum U = -\frac{e^2}{4\pi\epsilon_0 a}\ln 2$$

Esse resultado é certamente negativo. Os átomos do outro lado do íon que estamos considerando contribuem de forma igual para a energia potencial. Se incluirmos a energia potencial de todos os pares de átomos, a soma será, sem dúvida, negativa.

AVALIAR: concluímos que essa estrutura é estável: sua energia é menor do que a energia potencial elétrica igual a zero que é obtida quando todos os íons estão infinitamente distanciados uns dos outros.

Tipos de cristais

O carbono, o silício, o germânio e o estanho com estruturas semelhantes à estrutura do diamante são exemplos de *cristais covalentes*. Esses elementos fazem parte do grupo IV da Tabela Periódica, ou seja, cada átomo possui quatro elétrons na camada mais externa. Cada átomo forma uma ligação covalente com quatro átomos adjacentes nos vértices de um tetraedro (Figura 42.16). Essas ligações são fortemente direcionais porque, em obediência ao princípio da exclusão, ocorre uma distribuição assimétrica dos elétrons, e o resultado é a estrutura tetraédrica do diamante.

O **cristal metálico** é um terceiro tipo de cristal, menos relacionado com as ligações químicas do que um cristal iônico e um cristal molecular. Na sua estrutura, um ou mais elétrons se destacam de cada átomo (deixando um íon positivo) e podem mover-se livremente ao longo da rede cristalina. Esses elétrons não estão localizados nas proximidades dos íons individuais. As correspondentes funções de onda dos elétrons estendem-se ao longo de distâncias muito maiores do que o diâmetro de um átomo.

Podemos, então, descrever um cristal metálico como uma rede de íons positivos imersa em um mar de elétrons livres cujas atrações pelos íons positivos mantêm o cristal unido (Figura 42.17). Esses elétrons são responsáveis pela elevada condutividade elétrica e térmica dos metais. O mar de elétrons possui muitas propriedades dos gases e, na verdade, dizemos que se trata do *modelo do gás de elétrons* para um sólido metálico. A versão mais simples desse modelo é o *modelo de elétrons livres*, que despreza completamente a interação com os íons da rede (exceto na superfície). Estudaremos esse modelo na Seção 42.5.

Em um cristal metálico, os elétrons livres não são localizados, e sim compartilhados por *muitos* átomos. Origina-se assim uma ligação que não é nem localizada nem direcional. A estrutura cristalina é determinada principalmente pelo *agrupamento compacto*, ou seja, um agrupamento contendo o número máximo de átomos em um dado volume. As duas redes cristalinas metálicas mais comuns são a cúbica de face centrada (Figura 42.12b) e a rede hexagonal com agrupamento compacto (figuras 42.12d e 42.12e). Nas estruturas compostas por essas redes com base em apenas um átomo, cada átomo possui doze vizinhos mais próximos.

Conforme dissemos na Seção 42.1, a interação de Van der Waals e a ligação de hidrogênio também desempenham papéis na estrutura de alguns sólidos. No polietileno e em polímeros semelhantes, a ligação covalente dos átomos forma grandes cadeias de moléculas e a ligação de hidrogênio forma uma ligação cruzada entre cadeias adjacentes. Na água sólida, tanto a interação de Van der Waals quanto a ligação de hidrogênio são relevantes, e ambas determinam as estruturas cristalinas do gelo.

Nossa discussão centrou-se em cristais perfeitos ou monocristais ideais. Um cristal real apresenta diversos desvios em relação à estrutura ideal. Os materiais são *policristalinos*, compostos por vários monocristais ligados por meio dos *contornos de grão*. Dentro de um mesmo monocristal podem surgir átomos *intersticiais* em locais que não pertencem a eles e também surgir *vacâncias*, posições que deveriam ser ocupadas por um átomo, mas que estão vazias. Um defeito pontual de interesse particular para os semicondutores, que discutiremos na Seção 42.6, é a *impureza substitucional*, um átomo estranho que substitui um átomo regular da rede (por exemplo, um átomo de arsênio substituindo um átomo do cristal de silício puro).

Existem diversos tipos básicos de defeitos que se estendem ao longo do cristal, chamados de *deslocamentos*. Um desses tipos é o *deslocamento de aresta* ilustrado na Figura 42.18, no qual um dos planos do cristal desliza em relação a outro plano. As propriedades mecânicas dos cristais são influenciadas fortemente pela presença dos deslocamentos. A ductilidade e a maleabilidade de alguns metais dependem da presença de deslocamentos que podem se mover através do cristal durante as deformações plásticas. O físico do estado sólido geralmente lembra que o maior defeito de uma rede cristalina, presente em *todos* os cristais, é a própria superfície do cristal com ligações interrompidas na superfície e com variações bruscas da energia potencial.

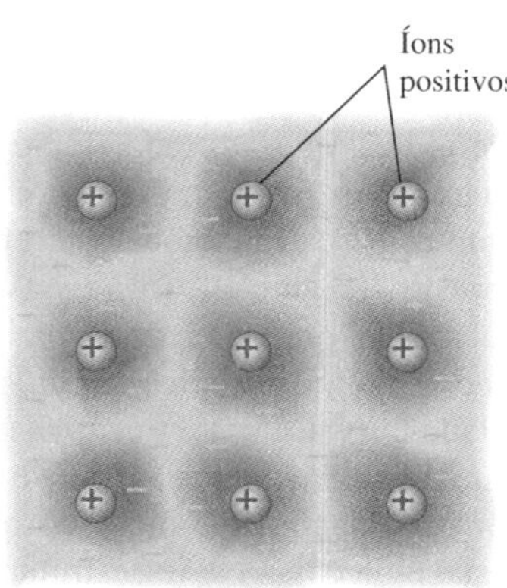

Figura 42.17 Em um sólido metálico, um ou mais elétrons se destacam de cada átomo e podem se mover livremente ao longo da rede cristalina formando um 'gás de elétrons'. As funções de onda desses elétrons se estendem por distâncias muito maiores do que o diâmetro de um átomo. Os íons positivos vibram em torno de posições fixas na rede cristalina.

Teste sua compreensão da Seção 42.3 Se a é a distância em um cristal de NaCl de um íon Na^+ até um dos íons Cl^- que são seus vizinhos imediatos, qual é a distância de um íon Na^+ a um dos íons Cl^- que seriam os seus *segundos* vizinhos imediatos? (i) $a\sqrt{2}$; (ii) $a\sqrt{3}$; (iii) $2a$ (iv) nenhuma das anteriores. ❚

42.4 Bandas de energia

O conceito de **bandas de energia**, desenvolvido em 1928 (Figura 42.19), ajuda muito a entender diversas propriedades dos sólidos. Para introduzir a idéia, suponha que exista um número N muito grande de átomos tão afastados que possamos desprezar a interação entre eles. Cada átomo possui o mesmo diagrama de níveis de energia. Podemos desenhar um diagrama de níveis de energia para o *sistema inteiro*. Ele se parece com o diagrama de níveis de energia de um único átomo, mas, para aplicar o princípio da exclusão ao sistema, devemos considerar agora N elétrons e não apenas um.

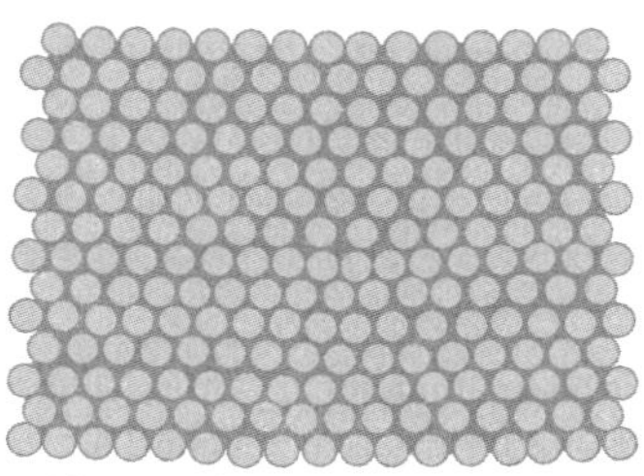

A irregularidade pode ser vista de modo mais fácil observando a figura em várias direções sob ângulos rentes à página.

Figura 42.18 Um deslocamento de aresta em duas dimensões. Em três dimensões, um deslocamento de aresta tem a aparência de um plano extra de átomos que escorregou parcialmente para dentro do cristal.

Fazemos então os átomos se aproximarem uniformemente. Por causa das interações e do princípio da exclusão, as funções de onda começam a se modificar, especialmente para os elétrons externos ou elétrons de *valência*. À medida que as funções de onda ficam menos localizadas e começam a se superpor, estendendo-se a um número de átomos cada vez maior, as energias correspondentes também se deslocam e assumem diversos valores, alguns para cima e outros para baixo. Portanto, os estados de valência que antes da aproximação forneciam um diagrama com um número N de linhas bem nítidas e separadas agora fornecem uma *banda* na qual os N níveis estão compactamente distribuídos dentro da banda (Figura 42.20). Geralmente o número N é muito grande, da ordem de grandeza do número de Avogadro (10^{24}); logo, podemos considerar uma distribuição *contínua* de energias dentro da banda. Entre duas bandas de energia adjacentes existem faixas ou bandas proibidas nas quais não há *nenhum* nível de energia permitido. Os elétrons internos são menos influenciados pelos átomos das vizinhanças e seus níveis sofrem uma superposição relativamente menor e formam uma banda muito estreita.

Isolantes, semicondutores e condutores

A natureza das bandas de energia determina se um material é um isolante, um semicondutor ou um condutor. O que importa, em particular, é a extensão em que os estados em cada banda são ocupados e o espaçamento, ou *banda proibida,* entre bandas adjacentes. Um fator crucial é o princípio da exclusão (veja a Seção 41.4), que afirma que apenas um elétron pode ocupar um dado estado mecânico-quântico.

Nos isolantes, no zero absoluto, a banda de energia mais elevada que está completamente preenchida, chamada **banda de valência**, é também a banda de energia mais elevada onde existem elétrons. A banda mais elevada seguinte, chamada de **banda de condução**, é completamente vazia; não existem elétrons em seus estados (Figura 42.21a). Imagine o que acontece se um campo elétrico for aplicado a um material desse tipo. Para mover-se em reação ao campo, um elétron teria de passar para um estado quântico diferente com uma energia ligeiramente diferente. Entretanto, ele não pode fazer isso, porque todos os estados vizinhos já estão ocupados. A única forma de tal elétron se mover é saltar através da banda proibida até a banda de condução, onde existem muitos estados vizinhos desocupados. Em qualquer temperatura acima do zero absoluto há alguma probabilidade de que esse salto possa ocorrer, porque um elétron pode ganhar energia por meio da agitação térmica. Em um isolante, contudo, a banda proibida entre as bandas de valência e condução pode atingir 5 eV ou mais, e essa quantidade de energia térmica não está normalmente disponível. Assim, pouca ou nenhuma corrente flui em reação a um campo elétrico aplicado, e a condutividade elétrica (Seção 25.2) é baixa. A condutividade térmica (Seção 17.7), que também depende dos elétrons móveis, é igualmente baixa.

Conforme vimos na Seção 24.4, volume 3, quando aplicamos um campo elétrico suficientemente elevado a um material isolante, ele se torna condutor; esse efeito é chamado de *ruptura dielétrica*. Se o campo elétrico aplicado for suficientemente elevado, da ordem de 10^{10} V/m, surge uma diferença de potencial de alguns volts numa escala comparável ao tamanho de um átomo. Nesse caso, o trabalho realizado pelo campo elétrico é suficiente para fazer o elétron pular sobre a banda proibida e atingir a banda de condução. (A ruptura dielétrica ocorre em isolantes reais para campos menores do que 10^{10} V/m por causa das imperfeições da rede, que possibilitam a existência de *níveis* de energia na banda proibida.)

Como o isolante, um material *semicondutor* no zero absoluto tem uma banda de condução vazia acima da banda de valência totalmente preenchida. A diferença é que, em um semicondutor, a banda proibida entre essas bandas é relativamente pequena, e os elétrons podem saltar com maior facilidade para a banda de condução (Figura 42.21b). À medi-

Figura 42.19 O conceito de bandas de energia foi inicialmente desenvolvido pelo físico suíço Felix Bloch (1905-1983) na sua tese de doutorado. Nosso entendimento moderno da condutividade resulta daquela importantíssima formulação. O trabalho de Bloch na física nuclear rendeu a ele (juntamente com Edward Purcell) o Prêmio Nobel de Física de 1952.

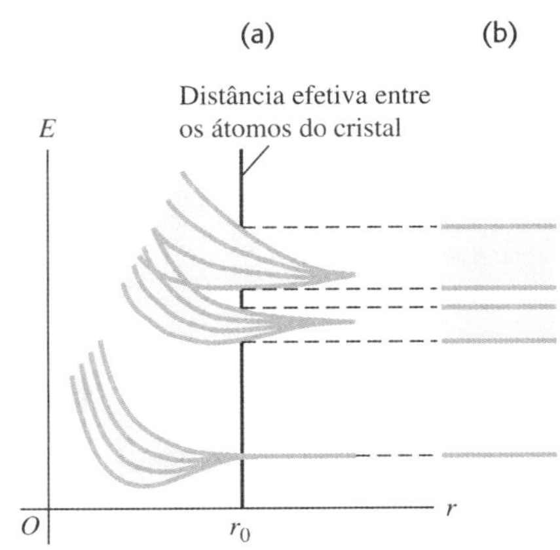

Figura 42.20 Origem das bandas de energia em um sólido. (a) À medida que a distância r entre os átomos diminui, os níveis de energia se espalham, formando bandas de energia. A linha reta vertical r_0 mostra a distância efetiva entre os átomos do cristal. (b). Representação simbólica das bandas de energia.

da que a temperatura do semicondutor aumenta, a população na banda de condução aumenta muito rapidamente, assim como a condutividade elétrica. Por exemplo, em um semicondutor próximo da temperatura ambiente com uma banda proibida de 1 eV, o número de elétrons de condução dobra quando a temperatura sobe apenas 10°C. Usaremos o conceito de bandas de energia para estudar os semicondutores mais profundamente na Seção 42.6.

Em um material *condutor*, como um metal, existem elétrons na banda de condução até mesmo no zero absoluto (Figura 42.21c). O sódio metálico é um exemplo. Uma análise dos níveis de energia da Figura 38.10a mostra que, em um átomo de sódio isolado, os seis níveis de energia excitados mais baixos $3p$ estão 2,1 eV acima dos níveis de energia dos estados fundamentais $3s$. Porém, quando os átomos se aproximam para formar um cristal de sódio, as *bandas* $3s$ e $3p$ se espalham e se superpõem, formando uma única banda de energia. Cada átomo de sódio contribui com um elétron para a banda, deixando um íon Na^+ para trás. Cada átomo contribui também com oito *estados* para essa banda (dois $3s$, seis $3p$), de modo que apenas um oitavo da banda é ocupado. Chamamos essa estrutura de *banda de condução* porque ela é ocupada apenas parcialmente. Os elétrons que estão perto do topo da parte ocupada da banda têm muitos estados superiores desocupados disponíveis e podem ganhar ou perder facilmente pequenas quantidades de energia quando aplicamos um campo elétrico. Portanto, esses elétrons se movem com muita facilidade e contribuem para a condutividade elétrica e para a condutividade térmica do sódio. O mesmo acontece com outros materiais condutores.

Exemplo 42.6

FOTOCONDUTIVIDADE NO GERMÂNIO Mesmo à temperatura ambiente, o germânio possui uma banda de valência completamente cheia separada por uma banda proibida de 0,67 eV de uma banda de condução completamente vazia. Ele é quase isolante, porém, sua condutividade aumenta substancialmente quando é irradiado com ondas eletromagnéticas com determinado comprimento de onda máximo. Por quê? Qual é o comprimento de onda máximo apropriado?

SOLUÇÃO

IDENTIFICAR: a condutividade de um semicondutor aumenta muito quando os elétrons são excitados da banda de valência para a banda de condução. Neste exemplo, a excitação ocorre quando um elétron absorve um fóton com uma energia de no mínimo $E_{\text{mín}}$.

PREPARAR: acordo com a relação $E = hc/\lambda$ para fótons, o comprimento de onda *máximo* corresponde à energia *mínima* do fóton.

EXECUTAR: um elétron no topo da banda de valência pode absorver um fóton com energia igual a 0,67 eV (e não menor) e pular para a região inferior da banda de condução, onde se tornará móvel. Então, o comprimento de onda máximo é dado por

$$\lambda_{\text{máx}} = \frac{hc}{E_{\text{mín}}} = \frac{(4{,}136 \times 10^{-15}\ \text{eV} \cdot \text{s})(3{,}0 \times 10^{8}\ \text{m/s})}{0{,}67\ \text{eV}}$$
$$= 1.9 \times 10^{-6}\ \text{m} = 1{,}9\ \mu\text{m} = 1900\ \text{nm}$$

AVALIAR: o fóton com esse comprimento de onda está na região infravermelha do espectro eletromagnético, de modo que os fótons da luz visível (com um comprimento de onda menor) também induzirão condutividade no germânio. Como veremos na Seção 42.7, cristais semicondutores são amplamente utilizados em diversos tipos de fotocélulas, além de muitas outras aplicações.

Teste sua compreensão da Seção 42.4 Um tipo de termômetro mede a resistividade elétrica em função da temperatura de uma amostra. Quais dos seguintes tipos de material mostram a maior variação na resistividade para uma dada variação de temperatura? (i) isolante; (ii) semicondutor; (iii) resistor. ❚

42.5 Modelo do elétron livre para um metal

O estudo dos estados de energia dos elétrons nos metais pode nos ajudar a entender suas propriedades elétricas e magnéticas, as contribuições dos elétrons para o calor específico e muitos outros fenômenos. Conforme discutimos na Seção 42.3, uma das características peculiares dos metais é que um ou mais elétrons de valência se destacam de seus átomos de origem e podem mover-se livremente no metal, com funções de onda que se estendem ao longo de muitos átomos da rede cristalina.

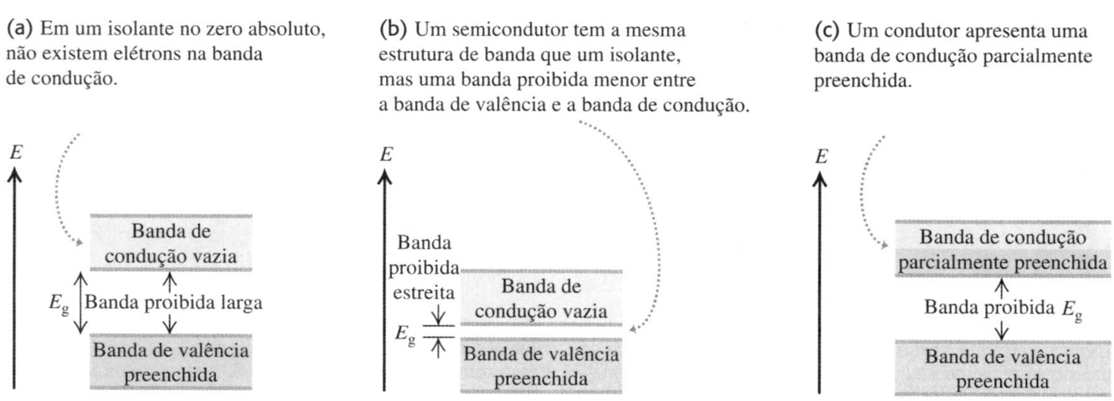

Figura 42.21 Três tipos de estrutura de banda de energia.

No **modelo de elétrons livres**, supomos que esses elétrons estejam completamente livres no interior do material sem nenhuma interação mútua e que eles não interajam de forma alguma com os íons; imaginamos, contudo, que exista uma barreira de potencial infinita na superfície do metal. As funções de onda e os níveis de energia são então, versões tridimensionais do problema em uma dimensão que analisamos na Seção 40.1. Considere uma caixa cúbica com aresta de comprimento L (Figura 42.22). Assim, por analogia com a Equação (40.10), concluímos que as funções de onda possíveis são

$$\psi(x, y, z) = A \operatorname{sen}\frac{n_x \pi x}{L} \operatorname{sen}\frac{n_y \pi y}{L} \operatorname{sen}\frac{n_z \pi z}{L} \qquad (42.10)$$

onde (n_x, n_y, n_z) é um conjunto de números quânticos positivos que identificam o estado. Convidamos você a verificar que essas funções são nulas sobre cada superfície do cubo, satisfazendo a condição de contorno em cada uma delas. Você também pode substituir a Equação (42.10) na equação de Schrödinger em três dimensões, Equação (40.28), com $U = 0$ para mostrar que as energias dos estados são

$$E = \frac{(n_x^2 + n_y^2 + n_z^2)\pi^2\hbar^2}{2mL^2} \qquad (42.11)$$

Essa equação é a versão tridimensional da Equação (40.9) dos níveis de energia de uma partícula em uma caixa.

Densidade de estados

Mais tarde precisaremos saber o *número dn* de estados quânticos cujas energias se encontram dentro de um intervalo dE. O número de estados quânticos por unidade de intervalo de energia dn/dE denomina-se **densidade de estados**, designado por $g(E)$. Vamos começar deduzindo uma expressão para $g(E)$. Imagine um espaço tridimensional com as coordenadas (n_x, n_y, n_z) (Figura 42.23). O raio n_{rs} de uma esfera centralizada na origem naquele espaço é obtido por $n_{rs}^2 = n_x^2 + n_y^2 + n_z^2$. Cada ponto com coordenada inteira nesse espaço representa um número quântico espacial. Portanto, cada ponto corresponde a uma unidade de volume naquele espaço, e o número total de pontos com coordenadas inteiras dentro da esfera é igual ao volume da esfera, $\frac{4}{3}\pi n_{rs}^3$. Como todos os valores de n são positivos, devemos considerar apenas a *oitava* parte da esfera, cujo volume é igual a $\frac{1}{8}$ do volume total da esfera, ou seja, $\left(\frac{1}{8}\right)\left(\frac{4}{3}\pi n_{rs}^3\right) = \frac{1}{6}\pi n_{rs}^3$. As partículas são elétrons, de modo que cada ponto corresponde a *dois* estados com spins opostos $\left(m_s = \pm\frac{1}{2}\right)$, e o número total n de estados eletrônicos correspondentes a pontos no interior de um oitavo do volume da esfera é o dobro de $\frac{1}{6}\pi n_{rs}^3$, ou seja,

$$n = \frac{\pi n_{rs}^3}{3} \qquad (42.12)$$

A energia E dos estados na superfície da esfera pode ser expressa em termos de n_{rs}. A Equação (42.11) torna-se

$$E = \frac{n_{rs}^2\pi^2\hbar^2}{2mL^2} \qquad (42.13)$$

Podemos combinar a Equação (42.12) e a Equação (42.13) para obter uma relação entre n e a energia E que não contenha n_{rs}. Deixaremos os detalhes como um exercício (veja o Exercício 42.24); o resultado é

$$n = \frac{(2m)^{3/2}VE^{3/2}}{3\pi^2\hbar^3} \qquad (42.14)$$

onde $V = L^3$ é o volume da caixa. A Equação (42.14) fornece o número total de estados quânticos com energias de zero até E.

Para saber o número dn de estados dentro de um intervalo dE, tomamos n e E como variáveis contínuas e diferenciamos os dois membros da Equação (42.14). Obtemos

$$dn = \frac{(2m)^{3/2}VE^{1/2}}{2\pi^2\hbar^3}\,dE \qquad (42.15)$$

A densidade de estados $g(E)$ é igual a dn/dE, portanto, de acordo com a Equação (42.15), obtemos

$$g(E) = \frac{(2m)^{3/2}V}{2\pi^2\hbar^3}E^{1/2} \qquad (42.16)$$

(densidade de estados, modelo do elétron livre)

Distribuição de Fermi–Dirac

Agora, precisamos saber como os elétrons estão distribuídos entre os diversos estados quânticos em uma dada temperatura. De acordo com a *distribuição de Maxwell-Boltzmann*, o número de partículas de um estado com

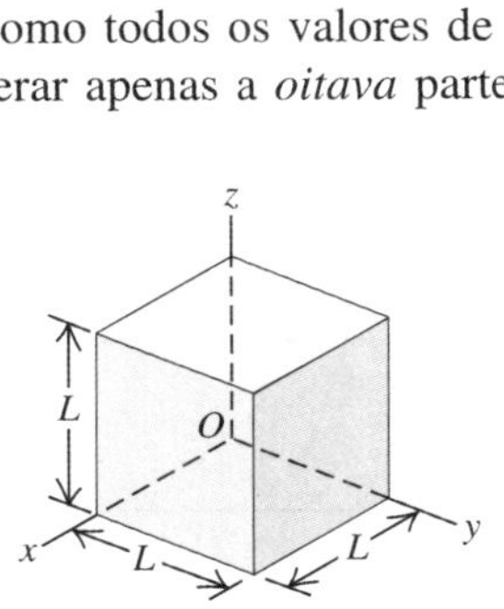

Figura 42.22 Uma caixa cúbica com paredes rígidas e aresta de comprimento L. Essa é a versão tridimensional do poço quadrado infinito discutido na Seção 40.1. Os níveis de energia de uma partícula nessa caixa são dados pela Equação (42.11).

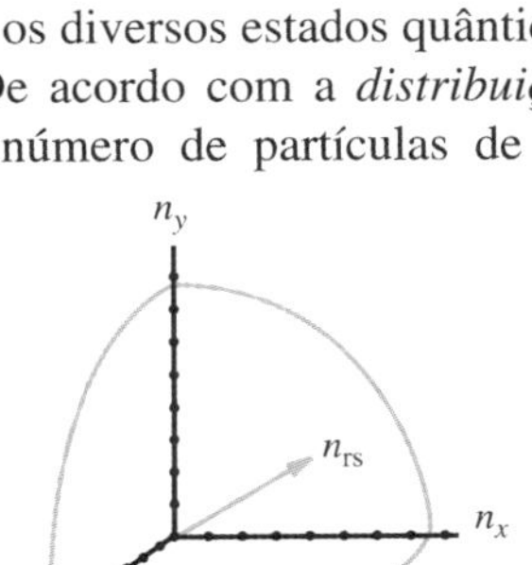

Figura 42.23 Os valores permitidos de n_x, n_y e n_z são números inteiros positivos para os estados do elétron no modelo do gás de elétrons livres. Incluindo o spin, existem dois estados para cada unidade de volume no espaço n.

energia E é proporcional a $e^{-E/kT}$ (veja a Seção 38.6). Contudo, seria errado usar a distribuição de Maxwell-Boltzmann, por duas razões muito importantes. A primeira razão é o *princípio da exclusão*. No zero absoluto, a distribuição de Maxwell-Boltzmann prevê que *todos* os elétrons deveriam ocupar o estado fundamental do sistema com $n_x = n_y = n_z = 1$ e $m_s = \pm\frac{1}{2}$. Porém, o princípio da exclusão afirma que só pode existir um elétron em cada estado. No zero absoluto, os elétrons podem preencher os estados *disponíveis* de mais baixa energia, mas não existe possibilidade de acomodar *todos* os elétrons nesses estados. Portanto, uma hipótese razoável para a forma correta da distribuição seria a indicada pela Figura 42.24. No zero absoluto, os estados são preenchidos até um valor máximo E_{F0} e todos os demais estados com energias maiores do que esse valor estão vazios.

A segunda razão pela qual seria errado usar a distribuição de Maxwell-Boltzmann é mais sutil. A distribuição supõe que estejamos considerando partículas *distinguíveis*. Poder-se-ia pensar que cada elétron pudesse ser identificado. Contudo, a superposição dos elétrons em um sistema como o de um metal torna essas partículas *indistinguíveis*. Considere dois elétrons; o estado em que um deles ocupa um nível E_1 e o outro um nível E_2 não pode se distinguir de um segundo estado com a distribuição inversa, pois não é possível identificar os elétrons nesses dois estados.

A distribuição estatística que emerge do princípio da exclusão e do conceito de estados indistinguíveis é chamada de **distribuição de Fermi-Dirac** (em homenagem aos seus inventores). De acordo com o princípio da exclusão, a probabilidade de ocupação de um estado particular com energia E é dada por $f(E)$, ou seja, a fração de estados ocupados com essa energia:

$$f(E) = \frac{1}{e^{(E-E_F)/kT} + 1} \qquad (42.17)$$

(distribuição de Fermi-Dirac)

A energia E_F denomina-se **energia de Fermi** ou *nível de Fermi*; discutiremos mais adiante seu significado físico. Designamos por E_{F0} seu valor no zero absoluto ($T = 0$) e por E_F seu valor em qualquer outra temperatura. Para metais podemos escrever com boa aproximação $E_{F0} = E_F$, porque a energia de Fermi não varia muito com a temperatura nos condutores sólidos. Contudo, seria errado escrever $E_{F0} = E_F$ para semicondutores porque a energia de Fermi geralmente varia com a temperatura.

A Figura 42.25 mostra gráficos da Equação (42.17) em diversas temperaturas. A tendência dessa função quando kT tende a zero confirma nossa hipótese. Quando $E = E_F$, o expoente é igual a zero e, portanto, $f(E_F) = \frac{1}{2}$. Ou seja, existe uma probabilidade igual a $\frac{1}{2}$ de que um estado com a energia de Fermi contenha um elétron. Alternativamente, quando $E = E_F$, metade dos estados estão ocupados (e a outra metade está vazia).

Para $E < E_F$, o expoente é negativo e $f(E) > \frac{1}{2}$. Para $E > E_F$, o expoente é positivo e $f(E) < \frac{1}{2}$. A forma depende da razão E_F/kT. Para $T \ll E_F/k$, essa razão é muito grande. Então, quando $E < E_F$, a curva tende rapidamente para 1, e quando $E > E_F$, ela tende rapidamente a zero. Quando T é muito grande, as variações são mais graduais. Quando T é igual a zero, todos os estados estão ocupados até o nível de Fermi E_{F0}, e todos os estados acima desse nível estão vazios (Figura 42.24).

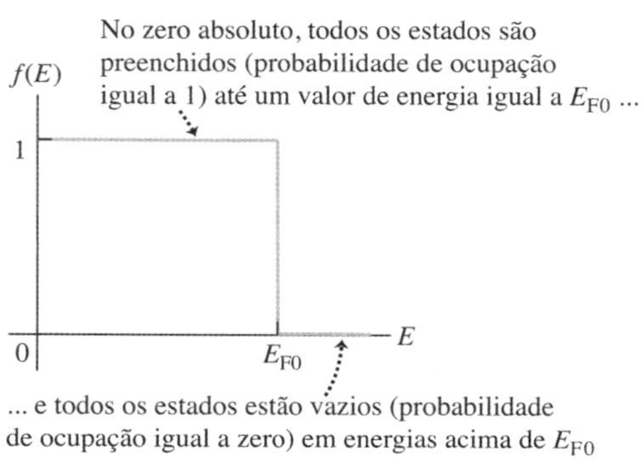

Figura 42.24 A distribuição de probabilidade para a ocupação dos níveis de energia no zero absoluto.

Exemplo 42.7

PROBABILIDADES NO MODELO DO ELÉTRON LIVRE

Considerando elétrons livres em um sólido, em que energia a probabilidade de um estado estar ocupado é igual a a) 0,01? b) 0,99?

SOLUÇÃO

IDENTIFICAR: este problema nos pede para verificar como a distribuição de Fermi-Dirac depende da temperatura.

PREPARAR: a Equação (42.17) nos fornece a probabilidade de ocupação $f(E)$ para uma dada energia E. Se explicitarmos E nessa equação, obteremos uma expressão para a energia que corresponde a uma dada probabilidade de ocupação — que é exatamente o que precisamos para resolver este problema.

EXECUTAR: explicitando E na Equação (42.17), obtemos

$$E = E_F + kT\ln\left(\frac{1}{f(E)} - 1\right)$$

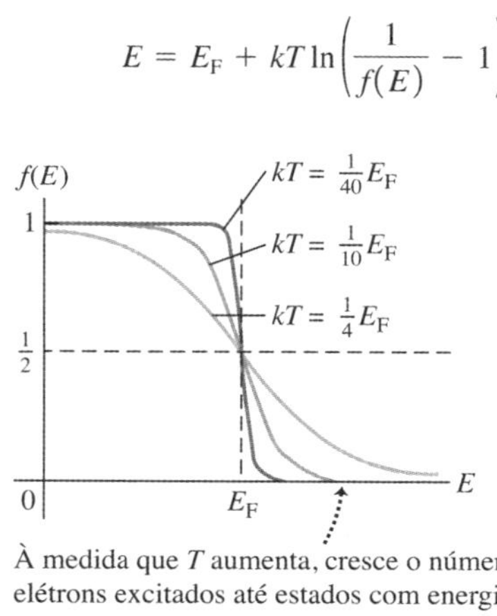

Figura 42.25 Gráfico da distribuição de Fermi-Dirac para diversos valores de kT, supondo que a energia de Fermi E_F seja independente da temperatura T.

a) Quando $f(E) = 0{,}01$, obtemos

$$E = E_F + kT\ln\left(\frac{1}{0{,}01} - 1\right) = E_F + 4{,}6kT$$

Um estado com energia 4,6 kT acima do nível de Fermi permanece ocupado somente 1% do tempo.

b) Quando $f(E) = 0{,}99$, obtemos

$$E = E_F + kT\ln\left(\frac{1}{0{,}99} - 1\right) = E_F - 4{,}6kT$$

Um estado com energia 4,6 kT abaixo do nível de Fermi permanece ocupado 99% do tempo.

AVALIAR: em temperaturas muito baixas, $4{,}6kT$ é um valor muito pequeno. Então, os níveis de energia logo abaixo de E_F estão quase sempre cheios, e os níveis logo acima de E_F, quase sempre vazios (veja a Figura 42.25). Em geral, se P é a probabilidade de que um estado com uma energia ΔE *acima* de E_F esteja ocupado, então existe uma probabilidade $1 - P$ de que um estado com energia ΔE *abaixo* de E_F esteja ocupado. Deixamos a demonstração como um problema (veja o Problema 42.48).

Concentração de elétrons e energia de Fermi

A Equação (42.17) fornece a probabilidade de que um estado com energia E esteja ocupado a uma temperatura T. Para obter o número efetivo de elétrons em qualquer intervalo de energia dE, devemos multiplicar essa probabilidade pelo número dn de estados no intervalo $g(E)\,dE$. Portanto, o número dN de elétrons com energias no intervalo dE é

$$dN = g(E)f(E)\,dE = \frac{(2m)^{3/2}VE^{1/2}}{2\pi^2\hbar^3}\frac{1}{e^{(E-E_F)/kT} + 1}\,dE \quad (42.18)$$

A energia de Fermi E_F é determinada pelo número total N de elétrons; em qualquer temperatura, os estados eletrônicos estão ocupados até um ponto em que todos os elétrons estão acomodados. No zero absoluto existe uma relação simples entre E_{F0} e N. Sabemos que *todos* os estados abaixo de E_{F0} estão ocupados; na Equação (42.14) fazemos n igual ao número total de elétrons N e igualamos a energia E com a energia de Fermi no zero absoluto E_{F0}:

$$N = \frac{(2m)^{3/2}VE_{F0}^{3/2}}{3\pi^2\hbar^3} \quad (42.19)$$

Explicitando E_{F0}, obtemos

$$E_{F0} = \frac{3^{2/3}\pi^{4/3}\hbar^2}{2m}\left(\frac{N}{V}\right)^{2/3} \quad (42.20)$$

A grandeza N/V é o número de elétrons por unidade de volume. Ela é chamada de *concentração de elétrons*, e geralmente é designada pela letra n.

Substituindo N/V por n, de acordo com a Equação (42.20), obtemos

$$E_{F0} = \frac{3^{2/3}\pi^{4/3}\hbar^2 n^{2/3}}{2m} \quad (42.21)$$

Atenção Concentração de elétrons e número de elétrons Não confunda nenhum número quântico n com a concentração de elétrons n. Além disso, o número de estados n geralmente é diferente do número total de elétrons N.

Exemplo 42.8

A ENERGIA DE FERMI NO COBRE Em baixas temperaturas, a concentração de elétrons livres do cobre é igual a $8{,}45 \times 10^{28}$ m^{-3}. Usando o modelo do elétron livre, calcule a energia de Fermi para o cobre sólido, e encontre a velocidade de um elétron com a energia cinética igual à energia de Fermi.

SOLUÇÃO

IDENTIFICAR: este problema usa a relação entre a energia de Fermi e a concentração de elétrons livres.

PREPARAR: como o cobre é um condutor sólido, sua energia de Fermi varia muito pouco com a temperatura, e podemos usar a expressão para a energia de Fermi no zero absoluto, Equação (42.21), com tranqüilidade. Calculamos a velocidade v_F que corresponde à energia cinética E_F usando a conhecida fórmula não-relativística para a energia cinética.

EXECUTAR: substituindo o valor dado de n,

$$E_F = \frac{3^{2/3}\pi^{4/3}(1{,}055 \times 10^{-34}\ \text{J}\cdot\text{s})^2(8{,}45 \times 10^{28}\ \text{m}^{-3})^{2/3}}{2(9{,}11 \times 10^{-31}\ \text{kg})}$$
$$= 1{,}126 \times 10^{-18}\ \text{J} = 7{,}03\ \text{eV}$$

Para encontrar a velocidade correspondente v_F, usaremos $E_F = \frac{1}{2}mv_F^2$:

$$v_F = \sqrt{\frac{2E_F}{m}} = \sqrt{\frac{2(1{,}126 \times 10^{-18}\ \text{J})}{9{,}11 \times 10^{-31}\ \text{kg}}} = 1{,}57 \times 10^6\ \text{m/s}$$

AVALIAR: os valores típicos para energias de Fermi em metais vão de 1,6 a 14 eV; nosso valor está dentro desse intervalo, como deveria.

A grandeza v_F é chamada de *velocidade de Fermi*. O valor calculado de v_F é muito menor do que a velocidade da luz, $c = 3{,}0 \times 10^8$ m/s, o que justifica nosso uso de fórmulas não-relativísticas. As velocidades de Fermi em metais costumam ir de 0,8 a 2,2 $\times 10^6$ m/s.

Nossos resultados mostram que a energia de Fermi é muito *maior* do que kT em temperaturas normais, de modo que é uma boa aproximação considerar quase todos os níveis de energia abaixo de E_F completamente cheios e quase todos os níveis acima de E_F completamente vazios (veja a Figura 42.24).

Podemos também usar a Equação (42.16) para calcular $g(E)$ se E e V são conhecidos. Convidamos você a mostrar que, se $E = 7$ eV e $V = 1$ cm^3, $g(E)$ é aproximadamente igual a 2×10^{22} estados/eV. Esse número muito grande justifica por que consideramos n e a energia E variáveis contínuas em nossa dedução da densidade de estados.

Energia média de um elétron livre

Podemos calcular a energia *média* de um elétron livre em um metal no zero absoluto usando as mesmas idéias que foram empregadas para determinar E_{F0}. Pela Equação (42.18), o número dN de elétrons com energias no intervalo dE é igual a $g(E)f(E)\,dE$. A energia desses elétrons é $E\,dN = Eg(E)f(E)\,dE$. Substituímos no zero absoluto $f(E) = 1$ desde $E = 0$ até $E = E_{F0}$ e $f(E) = 0$ para todas as outras energias. Portanto, a energia total E_{tot} de todos os N elétrons é

$$E_{\text{tot}} = \int_0^{E_{F0}} Eg(E)(1)\,dE + \int_{E_{F0}}^{\infty} Eg(E)(0)\,dE$$

$$= \int_0^{E_{F0}} Eg(E)\,dE$$

O modo mais simples de calcular essa expressão consiste em comparar a Equação (42.16) com a Equação (42.20), notando que

$$g(E) = \frac{3NE^{1/2}}{2E_{F0}{}^{3/2}}$$

Substituindo a relação anterior na integral e usando a definição $E_{\text{méd}} = E_{\text{tot}}/N$, obtemos

$$E_{\text{méd}} = \frac{3}{2E_{F0}{}^{3/2}} \int_0^{E_{F0}} E^{3/2}\,dE = \frac{3}{5}E_{F0} \tag{42.22}$$

Ou seja, no zero absoluto a energia média de um elétron livre é igual a $\frac{3}{5}$ da energia de Fermi correspondente.

Exemplo 42.9

GÁS DE ELÉTRONS LIVRES X GÁS IDEAL a) Calcule a energia média dos elétrons livres do cobre no zero absoluto (veja o Exemplo 42.8). b) Se os elétrons se comportassem como um gás ideal (veja a Seção 18.3) à temperatura ambiente, qual seria sua energia cinética média? Qual seria a velocidade de um elétron com essa energia cinética?

SOLUÇÃO

IDENTIFICAR: elétrons livres em um metal comportam-se como um tipo de gás. Neste exemplo, devemos comparar esse gás com o gás ideal que estudamos no Capítulo 18.

PREPARAR: utilizaremos Equação (42.22) para calcular a energia cinética média dos elétrons livres. Se os elétrons se comportassem como um gás ideal clássico com temperatura T, de acordo com a Equação (18.16) a energia cinética média por elétron seria $E_{\text{méd}} = \frac{3}{2}kT$; usaremos essa relação para calcular a energia e a velocidade pedidas na parte (b).

EXECUTAR: a) Conforme o Exemplo 42.8, a energia de Fermi no cobre é $1{,}126 \times 10^{-18}$ J = 7,03 eV. Segundo a Equação (42.22), a energia média é $\frac{3}{5}$ desse valor, ou $6{,}76 \times 10^{-19}$ J = 4,22 eV.

b) Se os elétrons se comportassem como um gás ideal à temperatura ambiente (T = 20ºC = 293 K), a energia cinética média por elétron seria

$$E_{\text{méd}} = \frac{3}{2}kT = \frac{3}{2}(1{,}381 \times 10^{-23}\ \text{J/K})(293\ \text{K})$$

$$= 6{,}07 \times 10^{-21}\ \text{J} = 0{,}0379\ \text{eV}$$

A velocidade de um elétron com essa energia cinética seria

$$v = \sqrt{\frac{2E_{\text{méd}}}{m}} = \sqrt{\frac{2(6{,}07 \times 10^{-21}\ \text{J})}{9{,}11 \times 10^{-31}\ \text{kg}}} = 1{,}15 \times 10^5\ \text{m/s}$$

AVALIAR: a energia média prevista pelo modelo do gás ideal é menos do que 1% do valor dado (corretamente) pelo modelo do elétron livre, e a velocidade correspondente no modelo do gás ideal é apenas uma pequena fração da típica velocidade de Fermi dada pelo modelo do elétron livre (veja o Exemplo 42.8). Assim, a temperatura desempenha um papel *muito* pequeno na determinação das propriedades dos elétrons nos metais; em vez disso, suas energias médias são determinadas quase inteiramente pelo princípio da exclusão.

Uma análise similar nos permite determinar as contribuições dos elétrons para o calor específico de um metal sólido. Supondo que exista um elétron de condução por átomo, o princípio da eqüipartição (veja a Seção 18.4) prevê uma contribuição da energia cinética dos elétrons igual a $3R/2$ para o calor específico molar a um volume constante C_V. Entretanto, quando kT é muito menor do que E_F, o que geralmente acontece nos metais, somente alguns elétrons nas vizinhanças do nível de Fermi encontram estados vazios e trocam energia em quantidade apreciável quando a temperatura varia. O número desses elétrons é proporcional a kT/E_F, de modo que esperamos que a contribuição dos elétrons para o calor específico a um volume constante seja proporcional ao produto $(kT/E_F)(3R/2) = (3kT/2E_F)R$. Uma análise mais detalhada mostra que a contribuição dos elétrons para o calor específico a um volume constante de um metal é $(\pi^2kT/2E_F)R$, resultado que está próximo da nossa previsão. Convidamos você a mostrar que, se T = 293 K e E_F = 7,03 eV, a contribuição dos elétrons para C_V é $0{,}018R$, que é apenas 1,2% da previsão (incorreta) $3R/2$ baseada no princípio da eqüipartição. Como a contribuição eletrônica é tão pequena, o calor específico da maioria dos metais sólidos se deve principalmente à vibração dos átomos na estrutura cristalina (veja a Figura 18.18 na Seção 18.4).

Teste sua compreensão da Seção 42.5 Um gás ideal obedece à relação $pV = nRT$ (veja a Seção 18.1). Ou seja, para um dado volume V e um número de moles n, à medida que a temperatura T diminui, a pressão p diminui proporcionalmente e tende a zero à medida que T se aproxima do zero absoluto. Isso também é verdade para um gás de elétrons livres em um metal sólido? ▮

42.6 Semicondutores

Um **semicondutor** possui uma resistividade elétrica intermediária entre a de um bom condutor e a de um bom isolante. A extraordinária importância dos semicondutores na eletrônica moderna decorre do fato de que suas propriedades elétricas são muito sensíveis a pequenas variações de impurezas. Vamos discutir os conceitos básicos usando como exemplos os elementos silício (Si) e germânio (Ge).

O silício e o germânio fazem parte do grupo IV da Tabela Periódica. Ambos possuem quatro elétrons na subcamada mais externa ($3s^23p^2$, para o Si, e $4s^24p^2$, para o Ge). Ambos formam cristais com a estrutura do diamante ilustrada na Seção 42.3 (Figura 42.16), com ligações covalentes. Como todos os elétrons de valência estão envolvidos na ligação, no zero absoluto sua estrutura de bandas (Seção 42.4) indica uma banda de valência completamente cheia, separada por uma banda proibida de uma banda de condução vazia (Figura 42.21b). Como vimos na Seção 42.4, em temperaturas muito baixas os elétrons não conseguem saltar da banda de valência preenchida para a banda de condução. Essa propriedade torna esses materiais isolantes em temperaturas muito baixas; não existem estados vizinhos disponíveis para os quais seus elétrons possam mover-se em reação a um campo elétrico aplicado.

Entretanto, a largura E_g da banda proibida que separa a banda de valência da banda de condução é pequena em comparação à largura de 5 eV ou mais dos isolantes; na temperatura ambiente, a largura da banda proibida é de 1,42 eV para o arseneto de gálio, 1,12 eV para o silício e somente 0,67 eV para o germânio. Portanto, mesmo na temperatura ambiente, existe um número substancial de elétrons que podem ganhar energia suficiente para pular a banda proibida e atingir a banda de condução, onde eles se separam de seus átomos de origem e podem mover-se livremente no cristal. O número de elétrons cresce rapidamente com a temperatura.

Exemplo 42.10

PULANDO A BANDA PROIBIDA Considere um material semicondutor com a estrutura descrita anteriormente e com a energia de Fermi no centro da banda proibida (Figura 42.26). Calcule a probabilidade de que um estado na parte inferior da banda de condução esteja preenchido a uma temperatura igual a 300 K, considerando os seguintes valores para a largura da banda proibida: a) 0,200 eV; b) 1,00 eV; c) 5,00 eV. Repita os cálculos para uma temperatura de 310 K.

SOLUÇÃO

IDENTIFICAR: a Figura 42.25 indica que quanto maior a temperatura, maior a fração de elétrons com energias maiores do que a energia de Fermi E_F. Usaremos essa idéia para efetuar os cálculos necessários.

PREPARAR: a função de distribuição de Fermi-Dirac fornece a probabilidade de que um estado de energia E esteja ocupado na temperatura T. A Figura 42.26 mostra que o estado em questão, na parte inferior da banda de condução, apresenta uma energia $E = E_F + E_g/2$; logo, $E - E_F = E_g/2$.

EXECUTAR: a) Quando $E_g = 0{,}200$ eV,

$$\frac{E - E_F}{kT} = \frac{0{,}100 \text{ eV}}{(8{,}617 \times 10^{-5} \text{ eV/K})(300 \text{ K})} = 3{,}87$$

$$f(E) = \frac{1}{e^{3{,}87} + 1} = 0{,}0205$$

Com $E_g = 0{,}200$ eV e $T = 310$ K, o expoente é igual a 3,74 e $f(E) = 0{,}0231$, um aumento de 13% quando a temperatura aumenta apenas 10 K.

b) Quando $E_g = 1{,}0$ eV, ambos os expoentes são cinco vezes maiores do que os anteriores, passando para 19,3 e 18,7; os valores correspondentes de $f(E)$ são $4{,}0 \times 10^{-9}$ e $7{,}4 \times 10^{-9}$. Nesse caso, a probabilidade quase dobra quando a temperatura aumenta 10 K.

c) Quando $E_g = 5{,}0$ eV, os expoentes são 96,7 e 93,6; os valores de $f(E)$ são $1{,}0 \times 10^{-42}$ e $2{,}3 \times 10^{-41}$. A probabilidade cresce de um fator igual a 23 quando a temperatura aumenta 10 K, porém ela ainda é extremamente pequena. O diamante puro é um excelente isolante porque possui uma largura da banda proibida igual a 5,47 eV, não existindo praticamente nenhum elétron na banda de condução.

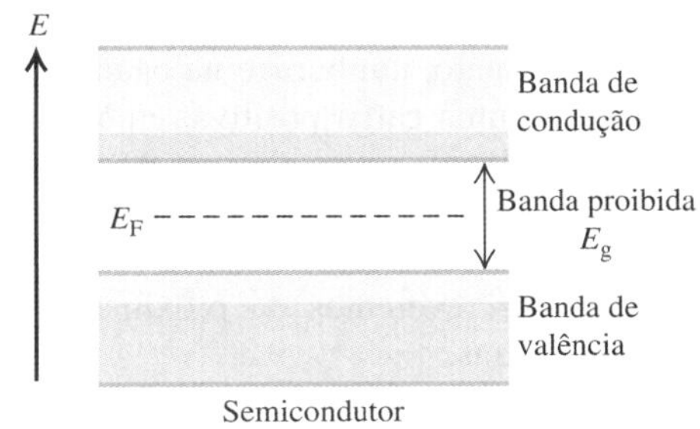

Figura 42.26 Estrutura de bandas de um semicondutor. No zero absoluto, uma banda de valência completamente cheia está separada da banda de condução vazia por uma banda proibida com uma largura E_g com valor pequeno, da ordem de 1 eV. Na temperatura ambiente, um número grande de elétrons é excitado e passa para a banda de condução.

AVALIAR: o presente exemplo ilustra dois pontos importantes. Primeiro, a probabilidade de encontrar um elétron na parte inferior da banda de condução depende fortemente da largura da banda proibida. Quando a largura é de 0,20 eV, a probabilidade é de 2%, porém quando essa largura é igual a 1,0 eV, existe cerca de uma chance em um bilhão, e quando a largura é de 5,0 eV, a probabilidade é essencialmente igual a zero. Segundo, para uma mesma largura da banda proibida, a probabilidade depende fortemente da temperatura, e quanto maior é a largura da banda proibida, maior é essa dependência.

Em tese, poderíamos continuar os cálculos do Exemplo 42.10 para determinar a densidade efetiva dos elétrons $n = N/V$ na banda de condução em qualquer temperatura. Para isso, seria necessário fazer a integral $\int g(E)f(E)\,dE$ da parte inferior da banda de condução até o seu topo. Primeiro, precisaríamos saber a densidade de estados $g(E)$. Seria errado usar a Equação (42.16), porque nos sólidos reais a densidade de estados e a estrutura de banda são diferentes das correspondentes funções deduzidas para o caso simples do modelo do elétron livre. Contudo, existem métodos teóricos para prever $g(E)$ na parte inferior da banda de condução, e tais cálculos já foram realizados. Depois de calcular n, podemos *começar* a determinar a resistividade do material (e sua dependência com a temperatura) usando a análise da Seção 25.2, no volume 3, a qual você deve rever. Porém, a seguir veremos que os elétrons da banda de condução não bastam para descrever todo o comportamento dos semicondutores.

Buracos

Ao ser removido de uma ligação covalente, um elétron deixa uma vacância em seu lugar. Um elétron de um átomo vizinho pode deslocar-se para essa vacância, deixando esse átomo vizinho com uma vacância. Desse modo, a vacância, chamada de **buraco**, pode deslocar-se através do cristal comportando-se como outro portador de carga adicional da corrente elétrica. O processo é semelhante ao deslocamento de uma bolha no seio de um líquido. Em um semicondutor puro, chamado de *intrínseco*, o número de buracos na banda de valência é igual ao número de elétrons na banda de condução. Quando aplicamos um campo elétrico, esses portadores se movem em sentidos contrários (Figura 42.27). Portanto, um buraco na banda de valência se comporta como uma carga positiva, embora as cargas que se deslocam na banda sejam elétrons. O tipo de condutividade que acabamos de descrever para um semicondutor denomina-se *condutividade intrínseca*. Outro tipo de condutividade, que descreveremos na próxima subseção, é causado por impurezas.

Podemos fazer a analogia com um edifício-garagem para ajudar a compreender a condução intrínseca em um semicondutor puro. A banda de valência no zero absoluto é semelhante a um andar completamente cheio de carros. Nenhum carro (elétron) pode se mover, porque não existe nenhuma vaga para a qual ele possa se deslocar. Mas, se um carro passar para o andar superior do edifício, ele poderá se mover livremente naquele andar. Também no andar inferior poderá ocorrer o movimento de um outro carro vizinho para ocupar a vaga deixada pelo carro que foi para o andar superior, tal como no caso do movimento de um elétron na banda de valência.

Impurezas

Suponha que você misture ao germânio fundido ($Z = 32$) uma pequena quantidade de arsênio ($Z = 33$), o elemento que aparece depois do germânio na Tabela Periódica. Essa adição de impurezas de outros elementos é chamada de *dopagem*. O arsênio faz parte do grupo V, ou seja, possui *cinco* elétrons de valência. Quando um desses elétrons é removido, a estrutura eletrônica restante é essencialmente igual à do germânio. A única diferença é que ele é menor — o núcleo do arsênio possui carga $+33e$ em vez de $+32e$, e ele puxa os elétrons com uma intensidade maior. Um átomo de arsênio pode confortavelmente ocupar o lugar de um átomo de germânio, formando uma impureza substitucional. Quatro dos seus cinco elétrons de valência formarão as necessárias ligações covalentes com seus vizinhos mais próximos.

O quinto elétron de valência permanece fracamente ligado (Figura 42.28a); ele não participa das ligações covalentes e permanece blindado da carga do núcleo de $+33e$ pelos 32 elétrons restantes, deixando livre uma carga efetiva aproximadamente igual a $+e$. Podemos supor que a energia de ligação seja da mesma ordem de grandeza da energia do nível $n = 4$ do átomo de hidrogênio, ou seja, $(\frac{1}{4})^2$ (13,6 eV) = 0,85 eV. Na realidade, ela é bem menor do que esse valor, aproximadamente igual a 0,01 eV, porque a distribuição de probabilidade do elétron se estende efetivamente através de uma distância igual a vários diâmetros atômicos e a polarização dos átomos envolvidos fornece uma blindagem adicional.

O nível de energia desse quinto elétron na descrição das bandas de energia corresponde a um nível isolado no interior da banda proibida, situada a 0,01 eV abaixo do limite inferior da banda de condução (Figura 42.28b). Esse nível é chamado de *nível doador* e o átomo de impureza por ele responsável é simplesmente chamado de *doador*. Todos os elementos do grupo V, inclusive os elementos N, P, As, Sb e Bi, podem servir como doadores. Na temperatura ambiente, kT é aproximadamente igual a 0,025 eV. Esse valor é bem maior do que 0,01 eV, de modo que na temperatura ambiente um número substancial de elétrons pode ganhar energia suficiente para pular do nível doador para a banda de condução, na qual eles permanecem livres e podem deslocar-se aleatoriamente através do material. O doador ionizado permanece fixo na estrutura cristalina e não participa da condução.

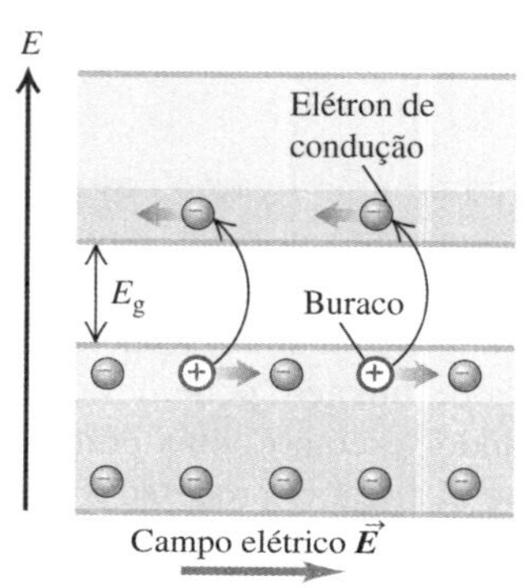

Figura 42.27 Movimento de elétrons na banda de condução e de buracos na banda de valência de um semicondutor na presença de um campo elétrico aplicado $\vec{E}$.

(a) Um átomo de impureza doadora (tipo n) possui um quinto elétron de valência que não participa das quatro ligações covalentes, permanecendo fracamente ligado.

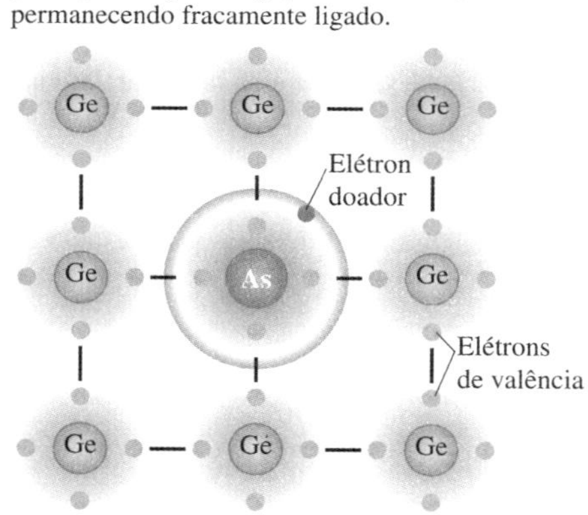

(b) Diagrama de bandas de energia de um semicondutor do tipo n em temperaturas baixas. Um elétron doador foi excitado e passou para a banda de condução.

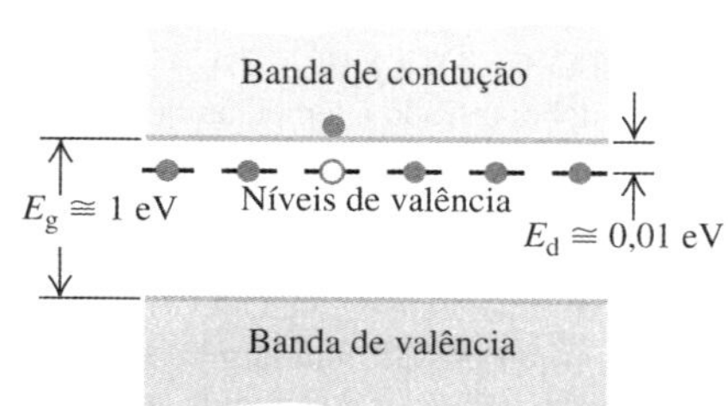

Figura 42.28 Um semicondutor de tipo n.

O Exemplo 42.10 mostra que, na temperatura ambiente e para uma largura da banda proibida igual a 1,0 eV, somente uma pequena fração (da ordem de 10^{-9}) dos estados na parte inferior da banda de condução contém elétrons para participar da condutividade intrínseca. Portanto, espera-se que a condutividade desse tipo de condutor seja cerca de 10^{-9} vezes menor do que a condutividade de um bom condutor metálico, e as medidas confirmam essa previsão. Contudo, uma concentração de doadores muito pequena, da ordem de uma parte em 10^8, pode fazer aumentar a condutividade drasticamente, e a condução pelo mecanismo das impurezas torna-se extremamente mais importante do que a condução intrínseca. No caso presente, a condução é inteiramente produzida pelo movimento de cargas *negativas* (elétrons). Chamamos o material correspondente de **semicondutor do tipo *n***, com impurezas do tipo *n*.

Obtemos um efeito semelhante adicionando átomos de um elemento do grupo III (B, Al, Ga, In, Tl), que possui somente *três* elétrons de valência. Um exemplo é o gálio ($Z = 31$); como uma impureza substitucional para o germânio, um átomo de gálio tende a formar quatro ligações covalentes, mas possui somente três elétrons na camada externa. Contudo, ele pode tomar emprestado um elétron de um átomo de germânio vizinho para completar as quatro ligações covalentes (Figura 42.29a). O átomo resultante possui a mesma configuração eletrônica do Ge, mas é ligeiramente maior porque a carga do núcleo de gálio é menor ($+31e$, em vez de $+32e$).

(a) Um átomo aceitador de impureza (tipo *p*) possui somente três elétrons de valência. O buraco resultante pode então se deslocar livremente através do cristal.

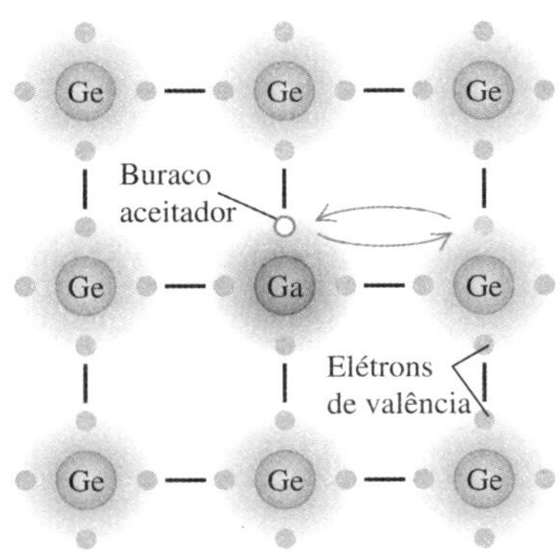

(b) Diagrama de bandas de energia para um semicondutor do tipo *p* em temperaturas baixas. Um nível aceitou um elétron da banda de valência e o elétron deixou um buraco nessa banda.

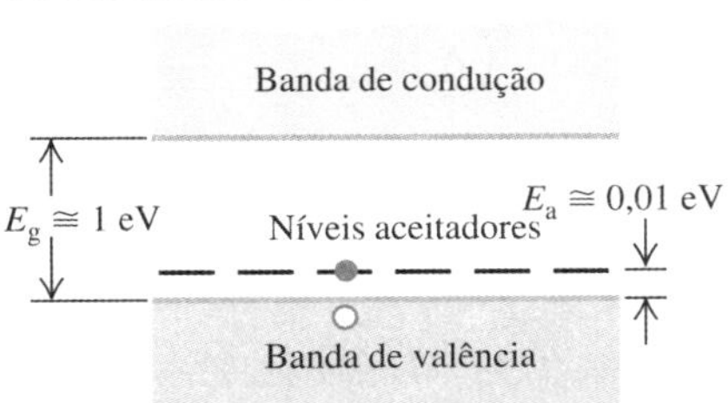

Figura 42.29 Um semicondutor de tipo *p*.

O empréstimo do elétron deixa o átomo vizinho com um *buraco*, ou falta de elétron. O buraco funciona como uma carga positiva que pode se mover através do cristal tal como no caso da condutividade intrínseca. O elétron emprestado ocupa um nível do átomo de gálio chamado de *nível aceitador*, situado a 0,01 eV acima do limite superior da banda de valência (Figura 42.29b). O átomo de gálio, chamado de *aceitador*, recebe um elétron e completa as quatro ligações covalentes. Esse elétron extra fornece ao átomo de gálio, que estava inicialmente neutro, uma carga efetiva igual a $-e$. O íon de gálio resultante *não* pode se mover livremente. Em um semicondutor dopado com aceitadores, verificamos que a condutividade é quase inteiramente produzida pelo movimento de cargas *positivas* (buracos). Chamamos esse tipo de material de **semicondutor do tipo *p***, com impurezas do tipo *p*. Alguns semicondutores são dopados simultaneamente com impurezas do tipo *p* e tipo *n*. Tais materiais são denominados semicondutores *compensados*.

Atenção O significado de 'tipo *p*' e 'tipo *n*' Dizer que um material é um semicondutor do tipo *p não* significa que o material contém cargas positivas; geralmente ele é neutro. Em vez disso, queremos dizer que os *portadores majoritários* da corrente são buracos positivos (e, portanto, os *portadores minoritários* da corrente são elétrons negativos). A mesma observação vale para um semicondutor do tipo *n* que *não* contém cargas negativas, porém os portadores majoritários são elétrons negativos.

Podemos verificar se a corrente no semicondutor do tipo *n* ou no semicondutor do tipo *p* é *efetivamente* produzida por elétrons e por buracos, respectivamente, usando o efeito Hall (veja a Seção 27.9, no volume 3). O sinal da fem Hall deve ser oposto para esses dois tipos de semicondutores. Dispositivos feitos com semicondutores e baseados no efeito Hall são usados como sondas para medir campos magnéticos e as correntes que produzem esses campos.

Teste sua compreensão da Seção 42.6 Haveria alguma vantagem em adicionar impurezas de tipo *n* ou de tipo *p* ao cobre? ▮

42.7 Dispositivos semicondutores

Os dispositivos semicondutores desempenham um papel crucial na eletrônica contemporânea. Os primeiros rádios, aparelhos de TV e equipamentos de transmissão e recepção de um modo geral eram fabricados com válvulas eletrônicas a vácuo, porém tais válvulas foram substituídas nas últimas cinco décadas por dispositivos de estado sólido, tais como transistores, diodos, circuitos integrados e outros dispositivos semicondutores. Os únicos dispositivos com tubos a vácuo que ainda subsistem são os antigos cinescópios da TV e os monitores de computador, que estão sendo gradualmente substituídos por dispositivos de tela plana.

Um dispositivo semicondutor simples é a *fotocélula* (Figura 42.30). Quando incide sobre esse dispositivo um feixe de ondas eletromagnéticas cujos fótons possuem uma energia pelo menos igual à largura da banda proibida entre a banda de condução e a banda de valência, um elétron da banda de valência pode absorver um fóton e pular para a banda de condução, onde ele (e também o buraco que ele deixou) pode contribuir para a condutividade (veja o Exemplo 42.6 na Seção 42.4). Logo, a condutividade aumenta com a intensidade do feixe de ondas, aumentando a corrente I no circuito da fotocélula da Figura 42.30. Assim, a leitura no amperímetro indica a intensidade da luz.

Detectores de partículas carregadas funcionam sob o mesmo princípio. Um circuito externo aplica uma voltagem através de um semicondutor. Uma partícula energética que penetra no semicondutor colide com um elétron da banda de valência excitando-o para a banda de condução e, em resultado, criando pares de elétrons e buracos. A condutividade cresce momentaneamente, produzindo um pulso de corrente no circuito externo. Detectores de estado sólido são largamente empregados nas pesquisas de física nuclear e na física de altas energias; sem eles, é provável que muitas das descobertas recentes não tivessem sido feitas.

A junção *p-n*

Em muitos dispositivos semicondutores, o princípio básico envolvido é o fato de que a condutividade do material é controlada pela concentração das impurezas, que pode variar em um grande intervalo de uma região para outra do dispositivo. Um exemplo é a **junção *p-n*** que se forma na fronteira entre um semicondutor do tipo n e um semicondutor do tipo p. Um modo de fabricar uma junção p-n consiste em depositar um material do tipo p sobre a superfície *extremamente* polida de um semicondutor do tipo n. (Não podemos simplesmente colar uma placa do tipo n a uma placa do tipo p e esperar que a junção funcione apropriadamente, uma vez que no nível atômico é impossível se obter o casamento perfeito entre as duas superfícies.)

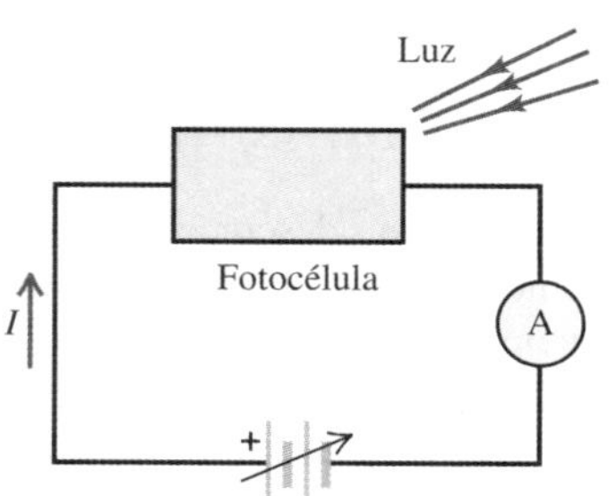

Figura 42.30 Uma fotocélula semicondutora em um circuito. Quanto mais intensamente a luz incide sobre a fotocélula, maior a condutividade da fotocélula e maior a corrente medida pelo amperímetro (A).

Quando uma junção p-n é conectada a um circuito, como na Figura 42.31a, e fazemos variar a diferença de potencial $V_p - V_n = V$ ao longo da junção, a corrente I varia como indicado na Figura 42.31b. Em enorme contraste com o comportamento de um resistor, que obedece à lei de Ohm e fornece uma linha reta no gráfico I-V, uma junção p-n conduz muito mais quando a tensão é aplicada diretamente de p para n do que quando ela é invertida. Um dispositivo como este, de sentido único (praticamente) para a corrente, denomina-se **diodo retificador**. Mais adiante discutiremos um modelo simples de junção p-n que prevê uma relação corrente-voltagem com a seguinte forma:

$$I = I_S\left(e^{eV/kT} - 1\right) \qquad (42.23)$$

(corrente ao longo de uma junção p-n)

Na função exponencial, $e = 1{,}602 \times 10^{-19}$ C é a carga quântica, k é a constante de Boltzmann e T é a temperatura absoluta.

Atenção **Dois usos diferentes de *e*** Na exponencial $e^{eV/kT}$, a base do expoente também é representada pela letra e, que é a base do logaritmo natural ou neperiano, dada por $e = 2{,}71828...$ Esse valor de e é completamente diferente do valor $e = 1{,}602 \times 10^{-19}$ C existente no expoente.

A Equação (42.23) vale igualmente para valores positivos e negativos de V; note que V e I sempre possuem o mesmo sinal. Quando V se torna muito negativo, I tende ao valor $-I_S$. O módulo I_S (sempre positivo) é denominado *corrente de saturação*.

Exemplo 42.11

UM DIODO COM UMA JUNÇÃO *P-N* TEM SEMPRE UM SENTIDO SÓ? Em uma temperatura de 290 K, certo diodo com junção p-n possui uma corrente de saturação $I_S = 0{,}500$ mA. Calcule as correntes para as seguintes voltagens: 1,0 mV, −1,0 mV, 100 mV e −100 mV.

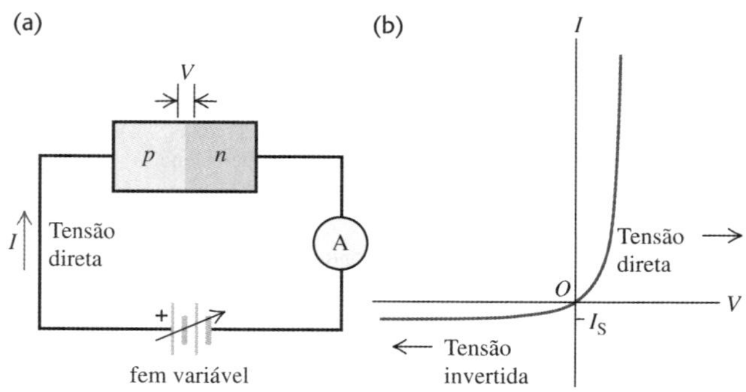

Figura 42.31 (a) Uma junção p-n conectada a um circuito. (b) Gráfico mostrando uma curva corrente-voltagem assimétrica. Essa curva é descrita pela Equação (42.23).

SOLUÇÃO

IDENTIFICAR: este problema utiliza a relação entre corrente, corrente de saturação, voltagem e temperatura em um diodo semicondutor.

PREPARAR: o problema informa os valores da corrente de saturação e a temperatura T, de modo que podemos usar a Equação (42.23) para calcular a corrente I para diversos valores da voltagem V.

EXECUTAR: para $T = 290$ K, $kT = 0{,}0250$ eV $= 25{,}0$ meV. Quando $V = 1{,}0$ mV, $eV/kT = e\,(1{,}0 \text{ mV})/(25{,}0 \text{ meV}) = 0{,}0400$. De acordo com a Equação (42.23) a corrente é

$$I = (0{,}500 \text{ mA})\,(e^{0{,}0400} - 1) = 0{,}0204 \text{ mA}$$

Quando $V = -1{,}0$ mV, obtemos

$$I = (0{,}500 \text{ mA})\,(e^{-0{,}0400} - 1) = 0{,}0196 \text{ mA}$$

Os valores de I para as outras voltagens são obtidos da mesma forma; quando $V = 100$ mV, $I = 26{,}8$ mA e quando $V = -100$ mV, $I = -0{,}491$ mA. Resumimos os resultados na tabela seguinte, na qual também indicamos o valor da resistência $R = V/I$.

V (mV)	I (mA)	R (Ω)
+1,0	+ 0,0204	49,0
−1,0	−0,0196	51,0
+100	+ 26,8	3,73
−100	−0,491	204

AVALIAR: note que, quando $|V| = 1{,}0$ mV, as correntes nos dois sentidos possuem módulos aproximadamente iguais. Ou seja, quando $|V| \ll kT/e$ (nas vizinhanças da origem da Figura 42.31b), a curva tende a um segmento de linha reta, e a junção *p-n* funciona mais como um resistor de 50 Ω do que como um diodo. Contudo, à medida que a voltagem aumenta, a assimetria entre os dois sentidos se torna cada vez mais acentuada. Para $|V| = 1{,}0$ mV, a corrente negativa é aproximadamente igual ao valor da saturação e possui um módulo cerca de 2% menor do que o valor da corrente positiva.

Correntes através de uma junção *p-n*

Podemos entender o comportamento do diodo com junção *p-n* qualitativamente com base no mecanismo da condutividade nas duas regiões. Suponha que você faça uma conexão com uma tensão direta como na Figura 42.31a, ou seja, conectando o pólo positivo da bateria com o terminal *p* da junção e o pólo negativo com o terminal *n* da junção. Então, o potencial da região *p* será mais elevado do que o potencial da região *n*, correspondendo a um valor positivo V na Equação (42.23), e o campo elétrico apontará no sentido de *p* para *n*. Esse sentido do campo é chamado de sentido *direto* e essa conexão com a bateria fornece a chamada polarização com *tensão direta*. Os buracos, em grande número na região *p*, podem fluir facilmente e passar para a região *n*, e os elétrons livres, em grande número na região *n*, podem fluir facilmente e passar para a região *p*; esse movimento de portadores de carga constitui a *corrente direta*. Se você conectar a bateria com uma polaridade oposta à precedente, ocorrerá a polarização com a *tensão invertida*, e o campo tenderá a empurrar elétrons da região *p* para a região *n* e buracos da região *n* para a região *p*. Entretanto, existem pouquíssimos elétrons na região *p* e pouquíssimos buracos na região *n*. Em conseqüência, a corrente no sentido *invertido* é muito menor do que aquela obtida quando a diferença de potencial é aplicada no sentido direto.

Suponha que você tenha uma caixa com dois compartimentos separados por uma parede. Você enche o lado esquerdo com o gás oxigênio e o lado direito com o gás nitrogênio. O que ocorrerá se houver um furo na parede? O oxigênio vai se difundir para o lado direito, e o nitrogênio, para o lado esquerdo. Um processo de difusão semelhante ocorre no caso de uma junção *p-n*. Inicialmente, considere uma situação de equilíbrio sem nenhuma voltagem aplicada (Figura 42.32). Os muitos buracos na região *p* funcionam como um gás de buracos que se difunde para a região *n*. Ao atingir a região *n*, um buraco se recombina com um elétron. Analogamente, quando um elétron se difunde da região *n* para a região *p*, ele passa a ocupar um dos muitos buracos ali existentes. As correntes de difusão dos elétrons e dos buracos produzem uma carga líquida positiva na região *n* e uma carga líquida negativa na região *p*, criando um campo elétrico que aponta no sentido de *n* para *p* através da junção. A energia potencial correspondente a esse campo elétrico faz elevar os níveis de energia na região *p* em relação aos mesmos níveis de energia na região *n*.

Existem quatro correntes através da junção, como indicado. Os processos de difusão produzem *correntes de recombinação* de buracos e de elétrons designadas por i_{pr} e i_{nr} na Figura 42.32. Ao mesmo tempo, pares de elétrons-buracos são gerados por causa da agitação térmica. O campo elétrico mencionado anteriormente arrasta os elétrons e os buracos para fora da junção; os elétrons são impulsionados pelo campo elétrico para o lado *n* e os buracos são impulsionados pelo campo elétrico para o lado *p*. As correntes correspondentes, chamadas de *correntes de geração*, são designadas por i_{pg} e i_{ng}. No equilíbrio, os módulos das correntes de geração são iguais aos módulos das correntes de recombinação:

$$|i_{pg}| = |i_{pr}| \quad \text{e} \quad |i_{ng}| = |i_{nr}| \qquad (42.24)$$

No equilíbrio térmico, a energia de Fermi é a mesma em todos os pontos da junção.

Aplicamos então uma tensão direta, ou seja, uma diferença de potencial V positiva através da junção. Uma tensão direta faz diminuir o campo elétrico na região da junção e, assim, também faz diminuir de um valor $\Delta E = -eV$ a diferença entre os níveis de energia entre os lados *p* e *n* (Figura 42.33). Torna-se mais fácil para os elétrons na região *n* se difundirem para o lado *p* e para os buracos da região *p* difundirem-se para o lado *n*. Esse efeito faz aumentar as correntes de recombinação pelo fator dado pela dis-

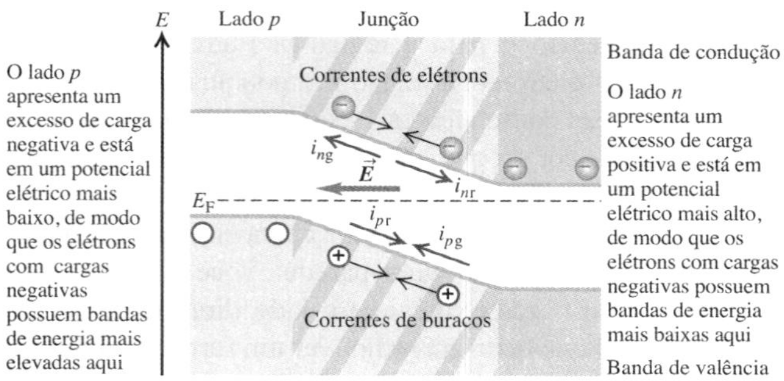

Figura 42.32 Uma junção p-n em equilíbrio, sem nenhum campo elétrico aplicado ou qualquer diferença de potencial. A corrente gerada se equilibra com a corrente de recombinação. O nível de Fermi E_F é o mesmo dos dois lados da junção. Existe um excesso de cargas positivas do lado n e um excesso de cargas negativas do lado p, dando origem a um campo elétrico $\vec{E}$ com o sentido indicado.

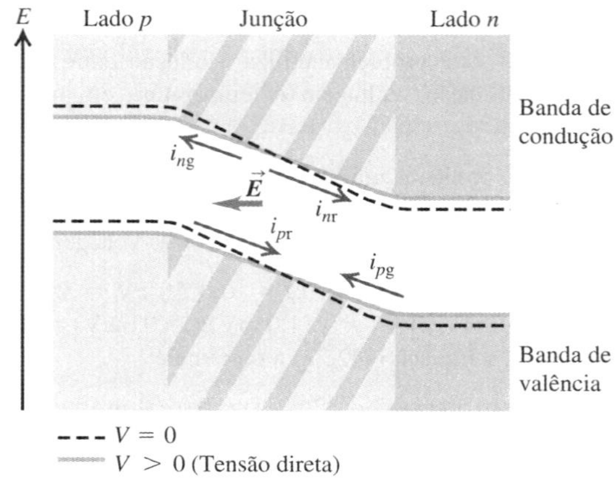

Figura 42.33 Uma junção p-n submetida a uma tensão direta. A diferença de potencial entre as regiões **p** e **n** diminui, assim como o campo elétrico na região da junção. As correntes de recombinação aumentam, porém as correntes de geração permanecem aproximadamente constantes e surge uma corrente efetiva do lado esquerdo para o lado direito (compare com a Figura 42.32).

tribuição de Maxwell-Boltzmann $e^{-\Delta E/kT} = e^{eV/kT}$. (Não precisamos usar a distribuição de Fermi-Dirac porque muitos estados disponíveis para os elétrons e buracos estão vazios, de modo que o princípio da exclusão é desprezível.) As correntes de geração permanecem aproximadamente constantes, portanto, a corrente total dos buracos é

$$\begin{aligned} i_{p\text{tot}} &= i_{pr} - |i_{pg}| \\ &= |i_{pg}|e^{eV/kT} - |i_{pg}| \\ &= |i_{pg}|(e^{eV/kT} - 1) \end{aligned} \qquad (42.25)$$

A corrente total dos elétrons $i_{n\text{tot}}$ é dada por uma expressão análoga; logo, a corrente efetiva através da junção $I = i_{p\text{tot}} + i_{n\text{tot}}$ é

$$I = I_S(e^{eV/kT} - 1) \qquad (42.26)$$

que concorda com a Equação (42.23). O processo que acabamos de estudar pode ser repetido para uma tensão invertida (valores de I e de V negativos), obtendo-se o mesmo resultado. Logo, a Equação (42.23) vale tanto para valores positivos quanto para valores negativos.

Diversos efeitos fazem com que o comportamento de um diodo com junção p-n seja mais complexo do que o modelo simples apresentado. Um efeito chamado de *ruptura por avalanche* ocorre quando a tensão invertida é suficientemente elevada. O campo elétrico na junção é tão elevado que os portadores ganham nas colisões uma energia suficiente para criar pares elétrons-buracos. Os novos portadores criam novos pares, e assim por diante. (Um efeito semelhante ocorre na ruptura dielétrica de isolantes, conforme discutimos na Seção 42.4.)

Um segundo tipo de ruptura ocorre quando a diferença de potencial invertida é tão grande que a parte inferior da banda de condução do lado n pode ficar mais baixa do que o topo da banda de valência do lado p (Figura 42.34). Quando a junção é suficientemente fina, os elétrons podem *tunelar* facilmente da banda de valência para a banda de condução; esse processo é chamado de *avalanche Zener*. Esse efeito é aplicado no *diodo Zener*, que é muito utilizado como regulador e protetor contra variações bruscas de voltagem.

Luz e dispositivos semicondutores

Um *diodo emissor de luz* (conhecido pela sigla *LED*) é, como o nome sugere, um diodo com junção p-n que emite luz. Quando o diodo é submetido a uma tensão direta, muitos buracos são arrastados da região p para a fronteira da junção e muitos elétrons são arrastados da região n para a fronteira da junção. Na região da junção, os elétrons

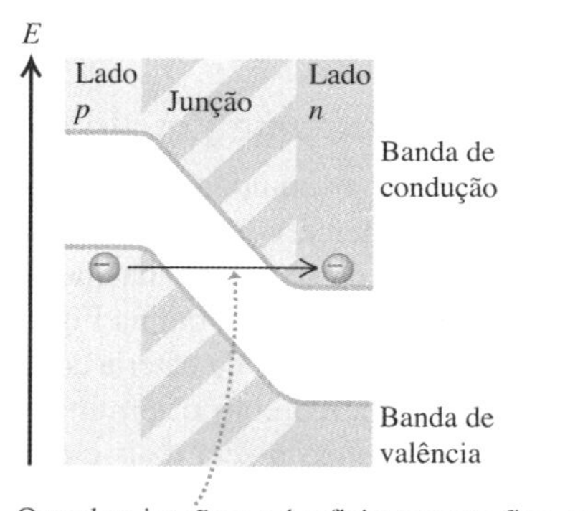

Figura 42.34 Quando existe uma tensão invertida, a diferença de energia potencial entre o lado p e o lado n é maior do que a existente no equilíbrio. Se essa diferença é suficientemente grande, a parte inferior da banda de condução do lado n pode ficar mais baixa do que o topo da banda de valência do lado p.

ocupam buracos (se recombinam). No processo de recombinação, um elétron pode emitir uma energia aproximadamente igual à largura da banda proibida. Essa energia (e, portanto, o comprimento de onda correspondente) pode variar mediante o uso de materiais com diferentes valores da largura da banda proibida. Os diodos emissores de luz são amplamente empregados em mostradores de relógios, equipamentos eletrônicos, instrumentos em painéis de automóveis e em muitas outras aplicações.

O efeito inverso denomina-se *efeito fotovoltaico*. O material absorve fótons e criam-se pares elétrons-buracos. Os pares que se formam nas vizinhanças da junção *p-n* podem ser separados pelo campo elétrico da junção discutido anteriormente; esse campo arrasta elétrons para a região *n* e buracos para a região *p*. Podemos conectar esse dispositivo a um circuito externo, obtendo assim uma fonte de fem e de potência. Esse dispositivo é conhecido como *célula solar*, embora a luz solar não seja necessária. *Qualquer* fonte luminosa cujos fótons possuam energias maiores do que a largura da banda proibida pode produzir esse efeito. Talvez você tenha uma calculadora alimentada por esse tipo de fonte. A produção de células fotovoltaicas com custos reduzidos para a conversão da energia solar em energia elétrica em grande escala é um campo de pesquisa muito fértil. A mesma física básica é usada em dispositivos de acoplamento de carga para detectores de imagens (CCD) empregados em máquinas fotográficas digitais e em dispositivos para pesquisas de astronomia.

Transistores

Um *transistor com junção bipolar* é constituído por duas junções *p-n* formando uma configuração semelhante a um 'sanduíche', que pode ser do tipo *p-n-p* ou então do tipo *n-p-n*. Um transistor do tipo *p-n-p* é ilustrado na Figura 42.35. As três regiões são chamadas de emissor, base e coletor, conforme indicado. Quando não existe nenhuma corrente na malha da esquerda, há somente uma corrente muito pequena através do resistor *R*, porque a voltagem através da junção entre a base e o coletor está polarizada em sentido inverso. Contudo, quando aplicamos uma voltagem entre a base e o coletor no sentido direto, como indicado, os buracos que se deslocam no sentido do emissor para a base passam *através* da base (que é estreita e somente ligeiramente dopada) e atingem a segunda junção, onde eles sofrem a ação da diferença de potencial entre a base e o coletor e fluem através do coletor fornecendo uma corrente ampliada para o resistor.

Desse modo, a corrente do circuito do coletor é *controlada* pela corrente do circuito do emissor. Além disso, V_c deve ser consideravelmente maior do que V_e; logo, a *potência* dissipada em *R* pode ser muito maior do que a potência fornecida ao circuito do emissor pela bateria V_e. Portanto, esse dispositivo funciona como um *amplificador de potência*. Quando a queda de potencial através de *R* é maior do que V_e, ele pode também funcionar como um amplificador de voltagem.

Nesse tipo de configuração, a *base* é o elemento comum entre a 'entrada' e a 'saída' do circuito. Outro arranjo muito usado é o circuito com *emissor comum*, indicado na Figura 42.36, em que a corrente no ramo do circuito do lado do coletor é consideravelmente maior do que a corrente no ramo do circuito do lado da base, e o resultado é uma amplificação da corrente.

O *transistor de efeito de campo* (Figura 42.37) é um tipo importante de transistor. Em uma variante desse tipo, fabrica-se uma placa de silício do tipo *p* com duas regiões do tipo *n* em seu topo, chamadas de *fonte* e de *dreno*; um condutor é ligado a cada uma dessas regiões. Um terceiro eletrodo, chamado de *porta*, permanece separado da placa, da fonte e do dreno por uma camada isolante de SiO_2. Quando não existe nenhuma carga na porta e quando aplicamos entre a fonte e o dreno uma diferença de potencial com qualquer polaridade, surge uma corrente muito pequena porque uma das junções *p-n* ficará com uma polaridade invertida.

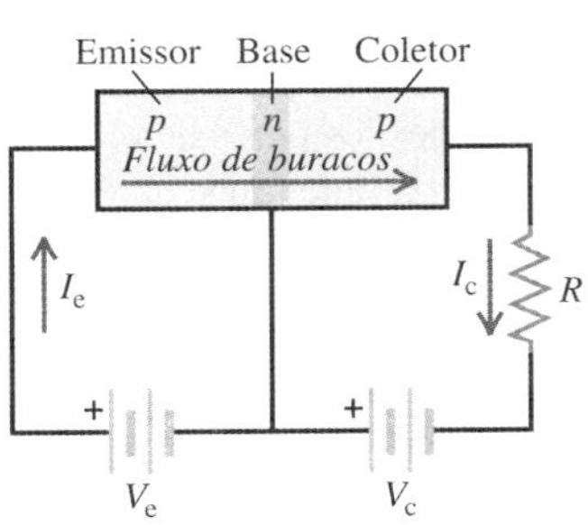

• Quando $V_e = 0$, a corrente é muito pequena.
• Quando uma diferença de potencial V_e é aplicada entre o emissor e a base, os buracos se deslocam do emissor para a base.
• Quando V_c é suficientemente grande, a maioria dos buracos continua dentro do coletor.

Figura 42.35 Diagrama esquemático de um transistor do tipo *p-n-p* e do circuito correspondente.

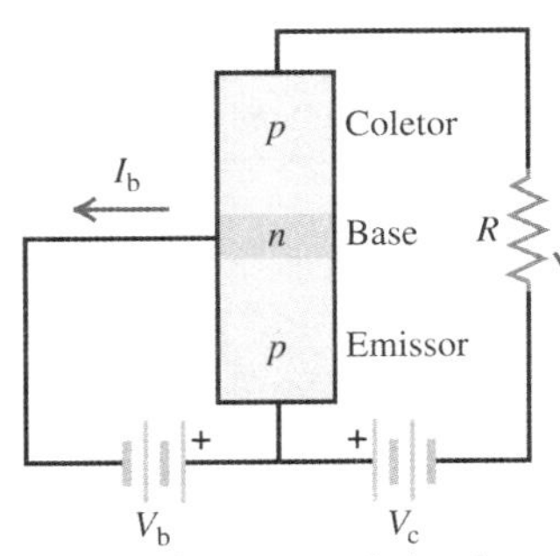

• Quando $V_b = 0$, a corrente I_c é muito pequena, e a maior parte da voltagem V_c surge nos terminais entre a base e o coletor.
• À medida que V_b aumenta, a diferença de potencial entre a base e o coletor diminui, e mais buracos podem se difundir para o coletor; em conseqüência, I_c aumenta. Geralmente, I_c é muito maior do que I_b.

Figura 42.36 Um circuito comum do emissor.

Colocamos agora uma carga positiva na porta. Como seu comprimento é da ordem de 10^{-6} m, uma carga muito pequena é suficiente para produzir um campo elétrico apreciável. Assim, há uma corrente muito pequena entrando ou saindo pela porta. Não há muitos elétrons livres no material do tipo *p*, porém, existem alguns, e eles são atraídos pela carga positiva da porta. A concentração elevada de elétrons nas vizinhanças da porta (e entre as duas junções) possibilita o surgimento de uma corrente entre a fonte e o dreno. A corrente é muito sensível à carga da porta e ao potencial, e o dispositivo funciona como um amplificador. O dispositivo que acabamos de descrever é conhecido como *amplificador* Mosfet (sigla de *metal-oxide-semiconductor field-effect transistor* — 'transistor de efeito de campo metal-óxido-semicondutor').

Circuitos integrados

O *circuito integrado* marcou um grande avanço da tecnologia de semicondutores. Ao depositarmos camadas sucessivas de materiais e gravarmos circuitos conectores, podemos interligar a uma placa quadrada com lado de alguns milímetros um conjunto muito grande envolvendo todos os componentes da eletrônica, tais como o Mosfet, o capacitor, o resistor e assim por diante. A extensão dessa idéia conduz aos *circuitos integrados em grande escala* (VLSI). Os chips com circuitos integrados obtidos constituem o núcleo de todas as calculadoras de bolso, microcomputadores e computadores de grande porte. Veja um exemplo na Figura 42.38.

Os primeiros dispositivos semicondutores foram inventados em 1947. A partir de então, eles produziram uma completa revolução na indústria eletrônica com base na miniaturização, confiabilidade, velocidade, economia de energia e custos mais baixos. Eles são usados em computadores, sistemas de comunicação, sistemas de controle e em muitas outras áreas. Ao transformar essas áreas, eles modificaram, e continuam a modificar, a própria civilização humana.

Teste sua compreensão da Seção 42.7 Suponha que uma carga negativa seja colocada na porta do Mosfet mostrado na Figura 42.37. Uma corrente significativa fluirá entre a fonte e o dreno? ∎

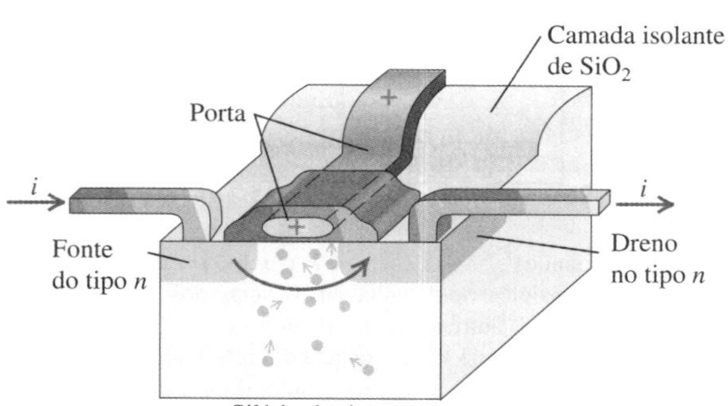

Figura 42.37 Um transistor de efeito de campo. A corrente que vai da fonte para o dreno é controlada pela diferença de potencial entre a fonte e o dreno e pela carga na porta; nenhuma corrente flui através da porta.

42.8 Supercondutividade

A supercondutividade é o completo desaparecimento da resistência elétrica em temperaturas baixas. Já descrevemos essa propriedade no final da Seção 25.2, no volume 3, e as propriedades dos supercondutores do tipo I e do tipo II foram abordadas na Seção 29.8, também no volume 3. Nesta seção, vamos relacionar a supercondutividade com as propriedades estruturais e com o modelo das bandas de energia de um sólido.

Embora a supercondutividade tenha sido descoberta em 1911, somente em 1957 surgiu uma teoria capaz de explicá-la de modo satisfatório. Nesse ano, os físicos norte-americanos John Bardeen, Leon Cooper e Robert Schrieffer publicaram uma teoria para explicar a supercondutividade, hoje conhecida como teoria BCS, que lhes rendeu o Prêmio Nobel de Física em 1972. (Foi o segundo Prêmio Nobel recebido por Bardeen; o primeiro prêmio ele dividiu com outros autores pelo desenvolvimento do transistor.) A chave para compreender a teoria BCS é a interação entre *pares* de elétrons de condução, conhecidos como *pares de Cooper*, produzida pela interação com os íons positivos da rede cristalina. Apresentaremos a seguir um esquema aproximado do que ocorre. Um elétron exerce uma força de atração sobre um íon positivo situado em suas vizinhanças, obrigando-o a deslocar-se para mais perto do elétron. O pequeno aumento da concentração de íons positivos resultante exerce então outra força de atração sobre outro elétron com um momento linear igual e oposto ao primeiro. Na temperatura ambiente, a energia de interação entre esses pares de elétrons é muito menor do que a energia da agitação térmica, contudo, em temperaturas suficientemente baixas essa interação se torna significativa.

Ligados dessa maneira, os pares de elétrons não podem *individualmente* ganhar nem perder quantidades de energia muito pequenas, como geralmente ocorre quando eles estão ocupando bandas de energia parcialmente preenchidas. Os pares formados por essa ligação criam uma banda de energia proibida nos níveis eletrônicos permitidos pela mecânica quântica, e quando as temperaturas são suficientemente baixas, a energia de cada colisão é menor do que a largura da banda proibida e os elétrons não podem saltar através dela. Portanto, apesar das colisões, os pares de elétrons podem se mover livremente através da rede, ou seja, eles se deslocam com resistência igual a zero.

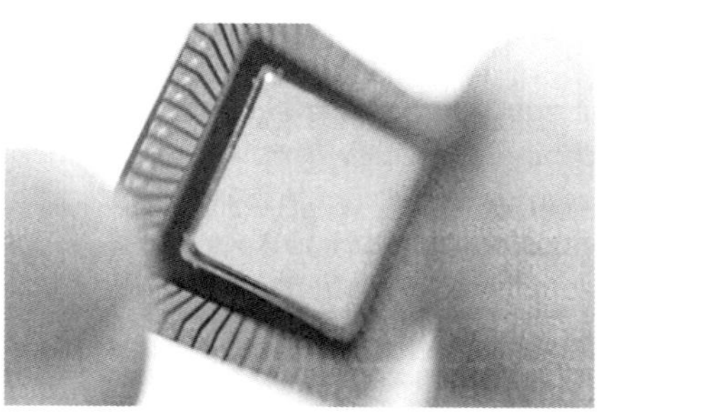

Figura 42.38 Um chip de circuito integrado do tamanho de um polegar pode conter milhões de transistores.

Não existe consenso entre os pesquisadores sobre a possibilidade da aplicação da teoria BCS nos supercondutores com temperaturas críticas elevadas T_c descobertos a partir de 1986. *Existe* evidência da formação de pares, porém geralmente esses pares envolvem buracos e não elétrons. Além disso, os mecanismos propostos pela teoria BCS não são suficientes para explicar nem as temperaturas críticas elevadas nem os campos críticos dos novos supercondutores.

Resumo

Ligações moleculares e espectros moleculares: os principais tipos de ligações moleculares são a ligação iônica, a ligação covalente, a ligação de Van der Waals e a ligação de hidrogênio. Nas moléculas diatômicas, os níveis de energia rotacionais são dados pela Equação (42.3), onde I é o momento de inércia da molécula, m_r é sua massa reduzida e r_0 é a distância entre os dois átomos. Os níveis de energia de vibração são dados pela Equação (42.7), onde k' é a constante da mola efetiva da força interatômica. (Veja os exemplos 42.1–42.4.)

$$E_l = l(l+1)\frac{\hbar^2}{2I} \quad (l = 0, 1, 2 \ldots) \tag{42.3}$$

$$I = m_r r_0^2 \tag{42.6}$$

$$m_r = \frac{m_1 m_2}{m_1 + m_2} \tag{42.4}$$

$$E_n = \left(n + \frac{1}{2}\right)\hbar\omega = \left(n + \frac{1}{2}\right)\hbar\sqrt{\frac{k'}{m_r}} \quad (n = 0, 1, 2 \ldots) \tag{42.7}$$

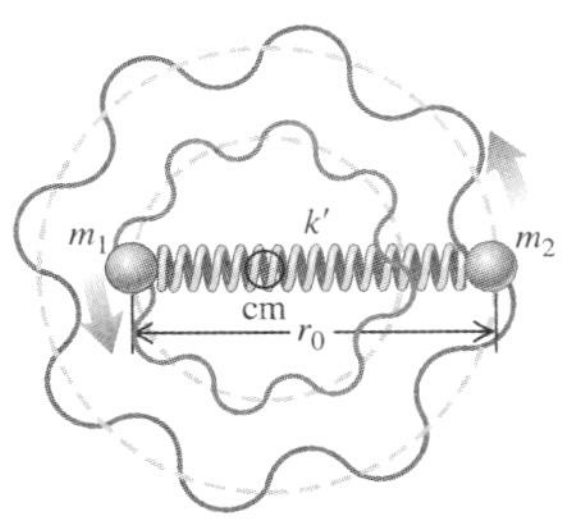

Sólidos e bandas de energia: as ligações interatômicas nos sólidos são do mesmo tipo que as existentes entre as moléculas, acrescidas de outro tipo, a ligação metálica. Associando a base com os pontos da rede cristalina, obtemos a estrutura cristalina. (Veja o Exemplo 42.5.)

Quando os átomos se ligam na matéria condensada, seus níveis de energia externos se superpõem e formam bandas. No zero absoluto, os isolantes e os condutores apresentam uma banda de valência completamente preenchida separada por uma banda proibida de uma banda de condução vazia. Os condutores, inclusive os metais, têm uma banda de condução parcialmente preenchida. (Veja o Exemplo 42.6.)

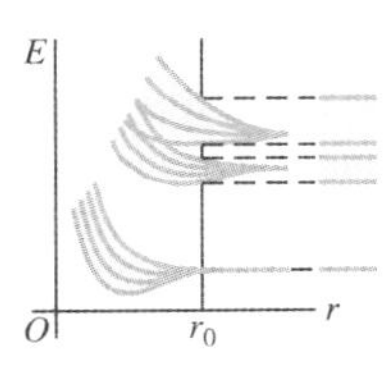

Modelo do elétron livre em metais: no modelo do elétron livre para o comportamento dos condutores, os elétrons são considerados partículas completamente livres dentro do condutor. Nesse modelo, a densidade dos estados é dada pela Equação (42.16). A probabilidade de que um estado de energia de energia E esteja ocupado é dada pela distribuição de Fermi-Dirac, Equação (42.17), que é uma conseqüência do princípio da exclusão. Na Equação (42.17), E_F é a energia de Fermi. (Veja os exemplos 42.7–42.9.)

$$g(E) = \frac{(2m)^{3/2}V}{2\pi^2\hbar^3}E^{1/2} \tag{42.16}$$

$$f(E) = \frac{1}{e^{(E-E_F)/kT} + 1} \tag{42.17}$$

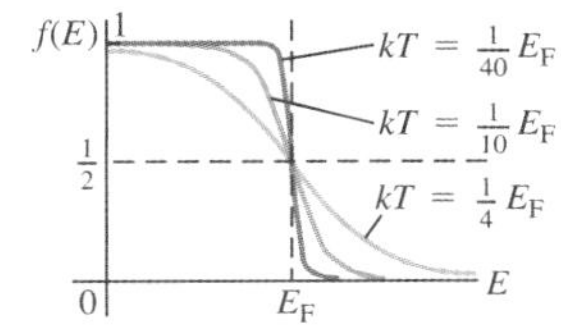

Semicondutores: em um semicondutor, a largura da banda de energia proibida entre a banda de valência e a banda de condução é aproximadamente igual a 1 eV. Suas propriedades elétricas podem ser drasticamente alteradas se adicionarmos pequenas concentrações de impurezas doadoras, obtendo um semicondutor do tipo n, ou então, se adicionarmos impurezas receptoras, obtendo um semicondutor do tipo p. (Veja o Exemplo 42.10.)

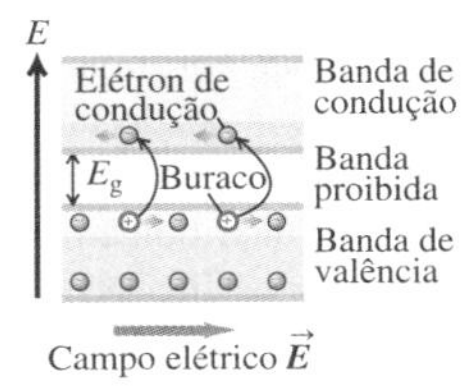

Dispositivos semicondutores: muitos dispositivos semicondutores, tais como diodos, transistores e circuitos integrados, usam uma ou mais de uma junção p-n. A relação entre a corrente e a voltagem de um diodo ideal feito com uma junção p-n é dada pela Equação (42.23). (Veja o Exemplo 42.11.)

$$I = I_S(e^{eV/kT} - 1) \tag{42.23}$$

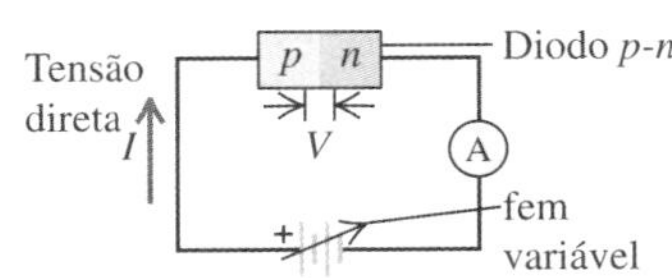

Principais termos

junção *p-n*, 314
ligação covalente, 294
ligação de hidrogênio, 296
ligação de Van der Waals, 295
ligação iônica, 293
modelo de elétrons livres, 307
semicondutor do tipo *n*, 313
semicondutor do tipo *p*, 313
semicondutor, 310

Resposta à Pergunta Inicial do Capítulo

A Terra precisa irradiar energia para o espaço na mesma taxa em que recebe energia na forma de luz solar. Entretanto, moléculas de dióxido de carbono (CO_2) na atmosfera absorvem radiação infravermelha emitida pela superfície da Terra e a emitem de volta ao solo. Para compensar esse efeito e manter o equilíbrio entre energia emitida e recebida, a temperatura da superfície da Terra e, portanto, a taxa de radiação de corpo negro da superfície, aumentam.

Respostas às Perguntas dos Testes de Compreensão

42.1 **Resposta: (i)** O princípio da exclusão afirma que apenas um elétron pode estar em um dado estado. Elétrons reais têm spin, de modo que dois elétrons (um com spin para cima, outro com spin para baixo) podem localizar-se em um dado estado *espacial* e, portanto, dois podem participar em uma dada ligação covalente entre dois átomos. Se os elétrons obedecem ao princípio da exclusão, mas não possuem spin, esse estado de um elétron seria completamente descrito por sua distribuição espacial, e apenas *um elétron* poderia participar de uma ligação covalente. (Veremos no Capítulo 44 que essa situação é totalmente imaginária: existem partículas subatômicas sem spin, mas elas *não* obedecem ao princípio da exclusão.)
42.2 **Resposta: (ii)** A Figura 42.5 mostra que a diferença de energia entre níveis rotacionais adjacentes aumenta com o aumento de l. Portanto, à medida que l aumenta, a energia E do fóton emitido aumenta, e o comprimento de onda $\lambda = hc/E$ diminui.
42.3 **Resposta (ii)** Na Figura 42.14, suponha que a seja a distância entre íons Na^+ e Cl^- adjacentes. Essa figura mostra que o íon Cl^- que é o vizinho imediato de um íon Na^+ está no vértice oposto de um cubo de lado a. A distância entre esses dois íons é $\sqrt{a^2 + a^2 + a^2} = \sqrt{3a^2} = a\sqrt{3}$.
42.4 **Resposta (ii)** Uma pequena variação de temperatura provoca um aumento significativo na população de elétrons na banda de condução de um semicondutor e um aumento comparativamente significativo na condutividade. A condutividade de condutores e isolantes varia de modo mais gradual com a temperatura.
42.5 **Resposta: não** O modelo cinético-molecular de um gás ideal (veja o Seção 18.3) mostra que a pressão do gás é proporcional à energia cinética translacional média $E_{méd}$ das partículas que compõem o gás. Em um gás ideal clássico, $E_{méd}$ é diretamente proporcional à temperatura média T, de modo que a pressão diminui à medida que T diminui. Em um gás de elétrons livres, a energia cinética média por elétron *não* se relaciona de modo simples com T; como ilustra o Exemplo 42.9, em um gás de elétrons livres em um metal, $E_{méd}$ é quase em sua totalidade uma conseqüência do princípio da exclusão à temperatura ambiente e a temperaturas menores. Assim, a pressão de um gás de elétrons livres em um sólido metálico *não* varia de modo significativo entre a temperatura ambiente e o zero absoluto.
42.6 **Resposta: não** O cobre puro, por ter uma banda de condução parcialmente preenchida, já é um excelente condutor, (Figura 42.21c). Além disso, o cobre forma um cristal metálico (Figura 42.17), diferentemente dos cristais covalentes do silício ou do germânio; em decorrência, o plano de usar uma impureza como doadora ou aceitadora de um elétron não funciona para o cobre. Na verdade, acrescentar impurezas ao cobre *diminui* a condutividade, porque uma impureza tende a espalhar os elétrons, obstruindo o fluxo de corrente.
42.7 **Resposta: não** A carga negativa sobre a porta repelirá, ao invés de atrair, elétrons no silício de tipo p. Dessa forma, a concentração de elétrons na região entre as duas junções *p-n* diminuirá ainda mais. Com tão poucos portadores de carga presentes nessa região, muito pouca corrente fluirá entre a fonte e o dreno.

Questões para discussão

Q42.1 Uma ligação iônica resulta da atração elétrica entre partículas com cargas opostas. Outros tipos de ligações entre moléculas são também de natureza elétrica ou existe algum outro tipo de interação? Explique.
Q42.2 Na ligação iônica um elétron é transferido de um átomo para outro, e depois não 'pertence' mais ao átomo que o cedeu. Nos outros tipos de ligações também existem semelhantes transferências de propriedade? Explique.
Q42.3 A ligação de Van der Waals ocorre em muitas moléculas, enquanto a ligação de hidrogênio ocorre somente em materiais que contêm hidrogênio. Por que esse tipo de ligação é específico para materiais que contêm hidrogênio?
Q42.4 Costuma-se dizer que a ligação do arseneto de gálio (GaAs) é 31% iônica e 69% covalente. Explique.
Q42.5 A molécula de H_2^+ é constituída por dois núcleos de hidrogênio e um único elétron. Qual é o tipo de ligação molecular que você imagina que mantém essa molécula unida? Explique.
Q42.6 O momento de inércia em relação a um eixo passando pelo centro de massa de uma molécula diatômica calculado pelo comprimento de onda do fóton emitido em uma transição $l = 19 \rightarrow l = 18$ é diferente do momento de inércia calculado para o fóton emitido em uma transição $l = 1 \rightarrow l = 0$. Explique essa diferença. Qual é a transição que corresponde ao maior momento de inércia?
Q42.7 A análise do espectro de absorção do fóton de uma molécula diatômica mostra que os níveis de energia das vibrações para pequenos valores de n são quase igualmente espaçados, porém, os níveis de energia para valores de n elevados não são igualmente espaçados. Discuta os motivos desse comportamento. Você acha que a diferença entre dois níveis de energia consecutivos aumenta ou diminui à medida que o valor de n aumenta? Explique.
Q42.8 Discuta as diferenças entre os níveis de energia de rotação e os níveis de energia das vibrações da molécula de deutério D_2 ('hidrogênio pesado') e aqueles níveis da molécula H_2 do hidrogênio comum. Um átomo de deutério possui massa igual a duas vezes a massa do átomo do hidrogênio comum.
Q42.9 Diversas moléculas orgânicas foram descobertas no espaço interestelar. Por que essas descobertas foram feitas com radiotelescópios em vez de telescópios óticos?
Q42.10 O ar que você respira contém basicamente oxigênio (O_2) e nitrogênio (N_2). Muitas dessas moléculas ocupam níveis rotacionais excitados ($l = 1, 2, 3...$); contudo, quase todas as moléculas ocupam

o nível vibracional fundamental ($n = 0$). Explique a diferença entre os comportamentos rotacionais e vibracionais dessas moléculas.

Q42.11 Em que aspectos os átomos de uma molécula diatômica se comportam como se eles estivessem presos a uma mola? Em que medida essa é uma descrição precária para a interação entre os átomos?

Q42.12 Átomos individuais têm níveis de energia distintos, mas certos sólidos (que são compostos somente por átomos individuais) contêm bandas de energia e bandas proibidas. O que faz com que os sólidos se comportem de forma tão diferente dos átomos de que são compostos?

Q42.13 Que fatores determinam se um dado material é um condutor de eletricidade ou é um isolante? Explique.

Q42.14 Um cristal iônico é geralmente transparente, enquanto um cristal metálico costuma ser opaco. Por quê?

Q42.15 As velocidades das moléculas de um gás variam com a temperatura, enquanto as velocidades dos elétrons na banda de condução de um metal são aproximadamente independentes da temperatura. Por que tais comportamentos são tão diferentes?

Q42.16 Use o modelo das bandas de energia para explicar como alguns materiais podem sofrer uma transição metal-semicondutor quando a temperatura ou a pressão variam.

Q42.17 Um átomo isolado de zinco possui a configuração eletrônica do estado fundamental com camadas e subcamadas 1*s*, 2*s*, 2*p*, 3*s*, 3*p* e 4*s*, todas cheias. Como o zinco pode ser um condutor se sua subcamada de valência está cheia?

Q42.18 As hipóteses do *modelo do elétron livre* de metais podem parecer irracionais, pois os elétrons exercem poderosas forças elétricas uns sobre os outros. Forneça algumas razões pelas quais essas hipóteses fazem sentido em termos físicos.

Q42.19 Por que um material que é um bom condutor de calor também é um bom condutor de eletricidade? Que tipos de problemas esse comportamento cria para um ferro de passar roupa e para um aquecedor elétrico? Existem materiais que não seguem esse comportamento?

Q42.20 Qual é a característica essencial para que um elemento sirva como doador de impureza para um semicondutor como o Si e o Ge? E para que ele sirva como aceitador de impureza? Explique.

Q42.21 Existem diversos métodos para remover um elétron da superfície de um semicondutor. Um buraco pode ser removido da superfície? Explique.

Q42.22 Um estudante afirma que o silício e o germânio tornam-se bons isolantes em temperaturas extremamente baixas e bons condutores em temperaturas extremamente elevadas. Você concorda? Explique.

Q42.23 As condutividades elétricas de quase todos os metais diminuem gradualmente à medida que a temperatura aumenta, porém, a condutividade intrínseca de um semicondutor sempre *aumenta* rapidamente quando a temperatura aumenta. Qual é a causa dessa diferença?

Q42.24 Como você poderia fazer o silício compensado ter duas vezes mais aceitadores do que doadores?

Q42.25 Para um dispositivo eletrônico tal como um amplificador, quais são as vantagens de usar transistores em vez de válvulas a vácuo? Quais são as desvantagens? Existe alguma situação na qual uma válvula a vácuo *não* possa ser substituída por um transistor? Explique.

Q42.26 Por que o tunelamento pode impor um limite mínimo para o tamanho de um Mosfet?

Q42.27 A corrente de saturação I_S de uma junção *p-n*, dada pela Equação (42.23), depende fortemente da temperatura. Por quê?

Exercícios

Seção 42.1 Tipos de ligações moleculares

42.1 Sabemos pelo Capítulo 18, volume 2, que a energia cinética média do átomo ou da molécula de um gás ideal a uma temperatura Kelvin T é igual a $\frac{3}{2}kT$. Em que valor de T essa energia corresponde ao valor da a) energia de ligação para a ligação de Van der Waals no He_2 (igual a $7{,}9 \times 10^{-4}$ eV)?; b) energia de ligação para a ligação covalente no H_2 (igual a 4,48 eV) ?; c) a energia cinética na colisão entre moléculas pode se transformar na energia de dissociação de uma ou das duas moléculas, desde que a energia cinética seja maior do que a energia de ligação. Na temperatura ambiente (300 K) é provável que as moléculas de He_2 permaneçam intatas após a colisão? O que dizer sobre as moléculas de H_2? Explique

42.2 **Ligações iônicas**. a) Calcule a energia potencial elétrica para um íon K^+ e um íon Br^-, separados por uma distância igual a 0,29 nm, a distância correspondente ao equilíbrio da molécula de KBr. Considere os íons cargas puntiformes. b) A energia de ionização do átomo de potássio é igual a 4,3 eV. O átomo de bromo possui uma afinidade igual a 3,5 eV. Use esses dados e o resultado do item (a) para estimar a energia de ligação da molécula de KBr. Você espera que a energia de ligação real seja maior ou menor do que a energia que você estimou? Explique seu raciocínio.

Seção 42.2 Espectro molecular

42.3 Uma molécula hipotética de NH faz uma transição de nível rotacional do nível $l = 3$ para o nível $l = 1$ e emite um fóton de comprimento de onda 1,780 nm ao fazer isso. Qual é a distância entre os dois átomos nessa molécula, se os imaginarmos como massas puntiformes? A massa do hidrogênio é $1{,}67 \times 10^{-27}$ kg, e a massa do nitrogênio é $2{,}33 \times 10^{-26}$ kg.

42.4 O nível rotacional $l = 1$ da molécula da água está $1{,}01 \times 10^{-5}$ eV acima do nível fundamental $l = 0$. Calcule o comprimento de onda e a freqüência do fóton absorvido pela água ao passar por uma transição de nível rotacional de $l = 0$ para $l = 1$. O oscilador do magnetron em um forno de microondas gera microondas com uma freqüência de 2450 MHz. Isso faz sentido, diante da freqüência que você obteve neste problema? Explique.

42.5 No Exemplo 42.2, o momento de inércia para o CO foi calculado usando a Equação (42.6). a) No CO, a que distância cada átomo fica do centro de massa da molécula? b) Use $I = m_1r_1^2 + m_2r_2^2$ para calcular o momento de inércia do CO ao redor de um eixo passando pelo centro de massa e perpendicular à linha que une os centros dos dois átomos. O nosso resultado concorda com o valor obtido no Exemplo 42.2?

42.6 Dois átomos de césio (Cs) podem formar uma molécula de Cs_2. A distância de equilíbrio entre os dois núcleos da molécula de Cs_2 é igual a 0,447 nm. Calcule o momento de inércia em relação a um eixo passando pelo centro de massa perpendicularmente à linha que une os dois núcleos. A massa do átomo de césio é $2{,}21 \times 10^{-25}$ kg.

42.7 Os níveis de energia rotacional do CO são calculados no Exemplo 42.2. Se a energia da molécula em rotação é descrita pela expressão clássica $K = \frac{1}{2}I\omega^2$, no nível $l = 1$, quais são a) a velocidade angular da molécula em rotação; b) a velocidade linear de cada átomo (use o resultado do Exercício 42.5); c) o período rotacional (o tempo para uma rotação)?

42.8 Se a molécula de cloreto de sódio (NaCl) pudesse sofrer uma transição de vibração $n \rightarrow n - 1$ sem nenhuma variação do número quântico de rotação, um fóton com um comprimento de onda igual a 20 μm seria emitido. A massa do átomo de sódio é $3{,}82 \times 10^{-26}$ kg, e a massa do átomo de cloro é $5{,}81 \times 10^{-26}$ kg. Calcule a constante da mola k' para a força entre os átomos do NaCl.

42.9 A massa de um átomo de lítio é $1,17 \times 10^{-26}$ kg, e a massa de um átomo de hidrogênio é $1,67 \times 10^{-27}$ kg. A distância de equilíbrio entre os dois núcleos da molécula de LiH é 0,159 nm. a) Qual é a diferença de energia entre os níveis de energia de rotação $l = 3$ e $l = 4$? b) Qual é o comprimento de onda do fóton emitido em uma transição entre os níveis de energia de rotação $l = 4$ e $l = 3$?

42.10 Quando uma molécula diatômica hipotética com átomos a uma distância de 0,8860 nm entre si passa por uma transição rotacional do estado $l = 2$ até o próximo estado inferior, ela emite um fóton com $8,841 \times 10^{-4}$ eV de energia. Quando a molécula passa por uma transição vibracional de um estado de energia até o próximo estado de energia inferior, ela perde 0,2560 eV. Ache a constante da mola dessa molécula.

42.11 a) Mostre que a diferença de energia entre os níveis de energia de rotação com números quânticos de momento angular iguais a l e $l - 1$ é igual a $l\hbar^2/I$. b) Em termos de l, $\hbar$ e I, qual é a freqüência do fóton emitido em uma transição de rotação pura $l \rightarrow l - 1$?

42.12 Os níveis de energia de rotação para a molécula CO calculados no Exemplo 42.2 e as diferenças dos níveis de energia de vibração foram dados no Exemplo 42.3 (Seção 42.2). As energias de vibração-rotação são dadas pela Equação (42.9). Calcule o comprimento de onda do fóton absorvido pelo CO em cada uma das seguintes transições de vibração-rotação: a) $n = 0, l = 1 \rightarrow n = 1, l = 2$; b) $n = 0, l = 2 \rightarrow n = 1, l = 1$; c) $n = 0, l = 3 \rightarrow n = 1, l = 2$.

42.13 A freqüência de vibração para a molécula de HF é igual a $1,24 \times 10^{14}$ Hz. O átomo de hidrogênio possui massa igual a $1,67 \times 10^{-27}$ kg e a massa do átomo de flúor é igual a $3,15 \times 10^{-26}$ kg. a) Qual é a constante da mola k' para a força entre os átomos? b) Qual é a diferença de energia entre dois níveis de vibração adjacentes em joules e em elétrons-volt? c) Qual é o comprimento de onda de um fóton cuja energia é igual à diferença de energia entre dois níveis de vibração adjacentes? Em qual região do espectro eletromagnético esse fóton se encontra?

Seção 42.3 Estrutura de um sólido

42.14 O brometo de potássio, KBr, possui densidade igual a $2,75 \times 10^3$ kg/m^3 e a mesma estrutura cristalina do cloreto de sódio. A massa do átomo de potássio é igual a $6,49 \times 10^{-26}$ kg e a massa do átomo de bromo é igual a $1,33 \times 10^{-25}$ kg. a) Calcule o espaçamento médio entre átomos adjacentes do cristal de KBr. b) Como o valor calculado no item (a) se compara com o espaçamento no NaCl (Exercício 42.15)? A relação entre os dois valores encontrados concorda qualitativamente com o que você esperava? Explique.

42.15 **Densidade do NaCl**. A distância entre dois átomos adjacentes no cristal de cloreto de sódio é 0,282 nm. A massa do átomo de sódio é igual a $3,82 \times 10^{-26}$ kg e a massa do átomo de cloro é igual a $5,89 \times 10^{-26}$kg. Calcule a densidade do cloreto de sódio.

42.16 Calcule o comprimento de onda de a) um raio X de 6,20 keV; b) um elétron de 37,6 eV; c) um nêutron de 0,0205 eV.

Seção 42.4 Bandas de energia

42.17 O comprimento de onda máximo da luz que certa fotocélula de silício pode detectar é 1,11 μm. a) Qual é a banda proibida (em elétrons-volt) entre a banda de valência e a banda de condução dessa fotocélula? b) Explique por que o silício puro é opaco.

42.18 A largura da banda de energia proibida entre a banda de valência e a banda de condução do diamante é igual a 5,47 eV. a) Qual é o comprimento de onda máximo de um fóton capaz de excitar um elétron do topo da banda de valência até a banda de condução? Em qual região do espectro eletromagnético esse fóton se situa? b) Por que o diamante puro é transparente e não tem cor? c) Muitas pedras de diamante exibem uma coloração amarela. Explique como as impurezas no diamante podem produzir essa cor.

42.19 A largura da banda de energia proibida entre a banda de valência e a banda de condução do silício é igual a 1,12 eV. Um núcleo de níquel no estado excitado emite um fóton de raio gama com um comprimento de onda de $9,31 \times 10^{-4}$ nm. Quantos elétrons poderão ser excitados desde o topo da banda de valência até o fundo da banda de condução quando esse raio gama for absorvido?

Seção 42.5 Modelo do elétron livre para um metal

42.20 Qual é o valor da constante A na Equação (42.10) para que a função de onda $\psi(x, y, z)$ seja normalizada?

42.21 Calcule a densidade de estados $g(E)$ para o modelo de elétrons livres de um metal com $E = 7,0$ eV e $V = 1,0$ cm^3. Expresse sua resposta em unidades de estados por elétron-volt.

42.22 Calcule $v_{\text{q-méd}}$ para um elétron com energia cinética média $\frac{3}{2}kT$ a uma temperatura de 300 K. Como seu resultado se compara com a velocidade de um elétron com uma energia cinética igual à energia de Fermi calculada no Exemplo 42.9 (Seção 42.5)? Por que existe tal diferença entre essas velocidades?

42.23 a) Mostre que a função de onda ψ dada pela Equação (42.10) é uma solução da equação de Schrödinger em três dimensões, Equação (40.29), com a energia dada pela Equação (42.11). b) Quais são as energias do nível fundamental e dos dois níveis excitados mais baixos? Qual é a degeneração de cada um desses níveis? (Inclua o fator 2 na degeneração correspondente aos dois estados possíveis para o spin.)

42.24 Forneça os detalhes para a dedução da Equação (42.14) usando a Equação (42.13) e a Equação (42.12).

42.25 A prata possui uma energia de Fermi igual a 5,48 eV. Calcule a contribuição eletrônica para o calor específico molar a um volume constante da prata, C_V, para 300 K. Expresse seu resultado a) como um múltiplo de R; b) como uma fração do valor real para a prata, $C_V = 25,3$ J/mol · K. c) O valor de C_V é determinado principalmente pela contribuição eletrônica? Se não é, qual é a contribuição mais relevante? (*Sugestão*: veja a Seção 18.4, no volume 2.)

42.26 A energia de Fermi do sódio é 3,23 eV. a) Calcule a energia média $E_{\text{méd}}$ dos elétrons no zero absoluto. b) Qual é a velocidade de um elétron que possui a energia $E_{\text{méd}}$? c) Em que temperatura Kelvin T o valor de kT é igual a E_F? (Essa temperatura é chamada de temperatura de Fermi do metal. Ela é aproximadamente igual à temperatura na qual as moléculas de um gás ideal clássico teriam a mesma energia cinética correspondente à do elétron mais veloz do metal.)

42.27 Em um sólido metálico com a energia de Fermi igual a 8,500 eV, qual é a probabilidade, à temperatura ambiente, de que um estado de energia igual a 8,520 eV esteja ocupado por um elétron?

Seção 42.6 Semicondutores

42.28 A largura da banda proibida entre a banda de valência e a banda de condução do germânio puro é 0,67 eV. A energia de Fermi está no meio da banda proibida. a) Para temperaturas de 250 K, 300 K e 350 K, calcule a probabilidade $f(E)$ de ocupação de um estado na parte inferior da banda de condução. b) Para cada temperatura indicada no item (a) calcule a probabilidade de um estado no topo da banda de valência estar vazio.

42.29 A largura da banda proibida entre a banda de valência e a banda de condução do germânio é 0,67 eV. A dopagem com o arsênio fornece níveis doadores no interior dessa banda a 0,01 eV abaixo da parte inferior da banda de condução. Para uma temperatura de 300 K, existe uma probabilidade de $4,4 \times 10^{-4}$ de que um elétron ocupe um estado na parte inferior da banda de condução. Nesse caso, onde se encontra o nível da energia de Fermi em relação à banda de condução?

Seção 42.7 Dispositivos semicondutores

42.30 Em certa junção *p-n*, a corrente de saturação à temperatura ambiente (20°C) é 0,750 mA. Qual é a resistência desse diodo quando a voltagem que passa por ele é a) 85,0 mV; b) – 50,0 mV?

42.31 a) Uma voltagem de 15,0 mV com polaridade direta produz uma corrente positiva de 9,25 mA através de uma junção *p-n* a 300 K. Qual seria o novo valor da corrente positiva se a voltagem com polaridade direta fosse reduzida para 10,0 mV? b) Para voltagens de −15,0 mV com polaridade invertida e de −10,0 mV, qual é a corrente negativa invertida?

42.32 Uma junção *p-n* possui uma corrente de saturação igual a 3,60 mA. a) Para uma temperatura de 300 K, qual é a voltagem necessária para produzir uma corrente positiva de 40,0 mA? b) Para uma voltagem igual ao valor negativo do valor calculado no item (a), qual é a corrente negativa?

Problemas

42.33 Uma molécula diatômica hipotética de oxigênio (massa = $2{,}656 \times 10^{-26}$ kg) e hidrogênio (massa = $1{,}67 \times 10^{-27}$ kg) emite um fóton de comprimento de onda 2,39 μm quando efetua uma transição de um estado vibracional até o próximo estado inferior. Se modelarmos essa molécula como duas massas puntiformes em extremidades opostas de uma mola sem massa, a) qual é a constante dessa mola, e b) quantas vibrações por segundo a molécula efetua?

42.34 Quando uma molécula diatômica sofre uma transição de l = 2 até o estado rotacional l = 1, um fóton de comprimento de onda igual a 63,8 μm é emitido. Qual é o momento de inércia em relação a um eixo que passa pelo centro de massa e é perpendicular à linha que une os dois núcleos?

42.35 a) A distância entre os dois núcleos no equilíbrio da molécula de NaCl é 0,24 nm. Se a molécula é modelada como cargas $+e$ e $-e$, separadas por 0,24 nm, qual é o momento de dipolo elétrico da molécula (veja a Seção 21.7, no volume 3)? b) O valor experimental do momento de dipolo elétrico da molécula de NaCl é igual a $3{,}0 \times 10^{-29}$ C · m. Se esse momento de dipolo é produzido por cargas $+q$ e $-q$, separadas por 0,24 nm, qual é o valor de q? c) A chamada *fração do caráter iônico* de uma ligação é definida por q/e. Se o átomo de sódio tivesse carga $+e$ e o átomo de cloro tivesse carga $-e$, a fração do caráter iônico seria igual a 1. Qual é a fração efetiva do caráter iônico da ligação do NaCl? d) A distância entre os dois núcleos no equilíbrio da molécula de iodeto de hidrogênio é igual a 0,16 nm e o valor experimental do momento de dipolo elétrico dessa molécula é igual a $1{,}5 \times 10^{-30}$ C · m. Qual é o valor da fração do caráter iônico da ligação do HI? Como se compara esse valor com o do NaCl calculado no item (c)? Discuta possíveis razões para a diferença entre os resultados.

42.36 A energia de ligação da molécula de cloreto de potássio (KCl) é igual a 4,43 eV. A energia de ionização de um átomo de potássio é igual a 4,3 eV e a afinidade eletrônica do cloro é de 3,6 eV. Use esses dados para estimar a distância entre os dois átomos da molécula de KCl no equilíbrio. Explique por que seu resultado é apenas uma estimativa e não um valor preciso.

42.37 a) Para a molécula do cloreto de sódio (NaCl) discutida no início da Seção 42.1, qual é a distância máxima entre os íons para que haja estabilidade se eles forem considerados partículas puntiformes? Ou seja, qual é a distância máxima para que a energia potencial de um íon Na^+ e de um íon Cl^-, calculada com esse modelo, passe a ser mais baixa do que a energia dos átomos Na e Cl quando a distância entre eles é infinita? b) Calcule essa distância para a molécula de brometo de potássio descrita no Exemplo 42.2.

42.38 O espectro rotacional do HCl contém os seguintes comprimentos de onda (entre outros): 60,4 μm, 69,0 μm, 80,4 μm, 96,4 μm e 120,4 μm. Use esse espectro para calcular o momento de inércia da molécula de HCl em relação a um eixo que passa pelo centro de massa e é perpendicular à linha que une os dois núcleos.

42.39 a) Use o resultado do Problema 42.38 para calcular a distância entre os átomos no equilíbrio para a molécula de HCl. A massa de um átomo de cloro é igual a $5{,}81 \times 10^{-26}$ kg, e a massa de um átomo de hidrogênio é igual a $1{,}67 \times 10^{-27}$ kg. b) Os valores de l variam de ± 1 nas transições rotacionais. Qual é o valor de l para o nível superior da transição que deu origem a cada um dos comprimentos de onda mencionados no Problema 42.38? c) Qual é a linha com o comprimento de onda mais longo no espectro rotacional do HCl? d) Calcule os comprimentos de onda da luz emitida para as transições correspondentes na molécula de cloreto de deutério (DCl). Nessa molécula um átomo de hidrogênio do HCl é substituído por um átomo de deutério, um isótopo do hidrogênio com massa igual a $3{,}34 \times 10^{-27}$ kg. Suponha que a distância entre os átomos no equilíbrio seja a mesma da molécula de HCl.

42.40 Quando a molécula de NaF faz uma transição de l = 3 até o nível rotacional l = 2, sem nenhuma variação no número quântico vibracional nem no estado eletrônico, um fóton de comprimento de onda igual a 3,83 mm é emitido. A massa de um átomo de sódio é igual a $3{,}82 \times 10^{-26}$ kg e a massa de um átomo de flúor é igual a $3{,}15 \times 10^{-26}$ kg. Calcule a distância entre os núcleos no equilíbrio para a molécula de NaF. Como seu resultado se compara com o valor para o NaCl fornecido na Seção 42.1? Seu resultado é razoável? Explique.

42.41 Considere um gás de moléculas diatômicas (momento de inércia I) a uma temperatura absoluta T. Seja E_g a energia do estado fundamental e E_{ex} a energia do estado excitado; então, de acordo com a distribuição de Boltzmann (Seção 38.6), a razão entre os números de moléculas nos dois estados é

$$\frac{n_{ex}}{n_g} = e^{-(E_{ex}-E_g)/kT}$$

a) Explique por que a razão entre o número de moléculas no *nível* rotacional de ordem l e o número de moléculas no estado fundamental rotacional (l = 0) é

$$\frac{n_l}{n_0} = (2l+1)e^{-[l(l+1)\hbar^2]/2IkT}$$

(*Sugestão*: para cada valor de l, quantos estados existem com valores diferentes de m_l? b) Determine a razão n_l/n_0 para o gás de moléculas de CO a 300 K para os seguintes casos: i) l = 1; ii) l = 2; iii) l = 10; iv) l = 20; v) l = 50. O momento de inércia da molécula de CO é dado no Exemplo 42.2 (Seção 42.2). c) Seus resultados do item (b) mostram que, quando l cresce, a razão n_l/n_0 inicialmente cresce e depois decresce. Por quê?

42.42 Nossa galáxia contém muitas *nuvens moleculares,* regiões com extensão de muitos anos-luz em que a densidade é suficientemente elevada e a temperatura é suficientemente baixa para que os átomos formem moléculas. Quase todas essas moléculas são de H_2, porém, algumas delas são de monóxido de carbono (CO). Tal nuvem molecular na constelação de Órion pode ser vista na Figura 42.39. A imagem do lado esquerdo foi obtida com um telescópio comum com luz; do lado direito uma nuvem molecular na constelação de Órion foi revelada com o uso de um radiotelescópio sintonizado para o comprimento de onda correspondente a uma emissão do espectro de rotação do CO. (Uma vez que uma nuvem molecular possui 10.000 moléculas de hidrogênio para cada molécula de CO, poderia parecer mais razoável sintonizar o radiotelescópio para detectar as emissões das moléculas de H_2 em vez de tentar detectar as emissões das moléculas de CO. Infelizmente, verificou-se que as moléculas de H_2 em uma nuvem molecular não irradiam nem na região visível, nem na região de rádio do espectro eletromagnético.) a) Usando os dados do Exemplo 42.2 (Seção 42.2), calcule a energia e o comprimento de onda do fóton emitido pela molécula de CO na transição rotacional $l = 1 \to l = 0$. b) Como regra geral, as moléculas de um gás a uma temperatura T encontram-se em um certo estado excitado de energia rotacional quando a energia desse nível não é maior do que kT (veja o Problema 42.41). Use essa regra para explicar como os astrônomos podem detectar a radiação do CO em uma nuvem molecular, embora a temperatura típica de uma nuvem molecular seja da ordem de 20 K.

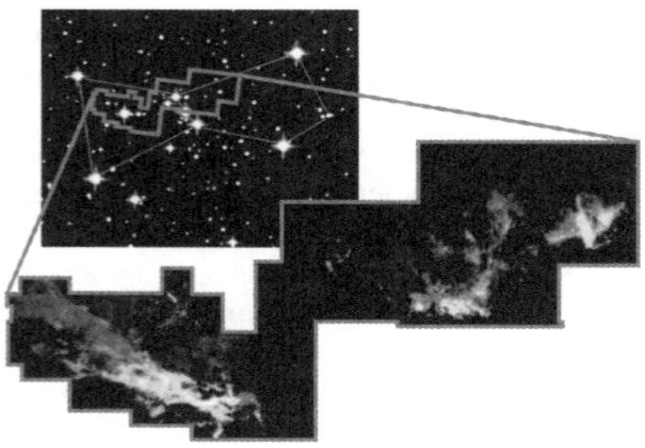

Figura 42.39 Problema 42.42.

42.43 Linhas espectrais dos isótopos. A distância correspondente ao equilíbrio da molécula de NaCl é igual a 0,2361 nm. A massa do átomo de sódio é $3{,}8176 \times 10^{-26}$ kg. O cloro possui dois isótopos estáveis, o ^{35}Cl e o ^{37}Cl, de massas diferentes, mas com propriedades químicas idênticas. A massa do átomo de ^{35}Cl é de $5{,}8068 \times 10^{-26}$ kg e a massa do átomo de ^{37}Cl é igual a $6{,}1384 \times 10^{-26}$ kg. a) Calcule o comprimento de onda do fóton emitido na transição $l = 2 \to l = 1$ e na transição $l = 1 \to l = 0$ para o $Na^{35}Cl$. b) Repita o item (a) para o $Na^{37}Cl$. Quais são as diferenças nos comprimentos de onda para esses dois isótopos?

42.44 Quando a molécula de OH sofre uma transição do nível vibracional $n = 0$ até $n = 1$, sua energia interna vibracional cresce de 0,463 eV. Calcule a freqüência da vibração e a constante da mola para a força interatômica. (A massa do átomo de oxigênio é de $2{,}66 \times 10^{-26}$ kg e o átomo de hidrogênio possui massa igual a $1{,}67 \times 10^{-27}$ kg.)

42.45 A constante da mola para a força internuclear na molécula de hidrogênio (H_2) é $k' = 576$ N/m. O átomo de hidrogênio possui massa igual a $1{,}67 \times 10^{-27}$ kg. Calcule a energia vibracional do ponto zero para o H_2 (ou seja, a energia vibracional que a molécula possui no nível fundamental $n = 0$ da energia vibracional). Como o módulo dessa energia se compara com a energia de ligação da molécula de H_2 igual a $-4{,}48$ eV?

42.46 Suponha que o átomo de hidrogênio no HF (veja o Exercício 42.13) seja substituído por um átomo de deutério, um isótopo do hidrogênio com massa igual a $3{,}34 \times 10^{-27}$ kg. A constante da mola é determinada pela configuração eletrônica, de modo que ela é a mesma que a da molécula de HF. a) Qual é a freqüência vibracional dessa molécula? b) Qual é o comprimento de onda da luz correspondente à diferença de energia entre os níveis $n = 0$ e $n = 1$? Em qual região do espectro eletromagnético esse fóton se situa?

42.47 A distância entre os átomos no equilíbrio para a molécula de iodeto de hidrogênio (HI) é 0,160 nm, e a freqüência vibracional é $6{,}93 \times 10^{13}$ Hz. O átomo de hidrogênio possui massa igual a $1{,}67 \times 10^{-27}$ kg e o átomo de iodo possui massa igual a $2{,}11 \times 10^{-25}$ kg. a) Calcule o momento de inércia da molécula de HI em relação a um eixo passando pelo centro de massa perpendicularmente ao eixo que liga os dois átomos. b) Calcule o comprimento de onda do fóton emitido em cada uma das seguintes transições de rotação-vibração: i) $n = 1, l = 1 \to n = 0, l = 0$; ii) $n = 1, l = 2 \to n = 0, l = 1$; iii) $n = 2, l = 2 \to n = 1, l = 3$.

42.48 Prove a seguinte afirmação: para elétrons livres em um sólido, se existe uma probabilidade P de que um estado com uma energia ΔE acima de E_F esteja ocupado, então existe uma probabilidade $1 - P$ de que um estado com uma energia ΔE abaixo de E_F esteja ocupado.

42.49 Calcule a energia de Fermi do potássio fazendo a aproximação simples de que cada átomo contribui com um elétron livre. A densidade do potássio é de 851 kg/m^3, e a massa de um átomo de potássio é $6{,}49 \times 10^{-26}$ kg.

42.50 O hidrogênio é encontrado em dois isótopos naturais; o hidrogênio normal (contendo um único próton em seu núcleo) e o deutério (contendo um próton e um nêutron). Supondo que ambas as moléculas tenham o mesmo tamanho e que o próton e o nêutron tenham a mesma massa (o que está bastante próximo da verdade), encontre a razão entre a) a energia de qualquer estado rotacional dado em uma molécula de hidrogênio diatômico e a energia do mesmo estado em uma molécula de deutério diatômico, e b) a energia de qualquer estado vibracional dado no hidrogênio e o mesmo estado no deutério (supondo que a constante da mola seja a mesma para ambas as moléculas). Por que é fisicamente razoável que a constante da mola seja a mesma para as moléculas do hidrogênio e do deutério?

42.51 O lítio metálico tem uma estrutura cristalina bcc. Cada unidade é um cubo de comprimento $a = 0{,}35$ nm. a) Em uma rede bcc, qual é o número de átomos por unidade de volume? Forneça a resposta em termos de a. (*Sugestão*: quantos átomos existem por unidade?) b) Use o resultado da parte (a) para calcular a energia de Fermi E_{F0} do lítio metálico à temperatura zero. Suponha que haja um elétron livre por átomo.

42.52 O cálculo em uma dimensão feito no Exemplo 42.5 (Seção 42.3) pode ser estendido para três dimensões. Para a rede cristalina fcc do NaCl, a energia potencial resultante para um par de íons Na^+ e de um íon Cl^- produzida pela energia eletrostática com todos os outros íons da rede cristalina é dada por $U = -\alpha e^2/4\pi\epsilon_0 r$, onde $\alpha = 1{,}75$ é a *constante de Madelung*. Outra contribuição para a energia potencial é a interação de repulsão para pequenas distâncias de separação r entre os íons, produzida pela superposição das nuvens eletrônicas. Essa contribuição pode ser representada pelo termo A/r^8, onde A é uma constante positiva. Portanto, a expressão para a energia potencial total é

$$U_{tot} = -\frac{\alpha e^2}{4\pi\epsilon_0 r} + \frac{A}{r^8}$$

a) Seja r_0 a separação r entre os íons quando U_{tot} atinge seu valor mínimo. Use essa definição para formular uma equação que relacione r_0 com A e use o resultado para obter U_{tot} em termos de r_0. Para o NaCl, $r_0 = 0{,}281$ nm. Obtenha o valor numérico (em elétrons-volt) de U_{tot} para o NaCl. b) A quantidade $-U_{tot}$ é a energia necessária para remover um íon Na^+ e um íon Cl^- do cristal. Para a formação de um par de átomos neutros a partir desses íons é necessária uma liberação de energia de 5,14 eV (a energia de ionização do Na) e um fornecimento de energia igual a 3,61 eV (a afinidade eletrônica do Cl). Use o resultado do item (a) para calcular a energia necessária para remover um par de átomos neutros de Na e de Cl do cristal. O valor experimental dessa quantidade de energia é igual a 6,39 eV; qual é o grau de concordância dos seus cálculos com esse valor?

42.53 Considere um sistema de N elétrons livres no interior de um volume V. Mesmo no zero absoluto, tal sistema exerce uma pressão sobre suas vizinhanças por causa do movimento dos elétrons. Para calcular essa pressão, imagine que o volume cresça de uma pequena quantidade dV. O trabalho realizado pelo elétron sobre suas vizinhanças é igual a pdV, o que significa que a energia total dos elétrons E_{tot} deverá variar de uma quantidade $dE_{tot} = -pdV$. Logo, $p = -dE_{tot}/dV$. a) Mostre que a pressão do elétron no zero absoluto é

$$p = \frac{3^{2/3}\pi^{4/3}\hbar^2}{5m}\left(\frac{N}{V}\right)^{5/3}$$

b) Calcule essa pressão para o cobre, que possui uma concentração de elétrons livres igual a $8{,}45 \times 10^{28}\ m^{-3}$. Expresse seu resultado em pascals e em atmosferas. c) A pressão que você encontrou no item (b) é extremamente elevada. Por que então os elétrons em uma placa de cobre simplesmente não explodem e saem do metal?

42.54 Quando a pressão p de um material cresce de Δp, o volume do material varia de V para $V + \Delta V$, onde ΔV é negativo. O *módulo de compressão B* do material é definido como a razão entre a variação da pressão Δp e o módulo da variação relativa de volume $|\Delta V/V|$. Quanto maior for o módulo de compressão, maior será o aumento da pressão necessária para obter uma dada variação relativa de volume e mais incompressível é o material (veja a Seção 11.4, no volume 1). Como $\Delta V < 0$, o módulo de compressão pode ser escrito como $B = -\Delta p/(\Delta V/V_0)$. No limite, para variações muito pequenas de volume e de pressão a relação anterior é escrita na forma

$$B = -V\frac{dp}{dV}$$

a) Use o resultado do Problema 42.53 para mostrar que o módulo de compressão para um sistema de N elétrons em um volume V a baixas temperaturas é dado por $B = \frac{5}{3}p$. (*Sugestão*: a grandeza p na expressão $B = -V(dp/dV)$ é a pressão *externa* ao sistema. Você é capaz de explicar por que ela é igual à pressão *interna* do sistema, como encontrado no Problema 42.53?) b) Calcule o módulo de compressão para o cobre, que possui uma concentração de elétrons livres igual a $8{,}45 \times 10^{28}\ m^{-3}$. Expresse seu resultado em pascals. c) O módulo de compressão real do cobre é igual a $1{,}4 \times 10^{11}$ Pa. Com base no seu resultado do item (b), a contribuição dos elétrons livres do cobre corresponde a que fração desse módulo de compressão? (O resultado mostra que os elétrons livres do metal desempenham papel fundamental na resistência do material a uma compressão.) Que grandeza você imagina ser responsável pela fração restante do módulo de compressão?

42.55 Na discussão sobre os elétrons livres feita na Seção 42.5, imaginamos que seria possível desprezar os efeitos da relatividade. Contudo, essa hipótese não é correta quando a energia de Fermi é maior do que $\frac{1}{100}\ mc^2$ (ou seja, quando ela é maior do que 1% da energia de repouso do elétron). a) Suponha que a energia de Fermi no zero absoluto, como indicado na Equação (42.20), seja igual a $\frac{1}{100}\ mc^2$. Mostre que a concentração de elétrons é

$$\frac{N}{V} = \frac{2^{3/2}m^3c^3}{3000\pi^2\hbar^3}$$

e determine o valor numérico de N/V. b) É uma boa aproximação desprezar os efeitos da relatividade em um metal como o cobre, cuja concentração de elétrons é igual a $8{,}45 \times 10^{28}\ m^{-3}$? Explique. c) Uma *anã branca* é oriunda dos restos de uma estrela tal como o Sol depois que esta cessou completamente a produção de energia pelas reações nucleares. (O Sol se transformará em uma anã branca depois de brilhar por mais 6×10^9 anos, aproximadamente.) Uma anã branca típica possui massa igual a 2×10^{30} kg (comparável com a massa solar) e um raio igual a 6000 km (comparável com o raio da Terra). A atração gravitacional entre as camadas da anã branca tende a comprimir a estrela. O que impede a compressão é a pressão dos elétrons livres do interior da estrela (veja o Problema 42.53.) Estime a concentração de elétrons no interior de uma anã branca típica usando as seguintes hipóteses: i) a estrela toda é feita de carbono, que possui massa por átomo igual a $1{,}99 \times 10^{-26}$ kg; ii) todos os seis átomos do carbono podem se mover livremente através da estrela. d) É uma boa aproximação desprezar os efeitos da relatividade na estrutura de uma anã branca? Explique.

42.56 Uma bateria DC variável está ligada em série a um resistor de 125 Ω e um diodo de junção p-n com uma corrente de saturação de 0,625 mA na temperatura ambiente (20°C). Quando um voltímetro indica 35,0 V para um resistor de 125 Ω, quais são a) a diferença de tensão no diodo e b) a resistência do diodo?

Problemas desafiadores

42.57 As ligações de Van der Waals surgem da interação entre dois dipolos elétricos permanentes ou induzidos existentes em pares de átomos ou de moléculas. a) Considere dois dipolos idênticos, cada qual constituído por cargas $+q$ e $-q$, separadas por uma distância d e orientadas como indicado na Figura 42.40a. Calcule a energia potencial elétrica expressa em termos do momento de dipolo $p = qd$, para a situação na qual $r \gg d$. A interação é de atração ou repulsão? E como a energia potencial varia em função de r, a distância entre os centros dos dois dipolos? b) Repita o item (a) para os dipolos orientados como indicado na Figura 42.40b. A interação entre os dipolos é mais complicada quando, por causa da agitação térmica, temos de tomar a média sobre as orientações relativas dos dipolos ou, então, no caso de dipolos induzidos em vez de dipolos permanentes.

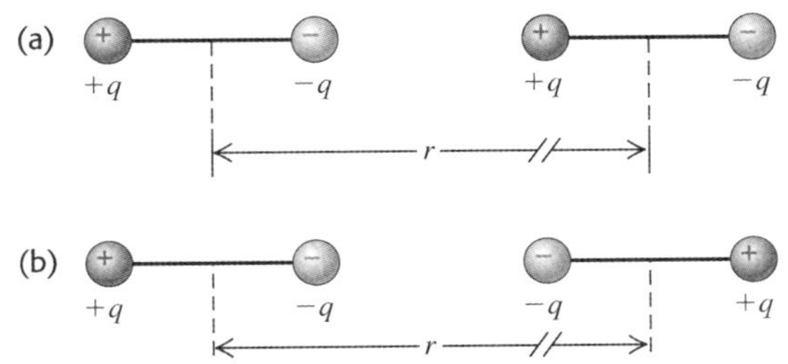

Figura 42.40 Problema desafiador 42.57.

42.58 a) Imagine a molécula de hidrogênio (H_2) como um oscilador harmônico simples, sendo a distância entre os átomos no equilíbrio igual a 0,074 nm, e estime o espaçamento entre os níveis de energia vibracionais para o H_2. A massa de um átomo de hidrogênio é igual a $1{,}67 \times 10^{-27}$ kg. (*Sugestão*: estime a constante da mola identificando a força da 'mola' com a força de Coulomb de repulsão entre os prótons quando eles se aproximam um pouco até uma distância menor do que a distância r_0 no equilíbrio. Ou seja, suponha que a força da ligação química permaneça aproximadamente constante quando r torna-se ligeiramente menor do que r_0.) b) Use o resultado do item (a) para calcular o espaçamento entre os níveis de energia vibracionais para a molécula de deutério, D_2. Suponha que a constante da mola para o D_2 seja a mesma do H_2. A massa de um átomo de deutério é de $3{,}34 \times 10^{-27}$ kg.

FÍSICA NUCLEAR 43

Esta arcada dentária pertenceu ao paciente dental mais antigo conhecido nas Américas, que teve os seus dentes superiores limados 4500 anos atrás por motivos rituais. Que princípios físicos tornam possível datar espécimes biológicos como esses?

OBJETIVOS DE APRENDIZAGEM

Ao estudar este capítulo, você aprenderá:

- Como a energia de ligação de um núcleo depende do número de prótons e nêutrons que ele contém.
- As formas mais importantes pelas quais os núcleos instáveis sofrem decaimento radioativo.
- Como a taxa de decaimento de uma substância radioativa depende do tempo.
- Alguns dos riscos biológicos e usos médicos da radiação.
- Como analisar alguns tipos importantes de reações nucleares.
- O que acontece em uma reação em cadeia de uma fissão nuclear, e como ela pode ser controlada.
- A seqüência de reações nucleares que possibilita o brilho do Sol e das estrelas.

Desde o século XX, as aplicações da física nuclear vêm produzindo importantes efeitos sobre a humanidade, alguns benéficos, outros catastróficos. Há muitas opiniões radicais sendo veiculadas a respeito de aplicações como bombas e usinas nucleares. Idealmente, esse tipo de opinião deveria basear-se em dados técnicos e não em emoções; esperamos que este capítulo ajude você a obter o conhecimento necessário para discutir tais problemas.

Todo átomo contém em seu centro um *núcleo* com carga positiva. Esse núcleo é muito menor do que o átomo como um todo, mas contém a maior parte da massa total do átomo. Analisaremos diversas propriedades importantes dos núcleos e das forças nucleares que os mantêm ligados. A estabilidade ou instabilidade de um núcleo é determinada pela competição da força de atração nuclear entre os prótons e os nêutrons com a força de repulsão elétrica entre os prótons. Os núcleos instáveis *decaem*, ou seja, transformam-se espontaneamente em outras estruturas por meio de diversos tipos de decaimentos. Reações nucleares envolvendo alterações de estruturas também podem ser induzidas quando o núcleo colide com uma partícula ou com outro núcleo. A *fusão* e a *fissão* são dois tipos de reações nucleares de interesse especial. Se no Sol não ocorressem reações nucleares de fissão com potência total de 3,90 $\times$ 10^{26} W, nossa vida não seria possível.

43.1 Propriedades do núcleo

Conforme discutimos na Seção 38.4, Rutherford verificou que o raio de um núcleo é dezenas de milhares de vezes menor do que o raio de um átomo. Desde as experiências iniciais de Rutherford, foram realizadas muitas outras envolvendo o espalhamento de prótons, elétrons, nêutrons e partículas alfa (núcleos de hélio 4). Essas experiências mostraram que podemos modelar um núcleo como uma esfera cujo raio R depende do número total de *núcleons* (nêutrons e prótons) existentes no núcleo. Esse número é chamado de **número de núcleons**, designado por A. Os raios de quase todos os núcleos podem ser representados razoavelmente bem mediante a equação

$$R = R_0 A^{1/3} \quad (43.1)$$

(raio do núcleo)

onde R_0 é uma constante determinada experimentalmente:

$$R_0 = 1{,}2 \times 10^{-15}\ \text{m} = 1{,}2\ \text{fm}$$

O número de núcleons A na Equação (43.1) também recebe o nome de **número de massa**, por ser o número inteiro mais próximo da massa do núcleo medida em unidades de massa atômica (u). (A massa do próton, bem como a massa de um nêutron, possui um valor aproximadamente igual a 1 u.) O melhor fator de conversão atualmente aceito é

$$1\ \text{u} = 1{,}66053886(28) \times 10^{-27}\ \text{kg}$$

Na Seção 43.2 discutiremos as massas do núcleo em mais detalhe. Note que, quando nos referimos às massas de um núcleo ou de uma partícula, estamos falando da respectiva massa de *repouso*.

Densidade nuclear

O volume V de uma esfera é $4\pi R^3/3$; portanto, a Equação (43.1) mostra que o *volume* de um núcleo é proporcional ao valor de A. Dividindo A (a massa aproximada em u) pelo volume, obtemos a densidade aproximada e o valor de A é cancelado. Disso se conclui que *todos os núcleos têm aproximadamente a mesma densidade*. Esse resultado é de importância crucial na descrição da estrutura nuclear.

Exemplo 43.1

CALCULANDO PROPRIEDADES NUCLEARES O tipo mais comum de núcleo de ferro tem número de massa igual a 56. Calcule o raio, a massa aproximada e a densidade aproximada desse núcleo.

SOLUÇÃO

IDENTIFICAR: utilizaremos duas idéias principais: o raio e a massa de um núcleo dependem do número de massa A e a densidade é a massa dividida pelo volume.

PREPARAR: usaremos a Equação (43.1) para encontrar o raio do núcleo. A massa do núcleo em unidades de massa atômica é aproximadamente igual ao número de massa.

EXECUTAR: o raio é

$$R = R_0 A^{1/3} = (1{,}2 \times 10^{-15}\ \text{m})(56)^{1/3}$$
$$= 4{,}6 \times 10^{-15}\ \text{m} = 4{,}6\ \text{fm}$$

Como $A = 56$, a massa do núcleo é aproximadamente 56 u, ou

$$m \approx (56)(1{,}66 \times 10^{-27}\ \text{kg}) = 9{,}3 \times 10^{-26}\ \text{kg}$$

O volume é

$$V = \frac{4}{3}\pi R^3 = \frac{4}{3}\pi(4{,}6 \times 10^{-15}\ \text{m})^3 = 4{,}1 \times 10^{-43}\ \text{m}^3$$

e a densidade ρ é aproximadamente igual a

$$\rho = \frac{m}{V} \approx \frac{9{,}3 \times 10^{-26}\ \text{kg}}{4{,}1 \times 10^{-43}\ \text{m}^3} = 2{,}3 \times 10^{17}\ \text{kg/m}^3$$

AVALIAR: a densidade do ferro sólido é aproximadamente igual a 7000 kg/m^3; logo, verificamos que a densidade do núcleo é mais do que 10^{13} vezes maior do que a densidade da matéria comum. Densidades dessa ordem de grandeza ocorrem no interior de uma *estrela de nêutrons*, que é semelhante a um núcleo gigantesco constituído quase inteiramente de nêutrons. Um cubo de aresta igual a 1 cm com essa densidade teria massa de $2{,}3 \times 10^{11}$ kg, aproximadamente 230 milhões de toneladas!

Nuclídeos e isótopos

Os blocos constituintes básicos de um núcleo são o nêutron e o próton. Em um átomo neutro, para cada próton existe um elétron circundando o núcleo. Essas partículas foram introduzidas na Seção 21.1, no volume 3; a história da descoberta do nêutron será contada no Capítulo 44. As massas dessas partículas são

Próton:	$m_p = 1{,}007276\ \text{u} = 1{,}672622 \times 10^{-27}\ \text{kg}$
Nêutron:	$m_n = 1{,}008665\ \text{u} = 1{,}674927 \times 10^{-27}\ \text{kg}$
Elétron:	$m_e = 0{,}000548580\ \text{u} = 9{,}10938 \times 10^{-31}\ \text{kg}$

O número de prótons do núcleo é chamado de **número atômico** Z. O número de nêutrons do núcleo é chamado de **número de nêutrons** N. O número de núcleons A é a soma do número de prótons Z com o número de nêutrons N,

$$A = Z + N \tag{43.2}$$

Um **nuclídeo** é um determinado núcleo com valores definidos para Z e N. Na Tabela 43.1 apresentamos uma lista contendo os valores de A, Z e N de alguns nuclídeos. A estrutura eletrônica de um átomo, responsável pelas suas propriedades químicas, é determinada pela carga Ze do núcleo. A tabela também mostra alguns nuclídeos que possuem o mesmo valor de Z, porém, diferentes valores de N. Tais nuclídeos são chamados de **isótopos** do elemento considerado; eles apresentam massas diferentes porque contam com diferentes números de nêutrons em seus respectivos núcleos. Um exemplo é o cloro (Cl, $Z = 17$). Em cerca de 76% dos núcleos de cloro, $N = 18$; nos outros 24%, $N = 20$. Os diferentes isótopos de um elemento geralmente demonstram propriedades físicas diferentes, tais como temperaturas de fusão e de vaporização e taxas de difusão. Os dois isótopos comuns do urânio, com $A = 235$ e 238, em geral são separados industrialmente aproveitando-se a diferença das taxas de difusão do hexafluoreto de urânio (UF_6), que contém os dois isótopos.

A Tabela 43.1 também mostra a notação usual para nuclídeos individuais, o símbolo do elemento com um índice inferior do lado esquerdo indicando Z e um índice superior do lado direito indicando o número de massa A. A notação geral para um dado elemento El e $^{A}_{Z}\text{El}$. Os exemplos do cloro citados anteriormente, com $A = 35$ e 37, são designado por $^{35}_{17}\text{Cl}$ e $^{37}_{17}\text{Cl}$ e pronunciados como 'cloro 35' e 'cloro 37', respectivamente. Essa notação é um tanto redundante, porque o nome do elemento é suficiente para determinar seu número atômico Z, de modo que o índice inferior do lado esquerdo, indicando Z, geralmente é omitido, como, por exemplo, no ^{35}Cl.

As massas de alguns átomos comuns, incluindo os respectivos elétrons, são indicadas na Tabela 43.2. Essa tabela fornece massas de átomos *neutros* (com Z elétrons), e não as massas dos nuclídeos *puros*, sem os elétrons, pois é muito mais difícil medir massas dos nuclídeos puros com precisão elevada. A massa de um átomo de carbono 12 neutro é exatamente igual a 12 u; é precisamente desse modo que a unidade de massa atômica é definida. As massas dos outros átomos são *aproximadamente* iguais ao número A de unidades de massa atômica, conforme dissemos anteriormente. Você deve ter notado que as massas atômicas são *menores* do que a soma das massas das suas partes (os Z prótons, os Z elétrons e N nêutrons). Na próxima seção explicaremos a razão dessa importante diferença de massa.

Tabela 43.1 Composição de alguns nuclídeos comuns

Nuclídeo	Número de massa (número total de núcleons), A	Número atômico (número de prótons), Z	Número de nêutrons, $N = A - Z$
${}^{1}_{1}H$	1	1	0
${}^{2}_{1}D$	2	1	1
${}^{4}_{2}He$	4	2	2
${}^{6}_{3}Li$	6	3	3
${}^{7}_{3}Li$	7	3	4
${}^{9}_{4}Be$	9	4	5
${}^{10}_{5}B$	10	5	5
${}^{11}_{5}B$	11	5	6
${}^{12}_{6}C$	12	6	6
${}^{13}_{6}C$	13	6	7
${}^{14}_{7}N$	14	7	7
${}^{16}_{8}O$	16	8	8
${}^{23}_{11}Na$	23	11	12
${}^{65}_{29}Cu$	65	29	36
${}^{200}_{80}Hg$	200	80	120
${}^{235}_{92}U$	235	92	143
${}^{238}_{92}U$	238	92	146

Tabela 43.2 Massas atômicas dos átomos neutros de alguns nuclídeos comuns

Elemento e isótopos	Número atômico, Z	Número de nêutrons, N	Massa atômica (u)	Número de massa, A
Hidrogênio (${}^{1}_{1}H$)	1	0	1,007825	1
Deutério (${}^{2}_{1}H$)	1	1	2,014102	2
Trício (${}^{3}_{1}H$)	1	2	3,016049	3
Hélio (${}^{3}_{2}He$)	2	1	3,016029	3
Hélio (${}^{4}_{2}He$)	2	2	4,002603	4
Lítio (${}^{6}_{3}Li$)	3	3	6,015122	6
Lítio (${}^{7}_{3}Li$)	3	4	7,016004	7
Berílio (${}^{9}_{4}Be$)	4	5	9,012182	9
Boro (${}^{10}_{5}B$)	5	5	10,012937	10
Boro (${}^{11}_{5}B$)	5	6	11,009305	11
Carbono (${}^{12}_{6}C$)	6	6	12,000000	12
Carbono (${}^{13}_{6}C$)	6	7	13,003355	13
Nitrogênio (${}^{14}_{7}N$)	7	7	14,003074	14
Nitrogênio (${}^{15}_{7}N$)	7	8	15,000109	15
Oxigênio (${}^{16}_{8}O$)	8	8	15,994915	16
Oxigênio (${}^{17}_{8}O$)	8	9	16,999132	17
Oxigênio (${}^{18}_{8}O$)	8	1	17,999160	18

Fonte: A. H. Wapstra e G. Audi, *Nuclear Physics* **A595,** 4 (1995).

Spins nucleares e momentos magnéticos

Tal como no caso dos elétrons, os prótons e os nêutrons também são partículas com spin $\frac{1}{2}$ e com momento angular de spin dado pela mesma equação deduzida na Seção 41.4. O módulo do momento angular de spin $\vec{S}$ é

$$S = \sqrt{\frac{1}{2}\left(\frac{1}{2} + 1\right)}\hbar = \sqrt{\frac{3}{4}}\hbar \qquad (43.3)$$

e seu componente z é

$$S_z = \pm\frac{1}{2}\hbar \qquad (43.4)$$

Além do momento angular de spin dos núcleons, eles também apresentam um momento angular *orbital* associado ao movimento das partículas no interior do núcleo. O momento angular orbital dos núcleons é quantizado do mesmo modo que os elétrons nos átomos.

O momento angular *total* $\vec{J}$ do núcleo é o vetor soma do spin individual e dos momentos angulares orbitais de todos os núcleons. Seu módulo é

$$J = \sqrt{j(j+1)}\hbar \qquad (43.5)$$

e seu componente z é

$$J_z = m_j\hbar \qquad (m_j = -j, -j+1, \ldots, j-1, j) \qquad (43.6)$$

Quando o número total de núcleons A é *par*, j é um número inteiro; quando ele é *ímpar*, j é um número semi-inteiro. Todos os nuclídeos em que ambos os valores Z e N são pares têm $J = 0$, o que sugere que o emparelhamento de partículas com spins opostos deve ser um mecanismo importante a ser considerado no estudo da estrutura nuclear. O número quântico j que caracteriza a quantização do momento angular total do núcleo é geralmente chamado de *spin nuclear*, muito embora ele se refira a uma combinação do momento angular de spin com o momento angular orbital de todos os núcleons que compõem o núcleo.

Associado ao momento angular nuclear existe um *momento magnético*. Quando discutimos os momentos magnéticos dos *elétrons* na Seção 41.2, introduzimos o magneton de Bohr, dado por $\mu_B = e\hbar/2m_e$, como uma unidade natural de momento magnético. Verificamos que o módulo do componente z do momento magnético de spin do elétron é quase exatamente igual a μ_B. Ou seja, $|\mu_{sz}|_{\text{elétron}} \approx \mu_B$. Para a discussão do momento magnético *nuclear* podemos definir uma grandeza análoga, o **magneton nuclear**, μ_n:

$$\mu_n = \frac{e\hbar}{2m_p} = 5{,}05078 \times 10^{-27}\ \text{J/T} = 3{,}15245 \times 10^{-8}\ \text{eV/T}$$

$$\text{(magneton nuclear)} \qquad (43.7)$$

onde m_p é a massa do próton. Como a massa do próton m_p é 1836 vezes maior do que a massa do elétron m_e, o magneton nuclear μ_n é 1836 vezes menor do que o magneton de Bohr μ_B.

Poderíamos esperar que o módulo do componente z do momento magnético de spin do próton fosse aproximadamente igual a μ_n. Em vez disso, verificou-se que ele é dado por

$$|\mu_{sz}|_{\text{próton}} = 2{,}7928\mu_n \qquad (43.8)$$

Ainda mais surpreendente é que o nêutron, que não tem carga elétrica, possui um módulo correspondente dado por

$$|\mu_{sz}|_{\text{nêutron}} = 1{,}9130\mu_n \qquad (43.9)$$

O próton tem carga positiva; como era de se esperar, seu momento angular $\vec{\mu}$ é paralelo e de mesmo sentido em relação ao momento magnético $\vec{S}$. Contudo, para um nêutron, $\vec{\mu}$ e $\vec{S}$ possuem sentidos contrários, como deveríamos esperar no caso de uma distribuição de cargas negativas. Esses momentos magnéticos *anômalos* surgem porque os prótons e os nêutrons não são verdadeiramente partículas elementares, mas são constituídos por outras partículas menores chamadas de *quarks*. Faremos uma discussão detalhada dos quarks no Capítulo 44.

O momento magnético de um dado núcleo é, em geral, da ordem de alguns magnetons nucleares. Quando um núcleo é colocado na presença de um campo magnético externo $\vec{B}$, existe uma energia de interação dada por $U = -\vec{\mu} \cdot \vec{B} = -\mu_z B$, tal como no caso do momento magnético atômico. Os componentes do momento magnético na direção do campo μ_z são quantizados, de modo que muitos níveis de energia resultam dessa interação.

Exemplo 43.2

INVERSÃO DE SPINS DOS PRÓTONS Os prótons estão submetidos a um campo magnético orientado ao longo do eixo Oz com módulo igual a 2,30 T. a) Qual é a diferença de energia entre um estado no qual o momento magnético de spin é orientado no mesmo sentido do campo magnético e outro estado no qual o momento magnético de spin é orientado em sentido contrário ao do campo magnético? b) Um próton pode sofrer uma transição entre um desses estados para o outro emitindo ou absorvendo um fóton, cuja energia é igual à diferença de energia entre esses dois estados. Calcule a freqüência e o comprimento de onda de tal fóton.

SOLUÇÃO

IDENTIFICAR: o próton é uma partícula de spin $\frac{1}{2}$ com um momento magnético, de forma que sua energia depende da orientação de seu spin em relação a um campo magnético aplicado.

PREPARAR: tomamos o campo magnético $\vec{B}$ no sentido positivo do eixo Oz, e o momento magnético $\vec{\mu}$ do próton no mesmo sentido de seu spin. Se o componente z do spin estiver alinhado com $\vec{B}$, então μ_z é igual ao valor positivo dado pela Equação (43.8); se o componente z do spin for oposto a $\vec{B}$, então, μ_z é esse valor com sinal negativo. A energia de interação em ambos os casos é $U = -\mu_z B$, e a diferença de energia [nossa incógnita na parte (a)] é a diferença entre os valores de U para as duas orientações do spin. Encontraremos a freqüência e o comprimento de onda do fóton por meio das relações $E = hf = hc/\lambda$.

EXECUTAR: a) Quando os componentes z de $\vec{\mu}$ e $\vec{S}$ estão orientados no mesmo sentido do campo magnético, a energia de interação é

$$\begin{aligned} U &= -|\mu_z|B = -(2{,}7928)(3{,}152 \times 10^{-8}\,\text{eV/T})(2{,}30\,\text{T}) \\ &= -2{,}025 \times 10^{-7}\,\text{eV} \end{aligned}$$

Quando eles apresentam sentidos contrários aos do campo magnético, a energia é $+2{,}025 \times 10^{-7}$ eV e a *diferença* de energia entre os dois estados é

$$\Delta E = 2(2{,}025 \times 10^{-7}\,\text{eV}) = 4{,}05 \times 10^{-7}\,\text{eV}$$

b) A freqüência e o comprimento de onda do fóton com energia correspondente são

$$f = \frac{\Delta E}{h} = \frac{4{,}05 \times 10^{-7}\,\text{eV}}{4{,}136 \times 10^{-15}\,\text{eV}\cdot\text{s}} = 9{,}79 \times 10^{7}\,\text{Hz} = 97{,}9\,\text{MHz}$$

$$\lambda = \frac{c}{f} = \frac{3{,}0 \times 10^{8}\,\text{m/s}}{9{,}79 \times 10^{7}\,\text{s}^{-1}} = 3{,}06\,\text{m}$$

AVALIAR: essa freqüência está no meio da banda FM de rádio. Quando uma amostra de hidrogênio é colocada na presença de um campo magnético de 2,30 T e a seguir irradiada com ondas eletromagnéticas com essa freqüência, a *inversão dos spins* dos prótons pode ser detectada pela absorção da energia da radiação.

Ressonância magnética nuclear e MRI

Experiências de inversão de spins — como as do Exemplo 43.2 — decorrem de um fenômeno chamado *ressonância magnética nuclear* (do inglês *Nuclear Magnetic Resonance* – NMR), que vêm sendo realizadas com muitos nuclídeos diferentes. Freqüências e campos magnéticos podem ser mensurados com grande precisão, o que permite a realização de medidas precisas do momento magnético nuclear. Uma aplicação dessa idéia básica leva à obtenção de uma *imagem por ressonância magnética* (do inglês *Magnetic Resonance Imaging* – MRI), uma técnica não-invasiva que possibilita a distinção entre diversos tecidos do corpo com base nos diferentes ambientes dos prótons de cada tecido. Na Figura 43.1, mostramos os princípios básicos da técnica MRI.

O momento magnético de um núcleo é também uma *fonte* de campo magnético. Em um átomo, a interação entre o momento magnético do elétron e o campo magnético produzido pelo núcleo produz desdobramentos adicionais nos níveis de energia dos átomos e nos espectros atômicos. Conforme dissemos na Seção 41.3, esses desdobramentos constituem a *estrutura hiperfina*. As medidas da estrutura hiperfina podem ser usadas para uma determinação direta do spin do núcleo.

Teste sua compreensão da Seção 43.1 a) Por que fator o número de massa de um núcleo deve aumentar para que seu volume dobre? (i) $\sqrt[3]{2}$; (ii) $\sqrt{2}$; (iii) 2; (iv) 4; (v) 8. b) Por que fator o número de massa deve aumentar para o raio do núcleo dobrar? (i) $\sqrt[3]{2}$; (ii) $\sqrt{2}$; (iii) 2; (iv) 4; (v) 8. ∎

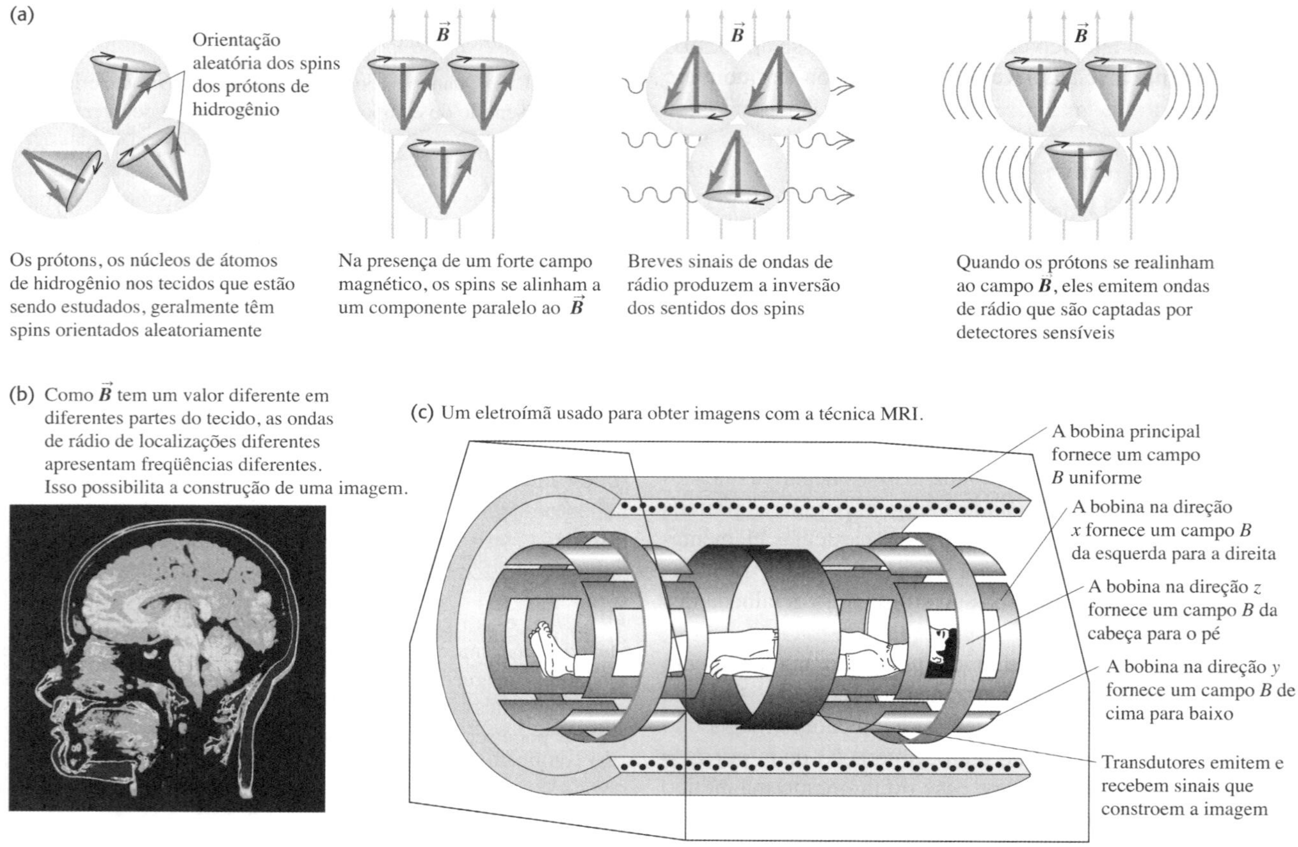

Figura 43.1 Imagem por ressonância magnética (MRI).

43.2 Ligação nuclear e estrutura nuclear

Como é necessário fornecer energia para separar os prótons e os nêutrons do núcleo, a energia E_0 de repouso total desses núcleons separados é maior do que a energia de repouso do núcleo. A energia que devemos fornecer para separar os núcleons denomina-se **energia de ligação** E_B; seu módulo fornece a energia que mantém os núcleons unidos no interior do núcleo. Portanto, a energia de repouso do núcleo é igual a $E_0 - E_B$. Usando a relação que fornece a equivalência entre a massa de repouso e a energia de repouso (Seção 37.8), concluímos que a massa de repouso total dos núcleons é sempre maior do que a massa de repouso do núcleo; a diferença E_B/c^2 entre esses dois valores é chamada de *perda de massa*. A energia de ligação de um núcleo com Z prótons e N nêutrons é dada por

$$E_B = (ZM_H + Nm_n - {}^{A}_{Z}M)c^2 \qquad (43.10)$$

(energia de ligação do núcleo)

onde ${}^{A}_{Z}M$ é a massa do átomo *neutro* que contém o núcleo, a expressão entre parênteses indica a perda de massa e c^2 = 931,5 MeV/u. Note que a Equação (43.10) não inclui Zm_p, a massa de Z prótons. Em vez disso, ela contém ZM_H, a massa de Z prótons combinada com a massa de Z elétrons formando Z átomos neutros de ${}^{1}_{1}H$, para equilibrar os Z elétrons incluídos em ${}^{A}_{Z}M$, a massa do átomo neutro.

O núcleo mais simples é o do hidrogênio, constituído por um único próton. A seguir, surge o núcleo do ${}^{2}_{1}H$, um isótopo do hidrogênio com número de massa igual a 2, chamado de *deutério*. Seu núcleo é constituído por um próton e um nêutron que se unem formando uma partícula chamada de *dêuteron*. Usando valores da Tabela 43.2 na Equação (43.10), verificamos que a energia de ligação do deutério é

$$E_B = (1{,}007825\ \text{u} + 1{,}008665\ \text{u} - 2{,}014102\ \text{u})(931{,}5\ \text{MeV/u}) = 2{,}224\ \text{MeV}$$

Essa grande quantidade de energia é necessária para cindir o dêuteron, obtendo-se um próton e um nêutron separados. Uma medida importante da intensidade da energia de ligação nuclear é a *energia de ligação por núcleon*, E_B/A. No exemplo dado, temos (2,224 MeV)/ (2 núcleons) = 1,112 MeV por núcleon — o ${}^{2}_{1}H$ possui a menor energia de ligação por núcleon de todos os nuclídeos.

Estratégia para a solução de problemas 43.1

PROPRIEDADES NUCLEARES

IDENTIFICAR *os conceitos relevantes*: as propriedades fundamentais de qualquer núcleo incluem a massa, o raio, a energia de ligação, a perda de massa, a energia de ligação por núcleon e o momento angular.

PREPARAR *o problema*: uma vez que você tenha identificado as incógnitas, selecione as equações necessárias para resolver o problema. Um número relativamente pequeno de equações desta seção e da Seção 43.1 será suficiente, mas tenha a certeza de que entendeu perfeitamente o seu funcionamento.

EXECUTAR *a solução*: isole as incógnitas em cada equação. Ao efetuar cálculos de energia envolvendo a energia de ligação e a energia de ligação por núcleon, note que as tabelas de massa quase sempre apresentam listas das massas de átomos *neutros*, incluindo seus elétrons. Para compensar esse fato, use a massa M_H de um átomo ${}^1_1H$ na Equação (43.10), em vez da massa de um próton sozinho. As energias de ligação dos elétrons nos átomos neutros são muito menores e tendem a se anular na subtração na Equação (43.10), de modo que não precisamos nos preocupar com elas. Como mostra a Equação (43.10), os cálculos envolvendo energia de ligação costumam utilizar a subtração de duas grandezas de valor quase igual. Para obter precisão suficiente em uma diferença você muitas vezes precisa chegar a sete, oito ou nove algarismos significativos, caso isso seja possível. Caso contrário, você terá de se contentar com um resultado aproximado.

AVALIAR *sua resposta*: a familiaridade com os valores numéricos das grandezas é útil. As escalas envolvidas nas grandezas nuclea-res são muito diferentes daquelas envolvidas nas grandezas atômicas. Os prótons e os nêutrons têm massas aproximadamente 1840 vezes maiores do que a massa do elétron. O raio de um núcleo é da ordem de 10^{-15}m. A energia potencial da interação elétrica repulsiva entre dois prótons separados por essa distância é da ordem de 10^{-13}J, ou cerca de 1 MeV. Portanto, as energias de interação envolvidas no núcleo são da ordem de alguns MeV, em vez de alguns eV no caso de átomos. Um valor típico da energia de ligação por núcleon é aproximadamente igual a 1% da energia de repouso de um núcleon. Compare esse valor com a energia de ionização do átomo de hidrogênio, que corresponde a apenas 0,003% da energia de repouso de um elétron.

O momento angular de um núcleo é da mesma ordem de grandeza que o momento angular de um átomo porque essas grandezas dependem da constante de Planck $\hbar$. Entretanto, o momento magnético de um núcleo apresenta um valor mil vezes *menor* do que o momento magnético de um átomo, porque um núcleo possui massa muito maior do que a massa do elétron.

Exemplo 43.3

O NUCLÍDEO MAIS FORTEMENTE LIGADO Por ter a mais elevada energia de ligação por núcleon entre todos os nuclídeos, o ${}^{62}_{28}Ni$ pode ser descrito como o mais fortemente ligado. Sua massa atômica neutra é 61,928349 u. Calcule sua perda de massa, sua energia de ligação e sua energia de ligação por núcleon.

SOLUÇÃO

IDENTIFICAR: a perda de massa é a diferença entre a massa do núcleo e a soma das massas de seus núcleos constituintes. A energia de ligação E_B é esse valor multiplicado por c^2, e a energia de ligação por núcleo é E_B dividida pelo número de massa A.

PREPARAR: usamos a Equação (43.10) para calcular a energia de ligação.

EXECUTAR: usamos $Z = 28$, $M_H = 1{,}007825$ u, $N = A - Z = 62 - 28 = 34$, $m_n = 1{,}008665$ u e ${}^A_ZM = 61{,}928349$ u nos parênteses da Equação (43.10) e obtivemos uma perda de massa igual a 0,585361 u. Portanto,

$$E_B = (0{,}585361 \text{ u})(931{,}5 \text{ MeV/u}) = 545{,}3 \text{ MeV}$$

Seria necessária uma energia mínima de 545,3 MeV para cindir o ${}^{62}_{28}Ni$ e separar completamente seus 62 núcleons. A energia de ligação *por núcleon* é igual a $\frac{1}{62}$ do resultado anterior, ou seja, 8,795 MeV por núcleon.

AVALIAR: a perda de massa do ${}^{62}_{28}Ni$ é de cerca de 1% da massa do átomo: (0,585361 u) / (61,928349 u) = 0,00945223 = 0,945223%. Como a massa do átomo é quase igual à massa do núcleo, isso significa que a energia de ligação (perda de massa multiplicada por c^2) é cerca de 1% da energia de repouso do núcleo, e a energia de ligação por núcleo é cerca de 1% da energia de repouso de um núcleon. Este resultado é o esperado. Note que a perda de massa é mais do que a metade da massa de um nêutron ou um próton, o que indica quão fortemente ligados são os núcleos.

Quase todos os nuclídeos, desde o mais leve até o mais pesado, têm energias de ligação no intervalo entre 7 e 9 MeV por núcleon. A Figura 43.2 mostra um gráfico da energia de ligação por núcleon em função do número de massa A. Note o pico acentuado em $A = 4$, indicando, em comparação com seus vizinhos, uma excepcionalmente elevada energia de ligação por núcleon do núcleo ${}^4_2He$ (partícula alfa). Para explicar essa curva devemos considerar as interações entre os núcleons.

A força nuclear

A força que mantém os prótons e os nêutrons unidos no interior do núcleo, apesar da repulsão elétrica entre os prótons, é um exemplo da *interação forte* que mencionamos na Seção 5.5, no volume 1. No contexto da estrutura nuclear, essa interação dá origem à chamada *força nuclear*. Vejamos algumas de suas características. Em primeiro lugar, ela não depende da carga; ela atua indistintamente tanto em prótons quanto em nêutrons e a força da ligação é a mesma em ambas as partículas. Em segundo lugar, ela possui curto alcance, atuando até distâncias da ordem de grandeza do diâmetro do núcleo, ou seja, cerca de 10^{-15} m. (Se assim não fosse, o núcleo poderia crescer atraindo mais prótons e nêutrons.) Contudo, dentro desse intervalo, a força nuclear é muito mais forte do que a força elétrica; de outra forma, o núcleo jamais poderia ser estável. Seria bom se pudéssemos escrever para essa força uma equação simples tal como a lei de Newton da gravitação universal ou a lei de Coulomb, porém os físicos ainda não encontraram uma expressão completa para sua dependência em relação à distância r. Em terceiro lugar, a densidade aproximadamente constante da matéria nuclear e a energia de ligação por núcleon aproximadamente constante dos nuclídeos grandes mostram que um núcleon individual não pode interagir simultaneamente com *todos* os outros núcleons no núcleo, somente com aqueles poucos que estão em suas imediatas vizinhanças. Esse comportamento é diferente do de uma força elétrica; todo próton no interior do núcleo repele *qualquer* outro próton. O número limitado das interações denomina-se *saturação*; podemos fazer uma analogia entre esse comportamento e a ligação covalente em moléculas e sólidos. Finalmente, a força nuclear favorece a ligação de *pares* de prótons ou de nêutrons com spins opostos e a formação de *pares de pares*, ou seja, um par de prótons juntamente com um par de nêutrons, cada par com spins opostos. Portanto, a partícula alfa (dois prótons e dois nêutrons) é um núcleo com uma estabilidade excepcional para esse número de massa. Na próxima subseção, veremos outros efeitos para o emparelhamento em núcleos. (Na Seção 42.8 descrevemos um efeito de emparelhamento análogo que liga elétrons com spins opostos formando os pares de Cooper da teoria BCS da supercondutividade.)

A análise da estrutura nuclear é mais complexa do que a análise da estrutura atômica. Estão implicados dois tipos diferentes de interações (a elétrica e a nuclear), e a força nuclear ainda não está completamente esclarecida. Podemos, contudo, explicar a estrutura nuclear a partir de modelos simples. Vamos descrever sucintamente dois modelos bastante diferentes, porém usados com êxito: o *modelo da gota* e o *modelo de camadas*.

Modelo da gota

O **modelo da gota**, proposto pelo físico russo George Gamow em 1928 e mais tarde expandido por Niels Bohr, é sugerido pela observação de que todos os núcleos têm densidade aproximadamente constante. Os núcleons individuais são análogos a moléculas de um líquido, que são mantidas unidas pelas interações de curto alcance e por efeitos de tensão superficial. Podemos usar essa descrição e deduzir uma fórmula para estimar a energia de ligação de um núcleo. Incluiremos cinco contribuições:

1. Dissemos que uma força nuclear apresenta o efeito da *saturação*; um núcleon individual interage somente com aqueles poucos que estão em suas vizinhanças imediatas. Esse efeito fornece um termo para a energia de ligação que é proporcional ao número de núcleons. Vamos escrever esse termo como $C_1 A$, onde C_1 é uma constante determinada experimentalmente
2. O núcleons nas vizinhanças da superfície do núcleo são menos fortemente ligados do que aqueles do seu interior por não possuírem vizinhos fora da superfície. Essa diminuição da energia de ligação fornece um termo *negativo* proporcional à área da superfície $4\pi R^2$. Como R é proporcional a $A^{1/3}$, esse termo é proporcional a $A^{2/3}$. Vamos escrever este termo como $-C_2 A^{2/3}$, onde C_2 é outra constante.
3. Cada um dos Z prótons repele cada um dos $(Z - 1)$ prótons restantes. A energia potencial elétrica repulsiva total é proporcional a $Z(Z - 1)$ e inversamente proporcional ao raio R e, portanto, proporcional a $A^{1/3}$. Esse termo da energia de ligação é negativo porque, caso não existisse a repulsão elétrica, os núcleons seriam mais fortemente ligados. Vamos escrever esse termo como $-C_3 Z(Z - 1)/A^{1/3}$.

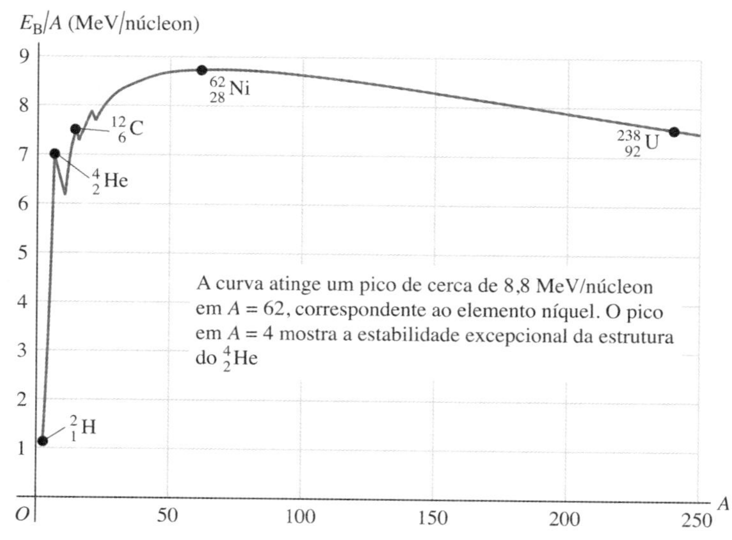

Figura 43.2 Valor aproximado da energia de ligação por núcleon em função do número de massa A (o número total de núcleons) para nuclídeos estáveis.

4. Para permanecer estável em seu estado de mais baixa energia, o núcleo deve equilibrar as energias entre os prótons e os nêutrons. Isso significa que N deve ser aproximadamente igual a Z quando A é pequeno, e que N deve ser maior do que Z (porém, não muito maior) quando A é grande. Precisamos de um termo negativo correspondente à diferença $|N - Z|$. A melhor concordância com as energias de ligação observadas ocorre quando esse termo é proporcional a $(N - Z)^2/A$. Se usarmos $N = A - Z$ para expressar essa energia a partir de A e de Z, essa correção é dada por $-C_4(A - 2Z)^2/A$.
5. Finalmente, a força nuclear favorece a formação de *pares* de prótons e de nêutrons. Quando N e Z forem ambos pares, esse termo da energia de ligação será positivo (mais ligação); quando N e Z forem ambos ímpares, esse termo da energia de ligação será negativo (menos ligação) e nos outros casos esse termo é igual a zero. O melhor ajuste dos dados experimentais ocorre quando escrevemos uma forma $\pm C_5 A^{-4/3}$.

A energia de ligação E_B total estimada é dada pela soma dos cinco termos anteriores:

$$E_B = C_1A - C_2A^{2/3} - C_3\frac{Z(Z-1)}{A^{1/3}} - C_4\frac{(A-2Z)^2}{A} \pm C_5A^{-4/3}$$

(energia de ligação do núcleo) (43.11)

As constantes C_1, C_2, C_3, C_4 e C_5, escolhidas para fornecer o melhor ajuste dos dados experimentais, são

$$C_1 = 15{,}75 \text{ MeV}$$
$$C_2 = 17{,}80 \text{ MeV}$$
$$C_3 = 0{,}7100 \text{ MeV}$$
$$C_4 = 23{,}69 \text{ MeV}$$
$$C_5 = 39 \text{ MeV}$$

A constante C_1 é a energia de ligação por núcleon produzida pela força nuclear saturada. Essa energia é aproximadamente igual a 16 MeV por núcleon, cerca do dobro da energia de ligação *total* por núcleon de muitos nuclídeos.

Se calcularmos a energia de ligação E_B usando a Equação (43.1), poderemos estimar a massa de qualquer átomo neutro usando a energia de ligação obtida na Equação (43.10):

$$^A_ZM = ZM_H + Nm_n - \frac{E_B}{c^2} \qquad (43.12)$$

(fórmula semi-empírica para a massa)

A Equação (43.12) é chamada de *fórmula semi-empírica para a massa*. O nome é apropriado: ela é *empírica* porque cada constante C é determinada empiricamente (experimentalmente), embora ela seja pautada sobre uma base teórica bastante sólida.

Exemplo 43.4

ESTIMATIVA DA ENERGIA DE LIGAÇÃO E DA MASSA Considere o nuclídeo $^{62}_{28}$Ni do Exemplo 43.3. a) Calcule os cinco termos da energia de ligação e estime a energia de ligação total. b) Determine a massa do átomo neutro usando a fórmula semi-empírica para a massa.

SOLUÇÃO

IDENTIFICAR: usaremos o modelo da gota do núcleo e suas cinco contribuições para a energia de ligação.

PREPARAR: usaremos a Equação (43.11) para calcular os termos individuais na energia de ligação, assim como a energia de ligação total, e a Equação (43.12) para encontrar a massa atômica neutra.

EXECUTAR: a) Se substituirmos os valores numéricos de $Z = 28$, $A = 62$ e $N = 34$ na Equação (43.11), os termos individuais são

1. $C_1A = (15{,}75 \text{ MeV})(62) = 976{,}5 \text{ MeV}$
2. $-C_2A^{2/3} = -(17{,}80 \text{ MeV})(62)^{2/3} = -278{,}8 \text{ MeV}$
3. $-C_3\dfrac{Z(Z-1)}{A^{1/3}} = -(0{,}7100 \text{ MeV})\dfrac{(28)(27)}{(62)^{1/3}} = -135{,}6 \text{ MeV}$
4. $-C_4\dfrac{(A-2Z)^2}{A} = -(23{,}69 \text{ MeV})\dfrac{(62-56)^2}{62} = -13{,}8 \text{ MeV}$
5. $+C_5A^{-4/3} = (39 \text{ MeV})(62)^{-4/3} = 0{,}2 \text{ MeV}$

A correção para a energia de formação de pares (termo 5) é positiva porque tanto Z quanto N são pares. Note que este é, de longe, o menor de todos os termos. A energia de ligação estimada total é a soma desses cinco termos ou 548,5 MeV.

b) Então aplicamos $E_B = 548{,}5$ MeV na Equação (43.12) e obtemos

$$M = 28(1{,}007825 \text{ u}) + 34(1{,}008665 \text{ u}) - \frac{548{,}5 \text{ MeV}}{931{,}5 \text{ MeV/u}}$$
$$= 61{,}925 \text{ u}$$

AVALIAR: a energia de ligação do $^{62}_{28}$Ni calculada na parte (a) é apenas cerca de 0,6% maior do que o valor verdadeiro de 545,3 MeV obtido no Exemplo 43.3, e a massa calculada na parte (b) é apenas cerca de 0,005% menor do que o valor medido de 61,928349 u. Esses resultados mostram quão precisa pode ser a fórmula semi-empírica para a massa.

O modelo da gota e a fórmula da massa deduzida a partir dele obtiveram grande êxito em estimativas de massas nucleares, e mais adiante mostraremos que se trata de um valioso instrumento para explicar processos de decaimento de nuclídeos instáveis. Outros aspectos do núcleo, tais como o momento angular e os estados excitados, são mais bem descritos com outro modelo.

Modelo de camadas

O **modelo de camadas** da estrutura nuclear é semelhante à aproximação de campo central usada na física atômica (Seção 41.4). Consideramos que cada núcleon se move em um potencial que representa o efeito médio de todos os outros núcleons. Esse método pode não parecer promissor — a força nuclear é muito forte, de alcance muito curto e, portanto, é fortemente dependente da distância. Entretanto, em alguns aspectos, verifica-se que tal modelo funciona muito bem.

A função energia potencial nuclear é a mesma tanto para prótons quanto para nêutrons. Uma hipótese razoável para a forma dessa função é ilustrada na Figura 43.3a. Essa função é uma versão tridimensional do poço quadrado que discutimos na Seção 40.2. Os cantos são ligeiramente arredondados porque o núcleo não possui uma superfície definida com nitidez. Nos prótons, existe uma energia potencial adicional associada à repulsão elétrica. Consideramos cada próton interagindo com uma esfera de densidade de carga uniforme, com raio R e carga $(Z-1)e$. Indicamos na Figura 43.3b a energia nuclear, a energia potencial elétrica e a energia total para um próton em função da distância r até o centro do núcleo.

Em princípio, podemos resolver a equação de Schrödinger para um próton e um nêutron movendo-se em tal potencial. Para qualquer energia potencial esfericamente simétrica, os estados de momento angular são os mesmos que os estados dos elétrons no modelo da aproximação de campo central da física atômica. Em particular, podemos usar os conceitos de *camadas e subcamadas cheias* e suas relações com a estabilidade. Na estrutura atômica verificamos que os valores $Z = 2$, 10, 18, 36, 54 e 86 (os números atômicos dos gases nobres) correspondem a configurações eletrônicas particularmente estáveis.

Um efeito semelhante ocorre com a estrutura nuclear. Os números são diferentes porque a função energia potencial é diferente, e a interação spin-órbita é muito forte e possui sinal oposto ao existente nos átomos, de modo que as subcamadas se enchem em ordem diferente daquela em que os elétrons se dispõem em um átomo. Verifica-se que, quando o número de prótons *ou* o número de nêutrons é igual a 2, 8, 20, 28, 50, 82 ou 126, a estrutura nuclear resultante é particularmente estável, ou seja, possui uma energia de ligação excepcionalmente grande. (O nuclídeo com $Z = 126$ ainda não foi observado na natureza.) Esses números são chamados de *números mágicos*. Nuclídeos nos quais Z é um número mágico tendem a apresentar isótopos estáveis. Existem diversos nuclídeos nos quais tanto Z quanto N são números mágicos, inclusive os seguintes:

$${}^{4}_{2}\text{He} \quad {}^{16}_{8}\text{O} \quad {}^{40}_{20}\text{Ca} \quad {}^{48}_{20}\text{Ca} \quad {}^{208}_{82}\text{Pb}$$

Todos esses nuclídeos possuem uma energia de ligação substancialmente maior do que os nuclídeos com valores de Z próximos dos valores de N. Todos eles também possuem spin nuclear igual a zero. Os números mágicos correspondem a camadas ou subcamadas da configuração dos níveis de energia nucleares com um salto relativamente grande de energia até o nível seguinte da energia permitida.

Teste sua compreensão da Seção 43.2 Coloque os seguintes núcleos em ordem do maior ao menor valor de sua energia de ligação por núcleon. (i) ${}^{4}_{2}\text{He}$; (ii) ${}^{52}_{24}\text{Cr}$; (iii) ${}^{152}_{62}\text{Sm}$; (iv) ${}^{200}_{80}\text{Hg}$; (v) ${}^{252}_{92}\text{Cf}$. ∎

43.3 Estabilidade nuclear e radioatividade

De um total de 2500 nuclídeos conhecidos, pouco menos de 300 são estáveis. Os outros constituem estruturas instáveis que sofrem decaimento ao emitir partículas e ondas eletromagnéticas mediante um processo chamado **radioatividade**. A escala de tempo desses processos de decaimento varia desde uma pequena fração de microssegundo até bilhões de anos. Os nuclídeos *estáveis* são assinalados por pontos no gráfico da Figura 43.4, no qual os eixos das coordenadas indicam o número de nêutrons N e o número de prótons (ou número atômico) Z de cada nuclídeo. Esse tipo de gráfico é chamado de *gráfico de Segrè*,

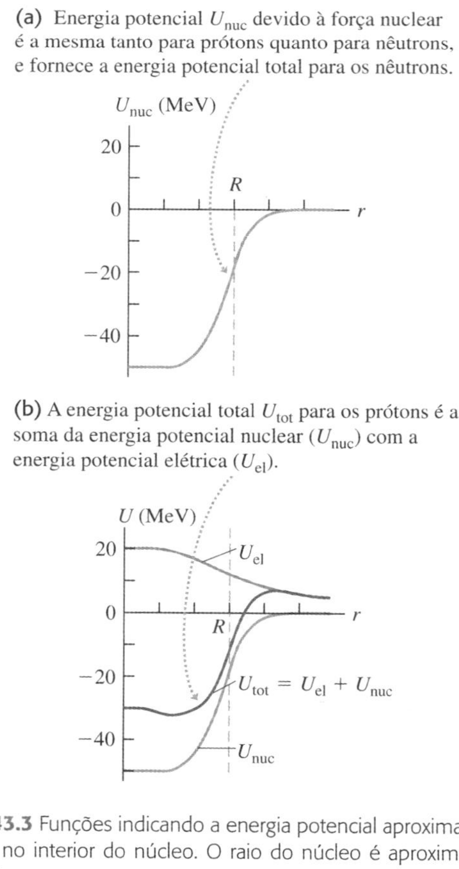

Figura 43.3 Funções indicando a energia potencial aproximada de um núcleon no interior do núcleo. O raio do núcleo é aproximadamente igual a R.

em homenagem ao seu inventor, o físico italiano Emilio Segrè (1905-1989).

Cada linha perpendicular à linha $N = Z$ representa um valor específico do número de massa $A = Z + N$. Quase todas as linhas com A constante passam através de um ou dois nuclídeos estáveis; ou seja, geralmente existe uma faixa muito estreita de estabilidade para um dado número de massa. Alguns exemplos são fornecidos pelas linhas $A = 20$, $A = 40$, $A = 60$ e $A = 80$. Em quatro casos essas linhas passam através de *três* nuclídeos estáveis, ou seja, em $A = 96$, 124, 130 e 136.

Existem quatro casos de nuclídeos estáveis que possuem simultaneamente valores de Z e de N ímpares:

$$^{2}_{1}\text{H} \qquad ^{6}_{3}\text{Li} \qquad ^{10}_{5}\text{B} \qquad ^{14}_{7}\text{N}$$

Eles são chamados de *nuclídeos ímpar-ímpar*. A ausência de outros nuclídeos ímpar-ímpar indica a influência da formação de pares. Notamos também que não existe nenhum nuclídeo estável com $A = 5$ nem com $A = 8$. O núcleo com número mágico duplo $^{4}_{2}\text{He}$, que possui um par de prótons e um par de nêutrons, não tem nenhum interesse em receber uma quinta partícula em sua estrutura nuclear, e as coleções contendo oito nuclídeos decaem e formam nuclídeos menores, com um núcleo de $^{8}_{4}\text{Be}$ imediatamente se dividindo em dois núcleos de $^{4}_{2}\text{He}$.

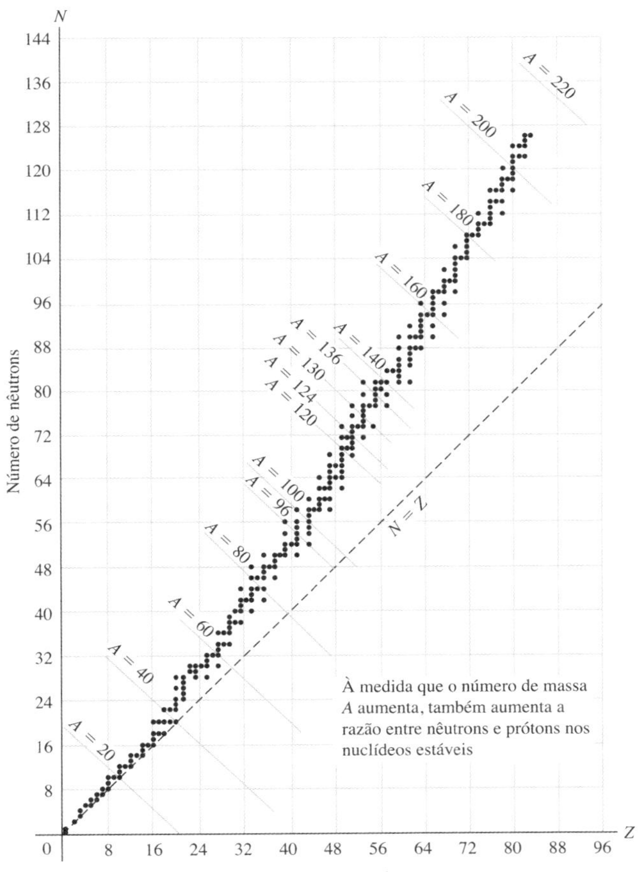

Figura 43.4 Gráfico de Segrè mostrando o número de nêutrons e o número de prótons em nuclídeos estáveis.

Os pontos do gráfico de Segrè que representam nuclídeos estáveis definem uma região de estabilidade muito estreita. Para números de massa pequenos, o número de prótons é igual ao número de nêutrons, $N \approx Z$. A razão N/Z cresce gradualmente com A, até cerca de 1,6 para números de massa elevados, por causa do crescente aumento da influência da interação elétrica repulsiva entre os prótons. Os pontos do lado direito da região de estabilidade representam nuclídeos com um número muito grande de prótons em relação ao número de nêutrons, impedindo a estabilidade. Nesses casos, a repulsão vence e o núcleo se divide. Do lado esquerdo existem nuclídeos que possuem um número muito grande de nêutrons em relação ao número de prótons. Para esses casos a energia de ligação associada com os nêutrons não é equilibrada com a associada aos prótons, e os nuclídeos decaem em um processo que converte nêutrons em prótons. O gráfico também mostra que nenhum nuclídeo é estável quando $A > 209$ ou quando $Z > 83$. Um núcleo é instável quando é grande demais. Notamos também que nenhum nuclídeo é estável para $Z = 43$ (tecnécio) ou para $Z = 61$ (promécio). A Figura 43.5, uma versão tridimensional do gráfico de Segrè, mostra o 'vale da estabilidade' para nuclídeos leves (até $Z = 22$).

Decaimento alfa

Cerca de 90% dos 2500 nuclídeos conhecidos são *radioativos* — eles não são estáveis e decaem, transformando-se em outros nuclídeos. Quando nuclídeos instáveis decaem dando origem a diferentes nuclídeos, eles geralmente emitem partículas alfa (α) e partículas beta (β). Uma **partícula alfa** é

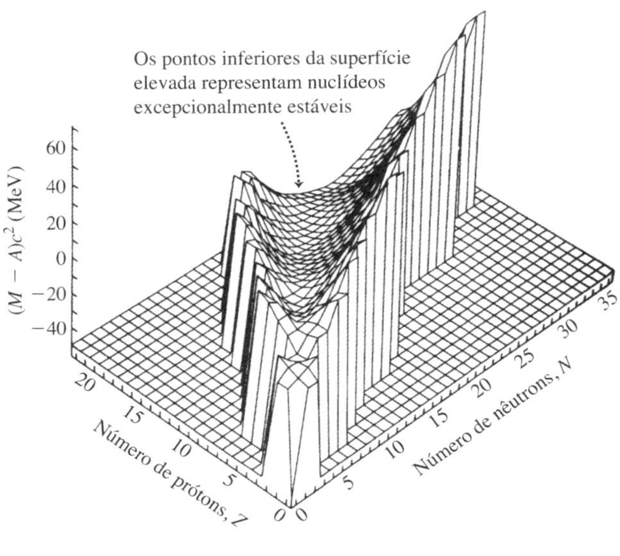

Figura 43.5 Uma versão tridimensional do gráfico de Segrè para nuclídeos leves até $Z = 22$ (titânio). A grandeza indicada no terceiro eixo é $(M - A)c^2$, onde M é a massa do nuclídeo expressa em u. Essa grandeza é relacionada com a energia de ligação por meio de uma constante diferente para cada nuclídeo.

um núcleo do ^{4}He, com dois prótons e dois nêutrons unidos, de spin total igual a zero. A emissão alfa ocorre geralmente para núcleos pesados demais para serem estáveis. Quando um núcleo emite uma partícula alfa, seus valores de Z e de N diminuem de duas unidades e A diminui de quatro, fazendo o núcleo se deslocar para mais perto da região de estabilidade do gráfico de Segrè.

Um exemplo familiar de emissor de partícula alfa é o rádio $^{226}_{88}$Ra (Figura 43.6a). A velocidade da partícula alfa emitida, determinada pelo raio de curvatura de sua trajetória descrita em um campo magnético transversal, é aproximadamente igual a $1{,}52 \times 10^{-7}$ m/s. Essa velocidade, embora grande, é apenas 5% da velocidade da luz, de modo que podemos usar a relação não-relativística para a energia cinética $K = \frac{1}{2}mv^2$:

$$K = \frac{1}{2}(6{,}64 \times 10^{-27}\,\text{kg})(1{,}52 \times 10^7\,\text{m/s})^2$$
$$= 7{,}7 \times 10^{-13}\,\text{J} = 4{,}8\,\text{MeV}$$

As partículas alfa são sempre emitidas com uma energia cinética definida, determinada pela lei da conservação da energia e pela conservação do momento linear. Por causa de sua carga e de sua massa, uma partícula alfa, antes de parar devido a colisões, pode percorrer somente diversos centímetros no ar, ou alguns décimos ou centésimos de milímetros no interior de um sólido.

Alguns núcleos podem decair espontaneamente pela emissão de partículas a porque elas liberam energia no decaimento alfa. Podemos usar a lei da conservação da massa-energia para mostrar que

o decaimento alfa é possível quando a massa do átomo neutro original é maior do que a soma das massas do átomo neutro final e da massa do átomo neutro de hélio 4.

No decaimento alfa, a partícula α tunela através de uma barreira de energia potencial, como indicado na Figura 43.6b. Pode ser útil uma revisão sobre o efeito túnel explicado na Seção 40.3.

Exemplo 43.5

DECAIMENTO ALFA DO RÁDIO São fornecidas as seguintes massas de átomos neutros:

$^{226}_{88}$Ra:	226,025403 u
$^{222}_{86}$Rn:	222,017571 u

Mostre que a emissão alfa é energeticamente possível e que a energia cinética calculada para a partícula α concorda com o valor 4,78 MeV medido experimentalmente.

SOLUÇÃO

IDENTIFICAR: uma emissão alfa é possível quando a massa do $^{226}_{86}$Ra é maior do que a soma das massas do $^{222}_{88}$Rn e do $^4_2$He.

PREPARAR: a diferença de massa entre o átomo de rádio inicial e o radônio final e os átomos de hélio corresponde (por $E = mc^2$) à energia E liberada no decaimento. Como o momento linear se conserva, da mesma forma que a energia, *tanto* a partícula α quanto o átomo $^{222}_{86}$Rn estão em movimento após o decaimento; teremos de levar em conta esse fato para calcular a energia cinética da partícula α.

EXECUTAR: pela Tabela 43.2, a massa do átomo de $^4_2$He é 4,002603 u. A diferença de massa entre o núcleo original e os núcleos oriundos do decaimento é

$$226{,}025403\,\text{u} - (222{,}017571\,\text{u} + 4{,}002603\,\text{u}) = +0{,}005229\,\text{u}$$

Como o resultado obtido é positivo, concluímos que o decaimento alfa é energeticamente possível.

A energia equivalente a 0,005229 u é dada por

$$E = (0{,}005229\,\text{u} + 931{,}5\,\text{MeV/u}) = 4{,}871\,\text{MeV}$$

Portanto, esperamos que os produtos do decaimento sejam emitidos com uma energia cinética igual a 4,871 MeV. O momento linear também é conservado; se o núcleo original estava em repouso, o momento linear da partícula α possui módulo p igual, porém com sentido contrário ao do momento linear do núcleo depois da emissão. A energia cinética é $K = p^2/2m$; logo, uma vez que p é o mesmo para as duas partículas, as energias cinéticas se distribuem de modo inverso às respectivas massas. A partícula α terá energia cinética igual a 222/(222 + 4) da energia cinética total, ou seja, sua energia cinética será 4,78 MeV, igual ao valor medido experimentalmente para a partícula α.

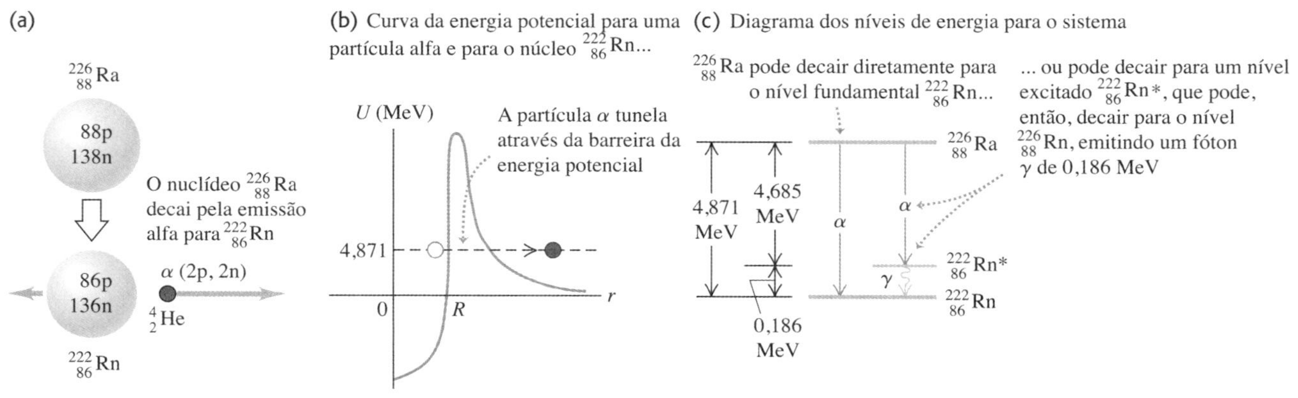

Figura 43.6 Decaimento alfa do nuclídeo instável do rádio $^{226}_{88}$Ra.

AVALIAR: uma excelente maneira de conferir os seus resultados é verificar se a partícula alfa e o núcleo do $^{222}_{86}$Rn produzidos no decaimento têm o mesmo módulo que o momento linear $p = mv$. Você pode calcular a velocidade v de cada um dos produtos do decaimento a partir de sua energia cinética respectiva. Você irá descobrir que a partícula alfa se desloca com uma alta velocidade de $0{,}0506c = 1{,}52 \times 10^7$ m/s; se o momento linear se conserva, o seu resultado deve mostrar que o núcleo do $^{222}_{86}$Rn se move com uma velocidade que é 4/222 da velocidade da partícula. Confere?

Decaimento beta

Existem três tipos diferentes de *decaimento beta*: *beta negativo*, *beta positivo* e a *captura de elétrons*. Uma **partícula beta negativa** (β^-) é um elétron. Não é óbvio como um núcleo pode emitir um elétron quando não existe nenhum elétron no núcleo. A emissão de uma partícula β^- envolve a *transformação* de um nêutron em um próton juntamente com um elétron e uma partícula chamada de *antineutrino*. De fato, ao se libertar um nêutron do núcleo, ele decai em um intervalo de tempo aproximadamente igual a 15 minutos, dando origem a um elétron, um próton e um antineutrino.

As partículas beta podem ser identificadas e suas velocidades podem ser medidas por meio de técnicas semelhantes às usadas na experiência de Thomson que descrevemos na Seção 27.5, no volume 3. As velocidades das partículas beta podem chegar até 0,9995 da velocidade da luz, de modo que seu movimento é extremamente relativístico. Elas são emitidas com um espectro contínuo de energias. Isso não seria possível se somente existisse a partícula β^- e o núcleo recuando, uma vez que a lei da conservação da energia e a lei da conservação do momento linear exigiriam uma velocidade definida para a partícula β^-. [Discutimos também essa questão na Seção 8.8, no volume 1; talvez você deseje fazer uma revisão daquela discussão.] Portanto, deve existir uma terceira partícula envolvida. Pela lei da conservação da carga, ela deve ser neutra, e pela lei da conservação do momento angular, ela deve ser uma partícula com spin $\frac{1}{2}$.

A terceira partícula é um antineutrino, a antipartícula do **neutrino**. O símbolo do neutrino é a letra grega ν_e. Tanto o neutrino quanto o antineutrino possuem carga igual a zero e massa zero (ou muito pequena) e, portanto, não produzem quase nenhum efeito observável quando passam através da matéria. Essas duas partículas não haviam sido detectadas até 1953, quando Frederick Reines e Clyde Cowan conseguiram detectar os antineutrinos diretamente. Sabemos agora que existem pelo menos três tipos de neutrinos, cada um deles com seu antineutrino correspondente; um é associado ao decaimento beta e os outros dois são associados ao decaimento de duas partículas instáveis, o múon e a partícula tau. Discutiremos essa questão com mais detalhes no Capítulo 44. O antineutrino, que é emitido no decaimento β^-, é designado por $\bar{\nu}_e$. O processo básico do decaimento β^- é

$$n \rightarrow p + \beta^- + \bar{\nu}_e \tag{43.13}$$

O decaimento da *partícula beta negativa* geralmente ocorre com nuclídeos em que a razão nêutrons-prótons (N/Z) é grande demais para que haja estabilidade. No decaimento β^-, N diminui de 1, Z cresce de 1 e A não varia. Podemos usar a lei da conservação da massa-energia para mostrar que

o decaimento beta negativo pode ocorrer quando a massa atômica do átomo neutro original é maior do que a massa correspondente do átomo final.

Exemplo 43.6

POR QUE O COBALTO 60 É UM EMISSOR DE PARTÍCULA BETA NEGATIVA O nuclídeo $^{60}_{27}$Co, um núcleo instável ímpar-ímpar, é usado em aplicações médicas da radiação. Mostre que ele é instável em relação ao decaimento β^-. As seguintes massas são dadas:

$^{60}_{27}$Co: 59,933822 u

$^{60}_{28}$Ni: 59,930791 u

SOLUÇÃO

IDENTIFICAR: o decaimento beta negativo é possível se a massa do átomo neutro original for maior do que a do átomo final.

PREPARAR: inicialmente, precisamos decidir que nuclídeo resultará se $^{60}_{27}$Co sofrer um decaimento β^-. Depois, precisamos comparar a sua massa atômica neutra com a do $^{60}_{27}$Co.

EXECUTAR: o nuclídeo original é $^{60}_{27}$Co. No decaimento β^-, Z aumenta de 27 para 28 e A permanece igual a 60, de modo que o nuclídeo final é $^{60}_{28}$Ni. Sua massa é menor do que a massa do $^{60}_{27}$Co de 0,003031 u; portanto, o decaimento β^- *pode* ocorrer.

AVALIAR: da mesma forma que no decaimento alfa, esse decaimento beta negativo obedece às leis da conservação do momento linear e da energia. Mas, com três produtos do decaimento em decaimento β^- — o núcleo do $^{60}_{28}$Ni, o elétron e o antineutrino — a energia pode ser compartilhada de muitas formas diferentes que sejam compatíveis com as leis de conservação. É impossível prever exatamente como a energia será compartilhada no decaimento de um núcleo de $^{60}_{27}$Co em particular. Em contraste, no decaimento alfa há apenas dois produtos do decaimento e suas energias e momentos lineares são determinados de maneira específica (ver Exemplo 43.5).

Notamos que o decaimento β^- ocorre com nuclídeos que possuem uma razão N/Z grande. Os nuclídeos com uma razão *N/Z pequena* demais para que haja estabilidade podem emitir um *pósitron*, a antipartícula do elétron, idêntica ao elétron, porém, com carga positiva. [Mencionamos o pósitron em conexão com o positrônio na Seção 38.5 e voltaremos a descrevê-lo com mais detalhes no Capítulo 44.] O processo básico, chamado de decaimento beta positivo (β^+), é

$$p \rightarrow n + \beta^+ + \nu_e \tag{43.14}$$

onde β^+ é um pósitron e ν_e é o neutrino do elétron.

O decaimento beta positivo pode ocorrer quando a diferença entre a massa atômica do átomo original e a massa atômica do átomo final for maior do que duas vezes a massa do elétron.

Você pode demonstrar isso usando a lei da conservação da massa-energia.

O terceiro tipo de decaimento beta é a *captura de elétron*. Existem alguns nuclídeos para os quais a emissão β^+ não é energeticamente possível, mas um elétron orbital (geralmente na camada *K*) pode se combinar com um próton do núcleo, dando origem a um nêutron e a um neutrino. O nêutron permanece no núcleo e o neutrino é emitido. O processo básico é descrito do seguinte modo:

$$p + \beta^- \rightarrow n + \nu_e \qquad (43.15)$$

Podemos usar a lei da conservação da massa-energia para mostrar que

a captura de elétron pode ocorrer quando a massa atômica do átomo neutro original é maior do que a massa do átomo final.

Em todos os tipos de decaimento beta, *A* permanece constante. Entretanto, no decaimento beta positivo e na captura de elétron, *N* cresce de uma unidade e *Z* diminui de 1, à medida que a razão nêutron-próton cresce até atingir um valor mais estável. A reação indicada na Equação (43.15) também auxilia a explicação da formação da estrela de nêutrons, conforme mencionamos no Exemplo 43.1.

Atenção Decaimento beta no interior e no exterior do núcleo As reações de decaimento beta indicadas nas equações (43.13), (43.14) e (43.15) ocorrem no *interior* do núcleo. Embora o decaimento de um nêutron fora do núcleo possa ocorrer de acordo com a Equação (43.13), a reação indicada na Equação (43.14) é proibida pela lei da conservação da massa-energia para um próton fora do núcleo. A reação indicada na Equação (43.15) pode ocorrer desde que se forneça uma energia extra, como, por exemplo, quando ocorre uma colisão.

Exemplo 43.7

POR QUE O COBALTO 57 É UM EMISSOR DE PARTÍCULA BETA POSITIVA O nuclídeo $^{57}_{27}$Co, um núcleo instável ímpar-par, é usado como fonte de radiação em um processo chamado de *efeito Mössbauer*. Mostre que esse nuclídeo é estável em relação ao decaimento β^+; porém, ele pode sofrer decaimento por captura de elétron. As seguintes massas são dadas:

$^{57}_{27}$Co:	56,936296 u
$^{57}_{26}$Fe:	56,935399 u

SOLUÇÃO

IDENTIFICAR: o decaimento beta positivo é possível se a massa do átomo neutro original for maior do que a do átomo final mais as massas de dois elétrons.

PREPARAR: precisamos inicialmente decidir que nuclídeo resultará se o $^{57}_{27}$Co sofrer um decaimento β^+. Depois, precisamos comparar a sua massa atômica neutra com a do $^{57}_{27}$Co.

EXECUTAR: o nuclídeo original é $^{57}_{27}$Co. No decaimento β^+ e na captura de elétron, *Z* diminui de 1, passando de 27 para 26, e *A* permanece igual a 57. Portanto, o nuclídeo final é $^{57}_{26}$Fe. Sua massa é menor do que a massa do $^{57}_{27}$Co, de 0,000897 u, um valor menor do que 0,001097 u (duas massas do elétron), de modo que o decaimento β^+ *não* pode ocorrer. Contudo, a massa do átomo original é maior do que a massa do átomo final, de modo que a captura de elétron *pode* ocorrer. Na Seção 43.4 mostraremos como a probabilidade da captura de elétron se relaciona com a meia-vida do nuclídeo.

AVALIAR: na captura do elétron há apenas dois produtos do decaimento: o núcleo final e o neutrino emitido. Diferentemente do decaimento β^- (Exemplo 43.6), mas de forma similar ao decaimento alfa (Exemplo 43.5), os produtos de decaimento da captura do elétron têm energias e momentos lineares únicos.

Decaimento gama

A energia do movimento interno do núcleo é quantizada. Um núcleo típico apresenta um conjunto de níveis de energia, inclusive um *estado fundamental* (estado de mais baixa energia) e diversos *estados excitados*. Por causa da grande intensidade da interação nuclear, as energias de excitação nucleares são em geral da ordem de 1 MeV, em comparação com alguns eV para as energias dos níveis de energia atômicos. Nas transformações químicas e físicas, os núcleos geralmente permanecem em seus respectivos estados fundamentais. Quando um núcleo atinge um estado excitado, em decorrência de colisões com partículas com energias elevadas ou de uma transformação radioativa, ele pode decair para o estado fundamental por meio da emissão de fótons chamados de *fótons de raios gama* ou simplesmente **raios gama**, que possuem energias da ordem de 10 keV até 5 MeV. Esse processo é chamado de *decaimento gama* (γ). Por exemplo, as partículas alfa emitidas pelo ^{226}Ra têm duas energias cinéticas possíveis, uma de 4,784 MeV e outra de 4,602 MeV. Incluindo a energia de ligação de recuo do núcleo de ^{222}Rn resultante, as energias de ligação correspondentes são de 4,871 MeV e 4,685 MeV, respectivamente. Quando ocorre a emissão da partícula alfa com a menor energia, o núcleo de ^{222}Rn passa para um estado excitado. A seguir ele decai para o estado fundamental emitindo um raio gama com energia

$$(4{,}871 - 4{,}685)\ \text{MeV} = 0{,}186\ \text{MeV}$$

Um fóton com essa energia é observado durante esse decaimento (Figura 43.6c).

Atenção Decaimento γ x decaimentos α e β Tanto no decaimento α quanto no decaimento β, o valor de *Z* varia e o núcleo de um elemento se transforma no núcleo de um elemento diferente. No decaimento γ o elemento *não* se transforma; o núcleo simplesmente passa de um estado mais excitado para um estado menos excitado.

Radioatividade natural

Existem muitos elementos radioativos na natureza. Até mesmo você, por exemplo, é ligeiramente radioativo, pois em seu corpo existem os elementos carbono 14 e potássio 40. O estudo da radioatividade natural começou em 1896, um ano após a descoberta dos raios X feita por Röntgen. Henry Becquerel descobriu uma radiação proveniente de sais de urânio que era parecida com os raios X. Intensas investigações feitas durante duas décadas por Marie e Pierre Curie, Ernest Rutherford e muitos outros revelaram que essa radiação era constituída por partículas com cargas positivas e negativas e por raios neutros; eles chamaram essas partículas de *alfa*, *beta* e *gama* porque elas possuíam características de penetração diferentes.

O núcleo original que sofre decaimento é classificado como *núcleo-pai*; o núcleo resultante da radioatividade é chamado de *núcleo-filho*. Quando ocorre o decaimento de um núcleo radioativo, o núcleo-filho também pode ser instável. Nesse caso, forma-se uma *série* de decaimentos sucessivos até que seja atingida uma configuração estável. Na natureza existem diversas séries de elementos radioativos. O nuclídeo radioativo mais abundante na Terra é o ^{238}U, que sofre uma série de 14 decaimentos, inclusive oito emissões α e seis emissões β^-, terminando a série com o nuclídeo estável ^{206}Pb (Figura 43.7).

As séries de elementos radioativos podem ser representadas em um gráfico de Segrè, como indica a Figura 43.8. O número de nêutrons N é indicado na escala vertical e o número atômico Z encontra-se na escala horizontal. Na emissão α, N e Z variam de 2. Na emissão β^-, N diminui de um e Z aumenta de 1. Os decaimentos também podem ser descritos em equações; por exemplo, os dois primeiros decaimentos da série mencionada são escritos como

$$^{238}\text{U} \rightarrow {}^{234}\text{Th} + \alpha$$
$$^{234}\text{Th} \rightarrow {}^{234}\text{Pa} + \beta^- + \bar{\nu}_e$$

ou, de forma mais abreviada,

$$^{238}\text{U} \xrightarrow{\alpha} {}^{234}\text{Th}$$
$$^{234}\text{Th} \xrightarrow{\beta^-} {}^{234}\text{Pa}$$

No segundo processo, o decaimento beta deixa o núcleo-filho ^{234}Pa em um estado excitado, a partir do qual ele sofre um decaimento para o estado fundamental emitindo um raio gama. Um estado excitado é indicado por um asterisco, de modo que podemos representar a emissão do raio γ pela equação

$$^{234}\text{Pa}^* \rightarrow {}^{234}\text{Pa} + \gamma$$

ou

$$^{234}\text{Pa}^* \xrightarrow{\gamma} {}^{234}\text{Pa}$$

Figura 43.7 Um terremoto pode ser causado em parte pelo decaimento do ^{238}U no interior da Terra. Esses decaimentos liberam energia que ajuda a manter derretida a camada interior. A crosta sólida da Terra pode escorregar sobre esse material derretido. Quando duas seções adjacentes da crosta terrestre escorregam uma sobre a outra, pode ocorrer um terremoto (como o que causou esses estragos).

Uma característica interessante da série de decaimentos do ^{238}U é a ramificação que ocorre no ^{214}Bi. Esse nuclídeo decai para o ^{210}Pb emitindo uma partícula α e uma partícula β^-, e o processo pode ocorrer em qualquer ordem. Notamos também que essa série inclui isótopos instáveis de diversos elementos que também possuem isótopos estáveis, tais como o tálio (Tl), o chumbo (Pb) e o bismuto (Bi). Todos os isótopos instáveis oriundos da série do ^{238}U têm nêutrons demais para serem estáveis.

Muitas outras séries de decaimentos são conhecidas. Duas delas ocorrem na natureza, uma começando com o isótopo incomum do ^{235}U e terminando com o ^{207}Pb, e outra começando com o tório (^{232}Th) e terminando com o ^{208}Pb.

Teste sua compreensão da Seção 43.3 Um núcleo com número atômico Z e número de nêutron N passa por dois processos de decaimento. O resultado é um núcleo com número atômico $Z - 3$ e número de nêutron $N - 1$. Que processos de decaimento ocorreram? (i) dois decaimentos β^-; (ii) dois decaimentos β^+; (iii) dois decaimentos α; (iv) um decaimento α e um decaimento β^-; (v) um decaimento α e um decaimento β^+. ∎

43.4 Atividade e meia-vida

Suponha que você pretenda armazenar resíduos radioativos que contenham um certo número de um dado nuclídeo radioativo. Caso nenhum outro seja produzido, o número de nuclídeos diminui de modo simples durante o decaimento. Essa diminuição é um processo estatístico — não existe nenhum modo de descobrir qual é o núcleo que deve decair. Nenhum processo químico ou físico no ambiente, tal como a variação de temperatura ou uma reação química, pode influir significativamente na taxa de decaimento. A taxa varia em um intervalo extremamente grande para diferentes nuclídeos.

Taxas de decaimento radioativo

Seja $N(t)$ o número (muito grande) de núcleos radioativos de uma amostra em um dado instante t e seja $dN(t)$ a variação (negativa) desse número durante um intervalo de tempo dt muito pequeno. (Usaremos $N(t)$ para minimizar a confusão com o número de nêutrons N.) O número de decaimentos no intervalo de tempo dt é igual a $-dN(t)$. A taxa de variação de $N(t)$ é dada pelo valor negativo da derivada $dN(t)/dt$; portanto, $-dN(t)/dt$ fornece a *taxa de decaimento* ou **atividade** da amostra. Quanto maior o número de núcleos da amostra, maior é o número de núcleos que decaem em qualquer intervalo de tempo. Ou seja, a atividade é diretamente proporcional a $N(t)$; ela é igual a uma constante λ multiplicada por $N(t)$:

$$-\frac{dN(t)}{dt} = \lambda N(t) \qquad (43.16)$$

A constante λ denomina-se **constante de decaimento** e apresenta valores diferentes para nuclídeos diferentes. Um valor de λ elevado corresponde a um decaimento rápido; um valor de λ pequeno corresponde a um decaimento lento. Explicitando λ da Equação (43.16), vemos que λ é a razão entre o número de decaimentos por tempo e o número de núcleos radioativos restantes; portanto, λ pode ser interpretado como a *probabilidade por tempo* de que qualquer núcleo individual sofra decaimento.

Essa situação é semelhante ao processo de descarga de um capacitor, que estudamos na Seção 26.4. A Equação (43.16) possui a mesma forma da Equação (26.15) trocando-se o sinal positivo pelo sinal negativo e substituindo-se q por $N(t)$ e $1/RC$ por λ. Assim, podemos fazer as mesmas substituições na Equação (26.16), designando o número de núcleos iniciais por $N(0) = N_0$ para calcular a função exponencial:

$$N(t) = N_0 e^{-\lambda t} \qquad (43.17)$$

(número de núcleos radioativos restantes)

A Figura (43.9) ilustra um gráfico dessa função, mostrando o número de núcleos radioativos restantes $N(t)$ em função do tempo.

A **meia-vida** $T_{1/2}$ é o tempo necessário para que o número de núcleos radioativos se reduza à metade do número original N_0. A seguir, metade dos núcleos radioativos restantes decaem durante um segundo intervalo de tempo $T_{1/2}$ e assim por diante. Os números de núcleos radioativos restantes depois de sucessivas meias-vidas são $N_0/2$, $N_0/4$, $N_0/8$...

Para obter a relação entre a meia-vida $T_{1/2}$ e a constante de decaimento λ, substituímos $N(t)/N_0 = \frac{1}{2}$ e $t = T_{1/2}$ na Equação (43.17) e obtemos

$$\frac{1}{2} = e^{-\lambda T_{1/2}}$$

Tomando o logaritmo de ambos os membros e explicitando $T_{1/2}$:

$$T_{1/2} = \frac{\ln 2}{\lambda} = \frac{0{,}693}{\lambda} \qquad (43.18)$$

O tempo de vida médio $T_{\text{méd}}$ de um núcleo ou uma partícula instável, geralmente chamado de *vida média*, é proporcional à meia-vida $T_{1/2}$:

$$T_{\text{méd}} = \frac{1}{\lambda} = \frac{T_{1/2}}{\ln 2} = \frac{T_{1/2}}{0{,}693} \qquad (43.19)$$

(vida média $T_{\text{méd}}$, constante de decaimento λ e meia-vida $T_{1/2}$)

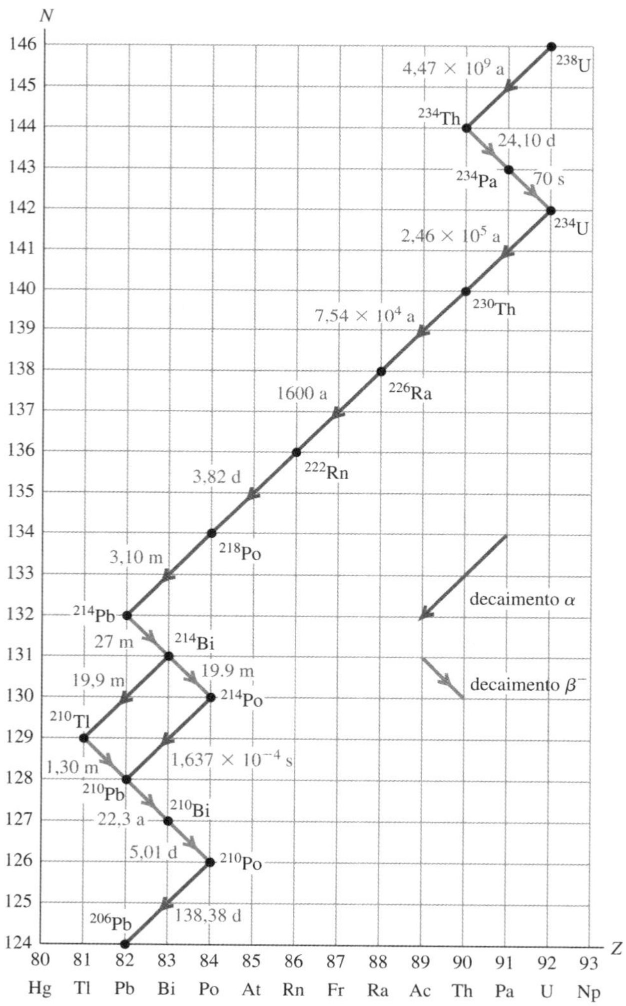

Figura 43.8 Gráfico de Segrè mostrando a série de decaimentos do ^{238}U; o elemento estável final da série corresponde ao nuclídeo ^{206}Pb. Os tempos são meias-vidas (discutidas na próxima seção) fornecidas em anos (a), dias (d), horas (h), minutos (min) ou segundos (s).

Na física das partículas, o tempo de vida de uma partícula instável é em geral descrito pela vida média e não pela meia-vida.

Como a atividade $-dN(t)/dt$ em qualquer intervalo de tempo é igual a $\lambda N(t)$, a Equação (43.17) nos informa que a atividade também depende exponencialmente do tempo de acordo com $e^{-\lambda t}$. Logo, o gráfico da atividade em função do tempo mostra a mesma forma da curva indicada na Figura 43.9. Analogamente, depois de sucessivas meias-vidas, a atividade se reduz à metade, um quarto, um oitavo, e assim por diante, da atividade inicial.

Atenção Uma meia-vida pode não ser suficiente Você pode pensar que uma amostra radioativa se torne e segura depois de um intervalo de tempo igual a sua meia-vida. Esse raciocínio está errado. Se o rejeito radioativo tiver uma atividade dez vezes maior do que a atividade sem riscos, ele não é seguro depois de um intervalo de tempo igual a meia-vida, porque nesse instante ele ainda apresenta uma atividade cinco vezes maior do que a atividade sem riscos. Mesmo depois de três meias-vidas ele ainda tem 25% mais de atividade do que a atividade sem riscos. O número de núcleos radioativos e a atividade tendem a zero somente quando t tende ao infinito.

Uma unidade comum de atividade é o **curie**, abreviado por Ci, definido como igual a $3{,}70 \times 10^{10}$ decaimentos por segundo. Isso é aproximadamente igual à atividade de um grama de rádio. A unidade SI de atividade é o *becquerel*, abreviado por Bq. Um becquerel corresponde a um decaimento por segundo, logo,

$$1\ \text{Ci} = 3{,}70 \times 10^{10}\ \text{Bq} = 3{,}70 \times 10^{10}\ \text{decaimentos/s}$$

Exemplo 43.8

ATIVIDADE DO ^{57}CO O isótopo radioativo ^{57}Co decai por captura de elétron e possui meia-vida igual a 272 dias. a) Calcule a constante de decaimento e a vida média. b) Caso você disponha de uma fonte de radiação contendo ^{57}Co com atividade igual a 2,0 μCi, quantos núcleos radioativos ela contém? c) Qual deve ser a atividade da sua fonte depois de um ano?

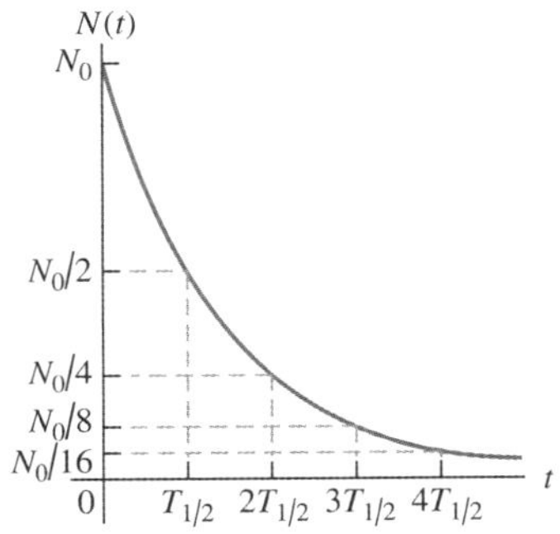

Figura 43.9 O número de núcleos na amostra de um elemento radioativo em função do tempo é uma exponencial decrescente. A atividade da amostra é representada por uma curva com decaimento exponencial com a mesma forma dessa função.

SOLUÇÃO

IDENTIFICAR: este problema utiliza as relações entre constante de decaimento λ, vida média $T_{méd}$ e atividade $-dN(t)/dt$.

PREPARAR: calculamos a constante de decaimento λ e vida média $T_{méd}$ a partir da meia-vida $T_{1/2}$ usando a Equação (43.19). Assim que encontramos λ, calculamos o número de núcleos $N(t)$ da atividade (que é igual à taxa de decaimento $-dN(t)/dt$) usando a Equação (43.16). Utilizamos então a Equação (43.17) para encontrar o número de núcleos restantes após um ano e, com esse valor, calculamos a atividade depois de um ano novamente com a Equação (43.16).

EXECUTAR: a) Para simplificar as unidades, convertemos o tempo da meia-vida em segundos:

$$T_{1/2} = (272\ \text{dias})(86{,}400\ \text{s/dia}) = 2{,}35 \times 10^7\ \text{s}$$

De acordo com a Equação (43.19), a vida média é

$$T_{méd} = \frac{T_{1/2}}{\ln 2} = \frac{2{,}35 \times 10^7\ \text{s}}{0{,}693} = 3{,}39 \times 10^7\ \text{s}$$

A constante de decaimento é

$$\lambda = \frac{1}{T_{méd}} = 2{,}95 \times 10^{-8}\ \text{s}^{-1}$$

b) A atividade $-dN(t)/dt$ é dada por 2,0 μCi, logo,

$$-\frac{dN(t)}{dt} = 2{,}0\ \mu\text{Ci} = (2{,}0 \times 10^{-6})(3{,}70 \times 10^{10}\ \text{s}^{-1})$$
$$= 7{,}40 \times 10^4\ \text{decaimentos/s}$$

De acordo com a Equação (43.16), isso corresponde a $\lambda N(t)$, então obtemos

$$N(t) = -\frac{dN(t)/dt}{\lambda} = \frac{7{,}40 \times 10^4\ \text{s}^{-1}}{2{,}95 \times 10^{-8}\ \text{s}^{-1}} = 2{,}51 \times 10^{12}\ \text{núcleos}$$

Se você acha que estamos sendo muito desleixados quanto às 'unidades' de decaimento e núcleos, você pode usar decaimentos / (núcleo · s) como unidade para λ.

c) De acordo com a Equação (43.17), o número $N(t)$ de núcleos radioativos restantes depois de um ano ($3{,}156 \times 10^7$ s) é

$$N(t) = N_0 e^{-\lambda t} = N_0 e^{-(2{,}95\times10^{-8}\ \text{s}^{-1})(3{,}156\times10^{7}\ \text{s})} = 0{,}394 N_0$$

O número de núcleos diminuiu para 0,394 do número original. A Equação (43.16) diz que a atividade é proporcional ao número de núcleos; logo, a atividade diminuiu do mesmo fator para (0,394) (2,0 μCi) = 0,788 μCi.

AVALIAR: o número de núcleos encontrado na parte (b) é equivalente a $4{,}17 \times 10^{-12}$ mols, com a massa de $2{,}38 \times 10^{-10}$ g. Nem a balança mais sensível consegue medir uma massa tão pequena.

Depois de uma meia-vida de 272 dias, o número de ^{57}Co núcleos diminuiu para $N_0/2$; após 2(272 d) = 544 d, diminuiu para $N_0/2^2 = N_0/4$. Esse resultado concorda com nossa resposta à parte (c), o que indica que, após 365 d, o número de núcleos está entre $N_0/2$ e $N_0/4$.

Datação radioativa

Uma das aplicações interessantes da radioatividade consiste na datação de amostras arqueológicas e geológicas com base na concentração de isótopos radioativos. O exemplo mais familiar é a *datação com carbono*. O isótopo instável ^{14}C, produzido por reações nucleares que ocorrem na atmosfera em virtude de colisões com raios cósmicos, origina uma pequena proporção de ^{14}C no CO_2 da atmosfera. As plantas que obtêm o carbono dessa fonte contêm a mesma proporção de que a existente na atmosfera. Quando uma planta morre, ela deixa de absorver carbono e seu teor de ^{14}C sofre decaimento β^- e se transforma em ^{14}N com meia-vida igual a 5730 anos. Medindo a proporção de ^{14}C dos núcleos restantes, podemos determinar em que ano o organismo morreu.

Uma dificuldade com a datação radioativa é que a concentração de ^{14}C na atmosfera varia em um intervalo de tempo muito grande. Correções podem ser feitas com base em outras técnicas de datação, tal como medidas dos anéis das árvores, os quais mostram ciclos de crescimento anual. Empregando outros isótopos, técnicas radioativas semelhantes também são usadas para a datação de amostras geológicas. Por exemplo, algumas rochas contêm o isótopo ^{40}K, um emissor beta que decai produzindo o nuclídeo estável ^{40}Ar com meia-vida igual a $2{,}4 \times 10^8$ a. A idade da rocha pode ser determinada comparando-se as concentrações de ^{40}K e de ^{40}Ar.

Exemplo 43.9

DATAÇÃO COM CARBONO Antes de 1900, a atividade por massa de carbono na atmosfera decorrente da presença do ^{14}C era igual a um valor médio de cerca de 0,255 Bq por grama de carbono. a) Qual era a fração de átomos de ^{14}C? b) Ao analisar uma amostra arqueológica contendo 500 mg de carbono, foram observados 174 decaimentos em uma hora. Qual é a idade da amostra, supondo que, quando ela morreu, sua atividade por massa de carbono possuía o mesmo valor médio existente no ar?

SOLUÇÃO

IDENTIFICAR: a idéia-chave é que a atividade atual de uma amostra biológica contendo ^{14}C está relacionada tanto ao tempo decorrido desde que ela parou de absorver o carbono atmosférico quanto à sua atividade naquela época.

PREPARAR: na parte (a), calculamos o número de átomos $N(t)$ de ^{14}C a partir da atividade $-dN(t)/dt$ usando a Equação (43.16). Encontramos o número total de átomos de carbono em 500 mg por meio da massa molar do carbono (12,011 g/mol, conforme o Apêndice D) e usamos o resultado para calcular a fração de átomos de carbono que são ^{14}C. A atividade decai à mesma taxa que o número de núcleos de ^{14}C; usamos esse fato, juntamente com a Equação (43.17), para encontrar a idade t do espécime.

EXECUTAR: a) Para empregar a Equação (43.16), precisamos primeiro encontrar λ com a Equação (43.18):

$$T_{1/2} = 5730\text{ a} = (5730\text{ a})(3{,}156 \times 10^7\text{ s/a}) = 1{,}808 \times 10^{11}\text{ s}$$

$$\lambda = \frac{\ln 2}{T_{1/2}} = \frac{0{,}693}{1{,}808 \times 10^{11}\text{ s}} = 3{,}83 \times 10^{-12}\text{ s}^{-1}$$

Alternativamente,

$$\lambda = \frac{0{,}693}{5730\text{ a}} = 1{,}209 \times 10^{-4}\text{ a}^{-1}$$

Então, de acordo com a Equação (43.16),

$$N(t) = \frac{-dN/dt}{\lambda} = \frac{0{,}255\text{ s}^{-1}}{3{,}83 \times 10^{-12}\text{ s}^{-1}} = 6{,}66 \times 10^{10}\text{ átomos}$$

O número *total* de átomos de C em um grama (1/12,011 mol) é dado por $(1/12{,}011)(6{,}022 \times 10^{23}) = 5{,}01 \times 10^{22}$. A razão entre os átomos de ^{14}C e os átomos de C é

$$\frac{6{,}66 \times 10^{10}}{5{,}01 \times 10^{22}} = 1{,}33 \times 10^{-12}$$

Existem somente quatro átomos de ^{14}C em cada um trilhão de átomos de C.

b) Supondo que, quando ela morreu, a atividade da amostra por grama de carbono fosse igual a 0,255 Bq/g = $(0{,}255\text{ s}^{-1} \cdot \text{g}^{-1})(3600\text{ s/h}) = 918\text{ h}^{-1} \cdot \text{g}^{-1}$, então, a atividade de 500 mg de carbono era igual a $(0{,}500\text{ g}) \times (918\text{ h}^{-1} \cdot \text{g}^{-1}) = 459\text{ h}^{-1}$. A atividade observada agora, em um instante t posterior, é de 174 h^{-1}. Como a atividade é proporcional ao número de núcleos radioativos, a razão 174/459 = 0,379 é igual à razão entre os números $N(t)/N_0$. Explicitando t na Equação (43.17) e substituindo os valores numéricos para $N(t)/N_0$ e λ, obtemos:

$$t = \frac{\ln (N(t)/N_0)}{-\lambda} = \frac{\ln 0{,}379}{-1{,}209 \times 10^{-4}\text{ a}^{-1}} = 8020\text{ a}$$

AVALIAR: depois de 8020 anos a atividade do ^{14}C diminuiu de 459 para 174 decaimentos por hora. A amostra analisada morreu e deixou de assimilar o CO^2 do ar há cerca de 8 mil anos.

Radiação no lar

Um risco muito grande em algumas áreas é o acúmulo de ^{222}Rn, um gás radioativo inerte, incolor e inodoro, nas residências. Examinando a série de decaimentos do ^{238}U (Figura 43.8), vemos que a meia-vida do ^{222}Rn é igual a 3,82 dias. Assim, por que não basta ficar simplesmente fora de casa durante alguns dias e esperar que ele decaia? A resposta é que o ^{222}Rn é *produzido* continuamente pelo decaimento do ^{226}Ra, o qual se encontra em quantidades muito pequenas nas rochas e no solo sobre o qual a casa é construída. Trata-se de uma situação de equilíbrio dinâmico, na qual a taxa de produção é igual à taxa do decaimento. A razão pela qual o ^{222}Rn apresenta um risco maior do que o dos outros elementos da série de decaimentos do ^{238}U é que ele é um gás. Durante sua curta meia-vida de 3,82 dias, ele pode migrar do solo para o interior de sua casa. Quando um núcleo de ^{222}Rn decai no interior de seus pulmões, ele emite uma perigosa partícula α e produz o núcleo-filho ^{218}Po, que *não* é inerte quimicamente e tende a permanecer no interior de seus pulmões até sofrer decaimento, emitindo outra perigosa partícula α, e assim por diante até o final da série do ^{238}U.

Qual é a ordem de grandeza do risco do radônio? Embora alguns estudos indiquem uma atividade de até

3500 pCi/L, a atividade média do ^{222}Rn por volume de ar no interior de uma casa nos Estados Unidos é aproximadamente igual a 1,5 pCi/L (um pouco mais do que mil decaimentos por segundo em uma sala com volume médio). *Caso* você vivesse em um ambiente com esse nível de exposição, sua expectativa de vida se reduziria em cerca de 40 dias. Para comparar, se você fumasse um maço de cigarros por dia, sua expectativa de vida se reduziria em cerca de 6 anos, e no caso da emissão média de todas as usinas nucleares existentes no mundo sua expectativa de vida se reduziria em cerca de 0,01 até 5 dias. Essas estimativas incluem catástrofes tal como o desastre, em 1986, com o reator nuclear de Chernobyl, em que o efeito *local* da redução da expectativa de vida é muito maior.

Teste sua compreensão da Seção 43.4 Qual amostra contém um maior número de núcleos: uma amostra de 5,0 μCi de ^{240}Pu (meia-vida igual a 6560 anos) ou uma amostra de 4,45 μCi de ^{243}Am (meia-vida igual a 7370 anos)? (i) a amostra de ^{240}Pu; (ii) a amostra de ^{243}Am; (iii) as duas contêm o mesmo número de núcleos. ❚

43.5 Efeitos biológicos da radiação

A discussão anterior sobre o radônio introduziu a interação da radiação com os organismos vivos, um tópico de importância vital. Sob a designação geral de *radiação* incluímos a radioatividade (alfa, beta, gama e nêutrons) e ondas eletromagnéticas tal como os raios X. Quando essas partículas passam através da matéria, elas perdem energia, quebrando ligações moleculares e produzindo íons — daí a origem da expressão *radiação ionizante*. Partículas carregadas interagem diretamente com os elétrons do material. Os raios X e os raios γ interagem mediante o efeito fotoelétrico, no qual um elétron absorve um fóton e pode se deslocar de sua posição ou através do efeito Compton (Seção 38.7). Os nêutrons produzem ionização indiretamente por meio das colisões com os núcleos ou quando eles são absorvidos pelos núcleos com o subseqüente decaimento radioativo do núcleo resultante.

Essas interações são extremamente complexas. Sabemos que qualquer exposição excessiva, inclusive a luz solar, os raios X e todas as radiações nucleares, pode destruir os tecidos. Nos casos mais leves, ela pode produzir pequenas queimaduras, como no caso comum da exposição à luz solar. Uma exposição muito prolongada pode produzir doenças graves e até a morte devido a diversos mecanismos, inclusive a destruição em massa dos tecidos, alterações do material genético e a destruição de componentes da medula óssea que produzem os glóbulos vermelhos do sangue.

Dosimetria das radiações

A *dosimetria das radiações* fornece uma descrição quantitativa dos efeitos da radiação sobre tecidos vivos. A *dose absorvida* da radiação é definida como a energia fornecida para o tecido por unidade de massa. A unidade SI de dose absorvida, o joule por quilograma, é chamada de *gray* (Gy); 1 Gy = 1 J/kg. Outra unidade, atualmente de uso comum, é o *rad*, definida como 0,01 J/kg:

$$1 \text{ rad} = 0{,}01 \text{ J/kg} = 0{,}01 \text{ Gy}$$

A dose absorvida não é por si só uma medida adequada para estudar os efeitos biológicos, porque energias iguais de fontes radioativas diferentes produzem tipos diferentes de efeitos biológicos. Essas variações são descritas por um fator numérico chamado de **eficácia biológica relativa (RBE)**, também chamado de *fator de qualidade* (QF) de cada radiação específica. Um raio X com energia de 200 keV, por definição, possui RBE igual a 1, e o efeito de outras radiações pode ser comparado experimentalmente. A Tabela 43.3 contém valores aproximados da RBE para diversas radiações. Todos esses valores também dependem ligeiramente do tipo de tecido no qual a radiação é absorvida e da energia da radiação.

Tabela 43.3
Eficácia biológica relativa (RBE) para diversos tipos de radiação

Radiação	RBE (Sv/Gy ou rem/rad)
Raios X e raios γ	1
Elétrons	1,0–1,5
Nêutrons lentos	3–5
Prótons	10
Partículas α	20
Íons pesados	20

O efeito biológico da radiação é descrito pelo produto da dose absorvida pela RBE da radiação; essa grandeza é chamada de *dose biológica equivalente*, ou simplesmente de dose equivalente. A unidade SI de dose equivalente para seres humanos é o Sievert (Sv):

$$\text{Dose equivalente (Sv) RBE} \times \text{dose absorvida (Gy)} \quad (43.20)$$

Uma unidade mais comum, correspondente ao rad, é o rem (röntgen equivalente para seres humanos):

$$\text{Dose equivalente (rem) RBE} \times \text{dose absorvida (rad)} \quad (43.21)$$

Logo, a unidade de RBE é 1 Sv/Gy ou 1 rem/rad e 1 rem = 0,01 Sv.

Exemplo 43.10

UM EXAME MÉDICO COM RAIOS X Durante um diagnóstico com raios X, uma parte de 1,2 kg de uma perna quebrada recebe uma dose equivalente de 0,40 mSv. a) Qual é a dose equivalente em mrem? b) Qual é a dose absorvida em mrad e mGy? c) Se a energia dos raios X é igual a 50 keV, quantos fótons de raios X são absorvidos?

SOLUÇÃO

IDENTIFICAR: o problema nos pede que relacionemos a dose equivalente (o efeito biológico da radiação, medido em sieverts ou rems) com a dose absorvida (a energia absorvida por massa, medida em grays ou rads).

PREPARAR: na parte (a), usaremos o fator de conversão 1 rem = 0,01 Sv para a dose equivalente. A Tabela 43.3 fornece a RBE para raios X; usaremos esse valor na parte (b) para determinar a dose absorvida com as Equações (43.20) e (43.21). Finalmente, na parte (c), utilizaremos a massa e a definição de dose absorvida para calcular a energia absorvida total e o número de fótons absorvido total.

EXECUTAR: a) A dose equivalente em mrem é

$$\frac{0{,}40 \text{ mSv}}{0{,}01 \text{ Sv/rem}} = 40 \text{ mrem}$$

b) Para raios X, RBE = 1 rem/rad ou 1 Sv/Gy, de modo que a dose absorvida é

$$\frac{40 \text{ mrem}}{1 \text{ rem/rad}} = 40 \text{ mrad}$$

$$\frac{0{,}40 \text{ mSv}}{1 \text{ Sv/Gy}} = 0{,}40 \text{ mGy} = 4{,}0 \times 10^{-4} \text{ J/kg}$$

c) A energia total absorvida é

$$(4{,}0 \times 10^{-4} \text{ J/kg})(1{,}2 \text{ kg}) = 4{,}8 \times 10^{-4} \text{ J} = 3{,}0 \times 10^{15} \text{ eV}$$

O número de fótons de raios X é

$$\frac{3{,}0 \times 10^{15} \text{ eV}}{5{,}0 \times 10^{4} \text{ eV/fóton}} = 6{,}0 \times 10^{10} \text{ fótons}$$

AVALIAR: a dose absorvida é relativamente grande porque raios X têm baixa RBE. Se a radiação ionizante fosse um feixe de partículas α, em que RBE = 20, a dose absorvida necessária para uma dose equivalente de 0,40 mSv seria igual a 0,020 mGy, que corresponde a uma energia absorvida total de $2{,}40 \times 10^{-5}$ J.

Riscos da radiação

Apresentaremos agora alguns números para comparações. Para converter de Sv para rem, basta multiplicar por 100. Um exame de raios X do tórax geralmente irradia de 0,20 a 0,40 mSv para cerca de 5 kg de tecido. A exposição a raios cósmicos e à radioatividade natural de solos, materiais de edifícios, e assim por diante, é da ordem de 1,0 mSv por ano no nível do mar e duas vezes maior a uma altitude de 1500 m. Se o corpo todo receber uma dose de até cerca de 0,20 Sv, não ocorrerá nenhum efeito imediato. Se o corpo receber uma dose de cerca de 5 Sv ou mais em um período curto, provavelmente a pessoa morrerá dentro de alguns dias ou semanas. Uma dose local de 100 Sv produz destruição completa dos tecidos expostos.

Os riscos da exposição a radiações prolongadas para a geração de diversos tipos de câncer e defeitos genéticos têm sido largamente comentados na imprensa, e a questão da existência de uma dose 'segura' é debatida com entusiasmo. As leis vigentes nos Estados Unidos dizem respeito a uma exposição *anual* máxima da ordem de 2 a 5 mSv, de todas as fontes, exceto as naturais. Para aqueles que trabalham com fontes de radiação, a exposição máxima permitida é de 50 mSv por ano. Estudos recentes mostram que esses limites são muito elevados e que até mesmo pequenas exposições envolvem riscos. Entretanto, é muito difícil obter uma estatística confiável para os efeitos de pequenas dosagens. Fica cada vez mais claro que o uso de raios X para diagnóstico médico deve ser precedido de uma avaliação de riscos em comparação com os eventuais benefícios.

Outra questão calorosamente debatida é o risco das radiações provenientes de usinas nucleares. O nível da radiação de uma usina nuclear *não* é desprezível. Contudo, para fazer uma avaliação útil seria necessário comparar esses riscos com os de usinas convencionais alimentadas pela queima de carvão. Os riscos para a saúde produzidos pela fumaça proveniente da combustão do carvão são bastante documentados e a radioatividade natural decorrente de uma usina alimentada pela queima de carvão é cerca de 100 vezes maior do que a de uma usina nuclear de mesma capacidade funcionando apropriadamente. Entretanto, a comparação não é tão simples; a possibilidade de acidentes em usinas nucleares e o problema de que destino dar aos resíduos radioativos oriundos delas são também questões que devem ser consideradas. É claramente impossível eliminar *todos* os riscos para a saúde. Um objetivo prático seria tentar fazer um estudo racional para *minimizar* os riscos provenientes de todas as fontes. A Figura 43.10 mostra uma estimativa recente das diversas fontes de radiação às quais os habitantes dos Estados Unidos ficam expostos. A radiação ionizante é uma 'faca de dois gumes': cria sérios riscos para a saúde, embora possa também trazer diversos benefícios para a humanidade, inclusive o diagnóstico e o tratamento de doenças, além de uma grande variedade de técnicas analíticas.

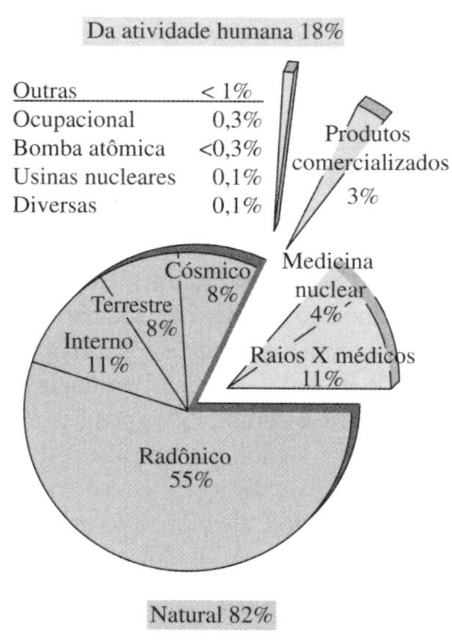

Figura 43.10 Contribuição das diversas fontes para a exposição total média de um habitante dos Estados Unidos, expressas como uma porcentagem do total. [Fonte: *National Council on Radiation Protection and Measurement, Report n.* 93, 1987.]

Usos benéficos da radiação

A radiação é muito empregada na medicina na destruição seletiva de tecidos de tumores. Os riscos são consideráveis, mas quando a doença é fatal sem tratamento, qualquer risco se torna justificável. Isótopos produzidos artificialmente são usados como fonte. Tais isótopos apresentam diversas vantagens em relação aos isótopos radioativos naturais, pois podem ter meia-vida mais curta e uma correspondente atividade mais elevada. Os isótopos podem ser escolhidos para emitir a energia e o tipo de radiação desejada. Alguns isótopos artificiais foram substituídos por feixes de fótons e de elétrons provenientes de aceleradores lineares.

A *medicina nuclear* é um campo em expansão. Os isótopos radioativos têm virtualmente a mesma configuração eletrônica e o mesmo comportamento químico dos isótopos estáveis do mesmo elemento. Contudo, a localização e a concentração dos isótopos radioativos podem ser facilmente realizadas por meio de medidas da radiação que eles emitem. Um exemplo comum é o uso do iodo radioativo em estudos da tireóide. Quase todo iodo ingerido ou é eliminado ou armazenado na tireóide, e as reações químicas do corpo não distinguem entre o isótopo instável ^{131}I e o isótopo estável ^{127}I. Uma pequena quantidade de ^{131}I é injetada no paciente, e a velocidade com a qual ela fica concentrada na tireóide fornece uma medida da função da tireóide. A meia-vida é de 8,02 dias, de modo que não existe o risco de uma radiação de longa duração. Mediante o uso de detectores com varreduras mais sofisticados, podemos também obter uma 'imagem' da tireóide, capaz de mostrar inflamações e outras anormalidades. Esse procedimento, uma espécie de *auto-radiografia*, é semelhante a fotografar o filamento de uma lâmpada usando a luz emitida pelo próprio filamento. Caso esse processo descubra um nódulo de câncer, este pode ser destruído injetando-se quantidades maiores de ^{131}I.

Outro nuclídeo útil para a medicina nuclear é o tecnécio ^{99}Tc, que é formado em um estado excitado pelo decaimento β^- do molibdênio ^{99}Mo. O tecnécio decai para o estado fundamental emitindo um fóton de raio γ com energia de 143 keV. A meia-vida é de 6,01 horas, incomumente longa para uma emissão γ. (O estado fundamental do ^{99}Tc também é instável, e sua meia-vida é $2{,}11 \times 10^5$ a; ele sofre decaimento β^- dando origem ao nuclídeo estável ^{99}Ru.) A química do tecnécio permite que ele se acople facilmente a moléculas orgânicas que são absorvidas por vários órgãos do corpo. Uma pequena quantidade dessas moléculas portadoras de tecnécio é injetada em um paciente e detectores com varredura, ou *câmaras gama,* são usados para produzir uma imagem, ou *cintigramas,* que revelam quais partes do corpo absorvem essas moléculas emissoras de γ. Essa técnica, em que o ^{99}Tc age como um *traçador* radioativo, desempenha um papel importante na localização de cânceres, embolismos e outras patologias (Figura 43.11).

Os traçadores são empregados em diversas outras aplicações. O trício, um isótopo do hidrogênio, ^3H, é usado para mapear moléculas em reações orgânicas complexas; traçadores radioativos em moléculas de pesticidas são usados para mapear suas passagens através de cadeias de alimentos. No mundo das máquinas, podemos usar o ferro radioativo para estudar engrenagens e pistões. Fabricantes de sabão em pó testam a eficiência de seus produtos usando sujeira radioativa.

Muitos efeitos diretos da radiação também são úteis. Entre eles, o fortalecimento de polímeros com ligação cruzada, a esterilização de instrumentos cirúrgicos, a dispersão no ar da eletricidade estática não-desejada e a ionização intencional do ar em detectores de fumaça. Os raios gama também são usados para esterilizar e preservar alguns produtos alimentícios.

Teste sua compreensão da Seção 43.5 As partículas alfa têm uma eficácia biológica relativa vinte vezes maior do que os raios X de 200 keV. Qual das seguintes radiações seria mais eficiente para tecidos localizados em uma grande profundidade dentro do corpo humano? (i) um feixe de partículas alfa; (ii) um feixe de raios X de 200 keV; (iii) ambos são igualmente eficientes. ▌

43.6 Reações nucleares

Nas seções precedentes estudamos o decaimento de núcleos instáveis, especialmente a emissão espontânea de uma partícula α ou β, algumas vezes seguida por uma emissão γ. Nada foi feito para iniciar esse decaimento e nada poderia ser feito para controlá-lo. Nesta seção exa-

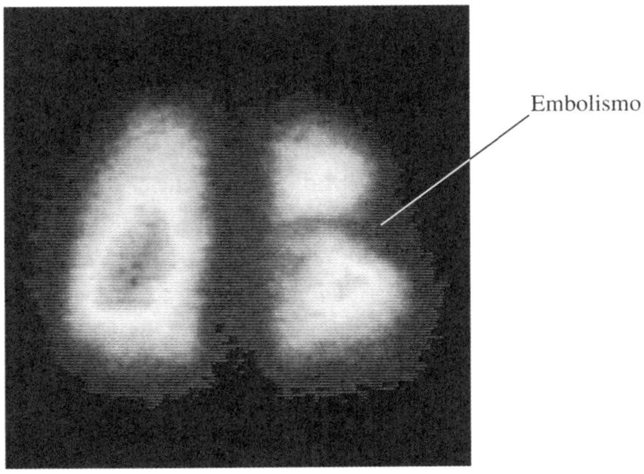

Figura 45.11 Este cintigrama mostra as regiões de absorção de um produto químico contendo ^{99}Tc radioativo nos pulmões de um paciente. A mancha no pulmão esquerdo indica forte emissão de raios γ pelo ^{99}Tc, o que revela que o produto químico conseguiu entrar no pulmão pela corrente sangüínea. O pulmão direito mostra uma emissão mais fraca, indicando a presença de um embolismo (um coágulo ou outra obstrução arterial) que está bloqueando o fluxo de sangue para esse pulmão.

minaremos algumas reações nucleares, reagrupamentos dos constituintes dos núcleos produzidos por colisões forçadas por bombardeio de partículas em vez de processos naturais espontâneos. Em 1919, Rutherford sugeriu que uma partícula de massa elevada e com energia cinética suficiente seria capaz de penetrar em um núcleo. O resultado seria um núcleo com número de massa mais elevado ou, então, um decaimento do núcleo original. Rutherford bombardeou nitrogênio (^{14}N) com partículas α e obteve um núcleo de oxigênio (^{17}O) e um próton:

$$^{4}_{2}\text{He} + ^{14}_{7}\text{N} \rightarrow ^{17}_{8}\text{O} + ^{1}_{1}\text{H} \quad (43.22)$$

Rutherford usou partículas alfa provenientes de fontes radioativas naturais. No Capítulo 44 descreveremos alguns aceleradores de partículas usados modernamente para iniciar uma reação nuclear.

Uma reação nuclear deve obedecer a diversas *leis de conservação*. As leis de conservação da carga, do momento linear, do momento angular e da energia (inclusive a energia de repouso) são seguidas em qualquer reação nuclear. Uma lei de conservação, não prevista pela física clássica, é a conservação do número total de núcleons. O número de nêutrons e o número de prótons não precisam ser conservados separadamente; vimos que, em virtude do decaimento β, um nêutron pode se transformar em um próton. A base da lei da conservação do número de núcleons será discutida no Capítulo 44.

Quando dois núcleos interagem, a conservação da carga exige que a soma dos números atômicos antes da interação deve ser igual à soma dos números atômicos depois da interação. Por causa da lei da conservação do número de núcleons, a soma dos números de massa antes é igual à soma dos números de massa depois da reação. Em geral, como a colisão envolvida *não* é elástica, a massa total inicial não é igual à massa total final.

Energia da reação

A **energia da reação** é dada pela diferença de massa antes e depois da reação, obtida de acordo com a relação massa-energia $E = mc^2$. Quando partículas iniciais A e B interagem e formam as partículas finais C e D, a *energia da reação* Q é definida pela relação

$$Q = (M_A + M_B - M_C - M_D)c^2 \quad (43.23)$$

(energia da reação)

Para levar em conta a contribuição dos elétrons, devemos usar as massas dos átomos neutros na Equação (43.23). Ou seja, aplicamos a massa do $^{1}_{1}H$ para um próton, a massa do $^{2}_{1}H$ para um dêuteron, a massa do $^{4}_{2}He$ para uma partícula α, e assim por diante. Quando Q é positivo, a massa total diminui e a energia cinética aumenta. Tal reação é chamada de reação exotérmica ou *reação exoenergética*. Quando Q é negativo, a massa total aumenta e a energia cinética diminui. Tal reação é chamada de reação endotérmica ou *endoenergética*. Os termos *reação endotérmica* e *reação exotérmica*, empregados na termoquímica, são mais usados quando a reação considerada não é uma reação nuclear. No caso de uma reação endoenergética, a reação só pode ocorrer quando a energia cinética inicial no sistema de referência do centro de massa é maior do que $|Q|$. Ou seja, nesse caso existe uma **energia limite** — uma energia cinética mínima necessária para que uma reação endoenergética se desencadeie.

Exemplo 43.11

REAÇÕES EXOENERGÉTICA E ENDOENERGÉTICA a) Quando o lítio (^{7}Li) é bombardeado com um próton, duas partículas alfa (^{4}He) são produzidas. a) Calcule a energia da reação. b) Calcule a energia da reação para a reação nuclear indicada na Equação (43.22).

SOLUÇÃO

IDENTIFICAR: a energia da reação em qualquer reação nuclear é a massa total inicial menos a massa total final, multiplicada por c^2.

PREPARAR: em cada caso, calculamos a energia da reação usando a Equação (43.23). As massas requeridas são dadas na Tabela 43.2.

EXECUTAR: a) A reação pode ser escrita na forma

$$^{1}_{1}\text{H} + ^{7}_{3}\text{Li} \rightarrow ^{4}_{2}\text{He} + ^{4}_{2}\text{He}$$

As massas iniciais e finais são:

A: $^{1}_{1}H$	1,007825 u	C: $^{4}_{2}He$	4,002603 u
B: $^{7}_{3}Li$	7,016004 u	D: $^{4}_{2}He$	4,002603 u
	8,023829 u		8,005206 u

Vemos que

$$M_A + M_B - M_C - M_D = 0{,}018623 \text{ u}$$

Então, a Equação (43.23) fornece a seguinte energia da reação:

$$Q = (0{,}018623 \text{ u})(931{,}5 \text{ MeV/u}) = 17{,}35 \text{ MeV}$$

b) As massas das diversas partículas são

A: $^{4}_{2}He$	4,002603 u	C: $^{17}_{8}O$	16,999132 u
B: $^{14}_{7}N$	14,003074 u	D: $^{1}_{1}H1.$	007825 u
	18,005677 u		18,006957 u

Vemos que ocorreu um aumento de massa igual a 0,001280 u e a energia da reação correspondente é:

$$Q = (-0{,}001280 \text{ u})(931{,}5 \text{ MeV/u}) = -1{,}192 \text{ MeV}$$

AVALIAR: a reação em (a) é *exoenergética:* a energia cinética total final das duas partículas alfa individuais é 17,35 MeV maior do que a energia cinética total do próton e do núcleo de lítio. Em contraste, a reação em (b) é *endoenergética:* no sistema do centro de massa — ou seja, em uma colisão central com momento linear total zero — a energia cinética inicial total mínima para essa reação ocorrer é 1,192 MeV.

Geralmente, uma reação endoenergética como a do Exemplo 43.11 seria produzida bombardeando-se núcleos em repouso de ^{14}N com partículas alfa provenientes de um acelerador. Nesse caso a energia cinética das partículas alfa deve ser maior do que cerca de 1,192 MeV. Se toda a energia cinética da partícula alfa fosse usada somente para fazer aumentar a energia de repouso, a energia cinética final seria igual a zero e, portanto, a lei da conservação do momento linear não seria respeitada. Quando uma partícula com massa m e energia cinética K colide com uma partícula em repouso com massa M, a energia cinética total K_{cm} no sistema de referência do centro de massa (a energia disponível para produzir a reação) é dada por

$$K_{cm} = \frac{M}{M + m}K \qquad (43.24)$$

Essa expressão supõe que as energias cinéticas das partículas e dos núcleos sejam muito menores do que suas energias de repouso. Deixamos a dedução da Equação (43.24) como um problema (ver Problema 43.75). No exemplo presente, $K_{cm} = (14{,}0/18{,}01)K$, de modo que K deve ser pelo menos igual a $(18{,}01/14{,}0) \times (1{,}191 \text{ MeV}) = 1{,}532$ MeV.

Para uma partícula carregada — tal como um próton ou uma partícula α — poder penetrar no núcleo de outro átomo e produzir uma reação, ela geralmente deve ter uma energia cinética suficiente para vencer a barreira de energia potencial produzida pelas forças eletrostáticas. Na reação indicada no Exemplo 43.11, devemos considerar o próton e o núcleo de lítio ^{7}Li como cargas esfericamente simétricas com raios fornecidos pela Equação (43.1), a distância entre seus centros quando elas se tocam é igual a $3{,}5 \times 10^{-15}$ m. A energia potencial repulsiva entre o próton (carga $+e$) e o núcleo de lítio ^{7}Li (carga $+3e$) para essa distância r é

$$\begin{aligned} U &= \frac{1}{4\pi\epsilon_0}\frac{(e)(3e)}{r} \\ &= (9{,}0 \times 10^{9}\ \text{N}\cdot\text{m}^2/\text{C}^2)\,\frac{(3)(1{,}6 \times 10^{-19}\ \text{C})^2}{3{,}5 \times 10^{-15}\ \text{m}} \\ &= 2{,}0 \times 10^{-13}\ \text{J} = 1{,}2\ \text{MeV} \end{aligned}$$

Embora se trate de uma reação exoenergética, o próton deve ter uma energia cinética mínima aproximadamente igual a 1,2 MeV para que a reação ocorra; caso contrário, o próton tunela através da barreira (veja a Seção 40.3).

Absorção de nêutrons

A absorção de *nêutrons* pelos núcleos constitui uma classe importante entre as reações nucleares. Núcleos pesados bombardeados por nêutrons em uma reação nuclear podem sofrer diversas absorções de nêutrons alternadas com decaimentos beta, nas quais o número de massa A pode aumentar até cerca de 25. Alguns dos *elementos transurânicos* — aqueles que possuem valores de Z maiores do que 92 — são produzidos desse modo. Esses elementos ainda não foram encontrados na natureza. Muitos elementos transurânicos, possivelmente com valores de Z até 118, já foram identificados em laboratório.

A técnica analítica chamada de *análise de ativação de nêutrons* usa reações similares. Quando bombardeados por nêutrons, muitos nuclídeos estáveis absorvem um nêutron, tornando-se instáveis e a seguir sofrendo um decaimento β^-. As energias das emissões β^- e γ dependem do nuclídeo instável e fornecem um meio para identificá-lo, bem como para saber qual é o nuclídeo estável original. Substâncias em quantidades tão pequenas que não podem ser estudadas pela análise química convencional podem ser identificadas por meio dessa técnica.

Teste sua compreensão da Seção 43.6 A reação descrita na parte (a) do Exemplo 43.11 é exoenergética. Ela pode acontecer naturalmente quando uma amostra de lítio sólido é colocada em uma garrafa de gás hidrogênio? ∎

43.7 Fissão nuclear

A **fissão nuclear** é um processo de decaimento no qual um núcleo instável se divide em dois fragmentos de massas comparáveis. A fissão foi descoberta em 1938 a partir das experiências de Otto Hahn e Fritz Strassmann. Seguindo um experimento anterior feito por Fermi, eles bombardearam o urânio ($Z = 92$) com nêutrons. A radiação não coincidia com nenhuma outra radiação proveniente de nuclídeos conhecidos. Com a colaboração de Lise Meitner, eles fizeram uma análise química meticulosa e chegaram à conclusão inesperada de que haviam encontrado um isótopo radioativo do bário ($Z = 56$). Mais tarde, o criptônio radioativo ($Z = 36$) foi também verificado. Meitner e Otto Frisch interpretaram corretamente esses resultados afirmando que os núcleos de urânio eram divididos em dois fragmentos com massas elevadas chamados de *fragmentos da fissão*. Dois ou três nêutrons livres geralmente aparecem com os fragmentos da fissão e, muito ocasionalmente, um nuclídeo leve tal como o ^{3}H.

Tanto o isótopo comum (99,3%) ^{238}U quanto o isótopo incomum (0,7%) ^{235}U (assim como diversos outros nuclídeos) podem ser facilmente divididos mediante bombardeio com nêutrons: o ^{235}U por meio de nêutrons lentos, e o ^{238}U por meio de nêutrons com uma energia mínima aproximadamente igual a 1 MeV. A fissão produzida pela absorção de nêutrons é chamada de *fissão induzida*. Alguns nuclídeos também podem sofrer uma *fissão espontânea*, sem absorção inicial de nêutrons, mas isso é bastante raro. Quando o ^{235}U absorve um nêutron, o nuclídeo $^{236}U^*$ resultante está em um estado altamente excitado e divide-se quase instantaneamente em dois fragmentos. Estritamente falando, é o $^{236}U^*$ e não o ^{235}U que sofre a fissão, porém, costuma-se falar da fissão do ^{235}U.

Aproximadamente cem nuclídeos diferentes, representando cerca de vinte elementos diferentes, foram encontrados entre os produtos da fissão. A Figura 43.12 mostra a distribuição dos números de massa dos fragmentos oriundos da fissão do ^{235}U. A maior parte desses fragmentos tem números de massa compreendidos entre 90 e 100 e entre 135 e 145; a fissão em dois fragmentos com massas aproximadamente iguais é pouco provável.

Reações de fissão

Convidamos você a verificar a lei da conservação da carga e a lei da conservação do número de núcleons nas duas seguintes reações de fissão, ambas bastante comuns:

$$^{235}_{92}U + ^{1}_{0}n \rightarrow ^{236}_{92}U^{*} \rightarrow ^{144}_{56}Ba + ^{89}_{36}Kr + 3^{1}_{0}n$$

$$^{235}_{92}U + ^{1}_{0}n \rightarrow ^{236}_{92}U^{*} \rightarrow ^{140}_{54}Xe + ^{94}_{38}Sr + 2^{1}_{0}n$$

A energia cinética total dos fragmentos da fissão é enorme, cerca de 200 MeV (compare com a energia normal de uma partícula α ou uma partícula β da ordem de alguns MeV). A explicação é que os nuclídeos no final do espectro de massa (próximos de A = 240) são menos fortemente ligados do que os do meio do espectro (A = 90 até 145). Observando a Figura 43.2, vemos que a energia de ligação média por núcleon é aproximadamente igual a 7,6 MeV com A = 240, porém cerca de 8,5 MeV com A = 120. Assim, uma estimativa grosseira para o *aumento* da energia de ligação durante a fissão é cerca de 8,5 MeV — 7,6 MeV = 0,9 MeV por núcleon, ou um total de (235)(0,9 MeV) ≈ 200 MeV.

Atenção Energia de ligação e energia de repouso A ocorrência de um aumento simultâneo da energia de ligação e da energia cinética durante a reação de fissão pode parecer uma violação da lei de conservação da energia. Entretanto, em relação à energia de repouso total E_0 dos núcleons separados, a energia de repouso do núcleo é igual a E_0 *menos* E_B. Portanto, um *aumento* da energia de ligação corresponde a uma *diminuição* da energia de repouso à medida que a energia de repouso é convertida na energia cinética dos fragmentos da fissão.

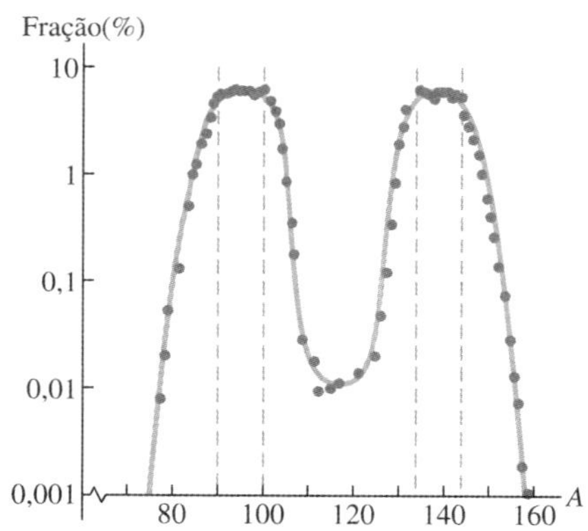

Figura 43.12 Distribuição dos números de massa dos fragmentos da fissão do $^{236}U^*$ (um estado excitado do ^{235}U), que é produzido quando o ^{235}U absorve um nêutron. A escala vertical é dada em logaritmos da porcentagem.

Os fragmentos da fissão sempre possuem nêutrons demais para permanecer estáveis. Notamos na Seção 43.3 que a razão nêutrons/prótons (N/Z) em nuclídeos estáveis é cerca de 1 para nuclídeos leves, porém cerca de 1,6 para os nuclídeos mais pesados, por causa da crescente influência da repulsão elétrica dos prótons. O valor de N/Z em nuclídeos estáveis é cerca de 1,3 para A = 100 e 1,4 para A = 150. Os fragmentos têm aproximadamente o mesmo valor (N/Z) que o do ^{235}U, cerca de 1,55. Eles em geral respondem a esse excesso de nêutrons sofrendo uma série de decaimentos β^- (cada qual fazendo Z aumentar de 1 e N diminuir de 1) até atingir um valor estável para N/Z. Um exemplo típico é

$$^{140}_{54}Xe \xrightarrow{\beta^-} ^{140}_{55}Cs \xrightarrow{\beta^-} ^{140}_{56}Ba \xrightarrow{\beta^-} ^{140}_{57}La \xrightarrow{\beta^-} ^{140}_{58}Ce$$

O nuclídeo ^{140}Ce é estável. Essa série de decaimentos β– produz, em média, 15 MeV de energia cinética adicional. O excesso de nêutrons dos fragmentos da fissão também explica por que dois ou mais nêutrons livres são liberados durante a fissão.

A fissão impõe um limite superior para a produção de núcleos transurânicos, mencionados na Seção 43.6, que sejam relativamente estáveis. Existem razões teóricas para esperar que núcleos com valores próximos de Z = 114, N = 184 ou 196 devam ser estáveis em relação à fissão espontânea. No modelo de camadas (Seção 43.2), esses números correspondem a camadas e subcamadas cheias dos níveis de energia da estrutura nuclear. Tais *núcleos superpesados* deveriam ser instáveis em relação à emissão de partículas alfa, porém teriam uma vida suficientemente longa para poderem ser identificados. No momento em que este livro foi escrito, já haviam sido produzidos em laboratório núcleos com Z = 114.

Modelo da gota

Podemos entender qualitativamente a fissão com base no modelo da gota (Seção 43.2). O processo é indicado na Figura 46.13 com base em uma gota com carga elétrica. Os desenhos não podem ser considerados muito precisamente, mas podem ajudar a dar uma idéia do processo de fissão. Um núcleo ^{235}U absorve um nêutron (Figura 43.13a), formando-se um núcleo $^{236}U^*$ com excesso de energia (Figura 43.13b). Esse excesso de energia produz uma violenta oscilação (Figura 43.13c), durante a qual se forma um estrangulamento ligando dois glóbulos. A repulsão elétrica entre esses dois glóbulos faz o estrangulamento se estreitar cada vez mais (Figura 43.13d) e, finalmente, se formam duas pequenas gotas (Figura 43.13e) que se separam rapidamente.

Essa visão qualitativa levou ao desenvolvimento de uma teoria quantitativa para explicar por que alguns núcleos sofrem fissão e outros não. A Figura 43.14 mostra uma função energia potencial hipotética para dois possíveis fragmentos da fissão. Se a absorção de nêutrons produz uma

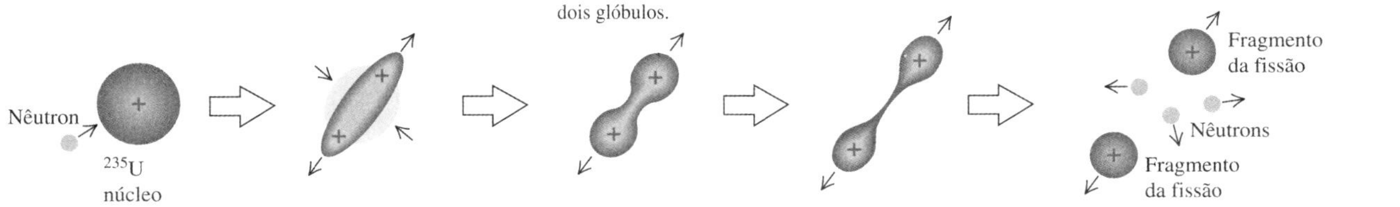

Figura 43.13 Modelo da gota no processo de fissão.

energia de excitação maior do que a energia da altura da barreira U_B, ocorre imediatamente a fissão. Mesmo quando a energia não é suficiente para superar a barreira, a fissão pode ocorrer pelo *tunelamento* previsto pela mecânica quântica, como discutimos na Seção 40.3. Em princípio, muitos núcleos pesados estáveis podem sofrer fissão por tunelamento. Entretanto, a probabilidade depende criticamente da altura e da largura da barreira. Para a maior parte dos núcleos, a probabilidade desse processo é tão pequena que ele jamais foi observado.

Reação em cadeia

A fissão de um núcleo de urânio, desencadeada pelo bombardeio com nêutrons, libera outros nêutrons que podem desencadear outras fissões, sugerindo a possibilidade de uma **reação em cadeia** (Figura 43.15). A reação em cadeia pode se processar de maneira lenta e controlada em um reator nuclear ou de modo explosivo em uma bomba atômica. A energia liberada na reação em cadeia de uma fissão nuclear é enorme, muito maior do que em qualquer tipo de reação química. (Em certo sentido, o *fogo* é um tipo de reação em cadeia.) Por exemplo, quando o urânio é 'queimado' para formar o dióxido de urânio de acordo com a reação

$$U + O_2 \rightarrow UO_2$$

o calor de combustão é de aproximadamente 4500 J/g. Expressa em energia por átomo, essa energia é igual a 11 eV por átomo. Em contraste, a fissão libera cerca de 200 MeV por átomo, uma energia quase 20 milhões de vezes maior.

Reatores nucleares

Um *reator nuclear* é um sistema no qual uma reação nuclear em cadeia mantida sob controle é usada para liberar energia. Em uma usina nuclear, essa energia gera vapor, que aciona uma turbina que faz girar um gerador elétrico.

Em média, cada fissão de um núcleo ^{235}U produz cerca de 2,5 nêutrons livres. Logo, 40% dos nêutrons são necessários para sustentar uma reação em cadeia. A probabilidade de um núcleo ^{235}U absorver nêutrons com energias pequenas (menores do que 1 eV) é muito maior do que a probabilidade de ele absorver nêutrons com energias grandes (energias da ordem de 1 MeV), os quais são liberados durante a fissão. Em um reator nuclear, os nêutrons com energias mais elevadas são freados mediante colisões com núcleos do material circundante, chamado de *moderador*, de modo que eles apresentam uma maior probabilidade de produzir novas fissões. Em reatores nucleares, o material do moderador geralmente é a água e, ocasionalmente, o grafite. A *taxa* da reação é controlada inserindo-se ou retirando-se *barras de controle* feitas com elementos (tais como o boro ou o cádmio) que absorvem nêutrons sem sofrer nenhuma reação adicional. O isótopo ^{238}U pode também absorver um nêutron, produzindo $^{239}U^*$, porém sem probabilidade suficiente para manter uma reação em cadeia auto-sustentável. Por isso o urânio usado em reatores geralmente é 'enriquecido', fazendo-se aumentar para 3%, por um processo de separação de isótopos, a proporção de ^{235}U acima do valor de 0,7% encontrado na natureza.

A aplicação mais comum de um reator nuclear é a geração de energia elétrica. Conforme dissemos, a energia da fissão é transformada em energia cinética dos fragmentos da fissão, e o resultado imediato é o aumento da energia interna dos materiais do combustível e do moderador. Esse aumento de energia interna é transferido como calor para gerar o vapor que alimenta as turbinas que fazem girar os geradores elétricos. Um diagrama esquemático de uma usina nuclear que gera energia elétrica é indicado na Figura 43.16. A energia dos fragmentos da fissão faz aquecer a água que circunda o núcleo do gerador. O gerador de vapor é um trocador de calor que recebe calor dessa água altamente radioativa e produz um vapor não radioativo que faz girar as turbinas.

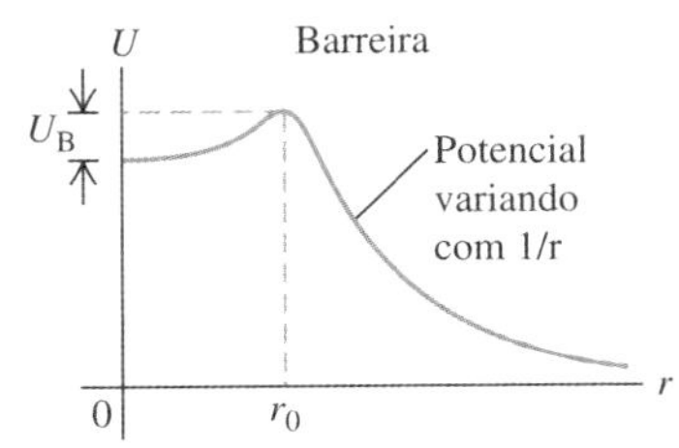

Figura 43.14 Função energia potencial hipotética para dois fragmentos da fissão de um núcleo passível de fissão. Para uma distância *r* maior do que o alcance da força nuclear, a energia potencial varia aproximadamente com $1/r$. A fissão ocorre quando a energia da excitação é maior do que a energia da altura da barreira U_B ou quando a probabilidade de tunelamento é grande.

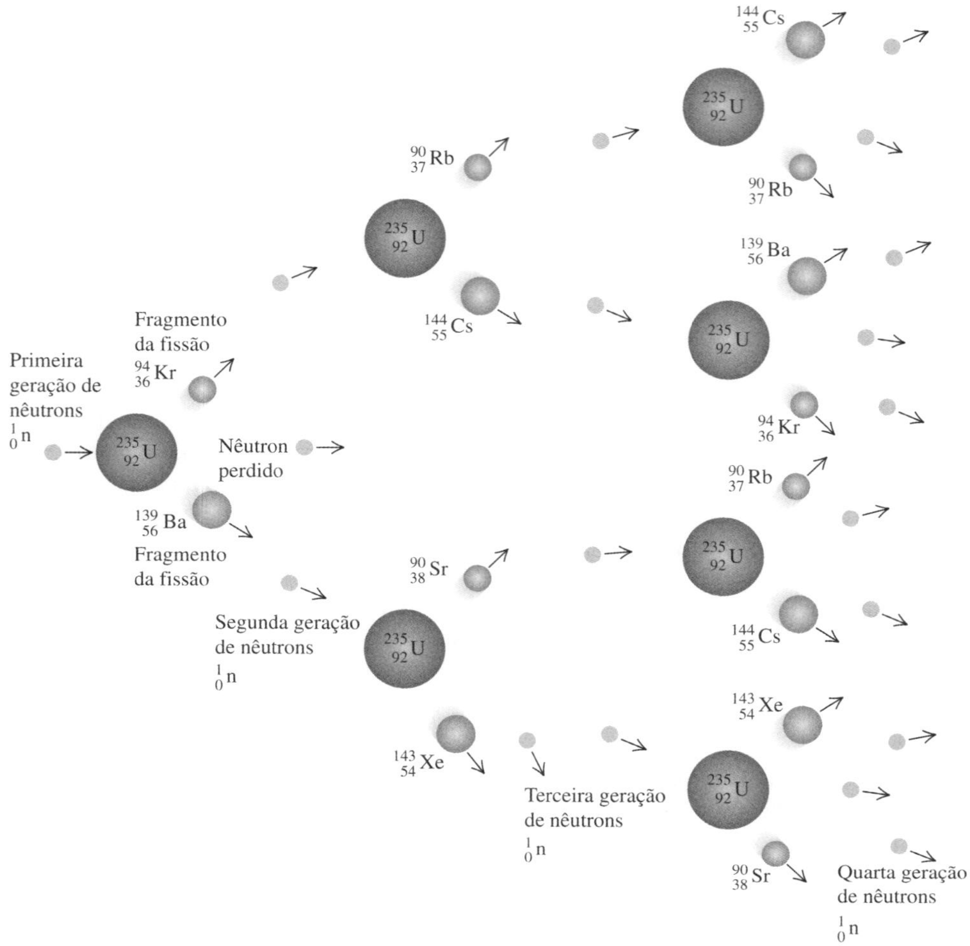

Figura 43.15 Diagrama esquemático da reação em cadeia de uma fissão nuclear.

Uma usina nuclear típica possui capacidade de geração de energia elétrica da ordem de 1000 MW (ou 10^9 W). As turbinas são máquinas térmicas, e sua eficiência é limitada pela segunda lei da termodinâmica, discutida no Capítulo 20, volume 2. Nas usinas nucleares modernas, a eficiência global é aproximadamente igual a um terço; logo, são necessários 3000 MW de potência térmica para gerar 1000 MW de potência elétrica.

Exemplo 43.12

CONSUMO DE URÂNIO EM UM REATOR NUCLEAR Qual é a massa diária de ^{235}U que deve sofrer fissão para que se obtenha uma potência térmica de 3000 MW?

SOLUÇÃO

IDENTIFICAR: a informação crucial aqui é que a fissão libera cerca de 200 MeV por átomo.

PREPARAR: usaremos a energia liberada por átomo com a massa do átomo de ^{235}U para calcular a quantidade necessária de urânio.

EXECUTAR: em cada segundo, precisamos de 3000 MJ ou 3000×10^6 J. Cada fissão fornece 200 MeV, ou

$$(200\ \text{MeV})(1{,}6 \times 10^{-13}\ \text{J/MeV}) = 3{,}2 \times 10^{-11}\ \text{J}$$

O número de fissões necessárias a cada segundo é

$$\frac{3000 \times 10^6\ \text{J}}{3{,}2 \times 10^{-11}\ \text{J}} = 9{,}4 \times 10^{19}$$

Cada átomo de ^{235}U possui massa de (235 u) $(1{,}66 \times 10^{-27}$ kg/u) $= 3{,}9 \times 10^{-25}$ kg. Logo, a massa do ^{235}U necessária a cada segundo é

$$(9{,}4 \times 10^{19})(3{,}9 \times 10^{-25}\ \text{kg}) = 3{,}7 \times 10^{-5}\ \text{kg} = 37\ \mu\text{g}$$

Durante um dia (86400 s), o consumo total de ^{235}U é

$$(3{,}7 \times 10^{-5}\ \text{kg/s})(86400\ \text{s}) = 3{,}2\ \text{kg}$$

AVALIAR: em comparação, note que a usina elétrica de 1000 MW alimentada pela queima de carvão que foi descrita na Seção 18.9, volume 2, queima 10600 toneladas de carvão (cerca de dez milhões de kg) por dia!

Um reator de fissão nuclear pode ter outros usos práticos. Entre eles, citamos a produção de isótopos radioativos artificiais para uso médico e em pesquisas, a produção de feixes de nêutrons com energias elevadas para pesquisas de estruturas nucleares e a produção de nuclídeos fissionáveis tal como o ^{239}Pu a partir do isótopo comum ^{238}U. A última aplicação é usada no *reator reprodutor*, que produz mais combustível do que usa.

Dissemos anteriormente que cerca 15 MeV da energia liberada na fissão de um núcleo de ^{235}U resulta dos decaimentos β^- dos fragmentos da fissão. Esse fato cria um problema sério em relação ao controle e à segurança dos reatores. Mesmo depois que a reação em cadeia termina pela introdução das barras de controle no núcleo do reator, a geração de calor continua, por causa dos decaimentos β^-, que não podem ser detidos. No caso de um reator de 3000 MW, essa potência térmica é inicialmente muito grande, cerca de 200 MW. Supondo que haja uma perda total da água de refrigeração, essa potência é mais do que suficiente para fazer o núcleo do reator fundir e causar uma catástrofe. A dificuldade de obter um 'desligamento a frio' depois do acidente na usina nuclear Three Mile Island na Pensilvânia, em março de 1979, foi o resultado de um aumento contínuo do calor produzido pelos decaimentos β^-.

A catástrofe ocorrida no dia 26 de abril de 1986 no reator número 4 de Chernobyl, na Ucrânia, foi uma combinação de um projeto inerentemente instável juntamente com diversos erros humanos cometidos durante testes do sistema de refrigeração de emergência. Foram retiradas barras de controle demais para compensar uma diminuição de potência causada pelo aparecimento de absorvedores de nêutrons tal como o ^{135}Xe. A potência cresceu de 1% do valor normal para 100 vezes o valor normal em 4 segundos; uma explosão de vapor fez romper os tubos do sistema de refrigeração e destruiu a cobertura pesada de concreto do reator. O moderador de grafite pegou fogo e ficou queimando durante diversos dias, e ocorreu fusão do núcleo do reator. A atividade total do material radioativo libertado para a atmosfera foi estimada em 10^8 Ci.

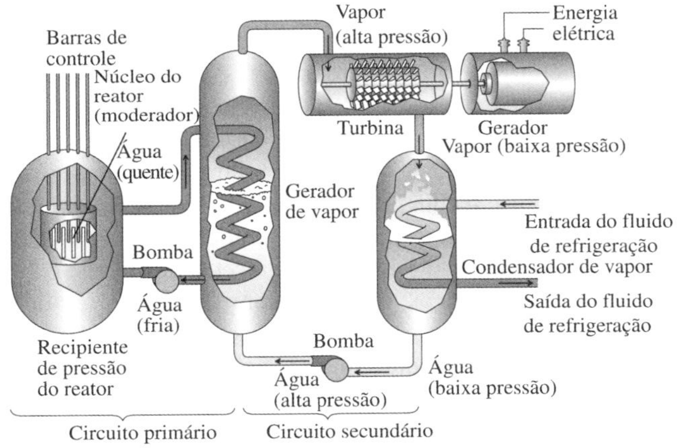

Figura 43.16 Diagrama esquemático de uma usina nuclear que gera energia elétrica.

Teste sua compreensão da Seção 43.7 A fissão do ^{235}U pode ser desencadeada pela absorção de um nêutron lento por um núcleo. Um *próton* lento pode ser usado para desencadear a fissão do ^{235}U? ∎

43.8 Fusão nuclear

Em uma **fusão nuclear**, dois ou mais pequenos núcleos leves se aglutinam, ou se *fundem*, formando um núcleo maior. As reações de fusão liberam energia pela mesma razão das reações de fissão: a energia de ligação por núcleon depois da reação é maior do que antes. Observando a Figura 43.2, vemos que a energia de ligação por núcleon cresce com A até cerca de $A = 60$, de modo que a fusão de dois núcleos leves produzindo um núcleo com A menor do que 60 é provavelmente uma reação exoenergética. Em comparação com a fissão, estamos nos movendo para pontos próximos do pico da curva pelo lado oposto. Outro modo de expressar as relações de energia é afirmar que a massa total dos produtos é menor do que a massa total das partículas iniciais.

Apresentamos três exemplos de reações de fusão que liberam energia, escritas em função dos átomos neutros:

$$^1_1\text{H} + {}^1_1\text{H} \rightarrow {}^2_1\text{H} + \beta^+ + \nu_e$$
$$^2_1\text{H} + {}^1_1\text{H} \rightarrow {}^3_2\text{He} + \gamma$$
$$^3_2\text{He} + {}^3_2\text{He} \rightarrow {}^4_2\text{He} + {}^1_1\text{H} + {}^1_1\text{H}$$

Na primeira reação, dois prótons se combinam e formam um dêuteron (^2H), com emissão de um próton, de um pósitron (β^+) e de um neutrino do elétron. Na segunda, um próton e um dêuteron se combinam e formam um núcleo do isótopo leve do hélio, ^3He, com emissão de um raio gama. Agora dobre as duas primeiras reações para obter os dois núcleos de hélio ^3He que se fundem na terceira reação e formam uma partícula alfa (^4He) e dois prótons. O conjunto dessas reações de fusão constitui um processo chamado de *cadeia próton-próton* (Figura 43.17).

O efeito resultante dessa cadeia é a conversão de quatro prótons em uma partícula α, dois pósitrons, dois neutrinos do elétron e dois raios γ. Podemos calcular a energia liberada nessa parte do processo: a massa de uma partícula α mais dois pósitrons é a massa do átomo neutro ^4He; a massa dos neutrinos é igual a zero (ou massa desprezível), assim como a massa dos raios gama. Logo,

Massa de quatro prótons	4,029106 u
Massa do ^4He	4,002603 u
Diferença de massa e energia liberada	0,026503 u e 24,69 Me

Os dois pósitrons produzidos durante a primeira etapa da cadeia próton-próton colidem com dois elétrons; ocorre aniquilamento mútuo dessas quatro partículas e suas energias de repouso são convertidas em 4(0,511 MeV) =

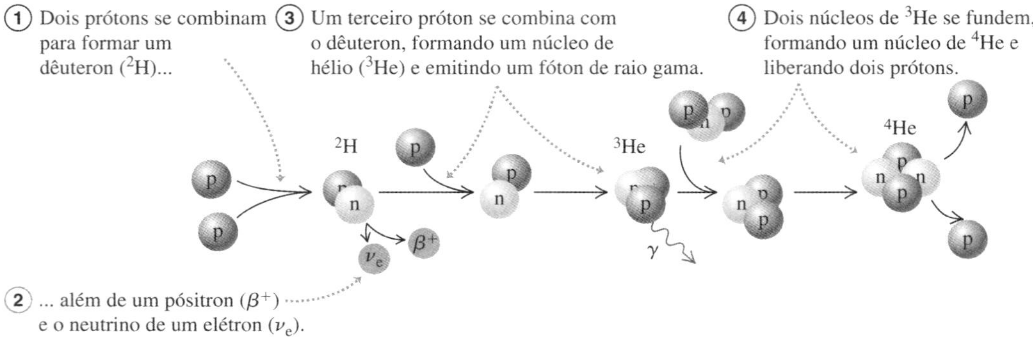

Figura 43.17 A cadeia próton-próton.

2,044 MeV da radiação gama. Portanto, a energia total liberada é (24,69 + 2,044) MeV= 26,73 MeV. A cadeia próton-próton se desenvolve no interior do Sol e de outras estrelas (Figura 43.18). Cada grama da massa do Sol contém cerca de $4{,}5 \times 10^{23}$ prótons. Se todos esses prótons se fundissem produzindo hélio, a energia total liberada seria aproximadamente igual a 130.000 kWh. Se o Sol continuasse a irradiar com a taxa atual, ele levaria cerca de 75×10^9 anos para esgotar suas reservas prótons. Como veremos a seguir, reações de fusão só ocorrem em temperaturas extremamente elevadas; no Sol, essas temperaturas só são encontradas no interior mais profundo. Assim, o Sol não pode fundir *todos* os seus prótons e conseguirá fazer isso apenas durante um total de cerca de 10×10^9 anos. A idade atual do sistema solar (inclusive o Sol) é $4{,}6 \times 10^9$ anos, o que significa que o Sol já fundiu aproximadamente a metade do seu estoque disponível de prótons.

Exemplo 43.13

UMA REAÇÃO DE FUSÃO Dois dêuterons se fundem e formam um *tríton* (um núcleo do trício, ou ^{3}H) e um próton. Qual é a quantidade de energia liberada?

SOLUÇÃO

IDENTIFICAR: trata-se de uma reação nuclear do tipo discutido na Seção 43.6.

PREPARAR: encontramos a energia liberada usando a Equação (43.23).

EXECUTAR: somando um elétron a cada partícula, obtemos átomos neutros; verificamos suas massas na Tabela 43.2 e, substituindo os valores numéricos na Equação (43.23), temos

$$Q = [2(2{,}014102\text{ u}) - 3{,}016049\text{ u} - 1{,}007825\text{ u}] \times (931{,}5\text{ MeV/u}) = 4{,}03\text{ MeV}$$

AVALIAR: concluímos que a energia liberada na reação é igual a 4,03 MeV; o tríton e o próton juntos possuem uma energia cinética 4,03 MeV maior do que a energia cinética do conjunto dos dois dêuterons.

Obtenção da fusão

Para que dois núcleos sofram fusão, eles devem se aproximar até distâncias que estejam dentro do alcance das forças nucleares, em geral da ordem de 2×10^{-15} m. Para isso, eles devem superar a repulsão elétrica entre as cargas. Para dois prótons com essa distância, o intervalo de energia potencial correspondente é cerca de $1{,}2 \times 10^{-13}$ J ou 0,7 MeV; isso representa a energia *cinética* total que cada núcleo que se funde deve ter em uma colisão frontal, ou cerca de $0{,}6 \times 10^{-13}$ J.

Os átomos só têm essa energia em temperaturas extremamente elevadas. A discussão na Seção 18.3, no volume 2, mostrou que a energia cinética de translação da molécula de um gás a uma temperatura T é dada por $\frac{3}{2}kT$, onde k é a constante de Boltzmann. A temperatura em que $E = 0{,}6 \times 10^{-13}$ J é obtida pela relação

$$E = \frac{3}{2}kT$$

$$T = \frac{2E}{3k} = \frac{2(0{,}6 \times 10^{-13}\text{ J})}{3(1{,}38 \times 10^{-23}\text{ J/K})} = 3 \times 10^9\text{ K}$$

As reações de fusão podem ocorrer em temperaturas menores porque a distribuição de Maxwell-Boltzmann (Seção 18.5, no volume 2) fornece uma menor fração de prótons com energias muito maiores do que a energia média. A reação próton-próton ocorre no Sol em uma temperatura de 'apenas' $1{,}5 \times 10^7$ K, fazendo com que esse processo ocorra com uma probabilidade extremamente pequena; é justamente por isso, contudo, que se espera que o Sol dure bastante tempo. Nessas temperaturas, as reações de fusão são chamadas de *reações termonucleares.*

Intensos esforços vêm se desenvolvendo em muitos laboratórios para se obter reações de fusão controladas, que poderiam representar uma enorme fonte nova de energia. Nas temperaturas mencionadas, os átomos leves ficam completamente ionizados, e o estado da matéria resultante é chamado de *plasma*. Em uma experiência de *confinamento magnético*, um plasma é aquecido até temperaturas extremamente elevadas mediante uma descarga elétrica, enquan-

Figura 43.18 A energia liberada por uma estrela é proveniente de reações de fusão que ocorrem em seu interior. Desde o momento em que a estrela se forma e durante a maior parte de sua vida, ela converte o hidrogênio de seu interior em hélio. À medida que a estrela envelhece, a temperatura de seu interior pode se tornar tão elevada que ocorrem reações de fusão adicionais que convertem o hélio em carbono, oxigênio e outros elementos.

to é mantido em um campo magnético apropriado. Em outro tipo de experiência, que usa *confinamento inercial*, pequenas esferas do material que deve sofrer fusão são aquecidas por um feixe de laser com intensidade extremamente elevada (veja a Figura 43.19). Algumas das reações que estão sendo testadas são

$$ {}^2_1\text{H} + {}^2_1\text{H} \rightarrow {}^3_1\text{H} + {}^1_1\text{H} + 4{,}0\text{ MeV} \quad (1)$$

$$ {}^3_1\text{H} + {}^2_1\text{H} \rightarrow {}^4_2\text{He} + {}^1_0\text{n} + 17{,}6\text{ MeV} \quad (2)$$

$$ {}^2_1\text{H} + {}^2_1\text{H} \rightarrow {}^3_2\text{He} + {}^1_0\text{n} + 3{,}3\text{ MeV} \quad (3)$$

$$ {}^3_2\text{He} + {}^2_1\text{H} \rightarrow {}^4_2\text{He} + {}^1_1\text{H} + 18{,}3\text{ MeV} \quad (4)$$

Descrevemos a primeira reação no Exemplo 43.13; dois dêuterons se fundem e formam um tríton e um próton. Na segunda, um tríton se combina com dois dêuterons para formar uma partícula alfa e um nêutron. O resultado dessas duas reações combinadas é a conversão de dois dêuterons em uma partícula alfa, um próton e um nêutron, liberando 21,6 MeV de energia. As reações (3) e (4) combinadas produzem a mesma conversão. Em um plasma que contém dêuterons, os dois pares de reações ocorrem com a mesma probabilidade. Até a presente data, ninguém conseguiu produzir essas reações de modo controlado para obter um excesso de energia para ser usado.

Métodos para obter fusão sem usar temperaturas elevadas também estão sendo estudados; eles são chamados de *fusão fria*. Um processo que funciona é o que usa um íon incomum de molécula de hidrogênio. O íon H_2^+ comum consiste em dois prótons ligados por um elétron compartilhado; a distância entre os núcleos é cerca de 0,1 nm. Se os prótons forem substituídos por um dêuteron (^{2}H) e um tríton (^{3}H) e o elétron por um *múon,* cuja massa é 208 vezes maior que a do elétron, a distância é reduzida por um fator de 208. A probabilidade de que os dois núcleos tunelem pela estreita barreira de energia potencial repulsiva e se fundam na reação 2, anteriormente citada, se torna, assim, apreciável. A perspectiva de usar esse processo, chamado *fusão com catálise de múons,* como fonte prática de energia é ainda remota.

Teste sua compreensão da Seção 43.8 *Todas* as reações são de fusão exoenergética? ∎

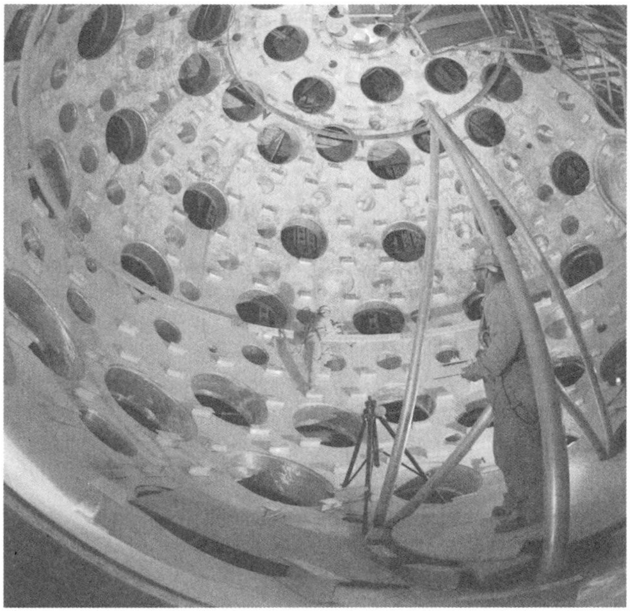

Figura 43.19 Esta câmara de alvos no **National Ignition Facility**, na Califórnia, contém aberturas para 192 poderosos feixes de laser. Quando colocados em funcionamento, em 2010, os lasers transmitirão 5×10^{14} W de potência durante alguns poucos nanossegundos para uma esfera de deutério e trítio de tamanho milimétrico no centro da câmara, desencadeando, assim, a fusão termonuclear.

Resumo

Propriedades do núcleo: um núcleo é composto de A núcleons (Z prótons e N nêutrons). Todos os núcleos têm aproximadamente a mesma densidade. O raio de um núcleo com número de massa A é dado aproximadamente pela Equação (43.1). Uma espécie nuclear pura de um dado Z e N é chamada de nuclídeo. Os isótopos são nuclídeos de um mesmo elemento (mesmo Z) que possuem números de nêutrons diferentes. As massas nucleares são medidas em unidades de massa atômica. Os núcleons apresentam um momento angular e um momento magnético. (Ver Eexemplos 43.1 e 43.2.)

$$R = R_0 A^{1/3} \quad (R_0 = 1{,}2 \times 10^{-15}\text{ m}) \qquad (43.1)$$

Ligação nuclear e estrutura do núcleo: a massa de um núcleo é sempre menor do que a massa dos prótons e dos nêutrons em seu interior. A diferença de massa multiplicada por c^2 fornece a energia de ligação E_B. A energia de ligação de um dado nuclídeo é determinada pela força nuclear, que é de curto alcance e favorece a formação de pares de partículas, e pela repulsão elétrica entre prótons. Um núcleo é instável se A e Z são muito grandes ou se a razão N/Z não é adequada. Dois modelos de núcleos bastante usados são o modelo da gota e o modelo de camadas; o último é análogo ao modelo da aproximação de campo central usado no estudo das estruturas atômicas. (Veja os exemplos 43.3 e 43.4.)

$$E_B = (ZM_H + Nm_n - {}^{A}_{Z}M)c^2 \tag{43.10}$$

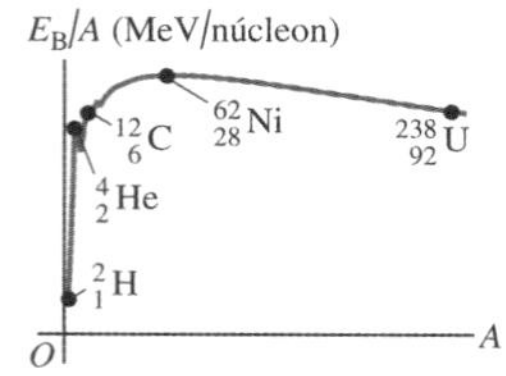

Decaimento radioativo: os nuclídeos instáveis costumam emitir uma partícula alfa (um núcleo de ${}^{4}_{2}He$) ou uma partícula beta (um elétron) quando se transformam em outro nuclídeo, e algumas vezes também emitem um fóton de raio gama. A taxa de decaimento de um núcleo instável é descrita pela constante de decaimento λ, pela meia-vida $T_{1/2}$ ou pela vida média $T_{méd}$. Se o número de núcleos no instante $t = 0$ é igual a N_0 e nenhum outro núcleo é produzido, o número de núcleos no instante t é dado pela Equação (43.17). (Veja os exemplos 43.5–43.9.)

$$N(t) = N_0 e^{-\lambda t} \tag{43.17}$$

$$T_{méd} = \frac{1}{\lambda} = \frac{T_{1/2}}{\ln 2} = \frac{T_{1/2}}{0{,}693} \tag{43.19}$$

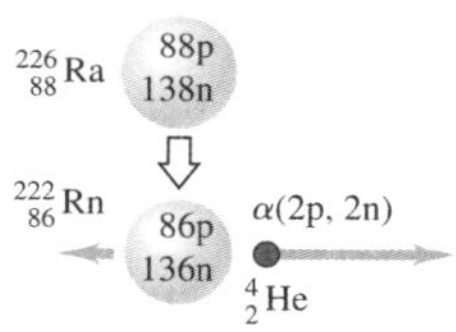

Efeitos biológicos da radiação: o efeito biológico de qualquer radiação depende do produto da energia absorvida por unidade de massa e da eficácia biológica relativa (RBE), que apresenta valores diferentes para cada tipo de radiação. (Ver Exemplo 43.10.)

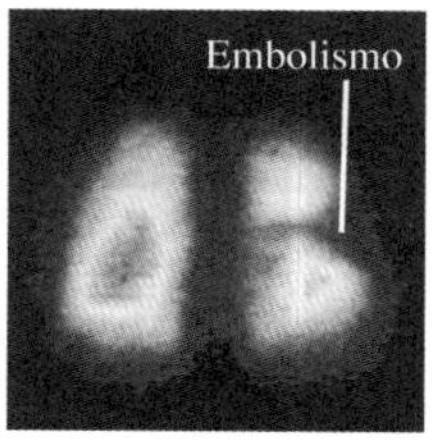

Reações nucleares: em uma reação nuclear, dois núcleos ou partículas colidem e produzem novos núcleos e partículas. As reações podem ser endoenergéticas ou exoenergéticas. Diversas leis de conservação são obedecidas, inclusive a conservação da carga, da energia, do momento linear, do momento angular e do número de núcleons. A fissão nuclear é a divisão de um núcleo pesado em dois núcleos mais leves, geralmente instáveis, com liberação de energia. A fusão nuclear é a combinação de dois ou mais núcleos leves formando um núcleo mais pesado, com liberação de energia. (Ver exemplos 43.11–43.13.)

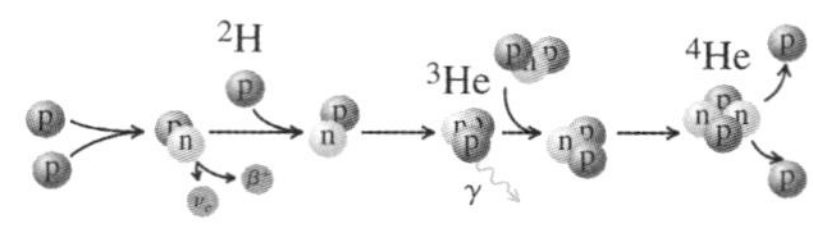

Principais termos

atividade, 340
constante de decaimento, 340
curie, 341
eficácia biológica relativa (RBE), 343
energia da reação, 346
energia de ligação, 330
energia limite, 346
fissão nuclear, 347
fusão nuclear, 351
isótopos, 327
magneton nuclear, 328
meia-vida, 340
modelo da gota, 332
modelo de camadas, 334
neutrino, 337
nuclídeo, 327
número atômico, 327
número de massa, 326
número de nêutrons, 327
número de núcleons, 326
partícula alfa, 336
partícula beta negativa, 337
radioatividade, 334
raios gama, 338
reação em cadeia, 349

Resposta à Pergunta Inicial do Capítulo

Quando um organismo morre, ele pára de absorver carbono do CO_2 atmosférico. Parte desse carbono é ^{14}C radioativo, que sofre decaimento com uma meia-vida de 5730 anos. Medindo a proporção de ^{14}C que se conserva no espécime, os cientistas podem determinar há quanto tempo o organismo morreu. (Veja a Seção 43.4.)

Respostas às Perguntas dos Testes de Compreensão

43.1 Respostas: (a) (iii), (b) (v) O raio R é proporcional à raiz cúbica do número de massa A, enquanto o volume é proporcional a R^3 e, portanto, a $(A^{1/3})^3 = A$ Em conseqüência, para dobrar o volume é preciso aumentar o número de massa por um fator de 2; dobrar o raio implica aumentar tanto o volume quanto o número de massa por um fator de $2^3 = 8$.

43.2 Resposta: (ii), (iii), (iv), (v), (i) Você pode encontrar as respostas examinando a Figura 43.2. A energia de ligação por núcleo é a mais baixa em núcleos muito leves, como o do ${}^{4}_{2}He$, é maior ao redor de $A = 60$ e depois diminui com o aumento de A.

43.3 **Resposta: (v)** Dois prótons e dois nêutrons se perdem em um decaimento α, portanto, Z e N aumentam de 2. Um decaimento β^+ provoca a transformação de um próton em um nêutron, portanto Z diminui em 1 e N aumenta de 1. O resultado final é que Z diminui em 3 e N diminui em 1.

43.4 **Resposta: (iii)** A atividade $-\,dN(t)/dt$ de uma amostra é o produto do número de núcleos na amostra $N(t)$ com a constante de decaimento $\lambda = (\ln 2)\,/T_{1/2}$. Em conseqüência, $N(t) = (-\,dN(t)/dt)\,T_{1/2}\,/(\ln 2)$. Tomando a razão entre essa expressão para ${}^{240}Pu$ e essa mesma expressão para ${}^{243}Am$, os fatores de ln 2 se cancelam e obtemos

$$\frac{N_{\mathrm{Pu}}}{N_{\mathrm{Am}}} = \frac{(-dN_{\mathrm{Pu}}/dt)\,T_{1/2\text{–Pu}}}{(-dN_{\mathrm{Am}}/dt)\,T_{1/2\text{–Am}}} = \frac{(5{,}0\mu\mathrm{Ci})(6560\ \mathrm{y})}{(4{,}45\mu\mathrm{Ci})(7370\ \mathrm{y})} = 1{,}0$$

As duas amostras contêm números *iguais* de núcleos. A amostra de ${}^{243}Am$ tem uma meia-vida mais longa e, portanto, uma taxa de decaimento mais lenta. Logo, apresenta uma atividade mais lenta do que a amostra de ${}^{240}Pu$.

43.5 **Resposta: (ii)** Vimos na Seção 43.3 que partículas alfa só conseguem percorrer uma distância muito pequena antes de parar. Em contraste, fótons de raio X têm grande penetração, podendo penetrar no corpo com facilidade.

43.6 **Resposta: não** A reação ${}^{1}_{1}H + {}^{7}_{3}Li \rightarrow {}^{4}_{2}He + {}^{4}_{2}He$ é uma *reação nuclear*, que só pode ocorrer se um próton (um núcleo de hidrogênio) entrar em contato com um núcleo de lítio. Se o hidrogênio estiver na forma atômica, a interação entre sua nuvem eletrônica e a nuvem eletrônica de um átomo de lítio impede os dois núcleos de se aproximarem um do outro. Mesmo que prótons isolados sejam utilizados, eles devem ser lançados contra os átomos de lítio com uma energia cinética suficiente para superar a repulsão elétrica entre os prótons e os núcleos de lítio. A afirmação de que uma reação é exoenergética significa que a energia liberada pela reação é maior do que a energia fornecida para que a reação ocorresse.

43.7 **Resposta: não** Como o nêutron não possui carga elétrica, ele não sofre repulsão elétrica devido ao núcleo de ${}^{235}U$. Em conseqüência, um nêutron que se desloca lentamente pode se aproximar e penetrar em um núcleo de ${}^{235}U$, fornecendo assim a excitação necessária para desencadear a fissão. Em contraste, um *próton* que se desloca lentamente (carga $+e$) está sujeito a uma forte repulsão elétrica devido a um núcleo de ${}^{235}U$ (carga $+92e$). Ele nunca se aproxima do núcleo, por isso não pode desencadear a fissão.

43.8 **Resposta: não** Reações de fusão entre núcleos suficientemente leves são exoenergéticas porque a energia de ligação por núcleo E_B/A aumenta. Se a massa dos núcleos é muito grande, contudo, E_B/A diminui e a fusão é *endoenergética* (isto é, absorve mais energia do que libera). Como exemplo, imagine fundir dois núcleos de $A = 100$ para formar um único núcleo com $A = 200$. Conforme a Figura 43.2, E_B/A é maior do que 8,5 MeV para os núcleos com $A = 100$, mas menor do que 8 MeV para os núcleos com $A = 200$. Tal reação de fusão é possível, mas requer um fornecimento de energia significativo.

Questões para discussão

Q43.1 Os nêutrons possuem dipolo de momento magnético e podem sofrer uma inversão de spins mediante absorção de ondas eletromagnéticas. Por que, então, são os prótons e não os nêutrons usados para a obtenção de imagens MRI de tecidos do corpo humano? (Veja a Figura 43.1.)

Q43.2 Na Equação (43.11), à medida que o número de núcleons total aumenta, a importância do segundo termo em relação ao primeiro termo na equação diminui. Isso faz sentido, em termos físicos? Explique.

Q43.3 Por que as massas de todos os núcleos não são múltiplos inteiros das massas de um único núcleon elementar?

Q43.4 Conhecendo o valor do número de massa A, você pode saber se o quinto termo da Equação (43.11) é positivo, negativo ou nulo? Explique.

Q43.5 Quais são os seis elementos conhecidos para os quais Z é um número mágico? Discuta quais devem ser as propriedades desses elementos em conseqüência desses valores especiais de Z.

Q43.6 A energia de ligação por núcleon não varia muito em muitos nuclídeos (veja a Figura 43.2). Existe uma consistência semelhante para as energias *atômicas* com base na 'energia por elétron'? Caso exista, por quê? Caso contrário, por que não?

Q43.7 Um núcleo pesado instável geralmente decai emitindo uma partícula α ou uma partícula β. Por que ele geralmente não emite um único próton ou um nêutron?

Q43.8 Os dois únicos nuclídeos estáveis com mais prótons do que nêutrons são o ${}^{1}_{1}H$ e o ${}^{3}_{2}He$. Por que $Z > N$ é tão incomum?

Q43.9 Considerando o chumbo um elemento estável, por que a série de decaimentos do ${}^{238}U$ indicada na Figura 43.8 não termina no chumbo, ${}^{214}Pb$?

Q43.10 Na cadeia de decaimentos do ${}^{238}U$ mostrada na Figura 43.8, alguns nuclídeos da série são mais abundantes na natureza do que outros, embora cada núcleo do ${}^{238}U$ deva originar todas as etapas da série antes de finalmente se transformar no ${}^{206}Pb$. Por que nem todos os nuclídeos intermediários apresentam a mesma abundância?

Q43.11 Uma partícula β tem um poder de penetração na matéria muito maior do que uma partícula α com a mesma energia. Por quê?

Q43.12 Se ${}^{A}_{Z}El_i$ representa um nuclídeo inicial, que processo ou processos de decaimento ocorrem quando o nuclídeo final é a) ${}^{A}_{Z+1}El_f$? b) ${}^{A-4}_{Z-2}El_f$ c) ${}^{A}_{Z-1}El_f$?

Q43.13 Em uma equação para descrever um decaimento, por que podemos representar o elétron como ${}^{0}_{-1}\beta^-$? Quais são as representações correspondentes para um pósitron, um neutrino e um antineutrino?

Q43.14 Por que o decaimento de partículas alfa, beta e gama de um núcleo instável não é influenciado pela situação química do átomo, tal como a natureza da molécula ou do sólido ao qual ele está ligado? Apesar disso, a situação química do átomo pode influenciar a meia-vida na captura do elétron. Por quê?

Q43.15 No processo da *conversão interna*, um núcleo decai de um estado excitado para o estado fundamental ao fornecer a energia de excitação para um elétron do átomo, em vez de emitir um fóton de raio gama. Por que esse processo também pode produzir um fóton de raio X?

Q43.16 No Exemplo 43.9 (Seção 43.4), a atividade do carbono na atmosfera *antes* de 1900 foi fornecida. Discuta por que essa atividade pode ter variado desde 1900.

Q43.17 Um problema na datação de amostras biológicas por radiocarbono, principalmente com amostras muito antigas, é que elas podem ser facilmente contaminadas com material biológico moderno durante o processo de medição. Que efeito tal contaminação teria sobre a idade estimada? Por que essa contaminação é um problema mais grave em amostras de material mais antigo do que em amostras de material mais novo?

Q43.18 O mais comum isótopo do rádio encontrado na Terra, o ${}^{226}Ra$, possui meia-vida de 1600 anos. Sabemos que a Terra se formou há cerca de 10^9 anos. Como explicar então que ainda exista rádio?

Q43.19 As reações de fissão ocorrem somente em núcleos com número de núcleons elevado, enquanto as reações de fusão exoenergéticas ocorrem somente em núcleos com número de núcleons pequeno. Por quê?

Q43.20 Quando um núcleo grande se divide durante a fissão nuclear, os núcleos-filhos da fissão se separam com uma enorme energia cinética. Por que isso acontece?

Q43.21 À medida que as estrelas envelhecem, elas esgotam seu suprimento de hidrogênio e começam a produzir energia por uma reação que envolve a fusão de três núcleos de hélio para formar um núcleo de carbono. Você esperaria que o interior das estrelas mais velhas fosse mais quente ou mais frio do que o interior das estrelas mais novas? Explique.

Exercícios

Seção 43.1 Propriedades do núcleo

43.1 Quantos prótons e nêutrons existem no núcleo do isótopo mais comum do a) silício, $^{28}_{14}Si$? b) rubídio $^{85}_{37}Rb$? c) tálio $^{205}_{81}Tl$?

43.2 Considere os três núcleos indicados no Exercício 43.1. Estime para cada um desses núcleos a) o raio, b) a área superficial e c) o volume. Determine para cada um desses núcleos (d) a massa específica (em kg/m^3) e (e) a densidade de núcleons (em número de núcleons por metro cúbico). Suponha que a massa para cada um desses núcleos seja *A* unidades de massas atômicas.

43.3 Átomos de hidrogênio são colocados em um campo magnético externo. Os prótons podem fazer transições entre estados em que os spins ficam paralelos ou antiparalelos ao campo magnético absorvendo ou emitindo fótons. Qual é o módulo do campo magnético necessário para que essa transição seja induzida por fótons com freqüência igual a 22,7 MHz?

43.4 Nêutrons são colocados em um campo magnético com módulo igual a 2,30 T. a) Qual é a diferença de energia com estados em que os spins ficam paralelos ou antiparalelos ao campo magnético? Qual é o estado que possui energia mais baixa: aquele com spin paralelo ou o que possui spin antiparalelo ao campo magnético? Como seu resultado se compara com os estados de energia em prótons no mesmo campo (veja o Exemplo 43.2 na Seção 43.1)? b) Os nêutrons podem fazer transições de um desses estados para o outro absorvendo ou emitindo um fóton com energia igual à diferença de energia entre esses dois estados. Calcule a freqüência e o comprimento de onda desse fóton.

43.5 Átomos de hidrogênio são colocados em um campo magnético externo com módulo igual a 1,65 T. a) Os *prótons* podem fazer transições entre estados em que os spins ficam paralelos ou antiparalelos ao campo magnético absorvendo ou emitindo fótons. Qual é o estado que possui energia mais baixa, aquele com spin paralelo ou o que possui spin antiparalelo ao campo magnético? Qual é a freqüência e o comprimento de onda do fóton? Em que região do espectro eletromagnético o fóton se encontra? b) Os *elétrons* podem fazer transições entre estados em que os spins ficam paralelos ou antiparalelos ao campo magnético absorvendo ou emitindo fótons. Qual é o estado que possui energia mais baixa: aquele com spin paralelo ou o que possui spin antiparalelo ao campo magnético? Qual é a freqüência e o comprimento de onda do fóton? Em que região do espectro eletromagnético o fóton se encontra?

Seção 43.2 Ligação nuclear e estrutura nuclear

43.6 O isótopo mais comum do urânio $^{238}_{92}U$ possui massa atômica igual a 238,050783 u. Calcule a) a perda de massa; b) a energia de ligação (em MeV); c) a energia de ligação por núcleon.

43.7 Qual é o comprimento de onda máximo de um raio γ que poderia cindir um dêuteron separando o próton e o nêutron? (Esse processo é chamado de fotodesintegração.)

43.8 Calcule a) a energia de ligação total e b) a energia de ligação por núcleo do ^{12}C. c) Que porcentagem da massa de repouso desse núcleo é a sua energia de ligação total?

43.9 Um fóton com um comprimento de onda de $3{,}50 \times 10^{-13}$ atinge um dêuteron, dividindo-o em um próton e um nêutron. a) Calcule a energia cinética liberada nessa interação. b) Supondo que duas partículas compartilhem uma energia igualmente e que suas massas sejam iguais a 1,0 u, calcule suas velocidades após a fotodesintegração.

43.10 Calcule a perda de massa, a energia de ligação (em MeV) e a energia de ligação por núcleon de a) um núcleo de nitrogênio $^{14}_{7}N$; b) de um núcleo de hélio $^{4}_{2}He$. c) Como se comparam os resultados dos itens (a) e (b)?

43.11 O isótopo mais comum do boro é o $^{11}_{5}B$. a) Calcule a energia de ligação total do $^{11}_{5}B$ pela Tabela 43.2 da Seção 43.1. b) Calcule a energia de ligação pela Equação (43.11). (Por que o quinto termo é igual a zero?) Compare com o resultado obtido no item (a). Qual é a diferença percentual entre os dois resultados? Compare a precisão da Equação (43.11) para o $^{11}_{5}B$ com a precisão para o $^{62}_{28}Ni$ (Exemplo 43.4 na Seção 43.2).

43.12 O isótopo mais comum do cobre é o $^{63}_{29}Cu$. O valor medido da massa do átomo neutro é igual a 62,929601 u. a) A partir do valor medido da massa, calcule a perda de massa e use o resultado para determinar a energia de ligação total e a energia de ligação por núcleon. b) Calcule a energia de ligação pela Equação (43.11). (Por que o quinto termo é igual a zero?) Compare com o resultado obtido no item (a). Qual é a diferença percentual entre os dois resultados? O que você conclui acerca da precisão da Equação (43.11)?

Seção 43.3 Estabilidade nuclear e radioatividade

43.13 Determine o nuclídeo produzido nos seguintes decaimentos radioativos: a) decaimento α do $^{239}_{94}Pu$; b) decaimento β^- do $^{24}_{11}Na$; c) decaimento β^+ do $^{15}_{8}O$.

43.14 a) O decaimento $n \rightarrow p + \beta^- + \bar{\nu}_e$ é energeticamente possível? Caso não seja, por que não? Do contrário, calcule a energia total liberada. b) O decaimento $p \rightarrow n + \beta^+ + \nu_e$ é energeticamente possível? Caso não seja, por que não? Caso seja, calcule a energia total libertada.

43.15 O decaimento α do ^{238}U é acompanhado de um raio γ com um comprimento de onda de 0,0248 nm. Esse decaimento se deve a uma transição do núcleo entre dois níveis de energia. Qual é a diferença de energia (em MeV) entre esses dois níveis?

43.16 O ^{238}U sofre decaimento espontâneo por emissão α até ^{234}Th. Calcule a) a energia total liberada nesse processo e b) a velocidade de recuo do núcleo de ^{234}Th. As massas atômicas são 238,050788 u para o ^{238}U e 234,043601 u para o ^{234}Th.

43.17 A massa atômica do ^{14}C é igual a 14,003242 u. Mostre que o decaimento β^- do ^{14}C é energeticamente possível e calcule a energia liberada nesse decaimento.

43.18 Qual é a partícula emitida (partícula α, elétron ou pósitron) nos seguintes decaimentos radioativos? a) $^{27}_{14}Si \rightarrow ^{27}_{13}Al$; b) $^{238}_{92}U \rightarrow ^{234}_{90}Th$; c) $^{74}_{33}As \rightarrow ^{74}_{34}Se$.

43.19 a) Calcule a energia liberada por captura de elétron no decaimento do $^{57}_{27}Co$ (Exemplo 43.7 na Seção 43.3). b) Uma quantidade desprezível de energia é transferida como energia cinética para o átomo resultante $^{57}_{26}Fe$. Cerca de 90% do tempo, o núcleo $^{57}_{26}Fe$ emite sucessivamente dois fótons de raios gama depois do processo de captura do elétron, com energias de 0,122 MeV e de 0,014 MeV quando eles decaem para o estado fundamental. Qual é a energia do neutrino emitido nesse caso?

Seção 43.4 Atividade e meia-vida

43.20 O isótopo ^{90}Sr sofre decaimento β^- com a meia-vida de 28 anos. a) Que núcleo é produzido por esse decaimento? b) Se uma usina nuclear for contaminada com ^{90}Sr, quanto tempo levará para o nível de radiação diminuir para 1,0% de seu valor inicial?

43.21 Se uma amostra de 6,13 g de um isótopo com número de massa de 124 decai a uma taxa de 0,350 Ci, qual é a sua meia-vida?

43.22 Isótopos radioativos usados na terapia do câncer têm um 'prazo de validade', como produtos farmacêuticos usados na quimioterapia. A atividade de uma amostra de ^{60}Co que acaba de ser fabricada em um reator nuclear é 5000 Ci. Quando sua atividade cai abaixo de 3500 Ci, a amostra é considerada fraca demais para ser usada em um tratamento. Você trabalha no departamento de radiologia de um grande hospital. Uma dessas fontes de ^{60}Co em seu estoque foi fabricada em 6 de outubro de 2004. Hoje é 6 de abril de 2007. A fonte ainda é utilizável? A meia-vida do ^{60}Co é 5,271 anos.

43.23 Uma amostra de 12,0 g de carbono de matéria viva decai a uma taxa de 180,0 decaimentos/min devido ao ^{14}C radioativo que contém. Qual será a taxa de decaimento dessa amostra em a) 1000 anos e b) 50000 anos?

43.24 **Traçadores radioativos.** Isótopos radioativos muitas vezes entram no corpo através da corrente sangüínea. A sua disseminação pelo corpo pode ser monitorada pela detecção do surgimento da radiação em diversos órgãos. O ^{131}I, um emissor β^- com uma meia-vida de 8,0 d é um desses traçadores. Suponha que um cientista introduza uma amostra com uma atividade de 375 Bq e observe-a espalhando-se pelos órgãos. a) Supondo que a amostra toda foi para a tireóide, qual será a taxa de decaimento dessa glândula 24 d (cerca de $3\frac{1}{2}$ semanas) depois? b) Se a taxa de decaimento na tireóide for medida 24 d depois e se obtenha o valor de 17,0 Bq, que porcentagem do traçador foi para essa glândula? c) Que isótopo permanece depois que o I-131 decai?

43.25 O trítio (^{3}H) sofre decaimento β^- com uma meia-vida de 12,3 anos. Ele é também altamente tóxico para seres vivos. a) Que núcleo é produzido no decaimento β^- do trítio? b) Suponha que gás trítio seja liberado na atmosfera em um acidente com uma usina nuclear. Quanto tempo levará para 90% do trítio se tornar não-radioativo?

43.26 Como físico credenciado na área da saúde, você é consultado a respeito de um vazamento em um laboratório de radioquímica. Vazaram 500 μCi do isótopo ^{131}Ba, que tem uma meia-vida de 12 dias. a) Que massa de ^{131}Ba vazou? b) A sua recomendação é que se abandone o laboratório até que o nível de radiação tenha caído a 1,0 μCi. Quanto tempo o laboratório terá de permanecer fechado?

43.27 Ao medir certo isótopo, verifica-se que a taxa de decaimento diminui de 8318 decaimentos/min para 3091 decaimentos/min em 4,0 dias. Qual é a meia-vida desse isótopo?

43.28 O isótopo ^{226}Ra sofre um decaimento α com uma meia-vida de 1620 anos. Qual é a atividade de 1,0 g de ^{226}Ra? Expresse a sua resposta em Bq e em Ci.

43.29 A razão entre o ^{14}C e o ^{12}C na matéria viva é medida, encontrando-se o valor de $^{14}C/^{12}C = 1,3 \times 10^{-12}$ no momento atual. Uma amostra de 12,0 g de carbono produz 180 decaimentos/min devido à pequena quantidade de ^{14}C contida. Com essa informação, calcule a meia-vida do ^{14}C.

43.30 Se você possui massa média, existem cerca de 360 milhões de núcleos em seu corpo sofrendo decaimento radioativo a cada dia. Expresse sua atividade em curies.

43.31 O nuclídeo radioativo ^{199}Pt tem meia-vida de 30,8 minutos. Uma amostra é preparada com uma atividade inicial igual a $7,56 \times 10^{11}$ Bq. a) Quantos núcleos de ^{199}Pt estão inicialmente presentes na amostra? b) Quantos estão presentes depois de 30,8 minutos? Qual é a atividade nesse instante? c) Repita o item (b) para um tempo de 92,4 minutos depois de a amostra ter sido inicialmente preparada.

43.32 **Datação com carbono radioativo.** Uma amostra de madeira de um sítio arqueológico contendo 500 g de carbono fornece 3070 decaimentos/min. Qual é a idade da amostra?

43.33 O isótopo instável ^{40}K é usado para fazer datação de amostras de rocha. Sua meia-vida é igual a $1,28 \times 10^9$ a. a) Quantos decaimentos ocorrem por segundo em uma amostra contendo $1,63 \times 10^{-6}$ g de ^{40}K? b) Qual é a atividade da amostra em curies?

Seção 43.5 Efeitos biológicos da radiação

43.34 Uma pessoa exposta a nêutrons rápidos recebe uma dose de radiação de 200 rem em parte de sua mão, o que afeta 25 g de tecido. A RBE desses nêutrons é 10. a) Quantos rad essa pessoa recebeu? b) Quantos joules de energia essa pessoa recebeu? c) Suponha que a pessoa tenha recebido a mesma dose de rad, mas de raios beta com uma RBE de 1,0 em vez de nêutrons. Quantos rem essa pessoa teria recebido?

43.35 Uma química nuclear recebe uma dose de radiação acidental de 5,0 Gy oriunda de nêutrons lentos (RBE = 4,0). O que ela recebe em rad, rem e J/Kg?

43.36 **Varrer ou não varrer?** Tornou-se uma prática popular a realização de varreduras anuais de corpo inteiro (varreduras de CT, antigamente conhecidas como varreduras de CAT) por meio de raios X, só para ver se elas detectam algo suspeito. Diversos médicos têm questionado o uso dessas varreduras, em parte devido à radiação que elas transmitem. Cada uma dessas varreduras, em geral, fornece uma dose de 12 mSv, aplicada ao *corpo todo.* Para efeitos de comparação, um raio X torácico costuma fornecer 0,20 mSv a apenas 5,0 kg de tecido. Quantos raios X torácicos transmitiriam a mesma quantidade de energia *total* ao corpo de uma pessoa de 75 kg que uma única varredura de corpo inteiro?

43.37 **Irradiação de alimentos.** Os alimentos são muitas vezes irradiados com raios X ou com feixes de elétrons para prevenir a deterioração. Uma dose baixa de 5–75 quilorads (krad) ajuda a reduzir e a matar parasitas inativos, uma dose média de 100–400 krad mata microrganismos e elementos patogênicos como a salmonela, e uma dose alta de 2300-5700 krad esteriliza o alimento de modo a poder ser armazenado sem refrigeração. a) Uma dose de 175 krad mata microrganismos deteriorantes em peixes. Se raios X fossem usados, qual seria a dose em Gy, Sv e rem, e quanta energia uma porção de peixe de 150 g absorveria? (Ver Tabela 43.3.) b) Repita a parte (a) se elétrons de 1,50 RBE forem usados em vez de raios X.

43.38 Em um acidente industrial, uma pessoa de 65 kg recebe em todo o seu corpo uma dose equivalente letal de 5,4 Sv de raios X. a) Qual é a dose equivalente em rem? b) Qual é a dose absorvida em rad? c) Qual é a energia total absorvida pelo corpo da pessoa? Como essa energia se compara com a energia necessária para elevar de 0,010 °C a temperatura de 65 kg de água?

43.39 Uma pessoa com 50 kg ingere acidentalmente 0,35 Ci de trício. a) Suponha que o trício se espalhe uniformemente pelo corpo e que cada decaimento produza na média a absorção de 5,0 keV de energia dos elétrons emitidos no decaimento. A meia-vida do trício é de 12,3 anos e a RBE dos elétrons é igual a 1,0. Calcule a dose absorvida e a dose equivalente em rem durante uma semana. b) O decaimento β^- do trício libera mais de 5,0 keV de energia. Por que a energia média absorvida é menor do que a energia total liberada no decaimento?

43.40 Uma pessoa ingere uma quantidade de uma fonte radioativa com uma vida média muito longa e atividade igual a 0,72 μCi. O material radioativo se aloja nos pulmões, onde todas as partículas α de 4,0 MeV emitidas são absorvidas em uma massa de 0,50 kg de tecido. Calcule a dose absorvida e a dose equivalente durante um ano.

Seção 43.6 Reações nucleares
Seção 43.7 Fissão nuclear
Seção 43.8 Fusão nuclear

43.41 Considere a reação nuclear

$$^{2}_{1}H + ^{14}_{7}N \rightarrow X + ^{10}_{5}B$$

onde X é um nuclídeo. a) Qual é o valor de Z e de A para o nuclídeo X? b) Calcule a energia da reação Q (em MeV). c) Se o núcleo $^{2}_{1}H$ incidir sobre um núcleo $^{14}_{7}N$ em repouso, qual será a energia cinética mínima para que a reação ocorra?

43.42 Energia de uma fusão nuclear. Calcule a energia liberada na reação de fusão

$$^{3}_{2}He + ^{2}_{1}H \rightarrow ^{4}_{2}He + ^{1}_{1}H$$

43.43 Considere a reação nuclear

$$^{2}_{1}H + ^{9}_{4}Be \rightarrow X + ^{4}_{2}He$$

onde X é um nuclídeo. a) Qual é o valor de Z e de A para o nuclídeo X? b) Qual é a energia liberada? c) Calcule a energia limite para essa reação.

43.44 Os Estados Unidos usam $1{,}0 \times 10^{19}$ J de energia elétrica por ano. Se toda essa energia viesse de uma fissão de ^{235}U, que libera 200 MeV por fissão, a) quantos quilogramas de ^{235}U seriam usados por ano e b) quantos quilogramas de urânio teriam de ser extraídos por ano para fornecer essa quantidade de ^{235}U? (Lembre que apenas 0,70% do urânio que ocorre naturalmente é ^{235}U.)

43.45 No início da Seção 43.7, é dada uma equação de um processo de fissão em que o ^{235}U é fixado por um nêutron e passa por fissão para produzir ^{144}Ba, ^{89}Kr e três nêutrons. As massas medidas desses isótopos são 235,043930 u (^{235}U), 143,922953 u (^{144}Ba), 88,917630 u (^{89}Ke) e 1,0086649 u (nêutron). a) Calcule a energia (em MeV) liberada em cada reação de fissão. b) Calcule a energia liberada por grama de ^{235}U, em MeV/g.

43.46 Considere a reação nuclear

$$^{28}_{14}Si + \gamma \rightarrow ^{24}_{12}Mg + X$$

onde X é um nuclídeo. a) Qual é o valor de Z e de A para o nuclídeo X? b) Desprezando o efeito de recuo, que energia mínima o fóton deve possuir para que essa reação ocorra? A massa de um átomo $^{28}_{14}Si$ é igual a 27,976927 u e a massa de um átomo $^{24}_{12}Mg$ é igual a 23,985042 u.

43.47 A segunda reação da cadeia próton-próton (ver Figura.43.17) produz um núcleo $^{3}_{2}He$. Um núcleo $^{3}_{2}He$ produzido dessa maneira pode se combinar com um núcleo $^{4}_{2}He$:

$$^{3}_{2}He + ^{4}_{2}He \rightarrow ^{7}_{4}Be + \gamma$$

Calcule a energia liberada nesse processo. (Essa energia é dividida entre a energia do fóton e a energia cinética de recuo do núcleo de berílio.) A massa de um átomo $^{7}_{4}Be$ é igual a 7,016929 u.

43.48 Considere a reação nuclear

$$^{4}_{2}He + ^{7}_{3}Li \rightarrow X + ^{1}_{0}n$$

onde X é um nuclídeo. a) Qual é o valor de Z e de A para o nuclídeo X? b) A energia é absorvida ou liberada? Em que quantidade?

Problemas

43.49 Use a lei da conservação da massa-energia para mostrar que a energia liberada no decaimento alfa é positiva quando a massa do átomo neutro original é maior do que a soma das massas do átomo neutro final e do átomo neutro de ^{4}He. (*Sugestão*: suponha que o núcleo-pai possua número atômico Z e número de núcleons A. Inicialmente escreva a reação em termos dos núcleos e das partículas envolvidas; a seguir some Z massas de elétrons a ambos os membros da reação e equilíbrio de modo a obter átomos neutros.)

43.50 Use a lei da conservação da massa-energia para mostrar que a energia liberada no decaimento β^- é positiva quando a massa do átomo neutro original é maior do que a massa do átomo final. (Veja a sugestão do Problema 43.49.)

43.51 Use a lei da conservação da massa-energia para mostrar que a energia liberada no decaimento β^+ é positiva quando a massa do átomo neutro original é pelo menos duas massas do elétron maior do que a massa do átomo final. (Veja a sugestão do Problema 43.49.)

43.52 Comparação da energia liberada por grama de combustível. a) Quando se queima gasolina, ocorre a liberação de $1{,}3 \times 10^{8}$ J de energia por galão (3,788 L). Considerando que a densidade da gasolina é 737 kg/m^3, expresse a quantidade de energia liberada em J/g de combustível. b) Durante a fissão, quando um nêutron é absorvido por um núcleo de ^{235}U, cerca de 200 MeV de energia são liberados por cada núcleo que sofre fissão. Expresse esse valor em J/g de combustível. c) Em uma cadeia próton-próton que ocorre em estrelas como o nosso Sol, a reação de fusão geral pode ser resumida como seis prótons se fundindo para formar um núcleo de ^{4}He com dois prótons restantes e a liberação de 26,7 MeV de energia. O combustível são os seis prótons. Expresse a energia produzida aqui em unidades de J/g de combustível. Note a grande diferença entre as duas formas de energia nuclear, por um lado, e a energia química da gasolina, por outro. d) Nosso Sol produz energia a uma taxa de $3{,}86 \times 10^{26}$ W. Se a sua massa de $1{,}99 \times 10^{30}$ kg fosse toda composta por gasolina, quanto tempo ele levaria para consumir todo o seu combustível? (*Observação histórica*: antes da descoberta da fusão nuclear e das vastas quantidades de energia que ela libera, os cientistas estavam confusos. Sabiam que a Terra tinha pelo menos vários milhões de anos de idade, mas não conseguiam explicar como o Sol podia ter sobrevivido todo esse tempo se a sua energia era proveniente da queima química.)

43.53 A massa do átomo neutro ^{24}Na determinada experimentalmente é igual a 23,99063 u. Calcule a massa usando a fórmula semi-empírica, Equação (43.12). Qual é o erro percentual do resultado em comparação com o valor experimental? Qual seria o erro percentual se o termo E_B fosse desprezado inteiramente?

43.54 O tório $^{230}_{90}Th$ decai para o rádio $^{226}_{88}Ra$ pela emissão α. As massas dos átomos neutros são 230,033127 u para o $^{230}_{90}Th$ e 226,025403 u para o $^{226}_{88}Ra$. Se o núcleo-pai do tório está em repouso, qual é a energia cinética da partícula α emitida? (Certifique-se de que você levou em consideração o recuo do núcleo-filho.)

43.55 A massa atômica do $^{25}_{12}Mg$ é igual a 24,985837 u, e a massa atômica do $^{25}_{13}Al$ é igual a 24,990429 u. a) Qual é o núcleo que dá origem ao outro? b) Que tipo de decaimento ocorrerá? Explique como você determinou isso. c) Qual é a quantidade de energia (em MeV) que é liberada no decaimento?

43.56 O isótopo do polônio $^{210}_{84}Po$ tem massa atômica 209,982857 u. Outras massas atômicas são $^{206}_{82}Pb$, 205,974449 u; $^{209}_{83}Bi$, 208,980383 u; $^{210}_{83}Bi$, 209,984105 u; $^{209}_{84}Po$, 208,982416 u; e $^{210}_{85}At$,

209,987131 u. a) Mostre que o decaimento alfa do $^{210}_{84}$Po é energeticamente possível e calcule a energia da partícula α emitida. b) O $^{210}_{84}$Po é energeticamente estável em relação à emissão de um próton? Por quê? c) E em relação à emissão de um nêutron? Por quê? d) E em relação ao decaimento β^-? Por quê? e) E em relação ao decaimento β^+? Por quê?

43.57 Irradiando a nós mesmos! O radiocarbono em nossos corpos é uma das fontes de radiação naturais. Vamos ver qual é o tamanho da dose que recebemos. O ^{14}C decai por meio de emissão β^-, e 18% da massa de nosso corpo é constituída por carbono. a) Faça um esquema do decaimento do carbono-14 e indique o produto final. (Um neutrino é também produzido.) b) Desprezando os efeitos do neutrino, quanta energia cinética (em MeV) é liberada por decaimento? A massa atômica do C-14 é 14,003242 u. (Ver Tabela 43.2.) c) Quantos gramas de carbono existem em uma pessoa de 75 kg? Quantos decaimentos por segundo esse carbono produz? d) Supondo que toda a energia liberada nesses decaimentos seja absorvida pelo corpo, quantos MeV/s e J/s o C-14 libera no corpo dessa pessoa? e) Consulte a Tabela 43.3 e use a maior RBE apropriada para as partículas envolvidas. Que dose de radiação a pessoa fornece a si própria em um ano, em Gy, rad, Sv e rem?

43.58 Radioterapia por meio de píons. Um píon neutro (π^0) tem uma massa 264 vezes maior que a massa do elétron e decaimentos com uma vida média de $8{,}4 \times 10^{-17}$ s para dois fótons. Tais píons são usados no tratamento por radiação de alguns cânceres. a) Calcule a energia e o comprimento de onda desses fótons. Em que parte do espectro eletromagnético eles se localizam? Qual é a RBE desses fótons? b) Se você quiser transmitir uma dose de 200 rem (que é a dose mais comum) em um único tratamento a 25 g de tecido de tumor, quantos mésons π^0 são necessários?

43.59 O ouro $^{198}_{79}$Au sofre um decaimento β^- para um estado excitado $^{198}_{80}$Hg. Se esse estado excitado decai por emissão de um fóton γ com energia igual a 0,412 MeV, qual é a energia cinética máxima do elétron emitido no decaimento? O máximo ocorre quando o antineutrino possui energia desprezível. (A energia de recuo do núcleo $^{198}_{80}$Hg pode ser desprezada. As massas dos átomos neutros nos seus estados fundamentais são 197,968225 u para o $^{198}_{79}$Au e 197,966752 u para o $^{198}_{80}$Hg.)

43.60 Calcule a perda de massa no decaimento β^+ do $^{11}_{6}$C. Esse decaimento é energeticamente possível? Por quê? A massa atômica do $^{11}_{6}$C é 11,011434 u.

43.61 Calcule a perda de massa no decaimento β^+ do $^{13}_{7}$N. Esse decaimento é energeticamente possível? Por quê? A massa atômica do $^{13}_{7}$N é 13,005739 u.

43.62 As medidas de atividade de uma amostra radioativa são indicadas na tabela abaixo. a) Calcule a meia-vida. b) Quantos núcleos radioativos estavam presentes na amostra no instante $t = 0$? c) Quantos estavam presentes depois de 7 h?

Tempo (h)	Decaimentos/s
0	20000
0,5	14800
1,0	11000
1,5	8130
2,0	6020
2,5	4460
3,0	3300
4,0	1810
5,0	1000
6,0	550
7,0	300

43.63 Seja $A(t)$ a atividade de uma amostra em um dado instante t e A_0 a sua atividade no instante $t = 0$; mostre que $A(t) = A_0e^{-\lambda t}$.

43.64 Mostre que a Equação (43.17) pode ser escrita na forma $N(t) = N_0\,(\frac{1}{2})^n$, onde $n = t/T_{1/2}$ é o número de meias-vidas decorridas a partir do instante $t = 0$. (Essa relação é válida mesmo quando n não é um número inteiro.)

43.65 Somos poeira de estrelas. Em 1952, linhas espectrais do elemento tecnécio-99 (^{99}Tc) foram descobertas em uma estrela gigante vermelha. Gigantes vermelhas são estrelas antigas, muitas vezes de cerca de 10 bilhões de anos e perto do fim de suas vidas. O tecnécio *não* tem isótopos estáveis, e a meia-vida do ^{99}Tc é 200.000 anos. a) Durante quantas meias-vidas o ^{99}Tc esteve na estrela gigante vermelha, se a sua idade é 10 bilhões de anos? b) Que fração do ^{99}Tc original restaria ao final desse tempo? Essa descoberta foi extremamente importante, pois forneceu provas convincentes da teoria (agora considerada verdadeira) de que a maioria dos átomos mais pesados do que o hidrogênio e o hélio foram criados dentro de estrelas por meio da termofusão nuclear e outros processos nucleares. Se o ^{99}Tc fizesse parte da estrela desde que ela nasceu, a quantidade remanescente após 10 bilhões de anos seria tão pequena que não seria detectável. Essa informação levou o falecido astrônomo Carl Sagan a declarar que "somos poeira de estrelas".

43.66 Medindo meias-vidas muito longas. Alguns radioisótopos como o samário (^{149}Sm) e o gadolínio (^{152}Gd) têm meias-vidas muito mais longas do que a idade do universo, portanto não podemos medi-las meias-vidas observando a diminuição de sua taxa de decaimento. Felizmente, existe outra forma de calcular a meia-vida, usando a Equação (43.16). Suponha que se observe que o decaimento de uma amostra de 12 g de ^{149}Sm ocorre a uma taxa de 2,65 Bq. Calcule a meia-vida da amostra em anos. (*Sugestão*: quantos núcleos existem na amostra de 12 g?)

43.67 Medidas indicam que 27,83% de todos os átomos de rubídio existentes atualmente na Terra são do isótopo radioativo ^{87}Rb. Os átomos restantes são do isótopo estável ^{85}Rb. A meia-vida do ^{87}Rb é igual a $4{,}75 \times 10^{10}$ a. Supondo que nenhum outro átomo tenha se formado desde então, qual era a porcentagem de átomos de ^{87}Rb quando nosso sistema solar foi formado, há $4{,}6 \times 10^9$ a?

43.68 Uma pessoa de 70 kg sofre uma exposição a uma radiação α com energia de 4,77 MeV. Um total de $6{,}25 \times 10^{12}$ partículas α são absorvidas. a) Qual é a dose absorvida em rad? b) Qual é a dose equivalente em rem? c) Se a fonte é de 0,0320 g de ^{226}Ra (meia-vida de 1600 a) em alguma parte do corpo, qual é a atividade da fonte? d) Se todas as partículas alfa produzidas são absorvidas, qual é o tempo necessário para que essa dose seja emitida?

43.69 Uma fonte de ^{60}Co com atividade igual a $2{,}6 \times 10^{-4}$ Ci é introduzida em um tumor com massa de 0,500 kg. A fonte emite fótons γ com energia média de 1,25 MeV. Metade dos fótons é absorvida pelo tumor e a outra metade escapa. a) Qual é a energia emitida para o tumor por segundo? b) Qual é a dose absorvida (em rad) por segundo? c) Qual é a dose equivalente (em rem) por segundo, se a RBE desses raios γ é igual a 0,70? d) Qual é o tempo de exposição necessário para uma dose equivalente de 200 rem?

43.70 A meia-vida do núcleo $^{15}_{8}$O é 122,2 s; a meia-vida do $^{19}_{8}$O é 26,9 s. Se em um dado instante uma amostra possui quantidades iguais de $^{15}_{8}$O e de $^{19}_{8}$O, qual é a razão entre o $^{15}_{8}$O e o $^{19}_{8}$O depois de (a) 4 minutos? (b) 15 minutos?

43.71 O fragmento de um osso encontrado em uma caverna que provavelmente era habitada por seres humanos primitivos contém 0,21 vezes mais ^{14}C do que o carbono existente na atmosfera no momento em que organismo ao qual o osso pertencia morreu. (Veja o Exemplo 43.9 na Seção 43.4.) Calcule a idade aproximada do fragmento.

43.72 **Um traçador oceanográfico.** Testes com armas nucleares nas décadas de 50 e 60 liberaram quantidades significativas de trítio radioativo ($^3_1$H, meia-vida 12,3 anos) na atmosfera. Os átomos de trítio ligaram-se rapidamente em moléculas de água e caíram em forma de chuva, a maior parte no oceano. Em qualquer porção dessa água contendo trítio que afunda abaixo da superfície, a quantidade de tempo durante a qual ela foi isolada da superfície pode ser calculada medindo-se a razão entre o produto do decaimento, $^3_2$He, e o trítio remanescente na água. Por exemplo, se a razão entre o $^3_2$He e o $^3_1$H em uma amostra de água é 1:1, a água permaneceu abaixo da superfície por uma meia-vida, ou aproximadamente 12 anos. Esse método forneceu aos oceanógrafos um modo conveniente de mapear os movimentos de correntes submarinas em partes do oceano. Suponha que, em uma determinada amostra de água, a razão entre o $^3_2$He e o $^3_1$H é de 4,3 para 1,0. Quantos anos atrás essa água afundou abaixo da superfície?

43.73 Considere a reação de fusão

$$^2_1\text{H} + ^2_1\text{H} \rightarrow ^3_2\text{He} + ^1_0\text{n}$$

a) Estime a barreira de energia calculando a energia potencial eletrostática da repulsão entre os dois núcleos de $^2_1$H quando eles se tocam. b) Calcule a energia liberada nessa reação em MeV e joules. c) Calcule a energia liberada *por mol* de deutério, lembrando que o gás é diatômico, e compare o resultado com o calor de combustão do hidrogênio, aproximadamente igual a $2{,}9 \times 10^5$ J/mol.

43.74 Em 1986, no desastre do reator de Chernobyl na União Soviética (atual Ucrânia), cerca de $\frac{1}{8}$ do ^{137}Cs presente no reator foi liberado. O isótopo ^{137}Cs possui uma meia-vida de 30,07 a para o decaimento β e decai com emissão de 1,17 MeV de energia por decaimento. Desse total, 0,51 MeV vai para o elétron emitido e a energia restante de 0,66 MeV vai para o raio γ. O ^{137}Cs radioativo é absorvido pelas plantas que são ingeridas por animais domésticos e pelos seres humanos. Quantos átomos de ^{137}Cs devem estar presentes em cada quilograma de tecido humano para que a dose equivalente em uma semana seja igual a 3,5 Sv? Suponha que toda energia proveniente do decaimento seja depositada naquele 1 kg e que a RBE do elétron seja igual a 1,5.

43.75 a) Prove que, quando uma partícula com massa m e energia cinética K colide com uma partícula em repouso com massa M, a energia cinética K_{cm} no sistema do centro de massa (a energia disponível para iniciar a reação) é dada por

$$K_{mín} = \frac{M}{M + m}K$$

Suponha que as energias cinéticas das partículas e dos núcleos sejam muito menores do que suas energias de repouso. b) Seja $K_{mín}$ a energia mínima ou energia limite, ou seja, a energia cinética necessária para produzir a reação endoenergética descrita no item (a); mostre que

$$K_{mín} = -\frac{M + m}{M}Q$$

43.76 Um núcleo $^{186}_{76}$Os em repouso decai pela emissão de uma partícula α de 2,76 MeV. Calcule a massa atômica do núcleo-filho produzido por esse decaimento, supondo que ele seja produzido no estado fundamental. A massa atômica do $^{186}_{76}$Os é igual a 185,953838 u.

43.77 Calcule a energia liberada na reação de fissão

$$^{235}_{92}\text{U} + ^1_0\text{n} \rightarrow ^{140}_{54}\text{Xe} + ^{94}_{38}\text{Sr} + 2^1_0\text{n}$$

Despreze a energia cinética inicial do nêutron absorvido. As massas atômicas são $^{235}_{92}$U, 235,043923 u; $^{140}_{54}$Xe, 139,921636 e $^{94}_{38}$Sr, 93,915360 u.

Problemas desafiadores

43.78 As medidas de atividade de uma amostra radioativa com diversos elementos misturados são indicadas na tabela abaixo. a) Quantos nuclídeos diferentes estão presentes na mistura? b) Quais são suas meias-vidas? c) Quantos núcleos de cada tipo estão inicialmente presentes na amostra? d) Quantos núcleos de cada tipo estão presentes para t = 5,0 h?

Tempo (h)	Decaimentos/s
0	7500
0,5	4120
1,0	2570
1,5	1790
2,0	1350
2,5	1070
3,0	872
4,0	596
5,0	414
6,0	288
7,0	201
8,0	140
9,0	98
10,0	68
12,0	33

43.79 Em uma experiência, o isótopo ^{128}I é criado irradiando-se o ^{127}I com um feixe de nêutrons que cria $1{,}5 \times 10^6$ núcleos de ^{128}I por segundo. Inicialmente não existe nenhum núcleo de ^{128}I presente. A meia-vida do ^{128}I é 25 minutos. a) Faça um gráfico do número de núcleos de ^{128}I presentes em função do tempo. b) Qual é a atividade da amostra 1, 10, 25, 50, 75 e 180 minutos depois de a irradiação começar? c) Qual é o número máximo de átomos de ^{128}I que podem ser criados na amostra depois que ela é irradiada durante um tempo muito longo? (Essa situação estacionária é chamada de *saturação*.) d) Qual é a atividade máxima que pode ser produzida?

43.80 **Radioatividade industrial.** Os radioisótopos são usados em diversas técnicas industriais de fabricação e de testes. Medidas de desgaste podem ser feitas aplicando-se o método explicado a seguir. O motor de um automóvel é produzido usando-se anéis de pistões com massa total igual a 100 g, incluindo uma radiação de 9,4 μCi de ^{59}Fe cuja meia-vida é igual a 45 dias. O motor é testado girando durante 1000 horas, e depois o óleo é drenado e sua atividade é medida. Se a atividade do óleo do motor é 84 decaimentos/s, qual foi a massa desgastada dos anéis dos pistões por hora de operação?

FÍSICA DAS PARTÍCULAS E COSMOLOGIA

44

Esta imagem do Telescópio Espacial Hubble mostra galáxias — imensos agrupamentos de estrelas, gás e poeira — espalhadas pelo cosmos como grãos de areia. Aproximadamente que fração de toda a massa e energia do universo está nessa forma de matéria 'normal'?

OBJETIVOS DE APRENDIZAGEM

Ao estudar este capítulo, você aprenderá:

- As principais variedades das partículas subatômicas fundamentais e como elas foram descobertas.
- Como os físicos usam aceleradores e detectores para sondar as propriedades de partículas subatômicas.
- As quatro maneiras pelas quais as partículas subatômicas interagem entre si.
- Como a estrutura de prótons, nêutrons e outras partículas pode ser explicada em função dos quarks.
- Como os físicos exploram os limites do modelo-padrão de partículas e interações.
- A evidência de que o universo está se expandindo e que a expansão está se acelerando.
- A história dos primeiros 380 000 anos após o Big Bang.

De que o mundo é feito? Quais são os constituintes fundamentais da matéria? Os filósofos e cientistas se fazem essas perguntas há pelo menos 2500 anos. Ainda não podemos dizer que existe uma resposta definitiva; contudo, avançamos bastante. Este capítulo final fornece uma descrição do progresso atual e das perspectivas futuras.

O título deste capítulo, "Física das partículas e Cosmologia", pode parecer estranho. As partículas fundamentais são os *menores* corpúsculos do universo, e a cosmologia estuda o *maior* conjunto de matéria existente — o próprio universo. Não obstante, veremos neste capítulo que a física de escala mais microscópica desempenha um papel essencial na determinação da natureza do universo em maior escala.

As partículas fundamentais, conforme veremos, não são entidades imutáveis. O desenvolvimento de aceleradores de partículas com energias elevadas e os detectores associados desempenharam um papel crucial na nossa compreensão emergente das partículas. Podemos classificar as partículas de diversos modos com base em suas simetrias e leis de conservação, algumas das quais são sempre válidas, enquanto outras valem somente para determinados tipos de interações. Tentaremos neste capítulo final organizar algumas idéias que conduzem às fronteiras dessa área excitante e vital das pesquisas fundamentais. Concluiremos discutindo nosso entendimento atual da natureza e da evolução do universo como um todo.

44.1 Partículas fundamentais — uma história

A idéia de que o mundo é constituído por *partículas fundamentais* tem uma longa história. Por volta de 400 a.C., os filósofos gregos Demócrito e Leucipo sugeriram que a matéria devia ser constituída por partículas indivisíveis que eles chamaram de *átomos*, palavra derivada do prefixo *a-* (não) e *tomos* (cortado ou dividido). Essa idéia permaneceu em estado de 'hibernação' até cerca de 1804, quando o cientista inglês John Dalton (1766-1844), considerado o pai da química moderna, descobriu que muitos fenômenos químicos podiam ser explicados supondo-se que qualquer elemento é constituído por átomos, encarados como blocos básicos e indivisíveis da matéria.

O elétron e o próton

No final do século XIX tornou-se claro que os átomos não são indivisíveis. A existência do espectro atômico característico de cada elemento sugeriu que os átomos possuíam uma estrutura interna, e a descoberta do *elétron*, feita por J. J. Thomson em 1897, mostrou que o átomo podia ser separado em partículas carregadas. O núcleo do hidrogênio foi identificado como um *próton* e, em 1911, os tamanhos dos núcleos foram determinados pelas experiências de Rutherford. A mecânica quântica, inclusive a equação de Schrödinger, floresceu durante os quinze anos seguintes. Os cientistas estavam começando a entender os princípios básicos da estrutura atômica, embora muitos detalhes precisassem ainda ser elaborados.

O fóton

Em 1905, Einstein explicou o efeito fotoelétrico afirmando que a energia da onda eletromagnética é quantizada; ou seja, ela se propaga através de pequenos pacotes chamados de *fótons* com energia $E = hf$. Os átomos e os núcleos podem emitir (criar) ou absorver (destruir) fótons. (Note que qualquer discussão sobre massa neste capítulo deverá considerar a massa de repouso.) Na física das partículas, um fóton é geralmente designado pelo símbolo γ (a letra grega gama.)

O nêutron

A descoberta do nêutron foi um fato crucial. Em 1930, dois físicos alemães, W. Bothe e H. Becker, observaram que, quando o berílio, o boro ou o lítio eram bombardeados com partículas α provenientes do polônio radioativo, o material do alvo emitia uma radiação muito mais penetrante do que as partículas α originais. Experiências realizadas por James Chadwick em 1932 mostraram que as partículas emitidas eram eletricamente neutras, com massa aproximadamente igual à massa do próton. Chadwick chamou essa partícula de nêutron. Um exemplo de reação como a que Bothe e Becker estudaram, usando um alvo de berílio, é

$$^{4}_{2}\text{He} + ^{9}_{4}\text{Be} \rightarrow ^{12}_{6}\text{C} + ^{1}_{0}\text{n} \quad (44.1)$$

Era difícil detectar nêutrons porque eles não possuem carga elétrica. Em conseqüência, eles produzem pouca ionização quando passam através da matéria, e não são desviados por nenhum campo elétrico nem magnético. Os nêutrons quase sempre interagem somente com os núcleos; eles podem ser freados durante o espalhamento e são capazes de penetrar nos núcleos. Os nêutrons lentos podem ser detectados por meio de uma reação nuclear na qual um nêutron é absorvido e uma partícula a é emitida. Um exemplo desse comportamento é

$$^{1}_{0}\text{n} + ^{10}_{5}\text{B} \rightarrow ^{7}_{3}\text{Li} + ^{4}_{2}\text{He} \quad (44.2)$$

A partícula α emitida pode ser facilmente detectada porque ela possui carga elétrica. Experiências posteriores revelaram que os nêutrons, como os prótons e elétrons, são partículas com spin $\frac{1}{2}$ (ver Seção 43.1).

O nêutron foi uma descoberta notável, porque esclareceu um mistério acerca da composição do núcleo. Antes de 1930 acreditava-se que a massa do núcleo era somente devida aos prótons; porém ninguém sabia explicar por que a razão entre a carga e a massa não era a mesma para todos os nuclídeos. Logo ficou claro que todos os nuclídeos (exceto o $^{1}_{1}\text{H}$) devem conter simultaneamente prótons e nêutrons. De fato, os prótons, os nêutrons e os elétrons são os blocos elementares constituintes dos átomos. Poderíamos pensar que isso fosse o final da história. Pelo contrário: tratava-se apenas do início. Essas não eram as únicas partículas, e elas podem realizar outras tarefas, além de serem blocos constituintes dos átomos.

O pósitron

O elétron positivo, ou *pósitron*, foi descoberto pelo físico norte-americano Carl D. Anderson em 1932, durante uma investigação do bombardeio da Terra por partículas cósmicas. A Figura 44.1 mostra uma fotografia histórica, feita com uma *câmara de nuvens*, um dispositivo usado para tornar visíveis os traços deixados por partículas carregadas. A câmara continha um vapor super-resfriado; os íons criados pela passagem de partículas carregadas serviam de centros de nucleação, e as gotas do líquido condensado em torno dos íons formavam um traço visível.

A câmara de nuvens ilustrada na Figura 44.1 está imersa em um campo magnético perpendicular ao plano da fotografia. A partícula passou através de uma fina placa de chumbo (que se estende da esquerda para a direita na figura)

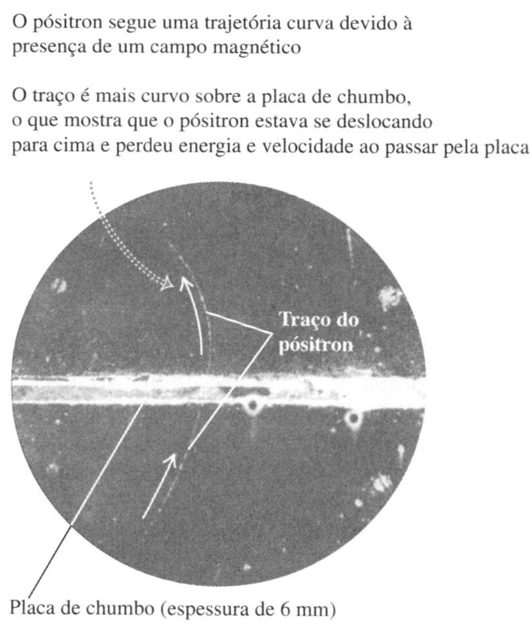

Figura 44.1 Fotografia do traço do primeiro pósitron identificado por meio de uma câmara de nuvens. Esta fotografia foi feita por Carl D. Anderson em 1932.

que está no interior da câmara. A curvatura do traço é maior acima da placa do que abaixo, mostrando que a velocidade acima da placa é menor do que a velocidade abaixo dela. Portanto, a partícula deve se mover de baixo para cima, e ela não teria energia suficiente para passar através da placa de chumbo. A espessura e a curvatura do traço sugerem que sua massa e o módulo da sua carga são iguais aos respectivos valores do elétron. Porém, a direção no sentido do campo magnético e da velocidade na equação da força magnética $\vec{F} = q\vec{v} \times \vec{B}$ mostraram que a partícula possui carga *positiva*. Anderson chamou essa partícula de *pósitron*.

Para os físicos teóricos, a descoberta do pósitron foi algo marcante. Em 1928, inglês Paul Dirac desenvolveu uma generalização relativística da equação de Schrödinger para o elétron. Na Seção 41.3 discutimos como a generalização de Dirac auxiliou na explicação do momento magnético de spin do elétron.

Uma das características intrigantes da equação de Dirac era que, para um elétron *livre*, ela previa não somente um contínuo de estados de energia maiores do que sua energia de repouso m_ec^2, como era de se esperar, mas também um contínuo de estados de energia *menores* do que sua energia de repouso $-m_ec^2$ (Figura 44.2a). Isso criou um problema. O que impediria um elétron de emitir um fóton com energia $2m_ec^2$ ou maior e pular de um estado positivo para um estado negativo? Não estava claro qual o significado desses estados com energias negativas, e não existia nenhuma maneira óbvia de garantir suas existências. A interpretação de Dirac era engenhosa, porém, ligeiramente implausível, porque afirmava que todos os estados com energias negativas estavam preenchidos com elétrons que, por alguma razão, não seriam observáveis. Então, o princípio de exclusão proibiria a transição para um estado que já estava ocupado.

Uma vacância nos estados com energias negativas atuaria como uma carga positiva, do mesmo modo que um buraco na banda de valência de um semicondutor (Seção 42.6) atua como uma carga positiva. Inicialmente, Dirac imaginou que tais vacâncias fossem prótons. Todavia, depois da descoberta de Anderson, ficou claro que as vacâncias eram observadas fisicamente como *pósitrons*. Além disso, a descrição de Dirac dos estados de energia forneceu um mecanismo para a *criação* de pósitrons. Quando um elétron em um dos estados com energia negativa absorve um fóton com energia maior do que $2m_ec^2$, ele se excita e passa para um estado positivo (Figura 44.2b), no qual ele se torna observável. A vacância deixada por ele é observada como um pósitron; o resultado é a criação de um par elétron-pósitron. Analogamente, quando um elétron em um dos estados com energia positiva pula para uma vacância, o elétron e a vacância (ou seja, o pósitron) desaparecem e ocorre a emissão de fótons (Figura 44.2c). Assim, a teoria de Dirac conduz naturalmente à conclusão de que, tal como os fótons, *os elétrons podem ser criados e destruídos*. Embora os fótons possam ser criados e destruídos individualmente, os elétrons só podem ser produzidos ou destruídos em pares de elétron-pósitron ou em associação com outras partículas. Mais tarde explicaremos por quê.

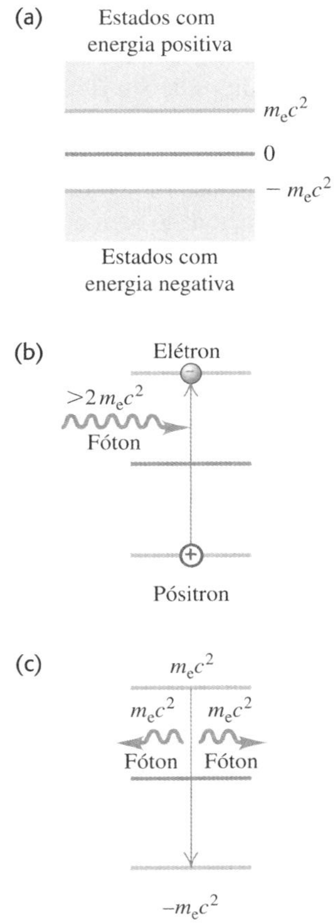

Figura 44.2 (a) Estados de energia para um elétron livre de acordo com a equação de Dirac. (b) Excitar um elétron de um estado com $E < 0$ até um com $E > 0$ corresponde a produzir um par elétron-pósitron. (c) A migração de um elétron de um estado com $E > 0$ para uma vacância no estado com $E < 0$ corresponde a aniquilar um par elétron-pósitron.

Em 1949, o físico norte-americano Richard Feynman mostrou que um pósitron pode ser descrito matematicamente como um elétron que se desloca no sentido inverso do tempo. A sua reformulação da teoria de Dirac eliminou dificuldades de cálculo envolvendo o mar infinito de estados com energias negativas e colocou os elétrons e os pósitrons no mesmo plano. No entanto, o conceito da criação e destruição de pares de elétron-pósitron foi mantido. A teoria de Dirac é inerentemente uma *teoria de muitas partículas* e forneceu as bases para uma teoria de criação e destruição de todas as partículas fundamentais.

As experiências e as teorias atuais afirmam que a massa do pósitron é igual à massa do elétron e que suas cargas possuem o mesmo módulo, porém sinais contrários.

O momento angular de spin $\vec{S}$ e o momento magnético $\vec{\mu}$ são paralelos; eles possuem sentidos contrários para o elétron. Entretanto, os módulos de $\vec{S}$ e $\vec{\mu}$ são os mesmos tanto para os elétrons quanto para os pósitrons, porque eles possuem o mesmo spin. Usamos o termo **antipartícula** para uma partícula que é relacionada com outra da mesma maneira que um pósitron é relacionado com um elétron. Cada tipo de partícula possui uma antipartícula correspondente. Para alguns tipos de partículas (necessariamente todas neutras), as partículas e antipartículas são idênticas, e podemos dizer que cada partícula é sua própria antipartícula. O fóton é um exemplo; não existe nenhum modo de distinguir um fóton de um antifóton. Usaremos os símbolos padronizados de e^- para um elétron e e^+ para um pósitron, e o termo genérico elétron poderá incluir tanto um elétron quanto um pósitron. Outras antipartículas são geralmente designadas por uma barra sobre o símbolo da partícula; por exemplo, um antipróton é designado por $\overline{p}$. Adiante veremos diversos outros exemplos de antipartículas.

Os pósitrons não ocorrem na matéria comum. Os pares elétron-pósitron são produzidos durante colisões de raios γ ou de partículas carregadas de energias elevadas com a matéria; um exemplo desse processo é a chamada *produção de pares* e^+e^- (Figura 44.3). A carga elétrica é conservada, e uma energia suficiente E deve estar disponível para levar em conta a energia de repouso $2m_ec^2$ das duas partículas. A energia mínima necessária para a produção um par elétron-pósitron é

$$E_{\text{mín}} = 2m_ec^2 = 2(9{,}109 \times 10^{-31}\text{ kg})(2{,}998 \times 10^8\text{ m/s})^2$$
$$= 1{,}637 \times 10^{-13}\text{ J} = 1{,}022\text{ MeV}$$

O processo inverso, o *aniquilamento de pares* e^+e^-, ocorre quando existe uma colisão entre um pósitron e um elétron. Ambas as partículas desaparecem e dois (ou ocasionalmente três) fótons podem surgir, com uma energia total de pelo menos $2m_ec^2 = 1{,}022$ MeV. O decaimento de um único fóton é impossível porque tal processo violaria a lei da conservação do momento linear e da conservação da energia. É mais fácil analisar um processo de aniquilamento e^+e^- no sistema de referência denominado sistema do centro de massa-momento linear, no qual o momento linear total é igual a zero. Trata-se de uma generalização relativística do *sistema do centro de massa* discutido na Seção 8.5, volume 1.

Exemplo 44.1

ANIQUILAMENTO DE PARES Um elétron e um pósitron se deslocam na mesma direção em sentidos contrários e com a mesma velocidade. Ocorre uma colisão frontal, as duas partículas se aniquilam e produzem dois fótons. Calcule a energia, o comprimento de onda e a freqüência de cada fóton sabendo que as energias cinéticas do elétron e^-, bem como a do pósitron e^+ são a) ambas desprezíveis; b) ambas iguais a 5,000 MeV. A energia de repouso de um elétron é igual a 0,511 MeV.

SOLUÇÃO

IDENTIFICAR: como nas colisões comuns que estudamos no Capítulo 8, neste processo tanto o momento linear quanto a energia são conservados.

PREPARAR: como o elétron e o pósitron estão inicialmente muito distantes, a energia potencial elétrica inicial é zero, e a energia inicial é totalmente cinética. A energia final é a soma das energias dos dois fótons. Antes da colisão, os momentos lineares do elétron e do pósitron têm o mesmo módulo e sentidos opostos; portanto, o momento linear total é zero e nós estamos no sistema do centro de massa-momento linear; o momento linear total dos dois fótons após a colisão também precisa ser zero. Encontramos a energia E de cada fóton usando a conservação da energia, a conservação do momento linear e a relação $E = pc$ para cada fóton (ver Seção 38.2). Calculamos então os comprimentos de onda e as freqüências usando as relações $E = hc/\lambda = hf$.

EXECUTAR: para que o momento linear se conserve, os dois fótons precisam ter momentos lineares de módulo igual p e sentidos opostos. Como $E = pc = hc/\lambda = hf$, os dois fótons também devem ter a mesma energia E, comprimento de onda λ e freqüência f.

Antes da colisão, a energia de cada elétron é $K + mc^2$, onde K é a sua energia cinética e $mc^2 = 0{,}511$ MeV. A equação da conservação da energia é, portanto,

$$(K + mc^2) + (K + mc^2) = E + E$$

Logo, a energia de cada fóton é $E = K + mc^2$.

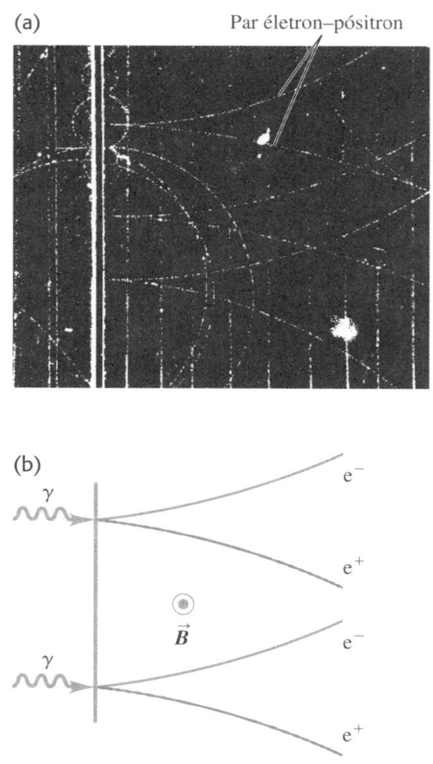

Figura 44.3 (a) Fotografia de traços na câmara de bolhas de pares elétron-pósitron produzidos quando fótons de 300 MeV colidem com uma placa de chumbo. Um campo magnético orientado para fora da fotografia faz os elétrons e os pósitrons se encurvarem em sentidos opostos.

a) Se a energia cinética K do elétron é desprezível se comparada à sua energia de repouso mc^2, então cada fóton possui uma energia $E = mc^2 = 0{,}511$ MeV. O comprimento de onda e a freqüência de cada fóton são

$$\lambda = \frac{hc}{E} = \frac{(4{,}136 \times 10^{-15}\ \text{eV} \cdot \text{s})(3{,}0 \times 10^{8}\ \text{m/s})}{0{,}511 \times 10^{6}\ \text{eV}}$$

$$= 2{,}43 \times 10^{-12}\ \text{m} = 2{,}43\ \text{pm}$$

$$f = \frac{E}{h} = \frac{0{,}511 \times 10^{6}\ \text{eV}}{4{,}136 \times 10^{-15}\ \text{eV} \cdot \text{s}} = 1{,}24 \times 10^{20}\ \text{Hz}$$

b) Agora $K = 5{,}000$ MeV para cada elétron, de modo que cada fóton tem uma energia $E = 5{,}000\ \text{MeV} + 0{,}511\ \text{MeV} = 5{,}511$ MeV. O comprimento de onda e a freqüência de cada fóton são 0,2250 pm e $1{,}333 \times 10^{21}$ Hz, respectivamente.

AVALIAR: para verificarmos nossos resultados, lembre-se, da Seção 38.2, que um fóton de luz visível com uma energia de 2 eV tem um comprimento de onda de 600 nm e uma freqüência de 5×10^{14} Hz. Cada fóton na parte (a) possui uma energia que é cerca de $2{,}5 \times 10^{5}$ vezes maior; como esperado, o comprimento de onda do fóton é menor pelo mesmo fator em que sua freqüência é maior do que a de um fóton de luz. Você pode verificar os resultados da parte (b) da mesma forma.

Os pósitrons também ocorrem no decaimento de alguns núcleos instáveis. Nesses casos, eles são chamados de partículas beta positivas β^+. Discutimos o decaimento β^+ na Seção 43.3.

Em geral, convém representar as massas das partículas em termos da massa de repouso equivalente usando a relação $m = E/c^2$. Dessa forma, as unidades de massa típicas são dadas em MeV/c^2 — como, por exemplo, $m = 0{,}511$ MeV/c^2 para a massa de repouso do elétron ou do pósitron. Usaremos muito essas unidades nos tópicos que estudaremos a seguir.

Partículas mediadoras das forças

Na física clássica, descrevemos a interação entre partículas carregadas com base na lei de Coulomb. Na mecânica quântica, podemos descrever essa interação a partir da emissão e da absorção de fótons. Dois elétrons se repelem no momento em que um emite um fóton enquanto o outro o absorve, do mesmo modo que dois patinadores podem se afastar quando um joga uma bola grande para o outro (Figura 44.4a). No caso de um elétron e um próton, para os quais as cargas são iguais e opostas e a força é de atração, imaginamos que os patinadores se atraem quando um patinador tenta puxar a bola para arrancá-la da mão do outro (Figura 44.4b). A interação eletromagnética entre duas partículas carregadas é *mediada* ou transmitida pelos fótons.

Se a interação entre partículas carregadas é intermediada por fótons, de onde vem a energia necessária para criar os fótons? Da nossa discussão sobre o princípio da incerteza (Seção 39.3), lembramos que um estado que existe durante um curto intervalo de tempo Δt apresenta uma incerteza na energia ΔE de tal modo que

$$\Delta E\, \Delta t \geq \hbar \tag{44.3}$$

Essa incerteza permite a criação de um fóton com energia ΔE, desde que a duração Δt de sua vida não seja maior do que a indicada na Equação (44.3). Denomina-se *fóton virtual* o fóton que pode existir durante um curto intervalo de tempo obedecendo ao princípio da incerteza. Imagine que exista um banco de energia; você pode pedir emprestada uma quantidade de energia, desde que a restitua dentro de um breve intervalo de tempo. De acordo com a Equação (44.3), quanto mais energia você pede emprestada, menor é o intervalo de tempo que você dispõe para restituí-la. Mais tarde descreveremos outras partículas virtuais que vivem durante intervalos de tempo pequenos com a energia 'emprestada'.

Mésons

Existem partículas mediadoras para a força *nuclear*? Em meados da década de 1930, verificou-se que a força nuclear entre dois núcleons (prótons ou nêutrons) podia ser descrita por uma energia potencial $U(r)$ com a forma geral

$$U(r) = -f^2 \frac{e^{-r/r_0}}{r} \quad \text{(energia potencial nuclear)} \tag{44.4}$$

Figura 44.4 Uma analogia sobre como as partículas agem como forças mediadoras.

A constante f caracteriza a intensidade da interação e r_0 seu alcance. A Figura 44.5 mostra um gráfico do valor absoluto dessa função e a compara com a função f^2/r, que seria análoga à interação *elétrica* de dois prótons:

$$U(r) = \frac{1}{4\pi\epsilon_0}\frac{e^2}{r} \quad \text{(energia potencial elétrica)} \quad (44.5)$$

Em 1935, o físico japonês Hideki Yukawa sugeriu que uma partícula hipotética, chamada **méson**, poderia atuar como mediadora da força nuclear. Ele mostrou que o alcance dessa força está relacionado à massa da partícula. Seu raciocínio foi mais ou menos o seguinte: a partícula deve viver durante um intervalo de tempo Δt para que ela se desloque uma distância comparável ao alcance da força nuclear. Com base nos tamanhos dos núcleos e em outras informações, sabia-se que esse alcance era aproximadamente $r_0 = 1{,}5 \times 10^{-15} = 1{,}5$ fm. Supondo que a velocidade da partícula seja comparável com c, sua vida média Δt tem de ser da ordem de

$$\Delta t = \frac{r_0}{c} = \frac{1{,}5 \times 10^{-15}\ \text{m}}{3{,}0 \times 10^8\ \text{m/s}} = 5{,}0 \times 10^{-24}\ \text{s}$$

De acordo com a Equação (44.3), a incerteza mínima necessária para a energia ΔE é

$$\Delta E = \frac{\hbar}{\Delta t} = \frac{1{,}05 \times 10^{-34}\ \text{J}\cdot\text{s}}{5{,}0 \times 10^{-24}\ \text{s}} = 2{,}1 \times 10^{-11}\ \text{J}$$
$$= 130\ \text{MeV}$$

A massa equivalente Δm dessa energia é

$$\Delta m = \frac{\Delta E}{c^2} = \frac{2{,}1 \times 10^{-11}\ \text{J}}{(3{,}0 \times 10^8\ \text{m/s})^2} = 2{,}3 \times 10^{-28}\ \text{kg}$$
$$= 130\ \text{MeV}/c^2$$

Isso equivale a cerca de 250 vezes a massa do elétron, e Yukawa postulou que uma partícula com essa massa serviria como mensageira para a força nuclear. Tratava-se de uma hipótese corajosa, pois naquela época não havia nenhuma evidência experimental da existência de tal partícula.

Um ano depois, Carl Anderson e seu colega Seth Neddermeyer descobriram na radiação cósmica duas novas partículas, agora chamadas de **múons**. O μ^- tem carga igual à do elétron, e sua antipartícula, o μ^+, possui carga positiva com mesmo módulo. Essas duas partículas possuem massas iguais, cerca de 207 vezes a massa do elétron. Contudo, logo ficou claro que os múons *não* eram as partículas de Yukawa, pois elas só interagiam com os núcleos de modo muito fraco.

Em 1947 foi descoberta uma família de três partículas, chamadas de *mésons píons*. Suas cargas eram $+e$, $-e$ e zero, e suas massas eram cerca de 270 vezes a massa do elétron. Os **píons** interagem fortemente com os núcleos e

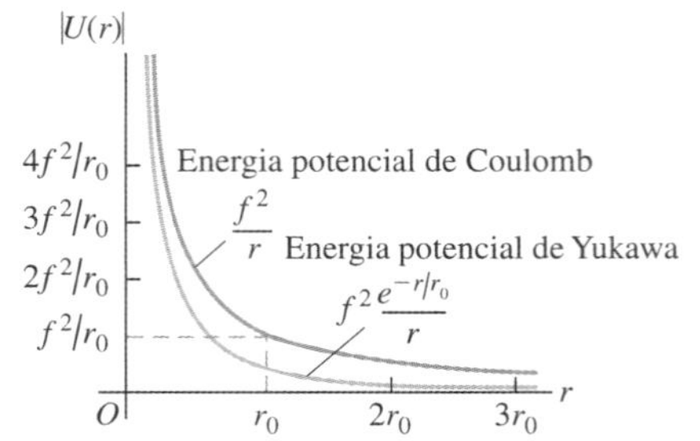

Figura 44.5 Gráfico do valor absoluto da função energia potencial de Yukawa para as forças nucleares, $|U(r)| = f^2 e^{-r/r_0}/r$. Para comparar, mostramos também a função $U(r) = f^2/r$, proporcional à energia potencial obtida pela lei de Coulomb. As duas funções são semelhantes quando r é pequeno, porém a energia potencial de Yukawa tende a zero muito mais rapidamente para valores grandes de r.

são partículas previstas por Yukawa. Outros, mésons mais pesados, como o ω e o ρ, também atuam como mensageiros de curto alcance da força nuclear. A complexidade dessa explicação sugere que ela deve ter outras bases, que envolvem os quarks e os glúons que descreveremos na Seção 44.4. Antes de prosseguir na discussão dos mésons, apresentaremos alguns aceleradores e detectores de partículas para ver como os mésons e outras partículas são criados de modo controlado e são observados.

Teste sua compreensão da Seção 44.1 Cada uma das seguintes partículas pode ser trocada entre dois prótons, dois nêutrons ou um nêutron e um próton como parte da força nuclear. Coloque as partículas em ordem do intervalo da interação que elas intermedeiam, do menor ao maior intervalo. (i) o méson π^+ (pi-mais) de massa 140 MeV/c^2; (ii) o méson ρ^+ (rô-mais) de massa 776 MeV/c^2; (iii) o méson η^0 (eta-zero) de massa 548 MeV/c^2; (iv) o méson ω^0 (ômega-zero) de massa 783 MeV/c^2. ∎

44.2 Aceleradores e detectores de partículas

Os primeiros físicos nucleares usavam em seus experimentos partículas alfa e beta provenientes da emissão de elementos radioativos naturais; porém, as energias empregadas ficavam restritas a alguns MeV disponíveis em tais decaimentos aleatórios. Os atuais aceleradores de partículas são capazes de produzir feixes controlados com precisão usando partículas, desde elétrons e pósitrons até íons pesados, com um grande intervalo de energias. Esses feixes possuem três usos principais. Primeiro, partículas com energias elevadas podem colidir e produzir novas partículas, do mesmo modo como a colisão de um elétron com um pósitron pode produzir fótons. Segundo, partículas com energias elevadas têm comprimento de onda de De Broglie muito pequeno e, portanto, podem servir como sondas para explorar as estruturas de outras partículas, assim como um microscópio eletrônico (Seção 39.4) pode fornecer uma resolução maior do que um microscópio ótico. Terceiro, esses feixes servem para produzir reações nucleares para usos médicos ou pesquisa científica.

Aceleradores lineares

Os aceleradores de partículas usam campos elétricos e campos magnéticos para acelerar e guiar feixes de partículas carregadas. Um *acelerador linear* (linac) acelera partículas em reta. Os primeiros exemplos foram os tubos de raios catódicos usados por J. J. Thomson e os tubos de raios X usados por William Coolidge. Aceleradores lineares mais sofisticados empregam uma série de eletrodos com séries vazias para fornecer uma série de fortes impulsos às partículas. Muitos aceleradores lineares modernos com energias elevadas usam uma onda eletromagnética progressiva; as partículas carregadas 'surfam' na onda de modo mais ou menos semelhante ao movimento de um surfista arrastado pelas ondas do oceano. No maior acelerador linear do mundo, em Stanford Linear Accelerator Center (SLAC), os elétrons e os pósitrons são acelerados até 50 GeV em um tubo com 3 km de comprimento. Com essa energia, o comprimento de onda de De Broglie da partícula é igual a 0,025 fm, muito menor do que o diâmetro de um próton ou de um nêutron.

O ciclotron

Muitos aceleradores empregam eletroímãs para fazer as partículas descreverem órbitas circulares. O primeiro acelerador desse tipo foi o *ciclotron*, inventado em 1931 por E. O. Lawrence e M. Stanley Livingston na Universidade da Califórnia. No ciclotron, ilustrado esquematicamente na Figura 44.6a, partículas com massa m e carga q se deslocam em uma câmara sob vácuo onde existe um campo magnético uniforme $\vec{B}$ perpendicular ao plano de sua órbita. Na Seção 27.4, no volume 3, mostramos que, em tal campo, uma partícula com velocidade v descreve uma órbita circular com raio r dado por

$$r = \frac{mv}{|q|B} \tag{44.6}$$

e com uma velocidade angular (freqüência angular) ω dada por

$$\omega = \frac{v}{r} = \frac{|q|B}{m} \tag{44.7}$$

Uma voltagem alternada é aplicada entre os dois eletrodos cilíndricos ocos D_1 e D_2 (chamados de *dês*), criando um campo elétrico na região vazia entre eles. A polaridade da diferença de potencial e do campo elétrico varia precisamente duas vezes em cada revolução (figuras 44.6b e 44.6c), de modo que a partícula recebe um novo impulso toda vez que passa pela região vazia entre os dês. Cada impulso faz aumentar sua velocidade e sua energia cinética, projetando-a para uma órbita com raio cada vez maior. A velocidade máxima $v_{máx}$ e a energia cinética máxima $K_{máx}$ são determinadas pelo raio R da maior órbita possível. Explicitando v da Equação (44.6), obtemos: $v = |q|\,Br/m$, logo, $v_{máx} = |q|\,BR/m$. Supondo velocidades não-relativísticas, obtemos:

$$K_{máx} = \frac{1}{2}mv_{máx}{}^2 = \frac{q^2B^2R^2}{2m} \tag{44.8}$$

Exemplo 44.2

UM CICLOTRON COM PRÓTONS Um ciclotron construído na década de 1930 possui uma órbita com raio máximo igual a 0,500 m, e o módulo do campo magnético é 1,50 T. Caso ele seja usado para acelerar prótons, (a) calcule a freqüência da voltagem alternada aplicada entre os dês; (b) determine a energia máxima das partículas.

SOLUÇÃO

IDENTIFICAR: a freqüência da voltagem do ciclotron deve ser igual à freqüência do movimento orbital do próton. A partícula atinge sua energia máxima quando o raio de sua órbita iguala o raio dos dês.

PREPARAR: a Equação (44.7) fornece a velocidade angular do movimento orbital do próton. A incógnita na parte (a) é a freqüência comum $f = \omega/2\pi$. A energia cinética máxima dos prótons é dada pela Equação (44.8).

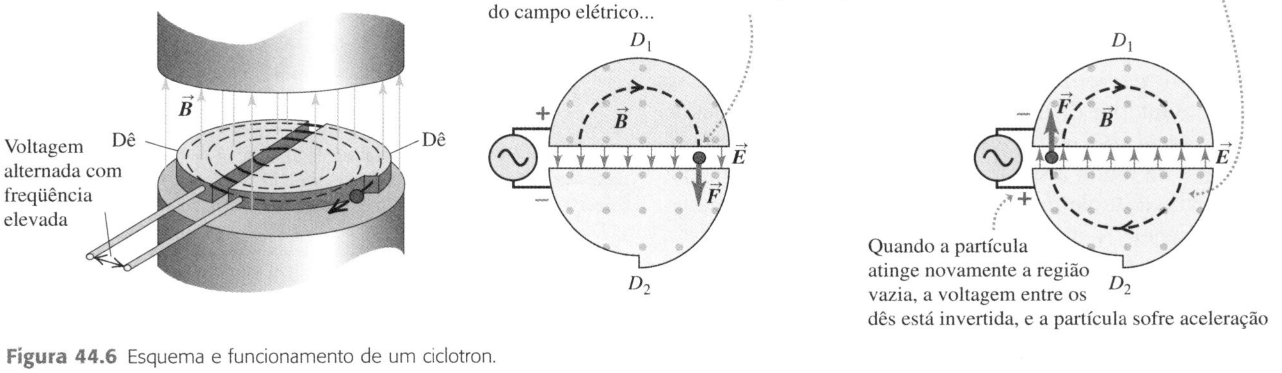

Figura 44.6 Esquema e funcionamento de um ciclotron.

EXECUTAR: (a) Para prótons, $q = 1{,}60 \times 10^{-19}$ C e $m = 1{,}67 \times 10^{-27}$ kg. Pela Equação (44.7), obtemos

$$f = \frac{\omega}{2\pi} = \frac{|q|B}{2\pi m} = \frac{(1{,}60 \times 10^{-19}\,\text{C})(1{,}50\,\text{T})}{2\pi(1{,}67 \times 10^{-27}\,\text{kg})}$$
$$= 2{,}3 \times 10^{7}\,\text{Hz} = 23\,\text{MHz}$$

b) De acordo com a Equação (44.8), a energia cinética máxima é

$$K_{\text{máx}} = \frac{(1{,}60 \times 10^{-19}\,\text{C})^2(1{,}50\,\text{T})^2(0{,}50\,\text{m})^2}{2(1{,}67 \times 10^{-27}\,\text{kg})}$$
$$= 4{,}3 \times 10^{-12}\,\text{J} = 2{,}7 \times 10^{7}\,\text{eV} = 27\,\text{MeV}$$

Essa energia, que é muito maior do que as energias disponíveis na radioatividade natural, pode produzir diversas reações nucleares interessantes.

AVALIAR: pelas equações (44.6) e (44.7), a velocidade do próton é dada por $v = 7{,}2 \times 10^{7}$ m/s, que é cerca de 25% da velocidade da luz. Para tais velocidades, os efeitos relativísticos começam a se tornar importantes. Como desprezamos esses efeitos em nossos cálculos, os resultados anteriores para f e para $K_{\text{máx}}$ apresentam erro da ordem de um por cento; por essa razão deixamos a resposta com apenas dois algarismos significativos.

A energia máxima que pode ser atingida com um ciclotron é limitada por efeitos relativísticos. A versão relativística da Equação (44.7) é

$$\omega = \frac{|q|B}{m}\sqrt{1 - v^2/c^2}$$

À medida que a velocidade da partícula aumenta, sua velocidade angular ω *diminui*, e os movimentos ficam defasados da voltagem alternada entre os dês. No *sincrociclotron*, as partículas são aceleradas por picos intermitentes de voltagem. Em cada pico, a freqüência da voltagem alternada diminui à medida que a velocidade da partícula aumenta, mantendo os movimentos com a fase correta da voltagem.

Outra limitação do ciclotron é a dificuldade de se construírem eletroímãs muito grandes. O maior sincrociclotron construído até hoje possui uma câmara sob vácuo com diâmetro igual a 8 m, e acelera prótons até energias da ordem de 600 MeV.

O sincrotron

Para atingir energias mais elevadas, outro tipo de máquina, o *sincrotron*, é mais prática. As partículas se movem no interior de uma câmara sob vácuo em forma de rosca, chamada de *anel acelerador*. O feixe de partículas é encurvado de modo a seguir uma trajetória dentro do anel por meio da ação de uma série de eletroímãs dispostos ao longo do anel. À medida que a velocidade da partícula aumenta, o campo magnético aumenta de maneira a fazer a partícula traçar sempre a mesma trajetória. O Tevatron no Fermi National Accelerator Laboratory (Fermilab) na Batavia, em Illinois, é atualmente o maior acelerador do mundo: ele pode acelerar prótons com energias de até 1 TeV (10^{12} eV). O anel acelerador tem um diâmetro de 2 km e usa eletroímãs supercondutores (Figura 44.7). Em cada ciclo da máquina, com duração de alguns segundos, o Tevatron acelera cerca de 10^{13} prótons.

Conforme dissemos na Seção 38.5, cargas aceleradas irradiam energia eletromagnética. Exemplos incluem a transmissão feita por antenas de rádio e de TV. Em um acelerador, no qual as partículas descrevem trajetórias circulares, essa radiação é geralmente chamada de *radiação sincrotron*. Os aceleradores com energias elevadas são normalmente construídos sob o solo, para oferecer proteção contra essa radiação. Do ponto de vista do acelerador, a radiação sincrotron não é desejável, visto que parte da energia fornecida para a partícula é irradiada de volta para fora. Isso pode ser minimizado fazendo-se o raio r do acelerador muito grande, de modo que a aceleração centrípeta v^2/r seja pequena. O efeito positivo é que a radiação sincrotron pode ser usada como uma fonte bem controlada de ondas eletromagnéticas com freqüências elevadas.

(a)

(b)

Figura 44.7 O maior acelerador do mundo é o Tevatron, que acelera partículas até 1 TeV (1000 GeV), situado no Fermilab, em Illinois, nos Estados Unidos. (a) Uma vista aérea do anel acelerador principal. (b) Uma seção reta do túnel principal. No anel superior original se usava um conjunto de eletroímãs convencionais, e no anel inferior novo é empregado um conjunto de eletroímãs supercondutores. Os feixes de prótons e antiprótons deslocam-se em sentidos opostos ao serem acelerados até 0,980 TeV, e então colidem em pontos de interação, tornando disponíveis 1,96 TeV para criar novas partículas.

Energia disponível

Quando um feixe de partículas com energia elevada colide com um alvo em repouso, nem toda energia cinética da partícula incidente está *disponível* para formar novas partículas. Como o momento linear deve ser conservado, as partículas resultantes da colisão devem ter algum movimento resultante e, portanto, alguma energia cinética. A discussão feita logo após o Exemplo 43.11 (Seção 43.6) apresentou um exemplo não-relativístico desse princípio. A energia máxima disponível é a energia cinética no sistema de referência no qual o momento linear total é igual a zero. Na Seção 44.1 chamamos esse referencial de sistema do *centro de massa-momento linear.* Nesse sistema a energia cinética total da colisão pode ser igual a zero, de modo que uma quantidade máxima da energia cinética inicial torna-se disponível para produzir a reação que estamos estudando.

Considere o *sistema de laboratório,* no qual a partícula de massa M está inicialmente em repouso e é bombardeada por uma partícula de massa m e energia total (incluindo sua energia de repouso) igual a E_m. Podemos mostrar que a energia disponível E_a no sistema do centro de massa-momento linear (incluindo as energias de repouso de todas as partículas) é dada por

$$E_a^2 = 2Mc^2E_m + (Mc^2)^2 + (mc^2)^2 \qquad (44.9)$$

(energia disponível)

Quando a partícula do alvo possui a mesma massa do projétil, a equação anterior reduz-se a

$$E_a^2 = 2mc^2(E_m + mc^2) \qquad (44.10)$$

(energia disponível, massas iguais)

Na *região extremamente relativística*, em que a energia cinética da partícula incidente é bem maior do que sua energia de repouso, a energia disponível é bastante limitada. Se as partículas do feixe e do alvo têm massas iguais e E_m é muito maior do que mc^2, podemos desprezar o segundo termo da soma entre parênteses na Equação (44.10). Então, E_a é

$$E_a = \sqrt{2mc^2E_m} \qquad (44.11)$$

(energia disponível, massas iguais, $E_m >> mc^2$)

Exemplo 44.3

ENERGIA LIMITE PARA A PRODUÇÃO DE PÍONS Um próton (energia de repouso igual a 938 MeV) com energia cinética K colide com outro próton em repouso. Ambos os prótons sobrevivem à interação, porém, um píon neutro (π^0, energia de repouso igual a 135 MeV) é produzido. Qual é a energia-limite (valor mínimo de K) para que esse processo ocorra?

SOLUÇÃO

IDENTIFICAR: o estado final inclui os dois fótons originais (massa m) e o píon (massa m_π). A energia limite corresponde à energia mínima no caso em que todas as três partículas estão em repouso no sistema do centro de massa-momento linear.

PREPARAR: a energia total disponível no sistema do centro de massa-momento linear deve ser pelo menos igual à energia de repouso, $2mc^2 + m_\pi c^2$. Substituindo essa expressão na Equação (44.10), encontramos a energia total E_m do próton incidente; a energia cinética K (nossa incógnita) é a energia total menos a energia de repouso do próton mc^2.

EXECUTAR: substituindo $E_a = 2mc^2 + m_\pi c^2$ na Equação (44.10), simplificando e explicitando E_m, obtemos:

$$4m^2c^4 + 4mm_\pi c^4 + m_\pi^2c^4 = 2mc^2E_m + 2(mc^2)^2$$

$$E_m = mc^2 + m_\pi c^2\left(2 + \frac{m_\pi}{2m}\right)$$

O primeiro termo na expressão de E_m é a energia de repouso do próton incidente, e os termos restantes fornecem sua energia cinética. Vemos que a energia cinética deve ser ligeiramente maior do que duas vezes a energia de repouso do píon que desejamos criar. Usando $mc^2 = 938$ MeV e $m_\pi c^2 = 135$ MeV, obtemos $m_\pi/2m = 0{,}072$. Substituindo na relação anterior, temos

$$E_m = mc^2 + (135\text{ MeV})(2 + 0{,}072) = mc^2 + 280\text{ MeV}$$

Para criar um píon com energia de repouso igual a 135 MeV, um próton incidente deve possuir uma energia cinética pelo menos igual a 280 MeV.

AVALIAR: sugerimos que você compare o resultado anterior com o resultado do Exemplo 37.12 (Seção 37.8), no qual era necessária uma energia cinética de apenas 67,5 MeV para cada próton em uma colisão frontal. Discutiremos as vantagens do uso da colisão frontal na próxima subseção.

Exemplo 44.4

AUMENTO DA ENERGIA DISPONÍVEL a) O acelerador do Fermilab foi originalmente projetado para produzir um feixe de prótons de 800 GeV (800×10^9 eV) para incidir em um alvo em repouso. Calcule a energia disponível em uma colisão próton-próton. b) Se a energia do feixe de prótons for aumentada para 980 GeV, qual é a energia disponível?

SOLUÇÃO

IDENTIFICAR: o exemplo trata da energia disponível em uma experiência de colisão com um alvo em repouso.

PREPARAR: nossa incógnita é a energia disponível E_a. Em ambas partes (a) e (b), as duas partículas são idênticas, e a energia do feixe E_m é muito maior do que a energia de repouso do próton $mc^2 = 938$ MeV = 0,938 GeV, de modo que podemos usar com segurança a Equação (44.11).

EXECUTAR: a) Quando $E_m = 800$ GeV,

$$E_a = \sqrt{2(0{,}938\text{ GeV})(800\text{ GeV})} = 38{,}7\text{ GeV}$$

b) Quando $E_m = 1000$ GeV,

$$E_a = \sqrt{2(0{,}938\text{ GeV})(980\text{ GeV})} = 42{,}9\text{ GeV}$$

AVALIAR: usando-se um próton em repouso como alvo, o aumento de 200 GeV na energia do feixe de prótons faz a energia disponível aumentar em apenas 4,6 GeV! Isso revela uma grande limitação para as experiências em que uma das partículas envolvidas na colisão está inicialmente em repouso. A seguir, descreveremos como os físicos podem superar essas limitações.

Colisão entre dois feixes

A limitação ilustrada no Exemplo 44.4 é superada em experimentos envolvendo a colisão entre dois feixes. Nessas experiências, não existe nenhum alvo em repouso; em vez disso, dois feixes de partículas que se deslocam na mesma direção e em sentidos contrários são focalizados com precisão um contra o outro, de modo que ocorram colisões frontais entre as partículas. Em geral, cada partícula colide com outra com um momento linear de mesmo módulo, mas de sentido contrário. Em conseqüência, o momento linear total é igual a zero. Assim, o sistema de laboratório coincide com o sistema do centro de massa-momento linear, e a energia disponível é ampliada. Se um dos feixes contém partículas e o outro feixe contém antipartículas (por exemplo, elétrons e pósitrons ou prótons e antiprótons), a energia disponível E_a é a energia *total* das duas partículas que colidem.

O dispositivo atualmente disponível para obter *colisões de feixes* de energia mais elevada é o Tevatron do Fermilab (Figura 44.7). Um feixe de prótons com 980 GeV (0,980 TeV) circula ao redor de um anel no sentido oposto ao de um feixe de 0,980 TeV antiprótons. São usados ímãs em vários pontos ao longo do anel para dirigir os feixes um contra o outro. A energia disponível nas colisões centrais resultantes é de 2 (0,980 TeV) = 1,96 TeV. A colisão entre esses dois feixes levou à descoberta do quark superior (ou top), que estudaremos na Seção 44.4.

Outros laboratórios que estudam colisões entre elétrons e pósitrons usam *anéis de acumulação,* nos quais os feixes de elétrons e pósitrons são mantidos circulando em sentidos opostos em um túnel circular, o que lhes dá muitas oportunidades para interagir. O maior anel de acumulação existente para colisões $e^+ e^-$ atualmente é o Grande Colisor Elétron-Pósitron (Large Electron-Positron Collider — LEP), situado em um túnel subterrâneo com 27 km de circunferência no Laboratório de Física de Partículas do Centro Europeu para Pesquisas Nucleares (Cern), em Genebra, na Suíça. A energia disponível E_a é aproximadamente igual a 180 GeV. Experiências usando um anel de acumulação de energia e^+e^- mais baixa no Centro do Acelerador Linear de Stanford (Stanford Linear Accelerator Center — SLAC) revelaram as propriedades do quark charme e foram usadas na descoberta do lépton tau, uma partícula relacionada ao elétron e ao múon. (Na Seção 44.4 veremos como os físicos sistematizam seu conhecimento dessas e de muitas outras partículas.)

Até mesmo colisões com feixes de energias mais elevadas estarão disponíveis com o Grande Colisor de Hádrons (Large Hadron Collider — LHC), no Cern, que usará o mesmo túnel utilizado pelo LEP, mas acelerando as colisões de feixes de prótons até 7 TeV cada, fornecendo uma energia disponível de 14 TeV. Será também possível provocar colisões de elétrons do LEP com prótons do LHC, o que resultará em uma energia disponível de 1,5 TeV. O LHC deve entrar em funcionamento em outubro de 2008.

Detectores

Normalmente, não podemos ver nem sentir fótons ou partículas subatômicas. Como, então, medir suas propriedades? Já foram projetados diversos dispositivos diferentes. Muitos detectores usam a ionização produzida por partículas carregadas quando elas se deslocam em sólidos, líquidos ou gases. Os íons que se formam ao longo da trajetória da partícula atuam como centros de nucleação para a formação de minúsculas gotas de líquido em um vapor supersaturado numa câmara de nuvens (Figura 44.1) ou geram minúsculas bolhas de vapor em um líquido superaquecido numa câmara de bolhas (Figura 44.3a). Em um sólido semicondutor, a ionização pode formar pares elétrons-buracos. Discutimos como detectar esses pares na Seção 42.7. Uma câmara com rede de fios processa os sinais e revela a trajetória das partículas (Figura 44.8). A fotografia do início do Capítulo 28 mostra uma rede detectora do LHC em construção. A rede completa inclui diversos detectores diferentes para medir as propriedades de partículas de diversos tipos.

Experiências com raios cósmicos

Os *raios cósmicos* são partículas provenientes de dentro e de fora da nossa galáxia que bombardeiam continuamente a Terra. Muitas dessas partículas são neutrinos, prótons e núcleos pesados com energias que variam desde menos de 1 MeV até mais de 10^{20} eV. O campo magnético da Terra e a atmosfera

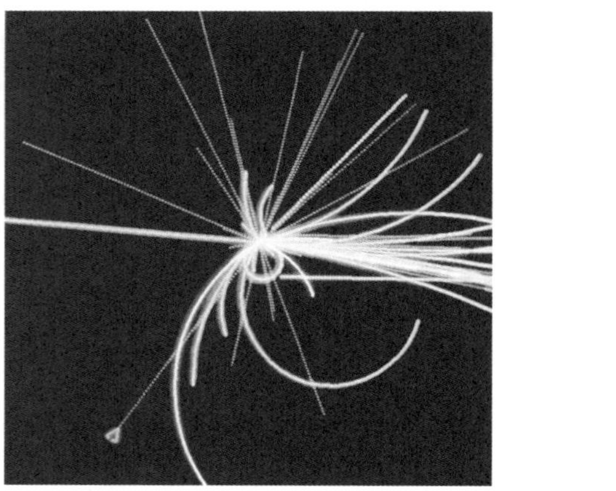

Figura 44.8 Esta imagem gerada por um computador mostra o resultado típico de uma colisão frontal entre um próton e um antipróton obtido pelo detector de colisões do Tevatron. Entre as partículas geradas em uma colisão encontram-se píons, káons, múons e outros. As partículas que possuem carga elétrica descrevem trajetórias curvas e as trajetórias retilíneas indicam partículas sem carga elétrica.

nos protegem dessas radiações. Devido a isso, contudo, as experiências sobre raios cósmicos geralmente devem ser realizadas acima da atmosfera usando-se foguetes ou balões que atingem altitudes elevadas.

Em contraste, os detectores de neutrinos devem ser colocados abaixo da superfície terrestre, em túneis e minas, ou então em locais profundos do oceano. Esse procedimento é usado para blindar a ação de outras partículas, de modo que somente neutrinos, que interagem fracamente com a matéria, possam ser detectados. Seria necessário um bloco de chumbo com profundidade igual a um ano-luz para absorver uma fração mensurável de um feixe de neutrinos. Assim, os detectores de neutrino são formados por grandes quantidades de matéria: o detector Super-Kamiokande procura por clarões de luz produzidos quando um neutrino interage em um tanque contendo 5×10^7 kg de água (ver Seção 44.5).

Os raios cósmicos foram relevantes nas primeiras experiências da física das partículas e fornecem informações importantes para o estudo do universo. Embora os raios cósmicos sejam uma fonte de partículas com energias elevadas que não dependem da construção de aceleradores muito caros, a maioria dos físicos usa aceleradores porque as partículas de raios cósmicos com alta energia são escassas e distribuídas de modo aleatório.

Teste sua compreensão da Seção 44.2 Em uma experiência de colisão de feixes, um elétron de 90 GeV sofre uma colisão frontal com um pósitron de 90 GeV. O elétron e o pósitron se aniquilam um ao outro, formando um único fóton virtual, que então se transforma em outras partículas. O fóton virtual obedece à mesma relação $E = pc$ a que os fótons reais obedecem? ∎

44.3 Interações entre partículas

Mencionamos o conjunto de partículas subatômicas que eram conhecidas desde 1947: fótons, elétrons, pósitrons, prótons, nêutrons, múons e píons. Desde então, centenas de outras partículas foram descobertas em experiências com aceleradores. A ampla maioria das partículas conhecidas são *instáveis* e decaem, transformando-se espontaneamente em outras partículas. Partículas de todos os tipos, estáveis ou instáveis, podem ser criadas ou destruídas em interações entre partículas. Cada uma dessas interações envolve a troca de partículas virtuais, que existem à custa de energia emprestada conforme o princípio da incerteza.

Embora o mundo das partículas subatômicas e suas interações seja complexo, alguns resultados importantes trazem ordem e simplicidade ao aparente caos. Uma simplificação-chave é que existem apenas quatro tipos fundamentais de interações, cada uma mediada ou transmitida pela troca de certas partículas virtuais características. Além disso, nem todas as partículas respondem a todos os tipos de interação. Nesta seção, examinaremos as interações fundamentais mais de perto e veremos como os físicos classificam as partículas em função das formas como elas interagem.

As quatro forças e suas partículas mediadoras

Na Seção 5.5, descrevemos os quatro tipos fundamentais de forças ou interações (Figura 44.9). Em ordem decrescente de intensidade elas são:

1. a interação forte,
2. a interação eletromagnética,
3. a interação fraca e
4. a interação gravitacional.

A interação *eletromagnética* e a interação *gravitacional* são familiares na física clássica. Ambas são caracterizadas pela dependência com $1/r^2$ da distância. Nesses dois casos, as partículas mediadoras têm massa zero e são partículas comuns estáveis. A partícula mediadora da interação eletromagnética é o fóton, que possui spin igual a 1. (Isso significa que o seu número quântico de spin é $s = 1$, então o módulo de seu momento angular de spin é $S = \sqrt{s(s+1)}\hbar = \sqrt{2}\hbar$.) A partícula mediadora da interação gravitacional é o *gráviton*, com spin igual a 2 ($s = 2$, $S = \sqrt{s(s+1)}\hbar = \sqrt{6}\hbar$), o qual ainda não foi observado experimentalmente porque a interação gravitacional é muito mais fraca do que a interação eletromagnética. Por exemplo, a força de atração gravitacional entre dois prótons é cerca de 10^{36} vezes menor do que a força de repulsão elétrica entre eles. A interação gravitacional

Figura 44.9 As ligações que mantêm nosso corpo unido decorrem das interações fundamentais que existem na natureza. Os núcleos existentes em nosso corpo são mantidos por interações fortes. As interações eletromagnéticas fazem com que os elétrons e os núcleos se liguem formando átomos, com que os átomos se liguem formando moléculas e com que as moléculas se liguem formando nosso corpo.

é importante na estrutura das estrelas e para o estudo da estrutura do universo em grande escala, mas seu papel não é relevante nas interações entre as partículas nas energias em que elas são geralmente obtidas.

As outras duas forças são menos familiares. A chamada *interação forte* é responsável pelas forças nucleares e também pela produção de píons e de diversas outras partículas em colisões com energias elevadas. No nível mais fundamental, a partícula mediadora da interação forte é o *glúon*. Contudo, a força entre dois núcleons é mais facilmente entendida considerando-se o méson uma partícula mediadora. Na Seção 44.4 discutiremos o glúon, uma partícula sem massa com spin 1.

A Equação (44.4) é uma possível função energia potencial para a força nuclear. A intensidade da interação é descrita pela constante f^2, que possui dimensão de energia vezes distância. Uma base melhor para comparação com outras forças é dada por $f^2/\hbar c$, chamada de *constante de acoplamento* da interação considerada. (Convidamos você a verificar que essa razão é um número puro e, portanto, tem sempre o mesmo valor em qualquer sistema de unidades.) O comportamento experimental das forças nucleares sugere que $f^2/\hbar c \approx 1$. A constante de acoplamento adimensional da interação *eletromagnética* é

$$\frac{1}{4\pi\epsilon_0}\frac{e^2}{\hbar c} = 7{,}297 \times 10^{-3} = \frac{1}{137{,}0} \tag{44.12}$$

A interação forte é aproximadamente 100 vezes mais forte do que a interação eletromagnética; contudo, ela cai mais fortemente com a distância do que com $1/r^2$.

A quarta interação denomina-se interação *fraca*. Ela é responsável pelo decaimento beta, tal como a conversão de um nêutron em um próton, um elétron e um antineutrino. Ela também é responsável pelo decaimento de muitas partículas instáveis (píons se transformando em múons, múons em elétrons, e assim por diante). Suas partículas mediadoras são as partículas de vida muito curta W^+, W^- e Z^0. A existência dessas partículas foi confirmada em experiências realizadas no Cern, em 1983, que renderam a Carlo Rubbia e Simon van der Meer o Prêmio Nobel em 1984. As partículas W^+, W^- e Z^0 possuem spin igual a 1, tal como o glúon, porém, elas não são partículas sem massa. Na verdade, elas têm massas muito elevadas, da ordem de 80,4 GeV/c^2 para as partículas W^+ e W^-, e de 91,2 GeV/c^2 para a Z^0. Como essas partículas mediadoras possuem massas enormes, a interação fraca apresenta um alcance muito mais curto do que o da interação forte. O nome dessa interação se justifica porque ela é cerca de 10^9 mais fraca do que a interação forte.

A Tabela 44.1 compara as características principais dessas quatro interações fundamentais.

Mais partículas

Na Seção 44.2 mencionamos que, mediante estudos dos raios cósmicos, os múons foram descobertos em 1937, e os píons, em 1947. As cargas elétricas dos múons e dos píons carregados têm o mesmo módulo da carga e do elétron. O múon positivo μ^+ é a antipartícula do múon negativo μ^-. Cada uma dessas partículas possui spin $\frac{1}{2}$ e massa aproximadamente igual a $207m_e = 106$ MeV/c^2. Os múons são instáveis. Eles decaem com uma vida média de $2{,}2 \times 10^{-6}$ s, dando origem a um elétron com o mesmo sinal, um neutrino e um antineutrino.

Existem três tipos de píons, todos com spin 0; eles *não* apresentam momento angular de spin. O π^+ e π^- possuem massas de $273m_e = 140$ MeV/c^2. Os múons são instáveis; π^+ e π^- decaem com uma vida média de $2{,}6 \times 10^{-8}$ s, dando origem a um múon com o mesmo sinal e a um neutrino para o π^+ e um antineutrino para o π^-. O π^0 tem massa ligeiramente menor, $264m_e = 135$ MeV/c^2, e decai com uma vida média de $8{,}4 \times 10^{-17}$ s, dando origem a dois fótons. A antipartícula do π^+ é π^- e vice-versa, ao passo que o π^0 é sua própria antipartícula. (Ou seja, não existe nenhuma distinção entre a partícula e a antipartícula do π^0.)

Suspeitava-se da existência do *antipróton* $\overline{\text{p}}$ desde a descoberta do pósitron. O $\overline{\text{p}}$ foi encontrado em 1955, quando pares próton-antipróton ($\text{p}\overline{\text{p}}$) foram criados pelo feixe de prótons de 6 GeV no laboratório do Bevatron na Universidade da Califórnia, em Berkeley. Logo a seguir, foi descoberto o *antinêutron* $\overline{\text{n}}$. Depois de 1960, com o desenvolvimento de detectores sofisticados e de aceleradores que produziam partículas com energias elevadas, houve uma verdadeira avalanche de novas partículas instáveis. Para descrevê-las e classificá-las, precisamos de uma pequena avalanche de novos termos.

Tabela 44 .1 As quatro interações fundamentais

Interação	Força Relativa	Alcance	Partícula mediadora: Nome	Massa	Carga	Spin
Forte	1	Curto (~1 fm)	Glúon	0	0	1
Eletromagnética	$\frac{1}{137}$	Longo ($1/r^2$)	Fóton	0	0	1
Fraca	10^{-9}	Curto (~0,001 fm)	$W^{\pm}$, Z^0	80,4; 91,2 GeV/c^2	$\pm e$, 0	1
Gravitacional	10^{-38}	Longo ($1/r^2$)	Gráviton	0	0	2

Inicialmente, as partículas foram classificadas segundo a massa em três categorias: (1) léptons ('partículas leves' tais como os elétrons); (2) mésons ('partículas intermediárias', tais como os píons) e (3) bárions ('partículas pesadas', tais como os núcleons e partículas com massas mais elevadas). Contudo, esse esquema foi superado por outro mais útil, no qual as partículas são classificadas com base em suas *interações*. Por exemplo, os *hádrons* (que incluem mésons e bárions) possuem interações fortes, e os *léptons* não.

Nas próximas discussões, também distinguiremos entre os **férmions**, partículas com spins semi-inteiros, e os **bósons**, de spins inteiros. Os férmions obedecem ao princípio da exclusão, no qual se baseia a distribuição de Fermi-Dirac (Seção 42.5). Os bósons não obedecem ao princípio da exclusão e possuem outro tipo de função de distribuição, a chamada distribuição de Bose-Einstein.

Léptons

A família do **lépton**, que não possui interação forte, abrange seis partículas: o elétron (e^-) e seu neutrino (ν_e), o múon (μ^-) e seu neutrino (ν_μ) e a partícula tau (τ^-) e seu neutrino (ν_τ). Cada uma dessas seis partículas apresenta uma antipartícula distinta. Todos os léptons têm spin $\frac{1}{2}$ e, portanto, são férmions. A família dos léptons é mostrada na Tabela 44.2. Cada partícula tau possui massa igual a 3478 m_e = 1777 MeV/c^2. A partícula tau e os múons são instáveis; um τ^- geralmente decai dando origem a um μ^- mais um neutrino tau e um antineutrino do elétron. Um μ^- decai transformando-se em um elétron mais um neutrino múon e um antineutrino do elétron. Essas partículas possuem uma vida média relativamente longa, porque seus decaimentos são intermediados pela interação fraca. Apesar de ambos possuírem carga nula, o neutrino é diferente do antineutrino; o momento angular de spin de um neutrino tem um componente de sentido contrário ao de seu momento linear, enquanto em um antineutrino esse componente é paralelo ao seu momento linear. Como os neutrinos são tão difíceis de serem observados, os físicos só conseguiram fixar limites superiores às massas de repouso do ν_e, do ν_μ e do ν_τ. Até recentemente, acreditava-se que todos os neutrinos possuíam massa de repouso igual a zero; já existem, contudo, fortes evidências indicando que a sua massa de repouso é muito pequena, mas não é nula. Voltaremos a esse assunto e suas implicações posteriormente.

Os léptons obedecem a um *princípio de conservação*. Correspondendo aos três pares de léptons, existem três números de léptons L_e, L_μ e L_τ. Ao elétron e^- e seu neutrino ν_e atribuímos o valor $L_e = 1$, e às suas antipartículas e^+ e $\overline{\nu}_e$ atribuímos o valor $L_e = -1$. Atribuímos valores correspondentes de L_μ e L_τ às partículas μ, τ e seus respectivos neutrinos. **Em todas as interações, cada número de léptons é conservado separadamente.** Por exemplo, no decaimento do μ^- os números de léptons são

$$\begin{array}{ccccccc} \mu^- & \rightarrow & e^- & + & \overline{\nu}_e & + & \nu_\mu \\ L_\mu = 1 & & L_e = 1 & & L_e = -1 & & L_\mu = 1 \end{array}$$

Os princípios de conservação anteriores não apresentam nenhuma contrapartida na física clássica.

Exemplo 44.5

CONSERVAÇÃO DO NÚMERO DE LÉPTONS Verifique a conservação do número de léptons nos seguintes decaimentos:

(a) $\mu^+ \rightarrow e^+ + \nu_e + \overline{\nu}_\mu$

(b) $\pi^- \rightarrow \mu^- + \overline{\nu}_\mu$

(c) $\pi^0 \rightarrow \mu^- + e^+ + \nu_e$

SOLUÇÃO

IDENTIFICAR: para que o número de léptons se conserve, cada uma das grandezas L_e, L_μ e L_τ deve ter o mesmo valor antes e depois do decaimento.

PREPARAR: procuramos na Tabela 44.2 os números dos léptons L_e, L_μ e L_τ de cada partícula e então comparamos o valor total de cada número de lépton antes e depois do processo.

EXECUTAR: em cada um dos três decaimentos, não existe nenhuma partícula τ nem nenhum neutrino τ, logo, $L_\tau = 0$ antes e depois dos decaimentos; portanto existe conservação do número L_τ.

a) Os números de léptons iniciais são $L_e = 0$ e $L_\mu = -1$. Os números de léptons finais são $L_e = -1 + 1 + 0 = 0$ $L_\mu = 0 + 0 + (-1) = -1$. Todos os números de léptons são conservados.

b) Todos os números de léptons são inicialmente iguais a zero (o π^- não é um lépton). Os valores finais são $L_\mu = 1 + (-1) = 0$ e $L_e = 0$. Todos os números de léptons são conservados.

c) Os números de léptons L são iguais a zero; no estado final temos $L_e = 0 + (-1) + 1 = 0$ e $L_\mu = 1 + 0 + 0 = 1$. Logo, L_μ não é conservado.

AVALIAR: os decaimentos (a) e (b), que obedecem à conservação do número de léptons, são observados na natureza. O decaimento

Tabela 44.2 Os seis léptons

Nome da partícula	Símbolo	Antipartícula	Massa (MeV/c^2)	L_e	L_μ	L_τ	Tempo de vida (s)	Decaimento principal
Elétron	e^-	e^+	0,511	+1	0	0	Estável	
Neutrino elétron	ν_e	$\overline{\nu}_e$	$<3 \times 10^{-6}$	+1	0	0	Estável	
Múon	μ^-	μ^+	105,7	0	+1	0	$2{,}20 \times 10^{-6}$	$e^-\overline{\nu}_e\nu_\mu$
Neutrino múon	ν_μ	$\overline{\nu}_\mu$	<0,19	0	+1	0	Estável	
Tau	τ^-	τ^+	1777	0	0	+1	$2{,}9 \times 10^{-13}$	$\mu^-\overline{\nu}_\mu\nu_\tau$ ou $e^-\overline{\nu}_e\nu_\tau$
Neutrino tau	ν_τ	$\overline{\nu}_\tau$	<18,2	0	0	+1	Estável	

(c), que viola a conservação de L_μ, *nunca* foi observado. Os físicos usaram esses e muitos outros resultados experimentais para deduzir o princípio de que todos os três números de léptons devem ser conservados

Hádrons

O **hádron**, que possui interação forte, constitui uma família mais complexa do que a do lépton. Cada hádron possui uma antipartícula, geralmente designada com uma barra superior, como, por exemplo, o antipróton $\overline{p}$. Existem duas subclasses de hádrons: os *mésons* e os *bárions*. A Tabela 44.3 mostra alguns tipos de hádrons atualmente conhecidos. (Discutiremos o significado da *estranheza* e do *teor de quark* no final desta seção e na próxima.)

Os mésons incluem os píons — que já foram mencionados —, os mésons K ou *káons*, os mésons η e outros que discutiremos adiante. Os mésons possuem spin igual a 0 ou 1 e, portanto, são bósons. Não existe nenhum méson estável; todos decaem formando partículas com massas menores, e os decaimentos devem obedecer às leis de conservação.

O **bárion** constitui uma família formada pelos núcleons e diversas partículas chamadas de *híperons*, que incluem as partículas Λ, Σ, Ξ e Ω. Essas partículas se parecem com núcleons, porém têm massas mais elevadas. Os bárions possuem spin semi-inteiro e, portanto, são férmions. O único bárion estável é o próton; um nêutron livre decai formando um próton e os híperons decaem formando outros híperons ou núcleons por meio de diversos processos. Os bárions obedecem ao princípio de *conservação do número de bárions*, análogo ao princípio de conservação do número de léptons e que também não encontra nenhuma contrapartida na física clássica. Atribuímos um número de bárion $B = 1$ a cada bárion (p, n, Λ, Σ e assim por diante) e um número de bárion $B = -1$ a cada antibárion ($\overline{p}$, $\overline{n}$, $\overline{\Lambda}$, $\overline{\Sigma}$ e assim por diante).

Em todas as interações existe conservação do número de bárions.

Esse princípio explica a razão pela qual o número de massa A permaneceu constante em todas as reações nucleares estudadas no Capítulo 43.

Exemplo 44.6

CONSERVAÇÃO DO NÚMERO DE BÁRIONS Quais das seguintes reações obedecem ao princípio de conservação do número de bárions?

(a) $n + p \rightarrow n + p + p + \overline{p}$

(b) $n + p \rightarrow n + p + \overline{p}$

SOLUÇÃO

IDENTIFICAR: este exemplo é similar ao Exemplo 44.5: basta comparar o número total de bárions antes e depois do processo.

PREPARAR: a Tabela 44.3 mostra todos os números de bárions necessários.

EXECUTAR: em ambas as reações, o número de bárions no estado inicial é igual a 1 +1 = 2.

a) O número de bárions no estado final é 1 + 1 + 1 + (–1) = 2. O número de bárions é conservado.

b) O número de bárions no estado final dessa reação é 1 + 1 + (–1) = 1. O número de bárions *não* é conservado.

Tabela 44.3 Alguns hádrons e suas propriedades

Partícula	Massa (MeV/c^2)	Razão das cargas, Q/e	Spin	Número de bárions, B	Estranheza, S	Vida média (s)	Modos de decaimento típicos	Teor de Quark
Mesons								
π^0	135,0	0	0	0	0	$8{,}4 \times 10^{-17}$	$\gamma\gamma$	$u\overline{u}, d\overline{d}$
π^+	139,6	+1	0	0	0	$2{,}60 \times 10^{-8}$	$\mu^+\nu_\mu$	$u\overline{d}$
π^-	139,6	−1	0	0	0	$2{,}60 \times 10^{-8}$	$\mu^-\overline{\nu}_\mu$	$\overline{u}d$
K^+	493,7	+1	0	0	+1	$1{,}24 \times 10^{-8}$	$\mu^+\nu_\mu$	$u\overline{s}$
K^-	493,7	−1	0	0	−1	$1{,}24 \times 10^{-8}$	$\mu^-\overline{\nu}_\mu$	$\overline{u}s$
η^0	547,3	0	0	0	0	$\approx 10^{-18}$	$\gamma\gamma$	$u\overline{u}, d\overline{d}, s\overline{s}$
Bárions								
p	938,3	+1	$\frac{1}{2}$	1	0	Estável	—	*uud*
n	939,6	0	$\frac{1}{2}$	1	0	886	$pe^-\overline{\nu}_e$	*udd*
Λ^0	1116	0	$\frac{1}{2}$	1	−1	$2{,}63 \times 10^{-10}$	$p\pi^-$ ou $n\pi^0$	*uds*
Σ^+	1189	+1	$\frac{1}{2}$	1	−1	$8{,}02 \times 10^{-11}$	$p\pi^0$ ou $n\pi^+$	*uus*
Σ^0	1193	0	$\frac{1}{2}$	1	−1	$7{,}4 \times 10^{-20}$	$\Lambda^0\gamma$	*uds*
Σ^-	1197	−1	$\frac{1}{2}$	1	−1	$1{,}48 \times 10^{-10}$	$n\pi^-$	*dds*
Ξ^0	1315	0	$\frac{1}{2}$	1	−2	$2{,}90 \times 10^{-10}$	$\Lambda^0\pi^0$	*uss*
Ξ^-	1321	−1	$\frac{1}{2}$	1	−2	$1{,}64 \times 10^{-10}$	$\Lambda^0\pi^-$	*dss*
Δ^{++}	1232	+2	$\frac{3}{2}$	1	0	$\approx 10^{-23}$	$p\pi^+$	*uuu*
Ω^-	1672	−1	$\frac{3}{2}$	1	−3	$8{,}2 \times 10^{-11}$	Λ^0K^-	*sss*
Λ_c^+	2285	+1	$\frac{1}{2}$	1	0	$2{,}0 \times 10^{-13}$	$pK^-\pi^+$	*udc*

AVALIAR: a reação (a) pode ocorrer e ocorre, desde que haja energia suficiente disponível na colisão n + p. A reação (b), que viola o princípio da conservação, nunca foi observada. Você consegue demonstrar que esta reação viola também a lei da conservação da carga elétrica?

Exemplo 44.7

CRIAÇÃO DE UM ANTIPRÓTON Um antipróton pode ser produzido bombardeando-se um alvo de próton em repouso (hidrogênio líquido) com um feixe de prótons. Calcule a energia mínima necessária para que essa reação ocorra.

SOLUÇÃO

IDENTIFICAR: a reação deve satisfazer a conservação do número de bárions, da carga e da energia.

PREPARAR: como o alvo e os prótons incidentes são de massa igual e o alvo está em repouso, calculamos a energia mínima E_m do próton incidente com a Equação (44.10).

EXECUTAR: a lei da conservação da carga e a conservação do número de bárions proíbe a criação de um antipróton; este deve ser criado por meio da formação de pares de próton-antipróton. A reação apropriada é

$$\mathrm{p} + \mathrm{p} \rightarrow \mathrm{p} + \mathrm{p} + \mathrm{p} + \overline{\mathrm{p}}$$

Para que essa reação ocorra, a energia disponível mínima E_a dada pela Equação (44.10) é a energia final $4mc^2$. Substituindo na Equação (44.10), obtemos

$$(4mc^2)^2 = 2mc^2(E_m + mc^2)$$
$$E_m = 7mc^2$$

AVALIAR: a energia E_m da partícula incidente inclui sua energia de repouso mc^2, de modo que a energia *cinética* mínima deve ser igual a $6mc^2$ = 6(938 MeV) = 5,63 GeV.

A procura do antipróton foi uma das principais razões para a construção do Bevatron na Universidade da Califórnia, em Berkeley, que produz um feixe com energia igual a 6 GeV. A pesquisa teve êxito, e, em 1959, Emilio Segrè e Owen Chamberlain receberam o Prêmio Nobel pela descoberta.

Estranheza

Os mésons K e os híperons Λ e Σ foram descobertos no final da década de 1950. Por causa de seu comportamento não-usual, eles são chamados de partículas *estranhas*. Elas foram produzidas em colisões de partículas com energias elevadas, tais como π^- + p, e o méson K e um híperon foram sempre produzidos *juntos*. A taxa relativamente elevada da produção dessas partículas sugeriu que elas fossem decorrentes de uma interação *forte*; contudo, suas vidas médias relativamente curtas sugeriam um processo semelhante ao decaimento com interação *fraca*. Verificou-se que o K^0 possuía *duas* vidas médias, uma aproximadamente igual a 9×10^{-11} s e outra com uma duração aproximadamente 600 vezes maior. Os mésons K seriam hádrons com uma interação forte ou não?

A busca de respostas para essa pergunta levou os físicos a introduzirem uma nova grandeza chamada **estranheza**. O número quântico de estranheza $S = -1$ foi atribuído aos híperons Λ^0 e $\Sigma^{\pm,0}$, e para os mésons associados K^0 e K^+ foi atribuído o número quântico de estranheza S = +1. As antipartículas correspondentes possuem estranhezas opostas, $S = +1$ para os híperons $\overline{\Lambda}^0$ e $\overline{\Sigma}^{\pm,0}$ e $S = -1$ para $\overline{K}^0$ e K^-. A estranheza é *conservada* em processos de produção, tais como

$$\mathrm{p} + \pi^- \rightarrow \Sigma^- + \mathrm{K}^+$$
$$\mathrm{p} + \pi^- \rightarrow \Lambda^0 + \mathrm{K}^0$$

O processo

$$\mathrm{p} + \pi^- \rightarrow \mathrm{p} + \mathrm{K}^-$$

não conserva a estranheza, e não ocorre.

Quando as partículas estranhas decaem individualmente, em geral a estranheza *não é* conservada. Processos típicos incluem

$$\Sigma^+ \rightarrow \mathrm{n} + \pi^+$$
$$\Lambda^0 \rightarrow \mathrm{p} + \pi^-$$
$$\mathrm{K}^- \rightarrow \pi^+ + \pi^- + \pi^-$$

Em cada um desses decaimentos, a estranheza inicial é 1 ou –1, e o valor final é igual a zero. As observações feitas com todas essas partículas mostraram que *a estranheza é conservada em processos envolvendo interações fortes, porém, ela pode variar de uma ou duas unidades nas interações fracas*. O número quântico de estranheza não possui nenhuma contrapartida na física clássica.

ATENÇÃO Estranheza *versus* spin Cuidado para não confundir o símbolo S da estranheza com o símbolo idêntico do módulo do momento angular de spin.

Leis de conservação

O decaimento de partículas estranhas fornece um primeiro exemplo de uma lei de conservação condicional, ou seja, uma lei que é obedecida em algumas interações, porém, em outras não. Vamos fazer uma revisão de todas as leis de conservação que conhecemos e verificar quais são as conclusões que podemos obter a partir delas.

Diversas leis de conservação são respeitadas em *todas* as interações. Estas incluem as leis familiares da conservação da energia, do momento linear, do momento angular e da carga elétrica. Elas são chamadas de *leis de conservação absolutas*. O número de bárions e os três números de léptons também são conservados em todas as interações. A estranheza é conservada em interações eletromagnéticas e nas interações fortes, porém, *não* é conservada em todas as interações fracas.

Duas outras grandezas, que são conservadas apenas em algumas interações, são úteis para a classificação de partículas e de suas interações. Uma delas é o *isospin*, uma grandeza usada para descrever a independência da carga nas interações fortes. A outra é a *paridade*, que compara o comportamento de um sistema com sua imagem especular. O isospin é conservado nas interações fortes, que são independentes da carga elétrica, porém, não é conservado nas interações eletromagnéticas nem nas interações fracas. (A interação eletromagnética certamente não é independente da carga.) A paridade é conservada em interações eletromagnéticas e nas interações fortes, mas não nas interações fracas. Os físicos chineses T. D. Lee e C. N. Yang receberam o Prêmio Nobel em 1957 por terem desenvolvido as bases teóricas da não-conservação da paridade nas interações fracas.

A discussão anterior mostra que as leis de conservação fornecem outra ferramenta para classificar as partículas e suas interações. Cada lei de conservação também é associada a uma propriedade de simetria do sistema. Um exemplo familiar é o momento angular. Quando um sistema está em um ambiente com *simetria* esférica, não pode haver nenhum torque atuando sobre ele, porque a direção do torque violaria a simetria. Nesse tipo de sistema o momento angular é *conservado*. Quando uma lei de conservação é violada, dizemos que o processo envolveu *uma interação com quebra de simetria.*

Teste sua compreensão da Seção 44.3 Pela conservação da energia, uma partícula de massa m e energia de repouso mc^2 só pode decair se os produtos do decaimento tiverem uma massa total menor do que m. (A energia restante vai para a energia cinética dos produtos do decaimento.) Um próton pode decair e transformar-se em mésons de massa menor? ❚

44.4 Quarks e o modelo com simetria de oito modos

Os léptons formam um conjunto bastante curioso: três partículas e três neutrinos, cada um com sua respectiva antipartícula e uma lei de conservação que relaciona seus números. Os físicos acreditam que os léptons sejam genuinamente partículas fundamentais. Contudo, a família do hádron exibe um comportamento diferente da família do lépton. A Tabela 44.3 contém apenas alguns exemplos de um conjunto com mais de cem hádrons que já foram descobertos desde 1960, e tornou-se claro que essas partículas *não* representam o nível mais fundamental da estrutura da matéria.

Nosso conhecimento presente da estrutura dos hádrons se baseia em uma hipótese feita em 1964 pelo físico norte-americano Murray Gell-Mann e colaboradores. Por essa hipótese, os hádrons não são partículas fundamentais, mas estruturas compostas cujos constituintes são férmions com spin $\frac{1}{2}$ chamados de **quarks**. Cada bárion é constituído por três quarks (qqq), cada antibárion é constituído por três antiquarks ($\overline{qqq}$) e cada méson é constituído por um par quark-antiquark ($q\overline{q}$). A Tabela 44.3 da seção anterior fornece o teor de quarks de diversos hádrons. A introdução de outros tipos de composições não parece ser necessária. Esse esquema impõe para os quarks cargas com módulo de $\frac{1}{3}$ e $\frac{2}{3}$ do valor da carga do elétron e, a qual se imaginava que fosse a menor unidade de carga. Cada quark tem também um valor fracionário de $\frac{1}{3}$ para seu número de bárions B e cada antiquark possui o valor $-\frac{1}{3}$ para seu número de bárions. Nos mésons, um quark e um antiquark se combinam fornecendo um número de bárions igual a zero e podem ter momentos angulares de spins paralelos formando um méson com spin 1 ou antiparalelos formando um méson com spin 0. Analogamente, três quarks e um bárion se combinam com número de bárions igual a 1 e podem formar um bárion com spin $\frac{1}{2}$ ou um bárion com spin $\frac{3}{2}$.

Três quarks originais

A primeira teoria sobre quarks (1964) incluía três tipos (chamados de *sabores*) de quarks, designados pelos símbolos u (*up*), d (*down*) e s (*strange*). Suas principais propriedades são resumidas na Tabela 44.4. Os antiquarks correspondentes $\overline{u}$, $\overline{d}$ e $\overline{s}$ possuem valores opostos para Q, B e S. Os prótons, os nêutrons, os mésons π e K e diversos híperons podem ser formados a partir desses três quarks. Por exemplo, o teor de quark do próton é uud. Examinando a Tabela 44.4, vemos que a soma dos valores de Q/e é igual a 1 e a soma dos valores do número de bárions B também é igual a 1, como era esperado. O teor para o nêutron é udd, sendo $Q = 0$ e $B = 1$. O méson π^+ é $u\overline{d}$, sendo $Q/e = 1$ e $B = 0$ e o méson K^+ é $u\overline{s}$. Conferindo os valores de S para o teor de quark, verificamos que o próton, o nêutron e o méson π^+ possuem estranheza igual a 0 e o méson K^+ possui estranheza igual a 1, concordando com os valores da Tabela 44.3. O antipróton é $\overline{p} = \overline{u}\overline{u}\overline{d}$, o píon negativo é $\pi^- = \overline{u}d$ e assim por diante. O teor de quarks também pode ser usado para explicar as propriedades dinâmicas dos

Tabela 44.4 Propriedades dos três quarks originais

Símbolo	Q/e	Spin	Número de bárions, B	Estranheza, S	Charme, C	Inferioridade, B'	Superioridade T
u	$\frac{2}{3}$	$\frac{1}{2}$	$\frac{1}{3}$	0	0	0	0
d	$-\frac{1}{3}$	$\frac{1}{2}$	$\frac{1}{3}$	0	0	0	0
s	$-\frac{1}{3}$	$\frac{1}{2}$	$\frac{1}{3}$	-1	0	0	0

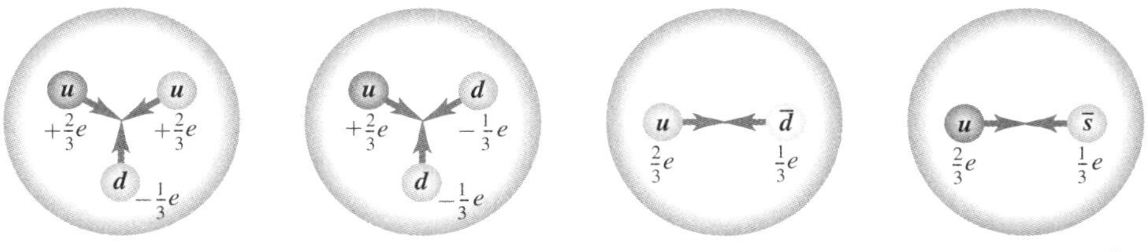

Figura 44.10 Teor de quarks para quatro hádrons. As diversas combinações de cores necessárias para a neutralidade do colorido não são indicadas.

hádrons, tais como seus estados excitados e seus momentos magnéticos. A Figura 44.10 mostra o teor de quarks de dois bárions e de dois mésons.

Exemplo 44.8

DETERMINANDO O TEOR DE QUARK DE BÁRIONS Sabendo que elas contêm somente $u, d, s, \bar{u}, \bar{d}$ e/ou $\bar{s}$, determine o teor de quarks das partículas a) Σ^+ b) $\overline{\Lambda}^0$. As partículas Σ^+ e $\overline{\Lambda}^0$ são bários com estranheza $S = -1$.

SOLUÇÃO

IDENTIFICAR: utilizamos a idéia de que a carga total de cada bárion é a soma das cargas individuais dos quarks. O mesmo acontece com o número de bárions e a estranheza.

PREPARAR: usamos as propriedades dos quarks dadas na Tabela 44.4.

EXECUTAR: os bárions são compostos por três quarks; quando $S = -1$, um e somente um dos três deve ser um quark s.

a) A partícula Σ^+ possui $Q/e = +1$, logo, os outros dois quarks devem ser u. Portanto, o teor de quarks da partícula Σ^+ é uus.

b) Inicialmente calculamos o teor de quarks da partícula Λ^0. Para que a carga total seja nula, os outros dois quarks devem ser u e d. Assim, o teor de quarks da partícula $\overline{\Lambda}^0$ é uds. $\overline{\Lambda}^0$ é a antipartícula de $\overline{\Lambda}^0$; logo, seu teor de quarks é $\bar{u}\bar{d}\bar{s}$.

AVALIAR: note que, embora Λ^0 e $\overline{\Lambda}^0$ sejam ambas eletricamente neutras e tenham a mesma massa, essas partículas são diferentes: em Λ^0, $B = 1$ e $S = -1$, enquanto em $\overline{\Lambda}^0$, $B = -1$ e $S = 1$.

Razões para o modelo do quark

O que levou os físicos a acreditar que os hádrons deveriam apresentar uma estrutura composta por partículas menores? O momento magnético do nêutron (Seção 43.1) foi uma das primeiras razões. Na Seção 27.7, no volume 3, aprendemos que o momento magnético era produzido por uma corrente circulando (movimento de uma carga elétrica). Contudo, o nêutron não possui *nenhuma* carga, ou, mais precisamente, nenhuma carga *total*. Ele seria constituído por partículas menores com carga total igual a zero. O movimento dessas partículas no interior do nêutron poderia fornecer o seu surpreendente momento magnético. Para verificar essa hipótese 'observando' o interior de um nêutron, precisamos de uma sonda cujo comprimento de onda seja muito menor do que o diâmetro de um nêutron, que é da ordem de um fentômetro. Tal sonda não deveria ser influenciada pela interação forte, para não interagir com o nêutron, de modo que ela penetrasse no nêutron e pudesse interagir eletromagneticamente com as supostas partículas menores. Uma sonda com essas propriedades poderia ser um elétron com energia acima de 10 GeV. Em experiências realizadas no SLAC, tais elétrons foram espalhados por nêutrons e por prótons, o que ajudou a provar que os núcleons são efetivamente compostos por partículas elementares com cargas fracionárias e spin $\frac{1}{2}$.

Simetria de oito modos

As considerações de simetria desempenham um papel crucial na teoria das partículas. Vejamos dois exemplos. Considere os oito bárions com spin $\frac{1}{2}$ que mencionamos: os familiares p e n, os estranhos Λ^0, Σ^+, Σ^0 e Σ^- e a dupla de estranhos Ξ^0 e Ξ^-. Na Figura 44.11 mostramos para cada um deles um gráfico da estranheza S em função do valor da carga Q. O resultado é uma configuração hexagonal. Na Figura 44.12 mostramos um gráfico semelhante obtido com os nove mésons com spin 0 (seis deles indicados na Tabela 44.3 mais três outros não incluídos nessa tabela); as partículas se distribuem ao longo da mesma configuração hexagonal! Em cada configuração, a massa de cada partícula está dentro de um intervalo de $\pm 200\ \text{MeV}/c^2$ em torno do valor da massa média do gráfico, com variações produzidas pelas diferenças de massas dos quarks e das energias potenciais internas.

A simetria evidenciada por essas e outras configurações simétricas foram chamadas coletivamente de **simetria de oito modos**. Ela foi descoberta em 1961 por Murray Gell-Mann e independentemente por Yu'val Ne'eman. (O nome é uma referência aos *Oito Caminhos Nobres*, um conjunto de princípios do budismo para uma vida saudável.) Uma configuração semelhante para os bárions com spin $\frac{3}{2}$ contém *dez* partículas, distribuídas ao longo de uma figura triangular semelhante à figura formada pelos alvos do jogo de boliche. Quando essa configuração foi

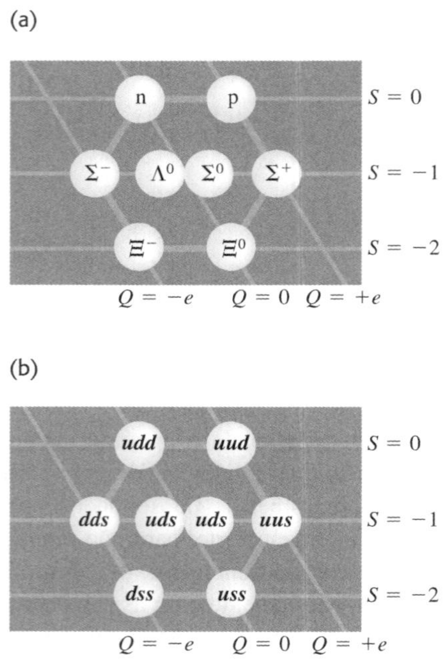

Figura 44.11 (a) Gráfico dos valores de *S* e *Q* para os bárions com spin $\frac{1}{2}$ mostrando a configuração com a simetria de oito modos. (b) Teor de quarks de cada bárion com spin $\frac{1}{2}$. Os teores de quarks das partículas Λ^0 e Σ^0 são os mesmos; Σ^0 corresponde a um estado excitado da partícula Λ^0 e pode nela ser convertida por meio de um decaimento, emitindo um fóton.

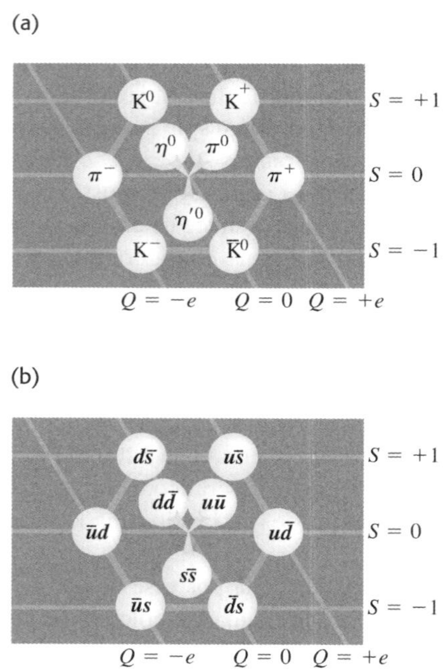

Figura 44.12 (a) Gráfico dos valores de *S* e *Q* de nove mésons com spin 0, mostrando a configuração com a simetria de oito modos. Cada partícula possui uma antipartícula no vértice oposto do hexágono; cada partícula no centro da configuração é sua própria antipartícula. (b) Teor de quarks de cada méson com spin 0. As partículas do centro são misturas diferentes dos três pares de quarks-antiquarks indicados.

inicialmente verificada, ainda não se conhecia uma das partículas. Mesmo assim, Gell-Mann batizou-a (como Ω^-), previu as propriedades que ela deveria ter e orientou os pesquisadores a respeito de como encontrá-la. Três anos mais tarde essa partícula foi encontrada em uma experiência realizada no laboratório de Brookhaven, nos Estados Unidos, uma confirmação espetacular da teoria de Gell-Mann. O conjunto desses eventos faz lembrar a história de como Mendeleev usou as vacâncias da tabela periódica para prever os elementos ainda não descobertos e guiar os químicos em sua busca.

O que liga um quark a outro? A interação atrativa entre os quarks é mediada por um bóson sem massa com spin 1 chamado de **glúon**, de modo semelhante àquele pelo qual os fótons medeiam a interação eletromagnética ou os píons mediavam a interação núcleon-núcleon na antiga teoria de Yukawa.

A cor

Os quarks, que possuem spin $\frac{1}{2}$, são férmions e, portanto, obedecem ao princípio de exclusão. Aparentemente, isso proibiria um bárion de possuir dois ou três quarks com o

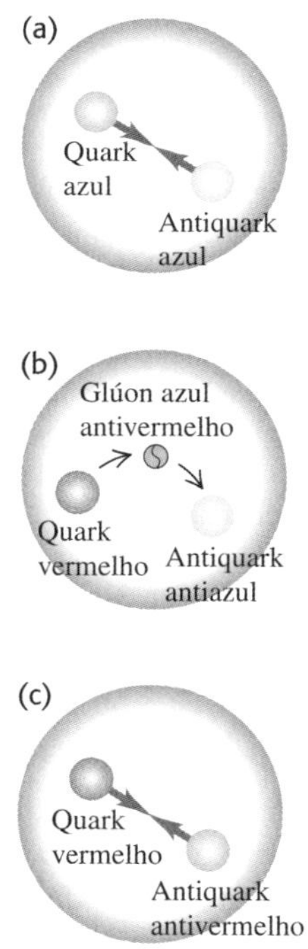

Figura 44.13 (a) Um píon contendo um quark azul e um antiquark antiazul. (b) O quark azul emite um glúon azul antivermelho, dando origem a um quark vermelho. (c) O glúon é absorvido pelo antiquark antiazul, dando origem a um antiquark antivermelho. O píon agora contém um par quark-antiquark vermelho-antivermelho. O estado quântico efetivo do píon é uma superposição de pares vermelho-antivermelho, verde-antiverde e azul-antiazul.

mesmo sabor e o mesmo componente de spin. Para contornar essa dificuldade, supomos que cada quark apresente três variedades, chamadas curiosamente de *cor*. Azul, verde e vermelho são geralmente as cores escolhidas. O princípio de exclusão se aplica separadamente para cada cor. Um bárion sempre contém um quark vermelho, um verde e um azul, de modo que o bárion em si não possui nenhuma cor efetiva. Cada glúon exibe uma combinação de cor-anticor (por exemplo, azul antivermelho) que permite que ele transmita uma cor quando é trocado, e a cor é conservada durante a emissão e absorção de um glúon por um quark. No processo de troca de glúons, as cores dos quarks variam, de modo que existe sempre um quark de cada cor em qualquer bárion. A cor de um quark individual varia continuamente à medida que o quark troca glúons.

Processos semelhantes ocorrem em mésons tal como nos píons. Os pares de quarks-antiquarks dos mésons possuem cores que se cancelam (por exemplo, o azul e o antiazul), de modo que nenhum méson apresenta nenhuma cor efetiva. Suponha que um píon inicialmente seja constituído por um quark azul e por um antiquark antiazul. O quark azul pode se transformar em um quark vermelho emitindo um glúon virtual antivermelho. A seguir o glúon é absorvido pelo antiquark antiazul, convertendo-o em um antiquark antivermelho (Figura 44.13). A cor é conservada em cada emissão e absorção, porém um par azul-antiazul deu origem a um par vermelho-antivermelho. Essas variações ocorrem continuamente, de modo que devemos imaginar um píon como uma superposição de três estados quânticos, azul-antiazul, verde-antiverde e vermelho-antivermelho. Na Seção 44.3 dissemos que em uma escala mais elevada a interação forte entre dois núcleons pode ser produzida pela troca de mésons virtuais. Em termos de quarks e glúons, esses mésons mediadores virtuais são sistemas de quarks-antiquarks ligados mediante a troca de glúons.

A teoria das interações fortes é chamada de *cromodinâmica quântica* (QCD). Ninguém ainda foi capaz de isolar um quark individual para estudo. Muitas teorias do tipo QCD descrevem fenômenos associados à ligação de quarks que indicam a impossibilidade da observação de quarks individuais. Um grande número de evidências experimentais comprovam a validade da estrutura de quarks dos hádrons e indica que a cromodinâmica quântica é a chave para explicar a interação forte.

Mais três quarks

Antes da descoberta das partículas tau, existiam quatro léptons conhecidos. Esse fato, juntamente com as enigmáticas taxas de decaimento, sugeriu a possibilidade da existência de um quarto sabor de quarks. Esse quark foi designado pela letra $\boldsymbol{c}$ (o quark com *charme*); ele possui o valor $Q/e = \frac{2}{3}$, $B = \frac{1}{3}$, $S = 0$ e um novo número quântico **charme** $C = +1$. Em 1974, essa hipótese foi confirmada em experiências feitas no SLAC e no laboratório de Brookhaven que revelaram um méson, chamado de ψ, com massa igual a 3097 MeV/c^2. Verificou-se que esse méson apresentava diversos modos de decaimento, dando origem a pares e^+e^-, $\mu^+\mu^-$ ou hádrons. Verificou-se também que a vida média era da ordem de 10^{-20} s. Esses resultados eram consistentes com a hipótese de que a partícula ψ era um sistema com spin 1 $\boldsymbol{c\bar{c}}$. Imediatamente depois dessa descoberta, mésons semelhantes com massas mais elevadas foram observados e identificados como estados excitados do sistema $\boldsymbol{c\bar{c}}$. Alguns anos mais tarde, também foram observados mésons individuais com número quântico de charme diferente de zero. Esses mésons, D^0 ($\boldsymbol{c\bar{u}}$) e D^+ ($\boldsymbol{c\bar{d}}$), bem como seus estados excitados, agora estão estabelecidos com firmeza. Um bárion com charme, Λ_c^+ (***udc***), também foi observado.

Em 1977, um méson com massa igual a 9460 MeV/c^2, chamado de ípsilon (Υ), foi descoberto em Brookhaven. Como ele possui propriedades semelhantes ao ψ, imaginou-se que na realidade esse méson seria o sistema ligado de um novo quark, $\boldsymbol{b}$ (o quark inferior, ou *bottom*), juntamente com seu antiquark, $\boldsymbol{\bar{b}}$. O quark inferior apresenta o valor 1 para um novo número quântico B' (que não deve ser confundido com o número de bárions B), chamado de *inferioridade* ou *bottomness*. Os estados excitados da partícula Υ logo foram observados e agora os mésons B^+ ($\boldsymbol{\bar{b}u}$) e B^0 ($\boldsymbol{\bar{b}d}$) já estão bem estabelecidos.

Como existem cinco sabores de quarks (***u***, ***d***, ***s***, ***c*** e ***b***) e seis sabores de léptons (e, μ, τ, ν_e, ν_μ e ν_τ), pela simetria da natureza seria uma hipótese razoável supor que deveria existir um *sexto*. Esse quark, designado pela letra *t* (*top*, ou seja, superior), deveria possuir $Q/e = \frac{2}{3}$, $B = \frac{1}{3}$ e um novo número quântico $T = 1$. Em 1995, grupos usando dois dife-

Tabela 44.5 Propriedades dos seis quarks

Símbolo	Q/e	Spin	Número de bárions, B	Estranheza, S	Charme, C	Inferioridade, B'	Superioridade T
u	$\frac{2}{3}$	$\frac{1}{2}$	$\frac{1}{3}$	0	0	0	0
d	$-\frac{1}{3}$	$\frac{1}{2}$	$\frac{1}{3}$	0	0	0	0
s	$-\frac{1}{3}$	$\frac{1}{2}$	$\frac{1}{3}$	-1	0	0	0
c	$\frac{2}{3}$	$\frac{1}{2}$	$\frac{1}{3}$	0	$+1$	0	0
b	$-\frac{1}{3}$	$\frac{1}{2}$	$\frac{1}{3}$	0	0	$+1$	0
t	$\frac{2}{3}$	$\frac{1}{2}$	$\frac{1}{3}$	0	0	0	$+1$

rentes detectores no Tevatron do Fermilab anunciaram a descoberta do quark superior, ou *top*. Os grupos produziram colisões de feixes de prótons de 0,9 TeV com antiprótons de 0,9 TeV, porém, mesmo com uma energia disponível de 1,8 TeV, um par top/antitop ($t\bar{t}$) era detectado em cerca de apenas duas em cada 10^{11} colisões! Na Tabela 44.5 indicamos algumas propriedades dos seis quarks. Cada quark possui um antiquark correspondente com valores opostos dos números quânticos Q, B, S, C, B' e T.

Teste sua compreensão da Seção 44.4 É possível existir um bárion com carga $Q = +e$ e estranheza $S = -2$? ▮

44.5 O modelo-padrão e modelos futuros

As partículas e as interações que discutimos neste capítulo fornecem uma visão razoável dos blocos constituintes fundamentais da natureza. Existe bastante confiança na precisão da visão da física contida no chamado **modelo-padrão**.

O modelo-padrão inclui três famílias de partículas: (1) os seis léptons, que não apresentam interações fortes; (2) os seis quarks, que são os blocos constituintes de todos os hádrons, e (3) as partículas mediadoras das diversas interações. As partículas mediadoras são os glúons para as interações fortes entre os quarks, os fótons para as interações eletromagnéticas, as partículas $W^{\pm}$ e Z^0 para as interações fracas e os grávitons para as interações gravitacionais.

Interação eletrofraca

Os físicos teóricos sonham há muito tempo com a possibilidade da unificação de todas as interações da natureza. Como primeira etapa, Einstein passou grande parte dos anos finais de sua vida tentando elaborar uma teoria de campo capaz de unificar a gravitação com o eletromagnetismo. Ele obteve um êxito apenas parcial.

Entre 1961 e 1967, Sheldon Glashow, Abdus Salam e Steven Weinberg desenvolveram uma teoria que unifica a interação fraca com a interação eletromagnética. Um dos resultados da **teoria eletrofraca** que eles elaboraram foi a previsão de que os bósons $W^{\pm}$ e Z^0 seriam as partículas mediadoras para as interações fracas, incluindo a previsão dos valores das massas dessas partículas. A idéia básica é que a diferença de massa entre os fótons (massa zero) e os bósons fracos (massa $\approx$ 100 GeV/c^2) faz com que as interações eletromagnéticas e fracas se comportem de modo diferente em energias baixas. Contudo, com energias suficientemente elevadas (acima de 100 GeV), a distinção desaparece, e as duas se fundem em uma única interação. As previsões foram confirmadas em experiências realizadas em 1983 por dois grupos experimentais que trabalhavam com o acelerador para colisões $p\bar{p}$ no Cern, conforme mencionamos na Seção 44.3. Os bósons fracos foram descobertos, novamente com a ajuda da descrição teórica, e suas massas medidas concordaram com as previsões feitas pela teoria eletrofraca — uma bela convergência entre a teoria e a experiência. A teoria eletrofraca e a cromodinâmica quântica formam a espinha dorsal do modelo-padrão. Glashow, Salam e Weinberg receberam o Prêmio Nobel em 1979.

Uma dificuldade que ainda perdura é que os fótons não possuem massa, porém, os bósons fracos possuem massas elevadas. Para levar em conta a quebra da simetria entre esses dois mediadores das interações, foi proposta uma partícula chamada de bóson de Higgs. A massa prevista para essa partícula é da ordem de 1 TeV/c^2, porém, para produzi-la em laboratório, seria necessária uma energia disponível muito mais elevada. A procura da partícula (ou partículas) de Higgs será uma das tarefas propostas para o LHC do Cern.

Teoria da grande unificação

Talvez, em energias suficientemente elevadas, haja uma convergência entre a interação eletrofraca e a interação forte, do mesmo modo que existe convergência entre a interação fraca e a eletromagnética. Caso isso seja verdade, é possível comprovar uma unificação entre a interação fraca, a interação eletromagnética e a interação forte. Esse esquema, chamado de **teoria da grande unificação** (GUT), é fortemente baseado em considerações de simetria e ainda está em fase de pesquisa.

Uma característica interessante da teoria da grande unificação é que ela prevê o decaimento do próton (violando a conservação do número de bárions) com uma vida média estimada em mais de 10^{28} anos. (Para comparar, sabemos que a idade do universo é da ordem de 10^{10} anos.) Com uma vida média de 10^{28} anos, seis toneladas de prótons teriam a probabilidade de um decaimento por dia, portanto, uma quantidade muito grande de matéria teria de ser examinada. Alguns detectores de neutrinos mencionados na Seção 44.2 tentaram, sem sucesso, obter evidência do decaimento do próton. Contudo, os trabalhos experimentais continuam e as estimativas recentes fornecem uma vida média de 10^{30} anos para o decaimento do próton. Outras teorias do tipo GUT prevêem a existência dos monopolos magnéticos que mencionamos no Capítulo 27, volume 3. Até o momento, ainda não há experiências confiáveis que revelem a existência de monopolos magnéticos livres, porém as pesquisas continuam.

No modelo-padrão, o neutrino possui massa de repouso igual a zero. Um valor diferente de zero para essa massa é um assunto controvertido, porque as experiências destinadas a medir a massa do neutrino são difíceis de realizar e de analisar. Em algumas teorias do tipo GUT, o neutrino *deve* ter massa diferente de zero. Caso os neutrinos tenham massa, podem ocorrer transições chamadas de *oscilações do neutrino*, em que um tipo de neutrino (ν_e, ν_μ ou ν_τ) se transforma em outro tipo. Em 1998, usando o detector de neutrino Super-Kamiokande no Japão, cientistas anunciaram uma oscilação entre o neutrino

Figura 44.14 Esta foto mostra o interior do detector de neutrino Super-Kamiokande, no Japão. Quando em operação, ele é cheio com 10^8 kg de água. Um neutrino entrando no detector pode produzir uma fraca cintilação luminosa, que pode ser ampliada pelos 13 mil tubos fotomultiplicadores distribuídos ao longo das paredes do detector. Dados obtidos nesse detector foram os primeiros indícios de que os neutrinos possuem massa.

múon e o neutrino tau. Essa descoberta é a primeira evidência sólida de uma nova e excitante física que vai além do conteúdo do modelo-padrão.

As oscilações do neutrino talvez possam esclarecer um mistério sobre o fluxo de neutrinos provenientes do Sol. Desde a década de 1960 os físicos têm usado detectores sensíveis para pesquisar os neutrinos elétrons produzidos pelas reações de fusão nuclear que ocorrem na camada central do Sol (veja a Seção 43.8). Embora esses *neutrinos solares* sejam detectados, o fluxo detectado é apenas uma fração do valor previsto. Uma hipótese para resolver esse mistério foi sugerida em 2002 pelos físicos utilizando o Observatório de Neutrinos de Sudbury, que detecta neutrinos de todos os três sabores. Os resultados revelaram que o fluxo combinado de neutrinos solares de *todos* os sabores é igual à previsão teórica do fluxo de neutrinos de *elétron*. A explicação para isso é que o Sol está, na verdade, produzindo neutrinos de elétron à taxa prevista pela teoria, mas dois terços desses neutrinos de elétrons são transformados em neutrinos múon ou tau durante sua viagem do núcleo do Sol até um detector na Terra.

A supersimetria e a TOE (teoria de todas as coisas)

O sonho mais ambicioso dos teóricos é a unificação das quatro interações fundamentais, acrescentando a gravitação à interação forte e à interação eletrofraca que estão incluídas na GUT. Essa teoria unificada foi pitorescamente chamada de Teoria de Todas as Coisas (conhecida pela sigla TOE). Um ingrediente essencial dessas teorias é um espaço-tempo contínuo com mais de quatro dimensões. As dimensões adicionais são 'enroladas' em estruturas minúsculas que normalmente não notamos. Dependendo da escala dessas estruturas, talvez seja possível que a próxima geração de aceleradores de partículas revele a presença de dimensões adicionais.

Outro ingrediente de muitas teorias é a *supersimetria*, que fornece para cada bóson e férmion um 'superparceiro' com outro tipo de spin. Por exemplo, o parceiro supersimétrico proposto para o elétron de spin $\frac{1}{2}$ é uma partícula com spin 0 chamada *seletron*, e a do fóton de spin 1 é um *fotino* de spin $\frac{1}{2}$. Até o momento da redação deste livro, nenhuma partícula de superparceiro havia sido descoberta, talvez porque elas tenham massa grande demais para serem produzidas pela geração atual de aceleradores. Dentro de uns poucos anos, os novos dados provenientes do Grande Colisor de Hádrons (LHC) e outros novos aceleradores em construção nos ajudarão a discernir se essas fascinantes teorias têm mérito ou se a natureza é ainda mais exótica do que imaginamos.

Teste sua compreensão da Seção 44.5 Um aspecto do modelo-padrão é que um quark $\boldsymbol{d}$ pode transformar-se em um quark $\boldsymbol{u}$, um elétron e um antineutrino por meio da interação fraca. Se isso acontecer com um quark $\boldsymbol{d}$ dentro de um nêutron, que tipo de partícula resulta, além do elétron e do antineutrino? (i) um próton; (ii) Σ^-; (iii) um Σ^+; (iv) um Λ^0 ou um Σ^0; (v) qualquer uma das anteriores. ∎

44.6 O universo em expansão

Nas últimas duas seções deste capítulo, vamos explorar brevemente a conexão entre a história do universo primordial e as interações entre as partículas fundamentais. É impressionante a existência de uma relação tão íntima entre a física em escala extremamente pequena revelada experimentalmente (o alcance da interação fraca, da ordem de 10^{-18} m) e a física em escala extremamente grande (o próprio universo, da ordem de 10^{26} m).

A interação gravitacional desempenha um papel crucial no comportamento do universo. Uma das grandes conquistas da mecânica newtoniana, inclusive a lei da gravitação, foi a explicação do movimento dos planetas do sistema solar. As evidências astronômicas, tais como observações dos movimentos das estrelas binárias em torno do centro comum, mostram que a interação gravitacional também opera em sistemas astronômicos com dimensões muito grandes, inclusive estrelas, galáxias e nebulosas.

Até as primeiras décadas do século XX, costumava-se supor que o universo fosse *estático*; sabia-se que havia um movimento relativo entre as estrelas, porém não se pensava em qualquer expansão ou contração do universo. Mas entre as estrelas existe uma atração gravitacional. Se imaginarmos que todos os corpos estejam em repouso, por que a força gravitacional não produz uma grande aglutinação entre os corpos? O próprio Newton reconheceu a seriedade dessa pergunta embaraçosa.

Medições iniciadas em 1912 por Vesto Slipher no Observatório de Lowell, no Arizona, e continuadas na década de 1920 por Edwin Hubble com a ajuda de Milton Humason em Mount Wilson, na Califórnia, indicaram que o universo *não* é estático. O movimento de uma galáxia em relação à Terra pode ser medido observando-se os deslocamentos dos comprimentos de onda de seus espectros. Nas galáxias distantes, esses deslocamentos ocorrem sempre no sentido de comprimentos de onda mais longos, ou seja, elas parecem estar se afastando de nós e umas das outras. Os astrônomos inicialmente imaginaram que esse afastamento fosse produzido pelo efeito Doppler e usaram a relação entre o comprimento de onda λ_0 da luz medido agora para uma fonte que se afasta com uma velocidade v e o comprimento de onda λ_S da luz medido no sistema de referência solidário com a fonte no momento em que a luz foi emitida. Podemos deduzir essa relação invertendo a Equação (37.25), que descreve o efeito Doppler; trocando os índices inferiores e usando $\lambda = c/f$, obtemos

$$\lambda_0 = \lambda_S\sqrt{\frac{c+v}{c-v}} \qquad (44.13)$$

Os comprimentos de onda das fontes que se afastam da Terra são sempre deslocados para comprimentos de onda mais elevados; esse aumento de λ é chamado de **deslocamento para o vermelho**. Podemos explicitar v da Equação (44.13); o resultado é

$$v = \frac{(\lambda_0/\lambda_S)^2 - 1}{(\lambda_0/\lambda_S)^2 + 1}c \qquad (44.14)$$

ATENÇÃO Deslocamento para o vermelho, não deslocamento Doppler Convém enfatizar que as equações (44.13) e (44.14) foram obtidas pela teoria da relatividade *especial* e referem-se ao efeito Doppler. Como veremos, o deslocamento para o vermelho das galáxias *distantes* é produzido por um efeito da teoria da relatividade *geral* e *não* é um efeito Doppler. Contudo, quando a razão v/c e a variação fracionária do comprimento de onda $(\lambda_0 - \lambda_S) / \lambda_S$ tornam-se pequenas, a equação da teoria geral tende para as equações (44.13) e (44.14) e essas relações podem ser usadas.

Exemplo 44.9

VELOCIDADE DE AFASTAMENTO DE UMA GALÁXIA Uma galáxia na constelação Ursa Maior emite uma luz ultravioleta com $\lambda_S = 393$ nm. Esta linha é detectada aqui na Terra com um comprimento de onda $\lambda_0 = 414$ nm. Qual é a velocidade de afastamento desta galáxia em relação à Terra?

SOLUÇÃO

IDENTIFICAR: este exemplo utiliza a relação entre o deslocamento para o vermelho e velocidade de afastamento para uma galáxia distante.

PREPARAR: o problema fornece o comprimento de onda em que a luz é emitida e o comprimento de onda que detectamos na Terra. Substituímos esses valores na Equação (44.14) para encontrar a velocidade de afastamento v da galáxia, desde que a variação fracionária do comprimento de onda não seja muito grande.

EXECUTAR: inicialmente calculamos $\lambda_0/\lambda_s = (414 \text{ nm})/(393 \text{ nm}) = 1{,}053$. Isso representa um aumento de apenas 5,3%. Portanto, podemos usar a Equação (44.14) com precisão razoável:

$$v = \frac{(1{,}053)^2 - 1}{(1{,}053)^2 + 1}c = 0{,}0516c = 1{,}55 \times 10^7 \text{ m/s}$$

AVALIAR: a galáxia está se afastando da Terra a 5,16% da velocidade da luz. Note que, em vez de fazer esse cálculo, os astrônomos muitas vezes apenas fornecem a velocidade de afastamento em termos do *deslocamento para o vermelho,* definido como $z = (\lambda_0 - \lambda_S) / \lambda_S = (\lambda_0/\lambda_S) - 1$. Assim, essa galáxia apresenta um deslocamento para o vermelho $z = 0{,}053$.

Lei de Hubble

Analisando o deslocamento para o vermelho de galáxias distantes, Edwin Hubble chegou a uma conclusão impressionante: a velocidade v de afastamento de uma galáxia é proporcional à distância r entre a Terra e a galáxia (Figura 44.15). Essa relação é atualmente conhecida **lei de Hubble**; ela é simbolicamente enunciada do seguinte modo:

$$v = H_0 r \qquad (44.15)$$

onde H_0 é uma grandeza experimental chamada de *constante de Hubble*, visto que, para qualquer instante de tempo, ela é constante no espaço. A determinação de H_0 tem sido uma das principais tarefas do Telescópio Espacial Hubble, que pode medir as distâncias das galáxias com uma precisão extraordinária. O melhor valor atual é igual a $2{,}3 \times 10^{-18}\text{ s}^{-1}$, com uma incerteza de 5%.

Distâncias astronômicas costumam ser medidas em *parsecs* (pc); um parsec é a distância em que há uma separação angular de um arco de segundo (1/3600°) entre dois objetos a uma distância de $1{,}50 \times 10^{11}$ m entre si (a distância média entre a Terra e o Sol). Uma distância de 1 pc é igual a 3,26 *anos-luz* (al), onde 1 al $= 9{,}46 \times 10^{15}$ m é a distância que a luz percorre em um ano. A constante de Hubble pode ser em uma mistura de unidades: (km/s) / Mpc (quilômetros por segundo por megaparsec), onde 1 Mpc $= 10^6$ pc.

$$H_0 = (2{,}3 \times 10^{-18}\text{ s}^{-1})\left(\frac{9{,}46 \times 10^{15}\text{ km}}{1\text{ al}}\right)\left(\frac{3{,}26\text{ al}}{1\text{ pc}}\right)\left(\frac{10^6\text{ pc}}{1\text{ Mpc}}\right)$$
$$= 71\frac{\text{km/s}}{\text{Mpc}}$$

Exemplo 44.10

CALCULANDO A DISTÂNCIA COM A LEI DE HUBBLE
Calcule a distância entre a Terra e a galáxia mencionada no Exemplo 44.9, de acordo com a lei de Hubble.

SOLUÇÃO

IDENTIFICAR: a lei de Hubble relaciona o deslocamento para o vermelho de uma galáxia distante com a sua distância da Terra.

PREPARAR: resolvemos a Equação (44.15) para a distância r e então substituímos o valor da velocidade de afastamento v conforme o Exemplo 44.9.

EXECUTAR: substituindo $H_0 = 71$ (km/s) / Mpc $= 7{,}1 \times 10^4$ (m/s) / Mpc,

$$r = \frac{v}{H_0} = \frac{1{,}55 \times 10^7 \text{ m/s}}{7{,}1 \times 10^4 \text{ (m/s)/Mpc}}$$
$$= 220 \text{ Mpc} = 2{,}2 \times 10^8 \text{ pc} = 7{,}1 \times 10^8 \text{ al} = 6{,}7 \times 10^{24} \text{ m}$$

AVALIAR: uma distância de 220 milhões de parsecs (710 milhões de anos-luz) é realmente impressionante; no entanto, muitas galáxias estão situadas a distâncias ainda maiores. Em contraste, a galáxia mais próxima da Terra é a Anã do Sagitário, situada a uma distância de 80 000 anos-luz — uma distância tão próxima que ela descreve uma órbita em torno de nossa galáxia. Para se ter uma idéia de como até mesmo uma galáxia próxima é distante, compare com o valor 0,001 al, a maior distância atingida por uma espaçonave não-tripulada enviada da Terra.

Outro aspecto das observações feitas por Hubble é que, olhando *em qualquer direção*, vemos sempre galáxias distantes se afastando de nós. Não existe nenhuma razão particular para pensar que nossa galáxia esteja no centro do universo; caso você vivesse em outra galáxia, certamente também veria todas as galáxias distantes se afastando de você. Ou seja, em qualquer instante de tempo, *o universo parece sempre ser aproximadamente o mesmo em todas as direções, independentemente do local do universo onde você se encontre*. Essa idéia importante denomina-se **princípio cosmológico**. Existem flutuações locais de densidade, porém, na média, o universo parece sempre ser o mesmo em qualquer local onde ele é observado. Portanto, a constante de Hubble é uma constante espacial, embora ela não seja necessariamente constante no tempo, e as leis da física são as mesmas em todas as partes do universo.

O Big Bang

Uma hipótese interessante sugerida pela lei de Hubble é que em algum momento no passado toda matéria existente no universo deveria estar mais concentrada do que hoje. Em dado instante ocorreu uma violenta explosão chamada de ***Big Bang***, fornecendo para toda a matéria as velocidades que observamos hoje. Quando isso ocorreu? De acordo com a lei de Hubble, a matéria a uma distância r da Terra se afasta com uma velocidade $v = H_0 r$. O tempo t necessário para ela se deslocar uma distância r é

$$t = \frac{r}{v} = \frac{r}{H_0 r} = \frac{1}{H_0} = 4{,}3 \times 10^{17} \text{ s} = 1{,}4 \times 10^{10} \text{ a}$$

Por essa hipótese, o *Big Bang* ocorreu há cerca de 14 bilhões de anos. Ela supõe que todas as velocidades são constantes depois do *Big Bang*, ou seja, ela despreza qualquer diminuição de velocidade produzida pela atração gravitacional. O fato de existir ou não um freio gravitacional que faz diminuir a expansão depende da densidade média da matéria. Voltaremos a esse ponto mais adiante. Por enquanto, contudo, note que a idade da Terra calculada pela datação radioativa (ver Seção 43.4) é 4,6 bilhões ($4{,}6 \times 10^9$) de anos. É encorajador que nossa hipótese simples nos diga que o universo é mais velho do que a Terra!

Expansão do espaço

A teoria da relatividade geral analisa a expansão descrita anteriormente de um ponto de vista radicalmente diferente. De acordo com essa teoria, o deslocamento do comprimento de onda *não* é produzido pelo efeito Doppler quando o universo se expande ocupando um espaço vazio anterior. Em vez disso, o aumento ocorre pela *expansão do próprio espaço* juntamente com todos os corpos do espaço intergalático, inclusive o comprimento de onda da luz que se desloca até nós partindo de uma fonte distante. Esse conceito não é fácil de assimilar e, se você nunca ouvir falar dele antes, poderá parecer ambíguo.

Vejamos uma analogia que poderá ajudar a compreender esse conceito. Imagine que você seja uma formiga que se desloca ao longo de uma superfície horizontal. Você não pode abandonar a superfície e pode ver em todas as direções, exceto verticalmente para cima ou para baixo. Você estará vivendo em um mundo bidimensional; alguns autores chamam esse mundo de *Terra chata*. Se a superfície for um plano, você poderá localizar sua posição por meio das coordenadas cartesianas (x, y). Se o plano se estende até o infinito nas direções x e y, seu espaço é *infinito ilimitado*. Por mais longe que você vá, você nunca atingirá a borda ou o contorno.

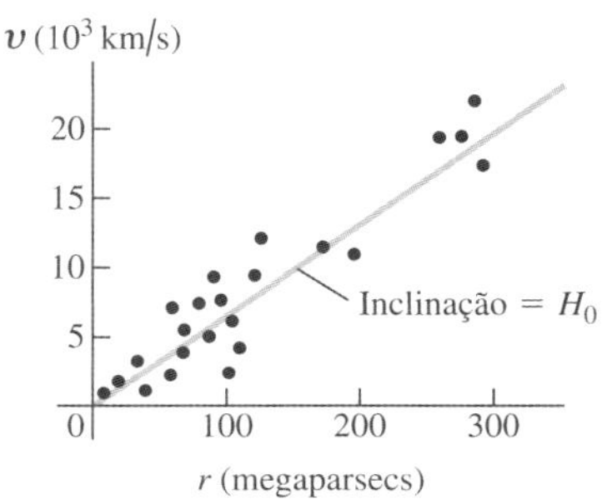

Figura 44.15 Gráfico da velocidade de afastamento em função da distância para diversas galáxias. A linha reta que melhor se ajusta aos dados ilustra a lei de Hubble. A inclinação dessa reta fornece a constante de Hubble, H_0.

Um outro *habitat* para a formiga seria a superfície de uma esfera de raio R. O espaço continua sendo infinito no sentido de que você nunca encontra qualquer borda ou contorno, embora nesse caso o espaço seja *finito limitado*. Você poderá localizar sua posição nesse espaço a partir de duas coordenadas: a latitude e a longitude ou as coordenadas esféricas θ e ϕ na Figura 40.23.

Suponha agora que a superfície esférica seja um balão (Figura 44.16). À medida que enchemos o balão, fazendo aumentar seu raio R, as coordenadas de um ponto não se alteram, contudo a distância entre quaisquer dois pontos aumenta cada vez mais. Além disso, à medida que R aumenta, a *taxa de variação* da distância entre dois pontos (a velocidade de afastamento) é proporcional à distância que os separa. *A velocidade de afastamento é proporcional à distância*, tal como no caso da lei de Hubble. Por exemplo, a distância entre Brasília e Curitiba é aproximadamente o dobro da distância entre Brasília e Belo Horizonte. Se a Terra começasse a aumentar, Curitiba se afastaria de Brasília cerca de duas vezes mais rápido do que Belo Horizonte.

Vemos, portanto, que a grandeza R, embora não seja nenhuma das duas coordenadas que identificam o local de um ponto sobre a superfície do balão, desempenha um papel essencial em qualquer discussão sobre as distâncias. Ela indica o raio de curvatura do espaço bidimensional e também um *fator de escala* que varia à medida que o universo bidimensional se expande.

Generalizar a descrição anterior para três dimensões não é fácil. Precisamos imaginar que nosso espaço tridimensional esteja imerso em um espaço de quatro ou mais dimensões, do mesmo modo que imaginamos a superfície esférica bidimensional imersa em um espaço cartesiano de três dimensões. Nosso espaço real de três dimensões *não é cartesiano*; para descrever suas características é necessário usar pelo menos mais um parâmetro adicional, o raio de curvatura do espaço que é análogo ao raio da esfera. Em certo sentido, esse fator de escala, que continuaremos a chamar de R, indica o *tamanho* do universo, do mesmo modo que o raio do balão descrevia o tamanho do universo esférico bidimensional. Se o universo real é *finito* ou não, isso é uma questão que ainda não tem uma resposta definitiva; voltaremos a esse assunto posteriormente.

Qualquer comprimento medido no espaço intergaláctico é proporcional a R; logo, o comprimento de onda da luz que chega até nós partindo de uma galáxia distante aumenta com qualquer outra dimensão à medida que o universo se expande. Portanto,

$$\frac{\lambda_0}{\lambda} = \frac{R_0}{R} \tag{44.16}$$

O índice inferior zero é usado para designar o comprimento de onda e o fator de escala *agora*, do mesmo modo que H_0 é o valor presente da constante de Hubble. As grandezas λ e R sem índices indicam as respectivas grandezas em *qualquer* instante, no passado, no presente ou no futuro.

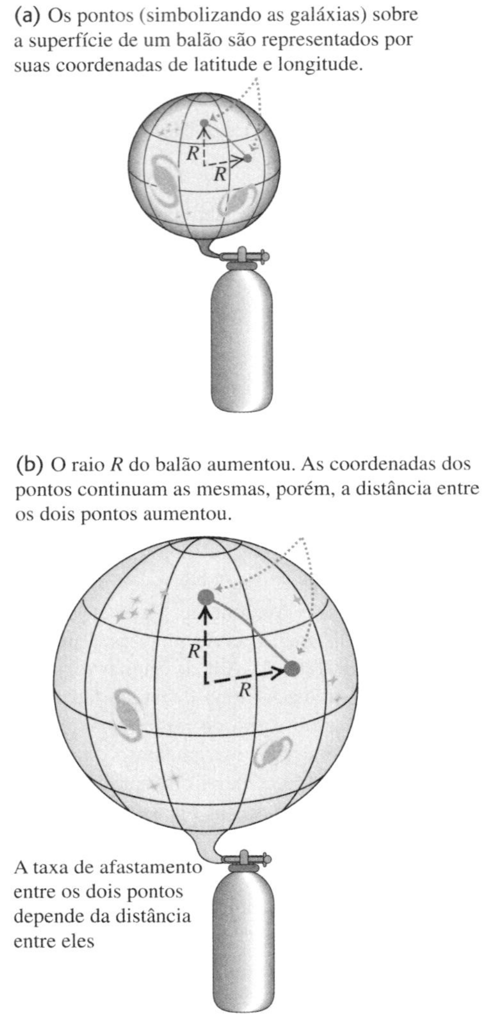

Figura 44.16 Um balão inflável como analogia para a expansão do universo.

Na situação descrita no Exemplo 44.9, temos $\lambda_0 = 414$ nm e $\lambda = \lambda_S = 393$ nm, de modo que a Equação (44.16) fornece $R_0/R = 1{,}053$. Ou seja, o fator de escala (R_0) *agora* é 5,3% maior do que seu valor quando a luz foi emitida da Ursa Maior em um instante 710 milhões de anos anterior ao instante presente. Esse aumento do comprimento de onda com o tempo à medida que o universo se expande denomina-se *deslocamento para o vermelho cosmológico*. Quanto maior for a distância entre um objeto e a Terra, mais tempo a luz levará para chegar até nós e maiores serão as variações de λ e só 1 R. O maior valor da razão dos comprimentos de onda medidos atualmente é aproximadamente igual a 7, significando que o volume atual do próprio espaço é $7^3 \approx 340$ vezes maior do que no instante em que a luz foi emitida. *Não* tente substituir $\lambda_0/\lambda_S = 7$ na Equação (44.14) para calcular a velocidade de afastamento: aquela equação só vale para valores pequenos do deslocamento para o vermelho cosmológico e para $v << c$. Geralmente, o valor verdadeiro de v só pode ser estimado, porque ele depende da densidade do universo, do valor de H_0 e do histórico de expansão do universo.

Agora, uma surpresa para você: quando a distância na lei de Hubble é suficientemente elevada, a velocidade de afastamento torna-se maior do que a velocidade da luz! Isso *não* viola a teoria da relatividade especial porque a velocidade de afastamento *não* é produzida pelo movimento do objeto astronômico em relação a coordenadas na sua região do espaço. Em vez disso, é possível obter $v > c$ quando dois sistemas de coordenadas se afastam com uma velocidade suficientemente elevada, à medida que o próprio espaço se expande. Em outras palavras, existem alguns objetos cujas coordenadas possuem uma velocidade de afastamento tão elevada que a luz ainda não teve tempo, desde a formação do universo, para chegar até nós. O que vemos hoje é apenas o universo *observável*; não temos nenhuma evidência experimental sobre aquilo que existe fora do seu horizonte.

ATENÇÃO O universo não está se expandindo no vácuo O balão mostrado na Figura 44.16 esta se expandindo no espaço vazio ao seu redor. É um erro comum imaginar o universo como um conjunto de galáxias grande, mas finito, que ao se expandir, passa a ocupar um espaço antes desocupado. A realidade é bem diferente! Todas as evidências acumuladas mostram que nosso universo é *infinito:* ele não tem limites, portanto, não há nada 'fora' dele, e ele não está se expandindo 'para dentro' de nada. A expansão do universo significa apenas que o fator de escala do universo está aumentando. Uma boa analogia em duas dimensões é pensar no universo como uma folha de borracha chata e infinitamente grande que está se distendendo e expandindo de forma semelhante à superfície do balão na Figura 44.16. Em certo sentido, o universo infinito está simplesmente se tornando mais infinito!

Densidade crítica

Dissemos que a lei da atração gravitacional não é compatível com um universo estático. Precisamos entender o papel da gravidade em um *universo* que se expande. A atração gravitacional deve frear a expansão inicial, porém até que ponto? Caso essa atração seja suficientemente elevada, a expansão do universo deverá ficar cada vez mais lenta, finalmente parar, e a seguir se contrair a partir de um evento chamado de *Big Crunch*. Por outro lado, se a atração gravitacional é fraca, a expansão é freada apenas suavemente, e o universo continua a se expandir eternamente.

A situação é análoga ao problema do cálculo da velocidade de escape de um projétil lançado a partir da superfície terrestre; estudamos esse problema no Exemplo 12.5 da Seção 12.3, no volume 2, e talvez seja útil fazer uma revisão daquela discussão. A energia total $E = K + U$ quando um projétil de massa m e velocidade v está a uma distância r do centro da Terra (massa m_T) é

$$E = \frac{1}{2}mv^2 - \frac{Gmm_T}{r}$$

Para um valor de E positivo, o projétil tem energia cinética suficiente para se deslocar até uma distância muito grande da Terra ($r \to \infty$) e ainda sobra uma energia cinética. Para um valor de E negativo, a energia cinética $K = \frac{1}{2}mv^2$ é igual a zero e o projétil pára momentaneamente quando $r = -Gmm_E/E$. Nesse caso, não é possível existir nenhum valor de r maior do que esse e o projétil não pode escapar da gravitação da Terra.

Podemos fazer uma análise semelhante para o universo. Se o universo se expandirá eternamente ou não isso dependerá da *densidade* média de sua matéria. Se a matéria for relativamente densa, existirá atração suficiente para diminuir a velocidade de expansão e fazer o universo se contrair novamente. Caso contrário, a expansão continuará para sempre. Podemos deduzir uma expressão para a *densidade crítica* ρ_c suficiente para interromper a expansão.

Apresentamos agora um cálculo baseado na mecânica newtoniana; ele não é exato porque não é relativístico, porém, ilustra a idéia. Considere uma esfera grande de raio R, contendo muitas galáxias (Figura 44.17), com massa total M. Suponha que nossa própria galáxia possua massa total m e que esteja situada na superfície dessa esfera. De acordo com o princípio cosmológico, a distribuição média da massa no interior dessa esfera deve ser esfericamente simétrica. A força gravitacional total sobre nossa galáxia é dada apenas pela massa M no interior da esfera. A força gravitacional sobre nossa galáxia e a energia potencial devida a essa distribuição esfericamente simétrica são correspondentes aos valores obtidos considerando-se duas massas puntiformes m e M. Logo, a energia potencial é $U = -GmM/R$, como na Seção 12.3, no volume 2. A força resultante produzida por distribuições de massa *fora* da esfera é igual a zero e podemos desprezá-la.

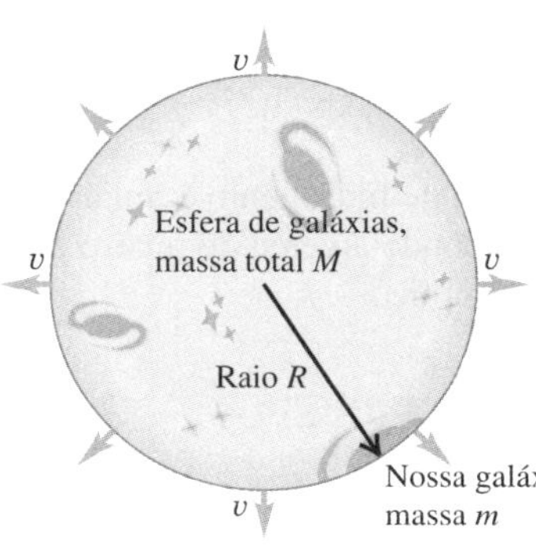

Figura 44.17 Uma esfera imaginária de galáxias. A força gravitacional total sobre nossa galáxia (na superfície da esfera) por outras galáxias é a mesma que se toda a sua massa estivesse concentrada no centro da esfera. (Como o universo é infinito, existe também uma infinitude de galáxias fora dessa esfera.)

A energia total E (energia cinética mais energia potencial) é

$$E = \frac{1}{2}mv^2 - \frac{GmM}{R} \tag{44.17}$$

Para um valor de E *positivo*, nossa galáxia possui uma energia cinética suficiente para escapar da atração gravitacional da massa M do interior da esfera; nesse caso o universo se expande para sempre. Para um valor de E negativo, nossa galáxia não pode escapar e por fim ela é puxada para dentro da esfera. O valor-limite entre esses dois casos é obtido para $E = 0$, portanto,

$$\frac{1}{2}mv^2 = \frac{GmM}{R} \tag{44.18}$$

A massa total M do interior da esfera é dada pelo volume $4\pi R^3/3$ multiplicado pela densidade ρ_c:

$$M = \frac{4}{3}\pi R^3 \rho_c$$

Vamos supor que a velocidade v de nossa galáxia em relação ao centro da esfera seja dada pela lei de Hubble: $v = H_0R$. Substituindo essas relações de v e de M na Equação (44.18), obtemos

$$\frac{1}{2}m(H_0R)^2 = \frac{Gm}{R}\left(\frac{4}{3}\pi R^3\rho_c\right) \quad \text{ou}$$

$$\rho_c = \frac{3H_0^2}{8\pi G} \quad \text{(densidade crítica do universo)} \tag{44.19}$$

Essa é a *densidade crítica*. Se a densidade média do universo for menor do que ρ_c, o universo continuará a se expandir eternamente; caso ela seja maior, por fim ele deverá parar de se expandir e em seguida se contrair.

Substituindo valores numéricos na Equação (44.19), obtemos

$$\rho_c = \frac{3(2{,}3 \times 10^{-18}\,\text{s}^{-1})^2}{8\pi(6{,}67 \times 10^{-11}\,\text{kg}\cdot\text{m}^2/\text{s}^2)} = 6{,}3 \times 10^{-27}\,\text{kg/m}^3$$

A massa do átomo de hidrogênio é igual a $1{,}67 \times 10^{-27}$ kg, logo, isso corresponde a cerca de quatro átomos de hidrogênio por metro cúbico.

Matéria escura, energia escura e universo em aceleração

Os astrônomos vêm realizando vastos estudos sobre a densidade média da matéria efetivamente existente no universo. Uma forma de fazer isso é contar o número de galáxias em uma região do céu. Com base na massa de uma estrela média e no número de estrelas em uma galáxia média, chega-se a uma estimativa da densidade média da *matéria luminosa* no universo — ou seja, a matéria que emite radiação eletromagnética. (Você é feito de matéria luminosa, porque emite radiação infravermelha em conseqüência de sua temperatura; veja as Seções 17.7 e 38.8.) Além disso, é necessário levar em conta outros materiais luminosos dentro de uma galáxia, inclusive o gás e a poeira tênue entre as estrelas.

Outra técnica é estudar os movimentos das galáxias dentro de aglomerados de galáxias (Figura 44.18). Os movimentos são tão lentos que não podemos realmente ver as galáxias mudando de posição dentro de um aglomerado. Apesar disso, as observações mostram que diferentes galáxias dentro de um aglomerado apresentam deslocamentos para o vermelho ligeiramente diferentes, o que indica que as galáxias estão se movendo em relação ao centro de massa do aglomerado. As velocidades desses movimentos relacionam-se com a força gravitacional exercida sobre cada galáxia pelos outros componentes do aglomerado, que, por sua vez, depende da massa total do aglomerado. Medindo essas velocidades, os astrônomos podem determinar a densidade média de *todos* os tipos de matéria dentro do aglomerado, quer a matéria transmita radiação eletromagnética, quer não.

Observações usando essas e outras técnicas mostram que a densidade média de *toda* a matéria no universo é 26% da densidade crítica, mas a densidade média da matéria *luminosa* é apenas 4% da densidade crítica. Em outras palavras, a maior parte da matéria no universo não é luminosa: ela não emite radiação eletromagnética de *nenhum* tipo. Atualmente, a natureza dessa **matéria escura** continua sendo um mistério. Entre os candidatos sugeridos como componentes dessa maté-

Figura 44.18 As manchas brilhantes nesta imagem não são estrelas, e sim galáxias inteiras. Elas são parte de um aglomerado de galáxias ao redor de 1000 Mpc (330 Mal) de distância. Quando as galáxias emitiram a luz utilizada para fazer esta imagem, o fator de escala do universo era cerca de 25% menor do que é agora.

ria escura estão os WIMPs (do inglês *weakly interacting massive particles*, ou seja, partículas de grande massa com interação fraca), que são partículas subatômicas hipotéticas de massa muito maior do que aquelas produzidas em experiências com aceleradores) e Machos (do inglês *massive compact halo objetos*, objetos massivos compactos com halos), que incluem buracos negros que podem formar 'halos' em torno de galáxias). Qualquer que seja a verdadeira natureza da matéria escura, ela é, de longe, a forma dominante de matéria no universo. Para cada quilograma da matéria comum que foi o alvo de nossos estudos durante a maior parte deste livro — inclusive elétrons, prótons, átomos, moléculas, blocos em planos inclinados, planetas e estrelas — existem *cinco quilogramas e meio* de matéria escura.

Como a densidade média da matéria no universo é menor do que a densidade crítica, pareceria lógico concluir que o universo continuará a se expandir indefinidamente, e que a atração gravitacional entre a matéria em diferentes partes do universo deveria desacelerar a expansão (embora não o bastante para interrompê-la). Uma forma de testar essa previsão é examinar os deslocamentos para o vermelho de objetos extremamente distantes. Quando os astrônomos olham para uma galáxia a 10^9 anos-luz de distância, a luz que eles recebem está se deslocando há 10^9 anos, portanto eles estão vendo algo 10^9 anos atrás. Se a expansão do universo estivesse desacelerando, a expansão deveria ter sido mais rápida no passado distante. Em conseqüência, esperaríamos que galáxias muito distantes apresentassem deslocamentos para o vermelho *maiores* do que os previstos pela lei de Hubble, Equação (44.15).

Somente desde a década de 1990 tornou-se possível medir precisamente tanto as distâncias quanto os deslocamentos para o vermelho de galáxias extremamente distantes. Os resultados têm sido absolutamente surpreendentes: as galáxias muito distantes apresentam, na verdade, deslocamentos para o vermelho *menores* do que os previstos pela lei de Hubble! Isso nos leva a deduzir que a expansão do universo foi mais lenta no passado do que é agora, de modo que a expansão está *se acelerando* em vez de desacelerando.

Se a atração gravitacional deveria fazer a expansão desacelerar, por que ela está se acelerando? A explicação geralmente aceita pelos astrônomos e os físicos é que o espaço está permeado com um tipo de energia que não exerce nenhum efeito gravitacional e não emite radiação eletromagnética, mas age como uma 'antigravidade' que produz uma *repulsão* universal. Essa energia invisível, imaterial, é chamada de **energia escura**. Como o nome sugere, a natureza da energia escura não foi ainda bem entendida, mas é tema de muitas pesquisas.

As observações mostram que a densidade da *energia* da energia escura (medida em, digamos, joules por metros cúbicos) é 74% da densidade crítica vezes c^2; ou seja, é igual a $0{,}74\rho_c c^2$. Como descrevemos acima, a densidade média da matéria de todos os tipos é 26% da densidade crítica. Pela relação de Einstein, $E = mc^2$, a densidade da *energia* média da matéria no universo é, portanto, $0{,}26\rho_c c^2$. Visto que a densidade da energia da energia escura é quase três vezes maior do que a da matéria, a expansão do universo continuará a se acelerar. Essa expansão nunca cessará, e o universo nunca se contrairá.

Se levarmos em conta a energia de *todos* os tipos, a densidade de energia média do universo é igual a $0{,}74\rho_c c^2 + 0{,}26\rho_c c^2 = 1{,}0\rho_c c^2$. Desse total, 74% é formado pela misteriosa energia escura, 22% pela não menos misteriosa matéria escura e apenas 4% pela matéria comum que conhecemos. Como sabemos pouco sobre os componentes de nosso universo!

Qual é a importância do resultado de que, dentro das margens de erro das observações, a densidade de energia média do universo é igual a $\rho_c c^2$? Isso nos diz que o universo é infinito e ilimitado, mas por uma pequena margem. Se a densidade de energia média fosse só um pouco maior do que $\rho_c c^2$, o universo seria finito como a superfície do balão ilustrado na Figura 44.16. Até o momento da redação deste livro, o erro de observação na densidade da energia média ainda é grande o suficiente para que não tenhamos certeza absoluta de que o universo *é* ilimitado. O aperfeiçoamento dessas medições será uma importante tarefa para os físicos e astrônomos nos anos seguintes.

Teste sua compreensão da Seção 44.6 É correto dizer que nosso corpo é feito de matéria 'comum'? ❚

44.7 O começo do tempo

Que título estranho para a última seção de um livro! Descreveremos genericamente as teorias atuais sobre a história do início do universo e suas relações com as interações fundamentais entre as partículas. Verificaremos que uma quantidade extremamente grande de eventos ocorreu apenas no primeiro segundo. Muitos pontos soltos ficarão sem ligação e muitas perguntas não poderão ser respondidas. Afinal, essa é uma das fronteiras da física teórica que não pára de produzir novas descobertas e novas perguntas.

Temperaturas

O universo primordial era extremamente quente e denso e a energia média de cada partícula era extremamente grande, muitas ordens de grandeza maior do que qualquer energia de sistemas do universo presente. Podemos comparar a energia E de uma partícula e a temperatura absoluta T usando o princípio da eqüipartição (ver Seção 18.4):

$$E = \frac{3}{2}kT \tag{44.20}$$

onde k é a constante de Boltzmann, que geralmente é expressa em eV/K:

$$k = 8{,}617 \times 10^{-5}\,\text{eV/K}$$

Logo, podemos substituir a Equação (44.20) por $E \approx (10^{-4}$ eV/K$)T = (10^{-13}$ GeV/K$)T$ quando discutirmos ordens de grandeza.

Exemplo 44.11

TEMPERATURA E ENERGIA a) Qual é a energia cinética média de partículas na temperatura ambiente ($T = 290$ K) e na superfície do Sol ($T = 5800$ K)? b) Qual é a temperatura aproximada correspondente à energia de ionização do átomo de hidrogênio, à energia de repouso do elétron e à energia de repouso do próton?

SOLUÇÃO

IDENTIFICAR: neste exemplo, pede-se que apliquemos o princípio da eqüipartição.

PREPARAR: usaremos a Equação (44.20) em cada parte para encontrar a incógnita T.

EXECUTAR: a) De acordo com a Equação (44.20),

$$E = \frac{3}{2}kT = \frac{3}{2}(8{,}617 \times 10^{-5}\,\text{eV/K})(290\,\text{K}) = 0{,}0375\,\text{eV}$$

A temperatura na superfície do Sol é mais elevada de um fator igual a (5800 K)/ 290 K) = 20, logo, a energia cinética média é 20(0,0375 eV) = 0,75 eV.

b) A energia de ionização do hidrogênio é igual a 13,6 eV. Usando a aproximação $E \approx (10^{-4}$ eV /K$)T$, obtemos

$$T \approx \frac{E}{10^{-4}\,\text{eV/K}} = \frac{13{,}6\,\text{eV}}{10^{-4}\,\text{eV/K}} \approx 10^5\,\text{K}$$

A energia de repouso do elétron é igual a 0,511 MeV, e a energia de repouso do próton é igual a 938 MeV. Repetindo os cálculos com esses valores, obtemos uma temperatura de 10^{10} K, correspondente à energia de repouso do elétron e uma temperatura de 10^{13} K, correspondente à energia de repouso do próton.

AVALIAR: no interior do Sol, encontramos temperaturas de mais de 10^5 K; portanto, o hidrogênio lá é predominantemente ionizado. Temperaturas de 10^{10} K ou 10^{13} K não são encontradas em nenhum lugar do sistema solar; como veremos, as temperaturas eram altas assim nos primórdios do universo.

Desacoplamento das interações

O desenvolvimento do universo foi caracterizado por um contínuo aumento do fator de escala R, o qual podemos interpretar aproximadamente como o *tamanho* do universo, e por uma diminuição correspondente de sua densidade média. À medida que a energia potencial gravitacional aumentava durante a expansão, ocorria uma correspondente *diminuição* de temperatura e do número médio de partículas. Conforme isso ocorria, as interações básicas passaram a se desacoplar progressivamente.

Para entender o desacoplamento, lembre que a unificação da interação eletromagnética com a interação fraca ocorria em energias suficientemente elevadas para que se tornasse desprezível a diferença de massa entre os bósons com spin 1 que participam como mediadores dessas interações. O fóton sem massa é a partícula mediadora da interação eletromagnética, e a interação fraca é mediada pelos bósons fracos $W^{\pm}$ e Z^0, que possuem massas da ordem de 100 GeV/c^2. Para energias muito *menores* do que 100 GeV, as duas interações parecem ser bastante diferentes; contudo, para energias muito *maiores* do que 100 GeV, elas constituem uma única interação.

A teoria da grande unificação fornece um esquema semelhante para a interação forte. Ela se unifica com a interação eletrofraca para energias da ordem de 10^{14} GeV; porém, para energias muito menores do que essa, as interações parecem ser bastante diferentes. Uma das razões que impede a verificação experimental da GUT é que não existe nenhuma forma controlada de se dispor de uma energia com esse valor, que é um fator 10^{11} vezes mais elevado do que as energias disponíveis nos aceleradores modernos.

Finalmente, para energias suficientemente elevadas e distâncias muito pequenas, supomos que a gravitação pode ser unificada com as outras três interações. Imagina-se que a distância em que isso pode ocorrer seja menor do que cerca de 10^{-35} m. Essa distância, chamada de *comprimento de Planck* l_P, é determinada pela velocidade da luz c e pelas constantes fundamentais da mecânica quântica e da gravitação, h e G, respectivamente. O comprimento de Planck l_P é definido por

$$l_P = \sqrt{\frac{\hbar G}{c^3}} = 1{,}616 \times 10^{-35}\,\text{m} \qquad (44.21)$$

Convidamos você a verificar que essa combinação de constantes possui realmente unidades de comprimento. O *tempo de Planck* $t_P = l_P/c$ é igual ao tempo necessário para a luz se deslocar uma distância igual a l_P:

$$t_P = \frac{l_P}{c} = \sqrt{\frac{\hbar G}{c^5}} = 0{,}539 \times 10^{-43}\,\text{s} \qquad (44.22)$$

Se imaginarmos uma volta no tempo até o início do universo, devemos parar no instante $t = 10^{-43}$ s porque, para tempos anteriores que esse, não possuímos nenhuma teoria que unifique as quatro interações. Portanto, ainda não temos nenhuma forma de saber o que ocorreu antes do tempo de Planck ou quando o tamanho do universo era menor do que o comprimento de Planck.

O modelo-padrão da história do universo

A descrição feita a seguir é conhecida como *modelo-padrão* da história do universo. Esse título pode parecer um tanto otimista, porém ele indica que existe uma teoria apoiada em fundamentos experimentais bastante sólidos e que é geralmente aceita. A figura apresentada nas páginas 390 e 391 indica uma breve história do universo, com as distâncias características, as energias das partículas e as temperaturas das diversas fases. Essa figura poderá ajudar você a entender a discussão que faremos a seguir.

De acordo com o modelo-padrão, a temperatura do universo no instante $t = 10^{-43}$ s (o tempo de Planck) era aproximadamente igual a 10^{32} K e a energia média por partícula era aproximadamente

$$E \approx (10^{-13}\,\text{GeV/K})(10^{32}\,\text{K}) = 10^{19}\,\text{GeV}$$

Em uma teoria totalmente unificada, essa é a energia abaixo da qual a gravidade começa a se separar das outras interações. Esse tempo marca, portanto, a transição de qualquer teoria do tipo TOE para o período da teoria GUT.

Durante o período previsto pela teoria GUT, no intervalo aproximado desde $t = 10^{-43}$ s até $t = 10^{-35}$ s, a interação forte e a interação eletrofraca ainda estavam unidas e o universo era uma sopa de quarks e de léptons que se transformavam mutuamente tão livremente que não existia distinção entre essas duas famílias de partículas. Outras partículas com massas mais elevadas podem também ter sido criadas e destruídas livremente. Uma característica importante de toda teoria do tipo GUT é que, para energias suficientemente elevadas, o número de bárions não se conserva. (Mencionamos anteriormente a hipótese do decaimento do próton, que ainda não foi observada.) Portanto, no final do período previsto pela teoria GUT, o número de quarks poderia ter sido diferente do número de antiquarks. Esse ponto tem implicações importantes e retornaremos a ele no final desta seção.

No instante $t = 10^{-35}$ s, a temperatura diminuiu para 10^{27} K e a energia média se reduziu para 10^{14} GeV. Nessa energia a interação forte se separou da eletrofraca (Figura 44.19) e o número de bárions passou a ser conservado separadamente da conservação do número de léptons. Em alguns modelos, chamados de *modelos inflacionários*, a separação entre a interação forte e a interação eletrofraca é estudada como uma *transição de fase*, tal como a ebulição de um líquido, com um correspondente calor de vaporização. Pense nesse processo como algo semelhante a fazer um núcleo pesado entrar em ebulição, fazendo com que as partículas se afastem e fiquem fora do alcance das forças nucleares. Em conseqüência disso, os modelos inflacionários prevêem uma expansão extremamente rápida. Em um desses modelos, o fator de escala R aumentou 10^{50} em 10^{-32} s.

No instante $t = 10^{-32}$ s, o universo era uma mistura de quarks, léptons e bósons mediadores (glúons, fótons e os bósons fracos $W^{\pm}$ e Z^0). Ele continuou a se expandir e a esfriar desde o período inflacionário até o instante $t = 10^{-6}$ s, quando a temperatura era da ordem de 10^{13} K e as energias típicas eram da ordem de 1 GeV (comparável com a energia de repouso de um núcleon; ver Exemplo 44.11). Nesse instante, os quarks começaram a se ligar formando núcleons e antinúcleons. Existiam ainda fótons com energias suficientes para produzir pares de núcleons-antinúcleons para equilibrar o processo de aniquilamento de pares de núcleons-antinúcleons. Contudo, próximo ao instante $t = 10^{-2}$ s, quase todos os fótons possuíam energias menores do que a energia-limite necessária para tal produção de pares. Havia um ligeiro excesso de núcleons em relação aos antinúcleons; em virtude disso, quase todos os antinúcleons e muitos núcleons se aniquilaram mutuamente. Um equilíbrio

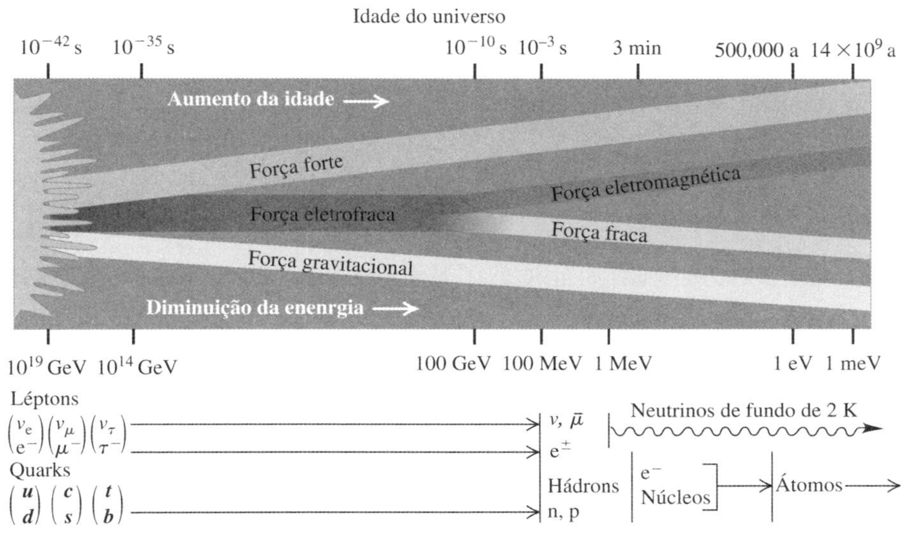

Figura 44.19 Diagrama esquemático mostrando os tempos e as energias em que as interações começaram a se desacoplar. A escala de energia é decrescente porque a densidade média de energia diminui à medida que o universo se expande.

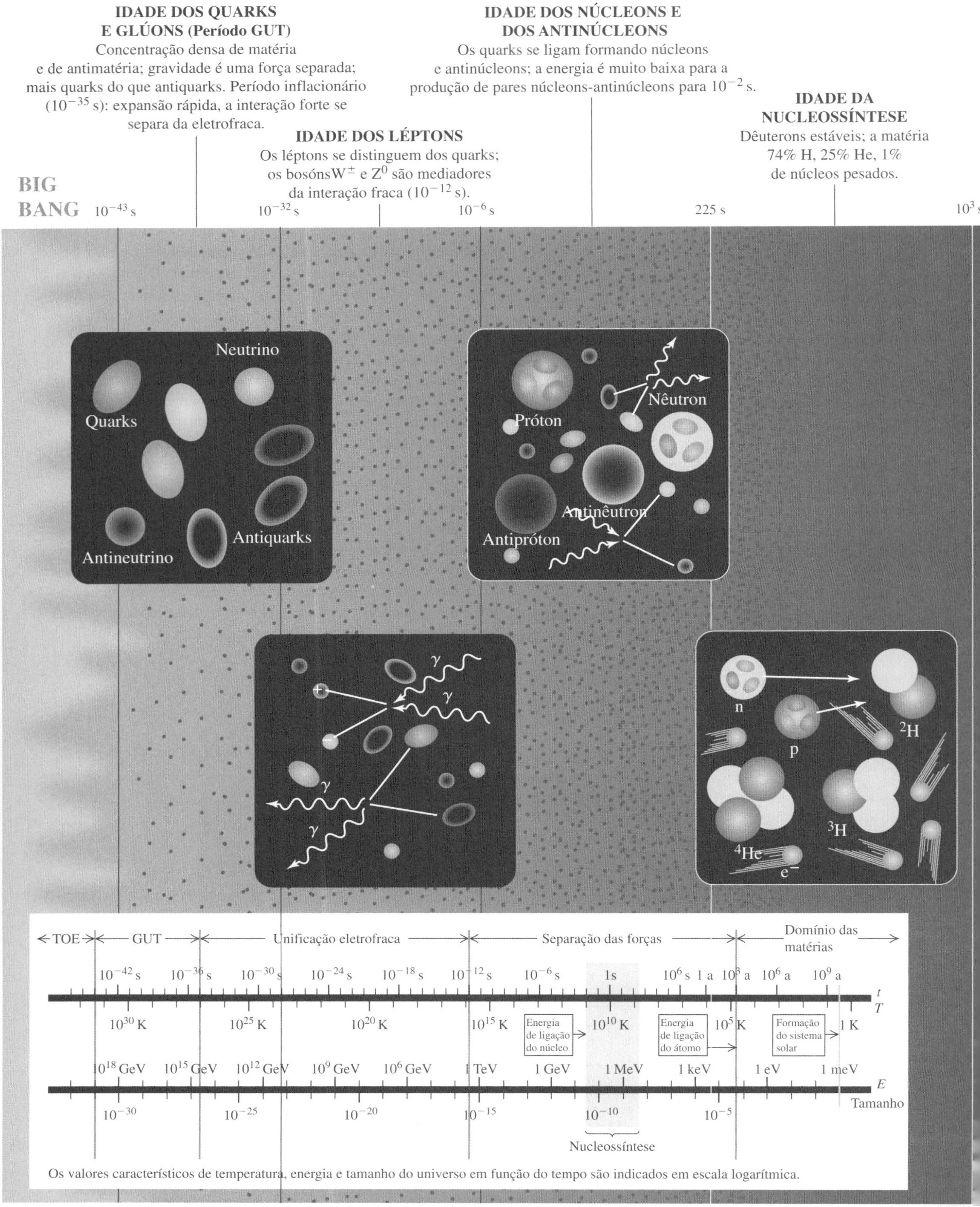

Os valores característicos de temperatura, energia e tamanho do universo em função do tempo são indicados em escala logarítmica.

Uma breve história do universo

IDADE DOS ÍONS
Expansão e resfriamento dos gases ionizados H e He.

IDADE DOS ÁTOMOS
Formam-se átomos estáveis; que se aglutinam sob ação da gravidade; o universo torna-se transparente para a luz.

IDADE DAS ESTRELAS E DAS GALÁXIAS
A fusão termonuclear começa nas estrelas, produzindo núcleos mais pesados.

10^{13} s

10^{15} s

HOJE

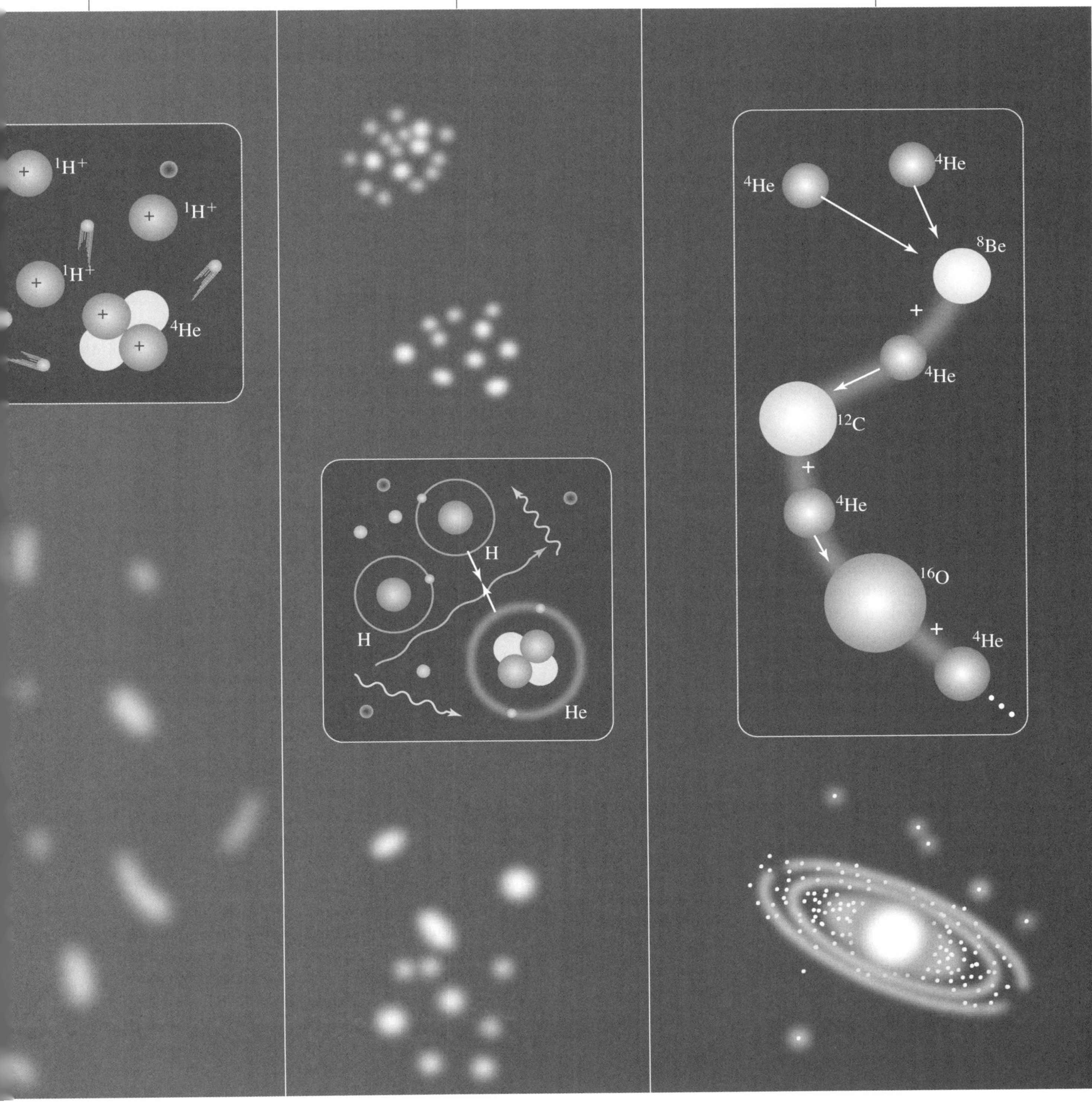

semelhante ocorreu mais tarde com a produção de pares elétrons-pósitrons a partir de fótons e o posterior aniquilamento desses pares. No instante aproximadamente dado por t = 14 s, a energia média se reduziu para cerca de 1 MeV, abaixo da energia-limite necessária para a produção de pares e^+ e^-. Depois que cessou a produção de pares, virtualmente todos os pósitrons restantes se aniquilaram, deixando o universo com muito mais prótons e elétrons do que as respectivas antipartículas.

Até cerca de t = 1s, os nêutrons e os neutrinos podiam se formar mediante a seguinte reação endoenergética:

$$e^- + p \rightarrow n + \nu_e$$

Depois desse instante, os elétrons não possuíam mais energia suficiente para essa reação. A energia média dos neutrinos também diminuiu; à medida que o universo se expandia, as reações de equilíbrio que envolviam a *absorção* de neutrinos (que passou a ocorrer com probabilidade decrescente) tornaram-se inoperantes. Nesse instante, de fato, o fluxo de neutrinos e de antineutrinos através do universo se desacoplou do restante do universo. Por causa da probabilidade extremamente pequena da absorção, muitos desses fluxos ainda existem até hoje, embora fortemente esfriados pela expansão. O modelo-padrão do universo prevê para hoje a presença de neutrinos com temperatura aproximadamente igual a 2 K, porém ninguém ainda conseguiu comprovar experimentalmente essa previsão.

Nucleossíntese

Em cerca de t = 1s, a razão entre prótons e nêutrons era determinada pelo fator da distribuição de Boltzmann $e^{-\Delta E/kT}$, onde ΔE é a diferença entre a energia de repouso do nêutron e a energia de repouso do próton, ΔE = 1,294 MeV. Para uma temperatura aproximadamente igual a 10^{10} K, esse fator de distribuição fornece um número de prótons 4,5 vezes maior do que o número de nêutrons. Contudo, conforme dissemos, os nêutrons livres (com vida média de 887 s) decaem espontaneamente formando prótons. Esse decaimento fez a razão entre prótons-nêutrons aumentar até cerca de t = 225 s. Nesse instante, a temperatura era aproximadamente igual a 10^9 K, e a energia média estava bem abaixo de 2 MeV.

A distribuição de energia era crítica porque a energia de ligação do *dêuteron* (um nêutron e um próton ligados entre si) é igual a 2,22 MeV (veja a Seção 43.2). Um nêutron ligado em um dêuteron não decai espontaneamente. À medida que a energia média diminuía, um próton podia se combinar com um nêutron formando um dêuteron, e havia um número cada vez menor de fótons com energia de 2,22 MeV ou maior capazes de dissociar os dêuterons novamente. A formação de dêuterons pela combinação de nêutrons e de prótons fez interromper o decaimento dos nêutrons livres.

A formação de dêuterons começando em cerca de t = 225 s marcou o começo do período da formação dos núcleos, ou *nucleossíntese*. Nesse instante existiam cerca de sete prótons para cada nêutron. O dêuteron (^{2}H) também pode absorver um nêutron e formar um tríton (^{3}H) ou então absorver um próton e formar o hélio (^{3}He). Então, um ^{3}H pode absorver um próton, e o ^{3}He pode absorver um nêutron formando ^{4}He (uma partícula alfa). Alguns núcleos de ^{7}Li também podem ser produzidos pela fusão dos núcleos ^{4}He e ^{3}H. De acordo com a teoria, essencialmente todos os núcleos ^{1}H e ^{4}He existentes no universo hoje foram formados naquela época. A seguir, contudo, a formação dos núcleos chegou quase a parar momentaneamente. Isso ocorreu porque não existe *nenhum* nuclídeo com número de massa A = 5 que possua uma vida média maior do que 10^{-21} s. Logo, a partícula alfa não absorve permanentemente nêutrons nem prótons. O nuclídeo ^{8}Be que é formado pela fusão de núcleos de ^{4}He é instável e possui uma vida média extremamente pequena, da ordem de 7×10^{-17} s. Note também que, naquele instante, a energia média ainda era muito elevada para permitir que os elétrons ficassem ligados com os núcleos; logo, naquela época ainda não existia nenhum átomo.

Exemplo conceitual 44.12

A ABUNDÂNCIA RELATIVA DO HIDROGÊNIO E DO HÉLIO NO UNIVERSO Quase todos os núcleons da relação de sete prótons para cada nêutron existente no instante t = 225 s ou formaram o ^{4}He ou permaneceram como ^{1}H. Depois desse tempo, qual era a abundância relativa do ^{1}H e do ^{4}He por massa?

SOLUÇÃO

O núcleo ^{4}He contém dois prótons e dois nêutrons. Para cada dois nêutrons, existiam catorze prótons. Os dois nêutrons e dois dos catorze prótons constituem um átomo do núcleo ^{4}He, sobrando doze prótons (núcleos de ^{1}H). Assim, naquela época existiam doze núcleos de ^{1}H para cada núcleo de ^{4}He. As massas aproximadas do ^{1}H e do ^{4}He são de 1 u e de 4 u, respectivamente, logo, existiam 12 u de ^{1}H para cada 4 u de ^{4}He. Portanto, por massa, a mistura era constituída de 75% de ^{1}H e de 25% de ^{4}He. Esse resultado concorda com a razão presente de H-He existente no universo, constituindo uma importante confirmação dessa parte da teoria.

A nucleossíntese de outros elementos só começou a ocorrer muito tempo depois, após instante $t = 10^{13}$ s (cerca de 380000 anos). Naquela época, a temperatura era de 3000 K e a energia média era aproximadamente igual a alguns décimos de elétrons-volt. Como a energia de ionização dos *átomos* de hidrogênio e de hélio são 13,6 eV e 24,5 eV, respectivamente, quase todos os átomos de hidrogênio e de hélio eram neutros (não-ionizados). Como a repulsão entre os núcleos se cancelava, a atração gravitacional podia aglutinar lentamente os átomos neutros formando nuvens de gás e, por fim, estrelas. Acredita-se que as reações termonucleares ocorridas nas estrelas tenham produzido os elementos com massas mais elevadas. Na Seção 43.8 discutimos um ciclo de reações termonucleares no qual ^{1}H torna-se ^{4}He; esse ciclo constitui uma das fontes da energia que é irradiada pelas estrelas.

Conforme as estrelas usam o seu hidrogênio, a pressão gravitacional interna supera a radiação e a pressão externas do gás, e as camadas internas da estrela começam a se contrair. À medida que isso ocorre, a energia potencial gravitacional diminui e as energias cinéticas dos átomos da estrela aumentam. Nas estrelas com massas elevadas, a densidade e a energia são suficientes para iniciar outro processo, a *fusão do hélio*. Inicialmente, dois núcleos de ^{4}He se fundem formando um núcleo de ^{8}Be. A vida média extremamente curta desse nuclídeo instável é compensada pela elevada densidade da camada central da estrela e pela probabilidade excepcionalmente elevada de outro núcleo de ^{4}He com energia específica, uma espécie de efeito de ressonância. Em conseqüência, uma fração razoável de núcleos de ^{8}Be se funde com ^{4}He formando o núcleo estável ^{12}C. O resultado líquido é a fusão de três núcleos de ^{4}He formando ^{12}C, o chamado *processo alfa triplo*. As fusões sucessivas com o ^{4}He fornecem ^{16}O, ^{20}Ne e ^{24}Mg. Todas essas reações são exoenergéticas. Elas liberam energia, que esquenta a estrela, e o ^{12}C pode se fundir com o ^{16}O formando novos elementos com números atômicos cada vez mais elevados.

Para os nuclídeos que podem ser produzidos dessa maneira, a energia de ligação por núcleon tem um pico em $A = 56$ com o nuclídeo ^{56}Fe, portanto as reações de fusão exoenergéticas terminam no Fe. Entretanto, sucessivas capturas de nêutrons e decaimentos beta podem continuar a produção de núcleos com massas mais elevadas. Quando a estrela possui massa suficientemente grande, ela pode finalmente explodir, formando uma *supernova* (Figura 44.20; ver também Figura 37.7), enviando para o espaço os elementos pesados que haviam sido produzidos pelos processos anteriores. No espaço, os restos da supernova e outros materiais interestelares podem sofrer atração gravitacional mútua dando origem a planetas e novas estrelas. Nosso próprio Sol é uma estrela de 'segunda geração'. Isso significa que os planetas e tudo o que existe no sistema solar (inclusive você) contêm matéria que foi lançada há muito tempo no espaço pela explosão de uma supernova.

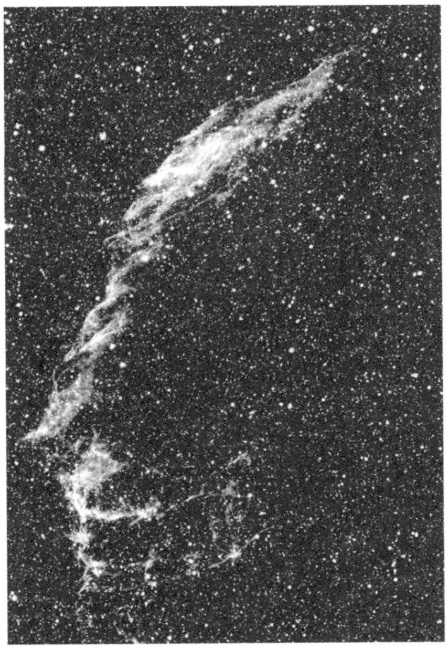

Figura 44.20 A Nebulosa do Véu, na constelação de Cisne, é um resto de uma explosão de supernova ocorrida mais de 20 000 anos atrás. O gás ejetado da supernova ainda está se movendo com muita rapidez. Colisões entre esse gás que se move rapidamente e o tênue material do espaço interestelar excitam o gás e o fazem brilhar. A porção da nebulosa mostrada aqui é de cerca de 40 al (12 pc) de extensão.

Radiação de fundo

Em 1965, Arno Penzias e Robert Wilson, trabalhando nos laboratórios de comunicação por satélites da Bell Telephone na cidade de Nova Jersey, apontaram uma antena de microondas para o céu e encontraram um sinal de fundo que, aparentemente, não possuía nenhuma direção privilegiada. (Esse sinal fornece cerca de 1% dos 'pontinhos luminosos' que você vê na tela da TV em um canal que não é usado por nenhuma transmissora.) Uma pesquisa posterior revelou que a radiação recebida apresenta um espectro de freqüências que obedece à lei de Planck da radiação, Equação (38.32) (veja a Seção 38.8). O comprimento de onda do pico de intensidade é igual a 1,063 nm (na região de microondas do espectro), com uma correspondente temperatura absoluta $T = 2{,}725$ K. Penzias e Wilson entraram em contato com físicos da Universidade de Princeton que haviam começado a projetar uma antena destinada a pesquisar a radiação remanescente do início da formação do universo. Dissemos que os átomos neutros começaram a se formar no instante $t = 380\,000$ anos quando a temperatura era igual a 3000 K. Com muito menos partículas carregadas do que existia anteriormente, naquela época o universo ficou transparente à radiação eletromagnética com comprimento de onda mais elevado. A radiação do corpo negro a 3000 K sobreviveu e, com a expansão do universo, esfriou até o

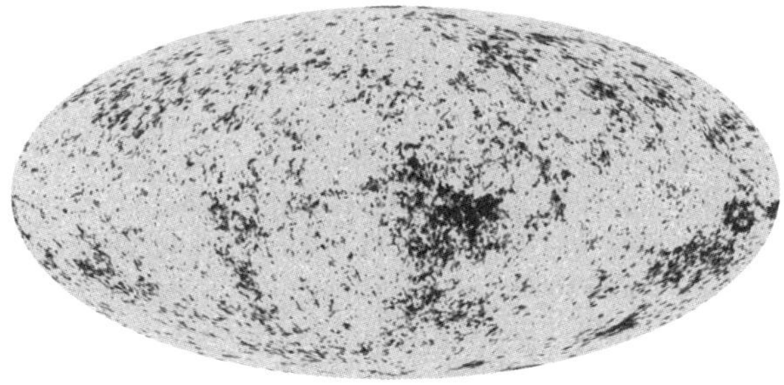

Figura 44.21 Esse mapa mostra a radiação de microondas de todo o céu mapeada em uma elipse. Quando essa radiação foi emitida, 380 000 anos após o ***Big Bang***, as regiões em preto eram levemente mais frias e densas do que a média. (Embora esta imagem seja em preto-e-branco, as cores da imagem original são falsas, isto é, o vermelho indica mais quente e o azul, mais frio). Dentro dessas regiões se formaram galáxias, inclusive a Via Láctea, a galáxia que inclui nosso sistema solar, nossa Terra e nós mesmos.

valor atual de 2,725 K. A radiação de fundo das microondas é uma das mais evidentes confirmações experimentais da teoria do *Big Bang*. A Figura 44.21 mostra um mapa moderno da radiação cósmica de fundo.

Exemplo 44.13

EXPANSÃO DO UNIVERSO Desde o instante $t = 380\,000$ anos, qual foi aproximadamente o fator de expansão do universo?

SOLUÇÃO

IDENTIFICAR: utilizaremos a idéia de que o universo está se expandindo e que todos os comprimentos de onda intergaláticos estão se expandindo com ele.

PREPARAR: a lei do deslocamento de Wien, Equação (38.30), relaciona o comprimento de onda do pico na radiação do corpo negro com a temperatura. Dadas as temperaturas da radiação cósmica de fundo atual e em $t = 380\,000$ a, podemos encontrar o fator pelo qual os comprimentos de onda variaram e, assim, calcular o fator pelo qual o universo se expandiu.

EXECUTAR: podemos reescrever a Equação (38.30), a lei de deslocamento de Wien, para mostrar que o comprimento de onda do pico λ_m da radiação de microondas é inversamente proporcional à temperatura absoluta:

$$\lambda_m = \frac{2{,}90 \times 10^{-3}\ \text{m} \cdot \text{K}}{T}$$

À medida que o universo se expandia, todos os comprimentos de onda intergaláticos (inclusive λ_m) cresceram proporcionalmente ao fator de escala R. A temperatura diminuiu de um fator (3000 K)/(2,7 K), logo, λ_m e o fator de escala devem ter *aumentado* desse mesmo fator. Portanto, entre $t = 380\,000$ anos e o presente, o universo se expandiu por um fator (3000 K)/(2,7 K), ou cerca de 1100.

AVALIAR: nossos resultados mostram que, desde $t = 380\,000$ a, qualquer volume intergalático em particular aumentou por um fator de $(1100)^3 = 1{,}3 \times 10^9$. Mostram também que, quando a radiação de fundo foi emitida, seu comprimento de onda do pico era (1,063 mm) / 1100 = 967 nm, na região infravermelha do espectro.

Matéria e antimatéria

Uma das características mais marcantes do universo é a assimetria entre matéria e antimatéria. Poderíamos pensar que no universo o número de prótons fosse igual ao número de antiprótons e que o número de elétrons fosse igual ao número de antielétrons. Contudo, esse não parece ser o caso. Não existe nenhuma evidência experimental da existência de antimatéria (matéria constituída por antiprótons, antinêutrons e pósitrons) em nenhum lugar do universo. As teorias que estudam a origem do universo devem explicar essa ausência.

Mencionamos que quase todas as teorias do tipo GUT incluem a violação da lei da conservação do número de bárions para energias nas quais a interação forte se unifica com a interação eletrofraca. Se a simetria partícula-antipartícula também é violada, dispomos de um mecanismo para obter mais quarks do que antiquarks, mais léptons do que antiléptons e, por fim, mais matéria do que antimatéria. O problema mais sério é que qualquer assimetria criada desse modo durante a era em que prevaleceu a GUT deveria ser compensada pela interação eletrofraca depois do término da era da GUT. Assim, deve ter existido outro mecanismo para a criação da assimetria partícula-antipartícula em algum instante muito *posterior*. O problema da assimetria matéria-antimatéria ainda é uma questão completamente em aberto.

Esperamos que a descrição qualitativa que acabamos de apresentar sirva pelo menos como uma sugestão para o estudo da ligação íntima entre a cosmologia e a teoria das partículas fundamentais. Existem ainda muitas questões sem resposta nesse campo ativo de pesquisa. A densidade de energia do universo é exatamente igual a $\rho_c c^2$ ou existem diferenças pequenas mas importantes? O que é energia escura? A densidade da energia escura permaneceu constante ao longo da história do universo ou variou? O que é matéria escura, e por que é tão difícil detectá-la, a não ser em sua influência gravitacional? O que aconteceu durante os primeiros 10^{-43} s depois do *Big Bang*? Podemos encontrar evidências de que as interações fortes e eletrofracas passaram por uma grande unificação em energias elevadas? A busca por respostas para essas e muitas outras questões sobre o nosso mundo físico é uma das mais excitantes aventuras para a mente humana.

Teste sua compreensão da Seção 44.7 Poderíamos, com um telescópio suficientemente poderoso, detectar fótons emitidos antes de $t = 380\,000$ a? ▮

Resumo

Partículas fundamentais: cada partícula apresenta uma antipartícula; em alguns casos uma partícula pode ser sua própria antipartícula. As partículas podem ser criadas ou destruídas; algumas delas (inclusive os elétrons e os pósitrons) só podem ser criadas e destruídas aos pares ou então em conjunto com outras partículas e antipartículas.

Algumas partículas podem servir como mediadoras das interações fundamentais. O fóton é o mediador da interação eletromagnética. Yukawa sugeriu que os mésons são as partículas mediadoras das interações nucleares. As partículas mediadoras que existem em virtude do princípio da incerteza para a energia são chamadas de partículas virtuais. (Ver Exemplo 44.1.)

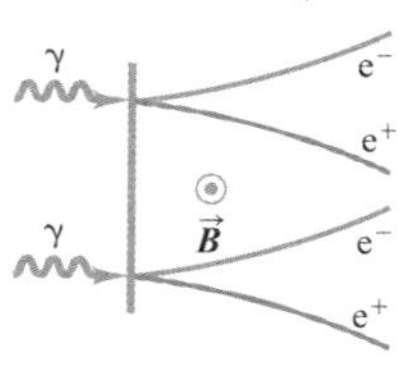

Aceleradores e detectores de partículas: os ciclotrons, sincrotrons e aceleradores lineares são usados para acelerar partículas carregadas em experiências de interações entre partículas. Somente uma parte da energia do feixe torna-se disponível quando o alvo está em repouso. Esse problema é evitado quando a colisão ocorre entre dois feixes se deslocando em sentidos contrários. (Ver exemplos 44.2-44.4.)

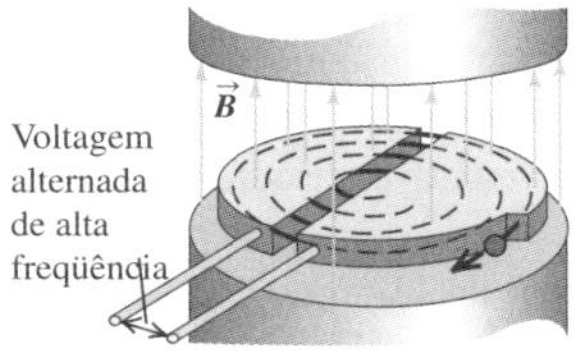

Partículas e interações: existem quatro interações fundamentais na natureza: a forte, a eletromagnética, a fraca e a gravitacional. As partículas podem ser descritas com base nas interações entre elas e nas grandezas que são conservadas em todas ou em algumas interações.

Os férmions possuem spins semi-inteiros; os bósons têm spins inteiros. Os léptons não sofrem interação forte. As partículas que sofrem interação forte são chamadas de hádrons. Elas incluem os mésons, que também são bósons, e os bárions, que são sempre férmions. Existem leis de conservação para o número de bárions e para três diferentes números de léptons. Números quânticos adicionais, inclusive a estranheza, são conservados em algumas interações e em outras não. (Ver exemplos 44.5-44.7)

Quarks: hádrons são compostos de quarks. Acredita-se que existam seis tipos de quarks. As interações entre quarks são mediadas por glúons. Os quarks e os glúons apresentam uma propriedade adicional chamada cor. (Ver Exemplo 44.8)

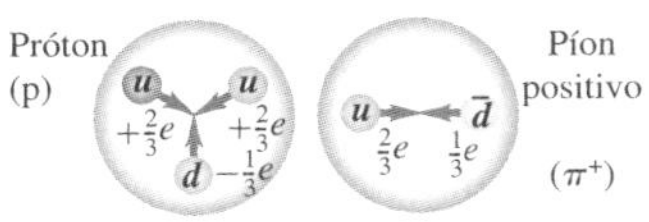

A simetria e a unificação de interações: as considerações de simetria desempenham um papel crucial no estudo das partículas fundamentais. A interação fraca se unifica com a interação eletromagnética em energias elevadas, dando origem à interação eletrofraca. Nas teorias da grande unificação, a interação forte também se unifica com as duas interações anteriores, porém em energias muito mais elevadas.

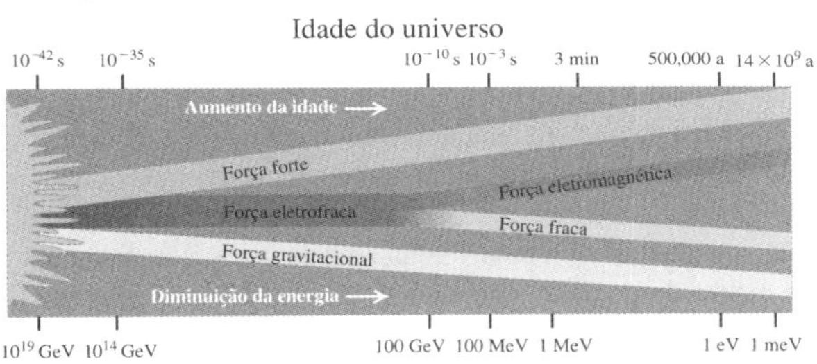

O universo em expansão e a sua composição: a lei de Hubble mostra que as galáxias estão se afastando uma da outra e que o universo está se expandindo. Observações mostram que a taxa de expansão está se acelerando devido à presença da energia escura, que constitui 74% da energia no universo. Apenas 4% da energia no universo está na forma de matéria comum; os restantes 22% são matéria escura, cuja natureza os físicos ainda não conseguiram compreender. (Ver exemplos 44.9 e 44.10.)

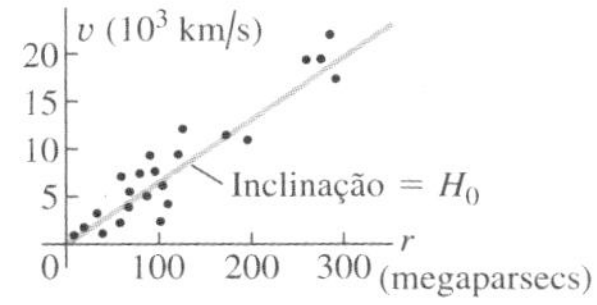

A história do universo: no modelo-padrão do universo, um *Big Bang* deu origem às primeiras partículas fundamentais. Estas acabaram formando os átomos mais leves à medida que o universo se expandia e esfriava. A radiação de fundo é remanescente do tempo em que esses átomos se formaram. Os elementos mais pesados foram constituídos muito mais tarde por reações de fusão dentro das estrelas. (Ver exemplos 44.11-44.13.)

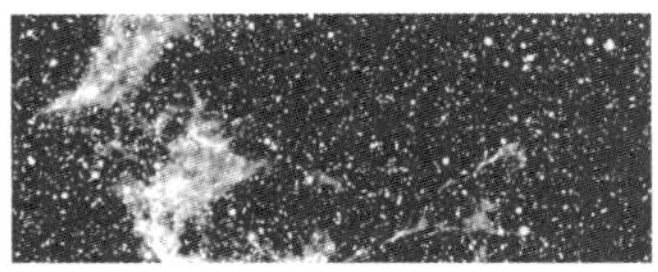

Principais termos

antipartícula, 364
bárion, 374
Big Bang, 383
bóson, 373
charme, 379
deslocamento para o vermelho, 382
energia escura, 387
estranheza, 375
férmion, 373
glúon, 378
hádron, 374
lei de Hubble, 382
lépton, 373
matéria escura, 387
méson, 366
modelo-padrão, 380
múon, 366
píon, 366
princípio cosmológico, 383
quark, 376
simetria de oito modos, 378
teoria da grande unificação, 380
teoria eletrofraca, 380

Resposta à Pergunta Inicial do Capítulo

Apenas 4% da massa e energia do universo estão na forma de matéria 'normal'. Do restante, 22% são compostos por uma matéria de natureza ainda não inteiramente compreendida, chamada matéria escura, e 74% pela ainda mais misteriosa energia escura.

Respostas às Perguntas dos Testes de Compreensão

44.1 **Resposta: (i), (iii), (ii), (iv)** Quanto maior é a massa da partícula virtual, menor é sua vida média e menor a distância que ela pode percorrer durante sua vida média.

44.2 **Resposta: não** Em uma colisão frontal entre um elétron e um pósitron de mesma energia, o momento linear total é zero. Como tanto o momento linear quanto a energia são conservados na colisão, o fóton virtual também tem momento linear $p = 0$, mas energia $E = 90$ GeV + 90 GeV = 180 GeV. Assim, a relação $E = pc$ *não* é, definitivamente, verdadeira para esse fóton virtual. Na verdade, é uma característica importante de todos os tipos de partículas virtuais o fato de que elas não precisam ter a mesma relação entre energia e momento linear que as partículas reais apresentam.

44.3 **Resposta: não** Todos os mésons têm número de bárion $B = 0$, enquanto um próton tem $B = 1$. O decaimento de um próton em um ou mais mésons exigiria que o número de bárion *não* se conservasse. Nenhuma violação a esse princípio de conservação foi observada, portanto, o decaimento proposto é impossível. (Como discutido na Seção 44.5, não se encontrou nenhuma evidência de que o próton sofra *qualquer* tipo de decaimento.)

44.4 **Resposta: não** Apenas o quark s, com $S = -1$, possui estranheza não nula. Para um bárion ter $S = -2$, ele precisa ter dois quarks s e um quark de um sabor diferente. Como cada quark s tem carga $-\frac{1}{3}e$, o quark não-estranho precisa ter carga $+\frac{4}{3}e$ para que a carga total seja igual a $+e$. Mas *nenhum* quark tem uma carga $+\frac{4}{3}e$, então o bárion proposto é impossível.

44.5 **Resposta: (i)** Se um quark $\boldsymbol{d}$ em um nêutron (teor de quark $\boldsymbol{udd}$) passa pelo processo $\boldsymbol{d} \rightarrow \boldsymbol{u} + e^- + \bar{\nu}_e$, o bárion restante apresenta um teor de quark $\boldsymbol{uud}$ e, portanto, é um próton (ver Figura 44.11). Um elétron é o mesmo que uma partícula β^-, portanto, o resultado final é um decaimento beta negativo: $n \rightarrow p + \beta^- + \bar{\nu}_e$. Assim, no modelo-padrão, o decaimento beta negativo de um núcleo é um processo pelo qual um quark dentro do núcleo passa por uma variação de sabor de $\boldsymbol{d}$ para $\boldsymbol{u}$.

44.6 **Resposta: sim... e não** O material de que o seu corpo é feito é comum para nós, na Terra. Mas da perspectiva do universo como um todo, o material de que você é feito é bastante *incomum*: apenas 4% da massa e energia no universo estão na forma de átomos.

44.7 **Resposta: não** Antes de $t = 380\,000$ a, a temperatura era tão alta que os átomos não podiam se formar, então havia muitos elétrons e prótons livres. Como essas partículas carregadas eram muito eficazes no espalhamento de fótons, a luz não podia propagar-se em distâncias muito grandes e o universo era opaco. Os fótons mais antigos que podemos detectar datam do tempo em que os átomos se formaram e o universo se tornou transparente.

Questões para discussão

Q44.1 Será possível algum local do universo conter antimatéria composta por antiprótons e antinêutrons circundados por pósitrons? Como detectar tal sistema sem precisar ir realmente a esse local? Você poderia detectar esses antiátomos identificando a luz que eles emitem como antifótons? Explique. Que tipo de problemas surgiriam se você *fosse* realmente a esse local?

Q44.2 Dado o princípio da incerteza de Heisenberg, é possível criar pares partícula-antipartícula que existam por períodos extremamente curtos de tempo antes de se aniquilarem? Isso significa que o espaço vazio é realmente vazio?

Q44.3 Quando os píons e os múon foram descobertos, durante as décadas de 1930 e de 1940, havia uma certa confusão a respeito de sua identificação. Em resumo, quais são as semelhanças? Quais são as diferenças mais significativas?

Q44.4 A força gravitacional entre dois elétrons é cerca de 10^{-40} vezes o valor da força elétrica. Entretanto, a interação gravitacional da matéria foi observada e analisada muito antes da interação elétrica. Por quê?

Q44.5 Quando um π^0 decai produzindo dois fótons, o que ocorre com os quarks dos quais ele é constituído?

Q44.6 Por que um elétron não pode decair em dois fótons? E em dois neutrinos?

Q44.7 De acordo com o modelo-padrão das partículas fundamentais, quais são as semelhanças entre bárions e léptons? Quais são as diferenças mais significativas?

Q44.8 De acordo com o modelo-padrão das partículas fundamentais, quais são as semelhanças entre quarks e léptons? Quais são as diferenças mais significativas?

Q44.9 Quais são as principais vantagens do uso de aceleradores com feixes que colidem entre si em relação a feixes que colidem com um alvo fixo? Quais são as desvantagens mais significativas?

Q44.10 O universo possui um centro? Explique.

Q44.11 Faz sentido perguntar: "Se o universo está se expandindo, para dentro de onde ele está se expandindo?".

Q44.12 Suponha que o universo possua uma borda. Faça uma experiência imaginária e se coloque nessa borda; explique como essa hipótese viola o princípio cosmológico.

Q44.13 Explique por que o princípio cosmológico impõe que H_0 deve ter o mesmo valor em todas as partes do universo, porém, não obriga que seu valor seja constante no tempo.

Exercícios

Seção 44.1 Partículas fundamentais – uma história

44.1 Um elétron e um pósitron estão se movendo em direção um ao outro e cada um tem uma velocidade de $0{,}500c$ no sistema de laboratório. a) Qual é a energia cinética de cada partícula? b) e^+ e e^- chocam-se frontalmente e se aniquilam. Qual é a energia de cada fóton que é produzido? c) Qual é o comprimento de onda de cada fóton? Como esse comprimento de onda se compara ao comprimento de onda do fóton quando a energia cinética inicial de e^+ e e^- é desprezível (ver Exemplo 44.1)?

44.2 No Exemplo 44.1, qual é a velocidade de um pósitron que tem uma energia cinética de 5,0 MeV? Expresse o seu resultado em termos da velocidade da luz.

44.3 Um píon neutro em repouso decai formando dois fótons. Calcule os valores aproximados da energia, da freqüência e do comprimento de onda de cada fóton. Em que parte do espectro eletromagnético cada fóton se encontra? (Use a massa do píon em termos da massa do elétron indicada na Seção 44.1.)

44.4 Dois fótons com energias iguais colidem frontalmente e se aniquilam produzindo um par $\mu^+ \mu^-$. A massa do múon é dada em termos da massa do elétron indicada na Seção 44.1. a) Calcule o comprimento de onda máximo do fóton para que isso ocorra. Se os fótons possuem esse comprimento de onda, descreva o movimento do μ^+ e do μ^- imediatamente depois de eles serem produzidos. b) O que ocorre quando esses fótons possuem um comprimento de onda menor do que esse valor máximo, porém ainda se aniquilam produzindo um par $\mu^+ \mu^-$?

44.5 Um píon positivo em repouso decai formando um múon positivo e um neutrino. a) Qual é a energia aproximada liberada nesse decaimento? (Suponha que o neutrino tenha massa de repouso igual a zero. Use a massa do múon e do píon em termos da massa do elétron dadas na Seção 44.1.) b) Por que um múon positivo não pode decair e formar um píon positivo?

44.6 Um próton e um antipróton se aniquilam, produzindo dois fótons. Calcule a energia, a freqüência e o comprimento de onda de cada fóton no sistema de referência do centro de massa-momento linear a) supondo que as energias cinéticas do próton e do antipróton sejam desprezíveis; b) supondo que cada partícula possua uma energia cinética igual a 830 MeV.

44.7 Um múon negativo em repouso decai e se transforma em um par elétron-pósitron e dois neutrinos. Aproximadamente quanta energia é liberada no decaimento? (Suponha que o neutrino tenha massa zero.)

44.8 As Equações (44.1) e (44.2) descrevem duas reações nucleares envolvendo nêutrons. a) Essas reações são exoenergéticas ou endoenergéticas? b) Quanta energia é liberada (ou absorvida) em cada uma delas? c) Cada uma dessas duas reações apresenta uma energia cinética limite? (Consulte a Tabela 43.2.)

44.9 **"Potência máxima, Scotty!"** A espaçonave *Enterprise*, popularizada em filmes e na televisão, é alimentada por um motor que controla a recombinação entre a matéria e a antimatéria. Supondo que todo o combustível de 400 kg de antimatéria da *Enterprise* se combine com a matéria, qual é a quantidade de energia liberada? Como isso se compara ao consumo anual de energia nos Estados Unidos, que é aproximadamente $1,0 \times 10^{20}$ J?

Seção 44.2 Aceleradores e detectores de partículas

44.10 Um elétron com uma energia total de 20,0 GeV colide com um pósitron em repouso. a) Qual é a energia disponível? b) Se o elétron e o pósitron são acelerados em um colisor, que energia total corresponde à mesma energia disponível na parte (a)?

44.11 Os dêuterons em um ciclotron percorrem uma circunferência com raio igual a 32,0 cm no momento em que ele emerge de um dê. A freqüência da voltagem alternada aplicada é 9,0 MHz. Calcule a) o campo magnético; b) a energia cinética e a velocidade do dêuteron no momento em que ele emerge.

44.12 O campo magnético em um ciclotron que acelera prótons é igual a 1,30 T. a) Quantas vezes por segundo o potencial entre os dois dês deve ser invertido? (Esse valor é igual ao dobro da freqüência dos prótons que circulam.) b) O raio máximo do ciclotron é igual a 0,250 m. Qual é a velocidade máxima do próton? c) Por qual diferença de potencial o próton deveria ser acelerado a partir do repouso para atingir a mesma velocidade calculada no item (b)?

44.13 a) Um feixe de partículas alfa com energias elevadas colide com um alvo de gás hélio em repouso. Qual é a energia total de uma partícula do feixe, sabendo que a energia disponível na colisão é igual a 16,0 GeV? b) Qual deve ser a energia de cada feixe para produzir a mesma energia disponível em uma experiência de colisão frontal entre os dois feixes?

44.14 a) Qual é a velocidade de um próton que possui energia total de 1000 GeV? b) Qual é a freqüência angular ω de um próton com a velocidade calculada no item (a) em um campo magnético de 4,0 T? Use a Equação (44.7) não-relativística e a expressão relativística correta e compare os resultados.

44.15 No Exemplo 44.4 (Seção 44.2) mostramos que um feixe de prótons com energia igual a 800 GeV fornece uma energia disponível de 38,7 GeV em uma colisão com um alvo de próton em repouso. a) Você foi contratado para fazer um projeto de atualização do acelerador para que ele possa dobrar o valor da energia disponível para uma colisão com um alvo em repouso. Qual é a energia necessária do feixe? b) Em uma experiência de colisão frontal entre dois feixes, qual é a energia de cada feixe necessária para fornecer uma energia disponível de 2(38,7 GeV) = 77,4 GeV?

44.16 Calcule a energia cinética limite para a produção de uma partícula η^0 na colisão de um feixe de prótons com um próton em repouso: $p + p \rightarrow p + p + \eta^0$. A energia de repouso da η^0 é igual a 547,3 MeV (Tabela 44.3).

Seção 44.3 Interações entre partículas

44.17 Qual é a massa (em kg) do Z^0? Qual é a razão entre a massa do Z^0 e a massa do próton?

44.18 A Tabela 44.3 mostra que um Σ^0 decai e se transforma em um Λ^0 e um fóton. a) Calcule a energia do fóton emitido nesse decaimento, se o Λ^0 está em repouso. b) Qual é o módulo do momento linear do fóton? É razoável desprezar o momento linear e a energia cinética finais do Λ^0? Explique.

44.19 Se uma partícula Σ^+ em repouso decai formando um próton e um π^0, qual é a energia cinética dos produtos do decaimento?

44.20 A descoberta da partícula Ω^- ajudou a confirmar a simetria de oito modos de Gell-Mann. Se um Ω^- decai transformando-se em um Λ^0 e um K^-, qual é a energia cinética total dos produtos do decaimento?

44.21 Em quais dos seguintes decaimentos os três números de léptons se conservam? Em cada caso, explique seu raciocínio. a) $\mu^- \rightarrow e^- + \nu_e + \bar{\nu}_\mu$; b) $\tau^- \rightarrow e^- + \bar{\nu}_e + \nu_\tau$; c) $\pi^+ \rightarrow e^+ + \gamma$; d) $n \rightarrow p + e^- + \bar{\nu}_e$.

44.22 Qual das seguintes reações obedece à conservação do número de bárions? a) $p + p \rightarrow p + e^+$; b) $p + n \rightarrow 2e^+ + e^-$; c) $p \rightarrow n + e^- + \bar{\nu}_e$; d) $p + \bar{p} \rightarrow 2\gamma$.

44.23 Em quais das seguintes reações a estranheza se conserva? Em cada caso, explique seu raciocínio.
a) $K^+ \rightarrow \mu^+ + \nu_\mu$; b) $n + K^+ \rightarrow p + \pi^0$;
c) $K^+ + K^- \rightarrow \pi^0 + \pi^0$; d) $p + K^- \rightarrow \Lambda^0 + \pi^0$.

44.24 a) Mostre que a constante de acoplamento para a interação eletromagnética, $e^2/4\pi\epsilon_0\hbar c$, é adimensional e possui o valor numérico 1/137,0. b) Mostre que, no modelo de Bohr (Seção 38.5), a velocidade orbital de um elétron na órbita $n = 1$ é igual a c vezes a constante de acoplamento $e^2/4\pi\epsilon_0\hbar c$.

44.25 Prove que a constante de acoplamento para a força nuclear $f^2/\hbar c$ é adimensional.

Seção 44.4 Quarks e o modelo com simetria de oito modos

44.26 Nove bárions com spin $\frac{3}{2}$ são quatro partículas Δ, cada uma delas com massa 1232 MeV/c^2, estranheza 0 e cargas $+2e$, $+e$, 0 e $-e$; três partículas Σ^*, cada uma delas com massa 1385 MeV/c^2, estranheza -1 e cargas $+e$, 0 e $-e$; e duas partículas Ξ^*, cada uma delas com massa 1530 MeV/c^2, estranheza -2 e cargas 0 e $-e$. a) Coloque essas partículas em um gráfico de S por Q. Deduza os valores de S e de Q para o décimo bárion com spin $\frac{3}{2}$, a partícula Ω^-, e coloque-a em seu digrama. Identifique as partículas com suas respectivas massas. A massa da partícula Ω^- é 1672 MeV/c^2; esse valor está de acordo com o seu diagrama? b) Deduza as combinações de três quarks (***u***, ***d*** e ***s***) que compõem cada uma dessas dez partículas. Faça um novo desenho do gráfico de S por Q do item (a) com cada partícula identificada com dísticos indicando seu respectivo teor de quark. Que regularidades você observa?

44.27 Determine a carga elétrica, o número de bárions, a estranheza e o número quântico do charme para as seguintes combinações de quarks: a) ***uds***; b) $c\bar{u}$; c) ***ddd***; d) $d\bar{c}$. Explique o seu raciocínio.

44.28 Qual é a energia cinética total dos produtos do decaimento quando uma partícula ípsilon em repouso decai para $\tau^+ + \tau^-$?

44.29 O teor de quark do nêutron é ***udd***. a) Qual é o teor de quark do antinêutron? Explique seu raciocínio. b) O nêutron é sua própria antipartícula? Explique. c) O teor de quark da partícula ψ é $c\bar{c}$. A partícula ψ é sua própria antipartícula? Explique.

44.30 Sabendo que cada partícula contém somente uma combinação de $u, d, s, \bar{u}, \bar{d}$ e $\bar{s}$, use o método do Exemplo 44.8 (Seção 44.4) para deduzir o teor de quark a) de uma partícula com carga $+e$, número de bárion 0 e estranheza +1; b) de uma partícula com carga $+e$, número de bárion −1 e estranheza +1; c) de uma partícula com carga 0, número de bárion +1 e estranheza −2.

44.31 A força fraca pode alterar o sabor do quark em uma interação. Explique como o decaimento β^+ altera o sabor do quark. Se um próton sofre decaimento β^+, determine a reação de decaimento.

Seção 44.6 O universo em expansão

44.32 **Parâmetro de deslocamento para o vermelho.** A definição do parâmetro de deslocamento para o vermelho z é dada no Exemplo 44.9. a) Mostre que a Equação (44.13) pode ser escrita como $1 + z = ([1 + \beta] / [1 - \beta])^{1/2}$, onde $\beta = v/c$. b) O parâmetro de deslocamento para o vermelho observado para certa galáxia é $z = 0{,}500$. Calcule a velocidade da galáxia em relação à Terra, se o deslocamento para o vermelho é devido ao deslocamento Doppler. c) Use a lei de Hubble para encontrar a distância dessa galáxia à Terra.

44.33 O espectro do átomo de sódio é detectado na luz emitida por uma galáxia distante. a) Se a linha de 590,0 nm é deslocada para 658,5 nm, com que velocidade essa galáxia se afasta da Terra? b) Use a lei de Hubble para calcular a distância entre a Terra e essa galáxia.

44.34 a) De acordo com a lei de Hubble, qual deve ser a distância r entre a Terra e uma galáxia que se afasta com velocidade igual a c? b) Explique por que a distância calculada no item (a) é o tamanho do universo observável (desprezando qualquer efeito de diminuição da expansão causada pela atração gravitacional).

44.35 A distância entre a Terra e uma galáxia na constelação de Peixes é 5210 Mal. a) Use a lei de Hubble para calcular a velocidade com a qual essa galáxia se afasta da Terra. b) Qual é a razão do deslocamento para o vermelho λ_0/λ_s que você espera para essa galáxia?

44.36 A densidade crítica do universo é $6{,}3 \times 10^{-27}$ kg/m^3. a) Supondo que o universo seja composto inteiramente de hidrogênio, expresse a densidade crítica em número de átomos de H por metros cúbicos. b) Se a densidade do universo é igual à densidade crítica, quantos átomos, em média, você esperaria encontrar em uma sala de dimensões 4 m × 7 m × 3 m? c) Compare a sua resposta à parte (b) com o número de átomos que você encontraria na mesma sala sob condições normais na Terra.

Seção 44.7 O começo do tempo

44.37 Calcule a energia liberada em cada uma das seguintes reações: a) $p + {}^2H \rightarrow {}^3He$; b) $n + {}^3He \rightarrow {}^4He$.

44.38 Calcule a energia liberada (em MeV) no processo alfa triplo $3\,{}^4He \rightarrow {}^{12}C$.

44.39 Calcule a energia da reação Q (em MeV) para a reação $e^- + p \rightarrow n + \nu_e$. Essa reação é endoenergética ou exoenergética?

44.40 Calcule a energia da reação Q (em MeV) para a reação de nucleossíntese.

$$^{12}_{6}C + ^{4}_{2}He \rightarrow ^{16}_{8}O$$

Essa reação é endoenergética ou exoenergética?

44.41 O pico da radiação do corpo negro de 2,728 K possui comprimento de onda igual a 1,062 mm. Qual era o comprimento de onda do pico da radiação existente no instante t = 700000 anos quando a temperatura era igual a 3000 K?

44.42 a) Mostre que a expressão para o comprimento de Planck $\sqrt{\hbar G/c^3}$ tem dimensão de comprimento. b) Calcule o valor numérico de $\sqrt{\hbar G/c^3}$ e verifique o valor fornecido pela Equação (44.21).

Problemas

44.43 No LHC cada próton será acelerado até uma energia cinética de 7,0 TeV. a) Nos feixes que colidem, qual é a energia disponível E_a na colisão? b) Supondo que o feixe de prótons colida com um próton em repouso, qual deve ser a energia total das partículas do feixe (em TeV) para produzir a mesma energia disponível calculada no item (a)?

44.44 Um próton colide frontalmente com um antipróton que tem a mesma energia cinética. No sistema de referência do centro de massa-momento linear são produzidos dois raios gama com um comprimento de onda igual a 0,780 fm. Calcule a energia cinética do próton incidente.

44.45 **Comparando as quatro forças.** Tanto as interações fortes quanto as fracas têm um alcance de cerca de 1 fm. Se dois prótons estiverem separados por essa distância, eles serão afetados por todas as quatro forças (ou interações) fundamentais. a) Calcule as forças das interações elétricas e gravitacionais que afetarão cada um desses prótons. b) Use a informação dada sobre as quatro forças no início da Seção 44.3 para estimar as forças aproximadas da interação forte e da interação fraca em cada um desses prótons. c) Coloque as quatro forças em ordem, da mais forte à mais fraca. d) Expresse cada força como um múltiplo das quatro mais fracas.

44.46 Calcule a energia cinética limite necessária para a reação $\pi^- + p \rightarrow \Sigma^0 + K^0$ se um feixe de π^- incide sobre um próton em repouso. A partícula K^0 possui massa igual a 497,7 MeV/c^2.

44.47 Calcule a energia cinética limite da reação $p + p \rightarrow p + p + K^+ + K^-$ se um feixe de prótons incidir em um próton em repouso.

44.48 Um méson η^0 em repouso decai formando três mésons π. a) Quais são as combinações possíveis de π^0, π^+ e π^- dos produtos do decaimento? b) Calcule a energia cinética total dos mésons π.

44.49 **Aniquilação.** Considere o caso em que um elétron e^- e um pósitron e^+ se aniquilam um ao outro e produzem fótons. Suponha que essas duas partículas colidam frontalmente com velocidades iguais, mas lentas. a) Mostre que não é possível que apenas um fóton seja produzido. (*Sugestão*: considere a lei de conservação que deve ser obedecida em qualquer colisão.) b) Mostre que, se apenas dois fótons são produzidos, eles devem se deslocar em sentidos opostos e ter energia igual. c) Calcule o comprimento de onda de cada um dos fótons na parte (b). Em que parte do espectro eletromagnético eles se situam?

44.50 a) Qual é a energia liberada quando um píon negativo (π^-) em repouso decai e os produtos do decaimento são estáveis? Veja as tabelas 44.2 e 44.3 na Seção 44.3. b) Por que o neutrino e os antineutrinos produzidos recebem a maior parte dessa energia?

44.51 Em cada uma das relações escritas a seguir falta uma única partícula. Calcule o número de bárions, a carga, a estranheza e os três números de léptons (quando forem apropriados) da partícula que falta e, a partir disso, identifique a partícula. a) $p + p \rightarrow p + \Lambda^0 + ?$; b) $K^- + n \rightarrow \Lambda^0 + ?$; c) $p + p \rightarrow n + ?$; d) $\bar{\nu}_\mu + p \rightarrow n + ?$

44.52 Estime a largura da energia (a incerteza na medida da energia) da partícula ψ sabendo que sua vida média é $7,6 \times 10^{-21}$ s. A que fração de sua energia de repouso essa largura corresponde?

44.53 O méson ϕ possui massa igual a 1019,4 MeV/c^2 e a incerteza na medida da largura de sua energia é igual a 4,4 MeV/c^2. Usando o princípio da incerteza, Equação (39.13), estime a vida média do méson ϕ.

44.54 Um méson ϕ (Problema 44.53) em repouso decai do seguinte modo: $\phi \rightarrow K^+ + K^-$. A estranheza desse méson é igual a 0. a) Calcule a energia cinética do méson K^+. (Suponha que os dois produtos do decaimento tenham a mesma energia cinética, visto que suas massas são iguais.) b) Explique por que o decaimento $\phi \rightarrow K^+ + K^- + \pi^0$ não foi observado. c) Cite motivos pelos quais os decaimentos $\phi \rightarrow K^+ + \pi^-$ e $\phi \rightarrow K^+ + \mu^-$ não foram observados.

44.55 Decaimento do próton. O decaimento do próton é uma característica de algumas teorias sobre a grande unificação. Um possível decaimento seria dado por $p^+ \rightarrow e^+ + \pi^0$, que viola a lei da conservação do número de bárions e a conservação do número de léptons, de modo que a vida média dos prótons deve ser muito longa. Suponha que a meia-vida do próton seja $1,0 \times 10^{18}$ anos. a) Calcule a energia depositada por quilograma do tecido do corpo (em rad) produzida em um ano pelo decaimento dos prótons no interior de seu corpo. Modele seu corpo supondo que a água seja a única substância existente nele. Somente os dois prótons dos dois átomos de hidrogênio de cada molécula de H_2O poderiam decair do modo indicado. Você sabe por quê? Suponha que o π^0 produzido decaia formando dois raios γ, que o pósitron se aniquile com um elétron de seu corpo e que toda energia produzida no decaimento primário e no decaimento secundário permaneça em seu corpo. b) Calcule a dose equivalente (em rem) supondo que a RBE seja igual a 1,0 para todos os produtos da radiação e compare com o valor 0,1 rem da radioatividade de fundo e com o valor de 5,0 rem que serve de referência para os trabalhadores da indústria. Com base em seus cálculos, a vida média do próton pode ser apenas de $1,0 \times 10^{18}$ anos?

44.56 Uma partícula Ξ^- em repouso decai formando um Λ^0 e um méson π^-. a) Calcule a energia cinética total dos produtos do decaimento. b) A que fração da energia cinética total corresponde a energia de cada partícula produzida no decaimento? (Para simplificar, use as expressões não-relativísticas para a energia cinética e para o momento linear.)

44.57 Considere o modelo bidimensional para a expansão do universo um balão esférico (Figura 44.16 na Seção 44.6). A menor distância entre dois pontos da superfície, medida ao longo da superfície, é o comprimento de arco r, onde $r = R\theta$. À medida que o balão se expande, seu raio R cresce, porém o ângulo θ entre dois pontos permanece constante. a) Explique por que, em qualquer instante, $(dR/dt)/R$ apresenta o mesmo valor em todos os pontos da superfície do balão. b) Mostre que $v = dr/dt$ é diretamente proporcional a r em qualquer instante. c) Usando sua resposta do item (b), qual é a expressão da constante de Hubble H_0 em termos de R e de dR/dt ? d) A expressão de H_0 que você obteve no item (c) é constante no espaço. Como R deveria depender em relação ao tempo para que H_0 seja constante no tempo? e) Sua resposta do item (d) é compatível com a atração gravitacional da matéria existente no universo?

44.58 Suponha que todas as condições indicadas no Problema 44.57 sejam as mesmas, exceto que $v = dr/dt$ seja constante para um dado θ, em vez de considerar H_0 constante no tempo. Assim, mostre que a constante de Hubble é dada por $H_0 = 1/t$ e que, portanto, o valor atual é $1/T$, onde T é a idade do universo.

Problemas desafiadores

44.59 Considere uma colisão na qual uma partícula de massa M em repouso é bombardeada por uma partícula de massa m, velocidade v_0 e energia total E_m (inclusive a energia de repouso). a) Use as transformações de Lorentz para escrever as velocidades v_m e v_M das partículas m e M em termos da velocidade v_{cm} no sistema de referência do centro de massa-momento linear. b) Use o fato de que o momento linear total é igual a zero no sistema de referência do centro de massa-momento linear para obter uma expressão para v_{cm} em termos de m, M e v_0. c) Combine os resultados dos itens (a) e (b) para obter a Equação (44.9) para a energia total no sistema de referência do centro de massa-momento linear.

44.60 Um híperon Λ^0 em repouso decai formando um nêutron e um π^0. a) Calcule a energia cinética total dos produtos do decaimento. b) Qual é a fração da energia cinética total de cada partícula dos produtos do decaimento? (*Dica*: use as expressões relativísticas para a energia cinética e para o momento linear.)

APÊNDICE A

O SISTEMA INTERNACIONAL DE UNIDADES

O Sistema Internacional de Unidades, abreviado por SI, é o sistema desenvolvido por um congresso internacional e adotado por quase todos os países industrializados do mundo. Ele é baseado nas unidades do Sistema MKSA (metro-quilograma-segundo-ampère). O material apresentado a seguir foi adaptado de B. N. Taylor, ed., *National Institute of Standards and Technology Spec. Pub.* 811 (U. S. Govt. Printing Office, Washington, DC, 1995).

Grandeza	Nome da unidade	Símbolo	
	Unidades básicas do SI		
comprimento	metro	m	
massa	quilograma	kg	
tempo	segundo	s	
corrente elétrica	ampère	A	
temperatura termodinâmica	kelvin	K	
quantidade de substância	mol	mol	
intensidade luminosa	candela	cd	
	Unidades derivadas do SI		**Unidades equivalentes**
área	metro quadrado	m^2	
volume	metro cúbico	m^3	
freqüência	hertz	Hz	s^{-1}
massa específica (densidade)	quilograma por metro cúbico	kg/m^3	
velocidade	metro por segundo	m/s	
velocidade angular	radiano por segundo	rad/s	
aceleração	metro por segundo ao quadrado	m/s^2	
aceleração angular	radiano por segundo ao quadrado	rad/s^2	
força	newton	N	$kg \cdot m/s^2$
pressão (tensão mecânica)	pascal	Pa	N/m^2
viscosidade cinemática	metro quadrado por segundo	m^2/s	
viscosidade dinâmica	newton-segundo por metro quadrado	$N \cdot s/m^2$	
trabalho, energia, calor	joule	J	$N \cdot m$
potência	watt	W	J/s
carga elétrica	coulomb	C	$A \cdot s$
diferença de potencial, força eletromotriz	volt	V	J/C, W/A
intensidade do campo elétrico	volt por metro	V/m	N/C
resistência elétrica	ohm	Ω	V/A
capacitância	farad	F	$A \cdot s/V$
fluxo magnético	weber	Wb	$V \cdot s$
indutância	henry	H	$V \cdot s/A$
densidade de fluxo magnético	tesla	T	Wb/m^2
intensidade do campo magnético	ampère por metro	A/m	
força magnetomotriz	ampère	A	
fluxo luminoso	lúmen	lm	$cd \cdot sr$
luminância	candela por metro quadrado	cd/m^2	
iluminamento	lux	lx	lm/m^2
número de onda	um por metro	m^{-1}	
entropia	joule por kelvin	J/K	
calor específico	joule por quilograma-kelvin	$J/kg \cdot K$	
condutividade térmica	watt por metro-kelvin	$W/m \cdot K$	

Grandeza	Nome da unidade	Símbolo	Unidades equivalentes
intensidade da radiação	watt por estereorradiano	W/sr	
atividade (de uma fonte radioativa)	becquerel	Bq	s^{-1}
dose de radiação	gray	Gy	J/kg
equivalente da dose de radiação	sievert	Sv	J/kg
	Unidades suplementares do SI		
ângulo plano	radiano	rad	
ângulo sólido	estereorradiano	sr	

Definições das unidades do SI

metro (m) O *metro* é um comprimento igual à distância percorrida pela luz no vácuo em um intervalo de tempo igual à fração (1/299.792.458) do segundo.

quilograma (kg) O *quilograma* é uma unidade de massa igual à massa de um protótipo internacional do quilograma. (O protótipo internacional do quilograma é um cilindro de uma liga de platina-irídio preservado em uma galeria da Agência Internacional de Pesos e Medidas em Sèvres, na França.)

segundo (s) O *segundo* é o intervalo de tempo correspondente a 9.192.631.770 ciclos da radiação emitida durante a transição entre dois níveis hiperfinos do estado fundamental do átomo de césio 133.

ampère (A) O *ampère* é uma corrente constante que, ao ser mantida em dois fios retilíneos e paralelos de comprimentos infinitos de seções retas desprezíveis e separados por uma distância de 1 m no vácuo, produz entre os fios uma força igual a 2×10^{-7} N para cada metro de comprimento dos fios.

kelvin (K) O *kelvin*, unidade de temperatura termodinâmica, é a fração igual a 1/273,16 da temperatura termodinâmica correspondente ao ponto triplo da água.

ohm (OHM) O *ohm* é a resistência elétrica entre dois pontos de um condutor que transporta uma corrente de 1 A quando uma diferença de potencial constante de 1 volt é aplicada entre esses dois pontos, esse trecho do condutor não pode ser fonte de nenhuma força eletromotriz.

coulomb (C) O *coulomb* é a carga elétrica transportada em um segundo por uma corrente de 1 A.

candela (cd) A *candela* é a intensidade luminosa, em dada direção, de uma fonte que emite uma radiação monocromática com freqüência igual a 540×10^{12} hertz e cuja intensidade da radiação nessa direção equivale a 1/683 watt por estereorradiano.

molécula-grama (mol) O *mol* é a quantidade de uma substância que contém um número de unidades elementares equivalente ao número de átomos existentes em 0,012 kg de carbono 12. Essas unidades elementares devem ser especificadas e podem ser átomos, moléculas, íons, elétrons, outras partículas ou grupos de tais partículas especificadas.

newton (N) O *newton* é a força que fornece para uma massa de 1 quilograma uma aceleração de um metro por segundo por segundo.

joule (J) O *joule* é o trabalho realizado quando o ponto de aplicação de uma força constante de 1 N é deslocado até uma distância de 1 metro na direção da força.

watt (W) O *watt* é a potência que dá origem a uma produção de energia com uma taxa igual a 1 joule por segundo.

volt (V) O *volt* é a diferença de potencial elétrico entre dois pontos de um condutor que transporta uma corrente constante igual a 1 ampère, quando a potência entre esses dois pontos é igual a 1 W.

weber (Wb) O *weber* é o fluxo magnético que, ao atravessar um circuito com uma espira, produz nela uma força eletromotriz igual a 1 V quando o fluxo é reduzido a zero com uma taxa uniforme em um segundo.

lúmen (lm) O *lúmen* é o fluxo luminoso emitido em um ângulo sólido igual a 1 estereorradiano por uma fonte pontual uniforme cuja intensidade é igual a 1 candela.

farad (F) O *farad* é a capacitância de um capacitor que possui uma diferença de potencial de 1 V entre suas placas quando ele é carregado por uma carga elétrica igual a 1 coulomb.

henry (H) O *henry* é a indutância de um circuito fechado no qual uma força eletromotriz de 1 V é produzida quando a corrente elétrica no circuito varia com uma taxa uniforme de 1 A por segundo.

radiano (rad) O *radiano* é o ângulo plano entre dois raios do círculo que cortam a circunferência formando um arco de comprimento igual ao raio.

estereorradiano (sr) O *estereorradiano* é um ângulo sólido que, possuindo seu vértice no centro de uma esfera, corta a superfície da esfera formando uma calota cuja área superficial é equivalente à área de um quadrado de lado igual ao raio da esfera.

Prefixos do SI Os nomes dos múltiplos e submúltiplos das unidades do SI podem ser formados usando-se a lista dos prefixos apresentados no Apêndice F.

APÊNDICE B

RELAÇÕES MATEMÁTICAS ÚTEIS

Álgebra

$a^{-x} = \dfrac{1}{a^x}$ $\quad a^{(x+y)} = a^x a^y$ $\quad a^{(x-y)} = \dfrac{a^x}{a^y}$

Logaritmos: Se $\log a = x$, então $a = 10^x$. $\log a + \log b = \log(ab)$ $\quad \log a - \log b = \log(a/b)$ $\quad \log(a^n) = n \log a$

Se $\ln a = x$, então $a = e^x$. $\ln a + \ln b = \ln(ab)$ $\quad \ln a - \ln b = \ln(a/b)$ $\quad \ln(a^n) = n \ln a$

Equação do segundo grau: Se $ax^2 + bx + c = 0$, $\quad x = \dfrac{-b \pm \sqrt{b^2 - 4ac}}{2a}$.

Série binomial

$$(a + b)^n = a^n + na^{n-1}b + \frac{n(n-1)a^{n-2}b^2}{2!} + \frac{n(n-1)(n-2)a^{n-3}b^3}{3!} + \cdots$$

Trigonometria

No triângulo retângulo ABC, $x^2 + y^2 = r^2$.

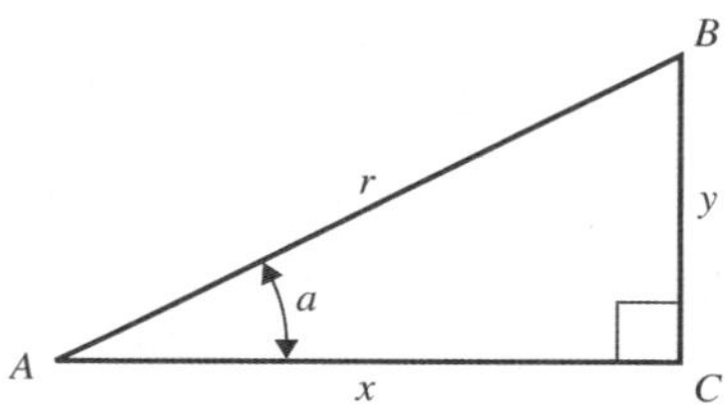

Definições das funções trigonométricas: $\operatorname{sen} a = y/r$ $\quad \cos a = x/r$ $\quad \operatorname{tg} a = y/x$

Identidades:

$\operatorname{sen}^2 a + \cos^2 a = 1$ $\qquad \operatorname{tg} a = \dfrac{\operatorname{sen} a}{\cos a}$

$\operatorname{sen} 2a = 2 \operatorname{sen} a \cos a$ $\qquad \cos 2a = \cos^2 a - \operatorname{sen}^2 a = 2\cos^2 a - 1 = 1 - 2\operatorname{sen}^2 a$

$\operatorname{sen} \frac{1}{2} a = \sqrt{\dfrac{1 - \cos a}{2}}$ $\qquad \cos \frac{1}{2} a = \sqrt{\dfrac{1 + \cos a}{2}}$

$\operatorname{sen}(-a) = -\operatorname{sen} a$ $\qquad \operatorname{sen}(a \pm b) = \operatorname{sen} a \cos b \pm \cos a \operatorname{sen} b$

$\cos(-a) = \cos a$ $\qquad \cos(a \pm b) = \cos a \cos b \mp \operatorname{sen} a \operatorname{sen} b$

$\operatorname{sen}(a \pm \pi/2) = \pm \cos a$ $\qquad \operatorname{sen} a + \operatorname{sen} b = 2 \operatorname{sen} \frac{1}{2}(a + b) \cos \frac{1}{2}(a - b)$

$\cos(a \pm \pi/2) = \mp \operatorname{sen} a$ $\qquad \cos a + \cos b = 2 \cos \frac{1}{2}(a + b) \cos \frac{1}{2}(a - b)$

Geometria

Comprimento de uma circunferência de raio r: $C = 2\pi r$

Área de um círculo de raio r: $A = \pi r^2$

Volume de uma esfera de raio r: $V = 4\pi r^3/3$

Área da superfície de uma esfera de raio r: $A = 4\pi r^2$

Volume de um cilindro de raio r e altura h: $V = \pi r^2 h$

Cálculo diferencial e integral

Derivadas:

$$\frac{d}{dx}x^n = nx^{n-1}$$

$$\frac{d}{dx}\operatorname{sen} ax = a\cos ax$$

$$\frac{d}{dx}\cos ax = -a\operatorname{sen} ax$$

$$\frac{d}{dx}e^{ax} = ae^{ax}$$

$$\frac{d}{dx}\ln ax = \frac{1}{x}$$

Integrais:

$$\int x^n dx = \frac{x^{n+1}}{n+1} \quad (n \neq -1)$$

$$\int \frac{dx}{x} = \ln x$$

$$\int \operatorname{sen} ax\, dx = -\frac{1}{a}\cos ax$$

$$\int \cos ax\, dx = \frac{1}{a}$$

$$\int e^{ax} dx = \frac{1}{a}e^{ax}$$

$$\int \frac{dx}{\sqrt{a^2 - x^2}} = \operatorname{arcsen}\frac{x}{a}$$

$$\int \frac{dx}{\sqrt{x^2 + a^2}} = \ln\left(x + \sqrt{x^2 + a^2}\right)$$

$$\int \frac{dx}{x^2 + a^2} = \frac{1}{a}\operatorname{arctg}\frac{x}{a}$$

$$\int \frac{dx}{(x^2 + a^2)^{3/2}} = \frac{1}{a^2}\frac{x}{\sqrt{x^2 + a^2}}$$

$$\int \frac{x\,dx}{(x^2 + a^2)^{3/2}} = -\frac{1}{\sqrt{x^2 + a^2}}$$

Séries de potências (convergentes para os valores de x indicados):

$$(1 + x)^n = 1 + nx + \frac{n(n-1)x^2}{2!} + \frac{n(n-1)(n-2)}{3!}x^3 + \cdots \quad (|x| < 1)$$

$$\operatorname{sen} x = x - \frac{x^3}{3!} + \frac{x^5}{5!} - \frac{x^7}{7!} + \cdots \quad (\text{todo } x)$$

$$\cos x = 1 - \frac{x^2}{2!} + \frac{x^4}{4!} - \frac{x^6}{6!} + \cdots \quad (\text{todo } x)$$

$$\operatorname{tg} x = x + \frac{x^3}{3} + \frac{2x^2}{15} + \frac{17x^7}{315} + \cdots \quad (|x| < \pi/2)$$

$$e^x = 1 + x + \frac{x^2}{2!} + \frac{x^3}{3!} + \cdots \quad (\text{todo } x)$$

$$\ln(1 + x) = x - \frac{x^2}{2} + \frac{x^3}{3} - \frac{x^4}{4} + \cdots \quad (|x| < 1)$$

APÊNDICE C

ALFABETO GREGO

Nome	Maiúscula	Minúscula	Nome	Maiúscula	Minúscula
Alfa	A	α	Nu	N	ν
Beta	B	β	Xi	Ξ	ξ
Gama	Γ	γ	Ômicron	O	o
Delta	Δ	δ	Pi	Π	π
Épsilon	E	ϵ	Rô	P	ρ
Zeta	Z	ζ	Sigma	Σ	σ
Eta	H	η	Tau	T	τ
Teta	Θ	θ	Úpsilon	Υ	υ
Iota	I	ι	Fi	Φ	ϕ
Capa	K	κ	Qui	X	χ
Lambda	Λ	λ	Psi	Ψ	ψ
Mu	M	μ	Ômega	Ω	ω

APÊNDICE D

TABELA PERIÓDICA DOS ELEMENTOS

Grupo / Periódico	1	2	3	4	5	6	7	8	9	10	11	12	13	14	15	16	17	18
1	1 **H** 1.008																	2 **He** 4.003
2	3 **Li** 6.941	4 **Be** 9.012											5 **B** 10.811	6 **C** 12.011	7 **N** 14.007	8 **O** 15.999	9 **F** 18.998	10 **Ne** 20.180
3	11 **Na** 22.990	12 **Mg** 24.305											13 **Al** 26.982	14 **Si** 28.086	15 **P** 30.974	16 **S** 32.065	17 **Cl** 35.453	18 **Ar** 39.948
4	19 **K** 39.098	20 **Ca** 40.078	21 **Sc** 44.956	22 **Ti** 47.867	23 **V** 50.942	24 **Cr** 51.996	25 **Mn** 54.938	26 **Fe** 55.845	27 **Co** 58.933	28 **Ni** 58.693	29 **Cu** 63.546	30 **Zn** 65.409	31 **Ga** 69.723	32 **Ge** 72.64	33 **As** 74.922	34 **Se** 78.96	35 **Br** 79.904	36 **Kr** 83.798
5	37 **Rb** 85.468	38 **Sr** 87.62	39 **Y** 88.906	40 **Zr** 91.224	41 **Nb** 92.906	42 **Mo** 95.94	43 **Tc** (98)	44 **Ru** 101.07	45 **Rh** 102.906	46 **Pd** 106.42	47 **Ag** 107.868	48 **Cd** 112.411	49 **In** 114.818	50 **Sn** 118.710	51 **Sb** 121.760	52 **Te** 127.60	53 **I** 126.904	54 **Xe** 131.293
6	55 **Cs** 132.905	56 **Ba** 137.327	71 **Lu** 174.967	72 **Hf** 178.49	73 **Ta** 180.948	74 **W** 183.84	75 **Re** 186.207	76 **Os** 190.23	77 **Ir** 192.217	78 **Pt** 195.078	79 **Au** 196.967	80 **Hg** 200.59	81 **Tl** 204.383	82 **Pb** 207.2	83 **Bi** 208.980	84 **Po** (209)	85 **At** (210)	86 **Rn** (222)
7	87 **Fr** (223)	88 **Ra** (226)	103 **Lr** (262)	104 **Rf** (261)	105 **Db** (262)	106 **Sg** (266)	107 **Bh** (264)	108 **Hs** (269)	109 **Mt** (268)	110 **Ds** (271)	111 **Rg** (272)	112 **Uub** (285)	113 **Uut** (284)	114 **Uuq** (289)	115 **Uup** (288)	116 **Uuh** (292)	117 **Uus**	118 **Uuo**

Lantanídeos	57 **La** 138.905	58 **Ce** 140.116	59 **Pr** 140.908	60 **Nd** 144.24	61 **Pm** (145)	62 **Sm** 150.36	63 **Eu** 151.964	64 **Gd** 157.25	65 **Tb** 158.925	66 **Dy** 162.500	67 **Ho** 164.930	68 **Er** 167.259	69 **Tm** 168.934	70 **Yb** 173.04
Actinídeos	89 **Ac** (227)	90 **Th** (232)	91 **Pa** (231)	92 **U** (238)	93 **Np** (237)	94 **Pu** (244)	95 **Am** (243)	96 **Cm** (247)	97 **Bk** (247)	98 **Cf** (251)	99 **Es** (252)	100 **Fm** (257)	101 **Md** (258)	102 **No** (259)

Para cada elemento indica-se a massa atômica média da mistura dos isótopos do elemento que se encontram na natureza. Para os elementos que não possuem isótopos estáveis, indica-se entre parênteses a massa atômica média aproximada do elemento de maior duração. Para um elemento previsto, mas ainda não detectado, nenhuma massa atômica é indicada. As massas atômicas são expressas usando-se a unidade de massa atômica (1 u = 1,66053886(28$\cdot 10^{-27}$), que equivale a grama por mol (g/mol).

APÊNDICE E

FATORES DE CONVERSÃO DAS UNIDADES

Comprimento

1 m = 100 cm = 1000 mm = 10^6 μm = 10^9 nm
1 km = 1000 m = 0,6214 mi
1 m = 3,281 pol = 39,37 pol
1 cm = 0,3937 pol
1 pol = 2,540 cm
1 pol = 30,48 cm
1 yd = 91,44 cm
1 mi = 5280 pés = 1,609 km
1 Å = 10^{-10} m = 10^{-8} cm = 10^{-1} nm
1 milha náutica = 6080 pés
1 ano-luz = $9{,}461 \times 10^{15}$ m

Área

1 cm^2 = 0,155 pol^2
1 m^2 = 10^4 cm^2 = 10,76 $pés^2$
1 pol^2 = 6,452 cm^2
1 pol = 144 pol^2 = 0,0929 m^2

Volume

1 litro = 1000 cm^3 = 10^{-3} m^3 = 0,03531 $pé^3$ = 61,02 pol^3
1 $pé^3$ = 0,02832 m^3 = 28,32 litros = 7,477 galões
1 galão = 3,788 litros

Tempo

1 min = 60 s
1 h = 3600 s
1 d = 86,400 s
1 a = 365,24 d = $3{,}156 \times 10^7$ s

Ângulo

1 rad = 57,30° = 180°/π
1° = 0,01745 rad = π/180 rad
1 revolução = 360° = 2π rad
1 rev/min (rpm) = 0,1047 rad/s

Velocidade

1 m/s = 3,281 pés/s
1 pé/s = 0,3048 m/s
1 mi/min = 60 mi/h = 88 pés/s
1 km/h = 0,2778 m/s = 0,6214 mi/h
1 mi/h = 1,466 pés/s = 0,4470 m/s = 1,609 km/h

Aceleração

1 m/s^2 = 100 cm/s^2 = 3,281 $pés/s^2$
1 cm/s^2 = 0,01 m/s^2 = 0,03281 $pé/s^2$
1 $pé/s^2$ = 0,3048 m/s^2 = 30,48 cm/s^2
1 mi/h · s = 1,467 $pés/s^2$

Massa

1 kg = 10^3 g = 0,0685 slug
1 g = $6{,}85 \times 10^{-5}$ slug
1 slug = 14,59 kg
1 u = $1{,}661 \times 10^{-27}$ kg
1 kg possui uma massa de 2,205 lb quando g = 9,80 m/s^2

Força

1 N = 10^5 dina = 0,2248 lb
1 lb = 4,448 N = $4{,}448 \times 10^5$ dina

Pressão

1 Pa = 1 N/m^2 = $1{,}450 \times 10^{-4}$$lb/pol^2$ = 0,209 $lb/pé^2$
1 bar = 10^5 Pa
1 lb/pol^2 = 6895 Pa
1 $lb/pé^2$ = 47,88 Pa
1 atm = $1{,}013 \times 10^5$ Pa = 1,013 bar
= 14,7 lb/pol^2 = 2117 $lb/pés^2$
1 mm Hg = 1 torr = 133,3 Pa

Energia

1 J = 10^7ergs = 0,239 cal
1 cal = 4,186 J (com base em temperatura de 15°)
1 pé · lb = 1,356 J
1 Btu = 1055 J = 252 cal = 778 pés · lb
1 eV = $1{,}602 \times 10^{-19}$ J
1 kWh = $3{,}600 \times 10^6$ J

Equivalência entre massa e energia

1 kg $\leftrightarrow$ $8{,}988 \times 10^{16}$ J
1 u $\leftrightarrow$ 931,5 MeV
1 eV $\leftrightarrow$ $1{,}074 \times 10^{-9}$ u

Potência

1 W = 1 J/s
1 hp = 746 W = 550 pés · lb/s
1 Btu/h = 0,293 W

APÊNDICE F

CONSTANTES NUMÉRICAS

Constantes físicas fundamentais*

Nome	Símbolo	Valor
Velocidade da luz	c	$2{,}99792458 \times 10^{8}$ m/s
Módulo da carga do elétron	e	$1{,}60217653(14) \times 10^{-19}$ C
Constante gravitacional	G	$6{,}6742(10) \times 10^{-11}$ N · m²/kg²
Constante de Planck	h	$6{,}6260693(11) \times 10^{-34}$ J · s
Constante de Boltzmann	k	$1{,}3806505(24) \times 10^{-23}$ J/K
Número de Avogadro	N_A	$6{,}0221415(10) \times 10^{23}$ moléculas/mol
Constante dos gases	R	8,314472(15) J/mol · K
Massa do elétron	m_e	$9{,}1093826(16) \times 10^{-31}$ kg
Massa do próton	m_p	$1{,}67262171(29) \times 10^{-27}$ kg
Massa do nêutron	m_n	$1{,}67492728(29) \times 10^{-27}$ kg
Permeabilidade do vácuo	μ_0	$4\pi \times 10^{-7}$ Wb/A · m
Permissividade do vácuo	$\epsilon_0 = 1/\mu_0 c^2$	$8{,}854187817\ldots \times 10^{-12}$ $C^2/N \cdot m^2$
	$1/4\pi\epsilon_0$	$8{,}987551787\ldots \times 10^{9}$ $N \cdot m^2/C^2$

Outras constantes úteis*

Equivalente mecânico do calor		4,186 J/cal (15° calorias)
Pressão da atmosfera padrão	1 atm	$1{,}01325 \times 10^{5}$ Pa
Zero absoluto	0 K	−273,15°C
Elétron-volt	1 eV	$1{,}60217653(14) \times 10^{-19}$ J
Unidade de massa atômica	1 u	$1{,}66053886(28) \times 10^{-27}$ kg
Energia de repouso do elétron	$m_e c^2$	0,510998918(44) MeV
Volume de um gás ideal (0°C e 1 atm)		22,413996(39) litro/mol
Aceleração da gravidade (padrão)	g	9,80665 m/s²

Fonte: National Institute of Standards and Technology* (http://physics.nist.gov/cuu**). Os números entre parênteses indicam as incertezas dos dígitos finais dos números principais; por exemplo, o número 1,6454(21) significa 1,6454 ± 0,0021. Os valores que não possuem incertezas são exatos.

Dados astronômicos†

Corpo	Massa (kg)	Raio (m)	Raio da órbita (m)	Período da órbita
Sol	$1{,}99 \times 10^{30}$	$6{,}96 \times 10^{8}$	—	—
Lua	$7{,}35 \times 10^{22}$	$1{,}74 \times 10^{6}$	$3{,}84 \times 10^{8}$	27,3 d
Mercúrio	$3{,}30 \times 10^{23}$	$2{,}44 \times 10^{6}$	$5{,}79 \times 10^{10}$	88,0 d
Vênus	$4{,}87 \times 10^{24}$	$6{,}05 \times 10^{6}$	$1{,}08 \times 10^{11}$	224,7 d
Terra	$5{,}97 \times 10^{24}$	$6{,}38 \times 10^{6}$	$1{,}50 \times 10^{11}$	365,3 d
Marte	$6{,}42 \times 10^{23}$	$3{,}40 \times 10^{6}$	$2{,}28 \times 10^{11}$	687,0 d
Júpiter	$1{,}90 \times 10^{27}$	$6{,}91 \times 10^{7}$	$7{,}78 \times 10^{11}$	11,86 a
Saturno	$5{,}68 \times 10^{26}$	$6{,}03 \times 10^{7}$	$1{,}43 \times 10^{12}$	29,45 a
Urano	$8{,}68 \times 10^{25}$	$2{,}56 \times 10^{7}$	$2{,}87 \times 10^{12}$	84,02 a
Netuno	$1{,}02 \times 10^{26}$	$2{,}48 \times 10^{7}$	$4{,}50 \times 10^{12}$	164,8 a
Plutão‡	$1{,}31 \times 10^{22}$	$1{,}15 \times 10^{6}$	$5{,}91 \times 10^{12}$	247,9 a

†*Fonte: NASA Jet Propulsion Laboratory Solar System Dynamics Group* (http://ssd.jpl.nasa.gov) e KENNETH SEIDELMANN, P. ed., *Explanatory Supplement to the Astronomical Almanac* (University Science Books, Mill Valley, CA, 1992), p. 704-706. Para cada corpo, o 'raio' é o seu respectivo raio no equador e o 'raio da órbita' é a distância média entre o corpo e o Sol (para os planetas) ou medida a partir da Terra (no caso da Lua).

‡Em agosto de 2006, o International Astronomical Union reclassificou Plutão e outros pequenos corpos na órbita do Sol como 'planetas anões'.

Prefixos para as potências de dez

Potência de dez	Prefixos	Abreviaturas
10^{-24}	iocto-	y
10^{-21}	zepto-	z
10^{-18}	atto-	a
10^{-15}	femto-	f
10^{-12}	pico-	p
10^{-9}	nano-	n
10^{-6}	micro-	μ
10^{-3}	mili-	m
10^{-2}	centi-	c
10^{3}	quilo-	k
10^{6}	mega-	M
10^{9}	giga-	G
10^{12}	tera-	T
10^{15}	peta-	P
10^{18}	exa-	E
10^{21}	zeta-	Z
10^{24}	iota-	Y

Exemplos:

1 femtômetro = 1 fm = 10^{-15} m

1 picossegundo = 1 ps = 10^{-12} s

1 nanocoulomb = 1 nC = 10^{-9} C

1 microkelvin = 1 μK = 10^{-6} K

1 milivolt = 1 mV = 10^{-3} V

1 quilopascal = 1 kPa = 10^{3} Pa

1 megawatt = 1 MW = 10^{6} W

1 gigahertz = 1 GHz = 10^{9} Hz

RESPOSTAS DOS PROBLEMAS ÍMPARES

Capítulo 33

33.1 39,4º

33.3 a) 1,55 b) 549 nm

33.5 a) $5{,}17 \times 10^{-7}$ m b) $3{,}40 \times 10^{-7}$ m

33.7 a) 47,5º b) 66,0º

33.9 $2{,}51 \times 10^{8}$ m/s

33.13 a) freqüência = f; comprimento de onda = $n\lambda$; velocidade = $nf\lambda = nv$ b) freqüência = f; comprimento de onda = $\left(\frac{n}{n'}\right)\lambda$; velocidade = $\left(\frac{n}{n'}\right)f\lambda = \left(\frac{n}{n'}\right)v$

33.15 71,8º

33.17 a) 51,3º b) 33,8º

33.19 a) 58,1º b) 22,8º

33.21 1,77

33.23 24,4º

33.25 a) A: $I_0/2$ B: $I_0/8$ C: $3I_0/32$ b) 0

33.27 a) 1,40 b) 35,5º

33.29 $\alpha = \arccos\left(\frac{\cos\theta}{\sqrt{2}}\right) = \cos^{-1}\left(\frac{\cos\theta}{\sqrt{2}}\right)$

33.31 6,38 W/m^2

33.33 a) primeiro: $I = I_0/2$, segundo: $I = 0{,}25\ I_0$, terceiro: $I = 0{,}125I_0$ todos polarizados linearmente ao longo do eixo de seus respectivos filtros

33.35 a) $I_R = 0{,}374I$ b) $I_V = 2{,}35I$

33.39 a) sen $\theta_3 = (n_1 \operatorname{sen}\theta_1)/n_3$ c) sim

33.41 72,0º

33.45 1,53

33.47 1,8

33.49 a) 48,6º b) 48,6º

33.51 39,1º

33.53 a) $n = 1{,}11$ b) i) 9,75 ns ii) 4,07 ns; total = 8,95 ns

33.55 b) 0,22º

33.61 b) 38,9º c) 5,0º

33.63 a) 35º b) 10,1 W/m^2, 19,9 W/m^2

33.67 a) $\Delta = 2\theta_a^A - 6\operatorname{sen}^{-1}\left(\frac{1}{n}\operatorname{sen}\theta_a^A\right) + 2\pi$
b) $\cos^2\theta_2 = (n^2 - 1)/8$
c) vermelha: $\theta_2 = 71{,}9º$; $\Delta = 230{,}1º$ violeta: $\theta_2 = 71{,}6º$; $\Delta = 233{,}2º$; violeta

Capítulo 34

34.1 39,2 cm à direita do espelho; 4,85 cm

34.3 imagem em (x_0, y_0)

34.5 b) 33,0 cm à esquerda do vértice, 1,20 cm de altura, invertida, real

34.7 0,213 mm

34.9 18,0 m do lado convexo da concha de vidro, 0,50 cm de altura, ereta, virtual

34.11 a) $m = \frac{f}{(f - s)}$ c) $s > f$ d) $s < f$ e) $-\infty$ f) $s = f$ g) $s' = 0$ i) $s < f$ j) $s > f$ k) $s > 2f$ l) torna-se infinita

34.13 a) côncavo b) $f = 2{,}50$ cm, $R = 5{,}00$ cm

34.15 2,67 cm

34.17 a) no centro do aquário, $m = +1{,}33$ b) não

34.19 $s = 0{,}395$ m

34.21 8,35 cm à esquerda do vértice, 0,326 mm, ereta

34.23 a) 1,06 m à direita da lente, 17,7 mm de altura, real, invertida b) o mesmo que em (a)

34.25 71,2 cm à direita da lente, $m = -2{,}97$

34.27 $f = 3{,}69$ cm, objeto 2,82 cm à esquerda da lente

34.29 $n = 1{,}67$

34.33 O objeto está a 26,3 cm da lente com uma altura de 1,24 cm; a imagem é ereta; do mesmo lado

34.35 10,2 m

34.37 a) $1{,}4 \times 10^{-4}$ b) $5{,}25 \times 10^{-4}$ c) $1{,}50 \times 10^{-3}$

34.39 a) 85 mm b) 135 mm

34.41 a) 11 b) $2{,}160 \times 10^{-3}$ s

34.43 a) convexa b) de 50 mm a 56 mm

34.45 a) 80,0 cm b) 76,9 cm

34.47 a) +2,33 dioptrias b) –1,67 dioptrias

34.49 a) 6,06 cm b) 4,12 mm

34.51 4,17 cm da lente; a imagem se forma do mesmo lado em que a formiga está

34.53 a) 8,37 mm b) 21,4 c) 297

34.55 19,4 m

34.57 a) –6,33 b) 1,90 cm c) 0,126 rad = 7,22º

34.59 a) 66,1 cm b) –59,1

34.61 4,80 m/s

34.63 $n/2$

34.65 a) 13,3 cm b) 26,2 cm

34.67 a) 46.2 cm do espelho, no lado oposto do espelho; virtual b) 2,88 cm, ereta c) não

34.69 a) $-12{,}0$ cm $< s < 0$ b) ereta

34.71 $f = \pm$ 4,4 cm, $\pm$ 13,3 cm

34.73 $v = 31$ m/s

34.75 b) i) 120,0 cm do espelho, 119,96 cm do espelho ii) $m = -0{,}600$, $m' = -0{,}360$ c) faces perpendiculares ao eixo: quadradas com lado de 0,600 mm: faces paralelas ao eixo: retangulares com lados de 0,360 mm (paralelo ao eixo) e 0,600 mm (perpendicular ao eixo)

34.77 b) imagem = 2,4 cm de altura; $m = -0{,}13$

34.79 a) –3,3 cm b) virtual c) 1,9 cm à direita do vértice na extremidade direita da barra d) real, invertida e) 105 mm

34.81 a) $f = 58{,}7$ cm, convergente b) $h = 4{,}47$ mm, virtual

34.83 a) 2,53 mm

34.85 a) $R = 8{,}8$ mm b) não. Atrás da retina c) $s' = 14$ mm da córnea. Na frente da retina. Sim. A lente é necessária para completar o foco

34.87 2,0

34.89 a) 3,75 cm à esquerda da primeira lente b) 332 cm c) real d) $h = 60{,}0$ mm, invertida.

34.91 10,6 cm

34.93 a) 0,24 m b) 0,24 m

34.95 Dentro do vidro, a 72,1 cm da superfície esférica

34.97 0,80 cm

34.99 –26,7 cm

34.101 1,24 cm acima da página

34.103 a) 46,7 m b) 35,0 m

34.105 134 cm à esquerda do objeto

Capítulo 35

35.1 a) 2,50m b) 1,0 m, 4,0 m

35.3 0,75 m; 2,0 m; 3,25 m; 4,50 m; 5,75 m; 7,0 m; 8,25 m

35.5 a) 2,0 m b) construtivamente c) 1,0 m; destrutivamente

35.9 0,83 mm

35.11 590 nm

35.13 12,6 cm

35.15 1200 nm

35.17 a) $m = 19{,}39$ franjas brilhantes b) $m = \pm 19$, $\theta = \pm\ 73{,}3º$

35.19 a) $0{,}750I_0$ b) 80 nm

35.21 1670 rad

35.23 a) 0,888 mm b) 0,444 mm

35.25 71,4 m

35.27 114 nm

35.29 0,0235º

35.31 a) $\Delta T = 56$ nm b) i) 2180 nm ii) 198,5 nm; 11,0 comprimento de ondas

35.33 a) 514 nm; verde b) 603 nm; laranja

35.35 0,11 μm

35.37 0,570 mm

35.39 1,82 mm

35.41 $n = 1{,}730$

35.43 27,3º, 66,5º

35.45 $n = 1{,}57$

35.47 b) construtiva: $r_2 - r_1 = (m + \phi/2\pi)\lambda$, $m = 0, \pm 1, \pm 2, \pm 3 \ldots$; destrutiva: $r_2 - r_1 = (m + \frac{1}{2} + \phi/2\pi)\lambda$, $m = 0, \pm 1, \pm 2, \pm 3 \ldots$

35.49 a) $\sqrt{x^2 + (y + d)^2} - \sqrt{x^2 + (y - d)^2} = m\lambda$
c) $\sqrt{x^2 + (y + d)^2} - \sqrt{x^2 + (y - d)^2} = \left(m + \frac{1}{2}\right)\lambda$

35.51 $6{,}8 \times 10^{-5}$ (ºC)$^{-1}$

35.53 $\lambda/2d$, independente de m

35.55 b) 72 cm

35.57 $n = 1{,}42$

35.59 a) a figura se desloca para baixo na tela b) $I = I_0 \cos^2 [(\pi/\lambda)\ (d \operatorname{sen}\theta + (n - 1)L)]$ c) $d \operatorname{sen}\theta = m\lambda - (n - 1)L$

35.61 14,0

Capítulo 36

36.1 506 nm

36.3 $m_{máx} = 113$; 226 franjas escuras

36.5 $\pm$ 45,4 cm

36.9 $\pm$ 16,0º, $\pm$ 33,4º, $\pm$ 55,6º

36.11 0,920 μm

36.13 a) 10,8 mm b) 5,4 mW

36.15 a) 6,75 mm b) $2{,}43 \times 10^{-6}$ W/m^2

36.17 a) 668 nm b) $9{,}36 \times 10^{-5}I_0$

36.19 a) $\pm$ 13,0º, $\pm$ 26,7º, $\pm$ 42,4º, $\pm$ 64,1º b) $I = 2{,}08$ W/m^2

36.21 a) 3 b) 2

36.23 a) $\pm$ 0,0627º b) $0{,}249I_0$ c) $0{,}0256I_0$

36.25 casos (i), (iii): fendas 1 e 3 e fendas 2 e 4; caso (ii): fendas 1 e 2 e fendas 3 e 4

36.27 $a = 1{,}50 \times 10^{4}$ nm de largura; $d = 4{,}50 \times 10^{4}$ nm de distância

36.29 a) 4790 b) 19,0º, 40,7º c) não

36.31 a) sim b) 13,3 nm

36.33 23,3º, 52,3º

36.35 10,5º, 21,3º, 33,1º

36.37 a) $R = 17.500$ b) sim c) i) 587,8170 nm ii) 587,7834 nm iii) 587,7834 nm $< \lambda <$ 587,8170 nm

36.39 0,232 nm

36.41 a) 0,461 m

36.43 1,9 m

36.45 92 cm

36.47 1,45 m

36.49 a) Hubble: 77 m; Arecibo: $1{,}1 \times 10^{6}$ m b) 1500 km

36.51 não

36.53 a) i) 25,6º ii) 10,2º iii) 5,1º b) i) 60,0º ii) 23,1º iii) 11,5º

36.55 2,07

36.57 a) 1,80 mm b) 0,798 mm

36.59 $\Delta\theta \pm = \frac{2\lambda}{dN}$

36.61 b) em $3\pi/2$: quaisquer duas fendas separadas por uma outra fenda; nos outros casos, quaisquer duas fendas separadas por três outras fendas

36.65 513 nm

36.67 segunda ordem

36.69 c) $\pm$ 2,6 rad

36.71 492 km

Capítulo 37

37.1 O raio em AA'

37.3 $2{,}60 \times 10^{8}$ m/s

37.5 a) $0{,}998c$ b) 126 m

37.7 1,12 h, relógio na espaçonave

37.9 92,5 m

37.11 a) $6{,}6 \times 10^2$ m b) $4{,}92 \times 10^{-5}$ s, $1{,}48 \times 10^4$ m; sim c) 447 m

37.13 a) 3,57 km b) $9{,}00 \times 10^{-5}$ s c) $8{,}92 \times 10^{-5}$ s

37.15 a) $0{,}806c$ b) $0{,}974c$ c) $0{,}997c$

37.17 $0{,}385c$

37.19 $0{,}784c$

37.21 $v = 0{,}611c$

37.23 $0{,}837c$, a espaçonave está se afastando

37.25 a) $0{,}159c$ b) \$$1{,}72 \times 10^8$

37.27 b) $a = (F/m)\,(1 - v^2/c^2)^{1/2}$

37.29 a) $a = (\sqrt{3}/2)c = 0{,}866c$ b) $c\sqrt{1 - \left(\frac{1}{2}\right)^{2/3}} = 0{,}608c$

37.31 a) $(\sqrt{3}/2)c = 0{,}866c$ b) $\sqrt{35/36}c = 0{,}986c$

37.33 a) $4{,}50 \times 10^{-10}$ J b) $1{,}94 \times 10^{-18}$ kg/s c) $0{,}968c$

37.35 a) $3{,}3 \times 10^{-14}$ %; não b) $4{,}0 \times 10^{-16}$ kg; aumenta; não

37.37 a) $1{,}1 \times 10^2$ kg b) 0,24 m

37.39 a) $8{,}68 \times 10^{-10}$ J b) $2{,}71 \times 10^{-10}$ J c) 0,453

37.41 a) não-relativística: $5{,}34 \times 10^{-12}$ J; relativística: $5{,}65 \times 10^{-12}$ J; 1,06 b) não-relativística: $6{,}78 \times 10^{-11}$ J; relativística: $3{,}31 \times 10^{-10}$ J; 4,88

37.43 a) $2{,}06 \times 10^6$ V b) $3{,}30 \times 10^{-13}$ J c) 2,06 MeV

37.45 $v = 0{,}652c$

37.47 a) $4{,}2 \times 10^9$ kg/s; $4{,}6 \times 10^6$ tons b) $1{,}5 \times 10^{13}$ anos

37.49 a) $\Delta = 2{,}11 \times 10^{-5}$ b) $2{,}15 \times 10^4$ MeV

37.51 $0{,}700c$

37.53 a) $0{,}995c$ b) 1,0%

37.55 a) $v = (1 - 9 \times 10^{-9})c$ b) $m_{rel} = 7 \times 10^3$ m

37.57 $1{,}68 \times 10^5$ eV

37.59 a) $0{,}800c$ b) $1{,}00c$ c) i) $2{,}33 \times 10^{-11}$ J ii) $1{,}0 \times 10^{-10}$ J d) i) $1{,}88 \times 10^{-11}$ J ii) $4{,}81 \times 10^{-11}$ J

37.65 b) $\Delta x' = \sqrt{(\Delta x)^2 - (c\Delta t)^2}$ c) $1{,}44 \times 10^{-8}$ s

37.67 $0{,}357c$, afastando-se

37.69 a) 140% b) 5500% c) 63000%

37.75 a) 13,1 km/s, aproxima-se b) $5{,}96 \times 10^9$ m = 0,040 da distância entre o Sol e a Terra (UA); $5{,}55 \times 10^{29}$ kg = $0{,}279 m_{sol}$

37.77 a) $0{,}7554c$ b) 2,526 c) centro de massa: menos energia

Capítulo 38

38.1 a) cerca de $8{,}3 \times 10^{-19}$ J = 5,2 eV b) cerca de $6{,}1 \times 10^{-34}$ J · s = $3{,}8 \times 10^{-15}$ eV · s

38.3 a) $5{,}77 \times 10^{14}$ Hz, $1{,}27 \times 10^{-27}$ kg · m/s $3{,}82 \times 10^{-19}$ J = 2,38 eV

38.5 a) $5{,}92 \times 10^{20}$ Hz b) $5{,}06 \times 10^{-13}$ m

38.7 $2{,}5 \times 10^5$ m/s

38.9 a) $5{,}0 \times 10^{14}$ Hz b) $2{,}3 \times 10^{20}$ fótons/s c) não

38.11 a) $K_2 = 4K_1$ b) $E_2 = 2E_1$

38.13 a) 264 nm b) 4,70 eV

38.15 a) 434,1 nm b) $6{,}906 \times 10^{14}$ Hz c) $4{,}576 \times 10^{-19}$ J = 2,856 eV

38.17 a) – 5,08 eV b) – 5,63 eV

38.19 a) $E_1 = -17{,}50$ eV, $E_1 = -4{,}38$ eV, $E_1 = -1{,}95$ eV, $E_1 = -1{,}10$ eV, $E_1 = -0{,}71$ eV

38.21 a) $5{,}82 \times 10^{-13}$ J = 3,63 MeV b) $5{,}82 \times 10^{-13}$ J = 3,63 MeV c) $1{,}32 \times 10^7$ m/s

38.23 $3\hbar = 3{,}16 \times 10^{-34}$ kg · m²/s

38.25 a) –218 eV, 16 vezes maior b) 218 eV, 16 vezes maior c) 7,63 nm d) 1/4 maior

38.27 a) $v_1 = 2{,}19 \times 10^6$ m/s, $v_2 = 1{,}09 \times 10^6$ m/s $v_3 = 7{,}29 \times 10^5$ m/s b) $T_1 = 1{,}52 \times 10^{-16}$ s, $T_2 = 1{,}22 \times 10^{-15}$ s, $T_3 = 4{,}10 \times 10^{-15}$ s c) $8{,}22 \times 10^6$

38.29 $4{,}0 \times 10^{17}$

38.31 a) $1{,}2 \times 10^{-33}$ b) $3{,}4 \times 10^{-17}$ c) $5{,}9 \times 10^{-9}$

38.33 0,310 nm, igual

38.35 a) $f_{mín} = 6{,}04 \times 10^{18}$ Hz b) $\lambda_{mín} = 0{,}0497$ nm

38.37 0,0714 nm, 180°

38.39 a) $4{,}39 \times 10^{-4}$ nm b) 0,04294 nm c) $\Delta E_r = -300$ eV d) $\Delta E_e = +300$ eV

38.43 a) $2{,}06 \times 10^4$ K b) 141 nm

38.45 1,06 mm, microonda

38.47 a) $\lambda = \dfrac{hc}{4{,}965kT}$ b) $\lambda_m T = 2{,}90 \times 10^{-3}$ m · K

38.51 a) 1,04 eV b) 1,20 μm c) $2{,}51 \times 10^{14}$ Hz d) $4{,}14 \times 10^{-7}$ eV

38.53 a) $4{,}59 \times 10^{14}$ Hz b) 653 nm c) 1,89 eV d) $6{,}59 \times 10^{-34}$ J · s

38.55 a) $hc\,(\lambda_1 - \lambda_2)\,/\,e\lambda_1\lambda_2$ b) 0,476 V

38.57 a) $5{,}1 \times 10^{-3}$ J b) 11 W c) $N = 1{,}5 \times 10^{16}$

38.59 a) $1{,}69 \times 10^{-28}$ kg b) –2,53 keV c) 0,653 nm

38.61 a) $6{,}99 \times 10^{-24}$ kg · m/s b) 705 eV

38.63 a) 12,09 eV b) 3 possibilidades: $3 \to 2$ (656nm), $3 \to 1$ (103 nm), $2 \to 1$ (122 nm)

38.65 a) 0,90 eV

38.67 a) 5×10^{49} fótons/s b) 3×10^4

38.69 $2{,}98 \times 10^4$ K

38.71 a) $\Delta\lambda = \dfrac{h}{2mc}$ b) $6{,}61 \times 10^{-16}$ m para n

38.73 a) 5×10^{-33} m b) $(4 \times 10^{-9})°$ c) 0,1 mm

38.75 a) $5{,}10 \times 10^{-17}$ J = 319 eV, $1{,}06 \times 10^7$ m/s b) 3,89 nm

38.77 $5{,}67 \times 10^{-8}$ W/(m² · K⁴)

38.79 $f \approx \dfrac{me^4}{4\epsilon_0^2 n^3 h^3}$

38.81 b) $7{,}08 \times 10^{-15}$ m c) raios gama

Capítulo 39

39.1 a) $1{,}55 \times 10^{-10}$ m b) $8{,}44 \times 10^{-14}$ m

39.3 a) $2{,}37 \times 10^{-24}$ kg · m/s b) $3{,}67 \times 10^{-18}$ J = 19,2 eV

39.5 a) $3{,}32 \times 10^{-10}$ m b) $1{,}33 \times 10^{-9}$ m

39.7 a) m =75 kg, v = 1,0 m/s: $\lambda = 8{,}8 \times 10^{-36}$ m

39.9 a) fóton: 620 nm; elétron: 0,274 nm b) fóton: 4,96 eV; elétron: $2{,}41 \times 10^{-5}$ eV c) 250 nm; elétron

39.11 $3{,}90 \times 10^{-34}$ m; não

39.13 a) $7{,}3 \times 10^6$ m/s b) 150 eV c) 12keV d) elétrons

39.15 0,431 eV

39.17 a) m = 1: 2,07°; m = 2: 4,14° b) 1,81 cm, 3,61 cm, 1,81 cm

39.19 a) $8{,}79 \times 10^{-32}$ m/s; não

39.21 a alegação não é válida

39.23 $2{,}03 \times 10^{-32}$ J = $1{,}27 \times 10^{-13}$ eV

39.25 0,087 MeV = $2{,}8 \times 10^{-5}$ E

39.27 a) $8{,}25 \times 10^3$ b) elétrons

39.29 a) $x = (2n + 1)\,(\lambda/4)$, onde n é um número inteiro b) $x = n\lambda/2$, onde n é um número inteiro

39.31 a) $\int_{-\infty}^{\infty} |\Psi|^2 dV = 1$ a integral da função de densidade de probabilidade entre limites infinitos deve ser igual a um. b) Não. Não. Não é uma função de onda válida. c) $A = \sqrt{2b}$ m$^{-1/2}$

39.33 1

39.35 a) $1{,}414$ m$^{-1/2}$ c) i) $P = 0{,}865$ ii) $P = \frac{1}{2}$ iii) $P = 0{,}0585$

39.37 ψ não pode ser uma solução

39.39 a) 12 eV b) $1{,}5 \times 10^{-4}$ V, $7{,}3 \times 10^3$ m/s c) $8{,}2 \times 10^{-8}$ V; 4,0 m/s

39.41 a) $9{,}42 \times 10^5$ m/s; não-relativística b) $V_{acc} = 2{,}53$ V

39.43 a) $E = c\sqrt{2mK} = 4{,}05 \times 10^{-7}\sqrt{K}$ b) $E_{fóton} > E_{elétron}$

39.45 $1{,}66 \times 10^{-17}$ m; não

39.47 a) $1{,}10 \times 10^{-10}$ m b) $9{,}09 \times 10^{-13}$ m

39.49 a) $(1/\sqrt{15})\,(h/mc)$ b) i) 1,53 MeV, $6{,}26 \times 10^{-13}$ m ii) $2{,}81 \times 10^3$ MeV, $3{,}41 \times 10^{-16}$ m

39.51 a) $2{,}1 \times 10^{-20}$ kg · m/s b) 39 MeV c) 0,29 MeV; não

39.53 $1{,}4 \times 10^{-35}$ kg = $(5{,}8 \times 10^{-8}\ m_{píon})$

39.55 a) $1{,}1 \times 10^{-35}$ m/s b) $2{,}3 \times 10^{27}$ a, não

39.57 a) $7{,}27 \times 10^5$ m/s, não-relativística b) $V = 1{,}50$ V

39.59 a) $2d\,\text{sen}\theta = m\lambda$, $m = 1, 2, 3 \ldots$ b) 53,1° c) menor

39.61 a) $A|x|/x,\ x \neq 0$ b) $(3/2)\,(h^2A^2/m)^{1/3}$

39.63 $\omega = E/\hbar$

39.65 a) 0,21 kg · m/s b) 1,7 m

39.67 $P = 4\pi|A|^2r^2e^{-2\alpha r^2}dr$, $r = 1/\sqrt{2\alpha}$; não

39.69 a) $\psi(x) = (\text{sen}k_0x)/k_0x$ b) L c) $2L$ d) h, h

39.71 $2{,}2 \times 10^{-16}$ m

Capítulo 40

40.1 a) $1{,}2 \times 10^{-67}$ J b) $1{,}1 \times 10^{-33}$ m/s c) $1{,}4 \times 10^{33}$ s d) $3{,}7 \times 10^{-67}$ J

40.3 $L = 1{,}66 \times 10^{-10}$ m

40.5 0,61 nm

40.7 a) 0, $L/2$, L b) $L/4$, $3L/4$ c) sim

40.11 a) $6{,}0 \times 10^{-10}$ m, $1{,}1 \times 10^{-24}$ kg · m/s b) $3{,}0 \times 10^{-10}$ m, $2{,}2 \times 10^{-24}$ kg · m/s c) $2{,}0 \times 10^{-10}$ m, $3{,}3 \times 10^{-24}$ kg · m/s

40.15 $3{,}43 \times 10^{-10}$ m

40.19 $2{,}2 \times 10^{-14}$ m

40.21 a) $4{,}3 \times 10^{-8}$ b) $4{,}2 \times 10^{-4}$

40.23 $1/\sqrt{2}$

40.25 a) $1{,}3 \times 10^{-3}$ b) 10^{-143}

40.27 a) $1{,}11 \times 10^{-33}$ J = $6{,}90 \times 10^{-15}$ eV; $2{,}21 \times 10^{-33}$ J = $1{,}38 \times 10^{-14}$ eV

40.29 a) 0,21 eV b) 5900 N/m

40.31 $\Delta x\Delta p = (2n + 1)\hbar$

40.33 a) $5{,}9 \times 10^{-3}$ eV b) 106 μm c) 0,0118 eV = $1{,}18 \times 10^{-2}$ eV

40.35 $B = \dfrac{K_1 - K_2}{K_1 + K_2}A;\ C = \dfrac{2K_1}{K_1 + K_2}A$

40.37 a) 19,2 μm b) 11,5 μm

40.39 a) $(1/2 + 1/\pi)$ b) 1/2 c) sim

40.41 a) $2dx/L$ b) 0 c) $2dx/L$

40.45 a) $B = C,\ A\,\text{sen}\dfrac{\sqrt{2mE}}{\hbar}L + B\cos\dfrac{\sqrt{2mE}}{\hbar}L = De^{-\kappa L}$ b) $\dfrac{\sqrt{2mE}}{\hbar}A = \kappa C,\ \dfrac{\sqrt{2mE}}{\hbar}\left(A\cos\dfrac{\sqrt{2mE}}{\hbar}L - B\,\text{sen}\dfrac{\sqrt{2mE}}{\hbar}L\right) = -\kappa De^{-\kappa L}$

40.49 $6{,}63 \times 10^{-34}$ J = $4{,}14 \times 10^{-15}$ eV $1{,}33 \times 10^{-34}$ J = $8{,}27 \times 10^{-15}$ eV, não

40.51 b) $A_0 = \left(\dfrac{m\omega}{\hbar\pi}\right)^{1/4}$ c) pontos clássicos de inversão $A = \pm\sqrt{\dfrac{\hbar}{\omega m}}$

40.53 a) $(n_x + n_y + n_z + (3/2))\hbar\omega$ b) $(3/2)\hbar\omega$, $(5/2)\hbar\omega$

40.55 a) $E_n = n^2h^2/8mL^2$, $n = 2, 4, 6 \ldots$
b) $E_n = n^2h^2/8mL^2$, $n = 1, 3, 5 \ldots$ c) são iguais
d) ímpar na parte (a), par na parte (b)

40.57 b) aumenta c) infinito

40.59 a) $-E/A$, $+E/A$ c) diminui

Capítulo 41

41.1 a) Valores possíveis de L e L_z: $L = \hbar$ e $L_z = 0$; $L = \sqrt{2}\hbar$ e $L_z = -\hbar, 0$, ou $+\hbar$
$L = \sqrt{6}\hbar$ e $L_z = -2\hbar, -\hbar, 0, +\hbar$ ou $+2\hbar$
b) $L = \hbar$: $\theta_L = 90{,}0°$;
Para $L = \sqrt{2}\hbar$: $\theta_L = 135°, 90°$, ou $45°$;
Para $L = \sqrt{6}\hbar$: $\theta_L = 144{,}7°, 114°, 90°, 65{,}9°$ ou $35{,}3°$

41.3 $l = 4$

41.5 $1{,}414\hbar$, $19{,}49\hbar$, $199{,}5\hbar$

41.7 $-14{,}4$ eV

41.9 b) $1/\sqrt{2\pi}$

41.11 a) $5{,}29 \times 10^{-11}$ m b) $1{,}06 \times 10^{-10}$ m
c) $2{,}85 \times 10^{-13}$ m

41.15 a) 9 b) $3{,}47 \times 10^{-5}$ eV c) $2{,}78 \times 10^{-4}$ eV

41.17 a) 0,468 T b) 3

41.19 $1{,}68 \times 10^{-4}$ eV; $m_s = 1/2$

41.21 g

41.23 a) $2{,}5 \times 10^{30}$ rad/s
b) $2{,}5 \times 10^{13}$ m/s, não é válido

41.25

e^-	n	l	m_l	m_s
1	1	0	0	$\frac{1}{2}$
2	1	0	0	$-\frac{1}{2}$
3	2	0	0	$\frac{1}{2}$
4	2	0	0	$-\frac{1}{2}$
5	2	1	-1	$\frac{1}{2}$
6	2	1	0	$\frac{1}{2}$
7	2	1	$+1$	$\frac{1}{2}$
8	2	1	-1	$-\frac{1}{2}$
9	2	1	0	$-\frac{1}{2}$
10	2	1	$+1$	$-\frac{1}{2}$

41.27 4,18 eV

41.29 a) $1s^22s^22p^1$ b) $-30{,}6$ eV
c) $1s^22s^22p^63s^23p^1$ d) $-13{,}6$ eV

41.31 a) $-13{,}6$ eV b) $-3{,}4$ eV

41.33 a) $8{,}95 \times 10^{17}$ Hz, 3,70 keV, 0,335 nm
b) $1{,}68 \times 10^{18}$ Hz, 6,93 keV, 0,179 nm
c) $5{,}48 \times 10^{18}$ Hz, 22,7 keV, 0,0547 nm

41.35 a) $0, \sqrt{2}\hbar, \sqrt{6}\hbar\ \sqrt{12}\hbar, \sqrt{20}\hbar$
b) 7470 nm, infravermelho, não visível

41.37 a) $1{,}51e$ b) i) $1{,}8e$ ii) $-2{,}75e$

41.39 a) $2a$ b) 0,238

41.41 b) 0,176

41.43 $\cos^{-1}(-\sqrt{1-(1/m)})$

41.45 $4a$

41.47 $2 \to 1$, $1 \to 0$, $0 \to -1$, $e\hbar B/2m$;
$1 \to 1$, $0 \to 0$, $-1 \to -1$, 0;
$0 \to 1$, $-1 \to 0$, $-2 \to -1$, $e\hbar B/2m$

41.49 3,0 T

41.51 a) $1 - 2 \times 10^{-7}$ b) 0,9978 c) 0,978

41.53 a) 4,20 b) $1s^42s^42p^3$

41.55 a) 122 nm b) $1{,}52 \times 10^{-3}$ nm; aumenta

41.57 a) 0,188 nm, 0,250 nm;
b) 0,0471 nm, 0,0624 nm

41.59 b) camada O

Capítulo 42

42.1 a) 6,1 K b) $3{,}47 \times 10^4$ K

42.3 $5{,}65 \times 10^{-13}$ m

42.5 a) carbono: 0,0644 nm; oxigênio: 0,0484 nm
b) $1{,}45 \times 10^{-46}$ kg · m²; sim

42.7 a) $1{,}03 \times 10^{12}$ rad/s
b) carbono; 66,3 m/s oxigênio: 49,8 m/s
c) $6{,}11 \times 10^{-12}$ s

42.9 a) $1{,}20 \times 10^{-21}$ J = $7{,}52 \times 10^{-3}$ eV
b) 0,165 nm

42.11 b) $\hbar l/2\pi I$

42.13 a) 963 m/s b) $8{,}22 \times 10^{-20}$ J = 0,513 eV
c) 2,42 μm, infravermelho

42.15 $2{,}16 \times \times 10^3$ kg/m³

42.17 a) 1,12 eV

42.19 $1{,}19 \times 10^6$

42.21 $1{,}5 \times 10^{22}$ estados/eV

42.23 b) fundamental: $E = 3\pi^2\hbar^2/2mL^2$, 2;
primeiro: $E = 6\pi^2\hbar^2/2mL^2$, 6;
segundo: $E = 9\pi^2\hbar^2/2mL^2$, 6

42.25 a) 0,0233 R b) $7{,}65 \times 10^{-3}$ c) não; os íons

42.27 $f(E) = 0{,}31 = 31\%$

42.29 0,20 eV abaixo da banda

42.31 a) 5,56 mA b) $-5{,}18$ mA; $-3{,}77$ mA

42.33 a) 977 N/m b) $1{,}26 \times 10^{14}$ Hz

42.35 a) $3{,}8 \times 10^{-29}$ C · m b) $1{,}3 \times 10^{-19}$ C
c) 0,78 d) 0,059

42.37 a) 0,96 nm b) 1,8 nm

42.39 a) 0,129 nm b) 8, 7, 6, 5, 4 c) 484 μm
d) 118 μm, 135 μm, 157 μm, 189 μm, 236 μm

42.41 b) i) 2,94 ii) 4,73 iii) 7,58 iv) 0,837
v) $5{,}5 \times 10^{-9}$

42.43 a) 1,147 cm, 2,239 cm
b) 1,172 cm, 2,344 cm; 0,025 cm, 0,050 cm

42.45 $4{,}38 \times 10^{-20}$ J = 0,273 eV

42.47 a) $4{,}24 \times 10^{-47}$ kg · m² b) i) 4,30 μm
ii) 4,28 μm iii) 4,40 μm

42.49 2,03 eV

42.51 a) $4{,}66 \times 10^{28}$ átomos/m³ b) 4,7 eV

42.53 b) $3{,}80 \times 10^{10}$ Pa = $3{,}75 \times 10^5$ atm

42.55 a) $1{,}66 \times 10^{33}$ m⁻³ b) sim
c) 7×10^{35} m⁻³ d) não

42.57 a) $-p^2/2\pi\epsilon_0 r^3$ b) $+p^2/2\pi\epsilon_0 r^3$

Capítulo 43

43.1 a) $Z = 14$, $N = 14$ b) $Z = 37$, $N = 48$
c) $Z = 81$, $N = 124$

43.3 0,533 T

43.5 a) paralelo, 70,3 MHz, 4,27 m, rádio
b) antiparalelo, 46,2 MHz, 6,48 mm, microondas

43.7 $5{,}575 \times 10^{-13}$ m

43.9 $1{,}13 \times 10^7$ m/s

43.11 a) 76,21 MeV b) 76,67 MeV c) 0,6%

43.13 a) $^{235}_{92}$U b) $^{24}_{12}$Mg c) $^{15}_{7}$N

43.15 0,0500 MeV

43.17 156 keV

43.19 a) 0,836 MeV b) 0,700 MeV

43.21 $1{,}58 \times 10^{12}$ s

43.23 a) 159 decaimentos/min
b) 0,43 decaimento/min

43.25 a) $^3_2$He b) 40,9 anos

43.27 2,80 dias

43.29 5730 anos

43.31 a) $2{,}02 \times 10^{15}$ b) $1{,}01 \times 10^{15}$, $3{,}78 \times 10^{11}$ Bq
c) $2{,}52 \times 10^{14}$, $9{,}45 \times 10^{10}$ Bq

43.33 a) 0,421 Bq b) $1{,}14 \times 10^{-11}$ Ci

43.35 500 rad, 2000 rem, 5,0 J/kg

43.37 a) $1{,}75 \times 10^3$ Gy = $1{,}75 \times 10^3$ Sv
= $1{,}75 \times 10^5$ rem, 263 J
b) $1{,}75 \times 10^3$ Gy = $2{,}63 \times 10^3$ Sv
= $2{,}63 \times 10^5$ Sv, 263 J

43.39 a) 12,5 rad, 12,5 rem b) os antineutrinos não são absorvidos

43.41 a) = 3, $A = 6$ b) $-10{,}14$ MeV
c) 11,60 MeV

43.43 a) $Z = 3$, $A = 7$ b) 7,151 MeV c) 1,4 MeV

43.45 a) 173,3 MeV b) $4{,}42 \times 10^{23}$ MeV/g

43.47 1,586 MeV

43.53 23,9858 u, 0,021%, 0,9%

43.55 a) $^{25}_{13}\text{Al} \to ^{25}_{12}\text{Mg}$
b) decaimento β^+ ou captura de elétron
c) 3,255 eV ou 4,277 MeV

43.57 a) $^{14}_{6}\text{C} \to ^{14}_{7}\text{N} + \beta^- + \bar{\nu}_e$
b) 0,1565 MeV/decaimento
c) $1{,}35 \times 10^4$ g, $3{,}44 \times 10^3$ decaimentos/s
d) 539 MeV/s = $8{,}63 \times 10^{-11}$ J/s
e) $3{,}63 \times 10^{-5}$ Gy = $3{,}63 \times 10^{-3}$ rad.
RBE = 1,0: 36 μSv = 3,6 mrem

43.59 0,960 MeV

43.61 $1{,}287 \times 10^{-3}$ u

43.65 a) $5{,}0 \times 10^4$ b) $10^{-15000} \approx 0$

43.67 29,2%

43.69 a) $9{,}6 \times 10^{-7}$ J b) $1{,}9 \times 10^{-4}$ rad
c) $1{,}3 \times 10^{-4}$ rem d) $1{,}5 \times 10^6$ s = 17 d

43.71 $1{,}3 \times 10^4$ anos

43.73 a) 0,48 MeV
b) 3,270 MeV = $5{,}239 \times 10^{-11}$ J
c) $3{,}155 \times 10^{11}$ J/mol

43.77 185 MeV

43.79 b) $4{,}1 \times 10^4$ Bq, $3{,}6 \times 10^5$ Bq, $7{,}5 \times 10^5$ Bq, $1{,}1 \times 10^6$ Bq, $1{,}3 \times 10^6$ Bq, $1{,}5 \times 10^6$ Bq
c) $3{,}2 \times 10^9$ d) $1{,}5 \times 10^6$ Bq

Capítulo 44

44.1 a) $1{,}27 \times 10^{-14}$ J b) $9{,}46 \times 10^{-14}$ J
c) 2,10 pm; menor

44.3 69 MeV, $1{,}7 \times 10^{22}$ Hz,
$1{,}8 \times 10^{-14}$ m, raio gama

44.5 a) 32 MeV

44.7 $1{,}68 \times 10^{-11}$ J = 105 MeV

44.9 $7{,}2 \times 10^{19}$ J

44.11 a) 1,18 T b) 3,41 MeV, $1{,}81 \times 10^7$ m/s

44.13 a) 30,6 GeV b) 8,0 GeV

44.15 a) 3,2 TeV b) 38,7 GeV

44.17 $1{,}63 \times 10^{-25}$ kg; 97,2

44.19 116 MeV

44.21 a) não b) sim c) não d) sim

44.23 a) não b) não c) sim d) sim

44.27 a) 0, 1, −1, 0 b) 0, 0, 0, 1
c) $-e$, 1, 0, 0 d) $-e$, 0, 0, −1

44.29 a) $\bar{u}\bar{d}\bar{d}$ b) não c) sim

44.31 u → d; p → n + β^+ + ν_e

44.33 a) $3{,}28 \times 10^7$ m/s b) 1640 Mal

44.35 a) $1{,}04 \times 10^8$ m/s b) 1,44

44.37 a) 5,494 MeV b) $1{,}0 \times 10^5$ TeV

44.39 −783 keV, endoenergética

44.41 0,966 μm

44.43 a) 14,0 TeV b) $1{,}05 \times 10^5$ TeV

44.45 a) $F_e = 200$ N, $F_g = 2 \times 10^{39}$ N
b) $F_{forte} = 3 \times 10^4$, $F_{fraca} = 3 \times 10^{-5}$ N
c) $F_{forte} > F_e > F_{fraca} > F_g$
d) $F_e \approx 1 \times 10^{36} F_g$;
$F_{forte} \approx 100F_e \approx 1 \times 10^{28} F_g$
$F_{fraca} \approx 1 \times 10^{-9} F_{forte} \approx 1 \times 10^{29} F_g$

44.47 2496 MeV

44.49 $\lambda = 2{,}43$ pm; raios gama

44.51 87 keV, $2{,}8 \times 10^{-5}$

44.53 a) 16,0 MeV

ÍNDICE REMISSIVO

K

L

M

N

CRÉDITOS DAS FOTOS

Capítulo 33 Abertura: Peter Aprahamian/Photo Researchers; Figura 33.1: Michael Newman/PhotoEdit; Figura 33.2: National Institutes of Health/Photo Researchers; Figura 33.9: Roger A. Freedman; Figura 33.10a: NASA/John F. Kennedy Space Center; Figura 33.10b: Spencer Grant/PhotoEdit; Figura 33.13b: Susan Schwartzenberg, The Exploratorium; Figura 33.16: Barry S. Blanchard; Figura 33.17: Matthias Kulka/Masterfile; Figura 33.20a: Randy O' Rourke/Corbis; 3 Figura 3.22a: Dougal Walters/Getty Images; Figura 33.22b: Pixtal/AGE Fotostock; Figura 33.26: Diane Hirsch/Fundamental Photographs; Figura 33.31: Sepp Seitz/Woodfin Camp & Associates; Figura 33.33: Dennis Frates/Alamy; Figura 33.37a: K. Nomachi/Photo Researchers.

Capítulo 34 Abertura: Tek Image/Photo Researchers; Figura 34.8: Marshall Henrichs; Figura 34.12a: NASA; Figura 34.12b-c: NASA Headquarters; Figura 34.23: PhotoLink/Getty Images; Figura 34.27: Richard Megna/Fundamental Photographs; Figura 34.34: PhotoDisc/Getty Images; 34.41a-c: Marshall Henrichs; Figura 34.43c: THK Photo Products, Inc.; Figura 34.44b: Omikron/Photo Researchers; Figura 34.52c: Jan Hinsch/Photo Researchers; Figura 34.54d: National Optical Astronomy Observatories.

Capítulo 35 Abertura: Paul A. Souders/Corbis; Figura 35.11: Peter Aprahamian/Photo Researchers; Figura 35.17b: Bausch & Lomb Incorporated; Figura 35.18: Bausch & Lomb Incorporated.

Capítulo 36 Abertura: Digital Vision/Getty Images; Figura 36.2a-b: Sears, Zemansky, e Young, College Physics, 7a Ed., 1991, Pearson Addison Wesley; Figura 36.6: Pearson Addison Welsey; Figura 36.9b: Richard Megna/Fundamental Photographs; Figura 36.11: Dane Hornsleth; Figura 36.12b: Pearson Addision Wesley; Figura 36.17: Tom Boyden Photography; Figura 36.18: Photodisc Green/Getty Images; Figura 36.19a: NSO/AURA/NSF; Figura 36.19b: Physics Dept., Imperial College/Photo Researchers; Figura.21b: Estate of Bertram Eugene Warren; Figura 36.25: Science Photo Library/Photo Researchers; Figura 36.27: Sears, Zemansky, e Young, College Physics, 7a Ed., COPYRIGHT 1991 by Pearson Addison Wesley; Figura 36.28a-c: Sears, Zemansky, e Young, College Physics, 7a Ed., COPYRIGHT 199, por Pearson Addison Wesley; Figura 36.29a: National Radio Astronomy Observatory/Associated Universities, Inc./ National Science Foundation; Figura 36.29b: European Southern Observatory; Figura 36.32: Paul Silverman/Fundamental Photographs.

Capítulo 37 Abertura: Brookhaven National Laboratory/Corbis; Figura 37.4: Güven Güner/Alamy; Figura 37.7: NASA/John F. Kennedy Space Center; Figura 37.11: Jack Fields/Photo Researchers; Figura 37.18: Adam Hart-Davis/Photo Researchers; Figura 37.19: NASA e The Hubble Heritage Team (STScI/AURA); Figura 37.22: Digital Vision/Getty Images; Figura 37.26: Mauro Fermariello/Photo Researchers.

Capítulo 38 Abertura: NOAO/AURA/NSF; Figura 38.2a: SPL/Photo Researchers; Figura 38.2b: ITT Industries Night Vision; Figura 38.10b: Andrew Lambert/Photo Researchers; Figura 38.12: N.A.Sharp, NOAO/NSO/Kitt Peak FTS/AURA/NSF; Figura 38.14: American Institute of Physics/Emilio Segré Visual Archives; Figura 38.29: Michael Donne/Photo Researchers; Figura 38.30: Royal Swedish Academy of Sciences; Figura 38.33: Huggins, Physics 1, COPYRIGHT 1968, por W.A. Benjamin, Inc. Pearson Addison Wesley.

Capítulo 39 Abertura: Steve Gschmeissner/Photo Researchers; Figura 39.1: AIP Meggers Gallery of Nobel Laureates; Figura 39.5: imagem reproduzida de PSSC Physics, 2a ed. (1965), D.C. Heath & Company e Educational Development Center, Inc., Newton Massachusetts; Figura 39.9b: de Huggins, Physics 1, COPYRIGHT 1968, por W.A. Benjamin, Inc. Pearson Addison Wesley; Figura 39.10b: Steve Gschmeissner/Photo Researchers; Figura 39.11: JGI/Agefotostock; Figura 39.12: American Institute of Physics/Emilio Segré Visual Archives; Figura 39.13: UPI/Corbis.

Capítulo 40 Abertura: Dr. Dmitry Talapin; Figura 40.10: Almaden Research Center/Research Division; Figura 40.14b: Veeco Instruments, Inc.

Capítulo 41 Abertura (a): Andrew Lambert/Photo Researchers; Opener (b): Simon Fraser/Photo Researchers; Figura 41.3: NASA; Figura 41.7a-b: National Optical Astronomy Observatories; Figura 41.15: National Radio Astronomy Observatory/Associated Universities, Inc./National Science Foundation; Figura 41.16: American Institute of Physics/Emilio Segré Visual Archives; Figura 41.18: Warren Bolster/Getty Images.

Capítulo 42 Abertura: NASA; Figura 42.9: Roger A. Freedman; Figura 42.10b: cortesia The Met Office (http://www.met-office.gov.uk) Figura 42.15: Definitive Stock; Figura 42.29: Stanford University, cortesia AIP Emilio Segré Visual Archives; Figura 42.38: PhotoDisc/Getty Images; Figura 42.39: NASA.

Capítulo 43 Abertura: MEXECRI, Inc.; Figura 43.1b: Science Photo Library/Photo Researchers; Figura 43.7: Lloyd Cluff/Corbis; Figura 43.11: Dept. of Nuclear Medicine,Charing Cross Hospital/Photo Researchers; Figura 43.18: fotografia de David Malin, Royal Observatory Edinburgh & Anglo-Australian Observatory; Figura 43.19: LLNL/Photo Researchers; Summary: Dept. of Nuclear Medicine, Charing Cross Hospital/Photo Researchers.

Capítulo 44 Abertura: NASA; Figura 44.1: Lawrence Berkeley National Laboratory; Figura 44.3: Ernest Orlando, Lawrence Berkeley National Laboratory; Figura 44.7: Fermilab Visual Media Services; Figura 44.8: Brookhaven National Laboratory; Figura 44.9: Mark R. Lowenstine; Figura 44.14: Institute for Cosmic Ray Research, University of Tokyo; Figura 44.18: European Southern Observatory; Figura 44.20: N.A. Sharp, programa REU/NOAO/AURA/NSF; Figura 44.21: NASA/WMAP /Science Team; Summary (colisão de partículas): Brookhaven National Laboratory; Summary (nebula): N.A. Sharp, programa REU /NOAO/AURA/NSF.

SOBRE OS AUTORES

Hugh D. Young é professor emérito de física na Universidade Carnegie-Mellon em Pittsburgh, PA. Ele estudou na Carnegie-Mellon tanto na graduação quanto na pós-graduação, obtendo o título de Ph.D. na teoria de partículas fundamentais, sob a orientação do professor Richard Cutkosky. Young começou a trabalhar na Faculdade Carnegie-Mellon em 1956 e atuou durante um ano como professor visitante na Universidade da Califórnia, em Berkeley.

A carreira do professor Young foi centralizada inteiramente no ensino de graduação. Ele escreveu diversos livros de física em nível de graduação e, em 1973, tornou-se co-autor, com Francis Sears e Mark Zemansky, dos famosos livros de introdução à Física. Depois que Sears e Zemansky faleceram, ele assumiu toda a responsabilidade das edições consecutivas desses livros, sendo que a oitava edição do livro *University Physics* é uma das mais recentes.

O professor Young é um entusiasta esquiador, alpinista e excursionista. Ele também foi organista associado durante diversos anos na Catedral de St. Paul, em Pittsburgh, e nessa cidade fez inúmeros recitais de órgão. O professor Young e sua mulher, Alice, normalmente viajam no verão para a Europa e para o deserto do Canyon no sul de Utah.

Roger A. Freedman é conferencista de física na Universidade da Califórnia, Santa Bárbara. Ele fez a graduação no campus da Universidade da Califórnia em San Diego e Los Angeles, e suas pesquisas para a tese de doutorado versaram sobre teoria nuclear, na Universidade de Stanford, sob a orientação do professor J. Dirk Walecka. O dr. Freedman ingressou na UCSB em 1981 depois de ter trabalhado em pesquisa e ensino de física na Universidade de Washington.

Na UCSB, lecionou no Departamento de Física, bem como na College of Creative Studies, um setor da universidade destinado a alunos de graduação altamente motivados e competentes. Ele publicou trabalhos de pesquisa em teoria nuclear, física das partículas elementares e física do laser. Também ajudou a desenvolver métodos computacionais para o ensino da física e da astronomia.

O dr. Freedman obteve licença de piloto comercial e, quando não está ensinando nem escrevendo, está voando com sua mulher, Caroline.

A. Lewis Ford é professor de física na Universidade A&M do Texas. Ele recebeu o grau de B.A. da graduação na Universidade Rice em 1968 e o título de Ph.D. em físico-química na Universidade do Texas, em Austin, em 1972. Depois de um pós-doutorado de um ano na Universidade de Harvard, ele começou a trabalhar na faculdade de física da Universidade A&M do Texas, em 1973, e ali permanece até hoje. Suas pesquisas versam sobre física atômica teórica, com especialização em colisões atômicas. Na Universidade A&M do Texas, lecionou diversos cursos de graduação e de pós-graduação, porém se dedicou mais à física básica.